ATZ/MTZ-Fachbuch

In der Reihe ATZ/MTZ-Fachbuch vermitteln Fachleute, Forscher und Entwickler aus Hochschule und Industrie Grundlagen, Theorien und Anwendungen der Fahrzeug- und Verkehrstechnik. Die komplexe Technik, die moderner Mobilität zugrunde liegt, bedarf eines immer größer werdenden Fundus an Informationen, um die Funktion und Arbeitsweise von Komponenten sowie Systemen zu verstehen. Fahrzeuge aller Verkehrsträger sind ebenso Teil der Reihe, wie Fragen zu Energieversorgung und Infrastruktur.
Das ATZ/MTZ-Fachbuch wendet sich an Ingenieure aller Mobilitätsfelder, an Studierende, Dozenten und Professoren. Die Reihe wendet sich auch an Praktiker aus der Fahrzeug- und Zulieferindustrie, an Gutachter und Sachverständige, aber auch an interessierte Laien, die anhand fundierter Informationen einen tiefen Einblick in die Fachgebiete der Mobilität bekommen wollen.

Weitere Bände in der Reihe http://www.springer.com/series/12236

Helmut Tschöke · Peter Gutzmer
Thomas Pfund
(Hrsg.)

Elektrifizierung des Antriebsstrangs

Grundlagen – vom Mikro-Hybrid zum vollelektrischen Antrieb

Springer Vieweg

Hrsg.
Helmut Tschöke
Institut für Mobile Systeme
Otto-von-Guericke-Universität
Magdeburg, Deutschland

Peter Gutzmer
Schaeffler Gruppe
Herzogenaurach, Deutschland

Thomas Pfund
Schaeffler Gruppe
Bühl, Deutschland

ATZ/MTZ-Fachbuch
ISBN 978-3-662-60355-0 ISBN 978-3-662-60356-7 (eBook)
https://doi.org/10.1007/978-3-662-60356-7

Die Deutsche Nationalbibliothek verzeichnet diese Publikation in der Deutschen Nationalbibliografie; detaillierte bibliografische Daten sind im Internet über http://dnb.d-nb.de abrufbar.

Springer Vieweg
Ursprünglich erschienen unter: Tschöke, H. Die Elektrifizierung des Antriebsstrangs

Verantwortlich im Verlag: Markus Braun

Springer Vieweg ist ein Imprint der eingetragenen Gesellschaft Springer-Verlag GmbH, DE und ist ein Teil von Springer Nature.
Die Anschrift der Gesellschaft ist: Heidelberger Platz 3, 14197 Berlin, Germany

Vorwort

Die Elektromobilität ist Realität. Im dritten Anlauf scheint der Transformationsprozess vom verbrennungsmotorischen Fahrzeugantrieb zum elektrifizierten bzw. vollelektrischen Fahrantrieb zumindest im Pkw-Sektor zu gelingen. Nach der 1900er Jahrhundertwende wurde infolge der stürmischen und erfolgreichen Entwicklung sowie zunehmenden Akzeptanz des Verbrennungsmotors der zuvor noch ebenbürtige Elektroantrieb schnell verdrängt. Gegen Ende des 20. Jahrhunderts blieben die Aktivitäten mit neuen batteriebetriebenen Elektrofahrzeugen ebenfalls ohne Erfolg. Allerdings begannen sich in dieser Zeit die elektrifizierten Antriebe in Hybridfahrzeugen zunehmend am Markt zu etablieren. Die dritte Phase der Elektromobilität startete ungefähr in der Mitte des ersten Jahrzehnts des 21. Jahrhunderts und ist inzwischen nicht mehr aufzuhalten.

Zunehmendes Umweltbewusstsein und extrem strenge und weltweite Regularien in Bezug auf Schadstoff- und CO_2-Emissionen zwingen zu einer emissionsarmen oder gar emissionsfreien Mobilität. Nach allem was wir heute wissen geht das nicht ohne breite Anwendung der elektrischen Energie für den Fahrzeugantrieb, aber es geht auch nicht ohne weitere Verbesserung der Verbrennungsmotoren und ihrer Kraftstoffe, zumindest bei weltweiter Betrachtung und unter Berücksichtigung von Personen- und Gütertransport. Wie lange dieser Parallel- und zunehmend auch Substitutionsprozess dauert, ist schwer vorhersehbar. Betriebs- und volkswirtschaftliche Auswirkungen und vor allem auch soziologische Belange sind von Politik und Gesellschaft zu beachten und gegebenenfalls zu steuern.

Dieses Buch beschränkt sich auf die technischen Fragestellungen und Lösungsmöglichkeiten für den elektrifizierten Antrieb in Pkw. Die erste Auflage erschien zunächst als Supplement in der MTZ 2012 und 2013 und dann ergänzt als Buch 2015 bei Springer Vieweg.

Für die vorliegende komplett überarbeitete Neuauflage konnte die Schaeffler Gruppe gewonnen werden, die wesentliche Beiträge eingebracht hat. Dadurch fällt der Anspruch dieses Buches weit größer aus als bisher, mit dem Fokus auf Vermittlung eines Basiswissens zu den Elektroantrieben. Ohne diesen Part aufzugeben, bietet dieses Buch nun vertiefte Einblicke in die konkrete Ausführung der verschiedenen Hybridkonzepte und in das Gesamtsystem. Schwerpunkte und neu sind u. a. die hybridisierten Fahrantriebe mit den verschiedenen Getriebekombinationen. Die Sensorik und Regelung sowie die erforderliche Aktorik sind hinzugekommen. Ein Blick in die neue Formel e ist für die Emotionen zuständig. Die bewährten Grundlagenkapitel wurden aktualisiert und gehören zum wichtigen Standard für das Verständnis der E-Mobilität.

Das Buch wendet sich an alle, die sich für zukünftige teil- und vollelektrifizierte Antriebstechniken von Pkw interessieren.
Allen Autoren und Co-Autoren, den Verlagsmitarbeitern und ganz besonders der Schaeffler Gruppe sei für ihr Engagement und die angenehme Zusammenarbeit herzlich gedankt.

September 2019 Die Herausgeber

Aus Gründen der besseren Lesbarkeit wird auf die gleichzeitige Verwendung männlicher, weiblicher und geschlechtsneutraler Sprachformen verzichtet. Sämtliche Personenbezeichnungen gelten gleichermaßen für alle Geschlechter.

Autoren- und Herausgeberverzeichnis

Asmussen, Sven-Erik, M. Sc. **17**	Schaeffler Gruppe, Karlsruhe
Bayoux, Laurent, Dipl.-Ing. **13**	Schaeffler Gruppe, Bühl
Belz, Benjamin, M. Eng. **23**	IAV GmbH, Berlin
Bender, Marco, M. Sc. **17**	Schaeffler Gruppe, Bühl
Biermann, Thorsten, Dipl.-Ing. (FH) **15**	Schaeffler Gruppe, Herzogenaurach
Blandow, Volker, Dipl.-Ing. (FH) **22**	TÜV SÜD AG, München
Blickensdorff, Johannes, Dipl.-Ing. **20**	Schaeffler Gruppe, Herzogenaurach
Boulliung, Marc, Dipl.-Ing. **20**	Schaeffler Gruppe, Bühl
Boxriker, Miriam, M. Sc **17**	Schaeffler Gruppe, Karlsruhe
Burkard, Markus, Dipl.-Ing. (FH) **20**	Schaeffler Gruppe, Bühl
Daniel, Benjamin, Dipl.-Ing. **15**	Schaeffler Gruppe, Herzogenaurach
Dold, Christian, Dr.-Ing. **20**	Schaeffler Gruppe, Bühl
Drillkens, Julia, Dipl.-Ing. **6.3**	Institut für Stromrichtertechnik und Elektrische Antriebe, RWTH Aachen
Eckenfels, Thomas, Dipl.-Ing **11**	Schaeffler Gruppe, Bühl
Elicker, Michael, Dr.-Ing. **24**	Schaeffler Gruppe, Herzogenaurach
Emretsson, Bo-Göran, M. Sc. **20**	Schaeffler Gruppe, Bühl
von Essen, Carsten, Dipl-Ing. **19**	IAV GmbH, Berlin

Gehrke, Lars, M. Sc. **17**	Schaeffler Gruppe, Karlsruhe
Genuit, Klaus, Prof. Dr.-Ing. **20**	HEAD acoustics GmbH, Herzogenrath
Golovatai-Schmidt, Eduard, Dipl.-Ing. **24**	ehem. Schaeffler Gruppe, Herzogenaurach (i.R)
Graf, Bernhard, DI (FH) **20**	AVL LIST GMBH, Graz
Gruber, Gregor-Julian Benedikt, M. Sc. **16**	ehem. Schaeffler Gruppe, jetzt: Mercedes-AMG GmbH, Affalterbach
Gutzmer, Peter, Prof. Dr.-Ing. **1, 25, Herausgeber**	Schaeffler Gruppe, Herzogenaurach
Homm, Manfred, Dipl.-Ing. **11, 12**	Schaeffler Gruppe, Bühl
Kalt, Felix, M. Sc. **16**	Schaeffler Gruppe, Herzogenaurach
Kaksa, Andreas, Dipl.-Ing. **12**	Schaeffler Gruppe, Bühl
Kinigadner, Andreas, Dipl.-Wirtsch.-Ing. **13**	Schaeffler Gruppe, Herzogenaurach
Kohl, Daniel, Dipl.-Ing. **16**	Schaeffler Gruppe, Herzogenaurach
Kolb, Johannes, Dr-Ing. **17**	Schaeffler Gruppe, Karlsruhe
Kowal, Julia, Univ. Prof. Dr.-Ing. **6.1, 6.3**	Lehrstuhl für Elektrische Energiespeichertechnik, TU Berlin
Küçükay, Ferit, Univ. Prof. Dr.-Ing. **8**	Institut für Fahrzeugtechnik, TU Braunschweig
Kümmell, Steffen, Dipl.-Ing. **23**	IAV GmbH, Berlin
Kurch, Matthias, Dr.-Ing. **20**	Schaeffler Gruppe, Herzogenaurach
Lauinger, Christian, Dr. rer. nat. **13**	Schaeffler Gruppe, Bühl
Leidhold, Roberto, Univ. Prof. Dr.-Ing. **4**	Institut für Elektrische Energiesysteme, Universität Magdeburg
Lindemann, Andreas, Univ. Prof. Dr.-Ing. **3, 5**	Institut für Elektrische Energiesysteme, Universität Magdeburg
Locker, Benedikt, Dipl.-Ing. **16**	Schaeffler Gruppe, Herzogenaurach
Magdowski, Mathias, Dr.-Ing. **21**	Institut für Medizintechnik, Universität Magdeburg

Maihöfer, Matthias, Dipl.-Ing. **22**	Schaeffler Gruppe, Herzogenaurach
Millithaler, Pierre, Dr. **20**	Schaeffler Gruppe, Bühl
Mohr, Carsten, Dr.-Ing. **20**	Schaeffler Gruppe, Bühl
Nichols, Mark, Dipl.-Ing. **20**	Schaeffler Gruppe, Herzogenaurach
Opel, Simon, Dr.-Ing. **16**	Schaeffler Gruppe, Nürnberg
Pecher, Alfred, Prof. Dr.-Ing. **20**	Schaeffler Gruppe, Herzogenaurach
Pfund, Thomas, Dipl.-Ing. **11, 12, Herausgeber**	Schaeffler Gruppe, Bühl
Rahe, Christiane, M. Sc. **6.2**	Institut für Stromrichtertechnik und Elektrische Antriebe, RWTH Aachen
Raum, Markus, M. Sc. **23**	IAV GmbH, Berlin
Richter, Michael, Dipl.-Ing. (FH) **20**	Schaeffler Gruppe, Bühl
Rimmele, Patrick, B. Sc. **17**	Schaeffler Gruppe, Karlsruhe
Ringbeck, Florian, M. Sc. **6.4**	Institut für Stromrichtertechnik und Elektrische Antriebe, RWTH Aachen
Rittgerott, Thorsten **20**	Schaeffler Gruppe, Bühl
Roll, Patrick, M. Sc., **17**	Schaeffler Gruppe, Karlsruhe
Sander, Marcel, M. Sc. **8**	Institut für Fahrzeugtechnik, TU Braunschweig
Satzinger, Sven, Dipl.-Ing. (FH) **20**	Schaeffler Gruppe
Sauer, Dirk Uwe, Univ. Prof. Dr. rer. nat. **6.1, 6.2, 6.3, 6.4**	Institut für Stromrichtertechnik und Elektrische Antriebe, RWTH Aachen
Schallschmidt, Thomas **4**	Institut für Elektrische Energiesysteme, Universität Magdeburg
Schäper, Christoph, Dipl.-Ing. **6.4**	Institut für Stromrichtertechnik und Elektrische Antriebe, RWTH Aachen
Schröder, Christoph, Dipl.-Ing. (FH) **10**	Schaeffler Gruppe, Herzogenaurach
Schulz, Dominik, B. Sc. **17**	Schaeffler Gruppe, Karlsruhe

Seekamp, Carl-Philipp, Dipl.-Ing., Dipl.-Wirtsch.-Ing. **8**	Institut für Fahrzeugtechnik, TU Braunschweig
Stretz, Dominik, M. Eng. **20**	Schaeffler Gruppe, Herzogenaurach
Stuffer, Andreas, Dr.-Ing. **10**	Schaeffler Gruppe, Bühl
Tang, Linbo, Dipl.-Ing. **17**	Schaeffler Gruppe, Bühl
Teuber, Moritz, M. Sc. **6.3**	Institut für Stromrichtertechnik und Elektrische Antriebe, RWTH Aachen
Todsen, Eike Christian, Dipl.-Wirt.-Ing. **1, 25**	Schaeffler Gruppe, Herzogenaurach
Tschöke, Helmut, Univ. Prof. (i. R.) Dr.-Ing. Dr. h. c. **2, 24, Herausgeber**	Institut für Mobile Systeme, Universität Magdeburg
Ulz, Alexander, DI BSc **20**	AVL LIST GMBH, Graz
Vick, Ralf, Univ. Prof. Dr.-Ing. **21**	Institut für Medizintechnik, Universität Magdeburg
Wiebelt, Achim, Dr.-Ing. **18**	MAHLE International GmbH, Stuttgart
Wielgos, Sebastian, M. Sc. **14**	Schaeffler Gruppe, Herzogenaurach
Willeke, Roshan, Dipl.-Ing. (FH) **9**	Schaeffler Gruppe, Bühl
Willenberg, Lisa, M. Sc. **6.1**	Institut für Stromrichtertechnik und Elektrische AntriebeRWTH Aachen
Wind, Jörg, Dr.-Ing. **7**	Daimler AG, Kirchheim / Teck-Nabern

Inhaltsverzeichnis

TEIL 1. Motivation, Definitionen, Grundlagen

1 Motivation 3
1.1 Einleitung 3
1.2 CO_2-Emissionen des Verkehrssektors 4
1.3 Schadstoffemissionen und Luftqualität 6
1.4 Prognosen zum Antriebswandel 7
1.5 Energiebedarf und Stromerzeugung 9
1.6 Lade-Infrastruktur 11
1.7 Ressourcenverbrauch 12
1.8 Fazit 14

2 Definitionen, Architekturen und Topologien 17
2.1 Hybridantriebe 17
2.1.1 Einleitung 17
2.1.2 Definitionen 17
2.1.3 Zusammenfassung 24
2.2 Range Extender 25
2.2.1 Einleitung 25
2.2.2 Definition 25
2.2.3 Anforderungen 26
2.2.4 Lösungsmöglichkeiten 28
2.2.5 Zusammenfassung 29

3 Elektrotechnische Grundlagen 31
3.1 Einleitung 31
3.2 Definitionen, Grundfunktionen 31
3.3 Elektrische Antriebe 32
3.4 Bordnetz 34
3.5 Stromversorgungen, Ladegeräte 35
3.6 Zusammenfassung 36

TEIL 2. Komponenten

4 Elektrische Maschinen 41
4.1 Einleitung 41
4.2 Grundlagen der elektrischen Energiewandlung 41
4.3 Elektrische Maschinen für Elektro- und Hybridfahrzeuge 43
4.4 Steuerung und Regelung 48
4.5 Zusammenfassung 51

5 Leistungselektronik 53
5.1 Einleitung 53
5.2 Definitionen, Grundfunktionen 53
5.3 Leistungselektronische Schaltungen im Fahrzeug 55
5.4 Leistungselektronische Bauelemente 58
5.5 Zusammenfassung 60

6 Speicherung der elektrischen Energie 61
6.1 Grundlagen und Übersicht 61
6.1.1 Einleitung 61
6.1.2 Prinzipieller Aufbau von elektrochemischen Speichern 61
6.1.3 Batterieklemmenspannung 63
6.1.4 Verschiedene Batterietechnologien und typische Einsatzbereiche im Automobilbereich 66
6.1.5 Zusammenfassung 70
6.2 Lithium-Ionen-Batterien 70
6.2.1 Einleitung 70
6.2.2 Aufbau und Funktionsweise 71
6.2.3 Alterung 75
6.2.4 Zusammenfassung 78
6.3 Superkondensatoren 78
6.3.1 Einleitung 78
6.3.2 Aufbau und Funktionsweise 79
6.3.3 Elektrisches Verhalten 82
6.3.4 Alterung 84
6.3.5 Aufbau von Modulen 85
6.3.6 Zukünftige Entwicklungen 86
6.3.7 Zusammenfassung 86
6.4 Batteriesystemtechnik 87
6.4.1 Einleitung 87
6.4.2 Aufbau von Batteriesystemen 87
6.4.3 Auslegung von Batteriesystemen 88
6.4.4 Flexibilität, Zuverlässigkeit, Standardisierung, Servicefreundlichkeit und Lebensdauer 91
6.4.5 Batteriemanagementsystem und Sicherheit 92
6.4.6 Zusammmenfassung 95

7 Brennstoffzelle ... 99
7.1 Grundlagen der Brennstoffzellentechnik ... 99
7.1.1 Einleitung ... 99
7.1.2 Geschichte und Motivation ... 100
7.1.3 Definition, Funktion und Einordnung ... 101
7.1.4 Brennstoffzellentypen ... 102
7.1.5 Zusammenfassung ... 107
7.2 Gesamtsystem im Fahrzeug ... 107
7.2.1 Einleitung ... 107
7.2.2 Antriebsstrang mit Brennstoffzelle ... 107
7.2.3 Wasserstoffinfrastruktur ... 111
7.2.4 Gesamtwirkungsgrad ... 114
7.2.5 Zusammenfassung ... 115

8 Getriebe ... 117
8.1 Einleitung ... 117
8.2 Aufgaben der Getriebe im Triebstrang ... 117
8.2.1 Aufgaben der Anfahraggregate ... 117
8.2.2 Aufgabe der Getriebe ... 118
8.3 Kinematik der Kennungswandler durch Getriebe ... 118
8.3.1 Auslegung der größten Übersetzung ... 120
8.3.2 Auslegung der Übersetzung zum Erreichen der Höchstgeschwindigkeit ... 121
8.3.3 Auslegung der Overdrive-Übersetzungen ... 122
8.3.4 Auswahl der Zwischenübersetzungen ... 123
8.4 Zusammenfassung ... 126

9 Aktorik ... 127
9.1 Einleitung ... 127
9.2 Aktorik im Wandel der Antriebsstrang-Landschaft ... 127
9.3 Aktorsystem – Auswahl ... 127
9.4 Herausforderungen für Aktoren ... 130
9.4.1 Anforderungen an effiziente Aktoren ... 130
9.4.2 Beispiele für effiziente Aktorsysteme ... 132
9.5 Zusammenfassung ... 135

TEIL 3. Fahrantriebe

10 Mikro-Hybrid oder P0-Mild-Hybrid ... 139
10.1 Einleitung ... 139
10.2 P0-Mild-Hybrid als effiziente Integrationsstrategie ... 139
10.2.1 Auswirkungen auf das System Riementrieb ... 140
10.2.2 Weiterentwickelung von Komponenten für künftige Anforderungen ... 144
10.3 Systemverhalten im Antrieb ... 145
10.4 Systemintegration Fahrzeug ... 148
10.5 Maximale Effizienz ... 150
10.6 Zusammenfassung ... 151

11 Mild-Hybrid (48-Volt-Hybrid) ... 153
11.1 Einleitung ... 153
11.2 Einordnung und Funktionalität des 48-Volt-Hybrid ... 153
11.3 P0-Hybridisierung ... 154
11.4 P1-Hybridisierung ... 155
11.5 P2-Hybridisierung ... 156
11.6 P3-Hybridisierung ... 156
11.7 P4-Hybridisierung ... 157
11.8 Verbrauchseinsparungen ... 157
11.9 Praxisbeispiele ... 159
11.9.1 P0-System ... 159
11.9.2 P1-System ... 160
11.9.3 P2-System ... 160
11.9.4 P3-System ... 162
11.9.5 P4-System, Elektrische Achsen ... 163
11.10 Zusammenfassung ... 164

12 Voll- und Plug-in-Hybrid (HEV / PHEV) ... 165
12.1 Einleitung ... 165
12.2 Parallelhybrid ... 165
12.3 Plug-in-Hybrid (PHEV) ... 169
12.4 Zusammenfassung ... 170

13 Dedizierte Hybridgetriebe ... 171
13.1 Einleitung ... 171
13.2 Dedizierter Hybrid mit stufenlosem Getriebe (CVT) ... 172
13.3 Dediziertes Hybridgetriebe auf Basis automatisierter Schaltgetriebe ... 176
13.4 Seriell-paralleler Hybrid – dedizierter Hybrid mit zwei elektrischen Maschinen ... 178
13.5 Zusammenfassung und Ausblick ... 181

14 Radnabenantriebe ... 183
14.1 Einleitung ... 183
14.2 Potenzial des Radnabenantriebs ... 183
14.3 Radnabenantriebe in klassischen Fahrzeugkonzepten ... 183
14.3.1 Radnabenantrieb ohne Getriebe ... 184
14.3.2 Fahrdynamik und Sicherheitskonzept ... 185
14.4 Radnabenantrieb in autonomen Stadtfahrzeugen ... 187
14.4.1 Intelligent Corner Module ... 188
14.4.2 Radnabenantrieb mit Getriebe ... 188
14.5 Zusammenfassung ... 189

15 Elektrische Fahrantriebe ... 191
15.1 Einleitung ... 191
15.2 Historie des elektrischen Antriebs ... 191
15.3 Der Wandel vom Verbrenner zum E-Motor ... 192
15.4 Der elektrische Antrieb im Fahrzeug ... 193
15.4.1 Überblick ... 193
15.4.2 Auslegung elektrischer Achsantriebssysteme ... 195
15.4.3 Integration der elektrischen Achse in komplexe Fahrzeugbauräume ... 197
15.4.4 Elektrische Achsantriebssysteme in koaxialer Anordnung ... 199
15.4.5 Schaltbare Systeme in koaxialen Antrieben ... 203
15.4.6 Elektrische Achsantriebssysteme in achsparalleler Anordnung ... 205
15.4.7 Schaltbare Systeme in achsparallelen Antrieben ... 206
15.4.8 Lastschaltfähige elektrische Achsantriebssysteme ... 207
15.4.9 Radnahe elektrische Antriebssysteme ... 210
15.5 Zusammenfassung ... 212

16 Formel E ... 213
16.1 Einleitung ... 213
16.2 Reglement ... 214
16.3 Entwicklungsanforderungen ... 216
16.3.1 Basissensitivitäten ... 216
16.3.2 Energieumsatzlimitierung ... 217
16.3.3 Motor-Generator-Unit (MGU) ... 219
16.3.4 Getriebe ... 221
16.4 Technologietransfer ... 225
16.4.1 MGU und Inverter ... 225
16.4.2 Konzeptfahrzeug ... 226
16.5 Zusammenfassung ... 227

17 Sensorik und Regelqualität 229
17.1 Einleitung 229
17.2 Messgrößen im elektrischen Antriebssystem 229
17.2.1 Systemverhalten und Modellbildung von Drehstrommaschinen 230
17.2.2 Drehmomenterzeugung in elektrischen Maschinen 232
17.2.3 Systemübersicht, gemessene Größen und deren Funktionen für die Regelung des Antriebs 233
17.2.4 Signalverarbeitung – vom physikalischen Effekt zum digitalen Wert 236
17.3 Messung elektrischer Größen 239
17.3.1 Hall-Sensoren 239
17.3.2 Magnetoresistive Stromsensorik (xMR) 244
17.3.3 Widerstandsbasierte Strommessung 246
17.3.4 Spannungsmessung 248
17.3.5 Fehler bei der Messung elektrischer Größen 249
17.4 Winkel- und Drehzahlmessung 251
17.4.1 Resolver als Rotorlagegeber 252
17.4.2 Resolver mit reluktanzbasierter Signalgenerierung 254
17.4.3 Auswerteprinzipien bei Signalen und Elektronik 255
17.4.4 Messunsicherheiten bei Drehgebern mit Sinus-, Cosinusauswertung 257
17.4.5 Wirbelstromsensoren (Eddy Current Sensors) 259
17.4.6 Magnetische Inkrementalgeber 259
17.5 Temperaturmessung 260
17.5.1 Übersicht der Messprinzipien zur Temperaturerfassung 262
17.5.2 Temperaturmessung durch NTC-Widerstände 266
17.5.3 Temperaturschätzung in E-Maschinen 268
17.6 Drehmomenterzeugung – Einflüsse durch Sensorfehler 270
17.6.1 Spannungsmessfehler der Zwischenkreisspannung 270
17.6.2 Fehler in der Strommessung 271
17.6.3 Fehler in der Winkelmessung 274
17.6.4 Fehler bei der Drehzahlermittlung 276
17.6.5 Fehler in der Temperaturmessung 278
17.7 Zusammenfassung 278

TEIL 4. Gesamtsystem, Anwendungen

18 Thermomanagement ... 285
18.1 Einleitung ... 285
18.2 Wärmeströme im Elektrofahrzeug ... 285
18.3 Elektrifizierungsgrad und Klimatisierung des Innenraums ... 287
18.4 Effizienzsteigerung der Klimatisierung ... 288
18.5 Thermomanagement von Lithium-Ionen-Batterien ... 291
18.6 Zusammenfassung ... 294

19 Typgenehmigung ... 295
19.1 Einleitung ... 295
19.2 Ablauf, Gesetzgebung und Testverfahren ... 295
19.3 Länderspezifische Prüfungen für die Typgenehmigung ... 297
19.4 Zusammenfassung und Ausblick ... 302

20 Akustik ... 303
20.1 Einleitung, Ziele, Grundlagen und Gesetzgebung ... 303
20.1.1 Ziele und Strategien für Außen- und Innengeräuschgestaltung ... 304
20.1.2 Grundlagen und Definitionen ... 304
20.1.3 Gesetzgebung für Fahrzeugaußengeräusche ... 308
20.1.4 Akustik von Elektro- und Hybridfahrzeugen ... 308
20.1.5 AVAS (Acoustic Vehicle Alerting System) ... 314
20.2 Fahrzeuginnengeräuschgestaltung ... 317
20.2.1 Studie zur Wahrnehmung von Innengeräuschen in Elektrofahrzeugen ... 318
20.3 Bedeutung der Psychoakustik für die Innen- und Außengeräusche von Elektrofahrzeugen ... 319
20.3.1 Einleitung ... 319
20.3.2 Bedeutung der Psychoakustik ... 320
20.3.3 Fahrzeuggeräusche von Elektrofahrzeugen ... 325
20.4 Zusammenfassung ... 330
20.5 Akustik der Komponenten im elektrischen Antriebsstrang ... 331
20.5.1 Einleitung ... 331
20.5.2 E-Maschine ... 335
20.5.3 Wälzlager ... 344
20.5.4 Getriebe ... 345
20.6 Gesamtfahrzeug ... 355
20.7 Zusammenfassung ... 356

21 Elektromagnetische Verträglichkeit ... 361
21.1 Einleitung ... 361
21.2 Definition ... 361
21.3 Störquellen und Störsenken im Elektro- und Hybridfahrzeug ... 362
21.4 Koppelmechanismen ... 363
21.5 Gegenmassnahmen ... 366
21.6 Nachweis der elektromagnetischen Verträglichkeit ... 368
21.7 Zusammenfassung ... 370

22 Funktionale und elektrische Sicherheit ... 371
22.1 Einleitung ... 371
22.2 Funktionale Sicherheit ... 372
22.2.1 Einleitung ... 372
22.2.2 Funktionale Sicherheit von elektrischen Antriebssträngen ... 373
22.2.3 Zusammenfassung ... 379
22.3 Elektrische Sicherheit ... 379
22.3.1 Einleitung ... 379
22.3.2 Arbeitsschutz ... 379
22.3.3 Batteriesicherheit ... 382
22.3.4 Fahrzeugzulassung ... 383
22.3.5 Zusammenfassung ... 389

23 Ladetechnik ... 391
23.1 Einleitung ... 391
23.2 Ladeverfahren und deren technische Umsetzung ... 391
23.3 Konventionelles kontaktgebundenes Laden ... 392
23.4 Spezielles kontaktgebundenes Laden ... 393
23.5 Ladesteckverbindungen ... 395
23.6 Lademodi des Typ2- und Combo2-Steckers ... 396
23.7 Kontaktloses induktives Laden ... 397
23.8 Stationäre Ladezenarien ... 399
23.9 Dynamische Ladeszenarien ... 400
23.10 Ausblick ... 401
23.11 Zusammenfassung ... 402

TEIL 5. Schlussfolgerungen

24 Auswirkungen auf den Verbrennungsmotor 407
24.1 Einleitung 407
24.2 Arten der Hybridisierung 407
24.3 Ottomotoren im elektrifizierten Antriebsstrang 408
24.3.1 48V-Mild-Hybrid-Systeme für Otto-Motoren 408
24.3.2 Voll-Hybrid-Systeme für Otto-Motoren 411
24.3.3 Plug-in-Hybrid-Systeme für Otto-Motoren 412
24.4 Dieselmotor im elektrifizierten Antriebsstrang 412
24.5 Zusammenfassung 414

25 Ausblick 415

Sachwortregister 419

TEIL 1.
Motivation, Definitionen, Grundlagen

1 Motivation

2 Definitionen, Architekturen und Topologien

3 Elektrotechnische Grundlagen

1 Motivation

Peter Gutzmer, Eike Todsen

1.1 Einleitung

Die moderne Zivilisation wäre ohne Mobilität undenkbar. Weltweit ist der Personen- und Nutzkraftwagen Rückgrat für individuelle Mobilität und eine prosperierende Wirtschaft. Mit der exponentiell wachsenden Weltbevölkerung und der dabei weiter voranschreitenden Urbanisierung nimmt auch das Personen- und Güterverkehrsaufkommen weltweit stetig zu. Laut der Vereinten Nationen wird die Weltbevölkerung bis 2050 auf über 9,5 Milliarden Menschen anwachsen, wobei zwei Drittel davon in urbanen Bereichen wohnen werden [1].

Von wenigen Ausnahmen abgesehen, nahm der Verbrennungsmotor als Fahrzeugantrieb über ein Jahrhundert lang eine Monopolstellung ein. Ausschlaggebender Grund sind diverse Vorteile, wie die hohe Energiedichte und weltweite Verfügbarkeit des flüssigen Kraftstoffs, technische Zuverlässigkeit und ein ökonomischer Betrieb für den Nutzer. Dem stehen allerdings einige Nachteile gegenüber. Die wichtigsten sind die lokalen Emissionen von Schadstoffen und Kohlenstoffdioxid, aber auch Geräuschemissionen im Stadtverkehr.

Bei den Schadstoffen sind es Partikel- und Stickoxidemissionen, die die aktuelle Diskussion um den verbrennungsmotorischen Antrieb dominieren. Durch die lokal erzeugten und sogleich emittierten Abgase ergibt sich eine Punktbelastung in Städten mit hoher Verkehrsdichte. Der Kohlenstoffdioxidausstoß, der direkt proportional zum Kraftstoffverbrauch ist, wirkt sich hingegen global aus. Kohlenstoffdioxid, oder Kohlendioxid zählt zu den hauptverantwortlichen Treibhausgasen und hat somit eine zentrale Bedeutung für den Klimawandel.

Den genannten Herausforderungen kann mit unterschiedlichen technischen Mitteln begegnet werden. Eine der vielversprechendsten ist die Elektrifizierung des Antriebsstrangs. Die Elektrifizierung des Antriebsstrangs subsumiert die gesamte Bandbreite zwischen hybriden und rein elektrischen Antriebssträngen. Sie umfasst Hybridstrukturen, deren nicht-elektrischer Antrieb fast ausnahmslos aus einem Verbrennungsmotor oder zunehmend aus Brennstoffzellen besteht, siehe Kap. 2, 10 bis 15.

Die wesentlichen Faktoren, die über den Erfolg und Marktanteil von elektrifizierten Antrieben entscheiden, sind:

- Technologischer Fortschritt der Batteriesysteme
- Gesetzgebung und gesellschaftliche Akzeptanz
- Lade-Infrastruktur (Ausbaugeschwindigkeit, Benutzerfreundlichkeit, Ladezeit etc.)
- Gesamtbetriebskosten für den Endkunden

Die Gesetzgebung (CO_2- und Schadstoffgrenzen) wird seit Jahren immer restriktiver. Der elektrifizierte Antrieb hat den bedeutenden Vorteil lokaler Emissions-

H. Tschöke et al. (Hrsg.), *Elektrifizierung des Antriebsstrangs*,
ATZ/MTZ-Fachbuch, https://doi.org/10.1007/978-3-662-60356-7_1

freiheit, was einen hohen Stellenwert in der Gesellschaft hat. Der hohe Wirkungsgrad des elektrischen Antriebsstrangs und die Fähigkeit zur Rekuperation (d.h. der Fähigkeit Bremsenergie in Strom und nicht in Wärme umzuwandeln) ermöglichen insbesondere im urbanen Stop-and-go-Verkehr einen deutlich effizienteren Betrieb als ein verbrennungsmotorisch angetriebenes Fahrzeug. Diese Umstände haben maßgeblich zum positiven Image des Elektrofahrzeugs beigetragen. Der kostenintensive und aufwendige Aufbau der Infrastruktur sollte weiter vorangetrieben werden. Eine (subjektiv) sichere Verfügbarkeit von Ladestrom bei benutzerfreundlicher Handhabung entscheiden über den Erfolg besonders des batterieelektrischen Fahrzeugs, welches eine vergleichsweise geringe Reichweite aufweist. Die Gesamtbetriebskosten umfassen neben den Anschaffungs- auch die reinen Betriebskosten. Entscheidend wird hier die weitere Entwicklung einerseits der Traktionsbatteriepreise und andererseits der steuerliche Umgang mit Ladestrom sein. Die jüngsten Wachstumszahlen elektrifizierter Automodelle zeigen, dass sich Elektromobilität am Markt beginnt fest zu etablieren. Ein anhaltend kräftiges Wachstum über die mittelfristige Zukunft wird erwartet [2].

Fahrzeugmodelle mit Hybridantrieb füllen die Lücke zwischen verbrennungsmotorischem und batterieelektrischem Antrieb, siehe Kap. 10 bis 14. Gerade im ländlichen Raum werden öffentliche Ladepunkte deutlich langsamer entstehen. Die Ladedauer eines batterieelektrischen Fahrzeugs bei längeren Fahrten wird einigen Endkunden zu viel Zeit in Anspruch nehmen. Hier werden hybride Antriebe auch langfristig auf eine hohe Nachfrage treffen.

Der Endkunde verlangt nach Fahrzeugen mit ansprechendem Fahrverhalten und Komfort zu einem attraktiven Kosten-Nutzen-Verhältnis. Fahrzeugimage und Umweltfreundlichkeit sind zunehmend wichtig, diesen Punkten wird aber sicherlich nicht über alle Fahrzeugklassen hinweg gleichviel Relevanz beigemessen. Außerdem sollte in der Diskussion um typische Nutzungsprofile die finanzielle Restriktion des durchschnittlichen Endkunden bedacht werden. In vielen Fällen muss ein Fahrzeug alle Anwendungsfälle abdecken und nicht die tägliche Pendelfahrt allein. Die Vielseitigkeit, die inzwischen seit Jahrzehnten bestehende Kundennachfrage und der damit nachgewiesene Kundennutzen sind weitere Argumente für den Hybridantrieb.

1.2 CO_2-Emissionen des Verkehrssektors

Ein Vorteil des elektrifizierten Antriebs ist die potentielle CO_2-Neutralität. Dieser Sachverhalt soll für klimapolitische Ziele genutzt werden.

In Paris hat die Staatengemeinschaft 2015 beschlossen, die globale Erderwärmung auf deutlich weniger als 2 °C zu begrenzen und Anstrengungen zu unternehmen, möglichst 1,5 °C nicht zu überschreiten (Paris 2015, COP 21, CMP 11). Das Ziel dieser Klimaabkommen bezieht sich auf das Ausgangsniveau vor Beginn der Industrialisierung. Die jetzige Erwärmung (Stand 2013) gegenüber dem Jahr 1880 beträgt bereits knapp 0,8 °C [3]. Die einzelnen Staaten haben vor diesem Hintergrund Klimaschutzpläne ausgearbeitet. Die EU hat sich verpflichtet, die Treibhausgasemissionen bis 2050 um 80 bis 95 % gegenüber dem Niveau von 1990 zu verringern. Der deutsche Klimaschutzplan sieht bis 2050 folgerichtig eine umfassende Defossilisierung vor. Die Elektrifizierung der Fahrzeugflotte ist hierbei von zentraler Bedeutung [4].

Eine ganzheitliche Darstellung, welche Auswirkungen der Klimaschutzplan der Bundesregierung hat, wurde in der BDI Klimapfadstudie herausgearbeitet. Bereits für eine technisch mögliche Reduktion von 80 % der Treibhausgasemissionen in

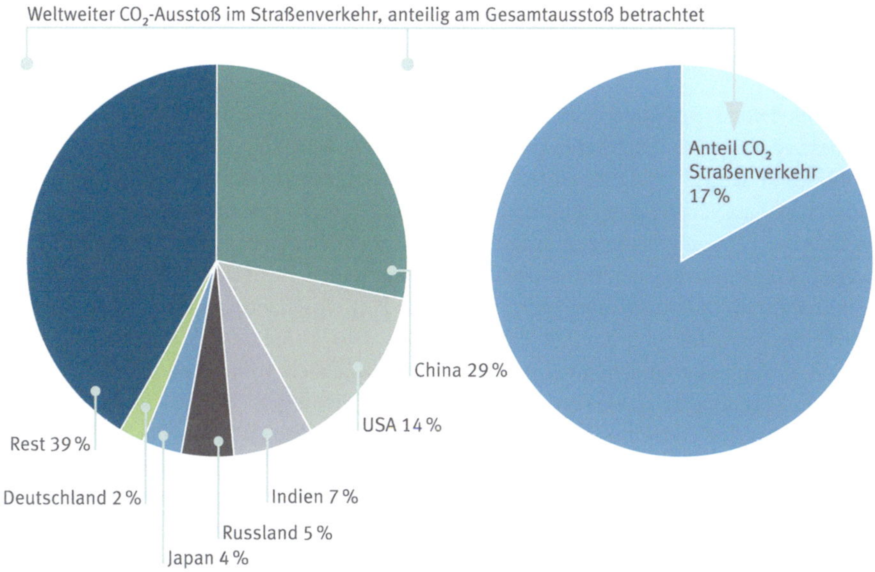

Abb. 1 Weltweiter CO_2-Ausstoß, sortiert nach den wichtigsten Emittenten und der Anteil des Straßenverkehrs an den weltweiten CO_2-Emissionen, Stand 2016, Datenbasis [6]

Deutschland im Jahr 2050 gegenüber 1990 sind massive zusätzliche Investitionen von mindestens 1,5 Billionen Euro notwendig. Eine Reduktion um 95 % ist der Studie zufolge realistischerweise nicht durchführbar. Die Umsetzung würde an die Grenze technischer Machbarkeit, Finanzierbarkeit und gesellschaftlicher Akzeptanz stoßen [5].

Um einen Eindruck davon zu gewinnen, welche Rolle der Straßenverkehr bei den globalen CO_2-Emissionen spielt, wird kurz auf die wichtigsten Zahlen eingegangen. Der Straßenverkehr nutzt aktuell national wie global fast ausschließlich fossile Kraftstoffe.

2016 wurden insgesamt knapp 35 Milliarden Tonnen Kohlendioxid emittiert. In der folgenden **Abb. 1** sind die wichtigsten Emittenten prozentual aufgeführt. Der internationale Schiffsverkehr liegt hinter der CO_2-Gesamtemission von Deutschland an siebter Stelle mit mehr als 650 Millionen Tonnen (ca. 1,8 %) und der internationale Flugverkehr produziert über 520 Millionen Tonnen Kohlendioxid (dreizehnte Position mit ca. 1,5 %) [6].

Der Kohlendioxidausstoß des Straßenverkehrs (Lkw, Busse, Pkw etc.) beläuft sich weltweit (2015) auf etwas mehr als 17 % der gesamten CO_2-Emissionen, d. h. ca. 6,3 Mrd. Tonnen Kohlendioxid [7].

Auf Deutschland bezogen, ist der Verkehrssektor mit 166 Mio. Tonnen CO_2-Emissionen bzw. ca. 18 % drittgrößter Verursacher von Treibhausgasen (Stand 2016). Die Emissionsquellen gliedern sich vornehmlich in Pkw (ca. 60 %) und Lkw (ca. 35 %) auf, vgl. **Abb. 2**. Der internationale See- und Luftverkehr wird hierbei allerdings nicht betrachtet [8].

Damit wird deutlich, dass der Straßenverkehr nicht der Hauptverursacher der Treibhausgase ist. Mit einem Anteil von weltweit unter einem Fünftel muss der Straßenverkehr allerdings seinen Beitrag zur Senkung der Treibhausgase leisten. Die ambitionierten Ziele können aber nur bei gemeinsamer Anstrengung aller Akteure auf globaler Ebene erfolgreich sein – Alleingänge einzelner Staaten werden kaum genügen.

Der elektrifizierte Antriebsstrang kann hier einerseits mit seinem hohen Wirkungsgrad und andererseits bei einem Ausbau der erneuerbaren Energien durch direkte Nutzung des CO_2-neutralen Stromes bei der Umsetzung eine tragende Rolle spielen.

1.3 Schadstoffemissionen und Luftqualität

Weltweit leiden Bewohner vieler Städte – insbesondere in den Schwellenländern – unter einer schlechten Luftqualität. Es ist unstrittig, dass verbrennungsmotorisch angetriebene Fahrzeuge eine zumindest teilweise Verantwortung hieran besitzen. Für eine nähere Betrachtung muss hierfür die Wirkkette betrachtet werden. Die Emissionen (z. B. Ausstoß von Schadstoffen durch Verbrennungsmotorabgase) verteilen sich – d. h. Prozess der Transmission (Verteilung und Verdünnung der Abgase u. a. je nach der Topographie, Wetterlage und Luftströmung) – und es stellt sich darauf eine Immission (Luftqualität, d. h. Konzentration einer Abgaskomponente an einem definierten Ort) ein, die eine entsprechende Wirkung auf den Menschen und die Umwelt aufweist [9].

Die aktuelle Diskussion um Abgase von Verbrennungsmotoren dreht sich im Wesentlichen um die Schadstoffe Stickstoffoxide (NO und NO_2, d. h. NO_x) und Partikelemissionen (Partikelmasse PM und Partikelanzahl PN). Hier stehen insbesondere ältere Dieselfahrzeuge im Fokus (vor der Abgasnorm Euro 6). Die Immissionswerte werden mittels eines Netzes an Messstationen ermittelt. Untersuchungen an einer, aufgrund der kritischen Immissionswerte, bekannten Messstation (Stuttgart / Neckartor) ergaben, dass nur 6 % der lokalen Partikelbelastung von Verbrennungsmotoren stammt. Ursächlich ist die heute breit angewandte konventionelle Abgasnachbehandlung (Partikelfilter). Den Hauptanteil verursachen Straßen-, Reifen- und Bremsenabrieb sowie Aufwirbelungen. Die Stickstoffoxide werden hingegen hauptsächlich vom Straßenverkehr verursacht. Hier ergibt sich bei älteren Fahrzeugmodellen eine z. T. erhebliche Differenz zwischen den Emissionen bei Betrieb des Fahrzeugs im vorgeschriebenen Testzyklus auf dem Rollenprüfstand verglichen mit Realfahrten auf der Straße. Durch die Einführung verbesserter Abgasnachbehandlungssysteme und realistischerer Emissionstestzyklen verbunden mit der steten Erneuerung der Fahrzeugflotte werden die Emissionen nachhaltig sinken [10].

Elektrifiziert angetriebene Fahrzeuge haben hinsichtlich Emissionen einen entscheidenden Vorteil – sie haben per Definition keine. Allerdings gilt dies nur bei einer verkürzten Betrachtung (Tank-to-Wheel). Die Schadstoffemissionen von Elektrofahrzeugen entsprechen bei ganzheitlicher Betrachtung den Schadstoffemissionen des

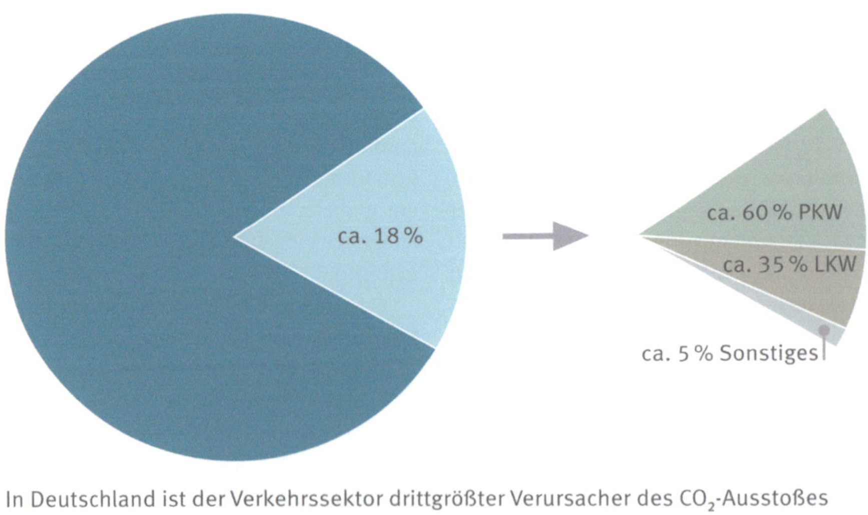

Abb. 2 CO_2-Ausstoß in Deutschland und die Rolle des Verkehrssektors, Stand 2016, Datenbasis [8]

jeweiligen Strommixes. Allerdings wirkt sich die lokale Emissionsfreiheit von Elektrofahrzeugen aufgrund der Transmissionsabläufe positiv auf die Luftqualität stark befahrener Innenstädte aus. Wie oben gezeigt, gilt dies insbesondere für die Stickstoffoxidkonzentration. Für die Partikelbelastung gilt dies nicht zwangsläufig. Durch die Rekuperationsfähigkeit wird der Bremsenabrieb geringer, was allerdings womöglich durch einen höheren Reifenabrieb (höheres Gewicht der Elektrofahrzeuge und meist höhere Beschleunigungswerte) konterkariert werden könnte [11].

Bei verbrennungsmotorisch angetriebenen Pkw ist das Antriebsgeräusch bis ca. 25 km/h dominant. Danach bestimmt das Geräusch des Reifen-Fahrbahn-Kontakts den Gesamtlärmpegel des Fahrzeugs [12]. Elektrifiziert angetriebene Fahrzeuge werden folgerichtig nur bei sehr niedrigen Geschwindigkeiten einen tatsächlichen Beitrag zur Minderung der Lärmbelastung leisten können.

Allerdings kann diese leise Fahrt andere Verkehrsteilnehmer gefährden. Deshalb müssen in der EU ab Juli 2019 alle neu typzugelassenen und ab Juli 2021 alle neuen elektrifiziert angetriebenen Fahrzeuge ein AVAS (Acoustic Vehicle Alert System) aufweisen. Dieses System emittiert synthetische Außengeräusche zur besseren Wahrnehmung von langsamen fahrenden (bis 20 km/h) Fahrzeugen mit elektrifiziertem Antrieb [13], siehe Kap. 20.

1.4 Prognosen zum Antriebswandel

Es liegen inzwischen zahlreiche Prognosen vor, die den Antriebswandel für die kommenden Jahrzehnte aufzeigen. Im Detail unterscheiden sich die Prognosen partiell deutlich. Über ein starkes Wachstum der elektrifizierten Antriebe besteht allgemein Konsens [14]. Eine bespielhafte Entwicklung zeigt **Abb. 3**. Hier wird deutlich, dass sich bis 2030 die produzierten Antriebe weltweit in drei große Blöcke aufteilen werden. Es wird eine Verteilung von 30 % rein verbrennungsmotorischen (inkl. Mikro-Hybrid), 40 % hybriden und 30 % rein elektrischen Antriebssträngen prognostiziert. Das heißt, dass 70 % aller produzierten Antriebe einen Verbrennungsmotor aufweisen (rein verbrennungsmotorische und hybride) und wiederum 70 % aller Antriebe elektrifiziert sind (hybride und batterieelektrische). Gleichzeitig erkennt man, dass die produzierten Einheiten in der weltweiten Betrachtung weiterhin wachsen werden.

Außerdem wird deutlich, dass sich die regionale Verteilung z.T. stark unterscheidet. In Europa und China sind es eine strenge Regulierungen der CO_2-Emissionen, welche die Elektrifizierung vorantreiben. In den USA werden weniger strenge Regulierungen sowie eine Fortsetzung anderer Mobilitätsmuster und schwerer Fahrzeugklassen erwartet [15]. Kleinere Märkte behalten voraussichtlich ihre Besonderheiten. So werden in Südamerika auch 2030 noch Biokraftstoffe einen hohen Stellenwert besitzen.

Aktuelle Zahlen zeigen, dass das starke Wachstum der elektrifizierten Antriebe in allen wichtigen Automobilmärkten (China, USA, EU) anhält und untermauern das in den Szenarien prognostizierte anfängliche Wachstum. Eine Ausnahmeerscheinung mit einem Anteil von knapp 50 % Elektrofahrzeugen (PHEV + BEV; Stand Q1 2018) ist Norwegen, woran die gewährten massiven steuerlichen Vorteile ihren Anteil haben. China bildet den weltgrößten Automobilmarkt. Hier weisen Elektrofahrzeuge einen Marktanteil von 2 % (PHEV + BEV + FCEV; Stand Q1 2018) mit stark steigender Tendenz auf [2].

Einige Prognosen wagen sich über das Jahr 2030 hinaus. **Abbildung 4** zeigt exemplarisch eine Entwicklung bis 2050. Zunächst wird ersichtlich, dass der Fahrzeugmarkt in seiner Gesamtheit deutlich und

Abb. 3
Szenarische Entwicklung der unterschiedlichen Antriebsstränge bis 2030 inkl. regionaler Verteilung, Quelle: Schaeffler, © Schaeffler AG 2019. All Rights Reserved

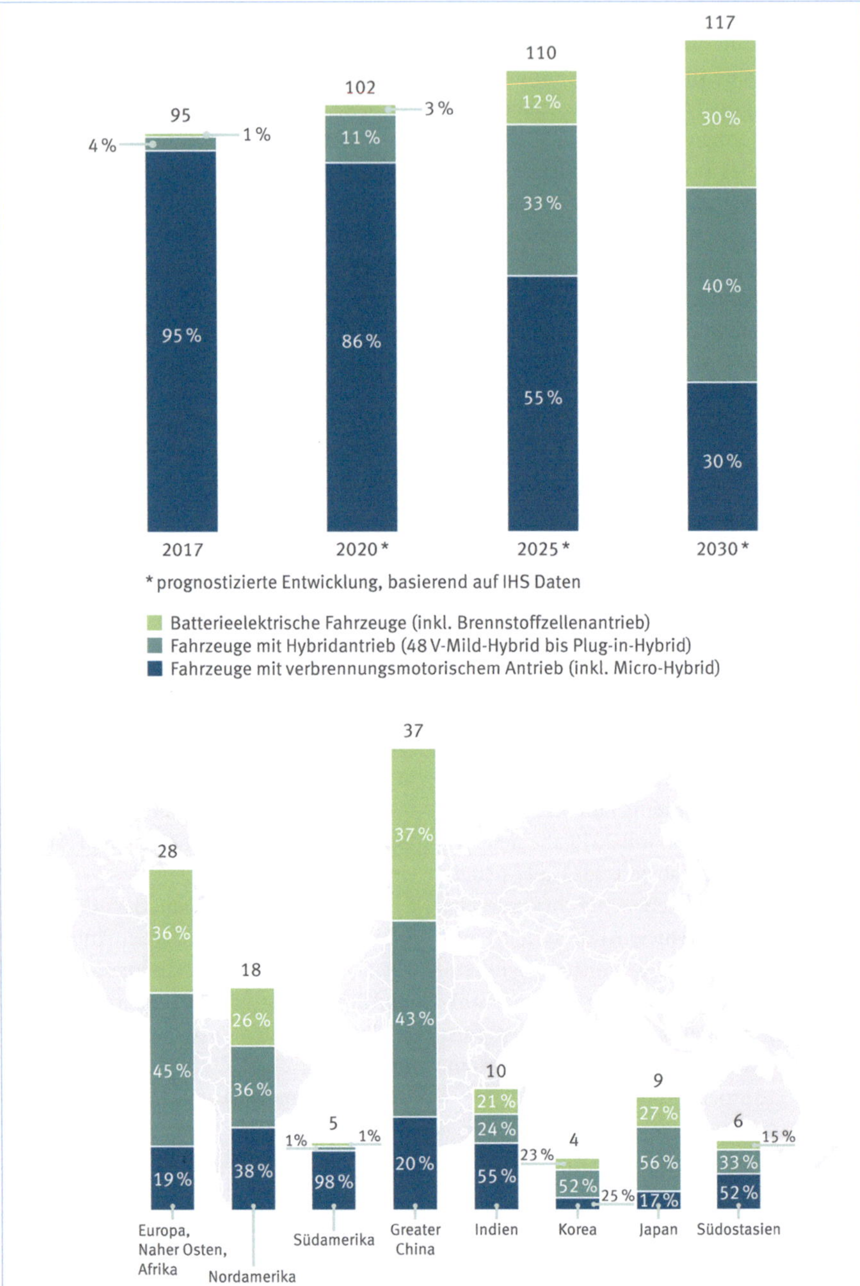

stetig wächst. Auffällig ist die stark degressive Entwicklung des rein verbrennungsmotorischen Antriebes ab 2020. 2050 sind sie in nicht-elektrifizierter Ausprägung kaum von Relevanz. Den Hauptanteil werden 2050 also elektrifizierte Antriebe bilden. Ab 2030 wird die Brennstoffzelle als Variante des elektrifizierten Antriebs hinzukommen [16]. Die Brennstoffzelle weist einen höheren Wirkungsgrad als ein Verbrennungsmotor und zudem – bis auf reines Wasser – lokale Emissionsfreiheit auf, siehe Kap. 7.

Bei den aufgeführten Prognosen muss allerdings berücksichtigt werden, dass es sich um Produktionszahlen handelt. Das durchschnittliche Fahrzeugalter beträgt in Deutschland 9,4 Jahre [17]. In der EU liegt das durchschnittliche Fahrzeugalter bei 11 Jahren mit steigender Tendenz [18]. In den USA liegt es mit über 11 Jahren in etwa gleich auf [19]. In China – d. h. in dem weltgrößten Automarkt – spiegelt sich der massive Wirtschaftsaufschwung mit einem Durchschnittsalter von 4,4 Jahren wider [20]. Dies zeigt deutlich, dass die Bestandsflotte dem Antriebswandel relativ träge folgt, **Abb. 5**.

Bei den oben aufgeführten Prognosen muss in Betracht gezogen werden, dass disruptive Technologien nicht betrachtet werden. Im Bereich der Automobiltechnik hat das autonome Fahren das realistische Potential das Mobilitätsverständnis und -verhalten nachhaltig und tiefgreifend zu verändern. Diese Game-Changer-Technologie ist im Stande das lösungsinvariante Kundenproblem – den Transport von Personen von einem Ort zum anderen – auf effizientere Weise als heutige Systeme zu lösen. Zukünftig könnten vornehmlich im urbanen Umfeld sog. Robo-Taxis die alltäglichen Fahrten übernehmen. Robo-Taxis sind autonom fahrende Fahrzeuge dediziert entwickelt und eingesetzt für hochflexible Mobilitäts- und Transportdienstleistungen [22]. Private Pkw würden für den urbanen Verkehr rasch unattraktiv, es käme zu einer Verlagerung hin zu Robo-Taxi-Services [23]. Solche disruptiven Mobilitätsmodelle, die zu einer intermodalen Nutzung des Verkehrs führen, sind in den o.g. Prognosen nicht enthalten. Deutlich zunehmend sind auch aus Flächen- und Lebensqualitätsgründen lokalspezifische Einfahrtsbeschränkungen für den Individualverkehr zu erwarten.

1.5 Energiebedarf und Stromerzeugung

Die CO_2-freie bzw. CO_2-neutrale elektrobasierte Mobilität erfordert einen sektorübergreifenden, ganzheitlichen Blick von der Erzeugung über die Verteilung und

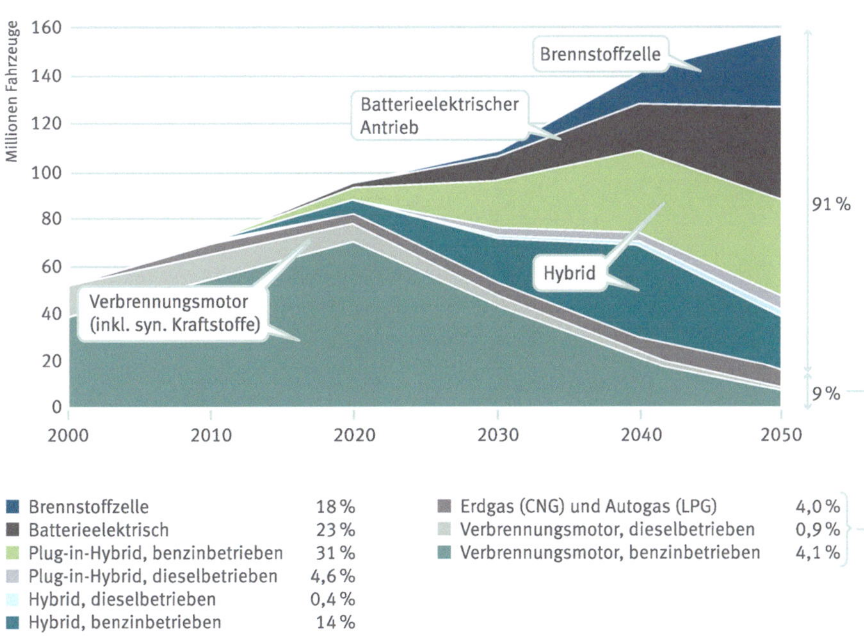

Abb. 4 Szenarische Entwicklung der unterschiedlichen Antriebsstränge bis 2050, Datenbasis [16]

Zwischenspeicherung bis zur finalen Versorgung mit Elektrizität. Diese Lösungen müssen gleichzeitig und gesamthaft im Sinne des Nutzers geschaffen werden.

Der elektrische Antrieb eignet sich hervorragend um lokale Emissionen zu vermeiden. Dies ist insbesondere im urbanen Verkehr relevant. Um einen Körper in Bewegung zu versetzen muss allerdings Beschleunigungsarbeit aufgewendet werden. Die dafür notwendige Energie wird beim Verbrennungsmotor chemisch gewandelt und die dabei entstehenden Abgase umgehend lokal emittiert. Beim Elektroauto ist die notwendige Energie in der Traktionsbatterie gespeichert und wird mit sehr hohem Wirkungsgrad in mechanische Energie für den Vortrieb umgewandelt. Der Ladestrom entstammt aus fossilen und sog. regenerativen Energieträgern. Je nach Region ist auch Kernenergie zu nennen. **Abbildung 6** zeigt illustrativ die verschiedenen Energiepfade der fossilen (Erdöl, Erdgas und grundsätzlich auch Kohle) und regenerativen Primärenergieträger mit den notwendigen Transformationsschritten bzw. Zwischensubstraten (blau) für die individuelle Mobilität (orange). Hierbei wird im unteren Teil der Abbildung noch die derzeitig vorherrschende, fossile Wirkkette aufgeführt (schwarz). Im oberen Teil sind die regenerativen Energien (grün) erkennbar, die mittels verschiedener Pfade eine CO_2-neutrale Mobilität ermöglichen. Bei Elektrofahrzeugen ist dies offensichtlich. Aber auch bei den Pfaden mit synthetischen und biogenen Kraftstoffen ist ein Gleichgewichtszustand des Kohlenstoffkreislaufs und damit CO_2-neutrale, verbrennungsmotorische Lösungen möglich. Diese Lösungen sind insbesondere für den Luft- und Schiffsverkehr von großer Bedeutung.

Der sog. Strommix beschreibt die Herkunft der Energieformen und den entsprechenden Kohlendioxidausstoß pro Kilowattstunde in den jeweiligen Regionen. Für Deutschland sanken die spezifischen Kohlendioxidemissionen von 761 auf 527 g CO_2/kWh (von 1990 bis 2016) [24]. Für die wichtigsten Länder bzw. Regionen wurde der Verlauf des Strommixes in der **Abb. 7** zusammengetragen. Zudem finden sich noch die absoluten Werte in der **Abb. 8**. Die spezifischen Werte zeigen eine klar fallende Tendenz. Bei den absoluten Werten fällt auf, dass die Steigerung der CO_2-Emissionen in China mehr als das Dreifache der Einsparungen in der EU und den USA zusammen darstellen. Die Notwendigkeit gemeinsamer Anstrengungen wird so offenkundig.

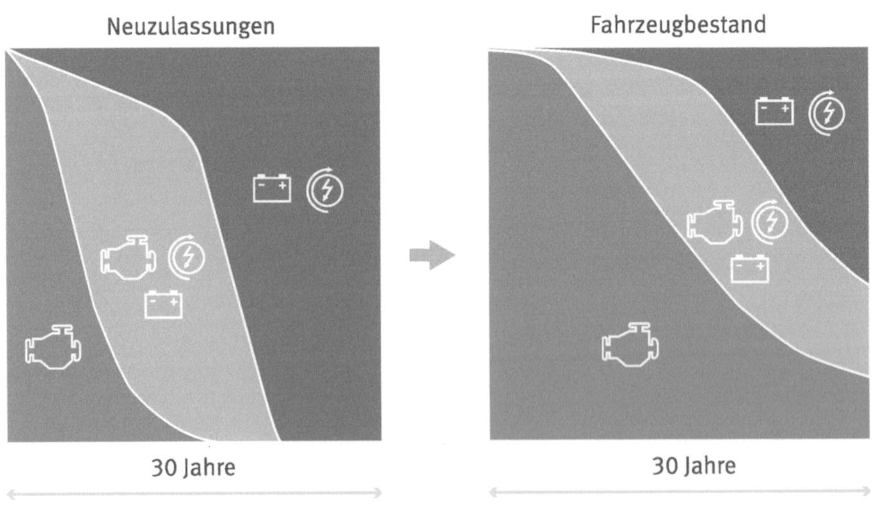

Abb. 5 Beispielhafte Marktdurchdringung bei forciertem Technologiewechsel der Fahrzeugantriebsstränge, Datenbasis [21]

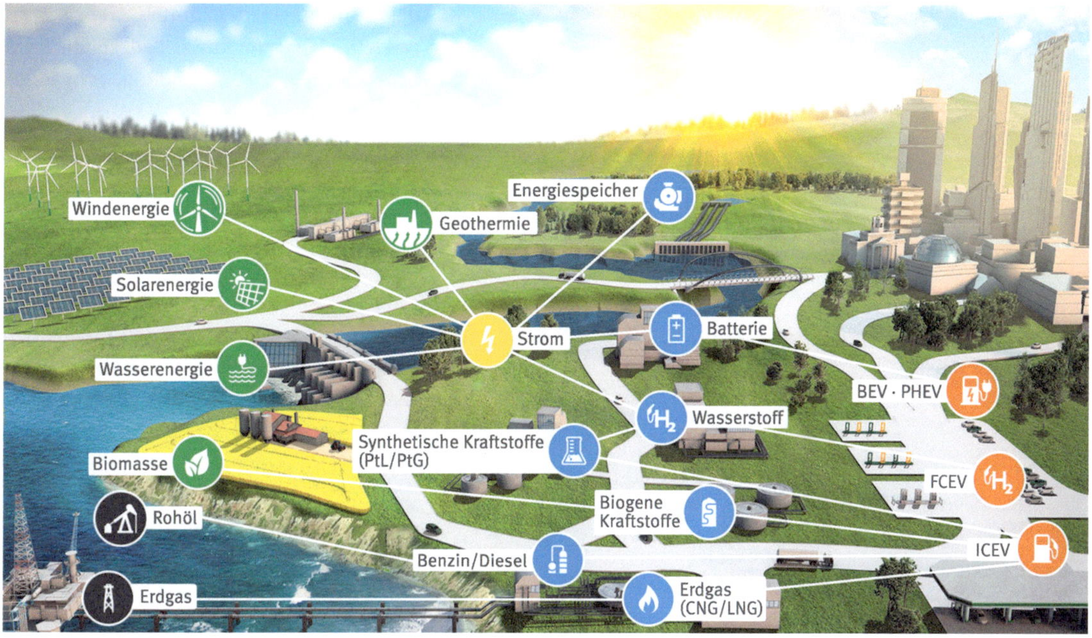

Abb. 6 Verschiedene Energiepfade der fossilen und regenerativen Primärenergieträger für den Individualverkehr, Quelle: Schaeffler, © Schaeffler AG 2019. All Rights Reserved

Aufgrund der Prognosen zur wachsenden Weltbevölkerung und der ebenfalls wachsenden Weltwirtschaft, nehmen diverse Studien an, dass der globale Energiebedarf in den nächsten Jahren um ca. 1,2 % pro Jahr wächst. Verschiedene Studien zeigen hier, dass konventionelle Energieträger auch weiterhin ihren Beitrag zur Befriedigung des wachsenden Energiebedarfs leisten, obgleich erneuerbare Energien und Erdgas als Primärenergieträger am stärksten ausgebaut werden [25]. Die Defossilierung der Stromerzeugung erfordert demzufolge noch große Anstrengungen.

Für einen aussagekräftigen ganzheitlichen Vergleich der unterschiedlichen Antriebsformen eignet sich eine sog. Cradle-to-Grave-Betrachtung (auch: Produktlebenszyklusbetrachtung, Life Cycle Assessment), d. h. eine Betrachtung über die gesamte Fahrzeuglebensdauer: von der Rohstoffgewinnung und Produktion über Nutzung bis zur Fahrzeugverwertung. Der Gesetzgeber sieht derzeit eine sog. Tank-to-Wheel-Betrachtung vor, d. h. lediglich die Betrachtung der lokalen Emissionen aus der unmittelbaren Fahrzeugnutzung. Der Vollständigkeit halber sei noch auf die Well-to-Wheel-Betrachtung hingewiesen. Hier sind die Systemgrenzen des Tank-to-Wheel um die Kraftstoff- bzw. Ladestromproduktion erweitert. Im Gegensatz zur Cradle-to-Grave-Betrachtung wird die Rohstoffgewinnung, Fahrzeugproduktion und -verwertung ausgeklammert.

Somit ist leicht ersichtlich, dass sich der Strommix direkt auf die Umweltfreundlichkeit des elektrifiziert angetriebenen Fahrzeugs niederschlägt. Ein Elektrofahrzeug weist zwar keine lokalen Emissionen auf – dennoch werden Kohlendioxid und Schadstoffe des jeweiligen Strommixes anteilig an anderer Stelle emittiert.

1.6 Lade-Infrastruktur

Eine gut ausgebaute Lade-Infrastruktur ist unabdingbar für eine rasche Marktdurchdringung von batterieelektrischen Fahrzeugen. Die Reichweite und damit die Batteriegröße steht im direkten Bezug

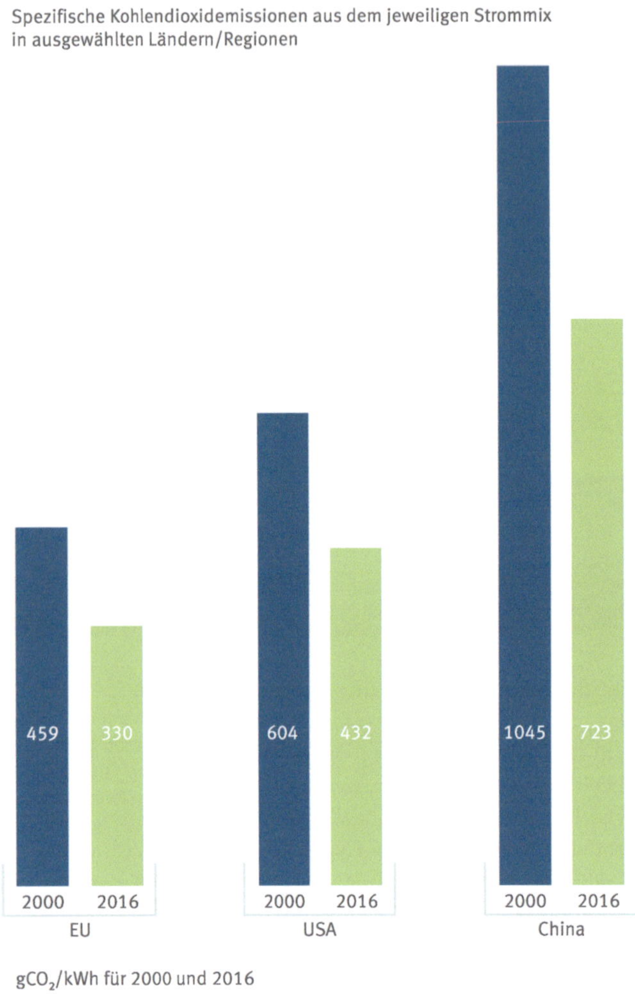

Abb. 7
Säulendiagram: Spezifische Kohlendioxidemissionen aus dem jeweiligen Strommix in ausgewählten Ländern/Regionen, Stand 2016, Datenbasis [26]

zur Lade-Infrastruktur: Bei einer gut ausgebauten Infrastruktur mit geringen Ladezeiten sind große, kostenintensive Batterien weniger relevant. Die Reichweite wird allerdings bei niedrigen Umgebungstemperaturen noch weiter eingeschränkt [27]. Hybridfahrzeuge haben den systembedingten Vorteil, dass sie nicht an einen Kraftstoff gebunden sind. Dieser Umstand besticht gerade in der Zeit des Infrastrukturaufbaus.

Bei der Lade-Infrastruktur wird nach der Ladeleistung unterschieden. Eine hohe Ladeleistung ermöglicht ein schnelles Laden. Mit Wechselstrom wird eine Ladeleistung von bis zu 22 kW übertragen. Höhere Ladeleistungen werden mittels Gleichstrom erreicht. Für sehr kurze Ladezeiten wird bspw. die 800-Volt-Technologie propagiert (ca. 4 min pro 100 km) [28], siehe Kap. 23.

In Deutschland waren 2018 ca. 13.500 öffentliche und teilöffentliche Ladepunkte an rund 6.700 Ladestationen vorhanden [29]. Hiervon waren 13 % Schnellladestationen. Aktuell sind derartige Geschäftsmodelle aufgrund der geringen Anzahl an Elektrofahrzeugen und damit einem zu geringen Umsatz für den Betreiber nicht rentabel [30]. Nach Schätzungen wird für Deutschland ein Bedarf an 80.000 Schnellladesäulen und 800.000 Ladepunkte prognostiziert [11].

Neben den einzelnen Ladesäulen muss das Stromnetz mit Übertragungs- und Verteilnetz entsprechend ausgebaut werden. Beispielhaft sei hier auf Pufferbatterien für Schnellladestationen hingewiesen, um die großen Energiemengen rasch zu transferieren. Für einen CO_2-neutralen Betrieb bei gleichzeitig höherem Strombedarf müssen die erneuerbaren Energien weiter ausgebaut werden. Notwendige Investitionen von einem Euro-Betrag in mittlerer zweistelliger Milliardenhöhe werden hierfür abgeschätzt [31].

Es bleibt spannend zu beobachten, inwieweit die zunehmende Elektromobilität das Nutzungsverhalten von individuellen Fahrzeugen verändern und Einfluss auf Fahrzeugkonzepte haben wird.

1.7 Ressourcenverbrauch

Der weltweite Straßenverkehr hat 2016 40,7 Mio. Barrel Erdöl am Tag verbraucht (2000: 30,1 Mio. Barrel pro Tag). [26] Dies sind etwa 43 % des globalen Erdölbedarfs. Neben den konventionellen Erdölquellen stammt das Erdöl zunehmend aus unkonventionellen Quellen (insb. Ölsand, Schweröle, Erdgaskondensate). 1,7 Billionen Barrel Erdöl werden als nachgewiesene

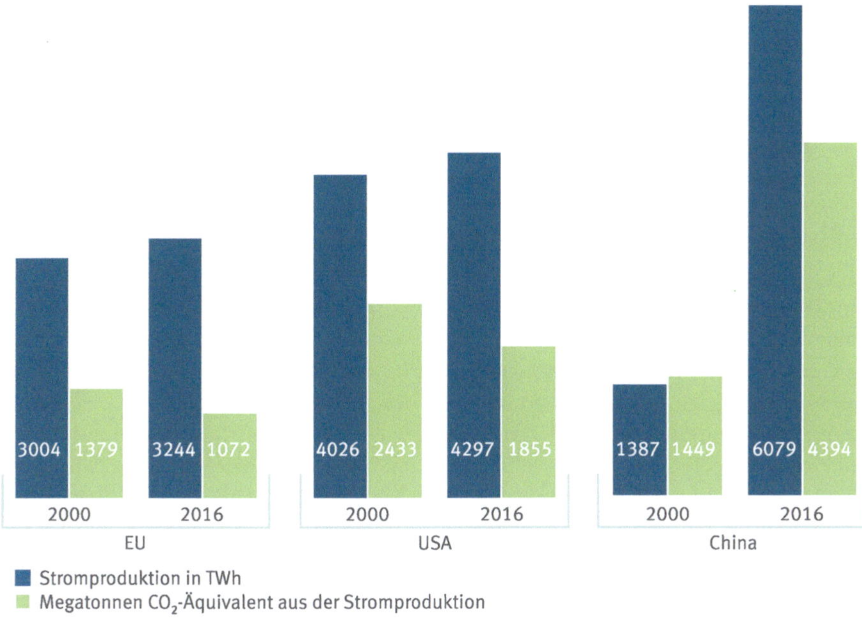

Abb. 8 Absolute Stromerzeugung und absolute Kohlendioxidemissionen für 2000 und 2016 in ausgewählten Ländern / Regionen, Stand 2016, Datenbasis [26]

Reserven angesehen, d. h. Ölquellen, die nach heutigen technischen und ökonomischen Bedingungen förderbar sind [32]. Es zeigt sich, dass die nachgewiesenen Reserven in der Vergangenheit immer wieder angepasst worden sind (1980: 0,68 Billionen Barrel) [33]. Die Ursache ist in den nicht antizipierten Fortschritten der Fördertechnologie zu suchen, die unkonventionelle Ölquellen technisch und ökonomisch nutzbar werden ließ. Demzufolge rückt die angebotsseitige Peak-Oil-Theorie zunehmend aus dem Fokus. Größerer Relevanz wird der nachfrageorientierten Perspektive eingeräumt. Je nach Entwicklung der Weltwirtschaft und hier insbesondere die Wirtschaft der Schwellenländer, der Klimapolitik und dem technologischen Fortschritt wird der Ölbedarf ab ca. 2035 weltweit zurückgehen [25].

Elektrifizierte Fahrzeugantriebe benötigen eine leistungsstarke Traktionsbatterie mit hoher spezifischer Energiedichte (volumetrisch und gravimetrisch) in ausgereifter Entwicklungsstufe, siehe Kap. 6. Dies gilt umso mehr für rein batterieelektrische Fahrzeuge. Lithium-Ionen-Batterien erfüllen diese Anforderungen und werden dementsprechend aktuell für elektrifizierte Antriebe genutzt. Für Lithium-Ionen-Zellen, die in den aktuellen Traktionsbatterien zum Einsatz kommen, werden knappe Rohstoffe benötigt, deren Vorkommen z.T. auf wenige Länder begrenzt sind. Die Lieferketten sind teilweise, insbesondere für Kobalt, nicht transparent. Auswege werden in der Reduzierung des Rohstoffbedarfs durch Weiterentwicklung der Zelltechnologie sowie perspektivisch im Recycling, d. h. in geschlossenen Materialkreisläufen, gesehen [34]. Es zeichnet sich ab, dass die geophysische Verfügbarkeit und die Ressourcen der für die Batterieproduktion notwendigen Rohstoffe wahrscheinlich weniger relevant sein werden als die jeweilige strategische Wirtschaftspolitik der rohstoffreichen Staaten. Das Forschungsumfeld vermeldet regelmäßig Fortschritte bei alternativen Batterietechnologien. Ob die hohe Erwartungshaltung um einen disruptiven Technologiewandel gerechtfertigt ist, bleibt abzuwarten. Die Anforderungen an eine großserientaugliche Traktionsbatterie sind hoch.

Die Produktion der Traktionsbatterien erfordert einen hohen Energieeinsatz, sodass für eine nachhaltige klimaschonende Fertigung ein möglichst hoher Anteil an erneuerbare Energien anzustreben ist. Dies gilt im gleichen Maße für den Betrieb eines elektrifizierten Fahrzeugs. Inwieweit ein batterieelektrisches Fahrzeug tatsächlich als CO_2-neutral bilanziert werden kann, ist demzufolge entscheidend von einer klimafreundlichen Stromerzeugung für Produktion und Betrieb des Fahrzeugs abhängig. Leicht ersichtlich ist der Einfluss der Gesamtfahrleistung eines batterieelektrischen Fahrzeugs auf die CO_2-Bilanz: Je größer die Gesamtfahrleistung, desto geringer der prozentuale Anteil der Kohlendioxidemissionen aus der Batterieproduktion in der ganzheitlichen Betrachtung.

Seit Jahren durchlaufen Lithium-Ionen-Batteriezellen eine deutliche Kostendegression. Für 2030 werden Kosten für Batteriezellen in Höhe von 60 USD pro kWh für erreichbar erachtet [35]. Damit sind Batterie-Package-Preise signifikant unter 100 USD pro kWh für die Großserie realistisch. Für die Automobilhersteller stellen die äußerst hohen Investitionskosten in Batteriefabriken eine große Herausforderung dar. Die Kosten belaufen sich auf mittlere zweistellige Milliardenbeträge. Diese Anstrengungen sind allerdings erforderlich, um Elektrofahrzeuge zu marktfähigen Preisen anzubieten [11].

Aktuelle Studien (z. B. FVV-Kraftstoffstudie 2018) sprechen sich für einen technologieoffenen und wettbewerbsorientierten Lösungsweg in der Mobilität zur Erreichung der angestrebten CO_2-Reduktionsziele aus [31].

1.8 Fazit

Der Grad und die Geschwindigkeit der Marktdurchdringung elektrischer Antriebe im Individualverkehr hängt neben der Gesetzgebung und einem attraktivem Produktangebot im Wesentlichen vom Fortschritt der Batterietechnologie und dem Ausbau der CO_2-neutralen Stromerzeugung und -verteilung sowie der Ladeinfrastruktur ab.

In naher Zukunft werden elektrifizierte Antriebe vor allem in urbanen Zentren einen signifikanten Anteil darstellen. Die Vorteile der lokalen Emissionsfreiheit, einer tendenziell geringeren Lärmbelastung, das hohe Drehmoment und die Effizienz des Antriebs überzeugen weltweit immer mehr Autokäufer. In den wichtigsten Automobilmärkten wird die Entwicklung der elektrifizierten Antriebe allerdings nicht einheitlich und mit unterschiedlicher Geschwindigkeit verlaufen; zu unterschiedlich sind kulturelle Besonderheiten, Anzahl kaufbereiter Endkunden, Infrastrukturaufbau sowie die gesetzlichen Vorgaben und ihr jeweiliger Fokus. Hinzu kommt die strategische Wirtschaftspolitik als entscheidender, wie legitimer Einflussfaktor. Es konnte weiterhin gezeigt werden, dass eine vollkommene Marktdurchdringung elektrifizierter oder gar rein batterieelektrischer Fahrzeuge mittelfristig unrealistisch ist. Dies ergibt sich aus den bisherigen Markthochläufen und der praktischen Umsetzbarkeit. Gleichzeitig ist die hohe Relevanz des elektrifizierten Antriebes für die Zukunft evident. Dies gilt insbesondere für den urbanen Verkehr. Der Fokus der Antriebstechnik liegt auf der steten Weiterentwicklung von elektrifizierten Antrieben, ob als Hybridvariante im Zusammenspiel mit Verbrennungsmotor oder Brennstoffzelle oder auch als batterieelektrische Variante. Man darf die zukünftige Entwicklung nicht als Wettstreit der Technologien untereinander begreifen. Es ist vielmehr ein sinnvolles Zusammenspiel, um gemeinsam die Luftqualität in den urbanen Zentren zu verbessern, den global zu betrachtenden Kohlenstoffdioxidausstoß nachhaltig zu senken und gleichzeitig die individuelle Mobilität zu gewährleisten.

Literaturhinweise

[1] United Nations, Department of Economics and Social Affairs (Hrsg.) (2014) World Urbanization Prospects – The 2014 Revision – Highlights

[2] Bratzel S, Tellermann R, Ehret O (2018) Branchenstudie Elektromobilität 2018: Analyse der Markt- und Innovationstrends in Deutschland und internationalen Kernmärkten. Bergisch-Gladbach

[3] Intergovernmental Panel on Climate Change (Hrsg.) (2013) Climate Change 2013: The Physical Basis – Fifth Assessment Report. Cambridge und New York

[4] Bundesministerium für Umwelt, Naturschutz, Bau und Reaktorsicherheit (Hrsg.) (2016) Klimaschutzplan 2050 – Klimaschutzpolitische Grundsätze und Ziele der Bundesregierung. Berlin

[5] Gerbert P, Herhold P, Burchardt J, Schönberger S, Rechenmacher F, Kirchner A, Kemmler A, Wünsch M (2018) Klimapfade für Deutschland.

[6] Janssens-Maenhout G, Grippa M, Guizzardi D, Muntean M, Schaaf E, Olivier JGJ, Peters JAHW, Schure KM (2017) Fossil CO_2 & GHG Emissions of all World Countries. Europäische Union

[7] Statista (2018) Anteil der Verkehrsträger an den weltweiten CO_2-Emissionen aus der Verbrennung fossiler Brennstoffe im Jahr 2015 https://de.statista.com/statistik/daten/studie/317683/umfrage/verkehrstraeger-anteil-co2-emissionen-fossile-brennstoffe/ Zugegriffen: 22. Januar 2019

[8] Bundesministerium für Umwelt, Naturschutz und nukleare Sicherheit (Hrsg.) (2018) Klimaschutz in Zahlen – Fakten, Trends und Impulse deutscher Klimapolitik. Frankfurt am Main

[9] Tschöke H (2018) Abgasemissionen von Dieselmotoren. In Tschöke H, Mollenhauer K, Maier R (Hrsg.) Handbuch Dieselmotoren, Wiesbaden

[10] Kufferath A, Krüger M, Naber D, Maier R, Hammer J (2017) Verbrauch im Einklang mit Realemissionen – Die Zukunft für den Diesel PKW. In Lenz HP, 38. Internationales Wiener Motorensymposium, Düsseldorf

[11] Lienkamp M (2018) Status Elektromobilität 2018: Der Kunde wird es entscheiden. https://www.researchgate.net/profile/Markus_Lienkamp/publication/323486141_Status-Elektromobilitaet-2018-HL/links/5a980572aca27214056c2db8/Status-Elektromobilitaet-2018-HL.pdf Zugegriffen: 22. Januar 2019

[12] Umweltbundesamt (Hrsg.) (2013) Kurzfristig kaum Lärmminderung durch Elektroautos – Positionspapier. Dessau-Roßlau

[13] Wolff K, Steffens C, Eisele G, Rosplesch A (2018) Optimierung des Außengeräuschs von Elektrofahrzeugen. In Automobiltechnische Zeitschrift Jg. 120, Nr. 7-8

[14] Kapus P, Neubauer M, Hilbert D, Krenn M, Fraidl G (2018) High performance and stoichiometric operation – vision or reality? In Liebl J, Beidl C, Maus W (Hrsg.) Internationaler Motorenkongress 2018. Wiesbaden

[15] Verband Deutscher Maschinen- und Anlagenbau e.V. (Hrsg.) (2018) Antrieb im Wandel: Die Elektrifizierung des Antriebsstrangs von Fahrzeugen und ihre Auswirkung auf den Maschinen- und Anlagenbau und die Zuliefererindustrie. Frankfurt am Main

[16] Bulander R (2017) Beitrag verschiedener Antriebskonzepte zur Erreichung anspruchsvoller Klimaziele. In Lenz HP, 38. Internationales Wiener Motorensymposium, Düsseldorf

[17] Kraftfahr-Bundesamt (Hrsg.) (2018) Jahresbilanz des Fahrzeugbestands am 1. Januar 2018 https://www.kba.

de/DE/Statistik/Fahrzeuge/Bestand/bestand_node.html Zugegriffen: 22. Januar 2019

[18] Association des Constructeurs Européens d'Automobiles (Hrsg.) (2019) Average Vehicle Age https://www.acea.be/statistics/tag/category/average-vehicle-age Zugegriffen: 22. Januar 2019

[19] Statista (2018) Durchschnittsalter von Pkw und leichten Nutzfahrzeugen in den USA im Jahr 2016 https://de.statista.com/statistik/daten/studie/739559/umfrage/durchschnittsalter-von-pkw-und-leichten-nutzfahrzeugen-in-den-usa/ Zugegriffen: 22. Januar 2019

[20] Statista (2018) Average age of the passenger vehicles in China from 2015 to 2022 https://www.statista.com/statistics/865046/china-passenger-vehicles-average-age/ Zugegriffen: 22. Januar 2019

[21] List H (2018) Antriebssysteme im Wandel. In Lenz HP, 39. Internationales Wiener Motorensymposium, Düsseldorf

[22] Gutzmer P, Wagner U (2018) Entwicklungsstrategien für die Mobilität von morgen. In Automobiltechnische Zeitschrift, Sonderheft 120 Jahre ATZ, Jg. 120 Nr. 3

[23] Kempf M, Agua F (2017) Mobility Purpose Vehicles – New Markets and Business Designs on the Rise. In Eckstein L, Pischinger S, Hammermüller B, Wolsfeld R (Hrsg.) 26. Aachener Kolloquium Fahrzeug- und Motorentechnik, Aachen

[24] Umweltbundesamt (Hrsg.) (2017) Entwicklung der spezifischen Kohlendioxid-Emissionen des deutschen Strommix in den Jahren 1990-2016. Dessau-Roßlau

[25] BP plc (2017) BP Energy Outlook – 2017 edition. London

[26] International Energy Agency (2017) World Energy Outlook 2017, Paris

[27] Kurzweil P, Dietlmeier OK (2018) Elektrochemische Speicher. Wiesbaden

[28] Blume O (2018) Sportwagenantriebe der Zukunft. In Lenz HP, 39. Internationales Wiener Motorensymposium, Düsseldorf

[29] Ladesäulenregister des Bundesverbands der Energie und Wasserwirtschaft (2018) Online: https://ladesaeulenregister.de/ Zugegriffen: 1. Juli 2018

[30] Wildemann H (2018) Ladeinfrastruktur als Enabler der Elektromobilität. München

[31] Forschungsvereinigung Verbrennungskraftmaschinen (Hrsg.) (2018) Defossilisierung des Transportsektors – Optionen und Voraussetzungen in Deutschland. Frankfurt

[32] BP plc (2018): BP Statistical Review of World Energy, 67th edition. London

[33] Statista (2018) Menge der weltweiten Erdölreserven in den Jahren 1990 bis 2017 https://de.statista.com/statistik/daten/studie/233337/umfrage/reserven-an-erdoel-weltweit-seit-1990/ Zugegriffen 22. Januar 2019

[34] Köllner C (2018) Die Schattenseiten der Rohstofflieferkette, in: Automobiltechnische Zeitschrift, Sonderheft 120 Jahre ATZ, Jg. 120 Nr. 3

[35] Fraunhofer-Institut für System- und Innovationsforschung (Hrsg.) (2017) Energiespeicher-Roadmap (Update 2017) – Hochenergie-Batterien 2030+ und Perspektiven zukünftiger Batterietechnologien. Karlsruhe

2 Definitionen, Architekturen und Topologien

Helmut Tschöke

2.1 Hybridantriebe

2.1.1 Einleitung

Getrieben von immer strengeren CO_2-Gesetzgebungen und Vorgaben zur Einhaltung von Schadstoffemissionen, wächst das Bestreben der Automobilhersteller, den Antriebstrang zunehmend zu elektrifizieren. Aus diesem Bestreben heraus, entstand in den vergangenen Jahren eine Vielzahl an Konzepten für Hybrid- und Elektroantriebe. Der Anteil rein elektrischer Antriebe wird wachsen, jedoch liegt die Herausforderung hierbei in der vergleichsweise niedrigen Energiedichte gegenüber fossilen Kraftstoffen bei gleichzeitig steigendem Energieverbrauch im Fahrzeug, unter anderem hervorgerufen durch elektrisch angetriebene Kältemittelverdichter, Kühlmittelpumpen oder elektrisch unterstützte Fahrhilfesysteme.
Einen Mittelweg bilden hier Hybridfahrzeuge mit mindestens zwei unterschiedlichen, zum Antrieb genutzten Energiequellen, wie zum Beispiel Fahrzeuge mit der Kombination aus chemisch im Kraftstoff gebundener Energie und elektrischer Energie aus Batteriespeichern. Hieraus ergeben sich zahlreiche Varianten bei der Hybridisierung konventioneller Antriebsstränge, die anhand ihrer Architektur, dem Grad der Hybridisierung und ihrer Funktionen beschrieben werden.
Auf Hybridantriebe aus der Kombination von Brennstoffzelle und Batterie, sog. Energiehybride, wird hier nicht eingegangen.

Das Wort „Hybrid“ kommt in dem hier verwendeten Wortsinn aus dem Lateinischen mit griechischem Ursprung und bedeutet „gemischt“, „von zweierlei Herkunft“ beziehungsweise „zusammengesetzt“. Ein Fahrzeug mit einem Hybridantrieb besitzt somit nach der praktischen Definition mindestens zwei verschiedene Energiewandler und zwei verschiedene Energiespeichersysteme im Fahrzeug zu dessen Antrieb [1, 2]. Die Energiewandler können mechanische Energie zum direkten Fahrzeugantrieb (Verbrennungsmotor, E-Motor) oder elektrische Energie (Generator, Brennstoffzelle) für den Antrieb bereitstellen. Die Basisenergie kann als chemisch gebundene Energie (zum Beispiel Kraftstoffe), mechanische Energie (Schwungrad, pneumatische oder hydraulische Druckspeicher oder Federspeicher) und elektrische Energie sowie als Kombinationen dieser Energieformen gespeichert werden. Die Wandlung der gespeicherten Energie in eine andere Energieform erlaubt theoretisch eine Vielzahl von Varianten. Nachfolgend sollen nur Systeme auf Basis von flüssigen oder gasförmigen Kraftstoffen und elektrisch gespeicherter Energie und deren direkte und indirekte Wandlung in mechanische Antriebsenergie betrachtet werden.

2.1.2 Definitionen

Hybridelektrofahrzeuge (Hybrid Electric Vehicle, HEV) können grundsätzlich nach

H. Tschöke et al. (Hrsg.), *Elektrifizierung des Antriebsstrangs*, ATZ/MTZ-Fachbuch, https://doi.org/10.1007/978-3-662-60356-7_2

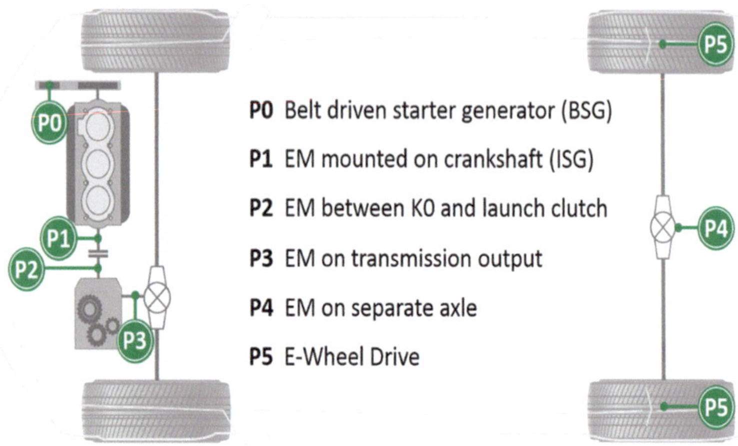

Abb. 1 Definition der Topologie für Hybridantriebe, Quelle: Schaeffler,

drei Hauptkriterien charakterisiert werden. Die erste Einteilung der Fahrzeuge erfolgt nach ihrem Hybridisierungs- beziehungsweise Elektrifizierungsgrad, das heißt hier steht die Verfügbarkeit beziehungsweise die Speicherung der beiden Energieformen und die Auslegung der Antriebsmaschinen im Vordergrund (Mikro-, Mild-, Voll-, Plug-in-Hybrid). Eine zweite Einteilung orientiert sich am Energiefluss, man spricht von der Antriebsarchitektur oder Funktion des Hybridantriebs (Parallel, Seriell, Leistungsverzweigt). Eine dritte Spezifizierung erfolgt über die sogenannte Topologie, d.h. die Anordnung der elektrischen Maschinen und damit die Einkopplung der elektrischen Energie in den Antriebsstrang (P0 bis P5), siehe **Abb. 1**.

Des Weiteren sind die möglichen Betriebsmodi wichtige Unterscheidungsmerkmale für die Hybridantriebe:

- rein verbrennungsmotorisches Fahren
- rein elektrisches Fahren
- hybridisches Fahren
- Boosten
- Segeln
- Coasting
- regeneratives Bremsen (Rekuperation)
- elektrische Energieerzeugung (Generatorbetrieb)
- Start-Stopp-Funktion.

Einteilung nach dem Hybridisierungs- oder Elektrifizierungsgrad

Üblicherweise teilt man die Hybridfahrzeuge entsprechend ihrem Hybridisierungs- / Elektrifizierungsgrad ein in:

- Mikro-Hybrid
- Mild-Hybrid
- Voll-Hybrid
- Plug-in-Hybrid [2, 3].

Der klassische *Mikro-Hybrid*, Kap. 10, ist nach der vorstehenden Definition kein echter Hybridantrieb. Der Fahrantrieb erfolgt ausschließlich über die vom Verbrennungsmotor bereitgestellte mechanische Energie. Die elektrische Energie aus der Bordnetzbatterie und dem Standardgenerator (derzeit 12 V) wird nur für die Betriebsstrategie des Verbrennungsmotors bei stillstehendem Fahrzeug eingesetzt (Start-Stopp-Funktion). Hält das Fahrzeug, beispielsweise an einer roten Ampel, das heißt bei Geschwindigkeit Null, unterbrochenem Drehmomentstrang (kein eingelegter Gang bei Schaltgetrieben) und ausreichender Batteriekapazität für den Wiederstart sowie entsprechender Betriebstemperatur, wird der Motor abgestellt. Bei Betätigung der Kupplung oder nach lösen der Bremse (bei Automatikgetrieben) startet der Verbrennungsmotor automatisch. Das Start-Stopp-System erfordert einen verstärkten Ritzelstarter oder wird über einen Riemen-Starter-Generator (P0-Topologie) realisiert. Die Batterie muss die deutlich höhere Zahl von Startvorgängen realisieren können und gegebenenfalls durch eine weitere, kleinere Batterie gestützt werden, um Spannungsveränderungen im Bordnetz während der Startphase zu vermeiden.

In begrenztem Umfang ist im Schiebebetrieb des Verbrennungsmotors die Erzeugung höherer elektrischer Energie über den Generator möglich, um die Bordnetzbatterie zu laden. Abhängig von der Systemauslegung ist dann für die Beschleunigung bei Bedarf die volle Leistung des Verbrennungsmotors verfügbar, da die Versorgung der elektrischen Verbraucher ausschließlich über die Batterie erfolgt. Hierzu ist ein Batteriemanagement mit Ladezustandssensorik notwendig. Bei Motorstillstand ist sicherzustellen, dass die üblicherweise durch den Verbrennungsmotor angetriebenen Nebenaggregate (wie Klimakompressor) elektrisch angetrieben werden, wenn während der Stillstandsphasen ihre Funktion erforderlich ist. Der Mikro-Hybrid ist eine wichtige Stufe der Elektrifizierung des Verbrennungsmotors und kann Verbrauchseinsparungen im WLTC von 3 bis 5 % und im reinen Stadtverkehr von 5 bis 10 % ermöglichen.

Der *Mild-Hybrid*, Kap. 11, **Abb. 2**, verfügt neben dem Verbrennungsmotor als Hauptantriebsmaschine über eine elektrische Maschine mit einer Leistung von 8 bis ca. 20 kW und eine zusätzliche Traktionsbatterie. Die elektrische Maschine übernimmt die Start-Stopp-Funktion (siehe Mikro-Hybrid), kann als Anfahrhilfe und zur Unterstützung bei der Beschleunigung dienen sowie zur Bremsenergierückgewinnung genutzt werden. Abhängig von der Systemauslegung bleibt der konventionelle Starter unter Umständen erhalten, um den Kaltstart des Verbrennungsmotors bei sehr niedrigen Temperaturen zu gewährleisten. Die Elektromaschine des Mild-Hybrids ist als P1-Hybrid direkt mit der Kurbelwelle des Verbrennungsmotors als Kurbelwellen-Starter-Generator verbunden. Bei der Anfahr- und Beschleunigungsunterstützung, dem sogenannten Boosten, wird das Antriebsmoment des Verbrennungsmotors durch das Moment des Elektromotors erhöht und führt zu einem besseren dynamischen Fahrverhalten, besonders in unteren Drehzahlbereichen. Ein rein elektrisches Fahren ist meist nicht sinnvoll oder möglich, weil durch die direkte Kopplung zusätzlich das Schleppmoment des inaktiven Verbrennungsmotors aufgebracht werden muss. Mit zum Beispiel der P2-Topologie lässt sich dieser Nachteil vermeiden. Bei entsprechender Auslegung der elektrischen Komponenten und beispielsweise Zylinderdeaktivierung ist ein kurzzeitiges elektrisches Fahren mit geringen Geschwindigkeiten grundsätzlich möglich. Zur Bremsenergierückgewinnung wird die

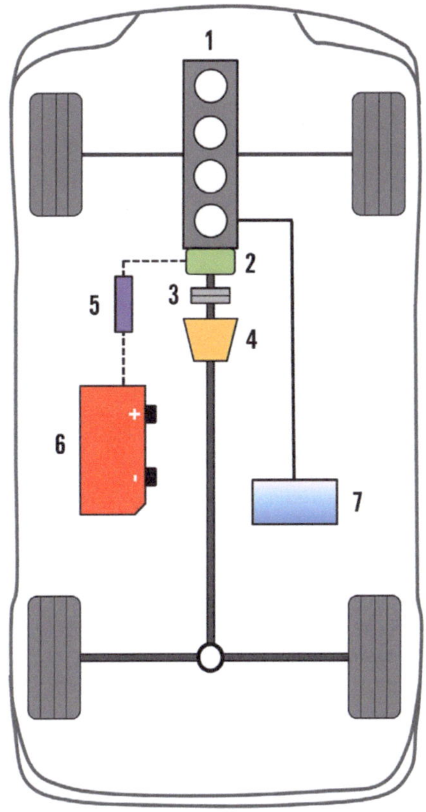

Abb. 2 Mild-Hybrid in P1-Topologie (ohne Niederspannungsbordnetz)

1 Verbrennungsmotor
2 E-Maschine
3 Kupplung
4 Getriebe
5 Leistungselektronik
6 Traktionsbatterie 48 V
7 Tank

elektrische Maschine als Rekuperator genutzt. Das Spannungsniveau für die Elektromaschine und die Traktionsbatterie liegt heute üblicherweise bei 48 V, vor allem um den erhöhten Sicherheitaufwand, Kap. 22, zu vermeiden. Außerdem ist eine Lastpunktverschiebung für den Betrieb des Verbrennungsmotors möglich, um den Kraftstoffverbrauch zu senken. Die realisierte Kraftstoffeinsparung gegenüber konventionellen Antrieben beträgt im WLTC je nach Topologie etwa 5 ... 8 % für P1 und bis zu 15 % für P2, P3 und P4. Auf Komponentenebene erfordern Mild-Hybride neben der größeren Elektromaschine eine fortgeschrittene Batterietechnik zur Zwischenspeicherung der Energie (Traktionsbatterie) sowie Steuergeräte mit erweiterter Funktionalität für das Batteriemanagement und die Abstimmung der verschiedenen Betriebsmodi.

Der *Voll-Hybrid* (HEV), Kap. 12, ermöglicht einen rein elektrischen oder rein verbrennungsmotorischen oder kombinierten Fahrbetrieb. Die Energieflüsse können parallel, seriell oder als Kombination daraus (leistungsverzweigt) durch entsprechende Anordnung, Auslegung und Anzahl der Antriebskomponenten strukturiert werden, Kap. 12. Im Gegensatz zum P1-Mild-Hybrid muss der Verbrennungsmotor beim rein elektrischen Fahren nicht mehr mitgeschleppt werden. Die elektrische Antriebsleistung liegt bei mehr als 20 kW und erreicht je nach Energieflussstrategie Werte bis zu 120 kW. Das Hochspannungsbordnetz für den elektrischen Fahrbetrieb und die Traktionsbatterie arbeitet in Bereichen von 200 bis über 400 V. Parallel ist für die Standardverbraucher das übliche 12 V-Bordnetz installiert. Ein Generator hierfür ist nicht mehr notwendig. Die Niedervoltbatterie wird aus der Energie der elektrischen Maschine für den Fahrbetrieb bei generatorischem Betrieb über die Hochspannungsbatterie und einen DC / DC-Wandler gespeist. Abhängig von der Systemauslegung bleibt der konventionelle Starter unter Umständen erhalten, um den Kaltstart des Verbrennungsmotors bei sehr niedrigen Temperaturen zu gewährleisten (siehe Mild-Hybrid). Das Potential für die Kraftstoffverbrauchsreduzierung liegt bei 15 bis 25 % im WLTC, hängt aber wesentlich von der Energieflussstrategie ab. Die rein elektrisch zu fahrenden Distanzen sind ohne vergrößerte Batteriekapazität (siehe Plug-in-Hybrid) gering und liegen im Bereich von < 10 km.

Der *Plug-in-Hybrid* (PHEV), Kap. 12, ist prinzipiell ein Voll-Hybrid mit der Möglichkeit der Batterieaufladung aus einer externen Stromquelle (zum Beispiel Steckdose). Auch andere Ladesysteme (beispielsweise berührungslose bei Fahrzeugstillstand oder während langsamer Fahrt) sind denkbar und in der Entwicklung, Kap. 23. Hauptziel der Plug-in-Technik ist, die elektrische Reichweite deutlich zu verlängern. Hierzu sind entweder größere Batterien mit einer höheren Energiekapazität oder eine deutlich dichtere Infrastruktur mit Schnellladesystemen erforderlich. Die realistischen elektrischen Reichweiten liegen bei 30 bis 100 km und hängen sehr stark vom Fahrprofil oder Testzyklus und den Umgebungsbedingungen (wie beispielsweise Temperaturen) ab. Damit kann in den Städten weitgehend schadstofffrei gefahren werden. Allerdings sind die im Testzyklus (WLTC) ermittelten CO_2-Werte unrealistisch, da bei freier Fahrt mit hohen Geschwindigkeiten der leistungsstarke Verbrennungsmotor genutzt wird und das Fahrzeug mit einem höheren Gewicht (Antriebskomponenten und Batterie) auch einen höheren Verbrauch aufweist. Plug-in-Hybride bilden die Brücke vom rein verbrennungsmotorischen Antrieb zum rein elektrischen Antrieb. Abhängig von der installierten elektrischen Energiekapazität kann der elektrische Fahrbetrieb einen immer größeren Anteil des Gesamtbetriebs übernehmen, bis letztlich zu 100 % elektrisch gefahren wird. Plug-in-Hybride sind besonders attraktiv für den täglichen Kurzstreckenverkehr; in Europa liegen 70 bis 80 % der täglich zurückgelegten Strecken unter 50 km [4]. Hauptnachteile der Plug-in-Hybride sind derzeit noch die hohen Kosten, der große Raumbedarf, das hohe Gewicht und die unbefriedigende Ladesituation (Verfügbarkeit und Dauer).

Nach dieser grundsätzlichen Definition und Einteilung der Hybridantriebe entsprechend ihres Elektrifizierungsgrads werden nachfolgend die Unterschiede im Energie- oder Leistungsfluss des Antriebsstrangs auf Basis der unterschiedlichen Architekturen kurz beschrieben, siehe auch Kap. 10 bis 14.

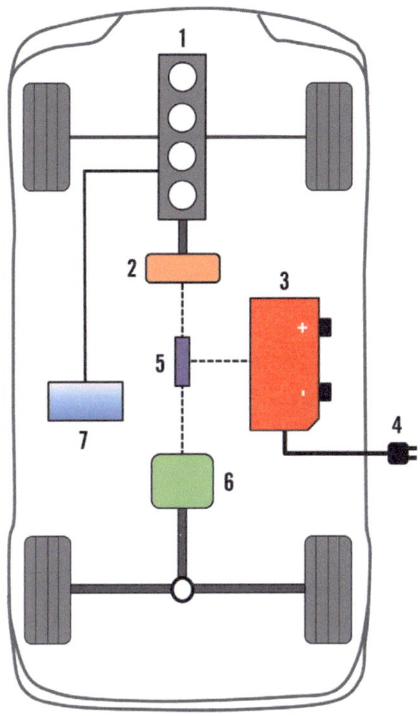

Abb. 3
Serieller Hybrid (ohne Niederspannungsbordnetz)

1 Verbrennungsmotor
2 Generator
3 Traktionsbatterie
4 Plug-in-Anschluss
5 Leistungselektronik
6 E-Maschine
7 Tank

Einteilung nach dem Energiefluss

Abhängig von der Anordnung und Kombination der Komponenten Verbrennungsmotor, Elektromaschine, Batterie, Getriebe und Kupplung wird bezüglich des Leistungsflusses unterscheiden in:

- serieller Hybridantrieb
- paralleler Hybridantrieb
- leistungsverzweigter oder kombinierter Hybridantrieb.

Beim Grundprinzip des *seriellen Hybridantriebs*, **Abb. 3**, sind die Energiewandler Verbrennungsmotor und Elektromaschine in Reihe (hintereinander oder seriell) angeordnet. Dabei ist mit dem Verbrennungsmotor 1 ein Generator 2 direkt mechanisch gekoppelt, der die elektrische Fahrenergie liefert, die dann über die zweite elektrische Maschine 6, die sowohl motorisch als auch generatorisch (für die Rekuperation) arbeitet, das Fahrzeug antreibt. Der Antrieb erfolgt also immer elektrisch und der Verbrennungsmotor arbeitet abhängig von der Betriebsstrategie. Im einfachsten, aber unwirtschaftlichsten Fall erzeugt der Verbrennungsmotor immer gerade die erforderliche elektrische Energie. Das heißt, die maximale Leistung des Verbrennungsmotors (Höchstgeschwindigkeit und Beschleunigungsvermögen) muss um die elektrischen Verluste für die zweimalige Energiewandlung (mechanisch / elektrisch und elektrisch / mechanisch) höher sein als bei einem mechanischen Direktdurchtrieb. Alle elektrischen Maschinen müssen in diesem Fall auf die entsprechende hohe Leistung ausgelegt werden (Gewicht, Kosten, aber Vorteile bei der Rekuperation). Grundsätzlich wird der Gesamtwirkungsgrad durch die zusätzlichen Energiewandlungen schlechter. Diese klassischen seriellen Hybridantriebe werden seit langem für Bahn- und Schiffsantriebe angewandt, aber weniger im Pkw.

Bei größerer Batteriekapazität können der Verbrennungsmotor und der Generator kleiner ausgeführt werden, und eine Betriebspunktoptimierung für den Verbrennungsmotor ist möglich (Verbrauchs- und / oder Emissionsreduzierung). Der Verbrennungsmotor liefert dann nur noch eine mittlere Leistung und gibt die über dem Fahrbedarf liegende Energie an die Batterie

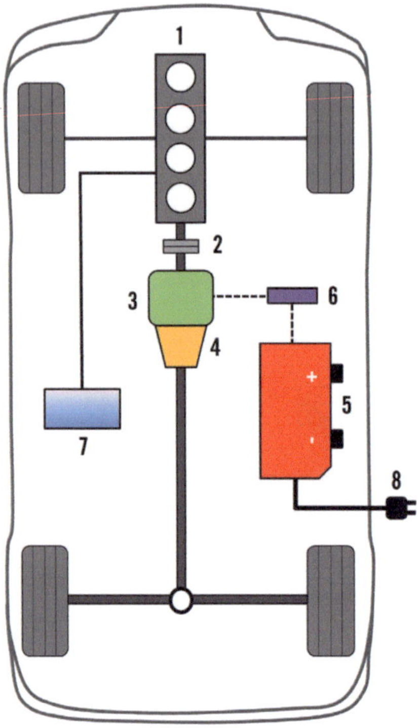

Abb. 4
Paralleler Hybrid in P2-Topologie (ohne Niederspannungsbordnetz)

1 Verbrennungsmotor
2 Kupplung
3 E-Maschine
4 Getriebe
5 Traktionsbatterie
6 Leistungselektronik
7 Tank
8 Plug-in-Anschluss

ab, die dann die erforderliche Zusatzenergie für Beschleunigungs- und kurze Höchstgeschwindigkeitsphasen bereitstellt. Damit lässt sich der Wirkungsgradnachteil durch die genannten Energiewandlungsprozesse teilweise kompensieren. Grundsätzlich sind alle anfangs erwähnten Betriebsmodi fahrbar, wenn man den rein verbrennungsmotorischen Betrieb nicht als direkt gekoppelten mechanischen Antrieb versteht. Durch die Plug-in-Technik in Verbindung mit einer erhöhten Batteriekapazität kann der Verbrennungsmotor weiter verkleinert werden, sodass er nur noch als Reichweitenverlängerer (sogenannter Range Extender) dient, siehe Abschn. 2.2.

Beim *parallelen Hybridantrieb*, **Abb. 4**, ist prinzipiell, im Gegensatz zum seriellen Hybridantrieb, nur eine elektrische Maschine (sowohl motorisch als auch generatorisch arbeitend) und eine Kupplung erforderlich. Bei geöffneter Kupplung 2 kann rein elektrisch und in geschlossenem Zustand rein mechanisch oder mechanisch / elektrisch gefahren werden. Je nach Ausführung der Ankopplung der Elektromaschine zum Verbrennungsmotor (direkt, über Stufengetriebe) kann die gewünschte Fahrleistung über eine Drehmomentaddition (Drehzahlen stehen in einem festen Verhältnis zueinander) oder mittels Planetengetriebe über Drehzahladdition erreicht werden. Beim Einsatz eines Doppelkupplungsgetriebes sind die beiden Energiewandler in unterschiedlichen, wirkungsgradoptimalen Betriebspunkten betreibbar. Wird zwischen E-Maschine 3 und Getriebe 4 eine weiter Kupplung eingebaut ist der Betrieb des Verbrennungsmotors in optimalen Betriebspunkten ausschließlich zur Ladung der Batterie möglich. Das entspricht einer seriellen Betriebsweise.

Ein einfacher Parallel-Hybrid ist der Mild-Hybrid mit Kurbelwellen-Starter-Generator, bei dem die Kupplung nach der elektrischen Maschine angeordnet ist, Abb. 2. Im Falle des reinen elektrischen Antriebs ist dann aber, wie bereits erwähnt, das Schleppmoment des Verbrennungsmotors zu überwinden. Je nach Ausführung der elektrischen Komponenten ist meist nur ein Boosten, ein kurzzeitiges elektrisches Fahren oder „Segeln", das heißt das Halten einer konstanten, geringen Fahrgeschwindigkeit, möglich. Auch der serielle Hybridantrieb kann durch eine kuppelbare mechanische Drehmomentverbindung zwischen den beiden elektrischen Maschinen (2 und 6 in Abb. 3) zum Parallel-Hybrid aufgerüstet werden. Die elektrischen Maschinen könnten kleiner ausgeführt werden, wenn bei niedrigem Leistungsbedarf seriell gefahren wird und bei hohem Leistungsbedarf nur der Verbrennungsmotor über den Direktdurchtrieb oder beide Energiewandler wirken.

Eine weitere Variante ist die Leistungsaddition über die Zugkraft, das heißt nicht im Antriebsstrang erfolgt die Addition, sondern durch die Traktion auf der Straße.

In diesem Fall wirkt je ein Energiewandler auf eine Achse, das heißt es kann ein Front-, Hinterrad- und Allradantrieb realisiert werden, auch *Axle-Split-Hybrid* genannt, **Abb. 5**. Die Antriebsleistung lässt sich im Rahmen der Auslegungsgrenzen beliebig auf die beiden Achsen verteilen. Die Versorgung der Bordnetze erfolgt über einen zusätzlichen Generator auf der elektrischen Achse und/oder durch einen leistungsfähigen Generator am Verbrennungsmotor. Außerdem wird der Verbrennungsmotor durch den eigenen, konventionellen Starter angelassen. Im Zusammenhang mit kostengünstigen Plattform- und Baugruppenstrategien hat diese Konfiguration durchaus Vorteile.

Während der serielle Hybrid in seiner Weiterentwicklung zum Elektrofahrzeug mit Range Extender führt, wird bei der parallelen Antriebsstruktur der elektrische Betrieb eher für den Teillastbereich optimiert und der Hochleistungsbedarf durch den Verbrennungsmotor abgedeckt.

Beim *leistungsverzweigten Hybridantrieb*, **Abb. 6**, auch *Power-Split-Hybrid* genannt, wird die vom Verbrennungsmotor erzeugte Leistung in einem Planetenradgetriebe in einen mechanischen Teil (mechanischer Pfad) und einen elektrischen Teil (elektrischer Pfad) aufgeteilt. Durch das Planetenradgetriebe kann sowohl die serielle als auch die parallele Hybridstruktur umgesetzt werden. Grundsätzlich lassen sich diese beiden Modi auch durch die direkte mechanische Kopplung der beiden elektrischen Maschinen eines seriellen Hybridantriebs darstellen, Abb. 3. Das Planetenradgetriebe erlaubt eine elegante, übersetzungsflexible und kostensparende Kombination dieser beiden Pfade. Damit kann der Verbrennungsmotor in weiten Bereichen betriebspunktoptimal betrieben werden und weitere Getriebe können entfallen. Der Verbrennungsmotor 1 wirkt auf den Planetenradträger, der Generator 3 ist mit dem innenliegenden Sonnenrad verbunden, während die Antriebsachse und

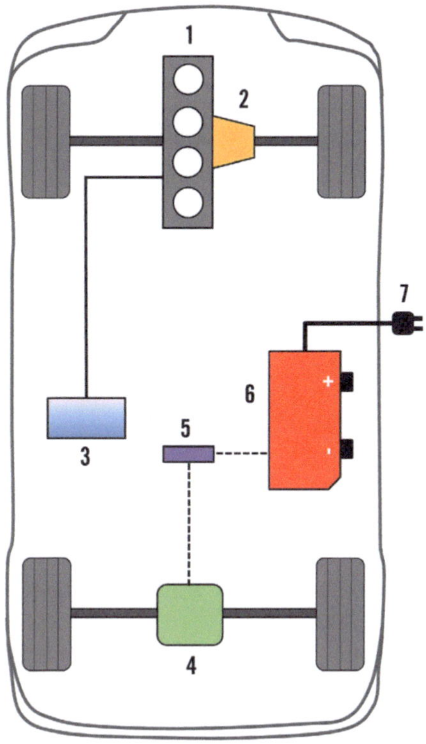

Abb. 5
Axle-Split-Hybrid in P4-Topologie (ohne Niederspannungsbordnetz)

1 Verbrennungsmotor
2 Konventionelles Frontantriebsgetriebe
3 Tank
4 E-Maschine
5 Leistungselektronik
6 Traktionsbatterie
7 Plug-in-Anschluss

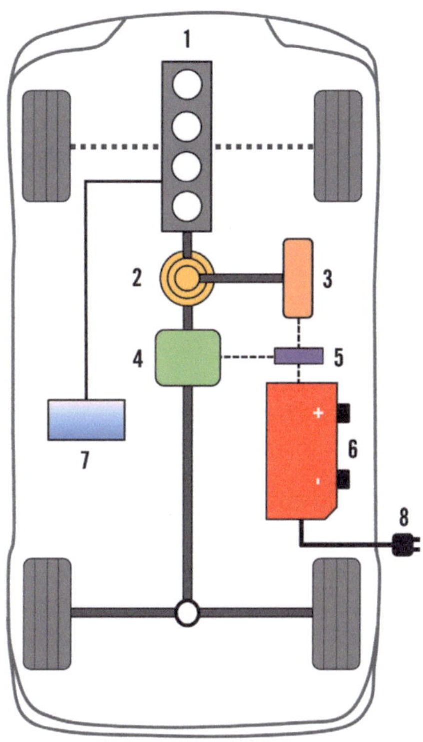

Abb. 6
Leistungsverzweigter Hybrid (ohne Niederspannungsbordnetz)

1 Verbrennungsmotor (Planetenradträger)
2 Planetenradgetriebe
3 Generator (Sonnenrad)
4 E-Maschine (Hohlrad, Antrieb)
5 Leistungselektronik
6 Traktionsbatterie
7 Tank
8 Plug-in-Anschluss

		Vollhybrid (HEV/PHEV)		
	Mildhybrid	Paralleler Hybrid	Serieller Hybrid	Leistungsverzweigter Hybrid
Start-Stopp-Funktion	✓	✓	✓	✓
Rekuperation	✓	✓	✓	✓
Boosten	✓	✓	✓	✓
Rein elektrisches Fahren	(✓)	✓	✓	✓
Mechanische Verbindung des V-Motors zu den Antriebsrädern	✓	✓	✗	✓
Plug-in-Anschluss möglich	✗	✓	✓	✓

Abb. 7 Eigenschaften der Hybridsysteme

die elektrische Maschine 4 im Falle des sogenannten ausgangsgekoppelten Planetenradgetriebes mit dem äußeren Hohlrad gekoppelt sind [1].

Durch das Planetenradgetriebe ist zwangsläufig beim aktiven mechanischen Antriebspfad über den Verbrennungsmotor immer eine Erzeugung elektrischer Leistung im Generator 3 verbunden, die in der elektrischen Maschine 4 in mechanische Antriebsenergie gewandelt wird (bei höherem Leistungsbedarf, Boosten). Beim rein elektrischen Fahren und bei der Rekuperation ist nur die Elektromaschine 4 aktiv, entweder gespeist aus der Traktionsbatterie 6 oder zu deren Aufladung. Wird die elektrische Maschine in das Getriebe integriert, sind weitere Funktionen möglich (z. B. Entfall des Rückwärtsganges) sowie Vorteile bei Bauraum, Gewicht und Kosten. Man spricht von sogenannten dedizierten Hybridgetrieben, Kap. 13.

2.1.3 Zusammenfassung

Die vorgestellten Hybridsysteme haben, wie beschrieben, ihre spezifischen Vor- und Nachteile. Abhängig vom Einsatz (Fahrstreckenlänge, Topografie), der Fahrzeuggröße, den gesetzlichen Rahmenbedingungen, aber auch vom gesellschaftlichen Anspruch und dem emotionalen Bedürfnis des Kunden, ist die Entscheidung zu treffen, welches System zum Einsatz kommt.

Sämtliche definierten Basishybridsysteme sind in weiteren Modifikationen entwickelt worden und am Markt verfügbar. Trotzdem gibt es noch erheblichen Bedarf an Verbesserungen hinsichtlich Komponenten- und Systemfunktion, Kosten, Gewicht und Lebensdauer. Unabhängig davon hat die Elektrifizierung des Antriebstrangs durch die Hybridtechnik bereits einen hohen technischen Stand erreicht, der es erlaubt, einen wesentlichen Beitrag zur Erfüllung der Emissionsvorschriften (Schadstoffe und CO_2) zu leisten.

Start-Stopp-Systeme werden sich generell durchsetzen und, abhängig von der Fahrzeugklasse, zu Mild-Hybriden erweitert. Bei den Voll-Hybriden geht der Trend zu den Parallelsystemen. Die seriellen Ausführungen werden, aus heutiger Sicht, nur in Einzelfällen zu Elektrofahrzeugen mit Range Extender weiterentwickelt, hier sind allerdings Aufwand und damit Kosten deutlich zu verringern. Sämtliche Systeme sind mit Plug-in-Technik kombinierbar, allerdings mit unterschiedlicher Notwendigkeit. Ein entscheidender Schritt kann mit einer verbesserten Batterietechnik erreicht werden. **Abbildung 7** gibt einen Überblick über die Eigenschaften der verschiedenen Hybridantriebe.

2.2 Range Extender

2.2.1 Einleitung

Das ausschließlich batteriebetriebene (technisch exakt akkumulatorbetriebene) Elektrofahrzeug hat seit mehr als hundert Jahren ein großes Handicap: die deutlich geringere Reichweite gegenüber einem konventionellen Fahrzeug mit Verbrennungsmotor. Die Tankfüllung eines modernen Dieselfahrzeugs kann im Praxisbetrieb für mehr als 1000 km ausreichen. Bei den Elektrofahrzeugen ist – gemessen an den typischen täglichen Fahrstrecken – eine Reichweite von 200 bis 400 km derzeit zwar ein guter Wert, aber viele Fahrer sind unsicher, ob sie ihr Ziel damit erreichen können und entwickeln eine „Reichweitenangst". Erschwert wird die Situation zusätzlich durch die unzureichend vorhandene Ladeinfrastruktur und die sehr langen Ladezeiten, die sich in Stunden bemessen. Zu diesen Nachteilen im Vergleich zum konventionellen Fahrzeug kommen noch höhere Kosten und eine begrenzte Transportkapazität hinzu. Die Akzeptanz von Elektrofahrzeugen ist deshalb derzeit eingeschränkt. Abhilfe kann ein zusätzlicher, von der Batterie unabhängiger Energiespeicher und -wandler schaffen, das heißt ein sogenannter Reichweitenverlängerer, kurz als Range Extender (RE) bezeichnet.

2.2.2 Definition

Der Begriff *Range Extender* (RE) wird bevorzugt in Europa verwendet. In den USA spricht man zum Beispiel von Extended Range Electric Vehicle. Grundsätzlich gehört der RE zu den seriellen Hybridantrieben, Abschn. 2.1.2, wenn der Antrieb des Fahrzeugs immer und ausschließlich über den elektrischen Fahrmotor erfolgt. Der RE ist in der Standardvariante eine Verbrennungskraftmaschine, kombiniert mit einem elektrischen Generator, der die Traktionsbatterie speist. Es besteht keine mechanische Antriebsverbindung (kein Eingriff in den Drehmomentstrang) zwischen dem RE-Modul und dem Fahrantrieb, lediglich eine elektrische Kabelverbindung über die Leistungselektronik zur Batterie, **Abb. 8**.

Der Übergang vom seriellen Hybrid zum Elektrofahrzeug mit RE ist nicht eindeutig mit konkreten Zahlen oder Komponenten abzugrenzen, lässt sich aber wie in **Abb. 9** dargestellt beschreiben. Geht man vom seriellen Hybridantrieb aus und vergrößert die Batteriekapazität bei gleichzeitiger Verkleinerung des Verbrennungsmotors, führt das zum RE. Einsatzhäufigkeit und Leistungsangebot des Verbrennungsmotors sind dabei deutlich reduziert. Umgekehrt kann bei einem reinen Batteriefahrzeug durch Ergänzung mit einem RE die Reichweite erhöht und die Batteriekapazität verringert werden. Die erforderliche Elektromotorleistung bleibt unverändert, da diese durch das Fahrzeug und die gewünschten Fahrleistungen bestimmt wird. Dieses klassische RE-System wird als serieller RE bezeichnet und ist in erster Linie durch die Auslegung der Komponenten geprägt.

Das Ziel, die Reichweite eines Fahrzeugs zu vergrößern, ist systemisch betrachtet eine Funktionserweiterung, ohne Festlegung auf die hierfür einzusetzenden Bauteile und deren Kombination. Das heißt, dass die RE-Funktion auch mit anderen Komponentenstrukturen, zum Beispiel parallelen oder leistungsverzweigten Hybridsystemen, realisiert werden kann [5-7]. Diese RE-Konzepte werden als hybride RE bezeichnet.

Betrachtet man das RE-Konzept abstrakt aus energetischer Sicht, so wird in jedem Fall die für die Verlängerung der Reichweite erforderliche Energie zunächst als mechanische Energie über den Verbrennungsmotor zur Verfügung gestellt. Am Antriebsrad ist wiederum mechanische Energie erforderlich. Ob dazwischen weitere Energiewandlungen (mechanisch / elektrisch und elektrisch / mechanisch) oder Drehzahl-Drehmoment-Wandlungen erfolgen, ist eine Frage des Konzepts unter Berücksichtigung der Wirkungsgrade, der

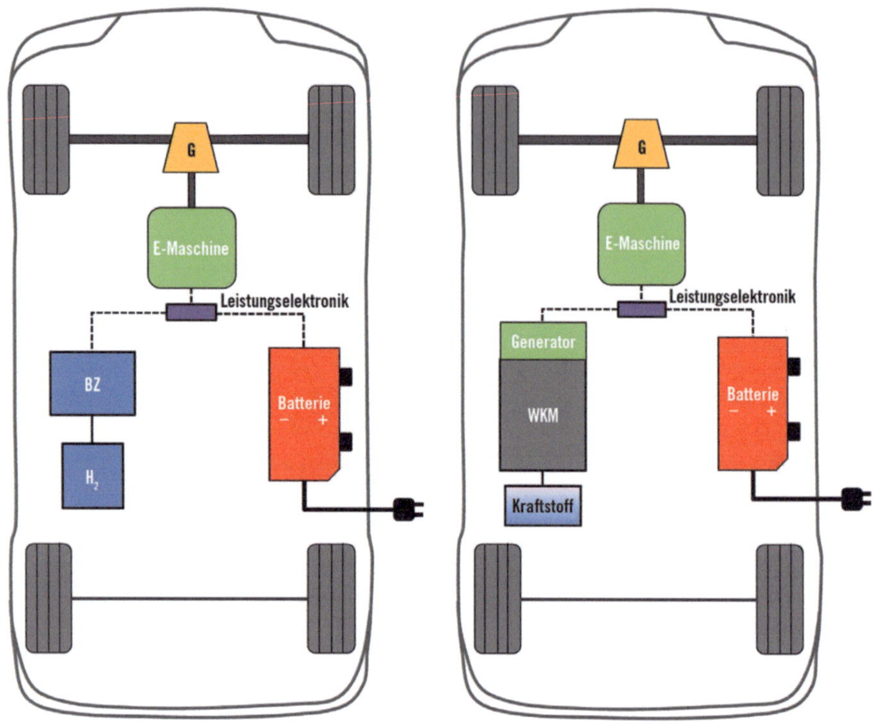

Abb. 8 Definition des seriellen Range Extenders (links: chemisch-elektrischer Range Extender, rechts: thermischer Range Extender)

Fahrzeuggröße, der Kosten und strategischer Gesichtspunkte des Fahrzeugherstellers. Die RE-Funktion ist davon unabhängig.

Das RE-Konzept lässt sich verallgemeinert als ein System definieren, das die elektrische Reichweite vergrößert. Vorausgesetzt wird dabei eine Basisauslegung mit einer für den üblichen täglichen Betrieb ausreichenden elektrischen Reichweite. Geht man von den statistischen Zahlen aus, dass etwa 70 % der täglichen Fahrten in Deutschland unter 50 km liegen, sollte man von einem RE-Konzept erst ab dieser elektrischen Reichweite (unter Praxisbedingungen) sprechen. Dies ist eine subjektive Betrachtung und berücksichtigt die heutigen technischen Möglichkeiten.

2.2.3 Anforderungen

Nachfolgend wird der serielle thermische RE in den Fokus gestellt. Bei diesem Konzept sind die Veränderungen an der Verbrennungskraftmaschine hinsichtlich Auslegung und Betriebsweise gravierender als bei einem hybriden RE-Konzept, bei dem der RE zeitweise auch als direkt unterstützender Fahrmotor eingesetzt wird. Letztlich sind hybride RE-Konzepte Auslegungsvarianten der in Abschn. 2.1 beschriebenen Hybridantriebe.

Der serielle RE sollte möglichst problemlos in das Fahrzeug integrierbar und kostengünstig sein, **Abb. 10**. Da der RE nur sporadisch eingesetzt wird, ist der spezifische Kraftstoffverbrauch weniger hoch zu bewerten. Bauraum, Gewicht, unauffälliges Laufverhalten (Akustik und Vibrationen) sowie Kosten haben höchste Priorität. Allerdings kann durch einen RE die Batteriekapazität deutlich reduziert werden, was bei den noch sehr hohen Batteriekosten zu einer Reduktion der Gesamtkosten des Elektrofahrzeugs führt. Insofern sind die zusätzlichen RE-Kosten

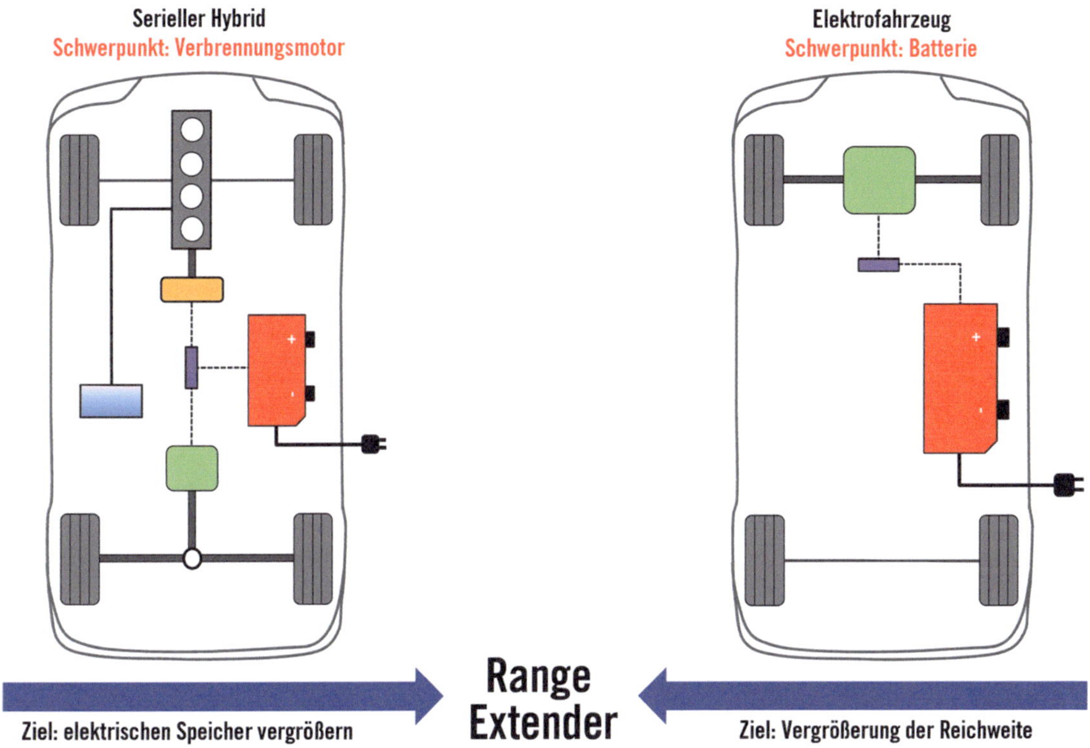

Abb. 9 Zwei Wege zum Range Extender

leicht zu kompensieren. Die Leistung des RE hängt vom Einsatzanteil und der geforderten Fahrleistung unter RE-Bedingungen ab. Übliche Leistungsbandbreiten für Kompaktfahrzeuge liegen zwischen 15 und 50 kW. Der niedrigere Wert ist für die Notfahrfunktion (die sogenannte limp home function) und das mehr oder weniger kontinuierliche Nachladen der Batterie ausreichend. Bei Fahrt mit höheren Geschwindigkeiten von über 130 km/h sind Leistungen von 30 bis 50 kW notwendig, um die Batterieladung sicherzustellen [8, 9]. Situationsbedingt kann es zu häufigen Starts des Verbrennungsmotors kommen. Diese Betriebsart darf nicht zu unzulässig hohen Schadstoffemissionen führen und ist über Maßnahmen beim Motormanagement und bei der Abgasnachbehandlung besonders zu berücksichtigen. Der Energieeinsatz für die Fahrgast-Innenraumheizung kann die Reichweite eines Elektrofahrzeugs deutlich reduzieren. Mit einem RE kann über ein intelligentes Thermomanagement dieser Reichweitenverlust verringert und die Heizleistung verbessert werden. Die Effizienz des kleinen Verbrennungsmotors ist zwar wichtig, verliert aber gegenüber dem klassischen Verbrennungsmotor, der als alleiniger Fahrmotor kontinuierlich arbeitet, an Bedeutung.

Abb. 10 Anforderungen an Range Extender

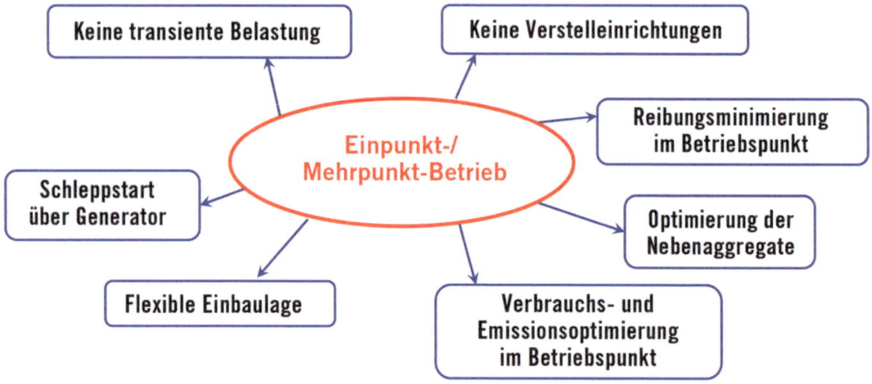

Abb. 11 Randbedingungen für Range Extender

Eine Besonderheit des RE ist seine quasistationäre Betriebsweise. Ein Einpunkt-Betrieb ist in den meisten Fällen nicht sinnvoll, da verschiedene Ladestrategien notwendig werden, abhängig vom Ladezustand der Batterie und dem Fahrerwunsch. Zumindest ein Zweipunkt- oder gar ein Dreipunkt-Betrieb sollte möglich sein, **Abb. 11**, ein transienter Betrieb kann aber weitgehend ausgeschlossen werden. Damit entfallen kritische Betriebszustände für die Schadstoffemissionen und kontinuierlich arbeitende Einrichtungen für die Lasteinstellung. Die Verbrennungskraftmaschine kann bezüglich Gemischbildung, Verbrennung, Abgasnachbehandlung und Akustik auf diese wenigen Betriebspunkte optimiert werden, gleiches gilt für die Nebenaggregate (Öl- und Kühlwasserpumpen). Die Reibungsverluste können mittels Thermomanagement und bedarfsorientiertem Betrieb der Nebenaggregate reduziert werden. Die damit verbundene Effizienzsteigerung kompensiert weitgehend die Wirkungsgradverluste durch die zweimalige Energiewandlung mechanisch / elektrisch und elektrisch / mechanisch. Ein Anlasser ist in der Regel nicht notwendig. Die Verbrennungskraftmaschine lässt sich über die mit ihr direkt gekoppelte elektrische Maschine starten.

Der Charme des seriellen RE liegt in seiner flexiblen Integration in das Fahrzeug. Grundsätzlich ist der Einbauort frei wählbar, da nur eine elektrische Kabel-Stecker-Verbindung mit der Leistungselektronik besteht. Kraftstofftank und Kühlwassersystem sind bevorzugt am RE unterzubringen, sodass ein kompaktes RE-Modul entsteht. Im Extremfall handelt es sich um ein „Boardcase“, das als Austattungsvariante für das Elektrofahrzeug optional gekauft oder gemietet werden kann. Hierfür wären allerdings Schnittstellen-Standards hilfreich. RE-Module erreichten Gesamtgewichte von 60 bis 80 kg [10].

2.2.4 Lösungsmöglichkeiten

Als RE kommt grundsätzlich eine Vielzahl von Wärmekraftmaschinen in Betracht. Neben den konventionellen Hubkolben-Verbrennungsmotoren wird auch immer wieder der Wankelmotor diskutiert. Geht man aber davon aus, dass ein RE nur für Elektrofahrzeuge (serieller RE) eingesetzt wird und die Batterieentwicklung weiter voranschreitet, so wird dieses Konzept bestenfalls auf kleine bis mittlere Stückzahlen kommen und langfristig keine Zukunft haben. Die Serienreife einer nicht etablierten Wärmekraftmaschine (WKM) als RE würde mindestens fünf Jahre in Anspruch nehmen und erhebliche Entwicklungskosten verschlingen. Aus betriebswirtschaftlicher Sicht werden deshalb, wenn überhaupt, die konventionellen Bauarten zum Einsatz kommen.

Eine Besonderheit ist die Brennstoffzelle, Kap. 7, ausgelegt und eingesetzt als RE. Die Grundstruktur entspricht einem mit Brennstoffzellen betriebenen Elektrofahrzeug. In der RE-Variante würde die Brennstoffzelle (neben der Plug-in-Funktion für die Batterie) die elektrische Energie für die Batterie des Fahrzeugantriebs liefern. Der zusätzliche Generator, der beim thermischen RE (Wärmekraftmaschine) notwendig ist, entfällt. Auch wenn die Verfügbarkeit des Wasserstoffs im Markt gegeben ist, bleibt die Langzeitspeicherung des Energieträgers kritisch. In einem kompakten Kryogentank für flüssigen Wasserstoff kommt es zu Abdampfverlusten. Eine alternative Druckspeicherung führt dagegen zu einer weiteren, Gewichts- und Volumenerhöhung für den zweiten Energiespeicher. Hier werden aber Fortschritte in Verbindung mit der zunehmenden Anwendung von Brennstoffzellen-Fahrzeugen erwartet.

Grundsätzlich kann entweder die Batterie oder die Brennstoffzelle die Hauptquelle für die elektrische Energie sein und jeweils die andere Quelle als Reichweitenverlängerer dienen. Ein Vertreter diese Konzeptes wird in [11] beschrieben.

2.2.5 Zusammenfassung

Der RE war zunächst als Schlüsseltechnologie gedacht, um dem batteriebetriebenen Elektrofahrzeug die gewünschte Kundenakzeptanz zu verschaffen. Inzwischen ist einerseits die Batterietechnologie und die Ladeinfrastruktur so weit entwickelt, dass Reichweitenängste praktisch kaum mehr berechtigt sind. Der Reichweitenverlängerer ist nicht auf die serielle Konzeption beschränkt. Eine Integration in den Drehmomentstrang kann ebenso die Funktion eines RE erfüllen wenn das Fahrzeug ausreichend, das heißt etwa 50 km weit, rein elektrisch gefahren werden kann. Für den sogenannten seriellen RE sind theoretisch verschiedene Wärmekraftmaschinen denkbar. Wegen der spezifischen Anforderungen an Bauraum, Gewicht, Akustik, Kosten und Verfügbarkeit schränkt sich die Zahl der Möglichkeiten jedoch stark ein. In der Summe der aufgeführten Eigenschaften ist der Viertakt-Ottomotor die erste Wahl. Alle anderen Varianten haben, trotz punktueller Vorteile, bei einer technisch-wirtschaftlichen Gesamtbetrachtung keine Chance.

Literaturhinweise

[1] Hofmann, P.: Hybridfahrzeuge. Wien / New York: Springer, 2. Auflage, 2014

[2] Richtlinie 2007 / 46 / EG des europäischen Parlamentes und des Rates. 5. September 2007

[3] Reif, K. (Hrsg.): Konventioneller Antriebsstrang und Hybridantriebe. Wiesbaden: Vieweg+Teubner Verlag, 2010

[4] Fischer, R.: Die Elektrifizierung des Antriebs – vom Turbohybrid zum Range Extender. 30. Internationales Wiener Motorensymposium 2009, Fortschritt-Berichte VDI, Reihe 12, Nr. 697

[5] Beidl, Ch., et al.: Elektrofahrzeuge mit und ohne Range-Extender. Wer bestimmt den Weg – die Technik, der Kunde oder die Gesetzgebung? 32. Internationales Wiener Motorensymposium 2011, Fortschritt-Bericht VDI, Reihe 12, Nr. 735

[6] Grebe, U. D.; Nitze, L. T.: Elektrifizierung der General Motors Fahrzeuge – Ein Portfolio von Lösungen. 32. Internationales Wiener Motorensymposium 2011, Fortschritt-Bericht VDI, Reihe 12, Nr. 735

[7] Mercedes Benz präsentiert Elektroauto mit Range Extender. www.ATZ-online.de, 14.09.2011

[8] Mahr, B. et al.: Das Range-Extender Konzept von Mahle Powertrain. 6. MTZ-Fachtagung Der Antrieb von morgen, Wolfsburg, 2011

[9] Speckens, F.-W., et al.: Combustion Engines: Enabler for E-Mobility – Was muss der Range Extender können und wie sieht ein vielversprechendes Konzept für ein kleines Stadtauto aus? 6. MTZ-Fachtagung Der Antrieb von morgen, Wolfsburg, 2011

[10] Goroncy, J.: „Range Extender" gibt Elektroautos nötigen Charme. In: VDI nachrichten, 16.09.2011

[11] Mohrdieck, C. et al., Daimler AG: 39. Internationales Wiener Motorensymposium 2018, Fortschritt-Berichte VDI, Reihe 12, Nr. 807

3 Elektrotechnische Grundlagen

Andreas Lindemann

3.1 Einleitung

Der Fahrantrieb im Elektro- oder Hybridfahrzeug wird ganz oder teilweise elektrisch realisiert, das heißt mit einer oder mit mehreren elektrischen Maschinen im Antriebsstrang. Die hierfür erforderliche elektrische Energie wird von einem Generator, angetrieben von einem Verbrennungsmotor oder – bei der Bremsenergierekuperation – von den Antriebsrädern, oder aus dem stationären Stromnetz über ein Ladegerät zur Verfügung gestellt. Auch die Erzeugung elektrischer Energie mit Hilfe einer Brennstoffzelle im Fahrzeug wurde bereits demonstriert. Die Speicherung der Energie erfolgt in einem Akkumulator, meist als Batterie bezeichnet, oder ergänzend in einem geeigneten Kondensator (Doppelschichtkondensator, auch Supercap genannt). Die Umformung von Gleich- in Wechselstrom oder umgekehrt sowie die Regelung der Leistungsflüsse und der Antriebe übernimmt eine Leistungselektronik. In diesem Kapitel werden die elektrotechnischen Grundlagen elektrischer Maschinen und Antriebe sowie der für Antriebe und Ladegeräte erforderlichen Leistungselektronik im Bordnetz skizziert.

3.2 Definitionen, Grundfunktionen

Der elektrische Antrieb hat – unabhängig von der genauen Konfiguration des Antriebsstrangs, wie sie in dieser Reihe bereits behandelt wurde – die Aufgabe, das zum Fahren oder auch Bremsen erforderliche Drehmoment über den im Betrieb auftretenden Drehzahlbereich zu erzeugen. Dies übernehmen elektrische Maschinen. Ihre Funktionsweise – welche sich gravierend von derjenigen eines Verbrennungsmotors unterscheidet – wird in Abschn. 3.2 skizziert [3, 4]. Elektrische Maschinen können auch generatorisch arbeiten, das heißt, sie können mechanisch über die Welle zugeführte Energie in elektrische Energie umwandeln. Daher kommen sie nicht nur im Fahrantrieb, sondern auch in hybridisierten Antrieben, in denen sie durch einen Verbrennungsmotor angetrieben werden, zum Einsatz.

Die elektrischen Maschinen werden am Bordnetz drehzahlvariabel mithilfe einer Leistungselektronik betrieben. Sie wirkt als Stellglied , beim Fahrantrieb für die Umsetzung des Fahrerwunschs unter Berücksichtigung der Antriebsregelung. Abschn. 3.3 beschreibt die Grundfunktionen solcher leistungselektronischen Antriebsumrichter [5, 6].

Die Leistung der elektrischen Fahrantriebe überschreitet die bisher im konventionellen elektrischen Bordnetz umgesetzte Leistung deutlich. Daher befasst sich Abschn. 3.4 mit der Erweiterung des Bordnetzes. In der Regel muss ein Bordnetz mit höherer Spannung implementiert werden.

Abschließend widmet sich Abschn. 3.5 leistungselektronischen Stromversorgungen, die die Bordnetze koppeln können, sowie Ladegeräten. Mit ihnen kann z. B. die

H. Tschöke et al. (Hrsg.), *Elektrifizierung des Antriebsstrangs*, ATZ/MTZ-Fachbuch, https://doi.org/10.1007/978-3-662-60356-7_3

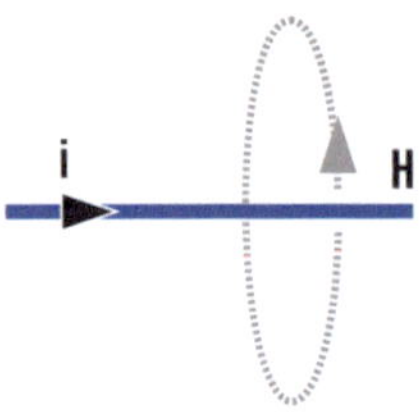

Abb. 1
Magnetfeld *H* eines von einem Strom *i* durchflossenen Leiters

Batterie im Hochvoltbordnetz wiederum mithilfe von Leistungselektronik aus dem Energieversorgungsnetz geladen werden.

3.3 Elektrische Antriebe

Die grundsätzliche Funktionsweise elektrischer Maschinen wird im Folgenden am Beispiel rotierender Drehstrommaschinen erläutert, wie sie im Fahrzeug fast ausschließlich zum Einsatz kommen. Der Läufer einer solchen Maschine erfährt eine magnetische Kraftwirkung und kann hierdurch in Drehung versetzt werden.

Den zugrundeliegenden physikalischen Zusammenhang [1, 2] illustriert **Abb. 1**: Einen vom Strom i durchflossenen Leiter (blau durchgezogen) umgibt ein Magnetfeld der Feldstärke *H* – im einfachsten Falle bei kreisförmigen Feldlinien (grau gestrichelt) mit dem Radius *r*:

$$H = \frac{i}{2\pi r} \quad (1)$$

Hieraus ergibt sich die magnetische Flussdichte nach der Magnetisierungskennlinie *B* (*H*) beziehungsweise bei linearer Approximation

$$B = \mu_0 \, \mu_r \, H \quad (2)$$

mit der Permeabilitätskonstanten des Vakuums $\mu_0 = 4\pi\ 10^{-7}\,\mathrm{Vs/Am}$ und der relativen Permeabilität μ_r als Materialkonstante, zum Beispiel $\mu_r = 1$ für Luft und $\mu_r >> 1$ für ferromagnetische Stoffe wie Eisen.

Die Idee ist nun, eine Kraftwirkung auf einen Läufer zu erzeugen beziehungsweise diesen in Rotation zu versetzen. Dazu wird elektrisch ein rotierendes Drehfeld erzeugt, das den Läufer gewissermaßen „mitnimmt". Wie dies prinzipiell umgesetzt wird, zeigt **Abb. 2**. Man erkennt in der schematischen Darstellung den Ständer (Stator) einer Drehstrommaschine (blau), welcher aus Eisen mit entsprechend hoher relativer Permeabilität gefertigt wird. Er enthält drei um jeweils 120° gegeneinander gedrehte Polpaare. Diese tragen jeweils eine Wicklung, wie sie exemplarisch nur beim senkrecht stehenden Polpaar eingezeichnet ist (grau). Fließt nun ein Strom i_{L1} durch diese Wicklung, so erzeugt dieser entsprechend der Darstellung in Abb. 1 ein Magnetfeld *H*, *B*, wie es in Abb. 2 eingezeichnet ist. Im Bereich des Läufers ist es nach oben gerichtet (grauer gestrichelter Pfeil); die Feldlinien schließen sich außen im Eisenkreis des Ständers. Polt man den Strom *i* um, so kehrt sich auch die Richtung des Magnetfeldes *H*, *B* um. Man kann also – wie in **Abb. 3** mit den senkrechten Pfeilen dargestellt – durch geeignete Bestromung

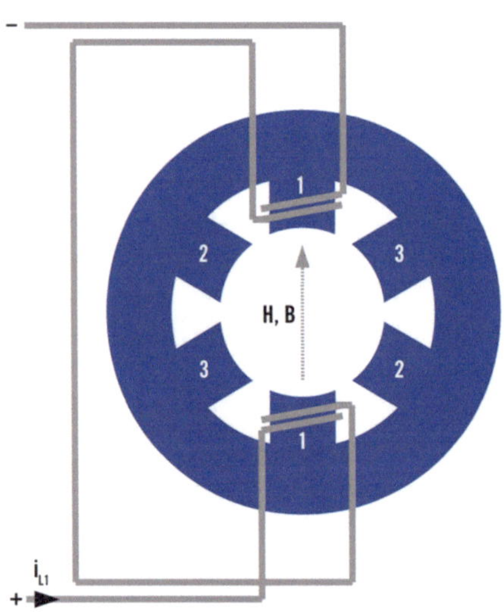

Abb. 2
Schematische Darstellung des Ständers einer Drehstrommaschine mit einem Polpaar für jede der drei Phasen (1-1, 2-2, 3-3) sowie einer von drei stromdurchflossenen Wicklungen i_{L1} und dem von dieser erzeugten Magnetfeld im Bereich des Läufers *H*, *B*

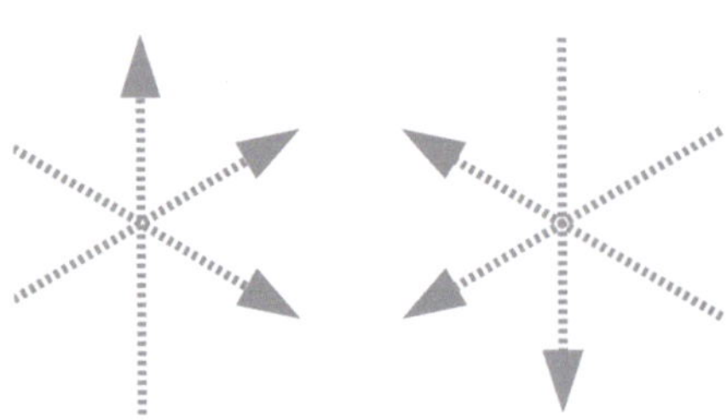

Abb. 3
Richtungen der von den drei Ständerwicklungen einer Drehstrommaschine zu erzeugenden Magnetfelder

der gezeigten Wicklung ein nach oben oder nach unten gerichtetes Magnetfeld erzeugen. Gleiches gilt für die auf die beiden anderen Polpaare aufgebrachten Wicklungen. Bei Bestromung jeweils einer Wicklung können somit insgesamt die sechs in Abb. 3 eingezeichneten Richtungen des Magnetfelds eingeprägt werden. Eine solche Maschine könnte also prinzipiell so betrieben werden, dass diese sechs Magnetfelder sequentiell nacheinander angelegt werden und sich ein Drehfeld ergibt. In diesem Magnetfeld würde sich ein permanentmagnetischer Läufer, welcher in der Mitte des Ständers drehbar gelagert ist, ausrichten und damit entsprechend der Umlaufgeschwindigkeit des Magnetfelds drehen. Dies ist das Funktionsprinzip einer Drehstrom-Synchronmaschine.

Ein solchermaßen stufig umgeschaltetes Drehfeld würde naturgemäß bei jedem Umschaltvorgang zu einer Drehmomentenänderung und damit zu einem Ruck führen. Ein runder Lauf der elektrischen Maschine lässt sich durch Überlagerung der Magnetfelder der drei Wicklungen erreichen, wenn man sie vektoriell addiert. Wenn mehrere Wicklungen in geeigneter Weise bestromt werden, wird anstelle des springenden ein rund umlaufendes Drehfeld eingestellt. Es lässt sich zeigen, dass dies bei um $120° = 2\pi/3$ versetzten, sinusförmigen Phasenströmen der Fall ist:

$$\begin{aligned} i_{L1} &= \hat{I}_L \sin(\omega t + \varphi) \\ i_{L2} &= \hat{I}_L \sin(\omega t + \varphi - 2\pi/3) \\ i_{L3} &= \hat{I}_L \sin(\omega t + \varphi - 4\pi/3) \end{aligned} \tag{3}$$

Aus diesem Funktionsprinzip elektrischer Maschinen ergeben sich einige für den Einsatz im Fahrzeug relevante und vorteilhafte Unterschiede zum Verbrennungsmotor. Elektrische Maschinen können in vier Quadranten betrieben werden, das heißt bei positivem und negativem Drehmoment und positiver oder negativer Drehzahl. Um in der beschriebenen Weise ein Drehmoment auf den Läufer zu erzeugen, bedarf es keiner Drehung der Maschine. Das heißt, dass elektrische Maschinen ab dem Stillstand volles Drehmoment abgeben können, was für die Fahrdynamik bei Beschleunigungsvorgängen von Vorteil ist. Darüber hinaus bedarf es keiner trennbaren Kupplung zwischen elektrischer Maschine und Antriebsrädern. Für die Energieeffizienz elektrischer Fahrzeugantriebe besonders im Stadtverkehr ist von großer Bedeutung, dass die Maschine generatorisch betrieben werden kann, sodass beim Bremsen elektrische Energie ins Bordnetz zurückgespeist wird. Es ist auch unerheblich, in welcher Richtung das Drehfeld erzeugt wird. Daher kann grundsätzlich auf ein Getriebe verzichtet werden. Dies ist beispielsweise bei Radnabenmotoren der Fall. Hier ergeben sich für Maschinen mit einer Polpaarzahl von 1, Abb. 3, Speisefrequenzen $\omega/2\pi$ bis zu einigen 10 Hz im Fahrbeziehungsweise Bremsbetrieb. Zur Anpassung von Drehzahl und Drehmoment genügt andernfalls ein Getriebe mit festem Übersetzungsverhältnis – ein elektrischer Antriebsstrang bedarf keiner Gangwechsel und auch keiner getriebeseitigen Drehrichtungsumkehr über einen Rückwärtsgang. Nicht zuletzt sei erwähnt, dass die elektrischen Zeitkonstanten für die Änderung der momentenbildenden Ströme typischerweise im Millisekundenbereich liegen. Dies eröffnet neue Möglichkeiten für die Regelung der Fahrdynamik. Bei Verzicht auf eine Dämpfung im Steuergerät kann es allerdings auch zu unerwünschten ruckartigen Beschleunigungsänderungen kommen. Dies gilt speziell für Fahrer, die an verbrennungsmotorisches Fahren gewöhnt sind.

Wie oben erläutert, müssen die Wicklungen der Drehstrommaschine bestromt werden. In Abb. 2 könnte $i_{L1} > 0$ durch Anlegen einer Spannung in der mit Plus und Minus angegebenen Polarität getrieben werden. Die umgekehrte Polarität des Stroms ließe sich wiederum durch Anlegen einer Spannung umgekehrter Polarität einprägen. Im Bordnetz steht hierfür eine meist von einer Batterie gepufferte Gleichspannung zur Verfügung. Es bedarf also prinzipiell einer Vorrichtung, die die Anschlüsse der Wicklungen der Maschine wahlweise mit dem positiven oder dem negativen Potenzial des Bordnetzes verbindet. Dies ist die Aufgabe der Leistungselektronik. Als elektronische Schalter kommen Leistungshalbleiter-Bauelemente, das heißt Transistoren und Dioden, zum Einsatz. Durch geeignete Ansteuerung werden die Ströme so moduliert, dass das in Gl. (3) angegebene dreiphasige Sinussystem entsteht.

Aus schaltungstechnischer Sicht übernimmt die Leistungselektronik damit hier die Funktion eines Wechselrichters – aus einer Gleichspannung erzeugt sie ein Wechsel- beziehungsweise Drehspannungssystem. Regelungstechnisch lässt sich die Leistungselektronik als Stellglied interpretieren: Über das Gas- oder Bremspedal teilt der Fahrer der Antriebsregelung seinen Drehmomentwunsch mit. Die Regelung kann unter Berücksichtigung des Arbeitspunkts der Maschine die Parameter $\hat{I}_L$ und ω sowie ϕ des von der Leistungselektronik zu erzeugenden Drehstromsystems ermitteln. An der Schnittstelle zwischen dem Steuergerät der Antriebsregelung und dem elektrischen Leistungskreis prägt die Leistungselektronik als Stellglied dann dieses Drehstromsystem ein. In der elektrischen Maschine wird es in ein entsprechendes Drehmoment gewandelt.

3.4 Bordnetz

Während im konventionellen Bordnetz zwar stetig steigende, aber dennoch bisher in der Größenordnung von höchstens wenigen kW liegende Leistungen umgesetzt werden, geht die Elektrifizierung des Antriebsstrangs mit deutlich höheren Leistungen einher. Die Auswirkungen sollen am einfachen Beispiel eines Kupferkabels erläutert werden: Nimmt man zunächst an, dass ein elektrischer Antrieb von 20 kW Leistung am konventionellen 12 V-Bordnetz betrieben werden sollte, so ergäbe sich ein Strom von:

$$I = \frac{P}{U} = \frac{20\,\text{kW}}{12\,\text{V}} \approx 1667\,\text{A} \tag{4}$$

In einem $l = 1$ m langen Kupferkabel mit einem recht großen Querschnitt von $A = 50\,\text{mm}^2$ würde bei diesem Strom eine Verlustleistung von 1 kW entstehen (Gl. (5)). Eine solche Lösung wäre offensichtlich äußerst ineffizient und angesichts hoher Kosten, hohen Gewichts sowie Volumens und des geringen Wirkungsgrads letztlich nicht praktikabel.

$$\begin{aligned} P &= I^2 \frac{\rho l}{A} \\ &= (1667\,\text{A})^2 \frac{0{,}0178\,\Omega\text{mm}^2/\text{m} \cdot 1\,\text{m}}{50\,\text{mm}^2} \\ &\approx 1\,\text{kW} \end{aligned} \tag{5}$$

Erhöht man die Spannung auf 400 V und reduziert gleichzeitig den Kabelquerschnitt auf nur noch $6\,\text{mm}^2$, so verringert sich die Verlustleistung im Kabel auf 7,5 W. Dies illustriert, dass wegen der von den elektrischen Antrieben umgesetzten Leistung in Elektro- und Hybridfahrzeugen ein Bordnetz mit höherer Spannungsebene erforderlich ist.

Im Ergebnis haben sich abhängig von der Systemarchitektur verschiedene Lösungen etabliert:

Antriebe mit Leistungen über etwa 3 kW bis 10 kW – z. B. bei einem Mild Hybrid – können vorteilhaft aus einem 48 V-Bordnetz versorgt werden. Da es sich hierbei nach wie vor um Kleinspannung handelt, ist der Aufwand für zusätzliche Schutzmaßnahmen begrenzt; so kann auch die Masse dieses Bordnetzes wie beim 12 V / 14 V-Bordnetz auf Karosseriepotential bleiben; allerdings besteht die Gefahr der Bildung eines Lichtbogens, wenn stromführende Kontakte getrennt werden, was u. a. bei der Gestaltung von Steckverbindern zu berücksichtigen ist.

Höhere Leistungen, die durchaus einige 100 kW erreichen können, deckt ein sogenanntes Hochvoltbordnetz ab, dessen Spannungsebene typischerweise zwischen etwa 300 V und unter 1000 V liegt. Bei der Definition dieser Spannungsebene ist auch die Auslegung der als Energiespeicher wirkenden Batterie zu berücksichtigen: Sie wird als Verschaltung einzelner Zellen ausgeführt, deren niedrige Klemmenspannung in der Größenordnung weniger V liegt und von verschiedenen Parametern wie Ladezustand, Temperatur und Belastung abhängt. Um den Berührungsschutz im Hochvoltbordnetz zu gewährleisten, wird es entkoppelt vom 12 V / 14 V-Bordnetz und damit isoliert von der Karosserie ausgeführt, was die Verwendung von Hin- und Rückleiter erfordert. Auch darüber hinaus ist die Gestaltung von Leitungen, Steckverbindern, Steuergeräten usw. deutlich aufwendiger. Im konventionellen Kraftfahrzeug treten außer in der Zündanlage und beim Zünden eventueller Entladungslampen der Scheinwerfer in der Regel keine hohen elektrischen Spannungen auf. Daher muss Werkstattpersonal, das an Fahrzeugen mit Hochvoltbordnetz arbeitet, entsprechend zusätzlich qualifiziert und zur Arbeitssicherheit – insbesondere hinsichtlich Maßnahmen zur Vermeidung von Elektrounfällen – geschult werden. Aus elektrotechnischer Sicht ist der Begriff „Hochvolt“ dennoch vom Begriff „Hochspannung“ abzugrenzen, wie er beispielsweise in der Bezeichnung „Hochspannungsleitung“ vorkommt.

Das bewährte 12 V / 14 V-Bordnetz wird weiterhin Verbraucher kleinerer Leistung wie Beleuchtung oder Unterhaltungselektronik versorgen. Abhängig vom Gesamtkonzept kann es konventionell von einem verbrennungsmotorisch getriebenen Generator bzw. einem entsprechenden Starter-Generator oder auch über leistungselektronische Wandler aus dem 48 V- oder Hochvoltbordnetz mit Energie versorgt werden.

3.5 Stromversorgungen, Ladegeräte

Eine als Gleichspannungswandler ausgeführte Stromversorgung zur Energieübertragung zwischen dem Hochvoltbordnetz und dem 12 V / 14 V-Bordnetz muss deren bereits in Abschn. 3.4 erwähnte galvanische Trennung sicherstellen. Die Kopplung erfolgt daher nicht über eine direkte elektrische Verbindung, sondern magnetisch über einen Transformator, **Abb. 4**. Wie bereits bei der Erläuterung von Abb. 1 ausgeführt, erzeugt Stromfluss in einer der beiden in Abb. 4 gezeigten Wicklungen (links und rechts, grau durchgezogen) ein Magnetfeld *H*, *B* (grau gestrichelt) im Kern (blau) hoher relativer Permeabilität $\mu_r >> 1$. Ändert sich das eine Wicklung durchdringende Magnetfeld, so wird dort eine Spannung induziert. Man kann also die Primärwicklung eines Transformators mit einem Wechselstrom speisen

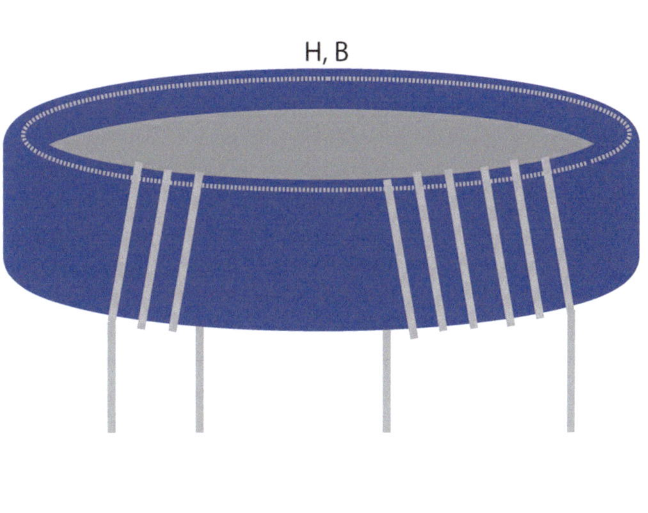

Abb. 4 Schematische Darstellung eines Transformators mit zwei Wicklungen unterschiedlicher Windungszahl (rechts sechs, links drei) und des diese koppelnden Magnetfelds *H*, *B* im Kern

und damit an der nicht elektrisch verbundenen Sekundärwicklung eine Spannung erzeugen. Diese wiederum führt bei Anschluss einer Last zu sekundärseitigem Stromfluss. Die Speisung der Primärwicklung des Transformators mit einem Wechselstrom erfolgt beim betrachteten Gleichspannungswandler zwischen den Bordnetzen in gleicher Weise wie in Abschn. 3.3 zur Speisung der Maschine ausgeführt: Leistungselektronische Schalter, also Transistoren oder Dioden, verbinden die beiden Anschlüsse der Primärwicklung abwechselnd mit dem Plus- und Minuspol des Hochvoltbordnetzes. An den Klemmen der Sekundärwicklung liegt dann eine galvanisch getrennte, rechteckförmige Wechselspannung an, deren Amplitude proportional zur Spannung des Hochvoltbordnetzes sowie zum Verhältnis der Windungszahlen von Sekundär- und Primärwicklung ist. Der in Abb. 4 schematisch dargestellte Transformator weist beispielhaft ein Verhältnis der Windungszahlen von sechs (rechts) zu drei (links) auf. Die sekundärseitige Wechselspannung wird im einfachsten Falle über Dioden wieder gleichgerichtet, sodass sie einen Ladestrom ins 12 V / 14 V-Bordnetz treibt und damit die dortige Batterie lädt beziehungsweise die Verbraucher versorgt.

Bei Verwendung geeigneter Kernmaterialien können solchermaßen leistungselektronisch gespeiste Transformatoren in Stromversorgungen mit Frequenzen in der Größenordnung von mehreren 10 kHz betrieben werden. Das erlaubt eine sehr kompakte Ausführung, wie sie im Kraftfahrzeug erforderlich ist.

Mit einer ähnlichen leistungselektronischen Schaltung wie beim Antriebsumrichter kann also auch ein Gleichspannungswandler z. B. zur Leistungsübertragung vom Hochvoltbordnetz ins 12 V / 14 V-Bordnetz realisiert werden. Gleiches gilt für das in Elektro- und Plug-in-Hybridfahrzeugen in der Regel aus Gründen der Autonomie mitgeführte Ladegerät: Es kann in gleicher Weise wie oben erläutert als Stromversorgung aufgebaut werden, die aus der gleichgerichteten Netzspannung die Hochvoltbatterie lädt.

3.6 Zusammenfassung

In diesem Beitrag wurden die elektrotechnischen Grundlagen der Funktionsweise von Drehstrommaschinen skizziert. Auch die resultierenden, für den Einsatz im Antriebsstrang eines Elektro- oder Hybridfahrzeugs wesentlichen Eigenschaften, welche sich in vielerlei Hinsicht als vorteilhaft erweisen, wurden aufgezeigt. Darüber hinaus wurde die Notwendigkeit illustriert, in Elektro- und Hybridfahrzeugen mit höherer elektrischer Antriebsleistung zusätzlich zum 12 V / 14 V-Bordnetz ein weiteres mit höherer Spannungsebene einzuführen. Zur Kopplung der Bordnetze sowie als Ladegerät für die Batterie im Hochvoltbordnetz für den elektrischen Antrieb bedarf es entsprechender Stromversorgungen. Ihre elektrotechnischen Grundlagen wurden ebenfalls erläutert. Sowohl bei diesen Stromversorgungen als auch bei den Antriebswechselrichtern, die den drehzahlvariablen Betrieb der elektrischen Maschinen ermöglichen, handelt es sich um leistungselektronische Stellglieder. Ihre grundsätzliche Funktionsweise, die sich in den verschiedenen Anwendungen ähnelt, wurde umrissen.

Literaturhinweise

[1] Pregla, R.: Grundlagen der Elektrotechnik. Heidelberg: Hüthig, 8. Auflage, 2009

[2] Philippow, E.; Bonfig, K. W.; Becker, W.-J.: Grundlagen der Elektrotechnik. Berlin: Technik, 10. Auflage, 2000

[3] Müller, G.; Ponick, B.: Grundlagen elektrischer Maschinen. Weinheim:

Wiley-VCH, 10., wesentlich überarbeitete und erweiterte Auflage, 2014

[4] Schröder, D.: Elektrische Antriebe – Grundlagen: Mit durchgerechneten Übungs- und Prüfungsaufgaben. Berlin / Heidelberg: Springer Vieweg, 6., wesentlich überarbeitete Auflage, 2017

[5] Schröder, D.: Leistungselektronische Schaltungen – Funktion, Auslegung und Anwendung. Berlin / Heidelberg: Springer, 3. Auflage 2012

[6] Michel, M.: Leistungselektronik – Einführung in Schaltungen und deren Verhalten. Berlin / Heidelberg: Springer, 5. Auflage, 2011

TEIL 2. Komponenten

4 Elektrische Maschinen

5 Leistungselektronik

6 Speicherung der elektrischen Energie

7 Brennstoffzelle

8 Getriebe

9 Aktorik

4 Elektrische Maschinen

Thomas Schallschmidt, Roberto Leidhold

4.1 Einleitung

Eine wesentliche Antriebskomponente der Elektro- oder Hybridfahrzeuge ist die elektrische Maschine, die den Verbrennungsmotor ersetzt oder unterstützt. Elektrische Maschinen sind Energiewandler zwischen mechanischer und elektrischer Energie, wobei die Energieflussrichtung umkehrbar ist. Abhängig von dieser Energieflussrichtung werden sie als Motor oder Generator bezeichnet, oder besser als elektrische Maschine im Motor- oder Generatorbetrieb. Dies ist eine wichtige Eigenschaft für Elektroantriebe in Fahrzeugen, da über die gleiche Maschine, die für den Antrieb benutzt wird, Bremsenergie zurückgewonnen werden kann.

4.2 Grundlagen der elektrischen Energiewandlung

Die Kraft, beziehungsweise das Drehmoment kann in elektrischen Maschinen durch zwei unterschiedliche Prinzipien entstehen: Zum einen durch die Lorentzkraft und zum anderen durch die Reluktanzkraft.

Bei der Lorentzkraft handelt es sich um die Wechselwirkung zwischen einem stromdurchflossenen Leiter und einem magnetischen Feld. Dieser Effekt wird an der elementaren elektrischen Maschine, **Abb. 1a**, erläutert. Ein Leiter mit der Länge l hat einen translatorischen Freiheitsgrad in Richtung x und wird von einem Strom I durchflossen. Der Leiter steht unter einem magnetischen Feld mit der Flussdichte B, das sich senkrecht zur Abbildungsebene ausrichtet.

Zu Erinnerung: Die Flussdichte ist $B = \phi/A$, wobei ϕ der Fluss und A die vom Fluss durchsetzte Fläche ist.

Ein in der Abb. 1a senkrechter Fluss oder Strom wird mit einem Kreuz dargestellt, wenn er in die Bildebene eindringt und mit einem Punkt, wenn er aus der Bildebene herauskommt. Die Wechselwirkung zwischen Strom und Fluss bewirkt dann eine Kraft:

$$F = l \cdot B \cdot I \tag{1}$$

Befindet sich der Leiter in Bewegung, induziert er eine Spannung, abhängig von der Geschwindigkeit v, die als elektromotorische Kraft (EMK) bezeichnet wird:

$$e = l \cdot B \cdot v \tag{2}$$

Die mechanische Leistung aus der Kraft und der Geschwindigkeit ergibt sich dann zu:

$$P = F \cdot v = I \cdot e \tag{3}$$

So wird die Umwandlung der mechanischen Leistung (linke Seite der Gleichung)

H. Tschöke et al. (Hrsg.), *Elektrifizierung des Antriebsstrangs*,
ATZ/MTZ-Fachbuch, https://doi.org/10.1007/978-3-662-60356-7_4

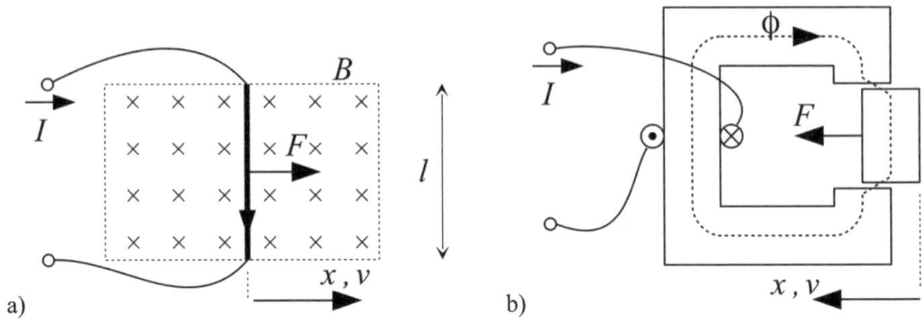

Abb. 1 Elementare elektrische Maschine basierend auf a) Lorenzkraft und b) Reluktanzkraft

in elektrische Leistung (rechte Seite) oder umgekehrt deutlich. Natürlich sind in der Energiewandlung auch die Leistungsverluste zu berücksichtigen. Auf der elektrischen Seite entstehen aufgrund von Stromwärme Verluste in den Leitern und wegen des Wirbelstroms und der Ummagnetisierung Verluste im magnetischen Kern. Auf der mechanischen Seite entstehen Verluste aufgrund der Reibung.

Die Reluktanzkraft entsteht durch eine Änderung des magnetischen Widerstands (Reluktanz) in einem magnetischen Kreis. Eine elementare Maschine, basierend auf der Reluktanzkraft, wird in **Abb. 1b** gezeigt. Der magnetische Kreis besteht aus einem stationären und einem beweglichen Kernteil, beide aus einem ferromagnetischen Material (zum Beispiel Eisen). Aufgrund der hohen Permeabilität der ferromagnetischen Materialien kann folgendes angenommen werden:

- der Fluss ϕ wird grundsätzlich auf den Bereich innerhalb des Kernes und des Luftspaltes zwischen den Kernteilen eingeschränkt,
- die Reluktanz ist vernachlässigbar im Kern und entsteht hauptsächlich im Luftspalt.

Die Reluktanz hängt dann vom Querschnitt des Luftspaltes ab, das heißt von der gemeinsamen Fläche der gegenüberstehenden Teile. Wenn sich der bewegliche Teil vom stationären versetzt (nach rechts im Bild), steigt die Reluktanz, da die gemeinsame Fläche abnimmt. Ist der magnetische Kreis von einem Fluss ϕ durchdrungen, so entsteht auf den beweglichen Teil eine Kraft, die versucht diesen in eine Lage mit niedrigerer Reluktanz zu bewegen (nach links im Bild). Die niedrigste Reluktanz wird erreicht, wenn der bewegliche Kernteil auf den stationären ausgerichtet ist, das heißt es besteht kein Versatz zu diesem in x-Richtung.

Die Reluktanzkraft für die Maschine in Abb. 1b beträgt:

$$F = I^2 \frac{\mu_0 \cdot h}{2 \cdot d} \tag{4}$$

Darin ist μ_0 die Pärmeabilität der Luft, h die Tiefe der Kernteile und d der Luftspalt.

In der Vergangenheit wurde fast ausschließlich die Gleichstrommaschine für drehzahlvariable Elektroantriebe eingesetzt (zum Beispiel Straßenbahnen), da diese sehr einfach zu steuern ist. Allerdings ist sie, in Vergleich mit den Drehstrommaschinen, durch eine aufwendige Konstruktion gekennzeichnet. Die notwendigen Schleifkontakte unterliegen Verschleiß, sind störanfälliger und auch wartungsintensiver. Aufgrund der fortschreitenden Weiterentwicklung im Bereich der Leistungselektronik und in der Mikroprozessortechnik sind seit den 90iger Jahren auch Drehstrommaschinen gut regelbar.

Die Drehstrommaschinen zeichnen sich nicht nur durch ihre einfachere Konstruktion, einen fast wartungsfreien Betrieb und hohe Zuverlässigkeit aus, sondern auch

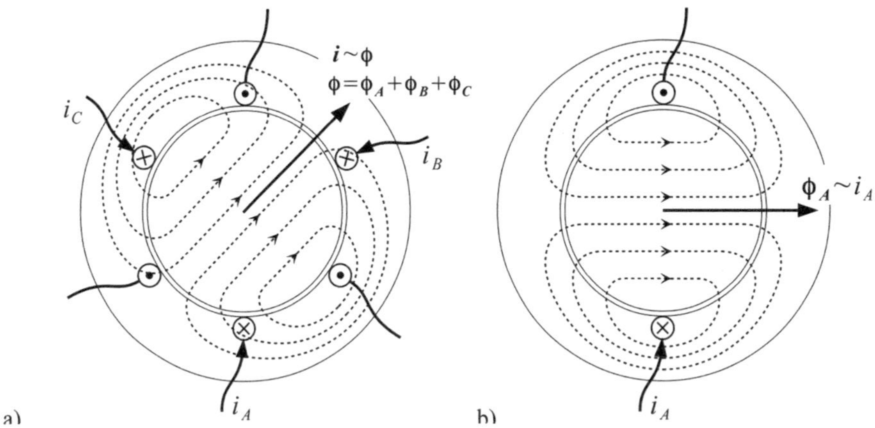

Abb. 2 Ständer einer Drehstrommaschine a) Feldlinien resultierend aus den Beiträgen aller drei Phasen, b) Feldlinien der Phase A

durch höhere Leistungsdichte und Wirkungsgrade im Vergleich zu den Gleichstrommaschinen. Daher werden heutzutage fast ausschließlich Drehstrommaschinen als Elektroantrieb in Pkw eingesetzt.

4.3 Elektrische Maschinen für Elektro- und Hybridfahrzeuge

Rotierende Maschinen bestehen aus einem Ständer (stationärer Teil) und einem Läufer (rotierender Teil), häufig auch als Stator, beziehungsweise Rotor bezeichnet. Durch den Läufer wird die mechanische Leistung übertragen. Moderne elektrische Maschinen werden in der Regel so konzipiert, dass die elektrische Leistung nur in den Ständer eingespeist wird und somit Schleifkontakte zur Übertragung des Stromes zum Läufer vermieden werden.

Die Funktionsweise der rotierenden elektrischen Maschine wird an der schematischen Konfiguration **Abb. 2** erläutert. Dabei handelt es sich um einen äußeren, hohlzylindrischen Ständer und einen inneren, zylindrischen Läufer. Ausgehend von der Wirkungsweise können die Maschinen für Elektroantriebe in Fahrzeugen nach **Tabelle 1** eingeordnet werden.

Obwohl alle Varianten von E-Maschinen in Prototypen von Elektro- und Hybrid-Pkw zu finden sind [1], wurden in der Praxis bisher nur die Asynchronmaschine (zum Beispiel Tesla S), die permanenterregte Synchronmaschine (zum Beispiel VW e-Up, VW e-Golf, Nissan Leaf) oder die permanenterregte Reluktanzmaschine (zum Beispiel BMW i3) in Serie eingesetzt [2].

In rotierenden Maschinen wird der Drehstrom und das daraus resultierenden Drehfeld genutzt. Für die Analyse der Maschine betrachten wir zuerst nur den Ständer, der in allen hier behandelten

Wirkungsweise	Typ	Prinzip
Asynchron		Lorentzkraft
Synchron	Permanenterregt	Lorentzkraft
	Reluktanz	Reluktanzkraft
	Hybrid (permanenterregte Reluktanzmaschine)	Beide

Tabelle 1 Einordnung elektrischer Maschinen für Elektroantriebe in Fahrzeugen

Maschinen gleich aufgebaut ist. Der Ständer besteht in der einfachsten Dreiphasen-Ausführung aus drei Wicklungen, die 120 ° zueinander versetzt sind und im ferromagnetischen Kern des Ständers eingebaut werden, wie **Abb. 2a** zeigt. Der Läufer wird zunächst als ein voller Eisenzylinder betrachtet. Jede Wicklung trägt zum magnetischen Feld in die entsprechende Richtung bei. In **Abb. 2b** werden die Feldlinien, die aus der Wicklung der Phase A entstehen dargestellt, wobei die Flussdichte proportional zum Strom ist und ihre Richtung 0 ° entspricht (abhängig von der Ausrichtung der Wicklung). Der Fluss sowie der Strom können als Raumzeiger mit Richtung der Flusslinien und mit dem Betrag des Flusses beziehungsweise des Stromes dargestellt werden.

In gleicher Form wie in der Phase A, entstehen auch aus den Wicklungen der Phasen B und C Flusskomponenten, aber mit den Richtungen 120 ° beziehungsweise 240 °. Der Gesamtfluss ergibt sich aus den Beiträgen jeder Spule und wird durch die Vektoraddition der drei Raumzeiger dargestellt, Abb. 2a. Der Strom *i*, der diesen Fluss verursacht, sowie der von den Wicklungen verkettete Fluss ψ wird ebenso mit einem Raumzeiger gleicher Richtung dargestellt.

Zu Erinnerung: der verkettete Fluss $\psi = \phi N$ ist der Anteil des Flusses, der von den N Windungen einer Wicklung umschlossenen wird.

In **Abb. 3a** wird der zeitliche Verlauf eines symmetrischen Drehstroms dargestellt. Wird damit der Ständer gespeist, kann daraus für jeden Zeitpunkt der Fluss- oder Strom-Raumzeiger berechnet werden, wie **Abb. 3b** zeigt. Im Zeitpunkt t_0 sind die Momentanwerte der Ströme, $i_A = 1\text{A}$, $i_B = -0{,}5A$ und $i_C = -0{,}5A$. Daraus ergibt sich ein Raumzeiger mit einem Winkel von 0 °. Folgt man den Zeitpunkten t_0, t_1, t_2, t_3, so ist zu erkennen, dass der zeitliche Verlauf einem drehenden Raumzeiger entspricht mit einer Drehzahl gleich der Kreisfrequenz des Ständerstromes.

Permanenterregte Synchronmaschine (PMSM)

Die Konstruktion des Läufers hängt vom Motortyp ab. So besteht der Läufer im Fall einer permanenterregten Synchronmaschine,

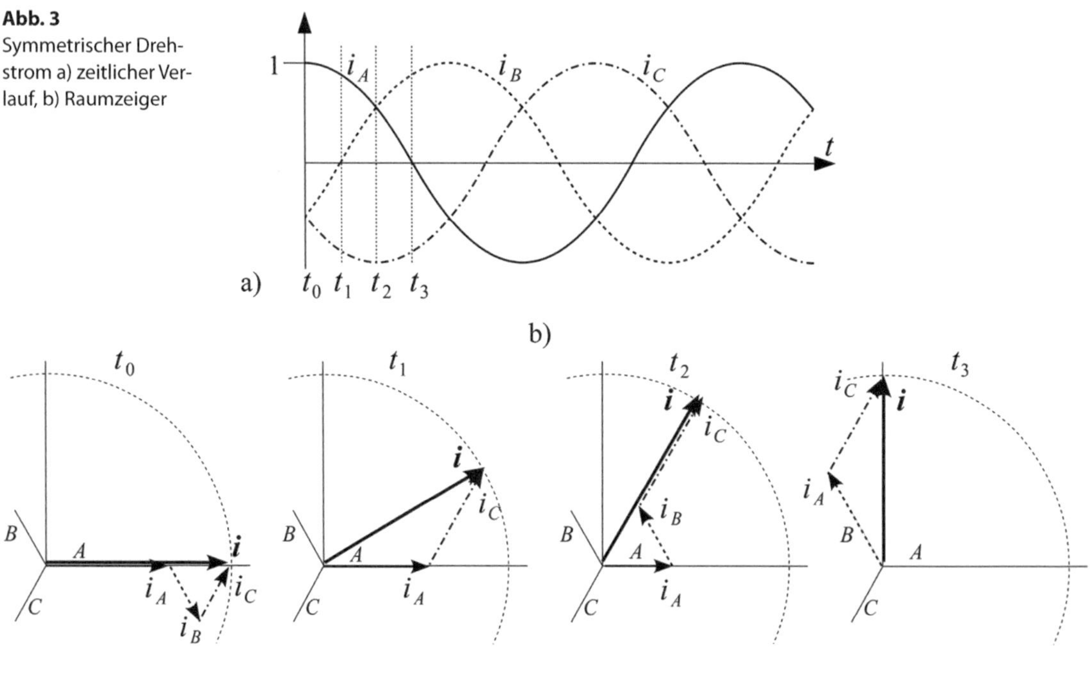

Abb. 3 Symmetrischer Drehstrom a) zeitlicher Verlauf, b) Raumzeiger

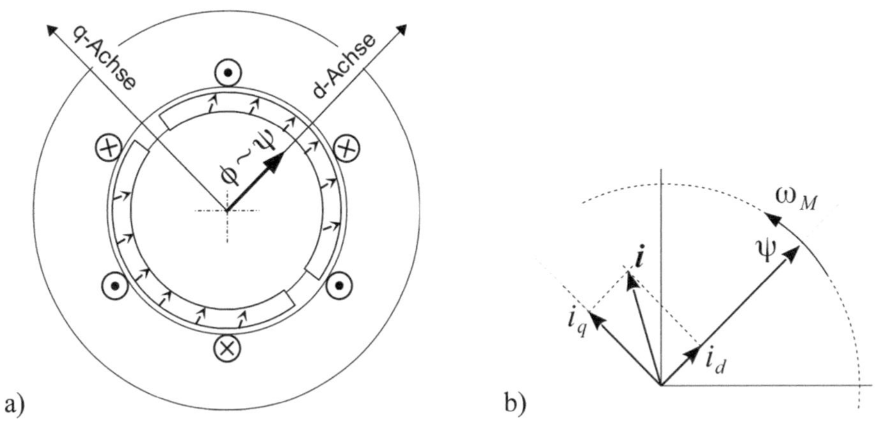

Abb. 4 Permanenterregte Synchronmaschine a) Querschnitt, b) Raumzeigerdiagramm

aus einem Zylinder der mit Magneten auf der Oberfläche bestückt ist, **Abb. 4a**. Die Magnete erzeugen ein Magnetfeld, das auf den Läufer ausgerichtet ist, das heißt der Fluss hat den gleichen mechanischen Winkel wie der Läufer. Da die Permeabilität der Magneten sehr niedrig ist, ist die Reluktanz im magnetischen Kreis des Ständers entsprechend hoch. Deshalb verursacht der Statorstrom nur einen sehr niedrigen Fluss und das gesamte Magnetfeld ist fast ausschließlich vom Magneten des Läufers abhängig.

Nun soll der Läufer im Zusammenhang mit dem Ständer betrachtet werden. Dafür wird ein mit dem Läufer drehendes Koordinatensystem definiert, bestehend aus einer zum Fluss der Permanentmagnete ausgerichteten Längsachse (oder d-Achse) und einer zum Fluss normal ausgerichteten Querachse (oder q-Achse).

In **Abb. 4b** sind die Raumzeiger des verketteten Flusses ψ und des Ständerstromes i dargestellt. Aus der Wechselwirkung zwischen dem Fluss ψ und der zum Fluss normalen Stromkomponente i_q (Querkomponente), entsteht eine tangentiale Kraft bzw. ein Drehmoment:

$$M_{MS} = \frac{3}{2} \cdot \psi \cdot i_q \qquad (5)$$

Die Längskomponente des Stromes i_d hat keine Wirkung auf das Drehmoment. Sobald sich der Läufer dreht, induziert sich in den Ständerspulen eine Spannung e, die von der Drehzahl des Läufers abhängig ist. Sie wird auch als ein zum Fluss senkrecht stehender Raumzeiger dargestellt, mit dem Betrag:

$$e = \psi \cdot \omega_M \qquad (6)$$

Es soll hier noch erwähnt werden, dass die sogenannten bürstenlosen oder elektronisch kommutierten Gleichstrommaschinen grundsätzlich das Gleiche wie die PMSM sind. Die Bezeichnung leitet sich aus dem angewendeten Steuerverfahren, der *elektronischen Kommutierung*, ab. Mit zunehmender Leistung wird das Verfahren aber durch die *feldorientierten Regelung* abgelöst, siehe Abschn. 4.3.

Synchronreluktanzmaschine (RSM)

Die gängigen Permanentmagneten enthalten seltene Erden wie Neodym, Samarium oder Dysprosium. Da diese einerseits teuer sind und andrerseits dessen Abbau wesentliche Umweltbeeinträchtigungen mit sich bringen [3], werden Maschinen ohne Permanentmagneten zunehmend in Betracht gezogen. Die synchrone Reluktanzmaschine kommt ohne Permanentmagenten aus und ist konstruktiv einfach, erreicht jedoch nicht die hohe Leistungsdichte der PMSM. Der Rotor besteht aus einem ferromagnetischen Teil, der so geformt ist, dass er in der Längsachse (d) einen kleinen und in der Querachse (q) einen großen Luftspalt aufweist, **Abb. 5a**. Somit hat der Flusspfad in der Längsachse eine niedrigere Reluktanz und entsprechend eine höhere Induktivität als in der Querachse. Ein Strom verursacht damit einen Fluss entsprechend der Induktivitäten, **Abb. 5b**:

$$\begin{aligned} \psi_d &= L_d i_d \\ \psi_q &= L_q i_q \end{aligned} \tag{7}$$

Aus der Wechselwirkung zwischen dem Fluss in einer Achse mit der zum Fluss normalen Stromkomponente entsteht das Drehmoment (bzw. zwischen dem Fluss in einer Achse und dem Strom in der anderen):

$$\begin{aligned} M_{MR} &= \frac{3}{2}(\psi_d i_q - \psi_q i_d) \\ &= \frac{3}{2}(L_d - L_q) i_d i_q \end{aligned} \tag{8}$$

In ähnlicher Form wie in der permanenterregten Synchronmaschine erzeugt der drehende Fluss eine induzierte Spannung:

$$e = \sqrt{\psi_d^2 + \psi_q^2} \cdot \omega_M \tag{9}$$

Anders als bei der PMSM bildet sich der Betrag des Flusses aus den Anteilen der d- und q-Komponenten und diese sind wiederum von den entsprechenden Stromkomponenten abhängig.

Die PMSM und die RSM können in einer hybriden permanenterregten Reluktanzsynchronmaschine kombiniert werden. Darunter können ebenso die PMSM mit vergrabenen Magneten eingeordnet werden. Diese Kombination kann beispielsweise umgesetzt werden indem der größere Luftspalt in der Querachse des Rotors, Abb. 5a, mit Permanentmagneten gefüllt wird. Somit ergibt sich das Drehmoment aus der Summe von (5) und (8). Abhängig vom Verhältnis zwischen der Induktivitätendifferenz $L_d - L_q$ und dem Fluss der Permanentmagneten ψ überwiegt die Reluktanz- beziehungsweise die Lorenzkraft bei der Drehmomentbildung.

Asynchronmaschine (ASM)

Im Fall der Asynchronmaschine besteht der Läufer aus einem ferromagnetischen Zylinder mit längst ausgerichteten Stäben, **Abb. 6a**. Die Stäbe sind an den Enden mit einem leitenden Ring verbunden. Da die Anordnung der Stäbe und der Endringe einem zylindrischen Käfig ähneln, wird diese Art von Läufer auch als *Käfigläufer* bezeichnet. Die ASM kommt ebenfalls wie die Reluktanzmaschine ohne Permanentmagnete aus, hat aber für die gleiche Baugröße einen etwas geringeren Wirkungsgrad.

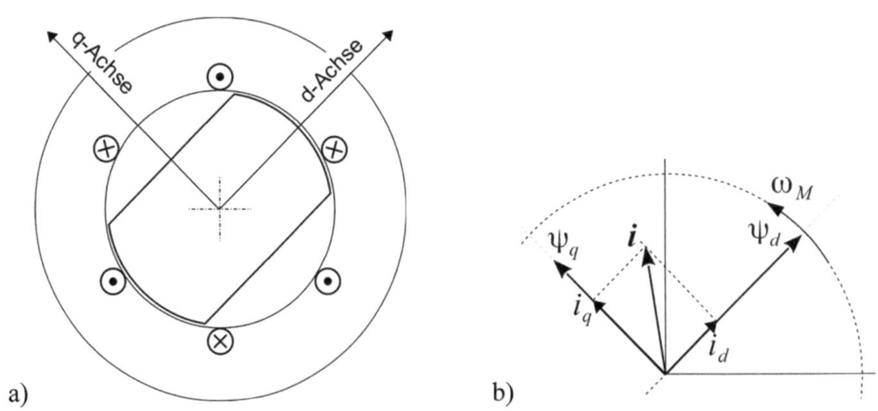

Abb. 5 Synchrone Reluktanzmaschine a) Querschnitt, b) Raumzeigerdiagramm

Angenommen wird zunächst ein magnetischer Fluss ψ der sich mit einer Drehzahl ω_1 dreht, **Abb. 6b**. Wenn die Drehzahl des Läufers ω_M niedriger als ω_1 ist, „schneidet" der Fluss die Stäbe des Käfigläufers und induziert eine Spannung. Da die Stäbe über dem Ring kurzgeschlossen sind entsteht der Strom i_R. Der Raumzeiger des im Rotor induzierten Stromes ist zum Fluss senkrecht und im Betrag proportional zum Fluss und zur relativen Drehzahl des Flusses:

$$\omega_2 = \omega_1 - \omega_M \tag{10}$$

Diese Differenz der Kreisfrequenz des Ständerstromes zur Drehzahl des Läufers wird Schlupfdrehzahl genannt und verdeutlicht das asynchrone Verhalten der Maschine.

Der Fluss ψ wiederum entsteht aus den Flussbeiträgen des Ständers und des Läufers und kann für eine ideale Maschine, wie folgt berechnet werden:

$$\psi = L_h\ (i_S + i_R\ ) = L_h \cdot i_m \tag{11}$$

Dabei ist L_h die Hauptinduktivität und $i_m = i_S + i_R$ der Magnetisierungsstrom. In **Abb. 7a** wird die Raumzeigersumme des Ständer- und Läuferstroms, aus dem der Magnetisierungsstrom und der Fluss entstehen, dargestellt.

Der Ständerstrom i_S kann, bezogen auf die Flussrichtung, in eine Längskomponente i_d und eine Querkomponente i_q zerlegt werde, **Abb. 7b**. Da der Läuferstrom i_R nur eine Querkomponente hat, ist $i_q = -i_R$ und $i_d = i_m$. Aus Abb. 6b ist zu entnehmen, dass eine tangentiale Kraft und das entsprechende Drehmoment aus der Wechselwirkung zwischen dem verketteten Fluss ψ und der Läuferstrom i_R entsteht:

$$\begin{aligned} M_M = -\frac{3}{2}\cdot\psi\cdot i_R = \frac{3}{2}\cdot\psi\cdot i_q \\ \frac{3}{2}\cdot L_h\cdot i_d\cdot i_q \end{aligned} \tag{12}$$

Anders als bei den permanenterregten Synchronmaschinen kann hier der Fluss durch i_d gesteuert werden. Im Ständer induziert sich eine Spannung aus der relativen Bewegung der Ständerwindungen zum Fluss mit der Drehzahl ω_1:

$$e = \psi\cdot\omega_1 = L_h\cdot i_d\cdot\omega_1 \tag{13}$$

In der vorhergehenden Analyse wurde die permanenterregte Synchron-, die synchrone Reluktanz- und die Asynchronmaschine als ideal modelliert. Weitere Effekte, wie zum Beispiel der Streufluss oder die Sättigung, werden in der Regel nur bei der Auslegung intensiver betrachtet. Der Streufluss

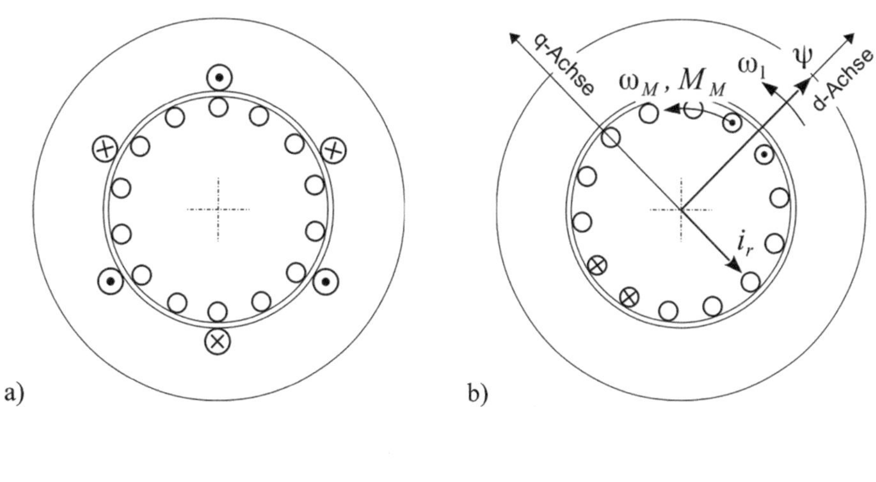

Abb. 6 Asynchronmaschine a) Querschnitt, b) Fluss und der im Läufer induzierte Strom

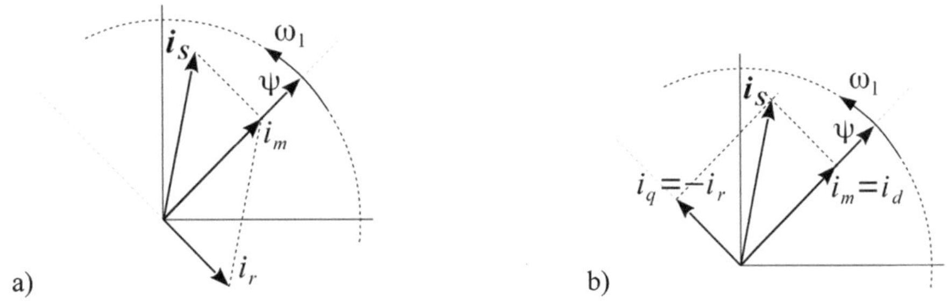

Abb. 7 Raumzeigerdiagramm der Asynchronmaschine: a) Ständer-, Läufer- und Magnetisierungsstrom, b) Längs- und Querkomponente des Ständerstroms.

ist der Anteilteil des Flusses, der nur die Ständerwicklung oder nur die Läuferwicklung einschließt und somit nicht zum Drehmoment beiträgt. Des Weiteren wurden die Maschinen nur mit einem Polpaar behandelt. Bei einer Maschine mit p Polpaaren ist das Drehmoment p-mal höher und die Drehzahl p-mal kleiner als bei einer Maschine mit einem Polpaar und gleicher Frequenz.

4.4 Steuerung und Regelung

In vielen stationären Anwendungen wird die Asynchronmaschine direkt aus dem Drehstromnetz mit konstanter Spannung und Frequenz gespeist. Bei Elektro- oder Hybridfahrzeugen steht die elektrische Energie nur in Form von Gleichstrom zur Verfügung. So ist eine leistungselektronische Vorrichtung (siehe auch Kap. 5) erforderlich, um den Gleichstrom in Drehstrom umzuwandeln. Diese Aufgabe wird von einem Wechselrichter erfüllt, der nicht nur die Umwandlung der elektrischen Energie übernimmt sondern auch als Stellglied wirkt [4]. Dabei wird die Momentanspannung jeder Phase über ein Stellsignal, das von einem Regler übermittelt wird, gesteuert. Ein Wechselrichter ist auch für die Steuerung der permanenterregten Synchronmaschine erforderlich.

In **Abb. 8** wird der Wechselrichter als Block innerhalb eines Schaltbildes des Regelungsverfahrens dargestellt. Dabei hat der Wechselrichter einen Gleichstromanschluss und einen Drehstromanschluss. Der erste wird an einer Gleichspannungsquelle oder an einen Energiespeicher angeschlossen, der zweite an die elektrische Maschine. Zusätzlich fließen noch die Spannungssollwerte als Steuersignale, hier mit Pfeilen dargestellt, ein.

Bei einem Wechselrichter sind einige Einschränkungen zu betrachten. Zum einen kann der Betrag der Wechselspannung nur kleiner als die eingespeiste Gleichspannung werden. Für das übliche Steuerverfahren der Wechselrichter (Raumzeiger Pulsweitenmodulation) gilt daher:

$$|u| < u_{dc}/\sqrt{3} \tag{14}$$

Dabei ist u der Spannungsraumzeiger der Drehstromseite und u_{dc} die Spannung auf der Gleichstromseite.

Zum anderen soll der Strombetrag den zulässigen Strom der Halbleiter und der angeschlossenen Maschine nicht überschreiten:

$$|i| = \sqrt{i_q^2 + i_d^2} < i_{Max} \tag{15}$$

Außerdem erfolgt die Umsetzung der Spannungssollwerte erst nach einer kurzen Laufzeit, die von der Schaltfrequenz abhängt und in der Regel zwischen 50-200 µs liegt. Sie ist für die Auslegung eines Stromregelkreises zu beachten.

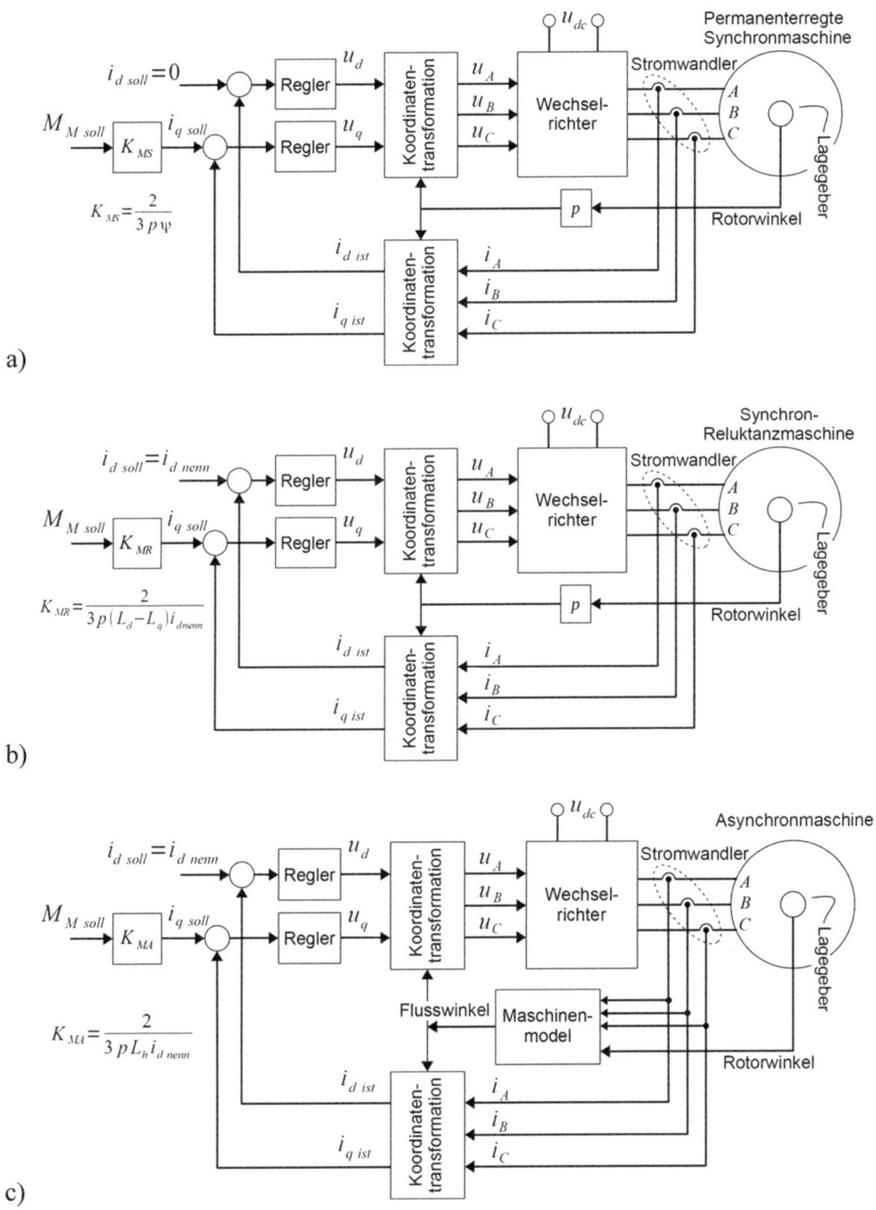

Abb. 8 Blockschaltbild der Drehmomentregelung: a) permanenterregte Synchronmaschine, b) synchrone Reluktanzmaschine, c) Asynchronmaschine.

Diese Strom- und Spannungseinschränkungen beeinflussen den Betriebsbereich der Maschine. Für die permanenterregte Synchronmaschine ist das Drehmoment proportional zum Strom i_q. Da der Strom aber begrenzt ist, ist auch das Drehmoment entsprechend begrenzt. Außerdem fließt der Strom nur ein, wenn die Spannung des Wechselrichters (u) größer als die induzierte Spannung (e) ist. Da u begrenzt ist und e mit der Drehzahl zunimmt (6), ist auch die Höchstdrehzahl limitiert. Die Einschränkungen für die permanenterregte Synchronmaschine werden in dem Drehmoment-Drehzahl-Diagramm in **Abb. 9a** dargestellt.

Für die Reluktanz- und Asynchronmaschine tritt ebenfalls eine Begrenzung des

Drehmoments aufgrund des zulässigen Stromes auf. Im Unterschied zur permanenterregten Synchronmaschinen kann in der Asynchronmaschine der Fluss über die Längskomponente des Stromes (i_d) gesteuert werden. Im unteren Drehzahlbereich wird der Fluss auf seinen Maximalwert gesetzt, dieser ist durch die Sättigung des Eisens bedingt, um so das höchstmögliche Drehmoment zu erhalten. Wenn aufgrund der zunehmenden Drehzahl die induzierte Spannung (e) die des Wechselrichters (u) erreicht, kann die induzierte Spannung (9) oder (13) durch eine Feldschwächung, das heißt eine Reduktion von i_d, reduziert werden. Damit können höhere Drehzahlen bei abnehmendem Drehmoment erreicht werden, das heißt die erreichbare Leistung bleibt konstant. Der zulässige Betriebsbereich für eine Asynchronmaschine wird in **Abb. 9b** dargestellt.

Eine Erweiterung des Drehzahlbereiches von permanenterregten Synchronmaschinen ist auch möglich, wenn die Induktivität ausreichend hoch ist. Der Betrieb im erweiterten Drehzahlbereich ist dann aber mit höheren Verlusten verbunden.

Wenn der zulässige Strom überschritten wird, führt die durch den Wicklungswiderstand erzeugte Stromwärme zu Übertemperatur in den Halbleitern des Wechselrichters und in den Wicklungen der Maschine. Dabei handelt es sich um einen thermischen Vorgang, der eine Zeitkonstante von einigen Sekunden bis zu wenigen Minuten erreichen kann. Für beide Maschinentypen ist dadurch eine kurzzeitige Überschreitung des Stromes beziehungsweise des Drehmoments möglich, sofern die Temperaturen der Halbleiter und der Maschine überwacht werden.

Grundlegendes Ziel der Regelung in Elektroantrieben für Pkw ist das Drehmoment. Darauf aufbauend kann die Drehzahlregelung oder die Wirkungsgradoptimierung umgesetzt werden. Für die Drehmomentregelung in einer permanenterregten Synchronmaschine gilt die Gleichung des Drehmoments, das proportional von der Querkomponente des Stromes abhängig ist. Da der Wechselrichter auf direktem Weg nur die Spannung stellen kann, wird zusätzlich ein Stromregelkreis eingeführt. Dieser kann besser auf dem Koordinatensystem umgesetzt werden welches mit dem Fluss orientiert ist, das heißt in einer feldorientierten Regelung [5]. Dafür werden die Phasengrößen (zum Beispiel i_A, i_B, i_C) auf Längs- und Querkomponenten (zum Beispiel i_d, i_q) transformiert. Die Transformation erfordert die Messung des Winkels des Flusses, der im Fall der permanenterregten Synchronmaschine gleich der Position des Läufers ist.

Abbildung 8a zeigt das Blockschaltbild der Drehmomentregelung einer permanenterregten Synchronmaschine. Rechts in der Abbildung sind der Wechselrichter, die damit gespeiste Synchronmaschine, die Stromwandler und der Lagegeber dargestellt. Die restlichen Blöcke gehören zum Regelungssystem und werden per Software in einem Mikrocontroller mit einer Abtastperiode von 50 μ bis 1 ms realisiert.

Abb. 9 Zulässiger Betriebsbereich in der Drehmoment-Drehzahl-Ebene: a) permanenterregte Synchronmaschine, b) Reluktanz- und Asynchronmaschine

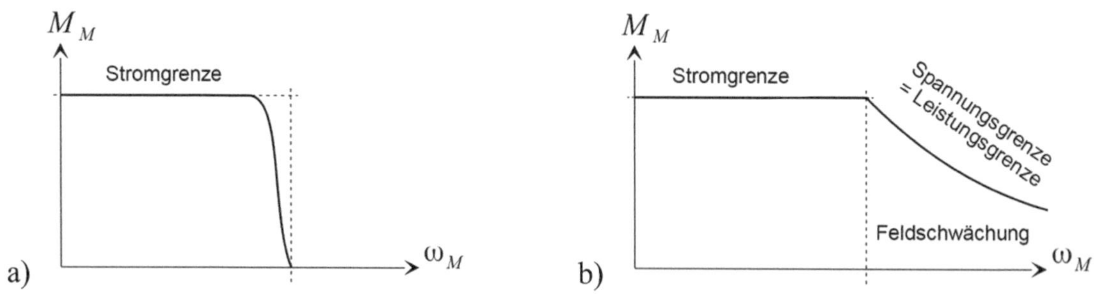

Im Regelungssystem werden die Signale der Phasenströme (i_A,i_B,i_C) in die Längs- und Querkomponenten des Raumzeigers transformiert (i_d,i_q). Nach dem Vergleich mit den Sollwerten werden die Abweichungen von den Reglern verarbeitet. Die Regler stellen die Längs- und Querkomponenten des Spannungsraumzeigers mit dem Ziel, die Regelabweichung zu Null zu machen. Dabei stellen die Regler eine höhere Spannung ein, wenn der Strom-Istwert kleiner als der Sollwert ist, und umgekehrt. Die Wirkung der Regler ist proportional zum Betrag und zur Dauer der Abweichung (PI-Regler). Anschließend wird die Spannung zur Steuerung des Wechselrichters in die Phasengrößen rücktransformiert. Die Transformation und Rücktransformation benötigen den Winkel des Läufers, der von einem Lagegeber ermittelt wird.

Bei der permanenterregten Synchronmaschine hat die Längskomponente des Stromes (i_d) keine Wirkung auf das Drehmoment. Daher wird ihr Sollwert auf null gesetzt. Die Querkomponente i_q bestimmt das Drehmoment und ihr Sollwert wird aus dem Drehmomentsollwert berechnet.

Die Regelung einer synchronen Reluktanzmaschine unterscheidet sich von der einer PMSM grundsätzlich nur darin, dass die Längskomponente des Stromes (i_d) nicht auf null, sondern auf seinem Nennwert gesetzt wird, Abb. 8b. Diese kann konstant gehalten werden oder in Abhängigkeit des Betriebspunktes zur Wirkungsgradoptimierung angepasst werden.

Das Blockschaltbild der Regelung einer Asynchronmaschine wird in Abb. 8c dargestellt. Sie unterscheidet sich im Wesentlichen in zwei Funktionen von der Regelung der Synchronmaschine. Erstens dreht sich im Fall der Asynchronmaschine der Flussraumzeiger asynchron zum Läufer. Der Winkel des Flusses, der für die Transformation erforderlich ist, muss daher mit einem Modell der Maschine berechnet werden. Dafür sind die Signale des Läuferwinkels und der Phasenströme sowie die Motorparameter nötig. Zweitens ist der Betrag des Flusses von der Längskomponente des Stromes (i_d) abhängig, deshalb muss sein Sollwert auf dem Nennwert ($i_{d\,nenn}$) gesetzt werden.

Die permanenterregte Synchronmaschine weist gegenüber der Asynchronmaschine sowohl höheren Wirkungsgrad als auch höhere Leistungsdichte auf. Sie ist jedoch für einen größeren Drehzahlbereich weniger gut geeignet, da die Feldschwächung ineffizient ist. Wird eine permanenterregte Synchronmaschine für hohe Drehzahl ausgelegt, so verringert sich das Drehmoment im gesamten Drehzahlbereich. Bei Reluktanz- und Asynchronmaschinen ist die Feldschwächung effizienter. Dadurch kann die Maschine für hohes Drehmoment im unteren Drehzahlbereich ausgelegt werden und mit reduziertem Drehmoment hohe Drehzahlen erreichen. Dank ihrer hohen Leistungsdichte und einer kompakten, flachen Ausführung, ist die permanenterregte Synchronmaschine besonders für Radnabenmotoren geeignet.

4.5 Zusammenfassung

Die Grundlagen der elektrischen Maschinen, sowohl motorisch als auch generatorisch betrieben, wurden in diesem Beitrag kurz vorgestellt. Für den Elektroantrieb von Pkw werden in der Praxis bevorzugt permanenterregte Synchron-, Reluktanz- und Asynchronmaschinen eingesetzt. Alle diese Maschinentypen können mit einer Raumzeigerdarstellung der elektrischen Größen in einem feldorientierten Koordinatensystem modelliert werden. Durch den Einsatz von Mikrocontroller und einem leistungselektronischen Stellglied kann eine Regelung umgesetzt werden, die auf diesem Modell beruht. Dies ermöglicht die hochdynamische Drehmomentregelung und, im Fall der Reluktanz- und Asynchronmaschine, auch die Erweiterung des Drehzahlbereiches.

Die elektrischen Maschinen werden während der Beschleunigung und der Konstantfahrt des Fahrzeuges durch die Drehmomentregelung in Motorbetrieb und während der Bremsung im Generatorbetrieb betrieben. Prinzipiell ist es möglich das Nenndrehmoment aus dem Stillstand heraus zu erreichen und auch kurzzeitig zu überschreiten.

Die permanenterregte Synchronmaschine hat die Vorteile eines höheren Wirkungsgrades und einer höheren Leistungsdichte, während der Reluktanz- und Asynchronmaschine hinsichtlich des größeren Drehzahlstellbereiches überlegen ist.

Literaturhinweise

[1] Ehsani, M.; Yimin, G.; Miller, J. M.: Hybrid Electric Vehicles: Architecture and Motor Drives. Proceedings of the IEEE, vol. 95, pp. 719-728, 2007

[2] Jung, M.; Merwerth, J.; Ueberle, H. et al.: Der Elektrische Antrieb Des BMW Active E. MTZ – Motortechnische Zeitschrift, vol. 73, pp. 602-606, 2012

[3] Gauß, R., Gutfleisch, O.: Magnetische Materialien – Schlüsselkomponenten für neue Energietechnologien. In: Kausch P., Matschullat J., Bertau M., Mischo H. (eds) Rohstoffwirtschaft und gesellschaftliche Entwicklung. Springer Spektrum, Berlin, Heidelberg, 2016.

[4] Schröder D., Marquardt R.: Leistungselektronische Schaltungen. Springer Vieweg, Berlin, Heidelberg, 2019.

[5] De Doncker, R., Pulle, D.W.J., Veltman, A.: Advanced Electrical Drives. Power Systems. Springer, Dordrecht, 2011.

5 Leistungselektronik

Andreas Lindemann

5.1 Einleitung

Schon im konventionellen Kraftfahrzeug hat die Elektronik verschiedenste Aufgaben der Steuerung und Regelung, die in Steuergeräten umgesetzt werden, übernommen. Neben Mikrorechnern und Signalelektronik umfasst ihre Funktionalität bereits heute leistungselektronische Stellglieder, zum Beispiel für Aktuatoren oder Leuchten [1] sowie zur Energieaufbereitung, etwa zur Kopplung des Generators an das Bordnetz. Dieser Trend wird sich mit der weiteren Elektrifizierung des Antriebsstrangs signifikant verstärken. Insbesondere leistungselektronische Stellglieder sind für die Traktionsantriebe sowie für die erweiterten elektrischen Bordnetze unverzichtbar. Außerdem trägt die Leistungselektronik zukünftig einen wesentlichen Anteil zur Wertschöpfung bei. Dieser Beitrag umreißt die leistungselektronisch realisierten Grundfunktionen und erläutert, wie diese mit typischen leistungselektronischen Schaltungen und Bauelementen dargestellt werden können. Er nimmt Bezug auf die in Kap. 3 dargestellten elektrotechnischen Grundlagen.

5.2 Definitionen, Grundfunktionen

In **Abb. 1** sind die wesentlichen Komponenten des Bordnetzes eines beispielhaften Plug-in Serien-Hybridfahrzeugs dargestellt. Diese Darstellung ist bewusst schematisch und so allgemein gehalten, dass sie auf verschiedene Typen von Hybridfahrzeugen (siehe Kap. 2 und 10 bis 14) übertragen werden kann. Das von den Rädern zu übertragende Drehmoment wird von einer oder mehreren elektrischen Maschinen erzeugt. Auf ein rein verbrennungsmotorisch erzeugtes Drehmoment, das direkt für den Antrieb genutzt wird, wird hier nicht eingegangen. Häufig kommen Drehstrom-Synchron- oder -Asynchronmaschinen (M 3~ in Abb. 1) zum Einsatz. Je nach Speisung können sie ein antreibendes oder auch bremsendes Drehmoment abgeben beziehungsweise erzeugen. Wie in Kap. 1 und [2] ausgeführt, erzeugen leistungselektronische Wechselrichter (=→3~ in Abb. 1) ein dreiphasiges Stromsystem variabler Amplitude und Frequenz, welches die Maschinen speist. Die Wechselrichter wiederum werden im betrachteten Beispiel aus dem sogenannten Hochvoltbordnetz (in Abb. 1 mit HS markiert) versorgt. Entsprechendes gilt für die mechanisch mit dem Verbrennungsmotor (unten links in Abb. 1) gekoppelte elektrische Maschine. In der Regel wird diese generatorisch betrieben, um die vom Verbrennungsmotor erzeugte Energie dem Hochvoltbordnetz für die elektrischen Antriebsmaschinen zur Verfügung zu stellen. Mit einem kurzzeitigen motorischen Betrieb dieser elektrischen Maschine lässt sich der Verbrennungsmotor auch starten.

Das Hochvoltbordnetz kann von einer Batterie (links in der Mitte in Abb. 1) gepuffert sein. An deren Klemmen liegt

H. Tschöke et al. (Hrsg.), *Elektrifizierung des Antriebsstrangs*,
ATZ/MTZ-Fachbuch, https://doi.org/10.1007/978-3-662-60356-7_5

Abb. 1
Beispielhaftes Blockschaltbild eines Plug-in Serien-Hybridfahrzeugs mit Hochvolt-Bordnetz

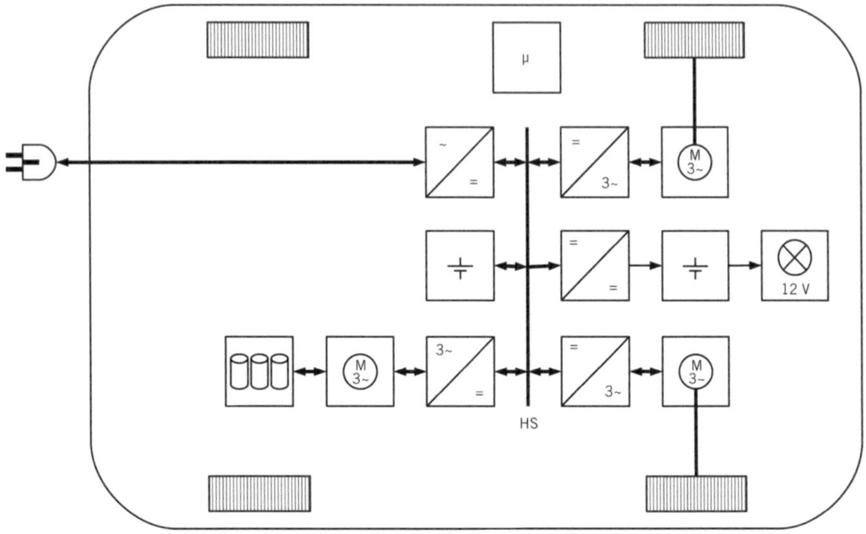

eine Gleichspannung an, meist in einer Größenordnung von etwa 300 V bis unter 1000 V. Sie dient als Puffer und kann somit bei generatorischem Betrieb der Antriebe, das heißt bei Gleichrichterbetrieb der Leistungselektroniken, Energie aufnehmen und bei motorischem beziehungsweise Wechselrichterbetrieb Energie abgeben. Das zur Versorgung beispielsweise von Verbrauchern wie Beleuchtung und Radio weiterhin vorhandene konventionelle 12 V / 14 V-Bordnetz (rechts in der Mitte in Abb. 1) kann ebenfalls aus dem Hochvoltbordnetz gespeist werden, sodass der übliche 12 V-Generator entfällt. Man benötigt stattdessen einen leistungselektronischen Gleichspannungswandler (= → = in Abb. 1). Da das Hochvoltbordnetz aus Sicherheitsgründen von der Karosserie zu isolieren ist [2], muss dieser Wandler galvanisch getrennt ausgeführt sein.

Nach heutigem Stand der Technik gilt Entsprechendes auch für das Ladegerät (~ ← → = oben links in Abb. 1), mit dem die Hochvoltbatterie aus dem Wechselspannungsnetz geladen werden kann. Es ist damit außerdem optional möglich, zur Spitzenlastdeckung kurzfristig elektrische Energie aus der Hochvoltbatterie des geparkten Fahrzeugs ins Netz zurückzuspeisen.

Zusammenfassend lässt sich also festhalten, dass der Leistungselektronik die Aufgabe zukommt, Strom- oder Spannungssysteme einer Amplitude und Frequenz in solche einer anderen Amplitude und Frequenz umzuformen. Dies umfasst insbesondere die genannten Funktionen des Wechselrichters (Gleichgröße = in Wechselgröße ~), des Gleichrichters (Wechselgröße ~ in Gleichgröße =) und des Gleichspannungswandlers beziehungsweise Gleichstromwandlers (Gleichgröße = in andere Gleichgröße =). Auch die Umformung einer Wechselgröße ~ in eine andere Wechselgröße ~ ist möglich, zum Beispiel durch Verkettung eines Gleich- und eines Wechselrichters (~ → = → ~).

Dies tritt im Pfad des Antriebsstrangs vom Verbrennungsmotor bis zu den Rädern in Abb. 1 auf. Die im Hybridfahrzeug umzuformenden Spannungen liegen meist im Bereich zwischen 12 V und unter 1000 V; die Ströme erreichen einige 100 A. Diese Größen werden von sogenannten elektrischen Ventilen, das sind Leistungstransistoren beziehungsweise -dioden, geschaltet. Die Leistungselektronik wird vielfach und mit stark wachsender Tendenz auch in anderen Anwendungen eingesetzt, zum Beispiel in der Elektrotraktion bei

Bahnen, in der industriellen Antriebstechnik oder in der Stromversorgungstechnik beziehungsweise zur Netzeinspeisung der aus erneuerbaren Quellen erzeugten elektrischen Energie. Hierbei deckt die Leistungselektronik einen großen Bereich von Nennleistungen zwischen Watt und Megawatt ab. Von der rasch fortschreitenden Entwicklung der Leistungselektronik, insbesondere im Bereich der Bauelemente, profitieren die neuen Anwendungen zum Beispiel in Hybridfahrzeugen. Generell lässt sich durch die Leistungselektronik eine hohe Energieeffizienz des Gesamtsystems erreichen.

5.3 Leistungselektronische Schaltungen im Fahrzeug

Im Folgenden werden die häufig verwendeten leistungselektronischen Schaltungen in Hybrid- und Elektrofahrzeugen vorgestellt, mit denen sich die genannten Grundfunktionen umsetzen lassen. Die leistungselektronischen Ventile sind entsprechend ihrer Betriebsweise zunächst als einfache Schalter dargestellt. Ihre Ausführung als Leistungshalbleiter-Bauelemente wird dann in Abschn. 5.4 beschrieben. Wesentliche Grundlagen der folgenden Betrachtungen sind in [2] dargestellt.

Leistungselektronik für Fahrzeugantriebe

Um in einer Drehstrommaschine ein Drehfeld und mit diesem ein Drehmoment zu erzeugen, muss sie mit einem Drehspannungs- beziehungsweise -stromsystem gespeist werden. Unabhängig von Betriebsspannung und Nennleistung – und damit gültig für alle in Abb. 1 dargestellten elektrischen Antriebe – bietet sich für die Funktion des leistungselektronischen Wechselrichters die Topologie der Brückenschaltung nach **Abb. 2** an. Jedes Schalterpaar S_1/S_2, S_3/S_4 und S_5/S_6 versorgt eine Phase der Maschine. Diese liegt jeweils bei leitendem oberen Schalter S_1, S_3 und S_5 auf positivem oder bei leitendem unteren Schalter S_2, S_4 und S_6 auf negativem Potenzial des Spannungszwischenkreises u_Z. Zwischen der ersten und der zweiten Phase kann damit beispielsweise die Spannung

$$u_{L12} = \begin{cases} u_z & \text{wenn } S_1 \text{ und } S_4 \text{ leitend} \\ 0 & \text{wenn } S_1 \text{ und } S_3 \text{ oder} \\ & \text{wenn } S_2 \text{ und } S_4 \text{ leitend} \\ -u_z & \text{wenn } S_2 \text{ und } S_3 \text{ leitend} \end{cases} \quad (1)$$

anliegen. Im einfachsten Falle könnten die Phasen der Maschine dementsprechend mit einer blockförmigen, frequenzvariablen Wechselspannung versorgt werden. Diese weist pro Periodendauer je ein Zeitintervall mit positiver (u_Z) und negativer ($-u_Z$) Spannung auf. Ihr Effektivwert hängt von der Zwischenkreisspannung u_Z ab und ist über die Länge der spannungsfreien Freilaufintervalle mit $u_{L12}=0$ nach Gl. (1) einstellbar. Die rechteckförmige Spannung enthält allerdings einen hohen Anteil an Oberschwingungen, welche mit einer Fourier-Analyse zu berechnen sind. Diese Oberschwingungen regen zum Beispiel Geräuschemissionen an und verursachen zusätzliche Verluste. Daher werden üblicherweise höhere Taktfrequenzen in der Größenordnung von einigen kHz verwendet. Dadurch kann die Klemmenspannung

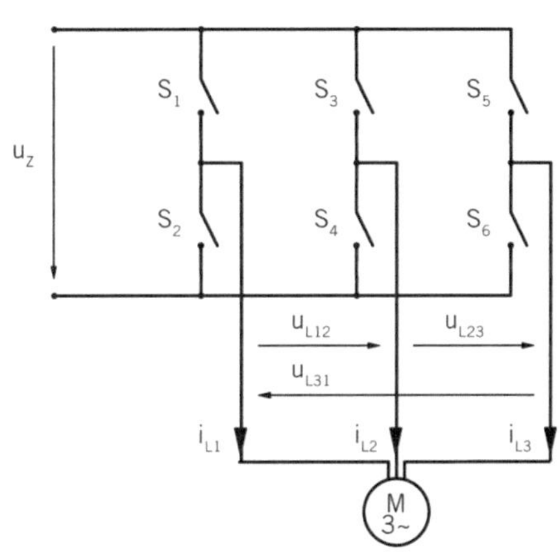

Abb. 2 Schaltbild einer dreiphasigen Brückenschaltung zur Speisung einer Drehstrommaschine

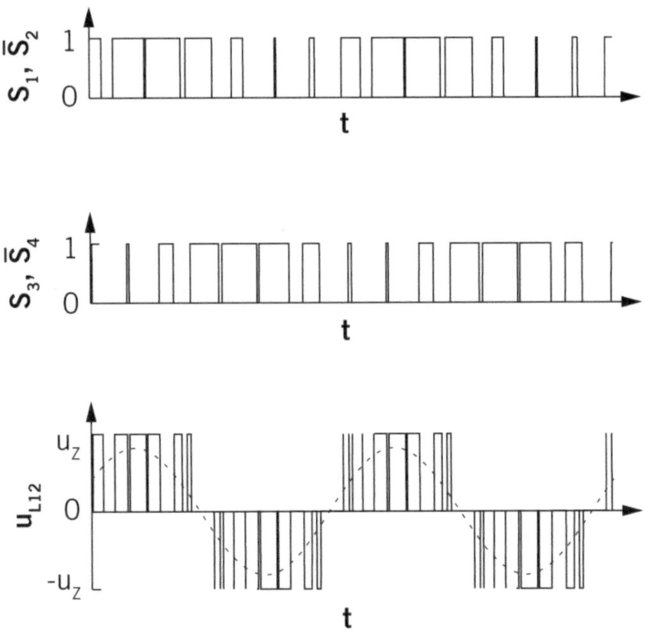

Abb. 3 Zusammenhang zwischen dem Pulsmuster zur Steuerung einer dreiphasigen Brückenschaltung (Signale $S_1=\bar{S}_2$ (oben), $S_3=\bar{S}_4$ (Mitte), jeweils 1 = ein, 0 = aus) und der resultierenden Ausgangsspannung u_{L12} (Zeitverlauf durchgezogen, Grundschwingung gestrichelt (unten))

der Maschine über die Ausgangsperiode pulsbreitenmoduliert werden, wie in **Abb. 3** schematisch für eine Phase illustriert. In jedem Brückenzweig sei jeweils entweder der obere oder der untere Schalter leitend, zum Beispiel $S_1=1$ ein und $S_2=0$ aus, beziehungsweise äquivalent $S_1=\bar{S}_2=1$. Das Signal S_1 ist also gleich dem negierten Signal S_2, also $\bar{S}_2$, da jeweils nur einer der beiden Schalter leiten darf. Man erkennt den durch Gl. (1) wiedergegebenen Zusammenhang zwischen den Schaltzuständen $S_1=\bar{S}_2$, $S_3=\bar{S}_4$ und der nun pulsbreitenmodulierten Ausgangsspannung u_{L12}, deren Mittelwert sich von Schaltperiode zu Schaltperiode der Taktfrequenz ändert, sodass sich die eingezeichnete Grundschwingung mit der Ausgangsfrequenz ergibt. Der Oberschwingungsgehalt der Ausgangsspannung kann auf diese Weise deutlich reduziert werden. Die Ausgangsspannung des Wechselrichters ist durch die zur Verfügung stehende Zwischenkreisspannung u_Z begrenzt, wobei sich die Schaltung tiefsetzend verhält. Dies ist von Bedeutung, da der Zwischenkreis im einfachsten Fall von einer Batterie gespeist wird, deren Klemmenspannung (in der Regel von Strom, Ladezustand, Temperatur und anderen Parametern abhängig) die maximal an der Maschine verfügbare Spannung festlegt. Dies ist bei der Systemarchitektur zu berücksichtigen. So legt die zur Verfügung stehende Klemmenspannung der Batterie wesentliche Parameter für eine leistungselektronisch gespeiste Drehstrommaschine fest.

Häufig erweist es sich allerdings als unzweckmäßig, ein Antriebssystem für die niedrigstmögliche Batteriespannung als Zwischenkreisspannung des Antriebswechselrichters auszulegen. In der Regel wäre eine möglichst konstante Zwischenkreisspannung wünschenswert, die meist höher sein sollte als die Nennspannung der Batterie. Damit lassen sich hohe Ströme und die dafür erforderlichen Leiterquerschnitte beziehungsweise die damit verbundenen Verluste vermeiden. Dies lässt sich recht einfach mit einem Gleichstromsteller nach **Abb. 4** realisieren. Dieser wird wie die drei Brückenzweige des Antriebswechselrichters mit dem Spannungszwischenkreis u_Z verbunden, während die Batterie mit Klemmenspannung u_{4-} (rechts in Abb. 4) angeschlossen wird. Wie in **Abb. 5** schematisch für Generatorbetrieb mit Rückspeisung von Energie in die Batterie dargestellt, magnetisiert nach Einschalten von S_7 wegen der Voraussetzung $u_Z > u_{4-}$ die Drosselspule L_{L4}, Abb. 4, mit einem wachsenden Strom i_{L4} für $t_0 \leq t < t_2$ auf. Während der Freilaufphasen $t_2 \leq t < t_4$, in denen stattdessen S_8 leitet, magnetisiert die Spule gegen die Batteriespannung u_{4-} ab. Im Motorbetrieb ändert sich bei entsprechender Funktionsweise lediglich das

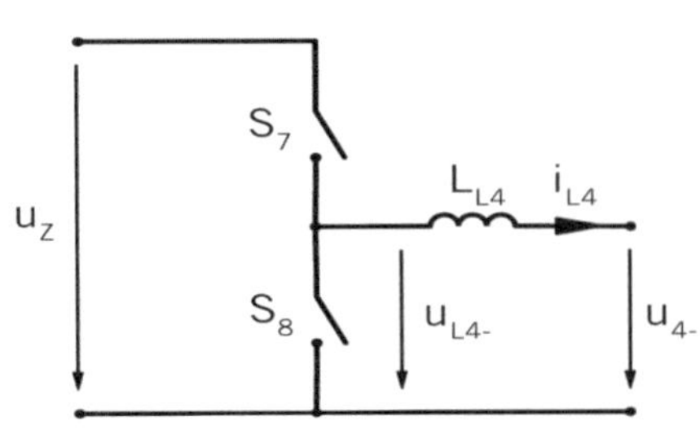

Abb. 4 Schaltbild eines Brückenzweigs als Zweiquadranten-Gleichstromsteller

Vorzeichen des Stroms i_{L4}. Durch Hinzufügen eines Gleichstromstellers, der üblicherweise die Zwischenkreisspannung regelt, kann diese also auf einem höheren Wert als die variable Batteriespannung gehalten werden. Typische Spannungsübersetzungsverhältnisse liegen in der Größenordnung von etwa zwei, sodass die Auf- und Abmagnetisierungsintervalle nach Abb. 5 von etwa vergleichbarer Dauer sind. Sollte die Zwischenkreisspannung nicht oberhalb, sondern inmitten des Bereichs zulässiger Batteriespannungen liegen, so kann eine entsprechende Regelung mit einer Kombination zweier Gleichstromsteller nach Abb. 4 realisiert werden, was sich allerdings naturgemäß aufwendiger gestaltet.

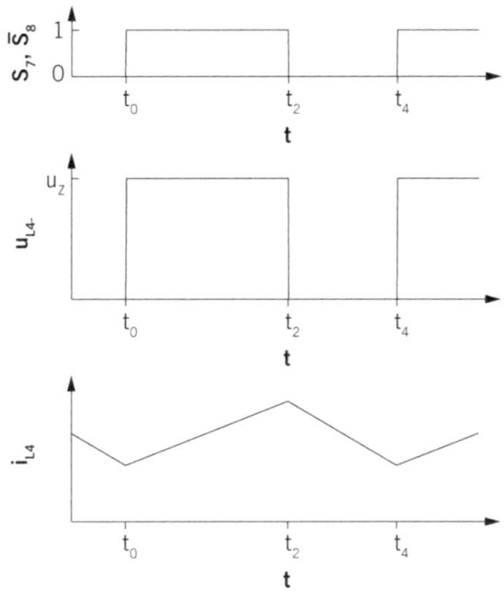

Abb. 5 Pulsmuster zur Steuerung eines Zweiquadranten-Gleichstromstellers (Signal $S_7 = \bar{S}_8$ (oben), 1 = ein, 0 = aus), resultierende Spannung u_{L4-} (Mitte) und resultierender Strom i_{L4} im Tiefsetzstellerbetrieb (unten)

Leistungselektronik zur Stromversorgung

Über einen Gleichstromsteller lässt sich auch ein Doppelschichtkondensator mit dem Bordnetz verbinden [3]. Sein Energiegehalt hängt quadratisch von der Klemmenspannung ab: $W = ½ \cdot C \cdot U^2$. Er kann ergänzend zur Batterie dazu dienen, Leistungsspitzen aufzunehmen, sodass beispielsweise die bei der elektrischen Nutzbremsung gewonnene elektrische Energie für den nächsten Beschleunigungsvorgang zur Verfügung steht.

Je nach Systemarchitektur ist kein Generator zur Speisung des 12 V-Bordnetzes vorhanden; dieses wird dann z. B. aus dem Hochvoltbordnetz versorgt. Elektro- und Plug-in-Hybridfahrzeuge benötigen außerdem ein Ladegerät, mit dem die Traktionsbatterie geladen werden kann. Zumindest ein Ladegerät mit moderater Leistung ist zur Sicherstellung einer hinreichenden Autarkie üblicherweise im Fahrzeug eingebaut. Häufig ist es angepasst an den einphasigen Netzanschluss, wie er in Garagen typischerweise zur Verfügung steht (zum Beispiel in Europa 230 V · 16 A ≈ 3,5 kW). Ergänzend sind auch externe Ladegeräte anzuschließen, zum Beispiel Ladesäulen im öffentlichen Verkehrsraum, die eine höhere Nennleistung aufweisen und damit kürzere Ladezeiten ermöglichen. Beiden Wandlern ist gemeinsam, dass sie aus Sicherheitsgründen eine galvanische Trennung aufweisen müssen, sodass eine Topologie mit Transformator erforderlich ist [2]. Dieser soll zur Gewichts- und Volumenoptimierung in der Regel mit Frequenzen bis zu einigen 10 kHz betrieben und damit leistungselektronisch gespeist werden. Das Verhältnis seiner primär- und sekundärseitigen Windungszahlen bestimmt sein Spannungsübersetzungsverhältnis. Das Schaltbild eines leistungselektronischen Durchflusswandlers mit Transformator beziehungsweise Übertrager zeigt **Abb. 6**. Ähnlich wie bei der Brückenschaltung, die im vorigen Abschnitt erläutert wurde, kann durch Einschalten von S_{11} und S_{14} $u_{w1} = u_Z$ angelegt werden und entsprechend ergibt sich durch Einschalten von S_{12} und S_{13} $u_{w1} = -u_Z$ und durch Einschalten von S_{11} und S_{13} oder S_{12} und S_{14} $u_{w1} = 0$. Die Spannung u_{w1} wird mit dem Übersetzungsverhältnis des Transformators auf die Sekundärseite übertragen und dort mit der Brückenschaltung $S_{21} \ldots S_{24}$ entsprechend wieder gleichgerichtet. Ist $|u_{w2}| > u_2$, so magnetisiert die ausgangsseitige Induktivität L auf; ist $u_{w2} = 0$, so magnetisiert sie ab. Dieses

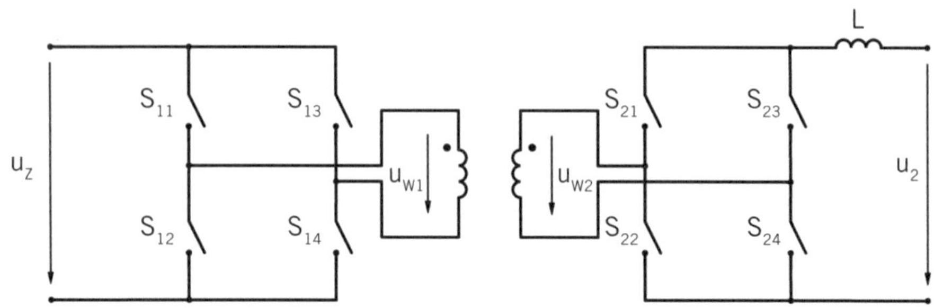

Abb. 6
Schaltbild eines Gegentakt-Durchflusswandlers

Funktionsprinzip entspricht demjenigen des Gleichstromstellers, wie im vorigen Abschnitt erläutert. Dementsprechend ist es grundsätzlich auch möglich, den Leistungsfluss umzukehren. Dies ist von Interesse, wenn die in der Batterie des geparkten Fahrzeugs gespeicherte elektrische Energie zu Zeiten der Spitzenlast ins Netz zurückgespeist werden soll. Bei einem entsprechenden Geschäftsmodell kann dies zukünftig sowohl für den Netzbetreiber wie für den Fahrzeughalter attraktiv sein. Die Kopplung des Zwischenkreises u_Z ans Netz erfolgt in diesem Falle über eine ein- oder dreiphasige Brückenschaltung entsprechend Abb. 2.

Einen Sonderfall stellt die kontaktlose Energieübertragung ins Fahrzeug dar [4]. Hierbei wird kein auf einen Kern gewickelter Transformator, sondern eine Spulenanordnung verwendet, deren Primärteil sich auf Fahrbahnniveau befindet (zum Beispiel auf einem Parkplatz beziehungsweise in einer Garage) und die Sekundärspule am Boden des Fahrzeugs. Die leistungselektronische Topologie kann hierbei grundsätzlich der in Abb. 6 dargestellten entsprechen. Die Spulen sind jedoch mit zusätzlichen Kapazitäten und Induktivitäten beschaltet, die Schwingkreise bilden und damit resonanten Betrieb der Schaltung ermöglichen. Ausschließlich dieser ist aufgrund der sehr geringen magnetischen Kopplung der beiden Spulen beziehungsweise der hohen Streuinduktivität einer solchen Anordnung praktikabel.

5.4 Leistungselektronische Bauelemente

Bei den in den Schaltbildern Abb. 2, Abb. 4 und Abb. 6 als Schalter S wiedergegebenen leistungselektronischen Ventilen handelt es sich um folgende Leistungshalbleiter-Bauelemente, **Abb. 7** [5]:

- Leistungs-MOSFETs (*Metalloxid-Feldeffekt-Transistoren*) sperren in Vorwärtsrichtung $u_{DS} >> 0$, wenn die der Ansteuerung dienende Gatespannung $u_{GS} \leq 0\,V$ beträgt. Für $u_{GS} \approx 10\,V$ leiten sie $|i_D| >> 0$ bei kleinem Spannungsabfall $u_{DS} \approx 0$. In Rückwärtsrichtung können in jedem Falle $i_D << 0$ leiten. Die Schaltvorgänge zwischen leitendem und sperrendem Zustand sind mit einigen 10 bis wenigen 100 ns sehr kurz.

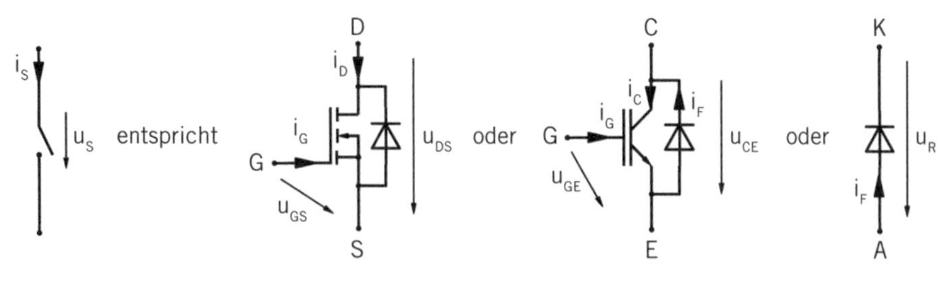

Abb. 7
Schaltbilder eines Leistungs-MOSFETs (2. von links), eines IGBTs mit antiparalleler Diode (2. von rechts) sowie einer Diode (rechts), die als leistungselektronische Ventile eingesetzt werden

MOSFETs werden als steuerbare Ventile in leistungselektronischen Schaltungen im 12 V-Bordnetz aufgrund ihrer niedrigen Durchlassverluste $i_D \cdot u_{DS}$ bei Auslegung für geringe Sperrspannungen fast ausschließlich eingesetzt.

- IGBTs (*Insulated Gate Bipolar Transistors*) weisen eine grundsätzlich ähnliche Funktionsweise auf, leiten allerdings nicht in Rückwärtsrichtung, weshalb meist eine Diode antiparallel geschaltet wird. Es handelt sich um bipolare Bauelemente, bei denen Elektronen und Löcher (Defektelektronen) am Stromfluss beteiligt sind. Ihre Durchlasscharakteristik entspricht daher einer Diodenkennlinie, die bei Auslegung für höhere Sperrspannungen wegen deutlich geringerer Durchlassverluste günstiger ist. In leistungselektronischen Schaltungen im Hochvoltbordnetz sowie netzseitig bei Ladegeräten werden daher üblicherweise IGBTs mit Sperrspannungen von typischerweise 650 oder 1200 V eingesetzt.
- Dioden müssen für die jeweilige Anwendung optimiert sein. Dies gilt insbesondere für ihre Schaltgeschwindigkeit und, speziell im Bordnetz wegen der unerwünschten Entladung der Energiespeicher durch Ruheströme, auch für die Sperrströme. In getakteten leistungselektronischen Schaltungen werden meist schnelle bipolare Dioden eingesetzt. Für niedrige Sperrspannungen, etwa im 12 V-Bordnetz, sind auch Schottky-Dioden mit Metall-Halbleiter-Kontakt anstelle eines pn-Übergangs verfügbar.

Während also die Auswahl der Leistungshalbleiter in starkem Maße von der benötigten Sperrspannung, welche deutlich oberhalb der Betriebsspannung liegen muss [6], abhängt, lässt sich ihre Stromtragfähigkeit durch Auswahl einer geeigneten Chipgröße und nötigenfalls Parallelschaltung skalieren.

Die Entwicklung leistungselektronischer Bauelemente schreitet rasch voran. So haben sich bei den überwiegend eingesetzten Silizium-Halbleitern der Trench-MOSFET und der Trench-Feldstop-IGBT etabliert. Intensive Forschungen und Entwicklungen umfassen außerdem Leistungselektronik-Bauelemente aus neuen Halbleiter-Materialien wie Silizium-Karbid (SiC) oder Gallium-Nitrid (GaN) [7]. Von diesen wird auch die Leistungselektronik in Elektro- und Hybridfahrzeugen profitieren: So wird von leistungselektronischen Antriebs-Steuergeräten berichtet, die durch den Einsatz von SiC-Leistungshalbleitern gegenüber einer herkömmlichen Ausführung mit Silizium-Leistungshalbleitern deutlich verkleinert werden konnten; gleichzeitig wurde eine für Emissionen bzw. Reichweite relevante Steigerung des Wirkungsgrades erzielt [Quelle u. a.: http://newsroom.toyota.co.jp/en/detail/2656842/].

Neben den eigentlichen Halbleitern spielt auch die Aufbau- und Verbindungstechnik eine bedeutende Rolle. Sie dient zur elektrischen Kontaktierung der Halbleiter-Chips, zu deren Kühlung beziehungsweise zur Abführung der anfallenden thermischen Verlustleistung in der Größenordnung weniger Prozent der umgeformten Leistung, um die maximale Sperrschichttemperatur (etwa 150 bis 175 °C) nicht zu überschreiten, und zum mechanischen Schutz. Man unterscheidet zwischen Modulen, in welchen meist mehrere Chips auf Kupfer oder neuerdings Aluminium gebondeten Keramiksubstraten (DCB, DAB) montiert sind, und diskreten Bauelementen, die meist auf Stanzgittern basieren und mithin zur Kühlfläche hin nicht isoliert sind. Elektrische parasitäre Elemente und insbesondere auch die Zuverlässigkeit der Bauelemente hängen signifikant von der Aufbau- und Verbindungstechnik ab. Wegen der besser aufeinander abgestimmten thermischen Ausdehnungskoeffizienten der unterschiedlichen verwendeten Materialien lässt sich in der Regel mit Modulen eine deutlich höhere Zuverlässigkeit erreichen als mit diskreten Bauelementen. Dies ist insbesondere bei Umformung höherer Leistungen, wofür größere Chipflächen benötigt werden, und bei zyklischer Belastung relevant, also beispielsweise für den Traktionsantrieb. So sind zahlreiche aktuelle Forschungs- und Entwicklungsarbeiten der Aufbau- und Verbindungstechnik, zum Beispiel der Niedertemperatur-Verbindungstechnik [8], und der Qualifikation von Bauelementen für automobiltypische Lastzyklen mittels beschleunigter Prüfungen [9] gewidmet.

Wegen der erwähnten schnellen Schaltvorgänge der Leistungshalbleiter, bei denen Strom- beziehungsweise Spannungsgradienten in den Größenordnungen von kA/µs beziehungsweise kV/µs auftreten, muss außerdem der elektromagnetischen Verträglichkeit im Bordnetz von Elektro- und Hybridfahrzeugen große Aufmerksamkeit geschenkt werden – nicht zuletzt deshalb, weil die mikroprozessorbasierte Elektronik der Steuerung und Regelung der oben genannten Aufgaben dient und sicher funktionieren muss.

5.5 Zusammenfassung

Leistungselektronische Stellglieder sind in Hybrid- und Elektrofahrzeugen unabdingbar. Sie dienen dort insbesondere der Antriebsregelung, dem Energiemanagement im Bordnetz und dem Batterieladevorgang. In diesem Beitrag wurden einige leistungselektronische Schaltungen und Bauelemente vorgestellt, mit denen sich die wesentlichen Funktionen effizient darstellen lassen. Diese sind bereits aus anderen Anwendungen, beispielsweise der industriellen Antriebstechnik, bekannt und haben einen hohen Reifegrad erreicht. Die weitere anwendungsspezifische Forschung und Entwicklung für den Einsatz im Kraftfahrzeug kann hierauf aufbauen.

Literaturhinweise

[1] Dibra, D.: Single pulse safe operating area of trench power MOSFETs in automotive power integrated circuits. München: Dr. Hut, 2011

[2] Lindemann, A.: MTZ Wissen: 3. Elektrotechnische Grundlagen – die Elektrifizierung des Antriebsstrangs. In: MTZ 73 (2012), Nr. 7/8, S. 608–611

[3] Polenov, D.: DC / DC-Wandler zur Einbindung von Doppelschichtkondensatoren in das Fahrzeugenergiebordnetz. Berlin: Logos, 2010

[4] Ecklebe, A.: Untersuchung eines Matrixumrichters für kontaktlose Energieübertragungssysteme. Otto-von-Guericke-Universität Magdeburg, Dissertation, 2009

[5] Lutz, J.: Halbleiter-Leistungsbauelemente – Physik, Eigenschaften, Zuverlässigkeit. Springer: Heidelberg / Wiesbaden, 2. Auflage 2012

[6] Wintrich, A., Nicolai, U., Tursky, W., Reimann, T.: Applikationshandbuch Leistungshalbleiter; Semikron International GmbH (Hrsg.), ISLE-Verlag, 2010

[7] N. Kaminski, O. Hilt: SiC and GaN devices – wide bandgap is not all the same; IET Circuits, Devices & Systems, 2014, doi: 10.1049/iet-cds.2013.0223.

[8] Schulze, E.: Die Niedertemperatur-Verbindungstechnik zum Aufbau von Leistungselektronikmodulen für Elektrotraktion im Automobil; Dissertation, Otto-von-Guericke-Universität Magdeburg, 2013

[9] Grieger, F.: Ein Beitrag zur Bestimmung der Zuverlässigkeit von Leistungshalbleiterbauelementen unter Berücksichtigung der Anwendung; Dissertation, Otto-von-Guericke-Universität Magdeburg, 2016

6 Speicherung der elektrischen Energie

Dirk Uwe Sauer, Julia Kowal, Lisa Willenberg, Christiane Rahe, Moritz Teuber, Julia Drillkens, Florian Ringbeck, Christoph Schäper

6.1 Grundlagen und Übersicht

6.1.1 Einleitung

Die Speicherung der elektrischen Energie im Fahrzeug und ihre bedarfsabhängige Verfügbarkeit gehören neben den elektrischen Maschinen und der Leistungselektronik zu den Schlüsseltechnologien für die Elektrifizierung des Antriebstranges. Die Batterie (genau gesprochen der Akkumulator wegen der Wiederaufladbarkeit) ist der heute üblicherweise eingesetzte Energiespeicher. Vor mehr als 100 Jahren waren Elektrofahrzeuge noch dominierend, scheiterten aber an der Batterietechnik. Die Batterien waren zu schwer, zu groß und hatten damit eine zu geringe Speicherkapazität. Über Jahrzehnte wurden an Alternativen zur konventionellen Bleibatterie mit einem Fokus zunächst auf Nickel-Cadmium und danach auf Nickel-Metall-Hydrid Batterie entwickelt. Die Hochtemperaturbatterien Natrium-Schwefel und Natrium-Nickelchlorid („Zebra") wurden auch eine Zeit lang als Alternativen gesehen und erforscht. Aber erst mit dem Markteintritt der Lithium-Ionen-Batterie im Jahr 1991, einer Entwicklung die etwa Mitte der 1970er Jahre begonnen hatte und zunächst nur vom Markt der portablen Geräte getrieben worden ist, kommt eine Technologie auf den Markt, die ein echter „Gamechanger" ist. Moderne Lithium-Ionen-Batterien haben gegenüber Bleibatterien schon heute eine sechsmal höhere Energiedichte, erreichen fünfmal längere Zyklenlebensdauern und weisen eine Leistungsfähigkeit auf, die vor allem im Ladebereich rund eine Größenordnung besser ist. Nachfolgend werden die Grundlagen der Batterietechnik beschrieben und in Abschn. 6.2 die besonders Erfolg versprechende Lithium-Ionen-Batterie vorgestellt.

6.1.2 Prinzipieller Aufbau von elektrochemischen Speichern

Alle elektrochemischen Batterien haben prinzipiell den gleichen Aufbau, siehe **Abb. 1**. Sie bestehen jeweils aus zwei Elektroden unterschiedlichen Materials, die durch einen ionenleitenden Elektrolyten miteinander verbunden sind und durch einen Separator voneinander getrennt werden. Der Separator ist elektrisch isolierend. Somit ermöglichen der Elektrolyt und der Separator die Trennung des Ionen- und Elektronenflusses, wodurch die Nutzung der Energie erst möglich wird. Die beiden Elektroden haben unterschiedliche Potentiale gemessen gegen eine Referenz. Die Differenz der Elektrodenpotentiale ergibt die Zellspannung. In der Anwendung kann meist nur das Gesamtspannung der Batterie gemessen werden, nicht aber das Potential der einzelnen Elektroden, aufgrund einer fehlenden Referenz. Bei der Optimierung der Elektroden oder in Bezug auf Alterungsprozesse ist zu beachten, dass die beiden Elektroden

H. Tschöke et al. (Hrsg.), *Elektrifizierung des Antriebsstrangs*, ATZ/MTZ-Fachbuch, https://doi.org/10.1007/978-3-662-60356-7_6

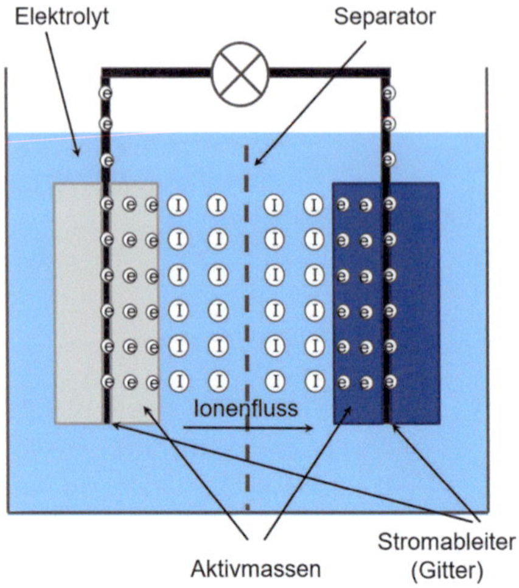

Abb. 1 Prinzipieller Aufbau einer Batteriezelle

quasi unabhängige elektrochemische Systeme darstellen.

Beim Betrieb einer Batteriezelle werden Elektronen in die Aktivmaterialien der Elektroden über die Stromableiter ein- oder ausgeleitet. Während der elektrochemischen Reaktion wird der Ladungsträger auf ein Ion übertragen. Das Ion bewegt durch den Elektrolyten (der für den Elektronenstrom einen Isolator darstellt) zur anderen Elektrode. Dort wird in der Gegenreaktion der Ladungsträger wieder vom Ion abgenommen und als Elektron wieder ausgeleitet. Damit sich die Aktivmassen nicht berühren und somit ein Kurzschluss entsteht, werden diese durch einen elektrisch isolierenden und ionisch leitenden Separator voneinander getrennt. Der Elektrolyt kann je nach Bauform flüssig oder fest sein. In praktisch allen Batterien ist der spezifische Widerstand des Elektrolyten für den ionischen Strom sehr viel größer als der Widerstand in den Aktivmassen und Ableitern für den Elektronenstrom. Daher sinkt die Leistungsfähigkeit der meisten Batterien mit abnehmender Temperatur und damit abnehmender Ionenleitfähigkeit.

Eine einzelne Batteriezelle hat in der Regel zu wenig Kapazität oder zu wenig Spannung oder beides um einen Verbraucher ausreichend zu versorgen. Bei Lithium-Ionen-Batterien liegen die Ruhespannungen einzelner Zellen zwischen 2,2 und 3,7 V bei heute verfügbaren Materialkombinationen. Bleibatterien haben 2 V, Nickel-Cadmium und Nickel-Metall-Hydrid Batterien 1,2 V Nennspannung. Je nach Batterietyp sind Kapazitäten im Bereich von über 3000 Ah in einer einzelnen Zelle verfügbar. Der Begriff Kapazität beschreibt in der Batterietechnik eine Ladungsmenge, die typischerweise in Amperestunden (Ah) angegeben ist und nicht mit der Kapazität von Kondensatoren (Einheit Farad $F = As/V$) verwechselt werden darf. Um die notwendige Energiemenge speichern zu können, werden die Zellen in Serie und/oder parallel verschaltet. Dabei bleibt bei einer Serienschaltung die Kapazität unverändert und die Gesamtspannung ergibt sich aus der Multiplikation der Einzelzellspannung mit der Zellenzahl. Soll die Kapazität erhöht werden, um z. B. höhere Ströme besser aufnehmen zu können, werden die Zellen parallel verschaltet. Leistung und Energiemenge skalieren immer linear mit der Zellenzahl. In der Praxis werden oft Kombinationen aus beiden Konzepten verwendet. Mehrere Stränge aus in Serie verschalteten Zellen werden parallel verschaltet, sodass sowohl höhere Batteriespannungen als auch entsprechende Kapazitäten erreicht werden. Ein Beispiel dafür ist das Batteriesystem von Tesla, bei dem jeweils rund 50 kleine Zellen parallel verschaltet und diese Einheiten dann wiederum in Serie zu einer Systemspannung von etwa 400 V angeordnet werden.

Die Spannungslagen in Fahrzeugen variieren zwischen 12 / 14 V in normalen Bordnetzen und bei sogenannten Mikro-Hybriden, 42 bis 150 V in Mild-Hybriden und 150 bis 400 V in Voll-Hybriden, Plug-in Hybriden und reinen Elektrofahrzeugen. Im Bereich von Bussen und Bahnen werden oftmals auch Batteriespannungen im Bereich von 700 V eingesetzt. Inzwischen wird auch über 800 V Batteriespannung für Elektrofahrzeuge mit Eignung für sehr hohe Ladeleistungen (bis 350 kW) diskutiert und

Tabelle 1 Definition von normierten Stromraten

Typische Referenztemperatur: 20 °C		
Nennstrom = Nennkapazität / Entladezeit		
zum Beispiel	Nennladezeit	1 h
	Nennkapazität	$C_1 = 10$ Ah
	Nennstrom	$C = I_1 = 10$ A
	Notation für Kapazität	C_1 ($C_{1/\text{Entladedauer}}$)
Ströme als Vielfaches der C- oder I-Rate: zum Beispiel 40 A = $4 \times I_1 = 4 \times C$		
Kapazität bei Entladung in 15 min: $C_{0,25}$		

entsprechende Fahrzeuge werden aus dem Oberklassesegment angekündigt.

Stromstärken werden für Batterien oft in Bezug auf die Kapazität angegeben. Damit kann die spezifische Belastung der Batterien sehr gut ausgedrückt werden. In erster Näherung ist die Belastung einer Zelle mit 2 Ah Nennkapazität mit 10 A genauso hoch wie es 500 A für eine Batteriezelle mit einer Nennkapazität von 100 Ah sind. Daher werden in der Diskussion normierte Ströme verwendet. Typische Nomenklaturen sind Ix oder yC. Dabei ist x die Zahl der Stunden, mit der eine Batterie unter Nennbedingungen bis zum Erreichen der Entladeschlussspannung entladen werden kann. Dagegen gibt y an, mit dem Wievielfachen des einstündigen Entladestroms die Batterie belastet wird (siehe auch Beispiel in **Tabelle 1**).

6.1.3 Batterieklemmenspannung

Abbildung 2 zeigt schematisch den Spannungsverlauf einer Batterie während einer Entladung mit konstantem Strom. Das Klemmenspannungsverhalten wird von verschiedenen Prozessen bestimmt:

$$U_{Batterieklemmen} = U_{Gleichgewicht} - U_{BVG} - U_{Widerstand} - U_{Diffusion} \quad (1)$$

Abb. 2 Schematische Darstellung des Spannungsverlaufs einer Batterie mit den verschiedenen Anteilen, die zu Spannungsabfällen führen

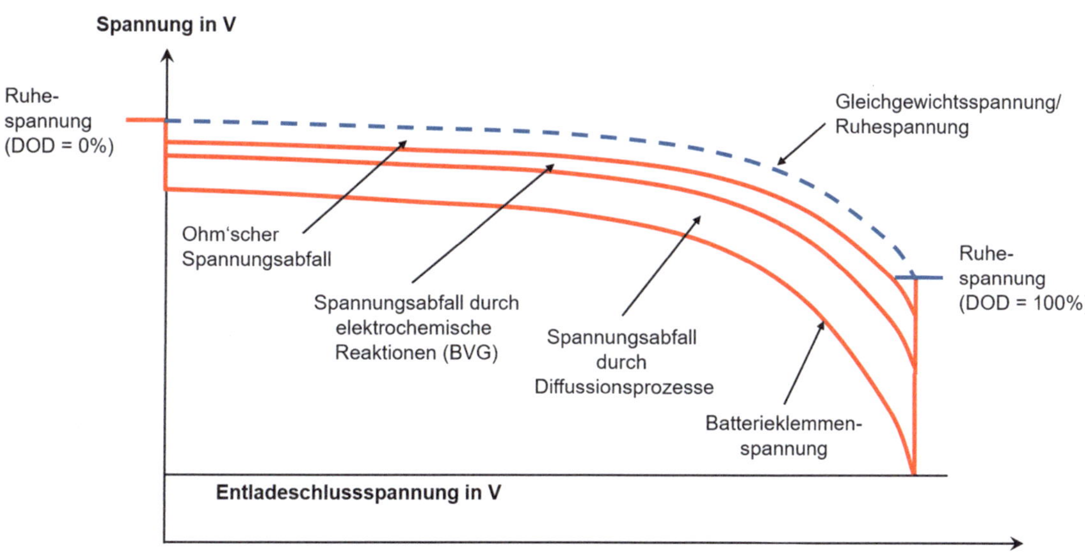

Die Ruhespannung oder Gleichgewichtsspannung einer Elektrode entsteht, weil sich zwischen dem metallischen Elektrodenmaterial einerseits und dem ionenführenden Elektrolyten andererseits eine Grenzschicht aufbaut, die mit der fest-flüssig Grenzfläche in Kondensatoren vergleichbar ist. An dieser Grenzschicht finden ununterbrochen Übertritte von Ladungsträgern aus dem Elektrodenmaterial in den Elektrolyten und in umgekehrter Richtung von den Ionen des Elektrolyten auf das Elektrodenmaterial statt. Aus der Differenz des Energiegehaltes des Elektrodenmaterials im geladenen Zustand und im entladenen Zustand ergibt sich das Potential einer Elektrode in einem spezifischen Elektrolyten.

Die maximal speicherbare Energie eines bestimmten Materials kann man aus den thermodynamischen Grundgleichungen berechnen. Mit einer gegebenen Materialkombination kann keine Energiedichte über dieses theoretische Limit hinaus erreicht werden. In der Praxis kann man sich durch geeignetes Zelldesign diesen Grenzwerten nur nähern. Real liegt die erzielbare Energiedichte typischerweise bei 30 bis 50 % der theoretischen Energiedichte, da neben den aktiven Materialien auch noch die passiven Materialien wie der Elektrolyt, der Separator, die Stromableiter oder das Gehäuse zum Gewicht und zum Volumen der Zelle beitragen.

Die Reaktionsüberspannung U_{BVG} ergibt sich aus der elektrochemischen Reaktion, die durch die Butler-Volmer-Gleichung (BVG) Gl. (2) beschrieben wird. Die Lade- / Entladereaktionen, strenggenommen der Ladungsdurchtritt, folgen einem exponentiellen Zusammenhang mit der Überspannung. Die Überspannung ist die Abweichung von der Ruhespannung U_0, die sich ohne äußeren Stromfluss einstellt.

$$I = A \cdot i_0 \cdot \left(e^{k_1 \cdot (U-U_0)} - e^{-k_2 \cdot (U-U_0)}\right) \qquad (2)$$

Die beiden Exponentialfunktionen stellen die Oxidations- und die Reduktionsreaktion dar. Die BVG beschreibt in der Grundform die Reaktionen an einer Elektrode. Die Exponentialterme beschreiben nicht die Reaktionen an den beiden Elektroden einer elektrochemischen Zelle, sondern es gibt für jede Elektrode eine BVG.

Während i_0 ein Materialparameter ist, ist A die aktive Oberfläche, an der die eigentliche elektrochemische Reaktion abläuft. Sie ist ein wichtiger Parameter für die Performance der Batterie. Diese Oberfläche kann sich sowohl während des Lade- / Entladezyklus als auch über die Lebensdauer hinweg verändern. Je kleiner die vorhandene aktive Oberfläche ist, desto größer muss für einen gegebenen Batteriestrom die Überspannung werden. Bei alternden Batterien zeigt sich dieses Verhalten durch stark erhöhte oder abfallende Spannungen bei gleichen Strömen im Vergleich zur neuen Batterie. Die Abweichung zwischen Klemmenspannung und Ruhespannung multipliziert mit dem fließenden Strom stellt die Energieverluste beim Laden und Entladen dar und führt im Wesentlichen zu einer Erwärmung der Batteriezelle. Mit abnehmendem Wirkungsgrad steigen die freigesetzte Wärmeleistung und damit die Temperatur.

Insgesamt wird die messbare Batterieklemmenspannung aber nicht nur durch die vorstehend diskutierte Reaktionsüberspannung U_{BVG} bestimmt, sondern auch durch andere Anteile, die zu Abweichungen zwischen der Gleichgewichtsspannung und der Klemmenspannung führen. Dies sind insbesondere der Spannungsabfall, der sich aus den Ohm'schen Spannungsverlusten in der Batterie ergibt ($U_{Widerstand}$), sowie der Diffusionsüberspannung, die sich durch Konzentrationsgradienten von Ladungsträgern in den Elektroden und im Elektrolyt ergeben ($U_{Diffusion}$). Während die Reaktionsüberspannung und der Ohm'sche Spannungsabfall nach Abschalten des Stroms im Prinzip direkt wegfallen, können die Ausgleichsprozesse teilweise über

Stunden ablaufen und dazu führen, dass sich die Batteriespannung noch lange nach dem eigentlichen aktiven Betrieb verändert. Die Kenntnis der einzelnen Spannungsanteile ist für die Diagnose des Zustands sehr interessant. Da allerdings messtechnisch jeweils nur die Klemmenspannung zur Verfügung steht, muss ein entsprechender Aufwand betrieben werden, um durch Auswertung des dynamischen Verhaltens und entsprechende Algorithmen die verschiedenen Anteile zu zerlegen.

Eine Batterie wird als "leer" bezeichnet, wenn die Batteriespannung unter einen definierten Schwellwert fällt. Die Entnahme einer bestimmten Ladungsmenge ist nicht das Kriterium. Eine Batterie ist chemisch gesehen in der Regel nicht „leer", wenn sie in der Anwendung als leer gilt. Dies wird insbesondere deutlich, wenn man eine vollgeladene Batterie auf eine tiefe Temperatur abkühlt und dann entlädt. Die entnehmbare Kapazität wird viel kleiner sein, als dies bei höheren Temperaturen der Fall ist. Das bedeutet aber nicht, dass die Batterie damit wirklich leer ist. Es wird nur auf Grund der tiefen Temperaturen die Entladeschlussspannung wesentlich früher erreicht, als dies der Fall wäre, wenn die Temperatur höher ist. Damit endet bei dieser Temperatur für den Anwender die Nutzbarkeit der Batteriezelle. Wird die Batteriezelle aber wieder erwärmt, kann die Batterie weiter entladen werden. Die elektrochemische Umsetzung der aktiven Materialien erfolgt exakt proportional zu der Zahl der geflossenen Ladungsträger und damit der Strommenge. Chemisch leer wäre die Batterie erst, wenn mindestens eine der Aktivmassen vollständig in den entladenen Zustand umgesetzt worden ist. Der Einfluss der Temperatur auf die entnehmbare Kapazität ist ganz allgemein: je höher die Temperatur, desto größer die Kapazität. Das liegt hauptsächlich daran, dass chemische Reaktionen bei höheren Temperaturen leichter ablaufen. Gleichzeitig mit der Lade-/Entladereaktion laufen aber auch viele Alterungsreaktionen bei erhöhten Temperaturen leichter ab, sodass die Temperatur auch nicht zu stark erhöht werden sollte. Wie stark die Schwankungen der Kapazität abhängig von der Temperatur sind, hängt stark von der Technologie ab. Ähnlich wie bei zu hohen Temperaturen gibt es aber auch Prozesse, die bei tiefen Temperaturen schädigend sind, z. B. friert bei Bleibatterien der Elektrolyt bei tiefen Temperaturen und tiefen Ladezuständen ein. Deshalb wird die Kapazität im Betrieb durch Erhöhen des unteren Spannungslimits reduziert.

Spannungslimits als Entladeschlusskriterium werden definiert, um die Batterie vor niedrigen und daher schädigenden Spannungen und vor Tiefentladungen zu bewahren und um den Betrieb der nachgeordneten Elektronik in den jeweiligen Spannungsfenstern sicherzustellen. Sowohl Temperatur als auch Spannung werden von einem Batteriemanagementsystem überwacht, das eingreift, wenn der zulässige Bereich verlassen wird. Oft wird auch aktiv die Temperatur der Batterie erhöht oder erniedrigt, um Alterungsprozesse, die bei tiefen oder hohen Temperaturen verstärkt stattfinden, auszuschließen. Im Falle der Temperaturerhöhung wird dabei auch die nutzbare Kapazität der Batterie erhöht.

Der Ladezustand (SOC, State of Charge) wird aus dem Integral über den effektiven Lade-/Entladestrom der Batterie berechnet, siehe Gl. (3).

Dies entspricht aber nicht automatisch dem Klemmenstrom der Batterie ($I_{Batterie}$), da die internen Verluste in Nebenreaktionen oder Alterungsprozessen einen Teil des Stroms konsumieren ($I_{Verlust}$) und damit nicht zur Umsetzung der eigentlichen Aktivmassen beitragen. Dieser Verluststrom kann durch geeignete Modelle berechnet werden, was aber natürlich nicht

$$SOC(t) = SOC(t=0) + \frac{1}{C_{Nenn}} \int_{t=0}^{t} \left(I_{Batterie} - I_{Verlust}\right) dt \qquad (3)$$

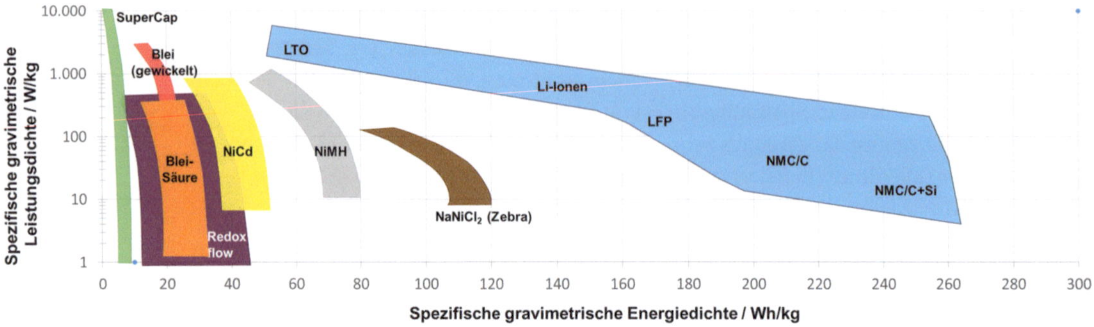

Abb. 3 Ragone Diagramm der Energie- und Leistungsdichte von verschiedenen Batterietechnologien

ohne Fehler möglich ist. Des Weiteren kann der Klemmenstrom auch nicht völlig fehlerfrei gemessen werden. Messfehler und Fehler in der Bestimmung des Verluststroms summieren sich über die Betriebsdauer auf und können schnell zu Fehlern im Bereich von vielen Prozenten führen. Daher müssen für stabile Diagnoseverfahren Algorithmen entwickelt werden, die den Ladezustand unabhängig von der fehlerbehafteten Strombilanzierung immer wieder rekalibrieren können. Dies kann z. B. durch eine unabhängige Erkennung von Voll- oder Leerladezuständen erfolgen.

- Ladezustand (SOC, State of Charge)
- Entladetiefe (DOD, Depth of Discharge)
- Batterie vollständig geladen: SOC = 100 %, DOD = 0 %
- Batterie vollständig entladen: SOC = 0 %, DOD = 100 %

Der Coulomb'sche Wirkungsgrad berechnet sich aus dem Verhältnis zwischen der aus einer Batterie entnommenen Ladungsmenge (gemessen in Ah) und der in die Batterie eingeladenen Ladungsmenge an. Beginnt und beendet man den Betrachtungszeitraum beim gleichen Ladezustand, kann dieser Wert nie größer als 1 werden. Die Ladungsmenge, die nicht wieder entladen werden kann (also die Anteile, die einen Coulomb'schen Wirkungsgrad von kleiner 1 ausmachen) geht in irreversiblen Nebenreaktionen ($\int I_{Verlust} dt$) verloren. Dies kann z. B. Gasung in Batterien mit wässrigem Elektrolyt sein (Blei- und Nickel-basierte Batterien) oder Alterungseffekte wie Korrosion und die Bildung von Passivierungsschichten (z. B. die SEI (Solid Electrolyte Interphase) in Lithium-Ionen-Batterien). Die Abweichung dieses Wirkungsgrades von 1 ist also ein Maß für die ungewünschten Nebenreaktionen. Bei Lithium-Ionen-Batterien gibt es außer den Alterungsprozessen keine natürlichen und damit unkritischen Nebenreaktionen wie z. B. in Bleibatterien. Der energetische Wirkungsgrad ergibt sich aus dem Verhältnis der zeitlichen Integration der aus der Batterie entnommenen Leistung und der zeitlichen Integration der Batterie zugeführten Leistung. Er fasst den Coulomb'schen Wirkungsgrad und die auftretenden Überspannungen zusammen. Die Abweichungen von 100 % werden weitgehend in Wärme umgesetzt. Daher ist der Wirkungsgrad auch für die Temperatur der Batteriezellen und der Auslegung der Kühlsysteme von großer Bedeutung.

6.1.4 Verschiedene Batterietechnologien und typische Einsatzbereiche im Automobilbereich

Verschiedene Batterietechnologien werden heute für konventionelle Bordnetze sowie für Mild- und Voll-Hybridfahrzeuge, Plug-in Hybridfahrzeuge und in Elektrofahrzeuge eingesetzt. Nachfolgend werden die wichtigsten Batterietechnologien vorgestellt und deren Vor- und Nachteile in Bezug auf den Einsatz in den vorgenannten Anwendungen diskutiert. Die verschiedenen Technologien unterscheiden sich zum Teil erheblich bezüglich ihrer Energie- und Leistungsdichte, wie in **Abb. 3** dargestellt, den Kosten, den Wirkungsgraden, der Sicherheit, der Verfügbarkeit der Materialien und der Zahl der Anbieter von kommerziellen Produkten. Vor allem die Energie- und Leistungsdichte sind wichtig für den Einsatz im Fahrzeug, da erstere die Reichweite und zweitere die erreichbare Geschwindigkeit festlegt. Wenn eine Zelltechnologie ausgewählt werden soll, müssen alle diese Aspekte in Bezug auf die geplante Anwendung analysiert werden. Weitere Informationen zu verschiedenen Technologien sind z. B. in [2], [3] und [4] zu finden.

Lithium-Ionen-Batterien werden separat in Abschn. 6.2 und SuperCaps in Abschn. 6.3 betrachtet und daher hier nicht diskutiert. Wie alle nachfolgend beschriebenen Batterietechnologien ist die Betriebstemperatur für die Alterung und die Leistungsfähigkeit von besonderer Bedeutung. Während SuperCaps nur eine relativ geringe Abhängigkeit der Leistungsfähigkeit von der Temperatur aufweisen und daher z. B. als Starterbatterien auch bei sehr tiefen Temperaturen sehr geeignet sind, brechen Leistungsfähigkeit und Kapazität von Lithium-Ionen-Batterien vor allem bei hohen Strömen und bei tiefen Temperaturen stark ein. Während bei kleinen Strömen bei -20 °C die Kapazität zwischen 30 und 70 % je nach Produkt abfällt, kann sich der Wechselstromwiderstand um das Drei- bis Fünffache und bei tiefen Frequenzen um das 10 bis 100-fache ansteigen. Allerdings erwärmen sich die Batterien durch den hohen Widerstand bei tiefen Temperaturen sehr schnell. Zusätzlich muss bei Temperaturen unter 0 °C darauf geachtet werden, dass durch zu hohe Ladeströme kein Lithium-Plating auftritt. Die Ablagerung von metallischem Lithium auf der Graphitelektrode führt zu beschleunigter Alterung und

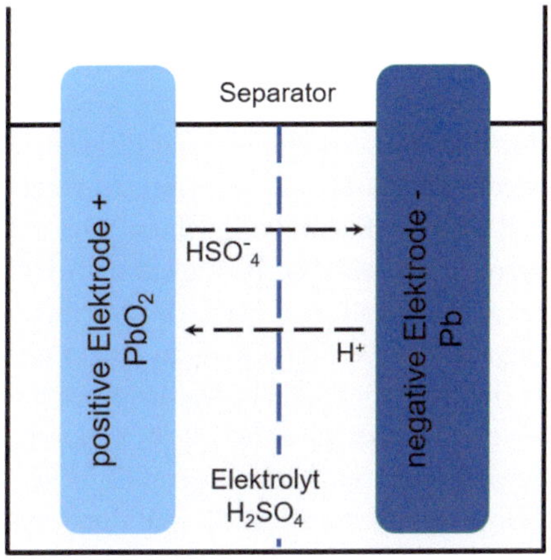

Abb. 4 Schematischer Aufbau einer Blei-Säure-Batterie

stellt ein Sicherheitsrisiko dar. Durch geeignete Steuerung der Ladeleistung in Abhängigkeit der Temperatur kann dieses Risiko aber vermieden werden.

Blei-Säure Batterien

Blei-Säure Batterien werden bereits seit über 100 Jahren verwendet. Die positive Elektrode besteht aus Bleidioxid, die negative aus porösem Blei. Beide haben einen Stromableiter aus Blei. Der Elektrolyt besteht aus verdünnter Schwefelsäure, die im Gegensatz zu allen anderen Technologien aktiv an der Reaktion beteiligt ist. Beim Entladen reagieren die Sulfationen der Schwefelsäure auf beiden Elektroden mit Bleiionen zu Bleisulfat, das sich in Form von Kristallen auf der Elektrodenoberfläche anlagert, siehe **Abb. 4**. Hierdurch verringert sich die Schwefelsäurekonzentration.

Als Nebenreaktion entsteht Wasserstoff an der negativen Elektrode und Sauerstoff an der positiven Elektrode, das als Gas entweicht. Dadurch verliert die Batterie auf Dauer Wasser, das bei starker Gasung als destilliertes Wasser wieder nachgefüllt werden muss. In heutigen Starterbatterien ist allerdings von vornherein ausreichend Elektrolyt vorhanden, sodass im Normalfall nicht nachgefüllt werden muss. Um das Problem der Gasung weiter zu reduzieren, wurden neben der herkömmlichen Bauform mit flüssigem Elektrolyten zwei weitere Bauformen entwickelt, die gemeinsam haben, dass der entstehende Sauerstoff zur negativen Elektrode geleitet wird, um dort mit Wasserstoffionen und Elektronen wieder zu Wasser zu reagieren. In einem Fall wird der Elektrolyt in einem Vlies aufgesogen (AGM, absorbent glass mat) und im anderen Fall wird der Elektrolyt durch Zugabe von Siliziumdioxid zu einem Gel. In der deutscher Sprache werden diese Batterien als „verschlossene" Bleibatterien bezeichnet, der englische Begriff ist VRLA (valve regulated lead-acid), weil durch ein Ventil („valve") überschüssiges Gas bei Überdruck entweichen kann, damit die Batterie keinen Schaden nimmt.

Bleibatterien werden heutzutage in nahezu jedem Fahrzeug als Starterbatterie verbaut. Aufgabe der Starterbatterie ist die Energie zum Start des Verbrennungsmotors zu liefern und bei abgeschaltetem Motor elektrische Verbraucher im Bordnetz zu versorgen. Nachgeladen wird die Batterie über den Generator während der Fahrt.

Vorteilhaft sind vor allem die im Vergleich zu anderen Technologien sehr geringen Kosten und die relativ hohe Eigensicherheit. Nachteilig sind dagegen die geringe Energie- und Leistungsdichte, sowie die geringe Lebensdauer. Weiterhin ist die Ladeakzeptanz (also die Fähigkeit, Ladung aufzunehmen) besonders in hohen Ladezustandsbereichen gering und stark von verschiedenen Faktoren (Temperatur, Ladezustand, vorherige Benutzung) abhängig. Für den Einsatz als Traktionsbatterie, z. B. in Elektrofahrzeugen sind sie aufgrund dieser Nachteile weniger geeignet. Als Starterbatterie werden sie aufgrund der geringen Kosten vermutlich noch sehr lange verwendet werden. Auch in Elektroscootern kommen überwiegend Bleibatterien in Folge des erheblichen Kostenvorteils zum Einsatz. Leistungsfähigkeit und Kapazität sind allerdings stark von der Temperatur abhängig. Bei -20 °C nehmen Startfähigkeit und verfügbare Kapazität je nach Produkt um rund die Hälfte ab. Die Ladungsaufnahmefähigkeit z. B. beim regenerativen Bremsen ist noch stärker temperaturabhängig und ist schon bei 0 °C sehr gering. Wie für alle anderen Batterien gilt aber auch hier, dass die Alterung mit abnehmender Temperatur verlangsamt wird. Ein weiterer Vorteil der Bleibatterie ist ihre einfache und nahezu vollständige Recyclingfähigkeit, wobei der Metallanteil vollständig wieder für die Batterieherstellung verwendet werden kann.

Nickel-Metall-Hydrid Batterien (NiMH)

Nickel-Metall-Hydrid Batterien sind eine Weiterentwicklung von Nickel-Cadmium Batterien (NiCd), mit dem Ziel das giftige Cadmium zu ersetzen. Die positive Elektrode besteht aus $Ni(OH)_2$ und die negative Elektrode z. B. aus $LaNi_5$. Der Elektrolyt ist verdünnte Kalilauge KOH. Beim Entladen werden Protonen aus Wassermolekülen in der positiven Elektrode eingelagert und aus der negativen ausgelagert. Die Nennspannung beträgt nur 1,2 V, sodass zur Erreichung höherer Batteriespannungen sehr viele Zellen in Serie geschaltet werden müssen. Während NiCd-Batterien auch bei Temperaturen um -40 °C noch eine ordentliche Performance haben, sind NiMH-Batterien ähnlich temperatursensibel wie Lithium-Ionen-Batterien. Bei Temperaturen über 50 °C ist die Batterie kaum noch ladbar, unterhalb von -10 °C bricht die Leistungsfähigkeit massiv ein.

Die NiMH-Batterien gelten grundsätzlich als eine relativ sichere und zuverlässige Batterietechnologie. Ihren Einsatz finden NiMH-Batterien im Fahrzeugsektor derzeit fast ausschließlich im Bereich der reinen Hybridfahrzeuge. Allerdings nimmt der Marktanteil der NiMH-Batterie im Bereich der Hybridfahrzeuge kontinuierlich ab. Während Toyota weiter auf die Technologie setzt, kommen die Hybridfahrzeuge anderer Hersteller fast alle mit Lithium-Ionen-Batterien auf den Markt. In Bezug auf die Zuverlässigkeit, die Sicherheit und die Lebensdauern sind die NiMH-Batterien eine sehr gute Technologie. Allerdings können die hohen Energiedichten der Lithium-Ionen-Batterien und auch deren Kostensenkungen nicht erreicht werden. Daher werden sowohl Plug-in-Hybridfahrzeuge als auch Elektrofahrzeuge heute durchweg mit Lithium-Ionen-Batterien ausgerüstet. Ein Problem der NiMH-Batterie ist auch der sehr kleine Kreis der Anbieter. Nur wenige Hersteller können Zellen in der für den Fahrzeugmarkt notwendigen Qualität liefern. Es wird allgemein erwartet, dass die NiMH-Batterie in den kommenden Jahren aus dem Fahrzeugbereich verschwinden wird.

Natrium-Nickel-Chlorid Hochtemperaturbatterien ($NaNiCl_2$)

Im Unterschied zu den vorstehend beschriebenen Batterietechnologien (Temperaturbereich ca. -20 bis 80 °C) werden $NaNiCl_2$-Batterien bei einer Temperatur von etwa 300 °C betrieben. Dadurch ergibt sie quasi keine relevante Abhängigkeit von der Außentemperatur. Die Batterien bestehen im Betrieb aus einer geschmolzenen flüssigen Natriumelektrode, einer festen $NiCl_2$-Elektrode, einem keramischen Feststoffelektrolyten, der gleichzeitig der Separator ist, und einem flüssigen Metallsalzelektrolyten, auf der Seite der $NiCl_2$-Elektrode. Beim Entladen wandern die Natrium-Ionen durch den Festkörperelektrolyten und entsprechend beim Aufladen wieder zurück.

Derartige Batterien weisen grundsätzlich gute Energiedichten auf und erreichen ordentliche Zyklenlebensdauern im Bereich von einigen Tausend Zyklen. Abgesehen vom Nickel sind die eingesetzten Materialien kostengünstig. Wesentlicher Nachteil ist die hohe Temperatur, die zu erheblichen thermischen Verlusten führen, die kontinuierlich kompensiert werden müssen, da ein Abkühlen der Batterie durch thermo-mechanischen Stress zu deutlicher Lebensdauerreduktion führt. Ein Standardbatteriepack mit etwa 16 kWh weist thermische Verluste von 100 W auf. Steht eine Batterie einen Tag, ohne benutzt zu werden, müssen also 2,4 kWh zur Kompensation der Verluste zugeführt werden. Wird die Batterie etwa einmal am Tag vollständig genutzt, reicht die entstehende Verlustwärme aus, um die Temperatur zu halten. Daher eignen sich diese Batterien insbesondere in Anwendungen mit regelmäßiger und umfassender Batterienutzung, wie dies z. B. oft in Flotten oder auch Bussen der Fall ist. Neben einigen wenigen Projekten im Bereich von Kleinbussen oder Kleintransportern spielt die $NaNiCl_2$-Technologie in automobilen Anwendungen quasi keine Rolle mehr.

Redox-Flow-Batterien

Der Aufbau von Redox-Flow-Batterien ist grundlegend anders, als bei den zuvor beschriebenen Batterien. Redox-Flow-Batterien bestehen aus zwei Tanks mit Elektrolytflüssigkeiten und gelösten Ionen verschiedener Oxidationsstufen und einem zentralen Stack, in dem die Lade- / Entladereaktionen stattfinden, ohne dass der Stack dabei verändert wird, siehe **Abb. 5**. Das Prinzip ist ähnlich einer reversiblen Brennstoffzelle, in der als Reaktanten Wasserstoff- und Sauerstoffgas verwendet werden; der Wirkungsgrad ist aber mit 70 bis 80 % deutlich höher. Der Vorteil dieser Batterie ist, dass Energiekapazität und Leistungsfähigkeit unabhängig voneinander skaliert werden können. Der wichtigste Vertreter dieser Klasse ist die Vanadium-Redox-Flow-Batterie. Gelegentlich wird über einen Einsatz dieser Batterie in Fahrzeugen diskutiert mit der Idee, das Aufladen der Fahrzeuge durch das Tanken geladenen Elektrolyts zu realisieren. Aufgrund der derzeit geringen Energiedichten, die im Bereich von Bleibatterien liegen, ist dieses Konzept aber derzeit keine realistische Alternative zum Einsatz von z. B. Lithium-Ionen-Batterien in Elektrofahrzeugen. Dazu müssten andere Ionenpaare gefunden werden, die zu höheren Energiedichten und auch

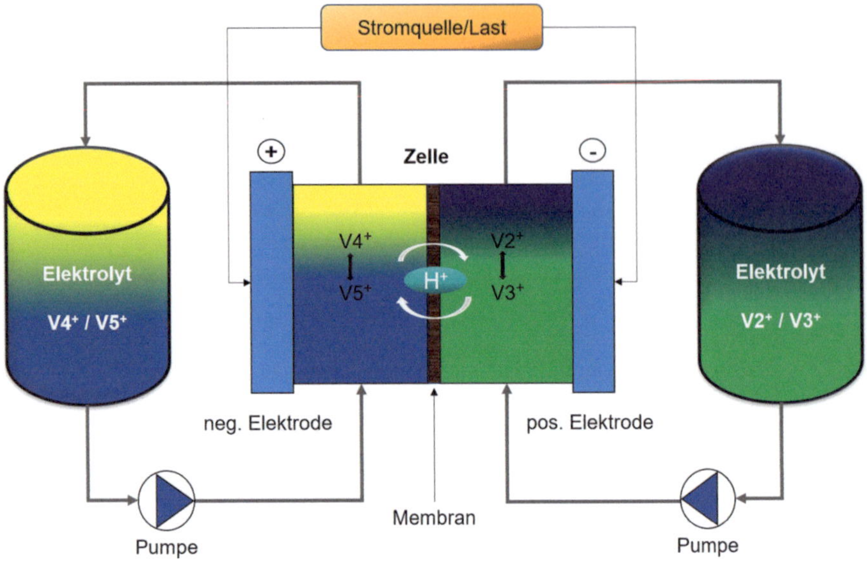

Abb. 5 Schematischer Aufbau einer Redox-Flow-Batterie

deutlich geringeren Kosten führen würden. Heute werden vor allem Vanadium-Redox-Flow-Batterien angeboten. Diese Batterien müssen in einem Temperaturfenster von etwa +15 bis +40 °C betrieben werden, da andernfalls eines der Ionen ausfällt. Es gibt aber auch Entwicklung mit Elektrolyten auf Basis von organischen oder biologischen Materialien, mit anderen metallischen Redox-Paaren oder als sogenannte Pseudo-Redox-Flow-Batterien, in denen eine Elektrode im Entladefall als Festkörper ausgebildet wird. Während diese Technologien für stationäre Anwendungen interessant werden könnten, ist derzeit ein Einsatz im Fahrzeugsektor nicht absehbar.

6.1.5 Zusammenfassung

Es gibt viele verschiedene Batterietechnologien mit jeweils speziellen charakteristischen Eigenschaften. Je nach Anwendung kann daher eine spezielle Technologie am besten geeignet sein, meistens sind aber auch mehrere Technologien geeignet, so dass dann die Vor- und Nachteile gegenübergestellt werden müssen. Wichtigste Kriterien sind dabei die Energie- und Leistungsdichte, Kosten und die Lebensdauer. Für die Anwendungen im Automobilsektor sind aktuell – abgesehen von den Blei-Starter-Batterien – nur Lithium-Ionen-Batterien in allerdings sehr vielen verschiedenen Materialkombinationen von Bedeutung.

6.2 Lithium-Ionen-Batterien

6.2.1 Einleitung

Wie in Abschn. 6.1 dargelegt, ist die Lithium-Ionen-Batterietechnik mit ihrer Vielzahl von Materialkombinationen heute die Basis für die meisten modernen Konzepte zur Elektrifizierung des Antriebsstrangs von Fahrzeugen aller Art. Aufgrund ihrer hohen Energie- und Leistungsdichte sowie ihrer hohen Zellspannung ist sie aktuell quasi die einzige Technologieklasse von Bedeutung in Hybrid- und Elektrofahrzeugen, aber auch für Fahrzeugbordnetze mit gesteigerter Leistungsfähigkeit oder zwei Spannungsebenen (12 V / 48 V). Den Betriebsbedingungen der Batterie sollte allerdings bei der Entwicklung eines Elektrofahrzeugs besondere Aufmerksamkeit geschenkt werden, um eine möglichst zuverlässige, sichere und

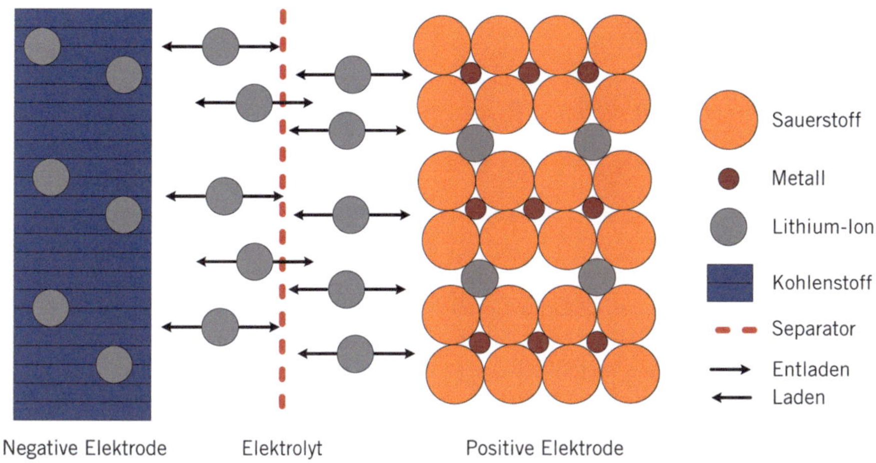

Abb. 6 Schematischer Aufbau einer Lithium-Ionen-Batterie, auf der Anodenseite (negative Elektrode) das Graphit mit den einzelnen Graphenschichten, kathodenseitig (positive Elektrode) ein Lithiummetalloxid; die Elektroden sind durch den Separator getrennt, der wiederum ebenso wie die porösen Elektroden mit Elektrolyt gefüllt ist; beim Entladen wandern Lithium-Ionen aus der Anode durch den Elektrolyten in die Kathode (frei nach [5])

kostenoptimierte Auslegung zu ermöglichen. Das ist allein schon durch die hohen Kosten der Batterien dringend geboten. Im Folgenden werden das Grundprinzip der Lithium-Ionen-Batterietechnologie und deren Material-, Produkt- und Eigenschaftsvielfalt vorgestellt.

6.2.2 Aufbau und Funktionsweise

Unter dem Begriff Lithium-Ionen-Batterie sind viele verschiedene Batterietechnologien zusammengefasst, die alle auf dem gleichen Funktionsprinzip beruhen. Wie in **Abb. 6** gezeigt, besteht eine Lithium-Ionen-Batterie wie alle Batterien aus zwei Elektroden, einem Separator und dem Elektrolyten. Lithium-Ionen-Batterien gehören zur Klasse der Interkalationsbatterien, bei denen beim Laden und Entladen der Zelle Lithium-Ionen an der einen Elektrode ausgelagert werden, durch den Elektrolyten und Separator zur gegenüberliegenden Elektrode wandern und sich dort wieder in das Kristallgitter des Elektrodenmaterials einlagern. Da es sich hierbei um eine reine Ein- und Auslagerung der Lithium-Ionen in ein Kristallgitter handelt, bleiben die Kristallstrukturen erhalten. Das ermöglicht prinzipiell eine hohe Zyklenlebensdauer. Dieses Prinzip hat auch den Vorteil, dass Lithium nicht in seiner hochreaktiven metallischen Form vorkommt, wie das bei Lithium-Metall-Batterien der Fall ist. Hierdurch erhöhen sich Sicherheit und Lebensdauer, da sich das Lithium-Ion in fest definierte Gitterplätze einlagert.

Bei Lithium-Ionen-Batterien gilt die Konvention, die positive und negative Elektrode auch bei den Ladeprozessen entsprechend dem Entladefall als Kathode und Anode zu bezeichnen. Häufig besteht die Kathode in Lithium-Ionen-Batterien aus einem Metalloxid, während die Anode aus einer Kohlenstoffmodifikation besteht, beispielsweise Graphit. Beide Elektroden sind hochporöse Strukturen, zusammengesetzt, aus Einzelpartikeln der Aktivmaterialien sowie Binde- und Leitzusätze. Sie weisen eine große Oberfläche auf, um dadurch eine hohe Reaktionsrate zu ermöglichen. Als Bindematerialien werden häufig

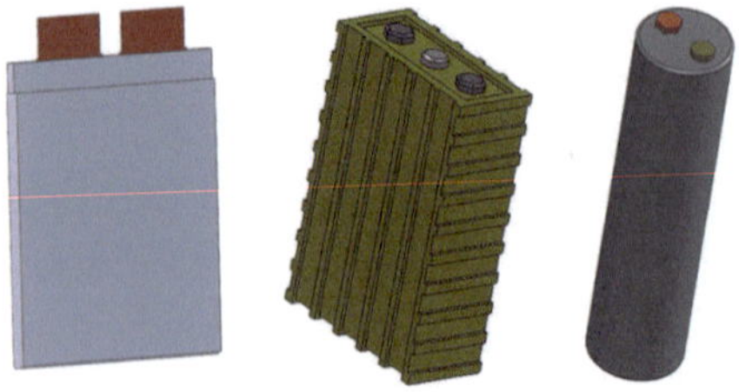

Abb.7 Verschiedene Zellgestaltungen: Pouch-Bag (links), sowie prismatische (Mitte) und zylindrische Zelle (rechts)

verschiedene Formen von Polyvinylidenfluorid (PVDF) verwendet, als Leitmaterial oft Kohlenstoffe. Die Elektrodenmaterialien sind auf einer dünnen Metallfolie aufgetragen (Aluminium an der Kathode, Kupfer an der Anode), die gleichzeitig als Stromableiter dient. Aufgrund der Spannungsstabilitätsfenster der Metalle ist es nicht möglich das gleiche Metall für die Anode und die Kathode als Ableiter zu verwenden. Andere Nichtedelmetalle bieten entweder keine ausreichende Leitfähigkeit oder keine ausreichende Korrosionsbeständigkeit zu gleichen Preisen. Als Elektrolyt wird ein Lithiumsalz in einem organischen Solvat gelöst, das bei den im Nennbetrieb auftretenden Potenzialen weitgehend stabil ist. Der Separator besteht in aller Regel aus einer porösen Polymerstruktur, die, wie auch die Elektroden, mit dem Elektrolyten getränkt ist.

Lithium-Ionen-Zellen werden handelsüblich in verschiedenen Bauformen angeboten. Man unterscheidet zwischen der sogenannten Pouch-Bag-Zelle sowie prismatischen und zylindrischen Zellen. Zellen all dieser Bauformen bestehen aus mehreren Lagen von Elektroden-Separator-Elektroden-Stapeln, wobei die Elektroden dann jeweils doppelseitig beschichtet sind. Im Falle der Pouch-Bag-Zelle werden diese Lagen übereinandergeschichtet, während sie in zylindrischen Zellen aufgewickelt werden.

Prismatische Zellen werden sowohl mit gestapelten als auch mit gewickelten Elektroden angeboten. **Abbildung 7** zeigt Zellen dieser verschiedenen Bauformen. Lithium-Ionen-Batterien gibt es sowohl mit hoher Energiedichte für moderate Stromstärken (beispielsweise für den Einsatz in Elektrofahrzeugen) als auch mit sehr hoher Leistungsdichte (etwa für Hybridfahrzeuge). Der innere Aufbau unterscheidet sich dabei im Wesentlichen durch die Beschichtungsdicke der Elektroden, der Porosität der aktiven Materialien und ggf. auch der Zusammensetzung und der Modifikation des Kathoden- und Anodenmaterials. Je dünner die Aktivmaterialien sind, desto höher ist die Leistungsdichte bei gleichzeitig abnehmender Energiedichte.

Der größte Unterschied zwischen den verschiedenen Lithium-Ionen-Batterie-Technologien liegt allerdings in der Materialzusammensetzung der Elektroden. Auf der Kathodenseite kommen Materialien mit stark unterschiedlichen Eigenschaften zum Einsatz. Das älteste Material, von Sony in den 1990er-Jahren für die Unterhaltungs- und Haushaltselektronik am Markt eingeführt, ist Lithium-Cobalt-Oxid (LCO) mit einer vergleichsweise hohen Kapazität (das heißt hoher Energiedichte). Dieses weist allerdings wegen des hohen Kobaltgehalts einige Nachteile bei Kosten, Sicherheit und Umweltverträglichkeit auf. Somit sind die Hersteller bestrebt, den Kobaltanteil klein zu halten. Weitere in kommerziellen Batterien verwendete Materialien sind Lithium-Nickel-Oxid (LNO) oder Lithium-Mangan-Oxid (LMO). Auch LNO hat eine hohe Kapazität, allerdings eine geringere thermische Stabilität. LMO dagegen ist sehr stabil, hat aber den Nachteil, dass es sich bei Temperaturen über Raumniveau teilweise im Elektrolyten löst. Aus dem Bestreben, all diese Eigenschaften zu optimieren, sind beispielsweise die Lithium-Nickel-Mangan-Cobalt-Technologie (NMC) und Elektroden aus Lithium-Nickel-Cobalt-Aluminium (NCA) hervorgegangen. Es sind Mixturen aus den vorher genannten Materialien, die beispielsweise im Falle von NMC je nach Zusammensetzung die Kapazität von LCO, die Sicherheit von LMO und die Kapazität und Leistungsfähigkeit von LNO vereinen. Dabei hat das klassische NMC-Material jeweils einen Anteil von einem Drittel der drei Übergangsmetalle. Im Bestreben den Anteil des teuren und seltenen Cobalt zu reduzieren, werden heute vermehrt auch asymmetrische stöchiometrische Zusammensetzungen verwendet. Eingesetzt werden 622 oder auch 811-Stöchiometrien, wobei der Nickelanteil hoch und der Anteil von Cobalt und Mangan entsprechend gering ist. Auch kobaltfreies LMNO oder ein NMC in der Zusammensetzung 9 / 0,5 / 0,5 werden für die Anwendung erforscht.

Eine weitere verbreitete Technologie, die vor allem wegen ihrer Sicherheit für den Einsatz in Elektrofahrzeugen diskutiert wird, sind Kathoden auf Eisenphosphatbasis (LFP). Sie weist zwar eine geringere Spannungslage sowie eine geringe gravimetrische Energiedichte auf, gilt aber dafür als sichere und günstige Technologie. Aktuell finden sich LFP-Batterien kaum in neuen Elektrofahrzeugmodellen, da aufgrund der geringeren Energiedichten die Kostenreduktion nicht in gleicher Weise realisiert werden kann, wie bei den NMC-Derivaten.

Auch auf Seiten der Anode gibt es Ansätze, um die Zelleigenschaften zu optimieren. Bei sogenannten LTO-Zellen wird anstelle von Kohlenstoff Lithiumtitanat ($Li_4Ti_5O_{12}$) verwendet. Dabei sinkt durch eine geringere Zellspannung die Energiedichte deutlich; es werden aber sehr hohe Leistungsdichten und Lebensdauern erreicht. Mittlerweile sind auch diese Zelltypen kommerziell erhältlich und wurden auch vereinzelt in eBikes und Fahrzeugen, vor allem Bussen, verbaut. Auch zur Absicherung von Bordnetzfunktionalitäten finden sich LTO-Batterien in einigen Fahrzeugkonzepten. Diese leistungsfähigen Batterien erreichen Stromdichten von bis zu 100 C, also z. B. 1000 A Entladestrom bei bei 10 Ah Batteriekapazität.

Des Weiteren werden für die negative Elektrode neben Kohlenstoff auch Modifikationen mit Siliziumanteilen entwickelt, die höhere Energiedichten ermöglichen. Reine siliziumbasierte Anoden befinden sich noch im Forschungsstadium. Sie haben den Vorteil einer theoretisch bis zu elf Mal höheren Energiedichte (nur auf die negative Elektrode bezogen). Die Herausforderung liegt allerdings in der großen Volumenänderung des Materials von bis zu 280 % durch die Ein- und Auslagerung großer Lithiummengen [6]. Dies führt zu höherer mechanischer Belastung des Materials und reduziert die Zyklenstabilität der Zellen erheblich.

Abbildung 8 zeigt typische Spannungsbereiche der Elektrodenmaterialen und die sich ergebenden maximalen Zellspannungen bei verschiedenen Kombinationen. Abbildung 8 zeigt ebenfalls schematisch, bei welchem Spannungsniveau für die Stabilität, Lebensdauer und Sicherheit kritische Zustände erreicht werden, wenn diese definierten Spannungslimits überschritten werden.

Egal welche Materialkombination vorliegt, jede einzelne Lithium-Ionen-Zelle muss stets mit einer elektronischen Schutzschaltung betrieben werden, um Spannungsbereiche zu vermeiden, die für die Stabilität des Materials kritisch sein können. Bei einer Überladung der Zelle kann sich zum Beispiel der Elektrolyt zersetzen. Die bei der Elektrolytzersetzung entstehenden Gase können zum Ausfall der Zelle und im schlimmsten Fall zum Brand durch unkontrollierte Temperaturerhöhung führen. Bei Lithium-Metall-Oxid-Kathodenmaterialien kann bei Überladung oder Temperaturen um 200 °C auch ein thermodynamisch instabiler Zustand erreicht werden („thermal runaway"), bei dem sich das Material stark exotherm unter zusätzlicher Freisetzung von Sauerstoff zersetzt. Bei einer Tiefentladung kommt es bei einigen Kathoden zu irreversiblen Kapazitätsverlusten. Bei sehr niedrigen Ladezuständen besteht außerdem die Gefahr, dass es zur Auflösung der Stromableiter kommt. Diese können sich

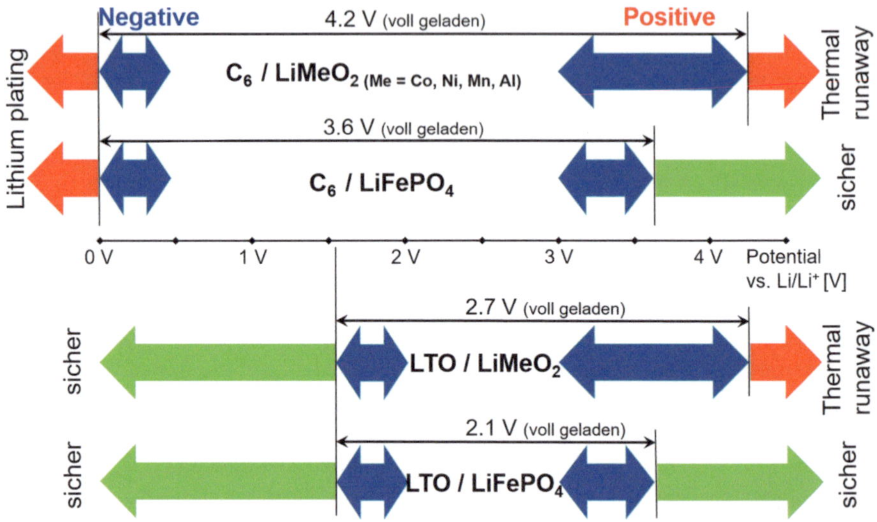

Abb. 8 Schematische Darstellung von Spannungslagen verschiedener Elektroden in Lithium-Ionen-Batterien und deren Stabilitätsbereiche: blau markiert Spannungsbereiche, in denen kein außergewöhnliches Sicherheitsrisiko besteht, rot markiert die sicherheitskritischen Bereiche

beim Wiederaufladen als fein verästelte Metallgebilde, sogenannte Metalldendrite, wieder auf der Elektrode ablagern und Kurzschlüsse erzeugen.

Kommerzielle Lithium-Ionen-Batterien für die Unterhaltungs- und Haushaltselektronik erreichen heute Energiedichten bis zu 260 Wh/kg. Die in Fahrzeugen eingesetzten Batterien liegen infolge höherer Sicherheits- und Lebensdaueranforderungen bei etwa 160 bis 200 Wh/kg. Ausnahme sind die Zellen von Tesla, die ebenfalls etwa 260 Wh/kg aufweisen. Basierend auf dem aktuellen Technologiekonzept scheinen in den kommenden Jahren Spitzenwerte bis 300 Wh/kg möglich. Die gravimetrischen Leistungsdichten liegen bei Elektrofahrzeugbatterien im Bereich von 500 W/kg und für Hybridfahrzeugbatterien bei 3000 W/kg. Alle Angaben beziehen sich dabei auf eine einzelne Zelle. Durch die Integration der Zellen zum Batteriepack sinken die Werte teilweise deutlich durch die notwendigen Kühl- und Batteriemanagementsysteme, siehe Kap. 18 und Abschn. 6.4.

Grundsätzlich können Lithium-Ionen-Batterien bei entsprechender Auslegung auch sehr hohe Ladeströme aufnehmen und sind damit schnellladefähig. Allerdings gilt dies nicht für tiefe Temperaturen. Im Bereich unter 0 °C kann es zu metallischen Lithiumablagerungen (Lithium-Plating, Abb. 8) kommen, die zu einer beschleunigten Alterung und zu einer inneren Kurzschlussgefahr führen. Da die Produkte sehr unterschiedlich sensibel in Bezug auf Lithium-Plating reagieren, muss die erlaubte Ladestromstärke in Abhängigkeit der Temperatur für jedes Produkt individuell bestimmt werden. Entscheidend ist hier das lokale Potential an der Anode, welches nicht unter 0 V abfallen darf, da sonst thermodynamisch bevorzugt metallisches Lithium gebildet wird.

Um den hohen Anforderungen an die Energiedichte von Batterien in Elektrofahrzeugen gerecht zu werden, gibt es in der letzten Zeit vermehrt Bestrebungen, statt der Lithium-Ionen-Technologie Lithium-Metallelektroden einzusetzen. Mit Lithium-Metallelektroden erreicht man die höchsten Spannungen und Energiedichten. Im Gegensatz zu Lithium-Ionen-Batterien kann sich an einer Lithium-Metallelektrode das Lithium-Ion an beliebiger Stelle der Elektrodenoberfläche anlagern und zu Lithium reduzieren. Dieses neigt allerdings dazu, Lithium-Dendriten zu bilden, die durch den Separator hindurchwachsen und einen Kurzschluss in der Zelle erzeugen können. Dieses Sicherheitsproblem hat bisher die Markteinführung größerer Zellen mit Lithium-Metallelektrode verhindert. Als Lösung des Problems werden sogenannte „Festkörperbatterien" diskutiert. Dabei wird der flüssige Elektrolyt durch einen keramischen oder einen polymeren Elektrolyten ersetzt und der Ionen-Transport erfolgt über die Festkörperstruktur. Von verschiedenen Fahrzeugherstellern werden „Festkörperbatterien" als die nächste Generation von Batterien dargestellt und verbinden damit die Erwartung, dass sich mit dieser Technologie auch der Einstieg in die eigene Batteriefertigung lohnen wird. Dazu ist klar anzumerken, dass sich die Fertigungstechnologie gegenüber den heutigen Lithium-Ionen-Batterien um höchstens 20 bis 30 % verändern wird und nicht absehbar ist, dass diese Batterien deutlich bessere Eigenschaften haben. Es ist nicht davon auszugehen, dass die bestehenden Batteriezellhersteller nur durch einen Übergang zur Festkörperbatterie etwas von ihrer Dominanz im Markt verlieren werden.

Neue Technologien, die im Zusammenhang mit einer Metallelektrode derzeit weiterhin diskutiert werden, sind Lithium-Luft ($Li\text{-}O_2$) und Lithium-Schwefel Batterien (Li-S) [7]. Mit Li-S erreicht man im Vergleich zu herkömmlichen Lithium-Ionen-Technologien theoretisch um den Faktor sieben höhere gravimetrische Energiedichten, mit $Li\text{-}O_2$ sogar um den Faktor neun. Weitere Vorteile dieser Konzepte sind beispielsweise, dass sich in $Li\text{-}O_2$ Batterien der Sauerstoff im geladenen Zustand nicht in der Batterie befindet und somit nicht zum Gewicht der Zelle beiträgt, und dass Schwefel in der Li-S Batterie ein sehr günstiges Elektrodenmaterial darstellt. Li-S Batterien sind schon seit den 1940er-Jahren Objekt der Forschung; Prototypzellen wurden zum Beispiel von der Firma Sion Power entwickelt. Allerdings sind viele Probleme, die sich aus der isolierenden Eigenschaft von Schwefel und dessen Reaktionsprodukten ergeben, wie geringe Zyklenlebensdauer immer noch nicht gelöst. Ähnlich sieht es für die $Li\text{-}O_2$ Technologie aus. Das Zellsystem befindet sich noch im Entwicklungsstadium, da unter anderem die Zyklenstabilität, die Optimierung des eingesetzten Elektrolyten sowie die geringe Stromdichte beziehungsweise Leistungsdichte begrenzende Faktoren darstellen.

Für die kommerzielle Nutzung dieser Technologie in Elektrofahrzeugen ist noch viel Forschungsarbeit nötig. Ob diese Technologie jedoch jemals so weit entwickelt werden kann, dass sie in Fahrzeuge verbaut wird ist heute unklar. Das zentrale Problem ist dabei neben den verschiedenen Performanceeinschränkungen vor allem die zu erwartende relativ geringe volumetrische Energiedichte. Die Batterien könnten zwar leichter als die klassischen Lithium-Ionen-Batterien werden, aber nicht kleiner in der Bauform.

Batterien für Fahrzeuge müssen neben geringen Kosten und hohen Energiedichten auch weitere Anforderungen erfüllen, insbesondere in Bezug auf Sicherheit, mechanische Robustheit und Hoch- und Tieftemperaturfähigkeit. Bis heute kann nicht sicher gesagt werden, ob mit den oben beschriebenen Technologien in allen Kategorien die Automobilstandards zu erreichen sind.

6.2.3 Alterung

Zur Optimierung der Betriebsstrategie und zum Erreichen der notwendigen Lebensdauer ist es wichtig, das Alterungsverhalten von Lithium-Ionen-Batterien zu verstehen. Je nach verwendeten Materialien können verschiedene Alterungsprozesse in der Zelle auftreten, die unterschiedlich stark ausgeprägt sein können. Alterungserscheinungen wie Kapazitätsverlust und

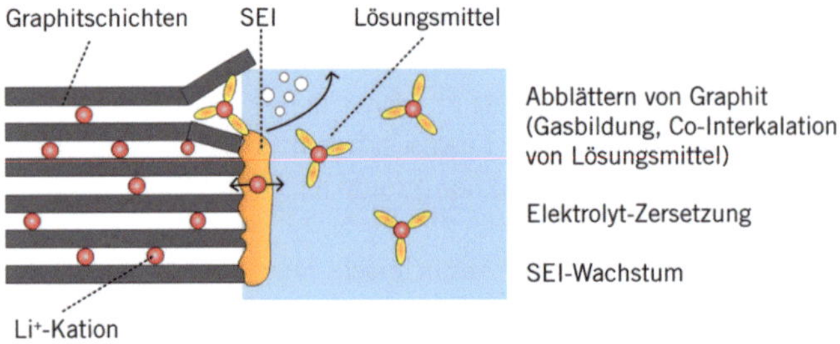

Abb. 9 Entstehung und Wachstum der sogenannten Solid Electrolyte Interphace (SEI) (frei nach [8])

Widerstandserhöhung treten insbesondere dadurch auf, dass zyklisierbares Lithium oder Teile des Elektrodenmaterials verloren gehen oder diese den Kontakt mit den Ableitern verlieren. Hierfür verantwortlich sind zum einen chemische Reaktionen, durch die Schichten auf den Grenzflächen ausgebildet oder Kristallstrukturen verändert werden, zum anderen mechanische Belastungen durch die Volumenänderungen der Elektroden bei Ein- und Auslagerung von Lithium. Ein wesentlicher Alterungseffekt in Lithium-Ionen-Batterien ist die Ausbildung der sogenannten Solid Electrolyte Interface (SEI). Diese Schicht entsteht auf einer Graphitanode durch die Reaktion von Lithium mit dem Elektrolyten an der Grenzfläche zwischen Anode und Elektrolyt, siehe **Abb. 9**. Ursache für diese Grenzschichtbildung ist die Instabilität des Elektrolyts im Spannungsbereich der graphitischen Anode. Die SEI ist nur für Lithium-Ionen durchlässig und verhindert eine weitere Reaktion zwischen Elektrolyt und Aktivmaterial. Das Ausbilden der SEI ist bei graphitbasierten Lithium-Ionen-Batterien in den ersten Zyklen der Zelle also notwendig. Allerdings wird bei der Bildung der SEI Lithium irreversibel eingebunden, was zu einem Verlust von zyklisierbarem Lithium führt. Außerdem erhöht sich der Widerstand der Zelle, da die SEI eine zusätzliche Barriere beim Ein- und Auslagern der Lithium-Ionen darstellt. Besonders die Zusammensetzung des Elektrolyten und die verwendeten Additive in der Elektrolytlösung bestimmen Aufbau und Eigenschaften der SEI und sind damit auch sehr wichtig für das Alterungsverhalten der Lithium-Ionen-Batterie.

Die oben beschriebenen Alterungsprozesse zeigen sich in elektrischen Tests an Zellen durch Widerstandserhöhung und Kapazitätsabnahme. Mit Kapazitäts- und Leistungstests, sowie Impedanzmessungen, lässt sich die Alterung in Abhängigkeit der Betriebsbedingungen untersuchen. Man unterscheidet hierbei zwischen der kalendarischen Alterung, also dem Lagern der Zellen ohne Strombelastung, und der zyklischen Alterung, die mit verschiedenen Stromprofilen hervorgerufen werden kann.

Einflussfaktoren auf die kalendarische Alterung sind vor allem die Spannungslage (gleichbedeutend mit dem Ladezustand) und die Temperatur. Tests zeigen, dass erhöhte Temperaturen bei der Lagerung zu stärkerer Alterung führen, was relativ gut mit dem Arrhenius-Gesetz beschrieben werden kann, siehe **Abb. 10**. Daraus folgt in etwa eine Halbierung der Lebensdauer einer Zelle bei einer Temperaturerhöhung um 10 K. Demnach sollten hohe Temperaturen möglichst vermieden werden. Allerdings geht bei tieferen Temperaturen auch die Leistungsfähigkeit durch reduzierte elektrochemische Reaktionsraten und steigenden Elektrolytwiderstand zurück. Somit sollte für eine gute Leistung ein moderater Betriebstemperaturbereich von circa 20 bis 40 °C angestrebt werden. Für den Einfluss der Temperatur auf die Alterung muss die gesamte Betriebsdauer inklusive der Standzeiten betrachtet werden. Kurzfristig hohe Temperaturen sind tolerierbar, sofern nicht sicherheitskritische Werte überschritten werden.

Auf dem Prüfstand gibt es kommerzielle Zellen, bei denen beschleunigte Alterungstests auf Lebensdauern von mehr als 20 Jahren schließen lassen. Es finden sich jedoch auch Zellen, bei denen die bei Standardbedingungen zu erwartenden Lebensdauern kaum zehn Jahre beträgt.

Die Abhängigkeit der Alterung von der Spannungslage ist je nach betrachteter Zelle sehr unterschiedlich. In den in **Abb. 11** gezeigten Daten einer Zelle mit einer

NMC-Kathode und einer Graphitanode findet sich eine exponentielle Abhängigkeit. Dies kann für gleiche Technologien bei leichten Änderungen der Elektrolytzusammensetzung oder bei einem veränderten Verhältnis der Anoden- zur Kathodenkapazität auch ganz anders aussehen. In den meisten Fällen gilt jedoch, dass der Batterie der Verbleib in hohen Ladezuständen schadet. Dieser Effekt wird bei zusätzlich hohen Temperaturen besonders deutlich. Insgesamt sollte also der Betrieb einer Zelle mit hohem Ladezustand und hoher Temperatur soweit möglich vermieden werden. Eine Konsequenz daraus ist, dass für eine optimale Ladestrategie die Vollladung erst kurz vor Antritt der nächsten Fahrt erreicht werden sollte. Dies kann etwa über ein intelligentes Batterie-Management-System (BMS), siehe Abschn. 6.4, umgesetzt werden, dem mitgeteilt wird, wann der Fahrer am nächsten Tag wieder losfahren möchte.

Die Auswirkungen der Zyklenalterung sind im Vergleich zur kalendarischen Alterung sehr viel komplexer. Um zuverlässige Alterungsprognosen für die Zellen in der praktischen Anwendung treffen zu können, müssen neben der Temperatur und Spannungslage auch Einflüsse von Zyklenzahl, Zyklentiefe (entnommene beziehungsweise zugeführte Ah pro Zyklus) und Stromstärke untersucht werden. Eine Testmatrix mit etwa 30 unterschiedlichen Tests und je drei Zellen pro Test ist daher für Alterungsuntersuchungen keine Seltenheit. Davon sind meist mehr als die Hälfte Zyklentests. Komplex ist hier insbesondere der Einfluss von Spannungslage und Zyklentiefe. Denn abhängig davon in welchen Spannungslagen mit welchem Hub zyklisiert wird, können Kristallstrukturänderungen auftreten, die zur erhöhten mechanischen Belastung führen. Diese können sich je nach betrachteter Zelle sehr unterschiedlich auswirken. Das Verständnis solcher Effekte und auch des Zusammenhangs zwischen kalendarischer und zyklischer Alterung sind wichtige Ziele der Forschung. Hierbei ist zum Beispiel zu beachten, dass für Lebensdauerprognosen die kalendarische Alterung erst aus den Messdaten der zyklischen Alterung herausgerechnet werden muss, bevor die reine zyklische Alterung betrachtet werden kann. Meist gilt aber, dass Zyklen mit geringerer Zyklentiefe wesentlich höhere Gesamtenergiedurchsätze in der Batterie ermöglichen. So kann der Energiedurchsatz bei einer Zyklentiefe von 10 % durchaus fünf bis zehn Mal größer als bei Zyklentiefen von 100 % sein. Kommerzielle Zellen für den automobilen Einsatz erreichen heute bei Vollzyklisierung meist 2000 und mehr Vollzyklen. Dabei ist die Tendenz für Lebensdauerspezifikation aktuell abnehmend. Durch die Vergrößerung der Batterien werden auch so ausreichend hohe Laufleistungen erreicht. Verfügt ein Fahrzeug z. B. über

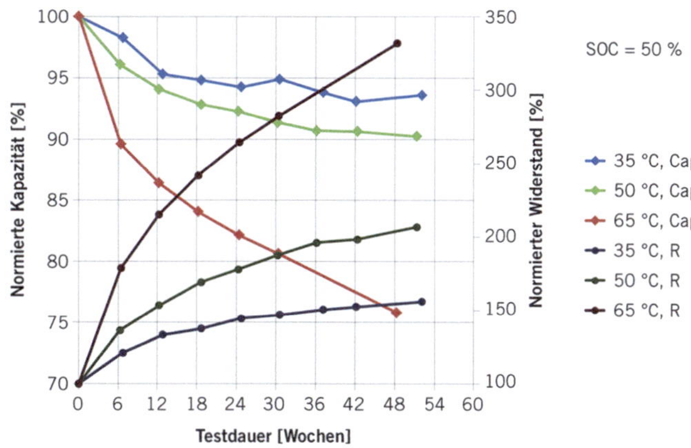

Abb. 10 Typische Entwicklung der Kapazität (Cap) und des Innenwiderstands (R) einer Lithium-Ionen-Batterie bei verschiedenen Temperaturen und einem Ladezustand (SOC) von 50 %

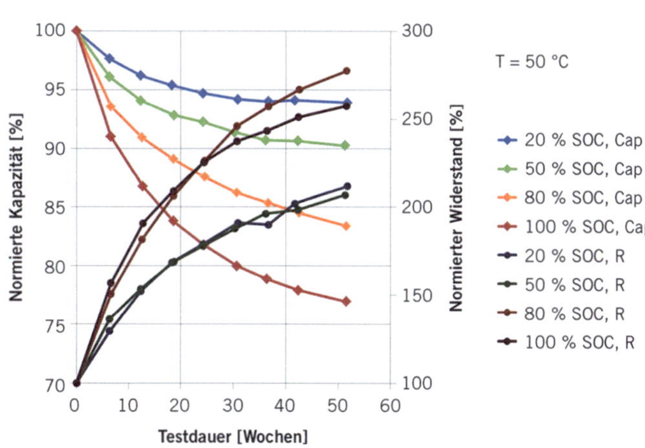

Abb. 11 Typische Entwicklung der Kapazität (Cap) und des Innenwiderstands (R) einer Lithium-Ionen-Batterie bei verschiedenen Ladezuständen (SOC) und 50 °C Zelltemperatur (nach [9])

300 km Reichweite bei vollgeladener Batterie, bedeuten 2000 Vollzyklen eine Kilometerleistung von 1.200.000 km. Wird die Batterie typischerweise z. B. schon nach jeweils 60 km nachgeladen, was bei täglicher Nutzung durchaus plausibel ist, lässt sich die Kilometerleistung noch mal verdreifachen bis verfünffachen. Das ist augenscheinlich ausreichend für die allermeisten Pkw-Anwendungen. Auch hier gehen die Qualitäten zwischen den Produkten verschiedener Hersteller sehr weit auseinander. Diese Schwankungen sind wesentlich größer als die systematischen Unterschiede zwischen den Batterien mit unterschiedlichen Elektrodenmaterialien oder Bauformen.

Die aus den Tests gewonnenen Erkenntnisse können in Alterungsmodelle einfließen. So werden Lebensdauerprognosen für unterschiedliche Anwendungsprofile möglich, die eine wichtige Grundlage für die Markteinführung von Elektrofahrzeugen und für Garantiezusagen sind. Insbesondere die Parametrierung für ein bestimmtes Produkt wird auch in Zukunft sehr aufwendig bleiben.

Neben der Alterung ist die Temperaturabhängigkeit der Leistungsfähigkeit und der Kapazität von großer Bedeutung. Diese Kennwerte brechen bei Lithium-Ionen-Batterien vor allem in der Kombination von hohen Strömen und tiefen Temperaturen stark ein. Dadurch können sich Fahrzeugreichweiten im Winter erheblich reduzieren. Allerdings erwärmen sich die Batterien durch den hohen Widerstand bei tiefen Temperaturen sehr schnell. Zusätzlich muss beachtet werden, dass zu jeder Temperatur nur ein maximaler Ladestrom zulässig ist, um das oben bereits diskutierte Lithium-Plating zu vermeiden.

6.2.4 Zusammenfassung

Generell umfasst die Lithium-Ionen-Batterietechnologie eine Vielzahl unterschiedlicher Zellchemien und Bauformen. Zellen mit sehr hohen Leistungen, hohen Energiedichten, sehr hohen kalendarischen oder Zyklenlebensdauern sowie günstigen Kosten sind am Markt von vielen Herstellern verfügbar. Dadurch entsteht ein extrem starker Technologie- und Anbieterwettbewerb, der die Entwicklung mit hohem Tempo vorantreibt. Dabei liegt der Fokus der aktuellen Entwicklungen ganz klar auf der Senkung der Herstellungskosten. In den meisten Elektrofahrzeugen werden die Größe der Batterie und damit die maximale Reichweite des Fahrzeugs nicht durch das Batteriegewicht limitiert, sondern durch die Anschaffungskosten der Batterie. Leider lassen sich die gewünschten positiven Eigenschaften nicht alle in einer Zelle vereinigen, sodass die geeignete Zelle je nach Anwendung sorgfältig ausgewählt werden muss. Zellen, die die hohen Ladeleistungen des Ultraschnellladens mit 350 kW und mehr beherrschen, werden gleichzeitig nicht auch höchste Energiedichten haben können. Zudem ist ein leistungsfähiges Kühlsystem notwendig, das zusätzliches Gewicht, Volumen, Komplexität und Kosten verursacht.

6.3 Superkondensatoren

6.3.1 Einleitung

Alternativ zur Speicherung der elektrischen Energie in Batterien, siehe Abschn. 6.1 und 6.2, steht hierfür auch die Kondensatortechnologie zur Verfügung. Systematisch gesehen gehören *elektrische Doppelschichtkondensatoren*, auch *SuperCaps*, *Ultracaps* oder *Superkondensatoren* genannt, zu den Kondensatoren. Im Weiteren soll hier der Einfachheit halber der Begriff „SuperCap" verwendet werden. Aufgrund ihres Aufbaus mit porösen Elektroden und gelösten Ionen in einem organischen Elektrolyten werden sie in Analogie zum Aufbau von Batterien oftmals auch den elektrochemischen Energiespeichern zugerechnet. Allerdings finden in Kondensatoren weder beim Laden noch beim Entladen elektrochemische Reaktionen und nur in sehr begrenztem Umfang chemische Reaktionen statt. Dadurch altern die SuperCaps durch den zyklischen Betrieb kaum, unterliegen aber in sehr ähnlicher Weise wie Batterien der *kalendarischen Alterung*. In Anwendungen mit sehr hohen Zyklenzahlen (möglichst mehr als einmal pro Minute) oder in selteneren Fällen von hohem Spitzenleistungsbedarf mit höchster Zuverlässigkeit und weitgehend unabhängig von der Temperatur können SuperCaps aber aufgrund der hohen Zyklenlebensdauer eine sinnvolle Alternative zu Batterien sein. Allerdings hindern die hohen spezifischen Kosten pro Speicherkapazität eine verbreitete Einführung in vielen Anwendungen.

6.3.2 Aufbau und Funktionsweise

Es gibt mehrere Arten von SuperCaps, wobei hier zunächst SuperCaps mit kohlenstoffbasierten Elektroden und organischem Elektrolyten betrachtet werden. Diese sind bereits im großen Umfang kommerzialisiert und werden von Firmen wie zum Beispiel Maxwell, Skeleton, Nesscap, LS Ultracapacitor, Murata und Panasonic produziert. Dabei werden Zellen mit bis zu 5000 F angeboten. Bauformen sind zylindrische Zellen, prismatische Zellen und seltener Pouch-Bag-Zellen. Ein solcher SuperCap setzt sich zusammen aus zwei Elektroden, einem Separator und dem Elektrolyten. Meistens besteht eine Zelle aus der Wickelung von vier Schichten: positive Elektrode, Separator mit aufgesogenem Elektrolyten, negative Elektrode und noch einmal Separator mit Elektrolyt. Bei der gewickelten Bauform sind die Elektroden beidseitig beschichtet. Das Gehäuse der Zellen besteht typischerweise aus Aluminium. Als Materialien für die Elektroden werden hauptsächlich Aktivkohle auf einem Ableiter aus Aluminiumfolie und ein organischer Elektrolyt verwendet. Aktivkohle ist ein Kohlenstoff mit besonders großer Oberfläche, wodurch viele Ionen angelagert werden können und damit eine sehr große Flächenkapazität erzeugt wird. Die aktive Oberläche pro Gewicht ist auch im Vergleich zu Lithium-Ionen-Batterien sehr groß. In den meisten Fällen sind die positive und negative Elektrode gleich aufgebaut. Der für SuperCaps am meisten verwendete organische Elektrolyt nutzt Acetonitril (AN) als Lösungsmittel mit zum Beispiel Tetraethylammoniumtetrafluoroborat (TEABF$_4$) als gelöstes Salz [10]. Im Vergleich zu anderen Lösungsmitteln hat Acetonitril bessere Eigenschaften bezüglich der elektrischen Leitfähigkeit und der Temperaturstabilität. Ein großer Nachteil ist die Toxizität des Lösungsmittels, weshalb der Einsatz beispielsweise in Japan verboten ist. Anstelle von Acetonitril wird oft Propylenkarbonat (PC) verwendet, was allerdings eine schlechtere Leitfähigkeit und Stabilität, bezüglich Temperatur und Spannung aufweist. SuperCaps mit Propylenkarbonat haben typischerweise Nennspannungen zwischen 2,2 bis 2,5 V, SuperCaps mit Acetonitril zwischen 2,5 und 2,8 V. Es gibt aber auch erste Produkte mit 3,0 V Nennspannung. Durch den Einsatz von ionischen Flüssigkeiten erhofft man sich noch höhere Spannungen und damit höhere Energiedichten, siehe Abschn. 6.3.5, allerdings werden dadurch die Kosten steigen. Forschungsaufwand wird ebenfalls in die Entwicklung wässriger Elektrolyten investiert. Der Vorteil der einfachen Handhabbarkeit und potentiell kostengünstigeren Produktion steht dem Nachteil eines geringen Spannungsfensters gegenüber.

Die Energiespeicherung in SuperCaps beruht auf dem Prinzip der elektrochemischen Doppelschicht. Beim Laden werden die im Elektrolyten vorhandenen Ionen durch ein elektrisches Feld von den Elektroden angezogen und ausgerichtet. Das erste Modell für eine elektrochemische Doppelschicht wurde 1879 von Helmholtz vorgeschlagen. Eine solche Doppelschicht heißt deshalb auch Helmholtz-Schicht, die

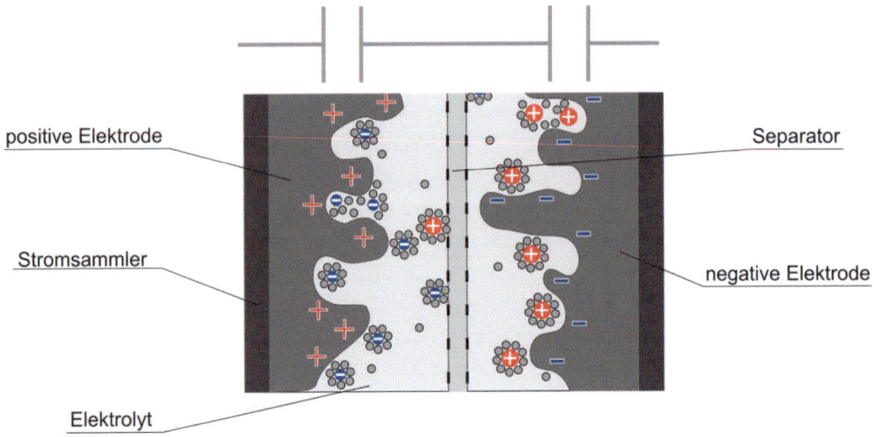

Abb. 12 Funktionsprinzip eines SuperCaps

Ladungsverteilung und der Potentialverlauf wurden anschließend noch präziser beschrieben [11]. Im Elektrolyten sind positive und negative Ionen vorhanden, die durch die Dissoziation des im Elektrolyten gelösten Salz bereitgestellt werden, und die jeweils von der negativen bzw. positiven Elektrode angezogen werden. So bildet sich an jeder Elektrode ein Kondensator; die Gesamtkapazität ist die Reihenschaltung dieser beiden Kapazitäten, siehe **Abb. 12**.

Aufgrund der geringen Dicken der Helmholtzschicht (2-5 nm) werden im Vergleich zu anderen Kondensatoren viel höhere Kapazitäten erreicht. Zusätzlich wird Aktivkohle mit einer möglichst großen Oberfläche durch poröse Strukturen als Elektrodenmaterial verwendet, um so durch eine möglichst große Fläche die Kapazität weiter zu erhöhen (bis zu 3500 m^2/g). Der Einfluss von Abstand d und Fläche A wird durch die Formel für die Berechnung der Kapazität C eines Plattenkondensators ausgedrückt (ε_0: Dielektrizitätskonstante, ε_r: Dielektrizitätswert des Materials zwischen den Platten):

$$C = \varepsilon_0 \varepsilon_r \frac{A}{d} \quad (4)$$

Im geladenen SuperCap sind die Ionen in einem geordneten Zustand durch Anordnung in der Helmholtzschicht. Die Polarisierung und die poröse Struktur bedingen teilweise eine Desolvatisierung der Ionen [12]. Aus thermodynamischer Sicht ist das ein Zustand minimaler Entropie. Bei der Entladung wird diese Ordnung wieder aufgehoben. Bei Entladung mit kleinen Strömen, die wenig Ohm'sche Wärme verursachen, kann diese Zunahme der inneren Entropie des Supercap durch eine Abkühlung des SuperCap gegenüber der Umgebung beobachtet werden [13].

Kommerzielle Produkte auf Basis von Kohlenstoffelektroden erreichen heute Energiedichten von etwa 5 bis 8 Wh/kg. Aus der schnellen Ansprechzeit und der Fähigkeit hohe Ströme liefern zu können, ergibt sich eine sehr hohe Leistungsfähigkeit. Im Vergleich zu Lithium-Ionen-Batterien sind hier C-Raten von mehreren 100 C (siehe Abschn. 6.1) in Lade- und Entladerichtung auch bei tiefen Temperaturen möglich. Gleichzeitig erreichen sie um zwei bis drei Größenordnungen höhere Zyklenlebensdauern, da die Energiespeicherung im Wesentlichen elektrostatisch und ohne elektrochemische Reaktion abläuft. Die Elektrodenmaterialien werden daher keinen strukturellen Änderungen der Kristallstruktur unterworfen, was die Elektroden sehr langzeitstabil macht. Die Zyklenlebensdauern werden typischerweise mit einer halben bis einer Millionen Zyklen angegeben. Anders als die klassischen

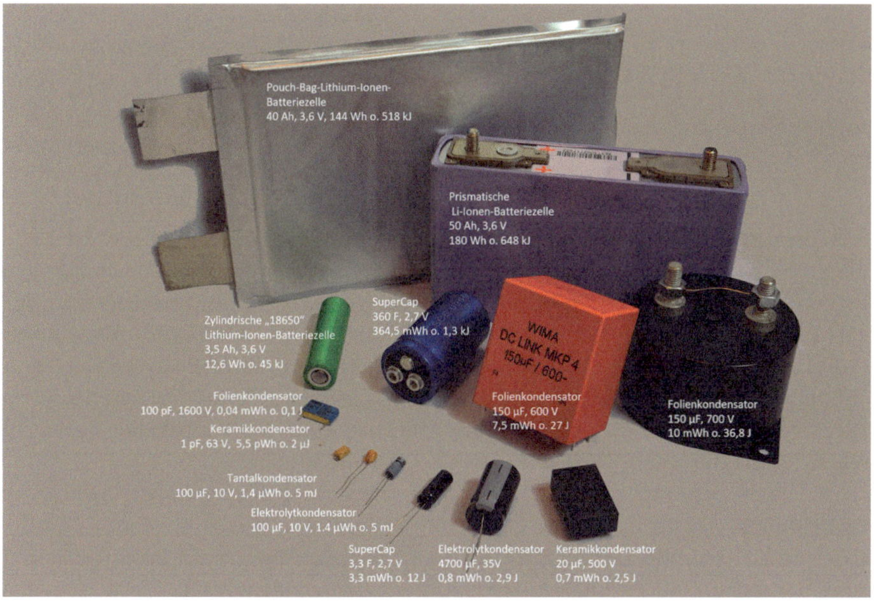

Abb. 13 Größenvergleich verschiedener klassischer Kondensatoren, SuperCaps und Lithium-Ionen-Batterien mit Angaben zur Kapazität, Nennspannung und Energiespeicherkapazität in Wattstunden und Joule, copyright ISEA, RWTH Aachen University

Kondensatoren, die z. B. in der Leistungselektronik eingesetzt werden, ist die Zyklenlebensdauer damit deutlich begrenzt. Aufgrund der vorstehend genannten Eigenschaften nehmen SuperCaps in Bezug auf Energie und Leistung eine Zwischenstellung zwischen Batterien und Kondensatoren ein. Dies wird im Ragone-Diagramm, Abb. 3, deutlich. Sie sind damit ideale Energiespeicher für alle Anwendungen, bei denen hohe Leistungen für kurze Zeit und hohen Zyklenzahlen benötigt werden. Angegeben werden Werte bis zu 20 kW/kg. Allerdings ist zu beachten, dass durch die begrenzte Energiedichte und die Abnahme der nutzbaren Kapazität bei hohen Frequenzen, derart hohe Leistungen nur für etwa eine Sekunde zur Verfügung stehen, dann ist der SuperCap entladen. In der Praxis finden sich wenige Anwendungen, in denen Leistungen nur im Bereich einer Sekunde benötigt werden, so dass eine Optimierung in Richtung noch höherer Leistungsdichten wohl nur wenige neue Märkte erschließt.

Nachteilig sind die hohen Kosten, was aktuell der wichtigste Hinderungsgrund für den Einsatz von SuperCaps in vielen Anwendungen ist. SuperCaps mit einer Speicherkapazität von einer kWh kosten heute rund 10.000 €/kWh. Als reiner Energiespeicher wäre das unvergleichlich teuer. Bei einer beispielhaften Anwendung mit einer Entladedauer von 6s und einer Energiedichte von 5 Wh/kg ergeben sich aber eine Leistungsdichte von 3000 W/kg bzw. eine C-Rate von 600 und damit beim angegebenen Preis von 10.000 € spezifische Investitionskosten für die Leistungsbereitstellung von 16,70 €/kW und bei einer Zyklenlebensdauer von einer Million und einer typischen Entladetiefe von 75 % Kosten pro umgesetzten kWh von 1,3 ct/kWh (ohne Wartung, Verluste oder Kapitalzinsen). Das ist ein sehr attraktiver Wert, der von keiner Batterie erreicht wird. Es macht aber deutlich, dass Anwendungen von SuperCaps entweder eine sehr hohe Leistungsanforderung oder eine große Zyklenzahl benötigen, um wettbewerbsfähig zu sein.

Abbildung 13 zeigt einer Reihe klassischen Kondensatoren, SuperCaps und Lithium-Ionen-Batterien. Zur Orientierung sind die Kapazitäten (in Farad für die Kondensatoren, in Amperestunden für die Batterien), die Nennspannung und die speicherbare Energie in Wattstunden oder

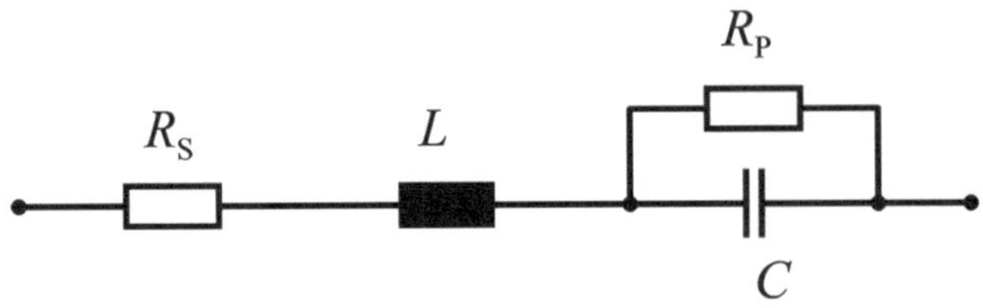

Abb. 14 Einfaches elektrisches Ersatzschaltbild eines SuperCaps

Joule angegeben. Als Größenvergleich mag die grüne zylindrische „18650"-Zelle dienen, die eine Durchmesser von 18 mm und eine Länge von 65 mm aufweist.

Neben den oben vorgestellten Arten von SuperCaps gibt es noch sogenannte Pseudokondensatoren, die ebenfalls kommerziell erhältlich sind. Dort bildet sich zusätzlich zu der Doppelschichtkapazität eine Pseudokapazität aus, die zum Beispiel durch eine chemische Reaktion hervorgerufen wird. Durch die zusätzlich elektrochemisch gespeicherte Energie werden die Kapazität und damit die Energie der Zelle vergrößert. Allerdings reduziert sich durch die chemische Reaktion auch die Zyklenfestigkeit der Zelle und die zusätzliche Reaktionszeit verringert ihre Leistung. Die Pseudokapazität wird durch Zusätze von Metalloxiden, beispielweise RuO_2 oder MnO_2, erreicht. Als Elektrolyt wird oft ein wässriger Elektrolyt verwendet [14, 15].

In der Forschung werden weiterhin Hybridkondensatoren untersucht, die eine Kombination aus Batterie-Aktivmaterialien und SuperCaps darstellen. Sogenannte Lithium-Ionen-Kondensatoren sind bereits kommerziell zum Beispiel von JSR Micro und Taiyo Yuden, erhältlich. Sie bestehen aus einer Batterie-Elektrode und einer SuperCap-Elektrode und weisen eine höhere Energiedichte als SuperCaps auf. Sie nehmen eine Zwischenstellung zwischen Lithium-Ionen-Batterien und SuperCaps ein. In Anlehnung an Lithium-Ionen-Batterien werden entsprechend oft Lithiumhexafluorophosphat basierte Elektrolyte eingesetzt. Vor- und Nachteile sind analog zu Pseudokondensatoren gegeben.

Die folgenden Abschnitte beziehen sich auf die üblicherweise eingesetzten aktivkohle-basierten SuperCaps mit organischem Elektrolyten.

6.3.3 Elektrisches Verhalten

Ein SuperCap verhält sich in erster Näherung wie ein normaler Kondensator. Um sein Verhalten zu beschreiben, bietet sich als einfachstes elektrisches Ersatzschaltbild das eines verlustbehafteten Kondensators an, siehe **Abb. 14**. Die verschiedenen Elemente des Ersatzschaltbilds haben folgende Bedeutung:

- Kapazität C: Kapazität des SuperCaps in Farad (F)
- Serienwiderstand R_S: Innenwiderstand, hervorgerufen durch Elektroden und Elektrolyt (englisch ESR: equivalent series resistance)
- Induktivität L: Induktivität des geometrischen Aufbaus, liegt im nH-Bereich und ist meistens vernachlässigbar
- Parallelwiderstand R_P: dieser Widerstand repräsentiert die Selbstentladung des SuperCaps (englisch EPR: equivalent parallel resistance)

Bis auf die Induktivität sind diese Werte meist im Datenblatt angegeben oder können aus Datenblattangaben berechnet werden. Alternativ können sie aus Messungen bestimmt werden. Die Kapazität und der Serienwiderstand können aus Konstantstromladungen oder -entladungen bestimmt werden, wie in **Abb. 15** skizziert: Der Serienwiderstand R_S ergibt sich aus dem ohmschen Spannungsabfall am Anfang und am Ende der Ladung bzw. Entladung mit $R_S = Du / i$. In der Realität ergeben sich leicht unterschiedliche Werte beim Laden und Entladen sowie beim Ein- und Ausschalten des Stroms. Die Kapazität C errechnet sich aus der geladenen beziehungsweise entladenen Ladungsmenge Q (Integral über den Strom) und der Spannungsdifferenz: $C = Q / (U_{max} - U_{min})$. Die Kapazität wird durch Frequenz, siehe

Abb. 16), sowie Stromstärke und Temperatur, siehe **Abb. 17**, beeinflusst.

Der Selbstentladewiderstand kann aus dem Spannungsabfall über der Zeit nach einer Ladung mit konstanter Spannung ermittelt werden. Dabei ist zu beachten, dass dieser Spannungsabfall sehr stark von der Ladedauer, der Temperatur und in geringem Maß auch von der Ladespannung abhängt. Wie in [16, 17] gezeigt wurde, ist die Verwendung des Parallelwiderstand R_p aber nur eine Hilfskonstruktion. Die wirkliche Selbstentladung, also der irreversible Verlust von Ladungsträgern, ist sehr klein. Durch die Umverteilung von Ionen in der porösen Struktur mit unterschiedlichen Porengrößen sinkt nach einem Ladevorgang die Spannung je nach Vorgeschichte mehr oder weniger stark, was als Selbstentladung interpretiert wird. De facto verteilen sich aber die Ionen nur gleichmäßiger und es geht keine Ladung verloren. Am besten zu sehen ist das, wenn ein SuperCap über mehrere Tage bei konstanter Spannung geladen wird. Nach einer solchen Ladung sinkt die Spannung nur sehr langsam und zeigt keinerlei Umverteilungseffekt mehr, weil diese Prozesse nach der langen Ladephase bereits abgeschlossen sind. Insbesondere für den Parallelbetrieb von SuperCaps und Batterien ist diese Erkenntnis von großer Bedeutung. Es muss nicht damit gerechnet werden, dass eine Batterie durch die oft als sehr hoch angegebene Selbstentladung eines parallel geschalteten SuperCaps in relativ kurzer Zeit entladen wird. Weitere Informationen zur Selbstentladung finden sich in [16, 17, 18, 19].

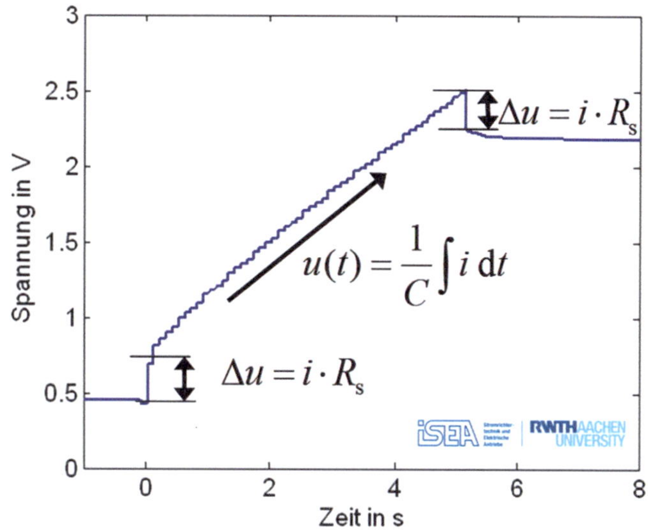

Abb. 15 Bestimmung von Kapazität C und Innenwiderstand RS aus einer Konstantstromladung eines exemplarischen SuperCaps mit Kohlestoffelektroden und Acetonitril-Elektrolyt

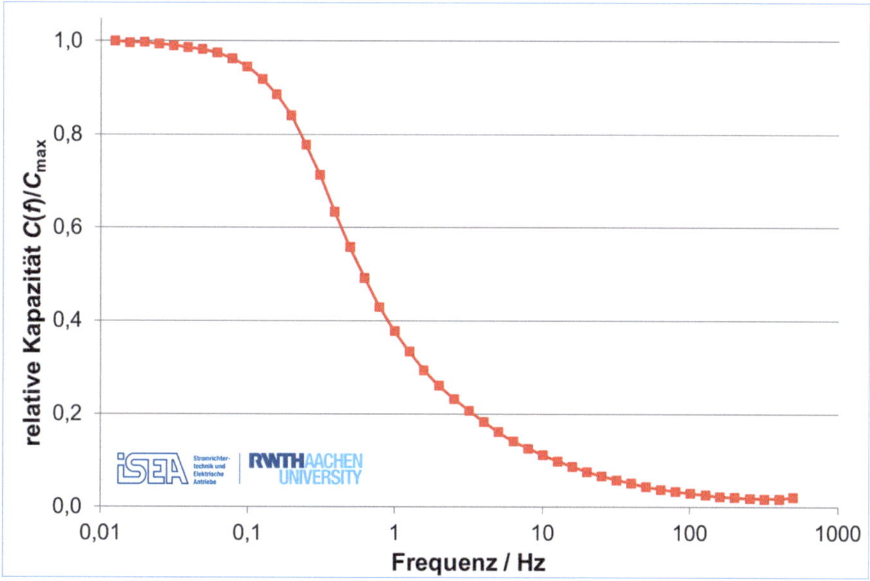

Abb. 16 Frequenzabhängigkeit der Kapazität eines exemplarischen SuperCaps mit Kohlestoffelektroden und Acetonitril-Elektrolyt

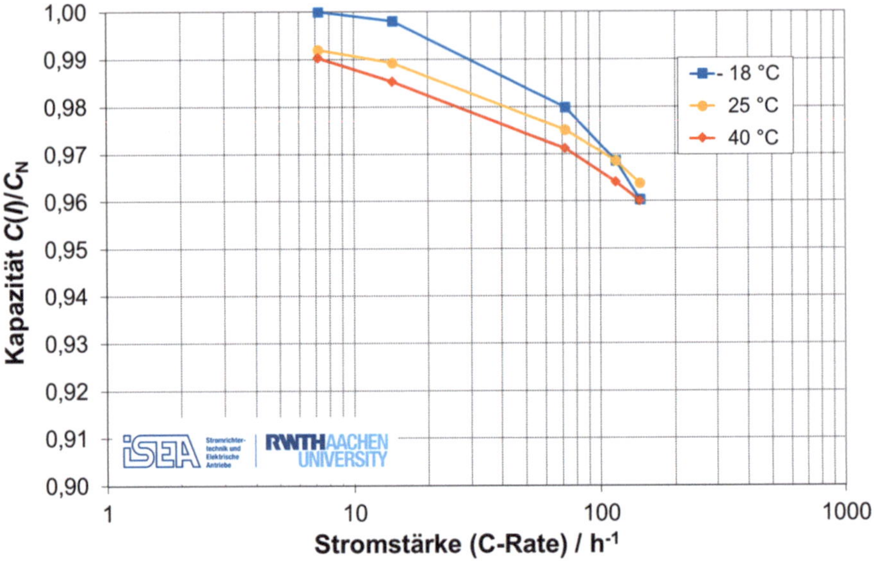

Abb. 17 Abhängigkeit der Kapazität von Stromstärke und Temperatur eines exemplarischen SuperCaps mit Kohlestoffelektroden und Acetonitril-Elektrolyt

Eine bessere Beschreibung des elektrischen Verhaltens erreicht man durch Ersetzen der Kapazität C durch eine Porenimpedanz Z_P, die das Verhalten der porösen Aktivkohleoberfläche der Elektroden und die geometrische Form der Poren besser beschreibt. Zur Bestimmung von Z_P ist dann eine Impedanzspektroskopiemessung nötig. Weitergehende Informationen zur impedanzbasierten elektrischen Modellierung von SuperCaps sind in [20] und [21] zu finden, eine Beschreibung der Porenimpedanz wird in [22] gegeben.

Aus Abb. 15 wird ebenfalls deutlich, dass der Verlauf der Ladespannung (und auch der Entladespannung) bei konstantem Strom mehr oder weniger linear und im Vergleich zu Batterien sehr steil verläuft, wie das bei Kondensatoren üblich ist. Es ist daher möglich, direkt aus der Spannung den Ladezustand abzulesen, was die Ladezustandsbestimmung im Gegensatz zu vielen Batterietechnologien sehr einfach macht. Gleichzeitig bedeutet dieser Zusammenhang, dass eine Ladungsentnahme gleichzeitig mit einem Spannungshub verbunden ist. Dies ist bei der Auslegung von Elektronik, insbesondere DCDC-Wandlern zu beachten.

6.3.4 Alterung

Die wichtigsten Betriebsparameter, die zur Alterung von SuperCaps führen, sind die Spannung und die Temperatur. Hohe Ströme können zu einer starken Aufwärmung und damit zu einer Temperaturerhöhung führen. Damit kann die Alterung in erster Näherung durch eine kalendarische Alterung in Abhängigkeit von Spannung und Temperatur beschrieben werden. Bei zu starkem Spannungs- oder Temperaturanstieg kann es aufgrund der Ausdehnung des Elektrolyten zu einem Überdruck in der Zelle kommen. Daher haben alle Zellen eine Überdruck-Sollbruchstelle oder -Ventil. Bei der Alterung laufen parasitäre chemische Reaktionen ab, die hauptsächlich die Zersetzung des Elektrolyten zur Folge haben. Nach dem Arrheniusgesetz laufen chemische Reaktionen bei steigender Temperatur und steigender Spannung schneller ab und das ist auch bei SuperCaps der Fall. Die Alterung bewirkt sowohl eine Abnahme der Kapazität als auch eine Zunahme des Innenwiderstands, was gleichbedeutend mit einer Abnahme der Leistungsfähigkeit ist [23, 24, 25].

Zur Abschätzung der Lebensdauer bei einer gegebenen Spannung und

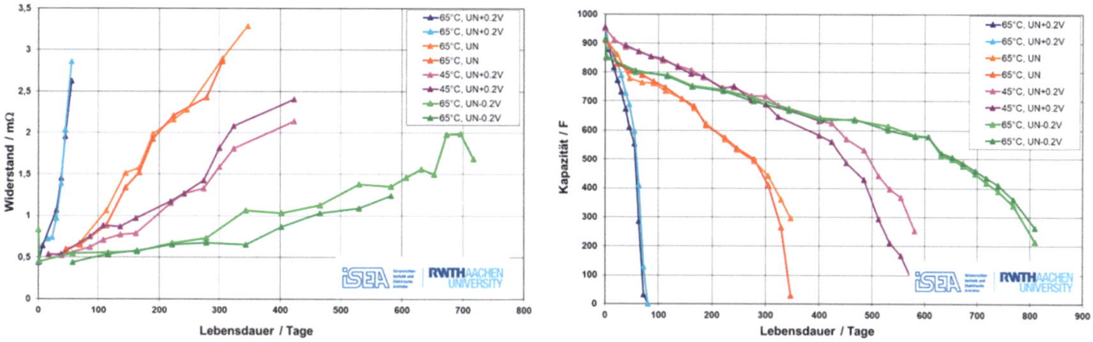

Abb. 18 Exemplarische Widerstands- (links) und Kapazitätsentwicklung (rechts) von SuperCaps in beschleunigten kalendarischen Alterungstests

Temperatur wird meist folgende Faustformel verwendet: mit 10 K Temperaturerhöhung halbiert sich die Lebensdauer und mit 100 mV Spannungserhöhung ebenfalls.

Bei Alterungstests an verschiedenen SuperCaps hat sich allerdings gezeigt, dass diese Faustformel das reale Alterungsverhalten nicht abbildet. Entsprechend der Faustformel müssten SuperCaps zum Beispiel bei 65 °C und Nennspannung genauso schnell altern wie bei 45 °C und 200 mV Spannungserhöhung. Sie tun dies aber eindeutig nicht, wie **Abb. 18** (linke und rechte Graphik) zeigt. Viele Messungen haben ergeben, dass die Temperatur einen stärkeren Einfluss hat, als über die Faustformel prognostiziert (beispielsweise Halbierung der Lebensdauer bei etwa 7 K Temperaturerhöhung und 120 mV Spannungserhöhung [26]). In der Abbildung ist rechts die Entwicklung der Kapazität und links die des Innenwiderstands dargestellt. Geht man von typischen Kriterien für das Lebensdauerende aus (Verdoppelung des Innenwiderstands, Abnahme der Kapazität um 30 % gegenüber der Nennkapazität), kommt man zu sehr unterschiedlichen Lebensdauern, die teilweise um den Faktor zwei auseinander liegen [26].

Alterungsprognosen für hohe Temperaturen und Ladezustände werden heutzutage weitestgehend aus den Messungen extrapoliert [27, 28]. Aus der Faustformel würde sich z. B. bei konsequenter Weiterführung der Extrapolation für einen Betrieb des SuperCaps bei 2,2 V und 25 °C eine Lebensdauer von 80 Jahren ergeben, bei gleichzeitiger Verringerung der Temperatur auf beispielsweise 5 °C wäre die extrapolierte Lebensdauer 320 Jahre. Sicher ist, dass derartige Alterungsmodelle heute auf experimentellen Ergebnissen basieren, die selten mehr als ein Jahr gedauert haben. Es ist aber unklar, wie weit die Extrapolation geführt werden darf und ab wann sie nur noch bloße Mathematik ohne Bezug zur physikalisch-chemischen Realität ist. Zudem zeigen experimentelle Untersuchungen mit Zyklentests, dass neben Spannung und Temperatur noch andere Faktoren Einfluss auf die Lebensdauer haben müssen, die aber noch nicht identifiziert worden sind [29]. Hier besteht noch weiterer Forschungsbedarf. Im Gegensatz zu den meisten Batterietechnologien hat die Zyklentiefe fast keinen Einfluss auf die Lebensdauer.

6.3.5 Aufbau von Modulen

In den meisten Anwendungen werden Module aus mehreren SuperCap-Zellen eingesetzt, um eine größere Gesamtspannung und/oder Kapazität zu erreichen. Aufgrund des hohen Einflusses von Temperatur und Spannung ist bei solchen Modulen wichtig, dass Temperatur und Spannung der einzelnen Zellen möglichst ähnlich sind, um eine gleichmäßige Alterung zu erreichen und um Überspannungen und Übertemperaturen zu vermeiden. Gerade die oft hohen Leistungen, welche abgerufen werden, verstärken schnell ein Divergieren der einzelnen Zellen. Für die Homogenisierung der Spannung werden Ladungsausgleichssysteme eingesetzt, die entweder Ladung zwischen den Zellen umverteilen (aktive Systeme) oder Ladung aus volleren Zellen über einen Widerstand ableiten (passive Systeme). Bei den passiven Ladungsausgleichssystemen wird unterschieden zwischen gesteuert passiven Systemen, die nur bei Überschreiten eines Schwellwerts den Widerstand zuschalten und einfachen passiven Systemen, bei denen der Widerstand dauerhaft zugeschaltet ist. Aktive Systeme sind komplexer und teurer, haben dafür aber einen größeren Wirkungsgrad, passive Systeme sind einfacher, billiger und haben einen schlechteren Wirkungsgrad, weil die Energie über die Widerstände in Wärme umgesetzt wird und verloren geht. Die Standardverfahren sind heute die gesteuert passiven Ladungsausgleichssysteme. Die Ausgleichsströme können dabei sehr klein sein, da nur reale Unterschiede im Ladezustand ausgeglichen werden müssen.

Werden Temperatur und Spannung sowie die Alterung automatisch von einem übergeordneten Monitoring System überwacht, ist keine weitere regelmäßige Wartung nötig. Müssen Zellen ersetzt oder das ganze Modul ausgetauscht werden, ist bezüglich der Entsorgung zu beachten, dass das Lösungsmittel fachgerecht entsorgt werden muss. Das Aluminium von Gehäuse und Elektroden kann recycelt werden, was etwa 25 bis 30 % der Zelle ausmacht.

Grundsätzlich ist darauf zu achten, dass die Kühlung von SuperCap-Modulen ausreichend ist. Die Lebensdauerbetrachtungen zeigen, dass bereits ein Dauerbetrieb bei 40 °C einen deutlich negativen Einfluss auf die Degradation haben kann. In der Praxis ist es wiederholt vorgekommen, dass SuperCaps in Modulen wärmer geworden sind als erwartet und zum Schutz der Zellen die maximale Leistungsbelastung reduziert werden musste.

6.3.6 Zukünftige Entwicklungen

Entwicklungsschwerpunkt für neue Supercaps ist das Erreichen einer höheren Energiedichte. Um die Energie $E = \frac{1}{2} C U^2$ zu erhöhen, können die Kapazität C oder die Spannung U erhöht werden. Zur Erhöhung der Kapazität wird unter anderem an der Vergrößerung der aktiven Elektrodenoberfläche zum Beispiel durch Verwendung von Nanotubes gearbeitet. Eine größere Spannung kann mit einem spannungsstabileren Elektrolyten erreicht werden, hier stehen vor allem ionische Flüssigkeiten im Fokus.

Andere Entwicklungen zielen auf eine Verbesserung der Leistungsdichte ab, was vor allem durch einen geringeren Innenwiderstand erreicht werden kann. Auch Kostenreduktion ist ein wichtiges Thema für zukünftige Entwicklungen. Leider schließen sich die drei Ziele: höhere Energie, höhere Leistung und geringere Kosten in den meisten Fällen aus, so dass oft nur ein Ziel, das für die jeweilige Anwendung besonders wichtig ist, realisiert werden kann.

6.3.7 Zusammenfassung

Hauptanwendungen von SuperCaps sind derzeit der Einsatz als unterbrechungsfreie Stromversorgung in Windkraftanlagen und Flugzeugen, auch wenn in diesen Anwendungen insbesondere die Stärke der sehr hohen Zyklenlebensdauer nicht genutzt werden kann. Hier werden vor allem die gute Diagnostizierbarkeit des Zustands des Speichers und die hohe Leistungsfähigkeit für Kurzzeitentladungen ausgenutzt. Weitere Anwendungen sind Pufferspeicher in Straßenbahnen und Zügen, in Hybridbussen oder Hybridantrieben in Baumaschinen wie Bagger oder Kräne. Insbesondere einige japanische Fahrzeughersteller setzen SuperCaps auch in Fahrzeugbordnetzen z. B. im Stopp-Start-Betrieb oder als dezentrale Leistungsspeicher in „steer-by-wire"-Systemen ein. SuperCaps werden auch als Leistungspuffer in

Hybridbatteriesystemen für Elektro- und Hybridfahrzeugen diskutiert, um die Leistungsspitzen und so die Zyklenzahlen für die Hauptantriebsbatterie zu reduzieren und damit die Lebensdauer zu erhöhen. Solche Konzepte sind aber bisher an den hohen Kosten gescheitert.

6.4 Batteriesystemtechnik

6.4.1 Einleitung

Dieser Abschnitt thematisiert die Systemtechnik, die die Schnittstelle zwischen den in Abschn. 6.1 und 6.2 vorgestellten Batteriezellen und dem Fahrzeug. Eine zuverlässige und leistungsfähige Batteriezelle ist eine notwendige jedoch nicht hinreichende Bedingung für ein sicheres und langlebiges Batteriesystem. Die Systemintegration hat die unterschiedlichsten Einflussfaktoren auf den Speicher und dessen Interaktion mit dem Fahrzeug zu berücksichtigen. Dazu gehören mechanische und thermische Anforderungen, elektrische Interaktionen mit dem Antriebsstrang sowie Kommunikationskonzepte und die funktionale Absicherung.
Die Integration der Zellen in das Batteriepack stellt dabei einen wesentlichen Teil der Wertschöpfung beim Aufbau von Batteriesystemen dar. Im Vergleich zur Fertigung der Batteriezellen, die sich im Wesentlichen auf wenige große Produzenten vornehmlich in Asien konzentriert, werden Batteriesysteme von zahlreichen Firmen angeboten.
Auch deutsche Automobilhersteller und Zulieferer sind hier stark engagiert und bauen sowohl umfangreiche Kompetenz als auch Fertigungskapazitäten auf [30]. Der Austausch von Batteriezellen oder Batteriepacks gegen Produkte anderer Hersteller ist derzeit mangels entsprechender Standards meist nicht möglich, wird aber, zum Beispiel durch Geometrievorgaben seitens des VDA, angestrebt [31]. Dem schon vor vielen Jahren festgeschriebene VDA-Zellendesigns wird allenfalls im Bereich der prismatischen Zellen gefolgt. Die nachfolgenden Ausführungen gelten in weiten Bereichen für alle Batterietypen. Sofern nicht anders angegeben, gelten die Aussagen für Lithium-Ionen-Batteriezellen basierend auf Kathodenmaterialien mit Kobalt, Nickel oder Mangan in unterschiedlichen Stöchiometrieverhältnissen und einer kohlenstoffbasierten Anode ggf. mit Siliziumzusätzen mit einer Nennspannung von 3,6 oder 3,7 V.

6.4.2 Aufbau von Batteriesystemen

Je nach Anwendung liegen die vom Batteriesystem zu liefernden Spannungen zwischen 12 V bei Mikro-Hybriden bis hin zu mehreren hundert Volt für rein elektrisch betriebene Fahrzeuge. So werden im klassischen 12 V-Bordnetz 6 Bleizellen oder 4 Lithium-Ionen-Zellen in Serie geschaltet, um auf die geforderte Systemspannung zu kommen. Für Hochvoltsysteme in Traktionsanwendungen werden über hundert Lithium-Ionen-Batteriezellen in Serie geschaltet. Diese Zellstränge können dabei im Sinne eines modularen Aufbaus in Module unterteilt werden. Die Anzahl der Zellen pro Modul variiert im Fahrzeugbereich für Antriebsbatterien meist zwischen 10 und 16 Zellen [32]. Wenn aufgrund der Zellenzahl die Modulspannung über 60 V (Schutzkleinspannung) liegt, kann es zu einem Mehraufwand in der Produktion der Module und Packs führen. Der im Modul integrierte Funktionsumfang reicht von einem rein mechanischen Verbund der Zellen bis hin zu universell einsetzbaren Modulen mit Kühlsystem und Überwachungselektronik [33]. Möchte man Skaleneffekte nutzen und möglichst viele Gleichteile in unterschiedlichen Fahrzeugderivaten einsetzen, bietet sich das Batteriemodul als größte gemeinsame Einheit an. So werden z. B. im Volkswagenkonzern Batteriemodule, die für den „Modularen Elektro-Baukasten“ entwickelt

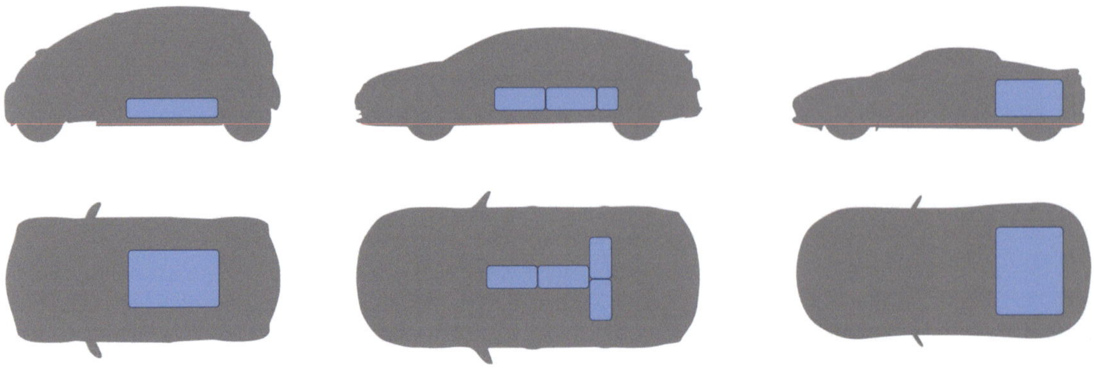

Abb. 19 Unterschiedliche Bauraumkonzepte für Batterien in Fahrzeugen (von links nach rechts) Im Sandwichboden (Kleinwagen); Mitteltunnel und unter den Rücksitzen (Limousine); im Heckbereich (Sportwagen)

sind, in einer Vielzahl von Fahrzeugen auch unterschiedlicher Konzernmarken eingesetzt. Die Dimensionierung des aus mehreren Modulen bestehenden Batteriesystems wird maßgeblich durch das Design des Fahrzeugs beeinflusst und ist nur in Ausnahmefällen vereinheitlichbar, wie es beispielsweise für Flottenanwendungen mit Wechselbatteriekonzepten notwendig wäre. Bei der Konstruktion des Batteriesystems spielen vor allem die zur Verfügung stehenden Bauräume eine Rolle, die sich je nach Fahrzeugtyp stark unterscheiden können. Bevorzugt wird die Unterbringung des Batteriesystems außerhalb der Crashzonen, da eine Deformation des Batteriesystems zu kritischen Zuständen führen kann. Bevorzugte Bauräume finden sich im mittleren Unterboden wie zum Beispiel im Mitsubishi iMiEV, im Mitteltunnel und unter den Rücksitzen. Viele Fahrzeugkonzepte nutzen auch den kompletten Unterboden, um die Batterien unterzubringen, **Abb. 19**. Teilweise beträgt dabei die Höhe des Batteriepacks weniger als 15 cm. Die Batteriesysteme sind so im Fahrzeug verbaut, dass im Fehlerfall unter keinen Umständen aus den Batteriezellen entweichende Gase in den Fahrzeuginnenraum eindringen können, die Batterie vor Feuchtigkeitseintrag geschützt ist und bei übermäßigem Druckaufbau innerhalb des Batteriegehäuses ein definierter Druckablass über ein Berstelement oder ein Ventil erfolgt. Je nach Einbauort und Konzept werden an das Batteriegehäuse auch strukturelle Anforderungen gestellt, wodurch der Gewichtsanteil des Batteriegehäuses mit 14 bis 25 % vom Gesamtbatteriegewicht einen signifikanten Teil zur Gesamtmasse des Systems beiträgt. Ein Beispiel dafür ist der modulare Querbaukasten zur Unterbringung der Batterie in Fahrzeugen des Volkswagenkonzerns, der auch integraler Bestandteil des Gesamtchassis ist. Grundsätzlich ist diese strukturelle Doppelnutzung effizient bzgl. des Gewichts. In China werden allerdings aktuelle Anforderungen an die Energiedichte des Batteriepacks gestellt, die so hoch sind, dass das für die strukturellen Aufgaben ausgelegte Batteriepackgehäuse sich negativ auf die Erreichung der Energiedichteauflage auswirkt.

6.4.3 Auslegung von Batteriesystemen

Für den Aufbau des Batteriesystems stehen im Wesentlichen drei bereits in Abschn. 6.2 vorgestellte Zellbauformen zur Verfügung: Pouch-Bag-Zellen, prismatische Zellen und zylindrische Zellen. Jede dieser Bauformen weist unterschiedliche Stärken und Schwächen auf. Für den Einsatz in Kraftfahrzeugen lässt sich eine Tendenz in Richtung Pouch-Bag- und prismatischer Zellen beobachten. Tesla setzt aber nach wie vor zylindrische Zellen mit relativ kleiner Kapazität (rund 5 Ah) mit massiver Parallelschaltung von Zellen ein [34].

Zylindrisch gewickelte Zellen weisen durch ihre Form und ihr metallisches Gehäuse eine hohe Steifigkeit auf. Aber auch in ihrer dichtesten Packung treten unvermeidlich Hohlräume auf wodurch sich das Bauvolumen nicht optimal ausnutzen lässt. Die dabei zu den Hohlräumen auftretenden freien Oberflächen bieten sich als Kühlflächen zur Ableitung der Verlustwärme an, sind jedoch aufgrund der verwinkelten Anordnung nur aufwändig mit flüssigkeitsdurchflossenen Kühlsystemen kontaktierbar [35]. Einfacher gestaltet sich hier eine Luftkühlung oder eine wie in **Abb. 20** gezeigte Ableiterkühlung. Der Vorteil einer solchen Ableiterkühlung ist, dass über eine flächige, flüssigkeitsdurchflossene Kühlplatte eine hohe Kühlleistung erzielt werden kann. Die mittlere, durch Wärmeleitung zu überbrückende Länge bis zur Kühlfläche ist zwar bei der Ableiterkühlung einer zylindrischen Zelle länger als bei der Mantelkühlung, doch ist die spezifische Wärmeleitfähigkeit der Zelle in axialer Richtung, parallel zu den gewickelten Schichten, um bis einen Faktor 30 höher als radial und damit senkrecht zur Schichtung der Materialien.

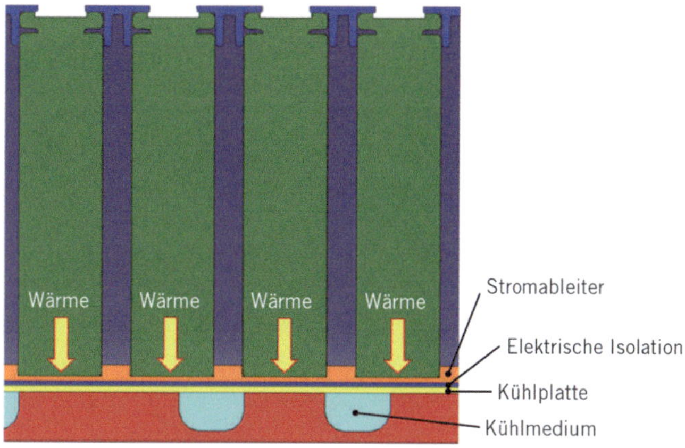

Abb. 20 Ableiterkühlung von zylindrischen Batteriezellen über eine mit Kühlflüssigkeit durchflossene Kühlplatte. Kühlsystem und unter Spannung stehende Teile sind durch elektrisch isolierendes, wärmeleitfähiges Material getrennt

Zylindrische Batteriezellen sind in einer großen Spanne von Kapazitäten erhältlich, von 1 Ah bis über 100 Ah. Sehr große Zellen sind weniger für Hochleistungsanwendungen geeignet als kleinere, da mit abnehmendem Oberflächen / Volumen Verhältnis ungünstig hohe Temperaturgradienten innerhalb der Zellen zunehmen. In einigen Anwendungen finden sich sehr kleine zylindrische Batteriezellen mit Kapazitäten von 2 bis 3,5 Ah und den äußeren Abmaßen der Batteriezellen wie sie in Laptops eingesetzt werden (18650-Zellen) bzw. inzwischen auch die etwas größeren 21700-Zellen (21 mm Durchmesser, 70 mm Länge). Durch die große Erfahrung in der Produktion solcher Zellen für Consumer-Anwendungen sowie die geringeren Sicherheits- und Qualitätsanforderungen sind diese Zellen bei geringen Kosten erhältlich. Geringere Sicherheit ist möglich, weil im Fall eines Zellfehlers nur eine vergleichsweise geringe Energie freigesetzt werden kann und geringere Qualität, weil die Parallelschaltung einer großen Anzahl von Batteriezellen Unterschiede in Zellkapazität und Zellinnenwiderstand ausgleicht. Die meisten 18650-Zellen weisen zusätzliche Sicherheitsfeatures durch in der Zelle verbaute Sicherheitsmechanismen auf [36]. So schaltet das in **Abb. 21** dargestellte Current Interrupt Device (CID) Fehlerströme ab sobald sich ein Gasdruck

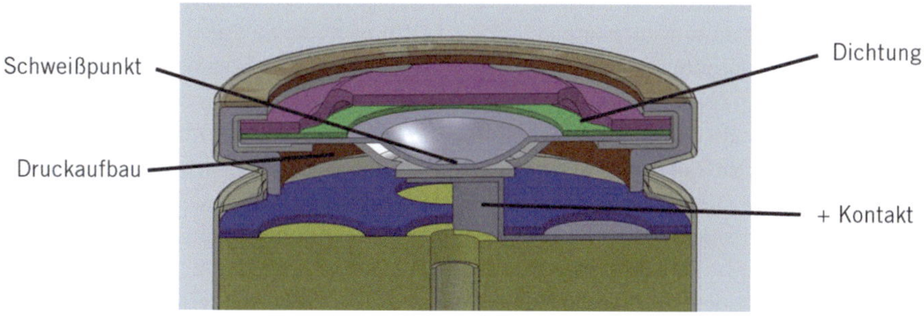

Abb. 21 Current Interrupt Device (CID) trennt den Strom beim Druckaufbau im Fehlerfall und sorgt für erhöhte Sicherheit bei kleinen zylindrischen Zellen (18650) (Quelle RWTH-ISEA)

Abb. 22 Pouch-Bag-Zellen auf einer Kühlplatte mit Wärmeableitblechen

Abb. 23 Batteriemodul aus Pouch-Bag-Zellen auf einer Kühlplatte mit Wärmeleitblechen

innerhalb der Zelle aufbaut und verhindert somit weitere externe elektrische Erwärmung im Überlastfall beziehungsweise stoppt den Ladestrom im Fall einer Überladung. Ein Nachteil von Batteriesystemen mit solch kleinen Zellen liegt in der hohen Komplexität und ihrer aufwändigen Produktion. So besteht das Batteriesystem des Tesla Model S aus insgesamt 7104 einzelnen Batteriezellen, aufgeteilt in 96 seriell verschaltete Blöcke mit je 74 parallelen Zellen [37]. Der Vorteil der massiven parallelen Verschaltung ist der automatische Ausgleich zwischen schwächeren und stärkeren Zellen und es wird pro Parallelschaltung nur eine Spannungsmessung und ein Ladungsausgleichssystem benötigt.

In Pouch-Bag-Zellen hingegen werden die Schichten meist nicht gewickelt, sondern gestapelt. Der Zellstapel wird in eine laminierte Folie eingeschweißt und die elektrischen Kontakte in Form dünner Blechen herausgeführt. Die Zellen lassen sich sehr kompakt stapeln und werden leicht verspannt in das Modulgehäuse eingebaut [38]. Zur Kühlung können Bleche zwischen die Zellen gestapelt werden, die die Verlustwärme wie in **Abb. 22** und **Abb. 23** gezeigt, in eine flüssig gekühlte Kühlplatte leiten oder wie in der Batterie des Opel Ampera in dünne flüssigkeitsdurchflossene Platten zwischen jeder zweiten Zelle [39]. Abbildung 23 zeigt ein gesamtes Modul, aufgebaut nach dem in Abb. 22 skizzierten Konzept. Kritiker der Pouch-Bag-Zelle bemängeln das Fehlen eines steifen Gehäuses und entsprechender Aufhängungspunkte und fürchten Undichtigkeiten an den Schweißnähten der Hülle, insbesondere nahe der Herausführung der Kontaktfahnen. Im Feldeinsatz konnten diese Bedenken bislang allerdings nicht bestätigt werden.

Prismatische Batteriezellen sind eine Mischung zwischen zylindrischen Zellen und Pouch-Bag-Zellen. Wie auch bei der Pouch-Bag-Zelle können beide elektrischen Anschlüsse auf einer Seite angebracht werden. Es finden sich aber auch Designs mit gegenüberliegenden Kontakten. Im Vergleich zu den meisten zylindrischen Zellen kann so die Zellkontaktierung in einem Produktionsschritt erfolgen ohne den Zellstack dabei wenden zu müssen. Als Zellgehäuse kommen Kunststoffe und metallische Bleche zum Einsatz. Durch das im Vergleich zur Pouch-Bag-Zelle geringere Oberflächen / Volumen Verhältnis ist eine effiziente Kühlung bei geringen Temperaturgradienten innerhalb der Zelle schwieriger zu realisieren. Gekühlt wird bei Anwendungen mit höheren Leistungen vorzugsweise über die den elektrischen Kontakten gegenüberliegende Bodenplatte, bei geringeren Leistungen durch Anströmung von Luft oder es wird auf eine Kühlung verzichtet. Je nach eingesetzter Technologie erfordert die beim Laden und Entladen auftretende Volumenausdehnung der Aktivmaterialien eine aufwändige Gehäusekonstruktion, die der Ausdehnung durch äußeres Verspannen entgegenwirkt, um eine Schädigung der Zellen zu verhindern. Bei Pouch-Bag-

Zellen müssen solche Effekte durch Vorkehrungen auf Modulebene beherrscht werden. Der Einfluss von Druck auf die Zellen im Batteriemodul wird aktuell in verschiedenen Untersuchungsreihen analysiert.

6.4.4 Flexibilität, Zuverlässigkeit, Standardisierung, Servicefreundlichkeit und Lebensdauer

Flexibilität, Zuverlässigkeit, Standardisierung, Servicefreundlichkeit und verbesserte Batteriepacklebensdauer lassen sich vor allem durch den Aufbau der Batteriepacks optimieren. Heute werden meist einzelne große Batteriepacks gebaut, die in einen vorgegebenen Bauraum eingepasst werden. Um gute Wirkungsgrade im Gesamtsystem zu erreichen, werden relativ hohe Batteriespannungen im Bereich von 150 bis 400 V für Pkw und bis zu 700 V für Busse und Nutzfahrzeuge erreicht. Spannungen bis 800 V für die Schnellladung mit extrem hohen Leistungen von bis zu 350 kW („Ultraschnellladung") sind im Gespräch [40]. Daraus folgt eine Vielzahl von Problemen. Zum einen müssen dadurch viele Zellen in Serie geschaltet werden und da bei Lithium-Ionen-Batterien die schlechteste Zelle im Serienverband alleine die Performance des Gesamtpacks bestimmt, ergibt sich daraus eine hohe Abhängigkeit von der Gleichmäßigkeit der Fertigungsqualität der Zellen. Des Weiteren sind die Anforderungen an die Arbeitssicherheit und die Qualifizierung des Personals beim Umgang mit Hochvoltbatterien (DC Spannung größer 60 V) enorm hoch und stellen auch im Rettungsfall ein Problem dar. So können zum Beispiel Hochschulelektroingenieure problemlos Arbeiten an Leistungselektronik und elektrischen Maschinen durchführen, für Arbeiten an Batterien mit Hochvoltspannung ist aber eine Spezialweiterbildung notwendig. Grund dafür ist, dass sich die elektronischen Komponenten spannungsfrei schalten lassen, ein Batteriesystem aber immer unter Spannung steht, siehe Kap. 22. Daher stellen Niederspannungsmodule mit etwa 48 V Batterienennspannung und der direkten Integration von DC/DC-Wandlern [41] eine interessante Alternative zur heute verwendeten Technik der Hochvoltbatterien dar.

Heute gilt in den meisten Fällen, dass Batteriepacks in bestehende Fahrzeuge integriert werden müssen, was zu einem erheblichen Designaufwand führt. Unterschiedliche Designs verlangen nach individuellen Lösungen für die Verbindungstechnik sowie der Kühlsysteme und bedingen einen hohen Aufwand für Typ- und Sicherheitsprüfungen. Dem kann nur begegnet werden, wenn in derartigen Anwendungen standarisierte Batteriepacks verwendet werden, so dass der individuelle Entwicklungsaufwand und das Prüfen und Testen auf Sicherheit und Lebensdauer vermieden werden kann.

Aber auch für alle anderen Fahrzeuge lassen sich eine Vielzahl von Problemen lösen und Verbesserungen für den Kunden erzielen:

- Spannungslage
  Das Absenken der Batteriespannung in den Bereich der Schutzkleinspannung vereinfacht eine Reihe von Sicherheitsproblemen in der Produktion, in den Werkstätten und bei den Rettungsdiensten.
- Flexibilität
  Kleinere Batteriepacks mit DC/DC-Wandler erlauben es, die im Fahrzeug installierte Kapazität sehr flexibel an die Bedürfnisse der Kunden anzupassen. Je nach Nutzungsprofil können unterschiedlich viele Batteriepacks im Fahrzeug verbaut werden und die Zahl der Batteriepacks und damit die Reichweite des Fahrzeugs kann flexibel den Lebensgewohnheiten des Eigners (zum Beispiel Arbeitsplatzwechsel) oder auch wechselnden Fahrzeugeignern angepasst werden.
  Werden die Batteriepacks mit definiertem Gehäuse und Schnittstellen

entwickelt, kann ein Kunde auch Batterien unterschiedlicher Hersteller einsetzen und damit eine zusätzliche Individualität generieren. Damit können in einem Fahrzeug unterschiedliche Reichweiten erreicht oder die Versorgung eines leistungsfähigeren Motors ermöglicht werden. Der Kunde sucht sich also – wie im Flugzeugbau die Turbinen – die Batterien von einem Lieferanten seiner Wahl aus.

- Standardisierung
  Eine Standardisierung der Batteriepacks ermöglicht den flexiblen Einsatz von Batteriepacks verschiedener Hersteller und gleichzeitig hohe Produktionsvolumina von Gleichteilen mit den erheblichen Kostenvorteilen im Entwurf und beim Testen.
- Servicefreundlichkeit
  Die Verbesserung des Service ergibt sich zum einen durch die Redundanz (der Ausfall eines einzelnen Batteriepacks führt nicht zum Ausfall des Fahrzeugs und unmittelbaren Besuch der Werkstatt) und zum anderen dadurch, dass im Fehlerfall eine kleinere Einheit ausgetauscht werden muss. Dadurch wird das finanzielle Risiko für den Fahrzeugeigner deutlich verringert. Dies ist von Bedeutung, da nach aktuellem Stand nicht davon auszugehen ist, dass eine einzelne Zelle eines Hochspannungsbatteriepacks in der Werkstatt direkt getauscht werden kann. Sind die Batteriepacks klein und standardisiert, kann eine Lagerhaltung einfacher realisiert werden, als wenn nur große monolithische Batteriepacks verwendet werden.
- Zuverlässigkeit und Lebensdauer
  Eine geringere Zahl von in Serie verschalteten Zellen führt zu einem geringeren Ausfallrisiko und Redundanz durch mehrere unabhängige Batteriesysteme zu erhöhter Zuverlässigkeit. Durch Parallelschaltung von Zellen kann das Ausfallrisiko weiter verringert werden. Die Herausforderung besteht dabei in einer Minimierung des Aufwands für die Verschaltung der Zellen bei gleichzeitiger Absicherung des Kurzschlussrisikos durch parallel geschaltete Zellen. Die Zahl der in Serie geschalteten Zellen und damit die Spannungslage wird in den kommenden Jahren von den Felderfahrungen in Bezug auf die Ausfallraten einzelner Zellen im Gesamtverbund beeinflusst werden. Von zentraler Bedeutung sind dabei die Schwankungen in der Fertigungsqualität der Zellen und die Frühausfallraten. Je höher diese Raten sind desto attraktiver werden die Niederspannungssysteme.

Aktuell wird das Konzept von Niedervoltbatteriepacks mit DC/DC-Wandler allerdings noch in keinem Fahrzeug realisiert. Den verschiedenen vorgenannten Vorteilen stehen einige Nachteile gegenüber:

- relativ aufwändigen Sicherungen und Trennschalter für jedes Modul anstelle von nur einer Einheit für die Hochspannungsbatterie
- höhere Kosten für verteilte DC/DC-Wandler anstelle nur einer Einheit für die Gesamtleistung

Die Nachteile schlagen sich direkt in den Komponentenkosten des Fahrzeugs wieder, die Vorteile entfalten ihre Wirkung eher über die Betriebsdauer. Der Trend in der Automobilindustrie scheint im Moment eher Richtung höherer Spannungen und sehr großen Batteriezellen zu gehen. Es ist aber nicht klar, wie dadurch gleichzeitig hohe Energiedichten, hohe Sicherheit, hohe Batteriepacklebensdauern, hohe Ladestromfähigkeit und geringe Kosten realisiert werden können.

6.4.5 Batteriemanagementsystem und Sicherheit

Der Einsatz der Lithium-Ionen-Technologie in Speichersystemen erfordert eine genaue Überwachung der Betriebsgrenzen der Batteriezellen. Im Vergleich zu

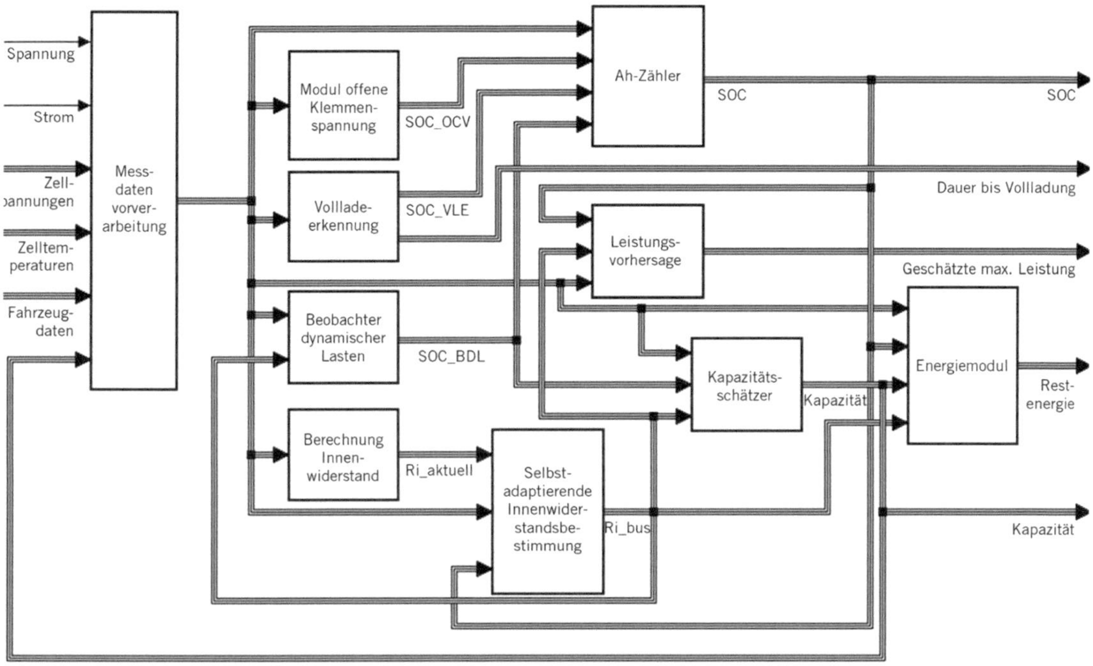

Abb. 24 Implementierung von BMS-Algorithmen in Matlab-Simulink: Die Berechnung der Zustände stützt sich auf mehrere sich jeweils ergänzende Algorithmen

Bleibatterien oder Nickel basierten Batteriezellen besitzen Lithium-Ionen-Batterien keine natürliche Überladereaktion, die beim Überschreiten des maximalen Ladezustandes die überschüssige Energie in Gasung oder Wärme freisetzen. Das Überladen einer Lithium-Zelle führt zu irreversiblen Schäden und kann kritische Zustände hervorrufen. Mit der Zeit akkumulierende Abweichungen in den Ladezuständen einzelner Zellen im Strang lassen sich somit nicht durch gezieltes Überladen angleichen, sondern müssen durch Entladen einzelner Zellen ausgeglichen werden. Diese Funktion erfüllt die Batterieelektronik, das sogenannte Batteriemanagementsystem (BMS) das jede einzelne Zellspannung im Pack, den Batteriestrom und eine signifikante Anzahl von Temperaturen am Zellstrang misst.

Weiterhin führt das BMS eine ständige Zustandsdiagnose der Batterie durch. Zu den zu ermittelnden Größen gehören der aktuelle Ladezustand, die Leistungsfähigkeit und eine Aussage über den Alterungszustand der Batterie. Die Algorithmen der Zustandsdiagnose werden mit Daten aus aufwändigen Messverfahren an den im System eingesetzten Batteriezellen parametriert. Einige dieser Parameter sind über die Lebensdauer des Systems nicht konstant und müssen laufend neu bestimmt werden. So steigt der als Maß für die Leistungsfähigkeit geltende Innenwiderstand der Batterie zum Lebensdauerende um bis zu einem Faktor zwei an, gleichzeitig reduziert sich die nutzbare Kapazität um 20 bis 30 %. Für eine zuverlässige Diagnose des Batteriezustandes auch gegen Ende der Lebensdauer werden bei der Systementwicklung Daten aus beschleunigten Alterungstests an Batteriezellen eingesetzt. Je nach Umgebungsbedingungen und Arbeitspunkt der Batterie werden für eine möglichst genaue Diagnose mehrere sich ergänzende Verfahren kombiniert. So können wie in **Abb. 24** dargestellt zur Ermittlung des aktuellen Ladezustandes der Batterie (SOC) die offene Klemmenspannung ausgewertet, eine Vollladeerkennung durchgeführt

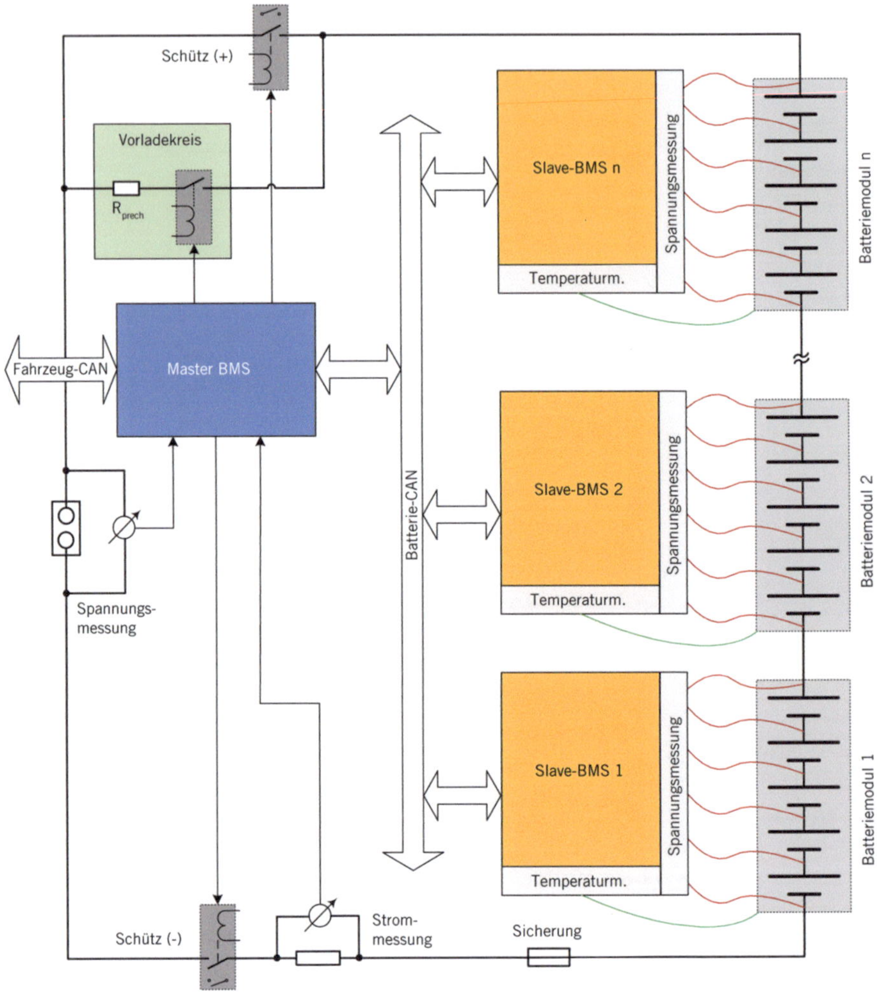

Abb. 25 Typischer Aufbau eines Batteriemanagementsystems: Zellspannungen und Temperaturen werden modulweise von BMS-Slave Platinen gemessen. Der BMS-Master misst die packbezogenen Größen, steuert die Batterieschütze und stellt einen Kommunikationsgateway zum Fahrzeug dar

und die Spannungsantwort bei dynamischen Lasten ausgewertet werden. Im Kern ist das Batteriemanagementsystem eine messende Einheit, die Daten für übergeordnete Steuergeräte zur Verfügung stellt und dabei nur indirekt Einfluss auf den Betrieb des Antriebsstranges nimmt. Einzelzellspannungen und Temperaturen werden, wie in **Abb. 25** gezeigt, von verteilten Messplatinen, den Slave-BMS, erfasst. Das Master-BMS sammelt die Messwerte, misst selbst weitere Systemgrößen, wertet die Messdaten aus und kommuniziert die für die Fahrzeugsteuerung relevanten Größen über CAN. Grenzwerte, die vom BMS für Strom und Spannung ausgegeben werden, müssen von den angeschlossenen Verbrauchern überwacht und eingehalten werden. Registriert das Batteriemanagementsystem dennoch eine Verletzung dieser Grenzwerte wäre die einzige Möglichkeit eine Schädigung der Batterie aktiv abzuwenden die Unterbrechung des Batteriestromes durch Öffnen der Batterieschütze. Rein elektrisch betriebene Fahrzeuge verlieren in diesem Fall ihre gesamte Antriebsleistung was zu kritischen Fahrzuständen und weiteren Gefährdungen führen kann. Von einer direkten Abschaltung wird deswegen meist abgesehen.

Das Zu- und Abschalten der Hochvoltbatterie geschieht wie in Abb. 25 dargestellt über zwei separate Schütze, je einer an beiden Batteriepolen. Im Gegensatz zu Niederspannungsbordnetzen ist keiner der beiden Batteriepole mit der Fahrzeugmasse verbunden. Das Abschalten hoher Fehlerströme wird zusätzlich über eine Schmelzsicherung in Reihe mit den Schützen abgesichert. Beim Schließen der Batterieschütze können kurzzeitig hohe Ströme fließen bis alle kapazitiven Lasten im Hochvoltbordnetz auf die Batteriespannung aufgeladen sind. Diese Einschaltströme führen zu hohem Verschleiß der Schaltkontakte im Schütz und werden deshalb über einen strombegrenzten Vorladekreis am Schütz vorbei geleitet. Der Vorgang der Vorladung wird vom BMS durchgeführt (hier beispielhaft für ein am Pluspol verbautes Vorladerelais dargestellt):

- Schließen des Schützes am Minuspol der Batterie
- Schließen des Schützes im Vorladekreis
- Warten bis Vorladestrom abgeklungen ist bzw. die Zwischenkreisspannung mindestens 95 % der Batteriespannung beträgt
- Schließen des Schützes am Pluspol der Batterie und Öffnen des Schützes im Vorladekreis

Das Batteriemanagement sorgt auch für eine ideale Temperierung der Batteriezellen. Je nach Systemtopologie verfügt die Batterie über proprietäre Kühl- und Heizeinheiten auf die beliebig zugegriffen werden kann oder ist Teil eines fahrzeugübergreifenden Thermomanagements, siehe Kap. 18, aus dem über eine Kommunikationsschnittstelle entsprechende Kühl- oder Heizleistung angefordert wird.

Ein wichtiges Dimensionierungskriterium bei der Auslegung von Batteriekühlungen sind in der Batterie auftretende Temperaturgradienten. Starke Temperaturunterschiede innerhalb der Batteriezellen führen zu inhomogenen Stromverteilungen und inhomogen fortschreitenden Alterungseffekten und damit zu einer verkürzten Systemlebensdauer [42, 43]. Je nach Einbauort der Batterie müssen durch lokalen Wärmeaustausch mit angrenzenden Komponenten oder mit der Außenwelt zusätzliche thermische Isolierungen angebracht oder die Gradienten durch Umwälzung des Kühlmediums abgebaut werden.

6.4.6 Zusammmenfassung

Bei Betrachtung der von den verschiedenen Fahrzeugherstellern aktuellen eingesetzten Konzepte beim Batteriepackdesign, wird deutlich, dass es derzeit noch viele verschiedene Ansätze gibt. So finden sich Pouch-Bag-, prismatische und zylindrische Zellen. Die Kapazitäten der einzelnen Zellen variieren von etwa 5 Ah bis über 100 Ah und entsprechend reichen die Konfigurationen von reinen Serienschaltungen bis zur Parallelschaltung vielen Zellen mit anschließender Serienschaltung dieser Einheiten. Zur Kühlung finden sich rein passive Ansätze, aktiv luftgekühlte Packs und Kühlsysteme mit Flüssigkeits- oder Kühlmittel. Auch bei den Batteriemanagementsystemen finden sich weiter unterschiedliche Grundphilosophien. Während ein Teil der Unterschiede von den unterschiedlichen Anforderungen in verschiedenen Fahrzeugklassen getrieben werden, wird aber auch deutlich, dass aktuell von einer Standardisierung und einer Erreichung des optimalen Packdesigns nicht die Rede sein kann. Hier sind noch eine Reihe von Optimierungen und Innovationen zu erwarten. Bislang wird auch das Potential spezieller Zelldesigns zur optimalen Entwärmung im Zusammenspiel mit dem Pack- und Kühlsystemdesign nicht genutzt. Großes Potential besteht auch noch bei der Kosten- und Gewichtsreduzierung der Sicherungen und Schalter.

Generell ist die richtige Dimensionierung der Batteriekühlung eine wesentliche Herausforderung bei der Auslegung von Batteriesystemen. Für den Nutzer soll ein von klimatischen Bedingungen uneingeschränkter Betrieb des Fahrzeugs gewährleistet sein. Somit gewährt die

Batterieheizung sicheres Laden bei frostigen Temperaturen und die Kühlung uneingeschränkte Antriebsleistung bei sommerlicher Hitze. Die Mehrkosten, zusätzliches Gewicht und Bauraum müssen dabei stets gegen den Mehrwert aufwändiger Temperiersysteme abgewogen werden. Ferner kann eine unzureichend dimensionierte Kühlung in ungünstigen Fällen zu verstärkten Alterungseffekten in den Batteriezellen und damit zu einer Lebensdauerverkürzung des Systems führen. Bei zu warmer Batterie wird aber das Batteriemanagement auch die zulässige Ladeleistung runterregeln. In der Folge wird aus einer vorgesehen Schnellladung dann unter Umständen doch eine relativ lange Ladezeit.

Um optimale Betriebs- und Ladestrategien implementieren zu können, ist es notwendig, das Alterungsverhalten einer Batteriezelle in allen Einzelheiten zu verstehen. Dazu müssen umfangreiche Tests bei verschiedenen Ladezuständen, Temperaturen, Entladetiefen, Ladezuständen und Stromstärken durchgeführt werden. Die Erfahrung zeigt, dass die Eigenheiten der Alterung immer wieder anders sind bei unterschiedlichen Zellprodukten.

Literaturhinweise

[1] C. H. Hamann und W. Vielstich, Elektrochemie, Wiley-VCH, 3rd ed., 1998, ISBN 3-527-27894-X.

[2] D. Pavlov, *Lead-Acid Batteries – Science and Technology*. Elsevier, Amsterdam, 1 ed., 2011. ISBN 978-0-444-52882-7.

[3] A. Jossen und W. Weydanz, *Moderne Akkumulatoren richtig einsetzen*. Reichardt Verlag, Untermeitingen, 1 ed., 2006. ISBN 3-939359-11-4

[4] Budde-Meiwes, H., Drillkens, J., Lunz, B., Muennix, J., Rothgang, R., Kowal, J., Sauer, D.U., A review of current automotive battery technology and future prospects, Proceedings of the Institution of Mechanical Engineers Part D Journal of Automobile Engineering 227 (2013) 761, DOI: 10.1177/0954407013485567

[5] Scrosati, B. et al.: Lithium batteries: Status, prospects and future. In: J. Power Sources 195 (2010), S. 2419-2430

[6] L. Y. Beaulieu, T. D. Hatchard, A. Bonakdarpour, M. D. Fleischauer, and J. R. Dahn, "Reaction of Li with Alloy Thin Films Studied by In Situ AFM," J. Electrochem. Soc., vol. 150, no. 11, p. A1457, 2003.

[7] Bruce, P. G. et al.: Li-O2 and Li-S batteries with high energy storage. In: Nat Mater 11 (2012), Nr. 2, S. 172

[8] Vetter, J. et al.: Ageing mechanisms in lithium-ion batteries. In: J. Power Sources, 147 (2005), S. 269–281

[9] Ecker, M. et al.: Development of a lifetime prediction model for lithium-ion batteries based on extended accelerated aging test data. In: J. Power Sources, 215 (2012), S. 248-257

[10] A. Burke, „Ultracapacitor technologies and application in hybrid and electric vehicles," *International Journal of Energy Research,* Bd. 34, pp. 133-151, 2010.

[11] W. B. Russel, D. A. Saville und W. R. Schowalter, Colloidal Dispersions, Cambridge University Press, 1989.

[12] C. Largeot, C. Portet, J. Chmiola, P.-L. Taberna, Y. Gogotsi und P. Simon, „Relation between the Ion Size and Pore Size for an Electric Double-Layer Capacitor," *Journal of the American Chemical Society,* Bd. 130, Nr. 9, pp. 2730-2731, 2008.

[13] J. Schiffer und D. Linzen, „Heat generation in double layer capacitors," *Journal of Power Sources,* Bd. 160, pp. 765-772, 2006.

[14] T. Brousse, D. Bélanger und J. W. Long, „To Be or Not To Be Pseudocapacitive?," *Journal of The Electrochemical Society,* Bd. 162, Nr. 5, pp. A5185-A5189, 2015.

[15] N. Choudhary, C. Li, J. Moore, N. Nagaiah, L. Zhai, Y. Jung und J. Thomas, „Asymmetric Supercapacitor Electrodes and Devices," *Advanced Materials,* Bd. 29, Nr. 21, p. 1605336, 2017.

[16] J. Niu, B. E. Conway und W. G. Pell, „Comparative studies of self-discharge by potential decay and float-current measurements at C double-layer capacitor and battery electrodes," *Journal of Power Sources,* Bd. 135, pp. 332-343, 2004.

[17] J. Kowal, E. Avaroglu, F. Chamekh, A. Senfelds, T. Thien, D. Wijaya und D. U. Sauer, „Detailed analysis of the self-discharge of supercapacitors," *Journal of Power Sources,* Bd. 196, pp. 573-579, 2011.

[18] B. E. Conway, W. Pell und T.-C. Liu, „Diagnostic analyses for mechanisms of self-discharge of electrochemical capacitors and batteries," *Journal of Power Sources,* Bd. 65, pp. 53-59, 1997.

[19] B. W. Ricketts und C. Ton-That, „Self-discharge of carbon-based supercapacitors with organic electrolytes," *Journal of Power Sources,* Bd. 89, pp. 64-69, 2000.

[20] S. Buller, E. Karden, D. Kok und R. W. De Doncker, „Modeling the Dynamic Behavior of Supercapacitors," *IEEE Trans. on Ind. Appl.,* Bd. 38, pp. 1622-1626, 2002.

[21] S. Buller, Impedance-Based Simulation Models for Energy Storage Devices in Advanced Automotive Applications, RWTH Aachen University, 2003.

[22] R. De Levie, „Electrochemical response of porous and rough electrodes," *Advances in Electrochemistry and Electrochemical Engineering,* Bd. 6, pp. 329-397, 1967.

[23] A. Bittner, M. Zhu, Y. Yang, H. Waibel, M. Konuma, U. Starke und C. Weber, „Ageing of electrochemical double layer capacitors," *Journal of Power Sources,* Bd. 203, pp. 262-273, 2012.

[24] Y. Huang, Y. Zhao, Q. Gong, M. Weng, J. Bai, X. Liu, Y. Jiang, J. Wang, D. Wang, Y. Shao, M. Zhao, D. Zhuang und J. Liang, „Experimental and Correlative Analyses of the Ageing Mechanism of Activated Carbon Based Supercapacitor," *Electrochimica Acta,* Bd. 228, pp. 214-225, 2017.

[25] D. Torregrossa, K. E. Toghill, V. Amstutz, H. H. Girault und M. Paolone, „Macroscopic indicators or fault diagnosis and ageing in electrochemical double layer capacitors," *Journal of Energy Storage,* Bd. 2, pp. 8-24, 2015.

[26] J. Drillkens, Aging in electrochemical double layer capacitors – an experimental and modeling approach, Aachen: RWTH Aachen University, 2017.

[27] M. Zhu, C. Weber, Y. Yang, M. Konuma, U. Starke, K. Kern und A. Bittner, „Chemical and electrochemical ageing of carbon materials used in supercapacitor electrodes," *Carbon,* Bd. 46, pp. 1829-1840, 2008.

[28] P. Ruch, D. Cericola, A. Foelske, R. Kötz und A. Wokaun, „A comparison of electrochemical double layer capacitors with acetonitrile and propylene carbonate-based electrolytes at elevated voltages," *Electrochimica Acta,* Bd. 55, pp. 2352-2357, 2010.

[29] A. E. Mejdoubi, H. Chaoui, J. Sabor und H. Gualous, „Remaing Useful Life Prognosis of Supercapacitors Under Temperature and Voltage Aging Conditions," *IEEE Transactions on Industrial Electronics,* Bd. 65, pp. 4357-4367, 2018.

[30] Energiespeicher-Monitoring 2018, Leitmarkt- und Leitanbieterstudie, Fraunhofer ISI, urn:nbn:de:0011-n-5311156

[31] DIN 91252:2016-11, Elektrische Straßenfahrzeuge – Batteriesysteme – Anforderungen an die Gestaltung von Lithium-Ionen-Batteriezellen

[32] Lelie, M., Braun, T., Knips, M., Nordmann, H., Ringbeck, F., Zappen, H., Sauer, D.U.: Battery Management Sys-

tem Hardware Concepts: An Overview, Applied Science, 8 (2018) 534, DOI: 10.3390/app8040534

[33] Borck, F., Eberleh, B., Raiser, S.: Lithium-Ionen-Batterie – Hochintegriertes Modul als Systemgrundlage, ATZ elektronik Nr. 04 (2010), S. 8-13

[34] Dudenhöffer,F.: Hochvolt Energiespeicher – Konkurrenz in Deutschland, Europa und Asien, ATZ elektronik Nr. 04 (2010), S. 26-31

[35] Patent US20110212356A1, Tesla

[36] Doughty, D. H.; Roth, E. P.: A General Discussion of Li Ion Battery Safety, The Electrochemical Society Interface, 21 (2012) 37, DOI: 10.1149/2.F03122if

[37] Pastor-Fernández, C.; Bruen, T.; Widanage, W. D.; Gama-Valdez, M. A.; Marco, J.: A Study of Cell-to-Cell Interactions and Degradation in Parallel Strings: Implications for the Battery Management System, J. Power Sources, 329 (2016) 574, DOI: 10.1016/j.jpowsour.2016.07.121.

[38] Cannarella, J.; Arnold, C.B.: Stress evolution and capacity fade in constrained lithium-ion pouch cells, J. Power Sources 245 (2014) 745, DOI: 10.1016/j.jpowsour.2013.06.165.

[39] Cooling Fins Help Keep Chevrolet Volt Battery at Ideal Temperature, General Motors,2011,https://media.gm.com/media/us/en/gm/home.detail.html/content/Pages/news/us/en/2011/Feb/0214_battery.html

[40] Reber, V.: New Possibilities with 800-Volt Charging, Porsche Engineering Magazine, 1/2016, S. 10-15

[41] De Doncker, R., Kowal, M., Biskoping, M.: Standardisierung von HV-Bordnetzen aus Sicht der Leistungselektronik, ATZ elektronik Nr. 02 (2012) S. 90-95

[42] Troxler, Y.; Wu, B.; Marinescu, M.; Yufit, V.; Patel, Y.; Marquis, A. J.; Brandon, N.P.; Offer, G. J.: The effect of thermal gradients on the performance of lithium-ion batteries, J. Power Sources 247 (2014) 1018, DOI: 10.1016/j.jpowsour.2013.06.084

[43] Hunt, I.A.; Zhao, Y.; Patel, Y.; Offer, J.: Surface Cooling Causes Accelerated Degradation Compared to Tab Cooling for Lithium-Ion Pouch Cells, J. Electrochem. Soc. 163 (2016) A1846, DOI: 10.1149/2.0361609je

7 Brennstoffzelle

Joerg Wind

7.1 Grundlagen der Brennstoffzellentechnik

7.1.1 Einleitung

Die Brennstoffzelle ist ein Energiewandler, der die im Brennstoff (meist Wasserstoff) gespeicherte Energie mithilfe von Sauerstoff direkt in elektrische Energie umwandelt. Damit entfällt der übliche Energiewandlungsprozess von Kraftstoff in mechanische Energie (Verbrennungskraftmaschine) und anschließend über den Generator in elektrische Energie. Der Wirkungsgrad der Energiewandlung mittels Brennstoffzelle ist deshalb grundsätzlich höher. Für die bedarfsgerechte Verfügbarkeit der elektrischen Energie ist allerdings im Fahrzeug weiterhin eine Batterie notwendig, Kap. 6, wenn auch mit geringer Kapazität. Bei den rein elektrischen Fahrzeugantrieben können sich Batterie und Brennstoffzelle als Energiespeicher beziehungsweise -wandler idealerweise ergänzen. Erstere bietet aktuell neben den niedrigeren Kosten bei der Anschaffung den Vorteil der höheren Effizienz. Eine Elektrifizierung des Fahrzeugantriebs durch eine (ggf. zusätzliche) Wasserstoff-Brennstoffzelle ermöglicht es auch mit großen und schweren Fahrzeugen sehr lange Strecken zurückzulegen. Die Kosten eines Brennstoffzellensystems sind derzeitig allerdings noch nicht auf dem Niveau eines konventionellen Antriebs mit Verbrennungsmotor. An der nachhaltigen Herstellung und Verfügbarkeit von Wasserstoff wird intensiv gearbeitet.

© Daimler

H. Tschöke et al. (Hrsg.), *Elektrifizierung des Antriebsstrangs*, ATZ/MTZ-Fachbuch, https://doi.org/10.1007/978-3-662-60356-7_7

7.1.2 Geschichte und Motivation

Wie nahezu alle Energiewandler, die mechanische Energie zur Verfügung stellen (sogenannte Kraftmaschinen), wurde auch die Brennstoffzelle (BZ) im 19. Jahrhundert entwickelt. Christian Friedrich Schönbein entdeckte 1838, dass bei der elektrochemischen Reaktion von **Wasserstoff und Sauerstoff elektrische** Energie freigesetzt wird. Sir William Grove erkannte darin 1839 die Umkehrung der Elektrolyse, schaltete mehrere Elemente in Reihe und nannte sie Gasbatterie. Damit gilt er als der Erfinder der Brennstoffzelle [1]. 1887 erkannte Wilhelm Oswald, Professor für physikalische Chemie, die prinzipiellen Vorteile der Brennstoffzelle von Grove. Die für die damalige Zeit komplizierte Handhabung der Brennstoffzelle mit Wasserstoff und Sauerstoff verhinderte jedoch eine schnelle Entwicklung. Die Bereitstellung von elektrischer Energie über den Umweg Verbrennung – Dampferzeugung – mechanische Energie – Generator war trotz des sehr geringen Wirkungsgrads einfacher, als eine Brennstoffzelle zu betreiben. Die Wiederentdeckung der Brennstoffzelle (alkalische Brennstoffzelle) ist der Raumfahrt zu verdanken, beispielweise dem Apollo- und Gemini-Programm sowie dem Spacelab.

Nachdem sich die Automobilindustrie besonders nach der Energiekrise 1973 intensiv mit Wasserstoff als Kraftstoff für den Verbrennungsmotor beschäftigte, lag es nahe, auch an der Brennstoffzelle zu arbeiten. Durch die Forschung an Universitäten und in den Entwicklungsabteilungen der Automobilindustrie ist inzwischen ein umfangreiches und fundiertes Wissen vorhanden [2]. Nach gründlichen Vorarbeiten wurde 1994 das erste Brennstoffzellenfahrzeug mit einer PEM-Brennstoffzelle (Polymer-Elektrolyt-Membran) vorgestellt, der NeCar 1 von Daimler-Benz. Es gab schon früher Brennstoffzellen-Versuchsfahrzeuge, doch mit dem NeCar 1 hat eine Entwicklung begonnen, die schließlich zu serienfähigen Brennstoffzellenfahrzeugen führte.

Der Verkehrssektor ist für einen bedeutenden Teil des Primärenergieverbrauchs verantwortlich und spielt bei allen Überlegungen zur Energieeinsparung und Reduzierung der CO_2-Emissionen eine wichtige Rolle. Durch die intensive Weiterentwicklung am Fahrzeug und der konventionellen Verbrennungsmotoren sind bereits signifikante CO_2-Reduzierungen erzielt worden. Eine weitere Reduktion ist vor allem durch elektrifizierte Antriebssysteme, wie Hybridantriebe, Plug-in-Hybridsysteme und Elektroantriebe mit Range Extender möglich, Kap. 2, 10, 11, 12, 13. 14.

Zur Erreichung der weltweit hochgesteckten Klimaziele ist jedoch aus heutiger Sicht die verstärkte Nutzung von Fahrzeugen mit reinen Elektroantrieben notwendig, Kap. 15. Dabei ist der batterieelektrische Antrieb vor allem für kleinere Fahrzeuge und kürzere Strecken geeignet. Langfristig können Brennstoffzellen, ggf. in Kombination mit Batterien bei größeren Fahrzeugen und überdurchschnittlich langen Fahrstrecken eine gute Lösung darstellen. Die Vorteile eines Elektroantriebs auf der Basis von Brennstoffzellen sind im Wesentlichen:

- hoher Wirkungsgrad der Brennstoffzelle
- hoher Wirkungsgrad des Elektroantriebs
- keine lokalen Emissionen
- hohes Drehmoment bei geringen Drehzahlen
- kurze Betankungszeit
- große Reichweite
- geräuscharmer Gesamtantrieb
- kein Leerlaufverbrauch
- Abwärme für Innenraumheizung
- modularer Aufbau der Brennstoffzelle
- geringe Wartungskosten

Darüber hinaus kann Wasserstoff aus jeder Primärenergie gewonnen werden. Wasserstoff ist der günstigste Speicher für elektrische Energie aus erneuerbaren Energien.

Zurzeit beschäftigen sich nahezu alle großen Automobilhersteller mit dem Brennstoffzellenantrieb. So haben zum Beispiel Audi, BMW, Daimler, FiatChrysler, Ford, GM, Honda, Hyundai, MAN, Nissan, Peugeot, Toyota und Volkswagen Brennstoffzellenfahrzeuge als Prototypen oder Vorserienprodukte vorgestellt [2] bzw. bereits erste Serienprodukte auf dem Markt (Honda, Hyundai und Toyota).

7.1.3 Definition, Funktion und Einordnung

Die Brennstoffzelle ist ein elektrochemischer Wandler, der die chemische Energie eines Brennstoffs unmittelbar in elektrische Energie umwandelt. Dabei werden die Reaktionskomponenten kontinuierlich zu- und das Reaktionsprodukt (Wasser) kontinuierlich abgeführt. Die Speicherung der chemischen Energieträger (beispielsweise Wasserstoff, Erdgas oder Methanol) erfolgt in Druckbehältern oder in speziellen beziehungsweise herkömmlichen Kraftstoffbehältern. In Brennstoffzellen erfolgt die Energiewandlung in elektrischen Strom sauber, leise und mit einem hohen Wirkungsgrad.

Es gibt es eine Vielzahl von Brennstoffzellensystemen, die sich durch verschiedene Kombinationen von Brennstoffen, Oxidanten, Elektrolyten, Elektroden (Anode (Pluspol) und Kathode (Minuspol)) und Bauformen unterscheiden. Als Elektrolytmaterial kommen nur wenige Stoffe infrage. Im Niedertemperaturbereich (< 300 °C) sind dies spezielle Säuren und Laugen. Im Hochtemperaturbereich (> 500 °C) sind es Keramiken und Karbonate. Die Qualität einer Brennstoffzelle wird von der Art der Elektrolyte bestimmt. Neben den bereits erwähnten Vorteilen der Brennstoffzelle sind beim heutigen Stand der Technik folgende Nachteile zu nennen

- Derzeit noch hohe Herstellkosten
- hohes Leistungsgewicht
- großer Bauraumbedarf
- einige Brennstoffzellen benötigen hochreinen Wasserstoff
- einige Brennstoffzellen sind nur für den stationären Betrieb geeignet
- Langzeitverhalten und Lebensdauer müssen teilweise noch erprobt werden

In den letzten dreißig Jahren haben sich sechs Brennstoffzellentypen etabliert [1, 3], die in Abschn. 7.1.4 näher erläutert werden. Die Brennstoffzellen werden üblicherweise nach ihrem Elektrolyt eingeteilt. Unter anderem besteht die Brennstoffzelle aus einer Anode, an der der Brennstoff zugeführt wird, und einer Kathode, an der das Oxidationsmittel zugeführt wird. Als Brennstoff wird in der Regel reiner Wasserstoff, wasserstoffreiches Reformergas, Erdgas oder auch Methanol eingesetzt.

Als Oxidationsmittel kommen in der Regel reiner Sauerstoff oder Luft zum Einsatz. Im Allgemeinen versteht man in der Fahrzeugindustrie unter einer Brennstoffzelle eine Wasserstoff-Luftsauerstoff-Brennstoffzelle. In diesem Fall kann die Funktionsweise der Brennstoffzelle als Umkehrung der Elektrolyse sehr einfach beschrieben werden. Bei der Elektrolyse wird Wasser mittels elektrischer Energie in Wasserstoff und Sauerstoff aufgespaltet. In der Brennstoffzelle wird diese Reaktion umgekehrt und elektrische Energie freigesetzt. Die Brennstoffzelle ist somit kein Energiespeicher, sondern ein Energiewandler [4].

Beim brennstoffzellenbasierten Elektroantrieb wird die elektrische Energie unmittelbar und bedarfsgerecht aus Brennstoff, zumeist Wasserstoff, und Luft an Bord erzeugt. **Abbildung 1** zeigt schematisch ein Elektrofahrzeug mit einer Brennstoffzelle. Aus einem Druckspeicher wird der Brennstoffzelle Wasserstoff zugeführt und mit dem Sauerstoff aus der Umgebungsluft in einem elektrochemischen Prozess in elektrische Energie umgewandelt. Der elektrische Antriebsmotor wird über eine Leistungselektronik mit dem elektrischen Strom gespeist, der dann (ggf. über ein

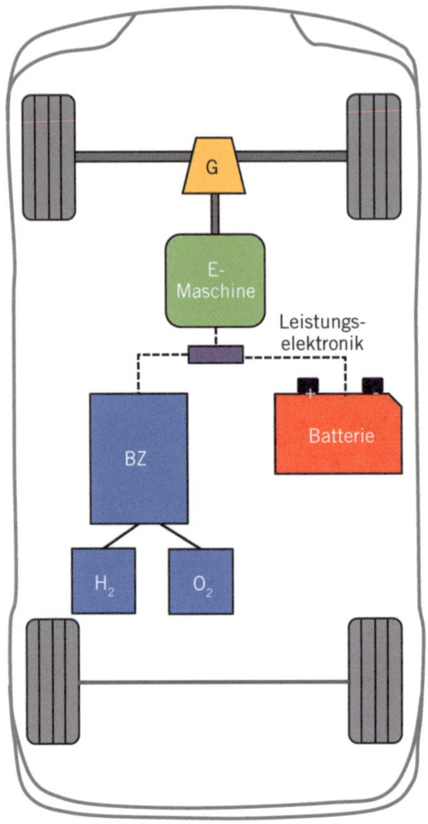

Abb. 1 Elektrofahrzeug mit Brennstoffzelle (BZ)

Getriebe) das Fahrzeug antreibt. Eine kleine Batterie ermöglicht es die gewandelte Bremsenergie (Rekuperation) zu speichern und das Brennstoffzellensystem in einem optimalen Betriebspunkt zu betreiben.

Gegenüber Elektrofahrzeugen mit einer Batterie als elektrischem Energiespeicher hat die Energiespeicherung in Form von flüssigen oder gasförmigen Brennstoffen vor allem den Vorteil einer hohen Reichweite, die lediglich durch die Tankgröße limitiert ist. Außerdem dauert der Tankvorgang nur wenige Minuten.

Gegenüber Verbrennungsmotoren hat ein Elektroantrieb mit Brennstoffzelle den Vorteil, dass er nicht den Begrenzungen des Carnot-Kreisprozesses unterliegt. Der Brennstoffzellen-Wirkungsgrad ist sehr hoch und kann Werte von über 60 % erreichen. Vor allem im Teillastbetrieb ergibt sich ein deutlicher Unterschied zu den Wärmekraftmaschinen, beispielsweise hat ein Ottomotor im Teillastbereich Wirkungsgrade von wenig mehr als 20 %. **Abbildung 2** zeigt einen schematischen Wirkungsgradvergleich von Brennstoffzellensystem und Verbrennungsmotor. Die Effizienz einer Brennstoffzelle ist im Bereich kleiner Leistungen, wie sie für den Stadtbetrieb ausreichend sind, nahezu doppelt so hoch wie bei einem Verbrennungsmotor [2].

Gegenüber Hybridantrieben und Elektrofahrzeugen mit Range Extender (Kap. 2) hat das Brennstoffzellensystem den Vorteil der direkten Energieumwandlung. So wird zum Beispiel bei seriellen Hybridantrieben und Elektroantrieben mit Range Extender die Energie mehrfach gewandelt, wobei jeweils Verluste entstehen und der Wirkungsgrad damit deutlich geringer ist.

7.1.4 Brennstoffzellentypen

Es gibt eine Vielzahl verschiedener Brennstoffzelltypen (*Fuel Cell*). Einen hohen Reifegrad haben die sechs nachfolgend beschriebenen Varianten erlangt. Die Zuordnung der Brennstoffzelle kann nach verschiedenen Gesichtspunkten erfolgen, zum Beispiel nach ihrem Temperaturbereich in Niedertemperatur- und Hochtemperatur-Brennstoff oder auch nach ihrem Brennstoff: reiner Wasserstoff, wasserstoffreiches Reformergas, Erdgas oder Methanol. Als Namenskürzel wird die Elektrolytbezeichnung verwendet. Es ist üblich, englische Namenskürzel zu verwenden [1, 3]:

- Polymer-Elektrolyt-Membran-Brennstoffzelle (*Proton Exchange Membrane Fuel Cell*, PEMFC, oder auch *Polymer Electrolyte Fuel Cell*, PEFC)
- Direktmethanol-Brennstoffzelle (*Direct-Methanol Fuel Cell*, DMFC)
- Alkalische Brennstoffzelle (*Alkaline Fuel Cell*, AFC)
- Phosphorsäure-Brennstoffzelle (*Phosphoric Acid Fuel Cell*, PAFC)

- Schmelzkarbonat-Brennstoffzelle (*Molton Carbonate Fuel Cell*, MCFC)
- Festoxid-Brennstoffzelle (*Solid Oxide Fuel Cell*, SOFC).

Tabelle 1 zeigt eine Übersicht der technisch interessanten Brennstoffzellen. Einige Brennstoffzellen arbeiten bei Temperaturen von 1000 °C und sind somit für die Kfz-Anwendung ungeeignet; allein eine Startzeit von mehreren Minuten würde der Kunde nicht akzeptieren. Brennstoffzellen, die mit hochreinem Wasserstoff und hochreinem Sauerstoff arbeiten, sind nur in der Raumfahrt oder in der Militärtechnik sinnvoll einsetzbar. In den folgenden Kapiteln werden die einzelnen Typen von Brennstoffzellen genauer beschrieben.

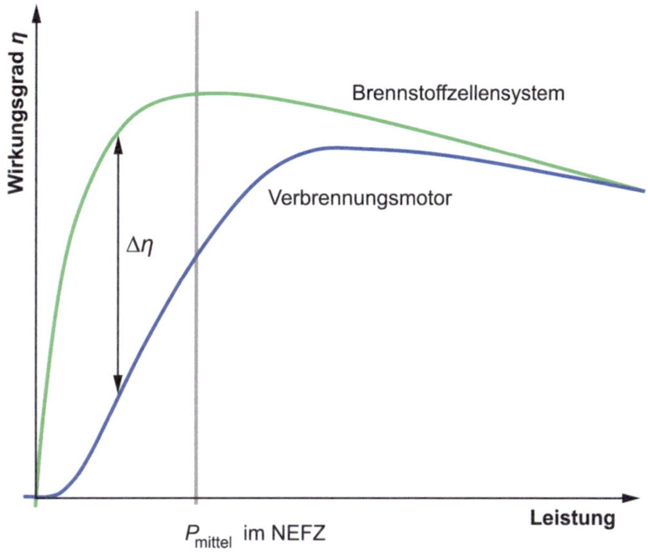

Abb. 2 Qualitativer Verlauf des Wirkungsgrads von Brennstoffzellenantrieben und Verbrennungsmotoren [2]

Polymer-Elektrolyt-Membran-Brennstoffzelle

Die PEMFC hat einen sehr hohen Reifegrad und für die Automobilindustrie die größte Bedeutung erreicht. Sie ist eine Niedertemperatur-Brennstoffzelle mit einer mittleren Arbeitstemperatur von 80 °C und wird in ihrer Grundform mit Sauerstoff und Wasserstoff betrieben. Ein Betrieb mit kohlenstoffdioxidhaltigem, wasserstoffreichem Reformatorgas und Luftsauerstoff ist ebenfalls möglich. Die PEMFC nutzt eine feuchte Protonenaustauschmembran, die H+-Ionen von der Anode (Minuspol) zur Kathode (Pluspol) transportiert. Sie besteht in ihrer Grundsubstanz aus einem perfluorierten, sulfonierten Polymer. Durch die sehr gute Protonenleitfähigkeit und die geringe Foliendicke erreicht diese Brennstoffzelle sehr hohe spezifische Leistungen. Die Membran ist zugleich der Träger des Anoden- und des Kathodenkatalysators und dient als Separator für die gasförmigen Reaktanden (Wasserstoff und Sauerstoff). Die Versorgung mit Reaktionsgas erfolgt über strukturierte Bipolarplatten. Sie sorgen für die Zuführung der Reaktanden und deren Verteilung auf der Membranfläche des gestapelten Zellverbunds, dem sogenannten Stack. Die Bipolarplatte dient zudem der elektrischen Verschaltung der Einzelzellen im Stack.

Die Teilreaktionen dabei sind $2H_2 \rightarrow 4H^+ + 4e^-$ an der Anode (Minuspol) und $O_2 + 4e^- + 4H^+ \rightarrow 2H_2O$ an der Kathode (Pluspol). **Abbildung 3** zeigt das Funktionsprinzip der PEMFC mit der Zuführung des Wasserstoffs und des Sauerstoffs sowie der Abfuhr des Produktwassers. Der elektrische Strom fließt über die Elektroden

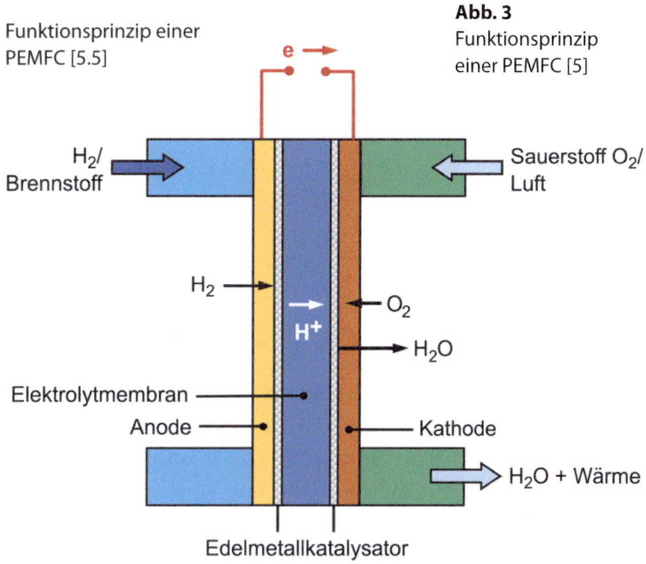

Abb. 3 Funktionsprinzip einer PEMFC [5]

Typ	Elektrolyt	Anode	Zell-reaktion	Kathode	Arbeitstem-peratur	Elektr. Wir-kungsgrad	Merkmale	Anwendungen
PEMFC	Protonen-leitende Membran	H_2	→	O_2 Luft	80 °C	50–70 %	Hohe Leistungsdichte Flexibles Betriebs-verhalten	Fahrzeuge, Raum-fahrt, Militär, Stromerzeugung
DMFC	Protonen-leitende Membran	Methanol	→	O_2 Luft	80–120 °C	20–30 %	Diffusion von Methanol	Portable Stromer-zeugung, Batterie-ersatz
AFC	Wässrige Kalilauge	Reinst-H_2	←	Reinst-O_2	60–80 °C	60–70 %	Reines O2 Rei-nes H_2 CO_2-empfindlich	Raumfahrt, Militär
PAFC	Phosphor-säure	Erdgas H_2	→	Luft O_2	200 °C	40–55 %	Korrosions-probleme	Stromerzeugung, Blockheizkraft-werk
SOFC	Zirkonoxid	Erdgas CO H_2	←	Luft	650–1000 °C	45–65 %	Hochtemperatur-keramik Korrosi-onsprobleme	Stromerzeu-gung, Blockheiz-kraftwerk
MCFC	Alkali-karbonat-schmelze	Erdgas H_2	←	Luft O_2 CO_2	650 °C	45–55 %	Komplexe Prozess-führung Korrosi-onsprobleme	Stromerzeu-gung, Blockheiz-kraftwerk

Tabelle 1 Eigenschaften verschiedener Brennstoffzellentypen

ab. Eine Gasdiffusionslage (GDL) sorgt dafür, dass die Reaktanden (Wasserstoff und Luftsauerstoff) die Membran (Elektrolyt) ganzflächig benetzen. Alle Funktionselemente einer Brennstoffzelle zeigt **Abb. 4a**. Die Gasdiffusionslage sorgt für die Benetzung der Membran. Die Elektroden (Anode und Kathode) sorgen für den Elektronenfluss. Der Katalysator ist verantwortlich für die chemischen Reaktionen (Redoxreaktion).

Der Verbund aus Membran und GDL wird als Membran-Elektroden-Einheit (Membrane Electrode Assembly, MEA) bezeichnet. Die MEA ist damit das für die Funktion wichtige Kernstück einer Brennstoffzelle. Die eigentliche Gesamtreaktion findet in einer Zone statt, in der Membran (Elektrolyt), Elektrode (Katalysator) und Gas zusammentreffen. Umrahmt wird die MEA von den GDL. MEA und GDL werden durch Pressen zusammengefügt und dann zwischen die Bipolarplatten mit ihren Strömungskanälen gespannt. Dieser Verbund bildet die Zelle; diese erzeugt neben Wasser eine theoretische Zellspannung von 1,23 V. Diese theoretische Spannung einer Zelle entspricht einem Wirkungsgrad von 100 %. In der Praxis werden Leerlaufspannungen von etwa 1,0 V erreicht. Diese Verluste hängen zum Beispiel von der Reinheit des Wasserstoffs und des Sauerstoffs ab. So ist bei der Verwendung von Luftsauerstoff eine geringe Wirkungsgradeinbuße zu verzeichnen. Auch die Betriebstemperatur, der Druck, der Brennstoffausnutzungsgrad und der Sauerstoffüberschuss beeinflussen den Wirkungsgrad. Die tatsächliche Zellspannung verringert sich, sobald die Brennstoffzelle mit einem Ausgangsstrom belastet wird. Eine bei elektrochemischen Wandlern übliche Darstellung dieser Zusammenhänge zeigt das Spannungs-Strom-Diagramm, **Abb. 5** (qualitative Darstellung).

Weil jede einzelne Zelle nur die beschriebene geringe Spannung liefert, müssen Hunderte von Zellen elektrisch in Serie geschaltet werden, um ein Spannungsniveau von mehreren 100 V zu erreichen.

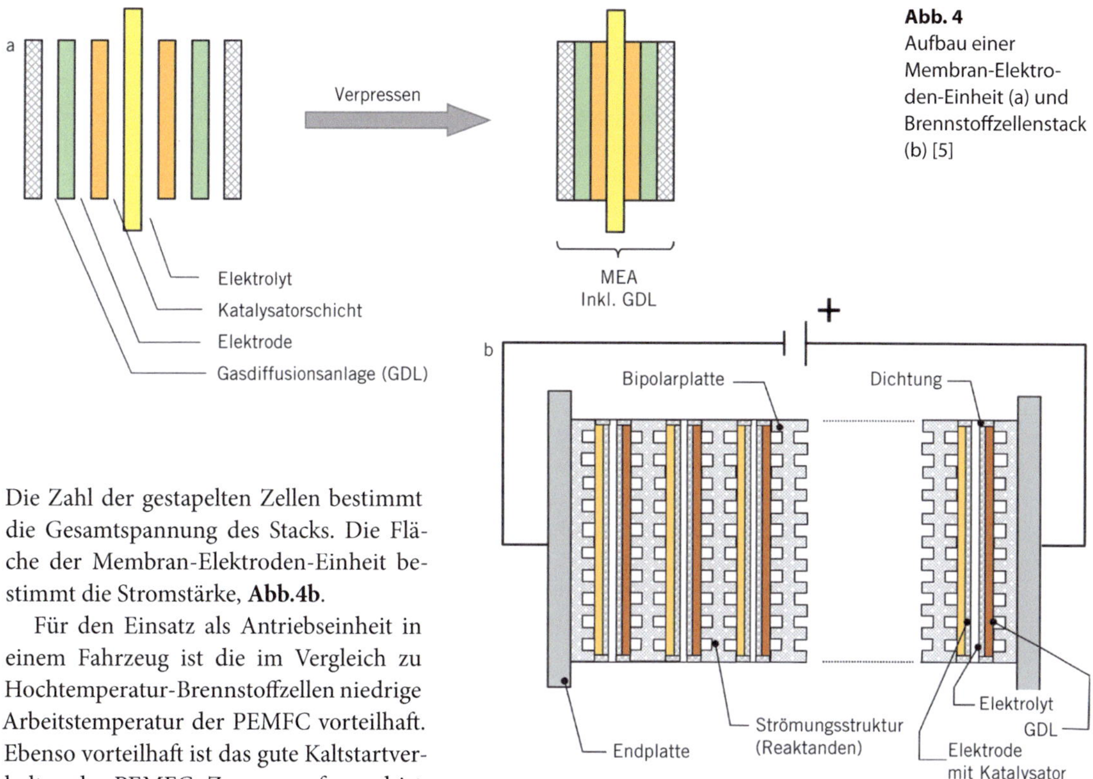

Abb. 4 Aufbau einer Membran-Elektroden-Einheit (a) und Brennstoffzellenstack (b) [5]

Die Zahl der gestapelten Zellen bestimmt die Gesamtspannung des Stacks. Die Fläche der Membran-Elektroden-Einheit bestimmt die Stromstärke, **Abb.4b**.

Für den Einsatz als Antriebseinheit in einem Fahrzeug ist die im Vergleich zu Hochtemperatur-Brennstoffzellen niedrige Arbeitstemperatur der PEMFC vorteilhaft. Ebenso vorteilhaft ist das gute Kaltstartverhalten der PEMFC. Zusammenfassend ist festzuhalten: Die PEMFC ist als Stromerzeuger für ein Elektrofahrzeug mit Brennstoffzelle hervorragend geeignet.

Direktmethanol-Brennstoffzelle

Der Brennstoff für diese Art von Brennstoffzellen muss nicht Wasserstoff sein, wie bei der PEMFC. Die DMFC verstromt ein flüssig oder dampfförmig zugeführtes Methanol-Wasser-Gemisch. Diese Brennstoffzelle ähnelt einer PEMFC. Methanol ist ein vorteilhafter Treibstoff dessen Transport und Speicherung in einem Tank ähnlich einfach ist wie bei Benzin und Diesel. Die Anode der DMFC wird unmittelbar mit einem Methanol-Wasser Gemisch versorgt und die Kathode mit Luftsauerstoff. Das wesentliche Problem der DMFC besteht aber in der Eigenschaft des Methanols, durch Diffusions- und Osmosevorgänge von der Anodenseite der Membran auf die Kathodenseite zu gelangen. Das durchgetretene Methanol wird durch die unerwünschte Nebenreaktion oxidiert. Dadurch nimmt dieser Methanolanteil nicht an der Energiewandlung zu elektrischem Strom teil und mindert den Wirkungsgrad. Bislang werden DMFCs nur für kleine Leistungen eingesetzt, die für Elektrofahrzeuge nicht ausreichen. Sie werden als z. B. portable Strom-quellen im Konsumbereich (beispielsweise Camping)

Abb. 5 Schematische Darstellung der Strom-Spannungs-Kennlinie einer Brennstoffzelle [5]

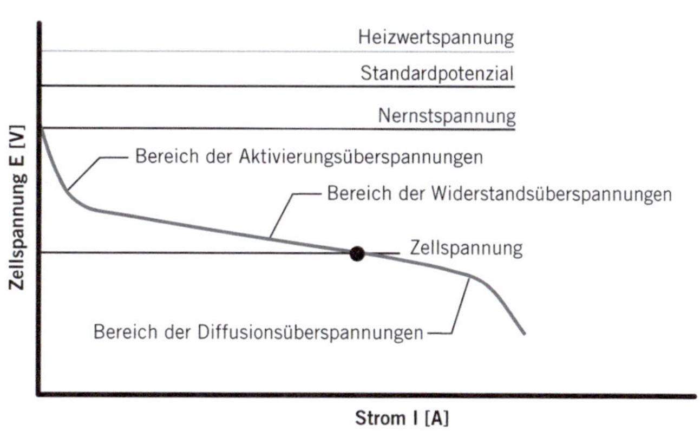

eingesetzt. Methanol als Kraftstoff und der relativ einfache Aufbau der DMFC sprechen für die potenzielle Eignung im Fahrzeugantrieb. Dafür müsste aber eine Membran entwickelt werden, die den Methanoldurchbruch verhindert und dadurch den Wirkungsgrad und die Leistungsdichte deutlich verbessert.

Alkalische Brennstoffzelle

Die alkalische Brennstoffzelle besitzt einen hohen Wirkungsgrad, da die Sauerstoffreaktion in alkalischen Elektrolyten schneller als in sauren Elektrolyten erfolgt. Im Betrieb mit reinem Wasserstoff liefert die AFC die höchsten Spannungen von allen Brennstoffzellen. In Bezug auf ihre Leistungsfähigkeit, beispielsweise spezifische Leistung (kW/kg), Energiedichte (kWh/kg) und Lebensdauer, übertrifft die AFC alle anderen Brennstoffzellentypen.

Für den Betrieb sind absolut reiner Wasserstoff und Sauerstoff notwendig. Das in der Luft enthaltene CO_2 reagiert mit dem alkalischen Elektrolyten zu Kaliumkarbonat und blockiert den Prozess. Diese CO_2-Empfindlichkeit verlangt hochreine Gase und begrenzt die Anwendung auf die Raumfahrt- und Militärtechnik.

Phosphorsäure-Brennstoffzelle

Bei der PAFC wird Phosphorsäure als Elektrolyt eingesetzt. Damit unterscheidet sie sich von den anderen Brennstoffzellentypen. Die Zellreaktionen verlaufen genauso wie bei der PEMFC. Die PAFC arbeitet bei einer Temperatur von circa 200 °C. Als Brennstoff kann Wasserstoff oder wasserstoffreiches Gas wie Erdgas und Methanol verwendet werden. Die PAFC wurde in der Vergangenheit häufig in Blockheizkraftwerken (BHKW) mit einer Leistung von circa 200 kW eingesetzt und hat ihre Funktionstauglichkeit bewiesen. Die Vorteile einer PAFC sind die Unempfindlichkeit gegenüber Verunreinigungen des Brenngases, die Verwendung von Luftsauerstoff und die CO_2-Toleranz. Nachteilig sind der geringe Wirkungsgrad und die geringe Leistungsdichte. Die erwarteten Kostenreduktionen konnten bisher nicht erreicht werden. In Fahrzeugen wird die PAFC wegen der hohen Betriebstemperatur und der geringen Leistungsdichte nicht zum Einsatz kommen.

Schmelzkarbonat-Brennstoffzelle

Die MCFC ist eine Hochtemperatur-Brennstoffzelle, die bei einer Temperatur von circa 650 °C arbeitet. Als Elektrolyt wird schmelzflüssiges Alkalikarbonat verwendet. Als Brenngas wird Erdgas eingesetzt, das in einem vorgeschalteten Reformerprozess für die MCFC aufbereitet wird. Die MCFC-Technik wird in einer Reihe von Projekten als BHWK und zur Stromerzeugung im Leistungsbereich von einigen MW verwendet. Die komplexe Prozessführung, die hohe Prozesstemperatur, das ungeeignete Zeitverhalten, die Korrosionsproblematik und der schlechte Wirkungsgrad lassen eine Verwendung in der Fahrzeugtechnik nicht zu.

Festoxid-Brennstoffzelle

Die SOFC ist eine Hochtemperatur-Brennstoffzelle, die zwischen 650 und 1000 °C betrieben wird. Als Elektrolyt wird eine spezielle Keramik eingesetzt, die Sauerstoffionen leitet. Die Besonderheit der SOFC liegt einerseits in diesem Keramikmaterial und andererseits in der Bauform. Bei den Bauformen ist zwischen einem Flachzellen- und einem Röhrenkonzept zu unterscheiden. Die Nachteile einer SOFC bestehen bislang in dem kostenintensiven Herstellungsverfahren, das zudem noch keine ausreichende Langzeitstabilität gewährleistet. Neue Werkstoffentwicklungen könnten diesen Mangel beheben. Mit der SOFC werden hohe Leistungsdichten und hohe Wirkungsgrade erreicht. Vorteilhaft kann auch die Verwendung von flüssigen Kraftstoffen sein, da wegen der hohen Arbeitstemperaturen auf einen externen Reformer verzichtet werden kann.

7.1.5 Zusammenfassung

Seit 125 Jahren dominieren Automobile, die mit einem Verbrennungsmotor angetrieben werden. Bislang wurden alle politischen, gesellschaftlichen, umwelt- und sicherheitsrelevanten sowie wirtschaftlichen Anforderungen, die an den Verbrennungsmotor und das Fahrzeug gestellt wurden, weitgehend erfüllt. Die ständigen und erfolgreichen Weiterentwicklungen dieser Motoren hinsichtlich Reduktion von Kraftstoffverbrauch, der CO_2-Emission und Schadstoffemissionen sind bemerkenswert.

Auf Dauer wird aber der alternative, emissionsfreie Antrieb eine Chance haben, der die Mobilitätsbedürfnisse der Kunden voll erfüllt. Von allen bislang bekannten Möglichkeiten bietet das Elektroauto mit Brennstoffzelle und / oder Batterie hierfür grundsätzlich die günstigsten Voraussetzungen. Mit der PEMFC bestehen aus heutiger Sicht die besten Chancen für den Start der Brennstoffzellenanwendung im Fahrzeugbereich. Die Optimierung der Brennstoffzelle zur Senkung der Kosten bei der Serieneinführung ist ein wichtiges Ziel und Voraussetzung für deren Erfolg auf dem Markt.

7.2 Gesamtsystem im Fahrzeug

7.2.1 Einleitung

Die Automobilindustrie begann sich etwa im Jahr 1990 intensiver mit dem brennstoffzellenbasierten Fahrzeugantrieb zu beschäftigen. Die damaligen Erprobungsträger waren bezüglich Bauform, Volumen und Gewicht des Brennstoffzellensystems nur bedingt nutzbar. Die Leistungsdichte des Gesamtantriebssystems war zunächst noch niedrig. Neben dem großen und schweren Brennstoffzellenstack genügten die 300-bar-H2-Tanks, die Luftversorgung, der elektrische Fahrantrieb sowie die Überwachungs-, Regelungs- und Steuerungselektronik nicht den Anforderungen an einen mobilen Antrieb. Lastenhefte, Vorschriften, Qualifizierungsbeschreibungen, technische Regelwerke, Standards und Normen waren meist nicht vorhanden. All diese Dinge wurden in der Folgezeit parallel zu den technischen Entwicklungen vorangetrieben. Hochschulen, Forschungseinrichtungen und Technologieunternehmen beschäftigten sich in zunehmendem Maße mit der Brennstoffzelle für den mobilen Bereich. Automobilfirmen stellten ihre Brennstoffzellenaktivitäten und erste Brennstoffzellenfahrzeuge vor. Ebenso wurden erste Feldversuche und kleinere Flottenversuche erfolgreich durchgeführt. In Firmenkooperation wurden Aktivitäten gebündelt und Kooperationsprojekte unterstützten die Automobilindustrie. Hier sind vor allem die *California Fuel Cell Partnership* (CaFCP) und die *Clean Energy Partnership* Berlin (CEP) zu nennen. Die Normung und Standardisierung wurde durch Organisationen wie SAE oder ISO vorangetrieben.

7.2.2 Antriebsstrang mit Brennstoffzelle

Wie in Abschn. 7.1 schon beschrieben, ist die Brennstoffzelle (BZ) ein relativ einfacher Energiewandler, der die im Brennstoff gespeicherte chemische Energie direkt in elektrische Energie umwandelt. Für einen kompletten Antriebsstrang sind jedoch neben dem Energiewandler weitere Komponenten erforderlich, **Abb. 6**. Auf Basis der Polymer-Elektrolyt-Membran-Brennstoffzelle (*Proton Exchange Membrane Fuel Cell*, PEMFC), der erfolgversprechendsten Brennstoffzelle für automobile Anendungen, wird im Folgenden die Architektur des Antriebsstrangs beschrieben.

Während Abb. 6 die Anordnung der Hauptkomponenten im Fahrzeug darstellt, zeigt **Abb. 7** schematisch das in das Fahrzeug integrierte Brennstoffsystem. Es zeigt

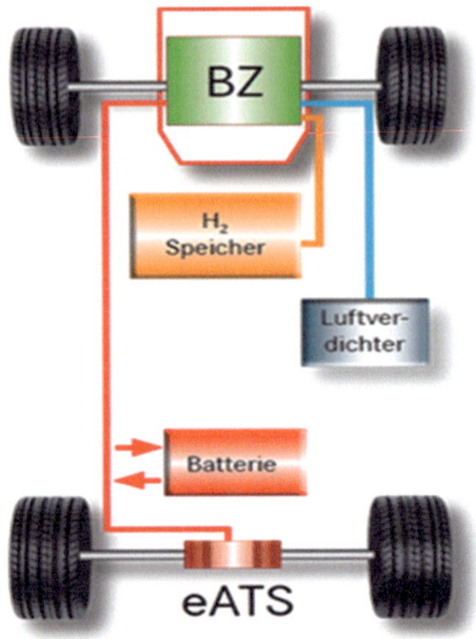

Abb. 6 Hauptkomponenten eines brennstoffzellenbasierten Fahrzeugantriebs, Quelle: Daimler

den Brennstoffzellenstack mit der Membran-Elektroden-Einheit (MEA), Kathode, Anode und Kühlsystem, die Luftversorgung mit Filter, Verdichter, Ladeluftkühler mit Luftbefeuchter, das Wasserstoffsystem mit Tank, Druckregler, Wasserstoffrückführung mit Purge-Ventil (mit Stickstoff verunreinigter Wasserstoff wird damit abgeblasen), das Abluftsystem mit Kondensator und Druckregler. Im Block Leistungselektronik sind verschiedene Funktionen zusammengefasst, zum Beispiel das Hochsetzen der Stackspannung, die Drehmoment- und Drehzahlregelung der Elektromaschine, die Versorgung der Hochvoltverbraucher, die Spannungswandlung für das Bordnetz sowie die Lade- und Entladefunktion der Traktionsbatterie, siehe auch Kap. 5.

Luftversorgung und Befeuchtung

Die Luftversorgung besteht aus Luftfilter, elektrisch angetriebenem Verdichter und Luftbefeuchter, Abb. 7. Häufig wird noch ein rein elektrisch angetriebener Kompressor eingesetzt. Dieser Verdichter sollte vorzugsweise ein Radialverdichter sein, der ölfreie Luft mit einem Druck von etwa 2 bar liefert. Entsprechend der Leistungsanforderung des Fahrzeugs muss der Kathode die entsprechende Luftmasse zugeführt werden. **Abbildung 8** zeigt das Laufzeug eines Radialverdichters, der mit Drehzahlen bis zu 90.000 1/min arbeitet, mit dem Elektromotor und im Vergleich dazu den Läufer eines mit deutlich höherer Drehzahl laufenden Abgasturboladers für Verbrennungsmotoren. Um den

Abb. 7 Schema eines Brennstoffzellensystems in einem Fahrzeugantrieb

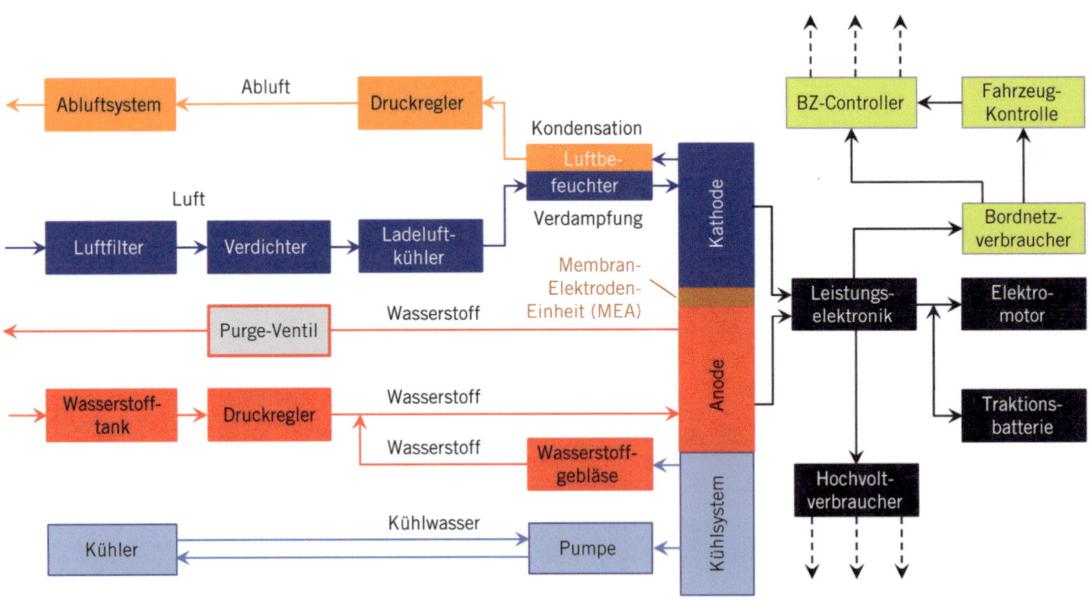

Wirkungsgrad der Luftversorgung deutlich zu verbessern, ist es sinnvoll, im Abluftzweig eine Radialturbine (Expansionsmaschine) einzusetzen.

Damit wird die in der Abluft vorhandene Energie genutzt, um den Verbrauch zu senken und die Reichweite zu erhöhen. Eine so gestaltete Luftversorgung ähnelt einem Abgasturbolader mit einer elektromotorischen Unterstützung, **Abb. 9**.

Der Wasserhaushalt und die Wasserqualität einer PEMFC haben großen Einfluss auf den Wirkungsgrad und die Lebensdauer der Brennstoffzelle. Die Membran darf weder austrocknen, noch dürfen die Gaskanäle durch das Produktwasser verstopft werden. Zur Befeuchtung der Luft wird das dampfförmige Wasser, das als Produktwasser in der PEMFC entsteht und mit etwa 80 °C die Kathode verlässt, genutzt. Der Befeuchter besteht aus bündelförmigen oder stapelförmigen Trennmembranen, die ein gutes Übertragungsverhalten von der Produktwasserseite zur Frischluftseite haben.

Wasserstoffversorgung

Die Elemente der Wasserstoffversorgung sind in Abb. 7 mit dem Wasserstofftank, Druckregler, Wasserstoffgebläse und Purge-Ventil zu sehen. Der Wasserstoff für die Anode des PEMFC-Stacks kommt aus dem Wasserstofftank und wird der Wasserstoffdosiereinheit zugeführt. Diese Dosiereinheit mischt frischen mit dem rückgeführten Wasserstoff und dosiert den Wasserstoffmassenstrom zur Leistungsregelung des Gesamtsystems. Außerdem hat die Dosiereinheit die Aufgabe, eine Wasserstoffverarmung auf der Anodenseite zu verhindern. Die Anodeneinheit stellt die Druckgleichheit zwischen Anoden- und Kathodenseite sicher und sorgt für die Befeuchtung des Frischgases. Die Befeuchtung des Frischwasserstoffs wird durch die Restfeuchtigkeit des rückgeführten Wasserstoffs erreicht. Während des Betriebs kommt es durch Luftstickstoffdiffusion von der Kathoden- zur Anodenseite zu einer Stickstoffanreicherung des Wasserstoffs. Diese Verunreinigung des Wasserstoffs vermindert den Wirkungsgrad der Brennstoffzelle. Deshalb wird das verunreinigte Gas, abhängig vom Energieumsatz, von Zeit zu Zeit über das Purge-Ventil abgeblasen (sogenanntes Purgen).

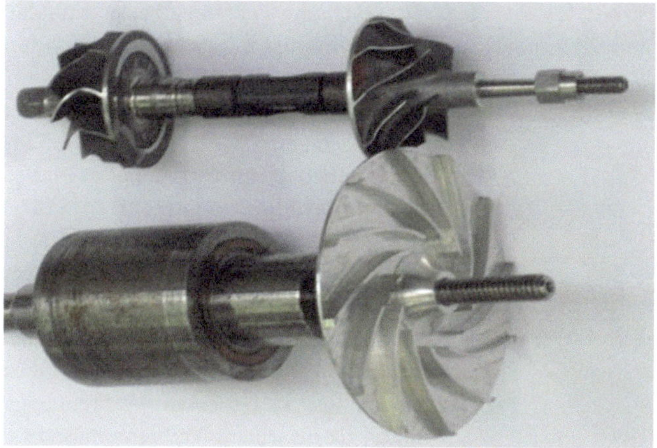

Abb. 8
Laufzeug eines elektrisch angetriebenen Verdichters (unten) und eines Abgasturboladers (oben) [9]

Thermomanagement – Kühlkreisläufe

Das Kühlsystem eines BZ-Systems im Fahrzeug stellt eine große technische Herausforderung dar. Das verwendete Kühlmittel darf elektrisch nicht leitend sein, da es sonst die beiden Elektroden kurzschließen würde. . Ein Leitfähigkeitssensor misst

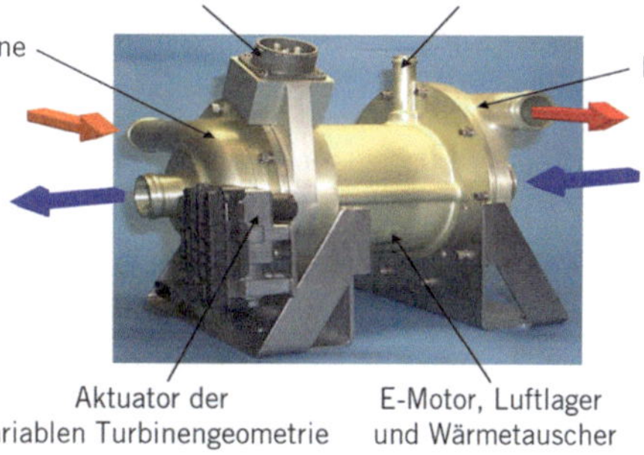

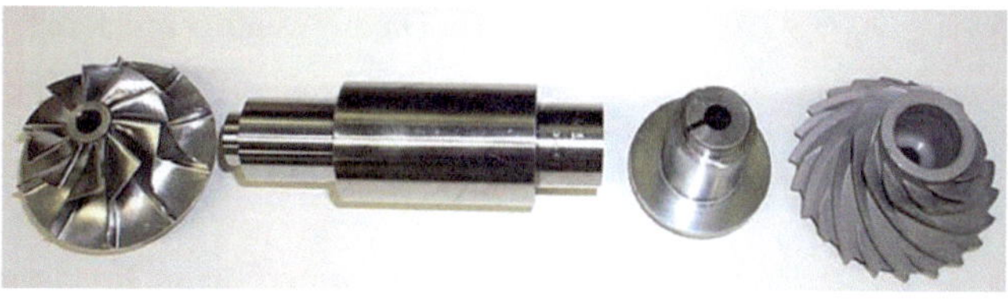

Abb.9
Elektrisch unterstützter Turbolader (PEM-Turbokompressor), Quelle: Honeywell

die elektrische Leitfähigkeit der Kühlflüssigkeit und sorgt mit einem Ionentauscher für einen optimalen Betrieb.

Die Brennstoffzelle arbeitet mit einer Betriebstemperatur von ca. 80 °C. Die Temperaturdifferenz zur Umgebung ist im Vergleich zum Verbrennungsmotor etwa 20 °C geringer. Dies muss bei der Kühlerauslegung berücksichtigt werden. Die bei einer Brennstoffzelle über den Kühler abzuführende Wärmemenge beträgt im Volllastfall mehr als 50 % der Brennstoffwärme und ist damit höher als bei einem Verbrennungsmotor, da bei einem Verbrennungsmotor ein großer Teil der Abwärme über das Abgas abgeführt wird. Bei einem BZ-Elektrofahrzeug kann ein Teil der Abwärme für die Beheizung der Fahrgastzelle verwendet werden. Dies ist ein wesentlicher Vorteil gegenüber einem Batterie-Elektrofahrzeug, bei dem hierfür bis zu 5 kW Leistung aus der Batterie entnommen werden muss.

Außerdem werden neben dem BZ-Stack-Hauptkühlkreislauf ein Ladeluft kühler und Kühlkreisläufe für den elektrischen Fahrantrieb, die Traktionsbatterie und die Leistungselektronik benötigt. Das Thermomanagement beinhaltet nicht nur die Kühlung, sondern steuert und kontrolliert auch die Kaltstartfähigkeit bei Temperaturen unterhalb des Gefrierpunkts und die Warmlaufphase. In einer späteren Folge dieser Reihe wird darauf noch detailliert eingegangen.

Elektrischer Fahrantrieb

Der elektrische Antriebsstrang (Fahrantrieb) mit der Leistungselektronik und dem oder den Elektromotor(en) unterscheidet sich nicht von einem Antrieb für ein Batterie-Elektrofahrzeug. Während der Fahrt arbeitet die E-Maschine im motorischen Betrieb. Die notwendige elektrische Leistung wird in der Regel von der Brennstoffzelle geliefert. Je nach Betriebsstrategie, Leistungsbedarf und Einsatzfall wird die elektrische Energie auch aus der Traktionsbatterie entnommen. Beim Bremsen und im Schub arbeitet die elektrische Maschine im generatorischen Betrieb und erzeugt Strom, der in der Traktionsbatterie gespeichert wird, siehe auch Kap. 5 und 6.

Traktionsbatterie

Der Einsatz einer Traktionsbatterie erlaubt die Rückgewinnung der Bremsenergie und verringert den Brennstoffverbrauch. Dadurch kann je nach Fahrweise und Fahrzyklus eine Energieersparnis von bis zu 25 % erreicht werden. Auch das Beschleunigungsverhalten eines BZ-Fahrzeugs wird durch die Batterie verbessert. Bezüglich Typ, Bauform und Kapazität werden meist Batterien analog den Hybridfahrzeugen verwendet, siehe Kap. 6. Ein Brennstoffzellenfahrzeug kann aber auch, wie beim Mercedes Benz GLC F-Cell mit einer größeren Batterie ausgestattet werden, die ein Fahren für längere Strecken aus der Batterie ermöglicht.

Wasserstoffspeicher für den mobilen Einsatz

Die Verwendung einer Brennstoffzelle im Fahrzeug verlangt die Speicherung einer ausreichenden Wasserstoffmenge an Bord. So erwartet man von einem Brennstoffzellenfahrzeug eine Reichweite von mindestens 500 km. Hierfür müssen etwa 5 kg H_2 gespeichert werden, da ein BZ-Fahrzeug, je nach Fahrzeuggröße und Betrieb, einen Verbrauch von circa 1 kg/100 km hat. Des Weiteren wird eine Betankungszeit von wenigen Minuten erwartet, ähnlich dem Betankungsvorgang mit Benzin- oder Dieselkraftstoff. Weitere Anforderungen betreffen die hohe volumetrische und gravimetrische Speicherdichte.

Daneben spielen die Kosten des Gesamtspeichers, eine hohe Lebensdauer und keinerlei Nutzungseinschränkungen eine wesentliche Rolle. Es müssen außerdem strenge Sicherheitsanforderungen beim Betrieb erfüllt werden. Die heute eingesetzte Technik berücksichtigt die Zündfähigkeit des Wasserstoffs und begrenzt die H_2-Verluste, die durch die Permeation durch die Speicherwand entstehen können auf sehr kleine Werte, die keinen messbaren Einfluss auf die Reichweite haben.

Den höchsten Entwicklungsstand haben die konventionellen Speichermethoden: Speicherung in Druckbehältern durch Verdichten des H_2 mittels Kompressor (Druckgasspeicher / Compressed H_2 (CH_2)) und Speicherung in flüssiger Form durch Kühlen und Verdichten (Flüssigspeicher / Liquid Hydrogen (LH_2)).

Druckgasspeicher

In den letzten Jahren hat der Druckgasspeicher eine weite Verbreitung gefunden. Waren vor bis etwa 2010 noch Drucktanks von 350 bar üblich, so sind heute Drucktanks mit 700 bar Standard. Der Energieaufwand zum Verdichten beträgt knapp 10 % des Energieinhalts des gespeicherten Wasserstoffs. Ein komplettes Tanksystem wiegt circa 100 kg und speichert 5 kg H_2. Dieser Speicher erfüllt alle Sicherheitsanforderungen der Automobilindustrie, beispielsweise für Crashtests. Um die notwendigen Wasserstoffmengen mit 700 bar Druck speichern zu können und zugleich den zur Verfügung stehenden Platz im Fahrzeug optimal zu nutzen, werden üblicherweise mehrere zylindrische Speicherbehälter eingesetzt, **Abb. 10**.

Flüssigwasserstoffspeicher

Flüssigwasserstoffspeicher werden vor allem für große Wasserstoffmengen eingesetzt. Dazu wird der Wasserstoff verflüssigt (LH_2) und in einem speziellen wärme- und vakuum-isolierten Tank (Kryogentank) bei -253 °C gespeichert. Der Betriebsdruck beträgt etwa 4 bar. Nachteilig bei dieser Art der Speicherung sind der Aufwand für die Wärmeisolierung und die Verdunstungsverluste (Boil-off-Effekt) von circa 1 bis 3 % der gespeicherten Menge in 24 h. Des Weiteren wird etwa 30 % der gespeicherten Energie benötigt, um den Wasserstoff zu verflüssigen.

Abb. 10 Wasserstoff-Druckspeicher mit 700 bar Speicherdruck (Ventileinheit mit Druck-, Temperatursensor, Absperrventil, Schmelzsicherung (links); carbonummantelte Druckgasbehälter (rechts)), Quelle: Daimler

Alternative Wasserstoffspeicher

Alternative Arten der Wasserstoffspeicherung basieren auf Flüssigkeiten und Feststoffen, in denen der Wasserstoff gebunden ist. Unter den Feststoffspeichern werden Hydridspeicher verstanden, die in Metallhydride, Speicherlegierungen, Grafitnanoröhrchen, Kohlenstoffnanofasern und Mikrogasperlen unterteilt werden [6]. Außerdem kann Wasserstoff in verschiedenen chemischen Verbindungen gespeichert werden, die zum Beispiel durch Reformierung an Bord zu einem wasserstoffreichen Reformergas umgesetzt werden können. Solche Wasserstoffträger sind z. B. Methanol, Liquid Organic Hydrogen Carrier (LOHC), Benzin, Erdgas, Ammoniak und Hydrazin [6]. Die Speicherung dieser Energieträger ist zwar oft wesentlich einfacher, allerdings ist eine zusätzliche Komponente, z. B. ein Reformer erforderlich. Die verschiedenen H_2-Speichersysteme unterscheiden sich vor allem in ihrer technischen Reife und darin, ob sie alle notwendigen fahrzeugspezifischen Anforderungen erfüllen können. **Tabelle 2** listet die verschiedenen Arten der Wasserstoffspeicherung auf.

7.2.3 Wasserstoffinfrastruktur

Für die Wasserstoffwirtschaft ist die Nutzung von H_2 im mobilen Bereich derzeit noch unbedeutend. Das Anwendungsspektrum für Wasserstoff ist in der Chemie- und Energieindustrie sehr breit gefächert

Tabelle 2
Arten der Wasserstoffspeicherung

Druckwasserstoffspeicher	200, 350, 700 bar < 10 % Energieaufwand
Flüssigwasserstoffspeicher	20,4 K (–252,8 °C)
	20 l => 1,4 kg H_2
	30 % Energieaufwand, 1 bis 3 % Verdampfung
Metallhydridspeicher	Wasserstoff in Metall, Metallhydrid
	Eisen, Titan, Lanthanium (–20 bis 100 °C)
	NaAl-Verbindungen (100 bis 200 °C)
	Magnesium (200 °C)
Kohlenwasserstoffe	C_8H_{18}, C_2H_5OH, CH_3OH, CH_4
Chemisch gebunden, Borax	$NaBH_4 + 2H_2O \rightarrow NaBO_2 + 4H_2$ + Wärme
Graphit-Nano-Speicher	

und stetig wachsend. So entwickeln sich ständig neue Anwendungsfelder für Wasserstoff als Stoff- und Energielieferant.

Als Stoff- und Energiequelle für den Wasserstoff selbst werden fossile Brennstoffe (Erdöl, Kohle und Erdgas) genutzt. Erneuerbare Energiequellen (Wasser-, Wind- und Solarenergie) können für die Elektrolyse zur Wasserstofferzeugung genutzt werden. H_2 kann auch aus Biomasse hergestellt werden. Außerdem fällt Wasserstoff in vielen chemischen Prozessen (z. B. Chloralkalielektrolyse) als Nebenprodukt an.

Für die verschiedenen Einsatzfälle wird Wasserstoff in drei Zuständen (gasförmig bei niedrigem Druck (H_2), als Druckgas (CH_2) und als Flüssiggas (LH_2)) genutzt. Zudem bestimmen die Einsatzfälle die Vielfalt in Produktion, Verteilung, Bereitstellung und Speicherung. Um den Einsatz für den mobilen Bereich voranzutreiben, wird diese Vielfalt genutzt, gegebenenfalls angepasst und verändert. Durch Wasserstoff kann Energie grundsätzlich sehr flexibel werden und in seiner Universalität Erdöl weitgehend ersetzen.

Wasserstofferzeugung

Jules Verne schreibt 1874 in seinem Roman „Die geheimnisvolle Insel": „Das Wasser ist die Kohle der Zukunft. Die Energie von morgen ist das Wasser, das durch elektrischen Strom zerlegt worden ist. Die so zerlegten Elemente des Wassers Wasserstoff und Sauerstoff werden auf unabsehbare Zeit hinaus die Energieversorgung der Erde sichern."

Wasserstoff gilt als Sekundärenergieträger, der genauso wie elektrischer Strom aus anderen Energieträgern hergestellt werden muss. Heute wird Wasserstoff in industriellen Mengen meist mittels Dampfreformierung aus Erdgas bzw. anderen fossilen Energieträgern erzeugt oder fällt als Nebenprodukt bei chemischen Prozessen an. Geringere Mengen von Wasserstoff werden als Elektrolysewasserstoff aus elektrischer Energie erzeugt, die wiederum mittels Wind, Sonne, Wasser oder in BHKW aus Biomassegas gewonnen wird. Dieses Produktionsverfahren wird künftig stark an Bedeutung gewinnen. Energiepflanzen und biologische Abfälle, kurz Biomasse genannt, können über die Schritte Vergasung und Reformierung zur Wasserstofferzeugung genutzt werden. Weitergehende Forschungen beschäftigen sich mit der Erzeugung von Wasserstoff über Photoelektrolyse und Fermentation von Biomasse.

Die geplante Wandlung von Wind- und Sonnenenergie in elektrische Energie mit zeitlich stark schwankenden Energiemengen verlangt eine Pufferung und Speicherung großer Energieüberschüsse. Bei Wandlung dieser Überschussenergie mittels Elektrolyse in Wasserstoff kann dieser als Energiespeicher dienen und bedarfsgerecht, sowohl regional als auch zeitlich, Energie zur Verfügung stellen. Bei einem Brennstoffzellenfahrzeug kann der so erzeugte Wasserstoff, e-Hydrogen genannt, direkt genutzt werden. Weiterhin kann aus H_2 und CO_2 erneuerbares Methan CH_4 erzeugt werden, und dann in das Erdgasnetz eingespeist, um zum Beispiel in Erdgasmotoren im mobilen Bereich genutzt zu werden. Auch die Herstellung flüssiger Kraftstoffe aus Wasserstoff und Kohlenstoffdioxid ist möglich.

Wasserstoffverteilung und -betankung

Die Betankung eines Brennstoffzellenfahrzeugs unterscheidet sich – im Gegensatz zum Aufladevorgang eines Batteriefahrzeugs – in Bezug auf Bedienung und Betankungsdauer kaum von einem Tankvorgang für Benzin- oder Dieselfahrzeuge. In einer H_2-Tankstelle sind die Wasserstoffbevorratung, Vorkonditionierung und die Wasserstoffabgabe vereint. Der Wasserstoff wird vom Hersteller angeliefert. Es gibt jedoch auch Überlegungen, den Wasserstoff direkt an der Tankstelle zu erzeugen. Dies könnte durch einen Erdgasreformer erfolgen, der an ein Erdgasnetz angeschlossen ist. Eine weitere Möglichkeit stellt die Wasserstoffherstellung über Elektrolyse vor Ort dar. Das kann entweder über eine dezentrale und autarke Versorgung mit elektrischer Energie, beispielsweise mittels Solar- oder Windenergiestrom, geschehen, oder aber durch den Einsatz von zentral erzeugtem regenerativen Strom, der über das Stromnetz zur Tankstelle transportiert wird.

Abb. 11 Wasserstoffbetankung, Quelle: Daimler

Bevor der Wasserstoff dem Fahrzeug über eine Zapfpistole (Dispenser) zugeführt wird, muss er entsprechend dem Tanksystem des Fahrzeugs vorkonditioniert werden, da es Fahrzeuge mit 350 (Busse) oder 700 (Pkw) bar Speicherdruck im Tanksystem gibt. **Abbildung 11** zeigt die Betankung eines Wasserstofffahrzeugs. Um eine Schnellbetankung im Bereich weniger Minuten zu ermöglichen, wird der Wasserstoff auf bis zu −40 °C heruntergekühlt; damit lässt sich eine zu große Erwärmung während des Tankens vermeiden; die getankte Masse sinkt mit steigender Temperatur. Die Abgabe von flüssigem Wasserstoff hat derzeit keine Bedeutung.

Neben den wenigen bestehenden werden zusätzliche Wasserstofftankstellen in Deutschland und weltweit aufgebaut oder sind in der Planung. Verschiedene Automobilhersteller haben sich zusammengeschlossen, um eine uneingeschränkte H_2-Versorgung für die Besitzer von Brennstoffzellenfahrzeugen sicherzustellen. Das ist für eine erfolgreiche Markteinführung eine notwendige Voraussetzung. Eine flächendeckende und ausreichende Wasserstoffversorgung in Deutschland wird mit mindestens tausend Tankstellen erreicht. Neben stationären H_2-Tankstellen haben auch mobile Tankstellen für die Übergangszeit Bedeutung. Der Aufbau einer öffentlichen Wasserstoffinfrastruktur für BZ-Fahrzeuge wird in den kommenden Jahren mit hohen Investitionen verbunden sein. Studien gehen davon aus, dass der Aufbau einer öffentlichen Batterieladeinfrastruktur für circa 1 Millionen Batteriefahrzeuge ähnliche Kosten verursacht wie der Aufbau von 1000 H_2-Tankstellen [7]. Man rechnet mit bis zu 2 Milliarden Euro Investitionskosten. Da der Markt für alle alternativen Antriebe erst im Entstehen ist, kann weder für elektrischen Strom noch für Wasserstoff ein marktfähiger Preis, auch unter Berücksichtigung der steuerlichen Belastung, genannt werden.

Rechtsvorschriften, Standards, Normen

Die geplanten Serieneinführungen von BZ-Fahrzeugen erfordern international anerkannte Rechtsvorschriften, Standards und Normen [8]. Für Brennstoffzellenfahrzeuge wurde das Komitee ISO / TC22 / SC21 ausgewählt, das die Themen:

- sicherer Betrieb von Brennstoffzellenfahrzeugen
- Schutz von Personen gegen elektrische Gefährdung
- Schutz gegen Gefährdung durch Wasserstoff in Fahrzeugen mit Druckgasbehältern

bearbeitet. Des Weiteren befasst sich die SAE mit folgenden Themen: Terminologie, Leistungskennwerte, Verbrauch, Emissionen, Schnittstellen, Sicherheit und Recycling. ECE-Regelungen beschäftigen sich auch mit der Qualifizierung und Harmonisierung von Fahrzeugvorschriften. Weitere Institutionen arbeiten an den Normen, Standards und Rechtsvorschriften [8].

7.2.4 Gesamtwirkungsgrad

Bei der Verwendung von Benzin- und Dieselkraftstoffen in Kraftfahrzeugen können der Kraftstoffverbrauch und die CO_2-Emission durch sogenannte Tank-zu-Rad-Betrachtungen (Tank to Wheel, Wirkungsgrad des Fahrzeugs) beschrieben werden. Tank to Wheel beschreibt die Energiewandlung von der Bereitstellung der chemischen Energie im Tank bis zur kinetischen Energie am Rad. Bei Kraftfahrzeugen mit Verbrennungsmotor ist der Unterschied zwischen Quelle zum Rad (Well to Wheel) und Tank to Wheel relativ gering; die Differenz liegt bei knapp 20 % bei Diesel- und Benzinkraftstoff. Die Well-to-Tank-Betrachtung beschreibt den erforderlichen Aufwand, bis der Kraftstoff oder die elektrische Energie im Fahrzeug (Tank oder Batterie) verfügbar ist. Die zunehmende Beschäftigung mit alternativen Kraftstoffen und alternativen Antrieben zeigt, dass die Tank-to-Wheel-Betrachtungen nicht mehr ausreichend sind. Eine Gesamtanalyse vom Bohrloch bis zum Rad (Well to Wheel) ist notwendig. Diese ist hilfreich bei der ökologischen Bewertung von alternativen Antrieben. Sie beschreibt den Energieverbrauch für die Erzeugung des Kraftstoffs und den Betrieb des Fahrzeugs, aber nicht den Aufwand für die Herstellung, Unterhaltung, Wartung und Entsorgung des Fahrzeugs. Für diesen Bereich fehlen heute noch gesicherte Daten für die alternativen Antriebe. Damit ist die Well-to-Wheel-Betrachtung ein notwendiges, aber nicht ausreichendes Kriterium zur Beurteilung neuer, mobiler Energiewandlersysteme.

Bei einem rein batteriebetriebenen Elektrofahrzeug führt ein Tank-to-Wheel-Energieverbrauch zu Werten von etwa 17 kWh/100 km für ein Fahrzeug der Kompaktklasse mit keinerlei lokalen Emissionen. Es kann aber, je nach Stromerzeugung, bei einer Well-to-Tank-Betrachtung zu CO_2-Emissionen von 10 g CO_2/km bis zu etwa 100 g CO_2/km, und deutlich darüber hinaus, kommen. Alternative Antriebe führen somit nicht zwangsläufig zu einer geringen CO_2-Emission. Dies gilt natürlich auch für einen Antrieb mit Brennstoffzellen. Mittels eines Energiebilanzierung-Programms ergibt sich für einen Brennstoffzellenantrieb

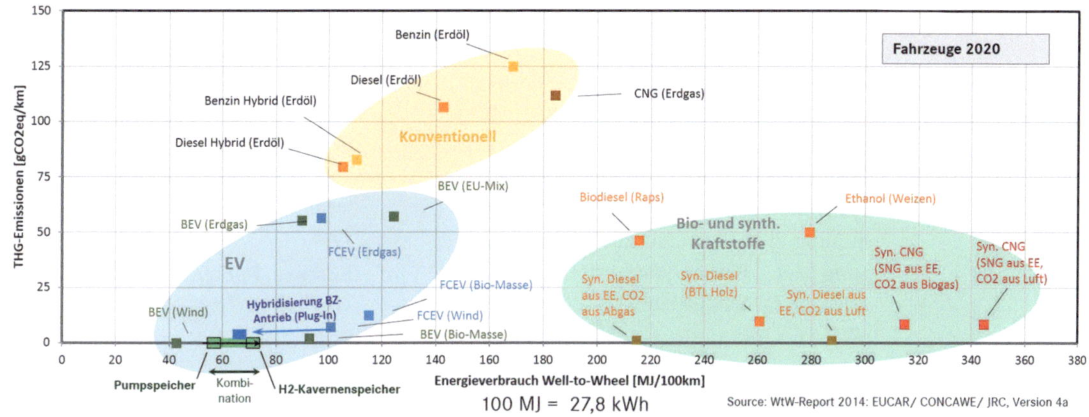

unter Verwendung regenerativ erzeugter elektrischer Energie, Nutzung einer optimalen Elektrolyse und mit Druckwasserstoff eine CO_2-Emission von etwa 10 g/km im europäischen Fahrzyklus. **Abb. 12**.

7.2.5 Zusammenfassung

Die neuen Brennstoffzellenfahrzeuge auf dem Markt haben derzeit oft einen Frontantrieb. Es gibt aber auch Fahrzeuge mit Heckantrieb. Gemeinsam ist den meisten Fahrzeugen ist, dass das Brennstoffzellensystem, der Elektromotor, die Luftversorgung mit Luftbefeuchter sowie die Wasserstoffzumessung und Kühlung, ähnlich einem herkömmlichen Antrieb, im Vorderwagen untergebracht sind, **Abb. 13**. Die Wasserstofftanks und die Batterie sind im unteren oder hinteren Fahrzeugbereich angeordnet [10,11]. Die Antriebs- und Fahrleistungen entsprechen dabei den für den jeweiligen Fahrzeugtyp gängigen Werten. Technologisch sind diese Fahrzeuge für eine Markteinführung reif [7]. Ziel ist jetzt vor allem, eine marktfähige Kosten- und Preissituation zu erreichen.

Der Entwicklungsstand der Brennstoffzellentechnologie wurde durch stetige und signifikante Verbesserungen in allen Bereichen erreicht, beispielweise deutliche Verbesserung des Wirkungsgrads,

Abb. 12 WTW-Bilanz verschiedener Antriebe und Kraftstoffe, Quelle: Daimler AG & JEC WTW Report 2014

Abb. 13 Brennstoffzellenfahrzeug, Quelle: Daimler AG

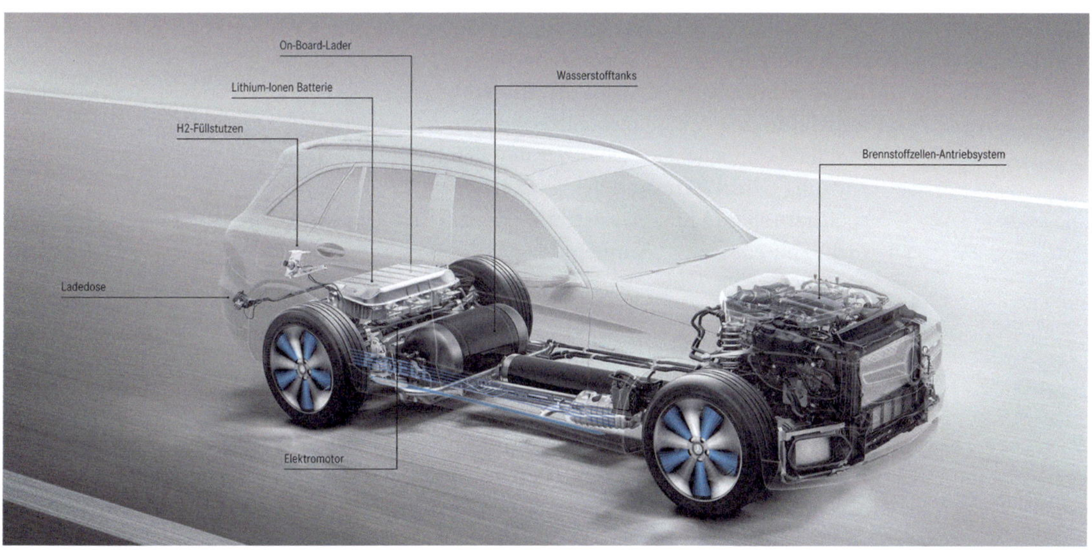

Verbesserung der Leistungsdichte, Verringerung der Abwärme, optimale Nutzung der Abwärme zur Fahrzeugklimatisierung, Verbesserung des Kaltstarts, höhere Leistungsfähigkeit bei tiefen Temperaturen, Vereinfachung und Verbesserung der Befeuchtung sowie Wirkungsgraderhöhung der Luftversorgung. Die Einführung der 700-bar-Wasserstoffdrucktanks ermöglicht Reichweiten von mindestens 500 km. Optimierte Betriebsstrategien regeln das Zusammenspiel zwischen Batterie und Brennstoffzelle zur Erhöhung der Agilität des Fahrzeugs bei hoher Energieeffizienz. Die Haltbarkeit und die Lebensdauer des BZ-Systems wurden an die Fahrzeuglebensdauer angepasst. Die Reduzierung des Edelmetallbedarfs und eine verbessertet Stackkonstruktion führten zu einer Kostensituation, die eine Marktfähigkeit ermöglicht. Eine flächendeckende Markteinführung ist an eine funktionierende Infrastruktur gekoppelt. Der Ausbau der Tankstellen und der Produktionskapazitäten von Wasserstoff kann nur Stück für Stück mit einer steigenden Nachfrage nach Wasserstoff für den mobilen Bereich erfolgen.

Wasserstoff ist ein klimaneutraler Energieträger, der zusammen mit einer Brennstoffzelle und einem Elektroantrieb ein zukunftsträchtiges Antriebssystem für Kraftfahrzeuge ist. Der brennstoffzellenbasierte Fahrzeugantrieb wird damit ohne Einschränkungen eine umweltfreundliche Mobilität ermöglichen. Neben der mobilen Nutzung wird Wasserstoff bei der Energiespeicherung und Energieverteilung immer mehr an Bedeutung gewinnen.

Literaturhinweise

[1] Heinzel, A.; Mahlendorf, F.; Roes, J.: Brennstoffzellen. Heidelberg: Mülle, 2006

[2] Braess, H.-H.; Seiffert, U. (Hrsg.): Vieweg Handbuch Kraftfahrzeugtechnik. Springer Vieweg: Wiesbaden 2013

[3] Kurzweil, P.: Brennstoffzellentechnik. Wiesbaden: Vieweg, 2003

[4] Reif, K. (Hrsg.): Konventioneller Antriebsstrang und Hybridantriebe. Wiesbaden: Vieweg+Teubner, 2010

[5] Eichlseder, H.; Klell, M.: Wasserstoff in der Fahrzeugtechnik. Springer Vieweg: Wiesbaden, 2012

[6] Kurzweil, P.: Brennstoffzellentechnik. Wiesbaden: Vieweg, 2003

[7] Nationale Organisation Wasserstoff- und Brennstoffzelletechnologie (Hrsg.): Ein Portfolio von Antriebssystemen für Europa: Eine faktenbasierte Analyse. Berlin, 2010

[8] Heinzel, A.; Mahlendorf, F.; Roes, J.: Brennstoffzellen. Heidelberg: C. F. Müller, 2006

[9] Rethmann, T.: Luft ersorgung für eine PEM-Brennstoffzelle nach dem Prinzip eines elektrisch unterstützten Turboladers. Osnabrück, Hochschule, Diplomarbeit, WS 2001/02

[10] Schmitz, S.; von Unwerth, T.: Brennstoffzelle – Option zur Elektrifizierung der Langstreckenmobilität. 7. VDI-Tagung Innovative Fahrzeugantriebe, Dresden, 2010

[11] Mohrdieck, C, Dehn, S.: Das intelligente Brennstoffzellen-Plug-in-Hybrid-Antriebssystem des Mercedes-Benz GLC F-Cell, ATZ elektronik 04/2019 14. Jahrgang, Springer

8 Getriebe

Ferit Küçükay, Carl-Philipp Seekamp, Marcel Sander

8.1 Einleitung

Die am Rad erforderliche Drehzahl-Drehmoment-Charakteristik, das sogenannte Bedarfskennfeld, unterscheidet sich deutlich von der der Antriebsmotoren eines Fahrzeugs, ob Verbrennungs- oder Elektromotor (VM oder EM). Aus diesem Grund ist eine Übersetzung oder sind mehrere Übersetzungen zwischen der Antriebsmaschine und dem Rad erforderlich, welche durch das Getriebe realisiert werden. Durch die Übersetzungen werden Drehzahl und Drehmoment der Antriebsmaschinen gewandelt, sodass eine möglichst hohe Abdeckung des Bedarfskennfelds resultiert. Aufgrund der Drehzahl-Drehmoment-Charakteristik von EM sind üblicherweise wenige Übersetzungen oder Gänge zur Abdeckung des Bedarfskennfelds erforderlich. Demgegenüber ist eine hohe Ganganzahl bei VM erforderlich. Bei konventionellen und vielen hybriden Antrieben ist außerdem noch ein Anfahraggregat dem Getriebe vorgeschaltet, um die Drehzahllücke des VM zu überbrücken.

8.2 Aufgaben der Getriebe im Triebstrang

Anfahraggregate und Getriebe werden allgemein als Kennungswandler bezeichnet, da sie das Drehmoment und/oder die Drehzahl wandeln können. Eine Reibkupplung ist nur ein Drehzahlwandler, während ein Getriebe und ein hydrodynamischer Drehmomentwandler (HDDW) einen Drehmoment- und Drehzahlwandler darstellen.

Kennungswandler sind Bestandteil des Triebstrangs (auch Antriebsstrang genannt), dessen Grundaufgabe es ist das Kennfeld der Antriebsmaschinen (VM und/oder EM) so zu wandeln, dass der Zugkraftbedarf am Rad entsprechend des Bedarfskennfelds des Fahrzeugs erfüllt wird und die Kraft- bzw. Drehmomentübertragung von der (den) Antriebsmaschine(n) bis zu den Antriebsrädern durch Verwendung von Bauteilen wie Wellen und Gelenken zur Übertragung der geometrischen Distanz gewährleistet sind.

8.2.1 Aufgaben der Anfahraggregate

In Elektroantrieben und bestimmten Hybridantrieben (z. B. in leistungsverzweigten Hybriden) sind Anfahraggregate nicht nötig, da bei ihnen der Anfahrvorgang alleine über die EM – die von Drehzahl null an das maximale Drehmoment bietet – erfolgen kann. Insofern werden die Anfahraggregate nur in Antrieben (konventionell oder hybrid) benötigt, wo die Drehzahllücke der VM beim Anfahren überbrückt werden muss, [3].

H. Tschöke et al. (Hrsg.), *Elektrifizierung des Antriebsstrangs*, ATZ/MTZ-Fachbuch, https://doi.org/10.1007/978-3-662-60356-7_8

In diesen Antrieben übernehmen Anfahraggregate folgende Aufgaben:

- Angleichung der Motordrehzahl an die Drehzahl der Getriebeeingangswelle beim Anfahren (Überbrückung der Drehzahllücke).
- Trennung des laufenden Motors vom Getriebe im Stillstand und beim Gangwechsel (bei Stufengetrieben).
- Reduzierung der Drehungleichförmigkeiten des VM durch Schwingungsisolation.
- Reduzierung der sprungartigen Drehmomentüberhöhung am Getriebeeingang (Überlastschutz [2]).

Die letzten zwei genannten Aufgaben bzw. Eigenschaften der Anfahraggregate verhelfen insbesondere zu einer Verbesserung des Komforts und der Lebensdauer der Antriebe.

8.2.2 Aufgabe der Getriebe

Die Grundaufgaben der Getriebe lassen sich folgendermaßen definieren:

- Wandlung des von der Antriebsmaschine abgegeben Drehzahl-Drehmoment-Kennfelds (oder: ‚Kennfelder', wenn mehr als eine Antriebsmaschine mit dem Getriebe kombiniert werden) an das Bedarfskennfeld des Fahrzeugs.
- Drehrichtungsumkehr zur Realisierung des Rückwärtsgangs, wobei dies nicht in Getrieben bei elektrischen und bestimmten Hybridantrieben enthalten ist. Dort kann über die Regelung des Elektromotors eine Umkehr der Drehrichtung des Getriebeausgangs bewirkt werden. Anders ist es in konventionellen und bestimmten Hybridantrieben, bei denen der Drehsinn der Ausgangsdrehzahl des Getriebes mit dem Drehsinn des – stets in einer Richtung drehenden – VM-Ausgangs gekoppelt ist.

Als Drehzahl- und Drehmomentwandler spielt das Getriebe in allen elektrischen, hybridischen oder konventionellen Antriebskonzepten eine zentrale Rolle. Dies liegt daran, dass das Drehmoment-Drehzahl-Kennfeld der Antriebsmaschine(n) alleine nicht in der Lage ist (sind), das Bedarfskennfeld abzudecken. Je unterschiedlicher die Form und der Verlauf des Kennfelds der Antriebsmaschine(n) und das Bedarfskennfeld des Fahrzeugs sind, umso mehr „Wandlungsaufwand" entsteht an der Getriebeseite. Deshalb genügen im Zusammenhang mit Elektroantrieben „einfache" Getriebe mit nur einem oder zwei Gängen (in seltenen Fällen mit drei Gängen), da das Kennfeld einer EM dem des Bedarfskennfelds relativ stark ähnelt.

Antriebe mit VM benötigen dagegen, wegen den ungünstigeren Kennfeldern des VM, „komplexere" Getriebe mit sehr viel mehr Gängen. In Abhängigkeit der VM-Eigenschaften kann es sinnvoll sein, dass das Getriebe bis zu neun oder zehn Gänge aufweist, [1].

In den Hybridantrieben hängt die Komplexität des Getriebes von dem entsprechenden Antriebskonzept ab. In der Regel gilt: Je höher der Anteil der elektrischen Leistung an der Gesamtantriebsleistung ist, umso „einfacher" kann das Getriebe gestaltet werden. So enthalten serielle oder leistungsverzweigte Hybridantriebe („DHT = Dedizierte Hybrid-Getriebe" genannt, Kap. 13) einfachere Getriebe als die Add-On-Hybridantriebe in P1- oder P2-Anordnung mit z. B. 9-Gang-Automatikgetriebe mit Drehmomentwandler oder 7-Gang-Doppelkupplungsgetriebe, Kap. 11 und 12.

8.3 Kinematik der Kennungswandler durch Getriebe

Getriebe werden als Drehzahl-Drehmoment-Wandler bezeichnet, da sie im Gegensatz zu Kupplungen in der Lage sind, das Drehmoment durch die Übersetzungsstufen zu wandeln. Die Getriebeübersetzung i

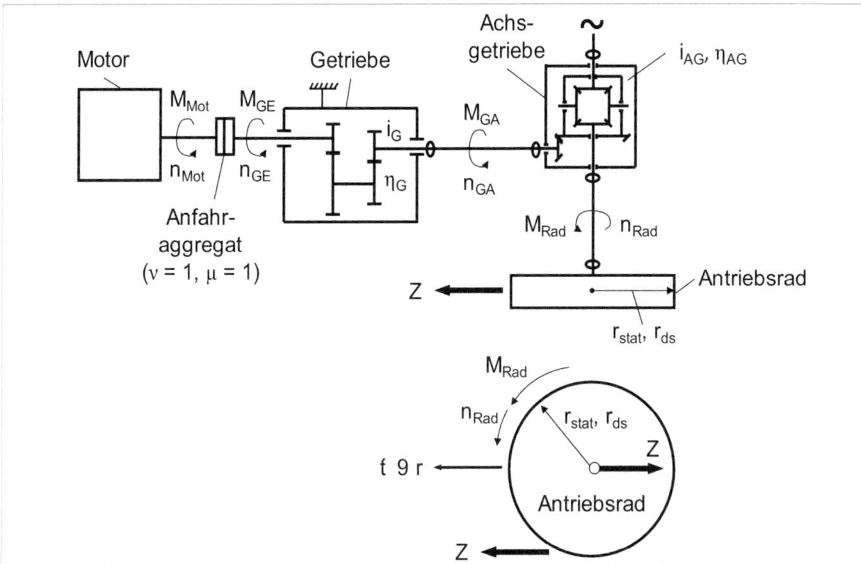

Abb. 1 Drehzahl-Drehmoment-Wandlung in einem Antriebsstrang mit Motormoment M_{Mot}, Motordrehzahl n_{Mot}, Getriebeeingangsmoment M_{GE}, Getriebeeingangsdrehzahl n_{GE}, Getriebeübersetzung i_G, Getriebewirkungsgrad η_G, Getriebeausgangsmoment M_{GA}, Getriebeausgangsdrehzahl n_{GA}, Achsgetriebeübersetzung i_{AG}, Achsgetriebewirkungsgrad η_{AG}, Radmoment M_{Rad}, Raddrehzahl n_{Rad}, statischer Reifenhalbmesser r_{stat}, schlupfbehafteter Reifenhalbmesser r_{ds} und Zugkraft Z

wird durch das Verhältnis zwischen Eingangs- und Ausgansdrehzahl definiert.

$$i = \frac{n_{GE}}{n_{GA}} = \frac{Getriebeeingangsdrehzahl}{Getriebeausgangsdrehzahl} \quad (1)$$

Für die Getriebeübersetzung gilt, wenn

- $i>0$, dann ist die Drehrichtung der Getriebeeingangs- und -ausgangswelle gleich,
- $i<0$, wird die Drehrichtung im Getriebe umgekehrt,
- $|i|>0$, findet eine Übersetzung ins Langsame statt,
- $|i|<0$, wird eine Übersetzung ins Schnelle vollzogen.

Abbildung 1 zeigt exemplarisch anhand eines Standardantriebs die Drehzahl- und Drehmoment-Wandlung vom Motor bis zu den Antriebsrädern. Der Motor liefert die Motordrehzahl n_{Mot} und das Motormoment M_{Mot}. Bei der weiteren Betrachtung wird angenommen, dass das Anfahraggregat überbrückt ist und somit kein Schlupf auftritt.

Im Getriebe werden die einzelnen Gänge mit ihrer jeweiligen Übersetzung i_G geschaltet. Jedes Getriebe besitzt einen Wirkungsgrad η_G welcher fortlaufend berücksichtigt wird. Somit lassen sich für den Getriebeausgang die folgenden Kennungen definieren:

$$n_{GA} = \frac{n_{Mot}}{i_G}, \quad (2)$$

$$M_{GA} = M_{Mot} \cdot i_G \cdot \eta_G, \quad (3)$$

$$P_{GA} = P_{Mot} \cdot \eta_G. \quad (4)$$

Die Leistung vom Motor wird durch das Getriebe nicht gewandelt, sondern wird lediglich durch den Wirkungsgrad des Getriebes verringert, mit

$$P_{Mot} = M_{Mot} \cdot n_{Mot} \cdot \frac{2 \cdot \pi}{60}. \quad (5)$$

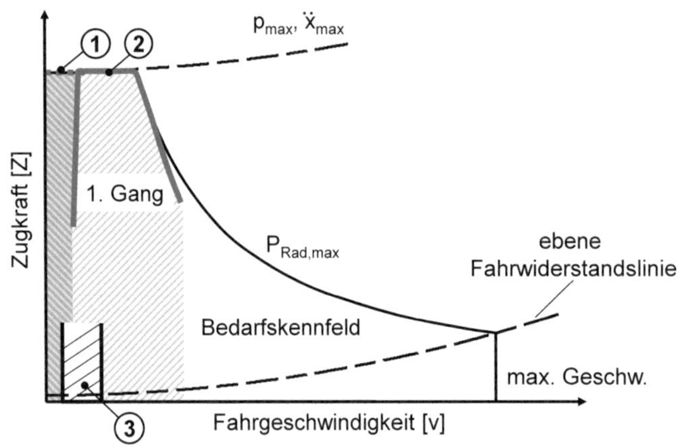

Abb. 2 Beschreibung der Kriterien zur Auslegung der größten Getriebeübersetzung anhand des Zugkraft-Diagramms, 1: Anfahrfähigkeit mit Reibkupplung, 2: Steigfähigkeit, Beschleunigungsvermögen, 3: Kriechgeschwindigkeit

Eine weitere Wandlung erfolgt durch das Achsgetriebe. Die Ausgangsgrößen am Achsgetriebe lassen sich unter der Berücksichtigung der Achsgetriebeübersetzung i_{AG} und dem Wirkungsgrad des Achsgetriebes η_{AG}, mit den folgenden Gleichungen ermitteln:

$$n_{Rad} = \frac{n_{Mot}}{i_G \cdot i_{AG}}, \tag{6}$$

$$M_{AG,aus} = M_{Mot} \cdot i_G \cdot i_{AG} \cdot \eta_G \cdot \eta_{AG}, \tag{7}$$

$$P_{Rad} = P_{Mot} \cdot \eta_G \cdot \eta_{AG}. \tag{8}$$

Durch die Kenntnis über den statischen Reifenhalbmesser r_{stat} wird die Zugkraft Z berechnet

$$Z = \frac{M_{Rad}}{r_{stat}}. \tag{9}$$

Schließlich lässt sich die Fahrzeuggeschwindigkeit in Abhängigkeit von der Motordrehzahl bestimmen:

$$v = \dot{x} = \frac{n_{Mot}}{i_G \cdot i_{AG}} \cdot \frac{2 \cdot \pi}{60} \cdot r_{ds}. \tag{10}$$

Dabei ergibt sich die Fahrgeschwindigkeit in Längsrichtung des Fahrzeugs aus der Raddrehzahl unter Berücksichtigung des dynamischen schlupfbehafteten Reifenhalbmesser r_{ds}. Mithilfe der Gl. (10) lassen sich die Drehzahl n – Geschwindigkeit v – Diagramme (auch Sägezahndiagramme genannt) erstellen, wenn für die Gesamtübersetzung des Triebstrangs gilt:

$$i = i_G \cdot i_{AG}. \tag{11}$$

8.3.1 Auslegung der größten Übersetzung

Die Wahl der größten Übersetzung hat einen entscheidenden Einfluss auf die Kriterien Anfahrfähigkeit, Steig- und Beschleunigungsfähigkeit sowie die Kriechgeschwindigkeit eines Fahrzeuges. **Abbildung 2** veranschaulicht diese Zusammenhänge, wobei der Luftwiderstand beim Anfahren keine Rolle spielt.

Die *Anfahrfähigkeit*, auch die erforderliche maximal übertragbare Zugkraft, des voll beladenen Fahrzeugs inklusive maximaler Anhängelast an einer definierten Steigung muss gegebenen sein (Punkt 1 in Abb. 2). Die Reibarbeit in der Kupplung ist dabei umso kleiner je größer die Übersetzung des ersten Ganges ist.

Die *Steigfähigkeit* (Punkt 2 in Abb. 2) beschreibt die maximal mögliche Steigung, welche mit diesem Fahrzeug befahren werden kann. Der erste Gang ist hierbei eingelegt, die Kupplung geschlossen und der Motor befindet sich im Betriebspunkt seines maximalen Drehmoments. Ähnlich verhält es sich mit der maximal möglichen *Beschleunigungsfähigkeit*: Wenn das Fahrzeug keine Steigung befährt, sondern sich in der Ebene befindet, so wird die maximale Beschleunigung des Fahrzeugs in demselben Betriebspunkt wie die maximale Steigfähigkeit erreicht. Grundsätzlich lassen sich mit einer größeren Übersetzung folglich die Steig- und Beschleunigungsfähigkeit eines Fahrzeugs verbessern. Die

Bereiche (Punkte) 1 und 2 können jedoch nicht über der Traktionsgrenze

$$Z_{max} = \frac{M_{Rad,max}}{r_{stat}} \quad (12)$$

liegen, da in diesem Fall die erforderliche Zugkraft zum Befahren der entsprechenden Steigung bzw. zum Erreichen der maximalen Beschleunigung zwar durch den Antrieb bereitgestellt werden könnte, allerdings die Reifen die Haftung verlieren würden.

Der Bereich 3 in Abb. 2 zeigt ein weiteres Kriterium für die Wahl der größten Getriebeübersetzung, die *Kriechgeschwindigkeit*:

$$v_{kriech} = n_{LL} \cdot \frac{\pi}{30} \cdot \frac{1}{i_1} \cdot r_{dyn}. \quad (13)$$

Die Kriechgeschwindigkeit beschreibt die Geschwindigkeit des Fahrzeugs im ersten Gang bei geschlossener Kupplung und Leerlaufdrehzahl des Verbrennungsmotors. Die Kriechgeschwindigkeit darf nicht zu hoch werden, da ansonsten die subjektive Bewertung des Fahrverhaltens beispielsweise in Stausituationen, durch das ständige Auflaufen des Fahrzeugs auf den vorausfahrenden Verkehr, schlecht ausfällt. Die Kriechgeschwindigkeit sollte in der Praxis unterhalb von 7 km/h liegen. Sie ist antiproportional zur Übersetzung des ersten Ganges. Bei Elektrofahrzeugen ist dieses Kriterium nicht relevant zur Auslegung der größten Übersetzungen, da Elektromotoren keine Leerlaufdrehzahl aufweisen, [3].

8.3.2 Auslegung der Übersetzung zum Erreichen der Höchstgeschwindigkeit

In modernen Fahrzeugen wird die *Höchstgeschwindigkeit* oftmals nicht im höchsten Gang, sondern bereits in einem niedrigeren Gang erreicht. Der Höchstgeschwin-

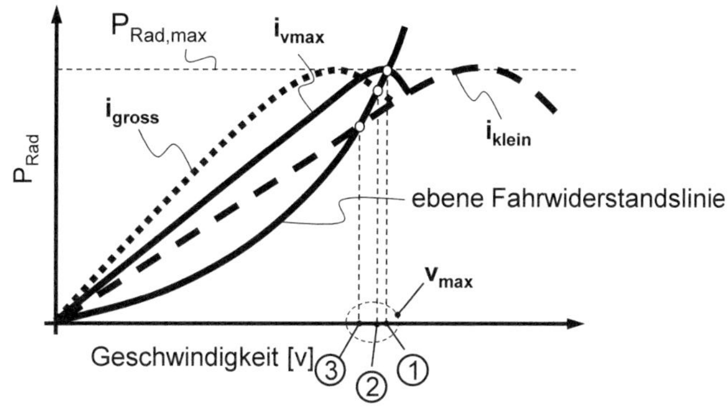

Abb. 3 Beschreibung der Kriterien zur Auslegung der Getriebeübersetzung zum Erreichen der Höchstgeschwindigkeit anhand von Verläufen der Radleistung P_{Rad} und der ebenen Fahrwiderstandslinie über der Fahrgeschwindigkeit für verschiedene Übersetzungen, 1: v_{max}-optimale Auslegung $i = i_{vmax}$, 2: überdrehende Auslegung $i = i_{groß}$ (üblich für den v_{max}-Gang), 3: unterdrehende Auslegung $i = i_{klein}$ (üblich für den oder die Overdrive-Gänge)

digkeitsgang muss also nicht zwingend der höchste Gang sein. Die Gänge oberhalb des Höchstgeschwindigkeitsganges werden als Overdrive-Gänge bezeichnet. Ihre Auslegung wird im nächsten Abschnitt beschrieben.

Die ebene Fahrwiderstandslinie beschreibt die benötigte Zugkraft in der Ebene bei Windstille für eine konstante Geschwindigkeit. Das Produkt aus Zugkraft und Geschwindigkeit ergibt die benötigte Radleistung in der Ebene über der Geschwindigkeit. Diese ist in **Abb. 3** dargestellt. Die gestrichelte horizontale Linie beschreibt die maximale Radleistung

$$P_{Rad,max} = P_{VM,max} \cdot \eta_{Triebsstrang}. \quad (14)$$

Diese hängt von der maximalen Motorleistung und dem Antriebsstrangwirkungsgrad in dem entsprechenden Betriebspunkt ab. Sie kann folglich nur bei einer einzigen Motordrehzahl, der Nenndrehzahl, und somit bei einer einzigen Fahrzeuggeschwindigkeit in jedem Gang, erreicht werden. Die dargestellte Kurvenschar zeigt die verfügbare Radleistung bei verschiedenen Übersetzungen.

Der Grundgedanke bei der Auslegung der Übersetzung des Höchstgeschwindigkeitsgangs ist nun, dass die Übersetzung so gewählt wird, dass die Nenndrehzahl exakt bei der Höchstgeschwindigkeit erreicht wird. Jede der drei Radleistungskurven in Abb. 3, die sich aufgrund verschiedener Getriebeübersetzungen i_{klein}, i_{vmax} und $i_{groß}$ ergeben, schneidet die ebene Fahrwiderstandslinie in genau einem Punkt. Lotet man diese Punkte auf die Abszisse, so lässt sich direkt ablesen, welche Fahrzeuggeschwindigkeit maximal erreicht werden kann. Diese ist je nach Übersetzung des Gangs verschieden.

Zur Auslegung der Übersetzung des Höchstgeschwindigkeitsgangs gibt es drei Varianten:

1. Die höchstgeschwindigkeitsoptimale Auslegung mit der Übersetzung i_{vmax} ermöglicht die größte Maximalgeschwindigkeit, da diese exakt im Punkt maximaler Motorleistung erreicht wird. Nachteil an dieser Variante ist, dass schon ein geringfügiger Anstieg der Fahrwiderstandslinie, etwa durch eine leichte Steigung oder geringen Gegenwind, zu einem signifikanten Geschwindigkeitsverlust führen würde.
2. Die überdrehende Auslegung mit der Übersetzung $i_{groß}$ erreicht eine nur etwas geringere Höchstgeschwindigkeit als die v_{vmax}-optimale Auslegung, allerdings bei einer höheren Motordrehzahl. Der Vorteil dieser Variante ist die große Leistungsreserve im Geschwindigkeitsbereich unmittelbar vor der Höchstgeschwindigkeit, welche direkt am vertikalen Abstand zwischen ebener Fahrwiderstandslinie und Leistungsangebot dieser Auslegungsvariante zu erkennen ist. Aufgrund dieser Leistungsreserve wird die Auslegungsvariante auch als v_{max}-stabile Auslegung bezeichnet. Denn eine Veränderung der Fahrwiderstandslinie führt nur zu einer kleinen Verringerung der Höchstgeschwindigkeit.
3. Die unterdrehende Auslegung mit der Übersetzung i_{klein} hat eine kleinere Übersetzung als die anderen beiden Varianten, was dazu führt, dass sich die ebene Fahrwiderstandslinie und die Linie der verfügbaren Leistung bereits bei einer deutlich geringeren Motordrehzahl schneiden. Das Resultat ist eine – verglichen mit den anderen Varianten – geringe Höchstgeschwindigkeit bei niedriger Motordrehzahl.

In der Praxis wird für die Auslegung des Höchstgeschwindigkeitsgangs die überdrehende Auslegung bevorzugt, da diese relativ stabil auf Änderungen des Fahrwiderstands reagiert. Aber auch die unterdrehende Auslegung findet in der Praxis Anwendung, jedoch nicht zum Erreichen der Höchstgeschwindigkeit, sondern bei den Overdrive-Gängen.

8.3.3 Auslegung der Overdrive-Übersetzungen

Als *Overdrive* werden alle Gänge beziehungsweise Übersetzungen bezeichnet, die dazu führen, dass das Leistungsmaximum des Verbrennungsmotors erst nach der tatsächlichen Höchstgeschwindigkeit erreicht werden würde. In modernen, insbesondere automatisch schaltenden Fahrzeuggetrieben mit hohen Ganganzahlen finden sich oft mehrere Overdrive-Gänge. Diese Gänge haben folglich eine relativ kleine Übersetzung und somit bei gleicher Geschwindigkeit eine geringere Motordrehzahl als der Höchstgeschwindigkeitsgang. Die maximale Radleistung kann in der Ebene in diesen Gängen nicht erreicht werden, daher liegt auch die maximal erreichbare Geschwindigkeit in den Overdrive-Gängen signifikant unter der Höchstgeschwindigkeit.

Die Verwendung von Overdrive-Gängen ermöglicht bei hohen Geschwindigkeiten eine Verbesserung des Komforts und der Akustik, da das Drehzahlniveau des VM abgesenkt wird. Weiterhin führt eine

Drehzahlabsenkung prinzipiell zu Verringerung des Kraftstoffverbrauchs.

8.3.4 Auswahl der Zwischenübersetzungen

Nach der Definition der Übersetzungen des ersten Ganges i_1 und des letzten Ganges i_z eines z-Gang-Getriebes erfolgt die Festlegung der Übersetzungen für die Zwischengänge. Hierbei werden in der Regel entweder die *geometrische* oder die *progressive Übersetzungsauslegung* genutzt. Diese werden nachfolgend im Detail beschrieben. Zunächst werden einige allgemeine Parameter definiert.

Die *Getriebespreizung* eines Getriebes mit z Gängen bezeichnet das Verhältnis der Übersetzung des ersten und letzten Ganges

$$\varphi_S = \frac{i_1}{i_z}. \tag{15}$$

Der *Stufensprung* ist definiert als Quotient der Übersetzungen zweier benachbarter Gänge

$$\varphi_n = \frac{i_n}{i_{n+1}}, n = 1, \ldots, z-1. \tag{16}$$

Die Spreizung lässt sich somit auch als Produkt aller Stufensprünge

$$\varphi_S = \prod_{n=1}^{z-1} \varphi_n \tag{17}$$

berechnen. Die geometrische Übersetzungsauslegung ist dadurch charakterisiert, dass die Stufensprünge zwischen allen Gängen

$$\varphi_n = \varphi = \sqrt[z-1]{\varphi_S} = \text{konst.} \tag{18}$$

konstant sind.

Das Verhältnis benachbarter Stufensprünge wird als Progressionsfaktor p bezeichnet,

$$p = \frac{\varphi_n}{\varphi_{n+1}}. \tag{19}$$

Nach Festlegung der Übersetzungen des ersten Gangs i_1 und des höchsten Gangs i_z sowie des Progressionsfaktors können die Zwischenübersetzungen i_n berechnet werden:

$$i_n = i_z \cdot \left[\varphi_S^{\frac{1}{z-1}} \cdot p^{0{,}5\cdot(1-n)}\right]^{z-n}. \tag{20}$$

Die Gl. (20) ist allgemein gültig, unabhängig von geometrischer oder progressiver Auslegung.

In **Abb. 4** sind Zugkraftdiagramm (a) und das Geschwindigkeits-Drehzahl-Diagramm (b), auch Sägezahndiagramm genannt, eines geometrisch abgestuften 6-Gang-Getriebes in einem exemplarisch betrachteten Kompaktklassefahrzeug dargestellt. Für die geometrische Auslegung gilt der Progressionsfaktor $p=1$. Im Zugkraftdiagramm ist für jeden der Gänge die maximal mögliche Zugkraft in Abhängigkeit der Fahrzeuggeschwindigkeit dargestellt. Die Leistungshyperbel der maximalen Leistung $P_{Rad,max}$ wird in jedem Gang nur in genau einem Punkt, bei Nenndrehzahl des Verbrennungsmotors, erreicht. Zwischen diesen Punkten ergeben sich Zugkraftlücken, welche bei der geometrischen Auslegung zwischen benachbarten Gängen in etwa gleich groß sind.

Das Sägezahndiagramm stellt den Motordrehzahlverlauf eines fiktiven Fahrmanövers dar, bei welchem der Fahrer in jedem Gang bis zur Maximaldrehzahl der VM beschleunigt und anschließend ohne Geschwindigkeitsverlust in den nächsthöheren Gang schaltet. Aufgrund der konstanten Stufensprünge ist die Drehzahldifferenz, die bei jeder Schaltung überwunden

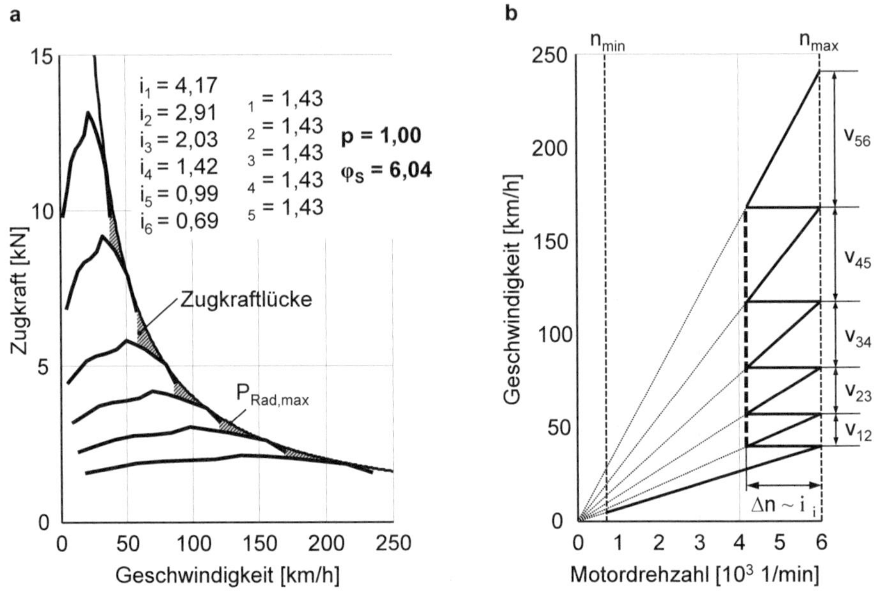

Abb. 4 Zugkraft-Drehzahl-Diagramm (Z-v-Diagramm) (**a**) und Geschwindigkeits-Drehzahl-Diagramm (v-n-Diagramm) **b** eines 6-Gang-Getriebes mit geometrischer Übersetzungsauslegung

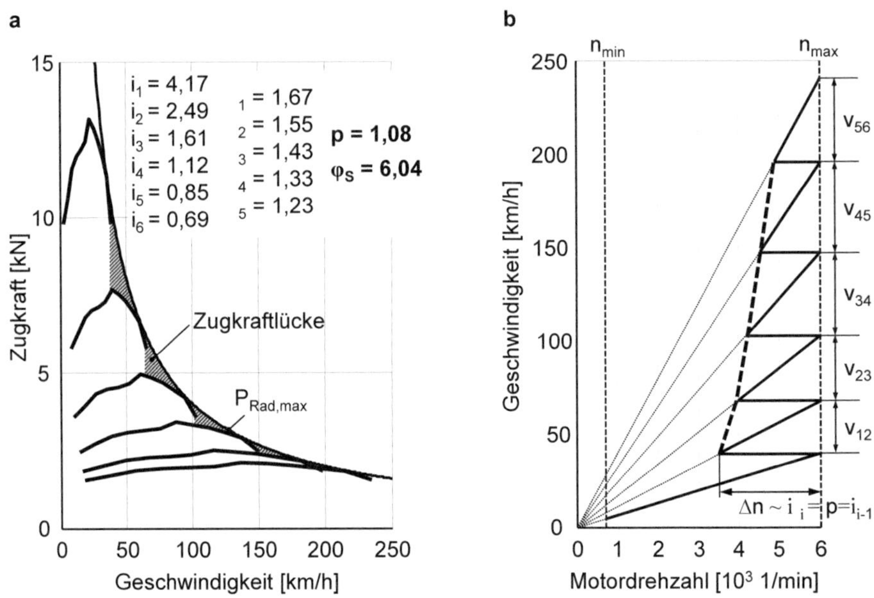

Abb. 5 Zugkraft-Drehzahl-Diagramm (Z-v-Diagramm) (**a**) und Geschwindigkeits-Drehzahl-Diagramm (v-n-Diagramm) **b** eines 6-Gang-Getriebes mit progressiver Übersetzungsauslegung

wird, ebenfalls konstant. Die Geschwindigkeitsdifferenzen zwischen den Schaltungen hingegen steigen kontinuierlich an.

Bei der progressiven Übersetzungsauslegung sinken die Stufensprünge mit steigendem Gang, der Progressionsfaktor ist größer 1 und nimmt in Pkw-Seriengetrieben Werte im Bereich $1{,}01 < p < 1{,}15$ an. In **Abb. 5** sind Zugkraftdiagramm (a) und das Geschwindigkeits-Drehzahl-Diagramm (b) eines progressiv abgestuften 6-Gang-Getriebes dargestellt. Im Zugkraftdiagramm sind die Zugkraftlücken zu erkennen, welche mit steigendem Gangsprung kleiner werden. Das Sägezahndiagramm des progressiv abgestuften

	Geometrische Auslegung	Progressive Auslegung	Kommentar
Fahrleistung	+	–	Bei geometrischer Auslegung kleinere Sprünge bei größeren Übersetzungen
Kraftstoffverbrauch	–	+	Übersetzungen sind bei progressiver Auslegung kleiner
Subjektive Fahrbarkeit (Ganganschluss, Abstufung)	–	+	Häufig benutzte, obere Gänge weisen bei progressiver Auslegung kleinere Stufensprünge auf

Tabelle 1 Vergleich von geometrischer und progressiver Auslegung der Zwischengänge von Pkw-Getrieben

Getriebes weist mit steigendem Gangsprung eine geringere Drehzahldifferenz auf, die bei der Schaltung überbrückt werden muss. Die Geschwindigkeitsdifferenzen hingegen sind nahezu konstant.

Einfluss des Progressionsfaktors *p* auf Zugkraftlücken, Fahrbarkeit und Energie- bzw. Kraftstoffverbrauch

Die Zugkraftlücken zwischen den einzelnen Gängen sind bei der geometrischen Auslegung ähnlich groß. Bei der progressiven Auslegung hingegen gibt es größere Zugkraftlücken zwischen den unteren Gängen und folglich, unter Annahme der gleichen Spreizung, kleinere Zugkraftlücken zwischen den oberen Gängen.

Die Übersetzungen der Zwischengänge sind bei progressiver Auslegung kleiner als bei der geometrischen Auslegung. Folglich läuft die Antriebsmaschine in Kombination mit einem Getriebe mit progressiver Übersetzungsauslegung bei niedrigeren Drehzahlen als mit einem Getriebe, welches eine geometrische Übersetzungsauslegung aufweist. Niedrigere Antriebsdrehzahlen führen tendenziell zu einem besseren Kraftstoffverbrauch. Weiterhin führt die feinere Abstufung eines progressiv ausgelegten Getriebes in den verbrauchsrelevanten, höheren Gängen dazu, dass der Betriebspunkt des VM in kleineren Schritten variiert werden kann und somit effektiv ein besserer Wirkungsgrad des VM erreicht wird. Dies gilt insbesondere für VM mit einem kleinen Sweet-Spot, bei modernen Motoren hingegen, die einen großen Bereich optimalen Wirkungsgrades vorweisen, tritt dieser Effekt in abgeschwächter Form auf.

Auch die subjektive Fahrbarkeit ist bei der progressiven Auslegung besser, da die Drehzahl- und Übersetzungssprünge bei einem Gangwechsel zwischen den häufig gefahrenen oberen Gängen kleiner sind. Die relativ großen Zugkraftlücken, welche die progressive Auslegung zwischen den unteren Gängen aufweist, fallen nicht sehr stark ins Gewicht, da bei Pkw in diesem Geschwindigkeitsbereich in aller Regel eine ausreichende Zugkraftreserve vorhanden ist.

Im Pkw-Bereich wird aus den oben genannten Gründen die progressive Auslegung der Zwischenübersetzungen bevorzugt.

Im Nutzfahrzeugbereich wird die geometrische Übersetzungsauslegung ($p=1$) bevorzugt, um zu gewährleisten, dass die Zugkraftlücken gleichmäßig aufgeteilt sind. Bei hohen Beladungen ist es wichtig, auch in den unteren Gängen kleine Zugkraftlücken, also einen guten Ganganschluss zu haben. Gruppengetriebe werden grundsätzlich geometrisch ausgelegt, da sich Gangsprünge in jeder Gruppe wiederholen. Dies würde – im Falle einer progressiven Auslegung der Übersetzungen innerhalb der Gruppe – zu einer inakzeptablen Fahrbarkeit führen. Das Ergebnis ist in **Tabelle 1** zusammengefasst.

8.4 Zusammenfassung

Getriebe ermöglichen die Anpassung der Drehzahl-Drehmoment-Charakteristik der Antriebsmaschinen an das Bedarfskennfeld am Rad. Bei konventionellen sowie einigen hybriden Antrieben ist ein Anfahraggregat zur Überbrückung der Drehzahllücke des VM erforderlich. Aus den Fahrleistungsanforderungen im Bedarfskennfeld bei geringer Geschwindigkeit und bei Höchstgeschwindigkeit folgen die Auslegungen der größten und kleinsten Übersetzungen. Die Wahl der Zwischenübersetzungen hat einen maßgeblichen Einfluss auf die Fahrleistungen, die subjektive Fahrbarkeit und den Verbrauch, wobei bei Pkw die progressive Auslegung üblich ist.

Literaturhinweise

[1] Kassel, T.: Optimale Ganganzahl und Schaltkollektive für Fahrzeuggetriebe, Technische Universität Braunschweig, Dissertation, 2009

[2] Küçükay, F.: Leichtbau im Antriebsstrang – Gewichtsreduzierung im PKW-Antriebsstrang / Sonderdruck aus Themenband Expert Verlag, 1996

[3] Tschöke, H. (Hrsg.): Die Elektrifizierung des Antriebsstrangs, Auflage 1, Wiesbaden, Springer Vieweg, 2015

9 Aktorik

Roshan Willeke

9.1 Einleitung

Im folgenden Kapitel werden die Aktoren für die nächste Getriebegeneration und elektrifizierte Antriebsstränge betrachtet. Energieeffizienz steht im Zentrum der Automobilentwicklung. Um dabei das volle Potenzial auszuschöpfen, müssen alle Energieverbraucher betrachtet werden, und dazu zählen auch die Aktoren, die die Komponenten im Antriebsstrang betätigen. Ziel muss es sein, die mittlere Aktorleistungsaufnahme in den zweistelligen Wattbereich zu bekommen.
Neben den Einsparungen von Kraftstoff und der Reduktion von CO_2-Emissionen, insbesondere auch im WLTP-Zykus und im realen Fahrbetrieb (RDE), gewinnen intelligente Architekturen immer mehr an Bedeutung. Sie gewährleisten in Motor und Getriebe funktionale Sicherheit und erweiterte Notlaufeigenschaften [1]. Außerdem steigt die Anzahl der verschiedenen Getriebestrukturen stetig. So werden beispielsweise konventionelle Getriebestrukturen in verschiedenen Anordnungen hybridisiert oder in dedizierte Getriebekonzepte für Hybridantriebe (Dedicated Hybrid Transmissions, DHT) überführt, Kap. 13. Auch die Getriebe für rein elektrische Fahrzeuge müssen effizient und wirtschaftlich betätigt werden. Eine Übersicht der Getriebearten zeigt **Abb. 1**.
Daraus ergibt sich zusätzlich die Forderung nach flexiblen Aktoren, die universell einsetzbar, je nach Anzahl der Verbraucher skalierbar und mit verschiedenen Betriebsmedien kompatibel sind. **Abbildung 2** zeigt das Spannungsfeld der Anforderungen, die bei der Entwicklung von Aktoren berücksichtigt werden müssen.

9.2 Aktorik im Wandel der Antriebsstrang-Landschaft

Betrachtet man die aktuelle Situation der verschiedenen Antriebsstrangkonzepte und die darin enthaltenen sehr unterschiedlichen Betätigungselemente, fällt auf, dass eine der höchsten Ausbaustufen an Betätigungselementen in einem nassen DCT P2-System (Dual Clutch Transmission mit P2-Hybridsystem mit einer nasslaufenden Kupplung) und vereinzelt auch in DHT Strukturen zu finden sind. Mit fortschreitender Elektrifizierung fällt die Anzahl an Verbraucher- / Betätigungselementen wie der **Abb. 3**. zu entnehmen ist. Wichtig für diese Betrachtung ist auch die Berücksichtigung von Kühlöl- und Schmierölfunktionen, da diese u. a. auch von den Aktorsystemen übernommen werden können.

9.3 Aktorsystem – Auswahl

Um zu entscheiden welches der Aktuierungssysteme für einen Antriebsstrang in Frage kommt, ist die Kenntnis der vorliegenden Rahmenbedingungen wichtig. Liegt eine Antriebsstrangstruktur vor, bei

H. Tschöke et al. (Hrsg.), *Elektrifizierung des Antriebsstrangs*,
ATZ/MTZ-Fachbuch, https://doi.org/10.1007/978-3-662-60356-7_9

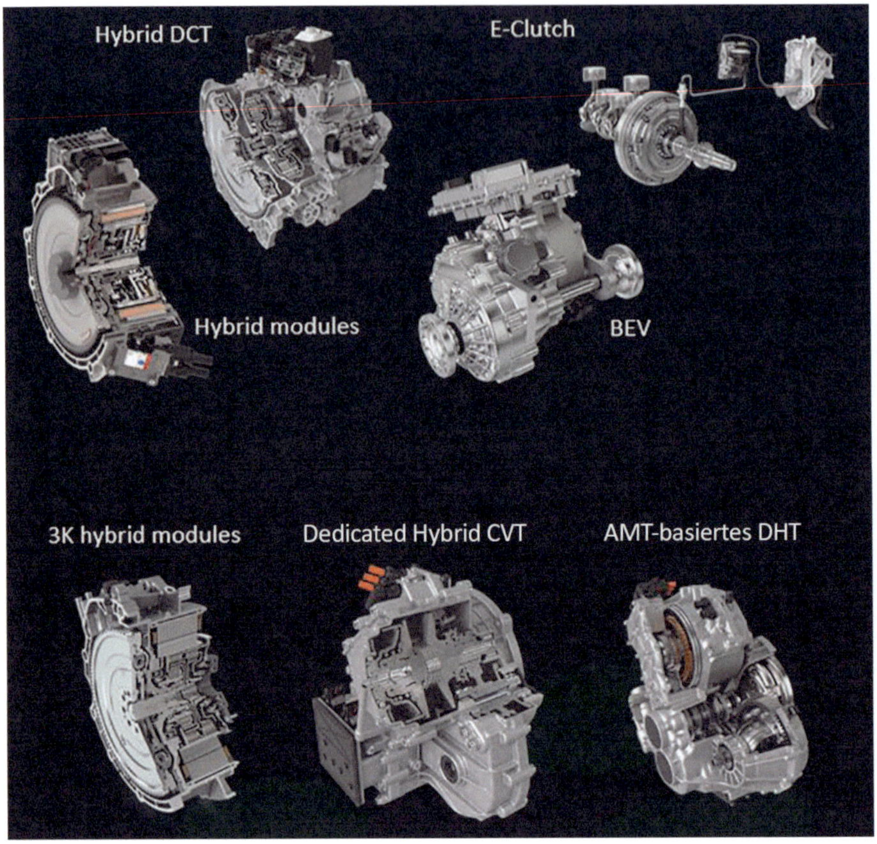

Abb. 1 Übersicht (Auswahl) der verschiedenen Komponenten und Getriebearten, die aktuiert werden, © Schaeffler AG 2019. All Rights Reserved

der viele Verbraucher versorgt werden müssen oder nur eine bei der wenige Verbraucher vorliegen und auch keine Kühlölversorgung benötigt wird.

Da die hydraulischen Systeme immer einen Grundaufwand haben (Pumpe / Systemdruckversorgung / Filter …) werden solche Systeme meist erst richtig interessant, wenn mehrere Verbraucher bedient werden müssen. Wenn zusätzlich noch eine Öl-Kühlung / Schmierung an Bord ist, sind die Voraussetzungen für solche hydraulischen Systeme optimal.

Sicher spielt auch der Projektrahmen eine entscheidende Rolle: wird eine Nachrüstlösung einer vorhandenen Plattform mit einzelnen Funktionen, die unabhängig vom vorhanden System verfügbar sein müssen gesucht oder wird ein Antriebsstrang komplett neu entwickelt.

Bei Nachrüstlösungen hat man mit Add-on power on demand Systemen eine attraktive Lösung.

Wird der Antriebsstrang aber neu entwickelt kann je nach Anzahl der enthaltenen Verbraucher entschieden werden, ob ein

a) **on-demand System** einzusetzen ist (da nur wenige Verbraucher zu bedienen sind und auf Effizienz höchsten Wert gelegt wird) oder
b) ob viele Verbraucher incl. Kühlung zu berücksichtigen sind und deshalb eher integrierte **hydraulische Komplettlösungen** zu bevorzugen sind, um im Kostenrahmen zu bleiben.

Natürlich spielen auch weitere Faktoren wie Performance, Verfügbarkeit, Notlaufeigenschaften usw. bei der Systemauswahl eine Rolle, aber übergeordnet ist die o. g. Basisentscheidung vorab zu treffen.

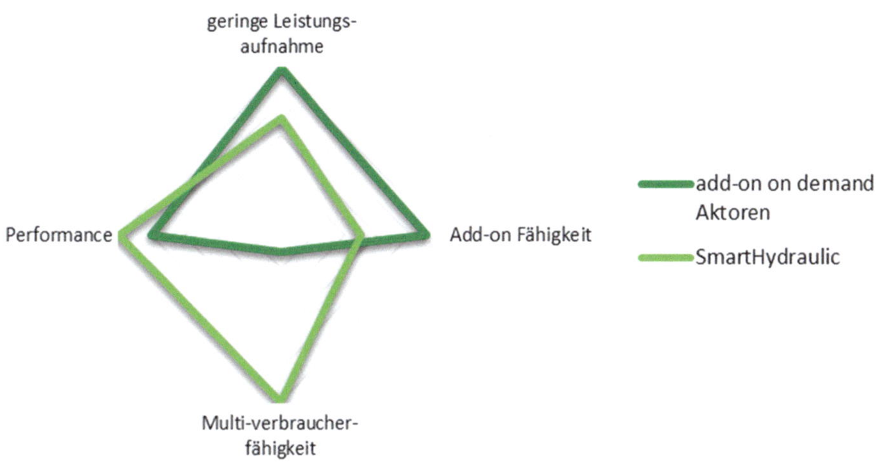

Abb. 2 Das Spannungsfeld der Anforderungen an Aktoren im Antriebsstrang von Fahrzeugen, © Schaeffler AG 2019. All Rights Reserved

Werden z. B. Doppelkupplungsgetriebe hybridisiert, dann geht das u. a. in einer P 2.5-Topologie, siehe Kap. 2, bei der ein Traktionsmotor auf eine der Getriebeeingangswellen wirkt. Dabei ist das Aktoriksystem mit dem für konventionelle Getriebe vergleichbar. Sind weitere Gänge gewünscht, dann kann der Active Interlock-Gangaktor einfach mit weiteren Schaltgassen versehen werden. In vielen Getrieben wird damit auch die Parksperre betätigt. Das fließt positiv in die Gesamtkostenbilanz der Aktorik ein. **Abbildung 4** zeigt die Effizienzgewinne in Abhängigkeit von den Systemkosten für verschiedene Aktoriksysteme. Zu erkennen ist, dass eine Power on Demand-Aktorik für P2.5-Doppelkupplungsgetriebe ohne signifikante Kostenerhöhung dargestellt werden kann.

Bei Hybridkonzepten in P2-Struktur oder auch bei manchen DHT Konzepten wird in der Regel eine weitere Kupplung / Bremse erforderlich, so dass ein weiterer Aktor mitsamt Ansteuerung hinzugefügt werden muss. In diesem Fall sind hydraulische Lösungen im Vorteil, da diese einfacher durch zusätzliche Ventile und die Skalierung des Pumpen / Speicher-Moduls erweiterbar sind. Ein weiterer Vorteil von hydraulischen Systemen ist bei Getrieben mit integrierter Ölkühlung zu finden, dort kann die Kühlölfunktion und die Aktuierungsfunktionen bei intelligenter Auslegung des Gesamtsystems im Aktorsystem

Abb. 3 Anzahl an Verbraucher (Gangwahl, Kupplung …) am Beispiel der DCT Getriebefamilie bis hin zur E-Achse, © Schaeffler AG 2019. All Rights Reserved

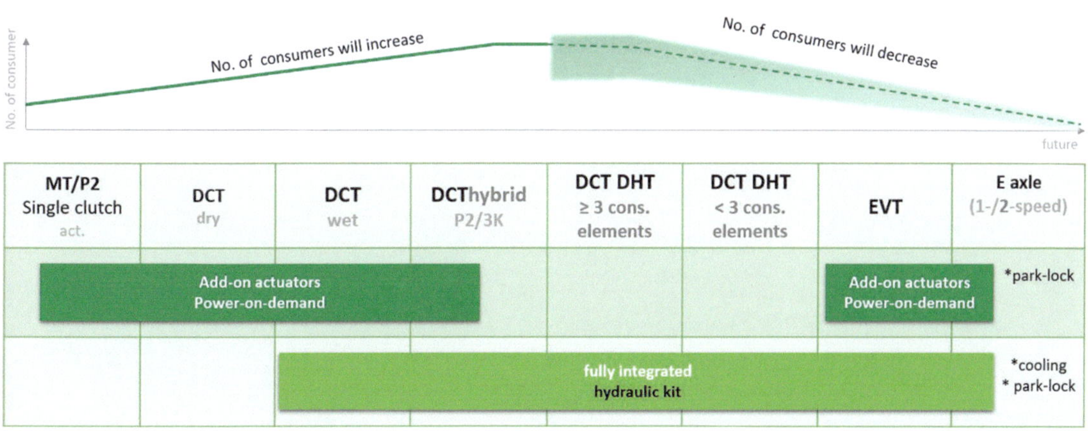

effektiv kombiniert werden um Aufwände zu reduzieren.

Ein Lösungsansatz dazu soll in Abschn. 9.4.2.5 am Beispiel einer Smart Hydraulik auf Basis des Hydraulik-Kits dargestellt werden. Dort werden effiziente Ventillösungen mit hydraulischen Pumpen so verschaltet, dass sie einen optimalen Kompromiss aus Leistungsaufnahme, Modularität und Kosten darstellen.

9.4 Herausforderungen für Aktoren

9.4.1 Anforderungen an effiziente Aktoren

Bei hybridisierten Getrieben steht jedes Watt, das von der Aktorik verbraucht wird, für den elektrischen Antrieb nicht mehr zur Verfügung und senkt die elektrische Reichweite des Fahrzeugs. Die vielen verschiedenen neuen Getriebestrukturen benötigen flexibel Komponenten die sich an die engen und komplexen Bauraumsituationen anpassen können.

Durch den vermehrten Einsatz von Systemen mit Kühlöl- oder Schmierölbedarf und die zunehmende Elektrifizierung mit seinen verschiedensten Getriebestrukturen kommen vielfältige Aufgaben auf die Aktoren zu:

- Kühlung von Kupplung, Getriebe, Elektromotor und Leistungselektronik
- zusätzliche Schaltelemente zum Beispiel Trennkupplung bei Hybridantrieben (K0), Klauenkupplungen, Bremsen oder die Parksperre
- erhöhte Effizienz bei geringeren Kosten

Moderne Getriebe mit Hydrauliksteuerung besitzen oft neben einer mechanischen, aus dem Triebstrang angetriebenen Pumpe noch eine zweite, elektrisch angetriebene Ölpumpe, um die hohen Anforderungen an die Dynamik zu erfüllen. Diese Variante mit zwei Pumpen kann heute als Mindeststandard für ein hydraulisch angesteuertes Getriebe betrachtet werden. Hydraulische Systeme sind in der Leckagebilanz auf Betriebspunkte mit hohen Temperaturen und damit auf niedrigviskoses Öl und niedrige Drehzahlen ausgelegt. Sie liefern im Realbetrieb allerdings mehr Ölvolumen als erforderlich.

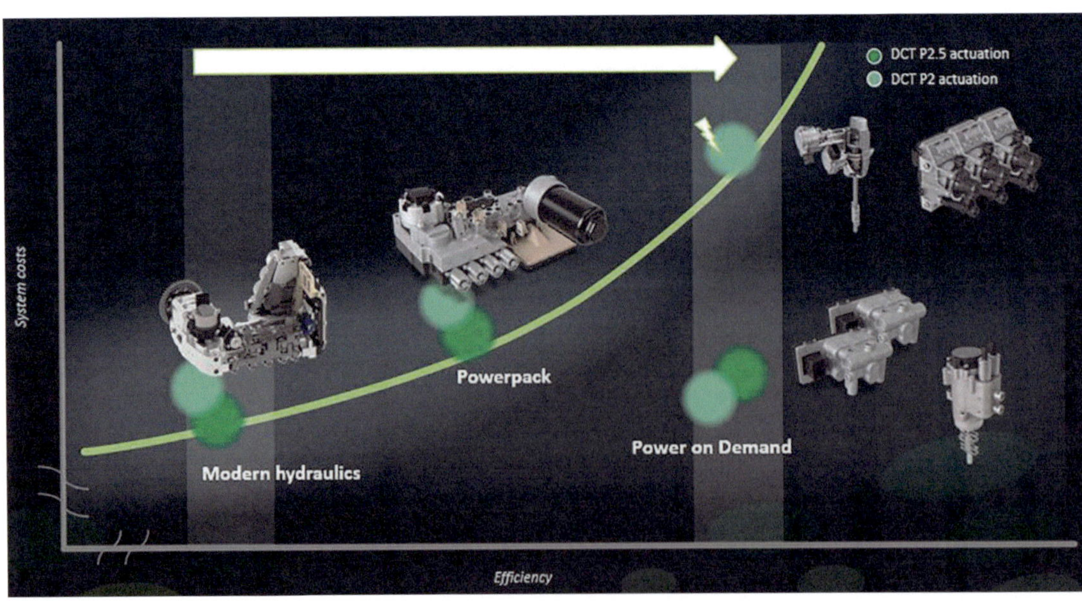

Abb. 4 Effizienzgewinne verschiedener Aktoriksysteme und Abhängigkeit der Systemkosten für P2.5- und P2- Doppelkupplungsgetriebe, © Schaeffler AG 2019. All Rights Reserved

Solche Aktoren benötigen auch den Zugang zu „permanent" drehende Wellen im Getriebe, die mit zunehmender Elektrifizierung immer weniger in den Strukturen vorhanden sein werden. Deshalb findet man vermehrt autarke elektrohydraulische Systeme.

Powerpacks mit elektrisch angetriebener Pumpe und einem Druckspeicher setzen schon ein Teil vom power-on-demand Konzept um und sind unabhängiger von den Getriebestrukturen einsetzbar. Allerdings sind sie ebenfalls auf Grund ihrer technologiebedingten Ventilleckagen und Drosselverluste energetisch kompromissbehaftet.

Bei effizienten Systemen muss die dem Elektromotor zugeführte Energie auf möglichst direktem Weg in angemessene Kräfte und Drücke bei passgenauen Wegen und Volumina umgesetzt werden. Vor allem ist wichtig, keine Überkräfte (beispielsweise zu hohe Drücke oder Momente) und keine Überwege (wie etwa ein Übervolumen) zu erzeugen, sondern nur genau jene Kräfte, die für die jeweilige Funktion erforderlich sind. Wenn Leckagen entstehen müssen diese gerade bei Hochdrucksystemen möglichst gering gehalten werden.

Ein weiterer, wichtiger Aspekt ist das Halten von Positionen. Theoretisch muss dabei keine Arbeit verrichtet werden, in der Realität wird jedoch viel Energie dafür verbraucht, einen Zustand zu erhalten. Bei hydraulischen Systemen muss die entstehende Leckage nachgefördert werden, um das Druckniveau aufrecht zu erhalten. Bei elektromechanischen Systemen sind je nach Konzept Halteströmen erforderlich, damit sie sich nicht von ihrer Position unter Last weg bewegen.

Beim Betätigen von Getriebekomponenten wird häufig Energie in den Elastizitäten des Systems – insbesondere in der Kupplung – gespeichert. Wird die Kupplung wieder geöffnet, dann kann diese Energie genutzt werden, indem sie die Aktoren dabei unterstützt. Das ermöglicht nicht nur kürzere Rückstellzeiten, sondern auch eine geringere Leistungsaufnahme der Aktoren beim Öffnen. Um die Verstell- und Halteleistung bei mechanischen Systemen zu minimieren, muss bei der Auslegung der Kupplung der richtige Kompromiss zwischen Leicht- und Schwergängigkeit gefunden werden. Deshalb kommen unter anderem mechanische Spindeltriebe [2, 3] oder spezielle Reibelemente zum Einsatz.

Erfordert der sichere Zustand oder die Notlaufeigenschaft im Fehlerfall ein Selbstöffnen oder Selbstschließen der Kupplung, dann muss die Kupplung entgegen ihrer Rückstellkraft ständig aktiv betätigt werden. In diesem Fall muss zur direkten Umwandlung von elektrischer Energie in eine Haltekraft ein Motor oder Magnet permanent mit einem Haltestrom versorgt werden. Dabei geht elektrische Energie in den Elektromotoren, den Magneten und in der Leistungselektronik in Form von Wärme verloren.

Solche Halteverluste kann man nur verhindern, indem mechanisch hemmende oder hydraulisch verriegelnde (z. B. sitzdichte Rückschlagventile) Systeme verwendet werden und dabei die im Fehlerfall erforderliche Öffnungs- oder Schließfunktion aktiv durchgeführt wird. Für solche selbsthaltenden Systeme sind Architekturen wichtig, die im Fehlerfall mit den noch verfügbaren Komponenten einen sicheren Zustand herstellen und erforderliche Notfunktionen durch funktionale Redundanz bereitstellen können [1].

In effizienten Systemen müssen außerdem alle Steuergeräte auf einen möglichst geringen Ruhestrom ausgelegt werden, um die Leistungsaufnahme gering zu halten, wenn sich die Aktorik nicht bewegt. Darauf ist auch bei der Auswahl verlustrelevanter Elektronikkomponenten wie Mikroprozessor, Spannungsregler und Sensoren zu achten. Aber auch die Software kann die Energieaufnahme im Ruhezustand beeinflussen. Beispielsweise müssen Lageregler abgeschaltet oder so parametriert werden, dass sie möglichst wenig Leistung verbrauchen.

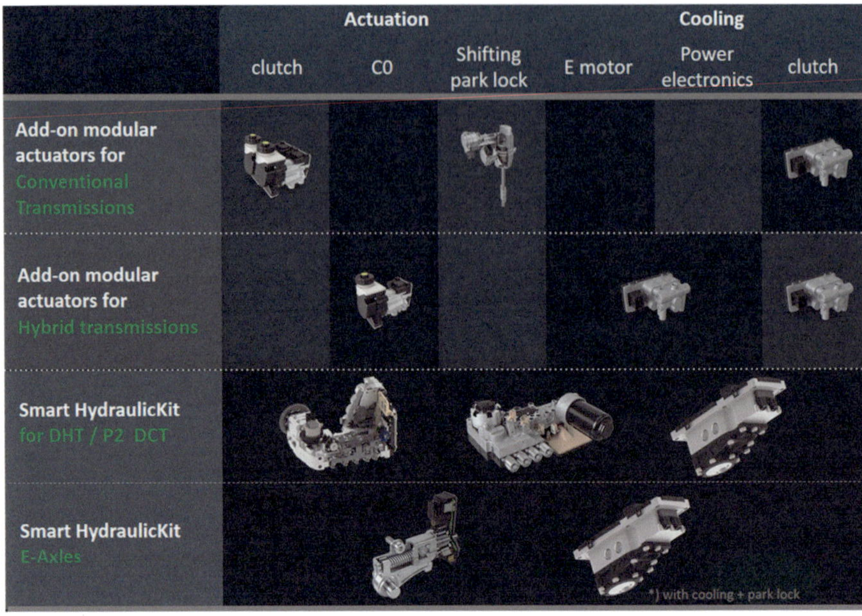

Abb. 5 Übersicht der Aktoren in ihren Anwendungsfeldern, © Schaeffler AG 2019. All Rights Reserved

Darüber hinaus kann die Stromaufnahme durch eine Haltestromadaption deutlich gesenkt werden.

Das zeigt auch den Zielkonflikt in dem sich die heutigen Aktoren bewegen, 1-Verbraucher- on-Demand Aktoren im Wettbewerb zu Multiverbrauchersystemen mit Kühlung für komplexe Getriebestrukturen die „Energetische Kompromisse" eingehen müssen. Eine Übersicht der Aktoren in ihren Anwendungsfeldern zeigt **Abb. 5**.

9.4.2 Beispiele für effiziente Aktorsysteme

9.4.2.1 Getriebebetätigung: Active Interlock-Getriebeaktor und E-Achsen-Aktor

Bei der bewährten Active Interlock-Gangaktorik mit integrierter Verriegelung werden die beiden Verstellmotoren nur dann angesteuert, wenn Gänge ein- oder ausgelegt werden. Ansonsten sind die Aktoren bis auf eine geringe Ruhestromaufnahme des Steuergerätes verlustfrei. Nach dem gleichen Prinzip, jedoch ohne Wählachse, funktioniert der E-Achsen-Aktor. Er ist ein geeignetes Beispiel dafür, wie Getriebeaktoren auch bei Elektrofahrzeugen bereits in Serie Anwendung finden – in diesem Fall zum verlustarmen Schalten einer zweigängigen E-Achse. **Abbildung 6** zeigt die beiden Beispiele für bedarfsgerechte Aktoren.

9.4.2.2 Aktoren für das automatisierte Fahren und smarte Interieurlösungen

Für Anwendungen in Elektrofahrzeugen und für das automatisierte Fahren wurden zwei elektromechanische Aktoren entwickelt, **Abb. 7**. Der Aktor für die Gangvorwahl in Automatikgetrieben kann als Betätigungsmodul für die verschiedenen PRND-Betriebsmodi auch ältere Getriebe für das automatisierte Fahren ertüchtigen; beispielsweise direkt an der Schnittstelle des Kabelzuges. Der integrierte Parksperrenaktor (Park Lock Actuator, PLA) wurde als effizientes Betätigungsmodul für die Parksperrenfunktion insbesondere in Getrieben von Elektrofahrzeugen entwickelt, beispielsweise für E-Achsen oder als Parksperre in dedizierten Hybridgetrieben (DHT).

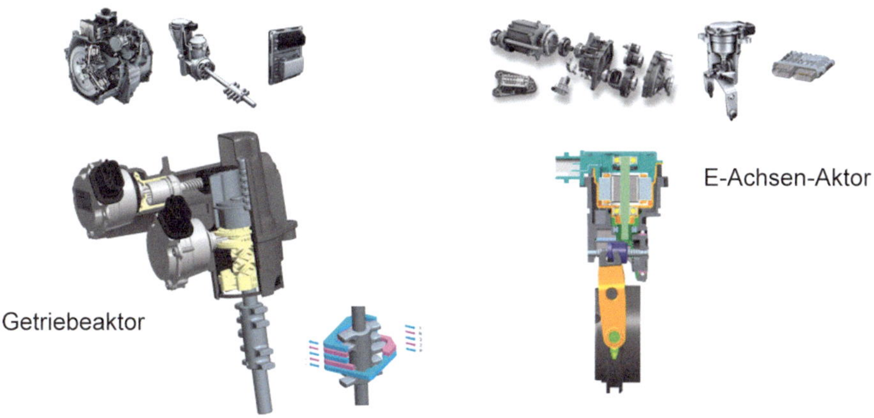

Abb. 6
Active Interlock-Getriebeaktor und E-Achsen-Aktor,

9.4.2.3 Hydrostatischer Kupplungssteller

Ein weiterer bedarfsgerechter, elektromechanischer Aktor ist der hydrostatische Kupplungssteller (Hydrostatic Clutch Actuator, HCA), **Abb. 8**. Eine Besonderheit ist dabei, dass eine leckagefreie, hydrostatische Strecke verwendet wird, um die Betätigungsenergie zur Kupplung hin verlustarm zu übertragen. In [1] und [2] sind die Auslegung dieses Aktors im Detail beschrieben, wobei insbesondere auf eine geringe Leistungsaufnahme geachtet wurde. Hervorzuheben ist die lokale Elektronikeinheit (LCU), die eine funktionale Redundanz mit sich bringt, wenn mehrere dieser Aktoren eingesetzt werden. Der HCA wird bereits in Doppelkupplungsgetrieben, in Hybridantrieben sowie in Verbindung mit elektrisch betätigten Kupplungen für Handschaltgetriebe eingesetzt. Er betätigt Kupplungen im Drehmomentbereich von 150 bis 700 Nm und kann sowohl mit Bremsflüssigkeit als auch mit ATF (Automatic Transmissions Fluid) betrieben werden [2, 4, 5, 6]. Somit konnte bereits gezeigt werden, dass verbrauchsoptimierte Aktoren auch in hochdynamischen Anwendungen ihren Einsatz finden und dass Effizienz nicht zwingend im Widerspruch zu hoher Performance in der Betätigung steht.

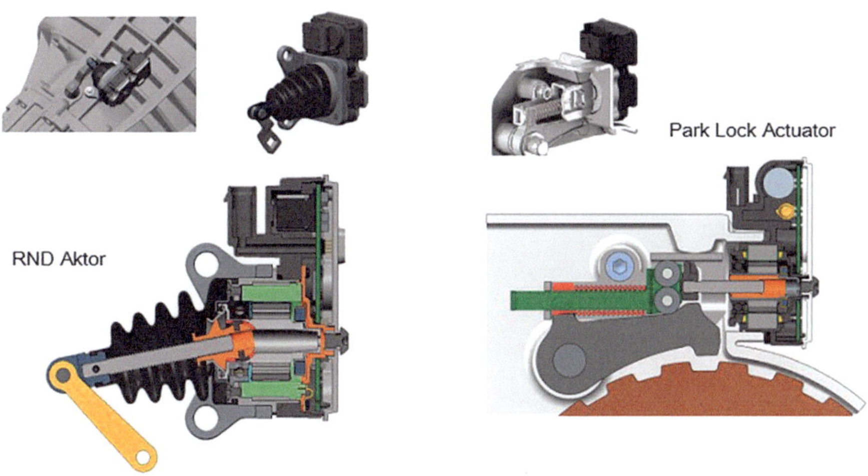

Abb. 7
Aktoren für das automatisierte Fahren und für smarte Interieurlösungen (Park-by-Wire),

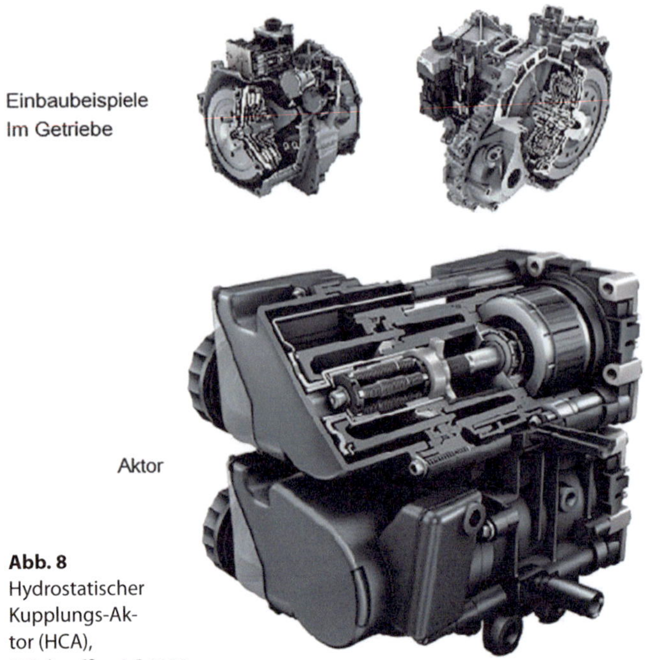

Abb. 8 Hydrostatischer Kupplungs-Aktor (HCA),

9.4.2.4 Modularer Kupplungsaktor

Der Modulare Kupplungsaktor (Modular Clutch Actuator, MCA) ist eine Weiterentwicklung des HCA, bei der die Modularität für verschiedene Anwendungen im Vordergrund steht, **Abb. 9**. Hervorzuheben ist ein neuer Typ des Planeten-Wälzgewindegetriebes (PWG). Er macht es möglich, die bisher zusätzlich eingesetzte absolute Wegsensorik entfallen zu lassen, indem er zusammen mit einem neuen Multiturn-Winkelsensor über mehrere Umdrehungen, mithilfe eines absolut messenden magnetischen Messprinzips, die Winkelpositionen erfasst – was in dieser Kombination einer absoluten Positionserfassung entspricht. Mit der doppelseitigen Schlingfeder kann die Vorwärts- und Rückwärtsreibung anwendungsspezifisch optimiert werden. Der MCA kann sowohl mit einer hydrostatischen als auch mit einer mechanischen Schnittstelle ausgestattet werden. Die integrierte Elektronik (LCU) ist mit Sensoreingängen und Rechnergröße auch für anspruchsvolle Aufgaben ausgestattet. Dadurch ist der MCA sehr vielseitig für Kupplungsanwendungen einsetzbar [3, 5, 7, 8], beispielsweise für automatisierte Kupplungen von Handschaltgetrieben (E-Clutch).

9.4.2.5 Smart Hydraulik-Kit

Der Smart Hydraulik-Kit wird als sogenannter Mehrverbraucher-Aktorbaukasten entwickelt. Mit Hilfe von Hydraulikventilen in Sitz-/und Proportionalbauweise und einem elektrischen Pumpensystem können verschiedenste Verbraucher bedient werden. Von der Kühlung bis hin zur Parksperren, CVT Scheibensatz oder Kupplungsbetätigung.

Bei der Vielzahl zu aktivierender Elemente in einem Getriebe hat die Hydraulik durch ihre Flexibilität und Leistungsdichte ein optimales Einsatzfeld, um alle

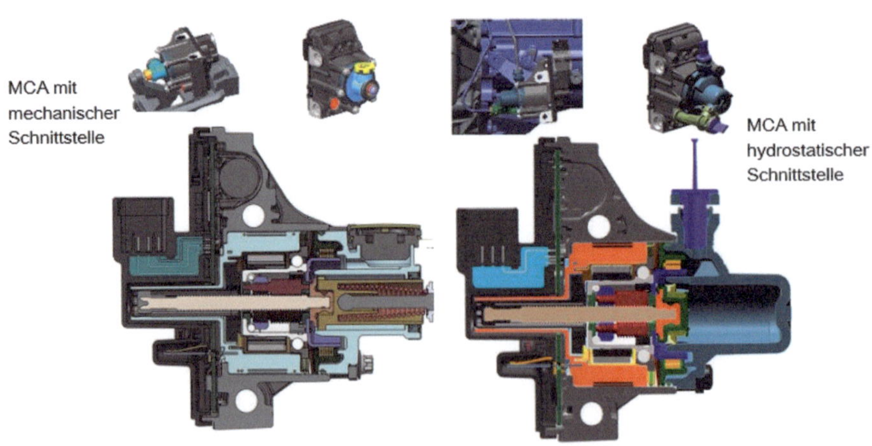

Abb. 9 Modularer Kupplungs-Aktor mit neuem Planeten-Wälzgewindegetriebe und Multiturn-Winkelsensor,

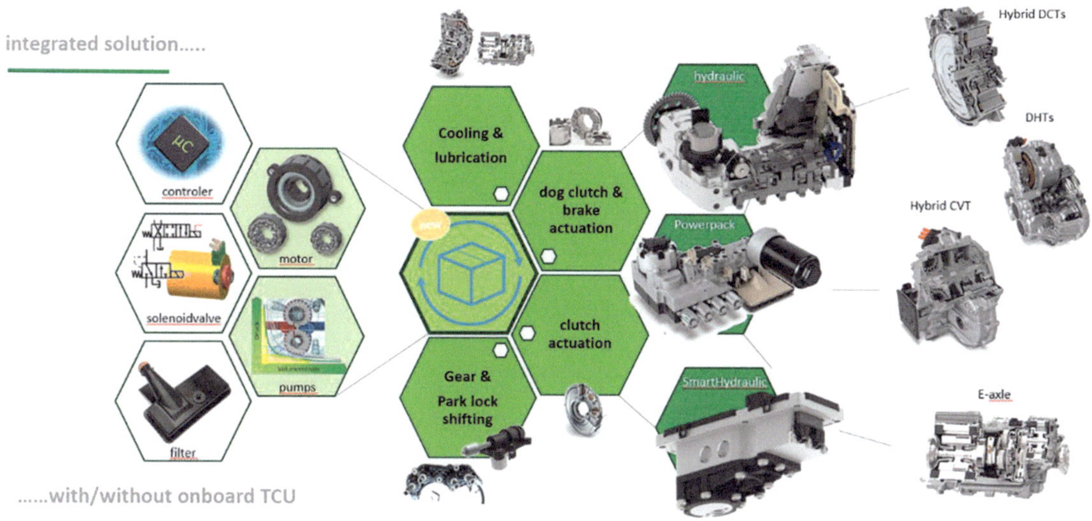

Abb. 10 Schaeffler Smart Hydraulic Actuation-Kit, © Schaeffler AG 2019. All Rights Reserved

Elemente in einer Architektur zentral bedienen zu können. Je mehr Verbraucher bedient werden müssen, umso attraktiver wird das Preis-/Leistungsverhältnis eines solchen Systems.

Das Know-how, das aus der Entwicklung der oben beschriebenen Aktoren mit einer effizienten lokalen Elektronikeinheit (HCA und MCA) gewonnen wurde, konnte in die Gestaltung des Smart Hydraulik-Kits einfließen, **Abb. 10**. Auch die langjährige Erfahrung mit hydraulischen Aktoren und Ventilsystemen hat dazu beigetragen den Baukasten optimal zu gestalten. Ein Designbeispiel ist in **Abb. 11** dargestellt.

9.5 Zusammenfassung

Die verschiedenen Aktoren lassen sich modular integriert oder als Add-On-Systeme einsetzen. Dadurch ist die Anwendung der Aktorikkomponenten in verschiedenen Getriebetypen und insbesondere bei neuen Hybridgetrieben (DHT) und elektrisch angetriebenen Fahrzeugen möglich.

Es stehen sowohl elektromechanische und hydrostatische 1-Verbrauchersysteme wie auch hydraulische Multiverbrauchersysteme zur Verfügung.

Bei der Entwicklung neuer Aktorikkonzepte können die einzelnen Komponenten

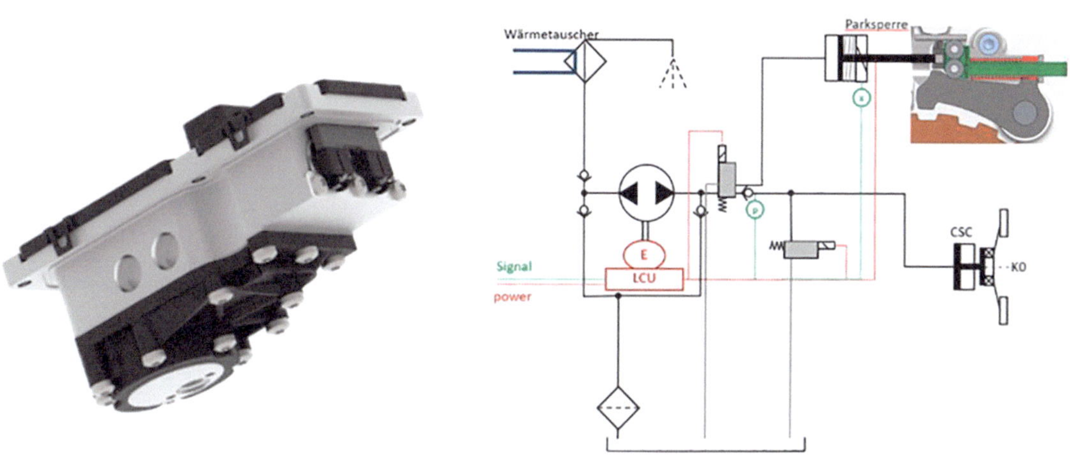

Abb. 11 Schaeffler Smart Hydraulic Actuation-Kit Beispiel, © Schaeffler AG 2019. All Rights Reserved

optimal aufeinander abstimmt werden, wenn Kupplungen, Ausrücksysteme, Aktoren und Getriebesoftware von einem Systemanbieter kommen. In gemeinsamer Arbeit mit den Herstellern von Getrieben lassen sich so besonders effiziente, kompakte und leistungsstarke Betätigungssysteme realisieren.

Mit intelligenten Komponenten und Systemkompetenz sind heutige Systemlieferanten optimal aufgestellt für die Entwicklung und Produktion von neuen Lösungen für moderne Triebstränge.

Literaturhinweise

[1] Müller, B., Kneissler, M., Gramann, M., Esly, N., Daikeler, R., Agner, I.: Kleiner, Flexibler, Intelligenter – Weiterentwickelte Komponenten für Doppelkupplungsgetriebe. 9. Schaeffler Kolloquium, Baden-Baden 2010

[2] Müller, B., Ubben, H., Gantner, W., Rathke, G.: Efficient Components for efficient Transmissions. CTI-Symposium, Berlin 2013

[3] Müller, B., Rathke, G., Grethel, M., Man, L.: Getriebeaktorik – weniger Komplexität, mehr Funktionalität. 10. Schaeffler Kolloquium, Baden-Baden 2014

[4] Mitariu, M.: Herausforderungen und innovative Lösungen der nächsten Hybridmodulgeneration, VDI-Tagung Kupplungen und Kupplungssysteme in Antrieben, Karlsruhe 2013

[5] Welter, R., Kneissler, M., Baumann, M.: Das Handschaltgetriebe hat Zukunft. E-Clutch und Hybridisierung. 11. Schaeffler Kolloquium, Baden-Baden 2018

[6] Kataoka R.: 9-Speed Dual Clutch Transmission for Super Sport Car. CTI-Symposium Berlin 2016

[7] Hoffmann, J.: Die Top 3 von P2 – Bauraum, Bauraum, Bauraum. 11. Schaeffler Kolloquium, Baden-Baden 2018

[8] Eckenfels T.: 48 Volt-Hybridisierung – Eine intelligente Aufwertung des Antriebstrangs. 11. Schaeffler Kolloquium, Baden-Baden 2018

TEIL 3. Fahrantriebe

10 Mikro-Hybrid oder P0-Mild-Hybrid

11 Mild-Hybrid (48-Volt-Hybrid)

12 Voll- und Plug-in-Hybrid (HEV / PHEV)

13 Dedizierte Hybridgetriebe

14 Radnabenantriebe

15 Elektrische Fahrantriebe

16 Formel E

17 Sensorik und Regelqualität

10 Mikro-Hybrid oder P0-Mild-Hybrid

Christoph Schröder, Andreas Stuffer

10.1 Einleitung

Derzeit befindet sich der gesamte Antriebsstrang im Wandel. Die klassische Kombination von Verbrennungsmotor und Getriebe wird zunehmend durch Hybridkomponenten und neue elektrische Verbraucher an den unterschiedlichen Positionen ergänzt. Kommt im klassischen Aggregatetrieb ein Riemenstartergenerator (RSG) zum Einsatz, bezeichnet man dies als „P0-Mild-Hybrid" bei geringer Leistung auch „Mikro-Hybrid". Standen im Aggregatetrieb anfangs 12-Volt-Riemen-Start-Stopp-Systeme im Fokus, so sind dies heute P0-Mild-Hybridsysteme mit einem 48-Volt- oder Hochvolt- Riemenstartergenerator, mit denen strengere CO_2-Vorschriften erfüllt werden können.

10.2 P0-Mild-Hybrid als effiziente Integrationsstrategie

Das zentrale Argument für P0-Mild-Hybride ist ein hoher Funktionsumfang bei vergleichsweise geringem Integrationsaufwand und niedrigen Kosten. Diese Topologie ermöglicht den Einsatz leistungsstärkerer elektrischer Verbraucher, einen schnellen und komfortablen Verbrennungsmotor-Wiederstart über den Riementrieb und besitzt darüber hinaus die Fähigkeit, Bremsenergie zu rekuperieren und diese bei Bedarf in den Antrieb zurückzuführen – was als „Boosten" bezeichnet wird.

Nach Einschätzung von Experten führen diese Eigenschaften dazu, dass das Segment der P0-Mild-Hybride in den kommenden Fahrzeuggenerationen deutlich ansteigt. Für das Jahr 2030 wird für reine P0-Antriebe auf 48-Volt-Basis ein weltweiter Markt von rund 20 Millionen Einheiten erwartet.

Eine P0-Hybridisierung wird auch in Voll- oder Plug-in-Hybridantrieben verwendet. Bei einer Kombination mit einer E-Achse spricht man dann von P0 + P4. In einem solchen Fall wird der P0-Antrieb als Komfortstart-System und zur elektrischen Versorgung der E-Achse eingesetzt. Die Auslegung der Komponenten ist den geänderten Randbedingungen angepasst.

Dadurch, dass Schaeffler Schlüsselkomponenten des Riementriebs und des Antriebsstrangs inklusive verschiedenster Hybridtopologien anbietet, ist auch ein umfangreiches Systemwissen vorhanden. Gemeinsam mit dem Automobilhersteller kann somit für jede Applikation ein optimal effizientes System definiert und umgesetzt werden. In diesem Kapitel wird an Beispielen aufgezeigt, wie die Subsysteme interagieren, welche Rückwirkungen dies auf Auswahl und Auslegung der Komponenten hat und welche Riementriebskomponenten bei P0-Mild-Hybridsystemen idealerweise eingesetzt werden. Im Rahmen der ganzheitlichen Systemabdeckung

H. Tschöke et al. (Hrsg.), *Elektrifizierung des Antriebsstrangs*, ATZ/MTZ-Fachbuch, https://doi.org/10.1007/978-3-662-60356-7_10

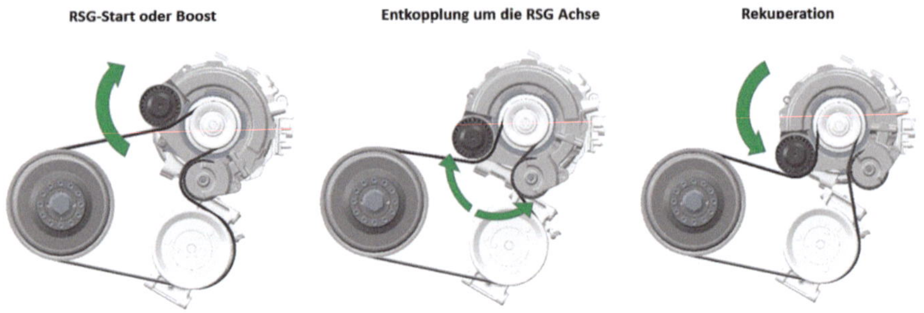

Abb. 1 Betriebsarten eines Entkopplungsspanners, © Schaeffler AG 2019. All Rights Reserved

sind die P0-Aktivitäten nicht nur auf den Riementrieb begrenzt, sondern binden auch weiterführende Untersuchungen und Optimierungen wie eine wälzgelagerte Kurbelwellenlagerung [1] zur Reibleistungsreduzierung oder E-Clutch-Systeme [2] für Handschalter-Applikationen ein, um das Effizienzpotential vollständig zu erschließen.

10.2.1 Auswirkungen auf das System Riementrieb

Bei einer 48-Volt- oder Hochvolt-Hybridisierung im Riementrieb werden im Vergleich zu konventionellen 12-Volt-Anwendungen wesentlich höhere Leistungen übertragen [3]. So steigt die Leistung des Generators von circa 3 auf bis zu 12 kW. Diese Leistung fließt in beide Drehmoment-Richtungen, und es finden häufige Wechsel zwischen „Boosten" und „Rekuperieren" statt. Insgesamt nehmen die Belastungen des Systems und der Komponenten damit stark zu und die Randbedingungen sind im Vergleich zu konventionellen Lösungen stark verändert. Deshalb wurde frühzeitig auf diese Herausforderungen reagiert und Schlüsselkomponenten sowie Entwicklungsmethoden für die Integration von E-Maschinen in den Riementrieb entwickelt [4].

Schlüsselkomponenten für den Riementrieb der Zukunft

Um die Funktionen eines 48-Volt-Antriebs zu erfüllen, insbesondere „Boosten", Lastpunktverschiebungen sowie möglichst vollständige Rekuperation von Bremsenenergie, steigen die durch die E-Maschine in den Riementrieb eingetragenen Drehmomente erheblich. Sowohl bei generatorischem Betrieb im Bereich der Leerlaufdrehzahl als auch beim Start des Verbrennungsmotors sind Spitzendrehmomente von bis zu 50 Nm am Startergenerator zu übertragen.

Je nachdem, ob der Startergenerator zur Stromerzeugung oder als Motor betrieben wird und ein Drehmoment in den Riementrieb einspeist, wechseln sich Zug- und Leertrum ab und die Spannerfunktion wird in unterschiedlichen Abschnitten des Riemens benötigt. Dies erfordert veränderte Spannsysteme. Die einfachste Umsetzungsform sind zwei getrennte Spannelemente, positioniert vor und nach der Scheibe des Riemen-Starter-Generators (RSG). Alternativ werden beide Spannrollen in einem so genannten „Twin Tensioner" kombiniert, bei dem nur eine Spannfeder beide Arme verbindet und auch nur ein Befestigungspunkt am Motor benötigt wird. Eine weitere Ausführung ist der Entkopplungsspanner. Beim Richtungswechsel des Drehmoments ändert der Riemenspanner die Arbeitsposition und ermöglicht für den jeweiligen Betriebspunkt die optimale Riemenvorspannkraft, **Abb. 1**.

Entkopplungsspanner werden koaxial zum RSG angebracht und sind mit diesem als Einheit verschraubt. Die konkrete Ausführung ist abhängig von mehreren Faktoren, zum Beispiel der Anordnung der Nebenaggregate sowie dem zur Verfügung stehenden Bauraum im Fahrzeug. Inzwischen wurden verschiedene Lösungen

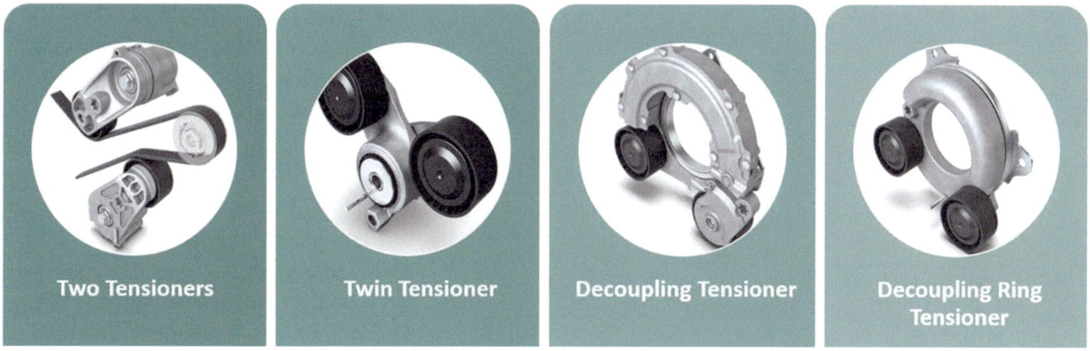

Abb. 2 Spannelemente und Entkopplungsspanner für P0-Riementriebe, © Schaeffler AG 2019. All Rights Reserved

entwickelt, somit steht heute ein breites Portfolio für den Riementrieb der Zukunft zur Verfügung, **Abb. 2**.

Zusätzlich müssen die durch den Motor eingebrachten Ungleichförmigkeiten und deren Rückwirkung auf den Generator betrachtet werden. Bei einer P0-Anwendung reduziert ein Entkopplungsspanner („Decoupling Tensioner") die Drehzahlamplitude am Generator. Im Vergleich zu zwei Einzelspannern verbessert diese Lösung das gesamte dynamische Verhalten des Aggregatetriebs und führt zu geringeren Belastungen und kleineren Verlustleistungen, **Abb. 3**.

Unterhalb gewisser Grenzwerte können diese Ungleichförmigkeiten vom Entkopplungsspanner gut beherrscht werden und dies ist die optimale Konfiguration. Jedoch

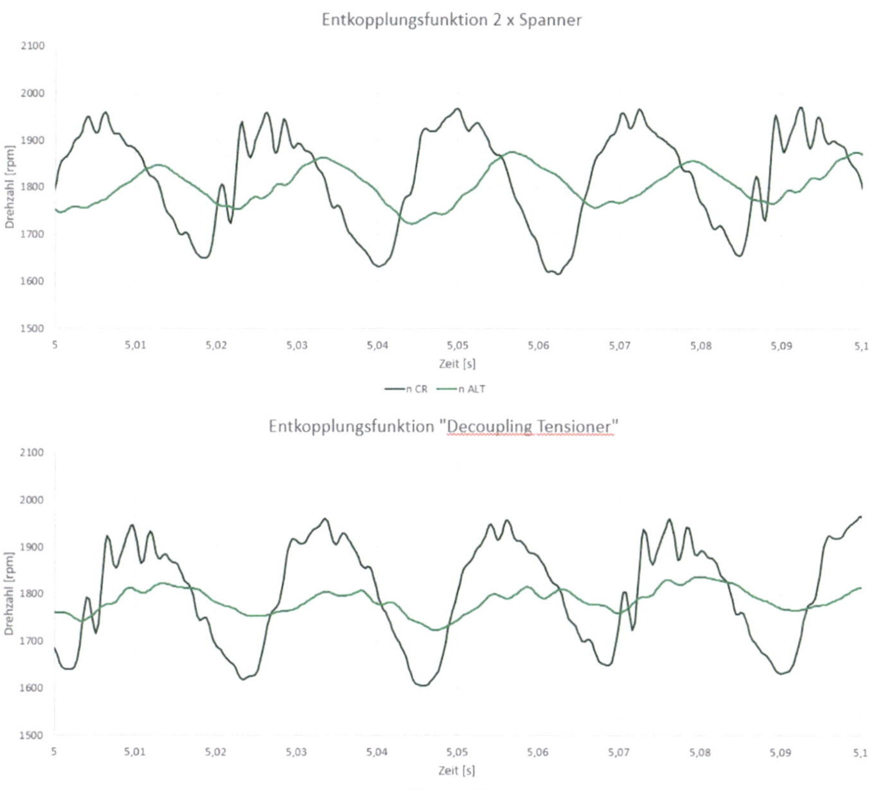

Abb. 3 Entkopplungsfunktion eines P0-Systems, basierend auf zwei Einzelspannern (oben), im Vergleich zu einem P0-System mit Entkopplungsspanner (unten). Dargestellt sind Drehzahlen über Zeit im generatorischen Betrieb, die RSG-Drehzahl ist umgerechnet auf Kurbelwelle, © Schaeffler AG 2019. All Rights Reserved

Abb. 4 Riemenscheibenentkoppler,

erzeugen hoch aufgeladene Verbrennungsmotoren mit teilweise reduzierter Zylinderzahl hohe Drehmomente bereits kurz oberhalb der Leerlaufdrehzahl. Daraus resultieren deutlich höhere Drehungleichförmigkeiten der Kurbelwelle. Übersteigt der Schwingwinkel bei 1.000 1/min und Volllast einen Wert von circa ±4° ist es aus Systemsicht nicht mehr zulässig, diese Ungleichförmigkeiten von der Kurbelwelle in den P0-Mild-Hybrid-Riementrieb einzuleiten. Der genannte Wert dient als Anhaltspunkt und muss individuell abhängig von der Konstruktion, der Motorcharakteristik und den Aggregatedaten ermittelt werden. Diese zu hohen Ungleichförmigkeiten treten heute schon bei der überwiegenden Anzahl moderner Drei- und Vierzylindermotoren auf und müssen insbesondere bei einem P0-Mild-Hybrid Systeme vom Riementrieb isoliert werden.

Zu diesem Zweck wurde ein Kurbelwellen-Riemenscheibenentkoppler entwickelt [5] und 2013 erstmals sowohl für mehrere konventionelle als auch für ein P0-Mild-Hybrid-Riementriebssystem in Serie gebracht. Der Riemenscheibenentkoppler, **Abb. 4**, basiert wie ein Zweimassenschwungrad (ZMS) auf dem Prinzip der überkritischen Schwingungsisolation. Die Ausführung mit Stahl-Bogenfedern ermöglicht eine hohe Leistungsdichte, sehr gute Isolationsgrade, eine hohe Robustheit und ist für mehr als 1 Mio. Start-/Stopp-Ereignisse ausgelegt.

Gegenüber einem nicht entkoppelten System reduziert der Kurbelwellen-Riemenscheibenenkoppler die störende Dynamik im Riementrieb auf ein geringes Restmaß, wie in **Abb. 5** anhand der Ungleichförmigkeiten am Starter-Generator dargestellt ist.

Ein Kurbelwellen-Riemenscheibenentkoppler kann auch eingesetzt werden, bevor Grenzwerte der Triebbelastung erreicht sind. Somit sind durch den Einsatz eines Entkopplers weitere Optimierungspotentiale wie die Reduzierung der Riemenbreite und Vorspannkraftabsenkung und dadurch CO_2-Einsparungen [5] zu erschließen.

Abb. 5 Verringerung der Motorungleichförmigkeit durch Einsatz eines Kurbelwellenentkopplers. Dargestellt sind Drehzahlen über Zeit im generatorischen Betrieb, die RSG-Drehzahl ist umgerechnet auf Kurbelwelle,

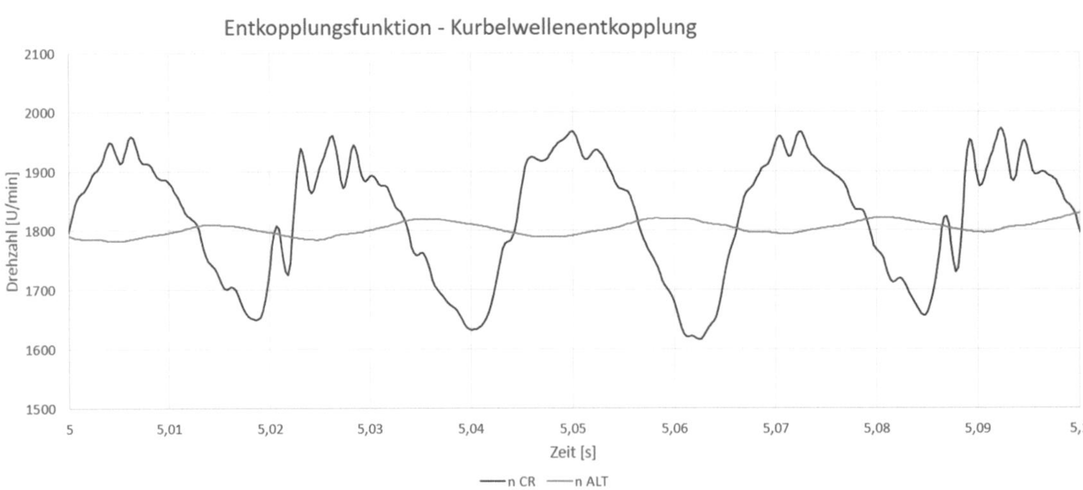

Auslegungskriterien für maximalen Nutzen

Um künftige Drehmomentanforderungen an den Riementrieb zu erfüllen, können mehrere Parameter im Riementrieb wie Scheibendurchmesser, Übersetzungen, Vorspannkräfte, Riemenbreite, Umschlingungswinkel und Riemenqualität variiert werden.

Die gewählte Übersetzung zwischen Kurbelwelle und Generator ist für eine effiziente Nutzung des Kennfelds der E-Maschine entscheidend. Der für die Kurbelwellen-Riemenscheibe zur Verfügung stehende Durchmesser ist in der Regel durch den Bauraum limitiert. Bei „kennfeldoptimaler" Übersetzung kann dies zu einem kleinen Durchmesser der Generator-Riemenscheibe führen. Dadurch tritt insbesondere bei „Boost" in niedrigen Drehzahlbereichen unzulässiger Schlupf auf, der die Effizienz der P0-Anwendung reduziert. **Abbildung 6** vergleicht den Schlupf während eines Motor-Hochlaufs zwischen zwei Auslegungsvarianten mit Durchmessern von 51,3 und 56 mm. Ein kleinerer Durchmesser an der Riemenscheibe des Generators führt bei niedrigen Drehzahlen durch die geringere Kontaktfläche zwischen Riemen und riemenführender Scheibe zu höherem Schlupf. Gemittelte Schlupfwerte von mehr als 2 % können zu erhöhtem Riemenverschleiß, störenden Geräuschen und verringertem Wirkungsgrad führen und sind daher nicht zulässig.

Den relativen Schlupf klein zu halten, ist ein grundsätzliches Auslegungsziel. Dies gilt nicht nur für den im Beispiel gezeigten Boostbetrieb, sondern auch für alle Rekuperations- und Startphasen. Bei den derzeitigen 48-Volt-Hybridsystemen in P0-Anordnung liegen die Startmomente etwa bei 40 bis 50 Nm und können mit den heutigen Riemen und Spannelementen – zum Beispiel auf Basis eines Riemens mit 6 Rippen Breite (6 PK) – übertragen werden.

Es ist zu erwarten, dass künftig die zu übertragende Leistung steigen wird. Das Spitzen-Drehmoment im Startfall wird kurzzeitig Werte bis 65 Nm erreichen. Und auch die zu übertragenden Leistungen im Dauer- sowie Boost- und Rekuperationsbetrieb werden steigen. Die höheren Drehmomente können auch für den Motor-Kaltstart genutzt werden, so dass ein Ritzelstarter entfallen kann. Berechnungen zeigen, dass bei größerem Durchmesser, gleichzeitiger Erhöhung der Rippenzahl und einer optimierten Umschlingung an der RSG-Scheibe ein deutlich höheres Drehmoment übertragen werden kann, **Abb. 7**. Umgekehrt gilt, dass ein gegebenes Start-Grenzdrehmoment bei vergrößertem Durchmesser der Riemenscheibe

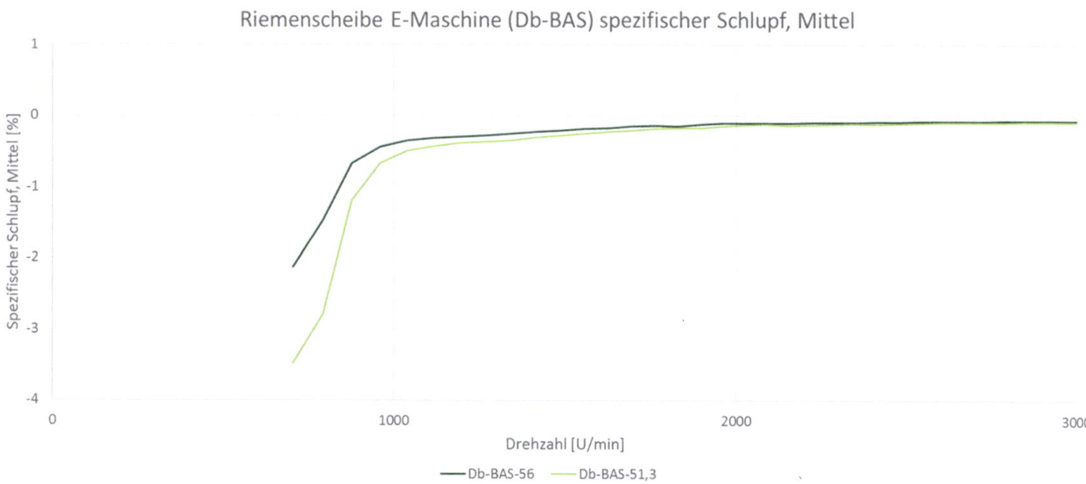

Abb. 6 Simulation eines P0-48 V-Systems im Boostbetrieb: Gemittelter Riemenschlupf an der generatorseitigen Riemenscheibe für zwei Scheibendurchmesser von 51,3 mm (hellgrüne Kennlinie) und 56,0 mm (grüne Kennlinie), © Schaeffler AG 2019. All Rights Reserved

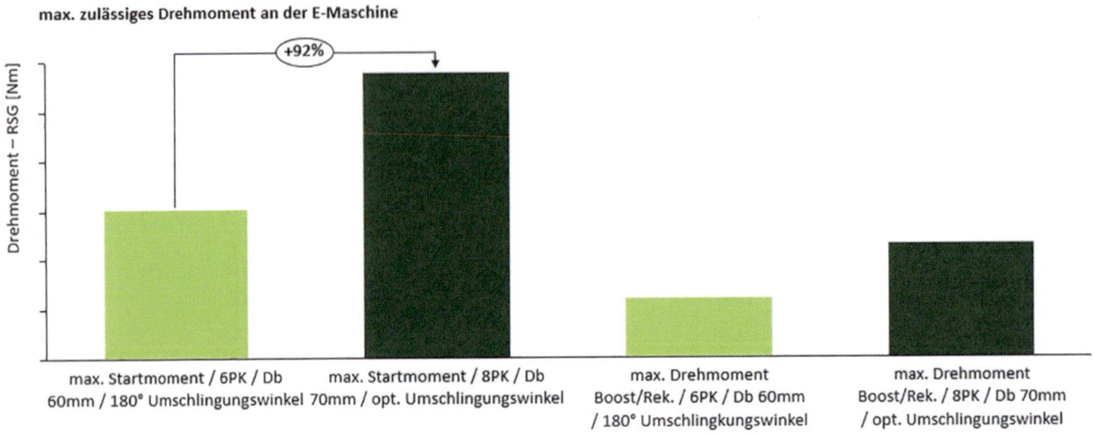

Abb. 7 Grenzmomente der E-Maschine, bedingt durch die maximal zulässigen Riemenkräfte in Abhängigkeit von Riemenbreite, RSG-Durchmesserund Umschlingungswinkel, © Schaeffler AG 2019. All Rights Reserved

bereits mit sechs statt mit acht Keilrippen realisiert werden kann. Dabei ist zu hervorzuheben, dass mit reduzierter Riemenbreite auch die Arbeit für die Verformung des Riemens sinkt und damit geringere Verlustleistungen auftreten.

Grundsätzlich ist es also sinnvoll, den Durchmesser der Riemenscheibe an der E-Maschine zu maximieren. In einem gegebenen Bauraum stößt eine solche Optimierungsstrategie aufgrund der notwendigen Übersetzung zum Kurbelwellenabtrieb aber an Grenzen.

In allen Fällen müssen die zulässigen Belastungen des Riemens am RSG für den Kurzzeit- und den Dauerbetrieb eingehalten werden. Insbesondere im Dauerbetrieb gelten niedrigere Grenzwerte, die durch Entkopplungselemente leichter einzuhalten sind, da die dynamische Belastung über alle Betriebsbereiche reduziert wird.

10.2.2 Weiterentwickelung von Komponenten für künftige Anforderungen

Aufbauend auf der Systembetrachtung Riementrieb – Antrieb – Fahrzeug werden die Komponenten für P0-Antriebe konsequent weiterentwickelt. Ein Schwerpunkt liegt dabei auf der nächsten Generation der Entkopplungsspanner. Neben allgemeinen Optimierungen wie Reduzierung von Bauraumbedarf und Gewichtsreduzierung steht dabei die modulare Anpassung an verschiedene Riemen mit bis zu acht Keilrippen im Vordergrund. Außer der bereits in Serie für einen P0-48 V-Riementrieb produzierten Variante auf Basis eines 6 PK-Riemens wird eine Version mit zur E-Maschine orientierten Spannrollen, **Abb. 8** Mitte, in einem Serienmotor eingesetzt.

Die Variante mit in Richtung der E-Maschine orientieren Spannrollen führt zu geringeren Biegemomenten an der Generatoreingangswelle und entlastet somit die dort verwendeten Wälzlager. Bei der Montage am Motor wird der Riemen zuerst platziert.

Ein anderer Schwerpunkt liegt in der beständigen Weiterentwicklung der Kurbelwellen-Riemenscheibenentkoppler. Bereits heute wird der relevante Bereich von 5 bis 8 PK Riemenbreite und einem Durchmesser von 140 bis 200 mm für P0-Mild-Hybride und Standard-Anwendungen abgedeckt. Das Hauptaugenmerk der jüngeren Entwicklungen liegt auf einer gesteigerten Leistungsdichte und einem gesteigerten Übertragungsvermögen des Entkopplers, damit auch anspruchsvolle P0-Applikationen effizient bedient werden können. Gerade bei P0-Anwendungen ist auch die Wechselwirkung zur Ansteuerungsstrategie des

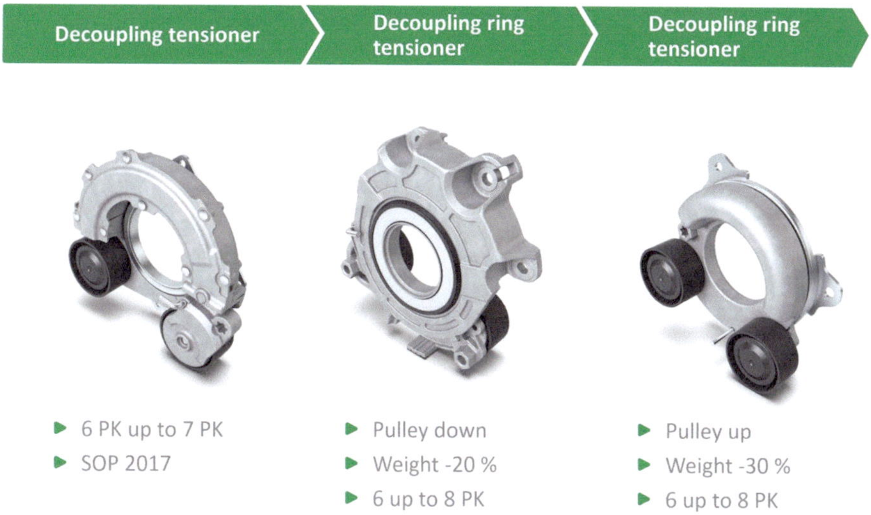

Abb. 8 Entkopplungsspanner, links: Serienstand, Mitte: Spannrollen in Richtung E-Maschine orientiert und rechts: von E-Maschine wegzeigenden Spannrollen im Vergleich, © Schaeffler AG 2019. All Rights Reserved

Starter-Generators ein wichtiger Aspekt, deren Einfluss durch den ganzheitlichen Systemansatz bei der Definition der Kennlinie berücksichtigt wird.

Im Zuge der Optimierungen ist es möglich, Riemenscheibenentkoppler anzubieten, die dem Automobilhersteller zusätzliche Freiheitsgrade für seine Applikationsstrategie bieten. Die Ausprägungen hinsichtlich Überlastsicherheit bei dynamischem Betrieb bis hin zur Berücksichtigung von „Missbrauchs"- Betriebszuständen hängt stark von der Systemumgebung ab, etwa von Antriebsstrangsteifigkeiten und Momentengradienten beim schnellen Schließen der Kupplung. Da einerseits eine umfassende und abgeglichene Simulationsumgebung inklusive des Antriebsstrangs und andererseits aus den Anwendungen des Zweimassenschwungrads ein umfassendes Wissen zur Auslegung und Applikation von Bogenfedern vorliegt, kann bereits in einem frühen Stadium das spätere Verhalten verschiedener Kombinationen mit hoher Güte vorausgesagt werden. Diese Optimierungen führen dazu, dass – selbst in Fällen von „Missbrauch" – das zulässige Drehmoment an der Schnittstelle Kurbelwelle zu Riemenscheibe nicht überschritten wird, **Abb. 9**. Das ist insbesondere wichtig bei Zentralverschraubungen.

Heute schon steht ein breites Portfolio an Spannern- und Riemenscheibenentkopplern für Standard- und P0-Mild-Hybrid Riementriebe zur Verfügung. Mit den gezeigten Weiterentwicklungen der Komponenten und Teilsysteme können zusätzliche Vorteile und damit eine effizientere Ausnutzung der P0-Strategie beim Kunden umgesetzt werden. Doch die Optimierungen dürfen sich nicht nur auf den Riementrieb als isoliert betrachtetes System beziehen.

10.3 Systemverhalten im Antrieb

Der Systemanbieter überblickt den gesamten Hybrid-Antriebsstrang vom Riementrieb bis hin zum Rad. Das Zusammenspiel der Einzelsysteme untereinander und auf das Fahrzeug wird betrachtet, um eine effiziente Abstimmung des Gesamtsystems zu erzielen. Wesentliche motornahe Wechselwirkungen bestehen zur Kurbelwellenlagerung und zum getriebeseitigen Doppelkupplungs- oder ZMS-Dämpfer.

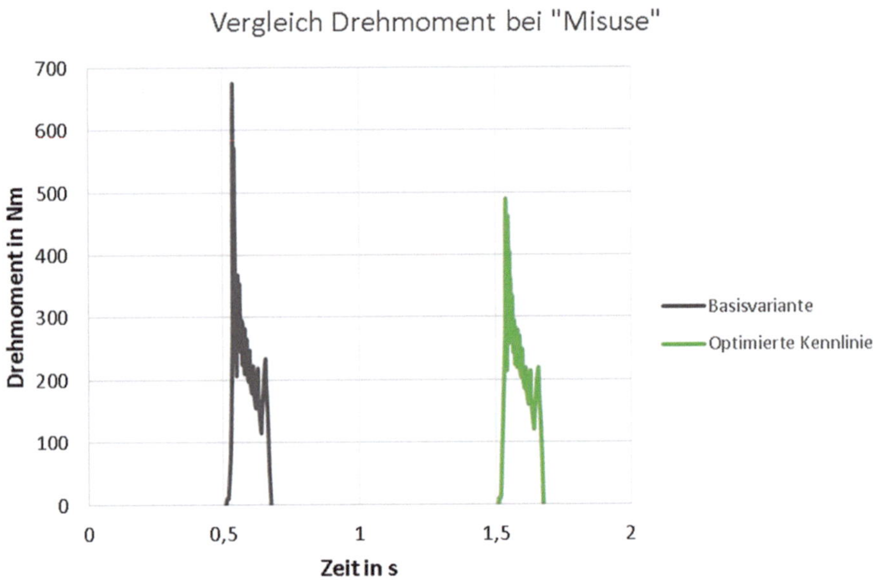

Abb. 9 Drehmoment an der Schnittstelle zur Kurbelwelle. Links: Standardauslegung, rechts: optimierte Kennlinie Lastfall „Verschalten",

Kurbelwellenlagerung

Die Rückwirkungen eines P0-Mild-Hybrid-Systems auf die Kurbelwelle selbst und beispielsweise auf das erste Kurbelwellenlager wird für die verschiedenen Betriebszustände betrachtet und unter Einsatz verschiedener Komponenten wie einem Kurbelwellenentkoppler oder auch einer Wälzlagerung optimiert.

Durch die neuen Betriebszustände wie das „Boosten" können sehr hohe dynamische Riemenkräfte entstehen, die auch am ersten Hauptlager auftreten. **Abbildung 10** zeigt die sehr deutliche Reduzierung der dynamischen Ober- und Unterkraft der resultierenden Lagerkraft an der Kurbelwelle bei Einsatz eines Kurbelwellenentkopplers. Dies führt im gleichen Zuge zu einer entsprechenden Entlastung des ersten Hauptlagers und aller weiteren Lagerstellen im Nebenaggregatetrieb hinsichtlich der dynamischen Kraftspitzen.

Jedoch ist bei einem P0-Riementrieb im Vergleich zum Standardtrieb eine höhere

Abb. 10 Reduzierung der Lagerkräfte an der Kurbelwellenscheibe durch Einsatz eines Kurbelwellenentkopplers,

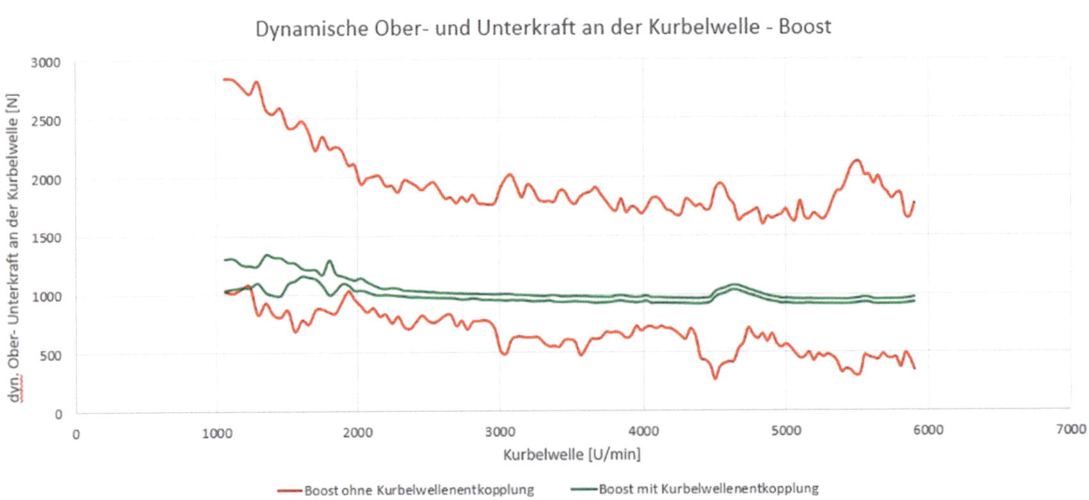

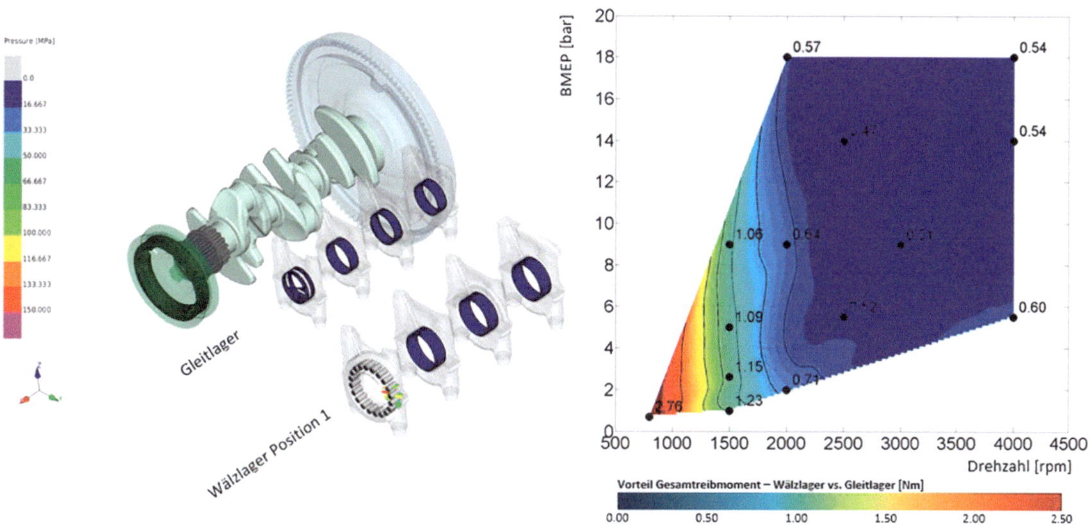

Abb. 11 Reibleistung versus effektiver Mitteldruck und Drehzahl bei einem Dreizylindermotor mit 1,0 l Hubraum und P0-Riementrieb. Das Diagramm zeigt als Farbverlauf den Vorteil im Gesamtreibmoment im Falle einer Wälzlagerung an der ersten Position der Kurbelwelle,

Vorspann- und Betriebskraft aufgrund der Drehmomentübertragung vorhanden, was grundsätzlich zu höheren Reibverlusten in der gleitgelagerten Kurbelwelle führt. Deshalb betrachtet Schaeffler auch die Auswirkung der P0-Systeme auf die Reibung im ersten Kurbelwellenlager. In Untersuchungen am Beispiel eines Dreizylindermotors mit 1,0 l Hubraum wird gezeigt, dass die Belastung durch erhöhte Achskräfte des P0-Triebs zu einer Steigerung der Reibleistung am vorderen Kurbelwellenlager führt. Durch den Einsatz eines Wälzlagers, **Abb. 11**, lassen sich im Vergleich zu einem Gleitlager diese Reibleistungsverluste wieder reduzieren [6].

Wechselwirkung mit dem Zweimassenschwungrad

Die Integration einer E-Maschine in den Aggregatetrieb beeinflusst das Gesamtsystemverhalten des Motor-Getriebe-Verbundes. Im Rahmen eines Entwicklungsprojekts entstand die Herausforderung, dass die Wechselwirkung zwischen der kurbelwellenseitigen Riemenscheibe und dem getriebeseitigen Dämpfer während des Motorstarts durch den Riemen-Starter-Generator zum Auftreten einer Resonanz im Antriebsstrang führte und der Motorstart nicht erfolgen konnte. Die Ausprägung hing von verschiedenen Parametern im Startergenerator, dem Riementrieb und dem getriebeseitigen Dämpfer ab. Bereits in einer frühen Entwicklungsphase konnte der Effekt mit Hilfe geeigneter Simulationswerkzeuge nachgewiesen werden, **Abb. 12**. Durch eine Abstimmung der Kennlinien von Zweimassenschwungrad und Riemenscheibenentkoppler war es möglich, einen komfortablen Motorstart zu realisieren, obwohl die Leistung der E-Maschine von weniger als 2 kW für einen Vierzylinder-Dieselmotor im unteren Grenzbereich lag. Der Aufbau des Riemenscheibenentkopplers, mit dem verschiedene Kennlinien umgesetzt werden können, war hierbei sehr hilfreich.

Kunden erwarten von einem Motor- oder Motorwiederstart bei milden Hybridsystemen besonders hohen Komfort. Eine frühzeitige Optimierung des NVH-Verhaltens ist zwingend notwendig. Schaeffler verfügt über dafür geeignete Simulationswerkzeuge sowie die Expertise, um die Komponenten „auf beiden Seiten der Kurbelwelle“ abzustimmen, bevor Messdaten aus Realversuchen vorliegen. So erlaubt das selbst entwickelte Simulationsprogramm „DYFASIM“ eine schnelle Berechnung der Interaktion von Schwingungsphänomenen im Triebstrang. **Abbildung 13** zeigt exemplarisch das Ergebnis einer Untersuchung,

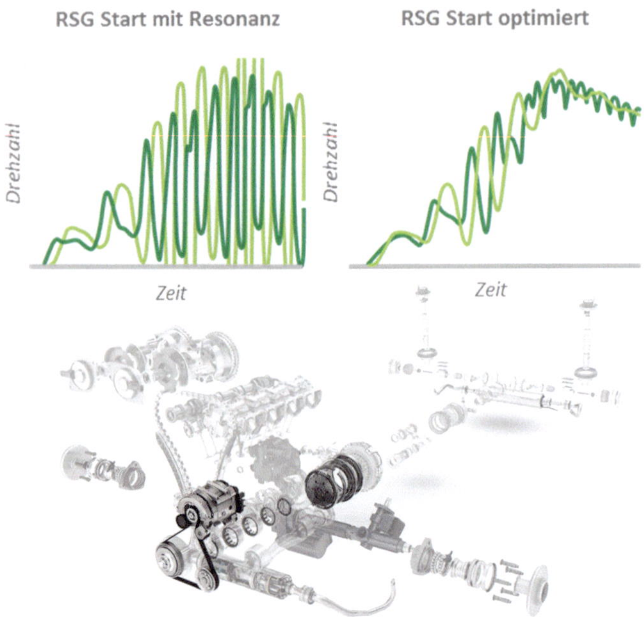

Abb. 12 Schwingungssystem Riementrieb – Entkoppler – Kurbelwelle – ZMS: Drehungleichförmigkeiten beim Motorstart vor (Mitte) und nach Optimierung (rechts), *dunkelgrün: Kurbelwelle, hellgrün: Riemenscheibe,*

bei der verschiedene ZMS-Kennlinien und verschiedene Entkoppler-Kennlinien auf ihre Interaktion beim Motorstart hin untersucht wurden.

Alle untersuchten ZMS- und Entkoppler-Kennlinien entsprechen – für sich betrachtet – einer guten Auslegung. Im Zusammenspiel am Beispiel des Riemenstarts zeigt sich, dass nur bestimmte Kombinationen von ZMS und Entkoppler-Kennlinien zu einem sehr guten Verhalten im Riemenstart führen, insbesondere bei reduzierter Batteriespannung. Dies in einem frühen Entwicklungsstadium eingrenzen zu können, sorgt für eine zielgerichtete Auslegung, weniger Entwicklungsschleifen und eine effiziente Nutzung der Entwicklungsaufwendungen.

10.4 Systemintegration Fahrzeug

Die im realen Straßenverkehr erzielbaren CO_2-Einsparungen spielen eine wichtige Rolle. Deshalb wurde für die wichtigen Entwicklungsstandorte jeweils ein eigener Fahrzyklus definiert, der die Anforderungen der europäischen RDE-Vorschriften abbildet.

Diesen Fahrzyklus wird genutzt, um die Integration von P0-Hybridsystemen in verschiedene Antriebstopologien zu testen. Unter anderem wurden Vergleichsfahrten mit folgenden Fahrzeugen durchgeführt:

- P0: Technologiedemonstrator „Gasoline Technology Car I – GTC I“ von Schaeffler. Er verfügt über einen Ottomotor mit einer Nennleistung von 92 kW, ein manuelles Schaltgetriebe und eine elektrisch betätigte Kupplung sowie eine in den Riementrieb integrierte E-Maschine mit einer Spitzenleistung von 10 kW.
- P0 + P4: Serien-Pkw mit einem 120 kW starken Dieselmotor, der über eine elektrische Hinterachse mit einer Spitzenleistung von 25 kW verfügt. Die verwendete P0-Maschine besitzt eine Nennleistung von 8,5 kW und wird wie die P4-E-Maschine mit einem Spannungsniveau von 200 V betrieben.
- P0 + E-Clutch: Demonstrator auf Basis eines Serien-Pkw mit 80 kW starkem Dieselmotor, der mit einem 48-V-P0-Hybrid und E-Clutch betrieben wird. Auch hier kommt eine E-Maschine mit einer Spitzenleistung von 10 kW zum Einsatz, **Abb. 14**.

Die Analyse der gemessenen Fahrdaten im Hinblick auf die für den Riementrieb relevanten Belastungsgrößen zeigt, dass sich sowohl die Anzahl der Umschaltvorgänge zwischen den Betriebszuständen „Boost“ und „Rekuperation“ als auch das Lastniveau als solches deutlich unterscheiden. Eine erste Abhängigkeit besteht in der ausgewählten Topologie. So übernimmt die E-Achse im Fall der Kombination eines P0 mit einer P4-E-Achse den überwiegenden Anteil der Boost- und Rekuperationsarbeit. Die P0-Hybridisierung ist für die Bordnetzversorgung, Laden im Fahrbetrieb und den Verbrennungsmotor-Wiederstart zuständig. Der Fokus des P0-Antriebs liegt in der Zustartfunktion und Optimierung des Systems im Zusammenspiel mit dem Automatikgetriebe und der implementierten Segelfunktion. Ein reines P0-System ohne P4 übernimmt dagegen auch die Boost- und Rekuperationsarbeit und weist daher deutlich mehr Lastwechsel zwischen diesen Betriebszuständen auf.

Beide Topologien wirken sich unmittelbar auf die Belastung der Komponenten im Riementrieb aus und müssen bei der Dimensionierung berücksichtigt werden. Die Komponenten des Riementriebs können bei einer Kombination von P0- und P4-Antrieb aufgrund der verringerten Belastungen optimiert werden.

Eine zweite Abhängigkeit besteht zu den Betriebsmodi eines jeweiligen Fahrzeugs. Am Beispiel des Technologieträgers GTC I mit einem reinen P0-System werden die Auswirkungen der vorhandenen Modi „Sport" und „Comfort" nachfolgend dargestellt. Im Sportmodus ergibt sich eine höhere Leistungsanforderung und es treten häufiger Wechsel zwischen dem Boost- und Rekuperationsdrehmoment der E-Maschine auf. Während einer RDE-Fahrt ergeben sich in dieser Abstimmung insgesamt 620 Boost- und Rekuperations-Ereignisse auf einer Streckenlänge von 87,5 km, was circa 7,12 Wechsel pro km entspricht. Über eine Laufzeit von 240.000 km ergibt dies fast 1,7 Millionen Lastwechsel. Im Komfortbetrieb treten im gleichen Zyklus nur 313 Ereignisse auf. Zusätzlich wird der Verbrennungsmotor 160 Mal (Segelbetrieb und Motorstart aus Stillstand) wiedergestartet, was circa 1,82 Riemenstarts pro gefahrenem km entspricht. Im Vergleich dazu treten im Sportmodus circa 0,74 Starts/km auf, **Abb. 15**.

Diese Auswertung auf Basis eines Demonstrator-Fahrzeugs ist exemplarisch, zeigt jedoch, dass die Hybridkonfiguration, aber auch die neu hinzugekommenen Fahrzeugstrategien selbst zu großen Unterschieden in den Belastungen auf die Komponenten führen und in Abstimmung mit dem Kunden bei der Auslegung berücksichtigt werden müssen.

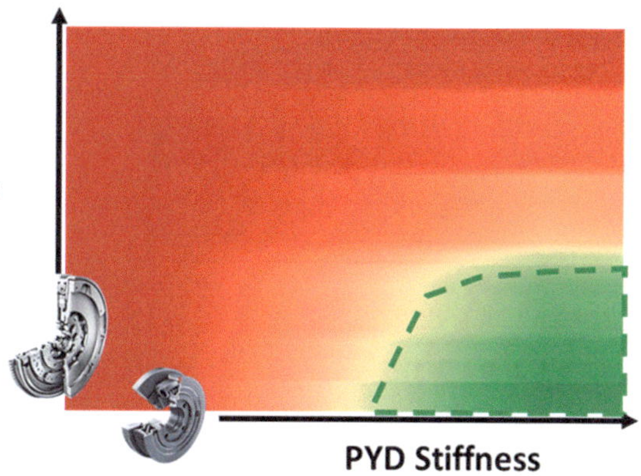

Abb. 13 Parameteruntersuchung ZMS- und Entkoppler-Kennlinie (exemplarische Darstellung), © Schaeffler AG 2019. All Rights Reserved

Die CO_2-Emission eines mit einem P0-Hybridantrieb ausgestatteten Fahrzeugs ist zudem erheblich davon abhängig, wie groß der Anteil der im realen Betrieb zu rekuperierenden Bremsenergie ist. Diese Energierückgewinnung ist systembedingt nur möglich, solange der Verbrennungsmotor im Schubbetrieb zugeschaltet ist. Um den Einfluss des Fahrerverhaltens zu testen, wurden mit einem Fahrzeug, das mit einem P0-48-Volt-Antrieb (10 kW Spitzenleistung) ausgestattet ist, weitere Versuche durchgeführt. Variiert wurde allein der Zeitpunkt, zu dem der Fahrer das Kupplungspedal betätigte. Bei üblicher Fahrweise ergab sich ein Energiegewinn im Bereich zwischen 17 kJ/km und 23 kJ/km. Öffnet die Kupplung so spät wie möglich, beträgt die gesamte rekupe-

Abb. 14 Komponenten im Zusammenspiel: links P0-Riementrieb mit Entkopplungsspanner und Kurbelwellenentkopplung, rechts E-Clutch-Aktor, © Schaeffler AG 2019. All Rights Reserved

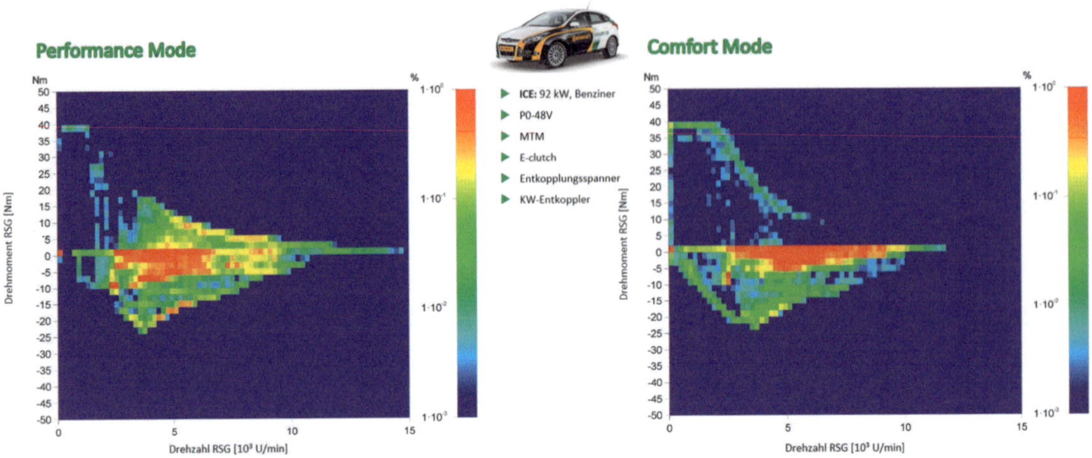

Abb. 15 Zeitlich gewichtetes Auftreten verschiedener Lasten am P0-Antrieb über E-Motordrehzahl für zwei Betriebsstrategien: Links Histogrammauswertung im Sportmodus und rechts im Komfortmodus,

rierte Energie im RDE-Zyklus im Schnitt 33 kJ/km, **Abb. 16**.

Diese Erhöhung der mechanischen Rekuperationsleistung um den Faktor 1,5 bis 2 führt zu einem abgeschätzten Minderverbrauch von circa 0,2 l/100. Somit kann bei einem P0-Hybriden auf Basis eines manuellen Getriebes das Einsparpotential sehr effizient durch eine E-Clutch [6] gesteigert werden, da hier die konventionelle Kupplung mittels der überlagerten Betätigung des E-Clutch-Aktors stets optimal „spät" betätigt wird.

10.5 Maximale Effizienz

Zu den wichtigsten Anforderungen der Automobilhersteller an künftige Antriebe gehört die Verringerung von CO_2-Emissionen. Simulationen anhand des WLTC zeigen, dass sich der CO_2-Vorteil des P0-Hybridantriebs mit 48 V gegenüber einer Basiskonfiguration mit Start-Stopp-fähigem 12-Volt-Startergenerator durch die effizientere Nutzung von Boost und Rekuperation nahezu verdoppelt und bis zu 7 % CO_2-Einsparung im Vergleich zu einem Fahrzeug ohne Start-Stopp ermöglicht.

Betrachtet man die verschiedenen Kombinationsmöglichkeiten, zum Beispiel mit einer E-Clutch oder weiteren Hybridtechnologien, werden abhängig von der Hybridisierungsstrategie bis zu 18 % CO_2-Vorteil für ein C-Segment Fahrzeug mit P0+P4 (Hochvolt) erreicht. Der P0-Mild-Hybrid-Antrieb ermöglicht hierbei im Gesamtsystem die wichtigen Funktionen wie Motor-Wiederstart, Lastpunktverschiebung oder Range-Extender Funktionalität und trägt so im System zur Effizienzmaximierung bei.

Ergänzend sei hier erwähnt, dass sich das grundlegende Konzept eines riemengetriebenen Starter-Generators und eines

Abb. 16 Ergebnisse von RDE-Testfahrten: Einfluss des Kupplungs-Schließzeitpunkts auf die rekuperierte Energie bei identischem Fahrzeug,

Datum	Fahrer	optimiertes "spätes" Betätigen der Kupplung	mech. Rekuperation in kJ/km			
			Stadt	Land	Autobahn	**gesamt**
12.09.2017	F4810	ja	37	39	23	**33**
12.09.2017	F4831	nein	8	19	22	**17**
13.09.2017	F2924	nein	28	38	17	**23**

Entkopplungsspanners auch getriebenah im achsparallelen Hybridmodul nutzen lässt. Entsprechende Module und Konzepte auf Basis von 48 Volt [7] werden entwickelt.

Die erhöhte Bordnetzspannung, die mittels eines P0-Systems mit 48 Volt sehr kosteneffizient zur Verfügung steht, unterstützt den Einsatz von weiteren Systemkomponenten mit denen zusätzliche CO_2-Potentiale erschlossen werden können. Ebenso können Komfortverbesserungen umgesetzt oder die Fahrdynamik optimiert werden. Auch wenn viele der Lösungen mit 12 Volt bereits funktionieren, ist die Umsetzung mit 48 Volt durch die geringeren Ströme insgesamt einfacher. Beispielhaft sind hier elektrische Zusatzaufladung, Wankstabilisator, Niveauregulierung und elektrischer Klimakompressor genannt.

10.6 Zusammenfassung

Es zeigt sich marktübergreifend, dass der P0-Mild-Hybrid unabhängig vom Spannungsniveau des Bordnetzes auf einem guten Weg zu einer Standardlösung ist. Die wichtigsten Gründe hierfür sind:

- Die Technologie zeigt einen eindeutigen Kundennutzen.
- Sie ist mit verschiedenen Antriebstopologien und Aggregaten kombinierbar.
- Das Gesamtsystem lässt sich im Zusammenspiel mit weiteren Systemkomponenten optimieren.
- Der Aufwand der P0-Systemintegration steht in einem günstigen Verhältnis zum Nutzen.

Es wurde gezeigt, dass die Integration leistungsstarker E-Maschinen in den Riementrieb zu neuen Anforderungen an alle Komponenten des Riementriebs sowie die Gesamtsystemauslegung führt. Diese sind mit den entwickelten Simulationsmethoden und Komponenten zu meistern.

Ein Einsatz von P0-Antrieben ist auch in Kombination mit weiteren E-Maschinen im Triebstrang sinnvoll, wobei sich, wie dargestellt, mit der Topologie auch die Auslegungskriterien ändern. P0-Antriebe sind daher mehr als ein bloßer Einstieg in die Elektrifizierung. Sie bieten die Voraussetzung, sich im Hybridantrieb der Zukunft als Standard zu etablieren. Aufgrund der umfassenden Systemkenntnis kann gemeinsam mit dem Kunden in jeder Anwendung eine maximale Effizienz erreicht werden.

Literaturhinweise

[1] Schlerege, F.: Der Durchbruch der wälzgelagerten Kurbelwelle. 11. Schaeffler-Kolloquium, Baden-Baden, 2018

[2] Heinrich, D. et al.: Das Ende der Fahnenstange? CAE-Methoden für maßgeschneiderte Produkte bei minimalem Ressourceneinsatz. 11. Schaeffler-Kolloquium, Baden-Baden, 2018

[3] Stuffer, A.; Schroeder C.: Effects of 48 V – System on the front-end accessory drive (FEAD) dynamics and design along with a holistic system approach. Tagung "Automotive 48 V Power Supply Systems", Berlin, 2017

[4] Stuffer, A. et al.: Aufbruch zu 48-Volt-Systemen: Neue Spanner- und Entkopplungslösungen für riemengetriebene Mild-Hybrid-Systeme. 10. Schaeffler-Kolloquium, Baden-Baden, 2014

[5] Stief, H. et al.: Riementriebssysteme : CO_2-Potenziale – und wie sie erreicht werden. 9. Schaeffler-Kolloquium, Baden-Baden, 2010

[6] Welter, R.; Kneißler, M.: Handschaltgetriebe der Zukunft: Automatisierung von Kupplungen. 11. Schaeffler-Kolloquium, Baden-Baden, 2018

[7] Eckenfels, T., 48V Hybridisierung – Eine intelligente Aufwertung des Antriebsstrangs, 11. Schaeffler Kolloquium, Baden-Baden 2018

11 Mild-Hybrid (48-Volt-Hybrid)

Thomas Eckenfels, Thomas Pfund, Manfred Homm

11.1 Einleitung

48-Volt-Hybridsysteme stellen eine Möglichkeit dar, konventionelle Antriebsstränge ohne grundsätzliche Anpassungen der Gesamtarchitektur als Parallel-Hybrid mit Spitzenleistungen von bis zu 20-25 kW zu elektrifizieren. Dadurch reiht sich die 48-Volt-Hybridisierung zwischen dem Mikro und Voll-Hybriden ein, **Abb. 1**. Durch die in den Verzögerungsphasen fast vollständig zurückgewonnene Energie, führt der Einsatz eines solchen 48-Volt-Hybridsystems zu erheblichen Verbrauchs- und CO_2-Minderungen von bis zu 15 % im WLTC. Im realen Straßenverkehr sind die erzielten Einsparungen sehr stark vom jeweiligen Fahrprofil abhängig, zeigen aber im Stadtverkehr die höchsten Einsparpotenziale. Weiterhin ebnet die 48-Volt-Hybridisierung den Weg, um den stetig steigenden elektrischen Leistungsbedarf – zum Beispiel für erweiterte Komfort- und Fahrdynamikfunktionen oder autonomes Fahren – zu decken. Auch lassen sich Effizienz und Performance des Verbrennungsmotors (VM) durch die Wechselwirkungen mit der 48-Volt-Hybridisierung weiter steigern. Dies kann beispielweise durch Drehmomentauffüllung im unteren Drehzahlbereich, dem sogenannten Boosten, und den Einsatz von elektrisch unterstützenden Aufladesystemen auf 48-Volt Basis in Kombination mit entsprechender Entdrosselung in der Teillast durch angepasste Ventilsteuerzeiten erreicht werden. Unter dem Gesichtspunkt zukünftiger RDE-Gesetzgebung können Lastpunktverschiebungen in Beschleunigungsphasen sowie elektrische Katalysatoren für eine deutliche Verbesserung des Emissionsverhaltens sorgen.

11.2 Einordnung und Funktionalität des 48-Volt-Hybrid

Verglichen mit Hochvolt-Hybridsystemen bieten 48-Volt-Systeme ein besonders gutes Kosten-Nutzen-Verhältnis sowie den Vorteil, dass auf Hochvolt-spezifische Schutzmaßnahmen im Gleichstromteil des Bordnetzes verzichtet werden kann. Weiterhin können elektrische Systeme mit kurzzeitig hohem Leistungsbedarf, etwa elektrische Verdichter, Katalysatorheizungen oder aktive Fahrwerksysteme, standardisiert und ohne den zusätzlichen Hochvolt-Schutzaufwand auf 48-Volt-Basis entwickelt werden.

Die Integration eines 48-Volt-Systems in bestehende Motor- und Getriebebaukästen ist mit vertretbarem Aufwand möglich. Neben der eigentlichen 48-Volt

H. Tschöke et al. (Hrsg.), *Elektrifizierung des Antriebsstrangs*,
ATZ/MTZ-Fachbuch, https://doi.org/10.1007/978-3-662-60356-7_11

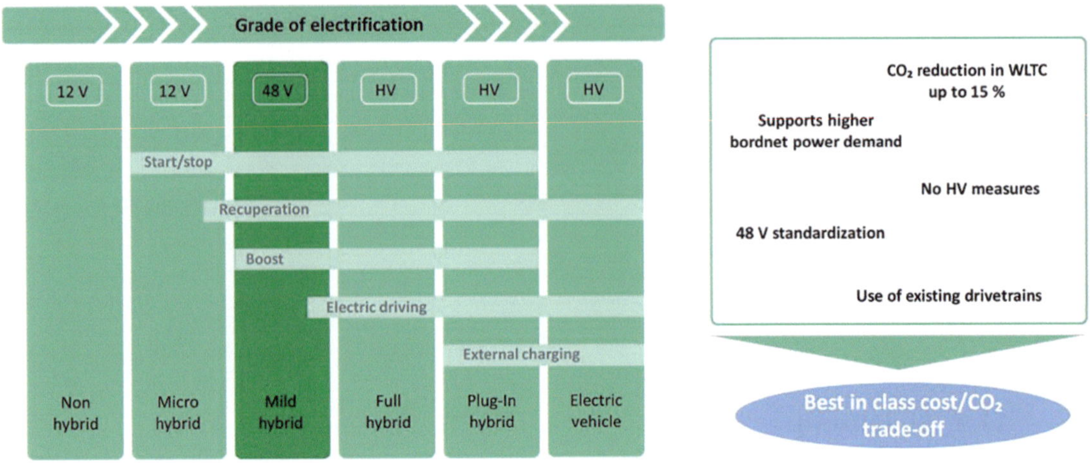

Abb. 1 Einordnung des 48-Volt-Mild-Hybrids in die elektrifizierten Fahrzeugantriebe, © Schaeffler AG 2019. All Rights Reserved

Antriebseinheit wird eine 48-Volt Batterie, mit einer Kapazität zwischen 0,4 -2,0 kWh, eingesetzt. Hinzu kommt ein DC/DC Konverter der die Verknüpfung mit dem 12-Volt Bordnetz herstellt. Dies ist notwendig, da die klassische Lichtmaschine, aufgrund der 48-Volt Antriebseinheit, entfällt. Ziel ist es, ein solches System möglichst modular in bestehende Fertigungs- und Montagestrukturen einzufügen. Im Folgenden werden nun verschiedene 48-Volt Architekturen betrachtet, deren Vor- und Nachteile aufgeführt und die erreichbaren Verbrauchseinsparungen vorgestellt. Weiterhin werden beispielhaft für die verschiedenen Architekturen Praxisbeispiele für 48-Volt Antriebseinheiten gezeigt.

Die Integrationsmöglichkeiten (Topologie) der elektrischen Maschine in den Antriebsstrang wurde in Abb. 1 Kap. 2 betrachtet. Ein 48-Volt-Radnabenmotor als P5-Hybridisierung ist grundsätzlich auch denkbar wird im Folgenden allerdings nicht näher betrachtet, da dieses Konzept nur als alleinstehender Antrieb für Leichtfahrzeug geeignet ist, siehe auch Kap. 15.

Die Funktionalitäten der unterschiedlichen Topologien werden in **Abb. 2** dargestellt. Die Grundfunktionen Boosten und Rekuperation mit angekoppeltem sowie Segeln mit abgekoppelten Verbrennungsmotor können in allen Topologien realisiert werden, wobei für den abgekoppelten Betrieb eine automatisierte Anfahrkupplung notwendig ist. Die Anordnungen P2 bis P4 haben gemeinsam, dass sie – anders als die an die Kurbelwellen-Drehzahl gekoppelten Anordnungen P0 und P1 – die Rekuperation der Bremsenergie bei abgekoppeltem Verbrennungsmotor zulassen und rein elektrisches Fahren im Rahmen der Leistungsfähigkeit eines 48-Volt-Systems ermöglichen. Die P4-Topologie erlaubt eine zusätzliche Allradfunktion auf 48-Volt-Basis.

11.3 P0-Hybridisierung

P0-Antriebe auf 48-Volt-Basis, ermöglichen es, dass im Vergleich zu 12-Volt-Systemen nennenswert Bremsenergie rekuperiert werden kann sowie ein dynamischer und komfortabler Verbrennungsmotorstart möglich wird. Ein weiterer Vorteil dieser Architektur besteht in erweiterten Komfortfunktionen, wie beispielsweise die Standklimatisierung bei Einsatz eines schaltbaren Riemenscheiben-Entkopplers. Aufgrund des vergleichsweise geringen Integrationsaufwandes wird diese Technologie in den kommenden Jahren speziell in Europa große Stückzahlen erreichen und maßgeblich dazu beitragen, die CO_2-

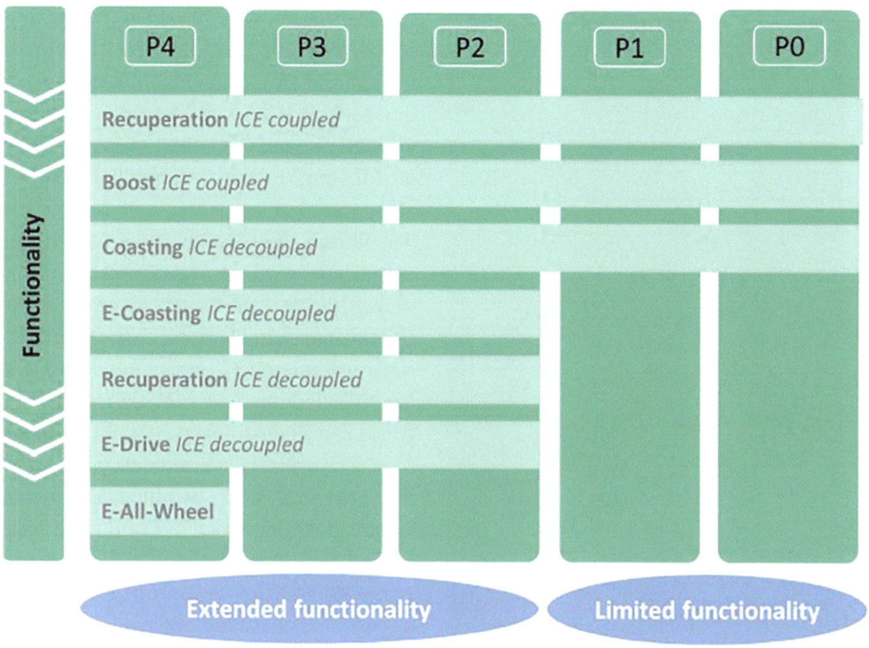

Abb. 2 Funktionalitäten der verschiedenen Topologien,

Flottenemissionsziele in naher Zukunft zu erfüllen. Ein 48-Volt System besteht aus einem sogenannten Riemenstartergenerator (RSG), welcher anstelle der klassischen Lichtmaschine verbaut wird, einem Riementrieb mit Spann- und Entkopplungssystem, welches ein Wechsel zwischen Zug- und Leertrum ermöglicht. Zudem kommt teilweise ein Riemenscheibenentkoppler zum Einsatz der die torsionalen Ungleichförmigkeiten der Kurbelwelle hin zum Riementrieb entkoppelt. Abbildung 1 in Kap. 10 zeigt die klassischen Funktionsweisen eines P0-Systems.

Neben dem klassischen 12- und 48-Volt-Hybrid in P0-Anordnung entwickeln sich verschiedene Ausprägungen von Aggregatetrieben (Front End Accessory Drives, FEAD), die mit anderen Hybridsystemen kombiniert werden, **Abb. 3**. Die Ausprägungen reichen von einem riemenlosen Motor, über einen reinen Aggregatetrieb ohne E-Maschine bis hin zu einem vollwertigen Riementrieb mit integrierter 12-Volt-, 48-Volt- oder Hochvolt-E-Maschine. Bei letzterem liegen die Hauptfunktionen auf dem Verbrennungsmotorstart sowie dem Stromgenerieren. Entsprechend der Funktionalität resultiert ein geändertes Lastprofil, das bei der Auslegung beachtet werden muss.

11.4 P1-Hybridisierung

Die Anordnung der E-Maschine auf der Kurbelwelle als P1-Hybrid ermöglicht eine übersetzungsfreie Kopplung an die Drehzahl des Verbrennungsmotors. Aufgrund des eingeschränkten Bauraums finden hier ausschließlich permanenterregte Synchronmotoren (PSM) Verwendung, die sich gleichzeitig durch hohe Effizienz sowie große Drehmomentkapazität, speziell für den Motorkaltstart, auszeichnen, Kap. 4. Gegenüber den in P0-Architekturen verwendeten Asynchron- oder Klauenpolmaschinen weisen sie jedoch einen Kostennachteil auf. Ein P1-System ähnelt vom grundsätzlichen her einem koaxialen P2-System. Der einzige Unterschied besteht darin, dass anstelle der Trennkupplung K0 ein Anfahrelement im bzw. an den Rotor der E-Maschine integriert werden kann.

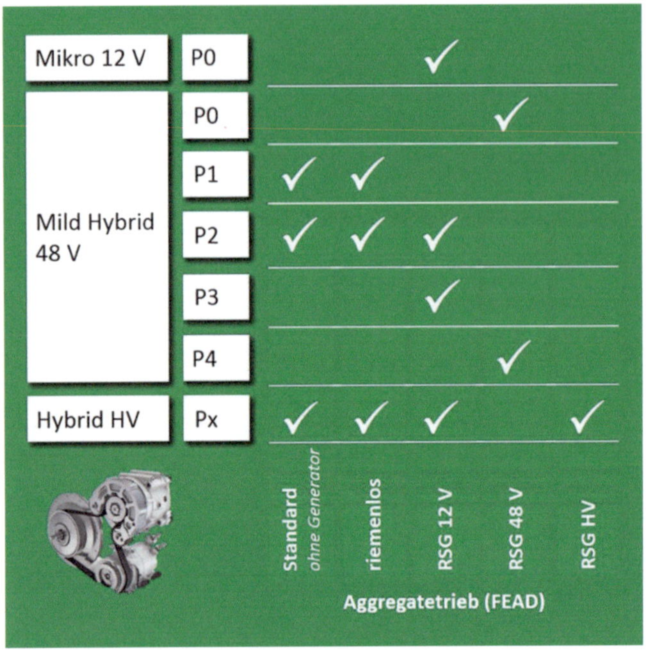

Abb. 3 Kombinationen von Aggregatgetrieben und Hybridtopologien, © Schaeffler AG 2019. All Rights Reserved

11.5 P2-Hybridisierung

Bei einem P2-System befindet sich zwischen der elektrischen Maschine und dem Verbrennnungsmotor eine Trennkupplung K0, die es ermöglicht, während der Rekuperation und dem elektrischen Fahren, den VM vom Antriebsstrang abzukoppeln. Ein weiterer Vorteil der P2-Topologie ist, dass das klassische Getriebe mit seiner Spreizung für die elektrischen Fahrmoden verwendet werden kann. Weiterhin kann die P2-Topologie den Wiederstart des VM aus dem Stillstand sowie aus der Fahrt heraus ausführen und erfordert somit nicht zwangsläufig ein Zusatzstartsystem im frontendseitigen Riementrieb. Ein 48-Volt-P2-Antrieb kann in einer koaxialen als auch in einer achsparallelen Ausführung realisiert werden, **Abb. 4**. Der achsparallele Einbau der E-Maschine hat den Vorteil, dass hierbei auf E-Maschinen zugegriffen wird, die relativ modular entwickelt werden und auch in anderen Architekturen zum Einsatz kommen. Diese Anordnung der E-Maschine ist für den front-quer-Einbau relevant, da sie auf diese Weise den Triebstrang axial nicht nennenswert verlängert. Der koaxiale Einbau weist hingegen eine hohe Modularität zu den Hochvolt-P2-Systemen auf und minimiert zudem die Systemverluste, da im Vergleich zur achsparallelen Anordnung Kraftübertragungselemente mit entsprechender Reibung entfallen und kein zusätzlicher Bauraum im Motorraum benötigt wird.

11.6 P3-Hybridisierung

Die Positionierung der E-Maschine am Getriebeausgang als P3-Topologie eignet sich für längs und quer eingebaute Antriebsstränge. Es gibt die Möglichkeit die 48-Volt Antriebseinheit direkt in das Getriebe zu integrieren, was speziell für front-quer Anwendungen aus Bauraumgründen sinnvoll ist. Für längs eingebaute Antriebsstränge bietet sich ein, wie in **Abb. 5** dargestelltes,

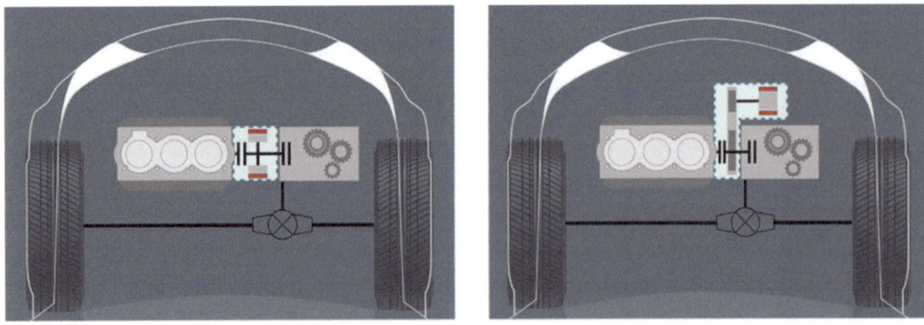

Koaxiale Anordnung der E-Maschine | Achsparallele Anordnung der E-Maschine

Abb. 4 Anordnungsmöglichkeiten der E-Maschinen in einem P2-Mild-Hybridantrieb, © Schaeffler AG 2019. All Rights Reserved

Add-On Modul an. Die P3-Topologie hat den Vorteil, dass aufgrund der Positionierung der E-Maschine am Getriebeausgang eine Zugkraftauffüllung während den Schaltungen möglich ist. Um den kompletten Geschwindigkeitsbereich abzudecken benötigt es einer Eingängigkeit mit einer Abkoppelung bei hohen Geschwindigkeiten oder einer Zweigängigkeit zwischen Antriebseinheit und Rad. Aufgrund er direkten Kopplung an das Rad benötigt die Topologie zwangsläufig ein 12-Volt Zusatzstartsystem im Riementrieb.

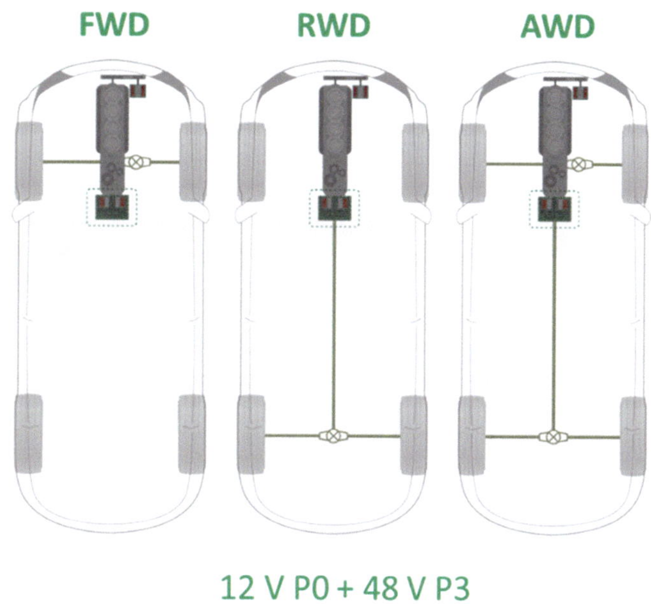

Abb. 5 Längs eingebaute Antriebsstränge für P3-Topologien (FWD: Front Wheel Drive, RWD: Rear Wheel Drive, AWD: All Wheel Drive, © Schaeffler AG 2019. All Rights Reserved

11.7 P4-Hybridisierung

Die P4-Topologie ermöglicht es, den mechanischen Allradantrieb durch ein elektrisches Antriebssystem an der Hinterachse zu ersetzen, **Abb. 6**, das den auf die Vorderachse wirkenden Verbrennungsmotor ergänzt. Großer Vorteil dieser Architektur ist die Darstellung eines Allradantriebs "light" sowie die vollständige Entkopplung der Bauräume für den Motor-Getriebe-Verbund und den E-Antrieb. Es gibt auch hier, identisch zu der P3-Topologie, die Möglichkeit eine eingängige elektrische Achse mit Abkoppeleinheit oder eine zweigängige Achse einzusetzen. Idealerweise kommt ergänzend ein 48-Volt Riemenstartsystem zum Einsatz, wodurch auch bei leerer Batterie die Allradfähigkeit an der Hinterachse gewährleistet werden kann.

11.8 Verbrauchseinsparungen

Anhand eines frontgetriebenen C-Segmentfahrzeuges mit einem 1.0 l Benzinmotor und Doppelkupplungsgetriebe werden die erreichbaren Verbrauchseinsparungen im WLTC als Resultat von Simulationen in **Abb. 7** gegenübergestellt. In sämtlichen Simulationen sind aus Gründen der Vergleichbarkeit keine Optimierungen am Verbrennungsmotor vorgenommen. Die gezeigten simulierten Werte sind durch reale Messungen weitestgehend bestätigt.

Die P0-Hybridisierung erreicht unter Einsatz einer Asynchronmaschine (ASM) Einsparungen von 3,8 % im Vergleich zu einem 12-Volt-Mikro-Hybrid (Smart-Alternator und Start-Stopp-Funktion). Ersetzt man diese Maschine durch eine leistungsstarke permanenterregte Synchronmaschine (PSM) so werden Einsparungen von 6,6 % erzielt. Die P1-Hybridisierung erreicht unter Einsatz einer PSM Einsparungen von

Abb. 6 Elektrischer Hinterachsantrieb für eine P4-Topologie, © Schaeffler AG 2019. All Rights Reserved

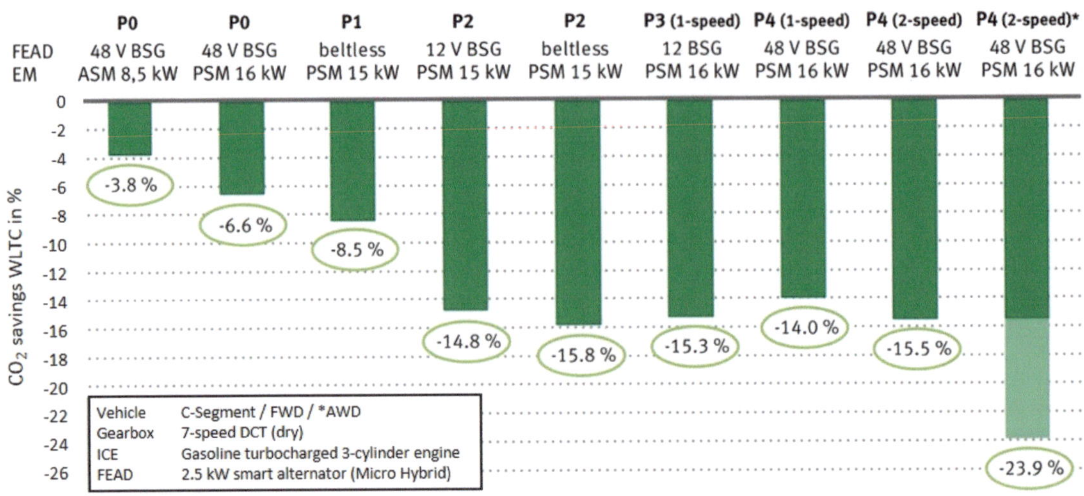

Abb. 7 Verbrauchseinsparungen im WLTC für verschiedenen Hybrid-Topologien, Simulationsergebnisse, © Schaeffler AG 2019. All Rights Reserved

8,5 %. Die Unterschiede lassen sich durch die effizienteren und leistungsstärkeren Synchronmaschinen sowie die riemenlose Ausführung des Verbrennungsmotors in der P1-Anordnung erklären.

Mit einem riemengetriebenen achsparallelen P2-Hybrid können die CO_2-Einsparungen erheblich gesteigert werden. Die Einsparung von 11,9 % kommt unter Einsatz einer relativ leistungsstarken permanenterregten Synchronmaschine mit 16 kW motorisch für 20 s zustande. Für die achsparallele Ausführung gibt es noch Potential, um die maßgeblich durch die Vorspannung verursachten Verluste im Riementrieb zu reduzieren. Die Differenz zu den höheren, mit dem koaxialen Konzept erzielten Werten von bis 15,8 % ist hauptsächlich auf die Riemenverluste zurückzuführen. Weiterhin ist der Unterschied durch die etwas bessere Effizienz und größere Drehmomentkapazität des koaxialen elektrischen Antriebssystems zu begründen. Der Unterschied zwischen einem riemenlosen und riemengetriebenen Verbrennungsmotor (ohne Generator/Lichtmaschine) in der koaxialen Anordnung beträgt circa 1 %. Hervorzuheben ist der Unterschied zu einem P1-Hybrid mit identischer koaxialer E-Maschine von 7,3 %, die in einer Kosten-Nutzen Betrachtung die zusätzlichen Kosten für die K0-Kupplung und Aktuierung mehr als rechtfertigt. Der große Unterschied lässt sich durch das höhere Rekuperationspotenzial sowie das, insbesondere in diesem Fahrzeugsegment, nennenswerte elektrische Fahren bei sehr geringen Lastanforderungen mit abgekoppeltem Verbrennungsmotor erklären.

Das P3-Add-On Modul mit einer motorischen Leistung von 16 kW für 20 s in Kombination mit einem 12 V Riemenstartergenerator, senkt die CO_2-Emission im Vergleich zum Basisfahrzeug um 15,3 %. Obwohl das System nur eine Übersetzung sowie einen Neutralgang besitzt, kann dieser hohe Wert erreicht werden. Zu erklären ist er mit der zielgerichteten Dimensionierung auf den WLTC und der Vermeidung von Nulllastverlusten infolge des Neutralgangs. Allerdings sind bei der Eingang-Lösung aufgrund der Abdeckung eines größeren Drehzahlbereiches gewisse Abstriche hinsichtlich der zu erzielenden CO_2-Einsparungen im Realbetrieb sowie auf funktionaler Ebene im Vergleich zu einer Zweigang-Lösung hinzunehmen. Setzt man das Modul in Kombination mit einem mechanischen Allradsystem ein, was aufgrund der optionalen Lamellenkupplung möglich ist, können die zusätzlichen Allradverluste, die

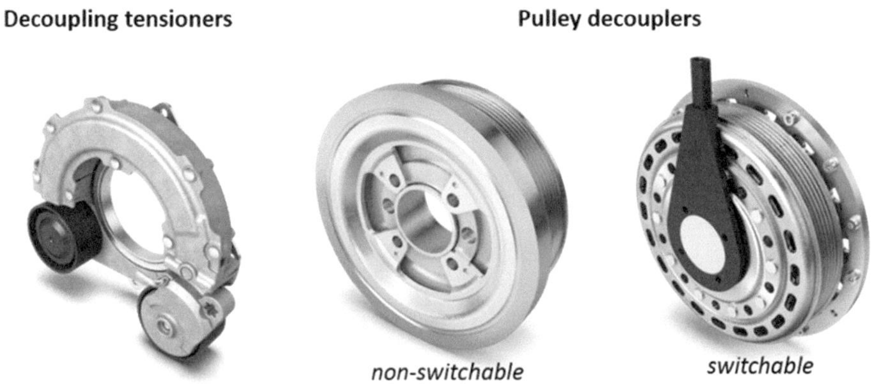

Abb. 8 Entkopplungsspanner (links) und Riemenscheibendämpfer (mitte, rechts), © Schaeffler AG 2019. All Rights Reserved

im Vergleich zum reinen Frontantrieb entstehen, deutlich überkompensiert werden.

Bei Einsatz einer elektrischen Eingang- und Zweigangachse wird im verbrennungsmotorischen Teil des Triebstrangs ein 48-Volt-Riemenstartergenerator eingesetzt, weil hierüber die Verfügbarkeit des Allradantriebes auch bei geringem Ladezustand der Batterie gewährleistet wird. Die Basis bilden die frontgetriebene Variante und ergänzend eine Allradvariante des bereits genannten C-Segment-Fahrzeugs. Bei Einsatz einer eingängigen elektrischen Hinterachse ohne mechanischen Durchtrieb verbessert sich die Emissionsbilanz um 14 % und bei Einsatz einer zweigängigen Achse um 15,5 % gegenüber einem frontgetriebenen Fahrzeug. Gegenüber der Allradvariante kann mit einer Zweigangachse sogar 23.9 % eingespart werden. Der Mehrverbrauch durch den Einsatz eines konventionellen Allradantriebs, im Vergleich zum Basisfahrzeug, beläuft sich in diesem Fall auf zirka 11 %.

11.9 Praxisbeispiele

11.9.1 P0-System

Die Schlüsselkomponenten eines P0-Riementriebsystems sind der Riemenstartgenerator (RSG oder BSG), der Riemen, der Entkopplungsspanner sowie der Riemenscheibendämpfer. **Abbildung 8** zeigt beispielhaft einen Entkopplungsspanner sowie einen schaltbaren und nicht schaltbaren Riemenscheibendämpfer. Der Entkopplungsspanner kann um die Achse der E-Maschine rotieren, so dass der Wechsel zwischen Last- und Leertrum ermöglicht werden kann. Die eigentliche Vorspannung wird über eine angefederte Spannrolle aufgebracht.

Abbildung 9 zeigt beispielhaft einen Riemenstartergenerator mit einer wassergekühlten Asynchronmaschine im Zusammenbau eines frontendseitigen

Abb. 9 Frontendseitiger Riementrieb mit integrierter 48-Volt Asynchronmaschine, © Schaeffler AG 2019. All Rights Reserved

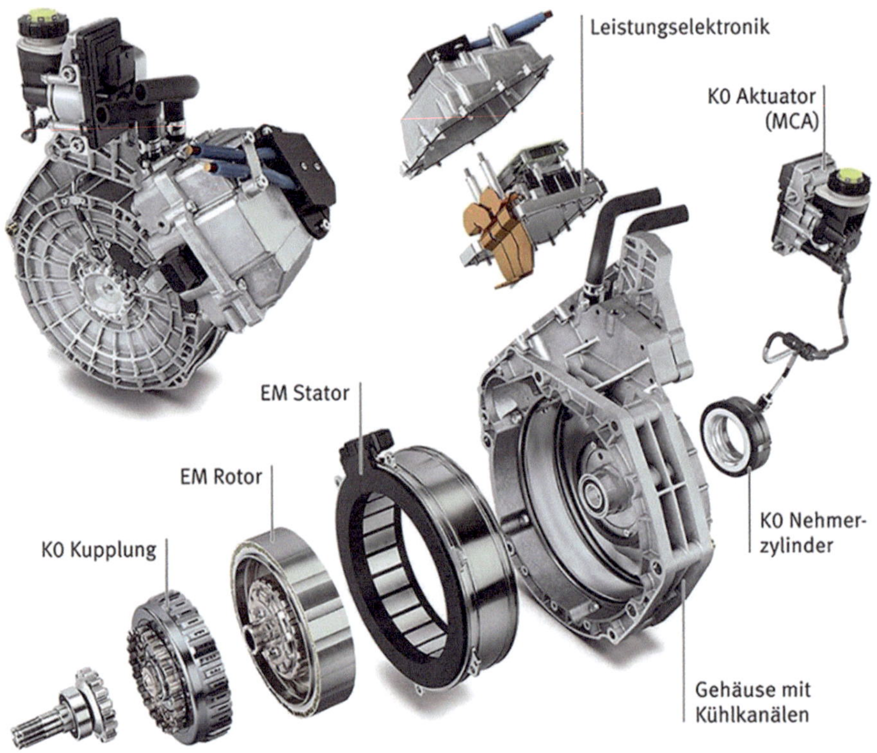

Abb.10 Hochintegriertes koaxiales 48-Volt-Hybridmodul für ein Doppelkupplungsgetriebe,

Riementriebs. Typische Spitzenleistungen derartigen 48-Volt E-Maschinen liegen zwischen 8 und 12 kW.

11.9.2 P1-System

Bei einem P1-System ist der Rotor der E-Maschine fest mit der Kurbelwelle verbunden. Zum einen gibt es die Möglichkeit den Rotor direkt als primäre Schwungmasse des Verbrennungsmotors zu verwenden und mit einem Drehmomentwandler als Anfahrelement zu kombinieren. Eine andere Möglichkeit ist es den Rotor als sekundäre Schwungmasse nach dem Dämpfer anzuordnen und getriebeseitig zu lagern. In einer derartigen Anordnung bietet es sich an, die nassen Anfahrkupplungen eines Doppelkupplungsgetriebes innerhalb des Rotors zu integrieren. Der Stator der E-Maschine ist typischerweise im Getriebegehäuse intergiert und kann als wasser- oder ölgekühlt ausgeführt werden.

11.9.3 P2-System

Der typische Aufbau eines koaxialen 48-Volt Hybridmodul mit trockener Mehrscheiben-Kupplung K0 ist in **Abb.10** zu sehen. Das Gehäuse umschließt hierbei E-Maschine und Kupplung und dient gleichzeitig als Träger für die Leistungselektronik und den modularen Kupplungs-Aktor zur Betätigung der Trennkupplung K0. Die Trennkupplung K0 kann grundsätzlich im Trocken- oder Nassraum sowie mit oder ohne Anfahrelement umgesetzt werden.

Das elektrische System des Hybridmoduls besteht aus einer permanenterregten Synchronmaschine mit konzentrierter Wicklung, einem Resolver und einer in das Gehäuse integrierten Leistungselektronik. Die AC Stromschienen befinden sich innerhalb des Gehäuses und sind von außen nicht zugänglich. Das System benötigt einen Niedertemperaturkühlkreislauf mit einer maximalen Eingangstemperatur von 85 °C und einen Volumenstrom von 6 l/min.

Bei einer Spannung von 48-Volt auf der DC Seite erreicht das elektrische System im motorischen Betrieb eine Maximalleistung von 22 kW, **Abb. 11**, und eine Dauerleistung von circa 10 kW. Im Bestpunkt ist der Gesamtwirkungsgrad > 95 %.

Die Momentenkapazität der rotorintegrierten nassen oder trockenen Trennkupplung reicht von 250 bis 500 Nm. Zur Integration benötigt es einen zusätzlichen axialen Bauraum von 30 bis 90 mm, was speziell in Kombination mit einem Dreizylindermotor in einer Front-quer-Anwendung bzw. in Längs-Anwendung problemlos erreichbar ist. Durch den Einbau des derartigen Hybridmoduls muss ein Zusatzgewicht von circa 30 kg berücksichtigt werden.

Der koaxiale Einbau ermöglicht perspektivisch den vollständigen Verzicht auf einen verbrennungsmotorseitigen Riementrieb, da bei ausreichender Leistung alle Startvorgänge komfortabel über die P2-Maschine ausgeführt werden können. Dadurch ergibt sich ein zusätzlicher CO_2-Vorteil, da die im Riementrieb auftretenden Reibverluste entfallen.

Das achsparallel Hybridmodul besteht aus den Teilsystemen E-Maschine, Kupplungssystem K0, Gehäuse, Zugmitteltrieb und optional aus einem Klimakompressor sowie einem integrierbaren Anfahrelement. Das achsparallele Modul ist über einen Riemen für trockene Systeme oder über eine Kette als Nassanwendung mit dem Antriebstrang verbunden, **Abb. 12**. Beim Einsatz in Kombination mit einem Riementrieb, kann die identische trockene Mehrscheiben-Kupplung K0, wie für das koaxiale System gezeigt, riemenscheibenintegriert eingesetzt werden. Die maximale Drehmomentkapazität der K0 Trennkupplung bei einer Lösung mit Kette und Nasskupplung beträgt bis zu 300 Nm. Auch ein achsparalleler P2-Antrieb benötigt zusätzlichen axialen Bauraum für den Riemen- oder Kettenantrieb, der jedoch, je nach Ausführung, auf 25 bis 55 mm beschränkt werden kann.

Die Anordnung des Zugmitteltriebes hinter dem Dämpfer reduziert die Anregung durch dynamische Lasten stark und sorgt für einen wartungsfreien Betrieb über Lebensdauer, was an dieser Position im Antriebsstrang notwendig ist. Die Drehzahl des Verbrennungsmotors kann durch

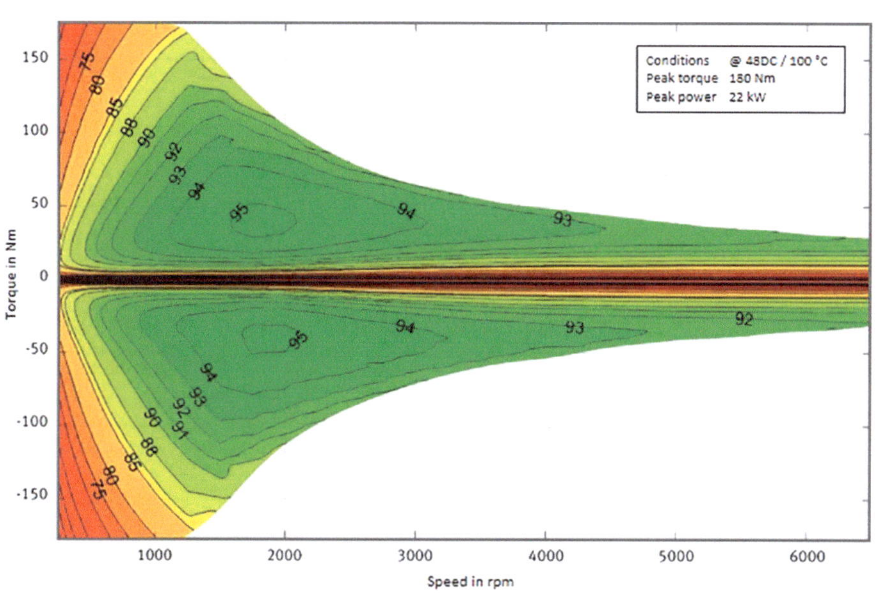

Abb. 11 Drehmoment / Drehzahl Kennfeld mit Kurven konstanten Wirkungsgrades einer PSM, © Schaeffler AG 2019. All Rights Reserved

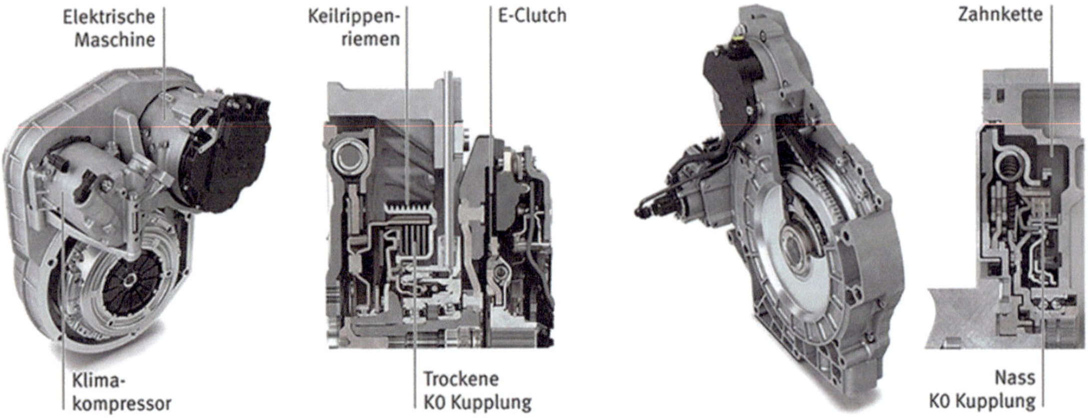

Abb. 12 P2-Hybridmodul mit Riemen (links) und Kette (rechts) für den achsparallelen Einbau, © Schaeffler AG 2019. All Rights Reserved

das Umschlingungsgetriebe um den Faktor 2,3 bis 2,8 überhöht werden und somit kommen hier hochdrehende E-Maschinen mit maximalen Drehzahlen von bis zu 18.000 1/min zum Einsatz.

11.9.4 P3-System

Abbildung 13 zeigt beispielhaft den Aufbau eines P3-Add-On Moduls. Es ist koaxial ausgeführt, um bei Bedarf in dem limitierten radialen Bauraum im Tunnel unter der Kabine Platz zu finden. Die Abtriebswelle des Hauptgetriebes wird durch das P3-Add-On Modul geleitet, was nicht nur Bauraum spart, sondern auch eine modulare Produktionsstrategie erleichtert. Zur Modulstrategie gehört es auch, bei Bedarf eine Lamellenkupplung für eine Allradvariante zu integrieren.

Die maximale Leistung der elektrischen, flüssigkeitsgekühlten E-Maschine beträgt bis zu 20 kW im Generatorbetrieb. Das maximale Ausgangsdrehmoment des Moduls im Motorbetrieb beträgt 234 Nm, wobei das Spitzendrehmoment der elektrischen Maschine von 60 Nm in einem Verhältnis von 3,9 durch ein einstufiges Planetengetriebe übersetzt wird. Die nachgelagerte, formschlüssige Kupplung wird mittels

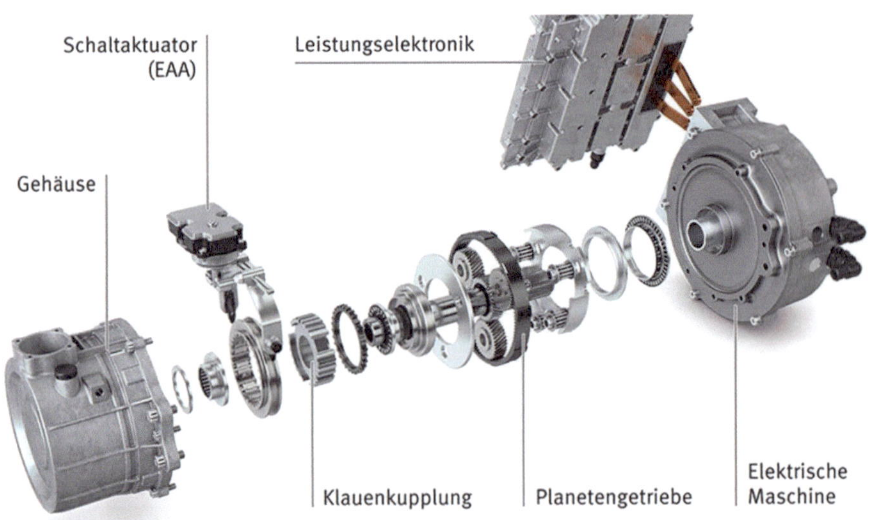

Abb. 13 Aufbau des eingängigen (1+N) Hybridmoduls für eine 48-Volt-P3-Hybridisierung (ohne optionale Lamellenkupplung für AMD), © Schaeffler AG 2019. All Rights Reserved

eines elektromechanischen Aktors betätigt und trennt so die E-Maschine bei Bedarf vom Triebstrang. Die zulässige Höchstdrehzahl der elektrischen Maschine wird bei einer Fahrzeuggeschwindigkeit von zirka 140 km/h erreicht. Bei höheren Geschwindigkeiten muss die Klauenkupplung geöffnet werden. Das Gewicht des Moduls für ein rein frongetriebenes Fahrzeug beträgt 22 kg.

Der Einsatz des Hybridmoduls in einem Allradfahrzeug lässt sich mit Hilfe einer zusätzlichen Lamellenkupplung realisieren. Die Kupplung überträgt bis zu 800 Nm und ermöglicht das an- und abkoppeln der Kardanwelle. Bei geöffneter Kupplung wirkt das P3-Modul ausschließlich auf die Welle des Hauptgetriebes und kann so die gängigen Hybridfunktionen realisieren. Im Allradbetrieb ist die Lamellenkupplung geschlossen und das P3-Modul wirkt auf beide Fahrzeugachsen.

11.9.5 P4-System, Elektrische Achsen

Abbildung 14 zeigt den Aufbau einer zweigängigen elektrischen Achse als 48-Volt Ausführung. Ein über einen Planetenradsatz schaltbares Zweiganggetriebe mit nachgeschalteter Zahnradstufe und Kegelraddifferenzial ermöglicht es, in verschiedenen Fahrsituationen die E-Maschine möglichst optimal einzusetzen. Die Schaltung zwischen ersten, zweiten und Neutral-Gang erfolgt über eine klassische Schiebemuffe und einen elektromechanischen Aktuator. Im ersten Gang (i = 15) stehen die Funktionen elektrisches Fahren und Rekuperation im Mittelpunkt. Mit dieser elektrischen Achse können bei geringen Drehzahlen, je nach maximalen Moment des E-Motors, bis zu 1200 Nm Achsmoment rein elektrisch aufgebracht werden. Weiterhin ist die Achse so ausgelegt, dass rein elektrisches Fahren in städtischen Bereich möglich wird. Die Schaltung in den zweiten Gang (i = 5) erfolgt bei einer Fahrgeschwindigkeit von zirka 70 km/h. Somit zielt der zweite Gang auf den Überland- und Autobahnbetrieb, in dem ausschließlich die Funktionalitäten Boosten und Rekuperation im Fokus stehen. Die Entscheidung, welche E-Motorentechnologie zum Einsatz kommt, ist grundsätzlich offen und maßgeblich vom Anwendungsfall abhängig. Hierbei spielen die Parameter maximale Leistung, Leistungsdichte, Bauraum

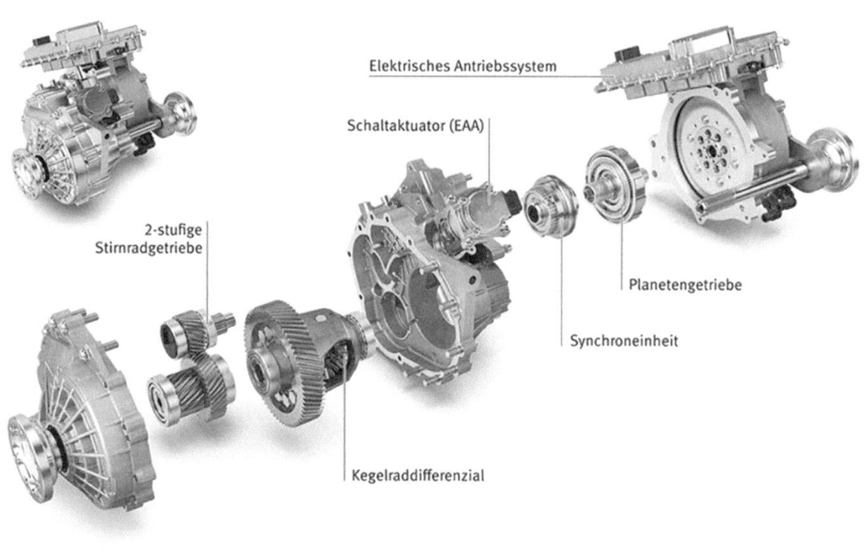

Abb. 14 Aufbau der zweigängigen (2+N) elektrischen Achse für eine 48-Volt-P4-Hybridisierung, © Schaeffler AG 2019. All Rights Reserved

und funktionale Sicherheit eine wesentliche Rolle. Das Gesamtgewicht der elektrischen Achse beträgt, je nach gewähltem elektrischem Antriebssystem, circa 40 kg.

11.10 Zusammenfassung

Aufgrund des sehr günstigen Verhältnisses von Systemkosten wird die 48-Volt Hybridisierung der zukünftige Standard für VM die mit Benzin, Diesel oder auch synthetischen Kraftstoffen betrieben werden. Oberstes Ziel ist es die Bremsenergie möglichst vollständig zurückzugewinnen und so effizient wie möglich wieder verfügbar machen. Mit P0 und P1-Systemen lassen sich WLTC Kraftstoffeinsparungen von 4-8 % erreichen. Diese Technologien werden aufgrund ihres geringen Integrationsaufwandes als quick-win solutions bezeichnet und den Markt bis ins Jahr 2025 sehr schnell durchdringen. Mit P2, P3, und P4-Systemen lässt sich die Kraftstoffeinsparung auf bis zu 14-16 % steigern und somit werden diese System speziell ab dem Jahr 2025 interessant, da sich hier die CO_2-Grenzwerte in Europa nochmals drastisch verschärfen und die absoluten CO_2-Werte von P0 und P1-Hybriden nicht mehr ausreichend sind. Vorteil der P2, P3 und P4-Topologien liegt darin, dass der VM während der Rekuperation und der E-Fahrt vollständig vom Antriebsstrang abgekoppelt werden kann. Dadurch lässt sich nahezu das Niveau eines Hochspannung-Voll-Hybriden erreichen jedoch bei einem besseren Kosten-Nutzen Verhältnis. Welche Topologie schlussendlich die Richtige ist, hängt hauptsächlich vom Integrationsaufwand und den funktionalen Anforderungen ab.

12 Voll- und Plug-in-Hybrid (HEV / PHEV)

Andreas Kaksa, Manfred Homm, Thomas Pfund

12.1 Einleitung

Die Architektur beschreibt die Anordnung und Kombination der elektrischen Maschine mit dem Verbrennungsmotor und den Leistungsfluss im Betrieb, siehe auch Kap. 2. Hierbei unterscheidet man zwischen dem Parallel-Hybrid, Seriell-Hybrid und der Kombination aus beidem als Parallel-Seriell-Hybrid, oder auch leistungsverzweigter Hybrid. Der Grad der Hybridisierung definiert die Unterteilung in *Mikro-*, Mild-, *Full-* und Plug-in-Hybride und ermöglicht unterschiedliche Funktionen, **Abb. 1**.
Der Full-Hybrid (auch HEV, Hybrid Electrical Vehicle) ermöglicht rein elektrisches Fahren ohne das Mitschleppen des Verbrennungsmotors. Die elektrische Leistung beträgt in der Regel zwischen 20 kW und 50 kW bei einer Batteriespannung zwischen 200 Volt und 400 Volt. Die Batteriegröße ist meist kleiner 5 kWh. Je nach Auslegung und Fahrstrategie sind mit einem solchen System rein elektrische Reichweiten von etwa 5 km und eine CO_2-Reduktion zwischen 15 % und 22 % im WLTC möglich. Der Full-Hybrid ist somit der stärkste autarke Hybrid.

12.2 Parallelhybrid

Die Antwort auf die Frage, welche Technologien sich für die Elektrifizierung des Antriebsstrangs durchsetzen, ist im Wesentlichen von den zukünftigen, gesetzlichen Vorgaben sowie der Kostenentwicklung für die jeweiligen Systeme abhängig. In Japan sowie in den USA stellen Voll-Hybride ohne externe Lademöglichkeit die dominierende Technik dar. In Japan ist die Hochvolttechnik in vielen Fahrzeug-Plattformen bereits umgesetzt. In den USA mindern die ohnehin hohen Fahrzeuggewichte den Nutzen einer Niedervolt-Hybridisierung mit geringen elektrischen Leistungen.

Parallelhybride stellen eine Möglichkeit dar, den konventionellen Antriebstrang ohne große Änderungen im Layout zu hybridisieren. Hierbei entscheidet die Einbauposition der elektrischen Maschine über die Klassifizierung als P0 bis P5-Hybrid (Topologie), Abb. 1 in Kap. 2

Bei *P0-Hybriden* ist der Elektromotor in den Riementrieb der Verbrennungsmotorvorderseite, dem sogenannten Front End Auxiliary Drive (FEAD), integriert, Abb. 9, Kap. 11, und ermöglicht die Rückgewinnung von Energie beim Bremsen, das sogenannte Rekuperieren und eine dynamische und komfortable Start-Stop-Funktion. Der übrige Antriebsstrang bleibt in seiner Architektur unberührt, was einem sehr niedrigen Integrationsaufwand bei gleichzeitigem, wenn auch mäßigem, CO_2-Nutzen entspricht. Aufgrund der fehlenden Möglichkeit des rein elektrischen Fahrens ist diese Topologie vorwiegend mit geringeren elektrischen Leistungen, beispielsweise von 12 Volt Systemen oder 48 Volt Systemen, realisiert, siehe auch Kap. 10 und 11.

H. Tschöke et al. (Hrsg.), *Elektrifizierung des Antriebsstrangs*, ATZ/MTZ-Fachbuch, https://doi.org/10.1007/978-3-662-60356-7_12

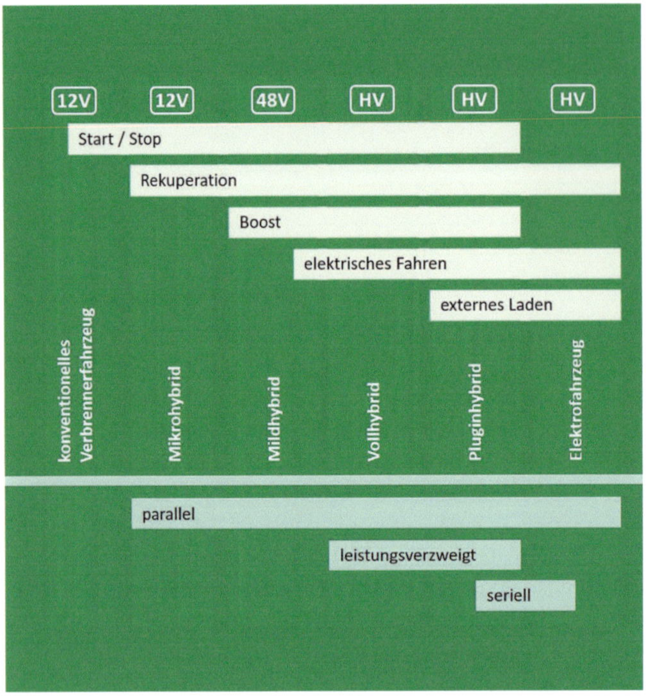

Abb. 1 Grad der Elektrifizierung

Beim *P1-Hybrid*, auch Integrated Starter Generator (ISG) genannt, ist der Elektromotor starr mit der Kurbelwelle des Verbrennungsmotors gekoppelt. Der Riementrieb des Verbrennungsmotors sowie in vielen Fällen der Anlasser können bei dieser Anwendung entfallen. Der P1 bietet die Möglichkeit den Verbrennungsmotor zu starten, elektr. Energie, beispielsweise durch Lastpunktverschiebung, zu generieren und den Verbrennungsmotor in Beschleunigungsphasen mit Drehmoment zu unterstützen (Boosten). Durch die fehlende Abkopplungsmöglichkeit, ist ein elektrisches Fahren nur unter Mitschleppen des Verbrennungsmotors möglich, was einem sehr ineffizienten Zustand entspricht. Daher wird diese Hybridisierung ebenfalls mit vergleichsweise geringen elektrischen Antriebsleistungen in Fahrzeugen realisiert, in denen rein elektrisches Fahren nicht vorgesehen ist.

Abb. 2 P2-Hybridmodul, © Schaeffler AG 2019. All Rights Reserved

Wird eine Trennkupplung, die sogenannte K0, zwischen Verbrennungsmotor und E-Maschine integriert, wird aus dem P1 ein *P2-Hybrid* und rein elektrisches Fahren, sowie Rekuperieren der Bremsenergie bei stillstehendem Verbrennungsmotor ermöglicht, **Abb. 2**. Eine solche Architektur ermöglicht zudem die Nutzung aller Getriebeübersetzungen im rein elektrischen Modus, was die Gesamteffizienz weiter steigert. Der Wiederstart des Verbrennungsmotors kann aus dem Stillstand sowie aus der Fahrt heraus erfolgen, somit kann zur Kostenreduzierung auf einen Anlasser verzichtet werden.

Abbildung 3 zeigt den simulativen Vergleich von HEV-Hybriden mit Plug-in-Hybriden mit Doppelkupplungsgetriebe im WLTC im Ladungserhaltungsmodus. Das C-Segment Fahrzeug hat in der Plug-In Variante eine Batteriekapazität von 9 kWh und damit eine rein elektrische Reichweite von ca. 50 km. Gegenüber dem Basisfahrzeug wird mit der Plug-in-Hybridisierung ein Verbrauchsvorteil von 15,5 % erreicht. Der Antrieb mit Leistungsverzweigung und der seriell-parallele Hybrid erreichen eine sehr ähnliche Einsparung von zirka 14 %.

Zwar hat der als HEV ausgelegte Antriebsstrang eine geringere Batteriemasse, jedoch hat die 9 kWh Batterie Vorteile in den Betriebsbereichen zyklusrelevanter Leistungsflüsse. Die erzielte Einsparung ist in dieser Betrachtungsweise weitgehend

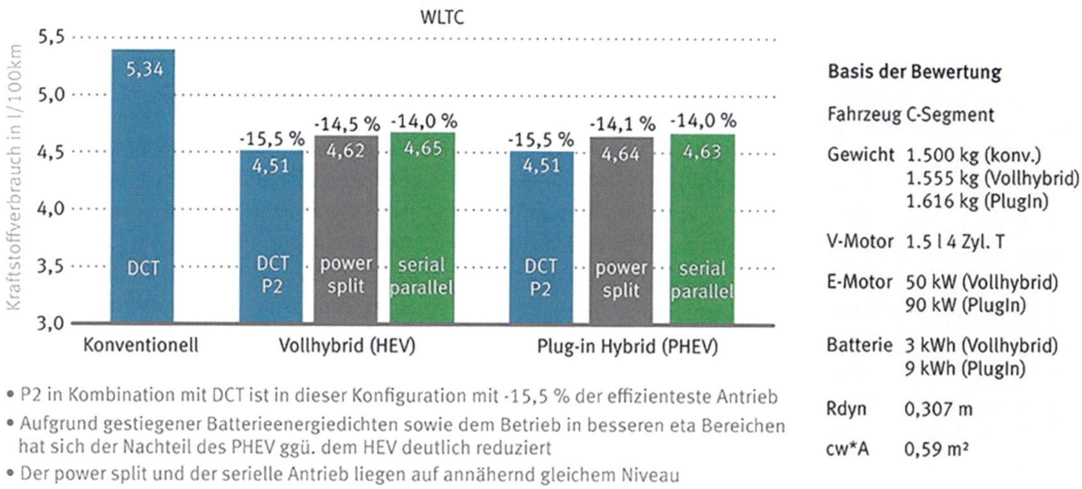

Abb. 3 Simulierte Kraftstoffverbräuche für Hochvolt-Hybridsysteme im WLTC, © Schaeffler AG 2019. All Rights Reserved

unabhängig davon, ob ein stufenloses Getriebe oder ein Doppelkupplungsgetriebe zum Einsatz kommt. Grundsätzlich ist aber für die Effizienz einer P2-Anordnung der Getriebe-Wirkungsgrad durchaus relevant, was sich im Vergleich mit anderen Getriebe-Konzepten zeigt, die mit einer Leistungsverzeigung arbeiten oder bauartbedingt nicht alle Gänge für die Übersetzung des aus der E-Maschine stammenden Drehmoments zu Verfügung stellen. Die Verbräuche eines leistungsverzweigten sowie eines seriell-parallel Getriebes sind zudem dargestellt. Die erzielbaren Verbrauchseinsparungen sind maßgeblich vom Wirkungsgrad des elektrischen Antriebssystems abhängig.

Da die E-Maschine einer P2-Hybridisierung zwischen dem Verbrennungsmotor und dem Getriebe angeordnet ist, ist eine der größten Herausforderungen, die Reduzierung des zusätzlich benötigten Bauraums.

Hieraus resultiert das Bestreben, die K0 Trennkupplung, sowie das Anfahrelement in den Bauraum der E-Maschine zu integrieren. **Abbildung 4** zeigt Varianten eines P2-Hybridmoduls, einmal mit

Abb. 4 P2-Hybridmodul mit Anfahrelement, © Schaeffler AG 2019. All Rights Reserved

integriertem Wandler für Automatikgetriebe (links) sowie die vollständig rotorintegrierte Dreifachkupplung für Fahrzeuge mit Doppelkupplungsgetriebe (rechts).

Ein wesentlicher Teil der Dämpfungsfunktion im Wandler kann entfallen, da ein separater Drehschwingungsdämpfer vor dem Modul zum Einsatz kommt. Der Wandler kann dadurch erheblich kompakter ausgeführt werden. Der erzielte Bauraumvorteil eines solchen Aufbaus gegenüber der Verwendung eines P2-Moduls mit klassischem Wandler beträgt 30 bis 50 mm in der Länge.

Bei Kombination mit einer nassen Doppelkupplung ist es selbst bei kleineren elektrischen Leistungen, die innerhalb des Baukastens durch eine Reduzierung der Länge des Elektromotors erzielt werden, noch möglich die Trennkupplung und die Doppelkupplung im Rotor unterzubringen. Die dadurch erzielte Einsparung an axialem Bauraum ist beträchtlich.

Die hier eingesetzten Elektromotoren haben eine Länge von 60 mm und elektrische Leistungen bis zu 100 kW mit 330 Nm Drehmoment. Je nach verfügbarem Bauraum können die elektrischen Leistungen weiter gesteigert werden.

Wird die E-Maschine am Getriebeausgang, also hinter den Getriebeübersetzungsstufen positioniert, so spricht man von einem *P3-Hybrid*, siehe Abb. 13, Kap. 11. Vorteil ist, dass während der Schaltungen die Zugkraft durch die E-Maschine aufrechterhalten bleibt. Negativ wirkt sich dagegen die Positionierung der E-Maschine hinter dem Getriebe auf die Effizienz der E-Maschine aus, da der Betriebspunkt fest mit der Raddrehzahl gekoppelt ist. Dies kann durch zusätzliche Übersetzungsstufen zwischen E-Maschine und Getriebeausgangswelle ausgeglichen werden, weshalb bei vergleichbarer elektrischer Zusatzleistung das CO_2-Einsparpotential vergleichbar mit dem anderer Hybridtopologien wie P2 und P4 ist. Allerdings werden wiederum Systemkomplexität, Bauraumbedarf und Kosten erhöht. Dazu kommt, dass bei sehr hohen Geschwindigkeiten die E-Maschine unter Umständen abgekoppelt werden muss, um sehr hohe Drehzahlen zu vermeiden. Die direkte Kopplung an die Räder macht es zudem im Gegensatz zum P2 unmöglich, auf ein zusätzliches Startsystem für den Verbrennungsmotor zu verzichten. Wird das P3-Modul noch mit einer zusätzlichen Lamellenkupplung erweitert, kann außerdem ein automatisch zuschaltbarer Allradantrieb realisiert werden. Durch die damit mögliche Kombination der Schaltelemente des P3-Moduls (Getriebestufe oder Trennkupplung) mit der Kupplung für den Allradantrieb können Synergien genutzt werden.

Bei einer *P4-Topologie* sitzt die E-Maschine im Grunde auf der nicht vom Verbrennungsmotor angetriebenen Achse (sog. E-Achse), siehe Abb. 14, Kap. 11. Hierdurch wird im Fahrzeug eine elektrische Allradfunktion hinzugefügt, die im Vergleich zu konventionellen Allradantrieben weniger Komplexität mit sich bringt, da auf Komponenten wie Kardanwelle und Verteilergetriebe verzichtet werden kann. Dies spart Kosten, Bauraum und zusätzliche Reibungsverluste. Ein weiterer Vorteil ist die Beibehaltung des konventionellen Antriebsaggregats, bestehend aus Verbrennungsmotor und Getriebe, wodurch der Integrationsaufwand erheblich reduziert wird.

Je nach Bauraum, in den die elektrische Achse integriert werden muss, bietet es sich an eine koaxiale- bzw. eine achsparallele E-Maschine zu verwenden. Koaxiale Module haben i.A. einen größeren E-Maschinendurchmesser, da sie um die angetriebene Achse gebaut sind. Dafür muss bei der achsparallelen Variante die E-Maschine neben der eigentlichen Achse angebracht werden.

Um einen dauerhaften Betrieb im Allradmodus gewährleisten zu können, bei dem die P4-E-Maschine größtenteils als

Traktionsmaschine zum Einsatz kommt, wird eine zusätzliche E-Maschine benötigt, die z. B. in P0- oder P1-Anordnung angebracht wird und zumeist als Generator betrieben wird. Dies verringert zudem Verluste, die ansonsten bei der Lastpunktverschiebung des Verbrennungsmotors auftreten, da bei einer reinen P4-Anwendung der Leistungsfluss über den gesamten Antriebsstrang und die Räder von einer Achse zur anderen verläuft. Die zusätzliche E-Maschine wird zudem benötigt, um den Verbrennungsmotor komfortabel wieder zu starten, da wie bei der P3-Topologie der Startvorgang ansonsten nicht von den Rädern entkoppelt durchgeführt werden kann.

Um den Elektromotor des P4-Moduls über den gesamten Geschwindigkeitsbereich in einem für ihn günstigen Betriebsbereich zu betreiben und somit die Gesamteffizienz zu steigern, ist eine Umsetzung mit zwei Gängen sinnvoll. Dadurch sind auch Einsparpotentiale möglich, die im Bereich derer von P2- oder P3-Anwendungen mit vergleichbarer E-Maschinenleistung liegen.

Die durch die Hybridisierung generell entstehenden Potentiale für effiziente und zugleich sportliche Fahrzeugantriebe kommen besonders bei der P4-Anordnung zutage, da durch die elektrische Allradfunktion bereits bei geringen Drehzahlen ein sehr hohes Moment auf die Straße übertragen werden kann. Somit ist diese Variante besonders für den Einsatz im SUV- und Sportwagensegment geeignet und bietet zugleich ein großes Potential zur CO_2-Reduzierung, wenn ein konventioneller mechanischer Allradantrieb ersetzt werden kann.

12.3 Plug-in-Hybrid (PHEV)

Kommt die Möglichkeit der Batterieladung aus einer externen Stromquelle hinzu, so spricht man vom *Plug-in-Hybrid*. Zum Laden der Batterie wird Gleichstrom benötigt. Der Strom aus einer gewöhnlichen Haushaltssteckdose liegt aber als Wechselstrom vor, daher wird ein Gleichrichter benötigt, der den Wechselstrom in Gleichstrom umwandelt. Bei dieser Art der Aufladung kann je nach verwendetem Steckertyp mit bis zu 3-phasigem Wechselstrom geladen werden (Ladeleistung < 43 kW), Kap. 23. Um die Ladezeiten weiter zu verkürzen, wird z. T. bei Schnellladestationen die Umwandlung des Wechselstroms in Gleichstrom extern durchgeführt (z. B. Tesla Supercharger), dies ist allerdings vor allem für rein elektrische Fahrzeuge relevant, da beim Schnellladen zum einen hohe Kosten für den Kunden anfallen und zum anderen die Batterie stark belastet wird. Durch die Vergrößerung der Batterien auf bis zu 16 kWh und teilweise erhöhte elektrische Leistungen bis zu 150 kW, sind durchaus auch größere rein elektrische Reichweiten von 50-100 km möglich. Bei der Bewertung im WLTC wird der Plug-in-Hybrid im Gegensatz zum Voll-Hybrid (HEV) nicht nur im ladungserhaltenden Modus betrieben. Da die Bewertung der CO_2-Emissionen beim Plug-in-Hybrid stark von der Betriebsweise des jeweiligen Fahrers abhängt, ist eine genaue Einstufung hier sehr schwierig. So kann ein PHEV ähnlich wie ein HEV im Ladungserhaltungsmodus betrieben und komplett auf das Aufladen der Batterie aus dem Stromnetz verzichtet werden. Die zu erreichenden CO_2-Einsparungen sind dann lediglich im Bereich eines HEV, z. T. sogar geringer, da der PHEV im Vergleich eine höhere Masse aufweist. Auf der anderen Seite kann der PHEV bei geeignetem Nutzerprofil (z. B. ausschließlicher Pendelverkehr mit Strecken unter 50 km) auch größtenteils rein elektrisch betrieben werden und ausschließlich aus dem Stromnetz geladen werden. Im WLTC soll hier ein Kompromiss gefunden werden, indem eine gemischte Betriebsweise angenommen wird. So wird zum einen der

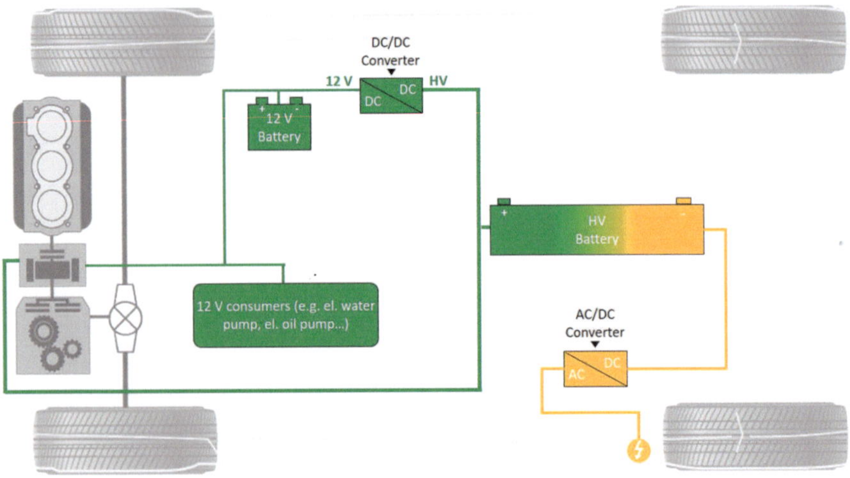

Abb. 5 Prinzipielle elektrische Komponente eines HEV (grün) und eines PHEV (gelb), © Schaeffler AG 2019. All Rights Reserved

Fahrzyklus rein elektrisch gefahren (soweit die Reichweite dies erlaubt) und zum anderen wird wie beim HEV ein Fahrzyklus mit Ladungserhaltung gemessen. Die beiden Werte werden miteinander verrechnet, dabei können CO_2-Reduktionen von über 50 % im Vergleich zum konventionellen Fahrzeug erzielt werden. Der Plug-in-Hybrid bildet somit die Brücke vom klassisch, verbrennungsmotorisch betriebenen Fahrzeug zum reinen Elektrofahrzeug, Kap. 2 und 15.

Abbildung 5 zeigt den Unterschied bei den elektrischen Komponenten zwischen einem Voll-Hybrid und einem Plug-in-Hybrid.

12.4 Zusammenfassung

Im Vergleich zu konventionellen Verbrennerfahrzeugen bieten Voll- und Plug-in-Hybride die größten CO_2-Einsparpotenziale und gleichzeitig eine Erhöhung von Komfort und Fahrspaß. Parallele Antriebsarchitekturen ermöglichen darüber hinaus, konventionelle Antriebsstränge ohne große Änderungen am Layout zu elektrifizieren. Mit Plug-in-Hybriden, die sich zu Voll-Hybriden durch eine externe Lademöglichkeit und einer höheren elektrische Leistung unterscheiden, sind bereits rein elektrische Reichweiten von bis zu 100 km möglich.

13 Dedizierte Hybridgetriebe

Andreas Kinigadner, Christian Lauinger, Laurent Bayoux

13.1 Einleitung

Antriebstopologien mit dedizierten Hybridgetrieben ermöglichen, verglichen zu rein elektrischen Fahrzeugen, die Themen Reichweite, durch hybrides Fahren, und Ladezeit, aufgrund der geringeren Batteriekapazität, gemäß den Kundenerwartungen zu erfüllen. Dabei dürfen Effizienz und Emissionen in allen Antriebsmodi nicht zu kurz kommen, um dadurch den gesetzlichen Anforderungen zu entsprechen. Eine der größten Herausforderung für ein solches Hybridsystem sind Gewicht und Kosten. Diese können durch die Entwicklung neuer integrierter Lösungen für HEVs und PHEVs erreicht werden, indem die integrierte elektrische Maschine samt Leistungselektronik, gepaart mit neuartigen Getriebestrukturen, mit cleverer Aktorik, siehe Kap. 9, realisiert werden.
Die insgesamt noch niedrigen Stückzahlen für Hybridfahrzeuge haben dazu geführt, dass bislang der elektrische Antrieb vorrangig in P2-Anordnung, siehe Kap. 2, zwischen Verbrennungsmotor und Getriebe angeordnet wurde, wobei die klassischen Triebstrangkomponenten weitgehend unverändert gelassen wurden. Steigende Stückzahlerwartungen führen dazu, dass zunehmend die Optimierung des Gesamtsystems in den Vordergrund rückt [1]. Dazu gehört auch die Möglichkeit, den mechanischen Getriebeteil zu vereinfachen, etwa durch Entfall des Rückwärtsgangs, und stattdessen mindestens eine in das Getriebe integrierte elektrische Maschine zu nutzen, um den vollen Funktionsumfang darzustellen. Solche Getriebekonzepte werden als dedizierte Hybridgetriebe oder „Dedicated Hybrid Transmissions" (DHT) bezeichnet [2]. Dedizierte Hybridgetriebe können aus bekannten Getriebekonzepten hervorgehen, also aus Doppelkupplungsgetrieben, Wandler-Planetengetrieben, stufenlosen Getrieben (CVT) oder automatisierten Schaltgetrieben. Die elektrische Maschine wird dabei ein Teil des Getriebes, wobei ihre Anbindung auf verschiedenen Getriebewellen erfolgen kann, **Abb. 1**. Neben den parallelen (oder seriellen) Hybridmodi können in Kombination mit einem Planetengetriebe auch ein oder mehrere leistungsverzweigte Betriebszustände erzeugt werden.
Manche Antriebsstrukturen können auch mehr als eine elektrische Maschine integrieren, und bilden so eine Vielzahl an Möglichkeiten, den spezifischen Anforderungen gerecht zu werden. Wie bei den Konzepten mit nur einer elektrischen Maschine stellt sich die Grundsatzfrage, ob der gewünschte Komfort durch Stufenlosigkeit, beispielsweise durch Leistungsverzweigung, oder durch komfortable Gangwechsel erreicht werden soll. Da auch in Hybriden im verbrennungsmotorischen Betrieb die hohe Effizienz erhalten bleiben muss, erfordert es eine entsprechende Getriebespreizung beziehungsweise eine Einschränkung des Betriebsbereichs des Verbrennungsmotors.

H. Tschöke et al. (Hrsg.), *Elektrifizierung des Antriebsstrangs*,
ATZ/MTZ-Fachbuch, https://doi.org/10.1007/978-3-662-60356-7_13

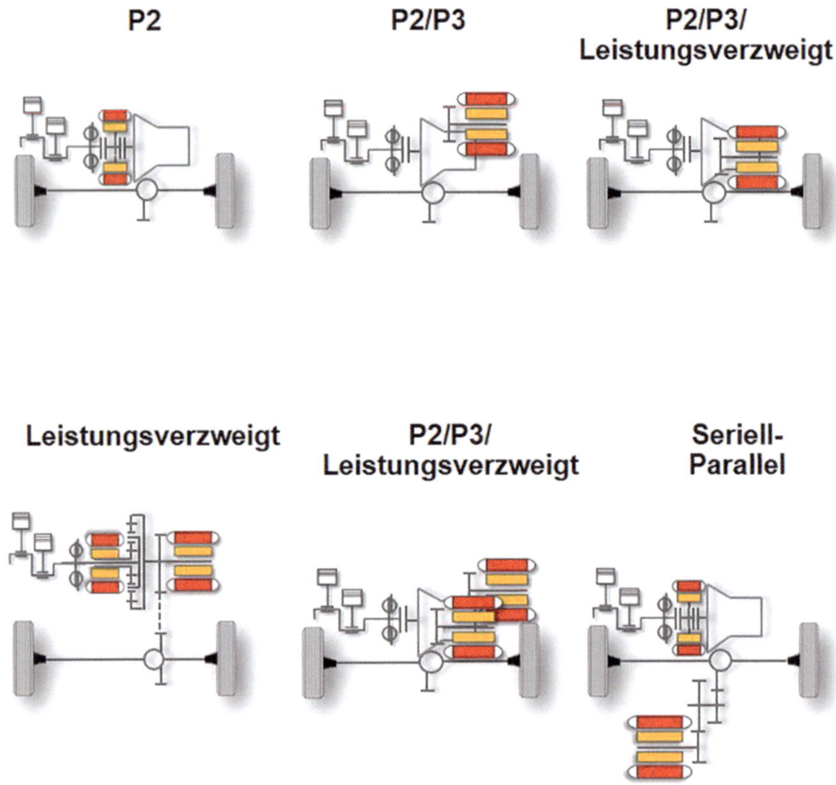

Abb. 1 Funktion von dedizierten Hybridgetrieben mit einer und zwei elektrischen Maschinen, © Schaeffler AG 2019. All Rights Reserved

Nachfolgend wird auf drei Strukturen weiter eingegangen. Dabei werden zwei Strukturen mit nur je einer elektrischen Maschine ausgewählt, um die Systemkomplexität zu reduzieren. Sowie eine seriell-parallele Struktur mit einem sehr kompakten Getriebe. Das erste Konzept beruht auf einem CVT, das sich durch hohen Komfort und gute Dynamik auszeichnet; dabei entfallen der Wendesatz und die dazugehörigen Schaltelemente. Das zweite basiert auf einem automatisierten Schaltgetriebe und ist vor allem für Märkte wie China und Europa gedacht, in denen gestufte Getriebe wie MT und DCT signifikante Stückzahlen erreichen. Die dritte Getriebestruktur basiert auf einem eingängigen Getriebe für den elektrischen Antrieb, der selektiv über eine Trennvorrichtung den Verbrenner mit Generator ebenfalls über diese Getriebestufe fahren lässt oder einen seriellen Modus ermöglicht.

13.2 Dedizierter Hybrid mit stufenlosem Getriebe (CVT)

Eine stufenlose Kraftübertragung passt von der Grundcharakteristik her sehr gut zur Leistungsentfaltung einer elektrischen Maschine, deren Betriebspunkte über einen weiten Drehzahlbereich ebenfalls frei wählbar sind. Zudem ermöglicht das CVT einen effizienten Betrieb des Verbrennungsmotors.

Stufenlose Getriebe, die motorseitig mit einer zusätzlichen elektrischen Maschine ausgestattet sind, befinden sich bereits im Serieneinsatz. Allerdings verfügen diese Getriebe über einen Wendesatz für die Rückwärtsfahrt. Aufgrund steigender Motorleistung der installierten elektrischen Maschine sowie höherer Batteriekapazität wird das Rückwärtsfahren allein über die elektrische Maschine in Zukunft möglich sein. Dadurch entfallen der Planetenradsatz, die für die Zuschaltung des Radsatzes benötigte Aktorik sowie eine Kupplung. Die Charakteristik der elektrischen Maschine erlaubt den Entfall des Drehmomentwandlers. Alle übrigen Betriebsarten entsprechen denen einer klassischen P2-Hybridisierung, **Abb. 2**.

In dem hier vorgestellten CVT ist die elektrische Maschine mit einer Spitzenleistung von 90 kW und einem maximalen Drehmoment von ca. 300 Nm vollständig in das Getriebegehäuse integriert, **Abb. 3**. Es wird eine kompakte axiale Baulänge von ca. 340 mm erreicht. Im Vergleich mit anderen Hybridgetrieben in dieser Leistungsklasse und in P2-Architekturen stellt diese Axiallänge die untere Grenze dar. Die Struktur bietet eine hohe Flexibilität bezüglich der installierbaren elektrischen Leistung, so dass es sich für HEV und PHEV Anwendungen gleichermaßen eignet.

In einer separaten Untersuchung wurde der Einfluss der Spreizung auf den Verbrauch untersucht. Bis zu einer Spreizung von 7 wird ein merklicher Verbrauchsvorteil ohne Einbußen im Beschleunigungsverhalten nachgewiesen. Deshalb wurde für das Konzept eine Spreizung von 7 gewählt. Mit einer Klauenkupplung nach dem Scheibensatz 2 ist der Variator von der Radseite trennbar. Damit kann auch bei Fahrzeug-Stillstand die Batterie geladen werden. Dies ist eine Notfunktion, um bei vollständig entladenem Akku bereits nach kurzer Ladezeit rückwärtsfahren zu können.

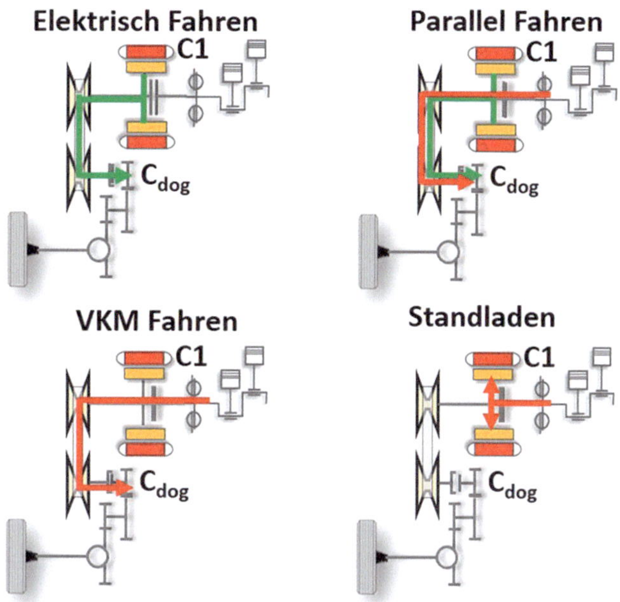

Abb. 2 Betriebsmodi des CVT mit elektrischem Rückwärtsgang, © Schaeffler AG 2019. All Rights Reserved

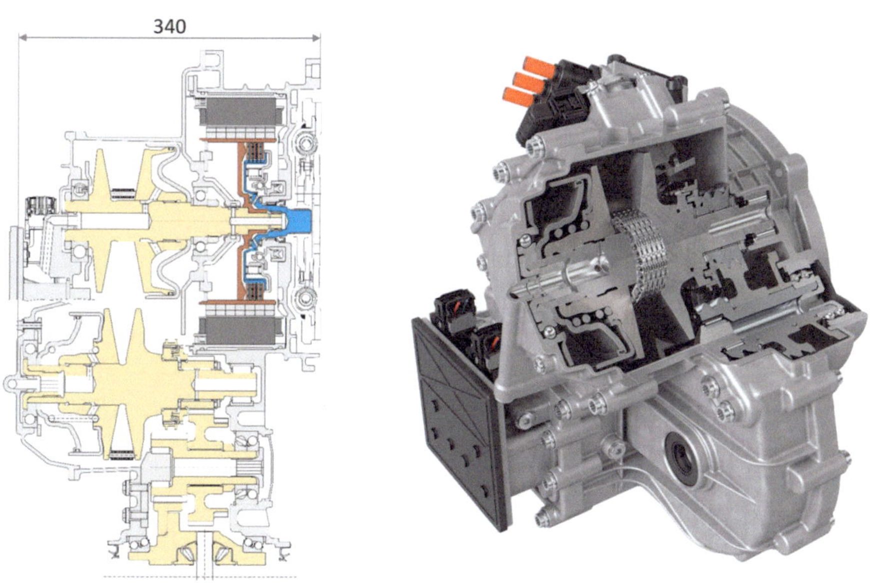

Abb. 3 Schnitt und konstruktive Ausgestaltung des CVT, © Schaeffler AG 2019. All Rights Reserved

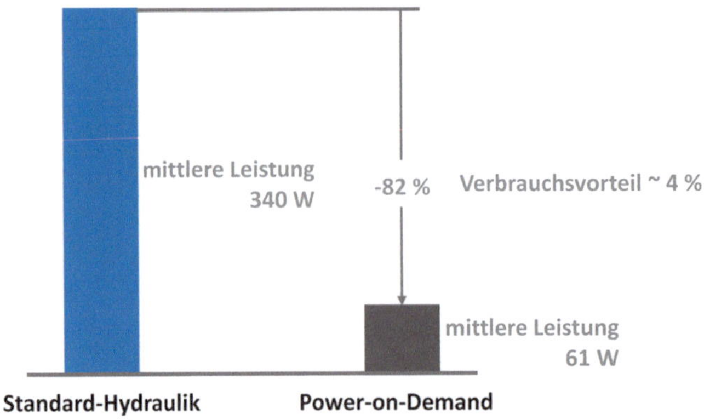

Abb. 4
Vergleich des Leistungsbedarfs einer Standard-Hydraulik und des Power-on-Demand Konzepts

In konventionellen CVTs kommt typischerweise eine Hydraulik zum Einsatz, die eine mechanische Hochdruckpumpe umfasst. Legt man den Verbrauchszyklus WLTC zugrunde, so entfällt mehr als ein Drittel der Verlustenergie auf die Pumpe. Der Grund dafür ist die Auslegung der Pumpenleistung auf extreme Fahrbedingungen, wie zum Beispiel eine schnelle Verstellung des Variators in Folge einer Kick-down-Rückschaltung. Weiterhin wird mit zunehmender Hybridisierung eine elektrische Zusatzpumpe notwendig.

Die Elektrifizierung des Getriebes ermöglicht es, auch die Aktorik für die Anpressung und Verstellung der Kette deutlich energieeffizienter zu gestalten. Das Aktorik-Konzept ist eine konsequente Weiterentwicklung von bereits bekannten Ansätzen [3]. Es sieht vor, die Funktionen „Anpressung" und „Verstellung" zu trennen und dafür zwei elektrisch angetriebene Pumpen einzusetzen [4], die bedarfsgerecht angesteuert werden. Für diese werden BLDC-Motoren vorgesehen. Die Kühlung und Schmierung der Getriebekomponenten wird durch eine weitere elektrische Ölpumpe sichergestellt. Die im WLTC benötigte durchschnittliche Pumpenleistung sinkt dadurch von 340 W im Falle einer Standard-Hydraulik auf ca. 60 bis 70 W für das Power-on-Demand Konzept. Im WLTC entspricht das einem Verbrauchsvorteil von etwa 4 %, **Abb. 4**. Die Komponenten im CVT-Triebstrangmodell sind durch Messungen charakterisiert. Somit gehen gemessene Kennfelder für den Verbrennungsmotor, für die nass-laufende Lamellen-Kupplung sowie die elektrische Maschine mit Leistungselektronik und Li-

Abb. 5
Hydraulikeinheit des CVT mit elektrisch angetriebenen Pumpen (Power-on-Demand),

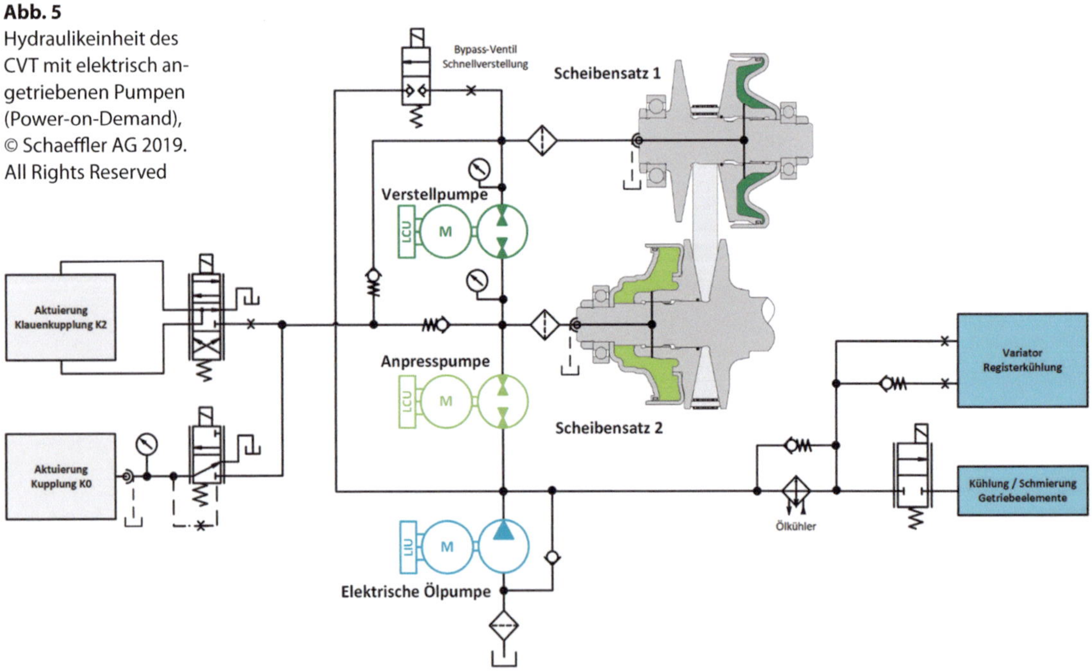

thium-Ionen-Batterie in die Simulation ein. Für den Variator mit Kette, Hydraulik und Lagern stehen ebenfalls Messungen für die unterschiedlichen Betriebsbedingungen zur Verfügung. Auch das hydraulische Aktorsystem und dessen Elektromotoren werden durch existierende Kennfelder beschrieben.

Für den Einsatz dieses innovativen Konzepts in einem Hybridgetriebe müssen diejenigen Fahrsituationen identifiziert werden, welche für die elektrisch angetriebenen Pumpen und deren Leistungselektroniken auslegungsrelevant sind. Dies sind zum Beispiel Volllastbeschleunigungen mit den dafür benötigten schnellen Übersetzungsänderungen oder Situationen mit konstant maximalem Drehmoment über den Variator.

Um die Verstellpumpe bei Rückverstellungen vom hohen Volumenstrom aus dem Primärscheibensatz zu entlasten, wird ein schnell schaltendes Bypass-Ventil eingesetzt, **Abb. 5**. Dieses wird entweder elektronisch geregelt oder über den Volumenstrom durch die Verstellpumpe gesteuert. Durch das Bypass-Ventil ist es möglich, für beide Pumpen die gleichen Elektromotoren einzusetzen. Die Vorspannung der Anpresspumpe mit dem vorhandenen Kühlöldruck der elektrischen Ölpumpe bewirkt zudem Effizienz- und Dynamikvorteile.

In **Abb. 6** links ist am Beispiel einer Variatorrückverstellung bei schnellem Momentenaufbau während eines Tip-In-Vorgangs der Zeitverlauf der Variatorübersetzung und des Variatoreingangsmoments dargestellt. Abbildung 6 rechts zeigt für dieselbe Situation die Betriebspunkte der beiden Elektromotoren. Man erkennt, dass durch die gewählte Auslegung der Betrag der jeweiligen maximalen Motorleistung etwa 200 W beträgt. Die durchgezogene Linie markiert die maximale mechanische Dauerleistung der Elektromotoren, im Eckpunkt erreicht diese maximal ca. 450 W.

In dem vorangegangenen Abschnitt wurde gezeigt, dass mit den vorhandenen Simulationswerkzeugen eine optimale Auslegung der Pumpengröße, der Motoren und der Elektroniken für die verschiedenen Anforderungen möglich ist. Das Konzept in Abb. 5 zeigt auf, welche maximale Energieeinsparung durch eine vollständig bedarfsgerechte Aktuierung (Power-on-Demand) gegenüber der klassischen Hydraulik für einen CVT-Hybrid erzielt

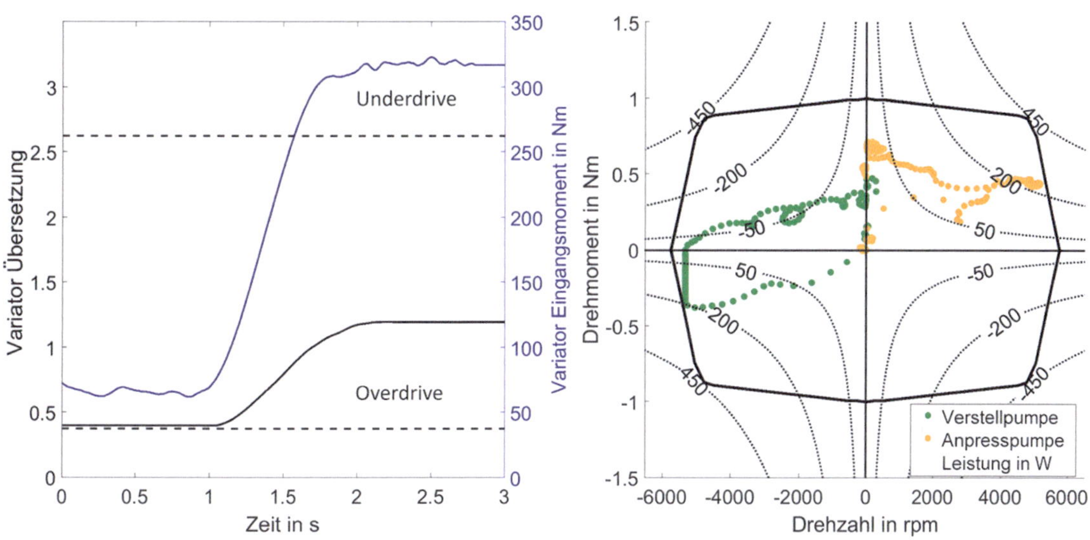

Abb. 6 Tip-In-Rückverstellung. Links: Zeitabhängigkeit von Variatorübersetzung und Drehmoment. Rechts: Leistungsaufnahme der Elektromotoren von Verstell- und Anpresspumpe (Punkte) und maximale mechanische Dauerleistung der Elektromotoren (durchgezogene Linie),

werden kann. Zwischen der konventionellen Hydraulik einerseits und diesem 100 % Power-on-Demand-Konzept andererseits existieren jedoch weitere Varianten, die jeweils einzelne Vorteile aus beiden Konzepten vereinen. Beispielsweise um mit einer kleinen mechanischen Pumpe die Anpressung unabhängig von der Stromzufuhr zu gewährleisten, während eine Verstellpumpe bedarfsgerecht die Leistung zur Übersetzungsregelung bereitstellt. Weitere Konzepte sind demnach anwendungsspezifisch und entsprechend dem Kundenbedarf zu entwickeln.

13.3 Dediziertes Hybridgetriebe auf Basis automatisierter Schaltgetriebe

Bereits vor über 20 Jahren wurde aus einem Handschaltgetriebe ein automatisiertes Schaltgetriebe entwickelt: zum einen die automatisierte Kupplung, für welche verschiedene Aktorikkonzepte entwickelt wurden [5], zum anderen die Aktorik für das Schalten der Gänge.

Verglichen mit einem P2-Doppelkupplungsgetriebe sind Komplexität und Kosten reduziert, da die Trennkupplung (K0) zwischen der P2-Maschine und der Kurbelwelle und eine der beiden Doppelkupplungen sowie eine Getriebewelle samt Lagern und Zahnrädern entfallen. Es wird auf vorwiegend bestehende Getriebetechnologie zurückgegriffen, wie es 2-Wellen Getriebe mit einer Kupplung sind. Damit besteht die Chance diese kosteneffiziente Getriebelösung zu wählen [6].

Da die Zugkraftunterbrechung bei einem rein verbrennungsmotorischen Antriebstrang mit automatisiertem Schaltgetriebe Auffälligkeiten bei der Erfüllung der Komfortansprüche hat, kann dieser Nachteil bei einer Hybridlösung durch die zusätzliche elektrische Antriebsmaschine aufgehoben werden.

Funktional wird die Lastschaltung dabei über das Zusammenspiel von Verbrennungsmotor und elektrischer Maschine realisiert. Dazu liegt die Leistung der elektrischen Maschine auf beziehungsweise über dem Niveau der Verbrennungskraftmaschine. Damit sind einerseits eine hohe elektrische Fahrperformance darstellbar sowie komfortable Gangwechsel. Einhergehend mit entsprechend performanter Elektrifizierung muss eine adäquate Batterie im Fahrzeug verbaut sein, so dass dieser Ansatz sich speziell für PHEVs eignet.

Die dargestellte Ausführung kombiniert ein Sechsgang-Getriebe mit einer leistungsstarken elektrischen Maschine (Spitzenleistung 147 kW). Das Getriebe arbeitet mit nur fünf Radsatzebenen auf zwei Achslagen. Die Spreizung liegt bei 6, um eine Steigfähigkeit von über 25 % und Fahrgeschwindigkeiten von über 200 km/h zu erreichen, **Abb. 7**. Es ergibt sich eine kompakte axiale Baulänge von 410 mm, die mit dem Bauraum eines typischen 350 Nm Front-quer-Antriebs kompatibel ist.

Das Getriebe kann in zwei Teilgetriebe unterteilt werden. In dem einen Teilgetriebe wirkt die zum Verbrennungsmotor achsparallel laufende elektrische Maschine. Diese ist so in die Getriebestruktur eingebunden, dass für sie zwei Übersetzungsstufen über zwei Radsatzpaare zur Verfügung stehen, **Abb. 8**. In dem anderen Teilgetriebe sind zwei für den rein verbrennungsmotorischen Betrieb nutzbare Gangstufen vorhanden. Über zwei weitere Radsatzpaare, die eine Art Vervielfältigungsgetriebe zwischen den beiden Teilgetrieben bilden, kann der Verbrennungsmotor direkt oder übersetzt auch das Teilgetriebe des elektrischen Pfades mitnutzen, so dass vier weitere Gänge zur Verfügung stehen. Somit kann der Verbrennungsmotor in Summe in sechs Gängen betrieben werden, während die elektrische Maschine in zwei Übersetzungen

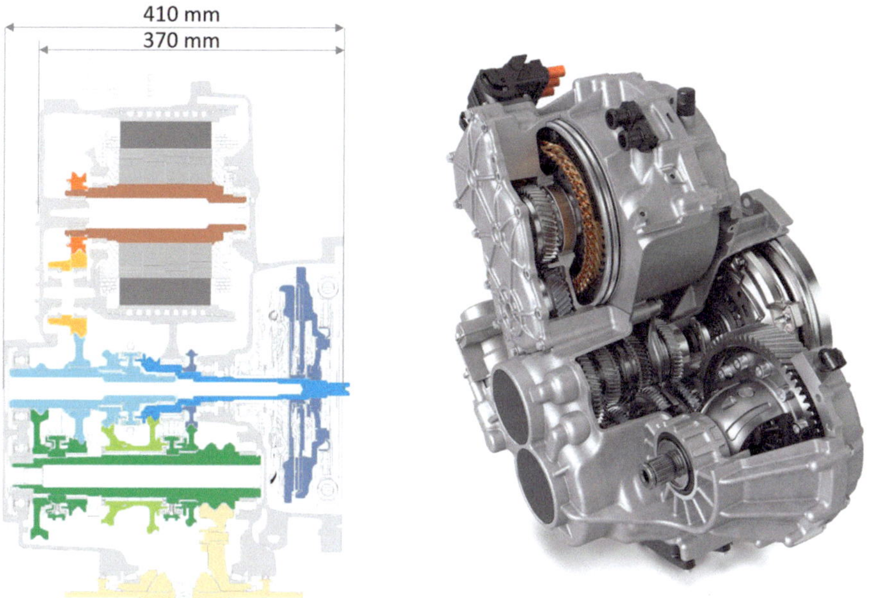

Abb. 7 Schnitt und konstruktive Ausgestaltung des hybriden Schaltgetriebes mit sechs mechanischen und zwei elektrischen Gängen, © Schaeffler AG 2019. All Rights Reserved

gefahren wird. Durch die Doppelnutzung von 2 Radebenen sind nur 5 Radebenen für die 6 Gänge erforderlich.

Mit dieser Kombination aus einer Kupplung und drei Schaltelementen sind weitere Fahrzustände und Leistungsflüsse realisierbar, zum Beispiel ein rein elektrischer Rückwärtsgang. Das Einlegen der Gänge erfolgt über einen einzigen Aktor, der zudem auch die Betätigung der Parksperre übernehmen kann.

Ein entscheidender Vorteil des gewählten Aufbaus besteht darin, dass während der Schaltungen die Zugkraft „auffüllbar“ ist, da die elektrische Maschine das fehlende Drehmoment vom Verbrennungsmotor kompensiert. Mit dieser Struktur ist es möglich, den rein elektrischen Fahrbetrieb in einem Gang, analog zu bestehenden rein batterieelektrischen Anwendungen, umzusetzen. Nach dem Moduswechsel vom elektrischen zum hybridischen Fahren und dem damit verbundenen Verbrennungsmotor-Start kann die elektrische Maschine sofort in den zweiten Gang geschaltet werden. Dies ermöglicht nun auch in den oberen verbrennungsmotorischen Gängen komfortable Schaltungen durch die Zugkraftauffüllung. Bei hoher Fahrgeschwindigkeit tragen sowohl die 6 verbrennungsmotorischen Gänge als auch der zweite E-Gang zur Drehzahlreduzierung der Antriebsmaschinen bei und sorgen somit für einen günstigen Verbrauch und eine Geräuschreduktion.

Bei der Auslegung des Getriebes wurde davon ausgegangen, dass die erzielte

Abb. 8 Getriebeschema für ein Hybridgetriebe mit sechs mechanischen und zwei elektrischen Gängen, © Schaeffler AG 2019. All Rights Reserved

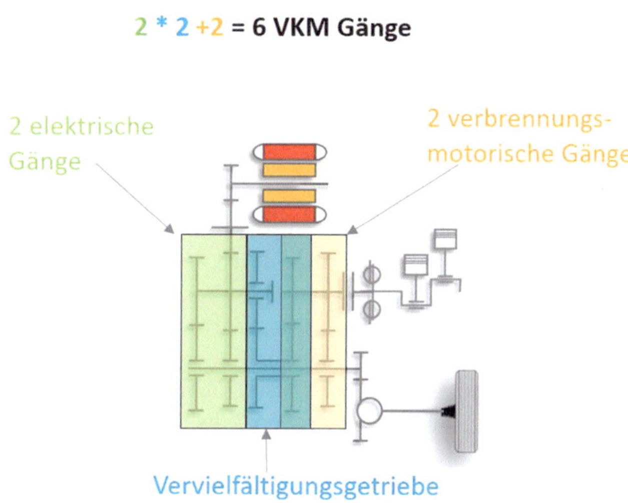

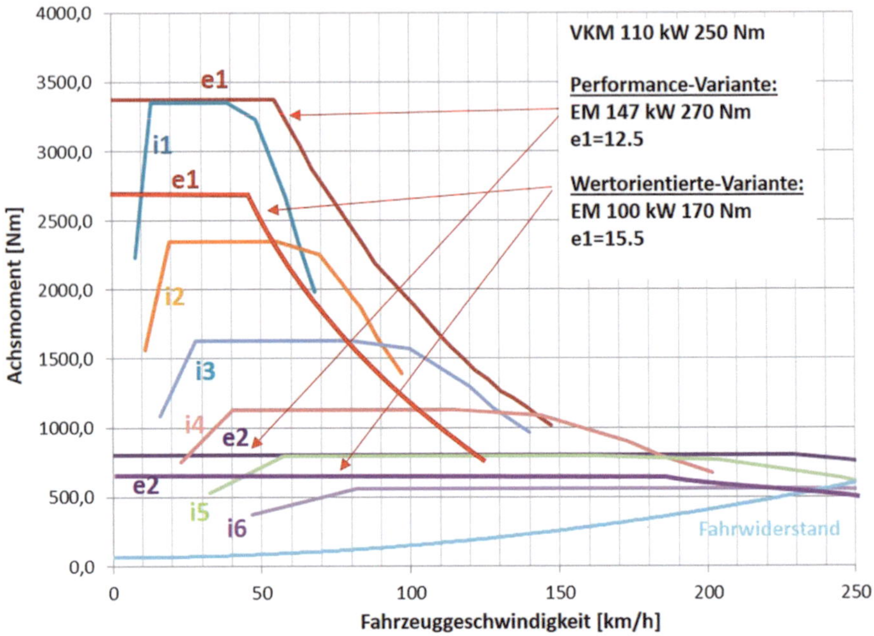

Abb. 9 Achsmoment in Abhängigkeit von der Fahrgeschwindigkeit für zwei Varianten der elektrischen Maschine (147 und 100 kW) sowie zwei verschiedene Übersetzungsstufen im ersten elektrischen Gang,

Höchstgeschwindigkeit größer als 200 km/h ist und dass rein elektrisches Fahren bis 140 km/h möglich sein soll. Reduziert man das Beschleunigungs-Ziel sowie gegebenenfalls auch die Schaltkomfort-Anforderung bei hoher Momentanforderung, können auch kleinere elektrische Maschinen zum Einsatz kommen. Parallel zu der Performance-Variante des Getriebes ist dann eine wertorientierte Variante mit einer elektrischen Spitzenleistung von zum Beispiel 100 kW (maximales Drehmoment 170 Nm) denkbar, **Abb. 9**.

Grundsätzlich ist davon auszugehen, dass Plug-in-Hybridfahrzeuge bei ausreichender Akkukapazität einen Großteil der Fahrstrecken im elektrischen Modus zurücklegen. Ab einer bestimmten Fahrgeschwindigkeit oder einem angeforderten Fahrmoment kann der Verbrennungsmotor abhängig vom Batterie-Ladezustand angeschleppt werden. Dies erfolgt durch die passende Gangvorwahl und das Schließen der Anfahrkupplung. Damit ist ein konventioneller Ritzelstarter nicht erforderlich, **Abb.10**. Sobald der Verbrennungsmotor Fahrmoment bereitstellt, kann die elektrische Maschine hochgeschaltet werden. Zudem kann der Schaltpunkt vom ersten in den zweiten elektrischen Gang ladezustandsabhängig angepasst werden.

13.4 Seriell-paralleler Hybrid – dedizierter Hybrid mit zwei elektrischen Maschinen

Antriebskonzepte mit zwei elektrischen Maschinen befinden sich heute bereits im Markt [7] und bieten das Potential Komplexität aus dem Antriebstrang zu nehmen, da der mechanische Getriebeumfang sehr stark reduziert werden kann. Aufgrund dessen sind die mechanischen Verluste gering. Das hier beschriebene seriell-parallele System beinhaltet eine elektrische Traktionsmaschine (EM2), die in einem Gang

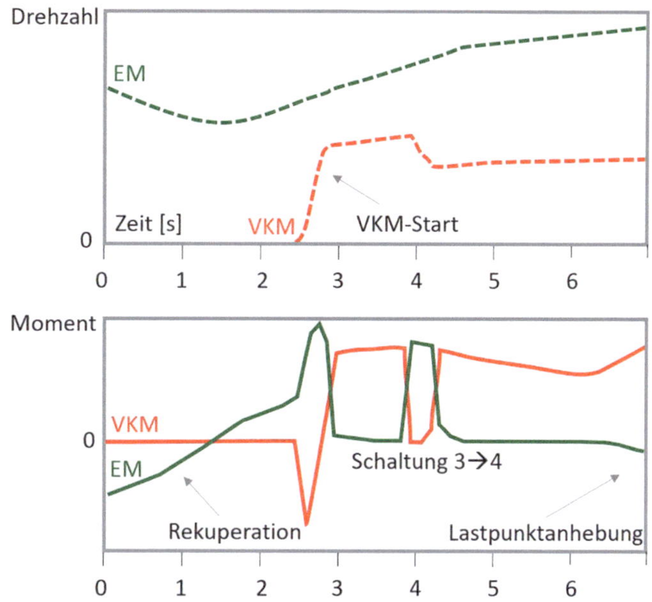

Abb. 10 Gangwechsel und Anschleppvorgang Verbrennungsmotor, © Schaeffler AG 2019. All Rights Reserved

betrieben werden kann. Zudem beinhaltet das System einen Generator (EM1), welcher mit dem Verbrennungsmotor fest verbunden ist, diese Kombination kann über eine Kupplung an den Abtrieb angebunden werden. In angekoppelten Zustand, dem parallelen Fahrmodus, kann in einer festen Übersetzung Leistung an das Rad abgegeben werden. In geöffnetem Zustand, seriellen Modus, kann die benötigte mechanische Energie zunächst in dem Generator als elektrische Energie erzeugt werden, indem der Verbrennungsmotor Leistung abgibt. Die elektrische Energie kann vom Traktionsmotor umgesetzt werden oder in der Batterie eingespeichert werden. In dem seriellen Modus kann theoretisch der Verbrennungsmotor im Optimum betrieben werden bzw. alternative Betriebspunkte für Verbrennungsmotor und EM1 zur verbrauchsoptimierten Fahrstrategie herangezogen werden. **Abbildung 11** zeigt die Getriebestruktur und die Energieflüsse für den Betriebsmodus „reine elektrische“ Fahrt sowie den „parallel- und seriellen“ Modus.

In der nachstehenden Ausgestaltung sind die beiden elektrischen Maschinen koaxial angeordnet und sind konstruktiv als modulare Einheit ausgeprägt. Auch hier bietet es sich an die Leistungselektronik im Gesamtsystem zu integrieren. EM1 wirkt nicht nur als Generator, sondern fungiert auch als Starter für den Verbrennungsmotor.

Das Gesamtsystem hat geschwindigkeitsabhängig die Betriebsmodi rein elektrisch und serieller Modus für Fahrten bei niedriger Geschwindigkeit zum Beispiel innerorts. Ab einer Geschwindigkeit von ca. 50 km/h kann der Verbrenner im Parallelmodus Leistung ans Rad abgeben. Diese untere Geschwindigkeitsschwelle hängt direkt von der gewählten Übersetzung Verbrenner – Rad ab. Diese definiert

Abb. 11 Seriell-paralleles System mit Leistungsflüssen, © Schaeffler AG 2019. All Rights Reserved

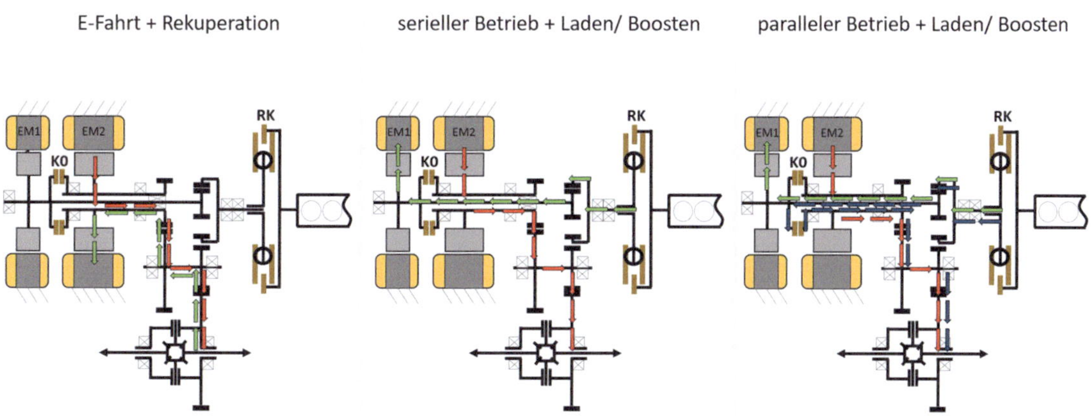

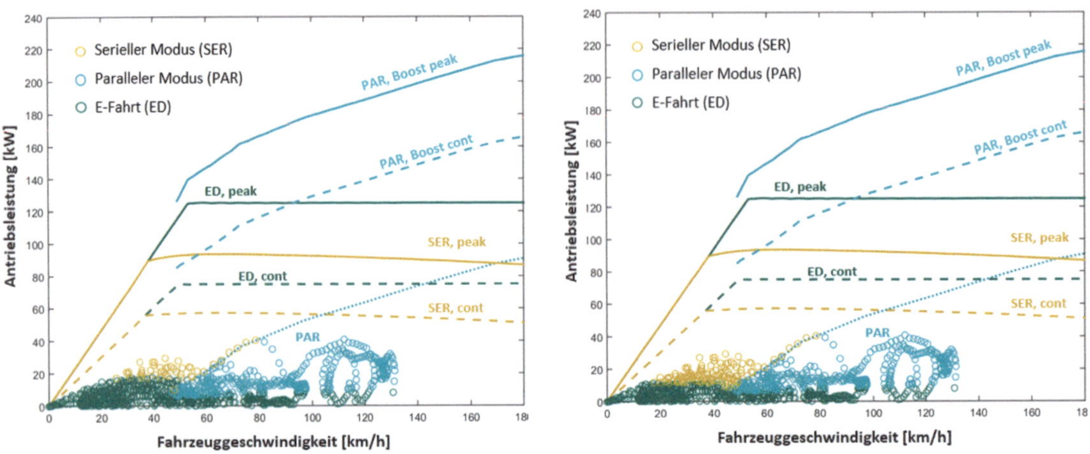

Abb. 12 Antriebsleistung über die Fahrgeschwindigkeit für die Betriebsmodi,

ebenso die Höchstgeschwindigkeit für das Fahrzeug.

Die Fahrstrategie ist in **Abb. 12** dargestellt, für die Strategieausprägung „Bestpunkt“ links und „radleistungsorientiert“ rechts. Mit der für ein HEV geringen Batteriekapazität wird das System im seriellen Modus bei niedrigen Geschwindigkeiten und im parallelen Modus bei hoher Last gefahren. Im seriellen Betrieb stellt EM1 die elektrische Leistung bereit, die EM2 für den Vortrieb benötigt.

Bei einer größeren Batteriekapazität, wie in einem PHEV installiert, wird die zusätzliche elektrische Energie mit dominierendem elektrischem Fahranteil genutzt. Im seriellen Betrieb wird der Verbrennungsmotor im Best-Punkt betrieben. Der Verbrauchsnachteil aus Betriebsmodi mit Verbrennungsmotor wird somit reduziert. Es wird erst bei reduziertem Batterieladezustand oder hoher Momentenanforderung der Parallelmodus genutzt. Bei rein elektrischer Fahrt kann der Generator über die Trennkupplung abgekoppelt werden, dadurch werden im Gesamtantrieb die mechanischen und elektrischen Verluste reduziert.

Die eingesetzte Aktorik, siehe auch Kap. 9, besteht aus einem elektrischen Pumpenaktor mit Ventilblock. Das Aktoriksystem ist in **Abb.13** dargestellt. Neben der Aktuierung der Trennkupplung (K0) kann die Parksperre betätigt werden und die Beölung bzw. Kühlung des Getriebes realisiert werden. Dabei arbeitet die Pumpeneinheit sequentiell, um die Pumpenleistung zu reduzieren. Das bedeutet, dass während der Aktuierung der Kupplung eine kurzzeitige Unterbrechung der Beölung und Kühlung stattfindet.

Es existiert ein Wärmetauscher zwischen dem Getriebeölhaushalt und dem Kühlkreislauf des Verbrennungsmotors. In dem Kühlwasserkreislauf ist die Leistungselektronik der beiden elektrischen Maschinen ebenso wie einer aus der HEV Anwendung übernommenen DC / DC- Wandler integriert.

Für die Effizienz des Gesamtsystems sind neben den Getriebeverlusten ebenso die verbrennungsmotorischen Betriebspunkte sowie die der elektrischen Maschinen samt Leistungselektronik von Bedeutung. In **Abb.14** sind für die Traktionsmaschine (links) und den Generator (rechts) die Gesamtwirkungsgrade abgebildet. Die Leistungselektronik ist hinsichtlich der Leistung skalierbar und ermöglicht damit einen flexiblen Baukastenansatz. Mit ihrer hohen Leistungsdichte ist die Integration auch in anspruchsvollen Bauräumen möglich. Einen optimierten Wirkungsgrad für die Traktionsmaschine kann zudem

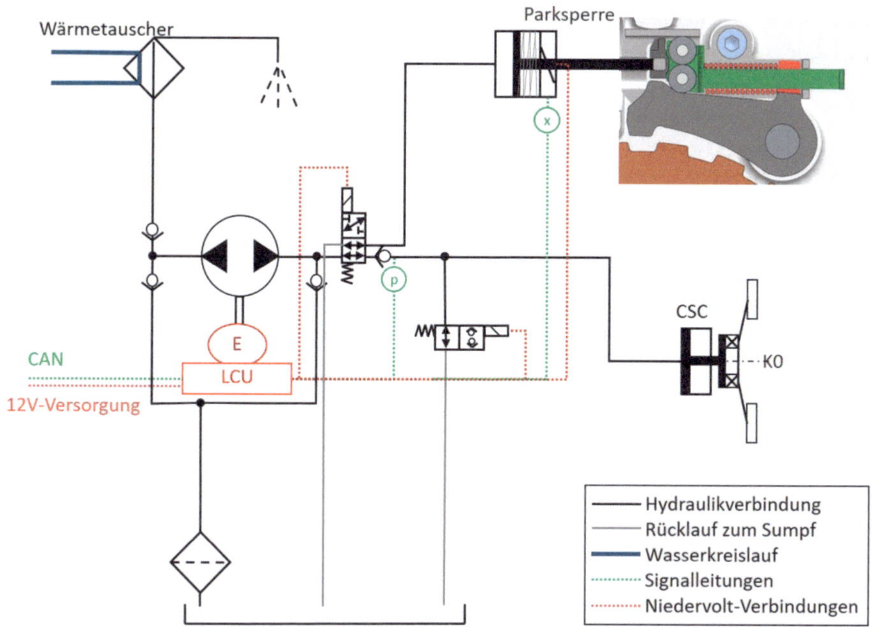

Abb. 13 Aktorik System, © Schaeffler AG 2019. All Rights Reserved

durch variable DC-Spannungsregelung erreicht werden.

13.5 Zusammenfassung und Ausblick

Dedizierte Hybridgetriebe bieten erhebliches Potential, um Effizienz und Fahrdynamik von Voll- und Plug-in-Hybridfahrzeugen weiter zu steigern. Die Auslegung auf den Einsatz in Hybridfahrzeugen ermöglicht es, die Systemeigenschaften zu verbessern und gleichzeitig die Gesamtkomplexität im Antriebsstrang zu verringern.

Dedizierte Hybridgetriebe auf Basis eines CVT stellen die konsequente Weiterentwicklung heutiger P2-Anordnungen dar. So entfällt der mechanische, üblicherweise über einen Planetensatz realisierte Rückwärtsgang vollständig. Ein Aktorik-Konzept auf Basis separater Pumpenaktoren sorgt zudem für eine deutliche

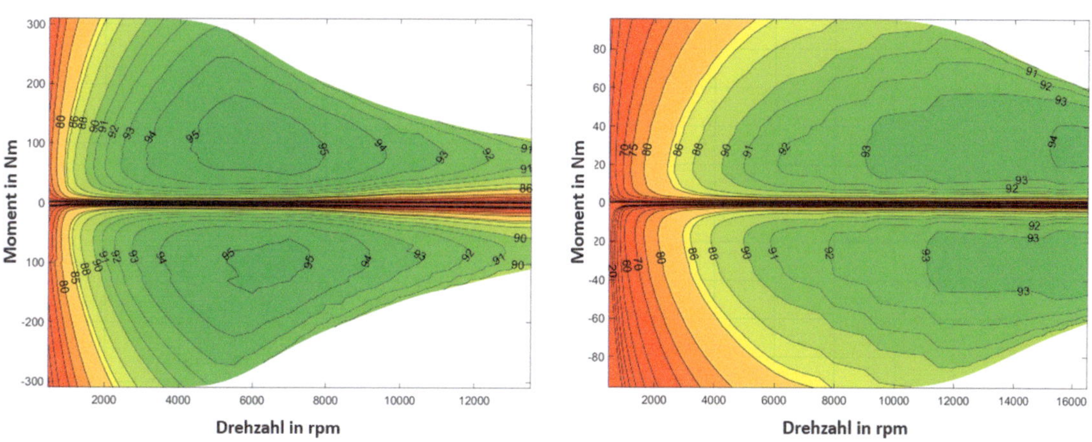

Abb. 14 Wirkungsgradkennfeld Traktionsmaschine (links) und Generator (rechts), © Schaeffler AG 2019. All Rights Reserved

Verringerung der hydraulischen Verluste und damit für einen hohen Wirkungsgrad.

Ein dediziertes Hybridgetriebe auf Basis eines automatisierten Schaltgetriebes wird der Suche nach Komplexitätsreduktion gerecht. Das Getriebe baut trotz der sechs verbrennungsmotorischen Gänge sowie zwei Gänge für den elektrischen Antrieb im Vergleich zu anderen Ausführungen sehr kompakt. Der mechanische Leistungspfad führt zu einem sehr hohen Gesamtwirkungsgrad im Antriebstrang.

Ebenso hat sich der seriell-parallele Ansatz als hoch integrierte Lösung gezeigt, mit einem Minimum an Getriebeelementen. Die Aktorik sowie die hocheffiziente Leistungselektronik der beiden elektrischen Maschinen tragen zur hohen Gesamteffizienz bei.

Die dargestellten Konzepte sind Beispiele für dedizierte Hybridgetriebe als Weiterentwicklung bestehender Hybridgetriebetechnik. Sie eröffnen vielfältige und anspruchsvolle Aufgabenfelder, wie die steigende Integration von elektrischen, elektronischen und mechanischen Umfängen, für zukünftige und noch effizientere Antriebstränge.

Literaturhinweise

[1] Gutzmer, P.: Die Zukunft des Motors kommt über das Getriebe. 36. Internationales Wiener Motorensymposium, 2015

[2] Fischer, R.: Dedicated hybrid transmissions – a new category of transmissions. In: Tagungsband 14. Internationales CTI-Symposium, Berlin, 2015

[3] Marquenie, L., Clephas, T.T.G., van Rooij, J.H.M.: Development of an improved electro-hydraulic CVT actuator. In: VDI Berichte 2276 (2016) 859

[4] Stehr, R., Götz, A., Ciesek, M., Köpfler, S., Finsterbusch, M., Willeke, R.: Future Schaeffler CVT Concepts with an Innovative Actuation System, In: VDI Berichte 2328 (2018) 49

[5] Kroll, J.; Hausner, M.; Seebacher, R.: Mission CO_2 Reduction: Die Zukunft des manuellen Schaltgetriebes. In: Tagungsband 10. Schaeffler Kolloquium, Baden-Baden, 2014

[6] Cavallino, C., Rossi, J., Fracchia, M.: Modular P2-P3 Dedicated Hybrid Transmission for 48 V and HV applications. In: CTI MAG, Ausgabe: Dezember, 2016

[7] http://hondacarfuture.com/2018-honda-accord-hybrid/. Zugegriffen: 10.10.2018

14 Radnabenantriebe

Sebastian Wielgos

14.1 Einleitung

Der klassische Pkw in verschiedenen Elektrifizierungsstufen wird um neue Fahrzeugkonzepte wie beispielsweise autonome Stadtfahrzeuge ergänzt [1], [2]. Dabei spielen elektrische Antriebskonzepte eine dominierende Rolle, weil sie lokale Emissionsfreiheit ermöglichen und damit die Luftqualität in Ballungsräumen verbessern. Grundsätzlich kann man die von einem oder mehreren Elektromotoren erzeugten Antriebskräfte auf verschiedenen Wegen übertragen. Bei derzeit realisierten Hybrid- und Elektrofahrzeugen dominieren getriebeintegrierte Traktionsmotoren, konventionelle Elektroantriebe werden heute als Zentralantriebe ausgeführt. Elektrische Radnabenantriebe verfolgen hingegen einen dezentralen Ansatz über das einzelne Rad und bieten dadurch ein hohes Potenzial, völlig neue Fahrzeugarchitekturen mit hoher Raumeffizienz zu verwirklichen [3].

14.2 Potenzial des Radnabenantriebs

Bei einem Radnabenantrieb ist die Antriebseinheit mitsamt Elektromotor (Stator und Rotor), Leistungselektronik und mechanischer Bremse ganz oder teilweise um das Radlager herum innerhalb der Felge untergebracht. Das Drehmoment wird direkt oder über ein Getriebe an das jeweilige Rad übertragen [4]. Dabei eignen sich Radnabenantriebe nicht nur zum Antrieb klassischer Pkw, sondern auch für kleine, sehr wendige Stadtfahrzeuge wie sogenannte People Mover oder Robotaxis. Solche autonom fahrenden People Mover können den Verkehr in Ballungsgebieten entzerren und den öffentlichen Nahverkehr ergänzen. Sie eignen sich aber auch für den Transport von Gütern auf der sog. letzten Meile. Zugleich steht die Gesellschaft der Idee einer „Sharing Economy" offen gegenüber: Werden die Fahrten mit People Movern oder Robotaxis von mehreren Mitfahrern per Smartphone bestellt, miteinander geteilt und die optimale Routenführung durch ein übergeordnetes Telematiksystem gesteuert, dann spricht man auch vom „Ridesharing" [5].

14.3 Radnabenantriebe in klassischen Fahrzeugkonzepten

Im Rahmen des öffentlich geförderten Forschungsprojekts MEHREN („Multimotor-Elektrofahrzeug mit höchster Raum- und Energieeffizienz und kompromissloser Fahrsicherheit") wurden die Potenziale dieser Antriebsart bereits umfassend evaluiert [3], [6], [7]. An dieser Stelle werden deshalb die Ergebnisse dieses Forschungsprojekts kurz dargestellt, um ein

H. Tschöke et al. (Hrsg.), *Elektrifizierung des Antriebsstrangs*,
ATZ/MTZ-Fachbuch, https://doi.org/10.1007/978-3-662-60356-7_14

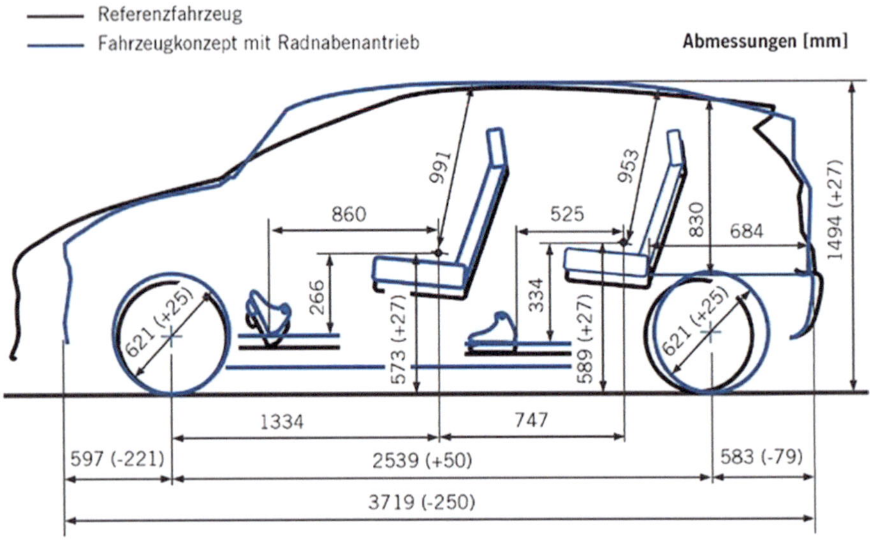

Abb. 1 Maße des Referenzfahrzeugs und des Fahrzeugkonzepts mit Radnabenantrieb im Vergleich, Quelle: RWTH Aachen

grundlegendes Verständnis über Radnabenantriebe zu gewinnen. Um den Einfluss der elektrischen Radnabenantriebe auf die Raumeffizienz zu untersuchen, wurde ein B-Segment-Pkw (Ford Fiesta) als Referenzfahrzeug definiert. Anschließend wurde ein Fahrzeugkonzept entwickelt, das unter Beibehaltung der Abmessungen des Fahrgast- und Transportraums, der Fahrleistungen und des Niveaus der passiven Sicherheit möglichst kompakte Außenabmessungen aufweist. Die Fahrzeuglänge des resultierenden Konzepts konnte gegenüber der Referenz um insgesamt 250 mm reduziert werden. Dadurch wurde das Niveau typischer A-Segment-Fahrzeuge (beispielsweise Ford Ka) erreicht und die Raumeffizienz um eine Klasse verbessert. Die Zunahme der Fahrzeughöhe konnte trotz der Integration einer Traktionsbatterie durch den Einsatz eines abgestuften Sandwichbodens begrenzt werden. Die elektrischen Radnabenantriebe befinden sich an der Hinterachse und liefern ein maximales Drehmoment von 810 Nm. Die Dimensionierung der Antriebe erfordert dabei die Verwendung von 18-Zoll-Felgen. **Abbildung 1** zeigt die Maße des Referenzfahrzeugs und des Fahrzeugkonzepts im Vergleich [6].

14.3.1 Radnabenantrieb ohne Getriebe

Werden Radnabenmotoren in herkömmlichen Fahrzeugkonzepten verwendet, dann können sie getriebelos als Direktantrieb ausgeführt werden. Denn in klassischen Pkw steht genug Bauraum zur Verfügung, um – zum Beispiel in einem 18-Zoll-Rad – ausreichend Drehmoment zu erzeugen und dabei neben der E-Maschine und der Leistungselektronik auch das Steuergerät und die Reibungsbremse hoch-integriert in der Radnabe unterzubringen. Der Einsatz einer permanenterregten Synchronmaschine ermöglicht dabei eine hohe Leistungsdichte als Voraussetzung für ein kompaktes Package [8].

Der hohe Integrationsgrad stellt gleichwohl eine große Herausforderung dar. Denn insgesamt steht ein begrenztes, durch die Felge vorgegebenes Bauvolumen zur Verfügung. Durch eine Vielzahl einzelner Optimierungsmaßnahmen gelang es in dem Forschungsprojekt MEHREN, den kompletten Antrieb in einem Rad mit 18-Zoll-Durchmesser unterzubringen, **Abb. 2**, wobei sich eine marktübliche Reifendimension (205er-Reifen) ergibt. Der

Reifen entspricht sowohl in den Abmessungen als auch im Aufbau einem Serienreifen.

Der für die Verschraubung notwendige Lochkreis sowie die Zentrierung entsprechen heutigen Normanschlüssen. Der gesamte Aufbau ist so gewählt, dass ein Reifenwechsel keinen zusätzlichen Aufwand erfordert. Der Magnetspalt muss in sehr engen Toleranzen gehalten werden, um die optimale Funktion des Elektromotors sicherzustellen. Die lichte Weite des Luftspaltes beträgt 1 mm. Keinesfalls dürfen Verkippungen auftreten, bei denen Stator und Rotor gegeneinander schleifen, um zu vermeiden, dass Angriffsflächen für Korrosion entstehen. Daher ist die Steifigkeit des Radlagers ungefähr doppelt so hoch wie bei einem konventionellen Radlager. Das Anschleifen führt entgegen oft geäußerter Vermutungen nicht zu fahrdynamischer Instabilität, ein Blockieren des Rades bei einem Kontakt ist nicht zu beobachten.

Da Wälzlager bei der entsprechenden Auslegung selbst über eine Laufzeit von 200.000 km keinen signifikanten Verschleiß aufweisen, ist keine gesonderte Wartung vorzusehen. Bei dem Radlager handelt es sich um Serientechnik. Um den Elektromotor in das Rad zu integrieren, wird die modifizierte Aufnahmeplatte der serienmäßigen Trommelbremse genutzt. Der wassergekühlte Stator wird von der Bremsankerplatte getragen, die in Richtung Radaußenseite verlängert und verstärkt wurde. Der Rotor sitzt mit der Bremstrommel auf dem Radflansch. Die Bremse steht als Redundanzebene und als Feststellbremse zur Verfügung. Im bisherigen Prototypenbetrieb zeigte sich jedoch, dass selbst bei Gebirgstouren (längere Bergabfahrten mit 18 % Gefälle) ausschließlich mit dem Elektromotor verzögert werden konnte, wobei bei einer Hinterachs-Konfiguration die Reibungsbremse an der Vorderachse erhalten bleibt.

Die Abdichtung der Antriebseinheit erfolgt mit einer berührenden Lippendichtung, die aus einer Industrieanwendung abgeleitet wurde. Die Dichtigkeit entspricht dem Radlagerstandard, so dass selbst bei Beaufschlagung mit einem Hochdruckreiniger keine Feuchtigkeit eindringen kann. Voraussetzung dafür ist allerdings eine entsprechende konstruktive Ausführung der Dichtung, so dass sie selbst vor hohem Wasserdruck geschützt ist. Mit dem Radnabenantrieb entfallen erstmals alle gepulsten Stromleitungen durch das Fahrzeug, was unter anderem hinsichtlich elektromagnetischer Verträglichkeit vorteilhaft ist. Zwar ist diese auch bei anderer Anordnung der Systemkomponenten beherrschbar, verlangt aber zusätzlichen Aufwand in der Abstimmung [1].

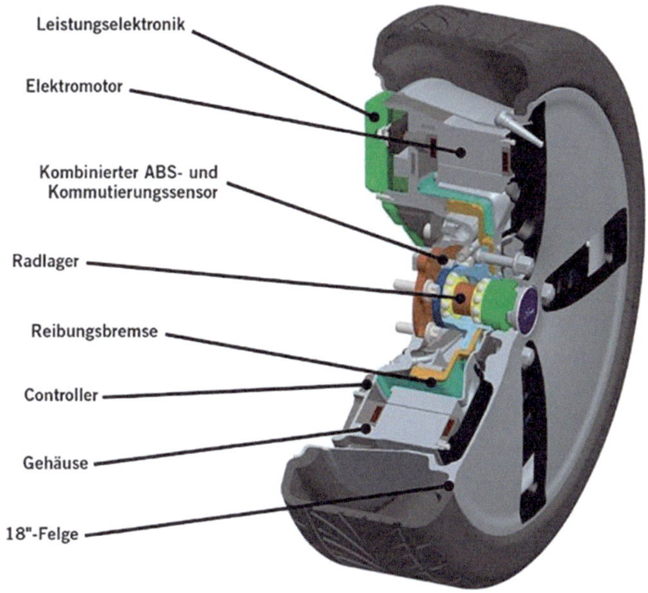

Abb. 2 Querschnitt des Radnabenantriebs (Direktantrieb), Quelle: Schaeffler, © Schaeffler AG 2019. All Rights Reserved

14.3.2 Fahrdynamik und Sicherheitskonzept

Im Vergleich zu aktuellen Serienfahrzeugen ermöglicht der Einsatz elektrischer Radnabenantriebe neue Ansätze für die Längs- und Querdynamikregelung [7]. Dazu gehört eine neuartige Fahrdynamikregelung, die eine sichere, stabile und energieeffiziente Umsetzung der durch den Fahrer oder Assistenzsysteme initiierten

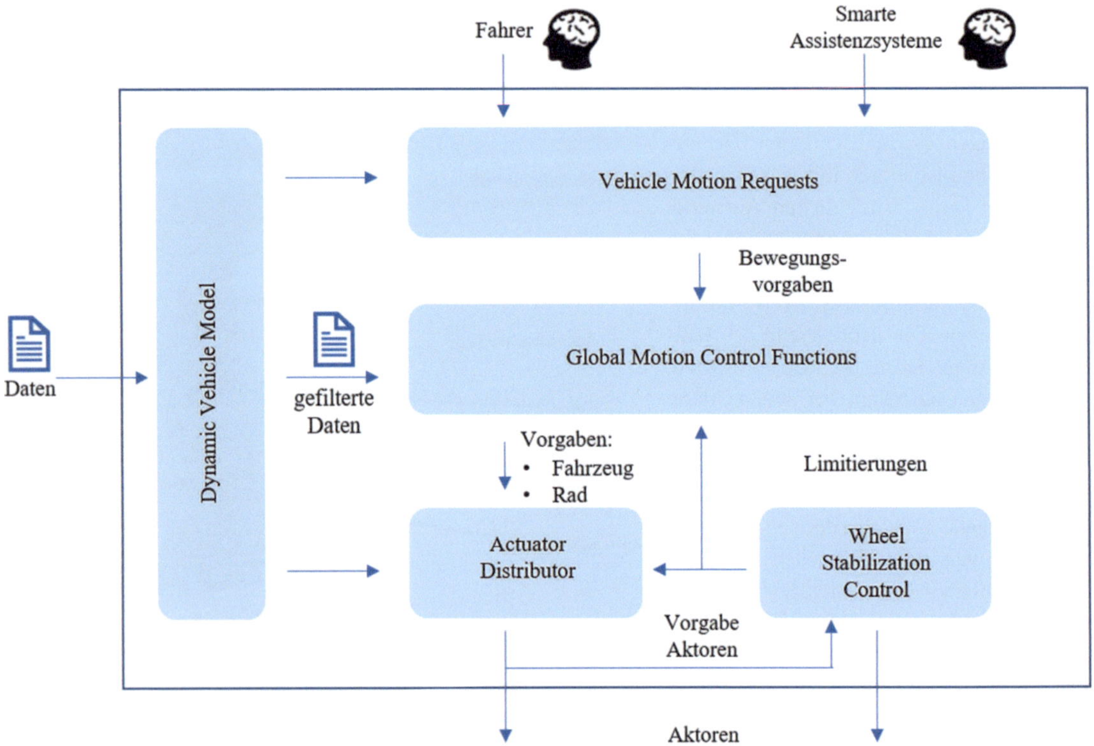

Abb. 3 Regelung der Fahrdynamik (Direktantrieb), Quelle: MEHREN [3]

Bewegungsanforderung ermöglicht. Maßgebliche Änderungen gegenüber konventionellen Fahrdynamikregelungen ergeben sich insbesondere bei der Verteilung der Stellgrößen zwischen den einzelnen Aktoren. Ein weiterer Unterschied zu heutigen Regelsystemen besteht in einer radstabilisierenden Regelung der Drehzahl, die direkt auf den Controllern der Radnabenantriebe implementiert ist. Die hierfür notwendige Entkopplung der Bedienelemente von den Stellgliedern gelingt durch die Aufteilung des Regelungssystems in mehrere logisch separierte Ebenen mit eindeutig definierten Schnittstellen. Auf diese Weise sind Änderungen oder Ergänzungen des Systems einfach und effektiv durchzuführen. Die Architektur der Fahrdynamikregelung besteht aus drei Ebenen, **Abb. 3**.

In der Anforderungsebene („Vehicle Motion Requests“) werden die Bedienvorgaben des Fahrers (oder der Assistenzsysteme) aufgenommen. Alle Anforderungen werden in Soll-Bewegungsgrößen umgerechnet, die dann bewertet und an die nächste Ebene weitergereicht werden. In der Regelfunktionsebene („Global Motion Control Functions“) kommen die Funktionen zur Ausführung, die die Bewegung des Fahrzeugs in longitudinaler, lateraler (und gegebenenfalls vertikaler) Richtung aktorunabhängig steuern. In der Ansteuerebene („Actuator Distributor“ und „Wheel Stabilization Control“) werden aus dem auf das Fahrzeug bezogenen Stellvektor die Stellgrößen für die einzelnen Aktoren ermittelt. Die Aufteilung auf die Aktoren ist eine im Regelbetrieb permanent zu lösende Optimierungsaufgabe. Die radstabilisierende Funktion, die ebenfalls zur Ansteuerebene gehört, ist für die Umsetzung des Zielschlupfs beziehungsweise die Einregelung und Optimierung des Arbeitspunkts für das Radmoment sowie die Radgeschwindigkeit im Antriebs- und Bremsfall verantwortlich. Der Radnabenantrieb bringt dabei ganz wesentliche Vorteile mit sich. Das Drehmoment des Elektromotors wirkt ohne mechanische Verzögerung oder Dämpfung direkt am Rad und kann hierdurch sehr dynamisch und präzise eingestellt werden. Dies ermöglicht eine ebenso präzise Regelung des Radschlupfs.

Die beschriebene Funktion wurde im Softwaremodul „Wheel Stabilization Control" realisiert und setzt auf der radindividuellen Drehmomentregelung der Radnabenantriebe auf. Über die Schlupfvorgabe, die vom Bremsensteuergerät vorgegeben wird, wird die Radschlupfgrenze kontinuierlich nachgeführt. Mit der Regelung der Drehzahlfenster in den Radnabenantrieben kann dieses Bremskraftmaximum kontinuierlich über die variable Schlupfwertvorgabe eingestellt und dynamisch über den Elektromotor nachgestellt werden, was ganz wesentlich zur Verbesserung der Fahrzeugstabilität beiträgt.

Die Torque Vectoring-Funktion sorgt für optimales und komfortables Fahrverhalten durch Verteilung der Brems- und Traktionsmomente zwischen den Hinterrädern. Die geregelte Momentenübertragung von einem Hinterrad auf das andere beim Beschleunigen erleichtert das Folgen einer vom Fahrer vorgegebenen Trajektorie. Der Radschlupf wird durch die Drehzahlfensterregelung radindividuell limitiert, womit die Reifenkräfte im stabilen Bereich bleiben. Die Agilität des Gesamtfahrzeugs erhöht sich, es wird stabiler und neutraler im Fahrverhalten und neigt weder zum Übernoch zum Untersteuern [3].

14.4 Radnabenantrieb in autonomen Stadtfahrzeugen

Bei einem hochautomatisierten Fahrzeug für den urbanen Einsatz sind Wendigkeit, Sicherheit und fahrdynamische Stabilität wichtige Entwicklungsparameter. Solche neuen Fahrzeugkonzepte können als People Mover beziehungsweise Robotaxi, aber auch als hochautomatisiertes oder fahrerloses Transportfahrzeug umgesetzt werden. In allen Fällen zeichnen sich diese Fahrzeuge durch ein hohes Gewicht von typischerweise mehr als zwei Tonnen bei gleichzeitig niedrigen Endgeschwindigkeiten aus, die je nach Anwendung zwischen knapp 10 und 60 ... 80 km/h liegen dürfte. Gleichzeitig bedingt die Wendigkeit möglichst kleine Räder mit Durchmessern von etwa 14 Zoll [2] Um unter diesen Randbedingungen mit einem Radnabenantrieb die erforderlichen Drehmomente realisieren zu können, ist ein anderes Antriebskonzept erforderlich, das die Übersetzung mit einem Getriebe vorsieht. Dabei basiert das Grundfahrzeug auf einer stabilen und leichten Rahmenstruktur aus Aluminium, die die vier Radmodule aufnimmt. Die Traktionsbatterie wird im Unterboden des Fahrzeugs untergebracht. Diese Anordnung bietet den Vorteil hoher Crashsicherheit bei guter Ausnutzung des Bauraums, zudem wird ein niedriger Fahrzeugschwerpunkt erreicht. Das Plattformkonzept eröffnet maximale Flexibilität bezüglich des Aufbaus: In der einfachsten Ausbaustufe umfasst der Systemumfang das Chassiselement, bestehend aus dem Rahmen, den vier Radmodulen inklusive Antrieb, Federung und Lenkung, der Software für die Fahrdynamikregelung, der Fahrzeugelektrik und Fahrzeugelektronik sowie der Traktionsbatterie.

Da das Fahrzeug ausschließlich auf Kurzstrecken im urbanen Bereich eingesetzt wird, reicht eine relative kleine und damit leichte und preiswerte Traktionsbatterie zur Erfüllung der Transportaufgaben vollkommen aus. Die in einer Vierradlenkung vernetzten Radmodule ermöglichen ein Wenden auf der Stelle und machen das Fahrzeug im Stadtverkehr sehr beweglich. Darüber hinaus können die Räder bei stehendem Fahrzeug bis zu 90° ausgelenkt werden, so dass auch das Fahren quer zur

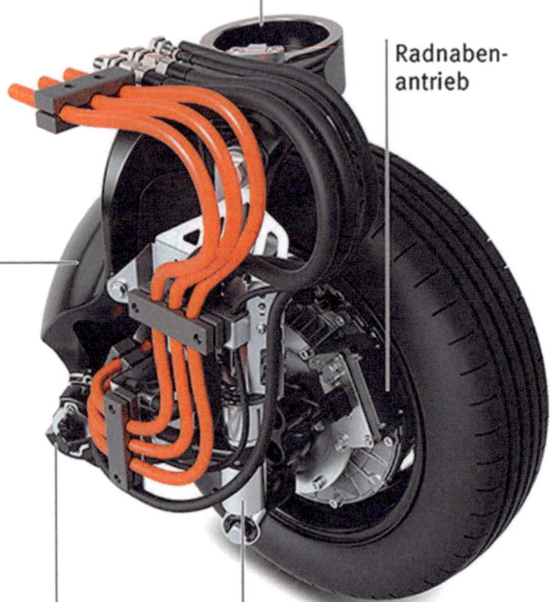

Abb. 4
„Intelligent Corner Module" mitsamt Aktor für das Steer-by-Wire-System, Quelle: Schaeffler,

Fahrzeuglängsachse und damit das Rangieren, Einparken oder Wenden auf engstem Raum möglich ist [2].

14.4.1 Intelligent Corner Module

Mit der entsprechenden Steuerung lässt sich so hohe Agilität mit großem Fahrkomfort vereinen, denn seitliche Bewegungen des Fahrzeugs können annähernd ohne für die Passagiere spürbare Querkräfte umgesetzt werden. Dies wird ermöglicht durch ein innovatives Radmodul mit der Bezeichnung „Intelligent Corner Module", **Abb. 4**, das den Antrieb über den Radnabenmotor, die Radaufhängung inklusive Federung und den Aktor der elektromechanischen Lenkung als kompakte Einheit zusammenfasst. Einem kostensparenden Baukastenprinzip folgend, werden dabei vorne und hinten identische Einheiten verbaut. Regelungsseitig eröffnet das Radmodul die Möglichkeit eines integrierten Fahrdynamikansatzes, der die Funktion der Fahrdynamikregelung ESP, einer Kraftverteilung zwischen den angetriebenen Rädern (Torque Vectoring) und der Allradlenkung zusammenführt und damit hohe Sicherheitsreserven bietet. Im Falle eines technischen Defekts bleiben Lenkung und Traktion auch dann noch erhalten, wenn ein oder zwei Radmodule defekt sind, weil der radselektive Antrieb und die radselektive Lenkung ein hohes Maß an Redundanz bieten. Die Lenkung des Radmoduls ist als elektromechanisches Steer-by-Wire-System ausgeführt. Ein Aktor, der koaxial zur Lenkachse in das Radmodul integriert ist, dreht bei einer Lenkbewegung die komplette Einheit und setzt dadurch die Richtungsvorgabe des Steuergeräts um [2].

14.4.2 Radnabenantrieb mit Getriebe

Der Traktionsmotor des Radmoduls, **Abb. 5**, ist als permanenterregte Synchronmaschine ausgeführt. Gegenüber vergleichbaren Asynchronmotoren bietet diese Bauart den Vorteil größerer Leistungsdichte. Dies ist insbesondere beim Einsatz in der Radnabe mit beschränktem Bauraumangebot von großer Bedeutung. In der aktuellen Auslegung für eine Machbarkeitsstudie liefert jeder der vier Elektromotoren bei 300 V Betriebsspannung eine Dauerleistung von 13 kW und eine zeitlich begrenzte Spitzenleistung von 25 kW. Das Nenndrehmoment von 250 Nm pro Motor kann für einen kurzen Zeitraum von 60 s auf maximal 500 Nm angehoben werden. Das Antriebsmoment des Motors wird über ein dreistufiges Planetengetriebe mit einer Übersetzung von 3,35 an die Radnabe übertragen. Ein Flüssigkeitskühlsystem gewährleistet die thermische Robustheit des Traktionsmotors. Dazu ist in das Motorgehäuse eine Vielzahl von Kanälen eingelassen, durch die das Kühlmittel fließt. Ein zentraler Wärmetauscher führt die Wärmeenergie der vier Radnabenmotoren ab.

Wird das Fahrzeug abgebremst, dann wirken die Traktionsmotoren als Generator und speisen elektrische Energie zurück in die Fahrzeugbatterie, **Abb. 6**. Ergänzt wird das System mit mechanisch arbeitenden Trommelbremsen an allen vier Rädern. Durch eine angepasste Betriebsstrategie wird das Zusammenwirken von generatorischer und mechanischer Bremse so optimiert, dass eine möglichst hohe Rekuperationsrate ohne Komforteinbußen für die Passagiere erreicht wird.

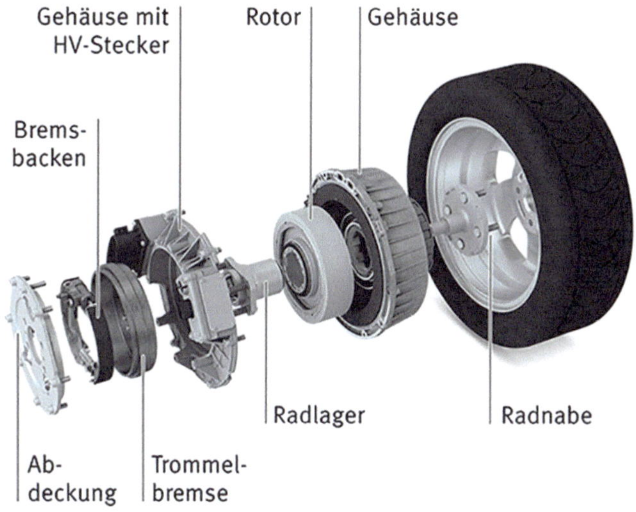

Abb. 5 Komponenten des Radnabenantriebs mit Getriebe, Quelle: Schaeffler, © Schaeffler AG 2019. All Rights Reserved

14.5 Zusammenfassung

Der heute schon sichtbare Trend zur Urbanisierung wird sich in Zukunft weiter verstärken. Mit der Verdichtung der Lebensräume entwickeln sich Städte zu Megacitys. Insbesondere hinsichtlich der Mobilität werden dadurch völlig neue Fragestellungen aufgeworfen und neue Fahrzeugkonzepte benötigt [5]. Der Radnabenantrieb kann hier durch seine Leistungsfähigkeit, Fahrsicherheit, Handling und Robustheit eine attraktive, alternative Lösung zu herkömmlichen Antrieben darstellen. Insgesamt zeigten im Rahmen des Projekts MEHREN durchgeführte Fahrversuche, dass durch die neu entwickelte Fahrdynamikregelung die Fahrsicherheit und das Handling deutlich verbessert werden können – bei gleichzeitiger Erhöhung der Dynamik. Darüber hinaus wurde die Leistungsfähigkeit und Robustheit der Radnabenantriebe auch unter extremen Bedingungen nachgewiesen [6].

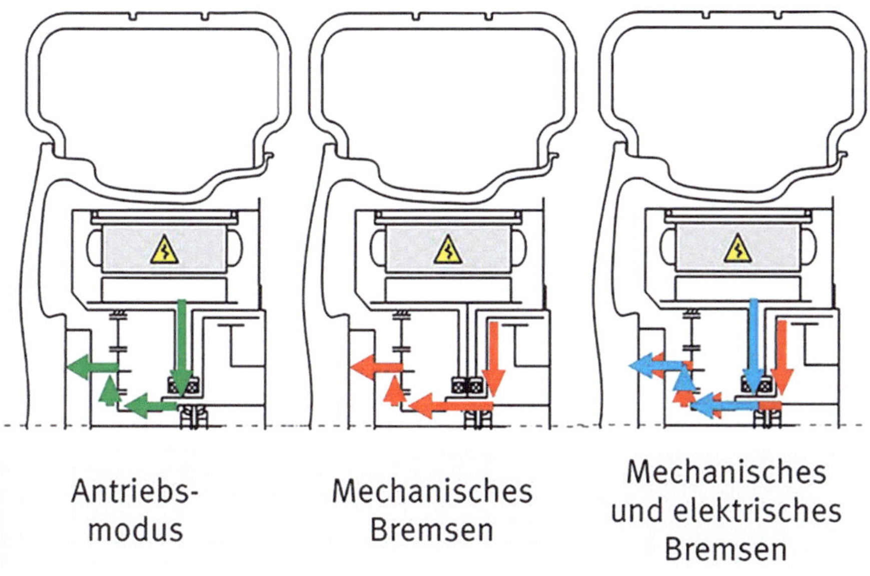

Abb. 6 Zusammenwirken von mechanischem und elektrischem Bremsen, Quelle: Schaeffler, © Schaeffler AG 2019. All Rights Reserved

Für den Einsatz in autonomen Stadtfahrzeugen zeigte sich im Rahmen einer Machbarkeitsstudie, dass leistungsdichtere Radnabenantriebe von Vorteil sind. Die Weiterentwicklung zu einem autonomen Transportfahrzeug in urbanen Räumen erfordert einen Ansatz, der auf die Anforderungen des hochautomatisierten Fahrens abgestimmt ist und die aus dem Radnabenantrieb resultierenden technischen Freiheiten bestmöglich ausnutzt. Das entwickelte „Intelligent Corner Module", das die Antriebs- und Fahrwerkskomponenten in einem modularen System vereint, fasst den Antrieb über den Radnabenmotor, die Radaufhängung inklusive Federung und den Aktor der elektromechanischen Lenkung als kompakte Einheit zusammen. Einen möglichen Einsatzbereich des „Intelligent Corner Module" bildet ein People Mover, der sich mit Vierradantrieb und Steer-by-Wire-System nicht nur durch eine hohe Fahrstabilität auszeichnet, sondern auch extrem wendig im Stadtverkehr ist.

Die Beispiele zeigen: Die Mobilität von morgen erfordert eine Vielfalt an Fahrzeugkonzepten. Auch wenn der Radnabenantrieb nicht für jede Anforderung die optimale Lösung ist, so wird sich ihm doch eine Vielzahl an Einsatzbereichen eröffnen – insbesondere dann, wenn eine hohe Wendigkeit gefragt ist.

Literaturhinweise

[1] Fischer, R.: Flinker in der Stadt. Schaeffler Kolloquium, 2014

[2] Harkort, C., Kesselgruber, D., Kraus, M., Moseberg, J., Wuebbolt-Gorbatenko, B.: Mobil in der Stadt von morgen. Schaeffler Kolloquium, 2018

[3] Eckert, A., Eckstein, L., Gutzmer, P., van der Jagt, P.: Radnabenantriebe – Wegbereiter für Raumeffizienz und Fahrdynamik. MTZ, 06/2018, 79. Jahrg.

[4] Depner, N.; Graaf, R.; Spahl, R.; Wielgos, S.: Fahrzeugkonzept mit elektrischem Radnabenantrieb. ATZ, 2016

[5] Gutzmer, P., Wagner, U., Zink, M.: Mobility for Tomorrow. Schaeffler Kolloquium, 2018

[6] Arbitmann, M.; Depner, N.; Graaf, R.; Mühlbauer, K.; Osinski, L. ;Wielgos, S.: A concept for an electric vehicle with wheel hub drives for imporved vehicle dynamics and package efficiency, 2014

[7] Depner, N.; Graaf, R.; Wielgos, S.; Arbitmann, M.; Mühlbauer, K.; Osinski, L.: A space-efficient vehicle concept with wheel hub drives for urban areas. Aachener Kolloquium, 2015

[8] Fischer, R.; Wielgos, S.; Fritz, M.; Schencke, T.; Bleckmann, D.: Schaeffler E-Wheel Drive – A wheel hub drive concept ready for tomorrow's urban mobility. Aachener Kolloquium Fahrzeug- und Motorentechnik, 2017

15 Elektrische Fahrantriebe

Thorsten Biermann, Benjamin Daniel

15.1 Einleitung

Nicht nur die Technik schreitet voran, sondern auch das Verhalten der Verbraucher und Kunden. Gesetzliche Vorschriften und Emissionsgrenzen erzeugen weitere Zwänge, die zu einem Wandel in der Antriebstechnik führt. Im Moment sieht es dabei so aus, dass der elektrische Antrieb aus seinem hundertjährigen Dornröschenschlaf erwacht und sowohl in hybriden Antriebssträngen in Kombination mit einem Verbrennungsmotor als auch mit einem respektablen Marktanteil in rein elektrisch angetriebenen Fahrzeugen zum Einsatz kommt.

15.2 Historie des elektrischen Antriebs

Zu Beginn des 20. Jahrhunderts wetteifern zahlreiche Fahrzeughersteller mit den unterschiedlichsten Antriebskonzepten um die Gunst des Kunden. Es gibt weder ein engmaschiges Tankstellennetz für Benzin und Diesel, noch entsprechende Infrastrukturen bzw. Ladestationen für elektrisch angetriebene Fahrzeuge. Ein Großteil der zugelassenen Automobile wird durch Dampfkraftwagen und elektrisch angetriebene Fahrzeuge gestellt. Der Verbrennungsmotor spielt (noch) eine untergeordnete Rolle.

In zeitgenössischen Anzeigen werben die Hersteller elektrisch angetriebener Fahrzeuge mit der Zuverlässigkeit und Sauberkeit des Antriebs. Fahrzeuge mit Elektroantrieb sind so einfach in der Handhabung, dass sie selbst Kinder ohne Probleme bewegen können, **Abb. 1**. Gerade für anspruchsvolle Kunden wird das Elektrofahrzeug als optimale saubere Lösung empfohlen. Fahrzeuge mit Verbrennungsmotor als auch Dampfkraftwagen gelten zur damaligen Zeit aufgrund der deutlich komplexeren Mechanik als wartungsintensiv und nicht bedienerfreundlich. Die Emissionen dieser Fahrzeuge werden noch nicht wie heute als umweltschädlich eingestuft; allein die Geruchsbelästigung brandmarkt die Verbrennungsmotoren und Dampfmaschinen als „schmutzige Antriebe".

So verwundert es nicht, dass um 1900 gerade in den Metropolen zunächst ein Großteil der Fahrzeuge elektrisch betrieben wird. Zu diesem Zeitpunkt ist die Elektrifizierung der Großstädte weit fortgeschritten. In den Garagen der Kunden werden bereits erste Ladestationen installiert, die ein bequemes Aufladen der Batterie zu Hause ermöglichen und auch die Reichweite der Fahrzeuge erlaubt mit 50 bis 100 km zumindest einen Betrieb im urbanen Nahverkehr, **Abb. 2**.

Mit dem Beginn des ersten Weltkrieges beginnt der Niedergang elektrisch angetriebener Fahrzeuge. Fahrzeuge mit Verbrennungsmotor weisen eine zunehmend robustere Technik auf: So ersetzt der inzwischen eingeführte elektrische Anlasser das bis dahin übliche mechanische Anlassen mit einer Handkurbel. Aufgrund der sehr hohen Energiedichte des Kraftstoffes im Vergleich

H. Tschöke et al. (Hrsg.), *Elektrifizierung des Antriebsstrangs*,
ATZ/MTZ-Fachbuch, https://doi.org/10.1007/978-3-662-60356-7_15

Abb. 1 Zeitgenössische Anzeige von Baker Electrics

zu den Akkumulatoren stellen sich bei Fahrzeugen mit Verbrennungsmotor immer deutlichere Vorteile hinsichtlich Reichweite, Gewicht und auch Anschaffungskosten ein. Ein Automobil mit einem Verbrennungsmotor wiegt damals gerade mal die Hälfte wie vergleichbare Fahrzeuge mit einem elektrischen Antrieb und Bleiakkumulator.

Gerade in ländlichen Regionen ist die Reichweite ein wesentlicher Vorteil der Fahrzeuge mit Verbrennungsmotor. Rein elektrisch angetriebene Fahrzeuge mit begrenzter Reichweite setzen sich aufgrund fehlendem Kundeninteresse selbst in den Metropolregionen nicht durch, wohl auch weil die Entwicklung des öffentlichen Nahverkehrs im Alltag eine günstigere Alternative darstellt und das Automobil zumindest am Wochenende die Möglichkeit bieten soll, den beengten Verhältnissen der Stadt zu entfliehen, **Abb. 3**. Zudem gestaltet sich der Aufbau eines durchgängigen zusammenhängenden elektrischen Versorgungskonzeptes deutlich schwieriger als ein Netzwerk aus einzelnen autarken Tankstellen, die über eine entsprechende Logistik mit Verbrennungskraftstoff versorgt werden. Die durchgehende Versorgung mit Verbrennungskraftstoff ist eine wesentliche Voraussetzung dafür, dass sich während des Wirtschaftswunders das Automobil zum Reisemobil entwickelt [8]. In den 1950er Jahren avanciert das Automobil zum Transportmittel der Wahl für die Reise in den Süden. Ein Massentourismus über die Alpen wäre mit rein elektrisch angetriebenen Fahrzeugen nicht nur zum damaligen Zeitpunkt ein unerfüllbarer Traum geblieben.

Abb. 2 Laden eines Elektrofahrzeugs um 1912, Getty Images

15.3 Der Wandel vom Verbrenner zum E-Motor

Der Verbrennungsmotor wird Stand heute nicht binnen eines Jahrzehntes von der Straße verschwinden, wie es dem elektrischen Antrieb zu Beginn des vergangenen Jahrhunderts beschieden war. Aktuelle Szenarien gehen eher davon aus, dass sich in den nächsten anderthalb Jahrzehnten ein stabiles Verhältnis zwischen den jeweiligen Antriebskonzepten einstellt: 70 % aller Antriebsstränge sind in dieser Vorausschau immer noch mit einem Verbrennungsmotor ausgestattet. Allerdings steigt über die nächsten 10 Jahre auch der Anteil der Fahrzeuge mit elektrischen Antrieben kontinuierlich auf einen nahezu identischen Anteil von 70 %. Dies ist möglich, da in 2030 etwa 40 % aller Fahrzeuge hybride Antriebsstränge aufweisen, die sowohl einen

Abb. 3 Sonntagsausflug in die Eifel, J.H. Darchinger / Friedrich Ebert Stiftung

elektrischen Antrieb als auch einen Verbrennungsmotor an Bord haben. Lediglich ein Anteil von ca. 30 % aller Fahrzeuge wird ausschließlich elektrisch angetrieben. Ein großer Teil der Antriebe dieser Fahrzeuge wird dann entweder durch eine Batterie oder eine Brennstoffzelle gespeist, **Abb. 4**. Eine wesentliche Rolle, welche Technologie sich letztendlich durchsetzt, wird neben der Energiedichte und den Herstellkosten auch die CO_2-Erzeugung während der Produktion spielen.

15.4 Der elektrische Antrieb im Fahrzeug

15.4.1 Überblick

Bei einem Antrieb mit Verbrennungskraftmaschine wird chemische Energie durch die Verbrennung eines Stoffes in mechanische Energie gewandelt. Beim elektrischen Antrieb wird anstatt der chemischen elektrische Energie in mechanische Energie umgesetzt. Als Speichermedium kommen

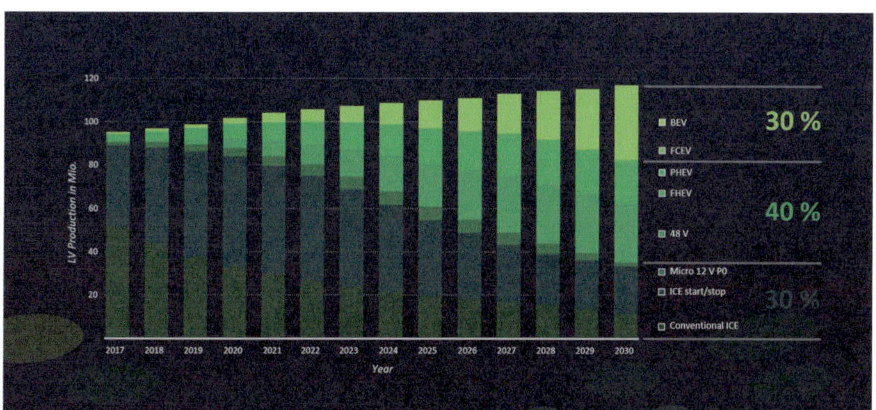

Abb. 4 Der prognostizierte Antriebsmix (Produktionszahlen) für Pkw und Light Duty Vehicles bis 2030, Quelle: Schaeffler, © Schaeffler AG 2019. All Rights Reserved

Abb. 5 Prinzip des elektrischen Fahrantriebs

dabei unter anderem wie bereits erwähnt Batterien (im Battery Electric Vehicle, BEV) oder Brennstoffzellen mit entsprechenden Wasserstofftanks (im Fuel Cell Electric Vehicle, FCEV) zum Einsatz, Abb. 4. Im Gegensatz zum Verbrennungsmotor bietet der elektrische Antrieb die Möglichkeit der Rekuperation. Bei dieser wird die mechanische Energie der Antriebsmaschine, z. B. beim Bremsen des Fahrzeugs, in elektrische Energie umgewandelt und in den Energiespeicher zurückgeführt.

Der Inverter oder Wechselrichter wandelt die seitens des Energiespeichers vorliegende Gleichspannung in eine Wechselspannung variabler Frequenz um. Diese wird benötigt, um entsprechende Wechsel- oder Drehstrommotoren (Antriebsmaschinen) zu speisen, **Abb. 5**. Die Leistungsfähigkeit des elektrischen Systems wird unter anderem durch seine Zwischenkreisspannung definiert. Unterschieden wird zwischen Niedervolt-Systemen, die max. Spannungen von 60 V aufweisen und Hochvoltsystemen, die Spannungslagen größer 60 V aufweisen, siehe auch Kap. 4, 5, 12 und 22.

Abbildung 5 zeigt die grundlegende Systemarchitektur eines elektrischen Antriebs, wie beispielsweise einem Antrieb mit Radnabenmotoren, siehe Kap. 14., bei denen der Antriebsmotor direkt in die Radfelge eingebettet wird. Die Motoren sind bei derartigen Antrieben so gestaltet, dass das Betriebskennfeld des Motors praktisch der Raddrehzahl entspricht. Das Drehmoment des Antriebsmotors entspricht dem notwendigen Radmoment, das auf Basis des Fahrwiderstands des Fahrzeugs in unterschiedlichen Fahrsituationen ermittelt wird. Die notwendige Zugkraft des Fahrzeugs, die aus dem Radmoment und dem Radhalbmesser ermittelt wird, muss dabei dem Fahrwiderstand entsprechen. Die zur Verfügung stehende Zugkraft des Fahrzeugs bei niedrigen Drehzahlen definiert die Steigfähigkeit und die Beschleunigung, die Zugkraft bei höheren Drehzahlen die Endgeschwindigkeit des Fahrzeugs in der Ebene [7].

Bei elektrischen Achsen wird dieses System um ein zusätzliches Getriebe ergänzt, **Abb. 6**. Das Getriebe wandelt und überträgt Drehmomente, Drehzahlen, Drehrichtungen und Kräfte. Die Verwendung eines Getriebes ermöglicht es, die Anforderungen an den elektrischen Antriebsmotor hinsichtlich seines Drehmomentes zu reduzieren. Dadurch kann der Bauraum bzw. das Volumen des E-Motors deutlich reduziert werden.

Obwohl ein zusätzliches Getriebe eingesetzt wird, weisen derartige Antriebe deutlich höhere Leistungs- und Drehmomentdichten auf als Radnabenantriebe, da Getriebe bezogen auf ihren Volumeninhalt ein deutlich geringeres Gewicht im Vergleich zu E-Motoren aufweisen. Zudem ist bei einem Fahrzeug mit Radnabenantrieb das System zweifach verbaut, während bei einem elektrischen Achsantriebssystem im Allgemeinen lediglich ein Antrieb mit einem Zahnradgetriebe

Abb. 6 Prinzip der elektrischen Achse

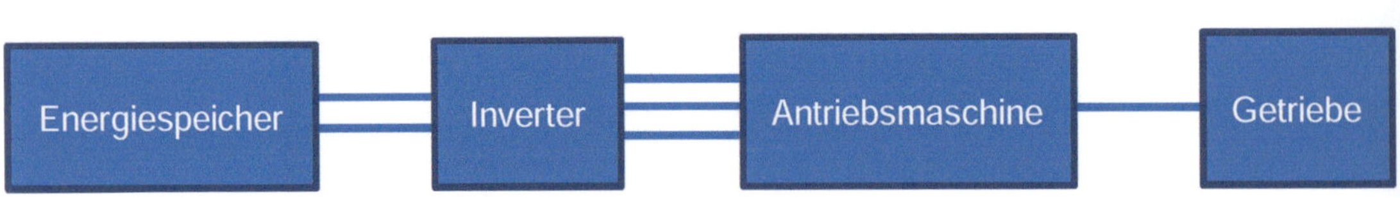

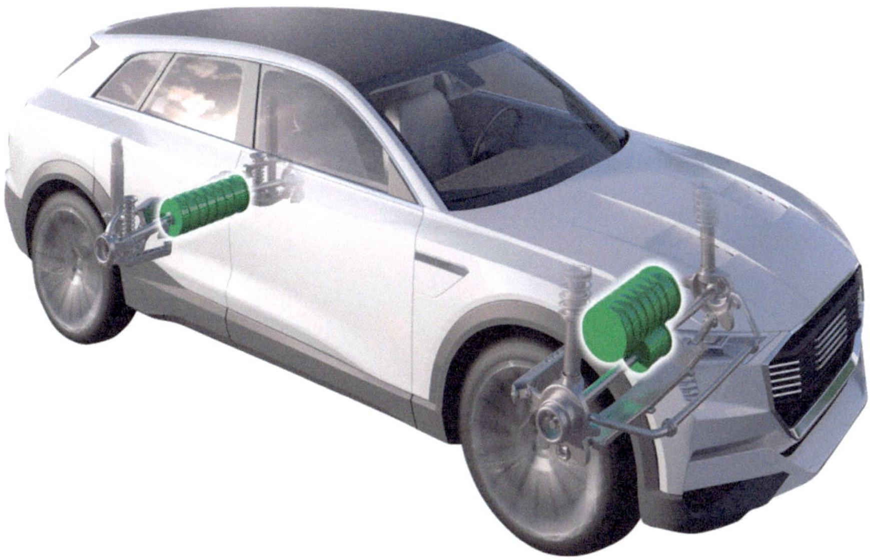

Abb. 7 Elektrisch angetriebenes Allradfahrzeug,

und einem Differenzialgetriebe eingesetzt wird. In diesem Zusammenhang ist die Übersetzung i ein wesentliches Merkmal des Getriebes. Die Übersetzung des Getriebes definiert den Faktor mit dem die Drehzahl in Drehmoment gewandelt wird, siehe auch Kap. 8.

Das Getriebe bzw. die Mechanik des elektrischen Antriebssystems erfüllt neben der Wandlung von Drehzahl in Drehmoment noch eine weitere wesentliche Funktion: Als Subsystem zwischen dem Motor und den Rädern des Fahrzeugs ermöglicht das Getriebe die mechanische Kopplung der Rotorwelle des E-Motors mit den Seitenwellen der Antriebsräder. Dadurch wird es ermöglicht, die Position des Motors unabhängig von den Abtriebswellen des Getriebes und den Positionen der Antriebsräder zu verschieben, um beispielsweise im Fahrzeug Platz für andere Systeme wie die Lenkung zu schaffen. Grundlegend unterschieden wird zwischen koaxialen Antriebsachsen, bei denen der E-Motor koaxial zu den Abtriebswellen des Getriebes angeordnet ist (**Abb. 7** Hinterachse), und achsparallelen Systemen, bei denen der E-Motor parallel zu den Abtriebswellen platziert ist (Abb. 7 Vorderachse).

15.4.2 Auslegung elektrischer Achsantriebssysteme

Prinzipiell werden elektrische Antriebe nach den gleichen Kriterien ausgelegt, wie Antriebsstränge mit Verbrennungsmotor. Die erforderliche Dauerleistung und das Dauermoment des Antriebssystems wird unter Berücksichtigung des Roll- und Luftwiderstandes des Fahrzeugs und entsprechender Verluste im Antriebsstrang basierend auf der gewünschten max. Geschwindigkeit des Fahrzeugs ermittelt, **Abb. 8**. Die weiße Kennlinie (1) zeigt das erforderliche Antriebsmoment des Fahrzeugs resultierend aus den Fahrwiderständen und dem Reifenhalbmesser bei einer Steigung von 0 %. Die blaue senkrechte Linie markiert die max. Geschwindigkeit des Fahrzeugs auf der X-Achse des Diagramms (2). Für die Auslegung wird an dieser Stelle davon ausgegangen, dass die max. Geschwindigkeit über einen längeren Zeitraum und nicht nur kurzfristig gewährleistet werden muss [7].

Über die gewünschte Endgeschwindigkeit des Fahrzeugs, seine Reifengröße und dem Fahrwiderstand, der sich bei hohen Geschwindigkeiten im Wesentlichen aus

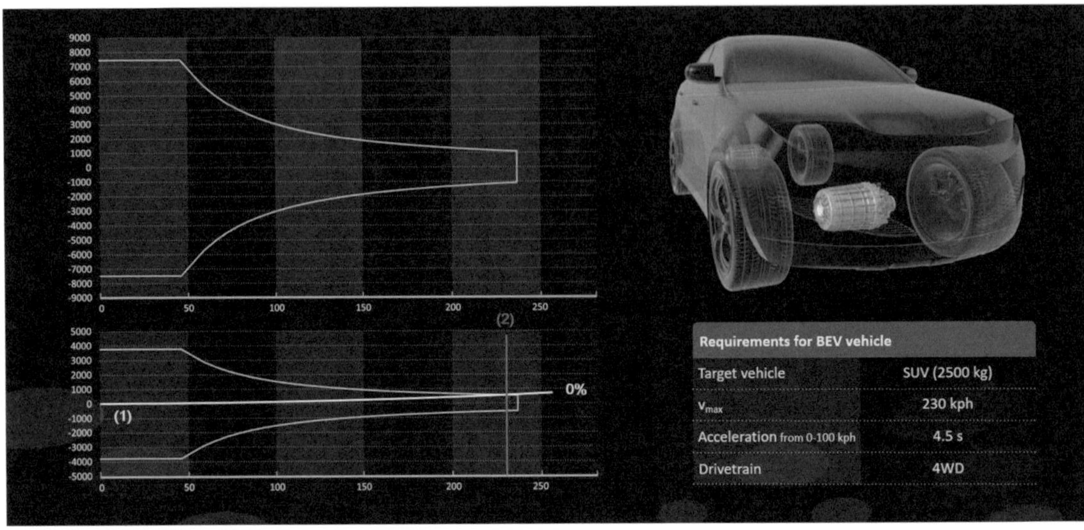

Abb. 8 Grundlagen der Auslegung des Antriebsstranges in einem BEV / FCEV, © Schaeffler AG 2019. All Rights Reserved

dem Luftwiderstand zusammensetzt, wird dann die Dauerleistung des Motors als auch die ideale Getriebeübersetzung in Bezug zu der max. Motordrehzahl bestimmt. Die max. Motordrehzahl resultiert dabei aus der Bauart des Motors und seinem Kennfeld. Mit dieser Vorgehensweise kann ein möglichst kompakter Motor realisiert werden. Stand der Technik sind aktuell hochdrehende Asynchron- und permanent erregte Synchronmotoren mit Drehzahlen bis zu etwa 19.000 1/min. Bei höheren Drehzahlen werden die Akustik, der Wirkungsgrad und die Kühlung des Systems zunehmend herausfordernder [10].

Die ersten Auslegungsschritte führen so zu einer Gestaltung des Antriebsstranges ausgehend von der Anforderung an die max. Endgeschwindigkeit bei einer Steigung von 0 %. Noch nicht berücksichtigt sind die gewünschte Steigfähigkeit oder auch die Beschleunigung des Fahrzeugs. Bei eingängigen elektrischen Achsantriebssystemen führt die Auslegung basierend auf der Endgeschwindigkeit zu einem definierten Anfahrmoment, das unter Umständen nicht den Anforderungen an Beschleunigung und Steigfähigkeit entspricht. In diesem Fall muss die Endgeschwindigkeit reduziert werden, um über eine entsprechend höhere Getriebeübersetzung ein gesteigertes Anfahrmoment bei gleicher Motorleistung bereitstellen zu können.

Letztendlich bieten eingängige Systeme den Vorteil einer sehr kompakten und effizienten Bauweise, jedoch stellt die Abstimmung zwischen der Endgeschwindigkeit und dem geforderten Anfahrmoment grundsätzlich ein Kompromiss dar. Eine mögliche Abhilfemaßnahme bietet der Einsatz mehrgängiger oder auch elektrischer Allradsysteme, bei denen sich die Systemleistung und das zur Verfügung stehende Moment aus der Summe der Systemleistungen und Drehmomente der einzelnen Achsen zusammensetzen. Die Allradanwendung bietet dabei die Möglichkeit, eine steilere Kennlinie des Gesamtantriebsstrangs zu generieren und damit eine höhere Übereinstimmung zwischen Beschleunigung und Endgeschwindigkeit zu erzielen. Das obige Beispiel in Abb. 8 zeigt ein derartiges Fahrzeug, das mit zwei elektrischen Achsen ausgestattet ist. Jede der beiden elektrischen Achsen verfügt über eine Dauerleistung von etwa 75 kW und ein Dauermoment von rund 1900 Nm bei einer Übersetzung der Getriebe von 9,2. Sowohl die Dauerleistung als auch das Dauermoment liegen in etwa bei 50 % der max. Leistung und des max. Drehmomentes. D.h. das obere Diagramm zeigt die Kennlinie des max. zur Verfügung stehenden Antriebsmomentes; das untere Diagramm zeigt die Kennlinie des dauerhaft verfügbaren Drehmomentes beider Antriebsachsen.

In Kombination stellen beide Achsen ein Dauermoment von 3800 Nm zur Verfügung, um das Fahrzeug innerhalb von 6,5s von 0 auf 100 km/h zu beschleunigen. Da derartige Beschleunigungsvorgänge allerdings nicht über längere Zeiträume durchgeführt werden und entsprechende Abkühlphasen des Systems zwischen den Beschleunigungsfahrten berücksichtigt werden dürfen, wird in dem vorliegenden Beispiel für die Beschleunigung von 0 auf 100 km/h eine Zeitspanne von 4,5 s angesetzt. Die Beschleunigung basiert dabei auf einem zeitlich befristeten Drehmoment von etwa 5500 Nm. Dieser Wert entspricht noch nicht dem theoretisch kurzzeitig verfügbaren Drehmoment von 7600 Nm und liegt innerhalb der Schlupfgrenzen der beiden Achsen. Mit dem zur Verfügung stehenden Dauermoment kann das Allradfahrzeug selbst mit max. Zuladung noch Steigungen bis zu etwa 40 % bewältigen.

Ein ähnliches Fahrzeugkonzept wurde bereits 2011 im Active eDrive vorgestellt, **Abb. 9**. Für den Aufbau des Demonstrator-Fahrzeugs wurde zum damaligen Zeitpunkt ein Skoda Oktavia Scout ausgewählt, bei dem der Verbrennungsmotor durch zwei elektrische Antriebe ersetzt wurde. Beide Antriebsachsen wurden zusätzlich mit elektromechanischen Torque-Vectoring-System ausgestattet, um über eine Steuerung der Radmomente innerhalb der angetriebenen Achsen eine Verbesserung der Querdynamik und ein optimiertes Fahrverhalten zu realisieren, siehe auch Abschn. 15.3.9 [2, 4].

15.4.3 Integration der elektrischen Achse in komplexe Fahrzeugbauräume

Eine Wiedergeburt erlebte der elektrische Antrieb zunächst im hybriden Antriebsstrang. Toyota setzt seit dem Ende der 1990er Jahre mit dem Modell Prius konsequent auf hybride Antriebsstränge als CO_2-effiziente Alternative zum Diesel, siehe auch Kap. 13. Zunächst lediglich als Nischenprodukt geplant, wurde der Tesla Roadster im Jahr 2006 zu einem Erfolgsprodukt, was sicherlich auch einer unkonventionellen Marketingstrategie zu verdanken war. Die Reaktion der Kunden auf dieses neue Fahrzeug verhalf dem Unternehmen Tesla zu einer hohen Bewertung an der Börse und machte den reinen elektrischen Antrieb über Nacht wieder salonfähig. Spätestens mit der erfolgreichen Markteinführung des rein elektrisch angetriebenen Tesla Roadsters begannen die Entwickler sich deutlich

Abb. 9 Demonstrator-Fahrzeug mit zwei E-Achsen [4], © Schaeffler AG 2019. All Rights Reserved

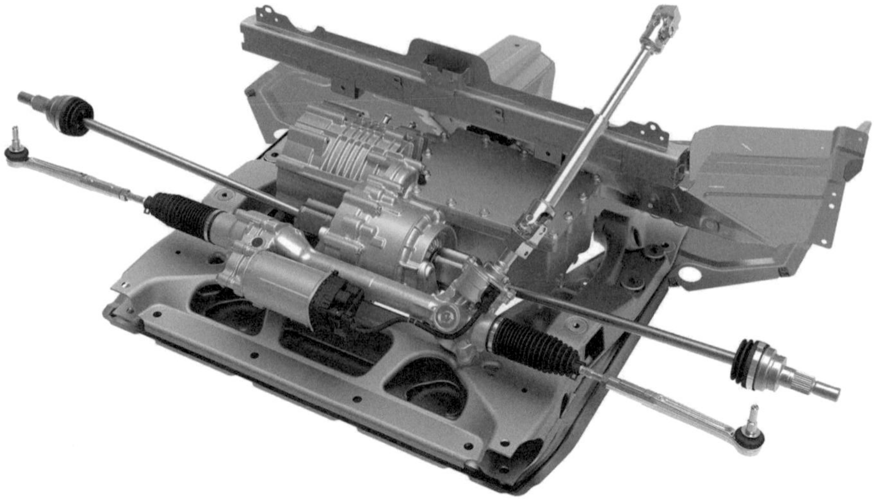

Abb. 10 Vorderwagen mit elektrischem Achsantriebssystem, © Schaeffler AG 2019. All Rights Reserved

intensiver mit elektrischen Antriebssträngen auseinanderzusetzen. Der elektrische Achsantrieb wurde konsequent sowohl hinsichtlich der elektrischen als auch der mechanischen Komponenten weiterentwickelt. Entstanden ist ein hochflexibler Baukasten elektrischer Antriebsachsen, der optimale Lösungen für die unterschiedlichsten Anwendungen und Plattformen bietet. Der Antriebsbaukasten beinhaltet dabei nicht nur Lösungen für den Einsatz in hybride Anwendungen, sondern auch für rein elektrisch angetriebene Fahrzeuge. Ein möglicher Ansatz für einen mechanischen Baukasten wurde erstmalig in [9] vorgestellt.

Um den elektrischen Antrieb in bestehende Plattformen parallel zum Antriebsstrang des Verbrenners integrieren zu können, muss der mechanische Baukasten die Möglichkeit bieten, individuelle Lösungen für unterschiedlichste Fahrzeugarchitekturen zu bieten, um den knapp bemessenen Bauraum in den jeweiligen Plattformen voll ausschöpfen zu können. **Abb. 10** zeigt exemplarisch den Vorderwagen eines Porsche Boxsters, bei dem eine zusätzliche elektrische Achse so installiert wird, dass weder die Lenkung noch die Positionen der Gleichlaufgelenke und Seitenwellen verändert werden müssen. Selbst der bisherige Volumeninhalt des Kofferraums bleibt bei dieser Konzeptstudie unverändert.

Ein weiteres Merkmal dieses Antriebs liegt in der hohen Integrationstiefe der Subsysteme im Gesamtsystem. So wird in der vorliegenden Lösung das Gehäuse für den Antriebsmotor, den Inverter und das Getriebe einteilig ausgeführt, wodurch die Anzahl der Schnittstellen zum Gesamtfahrzeug deutlich reduziert werden kann. Die Kontaktierung des Inverters zum E-Motor erfolgt innerhalb des Gehäuses; zusätzliche außenliegende Stecker oder Hochvoltkabel entfallen. Dies reduziert nicht nur den Montageaufwand in der Fertigungslinie des Gesamtfahrzeugs, sondern trägt auch dazu bei, die Kontaktierung vor direkten Umwelteinflüssen zu schützen.

Ferner wird die elektromagnetische Abstrahlung vermindert, da die stromführenden Leiter durch ein zusätzliches Gehäuse gekapselt werden. Eine zu hohe Abstrahlung führt unter Umständen zu einer unbeabsichtigten Beeinflussung anderer Systeme, die in unmittelbarer Umgebung des Antriebs angeordnet sind, wie beispielsweise dem Bordcomputer des Fahrzeugs. Um dies zu vermeiden, muss der gesamte elektrische Antrieb eine sogenannte EMV (Elektromagnetische Verträglichkeit) aufweisen. Eine genaue Definition der elektromagnetischen

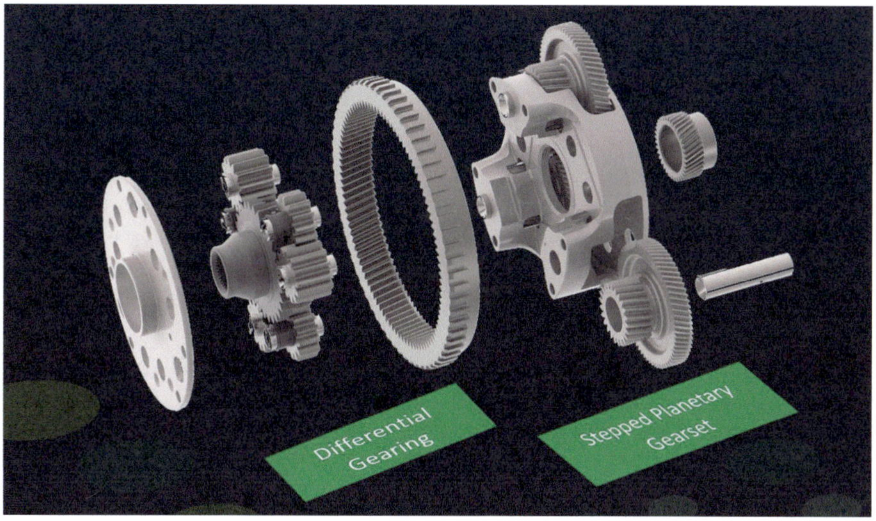

Abb. 11 Kombination eines Stirnraddifferenzials mit einem gestuften Planetenradsatz, © Schaeffler AG 2019. All Rights Reserved

Verträglichkeit erfolgt u. a. in der Europäischen EMV-Richtlinie und einer ganzen Reihe zusätzlicher nationaler sowie internationaler Normen, siehe auch Kap. 21.

15.4.4 Elektrische Achsantriebssysteme in koaxialer Anordnung

Ähnlich beengt stellt sich die Situation an der Hinterachse dar. Da an der Hinterachse allerdings kein zusätzliches Lenkgetriebe berücksichtigt werden muss, kommen an dieser Einbaustelle vermehrt sogenannte koaxiale Antriebsachsen zum Einsatz, Abb. 7 und **Abb. 11**. Der Aufbau eines Getriebes für ein koaxiales elektrisches Achssystem ist üblicherweise so gestaltet, dass ein oder mehrere Planetenradgetriebe mit einem Ausgleichsgetriebe gekoppelt werden. Dabei entfällt das Antriebsrad des Differenzials und das Ausgleichsgetriebe wird direkt über das Gehäuse des Planetenradgetriebes angetrieben. Eine der beiden Abtriebswellen des Differenzials wird durch den Rotor des Antriebsmotors hindurch zum Rad geführt, was bedeutet, dass bei einer derartigen Anordnung die Rotorwelle des Motors als Hohlwelle ausgeführt werden muss.

Gerade bei einer koaxialen Anordnung des Antriebsstranges liegt ein Hauptaugenmerk darauf, das Antriebssystem axial möglichst schmal zu gestalten, um den Seitenwellen den notwendigen Bauraum einräumen zu können. Zu kurze Seitenwellen führen zu einer Überschreitung der technisch realisierbaren Auslenkungswinkel der Gleichlaufgelenke. Bei einem gegebenen axialen Bauraum gilt es daher, das Getriebe axial möglichst kompakt zu gestalten, um dem Antriebsmotor entsprechend länger dimensionieren zu können und so eine höhere Leistung beziehungsweise ein Mehr an Drehmoment bereitzustellen [10].

In koaxial angeordneten Antriebsachsen bietet ein Stirnraddifferenzial durch seine schmale Bauweise deutliche Vorteile gegenüber dem herkömmlichen Kegelraddifferenzial mit seinem kugelförmigen Differenzialkorb. Die Ausgleichsverzahnung des beschriebenen Differenzials in Stirnradbauweise ist zudem gut geeignet, um mit einer weiteren Planetenradstufe gekoppelt zu werden, Abb. 11. So ermöglicht die konstruktive Gestaltung des Stirnraddifferenzials auf einfache Weise die gleichzeitige Nutzung des Differenzialgehäuses als Planetenradsteg für die Verzahnung der Getriebeübersetzung. Die Verzahnung des Differenzialausgleichs ist dabei in einem

Gehäuse mit einem Planetenradgetriebe untergebracht [9, 11].

In Abhängigkeit von der Standübersetzung des Umlaufrädergetriebes i0 wird das Moment am Differenzialkorb bei dieser Bauweise um den Faktor (i0-1) erhöht. Eine Sonderbauform stellt die Ausführung des Planetenradgetriebes mit gestuften Planeten dar. Bei einem gestuften Planetenradsatz ist der Planet mit einem Stufensprung versehen und besitzt zwei Verzahnungsebenen. Die Verwendung eines gestuften Planetenradsatzes ermöglicht Getriebeübersetzungen im Bereich von etwa 10, die sonst lediglich mit zwei gekoppelten Planetenradgetrieben darstellbar sind, Abb. 11 und **Abb 12**.

Bei genauerem Hinsehen wird ein weiterer Vorteil deutlich, der bei einem nicht gestuften Planetenradsatz so nicht umsetzbar ist: Während bei klassischen Planetenradgetrieben die Ausgleichsverzahnung des Differenzials axial neben der Planetenradstufe angeordnet wird, erlaubt die Verwendung des gestuften Planetenradsatzes, die Stirnverzahnung des Differenzials anteilig im Bauraum des Planetenradgetriebes zu platzieren. Dadurch entsteht ein hoch integriertes und extrem kurz bauendes Getriebe, Abb. 11 und 12.

Die Integration des Differenzials ist möglich, da ein gestufter Planetenradsatz über konstruktive Besonderheiten verfügt, die in herkömmlichen Planentenradsätzen so nicht vorhanden sind: Dazu gehört, dass das Sonnenrad nur teilweise in den Bauraum des Planetenradsatzes eintaucht und lediglich mit dem großen Planetenrad kämmt. Da das Differenzialgehäuse und der Planetenträger in einem Bauteil vereint sind, ist es so möglich, das Sonnenrad des Differenzials radial innerhalb der kleinen Planetenräder zu platzieren. In einem weiteren Schritt werden die Differenzialausgleichsräder teilweise zwischen den kleinen Planetenrädern des gestuften Planetenradsatzes eingebettet. Dies führt dazu, dass der gestufte Planetenradsatz in etwa mit der Hälfte des Differenzials überlappt, ohne dass sich die Zahnräder berühren. Das Planetenradgetriebe und die Verzahnung des Differenzials werden prinzipiell ineinander verschachtelt.

Im konkreten Anwendungsfall konnte auf diese Weise ein Getriebe bereitgestellt werden, das in einem axialen Bauraum von 150 mm verbleibt und am Differenzialkorb über ein nominales Ausgangsmoment von etwa 3800 Nm verfügt. Durch die kompakte Bauweise besteht die Option,

Technical data	
Weight gearbox in kg	16
Input power in kW max. / continuous	150 / 80
Input torque Nm max. / continuous	400 / 220
Input speed in rpm	18000
Dimensions in mm	∅ 300 x 150
Ratio	9.2

Customer benefits
▸ Compact due to „Lightweight Differential"
▸ Modular system with different optional ratios
▸ Low axial space requirements
▸ **Series production**

Abb. 12 Kompaktes Getriebe für eine elektrische Antriebsachse in koaxialer Anordnung, © Schaeffler AG 2019. All Rights Reserved

auch längere leistungsstarke Motoren in der Antriebsachse zu integrieren, ohne die Bauraumvorgaben im Fahrzeug zu verletzten, Abb. 12 [9, 11].

Abbildung 13 zeigt eine schematische Übersicht über die elektrischen Achsantriebe für den koaxialen Einbau. Dargestellt ist an dieser Stelle jeweils nur der Planetenradsatz im Halbschnitt ohne das Differenzial, das mit dem Planetenträger verbunden ist. Ganz links findet sich der bereits vorgestellte gestufte Radsatz mit einer Übersetzung von 9,2 in der Kombination mit einem drehmomentstarken Antriebsmotor für hohe Endgeschwindigkeiten.

Gerade im Hinblick auf die Zielmärkte elektrischer Antriebssysteme ist die Bereitstellung einer hohen Endgeschwindigkeit mitunter nicht immer notwendig und sinnvoll, da der Gesetzgeber in vielen Regionen Höchstgeschwindigkeiten von deutlich unter 200 km/h vorgibt. Ein mögliches Unterscheidungskriterium bei den Fahrzeugen ist allerdings immer noch das dynamische Fahrverhalten bzw. die Beschleunigung im unteren und mittleren Geschwindigkeitsbereich.

Bei geringeren geforderten Geschwindigkeiten ist es durchaus vorteilhaft, die Getriebeübersetzung anzuheben. Dies wird durch die Kopplung mit einem weiteren Planetenradsatz erzielt. So wird auf Basis des Drehzahlkennfelds des Motors die Übersetzung des Getriebes definiert angehoben und gleichzeitig das Drehmoment des Motors herabgesetzt. Mit dieser Maßnahme werden das Gewicht und der Bauraum des Antriebsmotors max. reduziert, was sich unter anderem auch positiv auf die Herstellkosten auswirkt. Im Konflikt zwischen erforderlicher Dauerleistung, gewünschter Höchstgeschwindigkeit, der geforderten Beschleunigung im unteren Geschwindigkeitsbereich sowie der Spannungslage bietet die Anpassung der Getriebeübersetzung die Möglichkeit, ein kosteneffizientes Gesamtsystem zu gestalten.

Abbildung 14 zeigt die konkrete konstruktive Umsetzung des Baukastens, bei dem permanenterregte Synchronmotoren mit Dauerleistungen von bis zu 80 kW und maximalen Motorenmomenten von bis zu 300 Nm mit unterschiedlichen Radsätzen kombiniert werden.

Die Getriebe werden jeweils aus zwei Planetenradgetrieben zusammengesetzt, wobei die Varianten mit hohen Getriebeübersetzungen aus der Kombination eines gestuften mit einem nicht gestuften Planetenradsatz bestehen. Sofern vorhanden wird

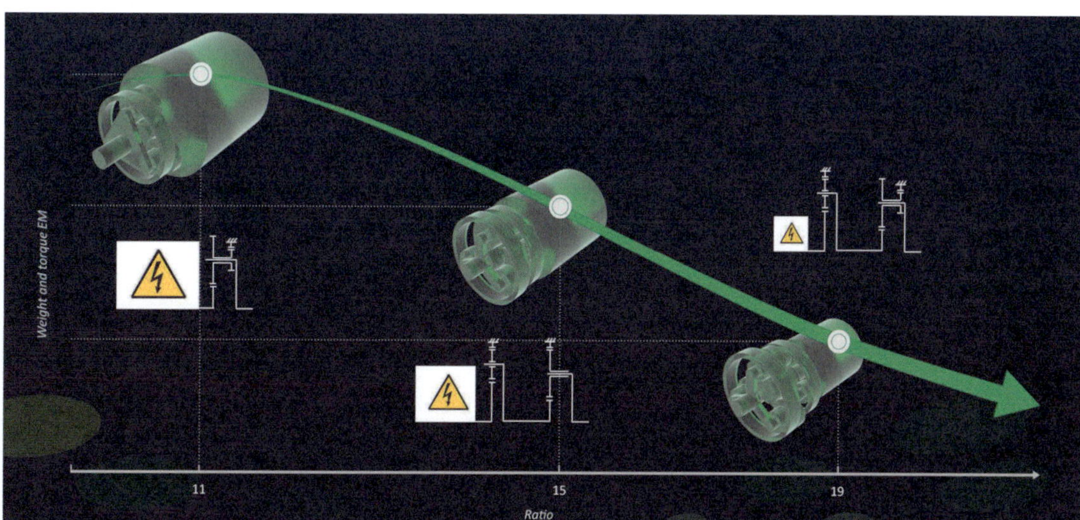

Abb. 13 Koaxialer Achsantriebsbaukasten mit Planetenradgetrieben, © Schaeffler AG 2019. All Rights Reserved

Abb. 14 Koaxialer elektrischer Antriebsbaukasten, © Schaeffler AG 2019.

der gestufte Radsatz in der Laststufe eingesetzt und teilt sich wie auch in der in Abb. 12 dargestellten Lösung das Gehäuse mit der Differenzialausgleichsverzahnung [11].

Bei den in Abb. 14 dargestellten Antriebsachsen sind die Schnittstellen zwischen Elektromotor und Getriebe und dem ersten Planetenradsatz identisch ausgeführt. Des Weiteren besitzen alle Radsätze die gleiche Differenzialverzahnung. Lediglich die Laufverzahnung der zweiten Planetenradstufe weist geringe Unterschiede auf: So unterscheiden sich die Varianten mit einer Gesamtübersetzung von 15 und 19 hinsichtlich ihrer Sonnen und der großen Planeten, die Hohlräder und das Differenzialgehäuse sind identisch ausgeführt. Durch Ausführung der Eingangsplanetenradstufe als 2- oder 3-Wellengetriebe entstehen weitere Variationen, um die Antriebssysteme auf unterschiedliche Endgeschwindigkeiten und Anfahrmomente unter Berücksichtigung unterschiedlicher Raddurchmesser und Fahrzeuggewichte anzupassen. Die beschriebenen flexiblen Lösungen bedienen so nicht nur Fahrzeuge mit hohen Endgeschwindigkeiten sondern auch Fahrzeuge mit einer erhöhten Anforderung an das Antriebsmoment.

In **Abb. 15** sind die Leistungsdaten der Antriebsachse mit einer Gesamtgetriebeübersetzung von 15 im Detail aufgeführt. Verwendung findet ein Permanentmagnet-Synchronmotor, der über ein maximales Drehmoment von 250 Nm bei einer Dauerleistung von ca. 80 kW verfügt. Die maximale Fahrzeuggeschwindigkeit beträgt bei einer Getriebeübersetzung von 15

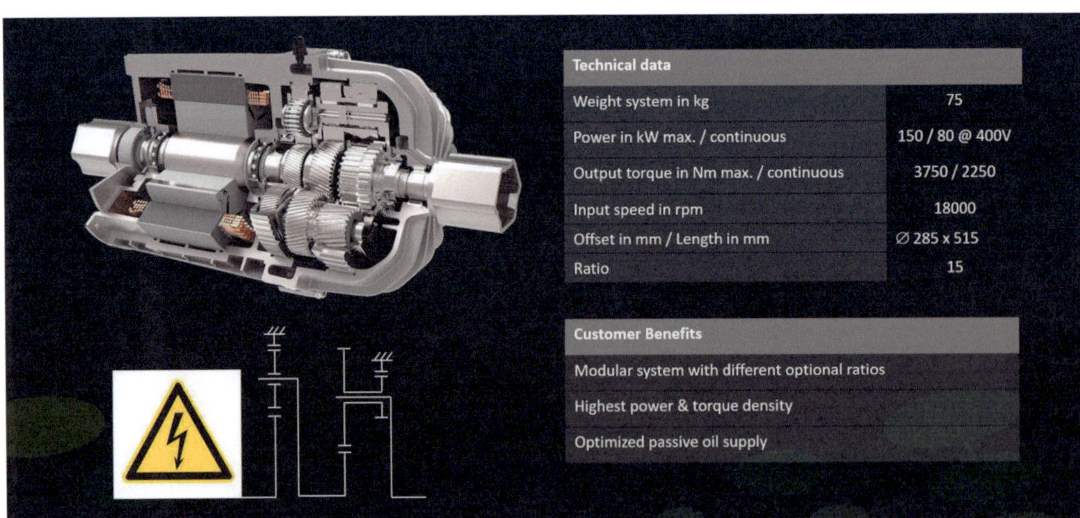

Abb. 15 Elektrischer Achsantrieb für ein Fahrzeug im C-Segment mit reduzierter Höchstgeschwindigkeit, © Schaeffler AG 2019.

in etwa 150 km/h. Daraus resultiert ein maximal an der Achse vorhandenes Moment von 3750 Nm und immerhin noch ein Dauermoment von 2250 Nm. Ein Fahrzeug im C-Segment kann so sowohl inner- als auch außerhalb der Stadt dynamisch bewegt werden. Trotz dieser ambitionierten Leistungsdaten weist das elektrische Antriebssystem inklusive der integrierten Leistungselektronik lediglich ein Gesamtgewicht von 75 kg auf. Zumindest was den eigentlichen Antrieb angeht sind elektrische Achsantriebssysteme hinsichtlich ihrer Leistungs- und Drehmomentdichte einem Verbrennungsmotor mit einem Handschalt- oder auch Automatikgetriebe deutlich überlegen.

Bei schwereren Fahrzeugplattformen, zum Beispiel einem rein elektrisch angetriebenem SUV, bei dem nicht nur ein höheres Anfahrmoment, sondern zusätzlich eine höhere Endgeschwindigkeit erwünscht ist, besteht die Möglichkeit, zwei Antriebsachsen analog der Fahrzeugauslegung im ersten Teil des Kapitels einzusetzen, Abb. 8. In diesem Fall ist die Gestaltung der Antriebsachse mit einer niedrigeren Getriebeübersetzung von beispielsweise 11 sinnvoll, da über die Erhöhung der Dauerleistung auf 160 kW trotz der größeren Fahrwiderstände eine höhere max. Geschwindigkeit realisiert werden kann. Das niedrigere Achsmoment von 2750 Nm wird durch den gleichzeitigen Antrieb der Vorder- und auch Hinterachse mehr als kompensiert [11].

15.4.5 Schaltbare Systeme in koaxialen Antrieben

Wie bereits erwähnt resultiert die Getriebeübersetzung bei eingängigen elektrischen Antriebsachsen zumeist aus einem Kompromiss zwischen dem Anfahrmoment und der Endgeschwindigkeit des Fahrzeugs. Eine eingängige Achse mit einer Übersetzung von 19 weist den Nachteil auf, dass aufgrund der max. Drehzahl des E-Motors lediglich eine Höchstgeschwindigkeit von ca. 120 km/h darstellbar ist. Wird das Getriebe allerdings mit einem Schaltungssystem ausgestattet, so bietet sich die Möglichkeit die Eingangsstufe im Kraftfluss zu überbrücken und die Übersetzung der Laststufe für einen zweiten Gang zu nutzen. Im zweiten Gang wird die Übersetzung von 6,4 dabei allein durch den gestuften Radsatz bereitgestellt, der in einem Gehäuse mit der Differenzialverzahnung angeordnet ist, **Abb. 16**.

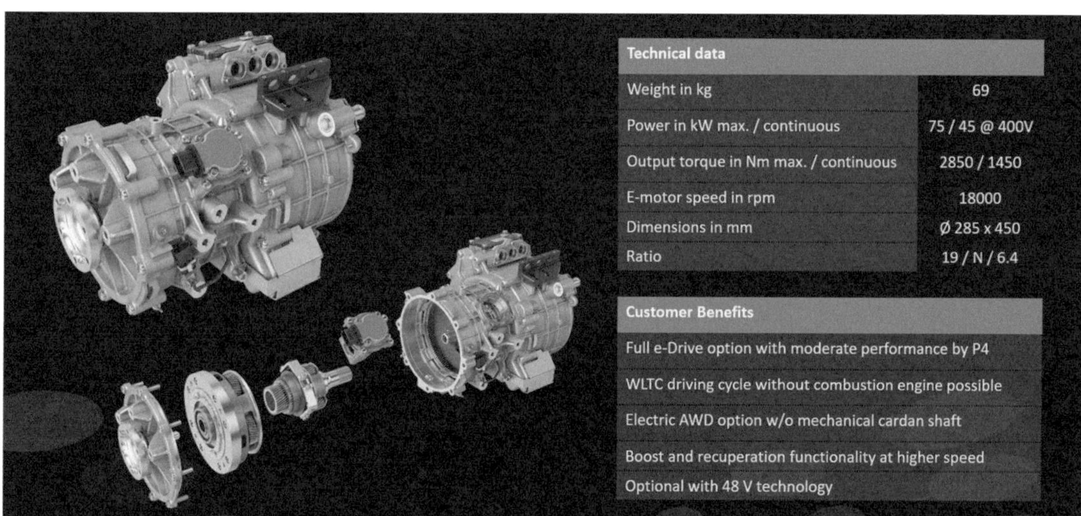

Abb. 16 Zweigängiger elektrischer Achsantrieb in koaxialer Bauform für leistungsstarke PHEV's, © Schaeffler AG 2019. All Rights Reserved

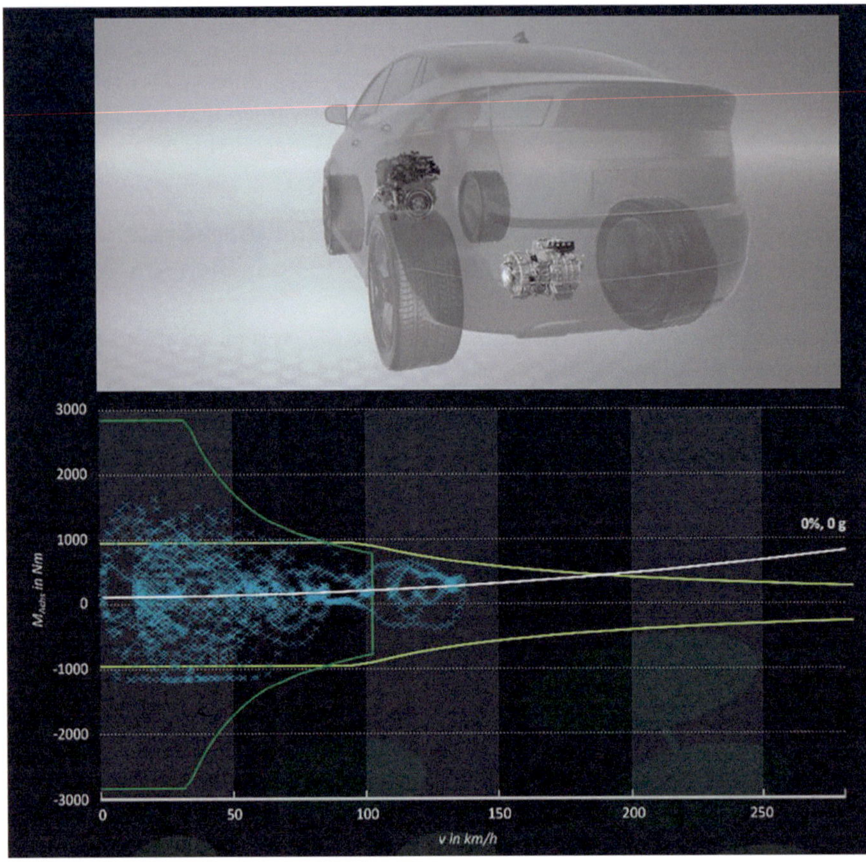

Abb. 17 Drehmomentkennlinien einer zweigängigen elektrischen Achse in einem PHEV, © Schaeffler AG 2019. All Rights Reserved

Durch die Integration des Schaltungssystems wird der Antrieb durch eine Neutralgangposition und den zweiten Gang deutlich aufgewertet. Die Neutralgangposition erlaubt die Abschaltung des Antriebs bei hohen Geschwindigkeiten von mehr als 190 km/h. Bis zu dieser Geschwindigkeit kann der Antrieb im zweiten Gang für die Rekuperation oder auch zum elektrischen Segeln eingesetzt werden.

Im Vergleich zu einem eingängigen System mit einer niedrigeren Übersetzung kann die zweigängige Lösung selbst mit einem Antriebsmotor, der lediglich über ein max. Drehmoment von 150 Nm verfügt, im ersten Gang ein zusätzliches Moment an der Achse von bis zu 2850 Nm bereitstellen, **Abb. 17**. So wird der Antrieb zu einer interessanten Lösung für leistungsstarke Plug-in-Hybride. In hybriden Antriebssträngen kann der kurzzeitige Verlust der Zugkraft durch eine geeignete Betriebsstrategie des konventionellen Antriebsstranges kompensiert werden. Die Zugkraftunterbrechung beim Gangwechsel verhindert allerdings den Einsatz dieses Systems in rein elektrisch angetriebenen Fahrzeugen, bei denen eine Reduzierung der Zugkraft nicht ausgeglichen werden kann.

In hybriden Antriebssträngen bietet sich weiter die Möglichkeit über elektrisches Boosten den Beschleunigungsvorgang und die Traktion bei geringeren Geschwindigkeiten zu optimieren. Im Stadtverkehr und auch außerorts kann der Achsantrieb bis zu einer Geschwindigkeit von 90 km/h auch als alleiniger elektrischer Antrieb genutzt werden, sofern beispielsweise der Gesetzgeber einen Betrieb des konventionellen Verbrennungsmotors untersagt.

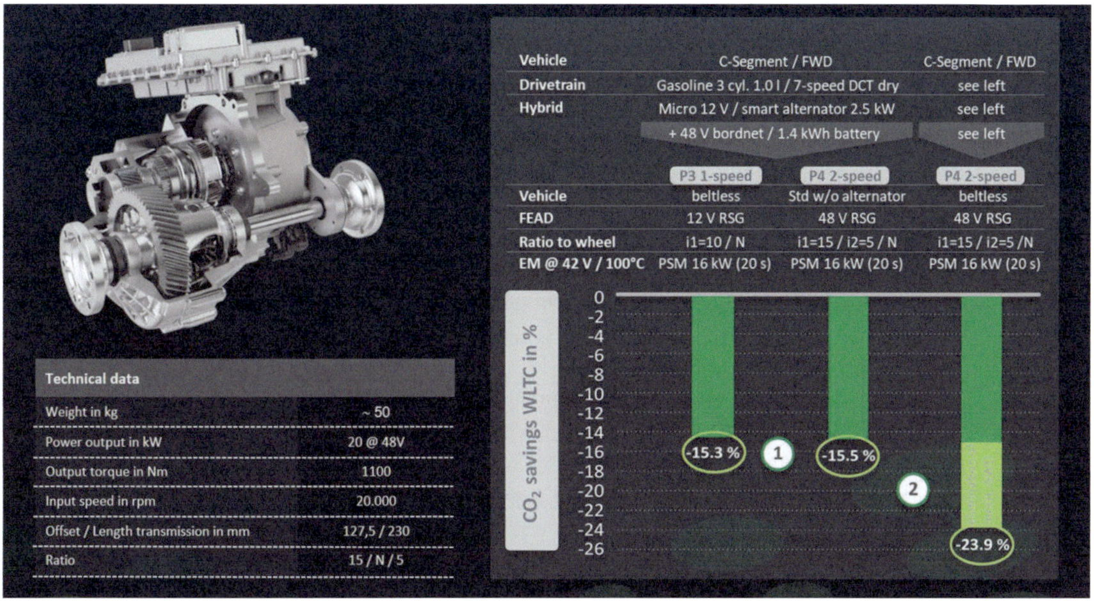

Abb. 18 CO_2-Einsparpotenzial unterschiedlicher 48 V-P3 & P4-Systeme,

Bei schwierigen Straßenverhältnissen steht zusätzlich ein vollwertiger elektrischer Allradantrieb zur Verfügung. Auf diese Weise kann der elektrische Antrieb in der P4-Anordnung dazu genutzt werden, den CO_2-Ausstoß gegenüber einem konventionellen Antrieb deutlich zu verringern.

Abbildung 18 vermittelt einen Eindruck des CO_2-Einsparpotenzials unterschiedlicher P3 bzw. P4-Lösungen im Niedervoltbereich. Ein eingängiger elektrischer Antrieb in einer P3-Anordnung mit einer Leistung von lediglich 16 kW ermöglicht über eine entsprechende Energierückgewinnung bereits eine Einsparung von 15,3 % CO_2 im Vergleich zu einem frontgetriebenen Benziner im C-Segment (1).

Eine Mehrgängigkeit bietet an dieser Stelle kaum Potenzial für eine weitere CO_2-Reduzierung. Allerdings kann über den höher übersetzten ersten Gang deutlich mehr Drehmoment abgesetzt werden, sodass der Antrieb selbst im Niedervoltbereich als elektrischer Fahrantrieb für geringe Geschwindigkeiten genutzt werden kann und als Sekundärantrieb die Traktion bei schwierigen Straßenverhältnissen unterstützt. In letzterem Fall kann auch dieser eher leistungsschwache elektrische Antrieb den mechanischen Allrad ersetzen und damit selbst im Niedervoltbereich zu einer CO_2-Einsparung von etwa 24 % beitragen (2), [12].

15.4.6 Elektrische Achsantriebssysteme in achsparalleler Anordnung

Grundsätzlich ist das Konzept der Planetenbauweise auch auf achsparallele Antriebe übertragbar, bei denen das Differential parallel zur Rotorwelle angeordnet wird, **Abb. 19** und **Abb. 20**. Beim Aufbau des achsparallelen Baukastens liegt ein hohes Augenmerk auf der Wiederverwendung von Radsatzkomponenten und Subsystemen aus dem koaxialen Baukastensystem. Auch im parallelen Antriebsbaukasten wird das Planetenradgetriebe üblicherweise koaxial zum elektrischen Motor angeordnet. Im Gegensatz zu den koaxialen Systemen wird das achsparallel zum E-Motor angeordnete Differenzial über eine Stirnräderkette angetrieben. Dadurch kann auf einen Hohlwellenmotor verzichtet werden, da die

Antriebswelle zum Rad parallel am E-Motor vorbeigeführt wird.

Die Differenzialausgleichsverzahnung wird dabei in einem separaten Gehäuse untergebracht und über ein Stirnrad angetrieben. Üblicherweise kommt dabei ein „Schaeffler Leichtbaudifferenzial" zum Einsatz [1,3,5,6]. Viele der für den koaxialen Einbau entwickelten Komponenten können in nahezu identischer Gestaltung auch für die achsparallelen Antriebe verwendet werden.

Ein Vorteil der Wiederverwendung besteht in der schon bestehenden Erprobungstiefe. Planetenradsätze zu nutzen, die bereits auf dem Prüfstand validiert oder bereits im Serieneinsatz sind, verringert den Entwicklungsaufwand in einem erheblichen Umfang. Diese Praxis reduziert die Entwicklungszeit und -kosten und erhöht gleichzeitig die Produktsicherheit und Qualität [11].

15.4.7 Schaltbare Systeme in achsparallelen Antrieben

Wie bereits im Abschn. 15.3.5 beschrieben kann über eine Mehrgängigkeit das Betriebskennfeld des elektrischen Antriebs erweitert und die Anforderungen hinsichtlich Fahrzeuggeschwindigkeit und Anfahrmoment deutlich besser in Einklang zueinander gebracht werden. In diesem Zusammenhang ergeben sich gerade für Hybridfahrzeuge erhebliche Vorteile. So kann der Hybridantrieb so gestaltet werden, dass ein hohes Ausgangsmoment auch mit einer relativ geringen elektrischen Leistung und einem vergleichsweise kleinen E-Motor erreicht wird.

Um trotz Zugkraftunterbrechung einen komfortablen Betrieb des Hybridfahrzeugs zu gewährleisten, besteht neben der bereits beschriebenen Betriebsstrategie der Zugkraftauffüllung durch den Verbrennungsmotor eine weitere Möglichkeit darin, den Effekt der Zugkraftunterbrechung durch eine entsprechende Wahl der Getriebeübersetzungen deutlich zu verringern. Dies gelingt dadurch, dass der Schaltvorgang in einen Geschwindigkeitsbereich verlegt wird, in dem die Leistung des elektrischen Antriebs bereits deutlich reduziert ist. Dort spielt die zur Verfügung gestellte Zugkraft verglichen mit der Fähigkeit, Bremsenergie zu rekuperieren, eine untergeordnete Rolle.

Abbildung 21 zeigt eine derartige zweigängige Lösung für den achsparallelen Einbau. Die Kombination von Planeten- und Stirnradgetriebe erlaubt eine sehr kompakte Bauweise. Der Achsabstand der Rotor-

Abb. 19 Schematische Darstellung des achsparallelen Achsantriebsbaukastens, © Schaeffler AG 2019. All Rights Reserved

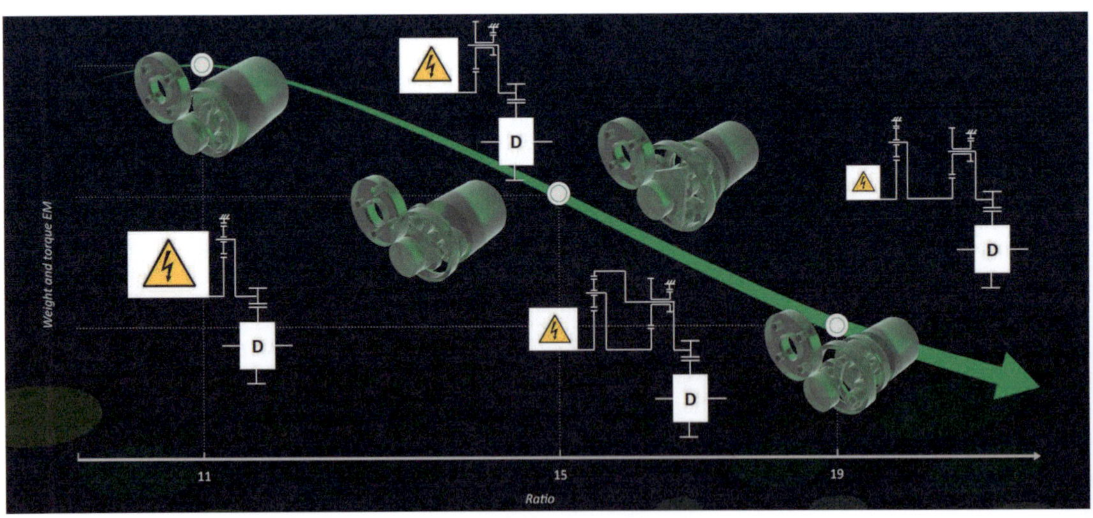

welle von den Differenzialausgangswellen beträgt lediglich 127,5 mm. Das Getriebe weist eine Übersetzung von 15 im ersten und eine Übersetzung von 5 im zweiten Gang auf. Das Schaltungsmodul inklusive dem Aktuator ist dabei identisch zu der bereits beschriebenen Lösung im koaxialen Antriebsstrang gestaltet. Im aktuellen Entwicklungsstand ist das beschriebene System mit einen Hochvolt-Permanentmagnet-Synchronmotor ausgestattet, der über eine maximale Leistung von 100 kW und dauerhaft über etwa 60 kW verfügt.

Der erste Gang deckt den Geschwindigkeitsbereich bis etwa 120 km/h ab, während der zweite Gang ausschließlich für den außerstädtischen Verkehr mit höheren Geschwindigkeiten genutzt wird. Der zweite Gang dient hauptsächlich zur Rekuperation elektrischer Energie in Verzögerungsphasen sowie für eine elektrische Segelfunktion (aktives Segeln). Die mechanische Entkopplung des Systems erfolgt über den Neutralgang und verbessert die Effizienz während des passiven Segelns sowie im rein verbrennungsmotorischen Betrieb. Durch die hohe Gesamtübersetzung im ersten Gang erreicht der Antrieb bei niedrigen Drehzahlen ein maximales Drehmoment am Ausgang von etwa 3000 Nm. Dadurch kann ein mit diesem Antrieb ausgestattetes Fahrzeug auch im rein elektrischen Betrieb in der Stadt sehr dynamisch beschleunigt werden. Die Aktivteile des Motors können auch in der zweigängigen koaxialen elektrischen Achse wiederverwendet werden. Gleichzeitig kann der achsparallele Antrieb auch mit dem schwächeren Antriebsmotor der beschriebenen koaxialen Variante ausgestattet werden, um entsprechende Synergien in unterschiedlichen Anwendungsfällen zu erzeugen [11].

15.4.8 Lastschaltfähige elektrische Achsantriebssysteme

Eine mögliche Lösung, größere Anfahrmomente und gleichzeitig auch höhere Endgeschwindigkeiten in rein elektrisch angetriebenen Fahrzeugen zu ermöglichen, bieten elektrisch angetriebene Allradfahrzeuge, jedoch ist ein Antrieb bestehend aus zwei eingängigen Systemen auch mit hohen Kosten verbunden. Zudem erzeugen

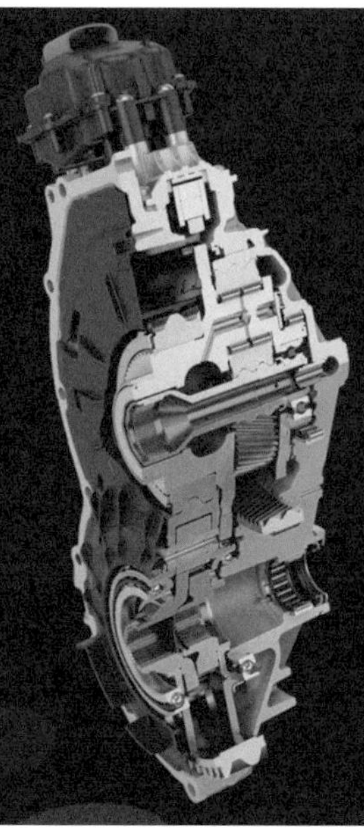

Technical data	
Weight gearbox in kg	~ 26
Power output in kW max. / continuous	150 / 80
Input torque in Nm max. / continuous	400 / 220
Input speed in rpm	18000
Offset in mm / Length in mm	165 / 140
Ratio	9.1

Customer benefits

- Compact and light offset design based on „Lightweight Differential“ technology
- Modular system with different optional ratios
- Parking lock system as carry over sub-system
- **Series production**

Abb. 20 Eingängiges Getriebe für leistungsstarke elektrische Achsantriebssysteme in achsparalleler Bauweise, © Schaeffler AG 2019. All Rights Reserved

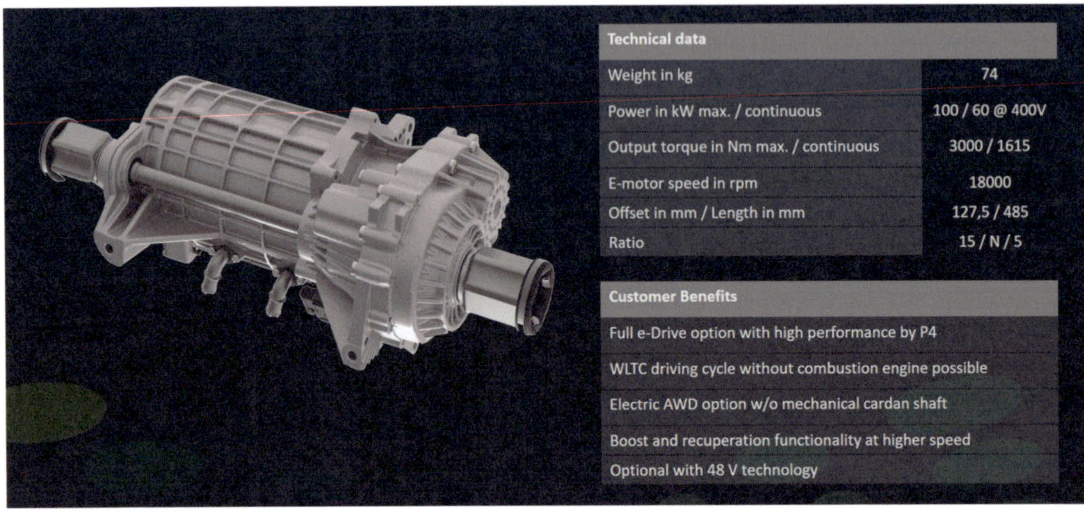

Abb. 21 Zweigängiges elektrisches Achsantriebssystem in paralleler Anordnung, © Schaeffler AG 2019. All Rights Reserved

Abb. 22 Koaxiales lastschaltfähiges elektrisches Achsantriebssystem, © Schaeffler AG 2019. All Rights Reserved

gerade im Teillastbetrieb zwei angetriebene Achsen zusätzliche Verluste, die durch eine höhere Batteriekapazität ausgeglichen werden müssen.

Zumindest für hybride Antriebsstränge bietet sich die Verwendung einer herkömmlichen Schaltung mit Klauenkupplung an. Die funktionsbedingte Zugkraftunterbrechung ist allerdings für rein elektrisch angetriebene Fahrzeuge, bei der die fehlende Zugkraft nicht über einen zweiten Antriebsstrang ergänzt werden kann, nicht akzeptabel. Abhilfe schafft ein lastschaltfähiges System, bei der eine nasse Doppelkupplung in die Getriebemechanik integriert wird, **Abb. 22** und **Abb. 23**.

Um ein eingängiges Getriebe zu einem mehrgängigen lastschaltfähigen System zu erweitern, wird im ersten Schritt der bereits bekannte gestufte Planetenradsatz (vgl. Abb. 11 und 12) um einen weiteren Planeten erweitert. Aus dem herkömmlichen Planetenradsatz wird so ein „Triple-Planetenradsatz", der mit zwei Eingangssonnen ausgestattet ist, Abb. 22 und 23.

Die Planeten des „Triple Planetenradsatzes" weisen unterschiedliche Durchmesser und Zähnezahlen auf, die die Darstellung

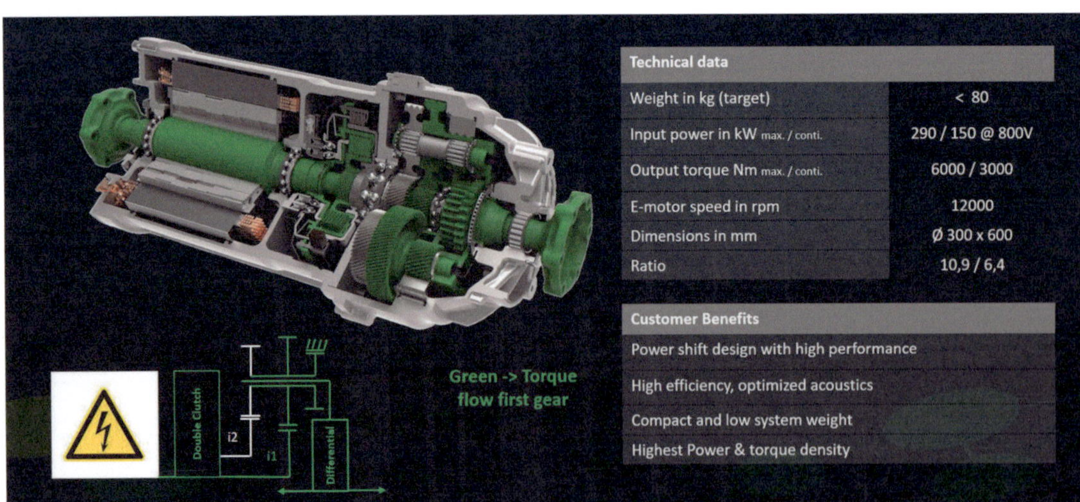

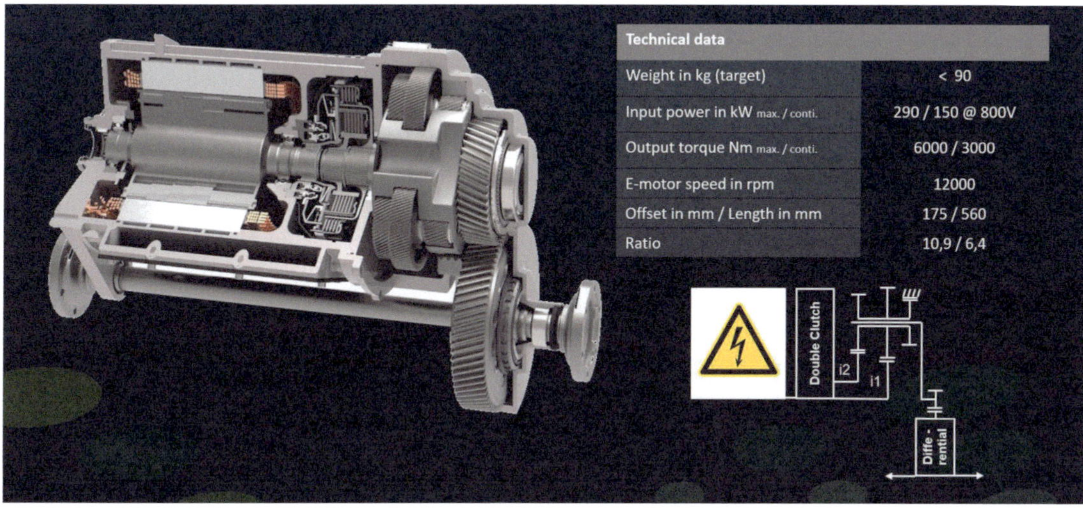

Abb. 23 Achsparalleles lastschaltfähiges elektrisches Achsantriebssystem,

zweier unterschiedlicher Getriebeübersetzungen erlauben. Die Anordnung des Hohlrades über dem dritten Planeten erlaubt nach wie vor die Verschachtelung der Differenzialausgleichsverzahnung. Die innere Kupplung steht im Wirkzusammenhang mit der Planetenradstufe für den ersten Gang (i1 = 10,9), die äußere Kupplung mit der Getriebestufe für den zweiten Gang (i2 = 6,4). Die nasse Doppelkupplung erlaubt überschneidende Schaltungen, durch die der Kraftfluss nicht unterbrochen wird. Der Fahrer verspürt keine Unterbrechung der Zugkraft. In Kombination mit einem drehmomentstarken E-Motor, der ein max. Moment von 550 Nm bereitstellt, können so Achsmomente von beinahe 6000 Nm realisiert werden bei einer gleichzeitigen Endgeschwindigkeit im zweiten Gang von ca. 250 km/h.

Auch bei den lastschaltfähigen Antriebsachsen wird ein Baukastensystem zwischen den koaxialen und achsparallelen Systemen verfolgt, um max. Synergien zu erzeugen. So werden die gestuften und die Triple-Planetenradsätze auch in den Getriebearchitekturen der parallelen Achsantriebe wiederverwendet, um die Entwicklungskosten entsprechend zu reduzieren. Bei den parallelen Antriebsachsen werden die Übersetzungen in den Planetenradsätzen reduziert, da eine zusätzliche Stirnradstufe mit einer Übersetzung im Bereich von i = 1,5 an die Planetenradstufe angehängt wird. Dies ist notwendig, um das Differenzial achsparallel zum E-Motor anzuordnen, Abb. 23.

Ein wesentlicher Vorteil der Zweigängigkeit liegt in der Flexibilität, die Getriebeübersetzung an unterschiedliche Fahrsituationen anzupassen und damit unterschiedliche Betriebsstrategien darstellen zu können: Die Übersetzung des zweiten Ganges ist im Allgemeinen so ausgelegt, dass die max. Geschwindigkeit des Fahrzeugs bei einer vorgegebenen max. Drehzahl des Motors erreicht werden kann. Dabei wird ein definierter Gangsprung im Bereich von etwa 1,8 nicht überschritten, um eine komfortable, ruckfreie Schaltung zwischen dem ersten und dem zweiten Gang zu gewährleisten. Der erste Gang dient dazu, höhere Anfahrmomente bei niedrigen Fahrzeuggeschwindigkeiten zur Verfügung zu stellen, um eine entspreche Steigfähigkeit oder auch eine definierte Beschleunigung des Fahrzeugs zu gewährleisten. Um gerade im Teillastbereich einen möglichst verbrauchsarmen Betrieb des Fahrzeugs zu realisieren, besteht bei der Zweigängigkeit die Möglichkeit, den elektrischen Antrieb auch bei geringen Geschwindigkeiten im zweiten Gang statt im ersten Gang zu betreiben. Der Antriebsmotor muss so mehr Drehmoment aufbringen, wird aber auf einem geringeren Drehzahlniveau betrieben. Dadurch wird der Betriebspunkt des Motors in einen effizienteren Bereich des Kennfeldes des Antriebssystems bestehend aus Motor und Inverter verschoben, was in dem vorliegenden Beispiel je nach Lastfall zu einer Reduzierung des Verbrauchs von bis zu 6 % beiträgt, **Abb. 24**.

Bei eingängigen Systemen führt die höhere Motordrehzahl in Kombination mit der Polpaarzahl zu einer hohen Frequenz des Magnetfeldes. Um die benötigte Frequenz der Spannung und des Stroms abbilden zu können, muss entsprechend auch die Taktfrequenz des Inverters erhöht werden. Im Allgemeinen ist die Taktfrequenz des Umrichters um den Faktor 10 höher wie die Frequenz des Magnetfeldes bei max. Drehzahl, verbleibt aber üblicherweise oberhalb von 8 kHz, um möglichst außerhalb des für die meisten Menschen hörbaren Frequenzbereichs zu verbleiben. Die Frequenz des Inverters wirkt sich dabei direkt auf seine Effizienz aus, da die Verluste im Inverter maßgeblich durch Ein- und Ausschalten der Halbleiter entstehen.

Lastschaltfähige Achsantriebssysteme dagegen erlauben den Betrieb des Motors bei deutlich niedrigeren Drehzahlen. Eine geringere Drehzahl des Motors ermöglicht eine Reduzierung der Taktfrequenz des Umrichters und trägt so zu einer Minimierung der Verluste bei. In der Theorie wäre auch eine Reduzierung der Polpaarzahl denkbar. Dies ist aber nur bedingt sinnvoll, da eine geringere Anzahl von Polpaaren ähnlich wie bei einer Zylinderabschaltung bei Verbrennungsmotoren zu einer höheren Drehungleichförmigkeit des Antriebs führt. Man spricht an dieser Stelle vom sogenannten „Torquerippel" und „Cogging".

Diese deutlich verbesserte Anpassung des Systems an Anfahrmoment und Endgeschwindigkeit, sowie die flexiblere Betriebsstrategie zur Verbrauchsreduzierung gepaart mit einer zusätzlichen Verbesserung der Effizienz des Inverters machen mehrgängige lastschaltfähige Antriebe auch für rein elektrisch angetriebene Fahrzeuge mit leistungsstarken Antrieben durchaus interessant. Dabei sind die vergleichsweise niedrigen Kosten gegenüber einem Allradsystem noch nicht berücksichtigt.

15.4.9 Radnahe elektrische Antriebssysteme

Eingangs wurden bereits die Vorteile elektrischer Allradsysteme beleuchtet, bei denen sich die Systemleistung und das zur Verfügung stehende Drehmoment aus der Summe der Systemleistungen zweier

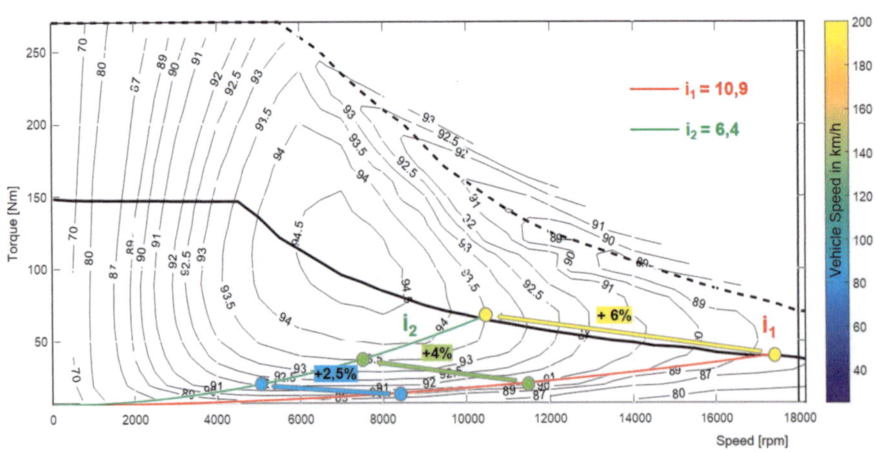

Abb. 24 Kennfeld eines elektrischen Antriebs mit einer max. Leistung von 150 kW, © Schaeffler AG 2019. All Rights Reserved

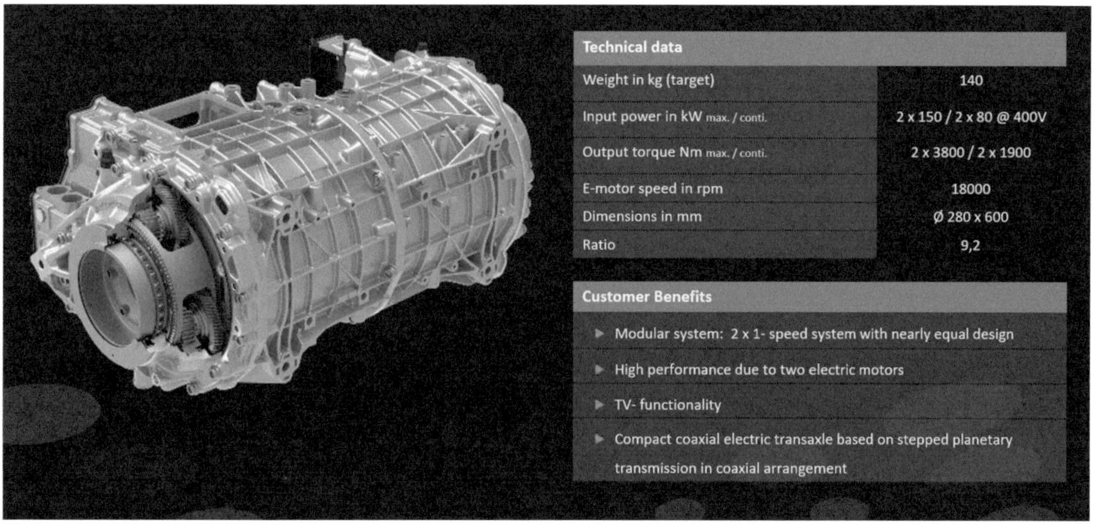

Abb. 25 Radnaher Antrieb aus Kombination zweier eingängiger elektrischer Antriebe, © Schaeffler AG 2019. All Rights Reserved

Einzelantriebe zusammensetzen. Die Überlagerung der Antriebe führt dabei zu einer steileren Kennlinie, die zu einer höheren Übereinstimmung zwischen den Erfordernissen an die Beschleunigung und der gewünschten Endgeschwindigkeit führt.

Eine ähnliche Kombination zweier elektrischer Antriebe ist auch bei einer angetriebenen Achse möglich, wobei die Fahrzeugbreite die Länge der Motoren und damit auch die realisierbaren Antriebsmomente beschränkt: Beim radnahen Antrieb werden zwei unabhängige E-Motoren mit einem Getriebe jeweils mit einem der beiden Antriebsräder einer Achse gekoppelt, **Abb. 25**. Das Differenzialgetriebe entfällt; die Drehmomente werden radindividuell durch jeweils einen der beiden Motoren bereitgestellt. Ein derartiges System ebnet nicht nur den Weg, hohe Anfahrmomente in Kombination mit hohen Fahrzeuggeschwindigkeiten darzustellen, sondern zusätzlich auch Einfluss auf die Querdynamik des Fahrzeugs auszuüben.

Die radselektive Verteilung der Momente wird dabei als „Torque-Vectoring" bezeichnet. Beim Torque-Vectoring wird durch eine unterschiedliche Zugkraft an den Rädern ein Giermoment um die Hochachse des Fahrzeugs erzeugt, ähnlich der Lenkfunktion bei Kettenfahrzeugen. So kann über die Torque-Vectoring-Funktion beispielsweise ein besseres Einlenkverhalten des Fahrzeugs am Kurveneingang generiert oder das Fahrzeug am Kurvenausgang wieder schneller geradegestellt werden. Ferner bietet die radselektive Momentenverteilung den Vorteil, bei schlechten Straßenverhältnissen mehr Drehmoment über das Rad auf die Straße übertragen zu können, das einen besseren Kontakt zur Fahrbahn aufweist. Dadurch kann die Traktion und der Vortrieb des Fahrzeugs beispielsweise bei µ-Split deutlich verbessert werden.

Die Torque-Vectoring-Funktion ist in dieser Anordnung allerdings direkt mit den Traktionsantrieben gekoppelt, d.h. die Höhe des zur Verfügung stehenden Differenzmomentes zwischen den Rädern und daraus resultierend das Giermoment des Fahrzeugs ist von der Fahrzeuggeschwindigkeit abhängig, was die Torque-Vectoring-Funktion je nach Fahrsituation und der Reaktion des Fahrers mitunter einschränkt. Dennoch bietet die zusätzliche Funktion des Torque-Vectorings die Möglichkeit, die Fahrdynamik gerade schwerer Fahrzeuge deutlich zu verbessern und auch die notwendigen Lenkwinkel zu reduzieren.

15.5 Zusammenfassung

Aktuell befindet sich die Antriebstechnologie für Fahrzeuge in einem Umbruch. Die Umstellung des konventionellen Antriebsstranges auf hybride und auch rein elektrisch angetriebene Lösungen stellt sich auch aufgrund der kurzen zur Verfügung stehenden Entwicklungszeiten als Kraftakt für alle Beteiligten dar. Auf der Seite der Zulieferer als auch der OEMs besteht daher ein dringendes Interesse, übergreifende Standards und Lösungen zu generieren, die über die einzelnen Plattformen hinaus Synergien aufweisen.

Notwendig werden modulare flexible Baukästen, die sowohl die Erfordernisse hybrider als auch rein elektrischer Fahrzeugantriebe berücksichtigen. Die konsequente Modularität dient dazu, Aufwände insoweit zu reduzieren, dass sie zum einen risikoarmer und beherrschbarer werden, zum andern auch zu attraktiveren Entwicklungszeiten und Kosten führen. Plattformübergreifende Lösungen müssen allerdings ein deutliches Mehr an Leistungsdichte und auch Funktionalität zu bieten.

Ein modularer Getriebebaukasten bildet die Grundlage für einen hochflexiblen E-Achsen-Konfigurator, der die variierenden Anforderungen an Funktion, Höchstgeschwindigkeit und Fahrdynamik mit anpassungsfähigen Systemen erfüllt und dabei gleichzeitig ein Optimum hinsichtlich Kosten, Gewicht und Bauraumbedarf erzielt. Ein weitestgehend modularer Ansatz ermöglicht es, einzelne Komponenten und Subsysteme unabhängig von der Einbaulage und der Funktionalität des Antriebs wiederzuverwenden. Zukünftig ermöglicht ein flexibler E-Achsen-Konfigurator, extrem kompakte und hochintegrierte Systeme mit hoher Leistungsdichte und Performance in kurzen Entwicklungszyklen zusammenzustellen [11].

Literaturhinweise

[1] Biermann, Th., Smetana, T., Höhn, B., Kurth, F.: Schaeffler Leichtbaudifferenzial, VDI Kongress Getriebe in Fahrzeugen, Friedrichshafen, 2009

[2] Smetana T., Biermann, Th., Höhn, B., Kurth, F., Wirth, Ch.: Schaeffler's aktives Elektrodifferenzial, 9. Schaeffler-Kolloquium, Baden-Baden, 2010

[3] Biermann, Th., Smetana, T.: Kompakte Leichtbaudifferenziale, ATZ 02/2011

[4] Biermann, Th., Heinrich, W., Rohe, M., Smetana, T.: E-Antrieb mit elektrisch geregeltem Differenzial, ATZ elektronik 05/2011

[5] Biermann, Th.: Changing Gear, The Engineer, 07/2011

[6] Biermann, Th.: Leicht, kompakt & effizient: Schaeffler Differenzialsysteme setzen Maßstäbe, 10. Schaeffler-Kolloquium, Baden-Baden, 2014

[7] Mitschke, M., Wallentowitz, H.: Dynamik der Kraftfahrzeuge, Springer Fachmedien Wiesbaden, 2014

[8] Pieper, D.: Das deutsche Wunder, Der Spiegel – Edition Geschichte, 01/2017

[9] Daniel, B.; Biermann, Th.: eAxle Family in Coaxial und Offset Arrangements, 16. Internationales CTI-Symposium Automotive Transmissions, HV and EV Drives, 2017

[10] Pfund, Th.: E-Antriebe von Schaeffler: Plattformansatz für elektrifizierte Antriebsstränge, 11. Schaeffler-Kolloquium, Baden-Baden, 2018

[11] Biermann, Th.: Der innovative Schaeffler E-Achsenkonfigurator, 11. Schaeffler-Kolloquium, Baden-Baden, 2018

[12] Eckenfels, Th.; Kolb, F.: 48-Volt-Hybridisierung: Eine sinnvolle Ergänzung für den Antriebsstrang, 11. Schaeffler-Kolloquium, Baden-Baden, 2018

16 Formel E

Simon Opel, Daniel Kohl, Gregor-Julian Benedikt Gruber,
Felix Kalt, Benedikt Locker

16.1 Einleitung

Elektrischer Strom und Motorsport – das hat es schon mal gegeben. Im Jahr 1899 war noch nicht klar, dass der Verbrennungsmotor im Mobilitätssektor das Rennen machen wird. Das erste Straßenfahrzeug, das die 100-km/h-Grenze durchbrach, war „La Jamais Contente", **Abb. 1**, eine fahrende Batterie mit torpedoförmigem Aufbau und Elektromotor. Über 100 Jahre später hält die Elektrifizierung des Antriebsstrangs wieder Einzug in den professionellen Motorsport. Seit dem Jahr 2012 erlaubt das Reglement des prestigeträchtigen 24-Stunden-Rennens in Le Mans den Einsatz von Hybridrennfahrzeugen. Direkt im Premierenjahr der Hybridfahrzeuge, im Jahr 2012, gelang es Audi den ersten Sieg eines Hybrid-Rennfahrzeugs beim Langstreckenklassiker in Le Mans einzufahren [2]. Das siegreiche Fahrzeug war damals der R18 e-tron quattro. Die Hybridfahrzeuge starten in der LMP1-Klasse und wurden bzw. werden ausschließlich von den Werksrennteams von Audi, Toyota und Porsche gebaut und eingesetzt.

Die FIA Formel E hingegen ist die erste rein elektrisch betriebene Motorsport-Serie der Welt und geht damit noch einen Schritt weiter. Sie hat zum Ziel, das Potenzial nachhaltiger Mobilität für die Zukunft aufzuzeigen. Erstmals wird eine rein elektrische Formelrennserie weltweit ausgetragen – in den größten Metropolen dieser Erde, unter dem Prädikat des Automobilweltverbandes FIA, in der sich sehr namhafte Teams und Fahrer miteinander messen. Ausgehend von einem Rennfahrzeug, das für die Premierensaison 2014 / 2015, **Abb. 2**, entwickelt wurde, werden schrittweise in jeder Saison die technischen Freiräume für Teams, Zulieferer und Hersteller vergrößert. Die Formel E fährt ihre Rennen ausschließlich auf extra installierten Stadtkursen in Metropolen rund um den Globus. Möglich werden die ungewöhnlichen und attraktiven Locations durch die geringe Lautstärke der Autos und ihre Emissionsfreiheit. Selbst der Strom, der zum Laden der Batterien erforderlich ist, wird direkt vor Ort mittels Aquafuel-Glycerin-Generator produziert [3]. Die Austragungsorte sind einzigartig in der Motorsportwelt: Buenos Aires, Paris, New York, London, Berlin und Peking sind nur einige Beispiele, auf deren Straßen die Formel E Rennautos ihre Rennen fahren.

Auch die Rennveranstaltungen, sogenannte „E-Prix", unterscheiden sich von den üblichen Formaten, da diese fast ausschließlich an einem einzigen Tag stattfinden. Der Tag beginnt mit einem freien Training am Vormittag, gefolgt von einem Qualifying in der Mittagszeit und dem Rennen am Nachmittag. Vereinzelt veranstaltet die Formel E in ausgewählten Städten Events mit zwei Rennen, bei dem jeweils ein Saisonlauf am Samstag und einer am Sonntag stattfindet.

Mit der zweiten Saison 2015 / 2016 beginnt ein neues Zeitalter in der Formel E. Es kommen zwar weiterhin das bekannte Chassis und die Einheitsbatterie zum Einsatz, doch die Regelmacher geben die

H. Tschöke et al. (Hrsg.), *Elektrifizierung des Antriebsstrangs*,
ATZ/MTZ-Fachbuch, https://doi.org/10.1007/978-3-662-60356-7_16

Abb. 1
Fahrzeug „La Jamais Contente" von 1899, [1]

Entwicklung des Antriebsstrangs frei. Fortan setzen die Teams auf einen eigens entwickelten elektrischen Antriebsstrang, der im Wesentlichen aus dem E-Motor, Getriebe und Leistungselektronik besteht. Die Formel E ist damit sowohl für Automobilhersteller als auch Technologiekonzerne eine perfekte Bühne, um Kompetenz im Bereich Elektromobilität zu demonstrieren und dieses zukunftsweisende Thema mit Emotion aufzuladen, sowie den Besuchern in den Städten nahezubringen. Ein wesentlicher Faktor für das Engagement vieler Unternehmen in der Formel E ist die langfristige und nachhaltige Strategie des Automobil-Weltverbandes FIA. Die weitere schrittweise Öffnung des Reglements gibt definierte Ziele vor und das Thema Nachhaltigkeit ist in dieser Roadmap ebenfalls grundlegend definiert. Sie ist der Leitfaden für einen ökologisch ausgeglichenen Fußabdruck der Formel E mit Lösungen für eine automobile Zukunft auf Basis von erneuerbarer Energie.
Die Schaeffler Gruppe ist seit der ersten Stunde in der Formel E als Technologiepartner aktiv, und konnte zusammen mit der ABT Sportsline GmbH sowie der Audi AG sowohl den Fahrertitel als auch die Teamwertung gewinnen.
Im Folgenden soll zunächst aufgezeigt werden, welche reglementtechnischen Rahmenbedingungen in der Formel E für die Entwicklung eines elektrischen Antriebstrangs zugrunde liegen. Anschließend wird auf die spezifischen Entwicklungsanforderungen für die wichtigsten Komponenten eingegangen und zum Abschluss werden einige Beispiele für einen konkreten Technologieübertrag vom elektrischen Rennsport in die Serienentwicklung vorgestellt.

16.2 Reglement

In der Debütsaison 2014 / 2015 traten zehn Teams mit jeweils zwei Fahrern und identischen Monoposto-Fahrzeugen gegen-

Abb. 2
Auftaktrennen FIA Formel E in Peking Saison 1 (2014 / 2015)

einander an. Das Einsatzfahrzeug, der Spark SRT_01E, **Abb. 3**, war das Resultat einer zehnmonatigen Entwicklungsarbeit, an der sich unter anderem McLaren, Williams, Renault und Michelin beteiligt haben. Der italienische Spezialist Dallara zeichnete für die Entwicklung des Chassis verantwortlich, das aus Aluminium und Carbon (CFK) gefertigt wurde.

Angetrieben wurden die Rennwagen in der Premierensaison von einem Elektromotor, der wie die dazugehörige Leistungselektronik von McLaren Electronic Systems stammte. Der laut Hersteller 26 kg schwere Elektromotor, eine weiterentwickelte Version des Elektromotors aus dem McLaren P1, trieb die Hinterräder an. Das sequenzielle 5-Gang-Getriebe steuerte der britische Anbieter Hewland Engineering Ltd bei. Damit erreichte der Rennwagen in rund 3,5 Sekunden Tempo 100 km/h und die Höchstgeschwindigkeit lag bei ca. 225 km/h. Die Batterietechnologie stammte von Williams Advanced Engineering. Die nutzbare Energiemenge pro Batterie ist bis Ende Saison 4 (2017 / 2018) auf 28 kWh je Fahrzeug und Rennen limitiert. Das hat zur Folge, dass jeder Fahrer zur Halbzeit jedes Rennens einen Fahrzeugwechsel durchführen muss.

Zur Saison 2015 / 16 erhielten Hersteller sowie Zulieferer die Möglichkeit, Komponenten im Antriebsstrang der Rennwagen selbst zu entwickeln. Dazu zählen der Motor inklusive Leistungselektronik, das Getriebe, Teile des Fahrwerks an der Hinterachse, Teile des Kühlsystems sowie die Software des Antriebsstrangs. Die maximal vom Reglement freigegebene Leistung im Rennen wird angehoben auf 170 kW (Saison 2014 / 15: 150 kW) bei einer Nennspannung von 800 Volt. Im Qualifying und dem neuen „Super Pole"-Shoot-out der fünf Schnellsten sind es unverändert 200 kW. Die Rekuperation ist laut Reglement auf 100 kW begrenzt. Analog zu dem auch in der Großserie immer wichtiger werdenden Leichtbau wurde das Mindestgewicht inklusive Fahrer von 896 kg auf 888 kg reduziert. Sowohl bei der Beschleunigung als auch der Rekuperation wurden die Leistungswerte, **Tabelle 1**, in den Folgejahren angehoben.

Der vom Reglement vorgegebene Hinterradantrieb bezieht seine Kraft aus bis zu zwei Motor-Generator-Units (MGUs). Radnabenantriebe sind dabei ebenso unzulässig wie eine aktive Drehmomentverteilung, das sogenannte Torque-Vectoring. Das Drehmoment darf nur durch ein einzelnes mechanisches Sperrdifferenzial an die Antriebsräder übertragen werden.

Größer ist der Entwicklungsspielraum beim sequenziellen Getriebe – von einem bis sechs Gänge ist alles möglich. Eine

Abb. 3 FIA Formel E Rennwagen Spark Renault SRT_01_E des Teams Audi Sport Abt aus der Saison 1 (2014 / 15) mit den beiden Fahrern des Teams Lucas di Grassi und Daniel Abt

Tabelle 1 Übersicht Leistungsdaten Formel E Saison 1-5 per Reglement

	Saison 1	Saison 2	Saison 3	Saison 4	Saison 5
Fahrzeuggeneration	1	1	1	1	2
Leistung (Rennen)	150 kW	150 kW	170 kW	180 kW	200 kW
Leistung (Qualifying)	170 kW	200 kW	200 kW	200 kW	250 kW
Leistung (Rekuperation)	100 kW	100 kW	150 kW	150 kW	250 kW
Batteriekapazität	28 kWh	28 kWh	28 kWh	28 kWh	54 kWh

Doppelkupplung und zugkraftunterbrechungsfreie Gangwechsel sind hingegen untersagt. Gleiches gilt für Traktionskontrollen und jegliche Art von Geschwindigkeitssensoren, ob nun am Rad, über Radar oder GPS, die über das standardmäßig verbaute System des Automobil-Weltverbandes FIA hinausgehen. Auch auf aktiv geregelte Bremssysteme müssen die Fahrer vorerst verzichten.

In der Saison 5 (2018/2019) kommt zum ersten Mal das neue Generation 2-Fahrzeug, **Abb. 4**, zum Einsatz. Das futuristisch wirkende Rennauto weist annähernd die doppelte Batteriekapazität auf, sodass der bisher notwendige Fahrzeugwechsel zur Rennmitte entfällt. Zudem steigt die maximale Leistung im Qualifying auf 250 kW und im Rennen auf 200 kW, womit die Fahrzeuge in ca. 2,8 Sekunden von 0-100 km/h beschleunigen und eine theoretische Höchstgeschwindigkeit von 280 km/h aufweisen. Außerdem wird der so genannte „Attack-Mode" eingeführt. Der Attack-Mode erhöht während des Rennens, für eine von der FIA festgelegte Zeitdauer, die Maximalleistung des Fahrzeugs auf 225 kW. Die FIA definiert kurz vor dem Rennstart die Anzahl an Attack-Mode-Aktivierungen, die jeder Fahrer während der Renndistanz absolvieren muss. Das Ziel des Attack-Mode ist es, ein variables Strategieelement den Fahrern bereitzustellen, um durch die zusätzliche Leistung das Überholen zu erleichtern.

Abb. 4 FIA Formel E Rennwagen Generation 2 des Teams Audi Sport Abt Schaeffler aus der Saison 5 (2018/19)

16.3 Entwicklungsanforderungen

16.3.1 Basissensitivitäten

Zu Beginn der Entwicklung eines Wettbewerbsfahrzeugs steht der Wunsch, die Auswirkungen der verschiedenen Konzepte, Bauteil- und Systementwicklungen sowie Fahrzeugeinstellungen auf die erzielbare Rundenzeit beurteilen zu können. Zweckgemäß werden dafür die Ausprägungen der Komponente in folgenden Merkmalen quantifiziert:

- Masse
- Antriebsleistung
- Abtriebsbeiwert
- Luftwiderstandsbeiwert
- Reifenhaftbeiwert
- Rotationsträgheit des Antriebsstrangs
- Verlustleistung / Antriebseffizienz

Der Einfluss dieser Basisparameter auf die erzielbare Rundenzeit lässt sich über

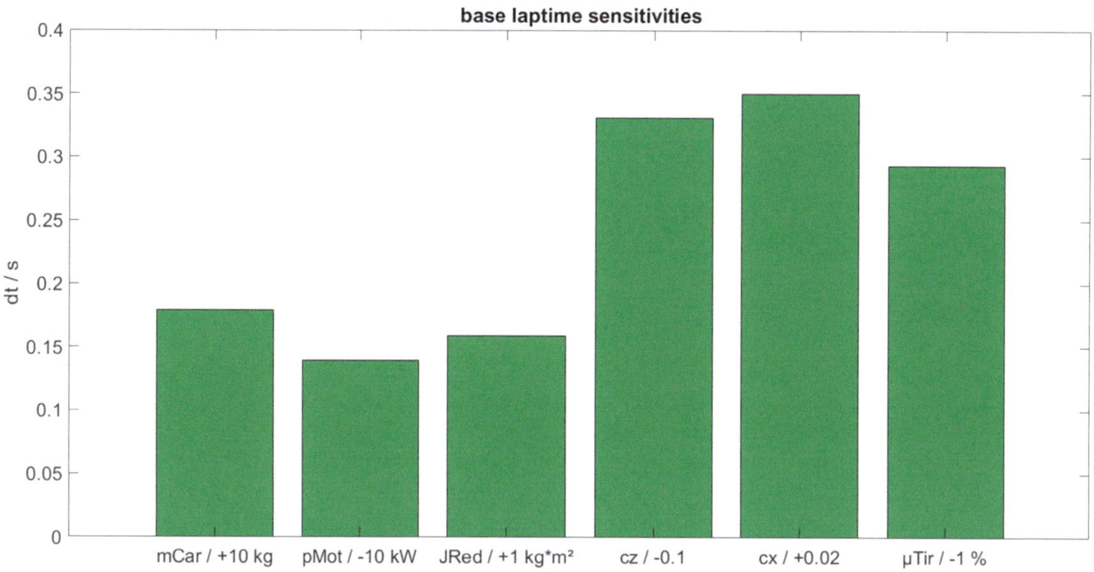

Abb. 5 Rundenzeitsensitivität ausgewählter Fahrzeugparameter

spezielle Simulationsprogramme rechnerisch ermitteln. Die Bewertung des Potenzials einer Entwicklung ergibt sich somit über die Änderung der einzelnen oben genannten Parameter multipliziert mit dem jeweiligen Einfluss des Parameters auf die Rundenzeit, der sogenannten Rundenzeitsensitivität. **Abb. 5** zeigt die Rundenzeitsensitivitäten ausgewählter Parameter für einen Tourenwagen Prototypen auf dem GP Kurs in Hockenheim:

In der Formel E sind durch Nutzung von Einheitschassis und -Reifen die Entwicklungsmöglichkeiten hinsichtlich aerodynamischen Eigenschaften des Fahrzeugs und Reifenhaftbeiwert sehr gering. Weiterhin ist das Fahrzeugmindestgewicht im Reglement festgelegt sowie die Ausgangsleistung der Batterie limitiert. Als wesentliche Entwicklungsziele für den Antriebsstrang verbleiben demnach die Reduzierung von Verlustleistung und Trägheitsmoment.

Die Anwendung der Sensitivitäten auf die oben aufgelisteten Basisparameter kann zur optimalen Auslegung von Fahrzeugkomponenten herangezogen werden. So kann beispielsweise bestimmt werden, ob eine Erhöhung der Effizienz der Maschine, die mit einer Erhöhung der Rotationsträgheit einhergeht, das Fahrzeug schneller macht oder nicht.

16.3.2 Energieumsatzlimitierung

Zunehmend wird in modernen Rennserien wie Formel 1, LMP1 oder Formel E der zur Verfügung stehende Antriebsenergieumsatz pro Runde oder Rennen limitiert. Wird diese Energiemenge seitens des Reglements so gewählt, dass sie unterhalb des Energieumsatzes einer Volllastrunde liegt, sind Maßnahmen zur optimalen Verteilung der zur Verfügung stehenden Energiemenge entlang der Runde notwendig, um die höchstmögliche Durchschnittsgeschwindigkeit unter Einhaltung der Energielimitierung sicherzustellen. **Abb. 6** gibt ein Beispiel für eine modifizierte Leistungsverteilung und des daraus entstehenden Geschwindigkeitsprofils unter Einsatz von Segelphasen und Rekuperation vor dem eigentlichen Bremspunkt:

Die normalisierte Rundenzeit in Abhängigkeit des normalisierten Energieumsatzes ist in **Abb. 7** dargestellt. Hieraus wird ersichtlich, dass ein nichtlinearer

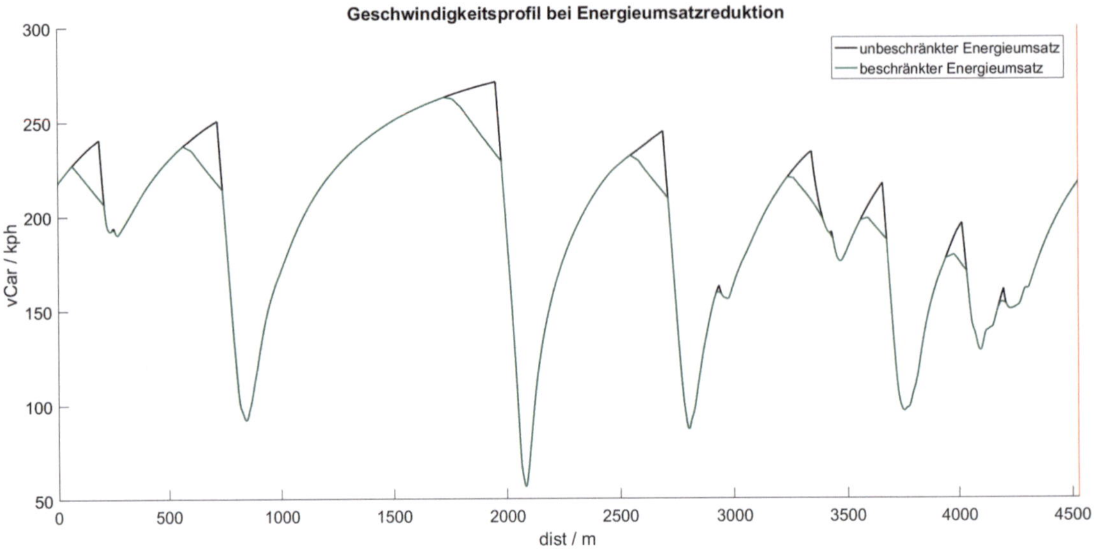

Abb. 6 Geschwindigkeitsprofil infolge Energiestrategie vs. Volllastprofil

Abb. 7 Rundenzeitänderung bei Minder-Energieumsatz

Zusammenhang zwischen Rundenzeit und Energieumsatz besteht: je geringer die zur Verfügung stehende Antriebsenergie, desto höher die Sensitivität von Verlustleistung bzw. Effizienz auf die Rundenzeit.

Da in der Formel E die per Reglement limitierte Energiemenge pro Runde deutlich unterhalb des Volllast-Energieumsatzes liegt, ergibt sich eine verhältnismäßig hohe Rundenzeitsensitivität abhängig von Antriebseffizienz bzw. Verlustleistung. Der Entwicklungsschwerpunkt im Antriebsstrang liegt daher nicht wie in den meisten anderen Rennserien auf einer Erhöhung der zur Verfügung stehenden Leistung, sondern in einer Erhöhung der Effizienz des Antriebsstrangs, und hat daher erheblich höhere Relevanz in Bezug auf die Serienentwicklung.

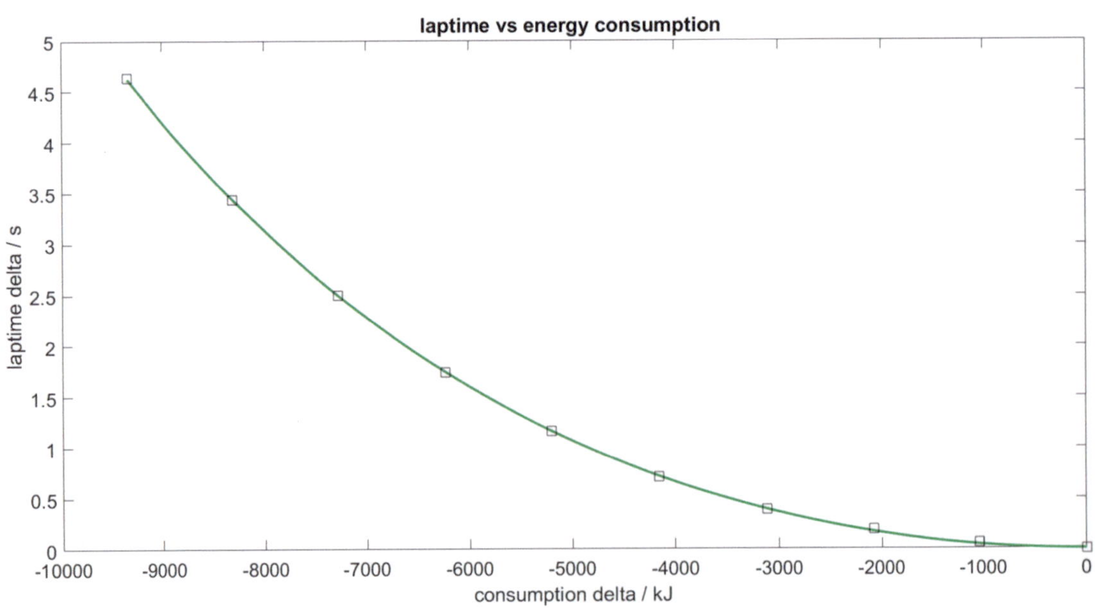

16.3.3 Motor-Generator-Unit (MGU)

Wie bereits zuvor dargelegt, kommt den Faktoren Massenträgheit, Wirkungsgrad und Bauteilmasse in der Formel E eine besonders große Bedeutung zu, dies gilt auch für die Kernkomponenten des elektrischen Antriebsstrangs Motor und Inverter. Insbesondere Masse und Wirkungsgrad sind dabei regelmäßig konkurrierende Ziele, wobei die Masse auf Grund des Fahrzeugmindestgewichts eine unstetige Rundenzeitsensitivität besitzt. Im Regelfall bedeutet dies, dass Zusatzgewicht akzeptiert und damit gleichzeitig investiert wird, um die Parameter Massenträgheit, sofern möglich, und insbesondere Wirkungsgrad positiv zu beeinflussen. Ein Beispiel dafür wäre, dass eine überdimensionierte Maschinenauslegung hinsichtlich der Spitzenleistung gewählt wird, um die im Rennbetrieb genutzten Lastpunkte im günstigsten Betriebsbereich zu platzieren, **Abb. 8**.

Neben diesem Trade-Off muss auch die Leistungsdichte der Maschine kritisch betrachtet werden, diese hängt häufig stark vom gewählten Drehzahlniveau ab. Während man auf der Maschinenseite hinsichtlich der Leistungsdichte von einem höheren Drehzahlniveau profitieren kann bedeutet dies gleichzeitig einen erhöhten Aufwand auf der Getriebeseite der sich zum Beispiel als zusätzliche Übersetzungsstufe darstellt. Auf der Inverterseite kann das Drehzahlniveau ebenfalls eine große Rolle spielen, einfach ist hier z. B. der Zusammenhang mit der notwendigen Schaltfrequenz ersichtlich. Das optimale Drehzahlniveau kann daher nur mit Hilfe einer Systemsimulation, die mindestens diese beiden gekoppelten Komponenten einschließt, hinreichend gut bestimmt werden. Während in den ersten Saisons der Formel E noch viele verschiedene Konzepte von sehr langsam- bis sehr schnelldrehend eingesetzt wurden, scheinen sich inzwischen die meisten Wettbewerber auf den Bereich 15.000-30.000 1/min zu konzentrieren. Ein Trend zu extrem hochdrehenden Maschinen ist wiederum nicht erkennbar. Die Kombination aus auf die Leistung bezogenem „Right Sizing“ und auf Systemebene betrachtetem „Right Speeding“ ist einer der wesentlichen Aspekte aus dem die Formel E Effizienz im Antriebsstrang schöpft und die direkt auf die Serienanwendung übertragen werden können.

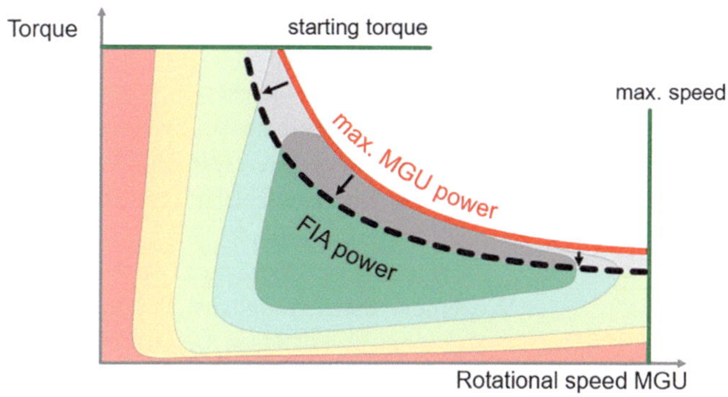

Abb. 8 Prinzipielles Wirkungsgradkennfeld einer Formel E MGU

Neben den beschriebenen Abwägungen, die auf Systemebene getroffen werden müssen, gibt es eine Reihe von Maßnahmen, die in Motor und Inverter angewendet werden, um die Leistungsdichte und den Wirkungsgrad weitgehend unabhängig von anderen Performancefaktoren zu erhöhen. Im Folgenden soll eine kurze Übersicht über die Parameter gegeben werden, die hier beeinflusst werden können und über die Maßnahmen die konkret in der Formel E angewendet werden um dies zu erreichen. Hinsichtlich des Motors resultiert der Wirkungsgrad aus mechanischen/aerodynamischen Verlusten, Kupferverlusten und Eisenverlusten. Betrachten wir die Eisenverluste lassen sich diese wiederum aufteilen in Wirbelstromverluste und Hystereseverluste. Die Wirbelstromverluste ergeben sich als

$$p_{ec} = \frac{d^2 \left(\frac{dB(t)}{dt}\right)^2}{12\rho\gamma} \qquad (1)$$

Wie zu sehen ist können bei gleicher Änderungsgeschwindigkeit der Flussdichte

$(dB(t))/dt$ die Wirbelstromverluste über Dicke d, Leitfähigkeit γ und Dichte ρ des gewählten Blechs direkt beeinflusst werden. Die Hystereseverluste sind von der Fläche innerhalb der Hystereseschleife und damit von der Koerzitivfeldstärke H_C des Materials bestimmt, **Abb. 9**.

Für high-performance Anwendungen werden daher möglichst dünne Bleche aus einer Kobalt-Eisen-Legierung gewählt. Diese bieten in allen genannten Punkten Vorteile gegenüber herkömmlichen Silizium-Eisen-Blechen. Ein weiterer Vorteil dieses Materials liegt jedoch in seiner im Vergleich zu letztgenannten Materialien deutlich höheren Sättigungsflussdichte wodurch eine um etwa 1/3 höhere Drehmomentdichte erzielt werden kann. Trotz der vielfältigen Vorteile ist auf Grund der Umweltproblematik und der hohen Kosten bei der Verwendung von Kobalt-Legierungen derzeit nicht davon auszugehen, dass dieses Material in Großserienmotoren eingesetzt werden wird. Alternativen dazu existieren jedoch in Form von hochlegierten Blechen auf Silizium- oder Nickelbasis die zwar hinsichtlich der erreichbaren Drehmomentdichte nicht vergleichbar sind aber die Eisenverluste im Vergleich zu herkömmlichem Elektroblech mehr als halbieren können [5].

Ein Beispiel für eine Technologie bei der die Formel E zur Verbreitung beigetragen hat und die zunehmend an Serienrelevanz gewinnt, lässt sich auf Seiten des Inverters finden. Hier werden seit Saison 2 der Formel E bei einigen Teams Wide Bandgap Halbleiter eingesetzt. Diese bieten einen geringeren Widerstand im eingeschalteten Zustand und typischerweise geringere Gate-Kapazitäten und geringere Schaltverluste. Es lassen sich mit ihnen höhere Schaltfrequenzen realisieren wodurch sie den Systemwirkungsgrad auch auf der Motorseite steigern. Höhere Schaltfrequenzen können den hochfrequenten harmonischen Anteil, der aus der Modulation entsteht, verringern und somit die frequenzabhängigen Motorverluste reduzieren. Gleichzeitig sind Wide Bandgap Halbleiter hinsichtlich ihrer Temperaturbeständigkeit deutlich robuster da ihr Widerstand im eingeschalteten Zustand im Vergleich mit herkömmlichen Si-Halbleitern bei hohen Temperaturen wesentlich langsamer ansteigt [6]. Sie ermöglichen damit mehr Freiheiten im Kühlungsdesign. Obwohl auch hier höhere Temperaturen die Gesamteffizienz verringern, kann der Trade-Off gegenüber anderen Faktoren hier anders ausfallen als bisher. Wie auch bei anderen Halbleitertechnologien sind die Rohstoffkosten bei Verbindungshalbleitern

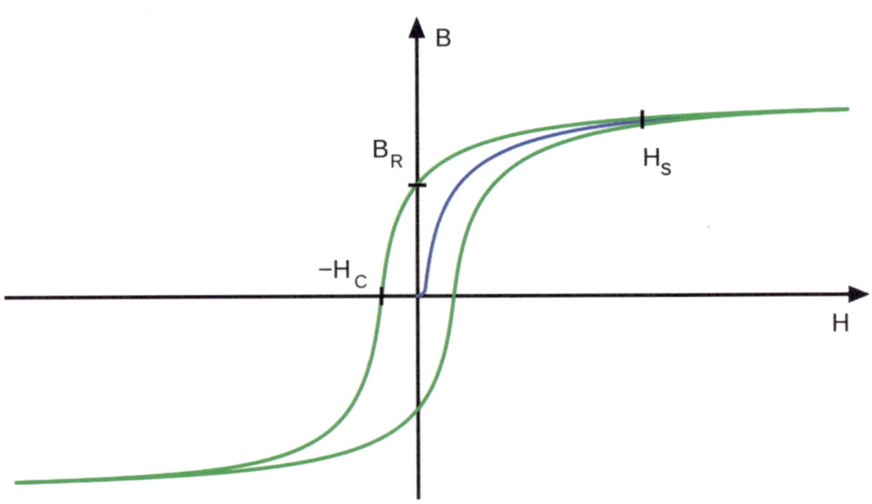

Abb. 9 Hystereseschleife für die Magnetisierung des MGU-Stators, [4]

insbesondere bei SiC-Halbleitern gering, die Kosten für die Halbleiterproduktion an sich aber hoch. Bei Verbindungshalbleitern kann man nur in Teilbereichen auf bestehende Fertigungstechniken zurückgreifen was einen kostenintensiven Aufbau neuer Kapazitäten in diesem Bereich nötig macht. Mit einem wachsenden Markt und dem Aufbau von Fertigungskapazitäten, die in entsprechenden Skaleneffekten resultieren, ist jedoch mittelfristig mit einem umfassenden Einsatz von Verbindungshalbleitern im Bereich der Traktionsantriebe auszugehen.

16.3.4 Getriebe

Gemeinsam mit dem Elektromotor (MGU) und dem Inverter bildet das Getriebe einen Hauptbestandteil des Formel E Antriebsstranges. Das Getriebe gehört damit zum Kern-Entwicklungsgebiet in der Formel E. Seit Saison 2 (2015/16) erlaubt das Reglement den eingetragenen Antriebsstrangherstellern eigene Getriebelösungen zu entwickeln und diese im Rennbetrieb einsetzten.

16.3.4.1 Anforderungen an ein Formel E Getriebe

Die Anforderungen an ein Formel E Getriebe leiten sich aus technischen und reglementbedingten Randbedingungen, sowie simulierten Rundenzeitbetrachtungen ab. Die aus der Rundenzeitsimulation gewonnenen Parametersensitivitäten gewichten die einzelnen Randbedingungen gegeneinander und legen damit die Prioritäten bei den Entwicklungszielen für den gesamten Antriebsstrang und das Getriebe fest.

Im Folgenden werden nun die allgemeinen Anforderungen an ein Formel E Getriebe vorgestellt. Da es zwischen den spezifischen Anforderungen bei Eingang- und Mehrganggetrieben Unterschiede gibt, werden diese im Anschluss getrennt voneinander betrachtet.

Die Leistungs- und Energiebegrenzung während eines Formel E Rennens sorgt dafür, dass die Effizienz des gesamten Antriebsstranges, und damit auch des Getriebes, von großer Bedeutung für die Performance des Fahrzeugs im Rennbetrieb ist. Das Getriebe wird im Entwicklungsprozess auf Basis von repräsentativen Lastkollektiven auf bestmöglichen Wirkungsgrad über den gesamten Betriebsbereich optimiert. Die Maßnahmen zur Verlustreduzierung umfassen dabei unter anderem die Verwendung von geradverzahnten Stirnrädern und Trockensumpfschmierung im Getriebe.

Weitere wichtige Anforderungen im Entwicklungsprozess für ein Formel E Getriebe sind eine geringe Gesamtmasse im fahrbereiten Zustand, eine geringe reduzierte Rotationsträgheit aller im Leistungsfluss liegenden Bauteile und eine geringe Schwerpunkthöhe. Diese Anforderungen sind auf Grund ihres direkten Einflusses auf die Fahrdynamik des Fahrzeugs wichtig.

Verglichen mit einem Getriebe für ein rein verbrennungsmotorisch oder hybridisch angetriebenes Fahrzeug, ist bei einem rein elektrisch angetriebenen Fahrzeug, wie in der Formel E, kein Anfahrelement, wie z. B. eine Kupplung, notwendig, um aus dem Stillstand zu beschleunigen oder eine Trennung des Leistungsflusses während eines Schaltvorganges sicherzustellen. Da der Elektromotor im Stillstand bereits sein maximales Drehmoment abgeben kann, wird kein Anfahrelement benötigt. Durch die hohe Regelungsdynamik des Elektromotors, kann im Millisekunden-Bereich die Drehmomentabgabe der MGU geregelt werden, sodass während des Schaltvorgangs, beim Hoch- und Runterschalten, keine mechanische Unterbrechung des Leistungsflusses notwendig ist.

Ein Formel E Getriebegehäuse wird als strukturelles Bauteil verwendet. Dieses Vorgehen ist im Rennsport weit verbreitet [7]. Unter anderem sind beim Formel E Getriebe Teile der Radaufhängung direkt am Getriebegehäuse angebunden. In **Abb. 10** ist als Beispiel der Hinterwagen

Abb. 10 Hinterwagen des ABT Schaeffler FE01 aus der Saison 2 (2015/16)

des ABT Schaeffler FE01 aus der Saison 2 (2015/16) dargestellt. Da das Getriebe auch die Hintere Crash-Struktur des Fahrzeugs trägt, muss das Getriebegehäuse auf die von der FIA vorgeschriebenen Belastungen im Crashfall ausgelegt sein [8].

Ein Formel E Renngetriebe muss zwingend über die gesamte Nutzungsdauer aller Rennveranstaltungen einer Saison frei von Schäden bleiben. Ein Getriebeschaden während eines Rennes führt mit sehr hoher Wahrscheinlichkeit zu einem Rennausfall. Es muss somit bei der Entwicklung des Getriebes abgesichert werden, dass die festgelegte Getriebelebensdauer erreicht wird. Die Getriebelebensdauer bei der Formel E ist, verglichen mit Seriengetrieben, sehr gering. Das Renngetriebe muss lediglich ca. 40 h Betriebsdauer in definierten Lastzyklen ohne Schaden überstehen. Bei der Auslegung muss jedoch ein Kompromiss zwischen ausreichend hohen Sicherheitsfaktoren und dem zusätzlichen Gewicht durch Überdimensionierung gefunden werden.

16.3.4.2 Einganggetriebe

Die Herausforderung bei einem Einganggetriebe liegen darin, dass sowohl das Anfahren mit optimaler Beschleunigung aus dem Stillstand als auch die Höchstgeschwindigkeit mit einer Getriebeübersetzung über eine gesamte Rennsaison gewährleistet sein muss. Der optimale Anfahrvorgang beim Rennstart wird immer grip-limitiert gestaltet, da dies die maximal durch die Reifen-Fahrzeugkombination mögliche Beschleunigung sicherstellt.

Ein einstufig ausgeführtes Getriebe stellt zudem höhere Anforderungen an die MGU. Für den Rennstart wird ein höheres maximales Drehmoment benötigt, als bei vergleichbaren Mehrganggetrieben. Um einen möglichst hohen Gesamtwirkungsgrad des Antriebsstranges im Rennbetrieb zu erreichen, sollte die MGU zudem einen großen effizienten Bereich in den relevanten Bereichen des Wirkungsgradkennfeldes aufweisen.

16.3.4.3 Mehrganggetriebe

Ein besonderes Augenmerk bei der Entwicklung eines Mehrganggetriebes liegt auf dem Schaltvorgang zwischen den einzelnen Übersetzungsstufen. Wichtigster Punkt ist hierbei die Dauer, die ein Schaltvorgang in der Beschleunigungsphase des Fahrzeugs benötigt. Da über das technische Reglement der Formel E zugkraftunterbrechungsfreie Gangwechsel verboten sind [8], kommt es während jedem Schaltvorgang zu einer vollständigen Unterbrechung der Zugkraft am Rad. Die Dauer der Zugkraftunterbrechung hat direkten Einfluss auf die Rundenzeit des Fahrzeugs.

Mehrganggetriebe für Formel E Fahrzeuge werden hauptsächlich als sequenziell schaltbare Getriebe ausgeführt. Den Gangwechsel leitet der Fahrer über die entsprechende Schaltwippe am Lenkrad ein.

16.3.4.4 Getriebetopologien für Formel E

Grundsätzlich kann man die für die Formel E relevanten Getriebetopologien in drei Grundtopologien einteilen. Diese sind als Übersicht in **Abb. 11** dargestellt. Die Getriebetopologien können alle als Eingang- oder Mehrganggetriebe ausgeführt werden. Vom technischen Reglement der Formel E werden die Mehrganggetriebe auf eine maximale Gangzahl von 6 Vorwärtsgängen beschränkt. Das Getriebe darf hierbei lediglich die Hinterachse über ein einzelnes mechanisches Selbstsperrdifferential oder ein passives Viskosperrdifferential antreiben [8].

Beispielhaft sind die Topologien in Abb. 11 als Mehrganggetriebe ausgeführt, die ausschließlich für Heckantrieb konzipiert sind. Die in den Skizzen voll dargestellten Elemente sind hierbei für ein Zweigang-Getriebe notwendig, die gestrichelten Zahnräder zeigen die Ergänzungen für eine Dreigang-Variante der betreffenden Topologie. Die Schaltelemente sind der Einfachheit halber nicht dargestellt. Die Zahlen innerhalb der Abbildungen nummerieren die Zahneingriffe, die für die betreffende Topologie notwendig sind.

Längs / Längs Topologie

Bei der sog. Längs / Längs Topologie. Abb. 11a, sind der Motor und die inneren Getriebewellen längs zur Fahrtrichtung verbaut. Der 90°-Winkel zwischen den inneren Getriebewellen und der Getriebeausgangswelle (mit Differential) wird mit einer Kegelradstufe gelöst. Bei sich schneidenden Drehachsen kommen Kegelräder zum Einsatz. Bei sich nicht scheidenden Drehachsen werden Hypoidkegelräder verwendet.

Im konventionellen Rennsport mit Verbrennungsmotoren ist diese Topologie sehr weit verbreitet. Als konkretes Beispiel können die Getriebe der Formel 1 Fahrzeuge an dieser Stelle angeführt werden [7].

Auch das Einheitsfahrzeug aus der 1. Formel E Saison (2014 / 15), der Spark-Renault SRT_01E, hatte ein Getriebe, dass auf der beschriebenen Topologie aufbaut. Das sequenzielle 5-Gang-Getriebe wurde von Hewland entwickelt und basiert auf einem Formel 3 Getriebe. Die Schaltung wurde hierbei über einen pneumatischen Aktor umgesetzt [9].

Vorteile

Diese Topologie baut sehr schmal in Fahrzeugquerrichtung. Bezogen auf die Formel E erleichtert diese Topologie die Integration des Getriebes in den verfügbaren Bauraum im Hinterwagen des Einheitschassis. Der Bauraum in Fahrzeuglängsrichtung ist im Formel E Fahrzeug weniger stark eingeschränkt ist als in Querrichtung. Somit ist die Integration von mehreren Gangstufen bauraumtechnisch einfach umzusetzen. Durch eine Verlängerung der Getriebeeingangswelle ist es daher auch möglich, die MGU in Fahrtrichtung weit vorne im Hinterwagen, d. h. nahe an der Batterie, zu platzieren. Durch diese Maßnahme ist sie näher am Fahrzeugschwerpunkt verbaut, was das Trägheitsmoment um die Fahrzeughochachse reduziert. Außerdem ist es bei dieser Topologie möglich den Motor sehr niedrig, bezogen auf die Fahrzeughöhe, im Fahrzeug zu positionieren. Hierdurch lässt sich eine niedrige

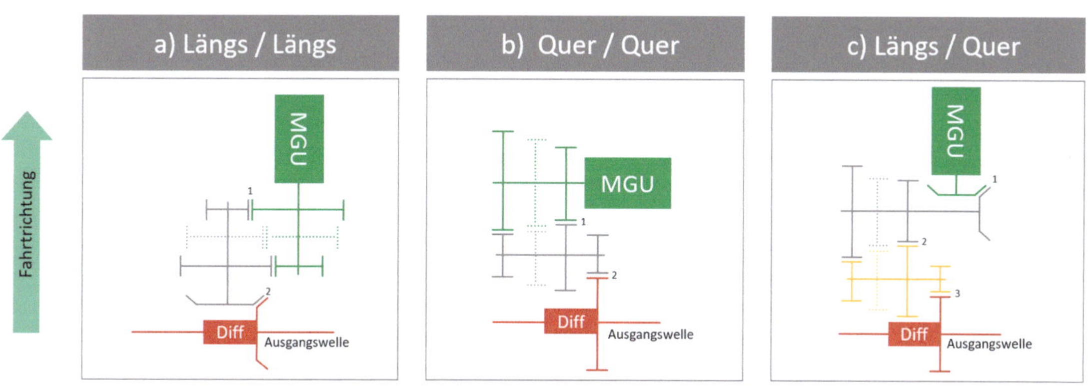

Abb. 11 Prinzipskizzen zu Getriebetopologien, © Schaeffler AG 2019. All Rights Reserved

Schwerpunkthöhe des Antriebsstranges erreichen, was zu geringeren dynamischen Radlastenverschiebungen führt und in Folge die Fahrdynamik positiv beeinflusst.

Nachteile
Damit ein optimales Wälzen der beiden Kegelräder miteinander sichergestellt werden kann, muss die Position der beiden Kegelräder bei der Montage des Getriebesystems sehr genau aufeinander eingestellt werden. Die Kegelradstufe am Getriebeausgang verursacht geringfügig höhere Verzahnungsverluste als eine vergleichbare Stirnradstufe. Außerdem sorgt der Zahneingriff der Kegelradstufe für Axialkräfte entlang der Getriebewellen. Diese Reaktionskräfte aus der Verzahnung müssen von den Getriebelagern gegen das Gehäuse abgestützt werden.

Quer / Quer Topologie
Die sog. Quer / Quer Topologie Abb. 11b, ist dadurch gekennzeichnet, dass der Motor und die inneren Getriebewellen quer zur Fahrzeuglängsrichtung verbaut sind. Sämtliche Getriebewellen sind hierbei parallel angeordnet. Alle Zahnradstufen des Getriebes werden i. d. R. als geradverzahnte Stirnradstufen ausgeführt.

Diese Topologie wird typischerweise im konventionellen Motorsport bei seriennahen Rennfahrzeugen mit Frontmotor und Frontantrieb verwendet. Beispielhaft können hier die Fahrzeuge der FIA WTCR genannt werden [10]. Als konkretes Beispiel aus der Formel E gilt der Antriebsstrang von Renault aus der Saison 4 (2017 / 18). Der prinzipielle Aufbau des Getriebes ist in **Abb. 12** dargestellt. Es handelte sich hierbei um ein einstufiges Einganggetriebe. Dieser Antriebsstrang ist eine Weiterentwicklung des Antriebs aus der Saison 3, der nach demselben Prinzip aufgebaut war [11].

Vorteile
Da diese Topologievariante keine Kegelradstufe benötigt, sind keine aufwändigen Einstellarbeiten zur korrekten Positionierung der Kegelräder zueinander notwendig. Außerdem ermöglicht eine Stirnradstufe eine tendenziell geringfügig effizientere Leistungsübertragung als eine vergleichbare Kegelradstufe.

Nachteile
Diese Getriebetopologie baut sehr breit in Fahrzeugquerrichtung und ist somit sehr herausfordernd bei der Integration in den begrenzten Bauraum des vorgegebenen Hinterwagens. Generell ist die Abstimmung des Bauraums, zur Vermeidung von Bauteilkollisionen, für die einzelnen Gangstufen innerhalb des Getriebes sehr aufwändig. Bei dieser Topologie kann die MGU nicht so nah am Fahrzeugschwerpunkt verbaut werden wie es bei der Längs / Längs Topologie der Fall ist, dies erhöht im Vergleich das Trägheitsmoment um die Fahrzeughochachse.

Längs / Quer Topologie
Die dritte grundlegende Topologievariante ist die sog. Längs / Quer Topologie, Abb. 11c. Bei dieser Topologie ist die MGU,

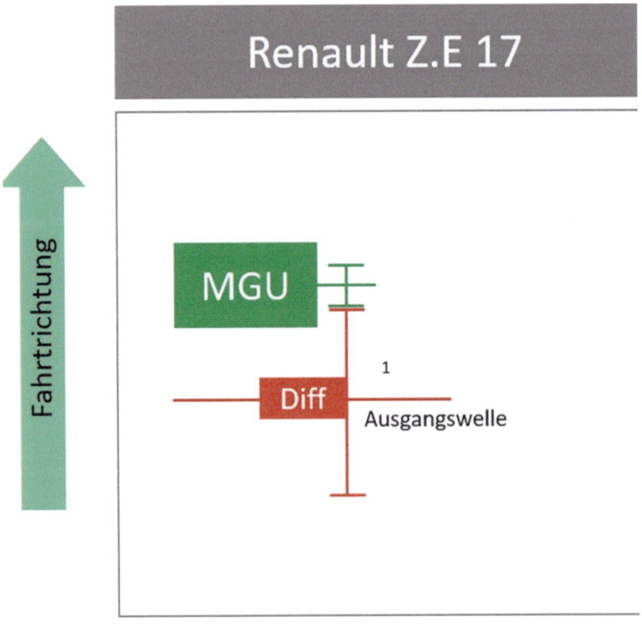

Abb. 12 Prinzipskizze Antriebsstrang Renault Z.E. 17 aus der Saison 4,

wie bei der Konfiguration Längs / Längs, in Fahrzeuglängsrichtung im Fahrzeug verbaut. Die inneren Getriebewellen liegen jedoch quer zur Fahrtrichtung. Im Unterschied zur Längs / Längs Konfiguration ist hier die Kegelradstufe direkt am Getriebeeingang angeordnet. Die Kegelradstufe ist hier entweder als Kegelradstufe oder als Hypoidstufe ausgeführt. Im Gegensatz zu den anderen beiden Topologien, sind hier immer 3 Zahneingriffe aktiv im Leistungsfluss.

Ein Beispiel für diese Topologievariante ist das Formel E Getriebe des ABT Schaeffler FE01, **Abb. 13**. Das Fahrzeug wurde vom Team ABT Schaeffler Audi Sport in der 2. Formel E Saison (2015 / 16) eingesetzt. Bei dem Getriebe handelt es sich um ein sequenzielles 3-Gang-Getriebe.

Vorteile

Durch die Verwendung einer Hypoidstufe ist es möglich die MGU tiefer als die Zwischenwelle im Fahrzeug zu platzieren, was die Schwerpunkthöhe des Fahrzeugs reduziert. Auch die Positionierung der MGU nahe am Fahrzeugschwerpunkt, analog zur Längs / Längs Topologie, möglich und reduziert das Trägheitsmoment um die Fahrzeughochachse. Gegenüber der Längs / Längs Topologie ist bei diesem Konzept die Kegelradstufe, auf Grund ihrer Anordnung auf der Getriebeeingangswelle, einer geringeren Drehmomentbelastung ausgesetzt. Dies führt zu geringeren resultierende Axialkräfte, die von den Getriebelagern abgestützt werden müssen.

Nachteile

Ein großer Nachteil dieser Topologie ist der zusätzliche Zahneingriff, der für die Umsetzung dieses Konzeptes notwendig ist. Hierdurch ist auch zusätzlich eine vierte Getriebewelle notwendig, die zusätzliches Gewicht, höheres Trägheitsmoment und höhere Lagerverluste durch zwei zusätzliche Lagerstellen verursacht. Analog zur Längs / Längs Topologie, muss auch hier die Position der beiden Kegelräder zueinander optimal eingestellt werden.

16.4 Technologietransfer

16.4.1 MGU und Inverter

Zusammenfassend kann man sagen, dass ein Technologieübertrag aus dem Rennsport in die Serienentwicklung bei der Formel E stärker gegeben ist als bei anderen High-End Rennserien. Auch wenn viele der eingesetzten Technologien aus Kosteneffizienzgründen bisher nicht serienrelevant sind, gibt es Beispiele bei denen die Formel E eine Vorreiterrolle eingenommen hat und die inzwischen in Serienprodukten anzutreffen sind. Beispiele für Technologieübertrag in Serienprodukte sind u. a.

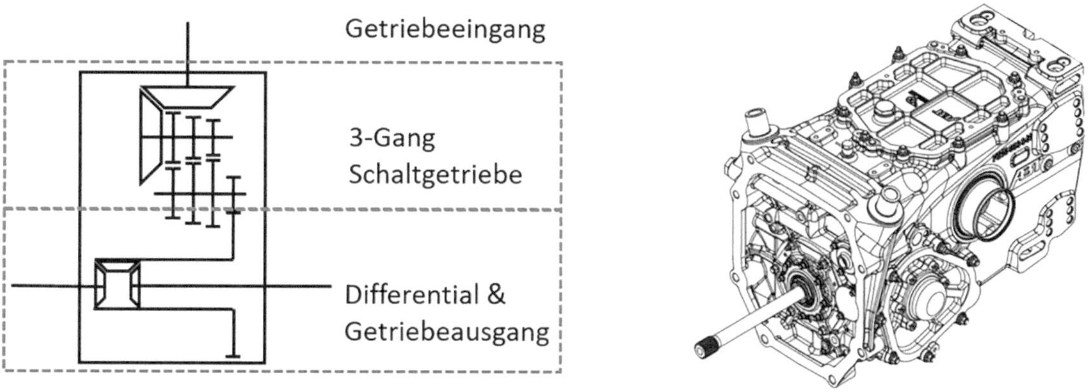

Abb. 13 Getriebe des ABT Schaeffler FE01 aus der 2. Formel E Saison, © Schaeffler AG 2019. All Rights Reserved

Abb. 14 Schaeffler 4ePerformance, © Schaeffler AG 2019. All Rights Reserved

die Verwendung von Siliziumkarbid (SiC) Halbleitermaterial im Inverter, spezielle Anordnungen und Konfigurationen der Magnete im Rotor sowie der Einsatz von Faserverbundwerkstoffen im Gesamtsystem MGU & Inverter. Der wesentliche Lerneffekt ergibt sich aber aus den Erkenntnissen zur Auslegung des Antriebsstrangs und der Erarbeitung der notwendigen simulativen Werkzeuge. Dies bezieht sich auf die Komponentenebene aber umso mehr noch auf die Erkenntnis, dass ein tatsächlich optimaler Antrieb nur durch globale Optimierung des Systems erzielt werden kann.

16.4.2 Konzeptfahrzeug

Als Pionier in der Formel E und auch für zukünftige Antriebssysteme zeigt Schaeffler, wie schnell Technik aus dem rein elektrischen Motorsport in ein seriennahes Umfeld übertragen werden kann. Das Konzeptfahrzeug „S4eP" („Schaeffler 4ePerformance") ist eine Entwicklungsplattform, bei der vier Formel E Motoren in ein seriennahes Chassis integriert wurden, **Abb. 14**. Ziel ist neben der plakativen Demonstration des Technologietransfers vor allem die Nutzung der Plattform eines leistungsstarken Prototyps mit radindividuellem Antrieb zur Vorentwicklung zukünftiger Technologien. Stellvertretend seien hier Entwicklungsfelder wie die Erprobung höher auflösender Raddrehzahlsensoren, Leichtbaukomponenten aus dem 3D Druck, Erprobung energieoptimaler Lenkkraftunterstützung durch aktive Drehmomentverteilung (e^2-Lenk, [12]) oder die Entwicklung und Erprobung eines modellbasierten Fahrdynamik-Regelsystems zur Antriebsmomentverteilung (Torque Vectoring).

Das Fahrzeug wird von vier Formel E Motoren aus dem ABT Schaeffler FE01 (Saison 2) angetrieben. Die Motoren übertragen ihre Kraft über zweistufige, nicht schaltbare Stirnradgetriebe. Dabei teilen sich die beiden Getriebe einer Achse ein Gehäuse. Die Verwendung je eines Antriebs pro Rad erlaubt eine radselektive Verteilung des Drehmoments (Torque Vectoring). Die zweigeteilte Batterie mit einer Gesamtkapazität von 64 kWh ermöglicht dem Fahrzeug eine Antriebsleistung von 880 kW (ca. 1200 PS) und dadurch eine Beschleunigung in unter sieben Sekunden von 0-200 km/h. Auf Grund des elektrischen Antriebs und der nahezu symmetrischen Gewichtsverteilung zwischen beiden Achsen ist dieser Wert sowohl bei Vorwärts- als auch Rückwärtsfahrt erreichbar.

Um Kosten zu reduzieren wurden möglichst viele Gleichteile verbaut. Die Antriebseinheiten an Vorder- und Hinterachse sind trotz unterschiedlicher Einbaulage baugleich. Ebenso ist die Twin-Achse selbst mit zwei baugleichen, zweistufigen, geradeverzahnten Stirnradgetrieben an der Mittelebene gespiegelt aufgebaut. Die Trockensumpfschmierung erfolgt dabei über die Zwischenplatte und bedient beide Getriebeseiten, **Abb. 15**. Sie enthält Beölungskanäle für beide Einbauvarianten (Vorder- bzw. Hinterachse).

Die vier permanent erregten Synchronmaschinen stammen direkt aus den Rennfahrzeugen der Formel E Saison 2015/16. Mit ihrer Hilfe errang das Team insgesamt elf Podiumsplätze, bevor die Motoren ihren zweiten Lebenszyklus starteten. Nach Ende der Saison erfolgten ein Prüfstandslauf und ein Wechsel der Wellendichtungen. Bei einem Trockengewicht von ca. 25 kg leistet ein Motor limitiert durch das Reglement maximal 220 kW. Ein Motor und seine zugehörige Leistungselektronik bildet eine Einheit, welche radseitig axial in die S4eP Twin-Achse eingeschoben wird. Eine Antriebseinheit, bestehend aus Twin-Achse und zwei E-Maschinen, wiegt bei 440 kW maximaler Leistung knapp 110 kg.

Die verbaute Prototypenbatterie hat eine Gesamtkapazität von 64 kWh bei einer Nominalspannung von 648 Volt und besteht aus insgesamt 216 Li-Ion Rundzellen. Diese sind aufgeteilt in zwei Teileinheiten. Ein Drittel der Zellen sind über der Vorderachse verbaut. Die restlichen zwei Drittel sind durch den Unterboden von unten zwischen Insassen und Hinterachse verschraubt und beherbergen PDU (Power Distribution Unit), als auch das BMS (Battery Management Module), **Abb. 16**. Die umgesetzte Integration erfüllt die ECE R100.2 Anforderungen an Aufprall.

16.5 Zusammenfassung

Für Schaeffler war das Engagement in der Formel E die erste Technologiekooperation im Motorsport. Als Partner der ersten Stunde war man von Beginn an dem wachsenden Erfolg der Meisterschaft beteiligt und konnte Stand Ende Saison 4 je eine Fahrer- sowie eine Teammeisterschaft erringen. Viel aussagekräftiger in Bezug auf die dauerhafte Konkurrenzfähigkeit ist, dass die Platzierung von Team bzw. bestem Fahrer des Teams am Ende einer Saison stets unter den TOP 3 war.

Besonderen Wert hat die Formel E für Schaeffler durch die Fokussierung auf die Entwicklung effizienter elektrischer Antriebe und dem dadurch möglichen Übertrag auf die Serienentwicklung. Durch die Entwicklung mehrerer Generationen des Formel E Antriebs konnte entsprechendes Wissen über die Auslegung von Antrieben im Gesamtfahrzeugverbund angeeignet werden.

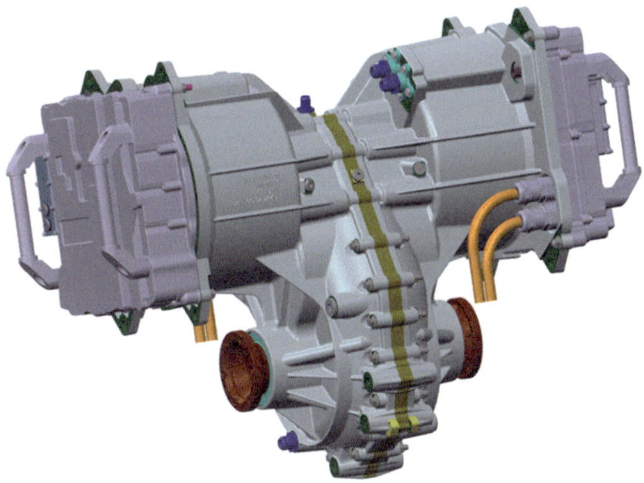

Abb. 15 Schaeffler 4ePerformance Twin-Achse,

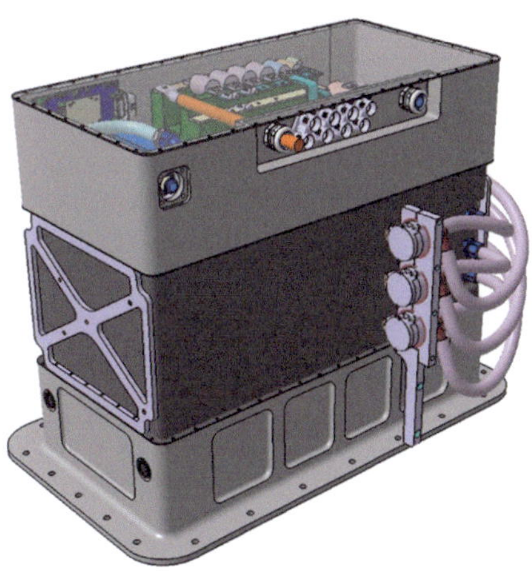

Abb. 16 S4eP Hochvoltbatterie und Batteriemanagement an Hinterachse,

Das Konzeptfahrzeug Schaeffler 4ePerformance wiederum zeigt die fahrdynamischen Möglichkeiten durch Integration der Antriebe aus der Formel E in ein seriennäheres Umfeld auf und zeigt so die Leistungsfähigkeit und fahrdynamischen Anlagen der zukünftigen batterieelektrischen Supersportwagen von morgen auf.

Literaturhinweise

[1] Illustration of "La Jamais Contente", first automobile to reach 100 km/h in 1899. Von http://www.newton.mec.edu/brown/te/ALTERNATIVE_FUEL/TIMELINE/timeline.html. https://commons.wikimedia.org/w/index.php?curid=1287462. Zugegriffen am 05.10.2018

[2] Der Spiegel (2012), Audi-Sieg in Le Mans: Triumph der Hybridboliden. http://www.spiegel.de/auto/aktuell/audi-sieg-in-le-mans-hybrid-fahrzeuge-siegen-beim-24-stunden-rennen-a-839349.html. Zugegriffen am 28.06.2019

[3] Formula E (2014) Formula E uses pollution-free glycerine to charge cars. http://www.fiaformulae.com/en/news/2014/september/formula-e-uses-pollution-free-glycerine-to-charge-cars.aspx. Zugegriffen am 05.10.2018

[4] Dvorak, W. (2010) Schematische Neukurve und Hysteresiskurve eines Transformatorkerns. https://commons.wikimedia.org/wiki/File:Hysteresiskurve.svg. Zugegriffen am 04.10.2018

[5] Brand, R. (2012) Über den Wolken, Drastische Reduzierung von Eisenverlusten durch neuen Nickel-Eisen-Werkstoff in Elektromotoren. Antriebstechnik 5/2012. https://www.vacuumschmelze.de/fileadmin/Medienbiliothek_2010/Downloads/HT/FA_UEber_den_Wolken.pdf. Zugegriffen am 04.10.2018

[6] Rohm Semiconductor (2014) SiC Power Devices and Modules – Application Note. S. 10. https://d1d2qsbl8m0m72.cloudfront.net/en/products/databook/applinote/discrete/sic/common/sic_appli-e.pdf. Zugegriffen am 04.10.2018

[7] Trzesniowski, M. (2012) Rennwagentechnik. Vieweg+Teubner Verlag, Wiesbaden

[8] FIA (2017) FIA Formula E Championship – Technical Regulations – 2017-2018. https://www.fia.com/regulation/category/109. Zugegriffen 12.09.2018

[9] Current E (2015) The Hewland File. Current E Insights 05:15. http://current-e.com/wp-content/uploads/Current-E-Insights-Hewland-June-2015.pdf. Zugegriffen: 07.09.2018

[10] FIA (2018) TCR Technical Regulations. Fédération Internationale de l'Automobile. http://www.tcr-series.com/pdf/2018_TCR_Technical_Regulations_2018_02_27.pdf. Zugegriffen: 30.08.2018

[11] Scraborough, C. (2017) FE: Season 4 Formula E Powertrain analysis. DriveTribe.com. https://drivetribe.com/p/fe-season4-formula-e-powertrain-ZCbgCwnzRM2yVCwbTkD8jg?iid=RbmHHfIhRsCY1fu4KuKScQ. Zugegriffen am 10.09.2018

[12] Das Förderprojekt e²-Lenk. http://www.share.kit.edu/e2lenk/. Zugegriffen am 05.10.20

E-Mobility
Proving Ground
ABT
SCHAEFFLER
Julius Bär
Audi Sport
SCHAEFFLER

17 Sensorik und Regelqualität

Johannes Kolb, Patrick Roll, Lars Gehrke, Sven-Erik Asmussen, Miriam Boxriker, Patrick Rimmele, Dominik Schulz, Linbo Tang, Marco Bender

17.1 Einleitung

Zur Erfüllung der Antriebs- bzw. Traktionsaufgabe im elektrifizierten Antriebsstrang dienen elektrische Maschinen, siehe Kap. 4. Sie erzeugen ein gewünschtes Drehmoment M an der zugehörigen Motorwelle. Das Wunschmoment wird entweder durch den Fahrer direkt, durch ein Steuergerät in angepasster Form oder auch mit Hilfe von automatisierten Funktionen vorgegeben. Der Fahrzustand des Fahrzeugs ist typischerweise durch die Geschwindigkeit, den Fahrwiderstand, durch den Schlupf der Räder und ggf. durch eine Kurvenfahrt bestimmt. Abhängig vom aktuellen Betriebszustands des mechanischen Teils des Antriebsstrangs (z. B. Gangstellung des Getriebes, Zustände von Kupplungen, ...) erfolgt die Einstellung der Drehzahl n grundsätzlich von außen an der Motorwelle der E-Maschine. Durch die Drehung der Maschine ändert sich der mechanische Winkel γ_m der Motorwelle kontinuierlich, wobei deren Drehzahl n bzw. Winkelgeschwindigkeit Ω gleich der zeitlichen Ableitung des Winkels ist:

$$\frac{d\gamma_m}{dt} = \Omega = 2\pi n \quad (1)$$

Die drei Größen M_i, γ_m und Ω beschreiben damit die mechanische Schnittstelle der E-Maschine an der Motorwelle jederzeit vollständig.

17.2 Messgrößen im elektrischen Antriebssystem

Um die gewünschte Fahrfunktion durch die elektrische Maschine zu erfüllen, ist im praktischen Betrieb eine möglichst schnelle und genaue Einstellung des Drehmoments erforderlich. Diese Anforderung wird mit Hilfe einer Drehmomentregelung gelöst. In diesem Kapitel wird beschrieben, welche physikalischen Größen hierfür erfasst werden müssen und welche Sensorprinzipien dabei zum Einsatz kommen. Darüber hinaus wird erläutert, wie die gemessenen Größen in das Regelkonzept integriert werden und welche Auswirkungen Messfehler auf die Qualität der Drehmomentregelung haben.

In Folge des eingestellten Drehmoments ergibt sich der Fahrzustand des Fahrzeugs und somit die Drehzahl der Maschine. Die Maschine soll hierfür stets im gewünschten Betriebspunkt gehalten oder ggf. dynamisch verändert werden. Entgegen der anfänglichen Betrachtung reicht es allerdings nicht aus, das erzeugte Drehmoment an der Motorwelle zu erfassen und einer Drehmoment-Regelung zuzuführen. Eine alleinige Rückkopplung des gemessenen Drehmoments funktioniert bei elektrischen Maschinen grundsätzlich nicht, da zur Drehmomenterzeugung der Zusammenhang mit den inneren elektrischen und magnetischen

H. Tschöke et al. (Hrsg.), *Elektrifizierung des Antriebsstrangs*, ATZ/MTZ-Fachbuch, https://doi.org/10.1007/978-3-662-60356-7_17

Größen hergestellt werden muss. Darüber hinaus ist eine Messung des Drehmoments in den meisten Anwendungsfällen zu kostenintensiv, zu ungenau und schwierig zu integrieren. Folglich muss eine andere Sensorik zur Erfassung der relevanten Größen im elektrischen Antrieb verwendet werden. Auf Basis dieser Messwerte wird mit Hilfe eines geeigneten Regelverfahrens die Erzeugung des gewünschten Drehmoments gewährleistet. Damit ist das Ziel dieses Kapitels, die Zusammenhänge auf Systemebene herzuleiten, die Sensorprinzipien zur Messung der notwendigen Größen aufzuzeigen und sowohl die Wirkweise als auch die negativen Einflüsse in Form von Messfehlern auf die Erzeugung des gewünschten Drehmoments darzustellen.

17.2.1 Systemverhalten und Modellbildung von Drehstrommaschinen

Die elektrische Maschine kann grundsätzlich in beide Drehrichtungen gleichermaßen betrieben werden. Dadurch wird sie als elektromagnetisch-mechanischer Energiewandler zu einem Element des Antriebsstrangs, welches in beide Richtungen des Leistungsflusses arbeiten kann. Der Energiefluss von der elektrischen hin zur mechanischen Seite wird als motorischer Betrieb und die umgekehrte Richtung als generatorischer Betrieb bzw. Rekuperation bezeichnet. Ausnahmen davon sind Betriebszustände in denen gleichzeitig von beiden Seiten Energie in die Maschine fließt. In diesem Fall werden die zugeführten Leistungen in Wärmeverluste gewandelt, was z. B. bei hohem Drehmoment und sehr niedriger Drehzahl oder umgekehrt auftreten kann.

In einem elektrischen Antriebsstrang kommen vom Wirkprinzip betrachtet typischerweise sogenannte Drehfeldmaschinen zum Einsatz. Häufige Ausführungsformen sind permanentmagneterregte Synchronmaschinen (PMSM), die abhängig vom Anwendungsfall bzw. zugrundeliegendem Lastprofil in unterschiedlichen Ausprägungen ausgeführt sind (Innenläufer oder Außenläufer, Rotorgeometrien mit viel oder wenig Reluktanzanteil bzw. schmalem oder weitem Feldschwächbereich). Darüber hinaus werden auch Asynchronmaschinen sowie in seltenen Fällen Reluktanzmaschinen verwendet. Beide Maschinentypen kommen ohne teure Magnetmaterialien aus, weisen aber prinzipbedingt eine geringere Drehmomentdichte auf. Alle diese Maschinen funktionieren auf Basis eines im Luftspalt zwischen Rotor und Stator umlaufenden Magnetfelds.

Bei Synchronmaschinen besteht zwischen der mechanischen Drehzahl n des Rotors bzw. der Motorwelle und der Kreisfrequenz ω des im Luftspalt umlaufenden Magnetfelds der Zusammenhang gemäß der Übersetzung durch die Polpaarzahl p:

$$\omega = p \cdot \Omega = p \cdot 2\pi n = p \cdot \frac{\mathrm{d}\gamma_{\mathrm{m}}}{\mathrm{d}t} = \frac{\mathrm{d}\gamma}{\mathrm{d}t} \qquad (2)$$

Bei Asynchronmaschinen muss hier als Abweichung der Schlupf berücksichtigt werden. Grundsätzlich wiederholt sich der Feldstärkeverlauf des Magnetfelds über den Umfang des Luftspalts der Maschine periodisch in gleicher Form mit der Polpaarzahl p. Aus dieser für das Magnetfeld und für die Ströme der Maschine relevanten elektrischen Winkelgeschwindigkeit ω folgt vergleichbar zum mechanischen Winkel γ_{m} der elektrische Winkel γ gemäß der zeitlichen Differenzierung nach Gl. (2).

Das Magnetfeld im Luftspalt ist für die Erzeugung eines Drehmoments am Rotor essenziell. Das Drehmoment entsteht hierbei aus der Summe der Tangentialkräfte, die über der Manteloberfläche des Rotors verteilt sind, durch die Interaktion der magnetischen Flüsse zwischen Rotor und Stator. Diese Kräfte bestehen allgemein aus den Kräften auf stromdurchflossene Leiter (Lorentzkraft), den maxwellschen Grenzflächenkräften (Reluktanzkraft) sowie den

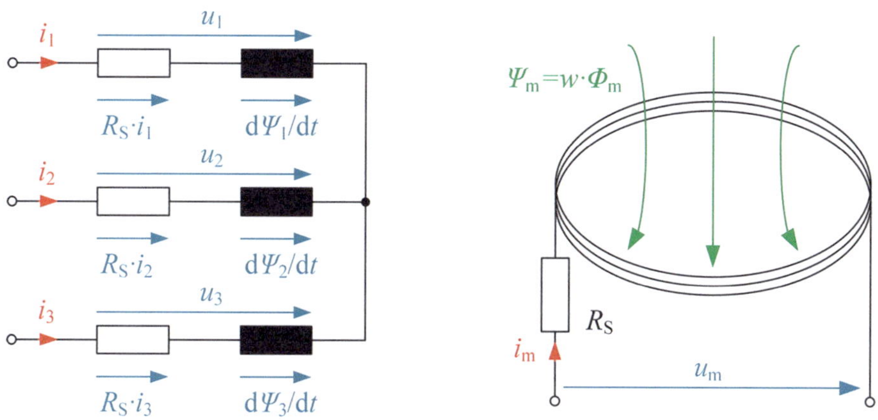

Abb. 1 Elektrisches Ersatzschaltbild einer dreiphasigen E-Maschine, Spule einer Phase mit ohmschem Widerstand R_S und der Windungszahl w

Kräften auf polarisierte Magnete. Aufgrund der sich drehenden Welle und der Variation der für das Drehmoment verantwortlichen Feldstärke zur Erzeugung des Drehmoments muss das Magnetfeld über den Umfang betrachtet örtlich und zeitlich veränderlich sein. Im feststehenden Stator der Maschine wird die magnetische Flussverkettung Ψ_S immer durch einen elektrischen Strom erzeugt, wodurch der Statoranteil des Flusses im Luftspalt durch die zeitlich veränderliche Einprägung von mehreren phasenversetzten Wechselströmen i_m, entsprechend der Phasenzahl m der Maschine entsteht.

Modellhaft lassen sich für eine Drehstrommaschine diese elektrischen Zusammenhänge anhand des Ersatzschaltbilds mit drei symmetrischen und in Stern verschalteten Strängen bzw. Phasen herleiten [1], [2]. Dabei wird jede einzelne Phase basierend auf einer Spule, in welcher der Strom i_m fließt und welche vom magnetischen Fluss Φ_m durchsetzt wird, mit einem ohmschen Widerstand beschrieben, **Abb. 1**.

Durch Anwendung des Ohmschen Gesetzes, des Maxwellschen Induktionsgesetzes und der Kirchhoffschen Maschenregel auf dieses Ersatzschaltbild folgen die drei Spannungsgleichungen:

$$u_m = R_S \cdot i_m + \frac{d\Psi_m}{dt} \text{ mit } m \in \{1, 2, 3\} \qquad (3)$$

Es hat sich als zweckmäßig und vorteilhaft erwiesen, das elektromagnetische Verhalten der Maschine nicht auf Basis dieser Stranggrößen, sondern mit Hilfe von transformierten Größen zu beschreiben. Diese orientieren sich am Rotorfluss der Maschine, dessen Winkel bei Synchronmaschinen dem elektrischen Rotorwinkel γ entspricht. Hierzu kommen im ersten Schritt sogenannte Raumzeiger zum Einsatz, wodurch das gesamthafte räumliche Magnetfeld und die zugehörigen elektrischen Größen vektoriell als Momentanwerte abgebildet werden [5]. Bei der dreisträngigen Verschaltung im Stern gemäß Abb. 1 lassen sich die Stranggrößen für Spannung u, Strom i und Flussverkettung Ψ eindeutig in die kartesische Form durch die 3/2-Transformation überführen:

$$\underline{x}_{\alpha,\beta} = \frac{2}{3}\left(x_1 + \underline{a} \cdot x_2 + \underline{a}^2 \cdot x_3\right)$$
$$\text{mit } x \in \{u, i, \Psi\} \text{ und } \underline{a} = -\frac{1}{2} + \mathrm{j}\frac{\sqrt{3}}{2} \qquad (4)$$

Daraus folgt nun die Spannungsgleichung auf Basis der Raumzeiger in folgender Form:

$$\underline{u}_{\alpha,\beta} = R_S \cdot \underline{i}_{\alpha,\beta} + \frac{d\underline{\Psi}_{\alpha,\beta}}{dt} \qquad (5)$$

Diese beinhaltet aus elektromagnetischer Sicht die gleichen Eigenschaften wie die

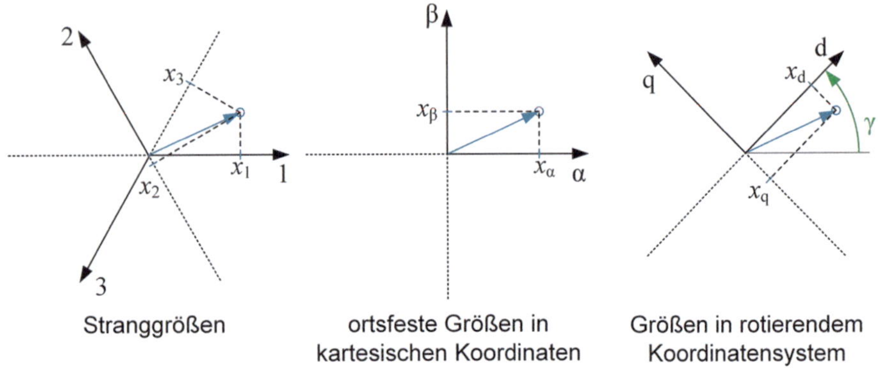

Abb. 2 Transformationsschritte für die elektro-magnetischen Größen: 3/2-Transformation und Koordinatendrehung

ursprüngliche dreisträngige Form mit ohmschem und induziertem Anteil, wobei letzterer durch die sich zeitlich verändernde Flussverkettung entsteht.

Im nachfolgenden zweiten Schritt werden die Raumzeiger durch eine Vektordrehung am Rotor bzw. am relevanten Magnetfeld orientiert, **Abb. 2**. Dies geschieht durch Drehung des Bezugssystems um den entsprechenden elektrischen Winkel γ gemäß

$$\underline{x}_{\mathrm{d,q}} = \underline{x}_{\alpha,\beta} \cdot e^{-\mathrm{j}\gamma} \tag{6}$$

Wird diese Transformation auf Gl. (5) angewendet, folgt für die Spannungsgleichung im rotorfesten bzw. rotorfeldorientierten dq-System

$$\underline{u}_{\mathrm{d,q}} = R_{\mathrm{S}} \cdot \underline{i}_{\mathrm{d,q}} + \frac{\mathrm{d}\underline{\Psi}_{\mathrm{d,q}}}{\mathrm{d}t} + \mathrm{j}\omega\underline{\Psi}_{\mathrm{d,q}} \tag{7}$$

Prinzipiell wird dadurch von Wechselgrößen im statorfesten System auf Größen im mit dem Winkel γ rotierenden Bezugssystem für die Maschine übergegangen, wobei bei stationärem Betrieb der Maschine konstante dq-Größen entstehen.

Man erkennt anhand von Gl. (7), dass die Spannungen neben dem ohmschen Anteil nun aus zwei Teilen bestehen, einem ersten aufgrund der sich zeitlich veränderlichen Flussverkettung und einem zweiten, welcher proportional zur elektrischen Winkelgeschwindigkeit ω ist.

17.2.2 Drehmomenterzeugung in elektrischen Maschinen

Für das weitere Verständnis der Inhalte dieses Kapitels wird davon ausgegangen, dass die Betrachtung auf Basis der häufig eingesetzten permanentmagneterregten Synchronmaschine ausreichend ist. Die dargelegten Sachverhalte und Erkenntnisse für die Sensoren und für das Zusammenwirken im gesamten elektrischen Antriebssystem lassen sich ausgehend von diesem Beispiel direkt oder mit entsprechenden Anpassungen auf andere Maschinentypen übertragen.

Mit Hilfe der Leistungsbilanz zwischen der elektrischen und mechanischen Seite kann allgemein der Zusammenhang für das Drehmoment hergeleitet werden. Für die detaillierte Herleitung wird an dieser Stelle auf einschlägige Fachliteratur z. B. [2], [3] und [4] verwiesen.

Als Ergebnis folgt hier für die PMSM für das innere, im Luftspalt erzeugte Drehmoment am Rotor:

$$M_{\mathrm{i}} = \frac{3}{2} p \cdot \left(\Psi_{\mathrm{d}} i_{\mathrm{q}} + \Psi_{\mathrm{q}} i_{\mathrm{d}}\right) \tag{8}$$

Werden die Flussverkettungen mit Hilfe der zugehörigen Induktivitäten

$$\Psi_{\mathrm{d}} = L_{\mathrm{d}} \cdot i_{\mathrm{d}} + \Psi_{\mathrm{PM}} \text{ und } \Psi_{\mathrm{q}} = L_{\mathrm{q}} \cdot i_{\mathrm{q}} \tag{9}$$

ausgedrückt, so folgt für das Drehmoment der PMSM in allgemeiner Form:

$$M_{\mathrm{i}} = \underbrace{\frac{3}{2} p \cdot \Psi_{\mathrm{PM}} \cdot i_{\mathrm{q}}}_{\substack{\text{synchrones} \\ \text{Moment}}} + \underbrace{\frac{3}{2} p \cdot \left(L_{\mathrm{d}} - L_{\mathrm{q}}\right) \cdot i_{\mathrm{d}} \cdot i_{\mathrm{q}}}_{\text{Reluktanzmoment}} \quad (10)$$

Da bei der Drehtransformation nach Gl. (6) die d-Achse in Wirkrichtung der Permanentmagnete (PM) im Rotor ausgerichtet wurde, beinhaltet Ψ_{d} auch den zugehörigen Anteil der Flussverkettung Ψ_{PM}.

Bei der Herleitung wurden hier lediglich die Stromwärmeverluste aufgrund des ohmschen Widerstands R_{S} im Stator berücksichtigt. Verluste im magnetischen Kreis sowie Verluste aufgrund von Oberwellen sind hier vernachlässigt. Somit handelt es sich hier um das Grundwellendrehmoment, welches ohne Berücksichtigung von Reibverlusten (Luftreibung des Rotors und Lagerverluste) weitestgehend dem Wellenmoment der Maschine entspricht.

An Gl. (10) erkennt man die Vorteile der Transformation für die Betriebsführung und Drehmomenterzeugung der E-Maschine. Sind die Maschinenparameter in Form der Flüsse Ψ_{d} und Ψ_{q} bzw. in Form der zugehörigen Induktivitäten L_{d} und L_{q} bekannt, dann lässt sich das Drehmoment durch die Einprägung der Stromkomponenten i_{d} und i_{q} direkt einstellen. Die Flüsse bzw. Induktivitäten können durch Berechnungen mittels Finite Elemente Methode (FEM) oder durch Vermessung und Identifikation anhand der Spannungsgleichungen Gl. (7) ermittelt werden. Die erläuterten Zusammenhänge bleiben im Wesentlichen auch bei nichtlinearem Verhalten aufgrund von magnetischen Sättigungseffekten im Eisenkreis von hochausgenutzten Maschinen erhalten. Allerdings verändern sich die Flüsse bzw. Induktivitäten abhängig vom Betriebspunkt bzw. abhängig von i_{d} und i_{q}, was mit Hilfe von Kennfeldern in der Regelung berücksichtigt werden kann [1].

Abhängig von den Eigenschaften der Maschine, im Falle des hier gewählten Beispiels der PMSM, lassen sich auch die beiden Anteile des synchronen Moments sowie des Reluktanzmoments gezielt beeinflussen, siehe Gl. (10). Ebenfalls kann für den Betrieb bei höheren Drehzahlen eine Feldschwächung durch die Regelung des d-Stroms in optimaler Form erreicht werden. Diese Steuerstrategien zur betriebspunktabhängigen Aufteilung des d- und q-Stroms hängen stark vom Design der Maschine und der gewünschten Optimierung, z. B. hinsichtlich des Wirkungsgrads ab. Dieser Aspekt wird hier nicht weiter vertieft, weshalb auf einschlägige Literatur verwiesen wird [1], [2].

Grundsätzlich zielen diese Steuerstrategien auf eine optimale Ausnutzung der Maschine gemäß ihrer Auslegung ab. Die Ausnutzung wird hierbei durch die verfügbare Spannung, durch den thermisch begrenzten Strom in den Statorwicklungen und die maximalen Verluste im elektrischen und magnetischen Kreis begrenzt.

17.2.3 Systemübersicht, gemessene Größen und deren Funktionen für die Regelung des Antriebs

Rückwärts betrachtet zeigen der Weg der Herleitung des Drehmoments und die zugrundeliegenden Zusammenhänge mit elektrischen Größen zwei Aspekte auf. Erstens wird deutlich, welche physikalischen Größen durch entsprechende Sensoren im elektrischen Antriebssystem erfasst werden müssen und zweitens kann basierend auf der allgemeinen Modellbildung der E-Maschine ein entsprechendes Regelkonzept, in dem die erfassten Messgrößen zur Erzeugung des gewünschten Drehmoments verarbeitet werden, abgeleitet werden.

Abbildung 3 zeigt als Strukturbild sowohl die relevanten Komponenten des elektrischen Antriebssystems für den Teil der Energiewandlung (Batterie, Leistungselektronik und E-Maschine) als auch den signalverarbeitenden Teil mit den Funktionsblöcken zur Regelung. Beide Teilsysteme sind über Schnittstellen in Form von Sensoren und entsprechender Signalpfade gekoppelt. Eine beispielhafte Realisierung der Leistungselektronik mit Signalverarbeitung aus einer Schaeffler-Entwicklung [6] ist in **Abb. 4** dargestellt. Die im Antriebssystem erfassten Messgrößen werden dem signalverarbeitenden Teil zugeführt. In umgekehrte Übertragungsrichtung dienen lediglich die Steuersignale hin zur Leistungselektronik als Eingriffspunkt für die Steuerung der Spannung an der Maschine. Diese Ansteuersignale enthalten die Information zum Schalten der Leistungstransistoren und werden ausgehend von den berechneten Phasenspannungen $u_{1..3}$ durch den Modulator im Rahmen der verfügbaren Zwischenkreis- bzw. Batteriespannung erzeugt. Folglich ist die Messung der Zwischenkreisspannung u_{DC} für die Erzeugung der Schaltsignale auf Basis der Pulsbreitenmodulation (engl. **p**ulse **w**idth **m**odulation, PWM) notwendig. Damit wird durch die gemessene Zwischenkreisspannung u_{DC} mit Hilfe des Modulators der Zusammenhang zu den durch die Leistungselektronik erzeugten Spannungen $u_{1..3}$, über die dann gemäß Gl. (3) die Phasenströme $i_{1..3}$ geregelt werden können, hergestellt.

Die Messung der verketteten Spannungen an den Motoranschlüssen kann für die Überwachung von Leistungselektronik und Motor, zur Modellierung bzw. Optimierung der Regelqualität des Drehmoments hilfreich bzw. erforderlich sein. Für die Grundfunktionalität der Drehmomenterzeugung ist sie aber prinzipiell entbehrlich. Die elektronische Realisierung der Spannungserfassung wird in Abschn. 17.3.4 erläutert.

Wie bereits erklärt, erfolgt über die Einprägung der Spannungen $u_{1..3}$ die Einstellung der gewünschten Phasenströme $i_{1..3}$. Aus der Messung dieser Ströme lassen sich die für die Drehmomentbildung verantwortlichen Stromkomponenten i_{d} und i_{q} (siehe Abschn. 17.2.2, Gl. (4) und Gl. (6)

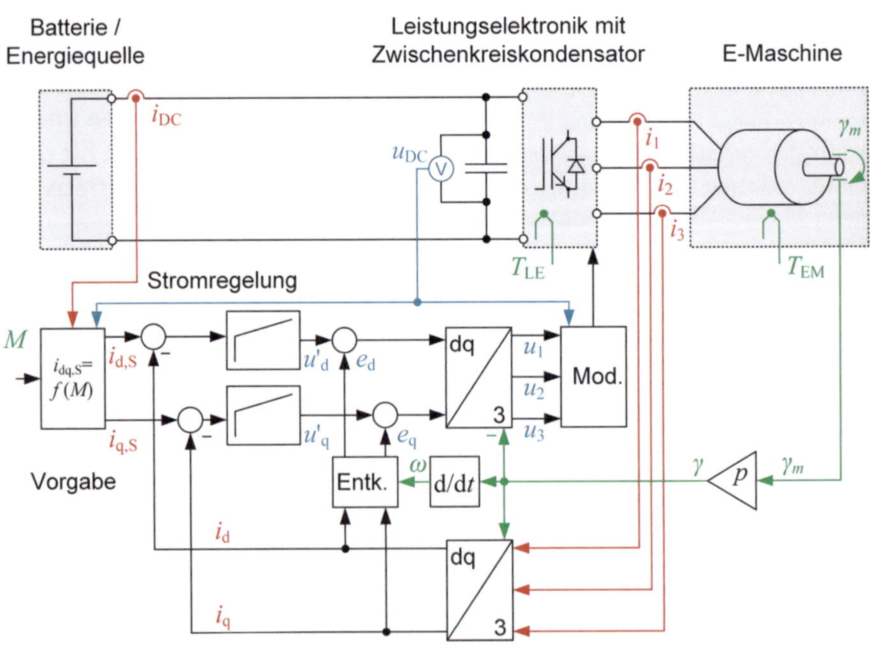

Abb. 3 Strukturbild eines typischen Antriebssystems mit Messgrößen, Sensoren und Signalverarbeitung,

sowie Abb. 2) berechnen. Folglich ist sowohl die Erfassung der drei Phasenströme $i_{1..3}$ mit geeigneten Stromsensoren als auch die Erfassung des mechanischen Winkels γ_m und Umrechnung in den elektrischen Winkel γ anhand der Polpaarzahl p nach Gl. (2) für die dq-Transformation erforderlich. Prinzipiell wären lediglich zwei Stromsensoren zur Bestimmung aller drei Phasenströme ausreichend, da der dritte Strom anhand der Kirchhoffschen Knotenregel, wobei die Summe der drei Phasenströme stets Null sein muss, berechnet werden könnte. Für die Überwachung der Maschine werden typischerweise drei Stromsensoren eingesetzt. Dadurch wird eine Plausibilisierung der Funktionsweise der Stromsensoren sowie der Signalverarbeitung im Sinne einer Fehlerdetektion auch vor dem Hintergrund der funktionalen Sicherheit erreicht. Aus diesem Grund kommt oftmals auch ein weiterer Stromsensor zur Messung des Stroms i_{DC} zwischen Batterie und dem Zwischenkreis der Leistungselektronik zum Einsatz, welcher dann auch zu einer präziseren Leistungserfassung des Antriebssystems verwendet werden kann. Verschiedene Sensorprinzipien zur Erfassung von Strömen werden in Abschn. 17.3.2 und Abschn. 17.3.3 vorgestellt.

Die Erfassung des elektrischen Winkels γ auf Basis des gemessenen mechanischen Winkels γ_m ist nicht nur für die Ermittlung der dq-Stromkomponenten erforderlich, sondern auch für die Rücktransformation der zugehörigen dq-Spannungen $u_{d,q}$ in die Phasengrößen $u_{1..3}$. Hierbei werden die Spannungen mit dem negativen Winkel durch die Drehtransformation nach Gl. (6) zeitlich passend und für den erforderlichen elektrischen Winkel zurücktransformiert. Weiter ist die elektrische Winkelfrequenz Bestandteil der Systemgleichung $u_{d,q}$ nach Gl. (7), weshalb die Kenntnis hilfreich zur Vorsteuerung bzw. Entkopplung der Stromregelungen ist. Entsprechende Mess- und Auswerteprinzipien werden im Abschn. 17.4 vorgestellt.

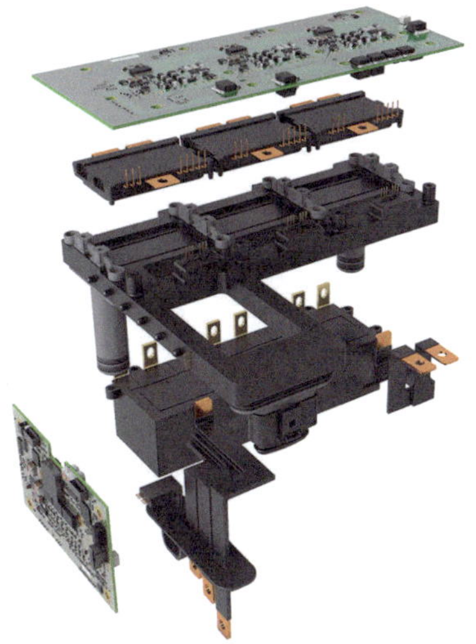

Abb. 4 Aufbau einer Leistungselektronik mit signalverarbeitendem Teil aus Schaeffler-Entwicklung [6],

Neben der Erfassung der elektrischen Größen und des Drehwinkels bzw. der Drehzahl ist die Messung von Temperaturen in der Leistungselektronik und der E-Maschine wichtig. Diese dienen der sicheren Betriebsführung, welche für das Einhalten von Temperaturgrenzwerten an thermisch kritischen Stellen sorgt, z. B. zulässige Sperrschichttemperatur in der Leistungselektronik, maximale Wicklungstemperatur zum Schutz der Isolation in der Maschine oder zum Schutz der Permanentmagnete vor Entmagnetisierung. Neben der reinen Schutzfunktion können die Temperaturmesswerte auch präventiv mittels Derating-Funktionen für einen Erhalt der Funktion, z. B. bei geringeren Strömen bzw. reduziertem Drehmoment, eingesetzt werden. Weitere Funktionen im Sinne des „Condition Monitoring" zur Optimierung der Alterung von kritischen Komponenten oder zur frühzeitigen Detektion des Auftretens von möglichen Fehlern, wären hiermit als zusätzliche Funktionen denkbar. In elektrischen Maschinen hat die Temperatur T aber auch direkt Einfluss auf das elektromagnetische Verhalten. Hierbei sind im Wesentlichen zwei temperaturabhängige Effekte relevant. Zum einen ändert sich der ohmsche Widerstand durch die Temperatur in den Wicklungen, welche aus Kupfer bestehen, gemäß Gl. (11).

$$R_S(T) = R_{S,0} \cdot (1 + \alpha_{Cu} \cdot (T - T_0))$$
$$\text{mit } \alpha_{Cu} = 3{,}93 \cdot 10^{-3} \frac{1}{K} \quad (11)$$

Zum anderen beeinflusst die Temperatur einer Änderung der Remanenzflussdichte der Permanentmagnete, was letztendlich den Flussanteil Ψ_{PM} bestimmt. Typische Werte der Temperaturkoeffizienten von Permanentmagneten in Synchronmaschinen auf Basis von seltenen Erden liegen bei ca. -0,1 %/K was bei einem Temperaturanstieg um 100 K einer Reduktion der Flussdichte um 10 % bedeutet.

Beide Größen beeinflussen das Systemverhalten der E-Maschine gemäß den Gleichungen Gl. (7) und Gl. (10), weshalb thermisch bedingte Parameterabweichungen Einfluss auf das Betriebsverhalten und letztendlich auf die Drehmomenterzeugung haben. Sind die Temperaturen bekannt, lassen sich diese Einflüsse bei der Regelung berücksichtigen. Allerdings lassen sich Temperatursensoren und deren Auswertung auf dem drehenden Rotor nur sehr kosten- und bauraumintensiv realisieren. Vor diesem Hintergrund soll die Zahl der Temperatursensoren grundsätzlich auf ein Minimum reduziert werden, weshalb nur an ausgewählten Stellen in der Maschine und gestützt durch möglichst genaue thermische Modelle der Maschine eine Temperaturverteilung in ausreichender Genauigkeit ermittelt werden kann. Entsprechende Temperatursensoren werden in Abschn. 17.5 vorgestellt.

17.2.4 Signalverarbeitung – vom physikalischen Effekt zum digitalen Wert

Da die Regelung von elektrischen Maschinen heutzutage in digitaler Form mittels Mikroprozessoren (engl. Microcontroller, µC) erfolgt, müssen die hierfür erfassten Signale aufbereitet und digitalisiert werden. Hierfür ist ein geeigneter Sensor zu wählen, der entsprechend zur erfassenden physikalischen Größe diese in ein elektrisches Signal, typischerweise eine Spannung, umwandelt. In den nachfolgenden Abschnitten erfolgt die Beschreibung von gebräuchlichen Sensoren für die Erfassung von elektrischen Größen (Ströme und Spannungen), mechanischen Größen (Winkel und Drehzahl) sowie von Temperaturen. Unabhängig von der Messgröße bzw. des Sensors ist die Verarbeitungskette von der Erfassung des Rohsignals, der Verarbeitung bis zur Übertragung des digitalen Werts zum Mikroprozessor prinzipiell sehr ähnlich, was in **Abb. 5** dargestellt ist.

Der Sensor wandelt die zu messende physikalische Größe in ein analoges Spannungssignal u_M um. Typische Spannungspegel liegen hier im Bereich von Millivolt bis hin zu einstelligen Volt-Werten. In der ersten Stufe wird dieses Signal angepasst bzw. passend für die weitere Verarbeitung konditioniert. Hierbei wird das Rohsignal mit Hilfe einer Analogschaltung, welche typischerweise auf Operationsverstärkern basiert, auf einen gewünschten Spannungsbereich umgewandelt, siehe z. B. [7]. Der Signalpegel kann hierbei verstärkt oder auch durch eine Spannungsverschiebung (Offset) in geeignete Bereiche, z. B. einen positiven Spannungsbereich (0-5 V), verschoben werden. Bei Bedarf kann das Signal auch gefiltert werden, um insbesondere hochfrequente (Rausch-)Anteile aus dem Signal zu filtern. Bei der Messung von Strömen und Spannungen im Bereich der Leistungselektronik ist eine galvanische Trennung zur sicheren elektrischen Isolation zwischen dem Leistungsteil mit hoher Spannung und dem signalverarbeitenden Teil notwendig. Falls der Sensor bzw. seine Messschaltung diese Isolation nicht von sich aus gewährleistet, z. B. bei einer Strommessung mit Messshunts (siehe Abschn. 17.3.3.3), so erfolgt die galvanische Trennung mittels induktiver, kapazitiver oder optischer Koppler typischerweise an dieser Stelle.

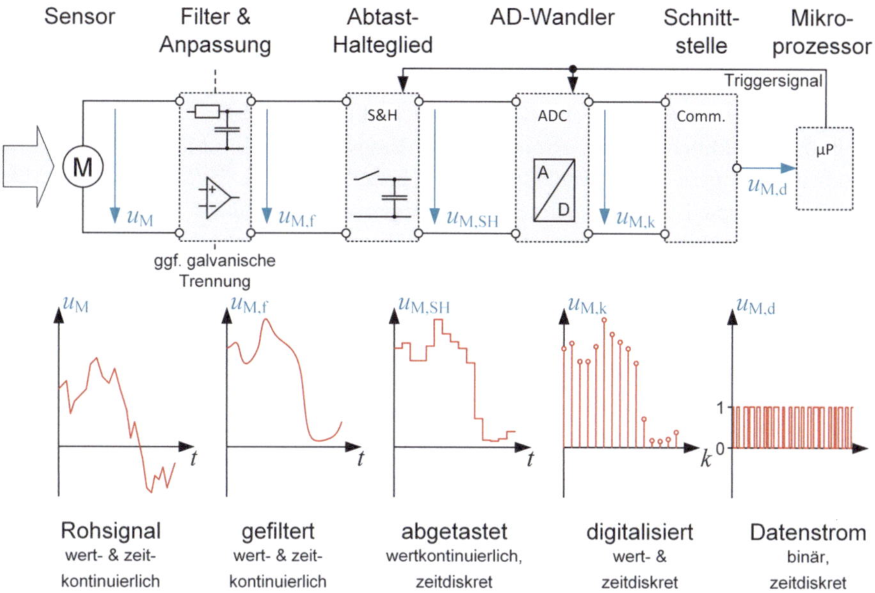

Abb. 5 Signalerfassung von Messgrößen durch Sensor, Filterung und anschließender Digitalisierung

Das angepasste und ggf. gefilterte Signal $u_{M,f}$ wird dann über ein Abtast-Halteglied (engl. **s**ample and **h**old) synchron zu passenden Zeitpunkten abgetastet, bevor dieses zeitdiskretisierte Signal $u_{M,SH}$ einem Analog-Digital-Wandler (engl. **a**nalog **d**igital **c**onverter, ADC) zugeführt wird. Im ADC erfolgt dann die Digitalisierung dieser Spannung zu diskreten Stufen ($u_{M,k}$) bzw. Digitalwerten. An dieser Stelle kann prinzipiell eine digitale Weiterverarbeitung erfolgen, z. B. eine Mittelwertbildung von mehreren abgetasteten Werten innerhalb einer Taktperiode oder auch ein digitaler Offset- und Verstärkungsabgleich zur Kompensation von bekannten, systematischen Messfehlern. Letztendlich wird der Messwert als binärer Datenstrom $u_{M,d}$ an den Mikroprozessor (μP) übertragen, wo er dann für die weitere Verarbeitung durch die Regelung zur Verfügung steht. Oftmals sind die Komponenten ab dem Abtast-Halteglied mehrfach in Mikroprozessoren integriert, so dass lediglich die Anpassschaltungen außerhalb des μP-Bauteils als separate elektronische Schaltungen realisiert werden müssen.

Die Regelung der elektrischen Maschine erfolgt auf dem Mikroprozessor in zeitdiskreter Form, wobei sich die Berechnung in jeder Taktperiode k in gleicher Weise wiederholt. Da die Leistungselektronik aufgrund ihres taktenden Betriebs auf Basis einer Pulsbreitenmodulation bereits selbst ein zeitdiskretes System darstellt, ist für eine dynamische Regelung des Antriebs die Wahl der Abtastzeit T_A analog zum Kehrwert der Taktfrequenz der Leistungselektronik naheliegend. Entscheidend für die Verarbeitung des Regelalgorithmus im Mikroprozessor sind zwei Faktoren. Erstens müssen die für die Regelung relevanten Messwerte (=Istwerte) in geeigneter Form und zum richtigen Zeitpunkt erfasst werden und zweitens muss die Berechnung der Stellgrößen ausreichend schnell erfolgen. Dieser Sachverhalt sowie die zeitliche Abfolge der einzelnen Schritte ist in **Abb. 6** dargestellt.

Die Leistungselektronik schaltet die einzelnen Leistungshalbleiter ihrer Halbbrücken auf Basis von Aussteuergraden für die einzelnen Phasenspannungen $u_{1..3}(k)$ mit Hilfe eines geeigneten Modulationsverfahren, siehe z. B. [8]. Hieraus entsteht ein gestufter Spannungsverlauf an den Klemmen der Maschine. Aufgrund des dominierenden induktiven Anteils in der Maschine folgt ein Stromverlauf in aufintegrierender Form mit Geradenstücken unterschiedlicher Steigung. Für eine genaue Regelung ist die Kenntnis des Mittelwerts des Stroms während einer Taktperiode k relevant, da dieser das elektromagnetische Verhalten während dieser Zeit repräsentiert. Dabei stellt die Leistungselektronik aufgrund ihres Schaltverhaltens bereits ein zeitlich diskretisiertes System mit der Abtastzeit T_A dar, weshalb die zugehörige Regelung ebenfalls in zeitlich diskretisierter Form erfolgt. Somit muss der Strom zu einem für den aktuellen Taktzyklus passenden Zeitpunkt derart abgetastet werden, so dass der erhaltene Messwert gerade dem Mittelwert des Stroms entspricht. Der Verlauf des Stroms bei Modulationsverfahren, welche symmetrisch zur Mitte innerhalb einer Taktperiode arbeiten, erreicht seinen Mittelwert zur Mitte des Intervalls. Somit kann der Zeitpunkt der Abtastung ausgehend von der PWM derart erfolgen, dass der abgetastete Messwert genau dem Mittelwert entspricht. Hierzu steuert die PWM-Einheit des Mikroprozessors die Abtast-Halteglieder sowie die nachgelagerten AD-Wandler über ein sogenanntes Triggersignal an, siehe Abb. 5. Alternativ zu dieser synchronisierten Abtastung kann eine Überabtastung und Wandlung der Messgrößen mit einer deutlich höheren Abtastrate als die Taktfrequenz erfolgen. Dann müssen alle zu einer Taktperiode k gehörenden Messwerte durch eine Mittelwertbildung in den relevanten Messwert $u_{1..3}(k)$ umgerechnet werden.

Die Erfassung der anderen Messgrößen (Zwischenkreisspannung u_{DC}, Rotorwinkel γ, Drehzahl ω) muss in vergleichbarer

Abb. 6 Synchronisierte Abtastung der Messgrößen und zeitliche Abfolge von Signalerfassung und Regelung

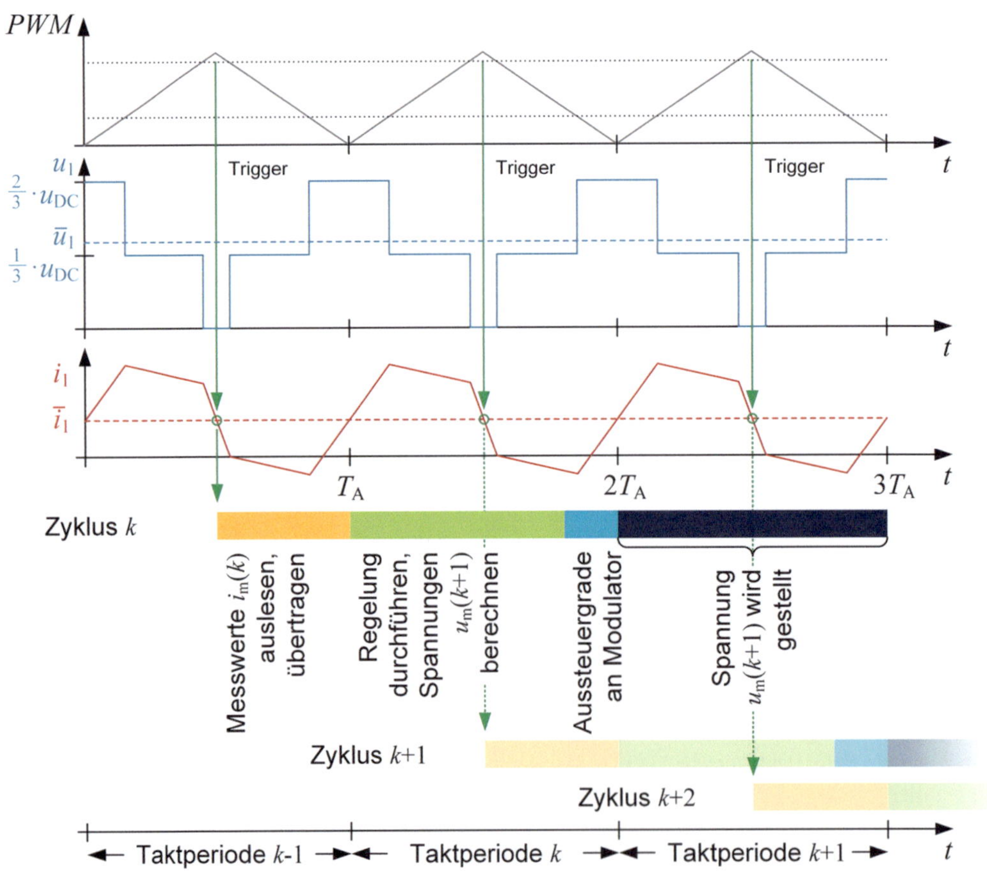

Weise entsprechend der Abtastzeitpunkte erfolgen. Allerdings weisen diese Signale keine derartigen Oberschwingungen bzw. Rippelanteile wie die Signale der Phasenströme auf.

Nachdem alle relevanten Messgrößen aus der vorangegangenen Taktperiode $k-1$ vorliegen und an den Mikroprozessor übertragen wurden, erfolgt dort die Berechnung der Regelung, Abb. 3. Diese beinhaltet die Koordinatentransformation der Ströme, den Soll-Istwert-Vergleich, die Berechnung der einzelnen Regler z. B. in Form von Proportional-Integral-Regler (PI-Regler), die Berechnung der Vorsteuerungsgrößen bzw. Entkopplung, sowie die Überwachung der Stellgrößen insb. die Nutzung der verfügbaren Zwischenkreisspannung u_{DC} für die beiden Stromregler. Darüber hinaus muss der Mikroprozessor die Vorgabe der Sollwerte für die Stromkomponenten $i_{d,S}$ und $i_{q,S}$ anhand des gewünschten Drehmoments M berechnen und das Gesamtsystem vor allem hinsichtlich der gemessenen Temperaturen überwachen bzw. gegebenenfalls das Derating steuern. Am Ende dieser Berechnung liegen die für die Maschine einzustellenden Spannungen $u_{d,q}$ vor. Diese müssen dann wieder in die Phasengrößen $u_{1..3}$ zurücktransformiert werden, woraus der Modulator die Aussteuergrade bzw. Schaltzeitpunkte der Leistungshalbleiter für die folgende Taktperiode $k+1$ berechnet.

17.3 Messung elektrischer Größen

In diesem Kapitel werden zunächst der Hall-Effekt und verschiedene darauf aufbauende Sensorprinzipien zur Strommessung im elektrischen Antriebsstrang eines Automobils vorgestellt. Mit magnetoresistiven Effekten und den darauf aufbauenden Sensorprinzipien sowie dem resistiven Spannungsfalls an einem Shunt-Widerstand werden weitere Konzepte zur Strommessung erläutert. Anhand einer anwendungsnahen Implementierung wird die Messung von im elektrifizierten KFZ üblichen Spannungen dargestellt, nachdem im vorangegangenen Unterkapitel bereits die Notwendigkeit dieser Messungen aufgezeigt und erläutert wurde. Zum Schluss des Kapitels werden noch die gängigsten Fehler bei der Signalerfassung dargestellt und mögliche Lösungsansätze genannt.

Als Vergleichswert verschiedener Sensoren, insbesondere zur Strommessung, wird häufig die Empfindlichkeit genannt. Diese ist der Quotient aus Messsignal und Messgröße [9] und beschreibt das Übertragungsverhalten des Messsystems.

17.3.1 Hall-Sensoren

Hall-Sensoren sind Elemente um Magnetfelder zu messen. Da stromdurchflossene Leiter immer ein Magnetfeld um sich herum ausbilden, kann von diesem Magnetfeld auf den Strom im Leiter geschlossen werden [10].

Im Folgenden werden sowohl der grundlegende Effekt, als auch verschiedene, darauf aufbauende, Sensorprinzipien vorgestellt und erläutert.

17.3.1.1 Hall-Effekt

Der Hall-Effekt wurde vor nunmehr 140 Jahren im November 1879 von Edwin H. Hall entdeckt und beschrieben [11]: Wird ein flacher Leiter von einem Magnetfeld durchsetzt und in orthogonaler Richtung von einem Anregestrom durchflossen, bildet sich orthogonal zu beiden Größen eine Spannung aus, **Abb. 7**. Diese hat ihren Ursprung in einer Ladungsträgerverschiebung durch die Lorentz-Kraft. Ladung wird getrennt und baut ein elektrisches Gegenfeld auf, welches die Lorentz-Kraft kompensiert.

Die sich einstellende Spannung wird Hall-Spannung U_H genannt und ist proportional sowohl zum Anregestrom I_C als

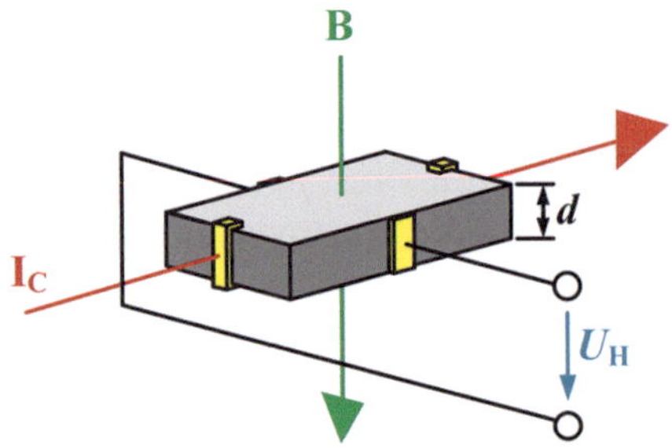

Abb. 7
Prinzipdarstellung des Hall-Effekts: Anregestrom I_C und Magnetfeld B führen zur Hallspannung U_H in einem Sensorplättchen der Dicke d [12]

Material	Hall-Konstante $A_H \,/\, \frac{m^3}{A \cdot s}$
Kupfer	$-5{,}3 \cdot 10^{-11}$
Gold	$-7 \cdot 10^{-11}$
Wismut	$-5 \cdot 10^{-7}$
Indiumantimonid (III-V-Halbleiter)	$-2{,}4 \cdot 10^{-4}$

Tabelle 1
Werte der Hall-Konstanten A_H für verschiedene Materialien [14]

auch zum Magnetfeld B und je nach Material verschieden (Gl. (12)). Dies wird durch die materialspezifische Hall-Konstante A_H berücksichtigt. Die Hall-Konstante hängt bei Materialien mit nur einer Ladungsträgerart, meist Elektronen, ausschließlich von der Ladungsträgerdichte n_L und der Ladung q des Ladungsträgers ab [13].

$$U_H = A_H \cdot \frac{I_c \cdot B}{d} \text{ mit } A_H = \frac{1}{n_L \cdot q} \tag{12}$$

In **Tabelle 1** sind verschiedene Werte für die Hall-Konstante unterschiedlicher Materialien aufgelistet. Es ist zu erkennen, dass

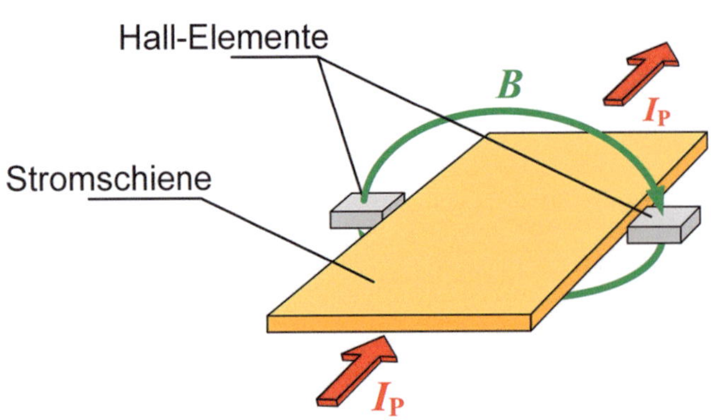

Abb. 8
Differenzielles Sensorprinzip mit Feldlinien, Hall-Elemente erfahren Feld in entgegengesetzter Richtung [16]

die Hall-Konstante um Größenordnungen variiert und der Betrag bei Materialien mit wenigen freien Ladungsträgern größer und damit der Hall-Effekt stärker ist, zum Beispiel im schlechter leitfähigen Wismut oder im Halbleiter Indiumantimonid.

17.3.1.2 Hall-Sensoren ohne Magnetkern

Hall-Sensoren können ohne speziellen Kern zur Magnetflussführung, zum Beispiel als Bauteil zur direkten Montage auf einer Leiterplatte (**p**rinted **c**ircuit **b**oard, PCB), aufgebaut werden. Diese Bausteine sind sehr preiswert, allerdings ist die Empfindlichkeit gering. Zu beachten ist dabei eine spezielle Leiterbahnführung unter dem Sensor-Baustein, damit die den Messstrom führende Leiterbahn ein charakteristisches, stromproportionales Magnetfeld bildet. Aktuelle Sensorbausteine haben bereits den Strompfad intergiert, wodurch sich die Anwendung vereinfacht [15]. Somit kann die Empfindlichkeit des Sensors bestmöglich ausgenutzt werden.

Kernlose Varianten arbeiten nach dem differenziellen Messprinzip. Dafür werden mindestens zwei Hall-Elemente verwendet, die entgegengesetzten magnetischen Flussdichten ausgesetzt sind [15], **Abb. 8**. Somit wird der Einfluss externer Magnetfelder kompensiert, wie beispielsweise das Erdmagnetfeld, welches die beiden Hall-Elemente gleichermaßen durchflutet.

Durch Anpassung einer Stromschiene kann der Stromfluss durch selbige von einem einzelnen Sensorbaustein mit zwei integrierten Hall-Elementen erfasst werden. Ein solcher Aufbau mit Aussparung innerhalb der Stromschiene ist in **Abb. 9** dargestellt. Die magnetische Flussdichte muss dabei stets entgegensetzt und senkrecht auf die jeweiligen Hall-Elemente wirken. Das Feld zwischen den Teilschienen kann vernachlässigt werden, da die Anteile zum einen nicht senkrecht auf die Hall-Elemente wirken und sich zum anderen gegenseitig auslöschen.

Der Sensorchip kann auch parallel zur Ebene der Stromschiene liegen. Dafür müssen Aussparungen in die Stromschiene eingebracht werden, **Abb. 10**. Innerhalb einer Aussparung wird die magnetische Flussdichte konzentriert. Die magnetische Flussdichte im Bereich dieser Aussparung verläuft annähernd senkrecht zur Oberfläche der Stromschiene und kann durch die Hall-Elemente im Sensorchip erfasst werden [16].

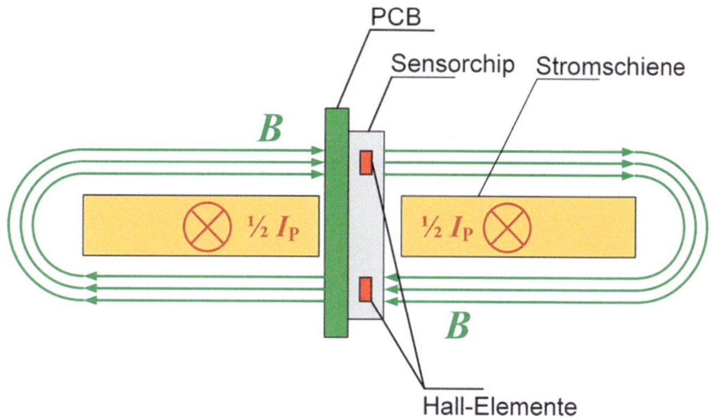

Abb. 9 Schnittdarstellung einer Stromschiene mit magnetischer Flussdichte *B* und Hall-Elementen im Sensorchip.

Vorteile:

- Keine Schirmung oder Ringkern notwendig
  - Bauraumvorteile
  - Integration direkt auf Leiterplatte möglich
  - keine Sättigung durch Ringkern
  - keine / geringe Hysterese
- hohe Dynamik möglich
- Messung von Strömen auf Innenlagen einer Leiterplatte möglich [16]

Nachteile:

- keine Schirmung gegen äußere Störungen
- kleinere magnetische Flussdichte
  - Sensor muss sehr nah an der Stromschiene liegen
  - evtl. Temperatureinwirkung durch Stromschiene

17.3.1.3 Hall-Sensoren mit integriertem, magnetischen Konzentrator (IMC)

Der Hall-Sensor Chip mit integrierten Flussleitelementen (IMC für engl. **i**ntegrated **m**agnetic **c**oncentrator) besteht wie ein konventioneller Hall-Sensorchip (Abschn. 17.3.1.2) aus zwei Hall-Elementen und einer elektrischen Schaltung zur Einprägung des Anregestroms bzw. primäre Verstärkungselektronik. Zusätzlich weist er zwei dünne strukturierte ferromagnetische Schichten, die sogenannten **m**agnetic **c**oncentrators (MC), an der Oberfläche auf [17]. Diese flussleitenden Elemente erhöhen die magnetische Kopplung und damit die Empfindlichkeit. Der Hauptunterschied besteht jedoch darin, dass die Hall-Elemente in den IMC-Varianten nicht innerhalb, sondern nahe dem Luftspalt und unter den MCs angeordnet sind, **Abb. 11**. Zusätzlich sind die Hallelemente, ebenso wie der gesamte Chip nicht senkrecht zum ursprünglichen Magnetfeld anzuordnen, sondern können parallel dazu platziert werden. Dies ermöglicht weitere Freiheiten beim Sensor- und Systemdesign.

Auch hier muss die magnetische Flussdichte senkrecht zum Hall-Strom und somit senkrecht zum Hall-Element selbst sein, damit eine hohe Empfindlichkeit gewährleistet ist.

Durch die angedeuteten Feldlinien an den planaren MCs wird verdeutlicht, dass die magnetische Flussdichte B in den MCs konzentriert wird. Unterhalb der MCs

Abb. 10 Stromschiene mit Aussparungen und Sensor-Baustein parallel zur Stromschiene [16]

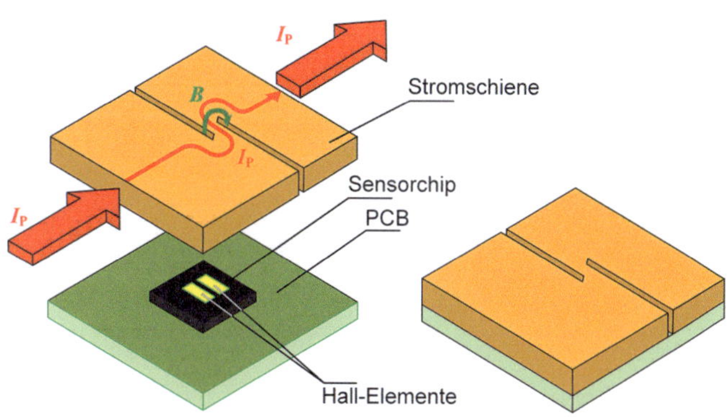

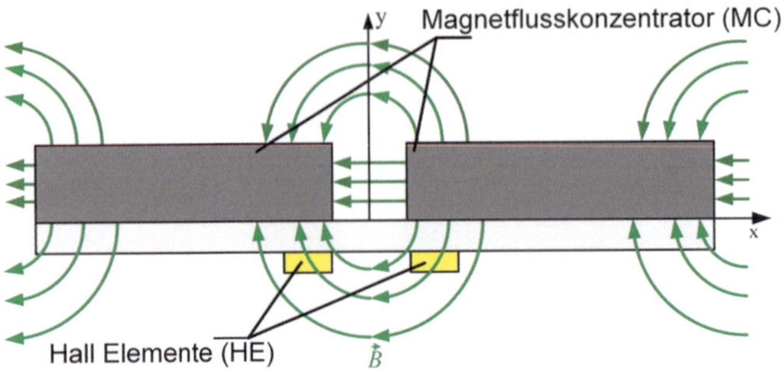

Abb. 11 Verlauf der magnetischen Flussdichte zwischen zwei MC-Elementen und die Positionierung der Hall-Elemente [18] (Der anregende Strom, ebenso wie der Rückschluss der Feldlinien, ist aus Gründen der Übersichtlichkeit nicht dargestellt.)

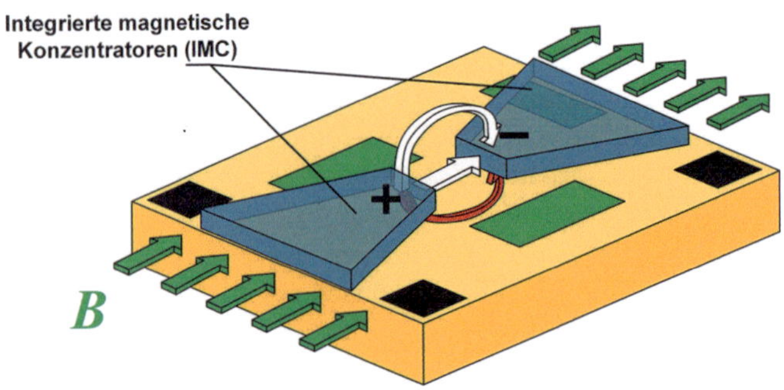

Abb. 12 Aufbau eines IMC-Sensorchips [19]

und nahe dem Luftspalt tritt ebenfalls eine erhöhte magnetische Flussdichte auf, **Abb. 12**. An dieser Stelle sind die Hall-Elemente platziert.

Ein Vertreter dieses Sensorprinzips ist der MLX91208 von Melexis [17]. Der Sensorchip besteht aus zwei planaren MCs und darunter zwei Hall Elementen. Zudem ist die Auswerte- und Kommunikationselektronik auf dem Sensorchip integriert. Der Baustein kann direkt neben einer Stromschiene eingesetzt werden, um die durch den zu messenden Strom hervorgerufene magnetische Flussdichte zu messen, **Abb. 13**.

Um die Empfindlichkeit von IMC-Hall Sensoren weiter zu erhöhen, kann die Flussdichte im Sensor mit einer flussleitenden Schirmung weiter konzentriert werden, **Abb. 14**. Die Form und das Material der Schirmung sind essenziell für die Empfindlichkeit des Sensors [20].

Vorteile

- Integration auf PCB möglich
- Sensorebene in Richtung der magnetischen Flussdichte → Bauraumvorteile
- IMC besteht aus amorphem magnetischem Material
  - hohe relative Permeabilität
  - geringe Hysterese
  - hoher Frequenzbereich
- hohe Empfindlichkeit durch Konzentratoren

Nachteile

- ohne Schirmung empfindlich gegenüber Störungen wie z. B. Crosstalk, EMV
- bei Einsatz einer magnetischen Schirmung
  - Einschränkung des Frequenzbereichs
  - komplexe mechanische Anbindung an die Stromschiene

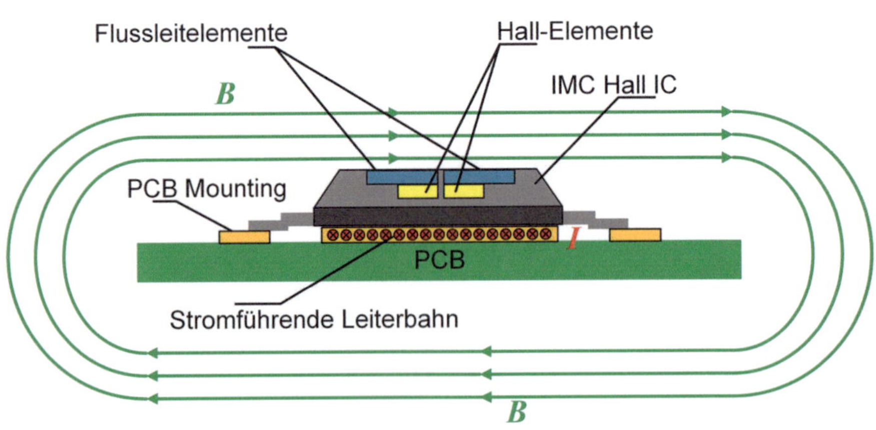

Abb. 13 Sensorposition auf einer Stromschiene mit deren *B*-Feld [20]

17.3.1.4 Ungeregelter Stromwandler (Open-Loop Hall)

Das offensichtlichste Merkmal eines Open-Loop-Hall Sensors ist der Ferritkern mit Luftspalt, welcher zur Flussleitung und -konzentration dient, **Abb. 15**. Der zu messende Primärstrom I_P wird in einem Leiter durch das Innere des Ringkerns geführt. Im Luftspalt ist ein Hall-Element eingebracht, welches von der magnetischen Flussdichte B homogen und senkrecht durchsetzt wird. Dabei wird B durch den Primärstrom I_P erzeugt. Durch die Konzentration, Homogenität und Orthogonalität von B im Hall-Element wird die Sensorempfindlichkeit bestimmt. Das Hall-Element wird häufig mit zusätzlicher Signalverarbeitung in einem ASIC (engl. **a**pplication-**s**pecific **i**ntegrated **c**ircuit) integriert [21]. Die zum Messstrom I_P proportionale Hall-Spannung U_H wird dann direkt im Sensor-Chip, **Abb. 16**,) durch die Sensorelektronik auf eine verarbeitbare Messspannung, beispielsweise im Bereich 0-5V, verstärkt und aufbereitet.

Des Weiteren ist zu beachten, dass der zur Flussdichtemessung nötige Anregestrom I_C im ASIC sehr viel kleiner ist als der primäre Messstrom I_P ($I_C << I_P$).

Vorteile

- große magnetische Flussdichte durch ferromagnetischen Ringkern.
- robust gegenüber Crosstalk verursacht durch magnetische Streufelder
- etablierte Technologie für Stromsensorik

Nachteile

- Performanceeinschränkung durch den Einsatz eines Ringkerns
    - Sättigungsverhalten
    - Hysterese
    - eingeschränkter Frequenzbereich bis ca. 50 kHz [22]
- Temperaturabhängigkeit
- eingeschränktes Sensordesign: Ringkern muss die Stromschiene umschließen

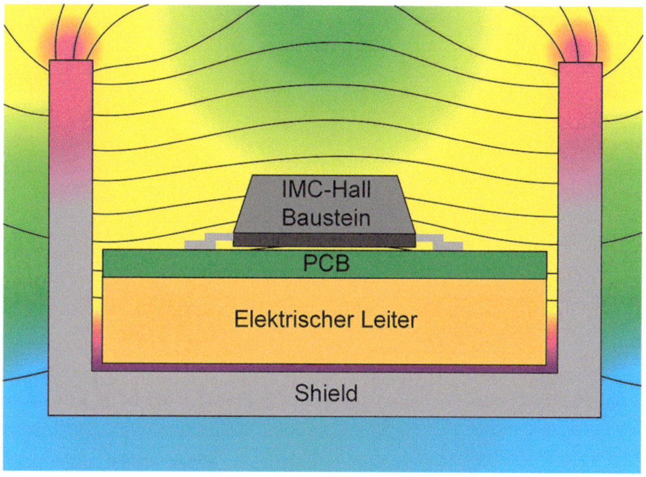

Abb. 14 Simulation der magnetischen Flussdichte bei Einsatz einer Schirmung [20]

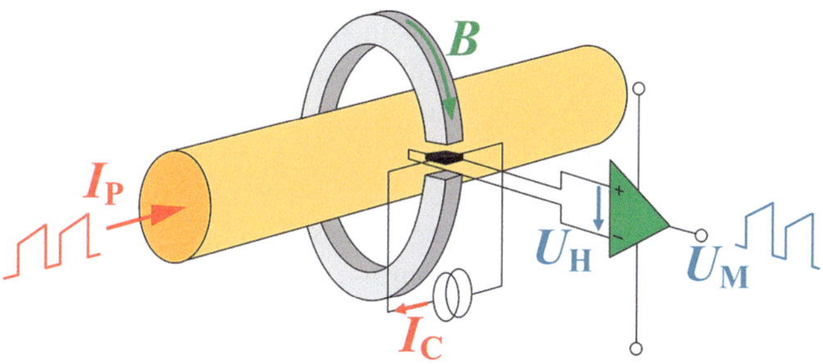

Abb. 15 Messaufbau eines Open-Loop-Hall-Effekt-Sensors [12]

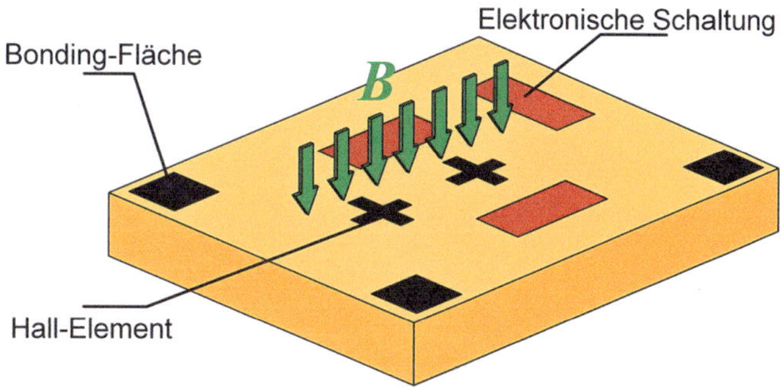

Abb. 16 Aufbau des Sensorchips [19]

17.3.1.5 Kompensationsstromwandler (Closed-Loop-Hall)

Im Sinne der Vollständigkeit wird hier das Prinzip des Kompensationsstromwandlers aufgeführt, obwohl dies im automobilen Umfeld aus Kostengründen nicht

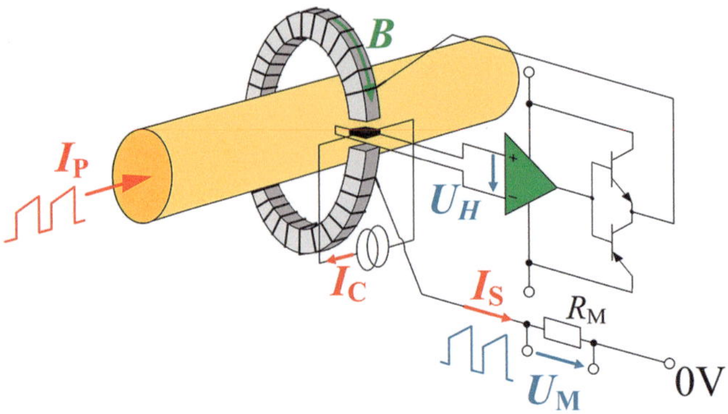

Abb. 17 Sensorprinzip eines Kompensationsstromwandlers mit Sekundärwicklung auf dem Ringkern [12]

eingesetzt wird. Derzeit ist kein kommerziell verfügbarer Stromsensor nach diesem Prinzip bekannt, welcher nach „automotive Standards" zertifiziert ist. Das Konzept entspricht weitestgehend dem der Open-Loop-Hall Stromsensoren; der Regelausgang des Differenzverstärkers ist jedoch an eine Sekundärwicklung mit vielen Windungen, der Kompensationswicklung, zurückgeführt, **Abb. 17**.

Der Strom durch die Kompensationswicklung I_S wird so geregelt, dass sich die magnetischen Flüsse von Primärwicklung (Messstrom I_P, oft nur eine Windung) und Kompensationswicklung im Ringkern kompensieren und die Hall-Spannung einen Wert von 0 V annimmt. Die Anzahl der Windungen der Kompensationswicklung entspricht dem Übersetzungsverhältnisses von Messgröße und Messsignal, beziehungsweise der Empfindlichkeit [12]. Als Messsignal dient somit der Strom aus der Sekundärwicklung. Da hier die Information des Messwerts durch einen Strom statt einer Spannung getragen wird, ist das Signal vergleichsweise störungsresistent gegenüber elektromagnetischen Einkopplungen und für längere Übertragungswege prinzipiell gut geeignet. Zur weiteren Signalverarbeitung wird das Stromsignal über einen präzisen Bürdewiderstand in ein proportionales Spannungssignal gewandelt.

Da durch die Flusskompensation über die Kompensationswicklung der Ringkern bei einem internen magnetischen Fluss nahe Null betrieben wird, zeigt dieser Sensortyp eine geringe Hysterese und Sättigung. Außerdem fungiert die Kompensationswicklung bei höheren Frequenzen ab etwa 15-20 kHz als Transformator, weshalb die Bandbreite dieser Sensoren erweitert ist [12].

Vorteile:
- große magnetische Flussdichte durch ferromagnetischen Ringkern
- robust gegenüber Crosstalk verursacht durch magnetische Streufelder
- etablierte Technologie für Stromsensorik
- Kompensationsprinzip
  - geringes Sättigungsverhalten
  - geringe Hysterese
- erweiterte Bandbreite durch Transformatorwirkung der Sekundärwicklung
- robustes Stromausgangssignal

Nachteile:
- teuer aufgrund der aufwändigen Sekundärwicklung
- keine verfügbaren, automotive-zertifizierten Sensoren
- Temperaturabhängigkeit
- eingeschränktes Sensordesign: Ringkern muss die Stromschiene umschließen
- hoher Energieverbrauch

17.3.2 Magnetoresistive Stromsensorik (xMR)

Unter xMR-Sensoren versteht man eine Reihe verschiedener Sensoren, welche prinzipiell alle auf der magnetfeldabhängigen Änderung des Widerstands in einem speziellen Material, Materialverbund oder einer Materialstruktur aufbauen. Das „x" steht hierbei als Platzhalter für das jeweilige Funktionsprinzip, bzw. die Effektstärke. Die gängigsten Varianten (AMR und GMR) sind in den nachfolgenden Abschnitten erläutert. Weitere Prinzipien, wie beispielsweise TMR (**t**unneling **m**agneto **r**esistance), sind derzeit noch im Forschungsstadium.

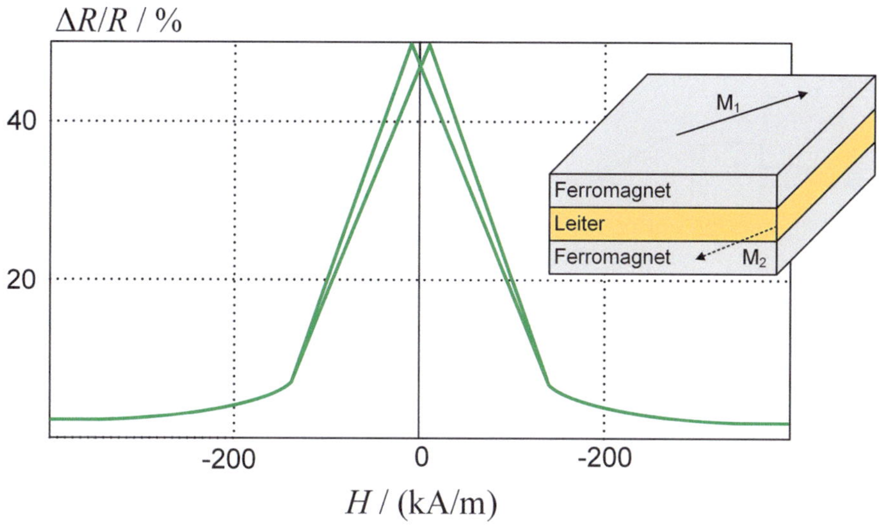

Abb. 18 Lagenaufbau eines GMR-Sensorelements und relativer Widerstandsverlauf bei Änderung des Magnetfeldes [29]

17.3.2.1 Anisotroper Magneto-Resistiver Effekt (AMR)

Der am längsten bekannte magnetoresistive Effekt tritt in ferromagnetischen Legierungen auf, speziell in Permalloy, einer Legierung aus Nickel und Eisen [23]. Bei Anlegen eines Magnetfelds richten sich die internen weissschen Bezirke nach dem externen Magnetfeld aus. Der elektrische Widerstand ist minimal, wenn Stromrichtung und Magnetfeld übereinstimmen und wird maximal, wenn sie senkrecht aufeinander stehen. Anwendung finden AMR-Sensoren bei Leseköpfen in klassischen Magnetfestplatten, aber auch bei Winkel- oder Stromsensoren [24]. Die Widerstandsänderung $\Delta R/R$ beläuft sich jedoch nur auf 3-4 %, weshalb sie nur eine geringe Empfindlichkeit aufweisen. Bei geeigneter Messwertverarbeitung lassen sich dennoch Magnetfelder bis 10 mA/m erfassen.

17.3.2.2 Gigantischer Magneto-Resistiver Effekt (GMR)

Die Forscher Peter Grünberg (Jülich) [25] und Albert Fert (Paris-Sud) [26] entdeckten parallel den **G**iganto **M**agnetic **R**esistive Effect (GMR). Für diese Entdeckung wurden sie 2007 auch gemeinsam mit dem Physik-Nobelpreis ausgezeichnet [27]. Das Sensor-Element besteht aus zwei wenige Nanometer dicken ferromagnetischen Schichten, die durch eine elektrisch leitfähige Schicht (Spacer) getrennt sind, **Abb. 18**. Die Magnetisierung (M1 und M2 in Abb. 18) der beiden ferromagnetischen Schichten kann parallel oder anti-parallel zueinander angeordnet sein [28]. Die Ummagnetisierung wird durch das Anlegen einer externen magnetischen Feldstärke H hervorgerufen. Durch die Ummagnetisierung vom parallelen in den antiparallelen Zustand weist das Messelement eine riesige (engl. giant) Widerstandsänderung auf. Dieses Prinzip kann als Multilayer aufgebaut werden, um den Messeffekt weiter zu verstärken.

17.3.2.3 Messschaltung zur Auswertung von magnetoresistiven Stromsensoren

Zur Auswertung der relativ niedrigen Widerstandsänderung der verschiedenen xMR-Elemente wird eine Wheatstone-Brücke eingesetzt. Hierbei handelt es sich um eine elektrische Messbrücke, die auf dem differenziellen Messprinzip beruht. Vier identische Messwiderstände werden gemäß dem Schaltplan in **Abb. 19** zusammengeschaltet. Für den unbelasteten Zustand muss Gl. (13) und für den belasteten

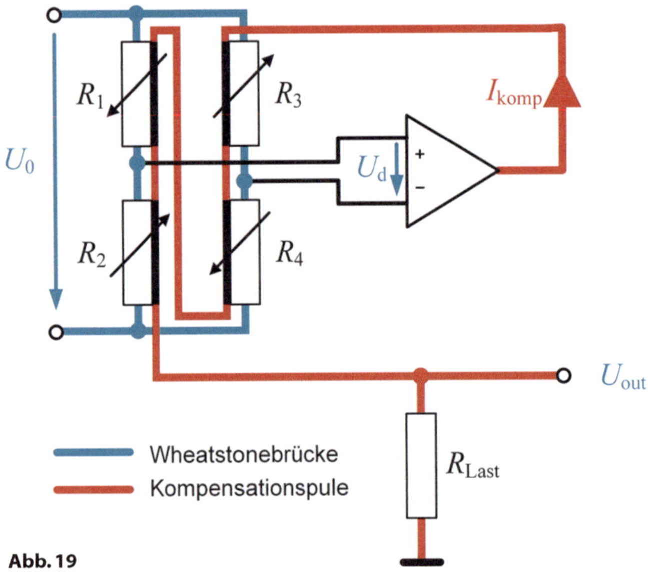

Abb. 19 Closed-Loop GMR-Sensor, eine Wheatstone-Brücke mit Kompensationsleiter [31]

Zustand Gl. (14) gelten. Wenn alle Widerständen gleich groß sind, dann gilt für die Brückenspannung $U_d = 0\,\mathrm{V}$ [30].

$$R_1 = R_2 = R_3 = R_4 = R \tag{13}$$

$$R_1 = R_4 = R + \Delta R \quad \text{und } R_2 = R_3 = R - \Delta R \tag{14}$$

Somit kann eine maximale Empfindlichkeit erzielt werden durch:

$$\frac{U_d}{U_0} = \frac{\Delta R}{R} \tag{15}$$

Die Messbrücke mit vier veränderlichen Widerständen wird als Vollbrücke bezeichnet (Gl. (15)). Eine Messbrücke mit zwei veränderlichen Widerständen wird als Halbbrücke bezeichnet (Gl. (16)); diese ist nur noch halb so empfindlich wie die Vollbrücke.

$$\frac{U_d}{U_0} = \frac{1}{2}\frac{\Delta R}{R} \tag{16}$$

Eine Viertelbrücke mit nur einem veränderlichen Widerstand ist nicht empfehlenswert, da sich das Verhältnis U_d zu U_0 nicht mehr proportional ändert.

Die Auswirkungen eines thermischen Offsets und anderer Störgrößen, die gleichermaßen auf alle vier Widerstände gleichzeitig wirken, können durch die Voll- bzw. Halbbrücke minimiert werden. Da bei gleichem Widerstand die Brückenspannung immer Null ergibt.

Sowohl AMR- als auch GMR-Brücken können mit einer sogenannten „Feedback Coil" aufgebaut werden [31], Abb. 19. Hierzu werden auf die Sensorwiderstände eine Isolationsschicht und eine leitfähige Schicht aufgebracht. Ähnlich dem Closed-Loop Hall-Sensor wird über diese Leitschicht ein Strom eingeprägt, der das zu messende magnetische Feld kompensiert. Ziel ist es, die Brückenspannung zu Null zu trimmen. Der Kompensationsstrom ist proportional zum Messstrom U_P (nicht im Bild) und wird mithilfe eines Bürdewiderstands in eine proportionale Messspannung überführt.

Vorteile:

- Temperaturkompensation durch Wheatstone-Brücke
- große Empfindlichkeit
- lineares Verhalten
- hohe Dynamik
- planare Bauform ohne Ringkern möglich

Nachteile:

- kostenintensiverer Herstellungsprozess als bei Hall-Sensoren
- Offsetfehler durch ungleiche Grundwiderstände

17.3.3 Widerstandsbasierte Strommessung

Unter einem Shunt-Widerstand ist ein niederohmiger, hochpräziser Widerstand (bis einige mΩ) zu verstehen, der direkt im Stromkreis in Serie geschaltet wird. Das ohmsche Gesetz (Gl. (17)) beschreibt, dass der Spannungsfall U_{Sh} über dem Shunt R_{Sh}

proportional zum Strom I_{Sh}, welcher den Shunt durchfließt, ist.

$$U_{Sh} = R_{Sh} \cdot I_{Sh} \tag{17}$$

Durch Verstärkung und präzise Messung dieser Shuntspannung ist die Ermittlung des Stromes möglich.

17.3.3.1 Vierleitermessung

Jedes Stück Leitung, jede Leiterbahn oder Stromschiene bewirkt bei Stromfluss einen Spannungsfall, welcher das Messsignal an einem Shunt-Widerstand verfälscht. Aus diesem Grund ist die Wahl der Position der Spannungsabgriffe am Messwiderstand sehr sorgfältig durchzuführen. Spezielle Widerstände haben bereits einen separaten, nicht vom Messstrom durchflossenen Messausgang zum Abgriff des Messsignals [30], **Abb. 20**. Parasitäre Einflüsse, welche von Anschlussleitungen und deren Kontaktierung herrühren, werden dabei umgangen. Da durch die hochimpedante Spannungsmessung über $R_{sens,1..2}$ kein Strom fließt, fällt darüber keine Spannung ab.

Da es sich nur um geringe Ausgangsspannungen handelt, um die Verluste im Messwiderstand möglichst klein zu halten (Abschn. 17.3.3.2), müssen diese meist verstärkt werden. Dazu eignen sich beispielsweise Operationsverstärkerschaltungen mit hochohmigem Eingang wie Differenzverstärker oder Instrumentenverstärker [7].

17.3.3.2 Verlustberechnung

Der vom Laststrom durchflossene Messwiderstand R_{Sh} führt zu zusätzlichen Verlusten nach Gl. (20). Die Größenordnungen sollen beispielhaft in einem System mit $P_{Last} = 100\,kW$ und $u_{DC} = 400\,V$ dargestellt werden. Für den zu messenden Laststrom ergibt sich Gl. (18)

$$I_{Sh} = \frac{P_{Last}}{u_{DC}} \tag{18}$$

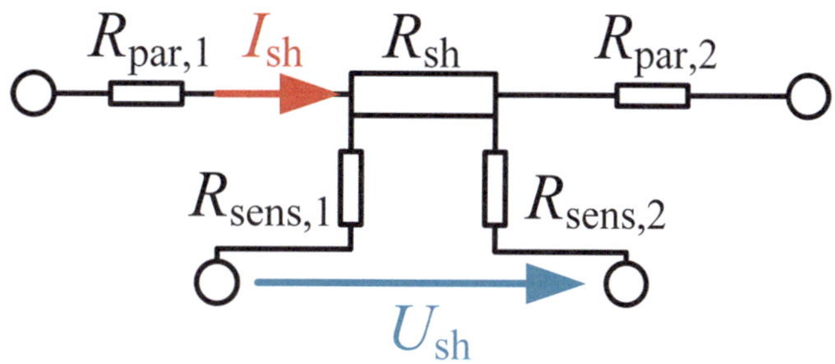

Abb. 20 Prinzip einer Vierleitermessung

und als Messwiderstand dient ein Shunt mit Gl. (19)

$$R_{Sh} = 0{,}5\,m\Omega. \tag{19}$$

Die Verlustleistung, welche im Shunt-Widerstand umgesetzt wird, ist somit nach Gl. (20)

$$\begin{aligned} P_{RS} &= I_{Last}^2 \cdot R_{Sh} = 250^2 A^2 \cdot 0{,}5\,m\Omega \\ &= 31{,}25\,W. \end{aligned} \tag{20}$$

Der sich einstellende, maximale Spannungsfall am Shunt-Widerstand und damit auch das Messsignal, welches weiterverarbeitet werden muss, ergibt sich nach Gl. (21).

$$\begin{aligned} U_{Sh} &= R_{Sh} \cdot I_{Sh} = 0{,}5 m\Omega \cdot 250 A \\ &= 0{,}125\,V. \end{aligned} \tag{21}$$

Gängige Analog-Digital-Wandler haben maximale Eingangspegel bis 2,048 V [32]. Zur Messung von positiven und negativen Strömen bleibt die Hälfte des Messbereiches von ca. 1 V, wird jedoch nur zu einem Achtel (nach Gl. (21)) ausgenutzt. Zwar kann der Messpegel mit Hilfe einer Verstärkerschaltung auf den passenden Spannungsbereich des AD-Wandler angehoben werden, allerdings bleibt das Signal zu Rausch-Verhältnis und letztendlich die Empfindlichkeit vergleichsweise schlecht.

Wie der Rechenweg aufzeigt, ergibt sich ein Zielkonflikt zwischen geringen Stromwärmeverlusten und guter Signalerfassung. Da dieser nicht aufgelöst werden kann, bleibt diese Art der Stromerfassung kleinen

Strömen vorbehalten. Für größere Ströme, wie sie im Traktionssystem auftreten ist die Strommessung über Shunt-Widerstände ungeeignet.

17.3.3.3 Elektrische Isolation

Gerade bei der Strom- und Spannungssensorik im elektrischen Traktionssystem kommen das Hochvoltnetz zur Traktion, das Niedervoltnetz für sonstige Verbraucher und die Signalverarbeitung miteinander in Berührung. Die zuvor behandelten Sensorprinzipien haben eine inhärente Trennung dieser beiden Netze. Bei einer Shunt-Messung ist dies nicht der Fall, weshalb aus Gründen der Sicherheit zusätzlich eine galvanische Trennung erfolgen muss. Zudem hat bei der Messung der Maschinenströme die galvanische Trennung eine funktionelle Notwendigkeit, da die Bezugsspannung veränderlich ist.

Die galvanische Trennung kann prinzipiell auf zwei Arten erfolgen. Zum einen besteht die Möglichkeit sogenannte Trennverstärker zu verwenden; somit findet die galvanische Trennung der analogen Signale statt. Zum anderen kann die Wandlung des analogen Messsignals in digitale Werte noch vor der galvanischen Barriere durchgeführt werden und die digitale Übertragung erfolgt anschließend über die Isolationsstrecke. Als geeignete Isolationsstrecken bieten sich optische, induktive oder auch kapazitive Strecken an.

Vorteile:

- sehr einfaches Prinzip
- günstig

Nachteile:

- nicht für hohe Ströme geeignet
- bei höheren Spannungen zusätzliche Isolationsstrecke nötig

17.3.4 Spannungsmessung

Eine weitere elektrische Größe, welche für verschiedene Regelstrategien oder zum Komponentenschutz erfasst wird, ist die Spannung. Dabei können verschiedene Spannungen gemessen werden: die Gleichspannung u_{DC} an der Batterie bzw. am Zwischenkreis oder auch die Wechselspannungen an den Motorklemmen.

17.3.4.1 Spannungsteiler

Zur Messung höherer Spannungen, z. B. der Batterie- oder Zwischenkreisspannung u_{DC} muss diese proportional an die Eingangsspannung des Analog-Digital-Wandlers angepasst werden. Dazu eignet sich im Prinzip ein klassischer, hochohmiger Spannungsteiler. Dieser bringt jedoch einige Nachteile mit sich:

- gemeinsames Bezugspotenzial
- keine galvanische Trennung
- Verfälschung durch Belastung am Ausgang

17.3.4.2 Verarbeitung der Teilerspannung

Diesen Nachteilen kann durch die weitere Signalverarbeitung begegnet werden. Um die Belastung des Spannungsteilers zu unterbinden, wird an den Spannungsabgriff ein Impedanzwandler nachgeschaltet, **Abb. 21**. Dieser führt zu einer Entkopplung der nachgelagerten Messelektronik vom Spannungsteiler.

Die Isolations- und Kriechstrecken werden eingehalten, indem die Teilerwiderstände aus mehreren Widerstandselementen aufgebaut sind. Somit fällt über jedem Einzelwiderstand nur ein Teil der Gesamtspannung ab. Zum Beispiel werden fünf Widerstände der Bauform 1206, spezifiziert für jeweils 200 V, für eine

Abb. 21 Darstellung eines Zwischenkreiskondensators und des zugehörigen Spannungsteilers und Impedanzwandlers

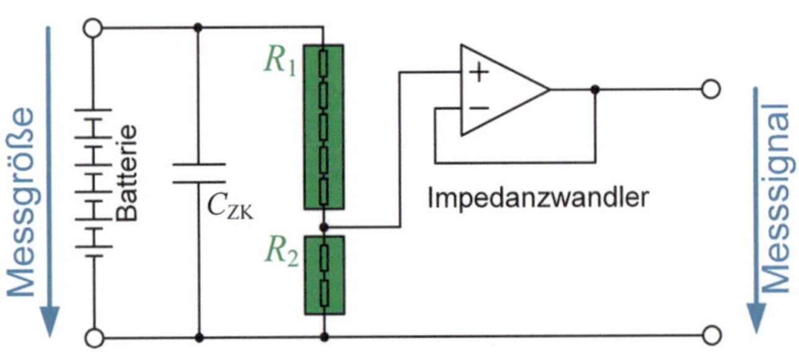

Spannungsfestigkeit >450 V verwendet, um noch genügend Reserve vorhalten zu können.

Die galvanische Trennung kann wiederum analog oder digital erfolgen. Bei analoger Trennung wird das Spannungssignal in ein pulsbreitenmoduliertes Signal überführt mit dem Aussteuergrad als spannungsproportionale Größe. Diese Rechteckpulse können über eine induktive, kapazitive oder optische Strecke isoliert werden. Die eigentliche Analog-Digital-Wandlung findet auf der Logikspannungsseite statt. Bei digitaler Trennung wird das Messsignal direkt Analog-Digital-gewandelt und beispielsweise als SPI-Daten (engl. Serial Peripheral Interface) ausgegeben, welche ihrerseits wieder mit den bereits in Abschn. 17.3.3.3 genannten Übertragungsstrecken isoliert werden kann.

17.3.4.3 Weitere Funktionen der Spannungsmessung

Eventuelle Sicherheitsfunktionen, wie Abschaltung bei zu hohen oder zu niedrigen Spannungen, sind immer direkt auf der Hochspannungsseite realisiert. Diese werden typischerweise durch diskrete elektronische Schaltungen realisiert, so dass diese im Fehlerfall schnell und unabhängig von software-verarbeitenden Komponenten reagieren können.

Die Realisierung der Spannungsmessung als klassischen Spannungsteiler hat den weiteren Vorteil, dass eine inhärente Zwischenkreisentladung vorhanden ist. Diese ist aus Sicherheitsgründen notwendig, um die Spannung der Zwischenkreiskondensatoren in einer definierten Maximalzeit auf ein sicheres Niveau zu bringen.

Mit den anwendungsnahen Werten in Gl. (22) ergibt sich eine Zeitkonstante τ nach Gl. (23) für die Entladung.

$$R_{ges} = 100\,\text{k}\Omega;\; C_{ZK} = 600\,\mu\text{F} \tag{22}$$

$$\tau = R_{ges} \cdot C_{ZK} = 60\,\text{s} = 1\,\text{min} \tag{23}$$

Nach dieser Zeit ist die Spannung am Zwischenkreiskondensator auf ~37 % seiner Ausgangsspannung abgefallen. Bei 400 V Startspannung beträgt die Restspannung nach 2 min ($2 \cdot \tau$) bereits nur noch ~54 V, was bereits als sicher gilt. Nach 5 min bzw. $5 \cdot \tau$ gilt der Zwischenkreis praktisch als entladen. Dies ist ausreichend schnell, solange kein Fehler auftritt. Im Fehlerfall muss ein aktiver, zuschaltbarer Entladepfad zur sekundenschnellen Reduktion der Spannung vorgesehen werden.

17.3.5 Fehler bei der Messung elektrischer Größen

Bei der Messung von elektrischen Größen kommt es zu verschiedenen Fehlern in der Kette von der Erfassung mit Hilfe eines physikalischen Effekts durch den Sensor bis hin zum digitalen Wert im Mikroprozessor. Somit weicht der gemessene Wert vom realen, physikalischen Wert ab. Typische Fehler bzw. Abweichungen werden in den folgenden Abschnitten beschrieben.

17.3.5.1 Offsetfehler

Von einem Offsetfehler spricht man, wenn ein Messsignal über den kompletten Messbereich des Messsystems hinweg von einem ideal fehlerlosen Signal um denselben Wert abweicht. Bei einer Messgröße von 0 ist dieser Wert direkt ersichtlich und entspricht dem Messsignal, **Abb. 22a**).

Dieser Fehler kann beispielsweise durch eine nichtideale Referenzspannung oder durch diverse Bauteiltoleranzen hervorgerufen werden. Ein weiterer Einflussfaktor auf diese Fehlerart ist die Temperatur.

Vor allem bei Strommessungen ist ein Offsetfehler leicht kompensierbar. Dabei wird das verbleibende Messsignal ohne Stromfluss gemessen und gespeichert. Dies erreicht man zum Beispiel im stromlosen Betrieb bei offenen Schützen. Während des Betriebs kann dieser gespeicherte Wert berücksichtigt werden.

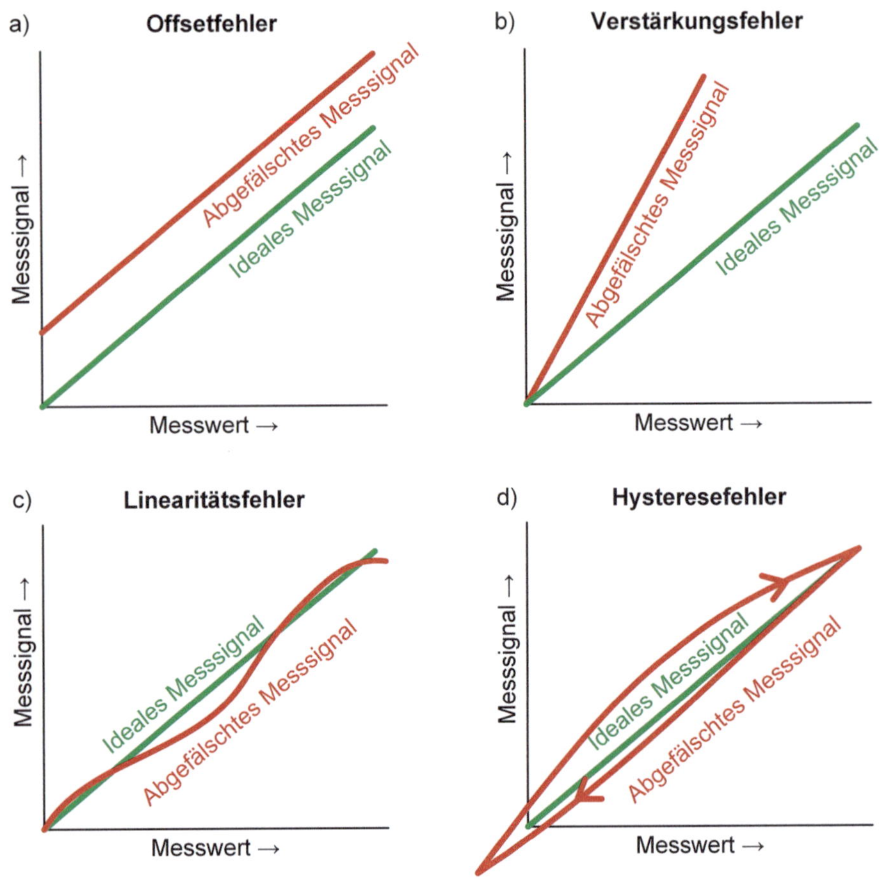

Abb. 22 Darstellung diverser statischer Fehler

17.3.5.2 Verstärkungsfehler

Von einem Verstärkungsfehler spricht man, wenn die Empfindlichkeit nicht der erwarteten entspricht bzw. der Gradient des Messsignals vom ideal zu erwartenden Gradienten abweicht, **Abb. 22b**). Oder anders ausgedrückt, wenn sich der Betrag der Abweichung des Messsignals proportional mit der Messgröße ändert. Dies kann zum Beispiel durch Abweichungen der passiven Bauteilwerte und damit nichtidealen Teilerverhältnissen hervorgerufen werden.

Im Rahmen einer End-of-Line-Kontrolle kann ein definierter Messwert eingeprägt werden und so die tatsächliche Verstärkung der Messelektronik bestimmt werden. Wird diese im Steuergerät hinterlegt, kann die tatsächliche Verstärkung im späteren Betrieb berücksichtigt werden.

17.3.5.3 Nichtlinearitäten

Diese Messfehlerkategorie tritt speziell in Sensoren mit Magnetkern auf. Ferritische Materialien weisen gewisse Sättigungseffekte und Ummagnetisierungsverluste auf und führen so zu einer variierenden Verstärkung über den gesamten Betriebsbereich, **Abb. 22c**).

17.3.5.4 Hysteresefehler

Ebenso wie Nichtlinearitäten in der Sensorkennlinie kann bei Sensoren mit Magnetkern ein Hystereseeffekt die Kennlinie verfälschen. Hierbei ergibt sich bei steigender Messgröße eine andere Kennlinie als bei sinkender Messgröße, **Abb. 22d**). Wenn die Messgröße nicht nur Vollzyklen durchfährt, sondern auch Teilzyklen, kann das Messsignal den kompletten Bereich zwischen positiver und negativer Maximalkennlinie einnehmen. Eine Kompensation dieser Fehlerart ist daher schwer realisierbar.

17.3.5.5 Dynamischer Fehler

Reale Ströme bestehen nicht nur aus den Sinussignalen für die Maschinenansteuerung. Sie beinhalten auch Verzerrungen bzw. Oberschwingungen, welche von der Ansteuerung und Arbeitsweise der Leistungselektronik herrühren. In **Abb. 23** ist ein beispielhafter Frequenzgang einer Stromerfassungseinheit dargestellt. Man erkennt die konstante Verstärkung (Gain) im niederen Frequenzbereich; jedoch fällt zu höheren Frequenzen die Verstärkung ab. Parallel dazu ist der Phasengang aufgezeigt. Die Phasenverschiebung (Phase) ist bei kleinen Frequenzen kein Problem, während sie zu hohen Frequenzen hin bis auf 180° steigt. Dies entspricht einer Vorzeichenumkehr dieser Schwingungen. Folglich muss das Frequenz- und Phasenverhalten eines Sensors bei der Auswahl gemäß der zu erfassenden Frequenzanteile berücksichtigt werden.

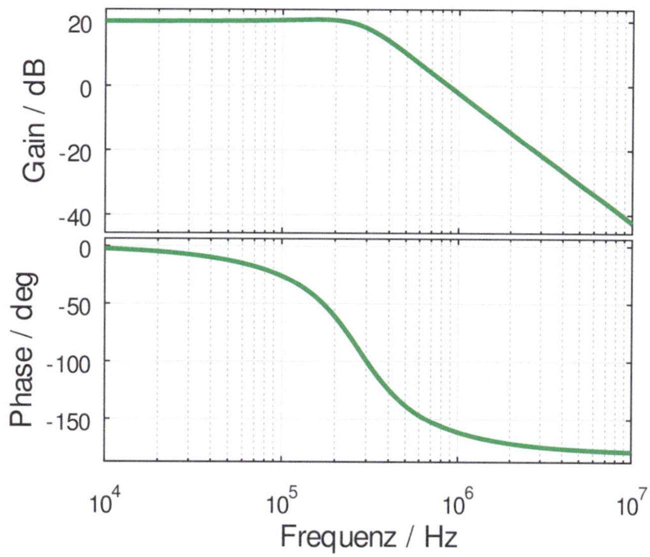

Abb. 23 Frequenzverhalten eines beispielhaften Stromsensors

17.4 Winkel- und Drehzahlmessung

Die Sensoren zur Drehzahl- oder Lagemessung bei elektrischen Maschinen werden häufig als Drehzahl- oder Lagegeber bezeichnet. Derartige Motor-Feedback-Systeme wandeln die relative Position zweier beweglicher Teile (ein rotierender und ein feststehender) in ein elektrisches Signal um, welches anschließend weiterverarbeitet wird. Aufgrund der zunehmenden Elektrifizierung des Antriebstrangs im Automobilbereich werden neue Sensortopologien entwickelt, um den hohen Anforderungen gerecht zu werden. In diesem Abschnitt werden die gängigsten Motor-Feedback-Systeme vorgestellt, die bevorzugt im Automobilbereich zum Einsatz kommen. Dazu zählen vorwiegend reluktanzbasierte Resolver, wirbelstrombasierte Rotorlagegeber und magnetische Inkrementalgeber (auch Encoder genannt), die nach dem Prinzip der magnetischen Induktion arbeiten. Darüber hinaus existieren weitere Motor-Feedback-Systeme, die jedoch selten im elektrischen Antriebstrang eingebaut werden. Die hohen Anforderungen führen dazu, dass Motor-Feedback-Systeme, die auf einem optischen Wirkprinzip beruhen, nicht im automobilen Umfeld eingesetzt werden [33].

Die Lagemessung ist in den meisten Fällen zwingend notwendig, um die feldorientierte Regelung zu bewerkstelligen, siehe Abb. 3. Die Winkelinformation wird für die dq-Transformation der dreiphasigen Systemgrößen verwendet, vergleiche Gl. (6).

Die folgende **Abb. 24** zeigt eine Übersicht der gebräuchlichen physikalischen Grundprinzipien, die typischerweise bei Gebersystemen eingesetzt werden.

Bei der Auswahl des Motor-Feedback-Systems müssen eine Vielzahl von Anforderungen aus verschiedenen Bereichen berücksichtigt werden. Gerade bei der Verwendung im Automobil sind die Anforderungen an das System in vielen Bereichen höher als bei gewöhnlichen Anwendungen,

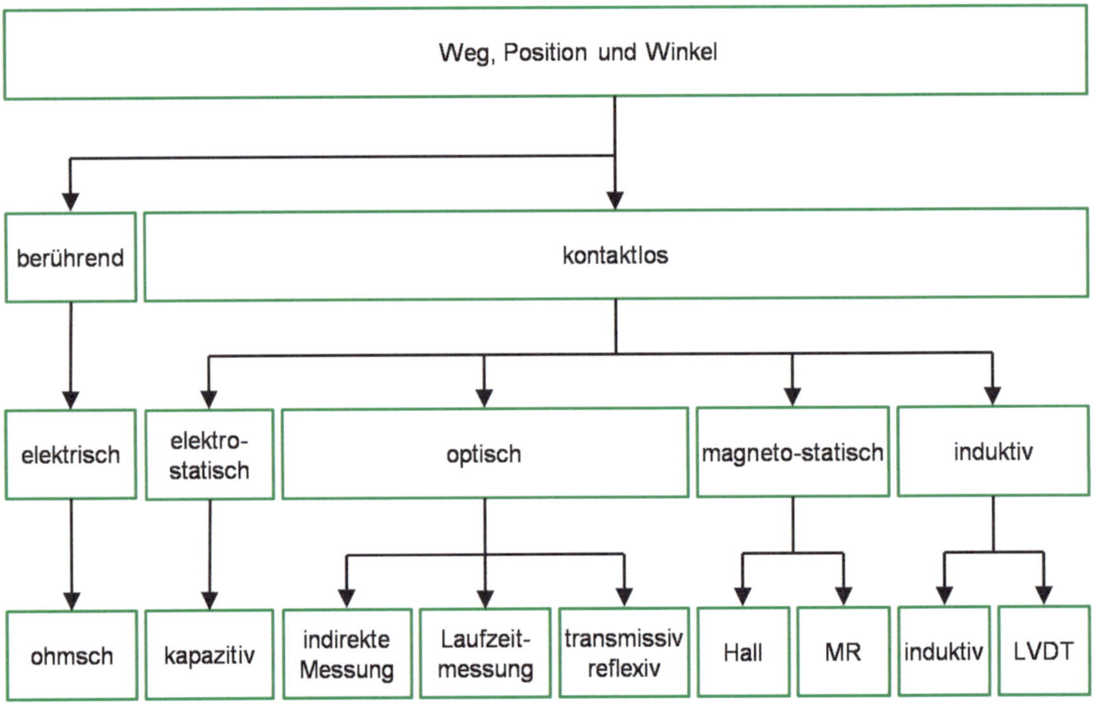

Abb. 24 Übersicht der möglichen Sensorprinzipien (MR = Magneto Resistiv, LVDT = Linear Variable Differential Transformer

wie beispielsweise in der Industrie. So müssen die Motor-Feedback-Systeme, neben der geforderten Genauigkeit und Auflösung, robust gegenüber rauen Umgebungsbedingungen sein (Feuchtigkeit, Temperatur, Vibration), eine lange Lebensdauer besitzen und darüber hinaus kostengünstig sein.

Der folgende Abschnitt legt den Fokus daher auf Drehwinkelsensoren, die den erhöhten Anforderungen im Automobilbereich gerecht werden. Dazu werden Drehgeber gezählt, die auf der Basis von induktiven, kapazitiven und magnetischen Wirkprinzipien beruhen.

17.4.1 Resolver als Rotorlagegeber

Das grundlegende Funktionsprinzip wird allgemeingültig anhand eines zweipoligen „klassischen“ Resolvers hergeleitet. Ein zweipoliger Resolver kann innerhalb einer Motorumdrehung die absolute Winkellage der Motorwelle ermitteln. Der mechanische Winkel des Resolverrotors entspricht dann dem mechanischen Winkel γ_m des angebundenen Motors. Aus den Resolversignalen wird die Winkelinformation und im weiteren Schritt die Drehzahl errechnet. Der Resolver besteht grundlegend aus zwei funktionalen Baugruppen, dem Stator (feststehende Transformatoren) und dem Rotor (Drehtransformator).

Über die angeschlossene Elektronik wird ein hochfrequentes Erregersignal mit konstanter Frequenz und Amplitude eingeprägt. Über die induktive Kopplung der stehenden Erregerspule (feststehender Transformatorteil), wird das Erregersignal kontinuierlich und mit konstanter Amplitude auf den Rotor (drehender Transformatorteil) übertragen. Der Rotor überträgt über eine weitere induktive Kopplung sein Signal auf die stehenden Sinus- und Cosinusspulen (weitere feststehende Transformatorteile). Je nach Ausrichtung des Rotors ist die induktive Kopplung zwischen dem Rotor und der Sinus- und Cosinus-

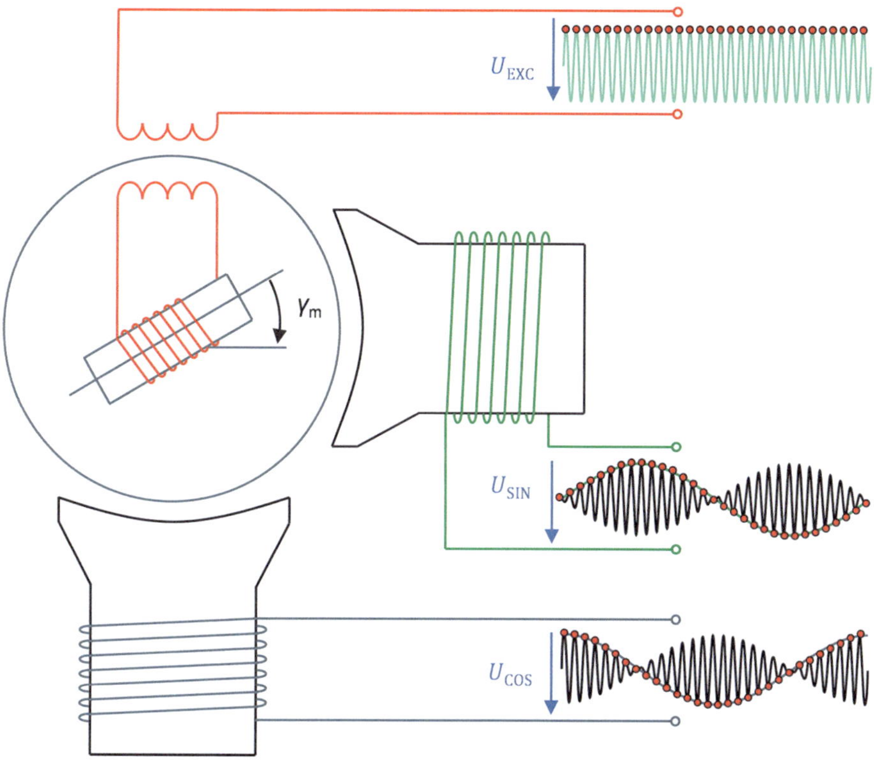

Abb. 25 Schematische Darstellung eines extern induktiv erregten Resolvers mit Sinus- und Cosinusspule. Die orthogonale Anordnung führt zu zwei um 90° verschobenen Sensorsignalen. Die synchronen Abtastzeitpunkte sind bei den Signalverläufen mit roten Punkten markiert.

spule unterschiedlich ausgeprägt, was zu zwei amplitudenmodulierten Signalen in den feststehenden Spulen führt, **Abb. 25**. Aufgrund der orthogonalen Anordnung der feststehenden Sinus- und Cosinusspule, werden um 90 ° phasenverschobene Signale generiert.

Je nach Resolvertyp erfolgt die Generierung der Sinus- und Cosinussignale über die induktive Anregung des Rotors oder über den veränderlichen magnetischen Widerstand (Reluktanz) des Rotors. Letzteres ist im Automobilbau aufgrund der erhöhten Robustheit gegenüber elektromagnetischen Störfeldern häufig anzutreffen.

Abbildung 25 zeigt den typischen Verlauf des Anregungssignals (engl. **exc**iting signal) „EXC" (Gl. (24)) und die Resolver-Ausgangssignale „SIN" (Gl. (26)) und „COS" (Gl. (27)) der orthogonal angeordneten Spulen.

Die Signalverläufe berechnen sich nach den folgenden Formeln:

$$U_{\mathrm{EXC}}(t) = A \sin(\omega_{\mathrm{e}} t) \tag{24}$$

$$\begin{aligned} \Phi_{\sin} &= A\, K_{\mathrm{s}} \cos(\omega_{\mathrm{e}} t) \sin(\gamma_{\mathrm{m}}) \\ \Phi_{\cos} &= A\, K_{\mathrm{c}} \cos(\omega_{\mathrm{e}} t) \cos(\gamma_{\mathrm{m}}) \end{aligned} \tag{25}$$

$$\begin{aligned} U_{\sin}(t) &= \frac{\mathrm{d}\,\Phi_{\sin}}{\mathrm{d}t} \\ &= A\, RT_1 \sin(\omega_{\mathrm{e}} t) \sin(\gamma_{\mathrm{m}}) \\ &\quad + A\, RT_2 \cos(\omega_{\mathrm{e}} t) \cos(\gamma_{\mathrm{m}}) \frac{\mathrm{d}\,\gamma_{\mathrm{m}}}{\mathrm{d}t} \end{aligned} \tag{26}$$

$$\begin{aligned} U_{\cos}(t) &= \frac{\mathrm{d}\,\Phi_{\cos}}{\mathrm{d}t} \\ &= A\, RT_1 \sin(\omega_{\mathrm{e}} t) \cos(\gamma_{\mathrm{m}}) \\ &\quad + A\, RT_2 \cos(\omega_{\mathrm{e}} t) \sin(\gamma_{\mathrm{m}}) \frac{\mathrm{d}\,\gamma_{\mathrm{m}}}{\mathrm{d}t} \end{aligned} \tag{27}$$

U_{EXC} = Referenzspannung
$U_{\sin}(t)$ = Ausgangsspannung 1 des Stators
$U_{\cos}(t)$ = Ausgangsspannung 2 des Stators
A = Amplitude der Eingangsspannung
ω_{e} = Winkelfrequenz von U_{EXC} (Erregerfrequenz)
γ_{m} = Rotorwinkel

K_s = Übersetzungsverhältnis Sinusspur
K_c = Übersetzungsverhältnis Cosinusspur
RT_1 = Übersetzungsverhältnis 1
RT_2 = Übersetzungsverhältnis 2
p = Polpaarzahl

Die Resolver-Ausgangssignale enthalten die überlagerten Hüllkurven, mit denen die Lageinformation nach Gl. (28) berechnet werden kann.

$$\gamma_m = \arctan2\left(\frac{U_{sin}}{U_{cos}}\right) \tag{28}$$

Für die Arkustangens2-Funktion wird die Definition nach Gl. (29) verwendet.

$$\arctan2(y,x) = \begin{cases} \arctan\left(\frac{y}{x}\right) & \text{für x} > 0 \\ \arctan\left(\frac{y}{x}\right) + \pi & \text{für x} < 0, \text{y} \geq 0 \\ \arctan\left(\frac{y}{x}\right) - \pi & \text{für x} < 0, \text{y} < 0 \\ +\frac{\pi}{2} & \text{für x} = 0, \text{y} > 0 \\ -\frac{\pi}{2} & \text{für x} = 0, \text{y} < 0 \\ 0 & \text{für x} = 0, \text{y} = 0 \end{cases} \tag{29}$$

Eine Auswerteelektronik mit einem Analog-Digital-Wandler (vergl. Abschn. 17.2.4) tastet die Resolver-Ausgangssignale synchron zu den Maximalwerten des Erregersignals ab, wodurch die hochfrequenten Anteile der Ausgangssignale eliminiert werden.

Da das Erregersignal in der Auswerteelektronik gebildet wird, sind die erforderlichen Abtastzeitpunkte exakt bekannt. Die Auswertelektronik erfasst damit lediglich die Scheitelwerte der Messsignale und eliminiert auf diese Weise das Erregersignal. Die synchrone Abtastung kann in Abb. 25 durch die rot eingezeichneten Abtastzeitpunkten bei den Signalverläufen nachvollzogen werden. Die Abtastung hat dabei nicht zwingend mit der Erregungsfrequenz zu erfolgen, jedoch muss ein ganzzahliges Vielfaches der Anregungsfrequenz verwendet werden, um die amplitudenmodulierte Hüllkurve der Nutzsignale rekonstruieren zu können. Das Prinzip der zeitsynchronen Abtastung und Signalauswertung kann im Abschn. 17.2.4 detaillierter nachgeschlagen werden.

Ein Multipol-Resolver ist eine weitere grundlegende Ausführungsform und besitzt $2p$ Pole, vergleichbar zu einer elektrischen Maschine mit entsprechender Polpaarzahl. In Abhängigkeit der Polpaarzahl wiederholt sich zyklisch das generierte Resolversignal: Der elektrische Winkel des Resolvers entspricht dann p-mal dem mechanischen Winkel (Gl. (30)).

$$\gamma_e = \gamma_m\, p \tag{30}$$

Durch den Multipol-Resolver wird die Auflösung erhöht und damit auch die Genauigkeit des geregelten Systems. Um die Winkellage des Motors weiterhin absolut aufnehmen zu können, kann die Polpaarzahl des Resolvers entsprechend der Polpaarzahl des Motors gewählt werden. Andernfalls sind eine Umrechnung und ggf. ein Abgleich der Nulllage erforderlich.

17.4.2 Resolver mit reluktanzbasierter Signalgenerierung

Im Gegensatz zum „klassischen" Resolver wird bei reluktanzbasierten Resolvern keine Spule im Rotor benötigt. Die drehwinkelabhängige Änderung des magnetisch wirksamen Widerstands (= Reluktanz) und der damit einhergehenden Veränderung der Induktivität wird über einen speziell geformten Rotor erzeugt. In **Abb. 26** ist ein Resolver mit einem Polpaar abgebildet. Die variable Kopplung von Rotor und Stator führt zu dem gewünschten Signalverlauf der Sinus- und Cosinusspur.

Eine weitere Ausbaustufe dieser Aufbauvariante ist durch eine Wiederholung der Rotorgeometrie möglich, wodurch die Auflösung des Resolvers erhöht wird.

$$U_{\sin}\sin(\omega_e t) = A\left(RT_1\sin(\omega_e t)\sin(\gamma_m) + RT_2\cos(\omega_e t)\cos(\gamma_m)\,\frac{d\gamma_m}{dt}\right)\sin(\omega_e t)$$
$$= \frac{1}{2}A\left(RT_1[1-\cos(2\omega_e t)]\sin(\gamma_m) + RT_2\sin(2\omega_e t)\cos(\gamma_m)\,\frac{d\gamma_m}{dt}\right) \quad (31)$$

$$U_{\cos}\sin(\omega_e t) = A\left(RT_1\sin(\omega_e t)\cos(\gamma_m) + RT_2\cos(\omega_e t)\sin(\gamma_m)\,\frac{d\gamma_m}{dt}\right)\sin(\omega_e t)$$
$$= \frac{1}{2}A\left(RT_1[1-\cos(2\omega_e t)]\cos(\gamma_m) + RT_2\sin(2\omega_e t)\sin(\gamma_m)\,\frac{d\gamma_m}{dt}\right) \quad (32)$$

Der abgebildete Resolver besteht im Stator aus mehreren nebeneinander angeordneten Spulen, die zyklisch miteinander verschaltet sind. Bei einem Rotor mit mehreren ausgeprägten Nocken, **Abb. 27**, **Abb. 28**, **Abb. 29**, im Blechpaket, ist eine bestimmte Anzahl von verschalteten Spulen im Stator notwendig, um die Signale zu generieren. Dabei ist nicht jede Konfiguration, in Bezug auf die Anzahl der Spulen im Stator und die Anzahl der Nocken im Rotor, beliebig kombinierbar [38]. Entsprechend der Polpaarzahl der Traktionsmaschine kann die Polpaarzahl des Resolvers angepasst werden. So stehen beispielsweise bei der Fa. Tyco Electronics die Polpaarzahlen 2, 3, 4, 5, 6, 8, 10, 12 und 18 zur Verfügung [34].

Neben der bisher gezeigten Bauform als Innenläufer können die Resolver auch als Außenläufer ausgeführt werden. Dafür wird die Anordnung von Stator und Rotor invertiert, d. h. der feststehende Teil wandert nach innen und der drehende Teil des Resolvers wird nach außen verlagert.

17.4.3 Auswerteprinzipien bei Signalen und Elektronik

Im folgenden Abschnitt werden die Möglichkeiten zur Berechnung des Rotorlagewinkels aus den Resolversignalen erläutert. Außerdem wird eine kommerziell erhältliche Lösung vorgestellt.

17.4.3.1 Demodulation

Für beide folgenden Möglichkeiten zur Berechnung des mechanischen Rotorlagewinkels ist die Demodulation der Signale nötig. Im folgenden Abschnitt werden die Herangehensweise und die Problemstellungen in Bezug auf die Demodulation erläutert. Um die Trägerschwingung $\sin(\omega_e t)$aus den Signalen $U_{\sin}$ und $U_{\cos}$ (vergl. Gl. (26) und Gl. (27)) zu entfernen, werden diese erneut mit selbiger multipliziert.

Durch diese Maßnahme werden in den Gleichungen Gl. (31) und Gl. (32) die hochfrequenten Anteile, welche durch die sin- und cos-Gleichungsterme mit $2\,\omega_e t$ ausgedrückt werden, entfernt, woraus die Gleichungen Gl. (33) und Gl. (34) resultieren.

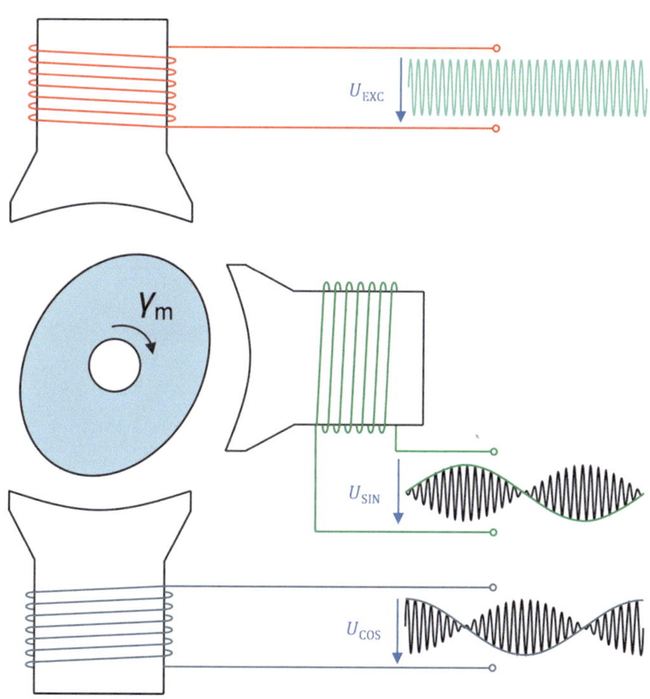

Abb. 26 Resolver mit Rotor nach dem Reluktanzprinzip.

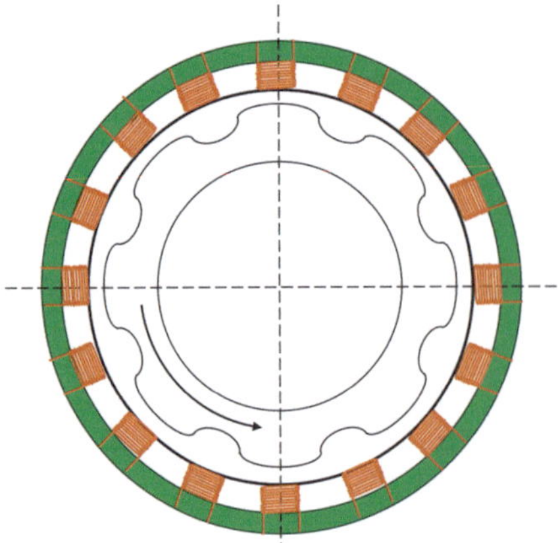

Abb. 27 Reluktanz-Resolver als Innenläufer ausgeführt. (16 Spulen mit 8 Polen für Elektromotoren mit 8 Polpaaren)

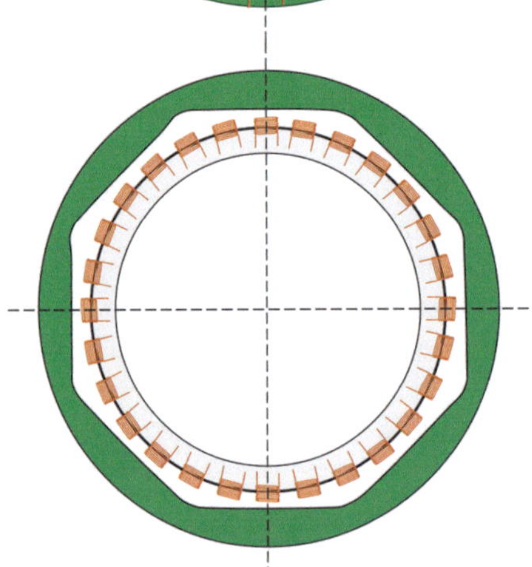

Abb. 28 Als Außenläufer ausgeführter Reluktanz-Resolver (28 Spulen mit 8 Polen für Elektromotoren mit 8 Polpaaren). Der Resolver wird im „Schaeffler-Hybridmodul" eingesetzt.

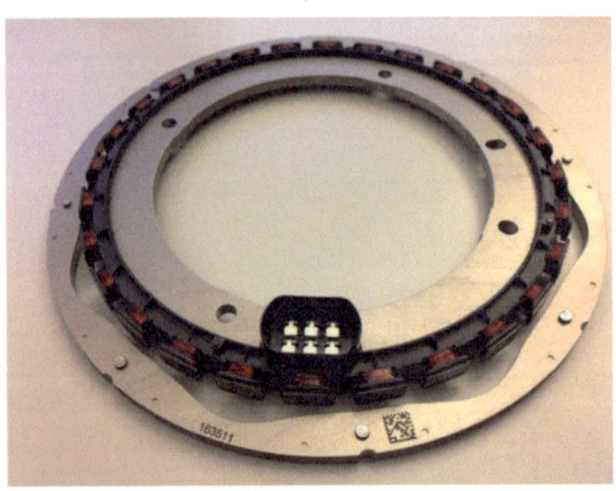

Abb. 29 Fotografie des Reluktanz-Resolvers, der im „Schaeffler Hybridmodul" eingesetzt wird, © Schaeffler AG 2019. All Rights Reserved.

$$U_{\text{sin,demod}} = \frac{1}{2} A R T_1 \sin(\gamma_m) \quad (33)$$

$$U_{\text{cos,demod}} = \frac{1}{2} A R T_1 \, cos(\gamma_m) \quad (34)$$

Bei der Rückführung der Signale, um die Demodulation durchzuführen, muss auf die Synchronisation der Trägersignale mit den trigonometrischen Funktionen geachtet werden. Im Falle einer fehlerbehafteten Synchronisation kann eine Phasendrehung von 180° entstehen, die plausible Signale generiert, da sie lediglich eine Vorzeichenumkehr in Gl. (33) und Gl. (34) verursacht. Jedoch entsteht eine Invertierung der demodulierten Signale, welche zu einem Fehler in der Rotorlagewinkelberechnung von 180° führt.

Die jeweils zweiten Summanden aus den Gleichungen Gl. (26) und Gl. (27) sind bei der Synchronisation störende Einflüsse. Sie bewirken je nach Drehzahl und somit $d\gamma_m / dt$ eine Verzerrung des sinusförmigen Trägers.

Der Arkustangens (Arctan2-Funktion) mit zwei Argumenten (Gl. (29)) ist die direkteste Möglichkeit den Winkel aus Resolversignalen zu berechnen. Der einfache Arkustangens reicht aufgrund des auf $\pm\pi/2$ eingeschränkten Wertebereichs nicht aus, eine volle elektrische Umdrehung darzustellen.

Die direkte Berechnung ist jedoch sehr störanfällig, da alle kleinen Signalveränderungen direkt im berechneten Winkel wiedergegeben werden. Um die Winkelausgabe zu glätten, kann eine sogenannte „Tracking Loop" verwendet werden. Jeweils ein Design für Tracking Loops zweiter und dritter Ordnung werden in [36] vorgestellt und die zugehörigen Parameter erläutert. Die Ordnung bezieht sich dabei auf die Anzahl der enthaltenen Integratoren.

17.4.3.2 Angular Tracking Observer (ATO)

Als ATO wird eine Tracking Loop bezeichnet, bei der nicht der Winkel, sondern Sinus und Cosinus des Winkels zurückgeführt werden. Ein schematisches Bild ist in **Abb. 30** dargestellt.

Das Funktionsprinzip des ATO basiert auf einer Tracking Loop in Kombination mit der folgenden trigonometrischen Umformung in Gl. (35). Dabei bezeichnet γ_m den Winkel der Resolversignale bei 1 und Γ den zurückgeführten Winkel bei 2 in Abb. 30.

Die Rückführungen werden dementsprechend so gewählt, dass die Sinusspur mit $\cos(\Gamma)$ und die Cosinusspur mit $\sin(\Gamma)$ multipliziert wird. Gilt die Bedingung aus Gl. (36), so kann die Sinusfunktion aus Gl. (35) vernachlässigt werden. Dies wird durch die Tracking Loop gewährleistet.

Aus Abb. 30 ist auch zu entnehmen, dass hier die bereits demodulierten Signale verwendet werden. Die Signale können auch gemeinsam nach der Subtraktion demoduliert werden, wie dies in [35] der Fall ist. Beispielhafte Implementierungen sowie Integrationskonstanten und Filterkoeffizienten können ebenfalls aus [35] entnommen werden.

17.4.4 Messunsicherheiten bei Drehgebern mit Sinus-, Cosinusauswertung

In der Realität sind die Signale auf Grund der Fertigungstoleranzen, der dynamischen Ungleichheit, der thermischen Ausdehnungen, Nichthomogenität, usw. nicht 100 % sinusförmig. Die Fehler lassen sich in zwei Kategorien einteilen: systematischer Fehler und stochastische Fehler.

Abbildung 31 zeigt eine Übersicht der gängigsten Messunsicherheiten, die bei einem Drehgebersystem auftreten können. Sie werden im Folgenden einzeln kurz erläutert. Die Liste erhebt dabei keinen Anspruch auf Vollständigkeit.

$$\sin(\gamma_m)\cos(\Gamma) - \cos(\gamma_m)\sin(\Gamma) = \sin(\gamma_m - \Gamma) \tag{35}$$

$$\sin(\gamma_m)\cos(\Gamma) - \cos(\gamma_m)\sin(\Gamma) \approx (\gamma_m - \Gamma) \text{ für } (\gamma_m - \Gamma) \approx 0 \tag{36}$$

Offset

Ein Offsetfehler in Amplitudenrichtung äußert sich durch eine Verschiebung des demodulierten Sinussignals in der y-Achse. Die beiden Sensorsignale oszillieren um verschiedene Referenzachsen.

Phasenverschiebung

Bei einem Phasenversatz zwischen den beiden Signalen, der von den idealen 90° zwischen dem Sinus- und Cosinussignal abweicht führt zu einem Fehler bei der Auswertung. Dabei kann ein Signal vor- oder nacheilend gegenüber dem anderen Signal sein. Dieser Fehlertyp kann, ähnlich wie der Offsetfehler, mit verhältnismäßig einfachen Mitteln kompensiert werden.

Amplitudenunterschied

Die Eingangssignale können in der Realität unterschiedliche Amplituden haben. Die Ursache dafür sind mechanische Toleranzen oder auch Unterschiede in der elektrischen Signalverarbeitung der beiden Sensoren (z. B. Temperaturkompensation). Um dennoch den Winkelfehler gering zu halten, müssen die beiden Eingangssignale normiert werden, was den Amplitudenunterschied begrenzt.

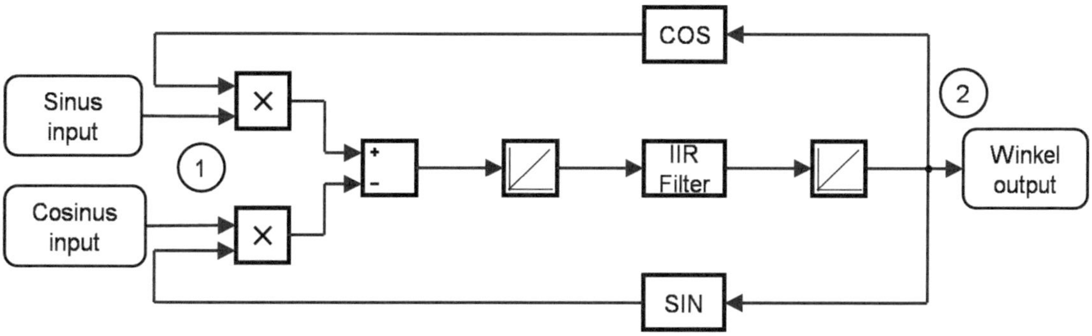

Abb. 30 Schematisches Strukturbild eines Angular Tracking Observer.

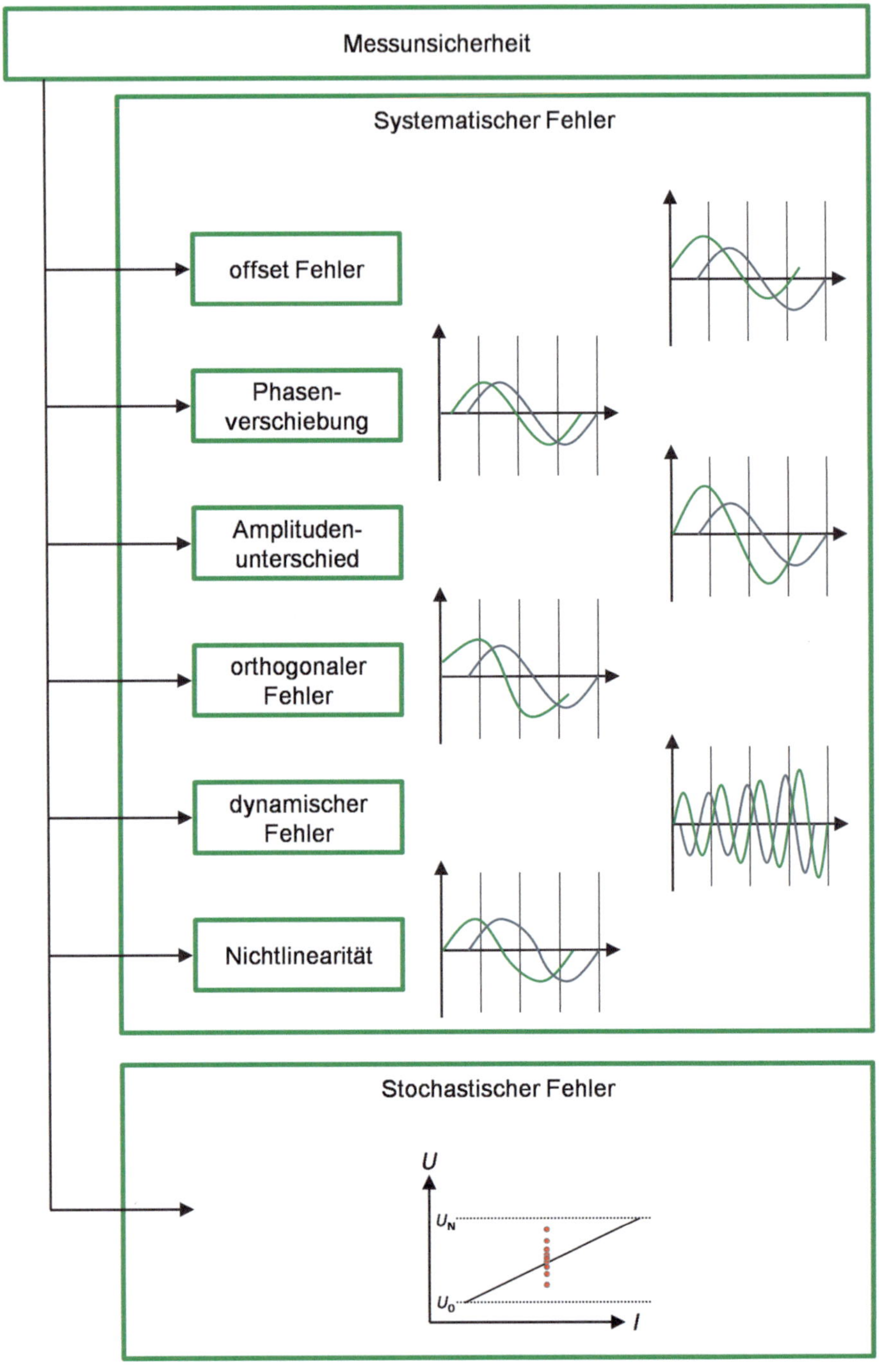

Abb. 31 Übersicht der Messunsicherheiten: Typische Fehler eines Winkelsystems mit Arctan2-Funktion.

Orthogonale Fehler
Eine wichtige Fehlerart für Arctan2-Funktion ist der orthogonale Fehler, er beschreibt den relativen Winkelfehler zwischen beiden Sensorsignalen. Dabei werden die Signale in der komplexen Ebene betrachtet. Während bei einem idealen Sinussignal ein Kreis entsteht, wird beim orthogonalen Fehler von

einer Ellipse ausgegangen (siehe Amplitudenunterschied). Die Ellipsen der beiden Signale sind in diesem Fall jedoch noch zusätzlich um den Ursprung verdreht. Ein auftretender orthogonaler Fehler kann durch das Lösen des Gleichungssystems der zwei Ellipsen bestimmt und kompensiert werden.

Dynamischer Fehler
Durch Veränderung der stationären Arbeitspunkte entstehen dynamische Fehler. Dazu zählen beispielsweise die Änderung der Temperatur oder aber auch Beschleunigungs- und Abbremsvorgänge innerhalb des drehgebenden Systems, was dann zur Amplitudenänderung in den Signalverläufen führt.

Nichtlinearitäten
Nichtlinearitäten in den Signalverläufen führen bei der Umrechnung mit Hilfe der Arctan2-Funktion ebenfalls zu einem nichtlinearen Verlauf des Drehgebersignals im stationären Zustand. Ein derartiger Fehlertypus kann unter Verwendung einer Look-up-Tabelle kompensiert werden.

Stochastische Fehler
Stochastische Fehler sind Fehler mit zufälligem Charakter und können in der Regel nicht direkt korrigiert werden. Jedoch können über statistische Methoden die Einflüsse und Eigenschaften ermitteln ermittelt werden, um damit indirekt den Fehlerbetrag begrenzen zu können (z. B. Monte-Carlo-Analyse).

17.4.5 Wirbelstromsensoren (Eddy Current Sensors)

Ein weiteres Sensorprinzip, welches in der Automobilbrache häufig anzutreffen ist, sind Motor-Feedback-Systeme auf Basis von Wirbelströmen. Das dabei zugrundeliegende physikalische Prinzip ist das der elektromagnetischen Induktion: Ändert sich der magnetische Fluss, der einen Leiter durchsetzt, so wird ein elektrischer Strom induziert. Dieser Wirbelstrom erzeugt wiederum ein Magnetfeld, welches dem ursprünglichen Feld entgegengesetzt ist (Lenz'sche Regel). Im Bereich der elektrischen Motoren ist dieser Effekt besonders im Rotor- und Statorblech relevant, da die vom Drehfeld erzeugten Wirbelströme hier zu Verlusten führen.

Für die Erfassung der Rotorlage kann das Wirbelstromprinzip aber auch vorteilig genutzt werden. Dazu erzeugt eine Erregerspule ein hochfrequentes Magnetfeld, welches in der daneben positionierten Winkelscheibe (Rotor) die gewünschten Wirbelströme induziert. Durch das entgegengesetzte Feld wird die Induktivität der Erregerspule beeinflusst. Diese ändert sich in Abhängigkeit von der Distanz zum Target. Ist also das vorbeiziehende Target so geformt, dass dessen Abstand zur Spule im Verlauf der Motordrehung variiert, so kann diese Änderung an der Erregerspule erfasst werden. Aufgrund der verwendeten hohen Frequenzen liegt die auswertende Elektronik meist direkt am Sensor. Es bietet sich erneut an, eine zweite Spule mit 90° Winkelversatz zu verwenden, um die Rotorlage entweder als Sinus-/Cosinussignal oder als inkrementelles Signal auszugeben. In **Abb. 32** ist ein Wirbelstromsensor mit mehreren Nocken dargestellt [37].

Wie auch bei anderen magnetische Sensoren ist einer der Vorteile des Wirbelstromprinzips die Unempfindlichkeit gegenüber Schmutz. Zusätzlich bietet er aber auch eine hohe magnetische Störfestigkeit, d. h. externe Streuflüsse stellen nur eine geringe Sensitivität für den Sensor dar.

17.4.6 Magnetische Inkrementalgeber

Magnetische Inkrementalgeber messen, wie im Namen bereits enthalten, nicht die absolute Winkellage, sondern stattdessen lediglich deren Änderung. Dazu wird ein

Abb. 32 Motor Feedback-System nach dem Wirbelstromwirkprinzip mit Winkelscheibe der Firma *Electricfil Automotive*.

Polrad verwendet, welches, abwechselnd als Nord- und Südpol, magnetisierte Bereiche aufweist, **Abb. 33**. Durch das Vorbeistreichen dieser Magnete an einem auswertenden Sensor kann so die Bewegung des Polrades gemessen werden. Da mit nur einem Sensorelement lediglich die Drehrate, nicht aber deren Richtung bestimmt werden kann, wird ein zweiter Sensor um das Viertel einer Polteilung versetzt angebracht. Dadurch ergibt sich zwischen den Signalen der beiden Sensoren eine Phasenverschiebung von 90 °, durch welche dann der Änderung des Magnetfeldes auch eine eindeutige Drehbewegung zugeordnet werden kann.

Abb. 33 Schematische beispielhafte Darstellung einer xMR-Off-Axis-Anordnung.

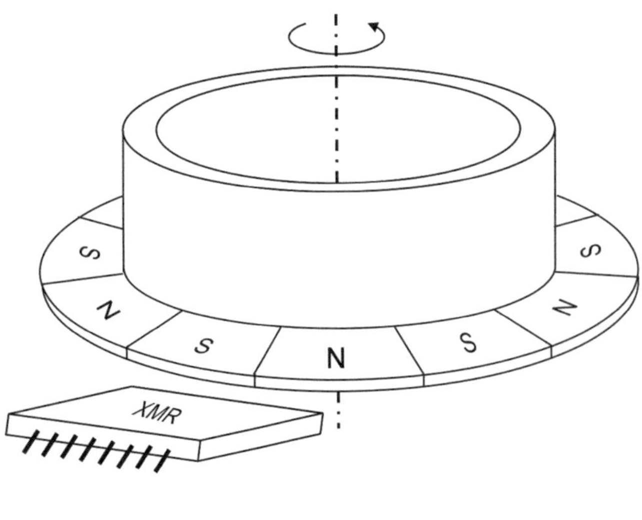

Typische Werte für die Polpaarzahl des Polrades liegen bei 48, können aber auch deutlich darüber liegen. Um auch ohne Erhöhung der Polpaarzahl eine bessere Auflösung zu erhalten, werden bei der Vierfachauflösung alle Flanken der beiden Sensoren innerhalb einer Periode gezählt.

Da die Signale dieses Gebertyps lediglich die Änderung der Winkellage angeben, wird zudem noch eine weitere Magnetspur verwendet, die eine feste Referenzposition signalisiert. Nach Anschalten des Systems muss dann in einem ersten Schritt diese Referenzmarke angefahren werden, um danach ausgehend von dieser die absolute Winkellage berechnen zu können, **Abb. 34** und **Abb. 35**.

17.5 Temperaturmessung

Bei der Elektrifizierung des Antriebsstrangs sind zum Schutz der Komponenten und Systeme Temperatursensoren an verschiedenen Stellen nicht wegzudenken. Komponenten die besonders empfindlich auf Übertemperaturen reagieren sind die Batterie, die Leistungselektronik, der Elektromotor und die Steuergeräte. Diese Komponenten verursachen jeweils Verlustleistungen. Beim Elektromotor sind dies unter anderem Kupferverluste, Eisenverluste, Reibungsverluste, Wirbelstromverluste und noch viele weitere, welche eine Wärmeenergie Q_W erzeugen. Aus der Differenz zwischen der durch Verluste erzeugte Wärmeenergie und der abgeführten Wärme (z. B. durch die Kühlung) lässt sich eine Temperaturänderung errechnen. Die Wärmeenergie ist zunächst nach Gl. (37) das Integral der Verlustleistung P_v [44].

$$Q_W = \int_{t_0}^{t_1} P_v \, dt \tag{37}$$

Im einfachsten Fall, ohne Abführung von Wärme aus einem homogenen Körper, lässt sich damit die Temperaturerhöhung mithilfe der Wärmekapazität C in Gl. (38) errechnen. Die Wärmekapazität ist das Produkt aus Masse m des Körpers und der spezifischen Wärmekapazität c.

$$\Delta T = \frac{Q_W}{C} = \frac{Q_W}{c \cdot m} \tag{38}$$

Ein komplexes Antriebssystem ist jedoch kein einzelner homogener Körper. Im System gibt es viele thermische Abhängigkeiten und Verkopplungen. Zum Schutz oder auch für die temperaturabhängige Nachführung von Regelungsparametern ist eine gute Kenntnis der Temperatur an verschiedenen Punkten wichtig. Für das weitere Kapitel über die sensorische Temperaturmessung ist es demnach essenziell, den Begriff der Temperatur zu definieren. Die absolute Temperatur, oder auch thermodynamische Temperatur genannt, ist eine der sieben SI-Basiseinheiten. Als Formelzeichen ist der Buchstabe T geläufig. Historisch ist Kelvin K von der landläufig bekannten und in Deutschland aber auch international häufig verwendeten Celsius-Skala (°C) abgeleitet und bedient sich dessen Schrittweite. Allerdings bezieht sich die Kelvin-Skala auf die nach dem dritten Hauptsatz der Thermodynamik theoretisch tiefste zu erreichende Temperatur, den absoluten Nullpunkt. Dieser liegt bei 273,15 °C und damit kann der Nullpunkt der Celsius-Skala auf 273,15 K redefiniert werden. In den USA und ein paar weiteren Ländern wird jedoch nicht die SI-Einheit, sondern Grad Fahrenheit (°F) genutzt. Gl. (39) stellt die entsprechende Umrechnungsformel dar, welche speziell bei internationalen Projekten zu beachten ist.

Dieses Kapitel befasst sich zunächst mit einer grundlegenden Übersicht der Messprinzipien, die im Automobilumfeld wichtig sind und geht dann tiefer auf die

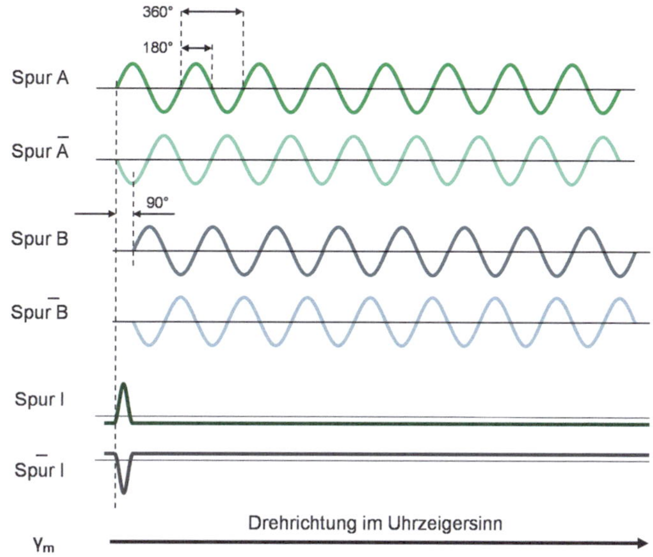

Abb. 34 Schematische Darstellung der Signalspuren eines Inkrementalgebers. Differentielle Signale mit Referenzspur liegen in der Darstellung als analoge Werte entsprechend der magnetischen Feldstärke des Sensormagneten vor.

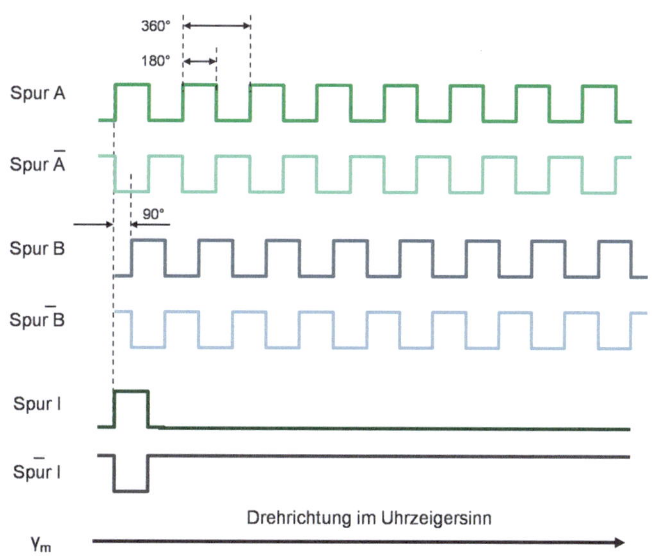

Abb. 35 Zeit- und wertdiskretisierte Umsetzung, welche typischerweise aus einem xMR Sensor versendet wird.

$$\text{Temp. in °F} = \text{Temp. in K} \cdot \frac{9}{5} \frac{\text{°F}}{\text{K}} - 459{,}67\,\text{°F} \tag{39}$$

$$R_T(T) = R_{25} \cdot (1 + \alpha \cdot \Delta T) = R_{25} \cdot \left(1 + \alpha \cdot (T - T_{25})\right) \quad (40)$$

Temperaturbestimmung des Elektromotors ein.

17.5.1 Übersicht der Messprinzipien zur Temperaturerfassung

Für die Messung einer Temperatur lassen sich verschiedene temperaturabhängige Eigenschaften auswerten. Diese sind die Änderung des elektrischen Widerstandes eines Materials (widerstandsveränderliche Prinzipien), die auftretende Thermospannung (Thermoelemente) oder die von Körpern ausgehende elektromagnetische Strahlung (Pyrometer). Die verschiedenen Verfahren sind in **Tabelle 2** grundlegend gegenübergestellt.

In den folgenden Abschnitten werden die widerstandsveränderlichen Prinzipien und die Thermoelemente näher erläutert. Pyrometer kommen oft nur bei frühen Prototypen zum Einsatz oder um auf Platinen ein defektes Bauteil zu identifizieren. Aus diesem Grund werden sie in diesem Kapitel nicht näher erläutert. Eine gute Kontaktmessung ist in der Regel die genauere Messung, da es bei der Temperaturbestimmung mit einem Pyrometer viele Einflussfaktoren gibt – alleine der Emissionsgrad ist oft nicht fehlerfrei ermittelbar.

17.5.1.1 Widerstandsveränderliche Prinzipien

Bei widerstandsveränderlichen Prinzipien wird die Temperaturabhängigkeit des elektrischen Widerstandes (in Ohm) von verschiedenen leitenden Materialien genutzt. Der Wert ändert sich gemäß Gl. (40). In Tabellen und Datenblättern wird der Widerstand üblicherweise bei Raumtemperatur $T_{25} = 25\,°C = 298.15\,K$ als R_{25} angegeben. Der Temperaturkoeffizient α in K^{-1} ist materialabhängig. Die Temperaturdifferenz ΔT wird in K angegeben.

Für die Kupferwicklung der Elektromaschine wurde dies schon in Gl. (11) erläutert. Bei den widerstandsveränderlichen Prinzipen kommen verschiedene Materialien und Kombinationen zum Einsatz, die dementsprechend den Temperaturkoeffizienten verändern. Je nachdem ob der Temperaturkoeffizient positiv oder negativ ist, wird zwischen Heiß- und Kaltleiter unterschieden. Die weiteren Unterschiede und Eigenschaften werden im Folgenden genauer erläutert. Allgemein werden widerstandsveränderliche Typen ausgewertet, indem ein konstanter Strom in den Widerstand eingeprägt wird, um den Spannungsfall über dem Widerstandsthermo-

Tabelle 2 Verfahren zur Temperaturerfassung

Bezeichnung	Prinzip	Vorteile	Nachteile	Messbereich
Heißleiter (NTC)	Temperaturabhängiger Widerstand	Gute Langzeitstabilität, günstiger Preis, einfache Auswertung	Eigenerwärmung, keine Normung	–80 °C bis +250 °C
Kaltleiter (PTC)	Temperaturabhängiger Widerstand	Genormte Platinsensoren (Pt), gute Langzeitstabilität	Eigenerwärmung	–200 °C bis +600 °C
Thermoelemente	Thermospannung	Schnelles Reaktionsverhalten, Normung, allgemein robuste Materialien	Bei einige Materialtypen Oxidationsprobleme, teurer	-270 °C bis +1820 °C
Pyrometer	Wärmestrahlung	Berührungslos	Emissionsgrad muss ausreichend bekannt sein	-50 °C bis +5000 °C

meter zu messen. Hierbei ist auf die Eigenerwärmung des Messwiderstandes zu achten.

Heißleiter

Der Heißleiter (engl. **n**egative **t**emperature **c**oefficient thermistor, NTC), verringert seinen Widerstand bei entsprechender Temperaturerhöhung. Er hat somit einen negativen Temperaturkoeffizienten. Heißleiter werden vor allem aus einer Mischung von Halbleiterwerkstoffen wie NiO, CoO, Co_3O_4, Fe_2O_3, Mn_3O_4, TiO_2, CuO, Cu_2O, PbO gefertigt [40]. Typische Temperaturkoeffizienten sind in der Größenordnung von 0,03 bis 0,06 K^{-1} [42]. Standard-NTC-Widerstände können materialbedingt im Temperaturbereich von -80 bis +250 °C eingesetzt werden. Das Schaltzeichen ist in **Abb. 36** gezeigt.

In Datenblättern wird nach DIN 44070 der Widerstand bei 25 °C und 85 °C angegeben. Aus diesen beiden Widerstandswerten lässt sich *B* bestimmen, welches die Steilheit der Widerstandskennlinie angibt.

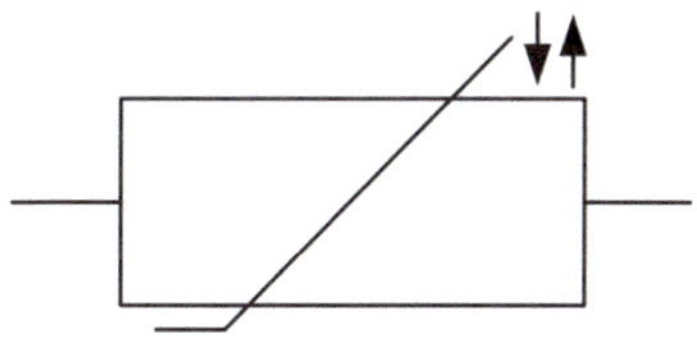

Abb. 36 Schaltsymbol Heißleiter (NTC)

Mithilfe von *B* kann dann der Widerstand näherungsweise mit Gl. (41) bei anderen Temperaturen *T* bestimmt werden. Dabei werden die Werte auf die Referenztemperatur und den Referenzwiderstand bei 25 °C bezogen.

$$R(T) = R_{25} \cdot \exp\left[B\left(\frac{1}{T} - \frac{1}{T_{25}}\right)\right] \tag{41}$$

In **Abb. 37** sind verschiedene NTC-Typen gegenübergestellt. Es ist zu erkennen, dass Heißleiter einen stark nichtlinearen Zusammenhang zwischen Widerstand und Temperatur aufweisen. Auf die Auswertung von NTCs wird in Abschn. 17.5.2.1 genauer eingegangen.

Abb. 37 Übersicht verschiedene NTC-Typen

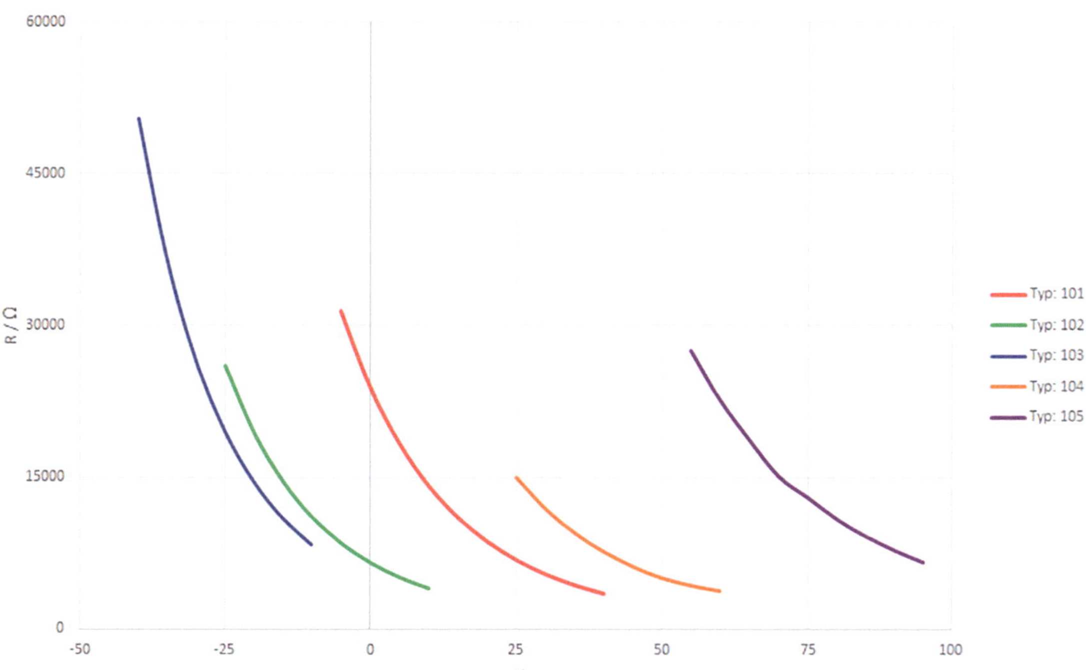

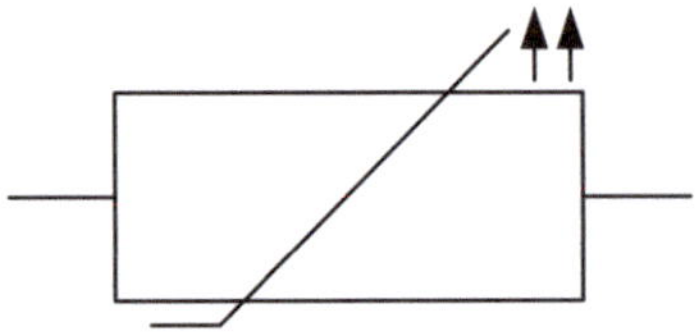

Abb. 38 Schaltsymbol Kaltleiter (PTC)

Kaltleiter

Der Kaltleiter (engl. **p**ositive **t**emperature **c**oefficient termistor, PTC) erhöht seinen Widerstandswert bei entsprechender Temperaturerhöhung. Er hat somit einen positiven Temperaturkoeffizienten. Als Kaltleiter eignen sich fast alle Metalle. Sehr geläufige Kaltleiter sind Platin-Messwiderstände wie der PT100 oder PT1000. Bei 0 °C besitzt der PT100 einen Widerstand von 100 Ω, der PT1000 entsprechend einen Wert von 1000 Ω. Die Platinwiderstände sind nach IEC 751 und DIN EN 60751 genormt. Da Platin jedoch teuer ist, werden diese im automobilen Bereich selten eingesetzt. Das Schaltsymbol ist in **Abb. 38** gezeigt.

In **Abb. 39** sind verschiedene PTC-Typen dargestellt. Ersichtlich ist, dass die Platinwiderstände PT100 und PT1000 sehr lineare Kennlinien über einen großen Betriebsbereich haben und bei 0 °C ihren Nennwert von 100 Ω und 1000 Ω erreichen. Dem gegenüber ist die Kennlinie vom PTC Typ 201 nicht über den gesamten Betriebsbereich linear. Dieser Messfühler ist gegenüber dem Platinsensor günstiger, jedoch ist ein größerer Aufwand für die Linearisierung bei der Signalauswertung nötig.

17.5.1.2 Thermoelemente

Thermoelemente bestehen aus zwei Metalldrähten unterschiedlicher Materialien, die an der Messstelle verschweißt sind. Ausgewertet wird die Spannung, die aufgrund von Temperaturdifferenzen zwischen Messstelle (Heißstelle) und Vergleichsstelle (Kaltstelle) entsteht. Dieser Thermospannungseffekt wurde 1821 von Thomas Johann Seebeck entdeckt und deswegen auch als Seebeck-Effekt bezeichnet. Bei Thermoelementen werden nicht die Absolutwerte von Temperaturen gemessen, sondern lediglich eine Temperaturdifferenz. In

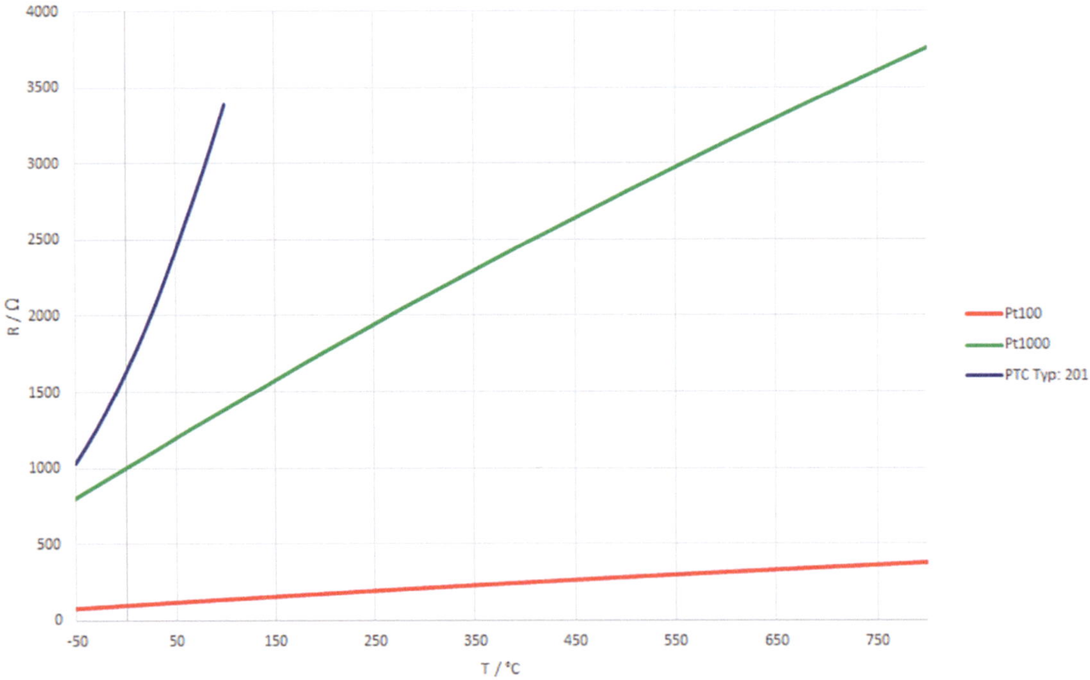

Abb. 39 Übersicht verschiedene PTC-Typen

Abb. 40 ist das Prinzip skizziert. Je größer die Temperaturdifferenz zwischen Messstelle und Vergleichsstelle ist, desto höher ist die messbare Thermospannung.

Auf einem Auswertechip wird die Temperatur der Vergleichsstelle durch einen Halbleiter mitgemessen. Als Chip gibt es zum Beispiel den MAX31856 von Maxim Integrated [41], dieser enthält neben der Kaltstellenkompensation im Bereich -20 °C bis 85 °C eine automatische Linearisierungskorrektur für acht verschiedene Thermoelementtypen. Zusätzlich ist bereits ein 19-Bit Analog-Digital-Wandler eingebaut. In **Abb. 41** ist das nach DIN EN 60617-8 genormte Schaltzeichen gezeigt.

Je nach Materialkombination gibt es verschiedene Typen von Thermoelementen, die verschiedene Temperaturbereiche abdecken beziehungsweise unterschiedliche Thermospannungen erzeugen. In **Abb. 42** sind die Thermospannungen der verschiedenen Typen gegenübergestellt. In der Norm IEC 60584-2 sind die Materialien und Temperaturbereiche und weitere Parameter festgelegt.

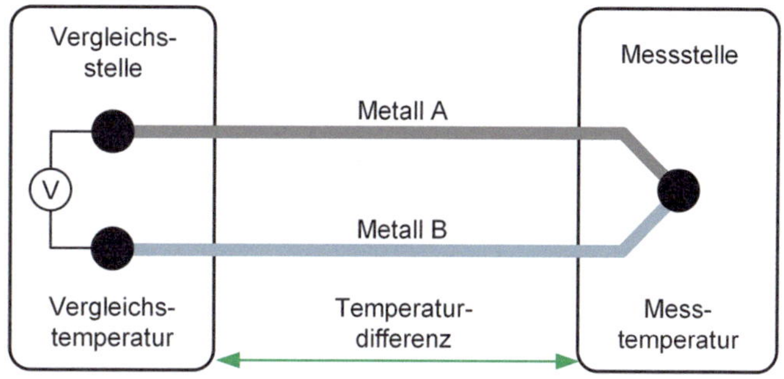

Abb. 40 Prinzipielle Messschaltung eines Thermoelements

Thermoelemente werden vor allem in Prototypen und Testfahrzeuge eingebaut [43]. Durch die sehr kleine Sensorfläche haben Thermoelemente eine sehr kurze Ansprechzeit. Thermoelemente sind außerdem sehr robust gegenüber Vibrationen. Die Langzeitstabilität ist gegenüber NTC-Messungen jedoch schlechter, was

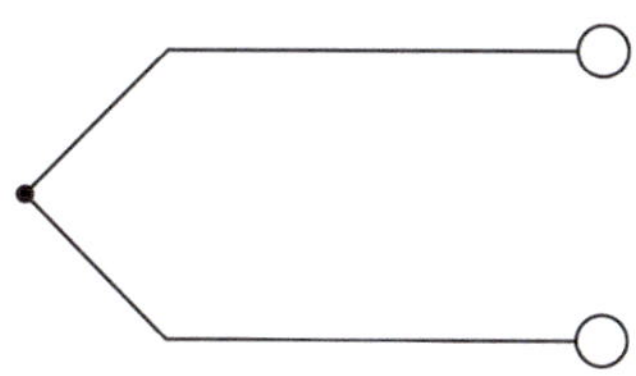

Abb. 41 Schaltsymbol Thermoelement

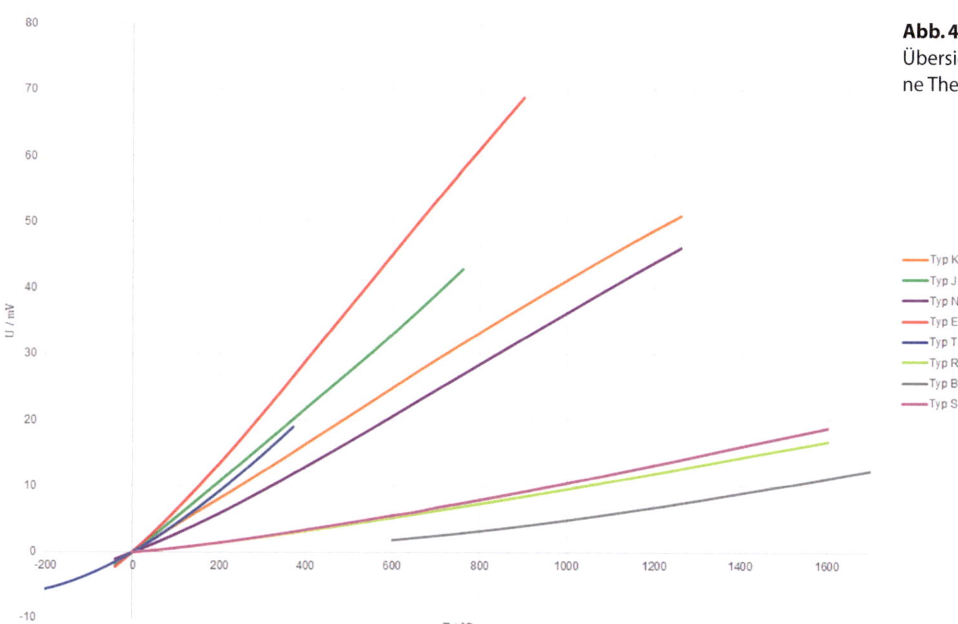

Abb. 42 Übersicht verschiedene Thermoelemente

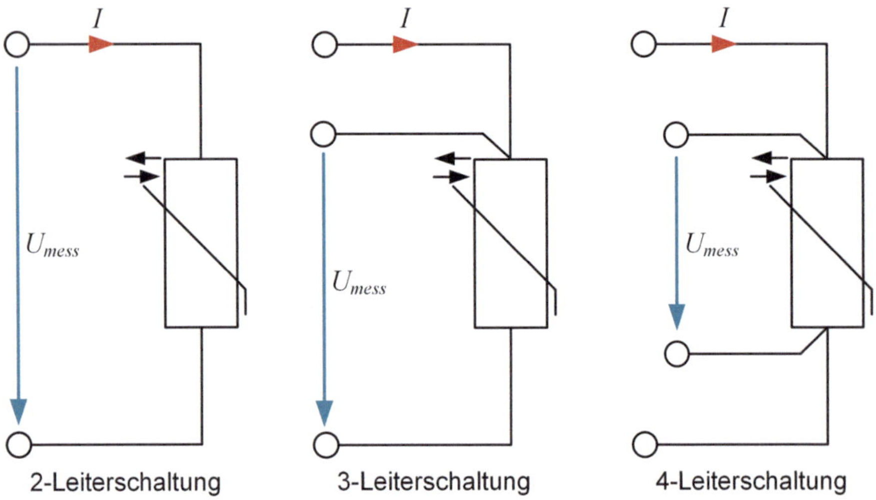

Abb. 43 Zwei-, Drei-, Vierleiterschaltung

in prototypischen Aufbauten allerdings kein Problem ist. Dort überwiegt der Vorteil der einfachen Installation von vielen verschiedenen, genormten Thermoelementen mit kommerziell verfügbaren Thermologgern.

17.5.1.3 Halbleiterbasierende Prinzipien

Bei halbleiterbasierten Prinzipien sind alle Komponenten zur Temperaturbestimmung auf einem kleinen integrierten Chip (engl. **i**ntegrated **c**ircuit, IC) untergebracht. Dieser beinhaltet vor allem das Sensorelement und den Signalverstärker. Allgemein ist das Signal, welches ausgegeben wird, proportional zur Temperatur. Mittlerweile werden auf dem Chip zusätzlich Signalanpassungen integriert, welche eine Analog-Digital-Wandlung durchführen. Hierdurch werden die Störeinflüsse auf das analoge Signal mit geringem Pegel minimiert. Das digitale Signal kann dann störsicherer über große Strecken übermittelt werden. Halbleiterbasierte Prinzipien eignen sich vor allem für die direkte Temperaturüberwachung von Leiterplatten (engl. **p**rinted **c**ircuit **b**oard, PCB). Wenn die Leiterplatte direkt auf das zu messende Bauteil aufgebracht wird, zum Beispiel das Batteriemanagement auf die Zellen, können ICs auch per Kontaktmessung die Bauteiltemperatur messen. Durch ihre kleine Bauform können sie zudem in Spezialanwendungen integriert werden wie zum Beispiel Stecker.

17.5.2 Temperaturmessung durch NTC-Widerstände

Aufgrund der hohen Stückzahlen werden im Automobil-Bereich häufig die günstigen NTC-Widerstände eingesetzt. Diese besitzen eine hohe Langzeitstabilität und eine hohe Temperaturempfindlichkeit ($\mathrm{d}R/\mathrm{d}T$). NTC-Widerstände gibt es in verschiedenen Bauformen wie zum Beispiel Stabform, Scheibenform, Kugelform oder Pillenform [42].

17.5.2.1 Auswertung von NTC Kennlinien

Allgemein können Widerstandsthermometer und damit auch NTCs auf drei verschiedene Weisen ausgewertet werden. Diese sind in **Abb. 43** dargestellt. Das Grundprinzip bei der 2-Leiterschaltung ist es, einen Strom I über den von der Temperatur abhängigen Widerstand fließen zu lassen. Dabei wird ein Spannungsfall U_{mess} erzeugt, welcher dann ausgewertet wird. Ein großer

Nachteil ist dabei die Eigenerwärmung des Messwiderstands durch den Messstrom. Aus diesem Grund wird typischerweise ein konstanter Messstrom von lediglich 1 mA genutzt (vgl. Abschn. 17.3.3).

Zusätzlich kann man die Messung um einen dritten beziehungsweise vierten Leiter erweitern. Durch die 3-Leitermessung lässt sich der Leitungswiderstand in seinem Betrag und seiner Temperaturabhängigkeit kompensieren. Alle drei Leitungen müssen dabei identische Eigenschaften haben und identischen Temperaturen ausgesetzt sein. Die 4-Leitermessung hat die Eigenschaften der 3-Leitermessung und erweitert diese um eine strikte Trennung zwischen Zuleitung und Messleitung. Die Forderung identischer Leitungen besteht nicht mehr. Durch den hohen Grundwiderstand R_{25} der bei NTCs typischerweise im Bereich von 6 kΩ bis 15 kΩ liegt, ist der Einfluss der Zuleitung gering. Eine Zweileitermessung, wie in Abb. 43 gezeigt, ist demnach ohne großen Einfluss auf die Messqualität möglich. Zusätzlich ist bei Serienprodukten die Länge der Zuleitung bekannt und kann so in die Messung miteinbezogen werden. Eine einfache NTC 2-Leiter-Auswerteschaltung mit Messverstärker, realisiert durch einen Operationsverstärker, ist in **Abb. 44** gezeigt. Die Spannung am Spannungsteiler R_{NTC} und R_5 ist durch den temperaturabhängigen NTC variabel. Diese wird mit der Spannung des Spannungsteilers aus R_6 und der Serienschaltung aus R_7 und R_8 verglichen. Über das Potentiometer R_8 kann ein Offsetabgleich vorgenommen werden. Die Verstärkung wird über die Widerstände R_1 bis R_4 eingestellt [7].

Der lineare Auswertebereich ist oft nur 50 °C bis 100 °C, deswegen beinhalten kompliziertere Auswerteschaltungen eine Bereichsumschaltung. So kann der volle, in der Automobilbranche übliche, Messbereich von −40 °C bis +180 °C abgebildet werden.

17.5.2.2 Praktische Beispiele

Im Folgenden werden zwei Verfahren gezeigt wie man einen NTC-Sensor an der Wicklung eines Elektromotors anbringen kann. Bei beiden Verfahren wird eine NTC-Glasperle mit langer Lebensdauer, die von einem Elastomer umgeben ist, verwendet. Die Verfahren haben das Ziel Fertigungs- und Materialtoleranzen auszugleichen und Vibrationen und Temperaturänderungen zu kompensieren. In **Abb. 45** ist das Konzept für eine konzentrierte

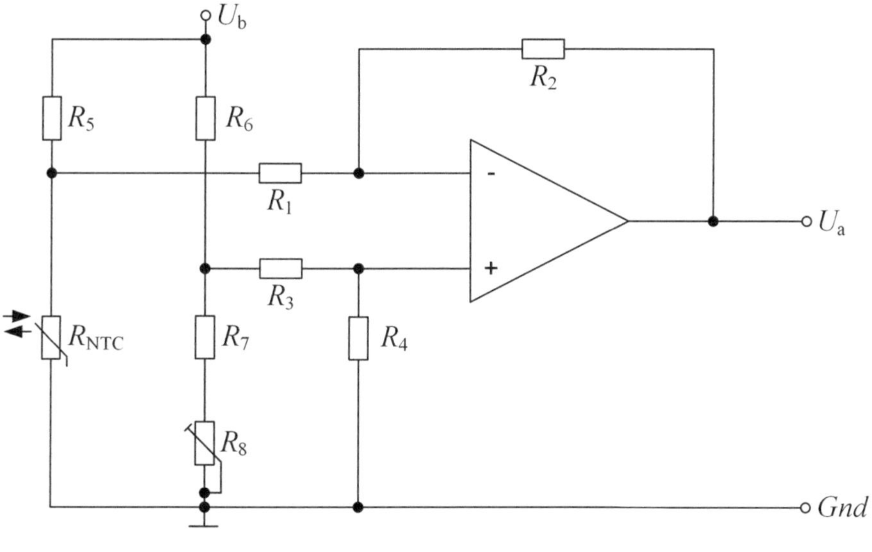

Abb. 44 Einfache NTC-Auswerteschaltung

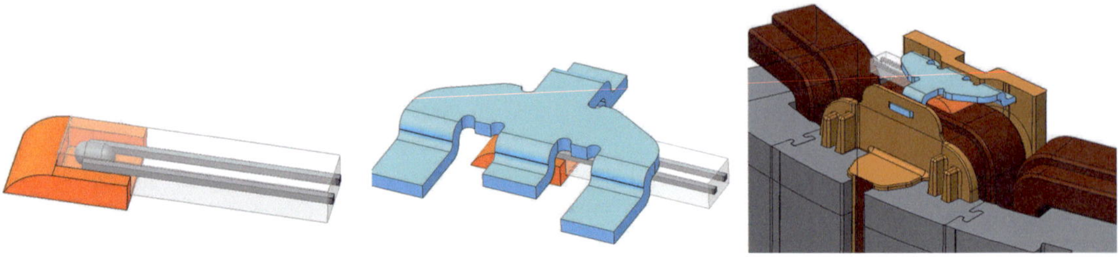

Abb. 45 Temperaturfühler in konzentrierter Wicklung, © Schaeffler AG 2019. All Rights Reserved

Wicklung gezeigt, bei dem der Temperaturfühler mithilfe eines Niederhalters auf den Wickelkopf gedrückt wird.

In **Abb. 46** ist das Konzept für eine Hairpin-Wicklung gezeigt. Mithilfe eines Clips mit integrierter Feder wird der Temperatursensor direkt an die Wicklung gedrückt.

17.5.3 Temperaturschätzung in E-Maschinen

Neben der direkten Kontaktmessung von Temperaturen in E-Maschinen lässt sich zum Schutz des Motors entweder exklusiv oder redundant eine Schätzung mit verschiedenen Verfahren durchführen. Gerade bei Motoren kleinerer Leistungsklasse, die in großer Anzahl als Aktorik im Fahrzeug genutzt werden, sind oft keine oder wenige Temperatursensoren vorhanden. Um trotzdem den Motor bei Übertemperatur abschalten zu können, ist die Temperaturschätzung eine gute Alternative. In Traktionsmaschinen können solche Verfahren auch zum besseren Motorverständnis bei der Entwicklung und Verlustoptimierung genutzt werden. Für die Temperaturschätzung werden im Folgenden zwei Verfahren vorgestellt.

17.5.3.1 I^2t – Verfahren

Wenn Stromsensoren für die Regelung zur Verfügung stehen, können die gemessenen Ströme als Eingangswert einer Temperaturschätzung mit dem I^2t-Verfahren genutzt werden. Das I^2t-Verfahren definiert eine sinnbildliche Überenergiemenge, im Folgenden als W bezeichnet, die bei Sicherungen auch als Grenzlastintegral bekannt ist. Dieses Integral wird demnach als ein Kriterium für die impulsförmige Kurzzeitüberlastbarkeit von Elektromotoren genutzt. Die Grundannahme dieses Verfahren ist, dass die meiste Verlustleistung durch die ohmschen Verluste entsteht, in welche der Strom quadratisch eingeht. Demnach kann allgemein die Wärmeenergie Q mit Gl. (42) errechnet werden.

$$Q(t) = \int_{t_0}^{t} R \cdot I^2(\tau)\,\mathrm{d}\tau \tag{42}$$

Die motorspezifische maximale Überenergiemenge wird durch Gl. (43) definiert.

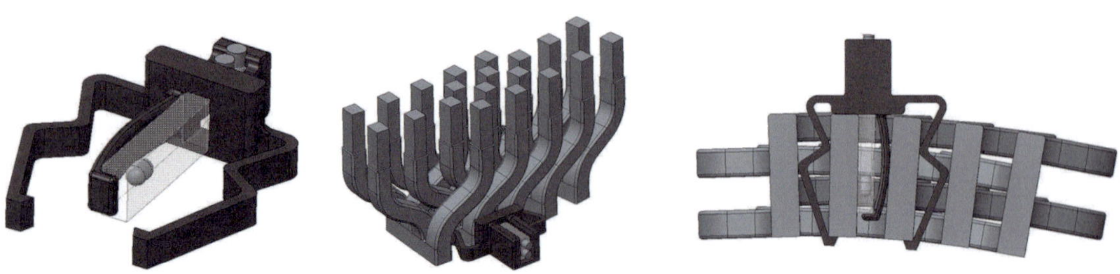

Abb. 46 NTC-Fühler in Hairpin Wicklung, © Schaeffler AG 2019. All Rights Reserved

t_{max} steht dabei für die maximale Dauer, mit welcher der Motor mit I_{max} betrieben werden kann.

$$W_{max} = (I^2{}_{max} - I^2{}_{nom}) \cdot t_{max} \tag{43}$$

Zusätzlich wird die aktuelle Überenergiemenge mithilfe von Gl. (44) errechnet.

$$W(t) = \int_{t_0}^{t} [I^2(\tau) - I^2{}_{nom}]\, d\tau \tag{44}$$

Im Betrieb des Motors darf der aktuelle Wert $W(t)$ zu keinem Zeitpunkt den maximalen Wert W_{max} überschreiten. Sobald der Wert zu überschreiten droht, wird der Motorstrom auf den Nenn-/oder Nominalstrom I_{nom} begrenzt. Damit wird sichergestellt, dass der aktuelle Wert den Grenzwert nicht überschreitet. Wenn der Wert unter eine festgelegte Grenze fällt, kann der Maximalstrom wieder zugelassen werden.

17.5.3.2 Temperaturmodell

In einem Elektromotor werden Temperaturen oft nur an wenigen Stellen gemessen. Am einfachsten ist die Gehäusetemperatur oder die Temperatur der Kühlflüssigkeit zu messen. In Traktionsmaschinen werden zusätzlich häufig Temperatursensoren an den Wicklungen angebracht (vgl. Abschn. 17.5.2.2). Mit einem Temperaturmodell können alle weiteren Temperaturen im Motor näherungsweise bestimmt werden. Am einfachsten lässt sich ein Motor mit einem sogenannten Cauer-Modell oder auch Kettenbruchdarstellung modellieren [39]. In **Abb. 47** ist der Querschnitt eines Elektromotors mit seinen unterschiedlichen Komponenten gezeigt. In diesem Querschnitt wird zusätzlich schon ein Cauer-Modell skizziert, welches im Folgenden detailliert erläutert wird.

Im Cauer-Modell werden alle thermischen Vorgänge mit elektrischen Schaltzeichen modelliert. Im fertigen Modell sind dann die Grundlagen aus der elektrischen Schaltungstechnik wie Maschen- und Knotenregeln anwendbar. Verlustleistungen werden als Stromquellen dargestellt. Der „Strom“ wird als Wärmestrom bezeichnet. Die Wärmekapazität C in J/K wird im Ersatzschaltbild als Kondensator modelliert und lässt sich nach Gl. (45) aus dem Produkt der spezifischen Wärmekapazität c und der Masse m berechnet. Die Wärmekapazität von Kupfer ist beispielsweise c = 0,382 kJ/(kgK).

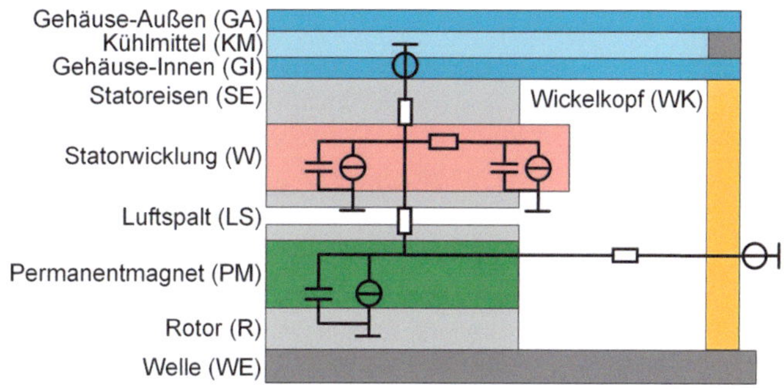

Abb. 47 Ersatzschaltbild im Querschnitt eines Elektromotors

$$C = c \cdot m \tag{45}$$

Der Wärmeübergangswiderstand zwischen verschiedenen Schichten wird als Widerstand R_{th} modelliert [45]. Die Formel (Gl. (46)) bezieht sich auf die Dicke d eines Materials mit der Fläche A. Zusätzlich ist die Berechnung abhängig von λ welches die Wärmeleitfähigkeit eines Materials angibt.

$$R_{th} = \frac{d}{\lambda \cdot A} \tag{46}$$

Die Wärmeübergangswiderstände lassen sich auch mithilfe eines Versuches und mehreren Temperatursensoren bestimmen. Bei so einem Versuch werden am Motor viele Sensoren angebracht und dieser dann erwärmt. Über die Temperaturgefälle zwischen den Messstellen lassen sich die Wärmeübergangswiderstände bestimmen. In **Abb. 48** ist das skizzierte Cauer-Modell aus Abb. 47 detailliert mit entsprechenden Indizes dargestellt.

Um das Modell aufzulösen, müssen die Umgebungstemperatur T_U und die Temperatur des Kühlmediums T_{KM} bekannt sein. Zusätzlich wird Kenntnis über die Verluste in Wickelkopf P_{WK}, in der Wicklung P_W und den Permanentmagneten P_{PM} benötigt. Für die Komplementierung des Verlustmodells müssen noch die Übergangswiderstände bekannt sein, welche entweder abgeschätzt oder ausgemessen werden können. Am Spannungsfall über den Kondensatoren lassen sich schließlich die Temperaturen des Wickelkopfs (WK), der Wicklung (W) und des Permanentmagneten bestimmen. Das Modell ist ein eindimensionales und basiert auf vielen Vereinfachungen, es ist jedoch für eine grobe Abschätzung verhältnismäßig einfach zu parametrieren.

17.6 Drehmomenterzeugung – Einflüsse durch Sensorfehler

Aufbauend auf den Systembetrachtungen in Abschn. 17.2 und den Erläuterungen der verschiedenen Sensorprinzipien in den darauffolgenden Abschnitten werden hier die Auswirkungen des fehlerhaften Verhaltens der Sensorik auf die Performance der Regelung und die Güte des erzeugten Drehmoments betrachtet. In der Praxis führt ein ungenau eingeregeltes Drehmoment im Antriebsstrang dazu, dass das gewünschte Traktionsmoment für das Fahrzeug nicht erreicht wird. Darüber hinaus können Schwingungen im erzeugten Drehmoment entstehen, welche den nachgelagerten mechanischen Antriebsstrang anregen können und so zu unerwünschten Geräuschen führen. Im Fokus der nachfolgenden Betrachtung stehen hierbei die nicht-idealen Eigenschaften der Sensoren, wie sie in den vorherigen Abschnitten für verschiedene Sensortypen erläutert wurden. Neben der Darstellung der Auswirkungen von Sensorungenauigkeiten werden die wesentlichen Effekte und Zusammenhänge erläutert, welche diese verursachen.

Als Grundlage der ausgeführten Erläuterungen dienen Simulationen, welche basierend auf der in Abb. 3 dargestellten feldorientierten Regelung einer PMSM durchgeführt wurden. Die Ungenauigkeiten der Sensoren sind hierbei in einem höheren Maß angenommen worden, als sie üblicherweise in realen Anwendungen vorkommen. Dies ist an dieser Stelle zum besseren Verständnis und zur Veranschaulichung der auftretenden Auswirkungen zweckdienlich.

17.6.1 Spannungsmessfehler der Zwischenkreisspannung

In den meisten Anwendungen ändert sich die Zwischenkreisspannung u_{DC} abhängig vom Ladezustand der Traktionsbatterie nur sehr langsam innerhalb eines Bereichs, welcher von der Konfiguration der Batterie abhängt. In solch einem Fall schlagen sich Verstärkungs- und Offset-Fehler sehr ähnlich nieder, was auf die geringe Dynamik der Zwischenkreisspannung und den durch die Batterie beschränkten

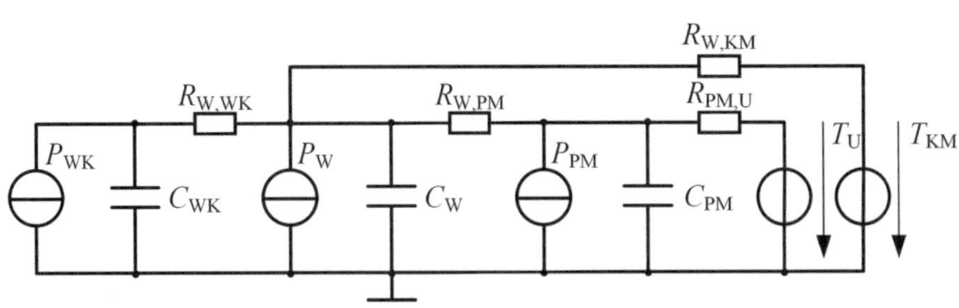

Abb. 48 Cauer-Modell eines Elektromotors

nutzbaren Spannungsbereich zurückzuführen ist. Ein typischer Bereich gemäß des Standards LV123 liegt bei einer Nennspannung von 340 V zwischen 170 V und 340 V. Aus diesem Grund werden die Auswirkungen einer fehlerhaften Messung der Zwischenkreisspannung an dieser Stelle exemplarisch nur für einen Offsetfehler erläutert.

Der gemessene Wert der Zwischenkreisspannung u_{DC} wird in einer Antriebsregelung grundlegend an zwei Stellen benötigt – zum einen zur Begrenzung der Spannungssollwerte, welche von den Stromreglern generiert werden (Spannungsbegrenzung), zum anderen zur Erzeugung der Pulsmuster zur Ansteuerung der Leistungstransistoren durch den Modulator, Abb. 6.

In der Spannungsbegrenzung führt ein solcher Fehler zu einer zu starken bzw. zu niedrigen Begrenzung der Stromregler-Ausgangswerte, je nachdem ob die Zwischenkreisspannung zu gering oder zu hoch gemessen wird. Um dies zu verdeutlichen ist in Gl. (47) der Zusammenhang zwischen Zwischenkreisspannung u_{DC} und maximaler Amplitude der Strangspannung $\hat{u}_{\mathrm{S,max}}$ einer im Stern verschalteten elektrischen Maschine unter Verwendung der Raumzeigermodulation angegeben (siehe [8]). Dieser Zusammenhang wird grundlegend zur Spannungsbegrenzung genutzt. Genauere Beschreibungen für verschiedene Methoden zur Spannungsbegrenzung sind z. B. in [1] und [47] zu finden.

$$\hat{u}_{\mathrm{S,max}} = \frac{U_{\mathrm{DC}}}{\sqrt{3}} \qquad (47)$$

Auf den Modulator wirkt sich die fehlerhafte Messung der Zwischenkreisspannung insofern aus, dass die vom Modulator ermittelten Aussteuergrade bzw. Schaltzeitpunkte der Leistungshalbleiter nicht korrekt sind. Hier werden die Spannungen an den Maschinenklemmen folglich nicht als korrekter Mittelwert einer Taktperiode erzeugt, Abb. 6. Dieser Spannungsfehler kann als zusätzliche Störgröße im Regelkreis aufgefasst werden und beeinflusst somit die Dynamik der Stromregelung und der Drehmomenterzeugung.

Doch welche Auswirkungen auf das Verhalten der Regelung ergeben sich konkret aufgrund der beiden Effekte? Für die Spannungsbegrenzung führt eine fehlerhaft gemessene Zwischenkreisspannung dazu, dass im Fall einer zu niedrigen Messung die Begrenzung auf einen zu niedrigen Wert erfolgt. Für den Fall einer zu hohen Messung wird der Begrenzungswert zu hoch angesetzt.

Im Modulator führt die Berechnung des Aussteuergrads $a_{1..3}$ bedingt durch eine fehlerhafte Messung der Zwischenkreisspannung zu inkorrekten Ergebnissen (Gl. (48)), welche sich, wie vorher beschrieben, in Fehlspannungen an den Klemmen der Leistungselektronik niederschlagen. Ist der Messwert der Zwischenkreisspannung zu niedrig ist diese Fehlspannung positiv, ist er zu hoch wird die Fehlspannung negativ.

$$a_{1..3} = \frac{u_{1..3}}{u_{\mathrm{DC}}} \qquad (48)$$

Zusammenwirkend neutralisieren sich beide Effekte beim dynamischen Betrieb der Maschine annähernd vollständig. Lediglich die entstehende Fehlspannung muss vom integralen Anteil der Stromregler ausgeglichen werden, was dazu führt, dass der stationäre Endwert, je nach Störverhalten der Regler, deutlich später erreicht wird als im fehlerfreien Fall. In **Abb. 49** sind diese Effekte exemplarisch für einen negativen Offset von ca. 10 % dargestellt.

17.6.2 Fehler in der Strommessung

Innerhalb der feldorientierten Regelung werden die gemessen Ströme nur in der transformierten Form in dq-Koordinaten genutzt, Abb. 3 und Gl. (7). Aus diesem

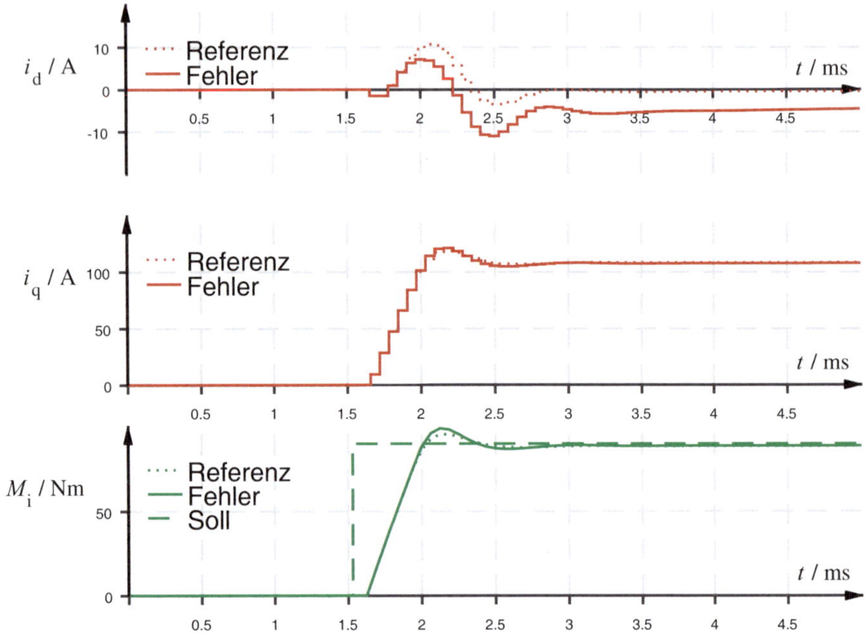

Abb. 49 Zeitliche Verläufe der d- und q-Stromkomponente sowie des Drehmoments ohne und mit fehlerhafter Messung der Zwischenkreisspannung

Grund ist es sinnvoll, sich zunächst die Auswirkung von Fehlern in der Strommessung auf die transformierten Größen eines dreiphasigen, symmetrischen und sinusförmigen Stromsystems zu verdeutlichen. Dieses entspricht den Strömen einer elektrischen Maschine im stationären Betrieb.

Darauf aufbauend werden die Auswirkungen von Fehlern in der Strommessung auf die Drehmomenterzeugung eines feldorientiert geregelten Antriebssystems erläutert. Diese Betrachtung erfolgt getrennt für Offset- und Verstärkungsfehler.

17.6.2.1 Offsetfehler

Ein Offsetfehler sorgt im stationären Betrieb dafür, dass den sinusförmigen Strömen in den Messwerten ein Gleichanteil zugeschlagen bzw. abgezogen wird (vgl. Abb. 22). In **Abb. 50** sind beispielhaft die Auswirkungen eines positiven Offsets von 10 A in den Messwerten des Stromsensors in Strang 1 einer PMSM dargestellt.

Der obere rechte Teil von Abb. 50 zeigt die zeitlichen Verläufe der gemessenen Strangströme ohne (gepunktet) und mit (durchgezogen) Offsetfehler. Durch die Transformation der Messwerte in statorfeste αβ-Koordinaten gemäß Gl. (4) bleibt der Offsetfehler bestehen und schlägt sich in einem Offset der α-Komponente des Statorstroms nieder, Abb. 50 rechts Mitte. Der absolute Wert des Offsets entspricht durch die Transformation hierbei nicht mehr dem Wert des Offsets der eigentlichen Strommessung.

Um zu veranschaulichen, welchen Einfluss der Offsetfehler auf die in der Regelung verwendeten dq-transformierten Strangströme hat, ist es zweckmäßig, die Werte in der αβ-Ebene aufzutragen.

In dieser Darstellung ergibt sich für den fehlerfreien Fall ein Kreis dessen Mittelpunkt im Koordinatenursprung liegt, Abb. 50 gepunktet (Referenz). Durch einen Offsetfehler kommt es nun zu einer Verschiebung des Kreismittelpunktes, Abb. 50 durchgezogen (Fehler). Die Länge des Stromraumzeigers ist somit nicht mehr konstant, sondern periodisch abhängig vom elektrischen Winkel der PMSM. Durch die Transformation in dq-Koordinaten wird dies durch Oszillationen von d- und q-Komponente des Stroms deutlich,

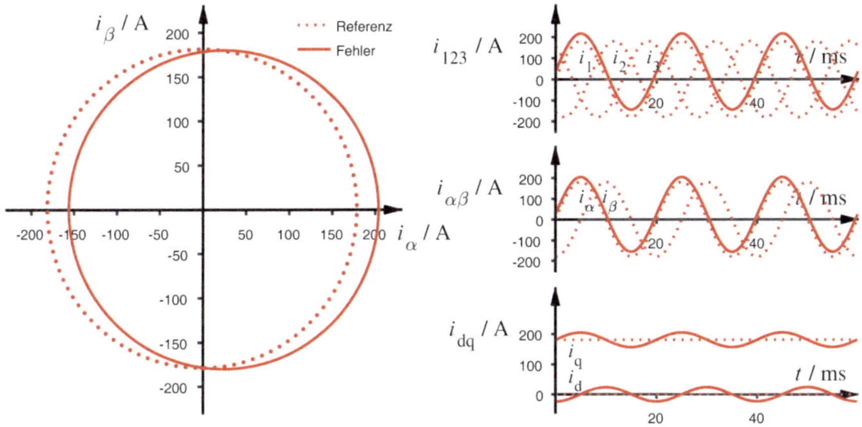

Abb. 50 Darstellung der Phasenströme im stationären Fall in verschiedenen Koordinaten mit und ohne Offsetfehler

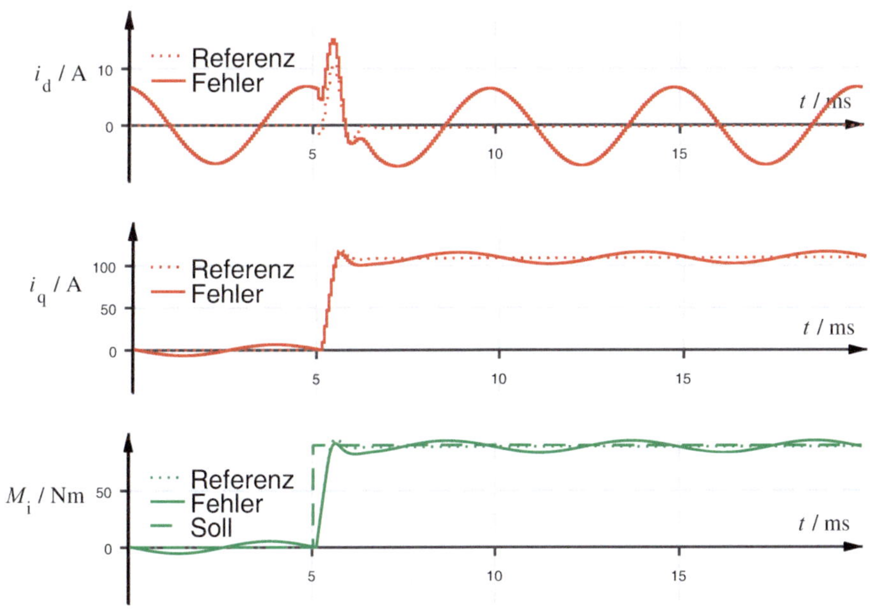

Abb. 51 Zeitliche Verläufe der d- und q-Stromkomponenten sowie des Drehmoments ohne und mit Offsetfehler der Phasenstrommessung

welche dem einfachen Wert der elektrischen Kreisfrequenz entsprechen und somit drehzahlabhängig sind.

In **Abb. 51** ist die Auswirkung eines Offsetfehlers in der Strommessung auf ein Antriebssystem mit feldorientierter Regelung dargestellt. Wie vorher erläutert sind auch hier Oszillationen zu sehen, welche durch die Stromregelung nicht ausgeregelt werden können. Da im dargestellten Fall durch den geringen d-Strom und den hohen q-Strom die Drehmomentbildung maßgeblich durch diesen beeinflusst wird, sind die Oszillationen des q-Stroms auch im Drehmomentverlauf mit der einfachen elektrischen Frequenz ersichtlich. Zu beachten ist im Fall des Offsetfehlers, dass die Amplitude der Schwingungen unabhängig vom absoluten Wert der Ströme ist.

17.6.2.2 Verstärkungsfehler

In **Abb. 52** ist der stationäre Betrieb einer PMSM mit (Fehler, durchgezogen) und ohne Fehler (Referenz, gepunktet) mit

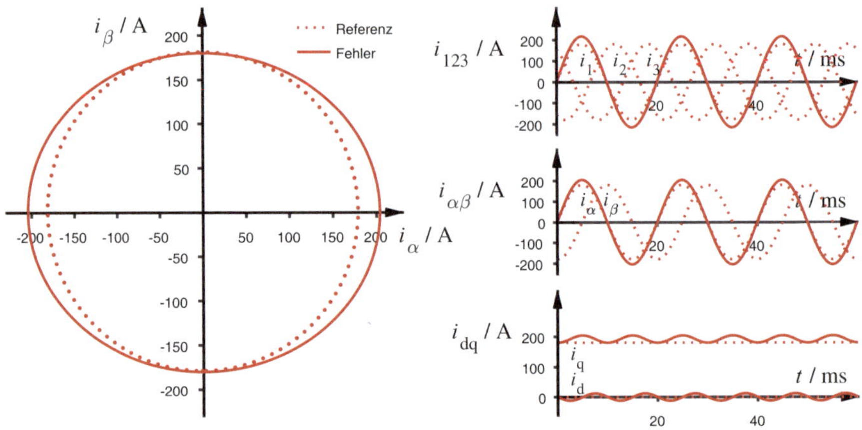

Abb. 52 Darstellung der Phasenströme im stationären Fall in verschiedenen Koordinaten mit und ohne Verstärkungsfehler

einem Verstärkungsfehler, Abb. 22, von 10 % in der Strommessung von Strang 1 einer PMSM dargestellt. Im oberen rechten Teil der Abbildung sind die zeitlichen Verläufe der Strangströme $i_{1..3}$ aufgetragen. Deutlich ist die durch den Verstärkungsfehler entstehende fehlerhafte Erfassung der Stromwerte mit abweichender Amplitude zu erkennen. Bei Betrachtung der in αβ-Koordinaten transformierten Ströme $i_{\alpha,\beta}$ bleibt der Verstärkungsfehler bestehen, behält jedoch seinen relativen Wert nicht bei, Abb. 52 rechts Mitte. Auch hier wird zur Veranschaulichung der Auswirkung auf die in der feldorientierten Regelung verwendeten Ströme in dq-Koordinaten wieder die Darstellung in der αβ-Ebene gewählt, Abb. 52 links. Für den fehlerfreien Fall ergibt sich hier ein Kreis dessen Mittelpunkt im Koordinatenursprung liegt, Abb. 52 gepunktet (Referenz). Durch den Verstärkungsfehler wird dieser Kreis zu einer Ellipse verzerrt, Abb. 52 durchgezogen (Fehler). Die Länge des Stromraumzeigers ist, ähnlich wie beim Offsetfehler, nicht mehr konstant, sondern periodisch abhängig vom elektrischen Winkel der PMSM. Durch Transformation in dq-Koordinaten ergeben sich dadurch Oszillationen der d- und q-Komponente des Stroms, welche hier der doppelten elektrischen Kreisfrequenz entsprechen. Diese sind somit, wie im Fall des Offsetfehlers, von der Drehzahl abhängig.

Die Auswirkung eines Verstärkungsfehlers in der Strommessung auf ein Antriebssystem mit feldorientierter Regelung ist in **Abb. 53** dargestellt. Die entstehenden Oszillationen können durch die Stromregelung nicht ausgeregelt werden. Wie zuvor erläutert entsprechen die Schwingungen der doppelten Kreisfrequenz. Da im dargestellten Fall durch den geringen d-Strom und den hohen q-Strom die Drehmomentbildung maßgeblich durch diesen beeinflusst wird, sind die Oszillationen des q-Stroms auch im Drehmomentverlauf ersichtlich. Zu beachten ist im Fall des Verstärkungsfehlers, dass die Amplitude der Schwingungen vom absoluten Wert der Ströme abhängt. Aus diesem Grund treten bei Strömen mit dem Wert Null auch keine Oszillationen in den Verläufen der dq-Komponenten auf.

17.6.3 Fehler in der Winkelmessung

Durch einen Offsetfehler in der Winkelmessung wird die absolute Lage des Rotors fehlerhaft in der Regelung berücksichtigt. Dieser Winkeloffset sorgt somit dafür, dass die dq-Transformation der gemessenen Strangströme nicht mit dem korrekten Winkel durchgeführt werden kann.

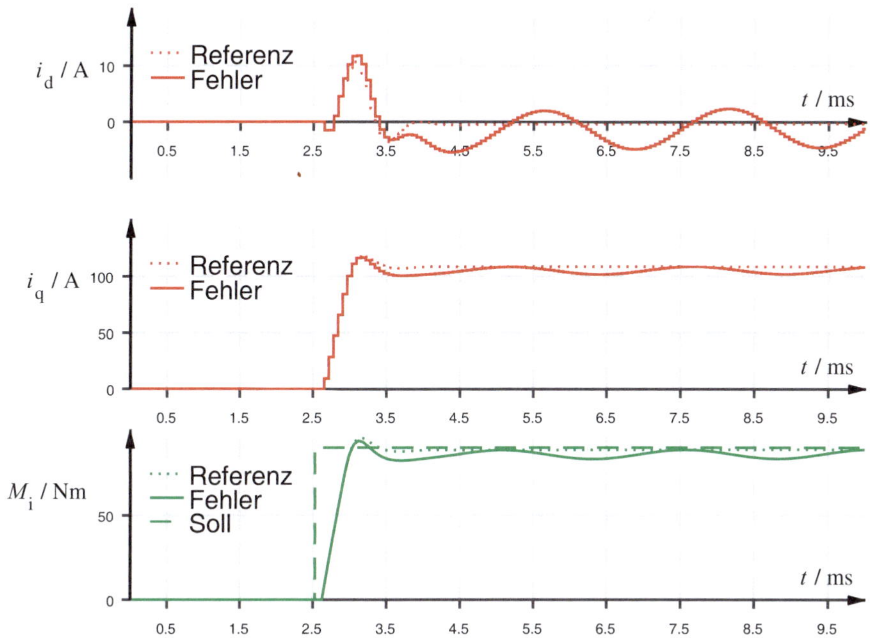

Abb. 53 Zeitliche Verläufe der d- und q-Stromkomponente sowie des Drehmoments ohne und mit Verstärkungsfehler der Phasenstrommessung

Da es sich bei der dq-Transformation um eine Vektordrehung des Raumzeigers der gemessenen Ströme in αβ-Koordinaten handelt, bleibt dessen Betrag durch den Winkeloffset unverändert. Jedoch stimmt, wie in **Abb. 54a** dargestellt, das für die Transformation zu Grunde gelegte dq-Koordinatensystem (blau) nicht mit dem eigentlichen dq-Koordinatensystem (grün) überein. In **Abb. 54b** ist zu sehen, wie sich durch Projektion des Stromraumzeigers auf die d- und q-Achse der Wert der d- bzw. q-Komponente ergibt. Ist die Lage des dq-Koordinatensystems nicht korrekt, ergeben sich somit auch falsche Werte für die d- und q-Komponente, **Abb. 54c**.

In **Abb. 55** sind die zeitlichen Verläufe der d-Stromkomponente, der q-Stromkomponente und des von der E-Maschine erzeugten Drehmoments jeweils ohne und mit Winkeloffset dargestellt. Deutlich sind hier die oben erläuterten Zusammenhänge zu erkennen. Im fehlerbehafteten Fall werden stationär vom fehlerfreien Zustand abweichende Stromwerte eingeregelt. Aus diesem Grund stellen sich bei gleichem Sollwertsprung für das Drehmoment auch sehr unterschiedliche Werte für dieses ein. Grundsätzlich führt ein solcher Fehler zu Abweichungen zwischen dem Sollmoment und dem realen Drehmoment in der E-Maschine, siehe Gl. (10).

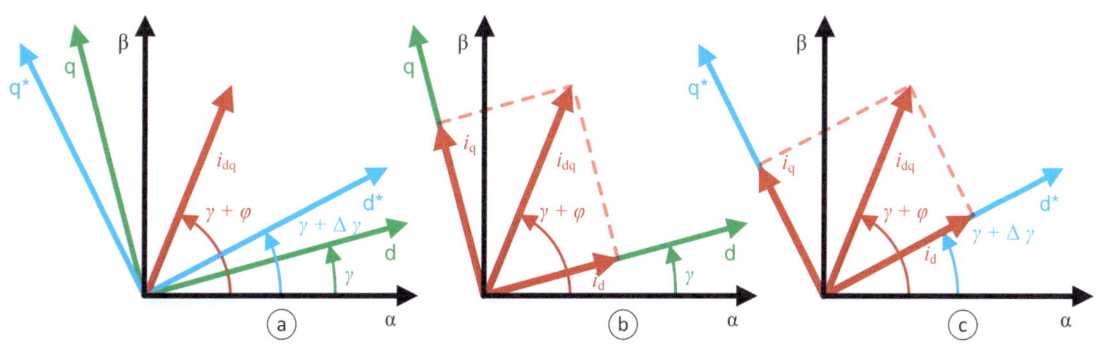

Abb. 54 Schematische Darstellung des Unterschieds zwischen korrektem dq-Koordinatensystem und durch fehlerhafte Winkelmessung in der Regelung verwendeten dq-Koordinatensystem

17.6.4 Fehler bei der Drehzahlermittlung

In einer feldorientiert ausgeführten Drehmomentregelung wird die Drehzahl im einfachsten Fall lediglich benötigt, um die elektrische Kreisfrequenz der E-Maschine zu ermitteln, welche für das Entkopplungsnetzwerk benötigt wird, Abb. 3. Folglich kann ein Fehler in der Ermittlung der Drehzahl auch nur einen Einfluss auf die Entkopplung haben. Um diesen Einfluss besser einordnen zu können, wird an dieser Stelle die Entkopplung im Detail erläutert

Die aus Abschn. 17.2.1 bekannte Gl. (7) ist untenstehend in einer für diesen Zweck geeigneteren Form aufgeführt (Gl. (49) und Gl. (50)). Die Terme, in welche die elektrische Kreisfrequenz eingeht, sind durch neue Ausdrücke substituiert worden, welche im Folgenden als rotatorische Terme bezeichnet werden (vgl. [46]). Diese rotatorischen Terme erschweren die Reglerauslegung zum einen, da sie von der Drehzahl abhängig sind, die Strecke also zeitvariant ist. Zum anderen kommt es zu einer Verkopplung der Regelstrecken für d- und q-Stromregler, durch welche der d-Stromregler die Regelstrecke des q-Stromreglers beeinflusst und umgekehrt.

$$u_d = R_S\, i_d + L_d \frac{d\, i_d}{dt} + e_d \quad \text{mit } e_d = -\omega\, L_q\, i_q \tag{49}$$

$$u_q = R_S\, i_q + L_q \frac{d\, i_q}{dt} + e_q \quad \text{mit } e_q = \omega\, (\Psi_{PM} + L_d\, i_d) \tag{50}$$

Da prinzipiell alle zeitlich konstanten Parameter der rotatorischen Terme (Induktivität, Flussverkettung) sowie deren zeitlich veränderlichen Eingangsgrößen (d-/q-Stromkomponenten $i_{d,q}$, Drehzahl n bzw. elektrische Kreisfrequenz ω) bekannt sind, lassen sich diese durch eine zusätzliche Vorsteuerung innerhalb der Reglung neutralisieren. Durch Addition der rotatorischen Terme auf die Ausgangsgrößen der Stromregler (gestrichene Größen in Gl. (51) und Gl. (52)) vereinfachen sich die für die Stromregler wirksamen Regelstrecken zu einfachen ohmsch-induktiven RL-Gliedern mit PT1-Verhalten (Übertragungs-

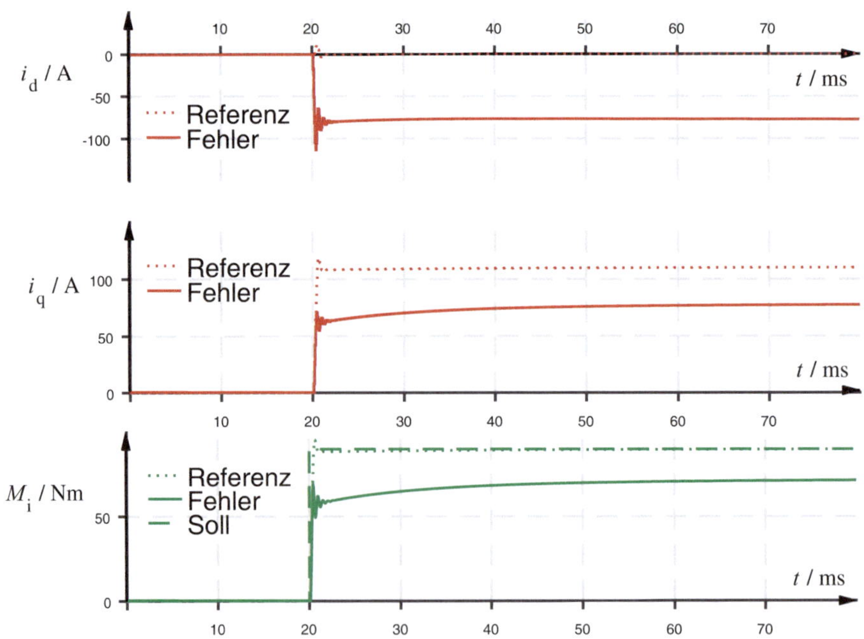

Abb. 55 Zeitliche Verläufe von d- und q-Stromkomponente sowie Drehmoment ohne und mit fehlerhafter Messung des Rotorwinkels

glied mit Verzögerung erster Ordnung, Gl. (53) und Gl. (54)). Die sich ergebenen wirksamen Regelstrecken sind zeitinvariant und es besteht keine Verkopplung mehr zwischen d- und q-Pfad, weshalb sich einfache Verfahren zur Parametrierung der Stromregler (z. B. Betragsoptimum vgl. [1], [2]) anwenden lassen.

$$u'_d + e_d = R_S\, i_d + L_d \frac{d\, i_d}{dt} - e_d \tag{51}$$

$$u'_q + e_q = R_S\, i_q + L_q \frac{d\, i_q}{dt} + e_q \tag{52}$$

$$u'_d = R_S\, i_d + L_d \frac{d\, i_d}{dt} \tag{53}$$

$$u'_q = R_S\, i_q + L_q \frac{d\, i_q}{dt} \tag{54}$$

In **Abb. 56** sind die zeitlichen Verläufe der d-Stromkomponente, der q-Stromkomponente und des von der E-Maschine erzeugten Drehmoments jeweils mit und ohne einen Fehler von +10 % der Drehzahlermittlung dargestellt. Der Unterschied zwischen beiden Fällen macht sich besonders stark in den Verläufen der d-Stromkomponente bemerkbar. Dies ist auf den sich einstellenden q-Strom zurückzuführen, welcher im Vergleich zum d-Strom einen sehr hohen Wert annimmt. Da sich der Entkopplungsterm im d-Pfad der Regelung aus dem Produkt von elektrischer Kreisfrequenz und q-Stromkomponente ergibt, entsteht eine starke Fehlkompensation in diesem Pfad. Diese Fehlkompensation muss vom d-Stromregler ausgeglichen werden. Bei der hier gewählten Parametrierung nach dem Betragsoptimum führt dies zu einer deutlichen Verschlechterung der Dynamik der Regelung des d-Stroms, welche im Vergleich zum fehlerfreien Fall deutlich länger benötigt, um den gewünschten d-Strom einzustellen (ist in Abb. 56 nicht dargestellt). Umgekehrt macht sich der Drehzahlfehler im hier dargestellten Fall am Verlauf des q-Stroms auf Grund der vergleichsweise kleinen Werte des d-Stroms kaum bemerkbar. Da die Drehmomentbildung vom hier sehr hohen q-Strom dominiert wird, ist folglich auch kaum ein Unterschied in den Drehmomentverläufen zu erkennen.

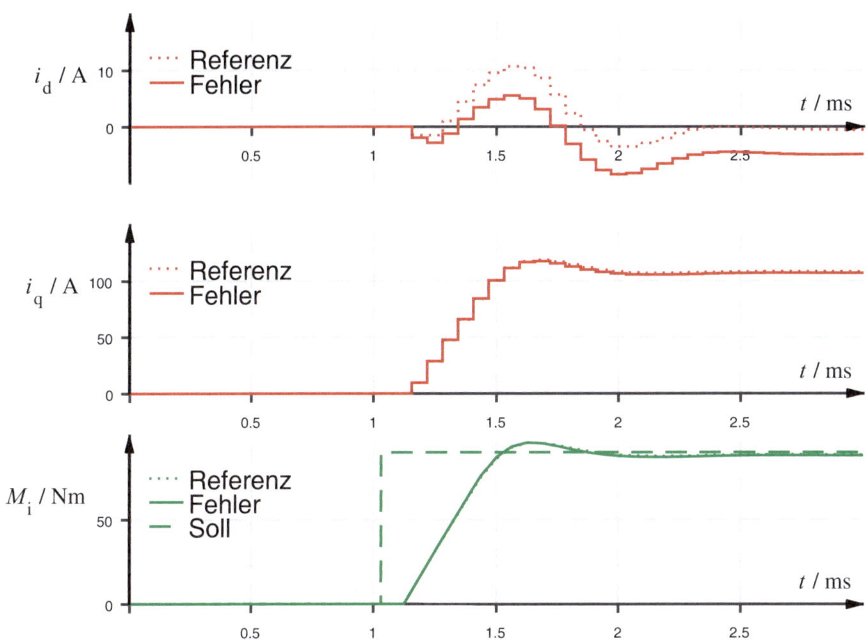

Abb. 56 Zeitliche Verläufe von d- und q-Stromkomponente sowie Drehmoment ohne und mit fehlerhafter Ermittlung der Drehzahl

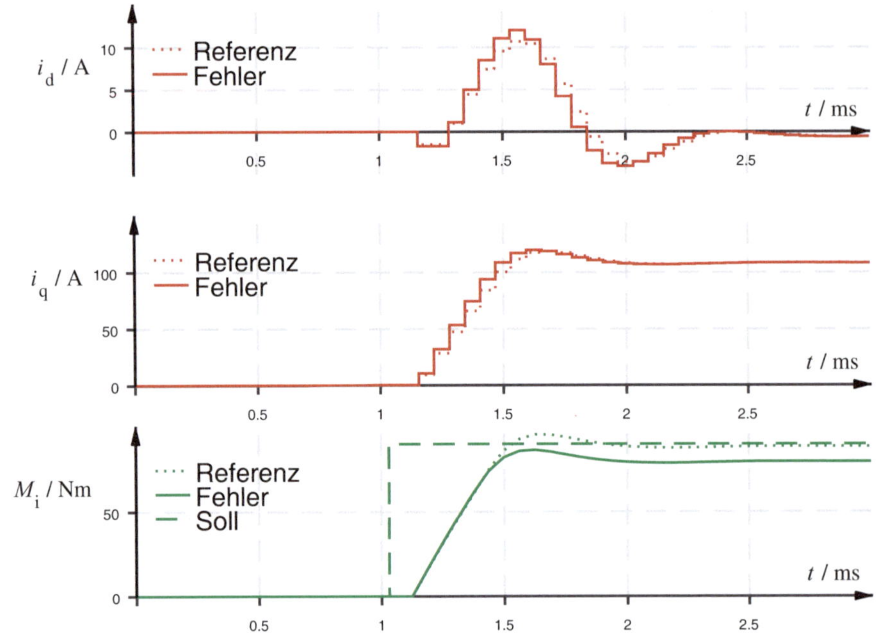

Abb. 57 Zeitliche Verläufe der d- und q-Stromkomponente sowie des Drehmoments ohne und mit fehlerhafter Nachführung der temperaturabhängigen Parameter

17.6.5 Fehler in der Temperaturmessung

Wird zur Nachführung der temperaturabhängigen Parameter der E-Maschine innerhalb der Regelung ein Temperaturmodell verwendet (vgl. Abschn. 17.5.3.2), führt ein Fehler in der Temperaturmessung hier zu einer Fehlanpassung. Wesentliche Parameter einer PMSM, welche von der Temperatur abhängen, sind der elektrische Widerstand der Spulen im Stator und die von den Permanentmagneten erzeugte magnetische Flussverkettung (vgl. Gl. (7) und Gl. (10)). Diese werden in der Regelung, Abb. 3, für die Entkopplung, die Generierung der Stromsollwerte aus dem Solldrehmoment und die Parametrierung der Stromregler verwendet. Folglich wirkt sich ein fehlerhafter Wert dieser Parameter durch eine falsche Nachführung an diesen Stellen aus.

Innerhalb des Entkopplungsnetzwerks kommt es im q-Pfad zu einer Verschlechterung der Entkopplung, da die Flussverkettung hier direkt mit eingeht. Ebenfalls kommt es durch einen fehlerhaften Wert der Flussverkettung zu einer fehlerhaften Generierung der Stromsollwerte, da hierfür im Prinzip die inverse Drehmomentgleichung verwendet wird (Gl. (9)). Dies führt dazu, dass das Solldrehmoment nicht stationär genau eingestellt werden kann.

Der elektrische Widerstand der Statorwicklungen hat einen direkten Einfluss auf die Parametrierung der Stromregler. Eine fehlerhafte temperaturabhängige Nachführung seines Wertes führt dazu, dass die Stromregelung nicht mehr das gewünschte Verhalten aufweist. Es kommt zu einer Verschlechterung der Reglerdynamik. Die erläuterten Auswirkungen sind in **Abb. 57** exemplarisch dargestellt.

17.7 Zusammenfassung

Das Kapitel erläutert die relevanten Zusammenhänge für elektrische Antriebe zwischen den Sensoren zur Erfassung notwendiger physikalischer Größen und den regelungstechnischen Eigenschaften auf Systemebene. Zunächst werden in der analytischen Betrachtung die Eigenschaften von Drehstrommaschinen – insbesondere die Grundlagen zur Drehmomenterzeugung sowie das dynamische Verhalten im Rahmen der Modellbildung – hergeleitet. Daraus resultieren die zu messenden physikalischen Größen im elektrischen Antriebssystem (bestehend aus E-Maschine, Leistungselektronik sowie der Signalverarbeitung inklusive der zugehörigen Drehmomentregelung). Für diese Größen werden ausgehend von den zugrundeliegenden physikalischen Effekten die Sensorprinzipien dargestellt und bewertet. Die elektrischen Größen werden durch Sensorkonzepte zur Strommessung in den Phasen der E-Maschine und zur Spannungsmessung im Gleichspannungszwischenkreis erfasst. Deren Ungenauigkeit bzw. Fehler in der Messwerterfassung werden qualitativ erläutert. Auf der mechanischen Seite des Antriebs werden verschiedene Sensorikansätze zur Messung des Rotorwinkels und der -drehzahl vorgestellt. Diese werden um Auswerteverfahren, welche in der Praxis eingesetzt werden, sowie um die Analyse entsprechender Messunsicherheiten ergänzt. Neben der Sensorik für die elektrischen und mechanischen Größen erfolgt ergänzend die Diskussion der Temperaturmessung auf Basis unterschiedlicher Prinzipien. Ebenfalls enthalten sind deren Sensorauswertung und die Temperaturschätzung in elektrischen Maschinen. Für die ganzheitliche Analyse der Einflüsse verschiedener Sensorfehler wird eine simulative Betrachtung bezüglich der Auswirkungen auf die Maschinenströme sowie das zugehörige Drehmoment präsentiert. Hier wird verdeutlicht, dass für eine exakte sowie schnelle Drehmomentregelung in elektrischen Maschinen eine ausreichend genaue Messwerterfassung der wesentlichen elektrischen, mechanischen und thermischen Größen erfolgen muss. Ungenauigkeiten führen hier zu Abweichungen vom vorgegebenen Drehmoment oder zu ungewollten Drehmomentschwingungen. Damit leistet dieses Kapitel einen Beitrag zum ganzheitlichen Verständnis von typischer, industriell einsetzbarer Sensorik bis hin zu praxisrelevanten Problemstellungen bezüglich der Regelqualität des elektrischen Antriebs.

Literaturhinweise

[1] Gemaßmer, T.: Effiziente und dynamische Drehmomenteinprägung in hoch ausgenutzten Synchronmaschinen mit eingebetteten Magneten, Karlsruhe: KIT Scientific Publishing, 2015

[2] Schröder, D.: Elektrische Antriebe – Regelung von Antriebssystemen, 3. Auflage, Berlin / Heidelberg: Springer-Verlag, 2009

[3] Schröder, D.: Elektrische Antriebe – Grundlagen, 6. Auflage, Berlin / Heidelberg: Springer Vieweg, 2017

[4] Krause, P. C., et al.: Analysis of Electric Machinery and Drive Systems, Wiley-IEEE Press, 2002

[5] Richter, J.: Modellbildung, Parameteridentifikation und Regelung hoch ausgenutzter Synchronmaschinen, Karlsruhe: KIT Scientific Publishing, 2016

[6] Schaeffler Technologies AG & Co. KG, Mobility für tomorrow – Schaeffler Kolloquium 2018, [Online], Verfügbar: https://www.schaeffler.com/content.schaeffler.com/de/news_media/press_office/dates_events/schaeffler_symposium_2018/schaeffler-symposium-2018.jsp, [Abgerufen: 31.01.2019]

[7] Tietze, U., et al.: Halbleiter-Schaltungstechnik, 15., überarbeitete und erweiterte Auflage, Berlin / Heidelberg: Springer Vieweg, 2016

[8] Jenni, F., et al.: Steuerverfahren für selbstgeführte Stromrichter, vdf Hochschulverlag AG an der ETH Zürich und B.G. Teubner Stuttgart, 1995

[9] DIN1319-1 – Grundlagen der Messtechnik – Teil 1: Grundbergriffe, Berlin, Beuth Verlag, 1995

[10] Meschede, D.: Gerthsen Physik, 25. Ausgabe, Berlin / Heidelberg: Springer-Verlag, 2015

[11] Hall, E.: On a New Action of the Magnet on Electric Currents, In: American Journal of Mathematics vol. 2 pp. 287–292, 1879, Verfügbar: cc.ee.ntu.edu.tw/~thlin/E_Hall_paper_1879.pdf, [Abgerufen: 28.08.2018]

[12] Galvanisch getrennte Strom- und Spannungswandler – Eigenschaften, Anwendungen, Dimensionierung, 3. Auflage, Plan-les-Ouates: LEM Components, 2006, Verfügbar: https://www.lem.com/en/file/3138/download, [Abgerufen: 30.08.2018]

[13] Ibach, H., Lüth, H.: Festkörperphysik: Einführung in die Grundlagen, 7. Ausgabe, Berlin / Heidelberg: Springer-Verlag, 2009

[14] Hall-Konstante, Wikipedia: The Free Encyclopedia, Wikimedia Foundation, Inc., [Online], Verfügbar: https://de.wikipedia.org/w/index.php?title=Hall-Konstante&oldid=180211145, [Abgerufen: 26.10.2018]

[15] Datasheet: TLI4970-D050T4, München: Infineon Technologies AG, 2016, Verfügbar: https://www.infineon.com/dgdl/Infineon-TLI4970-D050T4-DS-v01_01-EN.pdf?fileId=5546d4625607bd1301562c43e04f38ad, [Abgerufen: 12.10.2018]

[16] Aichriedler, L., Slama, P.: Hoch integrierte Strom- und Positionssensoren für elektrische Antriebssysteme, In: T. Tille (Hrsg.) „Automobil-Sensorik 2: Systeme, Technologien und Applikationen, Berlin / Heidelberg: Springer-Verlag, 2018

[17] Datasheet: MLX91208, Melexis N.V., 2017, Verfügbar: https://www.melexis.com/-/media/files/documents/datasheets/mlx91208-datasheet-melexis.pdf, [Abgerufen: 18.09.2018]

[18] Popovic, R., et al.: Integrated Hall Sensor / Flux Concentrator Microsystems, In: MIDEM 2001 Conference, Verfügbar: http://www.midem-drustvo.si/Journal%20papers/MIDEM_31(2001)4p215.pdf, [Abgerufen: 06.11.2018]

[19] Hall Sensor Catalog, Zug: Sentron AG, 2003, Verfügbar: http://techwww.in.tu-clausthal.de/site/Dokumentation/Sensoren/Magnetfeld/Senatron-Hall-Sensor-Catalog.pdf, [Abgerufen: 06.11.2018]

[20] Application Note: Current Sensors – Reference Design Guide, REV012, Melexis N.V., 2016, Verfügbar: https://www.melexis.com/-/media/files/documents/application-notes/current-sensors-design-guide-application-note-melexis.pdf, [Abgerufen: 18.09.2018]

[21] Jobling, D.: Advances in ASICs for Open Loop Hall-Effect Based Current Transducers, LEM International SA, In: Bodo's Power Systems, May 2012

[22] Datasheet: HSNDR – Automotive Currents Transducers Open Loop Technology, LEM International SA, 2018, Verfügbar: https://www.lem.com/sites/default/files/hsndr_series_public_datasheet.pdf, [Abgerufen: 15.10.2018]

[23] Gross, R.: Spinelektronik – Vorlesungsskript zur Vorlesung im SS 2004, TUM – Walther-Meissner-Institut, 2004, Verfügbar: http://www.wmi.badw.de/teaching/Lecturenotes/ME/ME_Kapitel3.pdf, [Abgerufen: 06.11.2018]

[24] Datasheet: CFS1000 – Integrated MagnetoResistive Current Sensor, Sensitec GmbH, 2018, Verfügbar: https://www.sensitec.com/fileadmin/sensitec/Service_and_Support/Downloads/Data_Sheets/CFS1000/SENSITEC_CFS1000_DSE_02.pdf, [Abgerufen: 06.11.2018]

[25] Grünberg, P., et al.: Enhanced magnetoresistance in layered magnetic structures with antiferromagnetic interlayer exchange, Phys. Rev. B 39, 4828 (1989).

[26] Baibich, M.N., et al.: Giant Magnetoresistance of (001)Fe / (001)Cr Magnetic Superlattices, Phys. Rev. Lett. 61, 2472 (1988).

[27] The Nobel Prize in Physics 2007, NobelPrize.org, [Online], Verfügbar: https://www.nobelprize.org/prizes/physics/2007/summary/, [Abgerufen: 16. Oktober 2018]

[28] Parkin, S., et al.: Oscillatory magnetic exchange coupling through thin copper layers, In: Physical review letters No. 66, pp. 2152-2155, 1991, Verfügbar: https://doi.org/10.1103/PhysRevLett.66.2152, [Abgerufen: 06.11.2018]

[29] Tumanski, S.: Modern magnetic field sensors – a review, In: PRZEGLĄD ELEKTROTECHNICZNY, ISSN 0033-2097, R. 89 NR. 10/2013, Verfügbar: http://www.tumanski.pl/01_PE_10_13_1-12_tumanski.pdf, [Abgerufen: 09.10.2018]

[30] Mühl, T.: Elektrische Messtechnik – Grundlagen, Messverfahren, Anwendungen, 5. Auflage, Wiesbaden: Springer Vieweg, 2017

[31] Laimer, G., Kolar, J. W.: Design and Experimental Analysis of a DC to 1MHz Closed Loop Magnetoresistive Current Sensor, In: APEC 2005 Conference, Verfügbar: https://www.pes-publications.ee.ethz.ch/uploads/tx_ethpublications/laimer_APEC05.pdf, [Abgerufen: 06.11.2018]

[32] LTC2315-12 – 12-Bit, 5 MSPS Serial Sampling ADC, Milpitas (CA): Linear Technology Corporation, 2013, Verfügbar: https://www.analog.com/media/en/technical-documentation/data-sheets/231512fa.pdf, [Abgerufen: 15.10.2018]

[33] Basler, S.: Encoder und Motor-Feedback-Systeme, 1. Auflage, Wiesbaden: Springer Vieweg, 2016

[34] Hoffelder, B., et al.: Sensoren im Auto, Anwendungen und neue Lösungen, White Paper, Tyco Electronics AMP GmbH, 2014

[35] AD2S1210 Datenblatt. http://www.analog.com/media/en/technical-documentation/data-sheets/AD2S1210.pdf: Analog Devices, 2010

[36] Balemi, S.: Automatic Calibration of Sinusoidal Encoder Signals, In: IFAC Proceedings Volumes, Volume 38, Issue 1, Pages 68-73, 2005

[37] Brunel, O., Moller, R.: Rotor Position Sensor for Hybrid Drives and Electric Drives New Generation Eddy Current Position Sensor, SAE Technical Paper, SAE 2011 World Congress & Exhibition, 2011

[38] Masaki, K., et al.: Sinusoidally distributed winding method suitable for a detector winding, http://www.google.com/patents/EP0595448A1?cl=en, Mai 4 1994. – EP Patent App. EP19,930,302,724, 1994

[39] Lutz, J.: Halbleiter-Leistungsbauelemente Physik, Springer Verlag, 2012

[40] Bernhard, F.: Handbuch der Technischen Temperaturmessung, 2. Auflage, Springer Vieweg, 2014

[41] Datenblatt: MAX31856 – Precision Thermocouple to Digital Converter with Linearization, Maxim Integrated, 2015

[42] Bernstein, H.: Messelektronik und Sensoren, Springer Fachmedien Wiesbaden, 2014

[43] Datenblatt: Temperaturmessung an Testfahrzeugen, SAB Bröckskes GmbH & Co. KG, 2016

[44] Bergmann, L., Schaefer, C.: Lehrbuch der Experimentalphysik, Band II, Elektrizität und Magnetismus, de Gruyter, 1971

[45] Wintrich, A., et al.: Applikationshandbuch Leistungshalbleiter, 2. Auflage, 2015

[46] Lian, Z.: New Trends in Technologies – Devices, Computer, Communication and Industrial Systems, IntechOpen, 2010

[47] Quang, N. P., Dittrich, J. A.: Vector Control of Three-Phase AC Machines – System Development in the Practice, 2nd Edition, Berlin / Heidelberg: Springer-Verlag, 2015

TEIL 4. Gesamtsystem, Anwendungen

18 Thermomanagement

19 Typgenehmigung

20 Akustik

21 Elektromagnetische Verträglichkeit

22 Funktionale und elektrische Sicherheit

23 Ladetechnik

18 Thermomanagement

Achim Wiebelt

18.1 Einleitung

Bei konventionellen, verbrennungsmotorisch angetriebenen Fahrzeugen wird das Thermomanagement üblicherweise im Zusammenhang mit Wirkungsgradverbesserungen und der Abgasnachbehandlung betrachtet. Durch die Elektrifizierung des Antriebsstrangs kommen neue Herausforderungen hinzu. Zum einen muss die temperaturempfindliche Lithium-Ionen-Batterie, siehe Kap. 6 dieser Reihe, auf Zieltemperaturen gekühlt werden, was eine Anbindung der Batteriekühlung an die Klimatisierung des Fahrzeugs notwendig macht. Zum anderen stellen die Klimatisierung im Sommer und vor allem die Innenraumheizung im Winter neue Ansprüche an die Auslegung dieser Systeme. Mit steigender Elektrifizierung des Antriebsstrangs muss die hierfür erforderliche Leistung mehr und mehr von der Batterie zur Verfügung gestellt werden, mit entsprechender Reduktion der elektrischen Fahrzeugreichweite. Diese Thermomanagementsysteme müssen also möglichst effizient arbeiten. Die Klimatisierung ist jedoch nicht nur unter dem Komfortaspekt und damit der Kundenakzeptanz zu sehen; es spielen hierbei auch Sicherheitsthemen eine wichtige Rolle. Im Winter müssen die Scheiben möglichst schnell und dauerhaft eis- und beschlagfrei gehalten werden, im Sommer wird durch einen angenehm klimatisierten Fahrzeuginnenraum der sogenannte thermische Stress für den Fahrer verringert und seine Konzentrationsfähigkeit erhöht.

18.2 Wärmeströme im Elektrofahrzeug

Um die Heiz- und Kühlungsanforderungen zu quantifizieren und deren Einfluss auf die Batteriereichweite einschätzen zu können, ist es erforderlich, die Wärmeströme im Fahrzeug im Sommer- und Winterbetrieb zu betrachten. **Abb. 1** zeigt vereinfacht die Wärmeströme eines rein elektrisch angetriebenen Fahrzeugs unter den angegebenen Randbedingungen im Winter.

Bei diesen Bedingungen werden für den eigentlichen Vortrieb des Fahrzeugs im Stadtverkehr etwa 2,5 kW benötigt. Für die Aufrechterhaltung einer Innenraumtemperatur von 22 °C bei Beheizung mit Frischluft ist jedoch eine nahezu doppelt so hohe Leistung von 4,5 kW erforderlich. Von der Batterie und vom Antriebsstrang werden lediglich 0,4 kW Abwärme bereitgestellt. Bei vollautonom fahrenden Fahrzeugen liefern die Hochleistungscomputer künftig weitere 1 bis 1,5 kW Abwärme. Dadurch wird das Heizwärmedefizit zwar reduziert, der Reichweiteneinfluss aber nicht gemindert, da die Computer ihre Energie ja auch aus der Batterie beziehen. Die notwendige hohe Heizleistung setzt sich aus den Konvektions- und Strahlungsverlusten über die Kabinenfläche (etwa 2 kW) sowie aus dem Wärmeverlust durch die Innenraumabluft (etwa 2,5 kW) zusammen. Dabei muss sowohl während der Aufheizung nach dem Start (in einem nicht vorkonditionierten Fahrzeug, das heißt Innentemperatur gleich Außentemperatur) als auch

H. Tschöke et al. (Hrsg.), *Elektrifizierung des Antriebsstrangs*, ATZ/MTZ-Fachbuch, https://doi.org/10.1007/978-3-662-60356-7_18

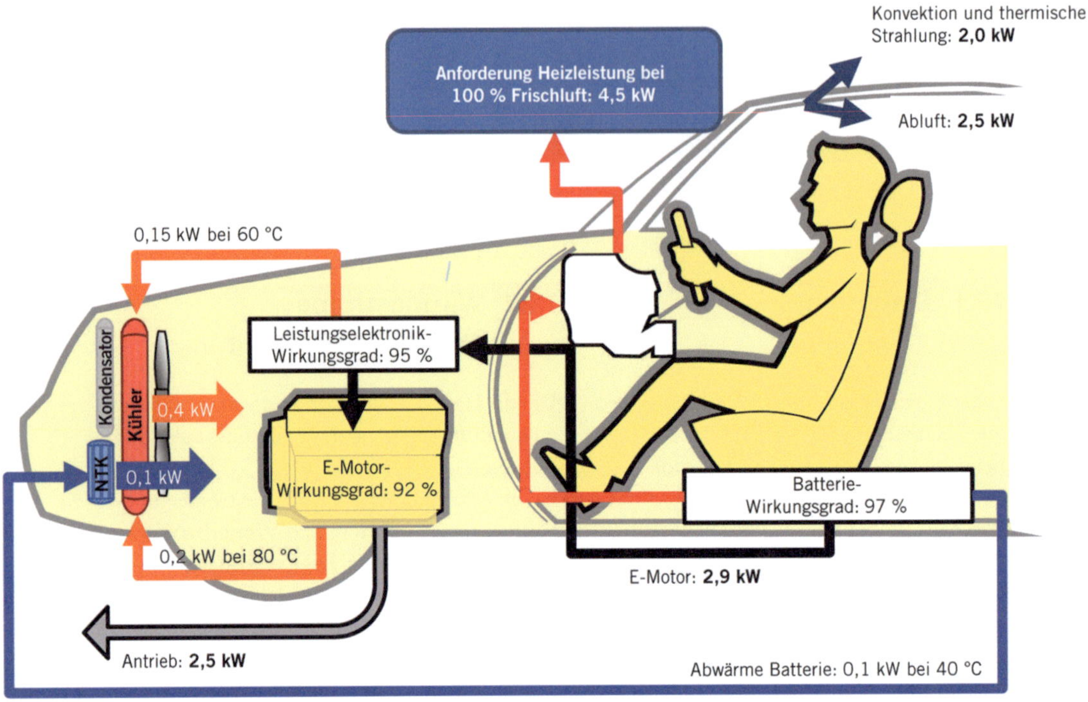

NTK: Niedertemperaturkühler

Abb. 1 Energieströme im Elektrofahrzeug (Randbedingungen: $T_{\text{Umgebung}} = -15\,°\text{C}$, $T_{\text{Kabine}} = 22\,°\text{C}$, keine Sonneneinstrahlung, Luftmenge = 5 kg/min, A/B-Segment-Fahrzeug, $v_{\text{Fahrzeug}} = 18{,}3\,\text{km/h}$)

im stationären Fall, je nach Außentemperatur, bis zu 40 K Temperaturdifferenz ausgeglichen werden, um im Fahrzeuginnenraum die Komforttemperatur von 22 °C zu erreichen beziehungsweise zu halten. In Abschn. 18.5 wird zudem noch erläutert, dass Zelltemperaturen unterhalb von 0 °C die Batterie sowohl in der Leistung als auch in der Lebensdauer beeinträchtigen; sie muss deshalb in den kalten Monaten aktiv beheizt werden.

Im Sommer (Randbedingungen: $T_{\text{Umgebung}} = 36\,°\text{C}$ und 25 % relative Feuchte, Luftmenge 5 kg/min, $T_{\text{Kabine}} = 22\,°\text{C}$, A/B-Segment-Fahrzeug, $v_{\text{Fahrzeug}} = 18{,}3\,\text{km/h}$) erfolgt der Hauptwärmeeintrag über solare Strahlung von bis zu 1 kW/m2 sowie über Konvektion. Der durch die Klimatisierung bedingte „Kälteverlust" erfolgt über die Abluft aus der Kabine. Insgesamt müssen so für die Aufrechterhaltung von 22 °C Kabinentemperatur rund 3,8 kW an Kälteleistung und unter Berücksichtigung der Leistungszahl des Klimakreislaufs insgesamt etwa 2 kW von der Batterie aufgebracht werden. Diese Leistung entspricht der gleichen Größenordnung, wie sie für den Vortrieb erforderlich ist. Bei der Abkühlung nach dem Start müssen bei nicht vorkonditioniertem Fahrzeug, je nach Außentemperatur, sehr hohe Temperaturdifferenzen ausgeglichen werden, da der Fahrzeuginnenraum durch die solare Einstrahlung stark überhitzt ist. Für die Aufrechterhaltung der Komforttemperatur müssen dagegen nur bis zu 15 K (plus die immer noch vorhandene solare Strahlung) überbrückt werden. Im Gegensatz zur Situation im Winter muss die Batterie in der heißen Jahreszeit je nach Temperatursituation gekühlt werden. Die obere Grenztemperatur beträgt +40 °C. Bei Temperaturen darüber wird die Batterie während des Betriebs irreversibel geschädigt; sie muss also im Sommer aktiv gekühlt werden (siehe auch Abschn. 18.5).

Aus diesen Szenarien ergeben sich die vielfältigen Anforderungen an das Thermomanagement. Sowohl im Winter als auch im Sommer soll der Kabinenkomfort und damit auch die Sicherheit (Scheibenbeschlag und -vereisung im Winter, Konzentrationsfähigkeit im Sommer) gewährleistet werden. Ferner muss die Batterie stets in einem relativ engen Temperaturfenster betrieben werden, um die Sicherheit des Fahrzeugs und eine möglichst lange Lebensdauer der Batterie zu gewährleisten. Da bei reinen E-Fahrzeugen die Energie für Heiz- und Kühlsysteme in direkter Konkurrenz zur elektrischen Reichweite steht, ist die Reduzierung beziehungsweise die Effizienzsteigerung der benötigten Heiz- und Kühlungsleistung extrem wichtig.

18.3 Elektrifizierungsgrad und Klimatisierung des Innenraums

Im rein verbrennungsmotorisch angetriebenen Fahrzeug fällt die Reichweitenreduzierung durch den Energiebedarf der Klimatisierung kaum ins Gewicht. Im Heizungsfall steht aufgrund des Wirkungsgrads des Verbrennungsmotors von lediglich 30 bis 40 % genügend Abwärme zur Verfügung, die über den Kühlmittelkreislauf an den Heizkörper der Innenraumheizung beziehungsweise an die Batterie abgegeben werden kann. Mit steigender Hybridisierung entlang des sogenannten Elektrifizierungspfads (auch Elektrifizierungsgrad genannt, siehe Kap. 2) nehmen sowohl die im Fahrzeug verfügbare Kraftstoffenergie zum Kühlen als auch die aus dem Verbrennungsmotor anfallende Wärme im Kühlmittel ab, **Abb. 2**.

Schon bei Fahrzeugen mit Start-Stopp-Automatik (auch Mikro-Hybrid bezeichnet) zeigen sich Auswirkungen auf die Klimatisierung des Innenraums. Denn durch die häufigen Abschaltzeiten des Motors sinkt zum einen der Wärmeeintrag ins Kühlmittel, zum anderen steht in diesen Phasen der Klimakompressor still, sodass der Innenraum nicht mehr gekühlt wird.

Ab den Mild-Hybrid-Konzepten, die auf Hochvolt- und neuerdings immer öfters auf 48 V-Spannungslage betrieben werden, wird der verbrennungsmotorische Antrieb zumindest teilweise, zum Beispiel beim Beschleunigen, durch eine E-Maschine mit entsprechend dimensionierter Lithium-Ionen-Batterie unterstützt. Vor allem im Winter kann das zunehmende Downsizing des Verbrennungsmotors zu einer geringeren Abwärme und damit zu einer eingeschränkten Heizfunktion führen. Dieses Heizleistungsdefizit kann jedoch durch den vorhandenen fossilen Kraftstoff an Bord entweder direkt oder über einen elektrischen Zuheizer (PTC) ausgeglichen werden. Zur Kabinenkühlung wird der herkömmliche mechanisch angetriebene Kompressor des Klimakreislaufs in der Regel durch einen Elektrokompressor ersetzt. Damit kann Kraftstoff eingespart werden, da in den Abschaltzeiten des Motors die notwendige Kompressorantriebsenergie aus der rekuperierten Energie, gespeichert in der Lithium-Ionen-Batterie, stammt. Zudem übernimmt der Klimakreislauf nun zusätzlich die Kühlungsaufgabe für die temperaturempfindliche Lithium-Ionen-Batterie.

Vollhybridisierte Fahrzeuge mit und ohne Plug-in-Funktionalität, die durch eine entsprechend dimensionierte Batterie bis zu etwa 50 km rein elektrisch fahren können, verfügen ebenfalls über einen elektrisch angetriebenen Kompressor für den Klimakreislauf. Somit steht dieser sowohl im rein elektrischen als auch im verbrennungsmotorischen Antriebmodus zur Verfügung. Das Fahrzeug sollte jedoch prinzipiell so oft wie möglich elektrisch bewegt werden.

Aufgrund der hohen Wirkungsgrade der elektrischen Antriebskomponenten E-Motor, Leistungselektronik und Batterie von jeweils bis zu 95 % fällt hierbei so gut wie keine verwertbare Abwärme zum Heizen

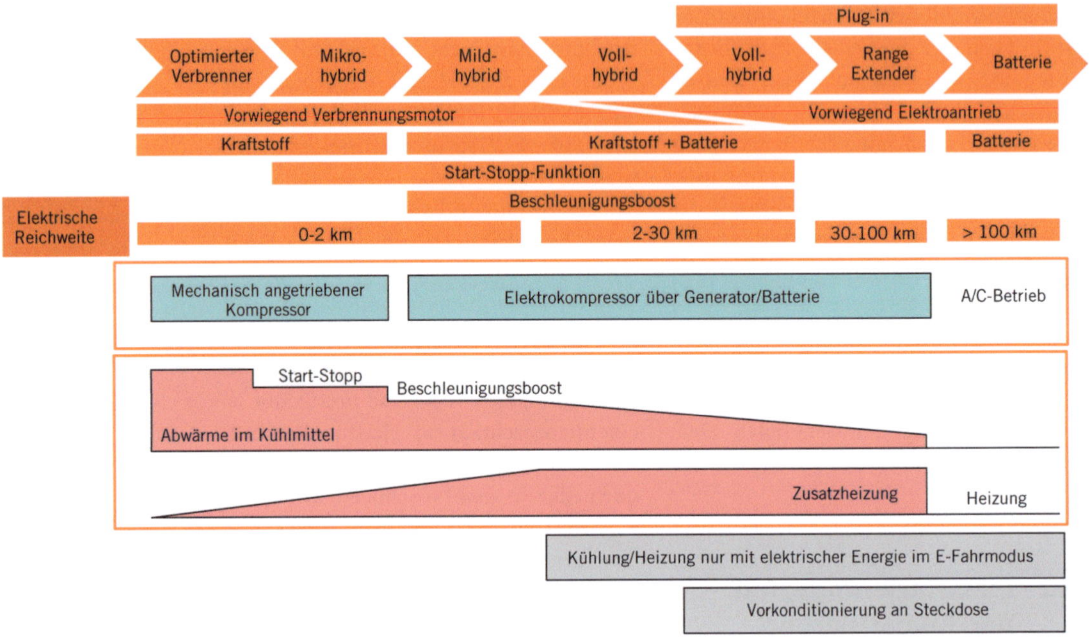

Abb. 2 Pfad der Elektrifizierung und Herausforderungen an Innenraumkühlung und -heizung

an. Die Heizenergie muss dann der Batterie entnommen und über einen Hochvoltheizer in Wärme für den Innenraum umgesetzt werden. Dies geht allerdings zu Lasten der elektrischen Reichweite. Im Heizfall könnte jedoch situationsbedingt auf die Abwärme des Verbrennungsmotors zurückgegriffen werden. Verfügt der Voll-Hybrid über eine Plug-in-Funktionalität, kann das Fahrzeug im Winter und im Sommer über die Steckdose vorkonditioniert, das heißt vor Abfahrt vorgeheizt beziehungsweise vorgekühlt werden.

Damit steht bei Beginn der Fahrt von der im Fahrzeug gespeicherten Energie mehr für den Fahrantrieb zur Verfügung.

Bei einem Elektrofahrzeug mit Range Extender steht zwar prinzipiell die Abwärme des Verbrennungsmotors zur Verfügung. Da dieser jedoch in der Regel leistungsmäßig nur für die Batterieladung und nicht für den Fahrbetrieb ausgelegt ist, liefert er nur begrenzt Abwärme. Auch hier muss auf Kosten der elektrischen Reichweite elektrisch zugeheizt werden. Eine Vorkonditionierung über die Steckdose ist natürlich weiterhin möglich.

In einem reinen Elektrofahrzeug steht allerdings so gut wie keine Abwärme mehr aus dem Antriebsstrang für die Innenraumheizung zur Verfügung. Wie bereits erwähnt, liefern vollautonom fahrende Fahrzeuge zwar einen beachtlichen Abwärmebeitrag, der jedoch energetisch ebenfalls aus der Batterie kommt. Die Energie zum Heizen und für den Klimakreislauf muss vollständig von der Lithium-Ionen-Batterie bereitgestellt werden. Eine Vorkonditionierung ist zwar möglich, dennoch verkürzen Kühlung und Heizung direkt die Reichweite des Fahrzeugs.

18.4 Effizienzsteigerung der Klimatisierung

Generell werden passive und aktive Maßnahmen zur Effizienzsteigerung der Klimatisierung unterschieden. Passive Maßnahmen sind zum Beispiel die Verminderung des solaren Wärmeeintrags im Sommer über die Scheibenflächen und die Karosserie durch eine verbesserte Kabinenisolierung und einen Strahlungsschutz der Scheiben. Eine Verringerung der thermischen Massen im Innenraum, zum Beispiel bei Sitzen, Armaturentafel oder Verkleidungen, ist ebenso hilfreich. Diese Möglichkeiten werden hier allerdings nicht weiter betrachtet.

Aktive Maßnahmen – Heizen und Kühlen

Moderne Klimasysteme erlauben eine thermische Vorkonditionierung und sind auf eine möglichst schnelle Abkühlung oder Aufheizung der Fahrzeugkabine ausgelegt. Durch die Vorkonditionierung über eine externe Energiequelle kann der Innenraum vor Fahrtbeginn auf die gewünschte Komforttemperatur gebracht werden. Während der Fahrt muss so die Batterie nur noch die Erhaltungsenergie zur Verfügung stellen. Dadurch wird die elektrische Reichweite erhöht. Zudem können die Komponenten des Klimasystems gegebenenfalls kleiner und damit leichter ausgelegt werden. Mittels geführter Luftströmung in der Kabine in Abhängigkeit von der Sitzbelegung kann eine effiziente, bedarfsgerechte Klimatisierung erreicht werden.

Aktive Maßnahmen – Heizen

Folgende Möglichkeiten bestehen, um einerseits den Heizbedarf des Fahrers zu erfüllen und anderseits die thermischen Bedingungen für den Betrieb der Antriebskomponenten zu verbessern:

- Mittels Flächenheizung wird eine Heizung über Kontaktflächen (Sitze, Lenkrad, Armauflage) und Strahlungsflächen (Fußraum, Türinnenseite, Dachhimmel) realisiert. Aufgrund ihrer körpernahen Position wirken solche Flächenheizungen schneller und direkter, was zu einer Steigerung des Heizkomforts führt. Da hierdurch auch gezielter dem Passagier Wärme zugeführt werden kann, sind Energieeinsparungen von mehr als 10 % möglich.
- Bei einem optimierten Heizkreislauf müssen in erster Linie die aufzuheizenden thermischen Massen im Kühlkreis reduziert werden, zum Beispiel durch Abschalten des Ausgleichsbehälters, Optimierung der Leitungsverlegung und Vermeidung von parasitärem Wärmetransport über das Motoröl oder das Wischwasser.
- Durch einen verbesserten Wärmeaustausch mittels Hochleistungsheizkörper kann die vorhandene Wärmemenge im Kühlmittel effizienter an die Innenraumluft übertragen werden. Damit kann eine 4 bis 7 % höhere Heizleistung erzielt werden.
- Eine Kühlerjalousie reduziert die konvektiven Wärmeverluste des Motors und des Kühlmittels, da zusammen mit einer Unterbodenverkleidung die Durchströmung des Motors mit kalter Außenluft verhindert wird. Dadurch wird der Motorwarmlauf beschleunigt und das Temperaturniveau im Kühlmittel steigt.
- Bei einem Enthalpiespeicher wird die beim Abstellen des Fahrzeugs im Kühlmittel noch vorhandene Wärme über Nacht gespeichert. Am nächsten Tag verbessert sie den Kaltstart und den Innenraumkomfort während des Warmlaufs und kann so helfen, Kraftstoff einzusparen. Der Enthalpiespeicher [1] speichert im Gegensatz zu früheren Lösungen die Wärme „sensibel", das heißt einzig über die thermische Isolation eines Kühlmittelreservoirs. Die Wärme steht dem Motor oder der Innenraumheizung so schneller zur Verfügung, als dies bei einer latenten Wärmespeicherung der Fall wäre. Zudem kann das Behältermaterial flexibler gewählt werden. Ergebnisse auf dem Rollenprüfstand zeigen ein Einsparpotenzial im NEFZ von etwa 2,4 g CO_2/km. Dieser Vorteil resultiert aus der schnelleren Temperaturanhebung zu Beginn des Tests.
- Aus rein thermodynamischer Sicht ist der Umluftbetrieb deutlich effizienter als der Frischluftbetrieb, da die Außenluft nicht ständig erwärmt oder gekühlt

werden muss und die temperierte Innenraumluft nicht über die Fahrzeugentlüftung verloren geht. Bei einem partiellen Umluftanteil von 50 % kann so beispielsweise die Heizleistung um etwa 30 % von 4,5 auf 3 kW reduziert werden. Mittels einer entsprechenden Sensorik und Regelung kann der Scheibenbeschlag verhindert und somit der Umluftanteil, auch bei niedrigen Außentemperaturen, deutlich erhöht werden.

- Zuheizsysteme wie elektrische Zuheizer oder Wärmepumpensysteme können die Aufheizung des Fahrzeuginnenraums unterstützen und den Reichweitenverlust reduzieren.

Aktive Maßnahmen – Kühlen

Die Abschaltzeiten des Verbrennungsmotors bei Fahrzeugen mit Start-Stopp-Funktionalität können über einen sogenannten Speicherverdampfer überbrückt werden, bei dem der Phasenwechsel eines Latentmediums zur Kühlung des Innenraums ausgenutzt wird. So muss der Motor zum Erhalt der Innenraumtemperatur im Sommer nicht gestartet werden, was real bis zu 3,5 g CO_2/km einspart. Bei Fahrzeugen mit einem sogenannten Start-Stopp-Segelbetrieb wird der Motor zusätzlich im Schubbetrieb abgekoppelt und abgeschaltet. Auch hier kann der Speicherverdampfer helfen, den Klimakomfort in diesen Phasen aufrechtzuerhalten.

Zur Verbesserung der Effizienz und Regelung des Klimakreislaufs werden Wärmepumpensysteme in Kombination mit Hochvolt-PTC-Zuheizern in E-Fahrzeugen oder Plug-in-Hybriden eingesetzt. Die Wärmepumpe hat eine Leistungszahl (COP, *Coefficient of Performance*) bis zu 4,2 und arbeitet wesentlich effizienter als ein elektrischer Zuheizer (COP $\leq$ 1). Sie belastet die Batterie deutlich weniger, wodurch die Reichweite im Winter gesteigert werden kann.

Konstruktiv und funktional leitet sich die Wärmepumpe vom Klimakreislauf ab [2]. Dabei durchläuft das Kältemittel den Klimakreislauf im Prinzip in umgekehrter Richtung. Durch eine entsprechende Verschaltung wird der Kondensator als Verdampfer (Außenwärmeübertrager) genutzt. Durch ihn wird der kalten Umgebungsluft Wärme entzogen und über einen zusätzlichen Wärmeübertrager im Klimagerät (technisch gesehen ein Kondensator, hier „Heizer") direkt dem Luftstrom der Innenraumheizung zugeführt. Schematisch ist in **Abb. 3** eine solche Luft-Luft-Wärmepumpe dargestellt. Dennoch gibt es Einschränkungen: Da die Oberflächen-Temperatur am Außenwärmeübertrager etwa 5 K unter

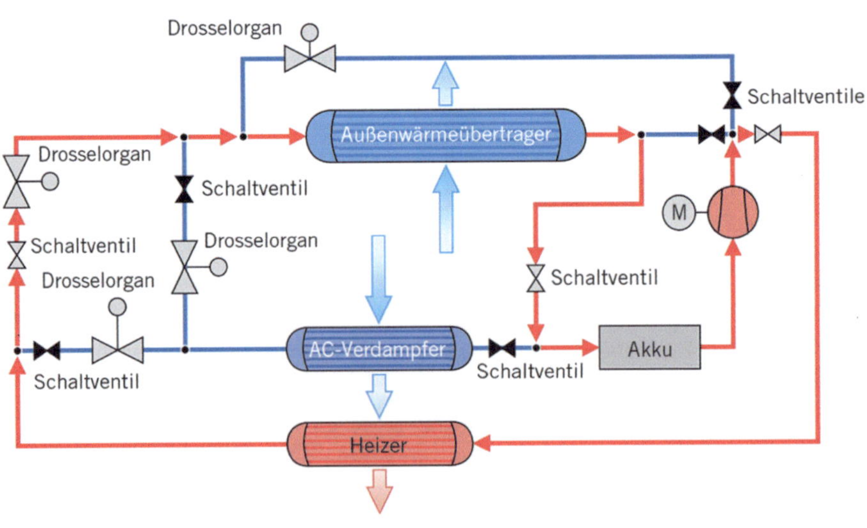

Abb. 3 Schema einer Luft-Luft-Wärmepumpe

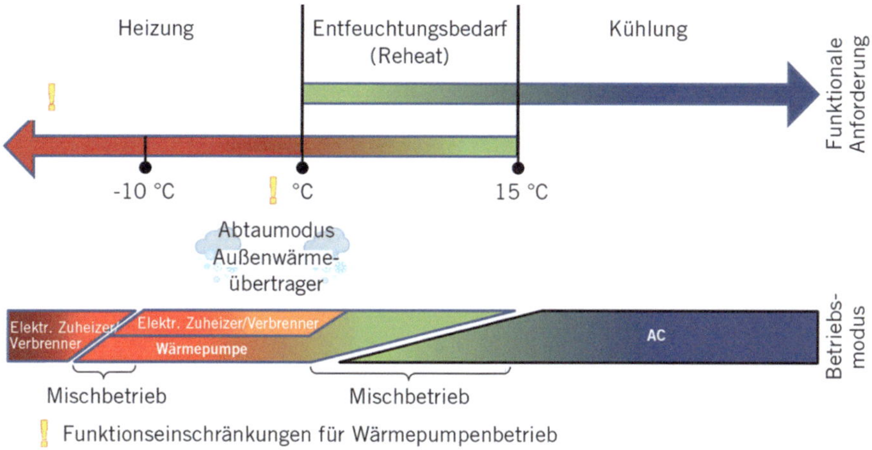

Abb. 4 Funktionale Anforderungen an eine Wärmepumpe

der Außentemperatur liegen muss, besteht schon ab 5 °C die Gefahr einer Vereisung der Komponente. Die Vereisung wirkt wie eine Isolationsschicht, wodurch die Effizienz des Wärmeübergangs mit zunehmender Dicke der Eisschicht abnimmt, **Abb. 4**. Über eine entsprechende Verschaltung des Wärmepumpenkreislaufs muss der Wärmeübertrager in diesem Fall enteist werden. Die Heizfunktion steht während dieser Zeit nicht zur Verfügung. Zudem sinkt, thermodynamisch bedingt, die Leistungsfähigkeit der Wärmepumpe unter einer bestimmten Temperatur, sodass der Heizleistungsbedarf der Fahrzeugkabine dann nicht mehr alleine durch die Wärmepumpe abgedeckt werden kann. Dies muss über einen zusätzlichen Hochvoltheizer aufgefangen werden. Bei einem typischen E-Fahrzeug lässt sich mittels einer Wärmepumpe der Reichweitenverlust im Stadtfahrzyklus bei 0 °C von etwa 50 % auf weniger als 20 % reduzieren.

18.5 Thermomanagement von Lithium-Ionen-Batterien

Die Temperaturempfindlichkeit der Lithium-Ionen-Batterie erfordert eine neue Herangehensweise an das Thermomanagement. Grund hierfür ist der relativ enge Temperaturbereich, in der die Batterie optimal betrieben werden kann. Generell stellen Temperaturen bis +60 °C während der Lagerung und bis +40 °C im Betrieb die thermische Obergrenze dar. Bereits Temperaturen von +45 °C beschleunigen den Alterungsprozess signifikant. Bei Temperaturen unterhalb von +20 °C nimmt die Batterieleistung aufgrund steigender Innenwiderstände ab. Zudem wird die Batterie bei Zelltemperaturen unter 0 °C beim Laden beziehungsweise Rekuperieren der Bremsenergie geschädigt; die Lebensdauer verringert sich. Zusätzlich muss die Kühlung/Heizung innerhalb der Batterie eine möglichst homogene Temperatur sicherstellen. Temperaturgradienten in der Zelle oder Temperaturunterschiede von wenigen K zwischen den einzelnen Zellen der Batterie führen zu Unterschieden in den Lade- und Entladevorgängen und somit zu unterschiedlicher Alterung der Zellen sowie einer reduzierten Effizienz, siehe auch Kap. 6.

Um solch enge Betriebstemperaturfenster und Temperaturunterschiede zu gewährleisten, muss die Lithium-Ionen-Batterie aktiv gekühlt oder beheizt werden. Vor allem im Sommer bei hohen Außentemperaturen reicht aufgrund der geforderten Zieltemperaturen eine passive Kühlung mit Außenluft in der Regel nicht mehr aus. Die Batterie muss in diesem Fall in das Klimasystem des Fahrzeugs integriert werden. An heißen Tagen, wenn ein schnelles Abkühlen der überhitzten Kabine und

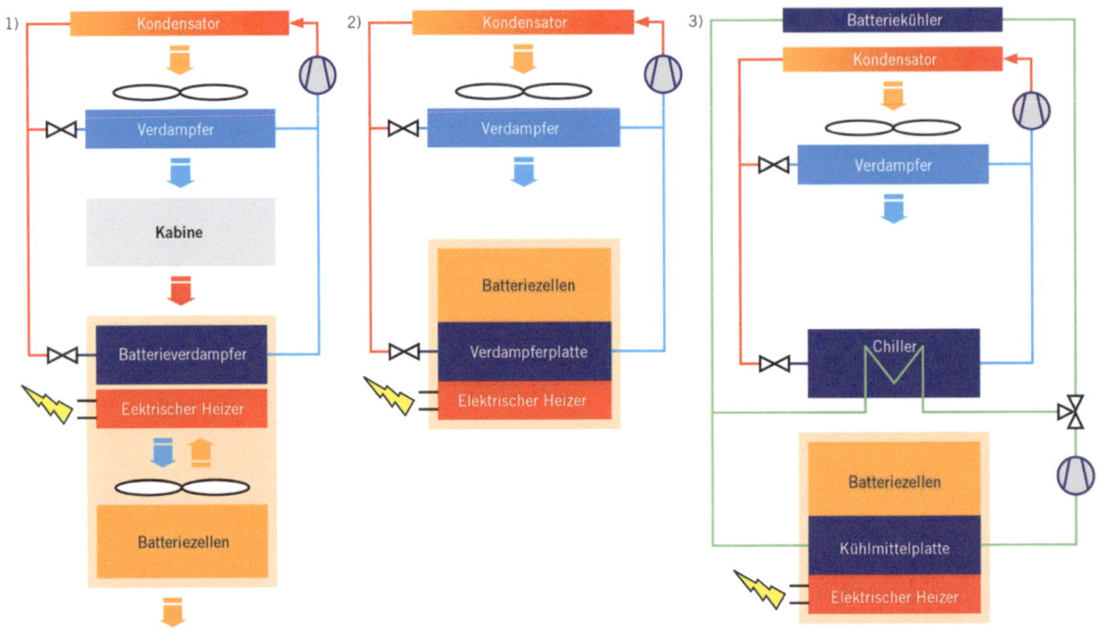

Abb. 5 Kühlkonzepte für Lithium-Ionen-Batterien: Luftkühlung (1), Kältemittelkühlung (2), Kühlmittelkühlung (3)

der aufgeheizten Batterie erforderlich wird, kann es dadurch zu einem Zielkonflikt zwischen schnell erreichtem Innenraumkomfort und schneller Verfügbarkeit der Batterie kommen, da der Kältekreislauf unter Umständen nicht beide Abkühlanforderungen gleichzeitig erfüllen kann. Künftig rückt auch der Ladevorgang immer mehr in den Fokus. Bei Schnellladung, z. B. an einer 350 kW Ladesäule, treten innerhalb weniger Minuten Abwärmeleistungen von bis zu 15 kW auf, die von dem Klimasystem ohne leistungssteigernde Systemanpassungen nicht mehr bewältigt werden können.

Für die verschiedenen Zellgeometrien und Zelltypen (siehe Kap. 2) haben sich unterschiedliche Kühlungskonzepte und -pfade sowie diverse Systemeinbindungen der Batteriekühlung in den Klimakreislauf etabliert, **Abb. 5**. Man unterscheidet die drei Kühlungskonzepte Luftkühlung mit klimatisierter Luft, Kältemittelkühlung und Kühlmittelkühlung.

Luftkühlung mit klimatisierter Luft

Hier wird die Batterie direkt mit klimatisierter Luft gekühlt, die entweder durch die Innenraumklimatisierung konditioniert oder durch ein separates Batterieklimagerät gekühlt wird. Im ersten Fall können sich zwischen notwendiger Batteriekühlung und angefordertem Innenraumkomfort Diskrepanzen ergeben. Insbesondere an heißen Tagen, wenn die Kabine überhitzt ist und heruntergekühlt werden muss, kann es länger dauern, bis auch die Batterie eine ausreichende Kühlung erfährt, da sie ja räumlich der Kabine nachgeschaltet ist. Wird die Batterie in solchen Fällen heiß betrieben, sinkt die Lebensdauer dramatisch, im Extremfall ist der Betrieb sogar gefährlich. Kommt ein separates Batterieklimagerät zum Einsatz, bestehen diese Probleme zwar nicht, dafür erhöhen sich aber Bauraumbedarf und Gewicht erheblich. Ferner reduziert das zusätzliche Luftgebläse im Klimagerät den akustischen Komfort spürbar.

Kältemittelkühlung

Die direkte Kühlung über das Kältemittel der Klimatisierung stellt die kompakteste und leichteste Kühlungsvariante mit dem geringsten Bauraumanspruch dar. Eine als Verdampfer wirkende Kühlplatte steht über ein thermisches Interface in direktem thermischen Kontakt mit den Zellen der Lithium-Ionen-Batterie. Dabei verdampft das Kältemittel in den Kühlkanälen der Kühlplatte. Bei großen Stückzahlen und einer gleichzeitig geringen Variantenvielfalt eignet sich eine sogenannte Two-Layer-Plate. Sie besteht aus zwei einzelnen Platten, einer umgeformten Platte, die die Kühlkanäle abbildet, und einer Abdeckplatte. Die Platte ist deshalb sehr dünn und leicht, **Abb. 6**. Die Kühlplatten müssen so ausgelegt werden, dass an jedem Ort und zu jeder Zeit verdampfendes Kältemittel vorhanden ist, damit die geforderte Temperaturhomogenität zwischen den und innerhalb der Zellen sichergestellt werden kann. Diese erforderliche Gleichverteilung des Kältemittels stellt insbesondere bei großen, flachen Unterflurbatterien eine sehr große Herausforderung dar. Daher kommt diese Kühlart eher bei mildhybriden Anwendungen zum Einsatz. Der Batterieverdampfer wird parallel zum Verdampfer des Klimasystems geschaltet und kann so nahezu unabhängig von der Klimaanforderung des Fahrzeuginnenraums betrieben werden. Die kompakte Bauweise bietet sich in Fahrzeugen an, in denen nur sehr wenig Bauraum zur Verfügung steht.

Problematisch bei diesem Konzept ist die eventuell notwendige Kühlung der Batterie im Winter. Dann muss der Klimakompressor allein wegen dieser vergleichsweise geringen Kühlungsanforderung Leistung zur Verfügung stellen. Dadurch leidet die Effizienz der Batteriekühlung. Unterhalb einer Außentemperatur von etwa – 5 °C kann zudem der Klimakreislauf nicht mehr betrieben werden. In diesem Fall steht die Batteriekühlung nicht zur Verfügung.

Kühlmittelkühlung

Die Kühlung der Lithium-Ionen-Batterie über ein Kühlmittel stellt die flexibelste und insgesamt effizienteste Methode dar.

Dabei wird die Kühlplatte vom Kühlmittel eines Sekundärkreislaufs durchflossen. Dieser Kreislauf wird in einem sogenannten Chiller gekühlt, indem Kältemittel aus dem Klimakreislauf verdampft, **Abb. 7**. Im Chiller wird die Batterieabwärme auf ein Kühlmittel übertragen. Er ist in Stapelscheibenbauweise ausgeführt und seine Leistung kann über die Anzahl der Stapelscheiben variiert werden. Diese Variante lässt sich sehr flexibel auslegen. So kann die Kühlung beispielsweise an weniger heißen Tagen über einen zusätzlichen Niedertemperatur-Kühlmittelkühler erfolgen. Erkauft wird diese Flexibilität durch höhere Systemkosten und höheres Systemgewicht.

Derzeit geht der Trend bei leistungsstärkeren Fahrzeugen aufgrund der höheren Leistungsdichte und Kühlungseffizienz in Richtung der Flüssigkühlung, das heißt Kühlung mit Kältemittel oder Kühlmittel. Bei Fahrzeugen mit geringeren Leistungsansprüchen finden sich dagegen oft Lösungen auf Basis einer Luftkühlung. Welche Kühlungsvariante letztendlich eingesetzt wird, hängt maßgeblich vom verwendeten Antriebssystem und der Fahrzeugklasse ab.

Für Mild-Hybride mit relativ kleinen Hochleistungsbatterien ist eine Kältemittelkühlung tendenziell besser geeignet. Die kleine Batterie kann gut durch das

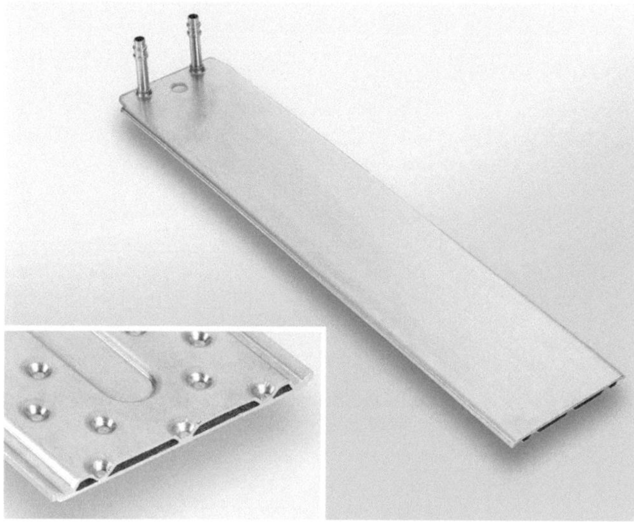

Abb. 6 Kühlplatte: Two-Layer-Plate

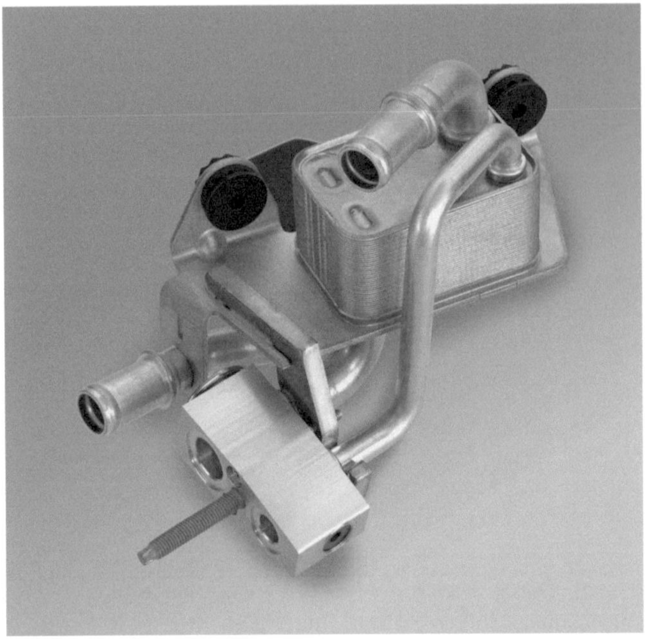

Abb. 7 Chiller einer Kühlmittelkühlung

Kältemittel in der Kühlplatte gekühlt werden. Die notwendige Kompressorleistung fällt im Vergleich zur Innenraumklimatisierung nicht ins Gewicht. Bei den größeren Batterien der Plug-in-Hybrid- und Elektrofahrzeuge bietet die Kühlmittelkühlung Vorteile. Sie ist energieeffizienter, weil der Klimakompressor nur bei hohen Außentemperaturen zur Kühlung der Batterie einspringen muss. Bei niedrigeren Temperaturen reicht das Kühlmittel des Niedertemperatur-Kreislaufs aus. Sind die Leistungsanforderungen an die Batterie lediglich moderat, kann für solche Fahrzeuge auch eine Kühlung mit konditionierter Luft ausreichend sein.

18.6 Zusammenfassung

Das Thermomanagement von Fahrzeugen mit elektrifiziertem Antrieb unterscheidet sich deutlich von dem für Fahrzeuge mit Verbrennungsmotor. Mit steigendem Elektrifizierungsgrad steigt der Energiebetrag, den die Batterie für den Innenraumkomfort zur Verfügung stellen muss. Vor allem in den kalten Monaten ist dies auch ein sicherheitsrelevantes Thema. Hier müssen verschiedene passive und aktive Maßnahmen gebündelt werden, um den Energiebetrag der Klimatisierung so weit wie möglich zu minimieren und damit eine ausreichende elektrische Reichweite sicherzustellen. Zudem muss die Lithium-Ionen-Batterie aktiv gekühlt beziehungsweise beheizt werden. Eine Anbindung der Batteriekühlung an das Klimasystem ist deshalb notwendig. Dies führt jedoch zu einer weiteren internen Schnittstelle zwischen der Komfortfunktion Klimatisierung und der Batteriekühlung und damit zu einem insgesamt komplexeren System, das zudem noch unterschiedlichen Batteriearchitekturen Rechnung tragen muss.

Literaturhinweise

[1] Eilemann, A. et al.: Enthalpiespeicherkonzept zur CO_2-Reduzierung. In: MTZ 74 (2013) Nr. 1, S. 24-31

[2] Wawzyniak, M., Wiebelt, A.: Thermomanagement für elektrifizierte Fahrzeuge. In: MTZ 77 (2016), Nr. 5, S. 42-48

19 Typgenehmigung

Carsten von Essen

19.1 Einleitung

Ein Fahrzeughersteller benötigt für seine produzierten Fahrzeuge eine Typgenehmigung, damit er sie in Verkehr bringen und der Kunde sie zulassen kann. Für diese Typgenehmigung sind u. a. zahlreiche Tests vorgeschrieben, um bzgl. Sicherheit und Emissionen die Einhaltung gesetzlicher Vorgaben nachzuweisen. Dabei unterscheiden sich die Tests regional und für die einzelnen Antriebsarten. So sind in Europa erstmals einige dieser Tests auch auf der Straße durchzuführen.

19.2 Ablauf, Gesetzgebung und Testverfahren

Die Typgenehmigung für Pkw bestätigt, dass die geforderten gesetzlichen Sicherheits- und Umweltstandards erfüllt sind. Der Hersteller darf mit dieser Genehmigung sein Produkt produzieren und auf den Markt bringen. In **Abb. 1** ist der diesbezügliche Ablauf schematisch für die EU aufgeführt [1].

Neben Anforderungen an Crashsicherheit, Lärmemissionen, Notrufassistenten etc. sind insbesondere die Emissionen des Antriebs ein wichtiger Testbestandteil der Typgenehmigung und werden im Folgenden näher betrachtet.

Limitiert wird der Ausstoß von Partikeln, Stickoxiden, Kohlenmonoxid und Kohlenwasserstoffen. Für CO_2 existiert hingegen häufig kein absoluter Grenzwert, stattdessen ist auf den führenden Absatzmärkten ein Flottengrenzwert einzuhalten, d. h. der Hersteller muss mit dem Durchschnitt seiner verkauften Fahrzeuge bestimmte Anforderung hinsichtlich den CO_2-Emissionen erfüllen.

Die Einhaltung des jeweiligen Grenzwerts wird mit einem festgelegten Messprozess kontrolliert. Der Messprozess legt die Rahmenbedingungen, z. B. Umgebungstemperaturen, Zustand des Fahrzeuges und seiner Komponenten, den Fahrzyklus, also eine Geschwindigkeit-Zeit-Vorgabe und die Randbedingungen für eine ggf. geforderte Straßenmessung, fest. Nur auf Grundlage von Grenzwert und Messprozess kann eine Aussage über die Strenge einer Gesetzgebung getroffen werden, der reine Wertevergleich ist hingegen wenig aussagekräftig.

Die Anforderungen an den Antrieb sind weltweit recht unterschiedlich, **Abb. 2**, allerdings bilden die Vorschriften der USA, EU und Japan häufig die Basis, von der sich die der übrigen Länder ableiten. Um den Prüfprozess weltweit zu vereinheitlichen, wurde im Rahmen des UN World Forum for the Harmonization of Vehicle Regulations (WP.29) in den letzten Jahren unter der Bezeichnung UNECE Global Technical Regulation No. 15 (GTR 15) der Worldwide Harmonized Light Vehicle Emissions Test Procedure (WLTP) entwickelt [2]. Die EU hat diesen Prüfprozess als Erstes in ihre Gesetzgebung übernommen.

H. Tschöke et al. (Hrsg.), *Elektrifizierung des Antriebsstrangs*, ATZ/MTZ-Fachbuch, https://doi.org/10.1007/978-3-662-60356-7_19

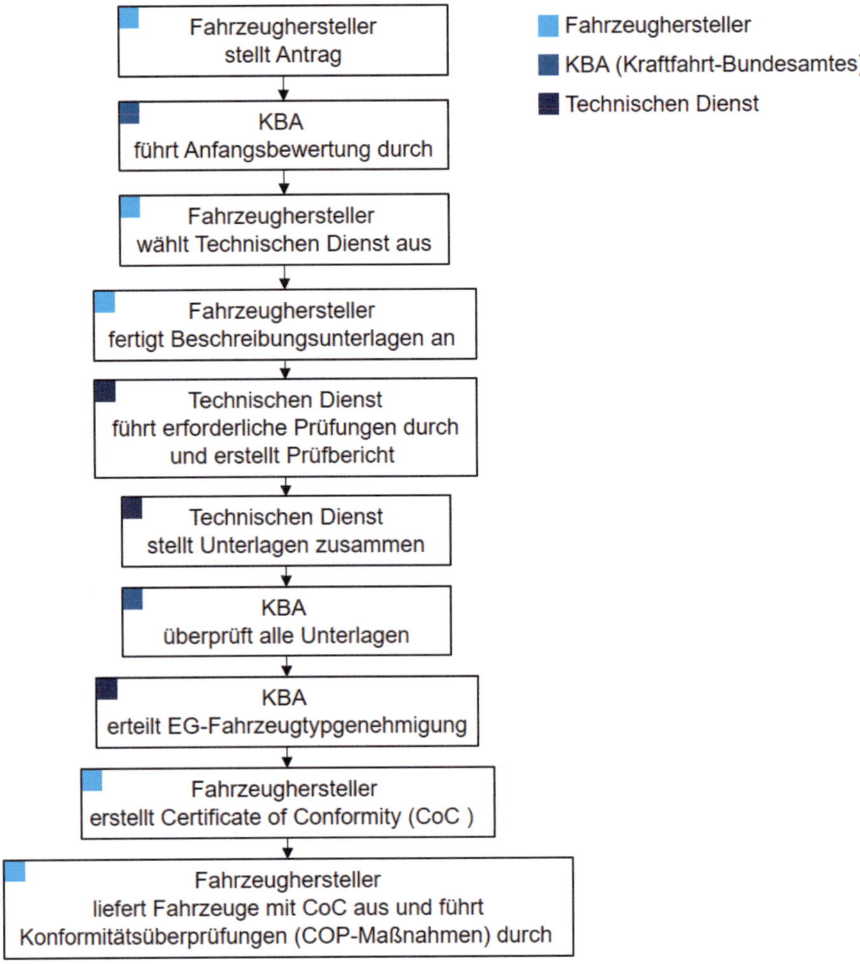

Abb. 1 Ablaufplan vom Antrag bis zur Auslieferung von Fahrzeugen mit EG-Fahrzeugtypgenehmigung [1]

Rollenprüfstand

Der überwiegende Anteil der notwendigen Tests wird im Labor, dem sogenannten Rollenprüfstand oder auch Abgasrollenprüfstand, durchgeführt, siehe **Abb. 3**. Dabei wird das Fahrzeug räumlich fixiert, wobei die Reifen der Antriebsachse auf Rollen stehen. Diese Rollen stellen dem Fahrzeug über eine Bremsvorrichtung eine entsprechende Kraft entgegen. Für die Regelung dieser Gegenkraft werden sogenannte Fahrwiderstandskoeffizienten $f0$ in N, $f1$ in N/(km/h) und $f2$ in N/(km/h)^2 des Fahrzeugs benötigt. Ermittelt werden sie aus den Messdaten eines Ausrollversuchs und einer anschließenden Regressionsanalyse. Auf dem Rollenprüfstand werden die während der Fahrt auftretenden Emissionen des Fahrzeugs gesammelt und die Menge mit verschiedenen Messgeräten bestimmt. Je nach Ausstattungsgrad des Rollenprüfstandes können Luftdruck, Luftfeuchtigkeit und Lufttemperatur konditioniert werden.

Straßenmessung

Straßenmessungen erfolgen im regulären Verkehr. Zur Messung der Emissionen während der Fahrt werden mobile Emissionsmessgeräte, sogenannte PEMS (Portable emissions measurement systeme), **Abb. 4**, eingesetzt. Straßenmessungen haben aus Sicht des Gesetzgebers den Vorteil, dass sie das tatsächliche Emissionsverhalten während der Fahrzeugnutzung zeigen und eine

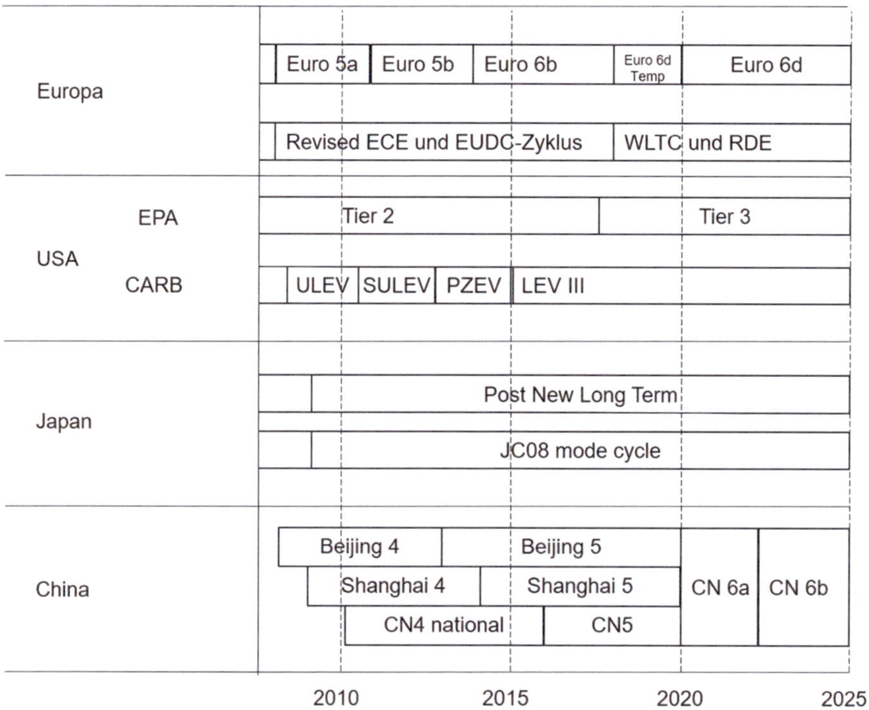

Abb. 2 Übersicht verschiedener Emissions-Gesetzgebungen [3]

Manipulation der Messung vergleichsweise aufwändig ist. Aus Sicht des Herstellers erhöhen sie den Prüfaufwand, da eine Vielzahl zusätzlicher Umgebungsbedingungen, wie z. B. Wind, Regen und Verkehrslage berücksichtigt werden müssen und die Messergebnisse weniger reproduzierbar sind.

19.3 Länderspezifische Prüfungen für die Typgenehmigung

Die Prüfvorschriften und die einzuhaltenden Grenzwerte unterscheiden sich in den einzelnen Ländern, exemplarisch werden die Vorschriften der EU genauer beschrieben.

Prüfungen für die Typgenehmigung in der EU

In der EU war von 1993 bis 2017 der NEFZ (Neue Europäischer Fahrzyklus) der ausschlaggebende Fahrzyklus. Seit 2017 ist er vom WLTC (Worldwide harmonized Light duty driving Test Cycle) abgelöst und zusätzlich ergänzen Straßenmessungen das Prüfverfahren. Im Messprozess für Pkw (Klasse M1) wird zwischen Fahrzeugen mit lediglich einem Verbrennungsmotor, E-Antriebe und Hybridantriebe deren Batterie nicht von extern aufgeladen werden kann (NOVC-HEV) sowie Hybridantriebe,

Abb. 3 Pkw auf einem Rollenprüfstand, Quelle IAV

Abb. 4 PKW mit einem Portable Emissions Measurement Systeme (PEMS), Quelle: Daimler AG

deren Batterie von extern aufgeladen werden kann, auch Plug-in-Hybrid genannt, unterschieden. Letztere werden in der Verordnung (EU) 2017/1151 als „Extern aufladbare Fahrzeuge mit Hybrid-Elektroantrieb (OVC-HEV)“ bezeichnet [4]. Eine weitere Unterteilung, z. B. in Range-Extender gibt es nicht, so ist ein BMW i3 REX im Sinne der Typgenehmigung ein Plug-in-Hybrid (OVC-HEV). Hybridantriebe, deren Batterie nicht extern aufgeladen werden kann, z. B. Toyota RAV4 Hybrid oder Mercedes E-Klasse mit einem 48-V-Hybridsystem, werden wie die Fahrzeuge mit lediglich einem konventionellen Verbrennungsmotor getestet. Lediglich für den Ladezustand der Batterie gibt es zusätzlich Vorschriften.

Je nach Antriebsart werden die limitierten Schadstoffemissionen NO_x, Partikelmasse und -anzahl, Kohlenwasserstoffe und Kohlenmonoxid sowie die nicht limitierten Werte Energieverbrauch, CO_2-Emisisionen und Kraftstoffverbrauch und elektrische Reichweite ermittelt. Die jeweils gültigen Grenzwerte sind in separaten Verordnungen festgelegt. So sind für die Euro 6 die Verordnungen (EU) Nr. 2016/427, (EG) Nr. 692/2008 und (EG) Nr. 715/2007 relevant. Für die CO_2-Emissionen gibt es in der EU keinen Grenzwert für einzelne Fahrzeuge, allerdings darf ein Hersteller mit dem Durchschnitt seiner verkauften Fahrzeuge einen gewichtsabhängigen Wert nicht überschreiten [5,6]. Schafft er das nicht, so muss er für das jeweilige Jahr eine Abgabe in Höhe von 95 € pro g CO_2/km – Überschreitung und Neufahrzeug zahlen.

Um den Prüfaufwand im Rahmen zu halten, muss der Hersteller nicht mit jedem Fahrzeugtyp alle Prüfungen durchlaufen, sondern kann nach festgelegten Kriterien Fahrzeugfamilien bilden. Die EU Verordnung 2017/1151 unterscheidet Interpolationsfamilien, Familien für den Ambient Temperature Correction Test (ATCT), Fahrwiderstandsfamilien, Fahrwiderstandsmatrix-Familien und Familien in Bezug auf ein System mit periodischer Regeneration [4]. Das Prinzip der Familienbildung ist, dass ggf. nur ein Fahrzeug der Familien geprüft wird und dieser Wert dann für alle Familienmitglieder gilt. So können Fahrzeuge mit gleichem Getriebetyp, Motordrehzahl/Fahrzeuggeschwindigkeit-Verhältnisse, gleicher Anzahl der Antriebsachsen und weiterer Kriterien eine Fahrwiderstandsfamilie bilden.

Die gasförmigen Emissionen werden auf einem Rollenprüfstand gemessen. Anwendung findet hier der WLTC, **Abb. 5**, [4]. Der Zyklus ist in vier Phasen eingeteilt nämlich, Niedrigwertphase (Low), Mittelwertphase (Medium), Hochwertphase (High) und Höchstwertphase (Extra High). Die ersten beiden Phasen werden auch als Stadtzyklus bezeichnet.

Für Fahrzeuge mit einer geringen Motorisierung, d. h. einem Verhältnis von Leistung zu Masse im fahrbereiten Zustand von ≤ 34 W/kg oder einer Höchstgeschwindigkeit von $< 131{,}3$ km/h, gibt es Modifikationen des Zyklusses. Für die meisten Fahrzeuge trifft dies jedoch nicht zu, so liegt der VW Golf mit seiner geringsten Motorisierung bei 52 W/kg und erreicht eine Höchstgeschwindigkeit von 180 km/h [7].

Fahrzeuge mit Verbrennungsmotor oder Hybridantrieb, deren Batterie nicht extern aufgeladen werden kann, müssen den Fahrzyklus einmal durchfahren, wobei die Emissionen gemessen werden. Sollte bei Hybridantrieben der Ladestand der Batterie (SOC, State of Charge) am Ende der Prüfung nicht ausgeglichen sein, so sind die gemessenen CO_2-Emissionen und der Kraftstoffverbrauch nach einer Vorgabe zu korrigieren.

Für Plug-in-Hybride, also Hybridantriebe deren Batterie extern aufgeladen werden kann, gelten folgende Regelungen: Die Fahrzeuge werden sowohl mit einer vollgeladenen als auch einer leeren Batterie getestet. In beiden Zuständen muss das Fahrzeug die Emissionsgrenzwerte einhalten. Die CO_2-Emissionen werden anschließend aus einer Kombination der beiden Fahrzyklen ermittelt. Dabei werden die Emissionen des Verbrennungsmotors mit steigender elektrischer Reichweite immer weniger gewichtet, **Abb. 6**, [8]. Erreicht ein Plug-in-Hybrid-Fahrzeug mit voller Batterie im Testzyklus beispielsweise eine rein elektrische Reichweite von 50 km, so ergibt sich aus der Berechnungsvorschrift ein sog. Nutzfaktor von UF = 0,754. Emittiert das Fahrzeug nun im weiteren Testverlauf mit leerer Batterie 120 g CO_2/km, ist das Ergebnis unter Berücksichtigung des Nutzfaktors ein CO_2-Wert von $CO_{2,\,PHEV} = (1-0{,}754) * 120\,g\,CO_2/km = 29{,}47\,g\,CO_2/km$.

Wie auch bei den batterieelektrischen E-Fahrzeugen wird beim Plug-in-Hybrid der Fahrbetrieb mit dem E-Motor, d. h. bei ausgeschaltetem Verbrennungsmotor, als CO_2-frei angesetzt.

Das führt dazu, dass Plug-in-Hybride im Vergleich zu HEV-Fahrzeugen sehr niedrige CO_2-Emissionen im Prüfzyklus erreichen. Beispielsweise liegt das Hybridfahrzeug Toyota Prius (NOVC) bei 82 g CO_2/km [9], die Plug-in-Hybrid-Version hingegen nur bei 28 g CO_2/km [10]. Der Wert für die CO_2-Emissionen ist bei diesen Fahrzeugen somit nicht mehr ein Maß für die Effizienz des Verbrennungsmotors, sondern spiegelt vielmehr die Höhe der Batteriekapazität wider.

Da bei Antrieben mit einem Verbrennungsmotor mittlerweile auch periodisch arbeitende Abgasnachbehandlungssysteme, wie z. B. Partikelfilter, eingesetzt werden, deren Einfluss auf die Emissionen in einem einzelnen WLTC-Test nur ungenügend berücksichtigt werden können, wird

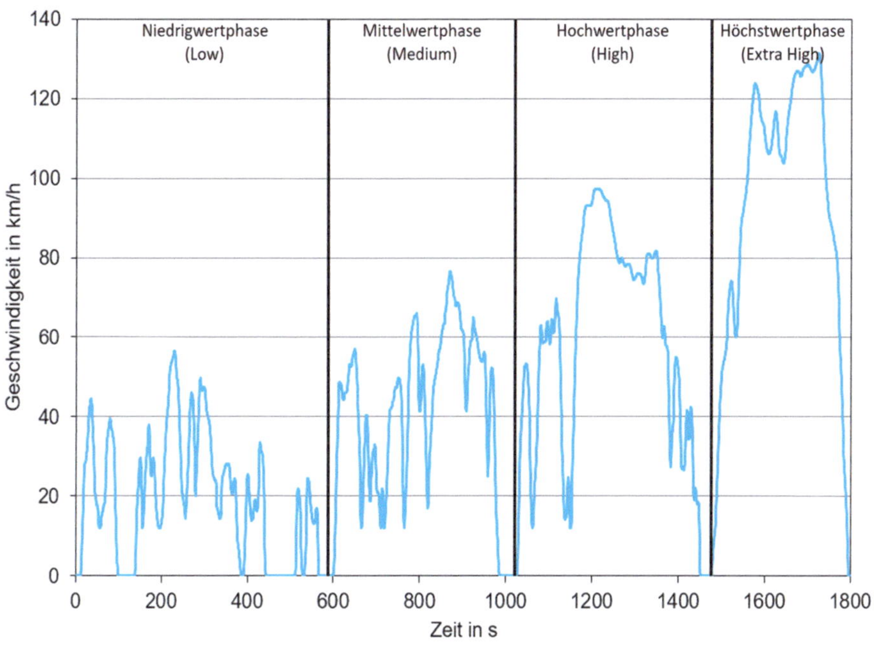

Abb. 5 Worldwide harmonized Light duty driving Test Cycle (WLTC) für Fahrzeuge der Klasse 3

mit einem zusätzlichen Testverfahren ein sogenannter ki-Faktor, bzw. ki-Ausgleich bestimmt. Basis der ki-Bestimmung sind Testfahrten mit und ohne Regenerationsphasen, hierfür sind Einrichtungen am Fahrzeug erlaubt, die eine Regeneration ggf. gezielt unterdrücken. Der ki-Faktor wird wie folgt berechnet [11]:

$ki = M_{\text{Schadstoff}} / M_{\text{Schadstoffs ohne Regeneration}}$

mit:

$M_{\text{Schadstoff}} = ((M_{\text{Schadstoff ohne Regeneration}} * n_{\text{ohne Regeneration}}) + (M_{\text{Schadstoff mit Regeneration}} * n_{\text{Regeneration}})) / (n_{\text{ohne Regeneration}} + n_{\text{Regeneration}})$

darin sind:

$M_{\text{Schadstoffs ohne Regeneration}}$ = emittierte Masse des Schadstoffs während der Fahrzyklen ohne Regeneration

$M_{\text{Schadstoff mit Regeneration}}$ = emittierte Masse des Schadstoffs während der Regeneration

$n_{\text{Regeneration}}$ = Zahl der Fahrzyklen, die für die Regeneration erforderlich sind

$n_{\text{ohne Regeneration}}$ = Zahl der Fahrzyklen zwischen zwei Zyklen, in denen eine Regeneration stattfindet.

Mit dem ermittelten ki-Wert werden die Messwerte der Emissionsmessung korrigiert.

Hier sei auch darauf hingewiesen, dass auch ein zusätzlicher Test zur Überprüfung der Langzeitstabilität der Abgasnachbehandlungssysteme durchzuführen ist.

Für batterieelektrische E-Fahrzeuge werden lediglich die Reichweite und der Stromverbrauch mittels WLTC bestimmt. Die CO_2-Emissionen werden mit 0 g/km angegeben, da die der Stromproduktion bisher nicht berücksichtigt werden. Zur Bestimmung der Reichweite wird der WLTC so häufig durchfahren, bis die Batterie leer ist, d. h. das Fahrzeug kann 4 s lang der geforderten Geschwindigkeitsvorgabe nicht mehr folgen. E-Fahrzeuge mit Reichweiten, die größer als die Wegstrecke von 3 Prüfzyklen sind, dürfen nach einem verkürzten Verfahren geprüft werden [8].

In der EU sind die Rollenprüfstandsmessungen mittlerweile um Straßenmessungen ergänzt worden, sogenannte Real-Driving-Emissions Tests (RDE). Die Fahrt auf der Straße muss dabei die in **Abb. 7** aufgeführten Randbedingungen erfüllen, d. h. eine Fahrt in den Alpen mit extrem sportlichen Fahrstil, aber auch eine Fahrt in einer flachen Gegend mit einem extrem langsamen Fahrstil gelten nicht als gültige Fahrten. Die Messwerte der Straßenmessung müssen nach der Fahrt entweder mit der Moving Averaging Windowing

Abb. 6 Nutzfaktor UF für Plug-in-Hybride in Abhängigkeit der rein elektrischen Reichweite [8]

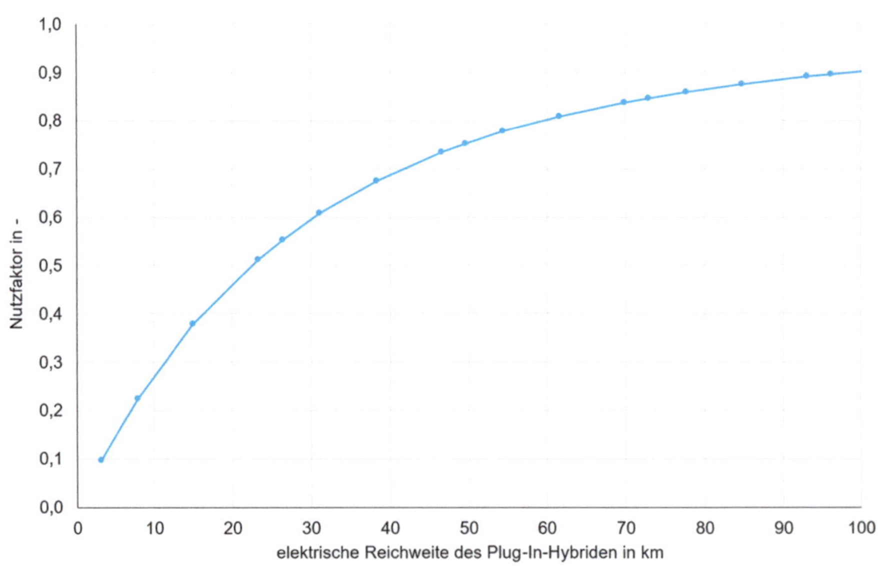

oder der Power Binning Methode ausgewertet werden [12].

Für die Straßenmessung sind bisher nur für die Schadstoffemissionen NO_x und PN sogenannte Konformitätsfaktoren definiert worden [13], d.h. Faktoren, um die der Messwert über dem Grenzwert liegen darf. Mit diesen Faktoren sollen Messungenauigkeiten der PEMS berücksichtigt werden. Allerdings gilt für den Faktor der NO_x-Emissionen bis Ende 2019 für die Typgenehmigung ein erhöhter Wert von 2,1 der dann auf 1,5 abgesenkt wird. Er soll berücksichtigen, dass die bisherige Gesetzgebung zu ungenau bzgl. dem Gültigkeitsbereich der Grenzwerte war, und dem Hersteller eine angemessene Zeit für die notwendigen Anpassungen der Fahrzeuge geben. Diese Sichtweise wurde im Vorfeld der Festlegung der Gesetzgebung kontrovers diskutiert. Für die Partikelanzahl PN gilt ab September 2018 ein Konformitätsfaktor von 1,5.

Prüfungen für die Typgenehmigung in den USA

Auch wenn der WLTP ursprünglich als Weltstandard angedacht war, ist noch nicht absehbar, wann die USA ihn einführen wird bzw. ob sie es überhaupt irgendwann tun. In den USA gelten bisher die Vorschriften der EPA (United States Environmental Protection Agency) und der CARB (California Air Resources Board). Die relevanten Emissionsvorschriften werden mit Tier (Motor Vehicle Emission and Fuel Standards, Nonroad Engine and Equipment) und LEV (Low-Emission Vehicle Program) bezeichnet, analog zu den Euro-Normen in der EU wird für jeweils neue Emissionsstufen ein angefügter Index hochgezählt, derzeit relevant sind Tier 3 und LEV III. Im Gegensatz zur EU-Gesetzgebung finden in den USA fünf verschiedene Testzyklen Anwendung, nämlich der FTP75, US06, SC03, HWFET und der UDSS.

Prüfungen für die Typgenehmigung in Japan

In Japan wurde der WLTP in 2018 eingeführt. Im Gegensatz zur EU wird jedoch auf die vierte Phase, die Höchstwertphase, des WLTC verzichtet. Der Grund liegt in den japanischen Verkehrsverhältnissen und der kleinen durchschnittlichen Fahrzeuggröße

Abb. 7 Randbedingungen für eine gültige Straßenmessung (RDE) [4]

Parameter	Wert
Zuladung	≤ 90% des maximalen Fahrzeuggewichts
Höhe	Gemäßigte Höhenlage-Bedingungen: 0 bis 700 m über dem Meeresspiegel Erweiterte Höhenlage-Bedingungen: zwischen 700 m und 1300 m über dem Meeresspiegel
Höhendifferenz	Nicht mehr als 100 m Höhendifferenz zwischen Start und Ende der Fahrt
Kumulierte Höhe	1.200 m pro 100 km
Umgebungstemperatur	Gemäßigte Temperaturbedingungen: 0°C bis 30°C Erweiterte Temperaturbedingungen: -7°C bis 0°C und 30°C bis 35°C
Fahrzeugstops	Zwischen 6 % und 30 % der Stadtzeit.
Fahrzeuggeschwindigkeit	Maximal 145 km/h (160 km/h für max 3 % der Gesamtdauer der Autobahnfahrt)
Dynamische Begrenzung	Maximum: 95. Perzentil von v*a (Geschwindigkeit * positive Beschleunigung) Minimum: Die Messfahrt ist ungültig, wenn $v_\varnothing \leq 94{,}05$ km/h und RPA < − 0,0016 * $v_\varnothing$ + 0,1755) oder $v_\varnothing > 94{,}05$ km/h und RPA < 0,025 gilt. RPA ist dabei die relative positive Beschleunigung.
Nebenverbraucher	Der Betrieb der Klimaanlage und der sonstigen Nebenverbraucher muss ihrer möglichen Verwendung durch den Fahrzeugnutzer unter normalen Fahrbedingungen auf der Straße entsprechen.

und -motorisierung. Voraussichtlich 2021 werden auch in Japan Straßenmessungen eingeführt.

19.4 Zusammenfassung und Ausblick

Es ist zu erwarten, dass die Grenzwerte der Schadstoffe in den einzelnen Ländern. bzw. Absatzmärkten weiter abgesenkt werden. In der EU sind eine weitere Verschärfung der NO_x-Grenzwerte und die Aufhebung des Unterschieds zwischen Otto- und Dieselmotoren denkbar. Ferner wird die günstige CO_2-Bewertung von Plug-in-Hybriden diskutiert und bei entsprechendem Marktanteil sind auch Effizienzsvorgaben für E-Fahrzeuge wahrscheinlich. Überdies wird die Idee diskutiert mittels einer Lebenszyklusanalyse (engl. Life Cycle Assessment, LCA) auch die Emissionen der Produktion und Entsorgung eines Fahrzeugs mit einzubeziehen. Eine Umsetzung in eine praktikable Gesetzgebung ist jedoch aufgrund der Komplexität und der hohen Anzahl der am Herstellungsprozess beteiligten Firmen anspruchsvoll und wird daher nicht kurz- oder mittelfristig umsetzbar sein.

Literaturhinweise

[1] Kraftfahrt-Bundesamt, Wegweiser zur EG-Fahrzeugtypgenehmigung nach der Richtlinie 2007/46/EG, Stand: 6. Mai 2009, Flensburg, 2009

[2] UNITED NATIONS, ECE/TRANS/WP.29/AC.3/26, 2009

[3] Delphi Technologies, Worldwide emissions standards – Passenger cars and light duty vehicles 2018/2019, 2018

[4] Verordnung (EU) 2017/1151 der Kommission vom 1. Juni 2017

[5] Verordnung (EG) Nr. 443/2009

[6] Verordnung (EU) Nr. 333/2014

[7] Volkswagen, Technik und Preise Der Golf, Golf Variant & Golf Alltrack, gültig für das Modelljahr 2018, 17. Mai 2018

[8] Amtsblatt der Europäischen Union, L 175, 2017

[9] Prius Preise und Fakten, Stand 9.01.2018

[10] Prius Plug-in Hybrid Preise und Fakten, Stand 31.01.2017

[11] Amtsblatt der Europäischen Union L 172/1 vom 3.7.2015

[12] Verordnung (EU) 2016/427 der Kommission vom 10. März 2016 zur Änderung der Verordnung (EG) Nr. 692/2008 hinsichtlich der Emissionen von leichten Personenkraftwagen und Nutzfahrzeugen (Euro 6)

[13] Verordnung (EU) 2016/646 der Kommission vom 20. April 2016

20 Akustik

Johannes Blickensdorff, Marc Boulliung, Markus Burkard, Christian Dold, Bo-Göran Emretsson, Klaus Genuit, Bernhard Graf, Matthias Kurch, Pierre Millithaler, Carsten Mohr, Mark Nichols, Alfred Pecher, Michael Richter, Thorsten Rittgerott, Sven Satzinger, Dominik Stretz, Alexander Ulz

20.1 Einleitung, Ziele, Grundlagen und Gesetzgebung

Die Elektrifizierung des Antriebs verändert nicht nur das akustische Verhalten der Fahrzeuge, sondern stellt auch neue Herausforderungen für Gesetzgebung und Entwicklung dar. Um gesundheitliche Schäden und Belästigungen durch den Fahrzeuglärm und im weiteren Sinne den Verkehrslärm zu vermeiden, ist ein möglichst geringer Außengeräuschpegel wünschenswert und durch Grenzwerte nach oben gesetzlich limitiert. Die Definition und folglich die Einhaltung gesetzlicher Grenzwerte sollen helfen, die gesundheitlichen Beeinträchtigungen durch Straßen- und Verkehrslärm zu reduzieren.
Die WHO-Studie „Burden of disease from environmental noise" [1] zeigt, dass schon heute ein wesentlicher Teil der Bevölkerung einer zu hohen Dauerlärmbelastung durch Verkehrslärm ausgesetzt ist und dadurch erhebliche negative gesundheitliche Langzeitfolgen entstehen.
Hybrid-, aber insbesondere Elektrofahrzeuge haben bei geringen Fahrgeschwindigkeiten hier einen klaren Vorteil, der aber gleichzeitig auch als Nachteil gesehen werden kann. Grund dafür ist, dass im rein elektrischen Fahrbetrieb und im niedrigen Geschwindigkeitsbereich die gewohnten Geräusche fehlen, welche bislang auch als akustisches Signal zur Wahrnehmung von Fahrzeugen im Straßenverkehr dienten.
Dem Geräusch eines Fahrzeuges mit Verbrennungsmotor können über eine reine Warnwirkung hinaus weitere Informationen entnommen werden. So kann etwa identifiziert werden, ob sich ein Fahrzeug nähert oder entfernt, aber auch, wie schnell oder langsam dies passiert und aus welcher Richtung. Dies alles sind Informationen, die ein Fahrzeug im rein elektrischen Fahrbetrieb bei niedrigen Geschwindigkeiten nicht mehr liefert, was dazu führen kann, dass ein herannahendes Fahrzeug unter Umständen gar nicht oder zu spät wahrgenommen wird. Davon betroffen sind insbesondere hör- und sehbeeinträchtigte Menschen. Nationale und internationale Sehbehindertenverbände haben diese Problematik aufgegriffen und die Forderungen eingebracht, wonach Fahrzeuge mit Hybrid- und Elektroantrieben ein Warngeräusch abgeben müssen, um das Risiko eines Zusammenstoßes zu reduzieren [1]. Die Politik hat dieses Sicherheitsrisiko erkannt und so wurden in den vergangenen Jahren in verschiedenen Arbeitsgruppen Vorschläge erarbeitet, um dieser Gefahr mit geeigneten Maßnahmen entgegenzutreten. In der EU wurde mittlerweile eine gesetzliche Regelung beschlossen, welche unter dem Namen „Acoustic Vehicle Alerting Systems", kurz AVAS, ein akustisches Warnsystem vorsieht, das schwächere Verkehrsteilnehmer und Verkehrsteilnehmerinnen vor rein elektrisch fahrenden Fahrzeugen im niedrigen Geschwindigkeitsbereich

H. Tschöke et al. (Hrsg.), *Elektrifizierung des Antriebsstrangs*, ATZ/MTZ-Fachbuch, https://doi.org/10.1007/978-3-662-60356-7_20

warnt. Diese Maßnahme ist in der Richtlinie UN ECE R138 [2] beschrieben, siehe auch Abschn. 20.1.4.

Fahrzeuge erhalten nicht nur über das Design, sondern auch über den Klang, welcher oft auch als Sound bezeichnet wird, eine bestimmte Markenidentität. Der Elektroantrieb erzeugt in diesem Zusammenhang durch den fehlenden Klang deutlich weniger Emotionen. Das niedrige Geräuschniveau im Fahrzeuginnenraum wird hier grundsätzlich sehr angenehm empfunden und sollte möglichst so sein, wie es in konventionell angetriebenen Fahrzeugen der Ober- und Premiumklasse vor allem im Fahrbetrieb bei konstanten Geschwindigkeiten schon der Fall ist. Neben der eingeschränkten Entstehung von Emotionen werden aber auch bestimmte Informationen nicht mehr geliefert. So fehlen in Fahrzeugen mit elektrischen Antrieben vibroakustische Signale, die über Veränderungen von Last, Drehzahl und Geschwindigkeit informieren. Dadurch wird trotz herausragender Beschleunigung ein Elektrofahrzeug oftmals wenig emotional empfunden, da im Unterbewusstsein der gewohnte Klang von kraftvoller Beschleunigung nicht wahrgenommen wird.

Zusammenfassend steht die Antriebs- und Fahrzeugakustikentwicklung heute vor neuen und interessanten Aufgaben: es gilt, die gesetzlichen Anforderungen zu erfüllen und die sicherheits- und emotionsrelevante Wahrnehmung zu ermöglichen.

20.1.1 Ziele und Strategien für Außen- und Innengeräuschgestaltung

Im Folgenden sind die wichtigsten Ziele für die Gestaltung von Außen- und Innengeräuschen bei Elektro- und Hybridfahrzeugen zusammengefasst.

Außengeräusch

- Warnung von anderen Verkehrsteilnehmerinnen und Verkehrsteilnehmern bei niedrigen Fahrgeschwindigkeiten (AVAS)
- Marken-Sound Design

Innengeräusch

- Rückmeldung über den Fahrzeugbetrieb
- Emotionalisierung
- Marken-Sound Design

Abb. 1 stellt einen schematischen Überblick über die Strategien für die Geräuschpegelgestaltung bei verschiedenen Betriebszuständen dar.

20.1.2 Grundlagen und Definitionen

Die Akustik ist die Lehre von der Schallerzeugung, der Ausbreitung des Schalls und dessen Wirkung auf die Materie, den Menschen, beziehungsweise auf die Umwelt. Der Begriff Geräusch beschreibt alle nichtperiodischen hörakustischen Wahrnehmungen, die der Mensch nicht als Ton oder Klang (harmonisch, periodisch) empfindet. Geräusche können durchaus auch Töne oder Klänge beinhalten, jedoch nicht umgekehrt. Als Lärm bezeichnet werden störende Geräusche, abhängig von Schalldruck und Frequenz. Dagegen ist der Begriff Sound tendenziell positiv belegt und beschreibt Geräusche, die allgemein (zumindest zeitweise) als angenehm eingestuft und meist mit Emotionen verbunden werden.

Neben der hörakustischen Wahrnehmung von Schwingungen können diese auch, abhängig von der Frequenz, spür- oder fühlbar (taktil) sein. Unter dem Begriff Vibroakustik oder NVH wird die Gesamtheit dieser Schwingungserscheinungen zusammengefasst. Die Psychoakustik verbindet die physikalischen Schallereignisse mit deren Wirkung auf den Menschen, sowohl im positiven (zum Beispiel Emotion) als auch im negativen Sinn (Unwohlsein, Ängste).

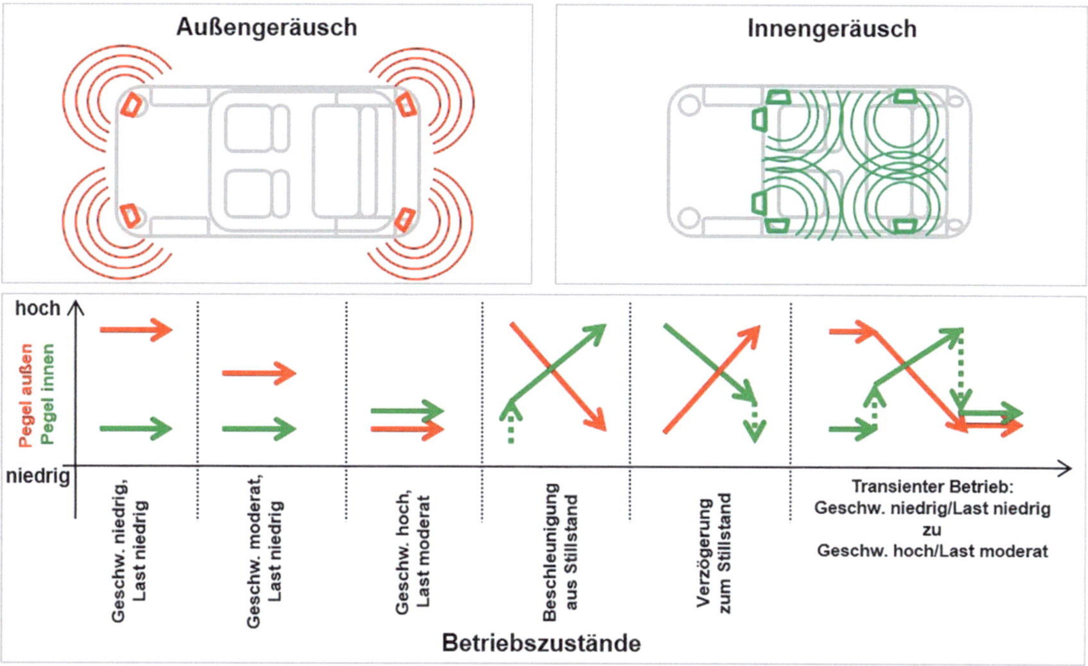

Abb. 1 Strategien zur Gestaltung von Außengeräusch und Innengeräusch bei Elektrofahrzeugen, Quelle: AVL, 2018

Physikalische Grundlagen

In vielen Anwendungsfällen der Fahrzeug- und Motorakustik wird mit Mikrofonen der sogenannte Luftschall gemessen. Dieser entsteht an schwingenden Oberflächen an der Begrenzungsfläche zum Medium Luft. Es bilden sich an diesem Übergang zeitliche Dichteänderungen. Diese Dichteänderungen breiten sich mit der Schallgeschwindigkeit von 343 m/s (bei 20 °C) in der Luft aus und gelangen so zum menschlichen Ohr. Da sowohl Luftschall als auch Körperschall Wechselgrößen sind, wird die Frequenz als Größe eingeführt. Diese lässt sich bei bekannter Periodendauer T berechnen und stellt damit die Anzahl der Schwingungen pro Zeiteinheit dar, Gl. 1:

$$f = \frac{1}{\mathrm{T}} \tag{1}$$

Diese Dichteänderungen führen zu einem Schalldruck, der dem statischen atmosphärischen Druck überlagert ist. Gemessen wird der Schalldruck p in Pascal (Pa). Er umfasst für das menschliche Hören einen Bereich von etwa 20 µPa bis 200 Pa. Der niedrige Wert wird als die Hörschwelle und der hohe Wert als die Schmerzgrenze definiert. Der effektive Schalldruck $\tilde{p}$ wird mit der Mittelungszeit T_m nach Gl. 2 bestimmt:

$$\tilde{p} = \sqrt{\frac{1}{T}\int_{0}^{T_m} p^2(t)dt} \tag{2}$$

Mittels des effektiven Schalldrucks kann der Schalldruckpegel L berechnet werden, Gl. 3. Auf Grund des großen Dynamikbereichs zwischen Hörschwelle und Schmerzgrenze wird üblicherweise eine logarithmische Darstellung verwendet. Dies repräsentiert auch das logarithmische Empfinden des menschlichen Gehörs. Als Bezugsgröße für die Pegelrechnung dient der Schalldruck an der Hörschwelle des Menschen von $p_0 = 20\,\mu\mathrm{Pa}$:

$$L = 20 \cdot \log\left(\frac{\tilde{p}}{P_0}\right) dB \tag{3}$$

Damit ergibt sich nach Gl. 3 ein Schalldruckpegel von 0 dB an der Hörschwelle und 140 dB an der Schmerzgrenze. Eine Verdopplung des effektiven Schalldrucks führt entsprechend zu einer Erhöhung des Schalldruckpegels um 6 dB. Vereinfacht beträgt der gerade noch subjektiv wahrnehmbare Unterschied des Schalldruckpegels etwa 1 dB, eine Pegeldifferenz von 2 bis 3 dB ist schon deutlich hörbar.

Ein wichtiger Aspekt ist die subjektive Wahrnehmung von Geräuschen. So führt eine Anhebung des Pegels um 10 dB zu einer doppelt so hohen Lautheitsempfindung. Diese 10 dB werden also „doppelt so laut" wahrgenommen. Genau genommen sind diese Zahlen frequenzabhängig und haben nur bei einer Frequenz von 1 kHz Gültigkeit, wo die Lautstärke (in Phon) und Schalldruckpegel (in dB) übereinstimmen, **Abb. 2**. Allgemein gelten 10 Phon als eine Verdopplung der Lautstärkenempfindung. Dieser Zusammenhang zeigt, dass nicht nur die Höhe des Schalldruckpegels für die Wahrnehmung des Menschen entscheidend ist. Auch die Frequenz, das heißt die zeitliche Abfolge der Schalldruckschwankungen, ist wichtig. Der hörbare Frequenzbereich liegt etwa zwischen 20 Hz und 20.000 Hz. Dies ist, wie die Schalldruckgrenzwerte, eine vereinfachende Definition und gilt nicht für alle Menschen gleichermaßen. Gerade ältere Menschen hören die hochfrequenten Schallanteile nicht mehr in dem Maße, wie es Kinder oder Jugendliche noch können. Zu beachten ist, dass das Gehör unterschiedliche Frequenzen nicht gleich laut empfindet. Ersichtlich ist dies an den Kurven gleicher Lautstärke, das heißt gleichen subjektiven Lautheitsempfindens, Abb. 2. Die Hörschwelle ist somit nicht bei allen Frequenzen gleich. Die höchste Empfindlichkeit erreicht das Gehör bei 2 bis 4 kHz, weshalb dieser Frequenzbereich auch bevorzugt für akustische Warnanlagen genützt wird, um den Menschen auf

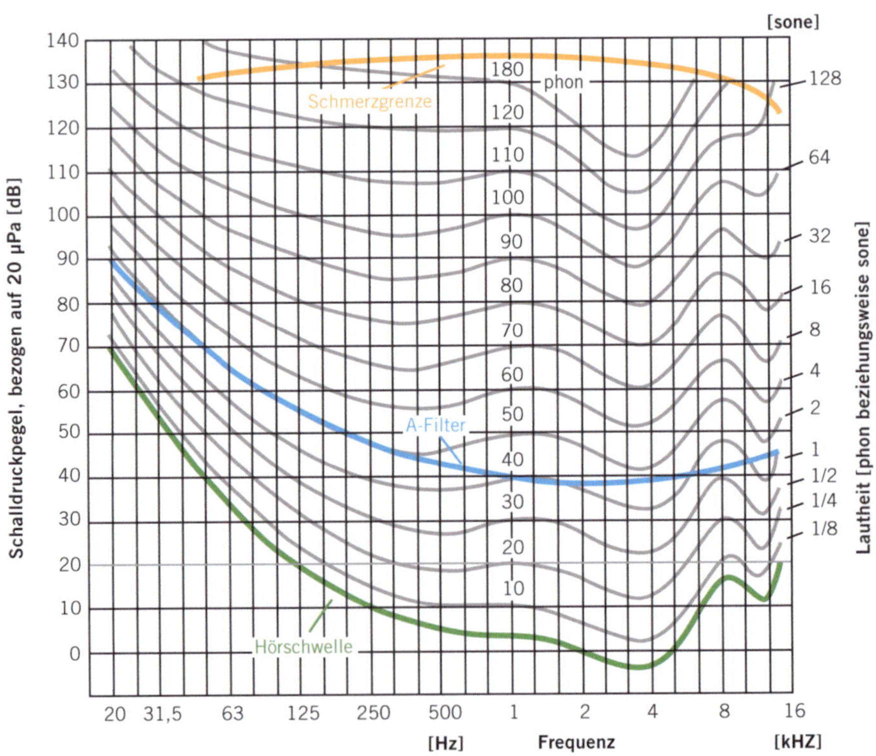

Abb. 2
Kurven gleicher Lautstärke, Quelle: http://www.laermorama.ch/m2_hoeren/empfindung_w.html

eine mögliche Gefahr hinzuweisen. Zu tieferen und höheren Frequenzen hin nimmt die Empfindlichkeit des Gehörs ab, wobei sehr tiefe Frequenzen erst bei wesentlich höheren Schalldruckpegeln wahrnehmbar sind. Wenn die Schallwirkung auf den Menschen dargestellt werden soll, muss der frequenzabhängige Schalldruckpegel mit einem Filter behandelt werden, das die tatsächliche menschliche Frequenzwahrnehmung repräsentiert. Dies wird in den meisten Fällen mit sogenannten Bewertungsfiltern erreicht. Üblicherweise wird in der Automobilentwicklung das A-Bewertungsfilter eingesetzt. Dieses entspricht näherungsweise der 40-phon-Kurve aus den Kurven gleicher Lautstärke und berücksichtigt die nichtlineare Frequenzwahrnehmung des Gehörs, Abb. 2.

Zur subjektiven Bewertung von Fahrzeuggeräuschen kann auf Hörversuche und Hörvergleiche nicht verzichtet werden. Etabliert hat sich dafür die Geräuschaufzeichnung mit einem Kunstkopf. Diese Technik berücksichtigt die klangfärbenden Eigenschaften des Oberkörpers und des Kopfs samt Ohrmuschel und Gehörgang, die sogenannten HRTF (Head Related Transfer Functions). Die mit dieser Technik aufgezeichneten Schallereignisse korrelieren deutlich besser mit der Hörempfindung des Menschen als die Aufnahmen mit gängigen Standardmessmikrofonen.

Die Fahrzeugakustik beschäftigt sich aber nicht nur mit hörbaren, durch die Luft übertragenen Schwingungen. Der häufig verwendete Begriff NVH (Noise, Vibration, Harshness) umfasst drei verschiedene Frequenzbereiche für die jeweiligen physikalischen Mechanismen, **Abb. 3**:

- Vibration: Schwingungen bis etwa 20 Hz, welche nicht mit dem menschlichen Gehör wahrgenommen werden können, sondern ausschließlich als Schwingungen des Körpers. Beispiele dafür sind Lastwechselschlag und fahrbahnerregte Schwingungen aber auch Vibrationen beim Zu- und Abschalten des Verbrennungsmotors, welche vor allem bei Hybridfahrzeugen häufig auftreten können.
- Harshness (auch Übergangsbereich genannt): Schwingungen im Bereich von etwa 20 bis etwa 50 Hz, welche die Eigenschaft haben, sowohl hörbar als auch taktil wahrnehmbar zu sein. Beispielhaft ist hier das Leerlaufschütteln eines Verbrennungsmotors zu nennen.
- Noise: Schwingungen, die hörbar sind und eher im Bereich Komfort als in der Fahrdynamik angesiedelt sind. Das sind bezogen auf den Antriebsstrang Geräusche von Motor und Getriebe. Im Fahrzeug kommen dazu üblicherweise noch Windgeräusche, Reifenabrollgeräusche sowie Geräusche verschiedener Nebenaggregate wie etwa der Klimaanlage.

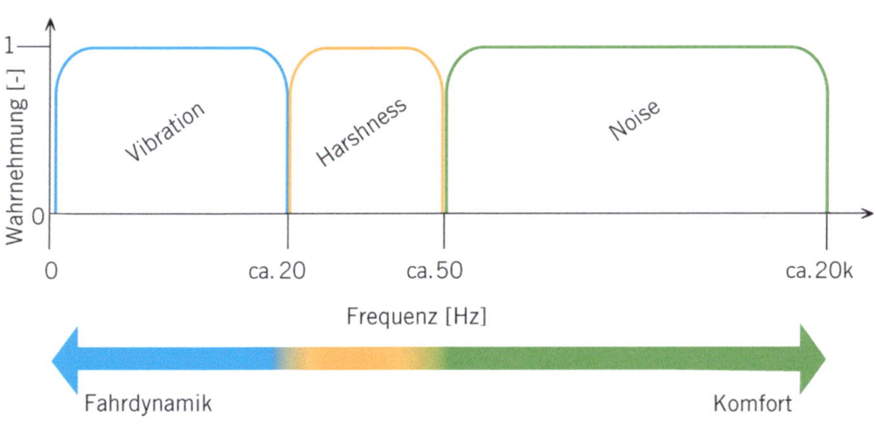

Abb. 3 Schematische Darstellung der Aufteilung der Begriffe Noise, Vibration und Harshness im Frequenzbereich, Quelle: IAV, 2015

20.1.3 Gesetzgebung für Fahrzeugaußengeräusche

Nach einer langen Phase der Abstimmung wurden im Jahr 2014 schließlich die in der EU gültigen neuen Grenzwerte für maximal zulässige Außengeräuschpegel von Kraftfahrzeugen definiert [3]. Diese traten mit Juli 2016 in Kraft und unterscheiden sich sowohl bei den Pegelgrenzwerten als auch beim Geräuschmessverfahren deutlich von den davor gültigen Grenzwerten.

Trotz der mit der 1995 eingeführten Messmethode erreichten signifikanten Grenzwertsenkungen von 8 dB(A) bei Pkw und 11 bis 12 dB(A) bei schweren Nutzfahrzeugen hat sich die Verkehrslärmbelästigung nur wenig reduziert. Dies liegt unter anderem an dem wenig praxisrelevanten Prüfverfahren nach ISO 362 [4], [5]. Dieses Messverfahren berücksichtigt einen speziellen Betriebszustand (Volllast aus 50 km/h im unteren Gangbereich), in dem das Antriebsgeräusch dominiert, aber das im realen Fahrbetrieb ebenfalls relevante Reifen-Fahrbahn-Geräusch praktisch nicht; es ist von der Eingangsgeschwindigkeit und der Gangwahl geprägt. Das inzwischen gültige neue Messverfahren nach ISO 362-1 berücksichtigt sowohl eine Konstantfahrt (50 km/h) als auch die im Mittel erreichbare Beschleunigung zwischen zwei Messebenen bei einer Volllastbeschleunigung aus einer gangabhängigen Einfahrtsgeschwindigkeit heraus. Sowohl bei Konstantfahrt als auch bei Volllastbeschleunigung wird in zwei Gängen gefahren. Dabei muss eine leistungsgewichtsabhängige Zielbeschleunigung erreicht werden. Anschließend werden die Ergebnisse aus Konstantfahrt und Beschleunigung bewertet. Das neue Verfahren beschreibt damit die Geräuschemission im Stadtverkehr realistischer [4], ist technologieneutral und damit auch für neue Antriebskonzepte geeignet. **Abb. 4** zeigt den prinzipiellen Ablauf der Geräuschmessung für die Typzulassungsprüfung.

In einer umfassenden Vergleichsanalyse von über 1000 Messungen verschiedenster Fahrzeuge wurde ein „äquivalenter Grenzwert“ für das neue Messverfahren statistisch ermittelt. Dem Grenzwert von 74 dB(A) nach dem alten Verfahren entspricht der Grenzwert von etwa 71.9 dB(A) nach dem neuen Verfahren [5]. Die auf der Basis dieses Messverfahrens festgelegten Geräuschgrenzwerte orientieren sich an dem Ziel, eine signifikante Reduzierung der Belastung durch den Verkehrslärm zu erreichen [5]. **Abb. 5** stellt die von der EU vorgegebenen Geräuschgrenzwerte und deren zeitliche Entwicklung dar [3]. Gut zu erkennen ist die schrittweise Senkung der zulässigen Geräuschemission nach dem neuen Messverfahren für die Vorbeifahrtmessung ab dem Jahr 2016.

Ab 2019 ist zusätzlich zur Einhaltung der genannten Geräuschgrenzwerte die Verwendung bestimmter akustischer Warnsignale für Fahrzeuge während eines rein elektrischen Betriebs gesetzlich vorgeschrieben, siehe Abschn. 20.1.5.

20.1.4 Akustik von Elektro- und Hybridfahrzeugen

Im Zusammenhang mit der Elektrifizierung des Antriebsstrangs wird die mögliche Geräuschreduzierung als besonders positiv gewertet. Die tatsächlichen Auswirkungen des unbestreitbar leiseren Elektromotors gegenüber einem Verbrennungsmotor im realen Fahrbetrieb auf die Lärmbelästigung und akustische Wahrnehmung sind jedoch differenzierter zu betrachten [6], [7]. Dabei ist zwischen dem Außengeräusch und dem Geräusch im Innenraum des Fahrzeugs zu unterscheiden.

Außengeräusche

Die Hauptkomponenten des Fahrgeräuschs sind das Antriebsgeräusch, das Rollgeräusch (Reifen / Fahrbahn) und das Windgeräusch. Letzteres ist stark

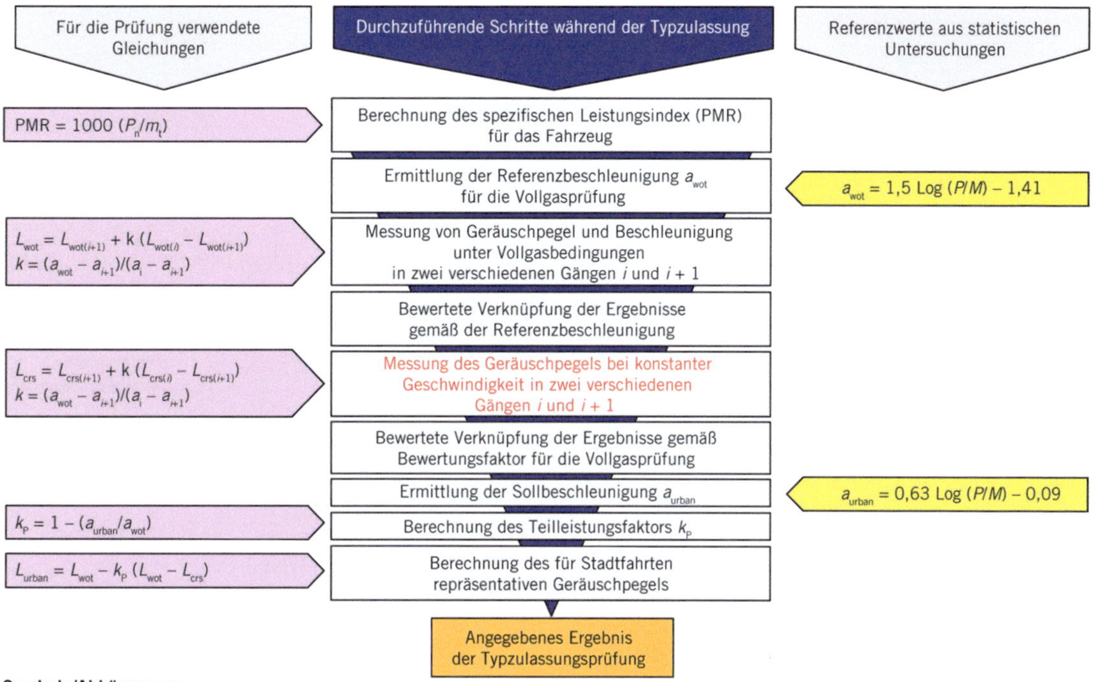

Symbole/Abkürzungen:

a_i	[m/s²]	Beschleunigung im Gang *i* unter Teillastbedingungen
a_{wot}	[m/s²]	Beschleunigung, die im Stadtverkehr für ein bestimmtes Fahrzeug gemessen wurde
$a_{wot\ i}$	[m/s²]	Beschleunigung mit Vollgas im Gang *i*
$a_{wot(i+1)}$	[m/s²]	Beschleunigung mit Vollgas im Gang (*i* + 1)
a_{urban}	[m/s²]	Standardbeschleunigung, typische Beschleunigung im Stadtverkehr
Gang i	[-]	Erster der beiden bei der Fahrzeugprüfung benutzten Gänge
Gang (i + 1)	[-]	Zweiter der beiden Gänge mit geringerer Motordrehzahl als in Gang *i*
k	[-]	Getriebefaktor
k_P	[-]	Teillastfaktor
$L_{crs\ i}$	[dB]	Fahrzeuggeräusch-Schalldruckpegel bei konstanter Geschwindigkeit in Gang *i*
$L_{crs\ (i+1)}$	[dB]	Fahrzeuggeräusch-Schalldruckpegel bei konstanter Geschwindigkeit in Gang (*i* + 1)
$L_{wot\ i}$	[dB]	Fahrzeuggeräusch-Schalldruckpegel bei Prüfung mit Vollgas in Gang *i*
$L_{wot\ (i+1)}$	[dB]	Fahrzeuggeräusch-Schalldruckpegel bei Prüfung mit Vollgas in Gang (*i*+1)
L_{urban}	[dB]	Repräsentativer Fahrzeuggeräusch-Schalldruckpegel für Stadtfahrten
PMR	[kW/kg]	Spezifischer Leistungsindex
P_n	[kW]	Motorleistung
m_t	[kg]	Prüfgewicht

Abb. 4 Verfahren zur Messung des Fahrgeräuschs nach DIN ISO 362-1: 2009-07, Quelle: IMS, Universität Magdeburg 2013

geschwindigkeitsabhängig und wird durch die Karosserie und deren Aerodynamik beeinflusst; erst bei hohen Geschwindigkeiten auf Überlandstraßen oder Autobahnen wird es relevant. Das Rollgeräusch ist hauptsächlich von den Reifen (Dimension, Profiltyp- und -tiefe, Aufbau und Gummimischung), der Fahrbahnbeschaffenheit, dem Fahrwerk, dem Fahrzeuggewicht sowie der Geschwindigkeit abhängig und prägt die Schallemission im Geschwindigkeitsbereich von etwa 30 bis 100 km/h. Sowohl Rollgeräusch als auch Windgeräusch sind also weitgehend unabhängig vom Antriebskonzept, deshalb ist die Geräuschemission zwischen etwa 30 und 50 km/h (bei Fahrt mit konstanter Geschwindigkeit) bei verbrennungsmotorisch und elektrisch angetriebenen Fahrzeugen auf sehr ähnlichem Niveau. Zwar darf bei starken Beschleunigungen das Antriebsgeräusch des Verbrennungsmotors bis etwa 80 km/h nicht vernachlässigt werden, jedoch wirkt sich dieses am deutlichsten im unteren

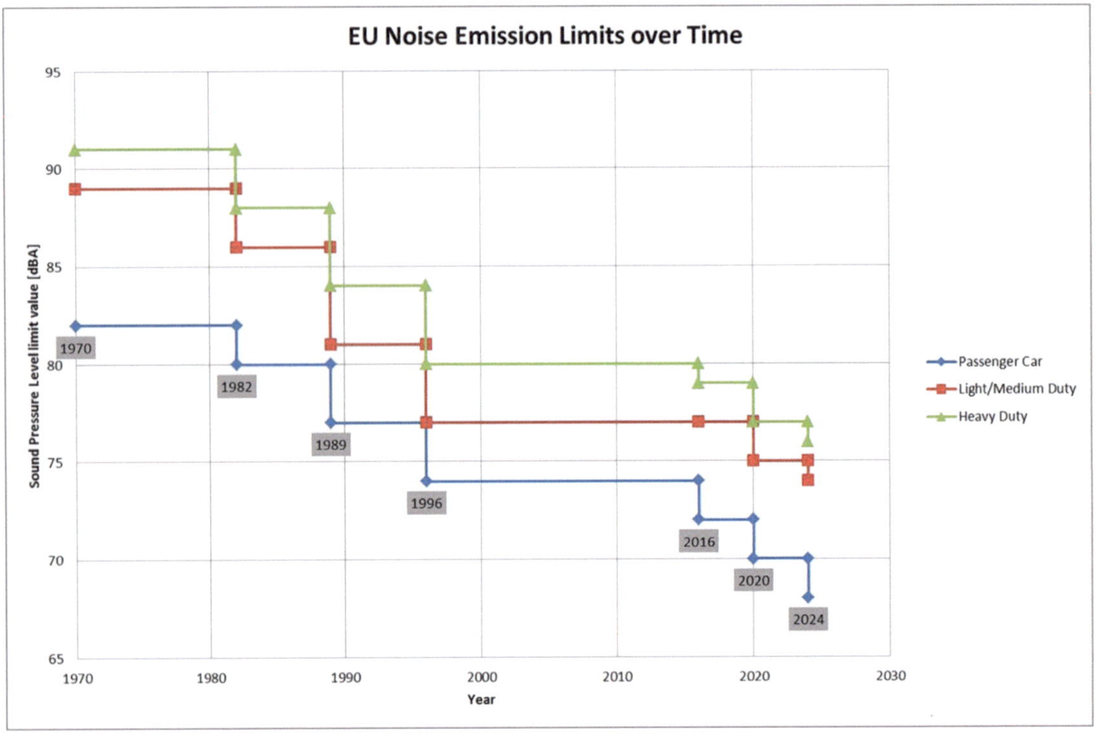

Abb. 5 Entwicklung der Geräuschpegelgrenzen für die Vorbeifahrtmessung nach DIN ISO 362-1:2009-07, [3]

Geschwindigkeitsbereich bis 30, maximal 50 km/h, aus. Eine verringerte Lärmemission bei Fahrzeugen mit Elektroantrieb ist deshalb besonders im städtischen oder stadtnahen Umfeld erreichbar. Nutzfahrzeuge für den Langstreckenverkehr werden auf absehbare Zeit keine elektrifizierten Antriebe haben, eine Lärmentlastung ist deshalb nicht zu erwarten. Anders verhält es sich bei Stadtbussen, diversen Kommunalfahrzeugen oder mobilen Arbeitsmaschinen, die im städtischen Bereich eingesetzt werden. Hier dominiert das Antriebsgeräusch und der elektrifizierte Antrieb kann somit durchaus einen sehr positiven Beitrag zur Lärmreduktion liefern. Ähnliches gilt auch für verbrennungsmotorisch angetriebene Zweiräder, deren Antriebsgeräusch auch auf Grund der hohen Motordrehzahlen besonders auffallend und oftmals lästig ist. Ein Elektroantrieb kann hier die momentane Lärmbelästigung zwar deutlich reduzieren, wird aber wegen des vergleichsweise geringen Anteils an Zweirädern im Verkehr in westlichen Ländern wenig zur Gesamtlärmentlastung beitragen.

Abb. 6 zeigt den Vergleich des Schalldruckpegels (gemessen während einer Vorbeifahrt mit konstanter Geschwindigkeit) eines Kleinwagens, einerseits mit einem Verbrennungsmotor und andererseits mit einem Elektromotor angetrieben. Je höher die Geschwindigkeit, desto geringer wird der Unterschied zwischen den beiden Antriebsarten. Bei 30 km/h ist der elektrische Antrieb sogar geringfügig lauter.

Dem positiven Aspekt der Lärmminderung durch Elektrofahrzeuge im Stadtverkehr steht die höhere Gefahr von Kollisionen mit Fußgängern und Fußgängerinnen oder Radfahrern und Radfahrerinnen entgegen. Verbände, die blinde und sehbehinderte Menschen vertreten, fordern deshalb akustische Warnsignale. Dies ist aus Sicht des Lärmschutzes in der Stadt umstritten. Mittlerweile sind jedoch weltweit Vorgaben für die Emission von akustischen

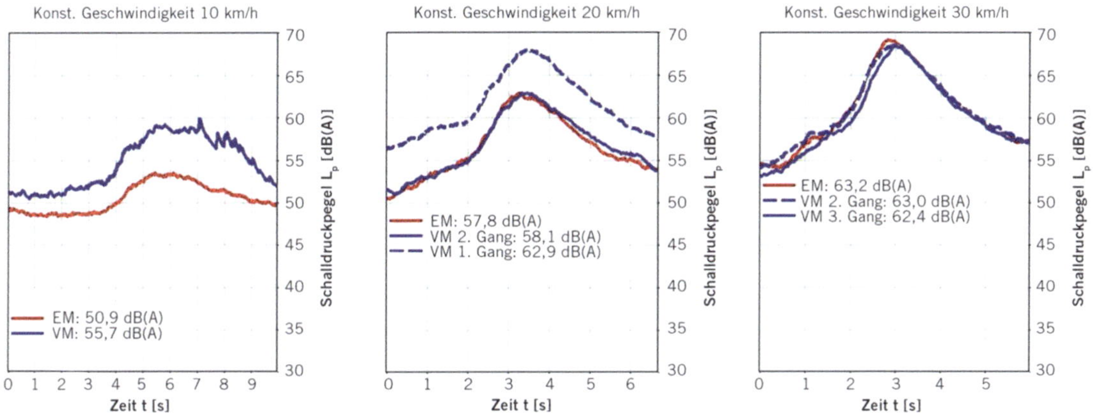

Abb. 6 Vergleich des Vorbeifahrgeräuschs eines Kleinwagens mit Verbrennungsmotor und Elektroantrieb (EM: Elektromotor, VM: Verbrennungsmotor) [8]

Warnsignal bei Fahrzeugen, welche die Möglichkeit eines rein elektrischen Fahrbetriebs bieten, definiert. Diese treten im Jahr 2019 auch in Kraft. Derartige akustische Warnsysteme werden unter dem Begriff AVAS (Acoustic Vehicle Alerting System) zusammengefasst. Eine Erklärung und ein Überblick über die internationalen Vorgaben gibt Abschn. 20.1.5.

Innengeräusche

Das Fahrzeuginnengeräusch setzt sich aus zwei Schallanteilen zusammen, nämlich Luft- und Körperschall. Der Luftschall kann wiederum in Primär- und Sekundärluftschall unterteilt werden. Primärer Luftschall gelangt beispielweise vom Motor durch Öffnungen in der Fahrgastzelle an die Ohren. Diese Öffnungen können etwa Zwangsentlüftungen oder Durchführungen von Kabeln und Lenkgestänge sein und stören damit die Schalldämmung eines Fahrzeugs empfindlich [9]. Typischerweise sind diese Schallanteile durch geeignete Karosserieabdichtungen gut in den Griff zu bekommen. Sekundärluftschall oder auch luftschallinduzierter Sekundärluftschall entsteht durch die Anregung der Karosserie zu Schwingungen durch Luftschall. Körperschall entsteht hauptsächlich an den Lagerungspunkten des Antriebsstrangs zur Karosserie, die zu Schwingungen angeregt wird. In Form dieses körperschallinduzierten Sekundärluftschalls finden diese Geräusche den Weg zum Ohr, **Abb. 7**.

Das Gesamtgeräusch im Innenraum entsteht durch die einzelnen schallabstrahlenden Bauteile des Fahrzeugs. Im Einzelnen sind es die Geräusche des gesamten Antriebsstrangs inklusive Motor und Getriebe sowie Geräusche aus dem Ansaug- und Abgastrakt. Auch Umströmungs- und Fahrbahngeräusche tragen insbesondere bei hohen Geschwindigkeiten zum Innengeräusch bei. Der Geräuschpegel des Elektroantriebs ist bis zu 20 dB(A) geringer als bei vergleichbaren Verbrennungsmotorantrieben. Das Geräusch des Elektroantriebs enthält hochfrequente und tonale Anteile aus dem Elektromotor, der Leistungselektronik und dem Getriebe (im subjektiv besonders relevanten Frequenzbereich von 1 bis 10 kHz), die oft als unangenehm (Pfeifen oder Heulen) oder zumindest als ungewohnt empfunden werden [8], Abb. 7. Auch die Drehzahl- und Lastabhängigkeit ist weniger ausgeprägt, wodurch der Fahrerin oder dem Fahrer das Gefühl für den Betriebspunkt beziehungsweise dessen Änderung fehlt. **Abb. 8** zeigt einen Vergleich von Innengeräuschspektren bei Volllastbeschleunigungen für zwei Kompaktklassefahrzeuge mit Verbrennungsmotor (links) und Elektromotor (rechts). Einerseits ist der Innengeräuschpegel im Elektrofahrzeug deutlich niedriger, speziell unter 7 kHz, andererseits zeigen sich auch sehr unterschiedliche

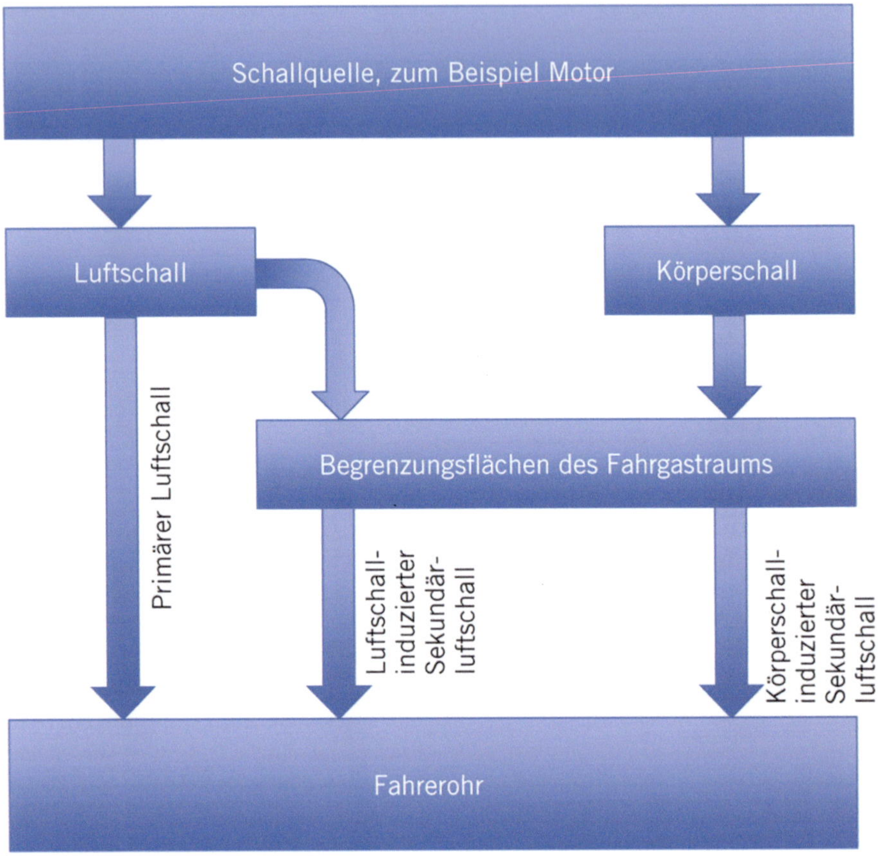

Abb. 7 Schallarten bei der Wahrnehmung von Motorgeräuschen im Fahrzeuginnenraum

Charakteristika. Beim Fahrzeug mit Verbrennungsmotoren dominieren Motorordnungen und ihre Harmonischen im Bereich unter 1 kHz, welche in ganzzahligen Verhältnissen zueinanderstehen. Beim Elektrofahrzeug hingegen dominieren in erster Linie Roll- und Windgeräusche sowie hochfrequente und tonale Antriebsordnungen wie etwa Verzahnungsgeräusche und Invertergeräusche mit den charakteristischen Seitenbändern, welche als Modulationsprodukte entstehen und im Bereich von etwa 7 bis 11 kHz sichtbar sind. Ein Anstieg der Lautstärke hin zu höheren Drehzahlen und Fahrgeschwindigkeiten ist auch beim Elektrofahrzeug erkennbar, dieser ist jedoch wesentlich schwächer ausgeprägt als beim Fahrzeug mit Verbrennungsmotor.

Im Gegensatz zum Außengeräusch eines Kraftfahrzeugs ist das Fahrzeuginnengeräusch nicht zulassungsrelevant. Es wird aber trotzdem aus den nachfolgend beschriebenen Gründen Wert auf das Innengeräusch eines Kraftfahrzeugs gelegt. Laut [10] wird das Innengeräusch als wesentliches Merkmal für Qualität und Designanspruch wahrgenommen. So kann also ein sportliches Design mit einem sportlichen Sound kombiniert werden, um das Gesamtkonzept zu unterstreichen. Ein entsprechendes Sound Design kann mittels verschiedener technischer Ansätze realisiert werden. In Fahrzeugen mit Verbrennungsmotor, also auch in Hybridfahrzeugen, können Soundgeneratoren in der Abgasanlage und/oder der Ansaugstrecke zum Einsatz kommen. Diese fügen je nach Fahrsituation Geräusche hinzu, um das gewünschte Klangbild zu erhalten. Mit diesen Generatoren lassen sich aber auch Geräusche minimieren, etwa durch aktive Geräuschauslöschung. Weitere Konzepte nutzen aktive Systeme im Fahrzeuginnenraum, um die zuvor beschriebenen Effekte zu realisieren.

Bei rein elektrisch betriebenen Fahrzeugen fehlen akustische Rückmeldungen über den Fahrzustand, zumindest was den Antrieb anbelangt. Systeme, welche diese akustischen Rückmeldungen geben, müssen daher für Hybrid- und Elektrofahrzeuge speziell entwickelt werden. Ein Beispiel für ein derartiges System beschreibt Abschn. 20.2.

Die Geräuschbeurteilung eines Fahrzeugs erfolgt nach [11] kontextabhängig. Das bedeutet, dass Geräusche, die Elektrofahrzeuge erzeugen, zum jeweiligen Fahrzustand, das heißt Geschwindigkeit und Beschleunigung oder Verzögerung, passen müssen. Gelingt dies nicht, kann ein Sound als unpassend empfunden werden oder gar zu falschen Reaktionen des Fahrers oder der Fahrerin führen. Die Erarbeitung eines Sound Designs an einem neuen Fahrzeug ist von verschiedenen Randbedingungen abhängig [12]. Die technischen Möglichkeiten sind oft ein limitierender Faktor bei der Entwicklung eines Sounds, da bestimmte Merkmale eines Fahrzeugs nahezu unveränderbar mit dem Antriebskonzept verknüpft sind. So klingt ein Vierzylindermotor anders als ein Motor mit einer höheren Anzahl von Zylindern. Auch die Bauform des Motors und die Zündfolge führen zu einem charakteristischen Klang, der nur schwer oder gar nicht zu verändern ist. Des Weiteren wird in der Fahrzeugentwicklung auf eine enge Verwandtschaft zum Vorgängermodell geachtet. In den meisten Fällen ist diese Ähnlichkeit auch unumgänglich, da es sich nur selten um eine komplette Neuentwicklung,

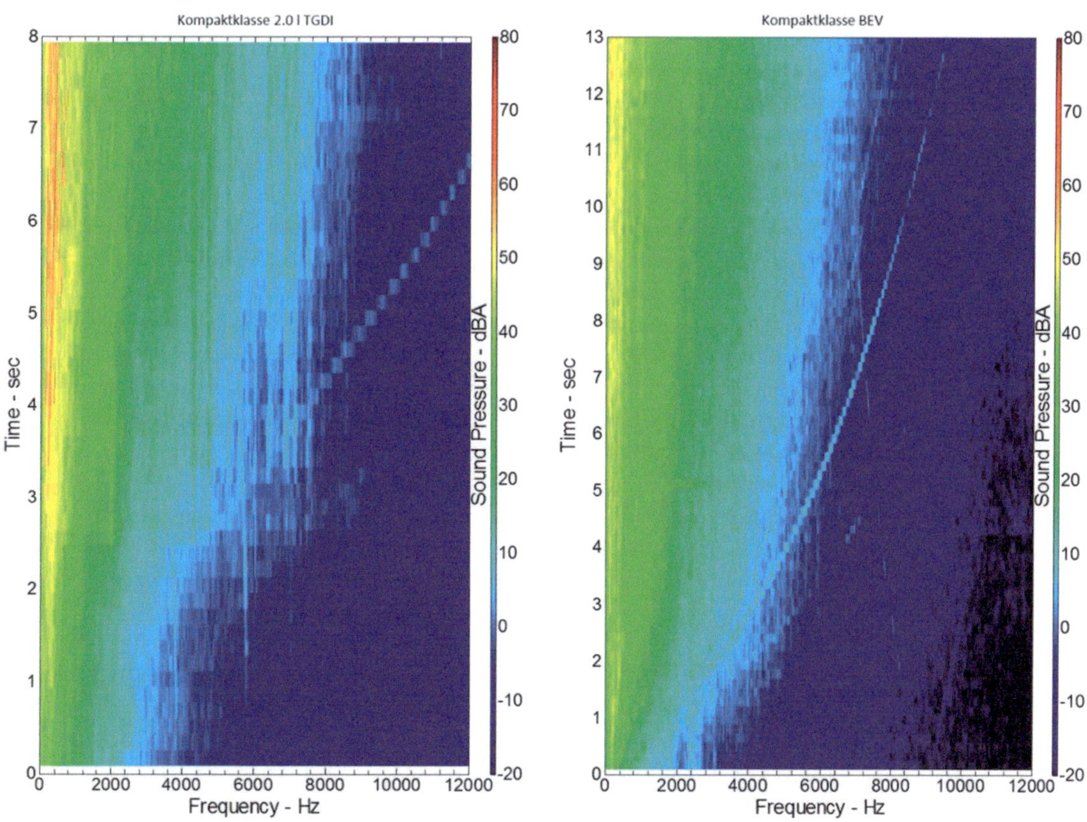

Abb. 8 Vergleich von Innengeräuschspektren eines Kompaktklassefahrzeuges mit Verbrennungsmotor (links) und Elektromotor (rechts), Quelle: AVL, 2018

sondern meist um eine Weiterentwicklung des bestehenden Fahrzeugkonzepts handelt [12]. Leider kann es bei der voranschreitenden Elektrifizierung des Antriebsstrangs zu Störgeräuschen kommen, die bei Fahrzeugen mit konventionellem Verbrennungsmotor akustisch nicht relevant sind. Diese Störgeräusche werden durch den Verbrennungsmotor maskiert, das heißt unhörbar gemacht. Zum Beispiel erzeugen Start-Stopp-Vorgänge bei einem Hybridfahrzeug Schwingungen, die als unangenehm eingestuft werden können und eventuell auch nicht zur aktuellen Fahrsituation passen. Des Weiteren müssen bei ausgeschaltetem Verbrennungsmotor elektrische Zusatzaggregate derart akustisch optimiert werden, dass sie nicht störend wirken. Elektrische Lenkung, Kraftstofffördereinheit und Klimaanlage sind nur einige Beispiele für Systeme in einem Fahrzeug, welche bei zunehmender Hybridisierung weiter in den Fokus der Akustikentwicklung rücken. Auch Tanksysteme können beim Halten an einer Ampel ungewollte Geräusche emittieren, die durch das „Schwappen" des Kraftstoffs im Tank verursacht und nicht mehr vom abgeschalteten Verbrennungsmotor maskiert werden. Zur Beurteilung der Geräuschqualität ist es hierbei nicht ausreichend, nur den Schalldruckpegel als Maß für die Wirkung auf den Menschen heranzuziehen. Die zeitliche Struktur sowie der Frequenzinhalt eines Signals sind für die Geräuschqualität entscheidend. Dies wird mit psychoakustischen Analysen, das heißt Analysen, die das menschliche Hören besser abbilden, bewertet. Untermauert werden die Ergebnisse in vielen Fällen durch aufwändige Hörversuche [12].

20.1.5 AVAS (Acoustic Vehicle Alerting System)

Fahrzeuge, die bei niedriger Geschwindigkeit rein elektrisch – d. h. ohne Antrieb durch einen Verbrennungsmotor – bewegt werden können, müssen zukünftig mit akustischen Warnsystemen ausgestattet sein. Schwächere Verkehrsteilnehmer und Verkehrsteilnehmerinnen sollen dadurch auf in der Nähe befindliche Fahrzeuge aufmerksam gemacht werden und eine Rückmeldung über Geschwindigkeit und Geschwindigkeitsänderungen bzw. ein Herannahen oder Entfernen erhalten.

Dabei gilt es einen Kompromiss zwischen geringer Geräuschemission und Verkehrssicherheit zu garantieren. Dies ist mittlerweile international durch verschiedene gesetzliche Vorgaben geregelt.

Im Folgenden werden sowohl Gemeinsamkeiten als auch Unterschiede zwischen den Vorgaben für die Europäische Union (UN ECE R138) [2] und für die USA (Quiet Car Final Rule 81 FR90416) [13] erläutert. Der Anwendungsbereich umfasst sowohl Elektrofahrzeuge als auch alle Hybridfahrzeuge und Brennstoffzellenfahrzeuge, welche in bestimmten Fahrzuständen ausschließlich mittels Elektromotor betrieben werden können.

Eine Erfüllung der Vorgaben ist sowohl für Vorwärts- als auch Rückwärtsbewegung des Fahrzeugs bei niedrigen Geschwindigkeiten notwendig. Die exakten Geschwindigkeitsbereiche sind in **Tabelle 1** dargestellt. Eine Änderung der Fahrgeschwindigkeit durch Zu- und Abnahme von Frequenz bzw. Geräuschpegel ist ebenfalls zu berücksichtigen. Die amerikanischen Vorgaben fordern auch für stehende Fahrzeuge bei eingelegtem Vorwärts- oder Rückwärtsgang ein wahrnehmbares akustisches Signal.

Weitere Details zu den Messprozeduren sowie den Fahrzeug- und Umgebungsbedingungen sind der entsprechenden Literatur zu entnehmen.

Beispiel eines Fahrzeugs zur Erfüllung der AVAS-Vorgaben

Im folgenden Abschnitt wird beispielhaft der Aufbau eines auf einem Serienfahrzeug basierenden Fahrzeugdemonstrators

Tabelle 1 Gegenüberstellung UN ECE R138 [2] und 81 FR 90416 [3], Quelle: AVL, 2018

	UN ECE R138	81 FR 90416
Inkrafttreten	2019	2019
Testumgebung	Teststrecke ISO 10844 Halbfreifeldraum ISO 26101	Teststrecke ISO 10844
Mikrofone	Zwei Mikrofone, rechts und links 2 m aus der Fahrzeugmitte, 1.2 m Höhe	Fahrzeug in Bewegung: zwei Mikrofone, rechts und links 2 m aus der Fahrzeugmitte, 1.2 m Höhe Fahrzeug im Stillstand: zusätzliches Mikrofon 1 m vor der Fahrzeugmitte
Testbedingungen	Vorwärtsfahrt: • 5 km/h ± 1 km/h • 10 km/h ± 1 km/h • 15 km/h ± 2 km/h • 20 km/h ± 2 km/h Rückwärtsfahrt: 6 km/h ± 2 km/h	Vorwärtsfahrt: • 11 km/h ± 1 km/h • 16 km/h ± 1 km/h • 21 km/h ± 1 km/h • 26 km/h ± 1 km/h • 31 km/h ± 1 km/h Stationär: • Vorwärtsgang • Rückwärtsgang
Pegelermittlung	Vorgegebene Gesamtpegel bei 10 und 20 km/h vorwärts und 6 km/h rückwärts Minimalpegel für Terzbänder 160-5000 Hz Mindestens zwei Terzbänder müssen bespielt werden, davon mindestens ein Band unterhalb von 2 kHz	4-Band-Methode: • 4 nicht benachbarte Terzbänder im Bereich 315-5000 Hz für alle Messungen • Mindestpegel in gewählten Bändern erfüllt • Gesamtpegel erfüllt 2-Band-Methode: • 2 nicht benachbarte Terzbänder • 1. Terzband in 315-800 Hz • 2. Terzband in 1000-3150 Hz • Mindestpegel in gewählten Bändern erfüllt • Gesamtpegel erfüllt
Gesamtpegel-vorgaben	Vorwärtsfahrt: • 10 km/h: 50 dB(A) • 20 km/h: 56 dB(A) Rückwärtsfahrt: • 6 km/h: 47 dB(A) 75 dB(A) Maximalpegel für alle getesteten Bedingungen	Vorwärtsfahrt: • 10 km/h: 49-53 dB(A) • 20 km/h: 55-59 dB(A) • 30 km/h: 60-64 dB(A) Stationär Vorwärtsgang: • 43-47 dB(A) Stationär Rückwärtsgang: • 46-50 dB(A)
Frequenz- und Pegeländerung	Bereich 5-20 km/h Mindestens eine tonale Komponente mit 0.8 % Frequenzänderung pro km/h Erfüllung der Vorgabepegel bei 10 und 20 km/h und Anstieg dazwischen	Bereich 10-30 km/h Keine Frequenzänderung Relativer Pegelanstieg ausgehend von Gesamtpegel der stationären Messung
Fahrzeug-konditionen	Verbrennungsmotor läuft nicht Batterie im Standardladezustand Audio- / Entertainment- / Navigationssysteme deaktiviert Test mit Fahrmodus mit geringster Geräuschemission 90 % Tankfüllung (Hybrid), 75 kg Fahrergewicht, 15 % Toleranz Reifen und Druck lt. Spezifikation	Verbrennungsmotor läuft nicht Batterie im Standardladezustand Audio- / Entertainment- / Navigationssysteme deaktiviert Alle Fahrmodi erfüllen Vorgaben Fahrzeugleergewicht < 4536 kg, Beladung mit 180 kg
Quelle:	United Nations, 2016; E / ECE / 324 / Rev. 2 / Add. 137 – E / ECE / TRANS / 505 / Rev. 2 / Add. 137 – Regulation 138 [2]	US Government Information, Dept. of Transportation, 2016; 90416 Federal Register / Vol. 81, No. 240 / 49 CFR Parts 571 & 585 / Docket No. NHTSA-2016-0125 [13]

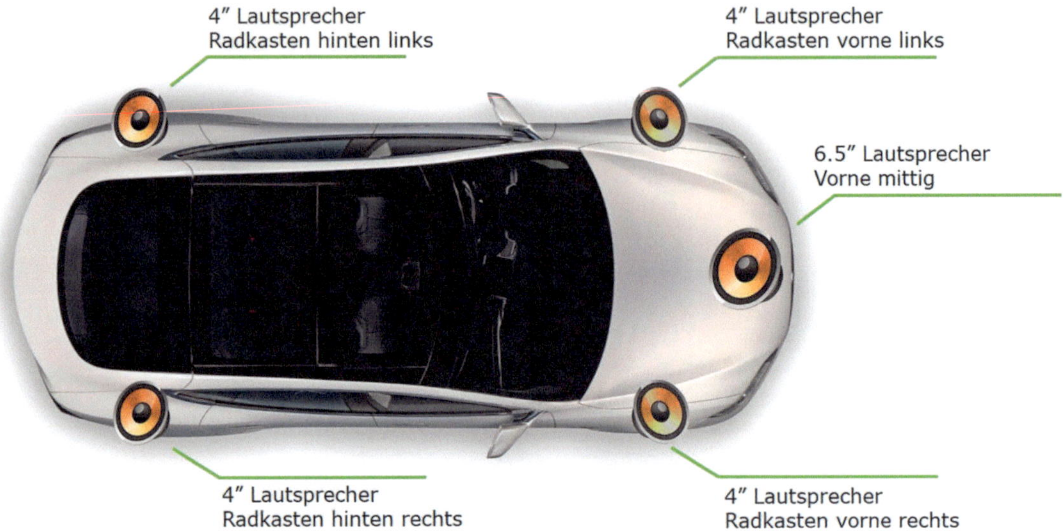

Abb. 9 Lautsprecherpositionen in einem AVAS-Demofahrzeug, Quelle: AVL, 2018

Abb. 10 Messaufbau am akustischen Rollenprüfstand zur Abstimmung des AVAS im Demofahrzeug, Quelle: AVL, 2018

zur Erfüllung der oben erläuterten Vorgaben beschrieben. Die Serienversion des Fahrzeugs ist nicht mit einem AVAS ausgestattet. Zur künstlichen Außengeräuscherzeugung sind insgesamt fünf Lautsprecher sowie ein elektronisches Kontrollsystem zu deren Ansteuerung im Fahrzeug installiert. Die Positionen der für das AVAS verbauten wasserfesten Lautsprecher sind so gewählt, dass keine weiteren konstruktiven Veränderungen am Fahrzeug vorgenommen werden müssen, um eine seriennahe Umsetzbarkeit zu garantieren, **Abb. 9**.

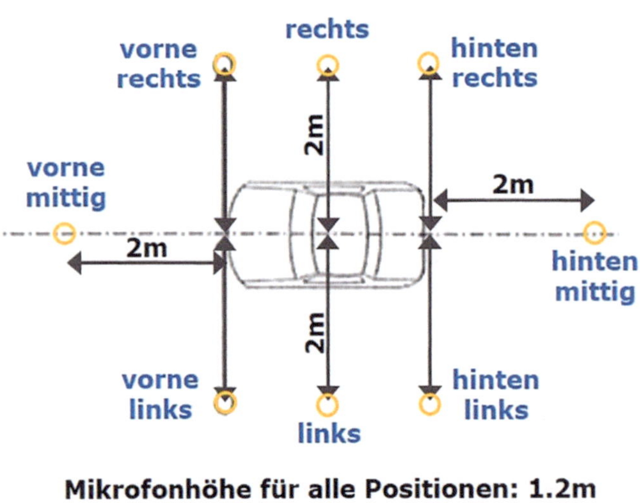

Die Verwendung von mehreren Lautsprechern an verschiedenen Positionen im Fahrzeug erleichtert das Erreichen der geforderten Pegel an den Messpositionen. Dadurch können die einzelnen Lautsprecher mit geringerer Leistung betrieben werden. Werden dagegen nur wenige Lautsprecher verwendet, z. B. jeweils einer vorne und hinten, besteht auf Grund der pro Lautsprecher notwendigen höheren Leistung ein größeres Risiko der Anregung umgebender Komponenten, was zu unerwünschten Vibrationen und damit einhergehenden Störgeräuschen führen kann.

Die Klangentwicklung und Optimierung des Demonstrators wird in erster Linie auf dem Fahrzeugrollenprüfstand in einem akustischen Halbfreifeld durchgeführt. Dies hat den Vorteil kontrollierbarer und stabiler Umgebungsbedingungen. Dabei werden Mikrofone an den in **Abb. 10** gezeigten Positionen verwendet, sowie weitere Mikrofone im Fahrzeuginnenraum an den Ohrpositionen auf Fahrer- und Beifahrersitz. Mittels gemessener Luftschalltransferfunktionen zwischen den Lautsprecherpositionen und Mikrofonpositionen kann eine Basiseinstellung für das System getroffen werden.

Zur Feinabstimmung für verschiedene Basissounds auf dem Rollenprüfstand kann beispielsweise der dargestellte Messaufbau verwendet werden, Abb. 10. Eine Verifizierung auf einer normgerechten Teststrecke (nach ISO 10844) ist ebenfalls notwendig, um alle Vorgaben für das AVAS bei sämtlichen zu testenden Betriebszuständen zu erfüllen.

Bei Fahrgeschwindigkeiten oberhalb der vorgegebenen Bereiche kann ein Fade-Out der künstlich zugespielten Klänge erfolgen. Durch die Zunahme von Roll- und Windgeräuschen ist eine Hörbarkeit des Fahrzeugs ohnehin gegeben und der Pegelunterschied zu Fahrzeugen mit Verbrennungsmotoren wird deutlich geringer, wie bereits in Abschn. 20.1.4 gezeigt wurde.

Die verwendeten Klänge sind in erster Linie so zu gestalten, dass die notwendigen Pegel sowie die geforderten geschwindigkeitsabhängigen Pegel- bzw. Frequenzänderungen erreicht werden. Die Rahmenbedingungen erlauben allerdings durchaus Spielraum zu einer entsprechenden Adaption, um etwa weiteres Augenmerk auf die Gestaltung eines Marken-Klangs zu legen.

20.2 Fahrzeuginnengeräuschgestaltung

Im Gegensatz zu den nach außen emittierten Geräuschen gibt es für das Fahrzeuginnengeräusch keinerlei gesetzliche Anforderungen oder Vorgaben. Das künstliche Einspielen von Geräuschen im Innenraum ist somit auch nicht zwingend notwendig. Viele Nutzerinnen und Nutzer bewerten die leise Geräuschkulisse eines Elektrofahrzeuges als angenehm. Jedoch ist nur wenig akustische Rückmeldung über die aktuelle Fahrgeschwindigkeit und speziell über Beschleunigungsvorgänge vorhanden. Dies kann aber vor allem bei sportlichem Fahrverhalten durchaus erwünscht sein, um die Leistung und Dynamik des Fahrzeugs auch akustisch zu unterstützen.

Fahrzeuge im elektrischen Fahrbetrieb sind im Innenraum allerdings nicht vollkommen frei von Geräuschen. Jedoch unterscheiden sich die vorhandenen Geräusche vor allem bei niedrigen Geschwindigkeiten deutlich von jenen in Fahrzeugen mit Verbrennungsmotoren, Abb. 8. Bei Otto- oder Dieselmotoren ist in erster Linie der Verbrennungsprozess verantwortlich für den Geräuschcharakter. Durch die von Zylinderanzahl und Bauform definierten Motorordnungen besteht ein fester Zusammenhang zur aktuellen Drehzahl. Ebenso kann im Allgemeinen durch das Geräuschniveau ein Rückschluss auf die aktuelle Last gezogen werden. Entsprechende Auslegung von Auspuffanlage oder Ansaugsystem bieten gängige Möglichkeiten zum Sound Design, etwa um die Sportlichkeit eines Fahrzeugs zu unterstreichen. Ein Großteil der Geräuschkomponenten liegt somit bei eher niedrigen Frequenzen im Bereich einiger hundert bis weniger tausend Hertz.

Im Gegensatz dazu liegen die bei Elektrofahrzeugen vorhandenen Geräusche bei deutlich höheren Frequenzen von einigen Kilohertz. Üblicherweise dominieren dabei schmalbandige bzw. tonale Geräuschkomponenten wie etwa Heulen von Verzahnungen oder „elektrische" Geräusche. Diese geben sehr wenig Rückschluss über den aktuellen Betriebszustand des Fahrzeuges. Zwar ist mit entsprechenden Maßnahmen eine Geräuschreduktion möglich, jedoch ist eine Klanggestaltung – z. B. eines sportlichen und kraftvollen Sounds – ohne künstliches Hinzufügen weiterer Geräuschkomponenten vor allem bei niedrigeren Frequenzen quasi nicht möglich.

Auf Grund fehlender gesetzlicher Vorgaben sind die Möglichkeiten zur Klanggestaltung im Innenraum von Elektrofahrzeugen praktisch unbegrenzt. Diese reichen von der Verwendung einzelner tonaler Komponenten über Kombinationen verschiedener tonaler und breitbandiger Komponenten bis hin zu künstlich erzeugten Klängen, welche an die Geräuschkulisse eines Verbrennungsmotors angelehnt sind. Hier sind den Gestaltungsmöglichkeiten wenig Grenzen gesetzt und entsprechend viel Augenmerk kann auf einen Marken-Sound gelegt werden. Gemeinsam sind den unterschiedlichen Klängen meist jedoch Frequenzkomponenten, welche Rückmeldung über die aktuelle Fahrgeschwindigkeit bzw. deren Änderung geben, sowie eine geschwindigkeitsabhängige Geräuschpegeländerung. Auch Anpassungen der Klangkulisse für verschiedene Betriebsmodi oder ein gänzliches Abschalten sind möglich.

Bei Hybridfahrzeugen, welche sowohl rein elektrisch als auch mit Verbrennungsmotor betrieben werden können, ergeben sich zusätzliche Anforderungen. Dabei ist bei der Gestaltung der künstlich zugespielten Geräusche etwa wichtig, die Übergänge bei Zu- und Abschalten des Verbrennungsmotors möglichst sanft und wenig auffällig zu gestalten, um eine gleichmäßige Geräuschkulisse zu garantieren.

Für die Klangerzeugung im Fahrzeug wird meist das integrierte Audiosystem verwendet, ohne dass zusätzliche Lautsprecher verbaut werden. Üblicherweise ist ein Abspielen der künstlich erzeugten Geräusche gemeinsam mit Freisprecheinrichtung, Radio oder anderen Multimediaanwendungen möglich. Ähnliche Systeme sind auch bei vielen Fahrzeugen mit Verbrennungsmotoren im Einsatz, um Motorpräsenz und Sportlichkeitseindruck zu erhöhen oder durch zugespielte Motorordnungen den Eindruck höherer Zylinderanzahlen zu erwecken oder starke Klangänderungen bei Zylinderdeaktivierung zu verhindern. Bei der Gestaltung des Innengeräusches ist ein möglicher Einfluss eines AVAS zu berücksichtigen. Auf Grund der dafür notwendigen recht hohen Pegel kann vor allem bei kleineren Fahrzeugen ein Übersprechen in den Innenraum nicht vollständig verhindert werden. Das heißt, dass die über Lautsprecher zugespielten Außengeräusche teilweise auch im Fahrzeug hörbar sind.

20.2.1 Studie zur Wahrnehmung von Innengeräuschen in Elektrofahrzeugen

In einer Studie [14] wurden von 48 Versuchspersonen – 23 Frauen und 25 Männer im Alter von 20 bis 62 Jahren – verschiedene neu gestaltete Sounds für Beschleunigung und Rekuperation in einem Elektrofahrzeug (Tesla Model S) bewertet. Ziel der Studie war es, einerseits herauszufinden, welchen Charakter positiv bewertete E-Sounds haben, und andererseits eine Antwort darauf zu finden, welche Klangeigenschaften von einem hochqualitativen Elektrofahrzeug erwartet werden. Die Geräuschkulisse hat großen Einfluss auf den Qualitätseindruck und die Komfortwahrnehmung eines Fahrzeugs und ist außerdem ein wichtiges Merkmal zur Unterscheidung zwischen Fahrzeugmarken und Fahrzeugtypen. Richtiges Sound Design dient also dazu, eine angenehme und zum Produkt passende Klangkulisse zu erzeugen und kann somit wesentlich zur Produktakzeptanz beitragen.

Die von den Versuchspersonen zu evaluierenden fünf Sounds für Beschleunigung und Rekuperation deckten eine große Bandbreite von Gestaltungsmöglichkeiten ab – von moderat ordnungsbasiert bis futuristisch. Einer der präsentierten Sounds war das Originalgeräusch des Fahrzeugs ohne Zuspielen zusätzlicher künstlicher Klangkomponenten. Alle zugespielten Sounds wurden bei gleichen Lautstärken auf einer Teststrecke dargeboten. Nach den Teststreckenfahrten wurden die fünf Sounds von den Versuchspersonen entsprechend ihrer subjektiven Bewertung gereiht. Der am besten bewertete Sound wurde danach für den zweiten Teil der Studie im realen Straßenverkehr bewertet. Danach wurden die Versuchspersonen in einem Interview aufgefordert, die ersten Eindrücke über die verschiedenen Sounds zu verbalisieren.

Im Allgemeinen müssen die E-Sounds für die Versuchspersonen zwei Hauptzwecke erfüllen. Ein Aspekt ist eine eindeutige Rückmeldung über momentane Beschleunigung oder Verzögerung des Fahrzeugs. Zusätzlich ist auch die passende Emotionalisierung in Verbindung mit dem Fahrprofil der jeweiligen Testperson wichtig. Die Ergebnisse der Befragung zeigen, dass allgemein die zwei Attribute „Timbre“ und „Lautstärke“ mit negativen Eindrücken verbunden werden, während die Attribute „passend zu den Betriebszuständen“ und „Rückmeldung über das Fahrverhalten“ positiv zur Qualitätsbewertung in Verbindung stehen. Bei der Reihung der Sounds durch die Versuchspersonen wurde mit großer Deutlichkeit jener Sound am häufigsten an erste Stelle gesetzt, der nur ganz wenige ordnungsbasierte Anteile enthält und sich wenig aus dem Gesamtgeräusch abhebt, während der futuristisch anmutende Klang ohne erkennbaren Zusammenhang mit einem ordnungsbasierten Muster mit großem Abstand am häufigsten an die letzte Stelle gereiht wurde. Es zeigt sich, dass die am besten bewerteten Sounds der durchgeführten Studie ein passendes und realistisches Feedback geben und als unauffällig, angenehm und sanft empfunden werden. Der Charakter von hoher Qualität wird mittels der Attribute „eher leise“, „weich und zurückhaltend“, „etwas schwer und dunkel“ und mit „passend zu den Betriebszuständen“ sowie „Rückmeldung über das Fahrverhalten“ beschrieben. Ein wichtiger Aspekt ist auch, dass von den Versuchspersonen im Allgemeinen ein moderat eingespielter Sound klar gegenüber dem reinen Originalgeräusch des Fahrzeugs bevorzugt wird.

Zusammengefasst unterstreichen die Studienergebnisse die Wichtigkeit von gut gestalteten Sounds als akustische Rückmeldung über Betriebszustand und Fahrverhalten im elektrischen Fahrbetrieb.

20.3 Bedeutung der Psychoakustik für die Innen- und Außengeräusche von Elektrofahrzeugen

20.3.1 Einleitung

Das Thema „E-Mobilität“ wird immer intensiver diskutiert, allerdings bislang stark unter technischen Aspekten wie Reichweite, Energieversorgung oder Sicherheit. Die Fragen hinsichtlich der Akustik finden noch sehr wenig Beachtung. Dabei bietet das Elektrofahrzeug umfangreiche Anlässe, auch über die Akustik im Inneren des Fahrzeuges wie auch des nach außen wahrzunehmenden Schalls nachzudenken. Über 50 % der deutschen Bevölkerung fühlt sich durch den Verkehrslärm in irgendeiner Form und unterschiedlicher Ausprägung belästigt. In den kommenden Jahren bzw. Jahrzehnten ist mit einer zunehmenden Elektrifizierung der Kraftfahrzeuge zu rechnen. Das bedeutet, dass das seit über 125 Jahren bekannte Verbrennungsgeräusch des Motors durch ein weniger wahrnehmbares Surren oder Heulen des Elektroantriebes abgelöst wird. Mit anderen Worten, es wird deutlich leiser aber nicht automatisch hinsichtlich akustischer Lästigkeit besser. Im Stand, z. B. an der Ampel, ist ein Elektrofahrzeug vollkommen geräuschlos. Beim Anfahren und bei sehr langsamen Geschwindigkeiten ist es bis zu 20 dB leiser als Fahrzeuge mit Verbrennungsmotor je nach Motorisierung und Fahrweise. Noch deutlicher sind die Verbesserungen bezüglich des Lärmverhaltens beim Vergleich von Elektrorollern zu den bislang verwendeten Rollern mit knatterndem Zweitaktmotor festzustellen. Von daher ist die zunehmende Elektrifizierung der Antriebe als „Segen“ für die betroffene Bevölkerung zu bezeichnen. Nur bei höheren Geschwindigkeiten wird das Reifenfahrbahngeräusch unverändert lästig bleiben. Was für viele ein Segen oder Verbesserung empfunden wird, entwickelt sich für andere als Gefahr. Die elektrisch angetriebenen Fahrzeuge sind bei sehr langsamen Geschwindigkeiten so leise, dass sie kaum von Passanten akustisch wahrgenommen werden. Für Sehbehinderte und unaufmerksame Personen könnte eine Gefahr durch die Nichtwahrnehmung von heranfahrenden Fahrzeugen bestehen. Insbesondere in der Übergangszeit, in der konventionelle Verbrennungsmotoren einen höheren Grundgeräuschpegel erzeugen, werden leise Elektrofahrzeuge völlig akustisch überdeckt. Von daher kommt die Forderung, Elektrofahrzeuge mit elektroakustisch erzeugten Warn- oder Hinweissignalen auszustatten, die automatisch Geräusche generieren, sobald das Fahrzeug eine Mindestgeschwindigkeit unterschreitet. Entsprechende gesetzliche Vorschriften existieren schon in USA, Europa und Japan, siehe Abschn. 20.1.5. Das bedeutet aber, die erhebliche Pegelreduzierung des Außengeräusches durch den Elektroantrieb wird wieder zumindest teilweise zunichte gemacht; zumindest hinsichtlich der empfundenen Geräuschqualität vergrößern Warnsignale die wahrgenommene Lästigkeit. Hier wird jetzt in besonderem Maße die Psychoakustik gefragt, Warnsignale so zu designen, dass sie bei einem minimalen Pegel trotzdem für die relevanten Passanten wahrnehmbar sind, aber für alle anderen nicht lästig wirken, sondern angenehm klingen. Eine allein pegelorientierte Betrachtung ist nicht angebracht. Noch effektiver wäre es, ein der Situation angepasstes Warnsignal zu entwickeln, das nur warnt, wenn es etwas zu warnen gibt und nicht, wenn sich nachts ein Auto langsam durch ein Wohngebiet bewegt.

20.3.2 Bedeutung der Psychoakustik

Der ISO 12913 Standard „Acoustics – Soundscape" („It is an acoustic environment as perceived or experienced and / or understood by a person or people, in context") zur generellen Erfassung, Messung, Analyse und Beurteilung von Soundscape beschreibt und definiert die Vorgehensweise, wie grundsätzlich akustische Umgebungen mit Hilfe der binauralen Messtechnik zu erfassen sind [15] und basierend auf psychoakustischen Analysen unter Einbeziehung einer Befragung der Betroffenen die Beurteilung der akustischen Situation zu erfolgen hat [16]. Bezogen auf die Akustik eines Elektrofahrzeuges ergeben sich mehrere Anwendungsfälle wie in **Abb. 11** dargestellt. Während bei den konventionellen Antrieben der Akustiker eher als „Trouble-Shooter" gefragt war und sich Aufgabenstellungen aus dem Sound Design eher auf Anwendungen bei sportlichen Fahrzeugen beschränkten [17], stehen beim Elektrofahrzeug beide Disziplinen im Vordergrund: Beseitigung von störenden und insbesondere höherfrequenten Komponenten sowie der Entwurf von neuen Sounds für das Innen- wie auch Außengeräusch.

Das menschliche Gehör ist ein äußerst komplexes Empfangs- und Signalverarbeitungssystem. Es ist als Schallanalysator in Leistungsfähigkeit und Vielseitigkeit von technisch-analytischen Verfahren nach wie vor unerreicht. Die Signalverarbeitung läuft auf Grundlage komplexer Prozesse ab, die in ihrer Gesamtheit bislang nicht vollständig erfasst sind. Verschiedene Modelle zur gehörgerechten Zeit- und Frequenzanalyse ahmen jene komplexen Prozesse und Verarbeitungsmechanismen nach, die im menschlichen Gehör vollzogen werden. Die Psychoakustik beschäftigt sich mit der (quantitativen) Verknüpfung von physikalischen Reizen und den von ihnen hervorgerufenen Hörwahrnehmungen im Kontext. Es wird die Rückführung von psychischen auf physische Variablen angestrebt. Mit Hilfe von psychoakustischen Empfindungsgrößen und auditiven Empfindungsschwellen, die mittels psychometrischer Methoden ermittelt werden, lassen sich verschiedene Empfindungen abbilden. Die Vorgehensweise zur Erforschung

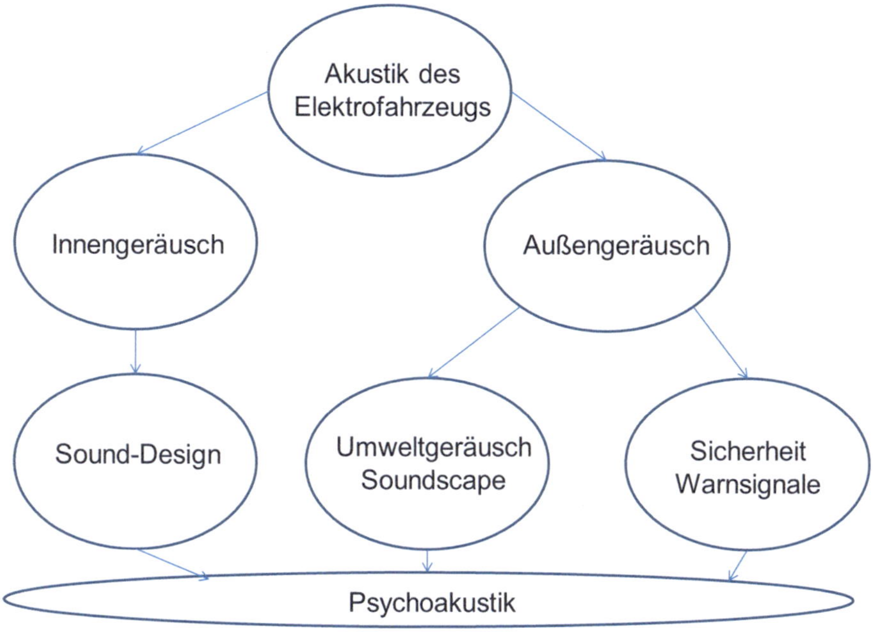

Abb. 11 Die Rolle der Akustik beim Elektrofahrzeug, nicht nur Trouble-Shooting, sondern auch Sound Design

einzelner Aspekte der Geräuschwahrnehmung besteht darin, aus gemessenen Zusammenhängen zwischen Reiz und Empfindung eine mathematische Beschreibung abzuleiten, aus der dann ein Modell resultiert [18]. Bisher haben sich die psychoakustischen Parameter Lautheit, Schärfe, Rauigkeit, Schwankungsstärke und Tonalität als klassische psychoakustische Parameter etabliert. Darüber hinaus sind noch zahlreiche weitere gehörbezogene Größen und Parameter bekannt, die häufig Anwendung finden. In der Psychoakustik wird zwischen dem Geräuschcharakter und der Geräuschqualität unterschieden. Der Geräuschcharakter wird durch die physikalischen Signaleigenschaften definiert (zeitliche und spektrale Muster), die Geräuschqualität entsteht erst durch die Wahrnehmung der Personen im Kontext, d. h. beeinflusst durch deren Erfahrungen, Erwartungen und Einstellungen [19].

In der Praxis werden häufig Geräuschbeurteilungen anhand von Hörversuchen durchgeführt. Zur orignalgetreuen Reproduktion von Hörereignissen kommt vorzugsweise die binaurale Aufnahme- und Wiedergabetechnik (Kunstkopftechnologie) zum Einsatz [20], um reproduzierbare und vergleichbare Signale für die Hörversuche, die in der Regel dann mit einer Wiedergabe über Kopfhörer realisiert werden, zur Verfügung zu stellen. Der Kontext entsteht durch entsprechende Informationen in Wort und Bild oder mit Hilfe von Simulatoren zur Erzielung einer möglichst guten Immersion [21].

Lautheit

Der psychoakustische Parameter Lautheit, Einheit sone (lat.: laut), spiegelt die auditiv empfundene Lautheit von Schallen wider. Die Lautheit ist der bekannteste Parameter im Bereich Psychoakustik und Geräuschqualität [22]. Die Lautheit hängt ab vom Pegel, der spektralen Zusammensetzung, der Dauer und der zeitlichen Struktur. Sie ist standardisiert in DIN 45631 / A1 und international in ISO 532-1. Die Lautheit ist nichtlinear, eine Vergrößerung des Pegels um 10 dB führt nur zu einer Verdopplung der Lautheit. Bei zeitvarianten Geräuschen erfolgte in DIN 45631 / A1 und ISO 532-1 eine Definition der Perzentil-Lautheit N5, die sich als geeigneter Repräsentator der empfundenen Lautheit bei zeitvariablen Signalen erwies. N5 spiegelt den Wert der Lautheit wider, der in 5 % der Beobachtungszeit überschritten wird. Bei kurzzeitigen Geräuschimpulsen, z. B. Türzuschlaggeräusch, ist dagegen die Peak-Lautheit zu verwenden. Für die empfundene Geräuschqualität spielt die Lautheit eine untergeordnete Bedeutung, da das menschliche Gehör adaptiv arbeitet und sich eher auf spektrale Verteilungen und zeitliche Muster fokussiert [23]. Geräusche unterhalb 4 sone werden als nicht laut empfunden, bis 16 sone als akzeptabel [24].

Schärfe

Geräusche, deren energetischer Schwerpunkt im Bereich hoher Frequenzen liegt, beschreiben Personen häufig mit Attributen wie „scharf", „schrill" oder „hell". Die psychoakustische Größe „Schärfe" bezieht sich auf diese Empfindung. Die Hörempfindung Schärfe beschreibt denjenigen Aspekt der Klangfarbenwahrnehmung, der mit der spektralen Hüllkurve von Schallen korreliert ist (DIN 45692). Der Parameter Schärfe spiegelt das Verhältnis der spezifischen Lautheiten der höherfrequenten Spektralanteile zur Gesamtlautheit wider. Bei Betrachtung eines Schmalbandrauschens ist festzustellen, dass der Schärfeeindruck mit zunehmender Mittenfrequenz des Rauschens zunimmt. Diesem Umstand wird in den Berechnungsverfahren zur Schärfe entsprechend Rechnung getragen. Mit Hilfe einer Gewichtungsfunktion bei der Schärfeberechnung werden die Anteile der höheren Frequenzgruppen stärker gewichtet. Die Einheit der psychoakustische Parameter Schärfe ist acum (lat.: scharf), das Verfahren ist in DIN 45692 standardisiert. Schärfe ist eine charakteristische Größe im Bereich der Geräuschqualitätsklassifikation. Bezüglich einer Vielzahl an Geräuschgruppen (z. B. Roll-, Wind-, Tür-, Klimaanlagengeräusch, etc.) besitzt diese psychoakustische Größe signifikante Bedeutung. Die Schärfe korreliert i. d. R. mit der bewerteten Lästigkeit von Geräuschen. Die in DIN 45692 definierte Schärfe ist ähnlich wie die Schärfe nach von Bismark [25], allerdings mit einer etwas stärkeren Gewichtung der höheren Spektralanteile. Beide Berechnungsverfahren liefern weitestgehend unabhängig vom Pegel unveränderte Werte für die Schärfe, d. h. ein aufgrund der Schärfe unangenehmes Geräusch wird hinsichtlich dieses Parameters nicht verbessert durch eine breitbandige Pegelreduktion. Allerdings wird in DIN 45692 informativ auch die Schärfe nach Aures [26] erwähnt, deren Gewichtsfunktion eine Lautheitsabhängigkeit aufweist. Der Wert 1 acum ist einem Schmalbandrauschen bei 1 kHz mit einer Bandbreite von 160 Hz (Frequenzgruppenbreite) und einem Pegel von 60 dB zugeordnet. Schärfewerte unterhalb 0,8 acum werden als nicht besonders scharf oder störend empfunden; Schärfewerte oberhalb 2 acum gelten in der Regel als unangenehm scharf.

Rauigkeit

Die psychoakustische Größe Rauigkeit, Einheit asper (lat.: rau) beschreibt eine Empfindung, die durch Modulationen in einem Schallereignis hervorgerufen wird. Der Eindruck entsteht, falls innerhalb einer Frequenzgruppe eine zeitvariante Einhüllende vorliegt, d. h. wenn beispielsweise Töne eine zeitliche Struktur durch die permanente Änderung der Amplitude oder der Frequenz aufweisen. Dagegen werden Hüllkurvenschwankungen mit Modulationsfrequenzen zwischen 20 und 300 Hz als Veränderung des Tones empfunden und das resultierende Geräusch als rau bezeichnet, d. h. es werden nicht mehr Lautheitsschwankungen wahrgenommen, sondern die Schwingung klingt verzerrt und eben rau. Für Modulationsfrequenzen größer 300 Hz ist das Gehör nicht mehr in der Lage, die zeitlichen Veränderungen aufzulösen. Oberhalb einer Modulationsfrequenz von

300 Hz werden bei reinen amplitudenmodulierten Tönen die Haupt- und Seitenlinien als einzelne Töne hörbar, da diese i. d. R. auch bereits in unterschiedlichen Frequenzgruppen liegen. Rauigkeiten können durch Überlagerungen von Sinustönen unterschiedlicher Frequenz mit einem Frequenzabstand von 20 Hz bis 300 Hz entstehen oder durch Modulation eines Tones mit einer Modulationsfrequenz im Bereich von 20 Hz bis 300 Hz (Beispiel Zahnrad, die Zahneingriffsfrequenz eines Zahnrads mit 20 Zähnen liegt bei einer Drehzahl von 3600 U/min bei 1200 Hz; bei einer einfachen Unwucht des Zahnrades entsteht eine Modulation mit 60 Hz → Rauigkeit). Die wahrgenommene Rauigkeit hängt aber von dem Frequenzbereich, der Modulationsfrequenz, der Modulation, vom Modulationsgrad und geringfügig vom Pegel ab. Je nach Kontext kann eine gewisse Rauigkeit erwünscht sein, z. B. zur Unterstützung eines sportlichen Sounds. Typische Rauigkeiten liegen unterhalb 1 asper, wahrnehmbar wird die Rauigkeit ab ca. 0,02 asper. Ein 1 kHz-Ton moduliert mit 70 Hz bei einem Modulationsgrad 1 (100 % Modulation) führt definitionsgemäß bei einem Pegel von 60 dB zu einer Rauigkeit von 1 asper. Zurzeit laufen Bemühungen, die Rauigkeit bei ECMA 74 (European Computer Manufacturers Association, International – European association for standardizing information and communication systems) und DIN zu standardisieren.

Schwankungsstärke

Der psychoakustische Parameter Schwankungsstärke beschreibt die Wahrnehmung von „langsamen" Modulationen. Die Schwankungsstärke spiegelt die Empfindung wider, die bei Signalschwankungen mit sehr geringen Modulationsfrequenzen entsteht. Geräusche, die mit 20 Hz und weniger moduliert sind, werden als „schwankend" wahrgenommen. Ein einfaches Beispiel ist ein Geräusch, das aus zwei Tönen besteht, die einen geringen Frequenzunterschied aufweisen. Die verursachte Schwebung, eine Schwingung mit periodisch veränderter Amplitude, wird als schwankendes Geräuschereignis wahrgenommen. Das Maximum dieser psychoakustischen Größe liegt bei Modulationsfrequenzen um 4 Hz und ist nur wenig vom Schalldruckpegel abhängig. Die Einheit ist vacil (lat.: schwankend). Definiert ist, dass eine Schwankungsstärke von 1 vacil durch einen 1 kHz-Ton hervorgerufen wird, der mit einer Modulationsfrequenz von 4 Hz und einem Modulationsgrad von 1 bei einem Schalldruckpegel von 60 dB moduliert ist. Ein Anwachsen des Signalpegels um 20 dB bewirkt ungefähr eine Verdoppelung der Schwankungsstärke. Durch eine Schwankungsstärke werden akustische Signale bei unverändertem Pegel als auffälliger empfunden, sie eignet sich daher vorzugsweise für die Entwicklung von Warn- und Hinweissignalen. In der Praxis liegen typische Werte der Schwankung unterhalb von 1 vacil.

Eine besondere Art der Modulation mit Modulationsfrequenzen um 20 Hz wird häufig auch als „R"-Rauigkeit definiert [27], da es den Charakter eines rollenden „R"s wiedergibt. Ein typisches Auftreten sind Modulationen im mittleren Drehzahlbereich eines Verbrennungsmotors mit der halben Zündordnung, was bei sportlich ausgelegten Fahrzeugen zu einer Erhöhung eines „kraftvollen" Ausdruckes führt.

Tonalität

Bei der Akustik von Elektrofahrzeugen kommt der Betrachtung von Tönen eine besondere Bedeutung zu. Während beim konventionellen Antrieb schon manchmal Töne durch Servopumpen und Turbolader erzeugt wurden, die aber häufig durch andere Geräusche maskiert und im Fahrzeuginnenraum kaum wahrnehmbar sind, entstehen beim Elektroantrieb zahlreiche Töne, die kaum verdeckt werden. Die Tonhaltigkeit ist eine weitere eindimensionale psychoakustische Empfindungsgröße, die isoliert wahrgenommen werden kann. Ein Geräusch gilt als tonhaltig, wenn einzelne Töne bzw. tonale Komponenten deutlich wahrnehmbar sind. Schmalbandiges Rauschen wird oft ebenfalls als tonhaltig empfunden, aber mit zunehmender Bandbreite verringert sich dieser Effekt deutlich.

Nach der DIN 45681:2006-08 ist die Tonhaltigkeit definiert als das „Auftreten eines Tones im Geräusch, dessen Pegel den Pegel der übrigen Geräuschanteile in der Frequenzgruppe um die Tonfrequenz um weniger als den Betrag des Verdeckungsmaßes unterschreitet“. Das Verdeckungsmaß entspricht der frequenzabhängigen Mithörschwelle eines Sinustons. Je deutlicher sich eine tonale Komponente vom Hintergrundgeräusch abhebt, desto stärker wird diese im Sinne der Tonhaltigkeit wahrgenommen. Tonhaltigkeit von nicht harmonischen und stationären Geräuschen kann z. B. mit dem Tone-To-Noise-Ratio (TNR, ANSI S1.13-2005 / A7, auch ECMA-74) oder dem Prominence-Ratio-Verfahren (PR, ANSI S.1.13-2005 / A8, auch ECMA-74) bestimmt werden. Beim TNR-Verfahren werden die Schalldruckpegel auffälliger tonaler Komponenten (lokale Maxima aus dem berechneten Spektrum) in Beziehung zum Schalldruckpegel der zentrierten Frequenzgruppe ohne den Beitrag des Tons gesetzt. Treten mehrere tonale Anteile innerhalb einer Frequenzgruppe auf, können diese unter Berücksichtigung der Verdeckung zu einem Gesamttonpegel addiert werden. Beim PR-Verfahren wird der Gesamtpegel dieser Frequenzgruppe in Beziehung zum mittleren Pegel der beiden benachbarten Frequenzgruppen gesetzt.

Zur Vergabe eines Tonzuschlags gemäß der DIN 45681 wird die Pegeldifferenz ähnlich wie beim TNR-Verfahren für alle betrachteten Töne bestimmt. Aus dem Maximum wird ein ganzzahliger Wert zwischen 0 und 6 dB abgeleitet (6 dB bei einer maximalen Pegeldifferenz größer als 12 dB), der dem äquivalenten Dauerschallpegel als Korrekturgröße zugeschlagen werden kann. Nach dem TNR-Verfahren liegt dann ein tonales Ereignis vor, wenn die Differenz zwischen dem Schalldruckpegel des Tons und dem errechneten Maskierungspegel der um den Ton zentrierten Frequenzgruppe einen Wert größer als 8 dB aufweist (ANSI S1.13-2005 / A7). Dies gilt für Töne oberhalb von 1 kHz. Bei dem PR-Verfahren wird von einem prominenten Ton ausgegangen, falls die Differenz zwischen dem Schalldruckpegel in der um den Ton zentrierten Frequenzgruppe und dem mittleren Schalldruckpegel der beiden benachbarten Frequenzgruppen einen Wert größer als 9 dB aufweist, zumindest für Frequenzbereiche oberhalb von 1 kHz (ANSI S.1.13-2005 / A8).

Neben den beiden genannten Verfahren kann auch das Verfahren zur Berechnung der psychoakustischen Tonhaltigkeit, welches im ECMA-74 Standard definiert ist, verwendet werden. Dieses Verfahren ist auch zur Anwendung auf nicht-stationäre Geräusche zugelassen. Im Gegensatz zu TNR und PR handelt es sich bei diesem Verfahren um einen vollständig psychoakustischen Ansatz, da es auf Grundlage eines Modells der Signalverarbeitung des menschlichen Gehörs berechnet wird [18]. So bildet diese Methode beispielsweise die Abhängigkeit der Tonhaltigkeit von der Lautheit sowie den Einfluss der Ruhehörschwelle korrekt ab, während diese Zusammenhänge bei den anderen Verfahren komplett unberücksichtigt bleiben. Eine Pegelreduktion selbst bis zur Unhörbarkeit bliebe für das TNR- und das PR-Verfahren entgegen der Wahrnehmung ohne Einfluss. Zur Berechnung werden zunächst aus dem Schalldrucksignal nach Außen- und Mittelohrfilterung Bandpasssignale entsprechend der Frequenzgruppen des menschlichen Gehörs erzeugt (Auditive Filterbank). Daraus wird in den einzelnen Frequenzgruppen die zeitabhängige spezifische Lautheit berechnet (Einweggleichrichtung, nichtlineare Kompression, Berücksichtigung der Ruhehörschwelle). Basierend auf dieser spezifischen Lautheit wird unter Verwendung der Autokorrelationsfunktion der gleichgerichteten Bandpasssignale die Lautheit der tonalen und rauschartigen Komponenten des Geräuschs separat ermittelt. Verbleibende Artefakte bedingt durch Rauschen werden reduziert, um abschließend aus der Lautheit der tonalen Komponente unter Berücksichtigung des SNR die Tonhaltigkeit zu berechnen. Das Berechnungsverfahren ist in **Abb. 12** dargestellt.

Die psychoakustische Tonhaltigkeit wird in der Einheit tuHMS gemessen, welche die Wahrnehmung der Tonhaltigkeit linear abbildet. Als Referenz wird die Tonhaltigkeit für ein reines Sinussignal mit einer Frequenz von 1000 Hz und einem Schalldruckpegel von 40 dB zu 1 tuHMS gesetzt, entsprechend dem zugehörigen Lautheitswert 1 sone. Für Werte größer 0,4 tuHMS wird von einem prominenten Ton ausgegangen. Im Gegensatz zu TNR und PR gilt dieser Grenzwert unabhängig von der Frequenz des Tons.

Abb. 12 Verarbeitungsschritte der psychoakustischen Tonhaltigkeit nach ECMA-74 (European Computer Manufacturers Association, International – European association for standardizing information and communication systems)

20.3.3 Fahrzeuggeräusche von Elektrofahrzeugen

Das Elektrofahrzeug wird leiser, was nicht unmittelbar impliziert, dass es erheblich angenehmer wird. Die Herausforderung der Akustikingenieure ist es nun, unter Einbeziehung der Psychoakustik ein angenehmes und komfortables Innen- und Außengeräusch zu entwickeln, das Komfort, Markenbranding und Fahrspaß vereinigt. Denn im Prozess der Fahrzeugentwicklung wird weiterhin die Erfüllung emotionaler Bedürfnisse von Kunden einen besonderen Stellenwert einnehmen. Daher wird aktives Sound Design zunehmend erforderlich werden, d. h. die Akustik aktiv und gezielt zu gestalten (Sound Design), anstatt nur auf ungewollte Geräusche zu reagieren (Troubleshooting). Es geht schlichtweg nicht um die schrittweise Optimierung bekannter Konflikte, sondern um das Bewältigen neuer Aufgaben. Welche Geräusche müssen vermieden werden? Welche Geräusche sollen nun in den Vordergrund treten? Welche Geräusche dienen der akustischen Orientierung? Welche neuen Geräusche werden nun benötigt? Wie lassen sich Markenkennwerte akustisch vermitteln? Diese Vorgehensweise illustriert **Abb. 13**. Denn ein Fahrzeug wird nicht nur einfach gefahren, es wird – auch oder gerade bei zukünftigen neuartigen, alternativen Antrieben – multisensorisch erlebt und multisensorisch bewertet. Es geht nicht allein

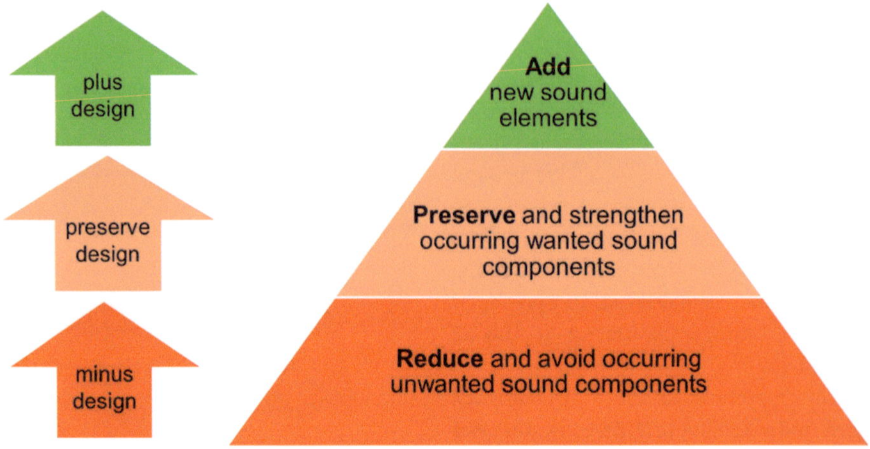

Abb. 13 „Soundscape – Stepwise design", Beseitigung von störenden Komponenten, Erhalt des typischen Charakters, Hinzufügen von neuen akustischen Komponenten unter Berücksichtigung der Authentizität

darum, die Geräusche des Elektromotors, des Umrichters oder des Getriebes zu optimieren, vielmehr muss die Gesamtkomposition stimmig und harmonisch abgestimmt werden. Das Ganze ist mehr als die Summe seiner Teile. Durch den Wegfall des Verbrennungsmotors entfällt die Möglichkeit, leise Störgeräusche zu maskieren. Plötzlich wird jedes Knarzen und Klappern hörbar und damit lästig. Diese neuen Herausforderungen können nur gemeistert werden, wenn psychoakustische Größen und weitere gehörbezogene Parameter intensiv Eingang in die Fahrzeugakustik finden. Darüber hinaus müssen weitere adäquate Analysen entwickelt werden, die die zuverlässige Identifikation von perzeptiv auffälligen spektralen und zeitlichen Mustern erlauben. Beispielsweise wird die Analyse der wahrgenommenen Tonhaltigkeit aufgrund der höherfrequenten Beiträge vom Elektromotor, Umrichter oder Getriebe von besonderer Relevanz sein.

Das Elektrofahrzeug bietet umfangreiche Anlässe, über die Akustik im Inneren des Fahrzeuges wie auch des nach außen wahrzunehmenden Schalls nachzudenken. Nach über 125 Jahren kontinuierlicher Entwicklungen bezüglich des Verbrennungsmotors steht nun ein Paradigmenwechsel an: Was ist der neue Sound des Innen- wie auch Außengeräusches eines Elektrofahrzeuges? Ist es sinnvoll, den neuen Antrieb akustisch so zu gestalten, dass er Erinnerungen an den bekannten Sound gewährleistet oder brauchen wir einen neuen, authentischen Sound des E-Antriebes? Eine zunehmende Elektrifizierung der Kraftfahrzeuge hat auch zur Folge, dass das bekannte Verbrennungsgeräusch des Motors durch ein kaum wahrnehmbares Surren, Pfeifen und Heulen des Elektroantriebes abgelöst wird. Mit anderen Worten: es wird deutlich leiser. Das bedeutet einerseits, dass eine akustische Maskierung entfällt und bislang nicht so relevante Geräuschbeiträge von Reifen-Fahrbahn, Wind und diversen Hilfsaggregaten stärker wahrnehmbar werden, andererseits neue Klänge und Störgeräusche sich präsentieren. Ferner entsteht eine Reduzierung des Straßenverkehrslärms, was einerseits sehr zu begrüßen ist, andererseits birgt diese Entwicklung aber auch Gefahren: Elektrisch angetriebene Fahrzeuge sind bei langsamen Geschwindigkeiten so leise, dass sie kaum von Passanten akustisch wahrgenommen werden. Von daher kommt die Forderung nach Warnsignalen.

Hier ist die Psychoakustik gefragt, Warnsignale so zu gestalten, dass sie für Passanten wahrnehmbar, lokalisierbar und informativ sind und dennoch angenehm klingen, siehe Abschn. 20.1.5.

20.3.3.1 Fahrzeuginnengeräusche von E-Fahrzeugen

Grundsätzlich ist die Fragestellung, wie das Fahrzeuginnengeräusch zu analysieren ist, in einem EU-Forschungsprojekt untersucht worden [28]. Durch die Einführung von elektrischen Antrieben entstehen neue Herausforderungen. Es gilt die Frage zu untersuchen, was beim Fahren eines Elektro-Fahrzeuges wahrgenommen werden soll? Grundsätzlich ergeben sich drei verschiedene Strategien entsprechend Abb. 13, die allerdings auch kombinierbar sind:

1. Den Sound authentisch zu lassen wie er ist, bestenfalls befreit von störenden Komponenten.
2. Künstliche Sounds hinzufügen, die an den bestehenden Sound von Verbrennungsmotoren erinnern.
3. Entwicklung eines neuen künstlichen Sound Designs, um den Eindruck, mit einer innovativen Antriebstechnologie unterwegs zu sein, zu verstärken.

Zu dieser Thematik sind einige Untersuchungen an unterschiedlichen Fahrzeugtypen veröffentlicht [29], [30] und [31]. Das Bild ist noch nicht einheitlich, die befragten Personen können noch nicht auf Erfahrungen zurückgreifen. Grundsätzlich wird das leisere Antriebsgeräusch positiv beurteilt, allerdings bei eher sportlich ausgelegten Fahrzeugen und insbesondere während der Beschleunigung erwarten viele ein akustisches Feedback, siehe Abschn. 20.2.1. Das Hinzufügen von künstlichen Sounds darf nur sehr dosiert erfolgen, der Sound muss als authentisch zum Fahrzeug passend empfunden werden, nicht artifiziell, d. h. bei den betroffenen Personen soll nicht der Eindruck entstehen, hier werden Geräusche generiert und hinzufügt (womöglich noch lokalisierbar aus den Lautsprechern!). Es gilt ein zum Fahrzeug passendes akustisches Gesamtbild zu komponieren.

Insbesondere bei Hybrid-Fahrzeugen, wo je nach Belastung und Batteriekapazität ein Verbrennungsmotor zugeschaltet wird, können Geräusche entstehen, die nicht erwartet bzw. nicht vom Fahrer selbst initiiert wurden. Geräusche, die nicht selber veranlasst wurden und sich nicht direkt zuordnen lassen, sind auffälliger und daher auch eher störend. Dieser Umstand gilt auch für das zukünftige autonome Fahren, da die Insassen am Fahrprozess nur noch passiv beteiligt sind und somit unbekannte und nicht initiierte Geräusche intensiver wahrnehmen.

Aufgrund der Elektrifizierung des Antriebstranges werden Reifen-Fahrbahngeräusche sowie auch Windgeräusche weniger maskiert und von daher dominanter wahrgenommen. Hier gilt es vor allem das Entstehen und Übertragen von tonalen bzw. schmalbandigen Geräuschanteilen zu reduzieren.

20.3.3.2 Fahrzeugaußengeräusche von E-Fahrzeugen

Das Fahrzeugaußengeräusch von E-Fahrzeugen ist grundsätzlich leiser und weniger tieffrequent ausgelegt. Ähnlich wie beim Fahrzeuginnengeräusch fallen Maskierer weg, wodurch leisere Geräusche und insbesondere Töne intensiver akustisch in den Vordergrund gelangen. Die Überlegungen, die Möglichkeiten des aktiven Sound Designs einzusetzen, um störende Geräusche wieder zu maskieren und nach außen einen Markensound zu kreieren, sind noch in den Anfängen. Zurzeit liegt der Focus auf dem AVAS (Acoustic Vehicle Alerting System) zur Gestaltung von potentiellen akustischen Warngeräuschen für leise Fahrzeuge. Dabei sind einige Aspekte und Randbedingungen zu berücksichtigen [32].

Es ist davon auszugehen, dass sich langfristig der Straßenverkehrslärm verändert und eine Vielzahl von leisen Fahrzeugen auf den Straßen zu finden sind. Dies wird dazu führen, dass die Maskierung von leisen Fahrzeugen durch sehr laute Fahrzeuge entfällt und damit sich die Anforderungen an Warngeräusche sich wesentlich ändern. Es ist dringend davon abzuraten, bei einer gesetzlichen Einführung eines Mindestgeräuschpegels für leise Fahrzeuge, „fehlenden“ Schalldruckpegel durch „lästige“ Warngeräusche zu kompensieren. Die Logik „umso leiser das Fahrzeug, desto lauter das auffällige Warngeräusch“ birgt die Gefahr der Überdimensionierung des Zusatzgeräusches. Denn ein Warngeräusch sollte derart gestaltet werden, dass gerade nicht über dessen Schalldruckpegel, sondern über dessen psychoakustische Auffälligkeit die rechtzeitige Erkennbarkeit von leisen Fahrzeugen sichergestellt wird. Darüber hinaus wurde in der Diskussion um adäquate Warngeräusche für Elektrofahrzeuge bisher stets nur das Warngeräusch einer singulären Vorbeifahrt thematisiert. Die spätere Überlagerung vieler Warngeräusche in realen Verkehrssituationen bedingt eine Vielzahl an Problemen. Wie verhält es sich mit der Erkennbarkeit des einzelnen Fahrzeugs, wenn sich z. B. auf der Gegenfahrbahn zahlreiche andere leise Fahrzeuge mit Warngeräuschen akustisch bemerkbar machen? Welche neuen Geräusche können durch die Überlagerung von verschiedenen oder eventuell sehr ähnlichen Warngeräuschen entstehen? Eine Kakophonie von permanent warnenden Fahrzeugen kann, obwohl vermutlich in einem erträglichen Schalldruckpegelbereich, zu außerordentlich hoher Belästigung führen. Die Lästigkeit von Geräuschen hängt auch davon ab, ob sie notwendig oder vermeidbar sind. Könnten nicht zusätzlich durch Lautsprecher emittierte Warngeräusche als grundsätzlich vermeidbar interpretiert werden, damit sich bei Verkehrslärmbetroffenen die empfundene Belästigung maßgeblich verringert? Die Konsequenz aus den genannten Punkten kann nur sein, nicht überstürzt eine einfache Implementierung von akustischen Zusatzsignalen für leise Fahrzeuge gesetzlich zu verankern. Die Vergangenheit zeigte, dass sich derartige gesetzliche Entwicklungen nur langfristig und mit großer Anstrengung wieder korrigieren lassen. Es muss die grundsätzliche Notwendigkeit von Zusatzgeräuschen zur Erhöhung von Fußgängersicherheit dezidiert untersucht werden. Dabei muss nicht nur über leise Elektrofahrzeuge nachgedacht werden, sondern über jene Fahrzeuge mit konventionellem Verbrennungsmotor, die bereits sehr geringe Vorbeifahrtpegel aufweisen, **Abb. 14**.

Informativer hinsichtlich der Geräuschqualität ist die Darstellung als Spektrogramm, d. h. die Pegel der einzelnen Frequenzen werden über die Zeit dargestellt und farblich kodiert. In **Abb. 15** sind für die beiden Ohren des Kunstkopfes für die gleiche Messung aus Abb. 13 die Spektrogramme gezeigt. Jetzt werden beim E-Fahrzeug die diversen hochfrequenten Töne sichtbar, beim Verbrenner eher die tieffrequenten Motorordnungen.

Ebenfalls müssen zur erheblichen Verbesserung von Fußgängersicherheit auch weitere technische Mittel angedacht werden. Zum Beispiel die Entwicklung von bilateralen Systemen, die Fahrer und Fußgänger gleichermaßen warnen, oder zusätzliche technische Hilfsmittel, die Risikogruppen die Möglichkeit geben, sich effektiv und redundant zu schützen. Solche Systeme können natürlich ausfallen; das trifft aber ebenfalls auf Lautsprechersysteme in Kraftfahrzeugen zu. Die Verantwortung kann und darf nicht auf die permanente Existenz von Warnsignalen beruhen; der Fahrer eines leisen Fahrzeuges ist in der Pflicht, besondere Vorsicht und Umsicht walten zu lassen.

Auch das Einbringen einer „Flottenintelligenz“ scheint konzeptionell notwendig. Sollen sich wirklich alle Fahrzeuge, die hintereinander an der Ampel stehen, akustisch äußern? Muss mitten in der Nacht in einer verkehrsberuhigten Zone bei geringerem Hintergrundgeräuschpegel ein Fahrzeug akustisch warnen und beim Einparkvorgang wechselnde Zusatzgeräusche abstrahlen? Eine situationsangepasste Abstrahlung von Warnsignalen erscheint sinnvoll.

Eines scheint bei der Diskussion um akustische Zusatzgeräusche für leise Fahrzeuge sicher, bei der Entwicklung von geeigneten Warngeräuschen bedarf es der Einbeziehung der Psychoakustik. Die Betrachtung von Verdeckungseffekten, Wahrnehmbarkeitsschwellen, binauraler Störgeräuschunterdrückung, Empfindungen von Tonalität und Modulationen oder der Erhöhung der Aufmerksamkeitserregung durch ein Ausnutzen spezifischer psychoakustischer Effekte sind nur einige Aspekte, die im Rahmen von Geräuschentwürfen adäquat berücksichtigt werden müssen.

Folgende Anforderungen an ein Warn- bzw. Hinweissignal sollten bei der Entwicklung Beachtung finden:

1. Gute Erkennbarkeit als Fahrzeug auch in störschallerfüllter Umgebung hinsichtlich Richtung und Bewegung (Detektierung und Lokalisierung).
2. Möglichst keine Verwendung von tonalen Komponenten zur Vermeidung von Disharmonie bei der Überlagerung von mehreren Signalen (Töne sind schlecht ortbar und führen zu Rauigkeiten sowie Disharmonie).
3. Das Signal sollte nach außen nicht unangenehm klingen und möglichst im Fahrzeuginnenraum nicht wahrnehmbar sein.

Neueste Untersuchungen zu diesem Thema [33] empfehlen die Verwendung von Breitbandgeräuschen moduliert mit einer

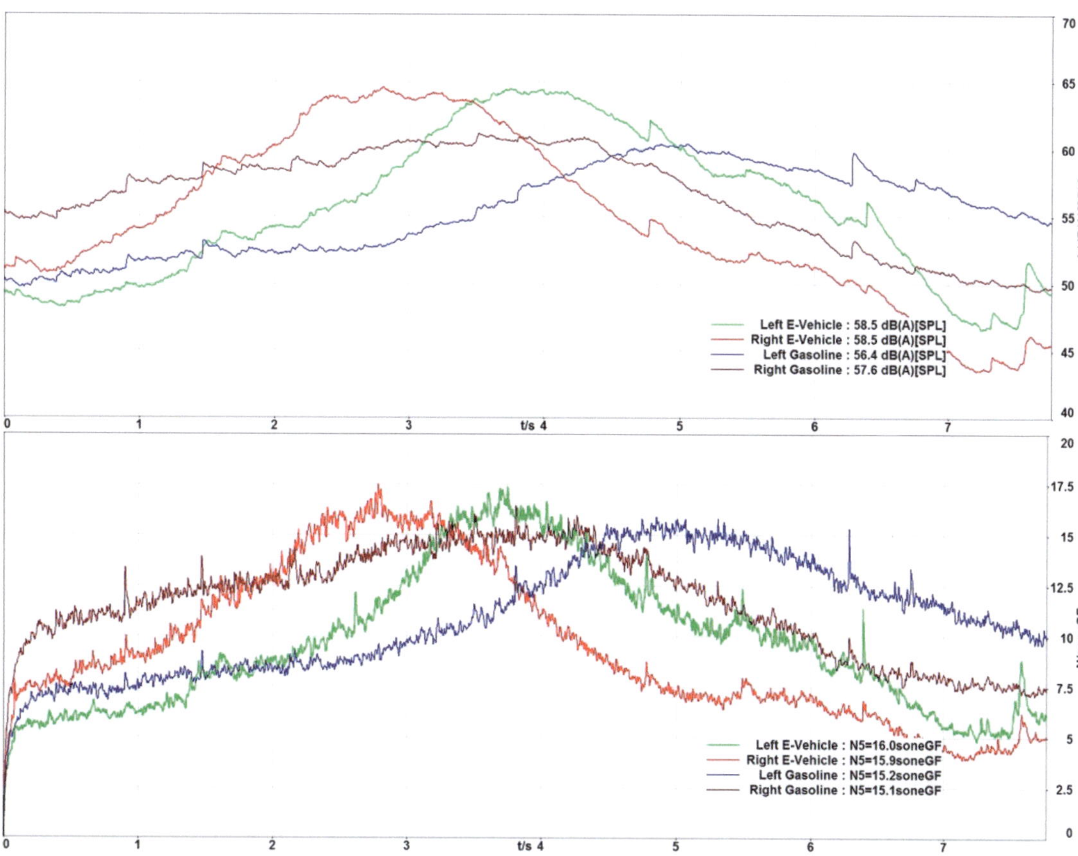

Abb. 14 Vergleich Vorbeifahrtgeräusch (A-bew. Pegel und Lautheit), Messung mit dem Kunstkopf, konstante Geschwindigkeit 20 km/h

ausgeprägten Einhüllenden. Dadurch wird die Wahrnehmung erhöht und die Lokalisierbarkeit verbessert. Die Modulationsfrequenz sowie der Modulationsgrad geben Auskunft über Geschwindigkeit und Beschleunigung. Da das Signal selber keine Töne enthält, können keine unerwünschten Effekte wie Rauigkeit und Disharmonie beim Auftreten von mehreren Fahrzeugen entstehen.

20.4 Zusammenfassung

Der elektrifizierte Pkw-Antrieb kann abhängig vom Elektrifizierungsgrad und der Betriebsweise im städtischen und stadtnahen Verkehr, das heißt im Betrieb bei niedrigen Fahrgeschwindigkeiten, einen Beitrag zur Lärmminderung leisten. Wegen der noch recht geringen Verbreitung dieser Antriebe und des mit konventionellen Antrieben vergleichbaren Geräuschniveaus bei Geschwindigkeiten oberhalb von etwa 30 km/h ist jedoch auch langfristig nicht mit einer wesentlichen Reduzierung der Gesamtverkehrslärmbelastung zu rechnen. In diesem Kontext muss der Konflikt von Verkehrslärmverringerung und Fußgängersicherheit behandelt werden. Wichtig ist, ein überstürztes Handeln und Aktionismus zu vermeiden und tragfähige, nachhaltige Lösungen zu erarbeiten, die den Interessen aller Beteiligten gerecht werden.

Die akustische Wahrnehmung des Antriebs im Fahrzeuginnenraum ist beim Elektroantrieb völlig anders als beim Verbrennungsmotorantrieb. Einerseits fehlen die last- und geschwindigkeitsabhängigen

Abb. 15 Vergleich Spektrogramm Vorbeifahrtgeräusch aus Abb. 14

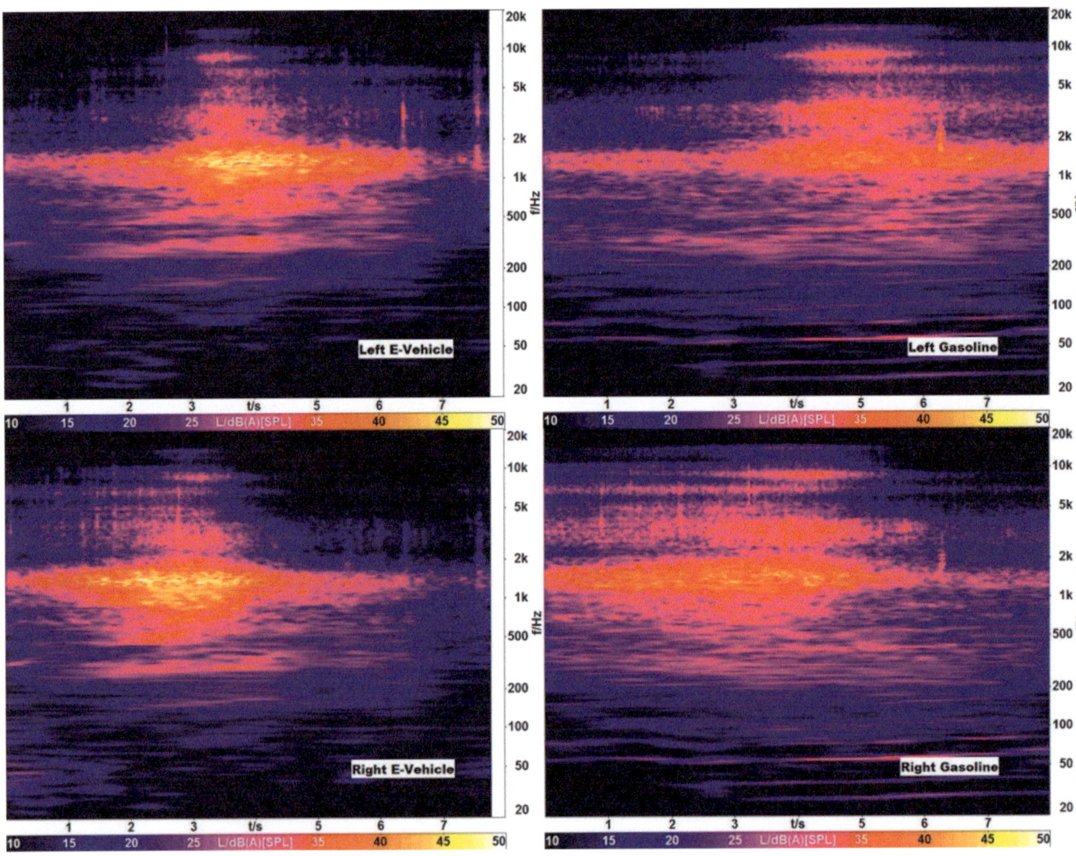

Komponenten und andererseits treten bisher nicht vorhandene oder maskierte Geräusche in den Vordergrund. Das Sound Design erhält dadurch eine weitere Herausforderung, um sowohl Rückmeldung über den aktuellen Betriebszustand zu geben als auch passende Emotionen zu erzeugen. Jedoch haben Studien gezeigt [14, 29, 30, 31], dass nicht alle Versuchspersonen diese zusätzliche akustische Rückmeldung für notwendig erachten und im Allgemeinen eine eher leise und zurückhaltende Geräuschkulisse als akustische Rückmeldung über Betriebszustand und Fahrverhalten bevorzugt wird.

Für das Sound Design im Innenraum werden neue Fragestellungen auf die Ingenieure zukommen. Die Akustikingenieure im Automobilbereich stehen aufgrund der Elektrifizierung der Antriebe vor einer Revolution in der Aufgabenstellung. Nach einer über 125-jährigen kontinuierlichen Entwicklung im Automobilbereich, in der der Verbrennungsmotor schrittweise optimiert wurde, kommen neue Antriebs- und Energieversorgungskonzepte auf die Ingenieure zu, die neuer Betrachtungsweisen bedürfen. Markendifferenzierung, Emotionalisierung und Fahrfreude lassen sich nur bedingt mit einfachen, vorhandenen Elektrofahrzeuggeräuschen herstellen. Die Verwirklichung von völlig neuen Konzepten ist grundsätzlich denkbar, die vom konstruktionsbedingtem gezielten Einbringen von speziellen Sounds und Geräuschkomponenten bis hin zur vollständigen künstlichen Kreation eines Fahrgeräusches reichen können. Derartige Entwicklungen in der Fahrzeuginnenraumakustik werden stärker denn je an intendierte Leitmotive gekoppelt und Geräuschkulissen im Spannungsfeld von Komfort und Emotion kreiert. Diese neuen Fragestellungen und Entwicklungen forcieren eine verstärkte Anwendung der Psychoakustik im Bereich der Fahrzeugakustik.

Zum Schutz schwächerer Verkehrsteilnehmer und Verkehrsteilnehmerinnen bei niedrigen Fahrgeschwindigkeiten ist der Einsatz eines akustischen Warnsignals (AVAS) sinnvoll. Dieses muss automatisch ausgelöst werden, soll allerdings keine zusätzliche Lärmbelästigung darstellen. Die dazu definierten gesetzlichen Vorgaben treten international im Jahr 2019 in Kraft. Grundsätzlich werden diese Anforderungen noch gegensätzlich diskutiert, da auch bei geringen Pegel die bislang bekannten Warnsignale zu einer verstärkten akustischen Belästigung führen können [32, 33].

20.5 Akustik der Komponenten im elektrischen Antriebsstrang

20.5.1 Einleitung

Einen zielgerichteten Einstieg in die Optimierung des Geräuschverhaltens elektrifizierter Antriebsstränge bietet die Definition einer sogenannten *akustischen Wirkkette*. Hierin beschreibt man den Übertragungsweg von der Quelle bis hin zu dem Empfänger, **Abb. 16**.
Als Quellen gelten der elektrische Antrieb und ein gegebenenfalls vorhandenes Getriebe. Im Anschluss müssen alle Körper- und Luftschallpfade abgeschätzt oder quantifiziert werden. Die akustische Wirkkette sollte dabei zu Beginn einer NVH-Auslegung produktspezifisch abstrahiert werden, da die Besonderheiten verschiedener Antriebskonzepte vor allem auf die Übertragungswege im Fahrzeug einen großen Einfluss ausüben. In **Abb. 17** ist dies anhand dreier verschiedener Antriebskonzepte dargestellt. Von der primären Geräuschquelle ausgehend werden die Körper- und Luftschallpfade über die Struktur bis hin zum Wahrnehmungspunkt abgeleitet. Eventuelle sekundäre Geräuschquellen wie Aktuatorgeräusche aus Lenkung und Klimakompressor müssen hierbei ebenfalls mit in die Betrachtung aufgenommen werden.

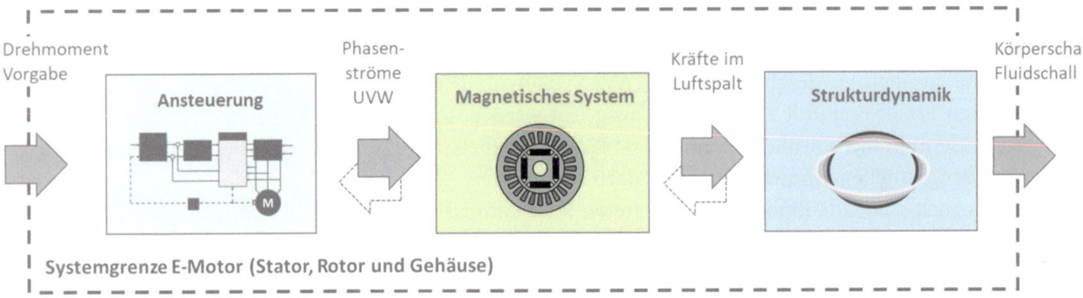

Abb. 16 Akustische Wirkkette am Beispiel E-Motor

Um die Vielfältigkeit der unterschiedlichsten Einflüsse auf das NVH-Verhalten optimal zu beschreiben und damit auch zielgerichtete Verbesserungen voranzutreiben, setzen wir unterschiedlichste Methoden ein, wie sie **Abb. 18** zeigen und ansatzweise nachfolgend beschrieben werden.

Radnabenantrieb und seine Besonderheiten

Die entwickelten Radnabenantriebslösungen, Kap. 14, bieten verschiedene Vorteile gegenüber Konzepten mit Zentralantrieb. So werden bei diesen hochintegrierten Antrieben die Leistungs- und Steuerelektronik direkt im Gehäuse der Antriebe untergebracht, zusammen mit dem wassergekühlten Permanentmagnet-Synchronmotor, und je nach Ausführung einem zusätzlichen Reduktionsgetriebe. Dieses innovative Konzept trägt auch grundsätzlich zur potentiellen Vergrößerung des Innenraums bei, was natürlich für kompakt gehaltene Fahrzeugklassen einen deutlichen Vorteil darstellt. Durch den Wegfall von antreibenden Achswellen sind ebenso neue Lenkkonzepte realisierbar bis hin zu einem 90 ° Lenkeinschlag der Räder. Radnabenantriebe stellen außerdem einen Beitrag für völlig neue Mobilitätsansätze dar.

Aus fahrdynamischen Gründen sind Radnabenantriebe steif an die Fahrzeugachse angebunden und müssen daher einer besonderen akustischen Betrachtung unterzogen werden. Neben Sekundärmaßnahmen am Fahrzeug selbst sind vor allem die anregenden Schwingungen soweit wie möglich zu reduzieren. Damit wird auch a priori einigen akustischen Phänomenen wie den sogenannten Schwebungen im

Abb. 17 Akustische Gesamt-Wirkkette für verschiedene elektrische Antriebskonzepte

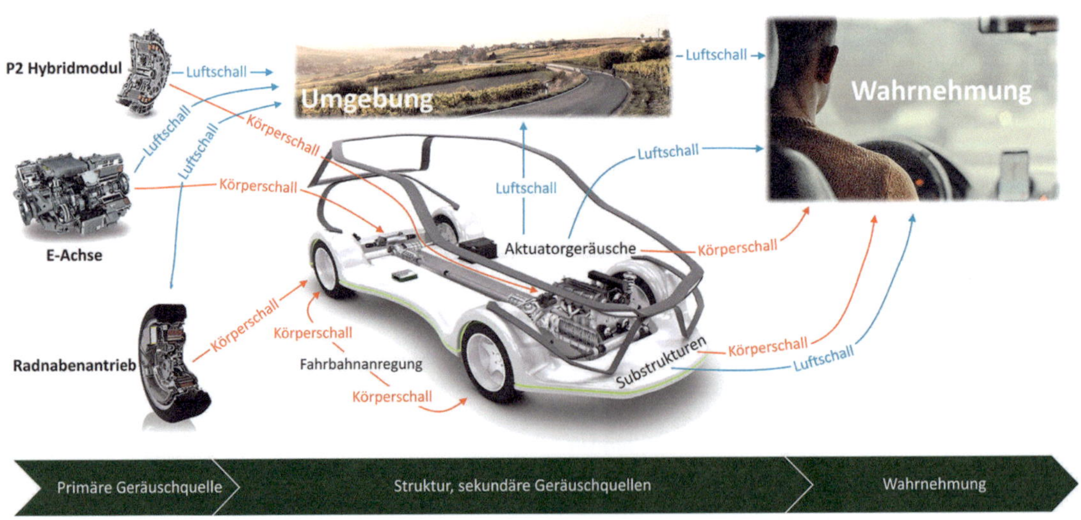

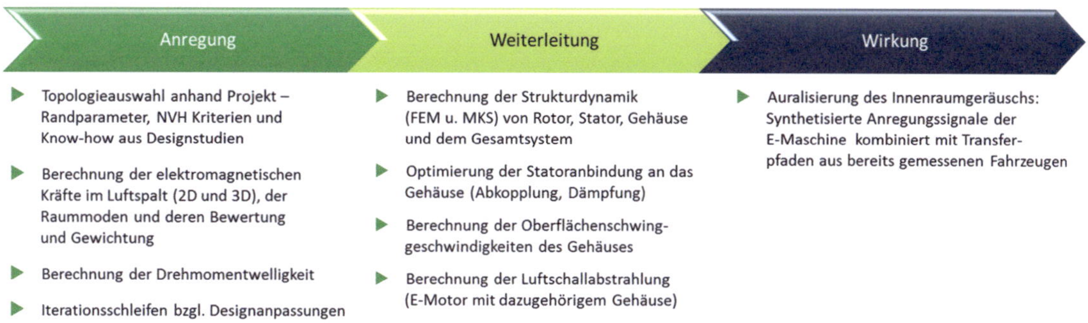

Abb. 18 Frontloading NVH-Methodenkette

Fahrzeuginnenraum entgegengetreten, die beispielsweise bei unterschiedlichen Fahrmanövern temporär durch unterschiedliche Lenkeinschläge aller vier Räder auftreten können.

In der akustischen Wirkkette ist die Quelle durch den Radnabenantrieb selbst, durch die Weganregung über die Fahrbahn, sowie grundsätzlich auch die Lenkung selbst repräsentiert. Die hierdurch entstehenden Schwingungen werden überwiegend als Körperschall in das Fahrwerk und von dort weiter in die Karosserie und das Interieur weitergeleitet, wo sie schließlich von den Insassen wahrgenommen werden können.

Neben den Körperschallpfaden müssen ebenfalls die direkten Luftschallpfade von den Quellen über die Umgebung in das Fahrzeug bewertet werden. Bisherige Untersuchungen haben jedoch gezeigt, dass diese beim Radnabenantrieb gegenüber der Körperschallübertragung eine untergeordnete Rolle spielen.

Hybridmodul und seine Besonderheiten

Hybridmodul der zweiten Generation

Seit 2010 werden Komponenten für die Fertigung von Hybridmodulen in P2-Anordnungen entwickelt und seit 2017 ist ein P2-Hybridmodul in Serienproduktion. Das Hybridmodul der zweiten Generation ist so gestaltet, dass es mit moderatem Aufwand an verschiedene Verbrennungsmotoren und Getriebe angepasst werden kann. Herzstück ist eine permanent erregte E-Maschine in verschiedenen Leistungsstufen, **Abb. 19**.

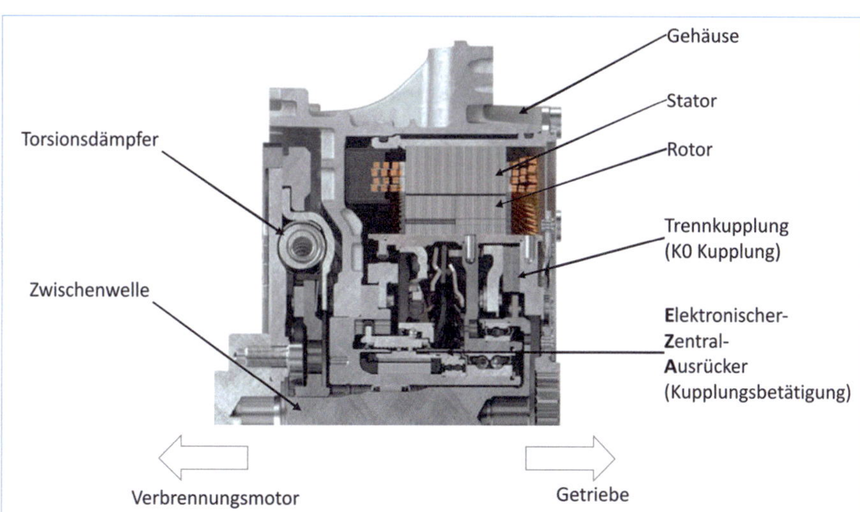

Abb. 19 Schnittdarstellung des P2 Hybridmoduls der zweiten Generation, Quelle: Schaeffler, © Schaeffler AG 2019. All Rights Reserved

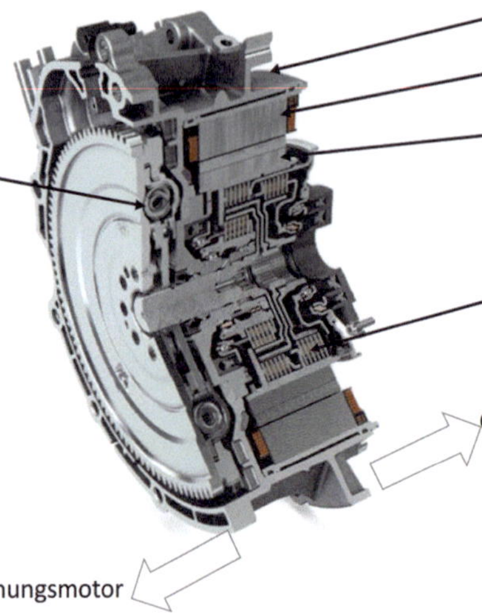

Abb. 20 Hybridmodul der dritten Generation, Quelle: Schaeffler, © Schaeffler AG 2019. All Rights Reserved

Über ein Baukastensystem können unterschiedliche Leistungen über eine Variation der aktiven Länge sowie zwei Außendurchmesser von 270 mm sowie 300 mm erreicht werden. Das in Serie befindliche Modul verfügt über eine elektrische Leistung von 82 kW, das maximale Drehmoment beträgt 300 Nm.

Bei der Serienentwicklung stand auch die Berücksichtigung des NVH-Verhaltens im Fokus. Die Topologieauswahl der Traktionsmaschine, das NVH-Verhalten der Leistungselektronik, die Strukturdynamik der Komponenten und des Gesamtsystems inkl. der Luftschallabstrahlung des Gehäuses sind dabei genauso betrachtet worden wie die Strukturfestigkeit, das NVH-Verhalten der Kupplungsaktorik und die subjektive Bewertung und objektive Auswertung des NVH Verhaltens im Gesamtfahrzeug. Schlussendlich erfolgt dann auch noch in der Volumenproduktion eine 100 %-NVH-Prüfung des Hybridmoduls, um den erreichten Stand zu sichern.

Hybridmodul der dritten Generation

Bei dieser Generation wird auch das Anfahrelement integriert, **Abb. 20**. Außerdem beinhaltet eine weitere Evolutionsstufe einen Rotor, der komplett im Nassraum betrieben wird. Bei Kombination mit einer nassen Doppelkupplung ergibt sich somit ein hohes Integrationspotenzial.

Dedicated Hybrid Transmission

Getriebesysteme, bei denen es möglich ist, den mechanischen Getriebeteil zu vereinfachen, indem z. B. der Rückwärtsgang entfällt und stattdessen durch eine in das Getriebe integrierte elektrische Maschine ersetzt wird, werden als dediziertes Hybridgetriebe (engl.: „Dedicated Hybrid Transmissions“, kurz DHT) bezeichnet, siehe Kap. 13.

Dedizierte Hybridgetriebe können aus bekannten Getriebekonzepten hervorgehen, also aus Doppelkupplungsgetrieben, Wandler-Planetengetrieben, stufenlosen Getrieben (engl. Continuously Variable Transmission, CVT) oder automatisierten Schaltgetrieben. Die elektrische Maschine wird dabei zu einem Bestandteil des Getriebes, wobei ihre Anbindung auf verschiedenen Getriebewellen erfolgt. Einige Anbindungsmöglichkeiten sind in Abb. 1, Kap. 13 dargestellt. Neben den parallelen (oder seriellen) Hybridmodi lassen sich in Kombination mit einem Planetengetriebe auch eine oder mehrere leistungsverzweigte Betriebszustände erzeugen.

20.5.2 E-Maschine

Jeder elektrische Antrieb besitzt durch seinen Aufbau einen charakteristischen „akustischen Fingerabdruck". Dieser ist wesentlich geprägt vom Antriebstyp (z. B. Synchronmaschine, Asynchronmaschine) und von dessen Topologie. Um den „akustischen Fingerabdruck" zu bestimmen, wird von dem jeweiligen Antrieb die magnetische Flussdichte berechnet und daraus mit der Finite-Elemente-Methode die räumlich und zeitlich wirkende Kraftdichteverteilung im Luftspalt ermittelt.

Bei Synchronmaschinen, die überwiegend in der Praxis eingesetzt werden, spielt dabei vor allem das Verhältnis von Polzahl p zu Nutzahl N_{Stator} eine wichtige Rolle, welche über die sogenannte Lochzahl q ausgedrückt wird:

$$q = \frac{N_{\text{Stator}}}{2p \cdot N_{\text{Strang}}} \tag{4}$$

N_{Strang} beschreibt die Zahl der Stränge im Motor (häufig: $N_{\text{Strang}} = 3$).

Die räumliche und zeitliche elektromagnetische Kraftverteilung im Luftspalt kann dabei in radial, tangential und axial wirkende Kraftkomponenten aufgeteilt werden. Radiale Kraftanteile wirken in erster Linie auf den Stator und das Gehäuse des Motors, während die tangentialen Kraftanteile sich in einer Drehmomentungleichförmigkeit zeigen. Beide Kraftrichtungen sind für das akustische Verhalten des Motors sehr wichtig und müssen eingehend betrachtet werden.

Beim radialen Kraftanteil wirken über den Umfang des Stators verteilte Kräfte, die eine erzwungene Schwingung des Gehäuses hervorrufen. Die räumliche Verteilung dieser Kräfte ergibt sich dabei durch die Überdeckung von Magneten und Nuten, aus der sich sogenannte Raummoden ableiten lassen, die die auf das System wirkenden Kraftformen beschreiben. Je nach Drehzahl des Rotors verändern sich die Periodizität dieser Schwingungen und damit auch die angeregten Festkörper-Eigenmoden des Stator-Gehäuseverbundes. In der Regel sind das die anregende Kraft-Raummode 0,0 (atmende Mode), sowie eine oder mehrere höhere Raummoden, wie sie beispielhaft in **Abb. 21** für einen Stator gezeigt werden.

Abb. 21 Auswahl einiger Festkörper-Eigenmoden eines Stators

Typischer Weise wird zur Festkörper-Eigenmode 0,0 die Eigenmode aufgeprägt, die sich nach [34] über den größten gemeinsamen Teiler von Nutzahl geteilt durch die Strangzahl und die Polzahl berechnen lässt:

$$\nu_{\text{base}} = ggT\left(\frac{N_{\text{Stator}}}{N_{\text{Strang}}}, 2p\right) \tag{5}$$

Zusätzlich auftretende Kraftformen sind bei einer Maschine ohne Exzentrizitäten stets ganzzahlige Vielfache von ν_{base}.

Für die Auslegung einer elektrischen Maschine ist es daher wichtig, die wahrscheinlichen Kraftformen und die Lage der Statormoden zu bestimmen, um vorab potentiell kritische Betriebspunkte für eine gegebene Motortopologie abzuschätzen.

Wie bereits erwähnt müssen auch tangential wirkende Kraftkomponenten betrachtet werden, da sie genauso wie die radialen Anteile je nach Lage der elektrischen Maschine im Antriebsstrang einen wesentlichen Einfluss auf das akustische Verhalten des Systems haben und damit die von den Fahrzeuginnensassen wahrgenommenen Antriebsgeräusche wesentlich prägen.

Aus den tangential wirkenden Kräften im Magnetfeld resultieren Drehungleichförmigkeiten des Rotors, die sich prinzipiell aus zwei Anteilen zusammensetzen: dem *Nutrastmoment* (Cogging) und der *Lastpulsation* (Torque Ripple) aus der sequentiellen Bestromung der Wicklungen.

Die auf die mechanische Rotordrehzahl bezogene Grundordnung des Nutrastmoments $N_{\text{Nutrasten}}$ ist nach [35] das kleinste gemeinsame Vielfache der Polpaarzahl $2p$ und der Statornutenzahl N_{Stator}:

$$N_{\text{Nutrasten}} = kgV(2p, N_{\text{Stator}}) \tag{6}$$

Aus all diesen grundlegenden Zusammenhängen lassen sich allererste Abschätzungen für den „akustischen Fingerabdruck" der betrachteten elektrischen Maschine treffen. Weitere tiefergehende Untersuchungen sind aber unumgänglich, da auch andere Parameter wie Permanentmagnetanordnung, -form, Wicklungsschema, Nutgeometrie sowie Schrägungen von Rotor und Stator einen deutlichen Einfluss auf das Geräuschverhalten haben können. Eine detaillierte, computergestützte Berechnung einer geplanten Auslegung ist somit unumgänglich. Das Vorgehen dazu wird im kommenden Abschnitt erörtert.

Anregungskräfte in der elektrischen Maschine

Maxwell'sche Spannungen

An der Schnittstelle zwischen Medien mit unterschiedlicher magnetischer Permeabilität entstehen sogenannte Maxwell'sche Spannungen σ, die aus dem magnetischen Fluss B stammen. Diese Spannungen entsprechen einer Kraft pro Einheitsfläche, die in Abhängigkeit von der Vakuumpermeabilität μ_0 dargestellt werden kann als:

$$\sigma_r = \frac{B_r^2 - B_t^2}{2 \cdot \mu_0} \tag{7}$$

bzw.

$$\sigma_t = \frac{B_r \cdot B_t}{\mu_0} \tag{8}$$

wobei der Index r (bzw. t) für die radiale (bzw. tangentiale) Richtung steht.

Die aus dieser Spannung resultierende dynamische Anregung führt zu einer Vibration des Stators, die eine akustische Auswirkung für die Gesamtstruktur (d. h. Gesamtmotor, Antrieb, Fahrzeug, etc.) haben kann. Die Verteilung der Spannung am inneren Statorumfang und ihre zeitliche Periodizität können anhand einer spektralen Darstellung, **Abb. 22**, direkt mit dem Modalverhalten der Struktur korreliert werden. Somit können wahrscheinliche Resonanzen und damit hohe störende Geräuschpegel vorhergesagt werden.

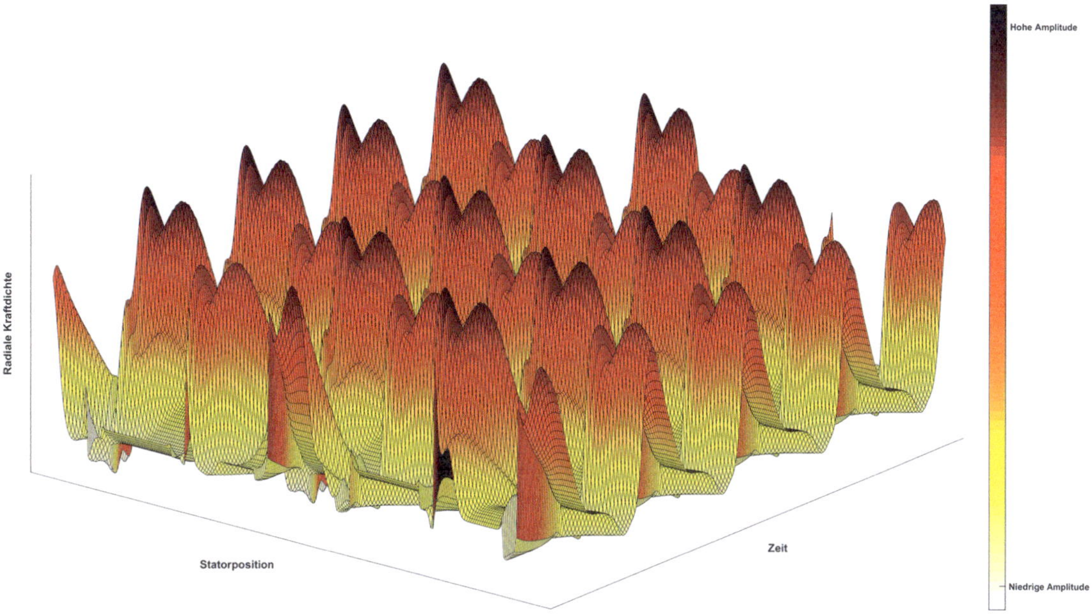

Abb. 22 Radiale Kraftdichte in Abhängigkeit der Statorposition für eine gegebene Drehzahl (Zeit)

Eine zweidimensionale Fast Fourier Transformation aus diesen Daten lässt dann erkennen, welche zeitlichen Motorordnungen durch welche Kraft-Raumordnungen angeregt werden. Eine mögliche Darstellungsform ist in **Abb. 23** gezeigt.

Damit wird sehr deutlich klar, welche Kraftformen sich in welchem Maße durch zeitliche Motorordnungen ausbilden. Zusammen mit der Kenntnis der Lage von Festkörper-Eigenmoden kann man vorhersagen, bei welcher Drehzahl eine bestimmte zeitliche Motorordnung eine Strukturresonanz anregen wird. In **Abb. 24** wird dieser Sachverhalt nochmals anschaulich dargestellt. Bei einem elektrischen Antrieb prägen sich bei der 40sten und 20sten mechanischen Drehzahlordnung Kraft-Raummoden der Ordnung (4,0) aus. Bei der Drehzahl 3000 U/min durchläuft die 40ste mechanische Ordnung und bei 6000 U/min die 20ste mechanische Ordnung die Festkörper-Eigenmode (4,0), die durch diese beiden Ordnungen besonders stark angeregt wird.

Damit sind einige Anregungsmechanismen gemäß der in Abb. 18 eingeführten NVH-Methodenkette am Beispiel der E-Maschine beschrieben. Im Folgenden wird nun weiter strikt nach dieser Methodenkette vorgegangen und Methoden zur Untersuchung der Weiterleitung und Wirkung exemplarisch besprochen. All die Eindrücke und Wirkungen auf den Endverbraucher sind für dessen Komfortempfinden und für seinen subjektiven Qualitätseindruck über das System von entscheidender Bedeutung, so dass eine konsequente Betrachtung der Methodenkette gefordert ist.

Strukturdynamik / Eigenfrequenzen

Um beispielsweise das akustische Verhalten eines Hybridmoduls (HYMs) zu untersuchen, ist ein Verständnis der Dynamik der einzelnen Subsysteme entscheidend, die sich aus der Geometrie des HYMs und der sich ergebenden Schwingformen bestimmt. Auch die Interaktion der einzelnen Subsysteme mit deren Umgebung (z. B. Gehäuse) ist ein wichtiger Baustein für die gesamte Systemdynamik und des sich daraus abzuleitenden akustischen Verhaltens. Insofern ist es erforderlich, die Dynamik

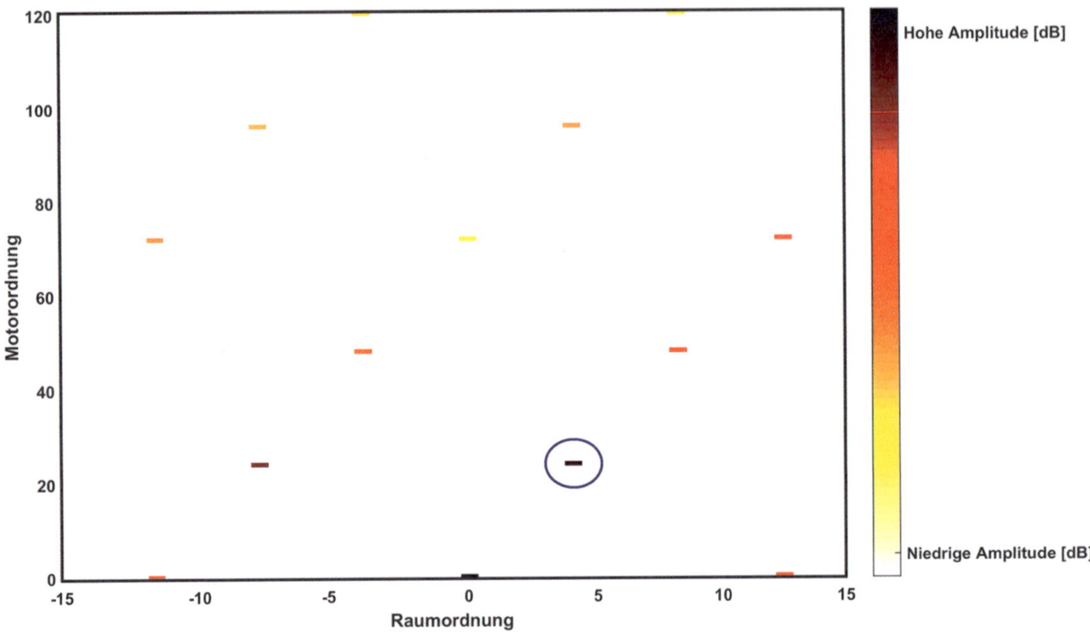

Abb. 23
2D-FFT der radialen Kraftdichte über Rotordrehzahl (Motorordnung)

der Subsysteme Stator und Gehäuse elektrischer Maschinen sowie des Stator-Gehäuse-Verbunds unter Laborbedingungen sowie realitätsnahen Randbedingungen zu untersuchen, **Abb. 25**.

Anhand der parallel durchführbaren rechnerischen und experimentellen Untersuchungen ist es möglich, simulativ ermittelte Ergebnisse unter Verwendung der experimentell bestimmten Größen abzugleichen. Der gegebenenfalls großen Komplexität eines Gesamtsystems kann man dabei idealerweise dadurch begegnen, indem man in einem iterativen Prozess zunächst die einzelnen Subsysteme charakterisiert, um dann abschießend die Teilergebnisse in einem Gesamtmodell zu berücksichtigen.

Der Abgleichprozess (Model-Updating) wird ebenfalls iterativ durchgeführt, damit die Anzahl der abzugleichenden Größen gering und damit überschaubar gehalten werden kann. Anhand der iterativen Bestimmung der modalen Größen (Eigenfrequenz, -form und modalen Dämpfung) ist es auch möglich, zuerst Materialparameter zu validieren, um im Anschluss denselben Vorgang sowohl für die Kontakte der Subsysteme als auch für die des Gesamtsystems mit seiner Umgebung durchzuführen.

Mehrkörpersimulation

Neben der strukturdynamischen Betrachtungsweise in FEM, die vor allem bei der Auslegung von Komponenten eine wichtige Rolle spielt, ist die Mehrkörpersimulation (MKS) ein weiterer wichtiger Baustein, um das vibroakustische Systemverhalten elektrifizierter Antriebsstränge besser zu verstehen, vorherzusagen und zu optimieren, **Abb. 26**.

Typischerweise werden in einer MKS, bei der akustische Eigenschaften untersucht werden sollen, bereits bestehende FEM-Modelle von Komponenten als flexible Körper in das Gesamtsystem eingefügt und mit anderen analytisch beschreibbaren Körpern (z. B. Wellensegment, Gelenk) verknüpft. Es können dabei verschiedene Anregungsmechanismen aus Verzahnung, Wälzlager oder der elektrischen Maschine abgebildet bzw. eingebracht werden. Um die anregenden Kräfte der elektrischen Maschine in der MKS abzubilden, nutzt man eine magnetische Simulation, die die

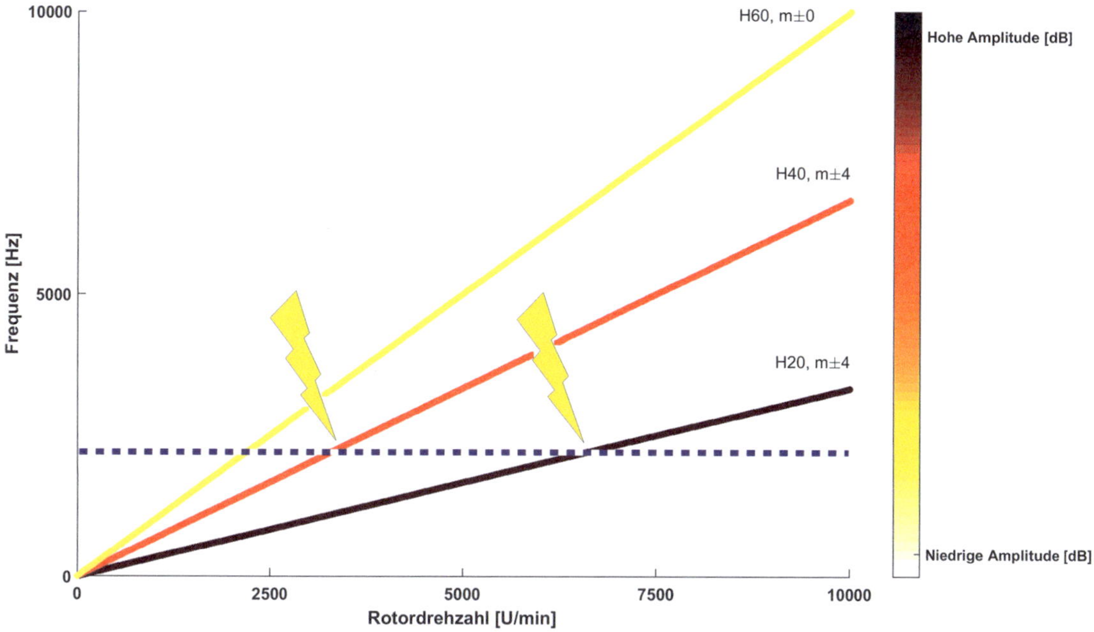

Abb. 24 Anregung einer Festkörper-Eigenmode durch zeitliche Motorordnungen mit Raummode der Kraftanregung

Luftspaltkräfte zwischen Rotor und Stator berechnet. Diese können grundsätzlich mit zwei verschiedenen Methoden in der MKS modelliert werden: Bei der ersten Methode werden die Kräfte verteilt auf Rotor und Stator aufgebracht. Das bietet den Vorteil, dass die räumlichen Wellen gut nachgebildet werden, was vor allem bei der Anregung der bereits angesprochenen Statoreigenmoden, Abb. 21, des Stators wichtig ist. Nachteilig ist der dabei erhöhte Rechenaufwand aufgrund der vielen Kraftaufprägungspunkte des flexiblen Statorkörpers. Bei der zweiten Methode werden konzentrierte Punkte verwendet, die sich auf Rotor und Stator befinden. Dazu wird die Kraftdichte auf konzentrierte Punkte projiziert, die mit dem Statorzahn oder Rotorpol verbunden sind.

Mit dieser Methode ist es grundsätzlich möglich, akustische relevante Rückwirkungen zwischen mechanischem Modell und Anregung darzustellen. Ein Beispiel hierfür sind Anregungskräfte, die sich aufgrund von geänderten Luftspaltgrößen über den Umfang ergeben können, wie es beispielsweise bei Exzentrizitäten der Fall ist. Hierfür müssen allerdings Ersatzmodelle für die elektromagnetische Anregung erstellt werden, um das Problem effizient lösen zu können. Eine starke Kopplung zwischen MKS und elektromagnetischer Simulation wird aufgrund des hohen Berechnungsaufwandes allerdings nur selten durchgeführt.

Ergebnisse aus der Mehrkörpersimulation können auch für die Auralisierung mit Hilfe der Transferpfadsynthese, Abschn. 20.7, Abb. 48, oder Schallabstrahlungsrechnung genutzt werden. Damit lassen sich dann auch Auswirkungen von Änderungen im System auf den Menschen bereits virtuell beziehungsweise in der frühen Entwicklungsphase bewerten.

Simulation Luftschallabstrahlung

Sobald ein abgeglichenes strukturdynamisches Modell vorliegt, kann das akustische Emissionsverhalten der Struktur untersucht werden. Für die Berechnung der Kopplung zwischen der Struktur und dem Fluid unterscheidet man zwei Fälle: Wenn das umgebende Fluid das strukturelle Verhalten beeinflusst, ist die Kopplung stark,

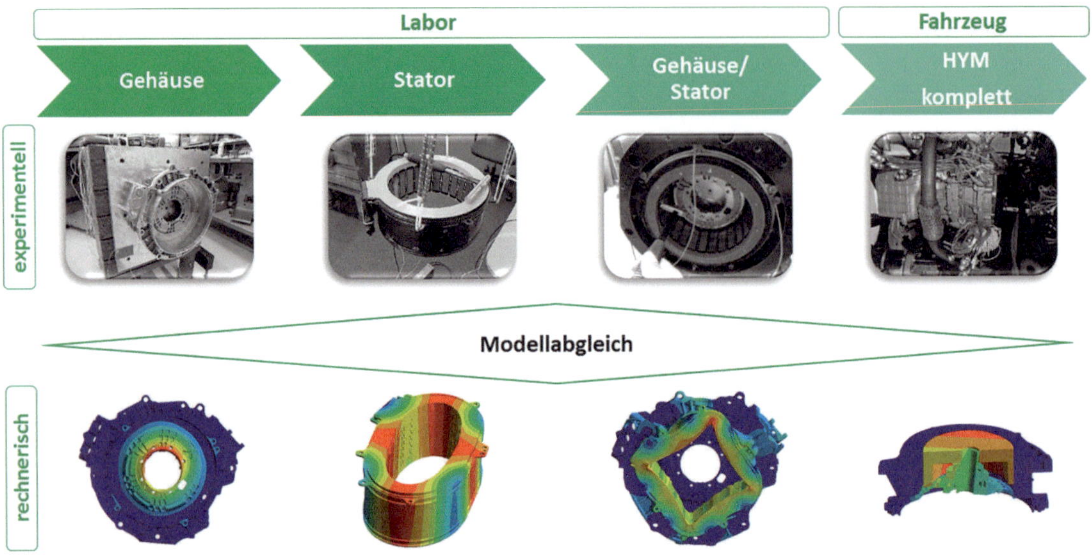

Abb. 25 Iterative Vorgehensweise bei der strukturdynamischen Charakterisierung am Beispiel eines Hybridmoduls, © Schaeffler AG 2019. All Rights Reserved

Abb. 26 MKS Modellierungs- und Berechnungsprozess

während eine schwache Kopplung durch eine Einwegkopplung von der Struktur zum Fluid gekennzeichnet ist. Aufgrund der Abwesenheit von Hohlraummoden kann der Einfluss eines Fluids auf die Struktur ignoriert werden. Dieser Umstand weist darauf hin, dass von einer schwachen Kopplung ausgegangen werden kann.

Um die akustische Fragestellung zu lösen, wird die Antwort der Struktur als Randbedingung verwendet. Folglich werden die Knoten der Strukturoberfläche mit dem benachbarten Fluid gekoppelt, **Abb. 27**.

Die Welle, die durch strukturelle Vibration ausgelöst wird, breitet sich in dem akustischen Fluidmedium aus, das von einer automatischen Anpassungsschicht (Automatic Matched Layer, AML) umgeben ist. Diese Schicht wird verwendet, um die Welle vollständig zu absorbieren und mögliche Reflexionen zu vermeiden. Schließlich wird eine inverse Greensche Funktion zwischen der AML und der Position des Auswertepunkts berechnet. Ein Schalleistungsfeld wird verwendet, um den Luftschall in einem Meter Abstand von der Struktur nach ISO 3744-2010 zu erfassen.

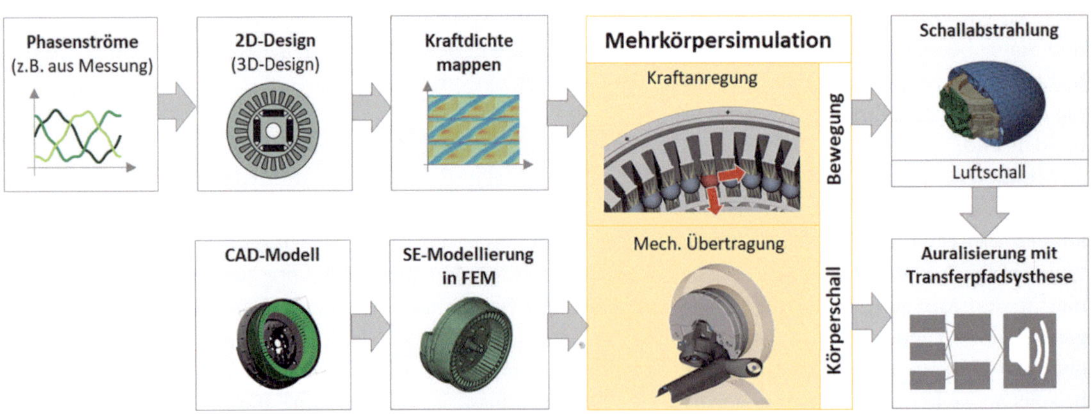

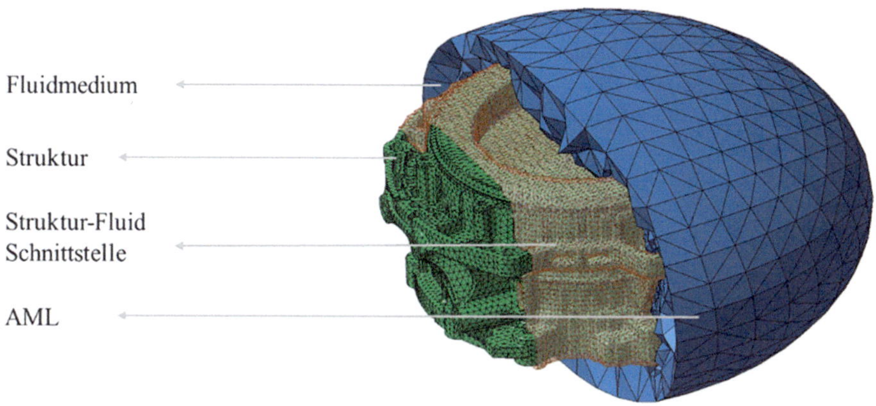

Abb. 27 Beschreibung einer akustischen Berechnung

Der Schallleistungspegel wird erfasst, indem der Luftschall an den virtuellen Mikrofonen über die Oberfläche des Fluidmodells integriert wird, wie in **Abb. 28** dargestellt.

Diese Luftschallabstrahlungssimulationen werden anhand einer Schalleistungsmessung auf Komponentenprüfständen, meist in Vollfreifeldräumen, validiert. Anschließend werden diese Ergebnisse mit Grenzkurven abgeglichen.

Einfluss der Verbindungsstellen zwischen Statorträger und dem Hybridmodul-Gehäuse

Beim Gestalten der Anbindung des Stators an das aufnehmende Gehäuse besteht eine große Konstruktionsvielfalt. Mögliche Variablen können sowohl die Lage und Anzahl der Anschraubpositionen sowie die Koppel- bzw. Anbindungssteifigkeiten selbst sein. Letztlich kann auch eine höhere Dämpfung in der Fügestelle zu einem besseren NVH-Verhalten führen.

Grundsätzlich gilt es, den Kompromiss zwischen einer ausreichend steifen Anbindung (Drehmomentabstützung der E-Maschine) und möglichst geringem Krafteintrag in das Gehäuse zu finden. Hohe Oberflächenschnellen resultieren dabei zwangsläufig in großen Luftschallbeiträgen.

In **Abb. 29** wird exemplarisch anhand zweier Beispiele der Einfluss der Anschraubpositionen auf den Schalldruckpegel bei einem simulierten Drehzahlhochlauf dargestellt.

Alle in Abb. 18 dargestellten Teilaspekte der Rubriken „Anregung“ und „Weiterleitung“ kommen in den hier dargestellten Simulationen zu ihrer Anwendung.

Einfluss Vergussmaterial

Die akustische Qualität für elektrische Maschinen ist ein entscheidendes Kriterium für die Kundenakzeptanz. Hohe Leistungsanforderungen und die damit einhergehenden Motortopologien stehen oftmals im Widerspruch zu ihrer akustischen Akzeptanz. Eine mögliche Lösung dieser oftmals gegensätzlichen Forderungen ist die Verwendung von Vergussmaterialien und damit die Dissipation strukturbedingter Effekte. Dabei wird die im System enthaltene Energie an Kontaktpunkten sowie im

Abb. 28 Berechnung des Schallleistungspegels mittels eines sphärischen ISO-3744-Feldpunktnetzes

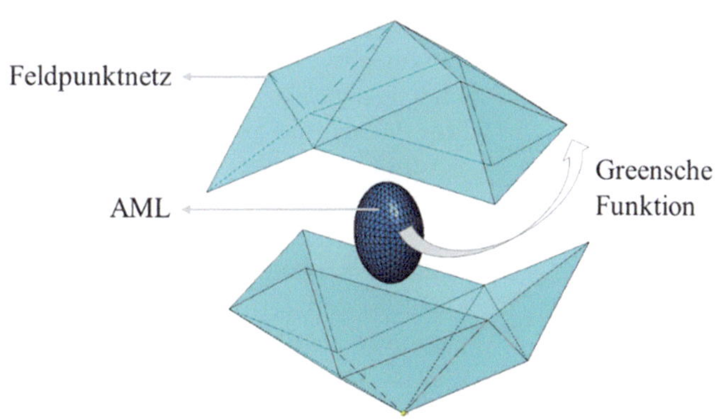

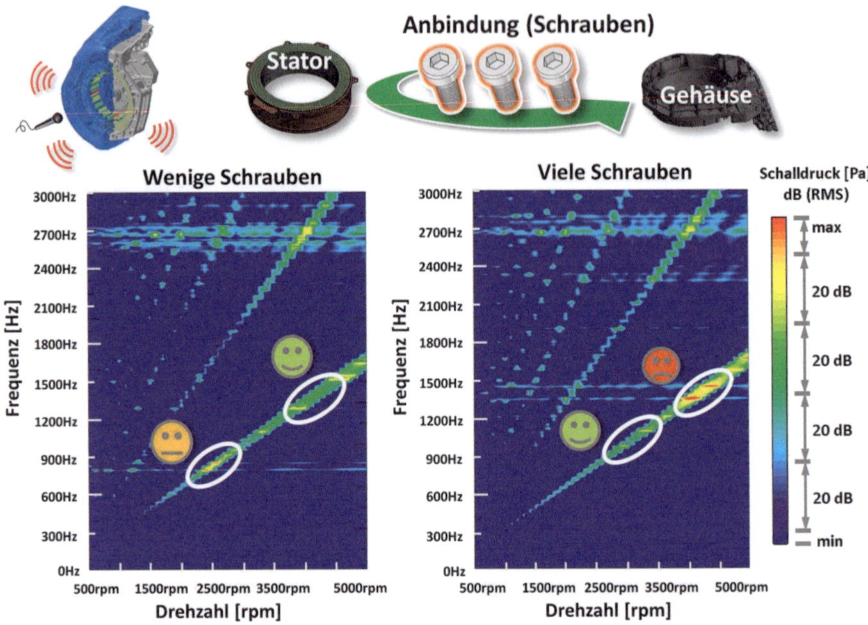

Abb. 29 Positionierung der Verschraubung und dessen Einfluss auf das Geräuschverhalten

Statorverguss durch Dämpfungseffekte dissipiert.

Auf der Basis der charakteristischen Materialgrößen werden rheologische Ersatzmodelle abgeleitet, wobei für die Materialparameter insbesondere die komplexen Module (E^* bzw. G^*) betrachtet werden, die nochmals zwischen dem Speichermodul E' bzw. G' und dem sog. Verlustmodul E" bzw. G" für die unterschiedlichen Belastungsrichtungen zu unterscheiden sind. Außerdem wird der Verlustfaktor tanδ anhand der Speicher- und Verlustmodule bestimmt. Unter Verwendung dieser Erkenntnisse ist eine effiziente Entwicklung von aufgabenspezifischen Vergussmaterialien möglich. Ansätze hierzu, die in Verbindung mit elektrischen Maschinen mögliche Vorteile bei der Beeinflussung des akustischen Verhaltens nachweisen konnten, sind bereits in [36] beschrieben.

Montage- & Fertigungstoleranzen

Montage- und Fertigungstoleranzen können unter Umständen einen erheblichen Einfluss auf die im Fahrzeug entstehende Geräuschkulisse haben. Um solchen Einflüssen soweit wie möglich vorzubeugen, ist es bereits früh in der Entwicklungsphase sinnvoll, eine Toleranzkette aufzubauen und eine Sensitivitätsanalyse durchzuführen. In **Abb. 30** ist eine solche Toleranzkette schematisch dargestellt. Nach der Identifizierung des ungünstigsten, statistisch wahrscheinlichen Streubereichs können die einzelnen Parameter der Toleranzkette variiert und im Rahmen einer Systemsimulation untersucht werden.

Durch diesen Ansatz können bereits frühzeitig potenziell kritische Toleranzen identifiziert und die notwendige Einschränkung der Toleranzen bei der Wahl der Fertigungs- und Montageprozesse sichergestellt werden.

Harmonic Current Injection

Neben den Möglichkeiten, die akustischen Eigenschaften der elektrischen Maschine durch konstruktive Änderungen zu beeinflussen, ist die Stromformung (Harmonic Current Injection, HCI) eine weitere effektive Möglichkeit, die vibroakustischen Eigenschaften der elektrischen Maschine zu verändern. Dies kann insbesondere auch

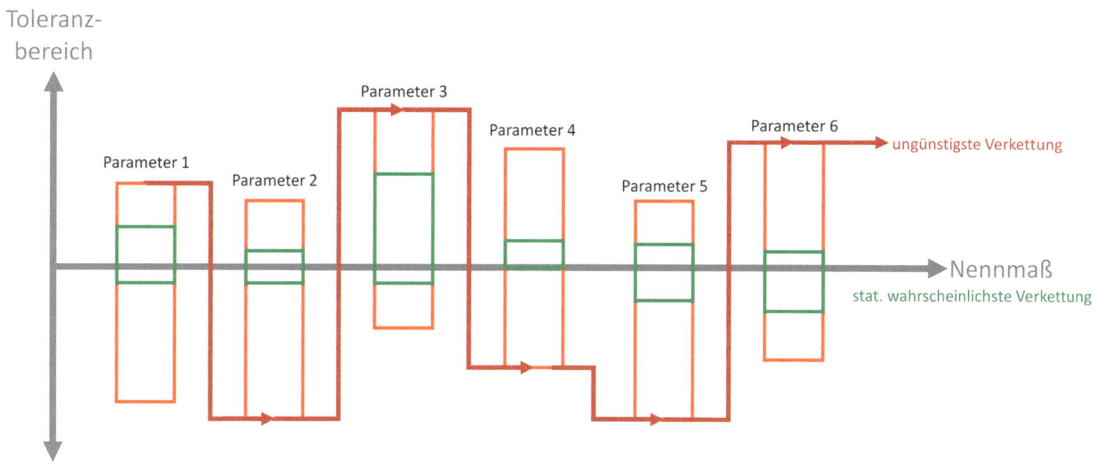

Abb. 30 Schematische Toleranzkette

nach einem „Design Freeze“ erfolgen, was diesen Ansatz besonders interessant macht. Mit zusätzlichen Funktionen in der Regelungssoftware können Phasenströme beeinflusst werden, die großen Einfluss auf die entstehenden Kräfte im Luftspalt und somit auf das akustische Verhalten der gesamten Maschine haben.

Grundsätzlich sollen mit HCI die akustischen Auswirkungen der elektromagnetischen Kräfte möglichst geringgehalten werden. Da die Drehmomentungleichförmigkeit in vielen Systemen einer der Hauptgründe für ein schlechtes akustisches Verhalten ist, kann ihr so mit einer entsprechenden Stromform effektiv entgegengewirkt werden. Auch die Auswirkungen radialer Kräfte können mit geeigneten Stromformen stark verringert werden.

Beispielhaft werden hier die Einflussmöglichkeiten auf die akustischen Eigenschaften einer elektrischen Maschine durch HCI am Radnabenantrieb gezeigt. Vor allem im niedrigen Drehzahlbereich konnte eine starke Verringerung des Schalldruckpegels durch HCI erzielt werden, **Abb. 31**. Bei höheren Geschwindigkeiten werden die Reifengeräusche als dominant wahrgenommen, wodurch für den Antrieb keine besonderen akustischen Maßnahmen mehr erforderlich sind.

Mit HCI lassen sich natürlich auch zusätzliche Geräusche in die elektrische Maschine einprägen. Dies ermöglicht dem elektrifizierten Antriebsstrang besonders sportlich zu klingen, wenn es z. B. in der Beschleunigungsphase gewünscht oder erwartet wird, aber trotzdem bei konstanter

Abb. 31 Schalldruckpegel im Fahrzeuginnenraum mit/ohne HCI

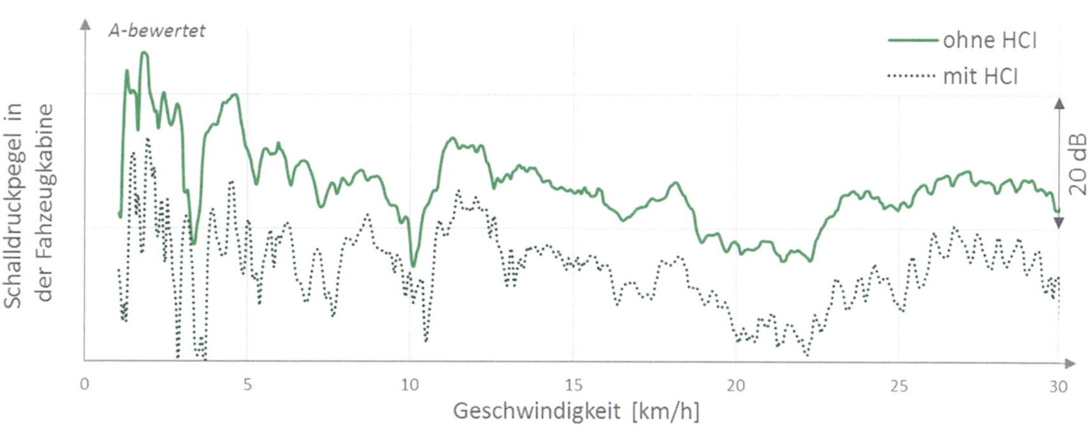

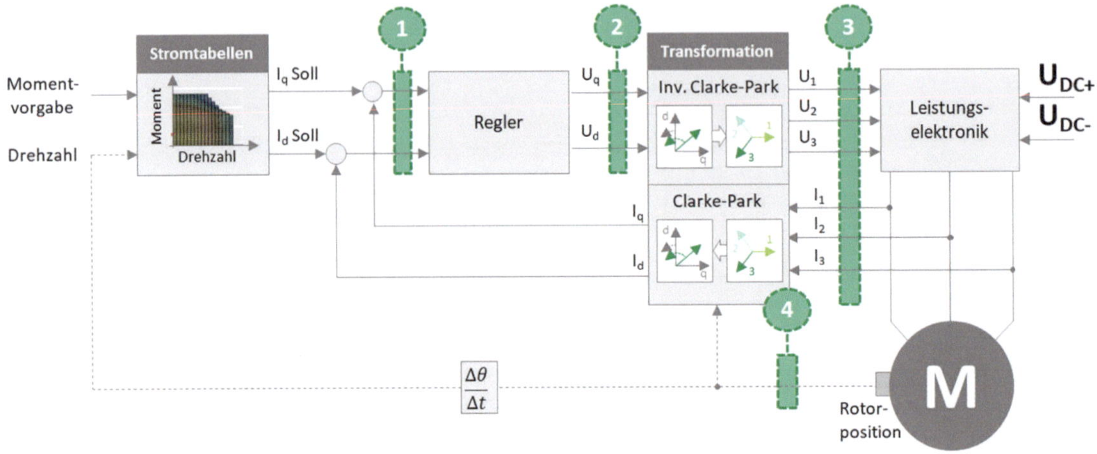

Abb. 32 Schematischer Aufbau einer feldorientierten Regelung mit Eingriffsmöglichkeiten für HCI

Fahrt sehr leise zu sein. Das Einprägen von Geräuschen durch HCI kann auch dann angewandt werden, wenn vom Gesetzgeber, siehe Abschn. 20.1.4, entsprechende Vorgaben für Außengeräusche von E-Fahrzeugen gemacht werden, um Fußgänger zu warnen. Die konventionelle Lösung ist ein zusätzlicher Lausprecher für die Erzeugung der Außengeräusche. Mit HCI ist es denkbar, direkt von der E-Maschine Geräusche abstrahlen zu lassen und damit die Wahrnehmbarkeit für andere Verkehrsteilnehmer zu erhöhen.

Funktionsweise

Typischerweise wird zur Regelung elektrischer Maschinen im Antriebstrang die feldorientierte Regelung, siehe Kap. 4, angewandt. Dabei kann die Stromform grundsätzlich an verschiedenen Stellen gezielt beeinflusst werden, wie **Abb. 32** zeigt.

Die Aufprägung erfolgt in d- und q-Richtung in den Strömen oder Spannungen (siehe Abb. 32: Position 1/2), sodass gezielt die Richtung der anregenden Kräfte beeinflusst werden kann. Idealerweise geht man direkt über die Ströme (1), da die Beziehung zwischen Kraft und Strom bei gering aufgeprägten Strömen als linear anzunehmen ist. Vor allem bei höheren Frequenzen erfordert dies jedoch eine zusätzliche Regelung, um Phasenlage und Amplitude richtig einzustellen. Durch die Beeinflussung der Spannung (2) in d- und q-Richtung können ebenfalls Signale aufgeprägt werden, was besonders bei sogenannten Feed-Back-Ansätzen Verwendung findet, bei der durch die rückführende Größe sowohl Amplitude als auch Phasenlage eingestellt werden.

Auch die Phasenströme oder -spannungen (3) können direkt manipuliert werden, wobei hier auf die durch die Rotation verschobene Frequenz zu achten ist. Die Beeinflussung der Transformation durch eine Winkelaufprägung der Rotorposition (4) ist ebenso möglich.

Neben der Kompensation der aus der elektrischen Maschine stammenden akustischen Effekte lassen sich mit HCI auch Geräusche von Nebenaggregaten, wie beispielsweise Verzahnungsgeräusche aus Getrieben, teilweise kompensieren.

20.5.3 Wälzlager

Wälzlager spielen im Bereich der E-Mobilität eine entscheidende Rolle. Sie können durch ihre Überrollfrequenzen benachbarte Bauteile und deren Schwingungsmoden anregen oder selbst durch Schwingungsinstabilitäten beispielsweise von Lagerkäfigen Geräusche erzeugen. Durch die zumeist fehlende Maskierung in Form verbrennungsmotorischer Geräusche und dem resultierend niedrigeren Geräuschpegel ist die Auswahl akustisch geeigneter Wälzlager also von großer Bedeutung.

Das dynamische Lagerübertragungsverhalten wird unterhalb der ersten Lagerresonanz gut durch den statischen Fall beschrieben. Auch die Lage der ersten Resonanzen kann aus dem statischen Fall hinreichend gut abgeleitet werden. Hierzu eignen sich Berechnungsprogramme wie das Auslegungsprogramm Bearinx. [37]

20.5.4 Getriebe

Elektromotoren (EM) wären zwar theoretisch in der Lage, den typischen Raddrehzahlbereich eines Automobils direkt abzudecken, werden aber aus Effizienz- und Kostengründen typischerweise für deutlich höhere Drehzahlbereiche ausgelegt als bis dato bei Verbrennungskraftmaschinen (VKM) üblich. Daher werden auch hier Getriebe mit einer festen Übersetzung benötigt, um die Anforderungen bezüglich Antriebsdrehzahl und Antriebsmoment an den Rädern durch bedarfsgerechte Wandlung der höheren Antriebsdrehzahlen und -momente zu erfüllen, Kap. 8. Diese „EM-Getriebe" müssen nicht nur einen sehr weiten Drehzahlbereich abdecken, sondern werden aufgrund der Rekuperationsfähigkeit von EM auch im „Schub"-Betrieb stärker belastet. Die oben genannten Zusammenhänge können in einer 4-Quadranten-Darstellung für Drehmoment- (M) und Drehzahlbereiche (n) beider Antriebskonzepte übersichtshalber verdeutlicht werden, **Abb. 33**.

Grundsätzlich entstehen Geräusche im Getriebe durch *dynamische* Wechselvorgänge innerhalb des gesamten 4Q-Kennfelds, d. h. die Entstehungsmechanismen sind überwiegend drehzahl- und lastabhängig, können aber zusätzlich durch drehzahlunabhängige Systemresonanzen und nichtlineare Effekte verstärkt oder in andere Bereiche verschoben werden.

Anregung

Eine der wichtigsten Anregungsquellen in einem Getriebe ist zunächst das zur Übertragung des Drehmoments erforderliche umlaufende Ineinandergreifen der Zähne. Die daraus resultierenden periodischen Belastungen bzw. Krafteinträge weisen aufgrund ihrer Periodizität im Zeitverlauf einen tonalen Grundcharakter auf. Da es sich

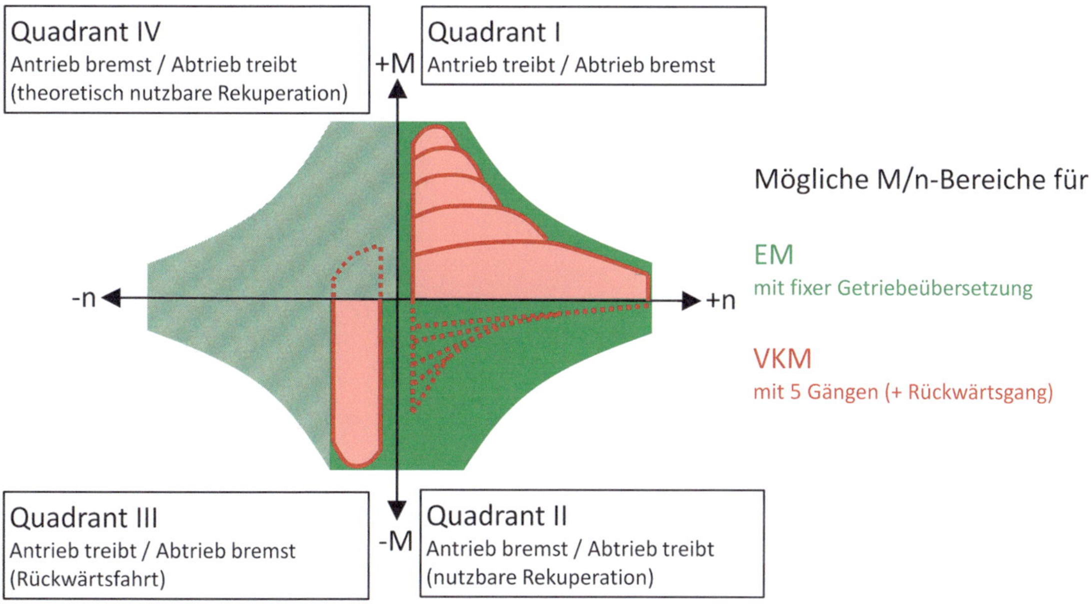

Abb. 33 4-Quadranten Darstellung der möglichen Betriebsbereiche für Drehzahl und Drehmoment (Vergl. von EM zu VKM)

bei der Verzahnungsanregung nicht um eine reine Sinusform handelt werden im Frequenzspektrum weitere Teilkomponenten sichtbar, die aufgrund ihres Drehzahlbezugs pauschal mit „Ordnungen“ bezeichnet werden. Die Grundfrequenz dieser Verzahnungsanregung wird mit „Zahneingriffsordnung“ bezeichnet. Für ein Gesamtverständnis der Anregungen innerhalb eines Getriebes müssen auch hier *alle* beteiligten Zahneingriffe von Last-, Zwischen- und Eingangsstufen (z. B. Sonne und diverse Planeten) berücksichtigt werden, **Abb. 34**.

Phasing / Modulation

Die Superposition aller im Gesamtsystem erzeugten Ordnungsanteile und die durch phasenverschobene Überlagerung entstehenden Amplitudenmodulationen (AM) sind eine wichtige Ursache für akustische Beanstandungen. Auch diese Modulationsphänomene sind last- und drehzahlabhängig, können sich also abhängig vom Arbeitspunkt innerhalb des 4Q-Diagramms und den restlichen Randbedingungen verstärken, in andere Bereiche verlagern oder abschwächen. Mit den durch AM zusätzlich entstehenden „Nebenordnungen“ in den spektralen Seitenbändern regen sich nah beieinanderliegende oder zusammenfallende Nennordnungen an bzw. werden durch Überlagerung verstärkt, **Abb. 35**, [39], [40], [41].

Getrieberasseln / -klappern und Schlagen

Bauteile, die in bestimmten Betriebszuständen unbelastet sind und damit Spiel haben, verursachen impulshafte („transiente“) Störgeräusche. Auch durch dynamische Anlagewechsel (Lastwechselschläge) der involvierten Zahnflanken können Körperschallimpulse mit unterschiedlicher Zeitsignatur erzeugt werden, die sich folglich in der Festkörperstruktur des Fahrzeugs ausbreiten und schließlich per Luftschall abgestrahlt werden.

Anwendung auf EM-Getriebe

Aus den oben genannten Punkten ergeben sich aus akustischer Sicht abweichende Rahmenbedingungen für ein EM-Getriebe im Vergleich zur klassischen VKM.

Im Gegensatz zu VKM besteht bereits ab 0 Umdrehungen pro Minute ein nutzbarer

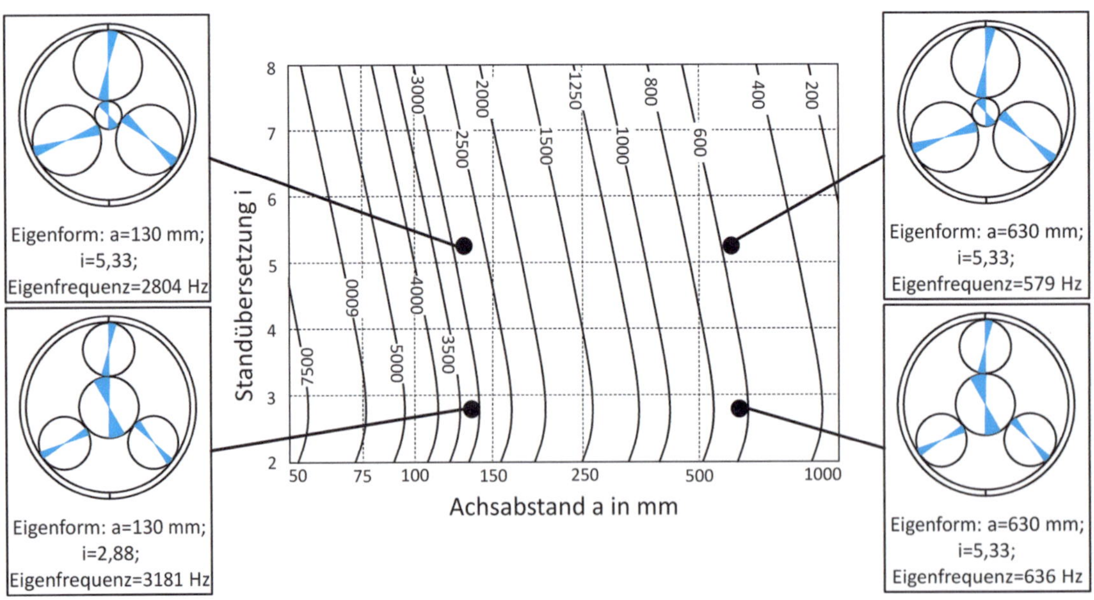

Abb. 34 Näherung der Eigenfrequenzen (in Hz) für Standardplanetengetriebe mit 3 Planeten in Abhängigkeit von Achsabstand und Standübersetzung [38]

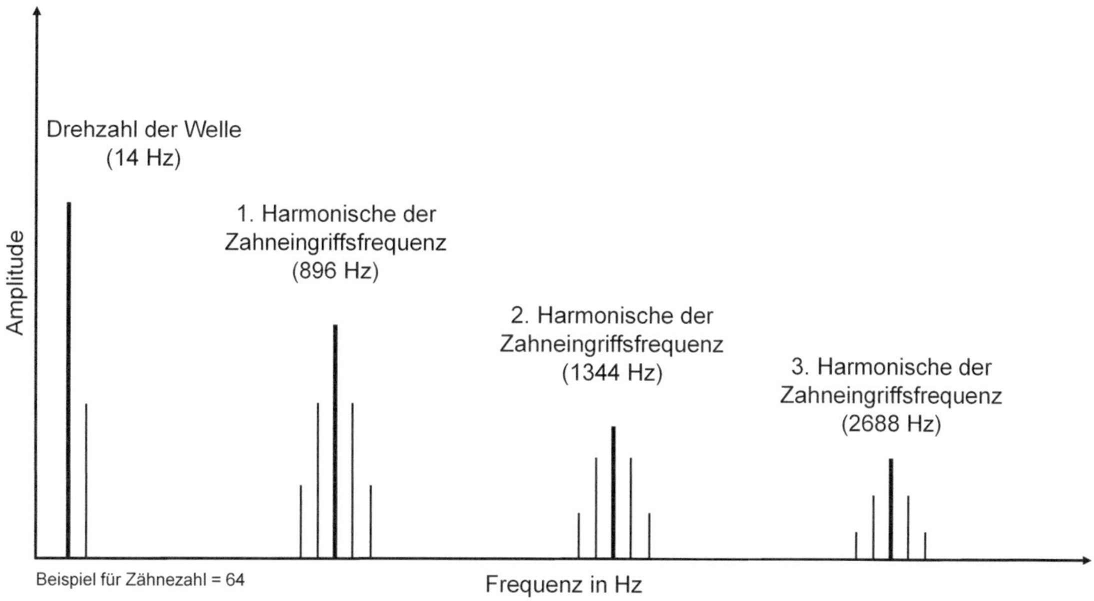

Abb. 35 Prinzipdarstellung eines durch Verzahnungseingriff resultierenden Ordnungsspektrums [42]

Betriebsbereich, der bei EM-Getrieben in Bezug auf mögliche tonale Geräuschanteile zusätzlich berücksichtigt werden muss.

Des Weiteren führen die höheren Eingangsdrehzahlen durch die nötige Steigerung der Übersetzungen insgesamt zu einer Anregung höherer Frequenzen. Hinzu kommt, dass es bei Rekuperation auch im Schubbereich zu hohen Lasten und somit zu verstärkten Anregungen der dadurch belasteten Zahneingriffe kommt.

Bezüglich rasselnder und klappernder Geräusche verhalten sich EM-Getriebe generell unkritischer, da zum einen speziell im unteren Drehzahlbereich weniger drehungleichförmige Anregungen durch den EM eingeleitet werden und zum anderen die EM-Getriebe oft mit nur *einer* Übersetzung auskommen. Deshalb sind im Betrieb auch keine inaktiven Gänge („Losräder"), wie bei einem klassischen Schaltgetriebe, vorhanden.

Hinsichtlich der durch Lastwechsel verursachten Impulse kann die insgesamt bessere Ansprechdynamik des Antriebsmoments regelungstechnisch eingesetzt werden, um Lastwechselschläge zu vermeiden oder diese signifikant zu dämpfen.

Akustisch wirksame Maßnahmen

Primäre Einflussmöglichkeiten der Getriebeakustik greifen direkt an die Ursache und sind deshalb gegenüber sekundären Maßnahmen nach Möglichkeit zu bevorzugen. Neben der für den Automotive Bereich generell geltenden Bedingung der Platz-, Gewichts- und Kosteneinsparung seien hier die *Steifigkeit der Wellen von Lagerungen und Gehäusestruktur* sowie die *Makro- und Mikrogeometrie der Verzahnungen* aller beteiligten aktiven Komponenten als wichtigste NVH-Parameter für EM-Getriebe genannt [43].

Ein Beispiel für die primär wirksame *Optimierung der Makrogeometrie* ist in **Abb. 36** dargestellt: Der Beschleunigungspegelverlauf einer Zahneingriffsordnung weist nach Anpassung des Überdeckungsgrads eine deutliche Absenkung über dem gesamten Drehzahlbereich auf.

Bezüglich der *makroskopischen Verzahnungsgeometrie* ist es zum Beispiel nötig, das richtige *Verhältnis von Profil- und Sprungüberdeckung* zu wählen, um die dynamische Anregung durch die Verzahnung möglichst gering zu halten. Der Zusammenhang mit lokalen Maxima / Minima

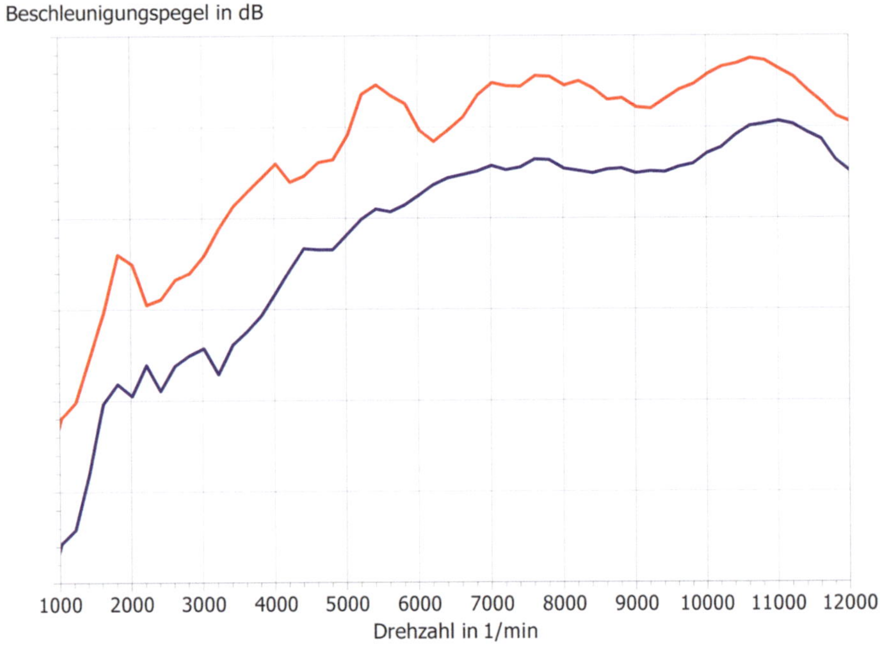

Abb. 36 Ordnungspegel vor und nach einer Optimierung durch Umstellung des Überdeckungsgrads

des Anwendungskraftpegels (L_AF) ist in **Abb. 37** links dargestellt. Als Primärmaßnahme sollte dieses Verhältnis so angepasst werden, dass es in einem der sehr eng definierten Minima des L_AF-Kennfelds liegt.

Mögliche Parameter für die akustische Auslegung von Verzahnungsgeometrien sind in **Abb. 38** gezeigt. Wobei es auch hier keine Geometrie gibt, die allen Anforderungen genügt, sondern der Fokus vielmehr auf lokal kritische Betriebszustände in Abhängigkeit von Last und Drehzahlbereich gelegt werden muss.

Für die Auslegung von EM-Getrieben gilt, dass das *Zusammenfallen von Verzahnungsordnungen* mit drehzahlunabhängigen Strukturresonanzen vermieden werden sollte. In der Praxis werden diese möglichst in Betriebsbereiche der Anwendung verschoben, auf die das Gesamtsystem aus E-Maschine, EM-Getriebe und umgebende Festkörperstruktur dann in der Folge besser abgestimmt ist, siehe auch Abb. 24.

Material- und Oberflächeneigenschaften spielen dabei für das dynamische Verhalten der Zahneingriffe eine zusätzliche Rolle und können durch Kaltbearbeitung (Wälzschälen, Leistungshonen) und Wärmebehandlungsverfahren (Einsatzhärten, Karbonitrieren etc.) akustisch optimiert werden. *Schmierstoffe* sind ein weiterer, v. a. temperaturabhängiger Parameter, der spezifische Dämpfungen ermöglicht.

Nicht zuletzt ist eine sehr hohe *Fertigungsgenauigkeit* bzw. Prozesssicherheit in der Serienfertigung der dynamisch angeregten Teile für ein konstantes akustisches Verhalten und damit auch für die Bewertung eingebrachter Korrekturen unumgänglich. *Topologische Vollvermessungen* sämtlicher an der Anregung beteiligter Verzahnungsflanken und weiterer Geometrieparameter eines Getriebes sind aufwändig, aber für die akustische Auslegung und Ursachenfindung unabdingbar. Teilvermessungen und klassische Richtlinien wie z. B. DIN 3962 [44] sind hierfür nicht mehr ausreichend.

Sekundäre Einflussmöglichkeiten sind z. B. die Modifikation der *Gehäusegeometrie* (Verrippung, Bombierung) oder die *Kapselung* des Getriebes bzw. des gesamten Antriebstrangs (inklusive EM). Weiteres Potential für Sekundärmaßnahmen steckt in der Dämpfung der

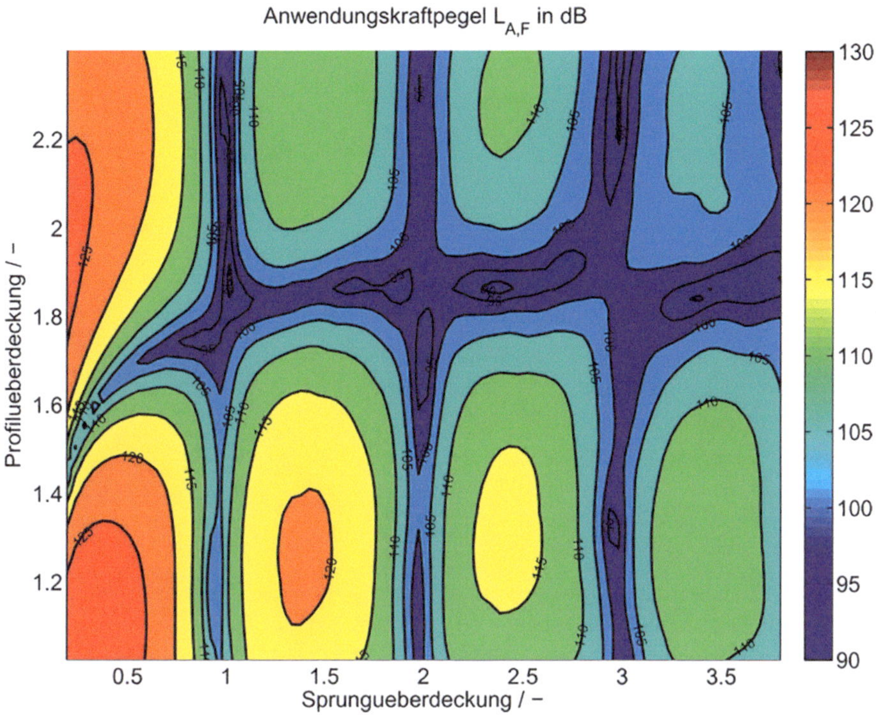

Abb. 37 Anregungsverhalten von Schrägverzahnungen unterschiedlicher Überdeckungen charakterisiert durch den Anwendungskraftpegel [38]

Schallübertragungspfade ausgehend vom Getriebe in die Fahrgastzelle. Gezielte Betrachtungen der Ankopplungsschnittkräfte für den Körperschalleintrag ins Fahrzeug und der akustischen Dämmungseigenschaften der Getriebe-Kapseln für die gezielte Dämpfung des Luftschallpfades können dabei weitergehende Erkenntnisse bringen. Diese Untersuchungen – simulativ oder experimentell – werden allgemein unter dem Begriff „*Transferpfadanalysen*" *(TPA)* zusammengefasst.

Der akustische Erfolg eines EM-Getriebes basiert erfahrungsgemäß auf einem sorgfältig abgestimmten Mix aus Primär- und Sekundärmaßnahmen für alle beteiligten Komponenten. Eine Herausforderung im „Ingenieuralltag" stellt dabei oft die gleichzeitige Bereitstellung von Subsystemen und Gesamtfahrzeug dar, so dass die kombinierte Validierung und damit die finale akustische Abstimmung des Gesamtsystems oft erst relativ spät im Entwicklungsprozess erfolgen kann. Dieser Umstand kann mittlerweile durch detaillierte Systemsimulationen in frühen Produktphasen abgefedert werden („Frontloading").

Simulationswerkzeuge und Methoden

Für die Entwicklung der EM-Getriebe und die Beherrschung akustischer Risiken ist aufgrund der Komplexität der Applikation ein integriertes Simulationskonzept notwendig, **Abb. 39**. In dieser Umgebung werden unterschiedliche Softwarepakete für statische und dynamische Analysen genutzt. Nach der Auslegung der Mikro- und Makrogeometrie der Verzahnung mit Berechnungsprogrammen wie z. B. Bearinx [37] oder MASTA [45] wird das Schwinganregungsverhalten einzelner Zahneingriffe auf Basis der Drehwegabweichung bestimmt. Vor- und nachzeitiger Zahneingriff aufgrund lastbedingter Verformungen im Zahnkontakt gehen in die Kontaktanalyse ein. Durch die Berechnung der Drehwegabweichung unter Berücksichtigung

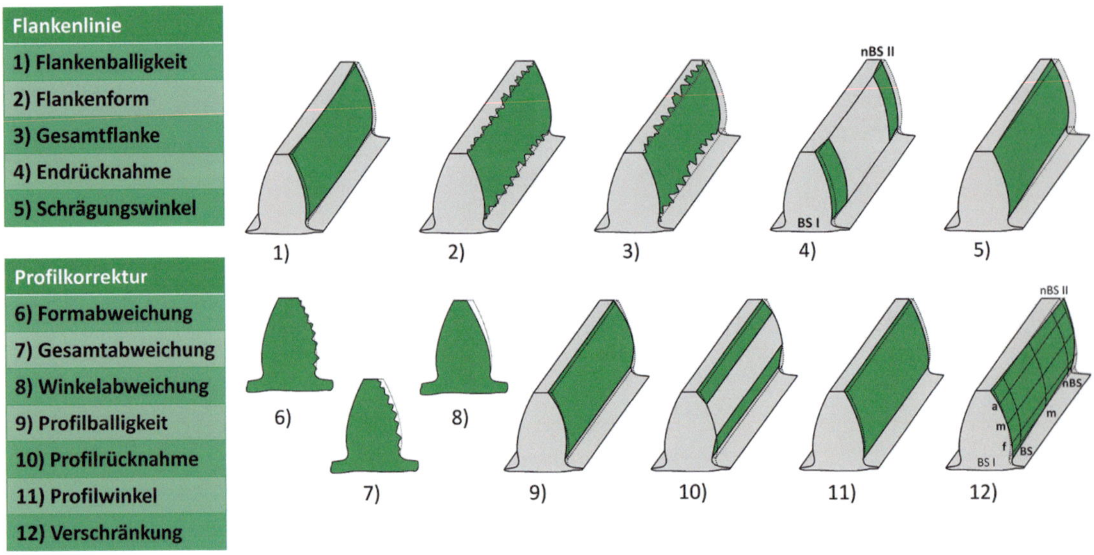

Abb. 38 Wichtige Standardparameter für die NVH-Korrektur von Verzahnungsgeometrien

Abb. 39 Werkzeugkette Getriebe-Akustiksimulation

des Verformungszustandes des gesamten Getriebesystems kann das zeitlich veränderliche Steifigkeitsverhalten einzelner Zahneingriffe im Planetenradsatz bestimmt werden.

Das Ziel in der frühen Projektphase ist es, durch statische Berechnungen mittels applikationsspezifischer Grenzwerte für die Drehwegabweichung das Anregungsniveau zu bestimmen und zu minimieren.

Für die akustische Optimierung und das Gesamtsystemverständnis müssen die drehzahlabhängigen dynamischen Anregungsmechanismen analysiert werden. Hierfür ist die transiente Mehrkörpersimulation (MKS) eine etablierte Methode. Bei dieser werden Wellen und Verbindungselemente des Getriebes als ein System aus mehreren unverformbaren Körpern modelliert. Das Modell enthält außerdem die Wälzlagermodelle als lastabhängige Steifigkeitsmatrizen oder alternativ als nichtlineare Steifigkeitsfunktion. Die Beschreibung der elastischen Komponenten wie Gehäuse und Planetenträger erfolgt durch Superelemente. Dafür

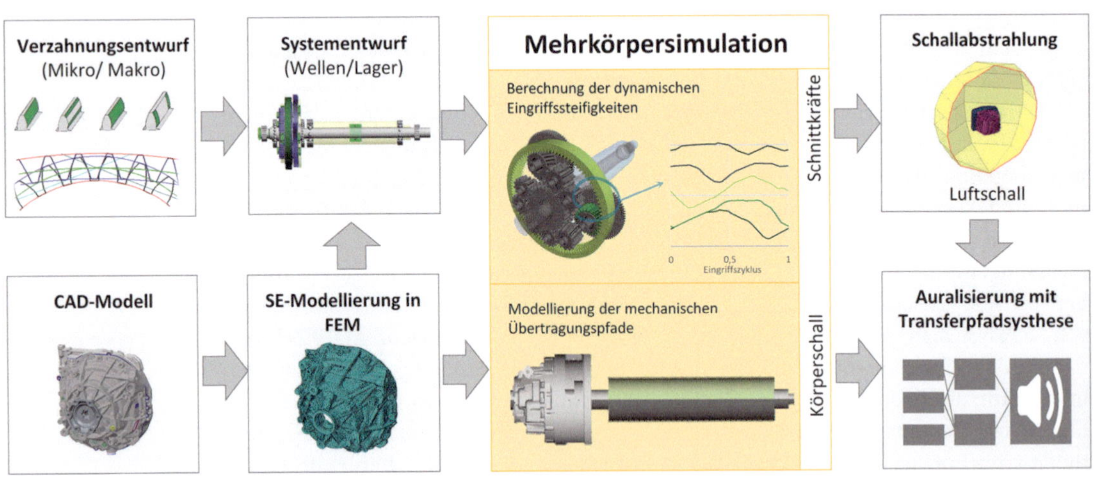

Abb. 40 Prüfstand für akustische Untersuchungen im 4Q-Betrieb mit An- und Abtriebsmaschine (blau)

werden Finite-Elemente-Modelle der Bauteile importiert und an den Lagerstellen, Anschraubpunkten und Auswertestellen Koppelknoten definiert. Anschließend erfolgt die Erstellung eines reduzierten Modells mittels Craig-Bampton-Reduktion [46]. Dafür muss entschieden werden, welche maximale Frequenz das Modell abbilden soll. Diese wird aus dem Drehzahlbereich des Getriebes und der höchsten Ordnung des Getriebes bestimmt.

Mit dem beschriebenen MKS-Modell können entwicklungsbegleitend verschiedene Fragestellungen beantwortet werden. Zum Beispiel kann das drehzahlabhängige akustische Anregungsverhalten von zwei entworfenen Makrogeometrien bewertet und eine Entscheidungsempfehlung ausgesprochen werden. Die Analyse und Optimierung der Phasenlagen der dynamischen Anregungskräfte für deren Auslöschung im Getriebe wird ebenfalls mittels MKS durchgeführt. Des Weiteren ermöglich das beschriebene MKS-Modell die Analyse der Transferpfade im Getriebe und bildet die Grundlage für die Ermittlung der Anregungsgrößen für die Schallabstrahlungsrechnung.

Validierung und Versuche

Trotz fortgeschrittener Simulationsmethoden für Getriebe und den damit vorhandenen Möglichkeiten der Prognose akustischen Verhaltens dienen zusätzliche Entwicklungsversuche der stetigen Verbesserung, Anpassung und Validierung der akustisch relevanten Produkteigenschaften.

Je nach Anforderung und Entwicklungsfortschritt werden hierzu Versuche an akustisch optimierten Komponenten- und Systemprüfständen sowie Versuchsfahrzeugen durchgeführt. Messgrößen wie Ankopplungskräfte, Dehnungen und Oberflächenbeschleunigungen an Gehäuseteilen, An- und Abtriebsmomente sowie Luftschallgrößen (abgestrahlte Schalleistung, Schalldruck) werden erfasst und anschließend analysiert.

Prüfstandstechnische Besonderheiten: Hierzu sind z. B. die grundsätzlich nötigen höheren Antriebsdrehzahlen und ein Hohlwellenmotor für die koaxiale Bauweise des Systems Elektromotor-Getriebe-Abtrieb erforderlich. Des Weiteren sind zug- und schubfähige An- und Abtriebsmaschinen sowie deren dynamische Regelung nötig, um den erforderlichen 4-Quadranten-Betrieb am Prüfstand realisieren zu können. Eine Vereinfachung gegenüber VKM-Getriebeprüfständen besteht darin, dass typischerweise keine Gänge während den Versuchsreihen geschaltet werden müssen, **Abb. 40**.

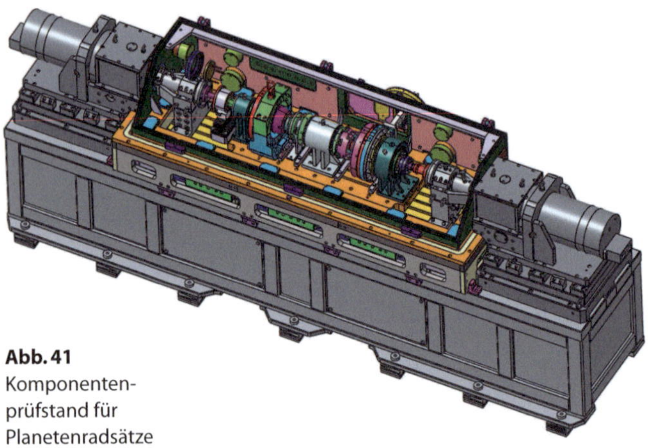

Abb. 41 Komponentenprüfstand für Planetenradsätze

Für die Untersuchung des dynamischen Verhaltens von Teilkomponenten im 4Q-Betrieb, werden spezielle Prüfstände z. B. für Planetenradsätze realisiert, **Abb. 41**.

Bei *Fahrzeugerprobungen* werden die Getriebegeräusche sowohl hinsichtlich subjektivem Höreindruck (z. B. einem 10-stufigen Bewertungs-Index) als auch durch Schalldruckmessungen im Fahrzeuginnenraum untersucht, aus denen zusätzlich psychoakustische Größen abgeleitet werden, siehe auch Abschn. 20.3.

Analysen und Parameter

EM-Getriebe können mit gezielten *Ordnungsanalysen* im Detail akustisch bewertet und sogar für ein Zieldesign auditiv bewertet werden, **Abb. 42**.

Standardanalysen, die auch bei klassischen VKM Verwendung finden, sind dabei Luft- und Körperschallpegel, (gemittelte) Ordnungsspektren und -schnitte. Eine weitere Reduktion der Ergebnisse zu handlicheren „single value"-Indizes stellen z. B. *Liniensummen der Ordnungsspektren* dar.

Es existieren diverse Möglichkeiten, Schalldruckmessungen objektiv hinsichtlich tonal wahrgenommener Geräuschanteile der Zahneingriffsordnungen zu bewerten [48].

Die Verfahren zur Berechnung der „Tonhaltigkeit" funktionieren grundsätzlich sehr ähnlich: Es werden die Pegel des schmal- und breitbandig (z. B. Terz oder Frequenzgruppe) gefilterten Spektrums um die Zahneingriffsordnung herum miteinander verglichen. Bei der praktischen Anwendung dieser Kriterien sollte sich der ermittelte Schmalbandpegel dem

Abb. 42 Auditive Zielbewertung durch Interaktive Ordnungsbearbeitung und Resynthese [47]

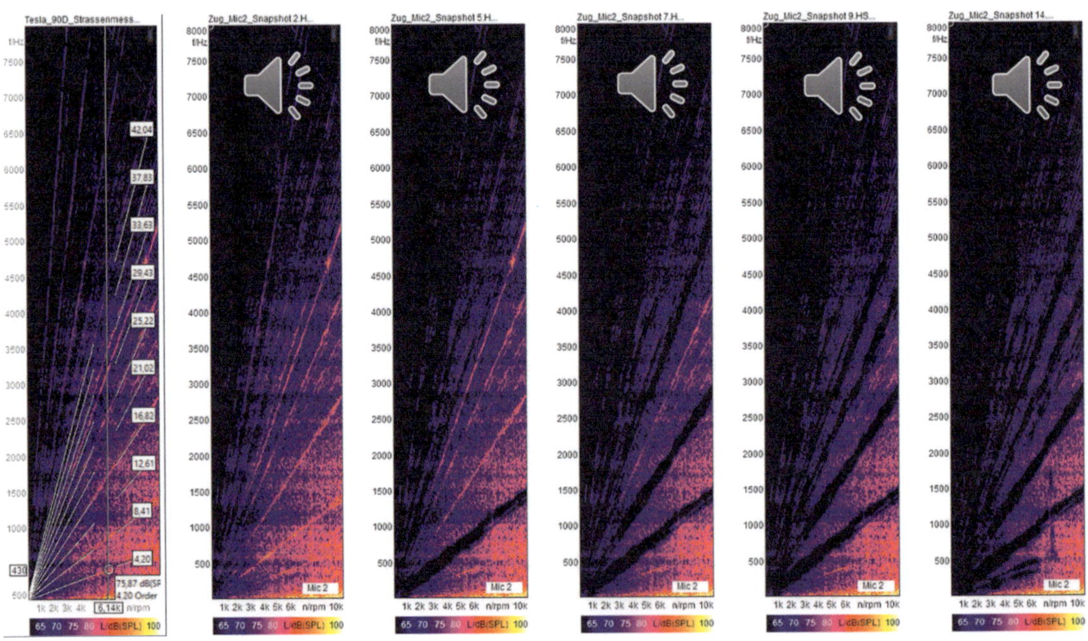

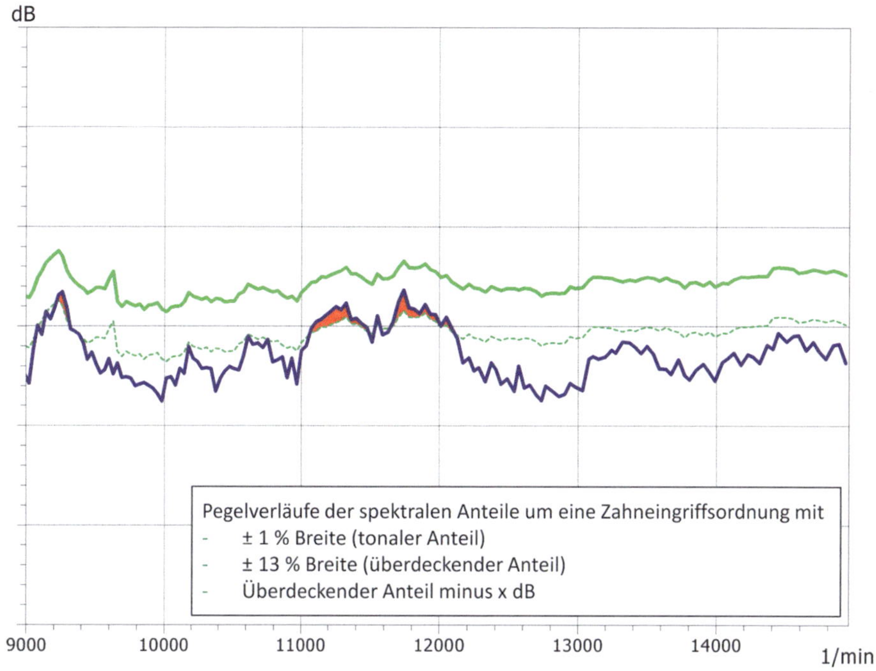

Abb. 43 Ton / Rausch-Verhältnis (Tone-to-Noise Ratio) nach ECMA-74 als ein Kriterium für die Tonhaltigkeit

Breitbandpegel nur bis zu einem gewissen Mindestabstand annähern. Dieses Delta „sichert" die spektrale Verdeckung der tonalen, auditiv leichter zu diskriminierenden und oft als störend empfundenen Schmalband-Anteile der Getriebeordnungen durch das sie umgebende Breitbandgeräusch, **Abb. 43**. Neuere Verfahren zur Tonhaltigkeit berücksichtigen im größeren Umfang die „Psychophysik" der menschlichen Hörwahrnehmung in einem umfassenden Gesamtmodell [49].

BigData-Analysen dienen als Ergänzung zu den oben genannten qualitativen Methoden durch die Nutzung möglichst aller zur Verfügung stehenden Informationen (Simulation und Versuch, Ergebnisse der Fertigungsqualitätsüberprüfung, Serienproduktion) dazu, das akustische Verhalten von EM-Getrieben durch quantitative Analysen noch weiter zu optimieren. Streubänder der erfassten Messgrößen können bei der Identifikation kritischer Betriebspunkte und akustischer Einflussparameter sowie bei der Grenzkurvenentwicklung hilfreich sein.

Realisierung

Zur platzsparenden Umsetzung der hohen notwendigen Getriebeübersetzungen bieten sich zum Beispiel Planetengetriebe an, die einen koaxialen Aufbau der Planeten-Übersetzungsstufen und eine integrierte Differentialfunktion aufweisen, siehe **Abb. 44**.

Der koaxiale Aufbau ermöglicht es, den EM und das Getriebe zentral *in* der Achse zwischen den Antriebsrädern zu platzieren. Der beidseitige Abtrieb wird dabei durch die Verwendung eines Hohlwellen-Motors realisiert, **Abb. 45**.

Nennauslegung

Im Vergleich zu Stirnradgetrieben ergeben sich bei *Planetengetrieben* aus akustischer Sicht jedoch einige Besonderheiten. Wie bei Stirnradgetrieben ist zunächst die Grundtopologie der miteinander kombinierten Verzahnungen ein wichtiger Designparameter zur Änderung der Übersetzung, aber auch zur gezielten akustischen Auslegung der nominellen Zahneingriffsordnungen.

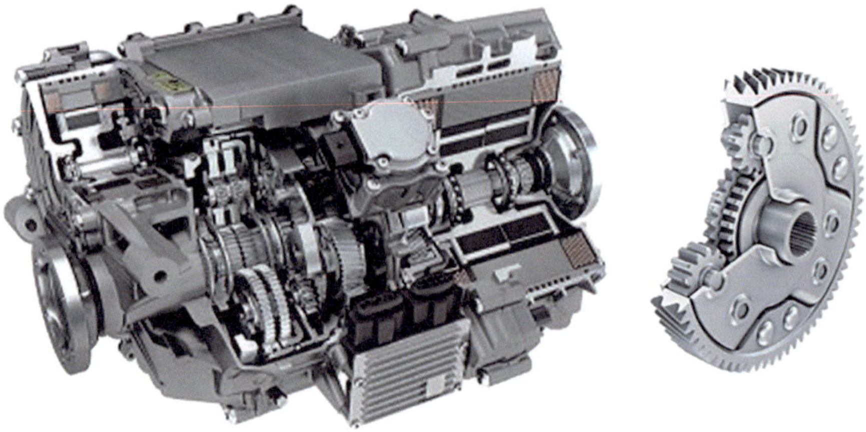

Abb. 44 Schnittdarstellung einer E-Achse mit integriertem Leichtbau-Differential, © Schaeffler AG 2019. All Rights Reserved

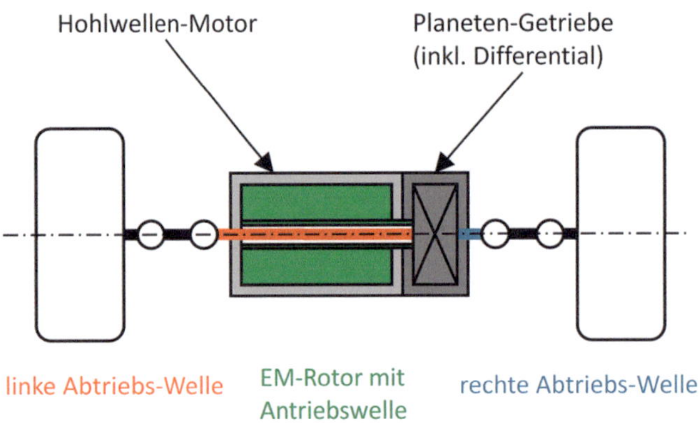

Abb. 45 Schematische Darstellung eines koaxialen Aufbaus aus EM und Getriebe

Darüber hinaus kann bei Planetengetrieben allein die ungeschickte Wahl der Planetenanzahl zu akustisch wirksamen Zahneingriffsordnungen aufgrund resultierender dynamischer Kraftwechsel führen. Im Gegensatz zu Stirnradgetrieben sind Modulationen der umlaufenden Planeten eine weitere Ursache für die Entstehung zusätzlicher Seitenbänder und Ordnungsverschiebungen, **Abb. 46** und **Abb. 47**.

In Gl. 9 ist beispielhaft die Berechnungsformel der *charakteristischen Zahneingriffsordnungen für Planetengetriebe* gezeigt, wobei hier das Sonnenrad antreibt, der Planetenträger samt Planeten abtreibt und das Hohlrad gehäusefest steht:

Zusammenfassung und Ausblick

Statische Auslegungsparameter und Simulationsmethoden, die für andere Bereiche wie z. B. Haltbarkeits- und Festigkeitsanalysen üblicherweise angewandt werden, sind für die akustische Auslegung eines Getriebes und das Gesamtsystemverständnis meist ungenügend. Es müssen deshalb *alle* beteiligten dynamischen und frequenzabhängigen Anregungsmechanismen von Zahneingriffen und Überrollfrequenzen und Parameter wie Steifigkeiten der verbauten Wälzlager, modale Effekte von Teilsystemen (z. B. Eigenfrequenzen der Gehäuse und Planetenträger) und des Gesamtsystems bis hin zu Impedanzen durch Ankopplungen an weitere Subsysteme (z. B. Steckverzahnungen, Schnittstellen zum Fahrzeug) immer über den für Fahrzeug und Anwendung relevanten gesamten Drehzahlbereich und möglichst lastabhängig betrachtet werden. Gezielte anwendungsorientierte Optimierungen für Teilbereiche des 4Q-Kennfeldes und begleitende dynamische Simulationen des EM-Getriebes, die kritische M/n Betriebspunkte vorab identifizieren, können den Entwicklungs- und Validierungsaufwand dabei erheblich reduzieren. Neben der

$$Ordnung\ Zahneingriff = \frac{\text{Zähnezahl Hohlrad} \cdot \text{Zähnezahl Sonne}}{\text{Zähnezahl Hohlrad} + \text{Zähnezahl Sonne}} \quad (9)$$

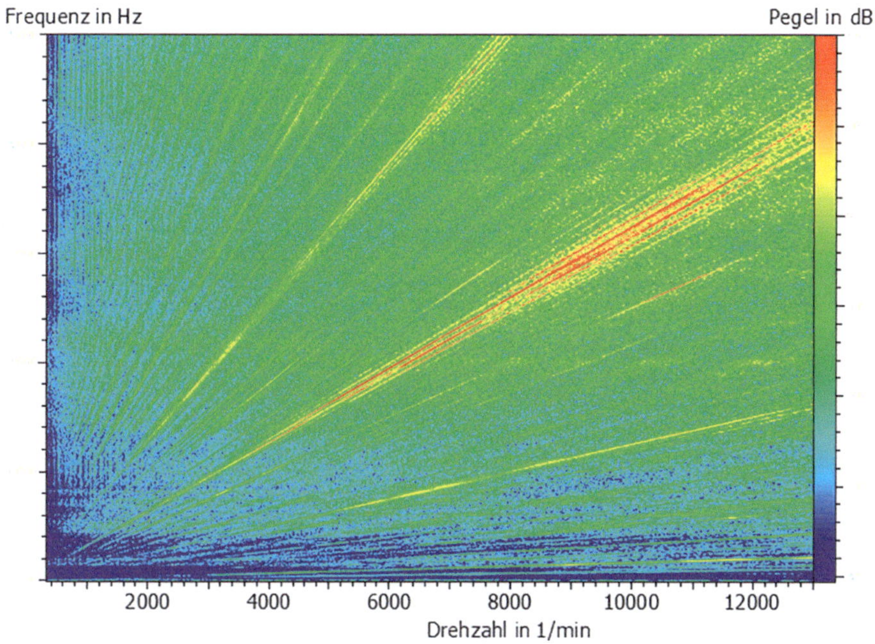

Abb. 46 Campbell-Diagramm aus dem Beschleunigungssignal eines linearen Drehzahlhochlaufs mit sichtbaren Zahneingriffsordnungen, deren Harmonische und entstehende Seitenbänder(„Nebenordnungen")

statischen Nennauslegung stellt die Feinauslegung von Mikro-Geometrien und Materialparametern der Verzahnung ein weiteres wichtiges Werkzeug zur akustischen Verbesserung auch in späteren Produktphasen dar.

Getriebegeräusche und deren subjektive Wahrnehmung bei EM müssen fokussiert betrachtet werden, da diese aufgrund der fehlenden Verdeckung durch die Geräuschkulisse des Verbrennungsmotors deutlich in den Fokus der Wahrnehmung des Anwenders rücken. Neben den klassischen Eigenschaften wie Wirkungsgrad, Haltbarkeit, Gewicht, Kosten etc. wird die akustische Qualität eines EM-Getriebes dadurch zu einem der Hauptargumente für die Akzeptanz beim Nutzer [50], [51], [52], [53], [54], [55].

20.6 Gesamtfahrzeug

Die Wechselwirkung zwischen Antriebsstrang und Fahrzeugaufbau hat einen maßgeblichen Einfluss auf die wahrgenommenen Geräusche im Fahrzeuginnenraum. Für die Charakterisierung der Übertragungseigenschaften von der Quelle bis zum Empfänger hat sich die Transferpfadanalyse bewährt. Die verschiedenen Verfahren wie direkte Schnittkraftmessung, Inertanz-Methode sowie die Operational TPA (OTPA) bieten für das Verhältnis zwischen Aufwand und Ergebnisqualität gute für die Aufgabenstellung angepasste Auswahlmöglichkeiten. Die genannten Verfahren sind in der Literatur bereits gut dokumentiert.

Transferpfadsynthese / Hybride Simulation mit Transferpfadnetzwerk

Neben der Ermittlung des Beitrags der verschiedenen Schallübertragungspfade am Gesamtgeräusch kann mit einer durchgeführten Transferpfadanalyse im Zeitbereich eine sogenannte Transferpfadsynthese (TPS) durchgeführt werden. Hierbei wird das Fahrzeug als Netzwerk der Übertragungspfade modelliert. Einzelne Pfade können herausgelöst oder über Filter verändert und das Gesamtgeräusch mit diesen Änderungen synthetisiert werden.

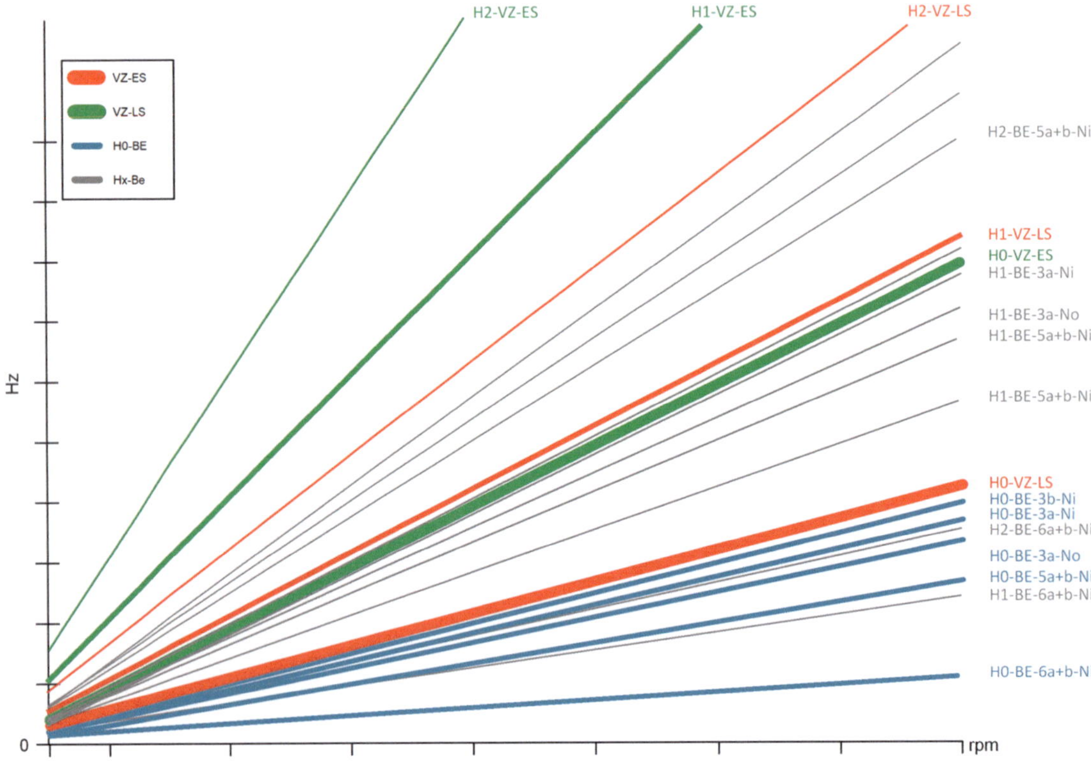

Abb. 47 Nennordnungsdiagramm der Zahneingriffs- und Lagerordnungen bis zur jeweils 2. Harmonischen bzw. 2. Ordnung. Problembereiche durch zusammenfallende Nennordnungen können schon in der Auslegungsphase benannt bzw. vermieden werden

Anwendungsgebiete eines solchen Vorgehens kann die Definition von Ziel- bzw. Grenzkurven für die Produktentwicklung sein oder auch der Tausch der realen Anregungssignale durch berechnete Signale, die beispielsweise aus einer MKS-Simulation kommen. In **Abb. 48** ist der prinzipielle Ablauf einer Transferpfadsynthese dargestellt.

Notwendige Vorarbeiten sind die Transferpfadanalyse selbst sowie Betriebsmessungen am Fahrzeug mit sämtlicher für die TPA notwendiger Sensorik. Die Validierung des erstellten Transferpfadnetzwerkes erfolgt durch Abgleich der Gesamtgeräusch-Synthese mit dem gemessenen Gesamtgeräusch. Häufig ist dies der Schalldruck in der Fahrzeugkabine. Je besser diese übereinstimmen, desto höher ist die Qualität.

20.7 Zusammenfassung

In den bisherigen Kapiteln wurden verschiedene Aspekte der Elektrifizierung des Antriebsstranges vor allem im Hinblick auf deren Funktionsweise und Leistung behandelt. Ein für den Endkunden sehr wichtiger Aspekt ist jedoch auch das Geräuschverhalten bzw. das Klangfeld im Fahrzeug. Dieser Themenkomplex wird häufig durch den Begriff NVH (**N**oise, **V**ibration, **H**arshness) zusammengefasst. Allgemein bekannt ist die Tatsache, dass Geräusche im Fahrzeug, die bis dato durch Antriebsgeräusche des Verbrennungsmotors überdeckt waren, nun hörbar werden. Dies erhöht die Anforderungen sowohl an die Komponenten im Antriebsstrang als auch an die Peripherie im Fahrzeug. Die Folge ist eine deutlich

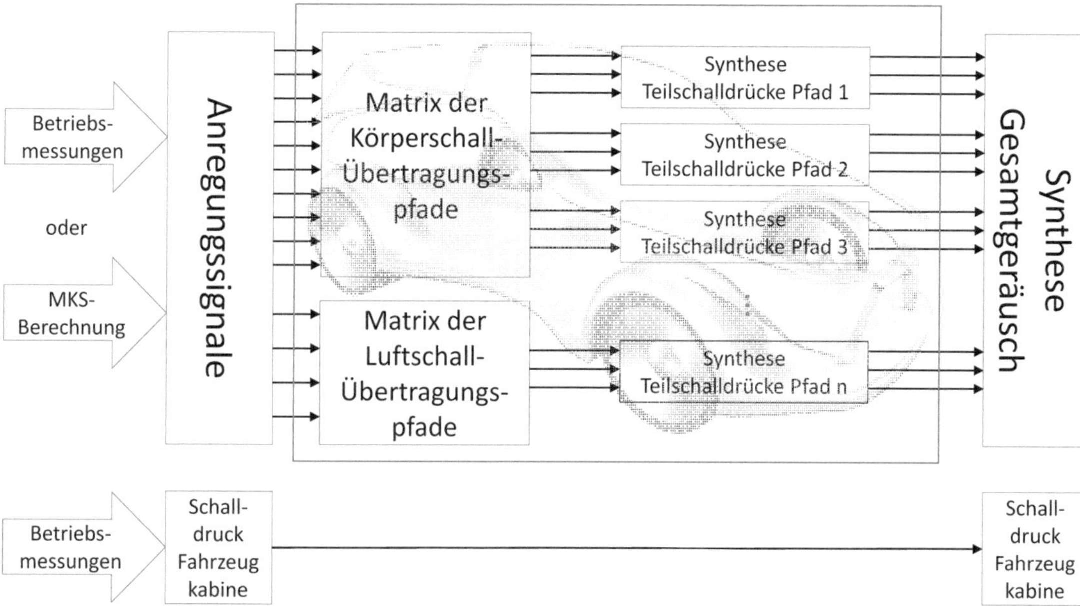

Abb. 48 Schematische Darstellung einer Transferpfadsynthese

erweiterte und tiefgreifende akustische Auslegung dieser Komponenten. Die Leitfrage lautet hier stets: Wie können wir das Gehörte beeinflussen?

Literaturverzeichnis

[1] World Health Organization; Burden of disease from environmental noise; 2011

[2] United Nations; E / ECE / 324 / Rev. 2 / Add. 137 – E / ECE / TRANS / 505 / Rev. 2 / Add. 137 – Regulation 138, 2016

[3] DIN ISO 362-1:2009-07; Messverfahren für das von beschleunigten Straßenfahrzeugen abgestrahlte Geräusch; 2017

[4] Schade, L.: Darf's ein bisschen mehr sein? Die aktuelle Entwicklung bei den Geräuschvorschriften für Kraftfahrzeuge. Motor- und Aggregateakustik III Renningen: expert Verlag 2011

[5] Jäcker-Cüppers, M.: Fortschreibung der Grenzwerte für Kraftfahrzeuge: Erfordernisse aus Sicht des Lärmschutzes. Motor- und Aggregateakustik IV. Renningen: expert Verlag 2012

[6] Kurzfristig kaum Lärmminderung durch Elektroautos. www.umweltbundesamt.de, Zugriff 18. April 2013

[7] Tschöke, H.: Riskante Stille. In Automotive Agenda 01 Elektroantrieb, Springer 2008

[8] Genuit, K.: What will be the influence of e-mobility on soundscape? Proceedings of Meetings on Acoustics, Vol. 19 (2013)

[9] Pflüger, M., Brandl, F., Bernhard, U., Feitzelmeyer, K.: Fahrzeugakustik. Wien: Springer Verlag, 2010

[10] Zeller, P.: Handbuch Fahrzeugakustik. Wiesbaden: Vieweg+Teubner Verlag, 2009

[11] Genuit, K., Fiebig, A.: Fahrzeugakustik und Sound Design im Wandel der Zeit. In ATZ 113 (2011), Nr. 7

[12] Genuit, K.: Soundengineering im Automobilbau. Heidelberg: Springer Verlag, 2010

[13] US Government Information, Dept. of Transportation; 90416 Federal Register / Vol. 81, No. 240 / 49 CFR

Parts 571 & 585 / Docket No. NHTSA-2016-0125, 2016

[14] Wagner-Hartl et al.; Subjective evaluation of EV sounds – a human centered approach, 2017

[15] Genuit K, Standardization of Soundscape: Request of Binaural Recording, Euronoise 2018 Crete

[16] Genuit K, Application of Psychoacoustic within Soundscape, the New Challenge for Acoustic Consultants, Internoise 2018, Chicago

[17] Genuit, K.: Soundengineering im Automobilbau. Heidelberg: Springer Verlag, 2010

[18] Sottek R (1993) Modelle zur Signalverarbeitung im menschlichen Gehör. Dissertation, RWTH Aachen

[19] Genuit K, The sound quality of vehicle interior noise: a challenge for the NVH-engineers, International Journal of Vehicle Noise and Vibration, Vol. 1, 2004, ISSN: 1479-1471

[20] Genuit k, A Special Calibratable Artificial-Head-Measurement-System for Subjective and Objective Classification of Noise, Internoise 1986

[21] Genuit K, Investigation and Simulation of Vehicle Noise Using Binaural Measurement Technique, SAE 870959, SAE-Conference, Proceedings of the 1987 Noise and Vibration Conference

[22] Zwicker E (1982) Psychoakustik. Springer Verlag, Berlin, Heidelberg

[23] Genuit K (1996) Objective evaluation of acoustic quality based on a relative approach. Inter-Noise 1996, Proceedings, Liverpool, England

[24] Stemplinger I. M., Beurteilung, Messung und Prognose der Globalen Lautheit von Geräuschimmissionen, Dissertation 1999, Herbert Utz Verlag

[25] von Bismark, G., Sharpness as an attribute of the timbre of steady state sounds. In: Acustica. Band 30, 1974, ISSN 0001-7884, S. 157–172.

[26] Aures, W., Berechnungsverfahren für den sensorischen Wohlklang beliebiger Schallsignale, Acustica 59, S. 130, 1985

[27] Springer, N, and R. Weber (1995) Bewertung von amplitudenmodulierten Schallen im R-Rauhigkeitsbereich DAGA ,95, Saarbrücken, Deutschland, 1995. ISBN: (3-9804568-0-3), pp. 839-842. DEGA e. V., Oldenburg.

[28] Krebber, W., M. Adams, F. Brandl, N. Chouard, K. Genuit, T. Hempel, R. v Hofe, G. Irato, P. v d Ponseele, B. Saint-Loubry, B. Schulte-Fortkamp, R. Sottek, and R. Weber (2000),Objective Evaluation of Interior Car Sound- of OBELICS project, DAGA 2000, Oldenburg, Deutschland, 2000. ISBN: (3-9804568-8-9), pp. 186 / 187. DEGA e. V., Oldenburg.

[29] Eisele G et al., Electric vehicle sound design – Just wishful thinking? AAC Aachener Acoustics Colloquium 2010

[30] Hofmann M. et al., Soundentwicklung bei Mercedes AMG, AAC Aachener Acoustics Colloquium 2012

[31] Schulte-Fortkamp B. et al., E-mobility: Sound concepts and consumer reactions, Assessment and acceptance of driving sounds in the interior of electric vehicles, AAC Aachener Acoustics Colloquium 2014

[32] Genuit, K.: Warnsignale für leise Fahrzeuge – im Spannungsfeld zwischen Lärm (Emission) und Sicherheit, Automotive Acoustics Conference, 1. Internationale ATZ-Fachtagung, Juli 2011, Zürich, Schweiz, 2011.

[33] Genuit K, Fiebig A, Alternative alert signal concepts and their perceptual implications, Internoise 2016 Hamburg

[34] Marinscu, Etz-Archiv 10:83-88 (1988)

[35] Zhu, Y.Q. and Howe, D.: Influence of design parameters on cogging torque in permanent magnet machines, IEEE International Electric Machines and Drives Conference Record (1997)

[36] Millithaler, P. et al.: Viscoelastic property tuning for reducing noise radiated by switched-reluctance machines. Journal of Sound and Vibration (2017)

[37] Offizielle Produktseite Schaeffler Bearinx (2018)

[38] Heider, M.K.: Schwingungsverhalten von Zahnradgetrieben, Dissertation, 2012

[39] Cooley, C.G., Parker, R.G.: A review of planetary and epicyclic gear dynamics and vibrations research, Applied Mechanics Reviews, Vol. 66, No. 4 (2014), Article Number 040804

[40] Canchi, S.V., Parker, R.G.: Effect of ring-planet mesh phasing and contact ratio on the parametric instabilities of a planetary gear ring, Journal of Mechanical Design, Transactions of the ASME, Vol. 130, No. 1 (2008), Article Number 014501

[41] Shweiki, S. et al.: Investigation of mesh phasing in a planetary gear train using combined FE and Multibody simulations, PROCEEDINGS OF ISMA2016

[42] Åkerblom, M. (Volvo): Gear Noise and Vibration: A Literature Survey, Machine Design, 2009

[43] Papies: Methodik zur systematischen Analyse und Optimierung dynamischer Kraft- u. Weganregungen in Planetengetrieben, Dissertation, 2014

[44] DIN 3962: Toleranzen von Stirnradverzahnungen

[45] Offizielle Produktseite SMT Masta (2018)

[46] Craig, R.; Bampton, M: Coupling of Substructures for Dynamic Analysis, AIAA Journal, Vol. 12., 1313-1319 (1968)

[47] https://www.head-acoustics.com/downloads/de/artemis/ArtemiS_SUITE_Sound_Engineering_d.pdf, abgerufen am 16.01.2019

[48] Sottek, R., Standards in Psychoacoustics, Internoise 2016

[49] Sottek, R., Kamp, F. and Fiebig, A.: A new hearing model approach to tonality, Internoise 2013, Innsbruck, (2013)

[50] Parker R. G., Lin J. Modeling, modal properties, and mesh stiffness variation instabilities of planetary gears. Report, Ohio State University, Department of Mechanical Engineering, Columbus, Ohio, May 2001

[51] Qin, Shao (ed.): Proc. Of the international conference on power transmissions (ICPT) 2016

[52] Parker, A PHYSICAL EXPLANATION FOR THE EFFECTIVENESS OF PLANET PHASING TO SUPPRESS PLANETARY GEAR VIBRATION, Journal of Sound and Vibration (2000) 236(4)

[53] FVA: Entwicklung einer Auslegungsmethode für eine anregungsoptimale Flankenkorrektur unter Berücksichtigung der Tragfähigkeit, Forschungsvorhaben Nr. 338 VI Heft 1190, 2016

[54] Radev: Einfluss von Flankenkorrekturen auf das Anregungsverhalten gerad- und schrägverzahnter Stirnradpaarungen, Diss. 2007

[55] DIN 3990: Tragfähigkeitsberechnung von Stirnrädern – Einführung und allgemeine Einflussfaktoren. Beuth Verlag Berlin. 1987

21 Elektromagnetische Verträglichkeit

Mathias Magdowski, Ralf Vick

21.1 Einleitung

Bisher ging es im Wesentlichen um die Gesamtkonzepte von Elektro- oder Hybridantriebe für Pkw und um die einzelnen elektrischen / elektronischen und mechanische Komponenten, die solche Fahrzeuge von rein verbrennungsmotorisch angetriebenen Fahrzeugen unterscheiden. Dazu zählen vor allem die elektrischen Maschinen, das Hochvoltbordnetz, die Leistungselektronik sowie die verschiedenen Energiespeicher und -wandler wie Akkumulatoren, Doppelschichtkondensatoren und Brennstoffzellen. Eine besondere Herausforderung im Elektro- oder Hybridfahrzeug ist das problemlose Zusammenspiel der einzelnen elektrischen und elektronischen Komponenten ohne eine negative gegenseitige Beeinflussung untereinander. Jedes elektrische Signal, messbar durch Spannung und Strom, ist stets mit einem elektrischen und magnetischen Feld in seiner Umgebung verbunden. Diese Felder können andere elektrische Signale störend beeinflussen. Die Aufgabe der elektromagnetischen Verträglichkeit ist das Verhindern solcher ungewollten Beeinflussungen durch verschiedenste Maßnahmen auf Bauteil-, Baugruppen- und Gesamtfahrzeugebene.

21.2 Definition

Die elektromagnetische Verträglichkeit (EMV) wird typischerweise definiert als „die Fähigkeit eines Apparates, einer Anlage oder eines Systems, in der elektromagnetischen Umwelt zufriedenstellend zu arbeiten, ohne dabei selbst elektromagnetische Störungen zu verursachen, die für alle in dieser Umwelt vorhandenen Apparate, Anlagen oder Systeme unannehmbar wären" [1]. Sowohl konventionell angetriebene als auch Elektro- und Hybridfahrzeuge zählen dabei als Systeme, die sich EMV-konform verhalten müssen.

Im Sinne der obigen Definition gliedert sich die EMV in zwei Teilaspekte:

- Störabstrahlung (Emission)
- Störfestigkeit (Immunität)

Die Störabstrahlung umfasst alle ungewollten und störenden Abstrahlungen eines elektrischen Systems in Form von elektrischen, magnetischen und elektromagnetischen Feldern sowie in Form von „geleiteten Emissionen" auf Kabeln und Verbindungsleitungen. Die Störfestigkeit bezeichnet die Fähigkeit eines elektrischen Systems ohne Fehler und Defekte in einer elektromagnetisch gestörten Umgebung zu funktionieren. Sie kann in die Eigen- und Fremdstörfestigkeit unterteilt werden. Die Eigenstörfestigkeit ist die Festigkeit gegen Störungen, die im System selbst erzeugt werden (interne EMV). Dementsprechend beschreibt die Fremdstörfestigkeit die Immunität gegenüber Störungen, die von außerhalb auf das System einwirken (externe EMV) [7].

Das allgemeine Wirkschema der elektromagnetischen Beeinflussungen lässt sich durch das in **Abb. 1** dargestellte Kopplungsmodell beschreiben. Eine Störquelle

H. Tschöke et al. (Hrsg.), *Elektrifizierung des Antriebsstrangs*, ATZ/MTZ-Fachbuch, https://doi.org/10.1007/978-3-662-60356-7_21

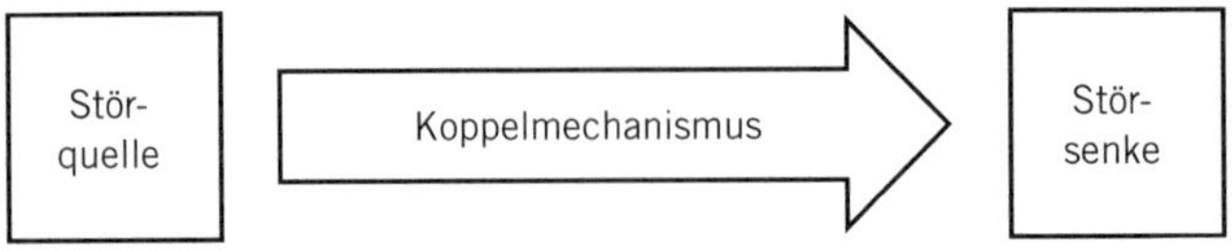

Abb. 1 Allgemeines Kopplungsmodell

(zum Beispiel eine leistungselektronische Baugruppe, siehe Abschn. 21.2) sendet ein gestrahltes oder leitungsgebundenes Störsignal aus. Über verschiedene Koppelmechanismen, die in Abschn. 21.3 näher beschrieben werden, gelangt das Störsignal zu einer Störsenke (zum Beispiel ein Steuergerät). An der Störsenke wird dann durch das Störsignal eine Störung hervorgerufen, die zu Fehlfunktionen, Beschädigungen oder sogar zu Zerstörungen führen kann.

Aus dem Kopplungsmodell lassen sich verschiedene Maßnahmen zur Erhöhung der EMV ableiten, die in Abschn. 21.4 näher beschrieben werden:

- Verminderung der Störabstrahlung an der Störquelle
- Abschwächung der Kopplung zwischen Störquelle und Störsenke
- Erhöhung der Störfestigkeit der Störsenke

Der Gesetzgeber sieht vor, dass der Hersteller eines Gerätes eine Bewertung der EMV vornimmt und diese durch geeignete Maßnahmen sicherstellt. Dieser Grundsatz ist in der europäischen „Richtlinie 2014/30/EU über die elektromagnetische Verträglichkeit" festgeschrieben, die in Deutschland in das „Gesetz über die elektromagnetische Verträglichkeit von Betriebsmitteln" umgesetzt wurde. Der Bundesnetzagentur obliegt dabei die Marktüberwachung durch stichprobenartige Prüfungen von elektrischen und elektronischen Produkten. Die möglichen Mess- oder Rechenmethoden zum Nachweis der EMV sind in Abschn. 21.5 detaillierter beschrieben.

Die Berücksichtigung von möglichen EMV-Problemen und deren Beseitigung sollte möglichst früh im Entstehungsprozess eines Systems erfolgen, da die verbleibenden Möglichkeiten der Verbesserung sehr schnell abnehmen und die Kosten hierfür gleichzeitig enorm ansteigen [3]. Die EMV muss also von Anfang an in Hybrid- und Elektrofahrzeuge hineinentwickelt werden. Diesen Zusammenhang zeigt **Abb. 2**.

Abb. 2 Möglichkeiten zur Verbesserung der elektromagnetischen Verträglichkeit und die dafür nötigen Kosten in den einzelnen Phasen der Produktherstellung

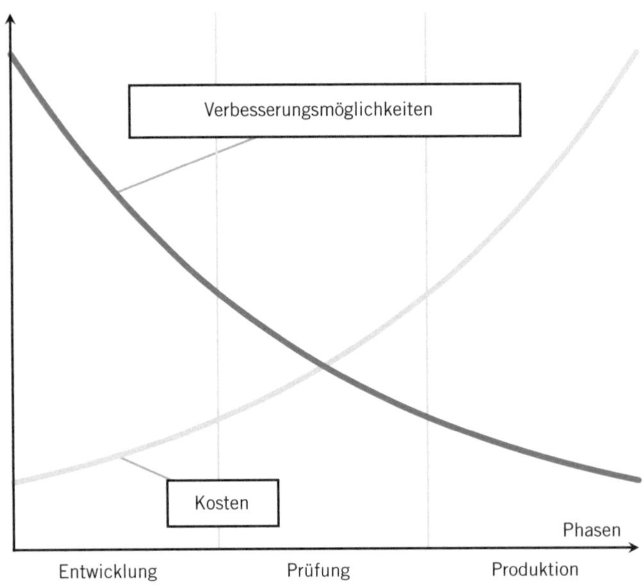

21.3 Störquellen und Störsenken im Elektro- und Hybridfahrzeug

In Kraftfahrzeugen mit Ottomotoren stellt besonders die Zündanlage eine potenzielle Störquelle dar. Im Elektro- und Hybridfahrzeug kommt der Umrichter (oder Inverter) hinzu, der sich als leistungselektronisches Modul zwischen der Traktionsbatterie und dem Elektromotor befindet. Die Aufgabe des Umrichters ist es, die von der Batterie bereitgestellte Gleichspannung in eine dreiphasige Wechselspannung variabler Frequenz zum Betrieb des Motors umzuwandeln. Intern arbeitet der Umrichter mit leistungselektronischen Schaltelementen wie MOSFETs oder IGBTs, siehe auch Kap. 5.

Um einen möglichst sinusförmigen Ausgangsstrom bei gleichzeitig kleinen Glättungsdrosseln zu erreichen, muss eine hohe Schaltfrequenz des Umrichters im Bereich von mehreren 10 kHz gewählt werden.

Um die Verlustenergie bei jedem Schaltvorgang möglichst gering zu halten, muss die Schaltzeit außerdem möglichst kurz sein. Das bedeutet, dass sich Strom und Spannung im Schaltmoment möglichst schnell ändern müssen. Typische Schaltzeiten von IGBTs und MOSFETs liegen im Bereich von 10 ns bis 100 ns. Im folgenden Abschn. 21.3 wird erklärt, warum besonders diese schnellen Schaltvorgänge und die daraus folgenden Transienten von Strom und Spannung zu EMV-Problemen führen können. Moderne Halbleitermaterialien wie Galliumnitrid (GaN) oder Siliciumcarbid (SiC) befördern diesen Effekt, da sie aufgrund kürzerer Schaltzeiten eine noch höhere Schaltfrequenz erlauben und im Frequenzumrichter einen höheren Wirkungsgrad ermöglichen. SiC-Halbleiter sind außerdem bei deutlichen höheren Temperaturen einsetzbar als klassische Siliciumhalbleiter.

Typische Störsenken im herkömmlich betriebenen Kraftfahrzeug wie auch im Elektro- und Hybridfahrzeug sind alle sensitiven Module wie Rund- und Mobilfunkempfänger, Empfänger zur satellitengestützten Positionsbestimmung (GPS), Steuergeräte und Sensoren, LED-Anzeigen, Airbag-Anlagen und Fahrsicherheitssysteme wie ABS und ESP. Gerade bei ABS-Systemen gab es in der Zeit der Einführung mehrfach Probleme mit unkontrollierten Bremsmanövern durch Störungen aus Rund- und Amateurfunkanlagen.

Eine weitere Problematik im elektrischen Antriebsstrang können Wellenströme auf der Motorwelle darstellen. Diese werden ebenfalls vom Frequenzumrichter erzeugt, breiten sich über das Motorkabel sowie die Wicklungen entlang der Welle aus und fießen über die Lager, parasitäre Kapazitäten und die Karosserie zurück zum Umrichter. Besonders in den Motorlagern können diese Ströme schwere Schäden hervorrufen, da durch Entladungen kleine Schmelzkrater auf der Lauffäche des Lagers entstehen. Dieser Abbrand führt zu einer Aufrauung der Lauffäche, zunehmenden Laufgeräuschen und langfristig zu einer Lagerschädigung oder einem Lagerdefekt. Außerdem können Wellenströme den Antriebsstrang als parasitäre Antenne anregen und über eine Feldabstrahlung eventuell den Rund- und Mobilfunkempfang im Fahrzeug stören.

21.4 Koppelmechanismen

Innerhalb der EMV unterscheidet man die folgenden vier Koppelmechanismen, über die ein Störsignal von einer Störquelle zu einer Störsenke gelangen kann:

- galvanische Kopplung,
- kapazitive Kopplung,
- induktive Kopplung und
- Strahlungskopplung.

In der Praxis tritt meist eine Überlagerung mehrerer Koppelmechanismen auf, bei der aber oft ein bestimmter Mechanismus dominiert. Zur grundlegenden Beschreibung der Koppelmechanismen ist die Kenntnis der sogenannten elektrischen Größe des Koppelpfades nötig. Elektrische und magnetische Felder als auch Strom- und Spannungssignale auf Leitungen breiten sich mit nahezu Lichtgeschwindigkeit $c \approx 3 \times 10^8\,\text{m/s}$ aus. Für eine Strecke von $s = 3\,\text{m}$, die etwa den Abmessungen eines Pkw entspricht, beträgt die Laufzeit etwa $t = s/c = 10\,\text{ns}$.

Wenn sich innerhalb dieser Laufzeit die Amplitude der Felder oder der leitungsgebundenen Signale nicht stark ändert, kann man von stationären Bedingungen ausgehen und dynamische Wellenvorgänge vernachlässigen. In diesem Fall ist der Koppelpfad elektrisch klein. Für sinusförmige

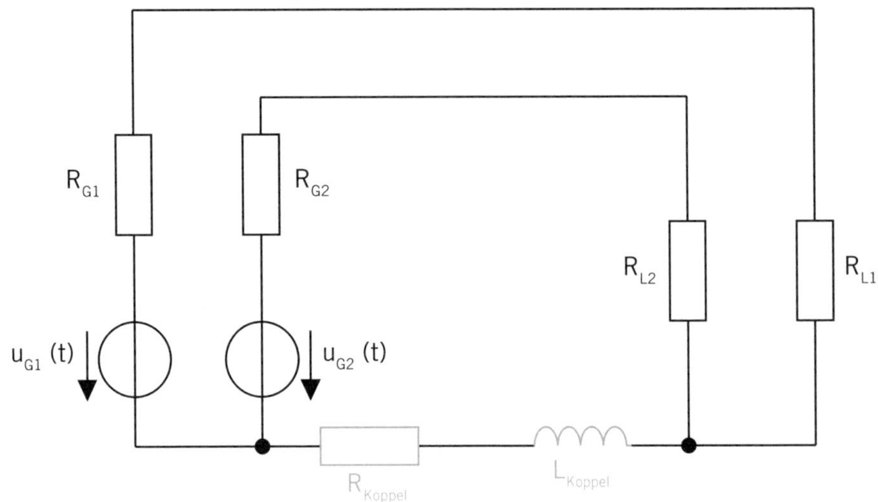

Abb. 3 Galvanische Kopplung von Stromkreisen über eine gemeinsame Koppelimpedanz bestehend aus einem parasitären Widerstand R_{Koppel} und einer parasitären Induktivität L_{Koppel} (1 – störender Kreis, 2 – gestörter Kreis)

(harmonische) Zeitverläufe mit der Frequenz f gilt dann, dass die Wellenlänge $\lambda = c/f$ der Signale größer als die Abmessung s des Koppelpfades ist. Für elektrisch kleine Koppelpfade und Systeme sind die Modelle der galvanischen, kapazitiven und induktiven Kopplung anwendbar.

Ändern sich innerhalb der Laufzeit t die Feld- oder Signalamplituden sehr stark oder sind die Wellenlängen λ von harmonischen Feldern oder Signalen kleiner als die Systemabmessungen s, so ist der Koppelpfad elektrisch groß. In diesem Fall müssen die auftretenden dynamischen Wellenvorgänge berücksichtigt werden, was zu einer sehr komplizierten Beschreibung führen kann. Meist tritt in einem solchen Fall die elektromagnetische Strahlungskopplung auf.

Zunächst soll jedoch die galvanische Kopplung näher beschrieben werden, die auch als Impedanzkopplung bekannt ist. Das entsprechende Wirkschema ist in **Abb. 3** gezeigt. Die galvanische Kopplung tritt auf, wenn sich zwei Stromkreise einen gemeinsamen Leiter, zum Beispiel einen Masse- oder Bezugsleiter teilen. Jeder Stromkreis besteht aus einer Spannungsquelle $u_G(t)$ mit einem Generatorinnenwiderstand R_G und einem Lastwiderstand R_L. Der gemeinsame Bezugsleiter besitzt einen ohmschen Widerstand R_{Koppel} und eine gewisse parasitäre Induktivität L_{Koppel}, die zu einer Koppelimpedanz zusammengefasst werden können. Fließt im Stromkreis 1 ein Strom, so ergibt sich ein Spannungsabfall über der Koppelimpedanz, der sich störend auf der Stromkreis 2 auswirken kann.

Die Beschreibung der galvanischen Kopplung ist in der folgenden Gleichung zusammengefasst:

$$\begin{aligned} u(t) &= R_{\text{Koppel}} \cdot i(t) + L_{\text{Koppel}} \cdot \frac{\mathrm{d}i(t)}{\mathrm{d}t} \\ \underline{U} &= R_{\text{Koppel}} \cdot \underline{I} + j\omega L_{\text{Koppel}} \cdot \underline{I} \end{aligned} \qquad (1)$$

Die zeitabhängige Störspannung $u(t)$ setzt sich aus zwei Anteilen zusammen. Der erste Teil ist direkt proportional zum Strom $i(t)$ und zum Widerstand R_{Koppel}. Der zweite Teil ist proportional zur Stromänderungsgeschwindigkeit $\mathrm{d}i(t)/\mathrm{d}t$ und zur Induktivität L_{Koppel}. Schnelle Änderungen des Stromes, die beispielsweise durch Schaltvorgänge mit leistungselektronischen Bauelementen oder elektromechanischen Relais hervorgerufen werden, führen also zu besonders großen Störspannungen durch galvanische Kopplung. Geht man von zeitlich harmonischen Größen aus und beschreibt diese durch komplexe Zeiger, so ist der zweite Anteil des komplexen Störspannungszeigers $\underline{U}$ ebenfalls direkt proportional zur Frequenz f, bzw. zur Kreisfrequenz $\omega = 2\pi f$. Bei hohen Frequenzen bzw. schnellen Transienten wird außerdem der Stromverdrängungs- oder Skineffekt wirksam. Durch Wirbelströme im Leiter wird der Stromfluss nahe der Oberfläche des Leiters konzentriert und der Widerstand R_{Koppel} steigt ebenfalls an.

Ein weiteres Beispiel für galvanische Kopplung ist die Verkopplung von Zwischenkreiskondensatoren, die zum Beispiel zwischen Frequenzumrichter und Hochvoltbatterie angeschlossen sind, um beim Betrieb auftretende Stromspitzen auszugleichen. Andere am Hochvoltbordnetz angeschlossene Verbraucher, wie Klimakompressoren, besitzen eigene Zwischenkreiskondensatoren. Jeder Kondensator besitzt parasitäre Anschlussinduktivitäten und kann deshalb ein schwingungsfähiges System darstellen. Durch Resonanzen im Hochvoltbordnetz kann es passieren, dass Energie zwischen den verschiedenen Kondensatoren hin- und her schwingt und somit zusätzliche Verluste und Störungen verursacht.

Die kapazitive Kopplung beschreibt die Beeinflussung durch ein elektrisches Feld. Das entsprechende Wirkschema ist in **Abb. 4** dargestellt. Werden zwei Leitungen über eine längere Strecke parallel geführt, so existiert zwischen beiden eine parasitäre Streukapazität C_{Koppel}. Jede Leitung besitzt außerdem eine gewisse Streukapazität C_{Masse} gegenüber der Bezugsmasse.

Werden die Leitungen gegenüber der Masse mit einer Spannung beaufschlagt, so entsteht ein elektrisches Feld zwischen den Leitungen und der Masse. Ist die Spannung auf beiden Leitungen unterschiedlich groß, so wird auch ein elektrisches Feld zwischen den Leitungen erzeugt. Durch Änderungen der Feldstärke ergeben sich Verschiebungsströme von einer zur anderen Leitung. Es fließt also ein Störstrom von der störenden Leitung 1 zur gestörten Leitung 2, obwohl die beiden Leitungen gar nicht leitfähig miteinander verbunden sind.

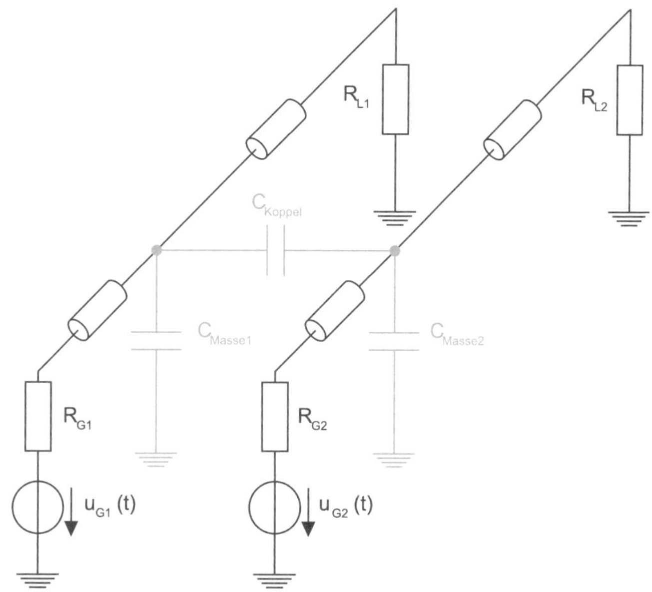

Abb. 4 Kapazitive Kopplung von Stromkreisen über parasitäre Streukapazitäten (1 – störender Kreis, 2 – gestörter Kreis)

Die Beschreibung der kapazitiven Kopplung ist in der folgenden Gleichung aufgezeigt:

$$\begin{aligned} i(t) &= C_{\text{Koppel}} \cdot \frac{\mathrm{d}u(t)}{\mathrm{d}t} \\ \underline{I} &= j\omega C_{\text{Koppel}} \cdot \underline{U} \end{aligned} \tag{2}$$

Der zeitabhängige kapazitive Störstrom $i(t)$ ist direkt proportional zur Größe der Streukapazität und zur Änderungsgeschwindigkeit der Spannungsdifferenz $\mathrm{d}u(t)/\mathrm{d}t$ zwischen den Leitungen. Bei der kapazitiven Kopplung führen also schnelle Änderungen der Spannung, zum Beispiel hervorgerufen durch wiederkehrende Schaltvorgänge von Leistungshalbleitern, zu einer starken Überkopplung. Bei der Betrachtung harmonischer Vorgänge ist die Amplitude des kapazitiven Störstroms, beschrieben durch einen komplexen Zeiger $\underline{I}$, direkt proportional zur Frequenz bzw. zur Kreisfrequenz ω.

Bei der induktiven Kopplung findet eine Beeinflussung über das magnetische Feld statt. Das dazugehörige Wirkschema ist in **Abb. 5** gezeigt. Ein störender Stromkreis 1 spannt eine gewisse Fläche auf.

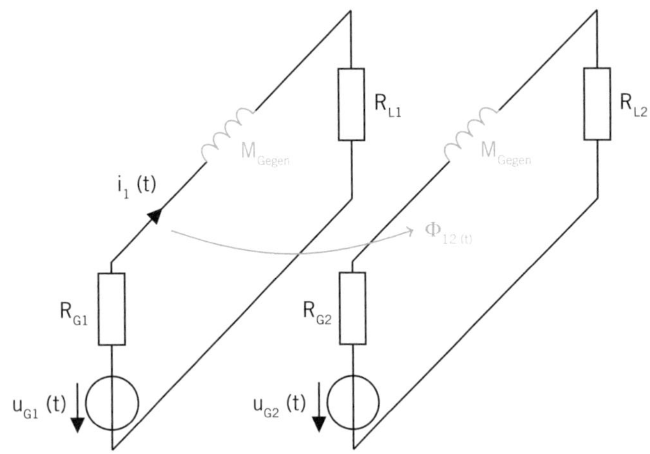

Abb. 5 Induktive Kopplung von Stromkreisen über eine parasitäre Gegeninduktivität M_{Gegen} (1 – störender Kreis, 2 – gestörter Kreis)

Fließt in diesem Kreis ein Strom $i_1(t)$, so ergibt das den Strom umkreisende Magnetfeld einen magnetischen Fluss $\Phi(t)$ durch die aufgespannte Fläche. Befindet sich innerhalb des Magnetfeldes ein weiterer geschlossener Stromkreis und durchdringt der magnetische Fluss auch dessen aufgespannte Fläche, so wird im zweiten Stromkreis eine Spannung induziert. Der magnetische Fluss, der vom störenden Stromkreis 1 erzeugt wird und den gestörten Stromkreis 2 durchdringt, wird mit $\Phi_{12}(t)$ bezeichnet.

Die Kopplung zwischen beiden Stromkreisen lässt sich auch durch eine Gegeninduktivität M_{Gegen} darstellen. Die Beschreibung der induktiven Kopplung lautet dann:

$$u_{\text{induziert}}(t) = M_{\text{Gegen}} \cdot \frac{\mathrm{d}i_1(t)}{\mathrm{d}t}, \quad \underline{U}_{\text{induziert}} = j\omega M_{\text{Gegen}} \cdot \underline{I}_1 . \tag{3}$$

Die zeitabhängige induzierte Störspannung $u_{\text{induziert}}(t)$ im Stromkreis 2 ist proportional zur Größe der Gegeninduktivität und zur Stromänderungsgeschwindigkeit $\mathrm{d}i_1(t)/\mathrm{d}t$ im Stromkreis 1. Wie bei der galvanischen Kopplung führen auch hier schnelle Änderungen des Stromes, zum Beispiel durch Schaltvorgänge mit Leistungshalbleitern in einem Umrichter, zu besonders starken Beeinflussungen. Bei harmonischen Signalen ist die Amplitude der induzierten Spannung, dargestellt durch einen komplexen Zeiger $\underline{U}_{\text{induziert}}$, direkt proportional zur Frequenz des Stromes.

Die letzte näher zu beschreibende Kopplungsart ist die Strahlungskopplung. Diese wird auch als elektromagnetische Kopplung oder Feldkopplung bezeichnet. Die Strahlungskopplung tritt auf, wenn aufgrund der elektrischen Größe eines Systems nicht mehr von stationären oder quasi-stationären Feldern ausgegangen werden kann. In diesem Fall treten elektrische und magnetische Feldern nicht mehr einzeln und losgelöst voneinander, sondern nur noch kombiniert in Form von elektromagnetischen Feldern auf. Solche dynamischen Felder oder Wellenfelder bedürfen aber einer komplizierten mathematischen Beschreibung.

Gehen wir erneut von einer beispielhaften Abmessung eines Elektro- oder Hybridfahrzeugs von ungefähr $s = 3\,\text{m}$ aus, so tritt eine Strahlungskopplung erst dann signifikant in Erscheinung, wenn die Anstiegs- und Abfallzeit von Signalen deutlich unterhalb von $t = s/c = 10\,\text{ns}$ bzw. die Signalfrequenz deutlich oberhalb von $f = c/s = 100\,\text{MHz}$ liegt. In diesem Fall kann jedes Kabel dieser Abmessung als mögliche Sende- oder Empfangsantenne wirken. Bei solch hohen Frequenzen kann es auch zu ungewünschten Resonanzen der Strom- und Spannungssignale auf dem Bordnetz kommen. Weiterhin wirkt die metallische Karosserie des Fahrzeugs als resonante Umgebung für die elektromagnetischen Felder, die im Fahrzeuginneren erzeugt werden oder von außen in das Fahrzeug eindringen.

21.5 Gegenmassnahmen

Nachdem die unterschiedlichen Koppelmechanismen ausführlich beschrieben sind, sollen typische Gegenmaßnahmen zur Unterdrückung der jeweiligen Kopplung aufgezeigt werden. Um die galvanische Kopplung von Stromkreisen zu verhindern, muss eine konsequente Potenzialtrennung durchgeführt werden [4]. Dies lässt sich durch Verwendung getrennter Masseleitungen und durch die Verbindung zweier Stromkreise in nur einem Sternpunkt erreichen. Wenn ein sternförmiges Bezugsleitersystem nicht anwendbar ist, kann die galvanische Kopplung auch durch besonders niederimpedante Bezugsleiter verringert werden. Große Leiterquerschnitte führen zu einem geringeren ohmschen Widerstand. Kurze Leitungslängen und kleine aufgespannte Flächen senken die parasitäre Induktivität. Häufig werden Bezugsleitersysteme auch flächig oder vermascht ausgeführt, wie zum Beispiel auf Leiterplattenebene.

Ein besonderes Problem im Kfz stellen häufig Steckverbinder dar. Auch diese haben einen bestimmten Übergangswiderstand, an dem es bei großen Strömen zu erheblichen Spannungsabfällen kommt. Durch Alterung und Verschmutzung können die Übergangswiderstände stark ansteigen. Ein weiteres Beispiel für eine galvanische Kopplung ist das kurzzeitige Zusammenbrechen der Bordnetzspannung beim Anlassen des Verbrennungsmotors. Der Anlasser zieht einen großen Strom aus der Autobatterie, wodurch es nicht nur auf dem Anlasserkabel, sondern auch am Innenwiderstand der Batterie zu einem Spannungsabfall kommt. Damit es durch den kurzzeitigen Spannungszusammenbruch nicht zu Funktionsstörungen an Steuergeräten kommt, werden diese teilweise durch eine Zweitbatterie versorgt.

Die kapazitive Kopplung, die besonders stark bei leistungselektronischen Systemen wie einem Umrichter in Erscheinung tritt, lässt sich wirksam durch eine Schirmung der Leitung unterdrücken [4]. Der durch das veränderliche elektrische Feld erzeugte Verschiebungsstrom wird dann über den Schirm gegen die Bezugsmasse abgeleitet. Dafür muss der Schirm natürlich an beiden Leitungsenden über den kompletten Umfang möglichst niederimpedant mit der Bezugsmasse verbunden sein. Auch hier tritt erneut das Problem der Übergangswiderstände an Steckverbindern auf. Durch einen großen Übergangswiderstand am Schirmanschluss wird die Schirmwirkung erheblich verringert.

Das Schirmkonzept wird im Elektro- und Hybridfahrzeug vor allem für das Hochvoltbordnetz und im Besonderen für die Verbindung zwischen Umrichter und Motor eingesetzt. Ein Nachteil des Schirmkonzepts ist die kostspielige Notwendigkeit alle Teilnehmer am potenziell störenden Hochvoltbordnetz vollständig zu schirmen. Dazu zählen auch passive Teilnehmer, wie beispielsweise elektrische Heizungen in reinen Elektrofahrzeugen. Verletzungen der vollständigen Schirmung bei passiven Komponenten werden im Entwicklungsprozess meist erst spät bei Fahrzeugmessungen aufgedeckt, da dabei erstmals passive Teilnehmer und aktive Komponenten wie Umrichter und Elektromotor im Verbund gemessen werden.

Eine mögliche Alternative zur Schirmung stellt die Filterung dar [7]. Statt die störenden Signale mit hohen Spannungsanstiegsgeschwindigkeiten über die Leitungen propagieren zu lassen, sollen Filter direkt am Ausgang von störenden Komponenten für ein geringeres $\mathrm{d}u(t)/\mathrm{d}t$ sorgen. Damit ist zum Beispiel nur noch ein Filter am Ausgang des Umrichters nötig statt einer Schirmung des gesamten Hochvoltbordnetzes. Auch eine Kombination von Filtern und günstigen Schirmmaterialien wird diskutiert. Belastbare Messwerte und Praxiserfahrungen zum Thema Schirmalternativen existieren aber noch nicht.

Ein typisches Beispiel für die kapazitive Kopplung ist auch die Beeinflussung der Fahrzeugelektronik durch nicht ordnungsgemäß entstörte Hochspannungszündeinheiten von Xenonlampen. Abhilfe schafft auch hier ein möglichst kurzes und

Abb. 6 Messung der strahlungsgebundenen elektromagnetischen Verträglichkeit eines Fahrzeugs auf dem Rollenprüfstand in der Halbabsorberhalle mit 10 m-Messstrecke des Lehrstuhls für EMV an der Otto-von-Guericke-Universität Magdeburg

geschirmtes Kabel zwischen der Zündeinheit und der eigentlichen Lampe.

Um die induktive Kopplung zu verringern, müssen die von den Stromkreisen aufgespannten Flächen verringert werden [4]. Hin- und Rückleiter sind also möglichst dicht beieinander zu führen. Auch das Verdrillen von Leitungen senkt die induktive Kopplung, da sich positive und negative Anteile des durchdringenden magnetischen Flusses gegenseitig kompensieren [2]. Unterschiedliche Schlaglängen der Verdrillung verringern außerdem das Übersprechen zwischen benachbarten Signalleitungen in einem Kabelbaum. Besonders beeinflussbar durch induktive Kopplung sind auch Hallsensoren, die zur Zustandserkennung oder Drehzahlmessung zum Beispiel im Gurtschloss, im Schließsystem, für die Ermittlung der Pedalstellung, im Getriebe oder zur Ermittlung des Zündzeitpunkts eingesetzt werden.

21.6 Nachweis der elektromagnetischen Verträglichkeit

Der Nachweis der elektromagnetische Verträglichkeit bzw. der Wirksamkeit einer EMV-Maßnahme kann durch praktische Messungen oder durch theoretische Berechnungen und Simulationen erfolgen. Die wichtigste EMV-Messumgebung im Automobilbereich ist die Absorberhalle [6], **Abb. 6**. Dabei handelt es sich für Messungen an einem kompletten Fahrzeug um einen großen geschirmten Raum. Die Abschirmung sorgt für eine elektromagnetische Entkopplung von der Außenwelt. So können Emissionsmessungen nicht durch äußere Rund- und Mobilfunksender gestört werden. Ebenso wird bei Immunitätsmessungen nicht die umliegende Außenwelt gestört. Damit sich im Inneren der Schirmhalle durch Mehrfachreflexionen keine stehenden Wellen oder störende Resonanzen ausbilden, sind alle Wände und die Decke mit elektromagnetischen Absorbern ausgekleidet. Für Komponententests stehen auch kleinere Absorberkammern zur Verfügung. Die Bestrahlung des Fahrzeugs oder die Messung der Emission erfolgt über Antennen. Absorberhallen sind vornehmlich für den Frequenzbereich ab 30 MHz geeignet.

Um bei Störfestigkeitstest höhere Feldstärken erzeugen zu können, werden zusätzliche Wellenleiter oder sogenannte Streifenleiter eingesetzt. Diese basieren auf einem flächenhaften Leiter, dem sogenannten Septum, der in einer bestimmten Höhe über der Massefläche angebracht ist. In das Septum wird ein hochfrequentes Signal eingespeist, wodurch sich zwischen Septum und Massefläche ein nahezu homogenes elektromagnetisches Feld ausbildet. Damit an der Einspeisung und an Ende der Streifenleitung keine ungewünschten Reflexionen auftreten, müssen beide Seiten reflexionsfrei abgeschlossen werden. Streifenleitungen werden bevorzugt im Frequenzbereich bis etwa 200 MHz eingesetzt.

Außerdem existieren weitere alternative Messverfahren wie die Direktstromeinkopplung (bulk current injection, BCI) oder die Messung in elektromagnetischen Modenverwirbelungskammern. Beim BCI-Verfahren wird zur Prüfung der Störfestigkeit ein Störstrom mit Hilfe einer Koppelzange direkt in den Kabelbaum eingespeist. Der Vorteil ist, dass dazu viel weniger Leistung als bei vergleichbaren Antenneneinstrahlungen nötig ist und damit teure Hochfrequenz-Breitbandverstärker entfallen. Diesen Vorteil besitzen auch Modenverwirbelungskammern, in denen die Resonanzen eines geschirmten Raumes gezielt ausgenutzt werden, um mit wenig Leistung eine möglichst hohe Testfeldstärke zu erzielen. Ein großer Nachteil der alternativen Testverfahren ist stets der Vergleich der Ergebnisse mit den etablierten Testmethoden.

Eine Herausforderung beim Test von Elektro- und Hybridfahrzeugen ist die Erfassung aller möglichen Betriebszustände. Je nach Frequenzbereich und Messverfahren dauert ein typischer Emissionstest mehrere Minuten bis Stunden. Ohne externe Eingriffe ist es aufgrund der begrenzten Akkukapazität aber nicht ohne weiteres möglich, eine längere Zeit zu „Boosten“ oder zu Rekuperieren. Gerade solche Betriebszustände sind für die EMV aber besonders interessant und erfordern vollkommen neue Teststrukturen.

Ein Nachweis der EMV kann in einigen Fällen auch durch numerische Berechnungen oder Simulationen erfolgen [5]. Dazu stehen mehrere kommerzielle Softwarepakete mit unterschiedlichen Leistungsumfängen zur Verfügung. Zur Verminderung des Rechenaufwands und Speicherbedarfs ist es sinnvoll, die Simulation in eine Netzwerksimulation des Bordnetzes und der angeschlossenen Komponenten so wie in eine Feldsimulation der relevanten elektromagnetischen Überkopplungen aufzuteilen.

Eine Herausforderung der Feldsimulation besteht in der Abbildung der geometrisch komplexen Strukturen des Bordnetzes und der Fahrzeugkarosserie. Ebenso ist jedes Netzwerksimulationsergebnis nur so gut wie die zugrundeliegenden Modelle. Durch Messungen mit Impedanzanalysatoren oder Netzwerkanalysatoren lassen sich Bauteile und Baugruppen wie Anschlusskabel, Hochvoltbatterien, Zwischenkreiskondensatoren etc. vermessen. Aus den Messdaten können elektrische Ersatzschaltbilder entwickelt und parametriert werden. Bei aktiven Komponenten wie der Hochvoltbatterie muss dabei die hohe Gleichspannung vom Messgerät entkoppelt werden, um dieses nicht zu zerstören.

21.7 Zusammenfassung

Die Elektrifizierung des Antriebsstrangs in Hybrid- und Elektrofahrzeugen stellt die elektromagnetische Verträglichkeit vor neue Herausforderungen, da sich die Erfahrungen aus der 12 V-Welt in herkömmlich angetriebenen Fahrzeugen nicht ohne weiteres übernehmen lassen. Besonders die schnellen Schaltvorgänge mit leistungselektronischen Bauelementen führen zu schnellen Strom- und Spannungsänderungen im Hochvoltbordnetz und damit zu potentiellen Überkopplungen auf das herkömmliche Niedervoltnetz. Die wichtigsten Aufgaben der elektromagnetischen Verträglichkeit im Kraftfahrtzeug sind die Sicherstellung des störungsfreien Rundfunkempfangs und des ungestörten Zusammenspiels aller elektrischen und elektronischen Steuergeräte und Systeme. Durch ein allgemeines Verständnis der EMV und der damit verbundenen Selbstverständlichkeit von umfassenden Prüfungen und Tests können gravierende EMV-Probleme weitgehend verhindert werden.

Literaturhinweise

[1] Schwab, A. und Kürner, W.: Elektromagnetische Verträglichkeit. Berlin, Heidelberg: Springer-Verlag, 6. Auflage, 2011

[2] Rodewald, A.: Elektromagnetische Verträglichkeit: Grundlagen – Praxis. Vieweg Praxiswissen, Braunschweig: Vieweg, 2. Auflage, 2000

[3] Habiger, E. und Bachmann, H. (Hg.): Handbuch Elektromagnetische Verträglichkeit: Grundlagen, Maßnahmen, Systemgestaltung. Berlin: Verlag Technik, 2. Auflage, 1992

[4] Habiger, E.: Elektromagnetische Verträglichkeit: Grundzüge ihrer Sicherstellung in der Geräte- und Anlagentechnik. Heidelberg: Hüthig, 3. Auflage, 1998

[5] Gonschorek, K.H.: EMV für Geräteentwickler und Systemintegratoren. Berlin, Heidelberg: Springer-Verlag, 1. Auflage, 2005

[6] Gonschorek, K.H. und Singer, H. (Hg.): Elektromagnetische Verträglichkeit: Grundlagen, Analysen, Maßnahmen. Stuttgart: Teubner, 1992

[7] Durcansky, G.: EMV-gerechtes Gerätedesign: Grundlagen der Gestaltung störungsarmer Elektronik. München: Franzis, 5. Auflage, 1999

22 Funktionale und elektrische Sicherheit

Matthias Maihöfer, Volker Blandow

22.1 Einleitung

Die Elektrifizierung des Antriebsstrangs führt dazu, dass sowohl bereits bekannte aber auch neuartige Gefährdungen und deren Risiken über die verschiedenen Phasen des Produktlebenszyklus hinweg betrachtet, bewertet und als Sicherheitsaspekte bei der Auslegung eines elektrischen Antriebsstrangs und seinen Komponenten angemessen beachtet werden müssen.

Zu den vom verbrennungsmotorischen Antriebstrang grundsätzlich bereits bekannten Gefährdungsmöglichkeiten gehört beispielweise die „ungewollte Beschleunigung" eines Fahrzeugs. Bei der Risikobewertung der Fehlfunktionen des Antriebsstrangs, die zu „ungewollter Beschleunigung" auf Fahrzeugebene führen können, führen unterschiedliche Leistungs- und Drehmomentcharakteristika der eingesetzten Antriebsmotoren zu unterschiedlichen Ergebnissen trotz vergleichbarer Nennwerte.

Im Gegensatz zu Verbrennungsmotoren haben Elektromotoren ihr Drehmomentmaximum bei niedrigen Drehzahlen, **Abb. 1**, und können innerhalb weniger Millisekunden auf eine geänderte Momentanforderung reagieren, während Verbrennungsmotoren aufgrund ihrer größeren Trägheit bei Gemischbildung, Gaswechsel oder innerhalb des Motors dafür mehrere hundert Millisekunden Reaktionszeit benötigen. Elektrofahrzeuge haben daher insbesondere beim Anfahren und Beschleunigen ein wesentlich spontaneres Ansprechverhalten was sich wiederum negativ auf die Beherrschbarkeit von „ungewollter Beschleunigung" durch den Fahrzeugführer auswirkt und damit zu unterschiedlichen Funktionssicherheitseinstufungen führt.

Zu den technologiebedingten spezifischen Gefährdungen und Risiken eines elektrischen Antriebsstrangs gehören:

- hohe elektrische Spannungen von bis zu 1000 Volt und Ströme von mehreren hundert Ampere, die im Fahr- und Ladebetrieb auftreten; sowie
- elektrochemische Reaktionen in den eingesetzten Hochleistungsbatterien, die als Energiequelle und -speicher dienen.

Diese spezifischen Gefährdungen und Risiken betreffen insbesondere Personen, die im Rahmen von Service, Wartung und Reparatur, Rettung und Bergung sowie Außerbetriebnahme und Verschrottung bzw. Recycling mit solchen Fahrzeugen und deren elektrischen Antriebskomponenten zu tun haben.

Des Weiteren sind elektrische Antriebssysteme in der Lage in beiden Drehrichtungen, also vorwärts und rückwärts fahrend, sowohl ihre Nenndrehzahl als auch ihr Nennmoment zu erreichen. Dadurch wären Elektrofahrzeuge prinzipiell in der Lage vorwärts und rückwärts mit Maximalgeschwindigkeit zu fahren. Bei unveränderter

H. Tschöke et al. (Hrsg.), *Elektrifizierung des Antriebsstrangs*,
ATZ/MTZ-Fachbuch, https://doi.org/10.1007/978-3-662-60356-7_22

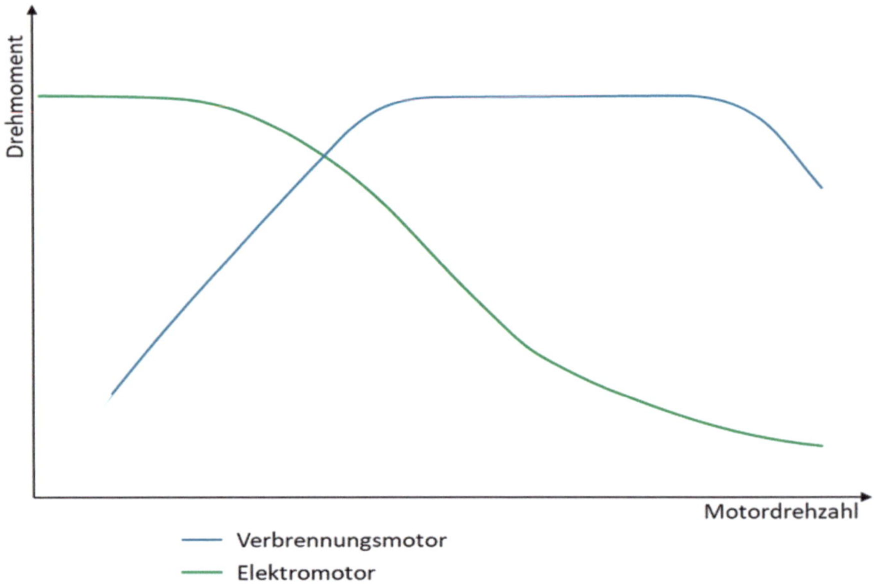

Abb. 1 Prinzipieller Vergleich der Drehmomentcharakteristik von Verbrennungs- und Elektromotoren

Fahrwerksauslegung, das heißt mit gelenkter Vorderachse und nachlaufender stabilisierender Hinterachse, wäre das Fahrzeug bei schneller Rückwärtsfahrt für Normalfahrer nicht gebrauchssicher fahrbar, da es einen zur Instabilität neigenden Geradeauslauf aufweisen würde. Aus diesem Grund sind Elektrofahrzeuge in der Regel mit Sicherheitsfunktionen ausgestattet, die bei der Rückwärtsfahrt die maximale Geschwindigkeit aktiv begrenzen.
Um die Sicherheit des elektrischen Antriebsstrangs und dessen Komponenten sicherzustellen, müssen im Rahmen der Entwicklung sowohl Gefährdungen und Risiken, welche bei bestimmungsgemäßem Gebrauch auftreten könnten, als auch solche, die unter vorhersehbaren Fehlgebrauch fallen, bewertet werden.
Daher ist sowohl bei der Gefährdungs- und Risikobewertung als auch bei der Festlegung von technischen Maßnahmen zur angemessen Risikominimierung eine enge Zusammenarbeit der verschiedenen Sicherheitsdisziplinen zielführend, **Abb. 2**.
Für die verschiedenen Sicherheitsdisziplinen gilt jedoch der allgemeine Sicherheitsgrundsatz „Konstruktion vor Instruktion".

22.2 Funktionale Sicherheit

22.2.1 Einleitung

Die Funktionale Sicherheit (FuSi) vermeidet Gefährdungen durch funktionales Fehlverhalten, das sich unmittelbar aus fehlerhaften Elektrik-, Elektronik- bzw. Softwarebestandteilen des elektrischen Antriebsstrangs und seinen Komponenten ergeben könnte. Sonstige technologiebedingte Gefährdungen im elektrischen Antriebssststrang, die beispielsweise aufgrund der gewählten elektrischen Betriebsspannungen oder der eingesetzten Batterietechnologie grundsätzlich entstehen können, müssen primär durch Anwendung geeigneter technischer Regeln und konstruktiver Maßnahmen der jeweiligen spezifischen Sicherheitsdisziplinen angemessen minimiert werden. Dies kann beispielsweise seitens der elektrischen Sicherheit mittels geeigneter Auslegung der Hochspannungsschaltkreise und deren Isolation erfolgen. Sobald dabei jedoch Sicherheitsfunktionen benötigt werden, die durch Elektronik bzw. Software realisiert werden sollen, werde diese auch im Rahmen der Funktionalen Sicherheit mit betrachtet.

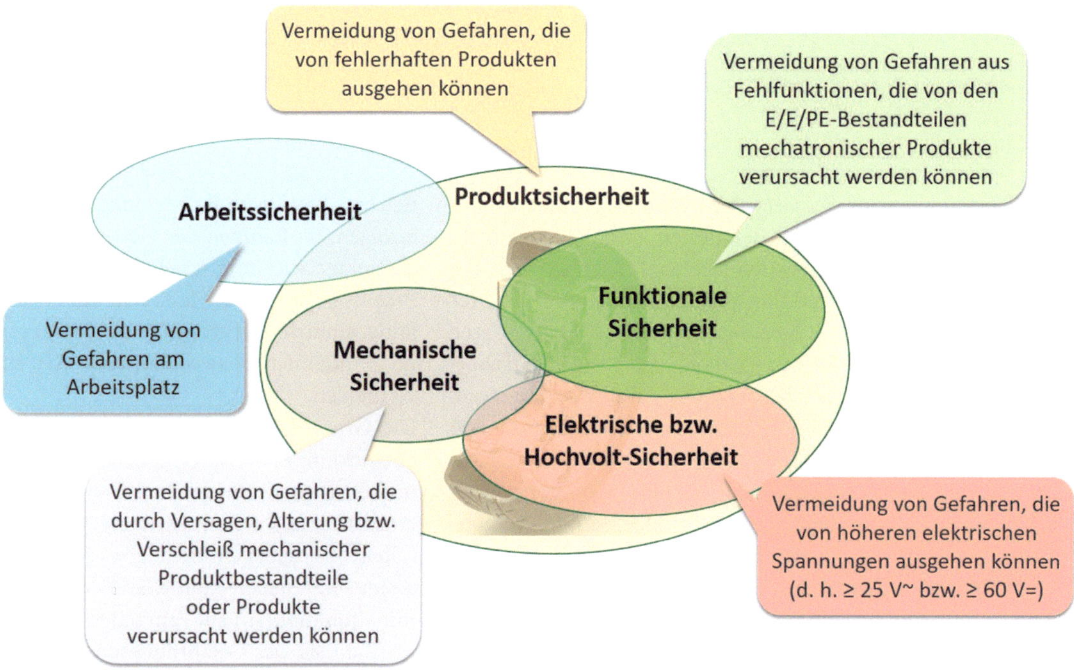

Abb. 2 Schwerpunkt und Umfang verschiedener Sicherheitsdisziplinen

22.2.2 Funktionale Sicherheit von elektrischen Antriebssträngen

Für den elektrischen Antriebsstrang ergeben sich für die Funktionale Sicherheit nachfolgende grundsätzliche Handlungsbereiche:

- Absicherung der Sicherheitsintegrität der eigentlichen Fahrzeugfunktionen des elektrischen Antriebssystems (z. B. Beschleunigen, Verzögern mit/ohne Energierückgewinnung, aktive radselektive Drehmomentverteilung entsprechend des Fahrerwunsches)
- Absicherung von verbleibenden Gefährdungen und Risiken anderer Sicherheitsdisziplinen mittels spezifischer elektronischer bzw. softwarebasierter Überwachungs- und Kontrollsysteme (z. B. Überwachung der Integrität der Hochspannungsschaltkreise und deren Isolation, Überwachung sicherheitsrelevanter elektrischer und thermischer Betriebsparameter der eingesetzten Hochleistungsbatterien während des Fahr- bzw. Ladebetriebs oder Verhinderung des Losfahrens mit kontaktiertem Ladekabel)

Für das Erreichen der Funktionale Sicherheit von elektrifizierten Antriebssträngen in Straßenfahrzeugen ist die ISO 26262 die anzuwendende internationale Norm, insbesondere da deren Anwendungsbereich ab der 2. Ausgabe neben Personenkraftwagen auch Lastkraftwagen inkl. deren Auflieger bzw. Anhänger, Busse und Motorräder vollständig miteinschließt.

Die Funktionale Sicherheit und das zugehörige Sicherheitsmanagement basiert auf einem gesamtheitlichen Sicherheitslebenszyklus bestehend mit den Phasen Produktentstehung, Produktion, Betrieb und Service inklusive Wartung bzw. Reparatur sowie Außerbetriebnahme und Entsorgung am Produktlebensende, **Abb. 3**.

Das zugehörige Sicherheitsmanagement basiert wiederum auf geeigneten Organisations- und Infrastrukturen sowie zugehörigen Unternehmensvorgaben.

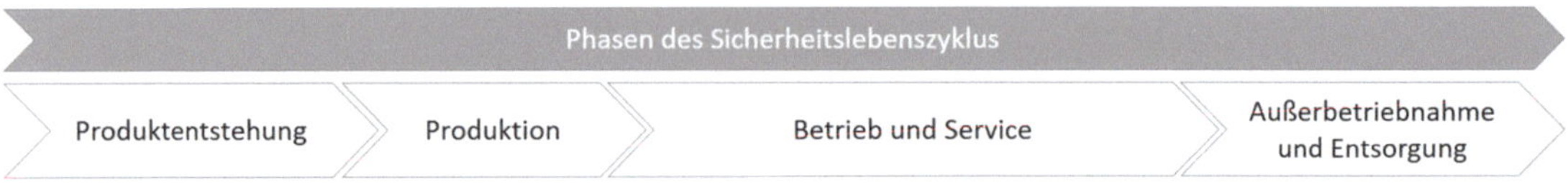

Abb. 3 Übersicht des Sicherheitslebenszyklus und seiner Phasen

Beispiel: Entwicklungsprojekt mit eindeutig definierten Zuständigkeiten für Projektmanagement, Management der Funktionalen Sicherheit, Produktverantwortung, System-, Software- und Elektronikentwicklung inkl. zugehöriger Verifikations- und Validierungsaktivitäten bzw. Lieferantenmanagement. Unterstützung durch organisatorisch hinreichend unabhängige interne Fachbereiche zur Durchführung benötigter Reviews, Prozess- bzw. Produktbeurteilungen aus Sicht Funktionaler Sicherheit („Confirmation Reviews", „Functional Safety Audits" bzw. „Functional Safety Assessments").

Grundsätzlich basiert der Entwicklungsprozess gemäß ISO 26262 auf ineinander verzahnten V-Modellen für die System, Elektronik- und Softwareentwicklung. Im Rahmen der sicherheitsbezogenen Entwicklung sind Interaktionen bzw. Rekursionen erlaubt solange diese kontrolliert und sorgfältig unter Einbindung der betroffenen bzw. beteiligten Entwicklungspartnern erfolgen. Im Rahmen der FuSi-bezogenen Produktentwicklung tragen systematische Prozesse, geeignete Methoden und sorgfältig genutzte Werkzeuge wesentlich dazu bei Produktfehler systematischer Art zu vermeiden.

Die Grundlage der eigentlichen Produktentwicklung bildet die Gefährdungsanalyse und Risikobewertung neuer Fahrzeugsystemkonzepte. Der Betrachtungsgegenstand („Item") ist dabei ein definiertes Fahrzeugsystem mit seinen kundenerlebbaren Nominalfunktion(en) auf Fahrzeugebene.

Im Rahmen der Gefährdungsanalyse und Risikobewertung wird mögliches fehlerbedingtes Funktionsverhalten des Betrachtungsgegenstands in ausgewählten, repräsentativen Betriebssituationen auf mögliche Gefährdung für Leib und Leben betroffener Verkehrsteilnehmer bzw. unbeteiligter Dritter hin untersucht und das damit verbundene Risiko bewertet, **Abb. 4**. Das Risiko wird dabei über die Parameter Schadensausmaß

Abb. 4 Schematischer Ablauf der Gefährdungsanalyse und Risikobewertung eines E-Antriebs

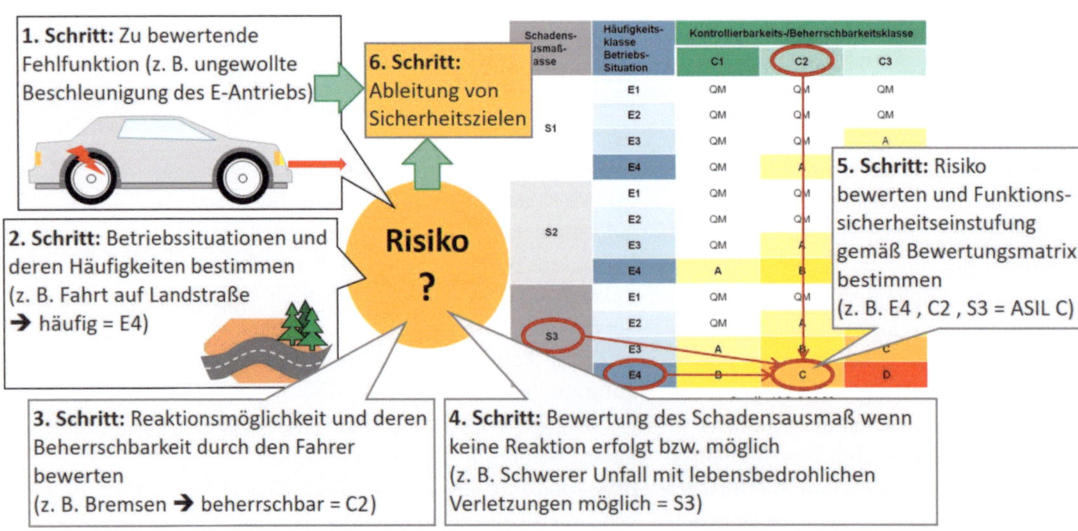

(„severity"), Auftretenswahrscheinlichkeit („exposure") und Kontrollierbarkeit („controllability") klassifiziert und mittels ASIL (Automotive Safety Integrity Level) in den Stufen ASIL A, ASIL B, ASIL C und ASIL D bzw. mit QM kategorisiert.

Das höchste FuSi-relevante Risiko wird dabei mit ASIL D, während das niedrigste FuSi-relevante mit ASIL A gekennzeichnet wird. Noch geringere Risiken können mit QM („Qualitätsmanagement") gekennzeichnet werden. Dabei ist jedoch zu beachten, dass QM nicht mit keinerlei Risiko für Leib und Leben gleichzusetzen ist. Die QM-Kennzeichnung bedeutet lediglich, dass bzgl. dieser Fehlfunktionen eine angemessene Risikominimierung bereits durch sorgfältig angewendetes Qualitätsmanagement erreichbar ist.

Beispiel: Der Verlust der Antriebskraft wird mit QM eingestuft, solange das Fahrzeug im betrachteten Fehlerfall ein hinreichend kontrollierbares Ausrollverhalten zeigt. Bei Feldproblemen können die Behörden einen entsprechenden Rückruf durchaus trotzdem als sicherheitsrelevant kennzeichnen.

Das FuSi-bezogene Risiko eines Fahrzeugsystems wird unter anderem durch nachfolgende Aspekte beeinflusst:

- Die Leistungsfähigkeit seiner eingesetzten Aktorik (z. B. maximal mögliches Rad-/Achsmoment aufgrund des verbauten elektrischen Antriebsmotors und des eingesetzten Getriebes), siehe Kap. 9
- Die Fahrzeuggrundauslegung inklusive zugehöriger Parameter mit signifikantem Einfluss auf Fahrdynamik und -stabilität (z. B. Radstand, Schwerpunktlage und Leistungsgewicht)
- Die Ausstattung des Fahrzeugs mit sonstigen risikomindernden Fahrzeugsystemen, sofern diese vom bewerteten Fahrzeugsystem hinreichend unabhängig sind (z. B. elektronische Bremsregel- und Fahrstabilitätssysteme mit eigener Sensorik, Regelung bzw. Steuerung und Aktorik)

Beispiel: Das Risiko durch ungewollte Fahrzeugbeschleunigung hängt für ein spezifisches Fahrzeug einerseits davon ab, welche Funktionalitäten das vorgesehene, elektrische Antriebssystem und seine Aktorik ermöglichen (z. B. Erzeugung von Antriebsmoment mit/ohne aktiver radselektiver Drehmomentverteilung) und wie stark bzw. schnell es das Fahrzeug beschleunigen kann (z. B. Verhältnis aus Antriebsmoment/-leistung und Fahrzeuggewicht), andererseits aber auch davon, wie gut ein Normalfahrer in der Lage ist mittels rechtzeitiger Bremsung der ungewollten Beschleunigung bei Kurvenfahrt ohne Fahrstabilitätsverlust entgegenzuwirken (z. B. vergleiche Fahrzeuge mit und ohne ABS/ESP als Serienausstattung). Abhängig von der funktionalen Auslegung des elektrischen Antriebsstrangs im Fahrzeug sind für „ungewollte Beschleunigung" resultierende Funktionssicherheitseinstufungen unterschiedlich. Elektrische Antriebe sind je nach deren Leistungsfähigkeit mit ASIL B bis ASIL C eingestuft, solange sie nicht in der Lage sind ein kritisches Gieren des Fahrzeugs zu verursachen. Sobald jedoch durch ungewolltes Moment bzw. fehlerhafte Momentenverteilung beispielsweise an der Hinterachse ein kritisches Gieren des Fahrzeugs auftreten könnte, würde das zugehörige Risiko mit ASIL D bewertet werden.

Im Rahmen der Gefährdungsanalyse und Risikobewertung werden zur Minimierung identifizierter Risiken geeignete Sicherheitsziele spezifiziert und mit dem entsprechend ASIL gekennzeichnet. Darüber hinaus wird auch noch ein Fehlertoleranzzeitintervall definiert, dieses definiert den Zeitraum zwischen Auftreten einer Fehlfunktion bis deren Effekt sich auf Fahrzeugebene kritisch auswirkt. Die Sicherheitsziele sind die oberste Anforderungsebene für die nachfolgende Produktentwicklung.

Exemplarisches Sicherheitsziel für einen E-Antrieb mit zugehörigem ASIL-Attribut und Parametern:
Das elektrische Antriebssystem soll ungewollte Beschleunigung vermeiden
ASIL C
Fehlertoleranzzeitintervall: <fahrzeugauslegungsspezifischer Wert> ms

Auf Basis der Sicherheitsziele werden im Rahmen der Produktentwicklung auf Systemebene funktionale und technische Sicherheitskonzepte entwickelt, mittels entwicklungsbegleitender Sicherheitsanalysen optimiert und durch geeignete Verifikations- und Validierungsmaßnahmen im Entwicklungsprozess hinsichtlich Eignung und Angemessenheit überprüft.

Funktionale und technische Sicherheitskonzepte für das Item „Elektrisches Antriebssystem" beinhalten:

- Die Sicherheitsanforderungen für das Antriebssystem, seine Bestandteile und seine externen bzw. internen Schnittstellen.
  Beispiel: Anforderungen zum Verhalten des Antriebssystems und seiner externen Schnittstellen im Fehlerfall inkl. zugehöriger Fahrerwarnungen, Definitionen sicherer eingeschränkter Betriebs- bzw. Ausfallzustände zwecks Sicherstellung eines beherrschbaren Fahrzeugverhaltens. Zeitintervalle innerhalb derer Fehler durch das Antriebssystem toleriert werden können oder innerhalb derer Fehler durch das System erkannt und beherrscht werden müssen. Spezifikation geforderter technischer Eigenschaften der sicherheitsrelevanten Systembestandteile und Systemschnittstellen sowie benötigter Sicherheitsmechanismen zur rechtzeitigen Fehlererkennung und beherrschung.
- Die Systemarchitektur bzw. Systemauslegung, welche in der Lage ist die Sicherheitsanforderungen mit der benötigten Sicherheitsintegrität umzusetzen. Zur Systemarchitektur gehören auch die Beschreibung zugehöriger statischer und dynamischer Architekturaspekte sowie sicherheitsbezogener Funktionen bzw. Maßnahmen zwecks Fehlertoleranz bzw. Fehlererkennung und -beherrschung. Im Rahmen der Systemauslegung werden auch zusätzliche Produktions-, Feldbetriebs- oder Serviceaspekte berücksichtigt.
  Beispiel: Implementierung einer funktionalen Überwachungseinheit im Antriebssteuerungssystem, die Soll / Ist-Abweichungen wesentlicher Funktionsparameter der Steuerungseinheit, des Umrichters bzw. der elektrischen Antriebsmaschine erkennt und die Antriebsmaschine gemäß definierter Fehlerreaktion über einen redundanten Anschaltpfad entweder drehmomentfrei schaltet oder kurz schließt. Definition eines speziellen Anlieferungszustands für das Steuergerät, um unkontrollierte Bewegungen angeschlossener Aktorik während des Montageprozesses zu verhindern.
- Ergänzende Sicherheitsargumentationen.
  Beispiel: Begründungen für und Erläuterungen zur gewählten technischen Lösung und deren Sicherheitsintegrität.

Im Rahmen der Produktentwicklung werden qualitative bzw. quantitative Sicherheitsanalysen durchgeführt. Diese dienen der Identifikation und Behebung von Schwachstellen bzw. der Bestätigung der systematischen Eignung einer gewählten technischen Lösung. Dazu wird die Lösung hinsichtlich Fehlertoleranz bzw. Fähigkeit zur Fehlererkennung und -beherrschung oder Rückwirkungsfreiheit bzw. Unabhängigkeit zwischen relevanten Systembestandteilen analysiert.

Beispiel: Durchführung einer System FMEA. Durchführung einer FMEDA (Failure Modes, Effects and Diagnostic Analysis) für die sicherheitsrelevanten Elektrik- und Elektronikbestandteile wie Steuerungseinheit, Umrichter und Sensorik. Durchführung einer qualitativen bzw. quantitativen Fehlerbaumanalyse für die wesentlichen Anteile das Antriebssystem unter Zuhilfenahme geeigneter Fehlermodelle. Quantitative Analysen bewerten beispielsweise, wie sich der prozentuale Anteil erkennbarer Fehler bezogen auf die Gesamtheit derjenigen möglichen Fehler verhält, die zu unerwünschtem Systemverhalten führen könnten. Bewertung ob die Ergebnisse quantitative Analysen innerhalb ASIL-bezogener Zielwerte liegen.

Auf Basis des Sicherheitskonzepts bzw. entsprechender Ausleitungen findet die Entwicklung, Analyse und Absicherung der zugehörigen Elektrik / Elektronik- bzw. Softwarebestandteile statt. Zur Erzeugung von Programmcode können in der sicherheitsgerichteten Softwareentwicklung sowohl modellbasierte als auch manuelle Entwurfs- und Implementierungsverfahren eingesetzt werden.

Im Rahmen der Systemintegration werden die hinreichend abgesicherten Elektrik / Elektronik- bzw. Softwarebestandteile bzw. weitere Systemelemente auf verschiedenen Hierarchieebenen integriert bis hin zum Gesamtfahrzeug und gemäß einer festgelegten Verifikations- und Validierungsstrategie unter Einsatz geeigneter Maßnahmen, Verfahren, Prüfumgebungen und -werkzeuge abgesichert. Zu den Verifikations- und Validerungsmaßnahmen gehören sowohl Reviews der Arbeitsergebnisse des Produktentstehungsprozesses als auch Simulationen, Analysen und Tests des virtuellen bzw. des physischen Systems und seiner technischen Bestandteile, wozu auch enthaltene Elektrik / Elektronik- und Softwareumfänge zählen.

Beispiele: Reviews von Sicherheitskonzepten, System- und Softwarearchitekturen oder E / E-Schaltungen. Simulation sicherheitsrelevanten E / E-Schaltungen unter Berücksichtigung von Bauteiltoleranzen. Funktionstests auf Komponenten- bzw. Systemebene unter normalen und besonderen Betriebs- und Umweltbedingungen. Fehlerinjektionstests zwecks Verifikation von Sicherheitsmechanismen auf Komponenten bzw. Systemebene. Fehlerreaktionstest für das elektrische Antriebssystem zwecks Validierung des Sicherheitskonzepts im Gesamtfahrzeug.

Im Rahmen der Produktentstehung ist der gegenseitige Informationsaustauch zwischen den Fachbereichen, die für die Produkt- und Komponentenentwicklung und denen die nachfolgenden Phasen des Sicherheitslebenszyklus verantwortlich sind, sehr wichtig. Zu den dabei ausgetauschten Informationen gehören unter anderem:

- sicherheitsrelevante besondere Produktmerkmale, damit sie diese im Rahmen des Herstellungsprozesses abgesichert werden können.
  Beispiel: Als sicherheitsrelevant gekennzeichnete Toleranzangaben in Fertigungszeichnungen mit ergänzender Prüfvorschrift.
- benötigte Warn- und Bedienhinweise bzw. Wartungs- und Reparaturvorgaben.
  Beispiele: Erläuterungen zur Bedeutung von Warnanzeigen inkl. zugehörigen Handlungsanweisung für Fahrzeugführer oder -besitzer. Vorgaben zum Tausch kompletter konstruktiver Einheiten bei Defekten.
- Lessons Learned bzgl. Produktions- oder servicegerechter Produktgestaltung
  Beispiel: Auslegung von Steckverbindungen gemäß Poka-Yoke-Prinzip.

Die finale Validierung des Produkts und seiner Funktionalen Sicherheit erfolgt auf Fahrzeugebene und soll sicherstellen, dass das elektrische Antriebssystem inklusive Sicherheitskonzept für seine bestimmungsgemäße Verwendung geeignet ist. Zu dieser Validierung gehören:

- Die Bestätigung der Gültigkeit getroffener Annahmen, sofern diese das Ergebnis der Gefährdungsanalyse und Risikobewertung signifikant beeinflussen können.

Beispiel: Bewertung und Bestätigung der Beherrschbarkeit der umgesetzten Fehlerreaktionen des Antriebssystems durch Testfahrer inklusive des Beitrags sonstiger Fahrzeugsysteme zur Risikominimierung. Bestätigung der Fähigkeit mechanischer Komponenten, das Risiko aufgrund eines Ausfalls bestimmter sicherheitsrelevanter Elektrik / Elektronik- oder Softwarefunktionalitäten zu minimieren oder zu begrenzen.

- Die Bestätigung der Eignung und Robustheit des Sicherheitskonzepts inkl. getroffener Maßnahmen auch unter Berücksichtigung von vorhersehbarem Fehlgebrauch.
  Beispiel: Nachweis der Beherrschbarkeit der umgesetzten Fehlerreaktionen des Antriebssystems auch in besonderen Fahrsituationen.

Die primäre Maßnahme zu Erreichung der Funktionalen Sicherheit ist, wie bereits beschrieben, eine prozessual und sachlich sorgfältig durchgeführte Entwicklung inkl. zugehöriger Verifikations- und Validierungsmaßnahmen. Aufgrund der besonderen Sorgfaltspflichten sind zusätzliche Maßnahmen zur Bestätigung der Funktionalen Sicherheit definiert. Dazu gehören entwicklungsbegleitende Reviews wesentlicher Arbeitsergebnisse („Confirmation Reviews"), Beurteilungen der eingesetzten Entwicklungsprozesse („Functional Safety Audit") sowie Beurteilungen des finalen Entwicklungsergebnisses bzw. Produkts („Functional Safety Assessment"). Diese stichprobenbasierten Beurteilungen werden je nach Funktionssicherheitseinstufung durch organisatorisch hinreichend unabhängige Assessoren durchgeführt und sollen sicherstellen, dass:

- das Produkt ein angemessenes Maß an Funktionaler Sicherheit entsprechend seiner geplanten Verwendung besitzt.
- die zugehörige Sicherheitsargumentation schlüssig und nachvollziehbar ist und durch zugehörige Entwicklungsergebnisse geeignet unterstützt wird.
- innerhalb eines Unternehmens ein vergleichbarer und angemessener Stand der Technik im Rahmen der Risikobewertung und -minimierung eingesetzt wird.
- unzureichende Entwicklungsressourcen, Interessenkonflikte oder Betriebsblindheit nicht ohne weiteres zu mangelnder Sorgfalt und mangelhaften Produkten führen.

Auf Basis der geeignet dokumentierten Sicherheitsargumentation, den zugehörigen Entwicklungs-ergebnissen sowie den Ergebnissen durchgeführter Bestätigungsmaßnahmen („Safety Case") wird das Produkt am Ende der Entwicklung zur Serienproduktion freigegeben.

Aufgrund der zuvor genannten Einflussfaktoren ist die Gefährdungsanalyse und Risikobewertung für einen spezifischen elektrifizierten Antriebsstrang und Fahrzeugkontext gültig und deswegen üblicherweise nur durch den jeweiligen Fahrzeughersteller durchführbar. Für Zulieferkomponenten, die ebenfalls eigenständige Systeme sein können, ist daher eine generische Entwicklung als sogenanntes Safety Element out of Context („SEooC") empfehlenswert. Im Rahmen einer SEooC-Entwicklung werden fahrzeugspezifische Sicherheitsanforderungen durch geeignet abgeleitete Annahmen zum erwarten Fahrzeugkontext des SEooC-Systems sowie zu entsprechenden Sicherheitsanforderungen und deren ASIL ersetzt (z. B. von ASIL B bis ASIL D, je nach vorgesehener Systemfunktionalität, -auslegung sowie Annahmen zur Zielfahrzeugauslegung). Auf Basis dieser dokumentierten Annahmen kann dann sowohl die sicherheitsbezogene Entwicklung, so vollständig wie möglich, durchgeführt werden als auch der Abgleich gegen spezifische Sicherheitsanforderungen stattfinden, sobald das SEooC im Rahmen eine Serienentwicklung in ein spezifisches Fahrzeug integriert werden soll.

22.2.3 Zusammenfassung

Die notwendige prozessuale und technische Sorgfalt zur Erreichung eines angemessenen Maßes an Funktionaler Sicherheit für elektrifizierte Antriebsstränge in Straßenfahrzeugen wird primär durch Gefährdungen und Risiken resultierend aus fehlerbedingtem Funktionsverhalten bestimmt. Wesentliche Einflussparameter sind dabei Leistungsfähigkeit sowie Funktionalität des Antriebssystems aber auch Fahrzeugauslegung und -nutzung. Ergänzend dazu trägt die Funktionale Sicherheit auch zur Risikominimierung für sonstige technologiebedingte Gefährdungen elektrischer Antriebe bei. Sich verändernde Nutzungs- und Mobilitätskonzepte, bedingt beispielweise durch hochautomatisiertes Fahren, werden zunehmenden Einfluss auf die Funktionale Sicherheit von Antriebssystemen haben.

22.3 Elektrische Sicherheit

22.3.1 Einleitung

Die Elektrifizierung des Antriebsstrangs hat nicht nur Auswirkungen auf die gesamte Automobilentwicklung, sondern beispielsweise auch auf den Service. Dabei werden neue Kompetenzen gefordert, die nur noch wenig gemeinsam haben mit dem, was man seit Jahrzehnten gewohnt ist und technisch beherrscht. Mit der Markteinführung der E-Mobilität rücken diese Herausforderungen mehr und mehr ins Blickfeld, etwa bei der benötigten Ladeinfrastruktur, siehe Kap. 23. Denn die oft beschriebene „Steckdose, die jeder hat" erwies sich bereits in den Test und Demonstrationsphasen als problematisch. Grundsätzlich muss sich der gesamte Kundendienstbereich neu orientieren. Autohäuser, Markenwerkstätten, Freie Werkstätten, Rettungs und Unfalldienste, sogar Elektronikmärkte müssen sich Gedanken machen, wie sie sicherheitstechnisch auf die neuen Herausforderungen reagieren. Beispielsweise müssen sie Antworten haben auf die praxisnahe Frage: Was ist zu beachten, wenn ein neues Autoradio in ein Elektrofahrzeug eingebaut werden soll?

22.3.2 Arbeitsschutz

Es ist ein Paradigmenwechsel, der sich in Folge der Elektrifizierung vollzieht – wenn man es überspitzt darstellt, ist ein Elektroinstallateur derzeit kompetenter als ein Kfz-Mechatroniker, ein Elektrofahrzeug zu reparieren. Ersterer weiß mit hohen Spannungen umzugehen und um die versteckten Gefahren. Zwar wurde in den letzten zehn Jahren bereits massiv Elektronik ins Auto integriert, beispielsweise Assistenzsysteme, Komfortkomponenten und elektronische Motor- und Getriebesteuerungen zur Optimierung von Leistung, Fahr- und Abgasverhalten. Im Vergleich hierzu handelt es sich bei elektrischen Antrieben jedoch fast schon um Energietechnik: Spannungen von bis zu 1000 V und Ströme von vielen 100 A sind hier die Regel. Im Kurzschlussfall können auf Schnellladung optimierte Batteriesysteme leicht 20 kA oder sogar noch höhere Ströme liefern. Dies ist eine Gefährdung nicht nur basierend auf den Strömen selbst, sondern auch durch Rückwirkungen auf Leistungselektronik oder die Batterie selbst, die bei solchen Strömen in Brand geraten kann. Selbst der klassische Elektriker bekommt bei solchen Größenordnungen Respekt und erinnert sich an die Sicherheitsvorschriften, die während seiner gesamten Ausbildungszeit permanent im Vordergrund standen. Auch wenn die Vermittlung von Kenntnissen über Hochvolttechnik (HV-Technik) langsam Eingang in die Ausbildungsgänge zum Kfz-Mechatroniker findet, bleibt dieses Thema doch nur eine Ergänzung und zieht sich noch nicht durch die gesamte Ausbildung. Da sich zudem die Werkstätten bislang nur sehr vereinzelt mit alternativen Antrieben und deren besonderen Anforderungen an den Arbeitsschutz konfrontiert sehen, ist es ohnehin unmöglich, die erforderliche Routine zu erwerben denn alleine die Anzahl der Varianten von hybridisierten, teilelektrifizierten und rein elektrischen Antrieben wächst beinahe täglich. Hinzu kommen Brennstoffzellen basierte elektrische Fahrzeuge (FCEV), mit zusätzlich noch einem Gassystem mit 70 MPa an Bord ,siehe Kap. 7. Zudem sind bisher einige Fahrzeuge Sonderlösungen oder Umbauten; hier gilt besondere Vorsicht. Bei den Serienfahrzeugen muss sich erst zeigen, ob alle On-Board-Diagnose- und Sicherheitskonzepte einwandfrei arbeiten und auch in gealtertem Zustand noch zuverlässig schützen. Eine besondere Rolle kommt hierbei den Isolationswächtern zu. Mit ihrer Hilfe lassen sich unzulässige Kriechströme frühzeitig identifizieren, wenn auch nicht unmittelbar lokalisieren. Hierzu muss in der Fachwerkstatt am spannungsführenden Fahrzeug eine Fehlersuche erfolgen

Die Sicherheit der betroffenen Mitarbeiter muss in all diesen Fällen gewährleistet werden, wofür in erster Linie der Unternehmer verantwortlich ist. Ihm obliegt es, dafür zu sorgen, dass nur für die jeweilige Aufgabe ausreichend geschulte oder unterwiesene Personen Arbeiten durchführen oder beaufsichtigen. Um Missverständnissen vorzubeugen, ist hierbei anzuführen, dass es sich bei dem Begriff „unterwiesene Person“ nicht um eine Berufsbezeichnung handelt. Hinter dem Begriff verbirgt sich laut berufsgenossenschaftlicher Vorschrift BGI 8686 vielmehr die Fähigkeit, das Vermögen und die Fertigkeit eines Mitarbeiters, „elektrotechnische Arbeiten in einem bestimmten Bereich der Elektrotechnik eigenverantwortlich und selbstständig durchzuführen“. Die notwendigen Qualifikationen werden in den Publikationen der Deutschen Gesetzlichen Unfallversicherung (DGUV) beschrieben, grundlegend jedoch in der BGI / GUV-I 8686 beschrieben. In der GUV-I 8686 wird dabei auf verschiedene Vorschriften und VDE-Bestimmungen verwiesen. Dabei finden die Unfallverhütungsschrift „Elektrische Anlagen und Betriebsmittel“ (BGV / GUV-V A3) sowie die DIN VDE 0105-100 und DIN VDE 1000-10 Anwendung. Eine zentrale Rolle nimmt in diesem Zusammenhang die sogenannte Gefährdungsbeurteilung ein, die die potenziellen Gefährdungen ermittelt und bewertet. Auch diese Verantwortung liegt laut Arbeitsschutzgesetz beim Arbeitgeber. Entsprechend der aktuellen Gefährdung müssen entsprechende Maßnahmen ergriffen werden, die technischer, organisatorischer oder persönlicher Natur sein können. Qualifizierung und Schulung sind oftmals Teile dieser Maßnahmen.

Bei den Schulungen werden grundsätzlich drei Stufen unterschieden, wobei sich die erste lediglich mit nicht-elektrotechnischen Arbeiten an einem Fahrzeug mit HV-System auseinandersetzt. Die zweite Stufe bietet eine Ausbildung für alle elektrotechnischen Arbeiten und ist Voraussetzung für die dritte Stufe, die letztendlich zur Durchführung aller elektrotechnischen Arbeiten berechtigt, auch zur Arbeit an spannungsführenden Komponenten oder Installationen Hierbei wird natürlich Rücksicht auf die vorherige Ausbildung genommen. Dementsprechend werden elektrotechnische Laien anders behandelt als Elektrofachkräfte oder Mitarbeiter mit einem ingenieurwissenschaftlichen Studium; eine detaillierte Übersicht bieten Anhang 2-8 des BGI 8686. Im Zweifel gilt immer das Vorsorgeprinzip welches leider oft erst nach Unfällen ausreichend geprüft wird. So kann man beispielsweise bei Studenten der elektrischen Energietechnik dieses Wissen theoretisch zwar voraussetzen, eine praktische Schulung oder Unterweisung ist dabei allerdings nicht vorauszusetzen. Daher sind beispielsweise auch Studenten, die an elektrischen Fahrzeugen entwickeln nach dem Vorsorgeprinzip zu behandeln und zu unterweisen.

Der Rahmenlehrplan zur Elektrofachkraft für HV-Systeme sieht gewöhnlich ein weites Spektrum von theoretischen Themen vor, unter anderem die Klassifizierung von Antriebssystemen, die Erklärung des Aufbaus und der Funktion von Komponenten wie Batterien, Kondensatoren, Gleich- und Wechselstrommotoren, Leistungselektroniken und elektrischen Bordnetzen. Zudem wird eine Einführung in die Messtechnik gegeben und es werden rechtliche Haftungen und Vorschriften vorgestellt, Potenziale für Störungen und Gefährdungen im Werkstattbereich betrachtet sowie Schutzmaßnahmen erörtert. Vor der theoretischen Prüfung, die am Ende abgelegt werden muss, gibt es einen praktischen Unterrichtsteil, in dem das besondere Augenmerk auf Übungen des Erlernten liegt. Schon die richtige Verwendung der persönlichen Schutzausrüstung ist für viele Teilnehmer Neuland. Der Umgang mit elektrischen Messmitteln, die richtige Interpretation der Ergebnisse und ein Gefühl für mögliche Fehlmessungen sollten intensiv trainiert werden. Bisher waren die Gefahren in Fahrzeugen auf sich drehende oder heiße Teile beschränkt, für die der Mensch die geeigneten Sinne hat. Bei elektrisch betriebenen Fahrzeugen kann man sich vor der Gefahr eines eventuell tödlichen elektrischen Schlags nur dadurch schützen, dass man sich das entsprechende Fachwissen angeeignet hat und während der Arbeit genau weiß, was man tut und wo die eigenen Kompetenzen enden. Beispielsweise sollten die Mitarbeiter nach der Schulung ganz konkret in der Lage sein, Messungen zur Spannungsfreiheitsfeststellung (hierbei sollte unbedingt ein handgehaltenes, zweipoliges Messgerät verwendet werden, da ein Multimeter mitunter zu einem falschen Anzeigeergebnis führt), des Isolationswiderstands und der Potenzialausgleichskontinuität durchzuführen.

Neben der organisierten und ausreichenden Qualifikation der Mitarbeiter in Deutschland stellt die internationale Arbeitsteilung, die in den Liefer- und Produktionsketten oft sehr weitreichend ist, eine große Herausforderung für Automobilhersteller und -zulieferer dar. Natürlich sind alle Akteure daran interessiert, entsprechende Sicherheitsstandards auch im Ausland zu garantieren. Dies bedeutet zum Beispiel im europäischen Ausland oder in China, den gleichen Wissensstand bezüglich HV-Technik und Arbeitssicherheit erreichen zu müssen. Vor dem Hintergrund der Sprachbarrieren und dem völlig unterschiedlichen Vorwissen ist dies eine anspruchsvolle Aufgabe, für die oft herstellerspezifische und landesspezifische Schulungen entwickelt werden müssen. Auch wenn es in vielen Ländern außerhalb Europas keine vergleichbaren berufsgenossenschaftlichen Ausbildungsvorschriften gibt, verfolgen viele Hersteller einen von Qualität geprägten Ansatz, denn ein hohes Sicherheitsniveau bedeutet auch ein gesteigertes Qualitätsniveau. Außerdem minimieren Mitarbeiter, die über ein hohes Verständnis für die technischen Gesamtzusammenhänge des Produkts verfügen, nicht nur die Schnittstellenprobleme innerhalb überregional oder international agierender Teams. Auch die erforderlichen Optimierungsprozesse werden dadurch wesentlich effizienter. Bei Arbeiten an wasserstoffbetriebenen Brennstoffzellenfahrzeugen ist ein noch breiteres Wissen gefragt, denn hier vereint sich die allgemeine Fahrzeugtechnik mit speziellen Anforderungen aus der HV-Technik und der Sicherheit von Gasfahrzeugen. Hier gibt es weiteren Schulungsbedarf, um den Mitarbeitern und Unternehmen die Sicherheit zu geben, ihre Arbeit überhaupt ausführen zu dürfen, aber auch das Hintergrundwissen zu vermitteln, welches zum Verständnis des Gesamtsystems nötig ist. Immerhin muss ein 70 MPa-Wasserstoff-Drucksystem im Fahrzeug sicher beherrscht werden.

Bei den Automobilherstellern kann man den Wandel, der sich im Automobilgesamtsystem vollziehen muss, recht gut beobachten. Er dauert dort nun schon einige Jahre und ist bei Weitem noch nicht angeschlossen.

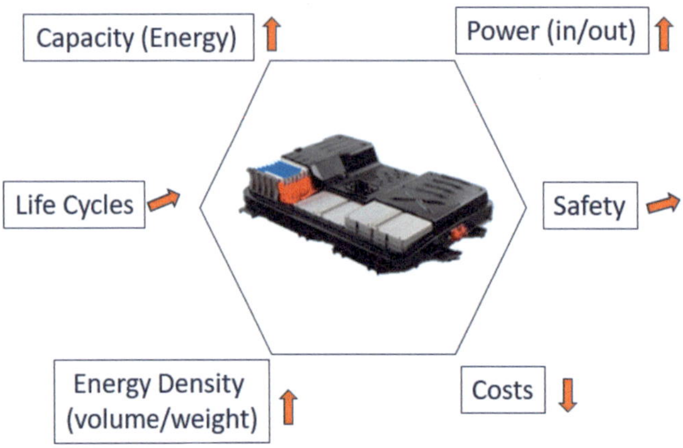

Abb. 5 Parameter der Batterieentwicklung

Ein klarer Trend war in den letzten Jahren zu beobachten: Erst wurden vorwiegend Entwicklungsingenieure in der HV-Technik geschult, dann OEM-eigene Mechaniker und Techniker, dann parallel die Mitarbeiter in der Produktion und die Mitarbeiter der markeneigenen Fachwerkstätten und das Verkaufspersonal. Der nächste unbedingt notwendige Schritt liegt weitgehend außerhalb der Reichweite der Fahrzeughersteller und betrifft die freien Werkstätten. Während sich Werkstätten die an eine landesweite Kette angeschlossen sind langsam vorbereiten sind die gänzlich freien und auf Eigenrechnung agierenden Werkstätten oft noch nicht ausreichend vorbereitet. Sobald auch nur ein angestellter Mitarbeiter im Betrieb tätig ist gelten selbstverständlich alle DGUV Vorschriften uneingeschränkt.

22.3.3 Batteriesicherheit

Der Sicherheit von Li-Ionen-Batterien kommt eine besondere Bedeutung zu, siehe Kap. 6. Das Batteriesystem ist nicht nur die teuerste Komponente im batterieelektrischen Fahrzeug, es ist auch die Komponente mit hoher Sicherheitsrelevanz, weil sie zugleich Energiewandler und Energiespeicher darstellt. Selbstverständlich gibt es auch eine Risikolage bei Benzin/Diesel-Fahrzeugen und bei Gasfahrzeugen mit Erdgas oder Wasserstoff, allerdings ist diesen Antriebsklassen gemein, dass der Energiespeicher jeweils getrennt ist vom Energiewandler, also dem Verbrennungsmotor oder der Brennstoffzelle. Daher beschränkt sich im konventionellen Bereich die Gefahrenbeurteilung in der Regel auf die Tanksysteme und die Kraftstoffzuführungen zum Motor die im Betrieb sicher sein müssen und bei einem Unfall entsprechende Eigenschaften nachweisen müssen. Trotzdem ist bei Unfällen mit konventionellen Fahrzeugen austretender Kraftstoff ein sehr häufiges Ereignis, manchmal mit nachfolgendem Brandereignis. Batteriespeichersysteme jeder Art sind also systembedingt gleichzeitig Energiewandler und Energiespeicher, was sie aufwändiger macht in ihrer Gefährdungsbeurteilung.

Es gibt eine ganze Reihe von Freiheitsgraden welche die Eigenschaften eines Batteriesystems charakterisieren. Manche davon stehen im Widerspruch zueinander was natürlich Auswirkungen auf die Systemauslegung und das Systemdesign insgesamt hat. So stehen beispielsweise vergleichsweise sichere Systemauslegungen mit hohem Innenwiderstand im Kontrast mit immer größer werdenden Anforderungen an die Schnellladefähigkeit. Das muss zwar nicht zwangsläufig zu Einbußen in der Gesamtsicherheit des Systems führen, wohl aber zu höheren Anforderungen an Schutzmechanismen, beispielsweise im Kurzschlussfall. Die **Abb. 5** verdeutlicht die wichtigsten Freiheitsgrade in der aktuellen Batterieentwicklung. Jeder Fahrzeughersteller muss dabei den für ihn geeigneten Kompromiss finden, eine in allen Punkten „optimale“ Batterie dürfte spätestens an den Kosten scheitern, die ja für die weitere Marktdurchdringung durchaus ebenfalls ein wichtiges Kriterium sind.

Der Weg zu einem „sicheren“ Batteriesystem beginnt bereits bei der Auswahl geeigneter Zellen. Die Eigenschaften der Zelle müssen optimal zum späteren Systemdesign passen das entweder sehr viele parallele Stränge aufweisen kann, was zu niedrigeren Spannungen und damit höheren Strömen führt oder eben der umgekehrte Weg über serielle Verschaltungen zu höheren Spannungen und geringeren Strombelastungen der Stränge bei jeweils gleicher Leistung. Bei seriellen Anordnungen ist der Innenwiderstand der Einzelzelle von erheblicher Bedeutung da bei hohen Leistungen eine entsprechende Wärmeentwicklung zu berücksichtigen ist die wiederum Rückwirkungen auf höhere Anforderungen an das Kühlsystem und deren homogene Wirkung im Batteriesystem zur Folge hat. Parallele Strukturen gepaart mit vielen Einzelzellen, ein Paradebeispiel für diesen Ansatz ist sicherlich Tesla mit seinen „Notebookakkus", bedeuten andere Herausforderungen, beispielsweise mit teils hohen Strangströmen und zahlreichen Einzelkontaktierungen und den damit verbundenen sich addierenden Übergangswiderständen. Selbstverständlich ist bei Tesla inzwischen auch nur noch die Bauform der Zelle einem Notebook zuzuordnen, die Zellchemie wurde längst den für die Automobilindustrie notwendigen Anforderungen angepasst und optimiert.

Während wir in den letzten Jahren immer bessere Zellen sehen konnten, hinsichtlich Energiedichte, Langzeitstabilität, Sicherheit und Kosten, müssen die Zellhersteller sich aktuell stärker dem Trend zur Schnellladung widmen, was dieses Gefüge wieder leicht aus dem Gleichgewicht bringt. Ladeleistungen von 150 kW und sogar 350 kW bei Spannungslagen von bislang bis zu 800 V erfordern sehr niederohmige Systeme, was das Augenmerk besonders auf die Leitfähigkeit der Anode und der Kathode richtet. Ob nun nickelreiche Dotierungen oder andere Maßnahmen hier den gewünschten Erfolg bringen wird sich zeigen. Aus dem Blickwinkel der Sicherheit führen diese „hochleitfähigen" Batteriesysteme – dabei natürlich auch hoch performanten Batteriesysteme – zu verschärften Anforderungen. Anspruchsvoll ist dies beispielsweise für die Trennschalter des Gesamtsystems, die mit extremen Kurzschlussströmen von 10-20 kA belastbar sein müssen, um dann im Notfall auch noch sicher und möglichst schnell trennen zu können.

Neben den Sicherheitsprüfungen für Batteriesysteme zur Straßenzulassung, siehe Abschn. 22.3.4, haben die internationalen Standardisierungsorganisationen zahlreiche weitere Standards nachgezogen, zur Batteriesicherheit aber auch zur Performance und zu den Umweltanforderungen. Beispielhaft sei hier auf die Normenreihe DIN / ISO (DIN ist die deutsche Version, übertragen aus der entsprechenden ISO Norm) verwiesen, **Tabelle 1**. In den unterschiedlichen Weltregionen haben sich daneben aber weitere Standards etabliert, beispielsweise in China und in den USA mit seinem SAE Normen. Zwar sind diese Standards mehr oder weniger nicht obligatorisch in der Anwendung (außer GB Standards in China) sie repräsentieren aber immer einen Stand der Technik, der in keinem System unterschritten werden sollte. Relevant wird dies vor allem im „Ernstfall" wenn nach einem Unfall die Aufsichtsbehörden oder Versicherungen Untersuchungen einleiten ob der Hersteller seiner Sorgfaltspflicht genüge getan hat. Ein wichtiger Nachweis der Sorgfalt sind die Prüfprotokolle eines akkreditierten Labors welches entweder beim Hersteller selbst vorhanden sein kann oder durch ein externes Labor eines Dritten repräsentiert wird. Insofern ist die Einhaltung dieser Standards für die jeweiligen Märkte dringend zu empfehlen. Über dies hinaus markieren diese Standards eine gute Basis für spezifisch angepasste, hausinterne Standards.

22.3.4 Fahrzeugzulassung

Für die Homologation, also der behördlich geregelten und obligatorischen Zulassung eines Fahrzeugs für den öffentlichen Straßenverkehr gelten in Europa die harmonisierten Anforderungen der UN ECE die jeweils von nationalen Behörden wie dem Kraftfahrtbundesamt (KBA) in nati-

Tabelle 1 Auswahl wichtiger Normen für elektrische Sicherheit und Performance von Komponenten in Elektrofahrzeugen, insbesondere für das Batteriesystem.

ISO 6469-1:2009 und ISO 6469-1:2019	Sicherheitsanforderungen von Li-Ionen-Batteriesystemen für den Betrieb von elektrisch angetriebenen Fahrzeugen/ Testanforderungen für die Sicherheit von Li-Ionen-Systemen
ISO 12405- Teile 1-4	Testanforderungen für die Systemleistung, Sicherheit und Haltbarkeit von Li-Ionen-Batteriesystemen für die Anwendung im Elektrofahrzeug (wird teilweise in die ISO 6469-1:2019 überführt, die Teile 1 und 2 sollen zukünftig im Teil4:2019 zusammengefasst werden.
ISO 19453-6	Umweltanforderungen und Testanforderungen für Umwelttests an Li-Ionen-Batteriesystem für den Antrieb im elektrischen Fahrzeug.
ISO 16898 (PAS)	Empfehlungen für die geometrischen Anforderungen an Li-Ionen Zellen für den Einsatz in Batteriesystemen im Elektrofahrzeug.
ISO 16750-1:2018	Umweltanforderungen an elektrische Komponenten im Straßenfahrzeug, Testanforderungen zu Umwelttests elektrischer Komponenten in Straßenfahrzeug, vornehmlich im Bereich elektrisch angetriebener Straßenfahrzeuge
ISO 19453-5:2018	Umweltanforderungen (chemischer Art) an elektrische- und elektronische Komponenten im Straßenfahrzeug, vornehmlich im Bereich elektrisch angetriebener Straßenfahrzeuge (betrifft nicht die Batterie, diese wird im Teil 6 behandelt.

onales Recht implementiert werden. Dabei gilt es das Gesamtfahrzeug gemäß 46 unterschiedlicher Rechtsakte zu qualifizieren. Die Prüfung der technischen Qualifikation übernehmen in Deutschland technische Dienste wie TÜV oder DEKRA im Auftrag des KBA. In den anderen Europäischen Ländern ist dies ähnlich geregelt, teils sind prüfende Behörden identisch mit den zulassenden Behörden. Damit ein Hersteller überhaupt die Zulassung eines Fahrzeugs beim KBA beantragen kann, muss sich der Hersteller selbst über ein Audit gegenüber dem KBA als Fahrzeughersteller qualifizieren und listen lassen. Dabei werden in erster Linie Qualitätsmanagementprozesse auditiert, die vor allem die genaue Kenntnis der gesetzlichen Vorschriften voraussetzen. Dabei ist dem Gesetzgeber besonders wichtig, inwieweit einmal zur Prüfung vorgestellte Fahrzeuge im späteren Produktionsverlauf konform gehalten werden können. Die sogenannte Konformität der Produktion (COP) wird in regelmäßigen Abständen erneut durch einen technischen Dienst überprüft. Diese Konformität muss über den gesamten Lebenszyklus des Produktes erhalten bleiben, daher ist auch die konforme Ersatzteilversorgung Teil des Audits. Für einzelne Fahrzeuge und Umbauten gilt der Sachverhalt des § 13, damit können einzelne Fahrzeuge auf Basis einer nationalen Einzelzulassung in den Verkehr gebracht werden. Für diese gelten zwar im Prinzip die gleichen Anforderungen, der Gesetzgeber verzichtet aber in diesem Fall auf eine genauere Prüfung, beispielsweise entfällt der Crash-Test.

Aus den 46 Rechtsakten sind für das Elektrofahrzeug einige Regularien wie die R100 neu hinzugekommen, andere sind angepasst worden, einige sind komplett gestrichen (Abgassysteme beispielsweise beim reinen BEV), wieder andere sind komplett identisch mit dem für konventionelle Fahrzeuge (Beleuchtung, Hupe etc.). Erwähnenswert sind abseits der R100 vor allem die R10 (elektromagnetische Verträglichkeit) und die R85 (Motorleistung). Die R10 überprüft dabei das, trotz teils erheblicher Ströme, im Elektrofahrzeug keine elektrischen oder magnetischen Felder sicherheitsrelevante Komponenten stören können, siehe Kap. 21. Besonders sensitiv sind in diesem Zusammenhang Fahrassistenzsysteme deren Reaktion auf einwandfrei übertragenen Sensordaten beruht, die Auswirkung auf Insassen im Fahrzeug und die einwandfreie Funktion aller übrigen Komponenten wie beispielsweise auch des Radios. Die Verträglichkeit muss für das geprüfte Fahrzeug gegeben sein, daneben aber natürlich auch für andere Fahrzeuge im Verkehr. Andererseits darf das Fahrzeug bei Störfeldern von außen ebenfalls nicht in seiner Funktionsfähigkeit eingeschränkt werden, eine gewisse Immunität wird daher verlangt, beispielsweise auch einzuhalten im Extremfall „High Power Charging" mit 150 kW oder sogar 350 kW DC.

In der R100 zur Homologation von Fahrzeugen mit elektrischem- oder teilelektrischem Antrieb fordert der Gesetzgeber seit 2016 deutlich höhere Sicherheitsanforderungen insbesondere an das Batteriesystem. In der relevanten Zulassungsnorm für Elektrofahrzeuge in Europa, der UN ECE R100 wurden in der zweiten Revision erstmalig verpflichtende zerstörende Tests für das Batteriesystem als Teil des Zulassungsprozesses eingeführt. Seit 2016 ist diese Norm verpflichtend für jedes neu auf den Markt kommende Fahrzeug. Seit der Veröffentlichung 2015 ist die Norm in einigen Details nachgeschärft worden, insbesondere wurden einzuhaltende Parameter wie Prüfdauer, Temperaturbereiche und Vorgaben zur Testdurchführung präzisiert. Ebenso wurden die Interpretationsspielräume bei auftretenden „Ereignissen" etwas genauer formuliert, was zu einer einheitlicheren Bewertung der Prüfungen beitragen soll. Die Norm der R100 enthält neben der Prüfvorschrift zur Batteriesicherheit auch wichtige Punkte hinsichtlich der elektrischen Sicherheit, etwa des Berührschutzes und deren Testverfahren. Aktive, also spannungsführende Komponenten, werden im Fahrzeug mittels genormtem Prüffinger (IPXXB) oder gar eines Prüfdrahts (IPXXD), **Tabelle 2**, getestet, sofern diese Komponenten sich im unmittelbaren Wirkungsbereich von Personen befinden, beispielsweise im Kofferraum oder in der Fahrgastzelle. Die

Anforderungen aus der DIN EN 60529	Prüffinger (IPXXB)	Prüfdraht (IPXXD)
	Dreigliedriger Prüffinger (Durchmesser 12,5 mm, Länge 80 mm)	Prüfdraht (Durchmesser 1 mm, Länge 100 mm)

Tabelle 2 Nachweis des direkten Berührschutzes nach DIN EN 60529

Prüfung mit dem Prüfdraht stellt zwar prinzipiell die härtere Anforderung dar, die zu prüfende Umgebung sollte aber immer zusätzlich auch mit dem Prüffinger untersucht werden. Nur mit dem Prüffinger kann auch „um die Ecke" getestet werden, um eventuelle Gefahren hinter Sicken oder Abkantungen identifizieren zu können.

Als weiterer Test hinsichtlich des indirekten Schutzes gegen einen elektrischen Schlag dient der Nachweis eines ausreichenden Ausgleichs gefährlicher Potenziale (also elektrischer Spannungen) gegenüber der Fahrzeugkarosserie. Hier muss nachgewiesen werden, dass der sogenannte Übergangswiderstand metallischer Gehäuse spannungsführender Komponenten (ab 60 V) ein Limit von maximal 100 mΩ einhält. Alternativ gilt der Nachweis der ausreichenden Isolation spannungsführender Komponenten der Spannungsklasse B gegenüber dem potenzialfreien Fahrzeugchassis, vergleichbar dem IT-Netz, **Abb. 6**.

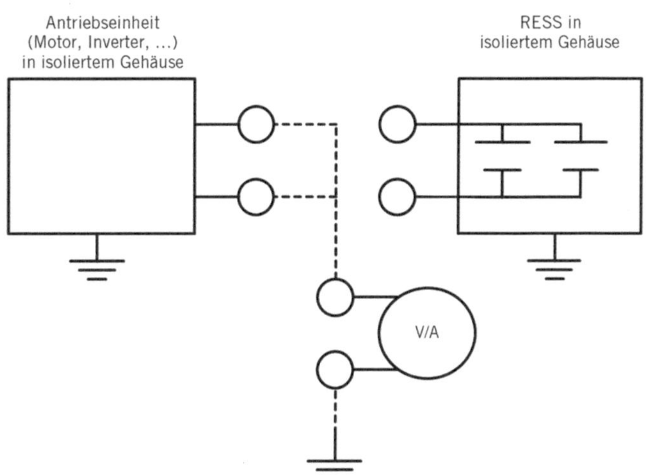

Abb. 6 Isolationsmessung am HV-System mittels Fremdstromquelle (RESS: *Renewable Energy Storage System*)

Es ist bislang auch mit der zweiten Revision der R100 immer noch nicht möglich, einzelnen Komponenten – ohne das Gesamtfahrzeug zu berücksichtigen – eine Automobilzulassung zu erteilen. Es gibt allerdings eine Ausnahme: die Batterie. Diese darf als bislang einzige „Komponente" ohne das Fahrzeug nach den Vorgaben der UN ECE R100-rev2 homologiert werden. Das vereinfacht den Zulassungsprozess, wenn das gleiche Batteriesystem in verschiedenen Fahrzeugarchitekturen zum Einsatz kommen soll. Auf Fahrzeugebene wird dann allerdings natürlich noch einmal eine abschließende Betrachtung durchgeführt, das Sicherheitsniveau darf durch den Einbau nicht sinken, es sind aber normalerweise keine Tests zu wiederholen.

Die seit 2016 im Rahmen der Homologation vorgeschriebenen Sicherheitstests auf Systemebene, also bei kompletten Packs, stellen eine gewisse Herausforderung an Sicherheitsvorkehrungen während der Prüfungen dar. Mechanische, elektrische und thermische Missbrauchsversuche, können jederzeit zu unerwünschten Reaktionen wie Brand oder sogar Explosion führen, daher sollten diese Versuche nur in einem entsprechenden Umfeld durchgeführt werden, betreut von erfahrenen Experten. Denn auch in einer unerwünschten Reaktion kann natürlich ein Erkenntnisgewinn liegen, hierfür braucht es entsprechende Erfahrung.

TÜV SÜD hat von Beginn an den schweren Missbrauchsversuchen besondere Aufmerksamkeit gewidmet und einen Prüfbunker in der notwendigen Dimensionierung und mit umfassender Sicherheitstechnik entwickelt und aufgebaut **Abb. 7**.

Konkret werden im Rahmen der ECE R100 für die Homologation von Batteriepacks in Hybrid-, Plug-in-Hybrid- und rein batterieelektrischen Fahrzeugen die in **Tabelle 3** gelisteten Versuche gefordert. Die meisten der beschriebenen Versuche werden im Rahmen von Sicherheitsprüfungen ohnehin bereits im Entwicklungsprozess berücksichtigt, müssen am Ende

Abb. 7 Prüfbunker für mechanische und elektrische Missbrauchsversuche, Quelle: TÜV Süd

Tabelle 3 ECE R100 für die Homologation von Batteriepacks

8A – Vibrationstest	♦ Von 7 Hz ansteigend bis 50 Hz, anschließende Reduktion bis zurück auf 7 Hz, vertikale Ausrichtung ♦ Zyklusdauer 15 min ♦ Zwölf Zyklen, Gesamtdauer 3 h
8B – Thermischer Schockzyklus	♦ 6 h bei 60 °C, anschließend 6 h bei -40 °C ♦ Maximale Zeit zwischen den Temperaturendwerten 30 min ♦ Fünf Zyklen
8C – Mechanischer Schock	♦ Prüfung nach Schockkurve, abhängig vom Fahrzeugtyp ♦ Test in Schräg- und Längsrichtung 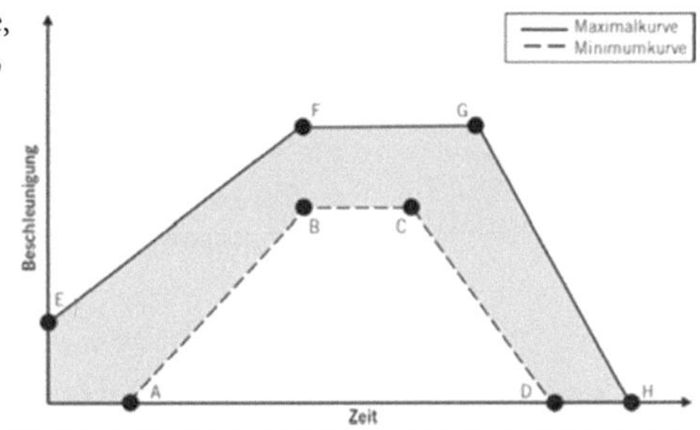
8D – Mechanische Integrität (Quetschtest)	♦ 100 kN Druckkraft, 10 s Haltezeit ♦ Durchführung in der Frontrichtung der Einbaulage im Fahrzeug 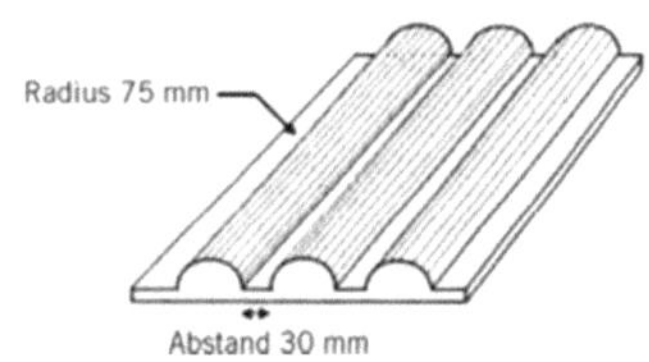
8E – Feuerfestigkeitstest	♦ Batterie wird 70 s über Metallpfanne mit brennender Flüssigkeit (Kraftstoff) gebracht 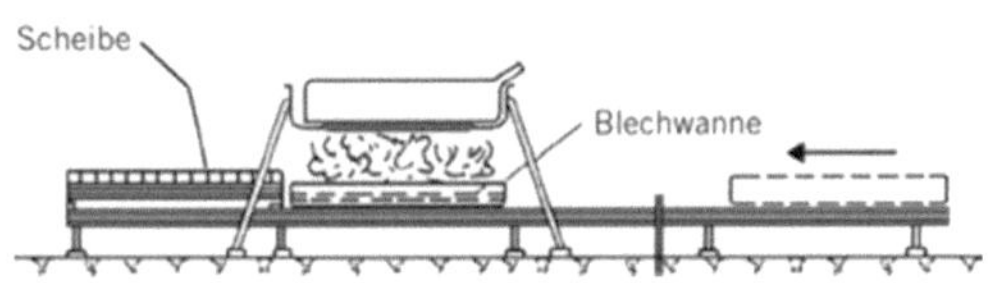
8F – Externer Kurzschluss	♦ Externer Widerstand < 5 mΩ ♦ Temperatur muss nach 1 h stabil sein
8G – Überladungsschutz	♦ Aufladung mit einem Ladestrom, der einem Drittel der maximalen Batteriekapazität entspricht oder dem maximal erlaubten Ladestrom des Herstellers ♦ RESS muss den Ladestrom begrenzen oder den Ladevorgang beenden, ansonsten wird es auf seine doppelte Nennkapazität aufgeladen
8H – Tiefentladungsschutz	♦ Entladung mit einem Entladestrom, der einem Drittel der maximalen Batteriekapazität entspricht oder dem maximal erlaubten Entladestrom des Herstellers ♦ RESS muss Entladestrom begrenzen, Entladevorgang beenden oder wird auf 25 % seiner Nennkapazität entladen
8I – Übertemperaturschutz	♦ RESS aufheizen bis zur maximal erlaubten Betriebstemperatur/Ansprechtemperatur des Übertemperaturschutzes ♦ Laden/Entladen der Batterie im CC-Betrieb innerhalb der normalen Betriebsparameter ♦ Durchführen, bis Temperatur eingeschwungen ist oder das RESS den Strom begrenzt beziehungsweise den Ladevorgang unterbricht

aber als Prüfung nochmals sicher bestanden werden. Erwähnenswert sei hierbei noch der mechanische Schock (*mechanical shock*), für welchen aufgrund des geforderten Schockpulses eine Schlitten-Crash-Anlage benötigt wird. Für die Durchführung aller Versuche sollte eine entsprechende Sicherheits- und Umwelttechnik berücksichtigt werden, um auftretende Emissionen, etwa während des Treibstoffbrandtests, zuverlässig zu neutralisieren. Auch nach einem Testzyklus muss eine beschädigte Batterie noch entsprechend gelagert bzw. direkt „deaktiviert" werden, da sich auch zeitverzögert Reaktionen einstellen können. Die elektrische „Deaktivierung" erfolgt beispielsweise in einem Salzwasserbecken oder durch kontrollierte Entladung in einer gesicherten Umgebung. Die deaktivierte Batterie kann dann der Wiederverwertung zugeführt werden.

Die Einführung des Nachweises der Sicherheit von Antriebsbatterien nach der R100 hat eindeutig dazu geführt, nahezu alle Batterien, die heute im Elektrofahrzeug verbaut sind einen hohen Sicherheitsstand aufweisen. Mit zunehmender Felderfahrungen sind diesbezüglich weitere Verbesserungen möglich bzw. zu erwarten. So ist etwa eine Überprüfung des Sicherheitsverhaltens im Laufe des Produktlebenszyklus derzeit nicht gefordert, dies obliegt der Qualitätsverantwortung der Hersteller, die in der Regel weit über die R100 hinausreichende Sicherheits- und Alterungstests durchführen. Hier hat jeder Hersteller auf den jeweiligen Batterietyp abgestimmte Anforderungen definiert. Trotzdem gibt es noch Möglichkeiten die Sicherheitstests zu erweitern. Momentan werden alle Tests nach der R100 mit aktivierten Sicherheitsmaßnahmen durchgeführt. Ein Fehler oder Ausfall des Sicherheitssystems bzw. des Batteriemanagementsystems wird so also nicht berücksichtigt. Darüber hinaus werden nur neuwertige Batterien der Prüfung unterzogen. Das Verhalten von Batterien unterliegt allerdings den chemischen Eigenschaften der Zellen, welche sich nachgewiesenermaßen in Abhängigkeit von kalendarischer und zyklischer Alterung ändern. Das Sicherheitsverhalten von gealterten Batterien ist damit ein Faktor in der Prüfmatrix, welcher aus Sicht von TÜV Süd heute nur unzureichend betrachtet wird und eigentlich den gesamten Produktlebenszyklus berücksichtigen sollte – wenigstens solange, bis entsprechende Erfahrungswerte vorliegen.

Aktuell werden die Anforderungen der UN ECE R100 im Rahmen der UN GTR EVS Arbeitsgruppe (Global Technical Regulation) überarbeitet. Die Arbeiten wurden an diesem Standard vor allem deshalb in die GTR-Arbeitsgruppe übertragen, um eine weitreichende Harmonisierung mit China, Japan, Korea und den USA zu erreichen. Einigt man sich in der GTR werden die Ergebnisse 1:1 in die nationalen Regularien übernommen. Beispielsweise auch in die UN ECE R100 rev3. Das hat den Vorteil einer weitgehenden Harmonisierung der Anforderungen in den genannten Ländern und eines möglicherweise damit reduzierten Prüfaufwandes für Produkte die global in Kundenhand gegeben werden. Es werden verschiedene Änderungen vorbereitet, die sich dann auch in der R100 wiederspiegeln werden. Es ist beispielsweise vorgeschlagen den Treibstoffbrandtest mit Gas oder LPG zu befeuern statt mit Ottokraftstoff. Das würde den Test etwas einfacher gestalten (Rauchentwicklung), andererseits muss aber die thermische Einwirkung gleichbleiben, die Brandzeiten werden also etwas verlängert werden. Es werden einige Tests neu hinzukommen, beispielsweise ein Tauchtest in Süßwasser und ein sogenannter „Propagation" Test in welchem ein thermisches „Durchgehen" der Batterie, ein sogenannter „Thermal Runaway", induziert wird, um das Verhalten der Batterie bei diesem Extremereignis bewerten zu können. Momentan ist noch strittig welche Initiierungsmethode für den

„Thermal Runaway" zur Anwendung kommen soll, insbesondere für die verschiedenen Bauformen von Batterien (zylindrisch, prismatisch, flächig). Da hier die Reproduzierbarkeit des Tests eine wichtige Rolle spielt werden derzeit Initiierungsmethoden getestet welche möglichst wenig Energie von außen in das System eintragen. Eine spezielle Heizung für eine Einzelzelle ist eine Option, ein induzierter Kurzschlussstrom einer Einzelzelle eine andere, ein äquivalenter chemischer Auslöser ist eine weitere Möglichkeit. Jede der Optionen bietet vor- und Nachteile. Es scheint allerdings sicher zu sein, dass dieser Test aufgenommen wird, da er quasi das „worst case" Szenario den internen Batteriefehler repräsentiert.

22.3.5 Zusammenfassung

Fahrzeuge, Infrastruktur und inzwischen auch der gesamte Kundendienstbereich werden im Hinblick auf die elektrische. Sicherheit stetig weiter verbessert. Jetzt muss sich das Augenmerk zunehmend auch auf andere Bereiche richten; insbesondere Rettungskräfte, Feuerwehren und Bergungsunternehmen stehen hier im Fokus. Offene Fragen sind beispielsweise: Wie und wann darf ein verunfalltes Fahrzeug transportiert werden? Wie wird es anschließend verwahrt? Wer entscheidet über die Komplettentladung (damit Zerstörung) einer Batterie? Wie verhalten sich Versicherungen in diesen Fällen? Wer entscheidet über Restwerte von Batterien? Gerade dies ist ein möglicherweise entscheidender Faktor im Leasinggeschäft. Es gibt noch viele Bereiche, in denen sich die Marktteilnehmer engagieren müssen und engagieren werden. Sicherheit schafft Marktakzeptanz und damit Mehrwert.

23 Ladetechnik

Markus Raum, Benjamin Belz, Steffen Kümmell

23.1 Einleitung

Jedem Antriebssystem in einem Fahrzeug muss Energie zugeführt werden. Bei straßengebundenen Fahrzeugen wird diese Energie in Intervallen mit Zwischenspeicherung an Bord aufgenommen und für den Antrieb und die Fahrt zur Verfügung gestellt. Bei rein elektrisch betriebenen Zügen oder Oberleitungsbussen wird die Energie während der Fahrt kontinuierlich und bedarfsgerecht zugeführt. Für verbrennungsmotorisch angetriebene Fahrzeuge sind derzeit überwiegend auf fossiler Basis erzeugte Kraftstoffe (Benzin, Diesel und Gas) im Einsatz. Die damit gespeicherte Energie reicht für etwa 300 bis 1000 km Fahrstrecke, und die Energieaufnahme an der Tankstelle dauert wenige Minuten. Anders verhält es sich mit der Aufnahme und Speicherung der elektrischen Energie bei batteriebetriebenen Elektro- und Plug-in-Hybrid-Fahrzeugen. Die begrenzte Speicherkapazität von Batterien und Superkondensatoren (siehe Kap. 6) reicht für vergleichsweise geringe Fahrstrecken von weniger als 30 bis etwa 600 km. Damit werden einerseits mehr „Betankungen" notwendig, und andererseits erfordert das Medium „Strom" eine völlig andere Technik der Aufnahme in den Zwischenspeicher. Die Verbindung dieser zwei voneinander bisher unabhängigen Entwicklungen stellt die Automobilindustrie und die Energieversorger vor neue Herausforderungen, bietet aber auch neue Möglichkeiten, um den Kunden immer die größtmögliche Reichweite komfortabel zur Verfügung zu stellen. Der nachfolgende Beitrag beschäftigt sich mit den derzeit intensiv diskutierten Fragen der Ladetechnik.

23.2 Ladeverfahren und deren technische Umsetzung

In vielen Ländern der Welt befindet sich die Ladetechnik in der Entwicklung und wird häufig nach unterschiedlichen, länderspezifischen Standards entwickelt. Aus diesem Grund kann eine Situationsbetrachtung nur eine Momentaufnahme sein. Deshalb wird das Hauptaugenmerk in diesem Beitrag auf die wichtigsten technischen Ausprägungen, deren technische Möglichkeiten und Funktionen gelegt. Grundsätzlich gibt es zwei wesentliche Unterscheidungsmerkmale der Ladesysteme: Sie können entweder *kontaktgebunden* oder *kontaktlos* sein.

Bei kontaktgebundenen Ladeverfahren, auch *konduktive Ladeverfahren* genannt, besteht zwischen der Infrastrukturseite und dem Fahrzeug eine elektrisch leitende Verbindung. Sie wird meistens durch ein Ladekabel realisiert, aber zum Beispiel auch durch Kontakte an einem Scherenstromabnehmer – auch Pantograph genannt. Bei konduktiven Ladeverfahren wird die Form der elektrisch übertragenen Spannung unterschieden:

H. Tschöke et al. (Hrsg.), *Elektrifizierung des Antriebsstrangs*, ATZ/MTZ-Fachbuch, https://doi.org/10.1007/978-3-662-60356-7_23

- AC-Laden, einphasig (100-230 V) oder mehrphasig (bis 400 V)
- DC-Laden ohne Temperaturmanagementsystem (bis 200 kW) oder mit Temperaturmanagementsystem (bis 500 kW).

Die konduktive Aufladung mittels Kabel ist derzeit Stand der Technik für Pkw. Bei aktuellen Straßenfahrzeugen kommen alle Ladearten in verschiedenen Kombinationen zum Einsatz. Damit kann ein Elektrofahrzeug an einem für das Ladekabel erreichbaren Stromanschluss mit passendem Stecker aufgeladen werden, siehe Abschn. 23.5.

Die *kontaktlose* Energieübertragung für den Antrieb von Fahrzeugen kann auf drei Arten erfolgen:

- magnetisch beziehungsweise induktiv
- elektrisch beziehungsweise kapazitiv
- elektromagnetisch

Von den kontaktlosen Ladeverfahren wird das induktive Laden von verschiedenen Herstellern für den Serieneinsatz entwickelt und wird von BMW als erstem Automobilhersteller weltweit ab Werk als vollintegrierte Lösung zum Laden eines Plug-in-Hybrid Modells angeboten [1]. Das kapazitive Laden für Straßenfahrzeuge wird beispielsweise an einer japanischen Universität erforscht [2], während die Energieübertragung mittels elektromagnetischer Strahlung insbesondere für Luftfahrzeuge interessant ist [3]. In diesem Beitrag wird die induktive Ladung als kontaktloses Ladeverfahren näher betrachtet, siehe Abschn. 23.7.

23.3 Konventionelles kontaktgebundenes Laden

AC-Laden

Das AC-Laden kann in ein- oder dreiphasiges Laden unterteilt werden. Darüber hinaus wird beim einphasigen Laden zwischen *Mode-1-* und *Mode-2-*Laden unterschieden. Als Mode 1 wird Laden bezeichnet, bei dem keine zusätzliche Kommunikation und nicht zwangsläufig eine Absicherung zwischen Fahrzeug und Netz erfolgt. Das Mode-1-Laden ohne weitere Schutzmaßnahmen – z. B. über ein PRCD (portable residual current device = ortsveränderliche Fehlerstromschutzeinrichtung) – ist in diversen Ländern (u. a. USA, Israel, Kanada, Deutschland und dem Vereinigtem Königreich) verboten. Im Unterschied dazu wird beim Mode 2 mittels einer sogenannten IC-CPD (In-cable control and protective device) geladen, die bereits mit einem Fehlerstromschutzschalter (FI, F für Fehler und I für Strom) abgesichert ist und über eine Kommunikationseinheit für die Basiskommunikation mit dem Fahrzeug verfügt. Die IC-CPD kann an einer haushaltsüblichen Schuko-Steckdose (Schutz-Kontakt) angeschlossen werden. Die festinstallierten AC-Ladestationen (sogenanntes *Mode-3*-Laden) können einphasig laden und werden in der Regel direkt mit der Hausinstallation verbunden. Solche fest installierten AC-Ladestationen sind über einen FI sowie einen Lastschalter (Schütz) abgesichert und kommunizieren wie die IC-CPD über ein PWM-Signal (*Pulsweitenmodulation*) mit dem Fahrzeug. Darüber hinaus sollen festinstallierte AC-Ladestationen zukünftig auch für die digitale AC-Kommunikation (gemäß der Normenreihe ISO 15118) mit dem Fahrzeug ertüchtigt werden.

Ein dreiphasiger Anschluss ist ebenfalls in jedem Haushaltsanschlusskasten zu finden, beispielsweise für den Elektroherd, und wird umgangssprachlich als Starkstrom- oder auch Drehstromdose bezeichnet. Dieser Starkstromanschluss kann ebenfalls zur Installation einer AC-Ladestation (ebenfalls Mode-3-Laden) verwendet werden. Bei diesem dreiphasigen Anschluss kann mit höherer Leistung von 11 bis maximal 43 kW, je nach Anschlussleistung, geladen werden, wodurch sich die Ladezeiten theoretisch umgekehrt proportional zum Leistungszuwachs verkürzen. Beim Smart Fortwo Electric Drive sinkt so beispielsweise die Ladezeit von 6 h bei 3,3 kW Ladeleistung auf 1 h bei 22 kW.

Vorteil ist der einfache und kostengünstige Aufbau der Ladestationen. Allerdings besteht bei beiden AC-Ladeverfahren das Problem, dass in den Batterien nur Gleichspannung gespeichert werden kann. Die notwendige Wandlung wird im Fahrzeug für jede Phase einzeln vom Gleichrichter vorgenommen und es entsteht dabei der Wandlungsverlust in Form von Wärme im Fahrzeug. Darüber hinaus ist bei diesem Ladeverfahren die Ladespannung nicht gleich der Batteriespannung und muss daher auf das Spannungsniveau der Traktionsbatterie angepasst werden. Dafür ist in den fahrzeuginternen Ladegeräten der Transformator zuständig [4, 5].

DC-Laden

Beim Gleichspannungsladen, auch Gleichstromladen genannt, sind der Spannungstransformator und der Gleichrichter in der externen Ladestation enthalten, damit wird der Wandlungsverlust in der Infrastruktur erzeugt. Die Gleichspannung wird dem Fahrzeug in der fahrzeugspezifischen Spannungslage zur Verfügung gestellt und direkt an die Traktionsbatterie im Fahrzeug weitergeleitet. Das setzt eine sichere und stabile Kommunikation zwischen Fahrzeug und Ladesäule voraus, die international von Fahrzeug-, Ladestations- und Komponentenherstellern standardisiert wurde und so von allen Beteiligten sichergestellt wird.

Vorteil dieses Ladeverfahrens ist, dass das Ladegerät nicht im Fahrzeug dauerhaft mitgeführt werden muss und damit eine Gewichtsreduktion sowie Bauraumeinsparung möglich wird. Ein weiterer Vorteil besteht darin, dass mit der externen Ladetechnik durch die größere Bauraumverfügbarkeit leistungsstärkere Komponenten verwendet werden können. Damit kann sie deutlich mehr Ladeleistung zur Verfügung stellen und eine schnellere Ladung ermöglichen. Darüber hinaus verteuert die kostenintensivere Ladetechnik nicht den Fahrzeugpreis, sondern wird über die Nutzung der Ladesäule auf viele Fahrzeuge aufgeteilt [6]. Durch die Kühlung der externen Umrichter ist die an das Fahrzeug übergebene Leistung tendenziell höher, weil die Verlustwärme der Stromwandlung nicht im Fahrzeug abgeführt werden muss.

23.4 Spezielles kontaktgebundenes Laden

DC-Laden mit Temperaturmanagementsystem

Damit die Dauer beim Laden von langstreckentauglichen Elektrofahrzeugen im Vergleich zu heutigen Fahrzeugen mit Reichweiten bis zu 600 km (nach NEFZ) nicht zunimmt, sondern weiter sinkt, ist eine Erhöhung der aktuell üblichen Ladeleistung – definiert durch Ladespannung und Ladestrom – erforderlich. Diese Erhöhung erreicht man durch eine Anhebung der Ladespannung und/oder des Ladestroms (vorgegeben durch die Verschaltung der Zellen der HV-Batterie, sowie der Zellchemie).

Der quadratische Einfluss des Ladestroms auf die Verlustleistung (Wärmentwicklung) führt jedoch dazu, dass die Leiterquerschnitte überproportional zur Stromstärke steigen müssen. Anderenfalls können Komponenten des Ladesystems durch die starke Wärmeentwicklung beschädigt oder zerstört werden und mitunter gefährliche Situationen (z. B. Feuer, Berührbarkeit von spannungsführenden Teilen) auftreten, siehe Kap. 22. Eine Erhöhung der Leiterquerschnitte führt jedoch auch zu deutlich schwereren Kabeln, die die Handhabbarkeit für den Nutzer signifikant verschlechtern.

Unter den Prämissen der Beibehaltung etablierter DC-Steckgesichter und keiner, bzw. lediglich geringfügiger Erhöhung der infrastrukturseitigen Leiterquerschnitte wurden die folgenden Maßnahmen zur Lösung der thermischen Herausforderungen entwickelt:

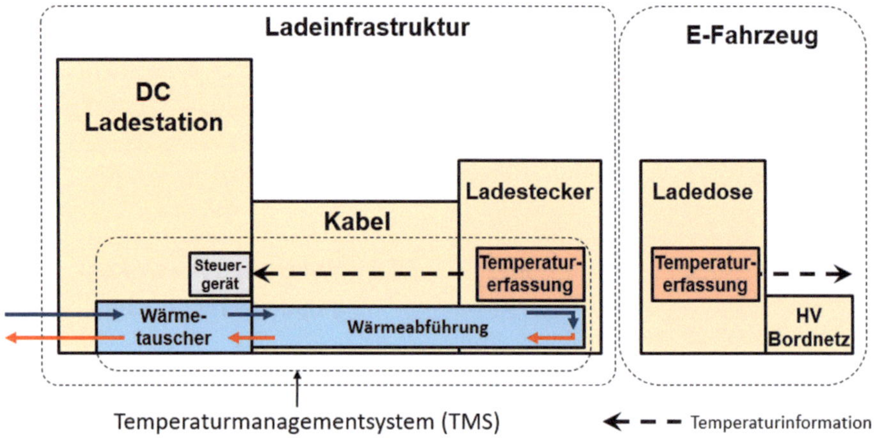

Abb. 1 Systemübersicht – DC-Laden mit TMS [23]

- Wärmeabführung („Kühlung") von den als „hot spots" identifizierten DC-Kontakten zu einem Wärmetauscher („Kühleinheit") in der DC-Ladestation
- Reduzierung der Übergangswiderstände in der Kontaktzone durch silberbeschichtete Kontakte

Die Absicherung der Kühlung erfolgt durch Sensoren, die die Kontakttemperaturen im Stecker während des Ladevorgangs laufend erfassen und zur Auswertung an die Ladestation übermitteln.

Zur Erfüllung der Eigensicherheit ist eine Kontakttemperaturüberwachung und -auswertung auch auf der Fahrzeugseite erforderlich.

Sobald auf einem DC-Kontakt eine Temperatur von maximal 90 °C überschritten wird oder sich eine Überschreitung dieser zulässigen Höchsttemperatur abzeichnet, wird der Ladestrom entweder soweit gemindert, dass ein unkritisches Kontakttemperaturniveau gewährleistet ist oder es wird eine Fehlerabschaltung durchgeführt. Die Kombination aus Wärmeabführung, Wärmetauscher und Kontakttemperaturüberwachung wird als Temperaturmanagementsystem (TMS) bezeichnet, **Abb. 1**.

Laden mit automatischer, konduktiver Verbindung

Eine weitere Möglichkeit zur Übertragung hoher Ladeleistungen ohne Einschränkung der Handhabbarkeit des Ladekabels bietet das konduktive Laden mit automatischer Verbindung. Hierbei unterscheidet man zwischen dem Laden mittels Pantograph (vergleichbar mit dem Scherenstromabnehmer einer Straßenbahn) und dem Laden mit Hilfe eines Roboterarms.

Das Laden mit Pantographen bietet sich vor allem für den öffentlichen Nahverkehr an, da kurzzeitiges Zwischenladen mit hoher Leistung an entsprechend ausgerüsteten Haltestellen ohne Interaktion des Fahrers möglich ist. Hierdurch lassen sich einerseits die Lade- und somit auch Standzeiten der Transportmittel an den Endhaltestellen mitunter wesentlich verkürzen und andererseits muss die Kapazität der HV-Batterie nicht für die Gesamtstrecke zwischen Start- und Endhaltestelle ausgelegt sein. Dies spart wiederum Bauraum und Gewicht. Im Gegensatz zu den in einigen Städten üblichen Trolleybussen ist keine dauerhafte, konduktive Verbindung zur Spannungsversorgung (z. B. Oberleitung) notwendig. Hieraus ergibt sich eine gewisse Robustheit gegenüber temporär erforderlichen Streckenabweichungen, z. B. bei Straßensperrungen wegen Räum- oder Umbaumaßnahmen.

Für den Individualverkehr gibt es bereits auch Entwicklungsprojekte, die das konduktive Laden mit Hilfe eines Roboterarms forcieren. Im Gegensatz zum Laden mit Pantographen wird aber eine der

	Typ 1	Combo 1	Typ 2	Combo 2	CHAdeMO	GB / T DC
	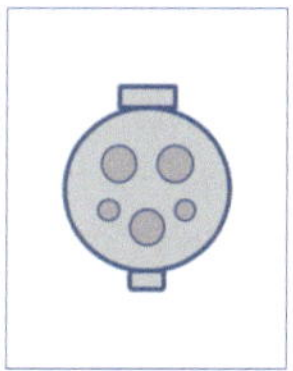	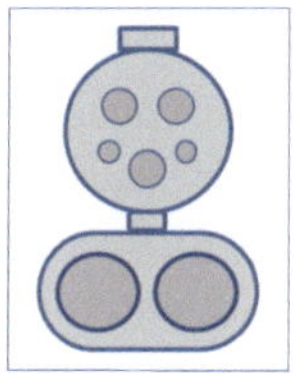	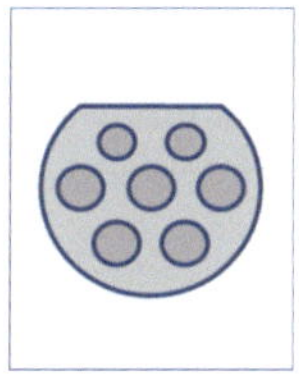	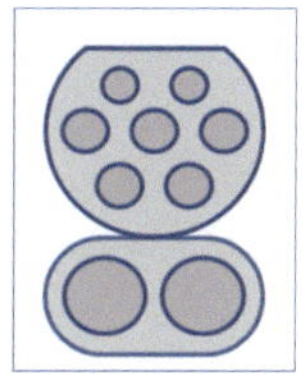	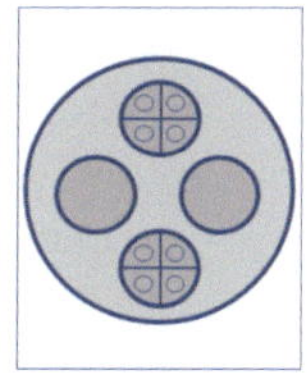	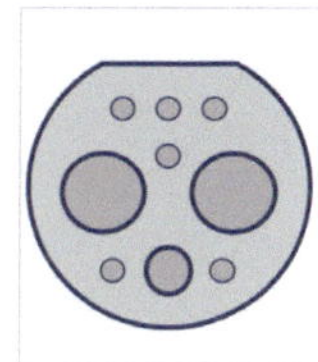
Norm	IEC 62196-2	IEC 62196-2, IEC 62196-3	IEC 62196-2	IEC 62196-2, IEC 62196-3	IEC 62196-3	IEC 62196-3
Übertragbarer Strom	16 A bei 120 VAC; 32 A bei 230 VAC	16 A bei 120 VAC; 32 A bei 230 VAC; 500 A (DC)	70 A bei 230 VAC; 63 A bei 400 VAC; Low-DC normativ angedacht	70 A bei 230 VAC; 63 A bei 400 VAC; 500 A (DC)	500 A (DC)	250 A (DC)
Anschluss	1-phasig AC 1 Signalleitung 1 Wegfahrsperre / Proximitykontakt 1 Schutzerde 1 Neutral	1-phasig AC 2-polig DC 1 Signalleitung 1 Wegfahrsperre / Proximitykontakt 1 Schutzerde 1 Neutral	1-phasig AC 3-phasig AC 1 Signalleitung 1 Wegfahrsperre / Proximitykontakt 1 Schutzerde 1 Neutral	1-phasig AC 3-phasig AC 2-polig DC 1 Signalleitung 1 Wegfahrsperre / Proximitykontakt 1 Schutzerde 1 Neutral	2-polig DC 1 Funktionserde 6 Kommunikations- und Signalleitungen 1 optionale Signalleitung für Entladen	2-polig DC 1 Schutzerde 6 Kommunikations- und Signalleitungen
Übertragbare Leistung	1,9 kW AC 7,6 kW AC	1,9 kW AC 7,6 kW AC 500 kW DC	3,7-43 kW AC DC normativ angedacht	3,7-43 kW AC 500 kW DC	500 kW DC	250 kW DC
Länder	Amerika / Japan	Amerika	Europa	Europa	Japan	China

Tabelle 1 Ladeschnittstelle am Fahrzeug

bewährten und standardisierten Ladeschnittstellen verwendet, **Tabelle 1**. Die Übertragung hoher Ladeströme ist hierbei auch ohne Temperaturmanagementsystem möglich, da entsprechend höhere Leiterquerschnitte verbaut werden. Eine Berücksichtigung der Handhabbarkeit des Ladekabels durch den gewöhnlichen Anwender muss nicht erfolgen.

Ein Nachteil des Ladens mit Roboterarm ist jedoch der Fahrzeug- und OEM-übergreifende Unterschied in Bezug auf Einbauort (seitlich, frontal, am Heck), Einbauhöhe und Einbauwinkel der Ladedose. Der Roboterarm muss folglich die exakte Position der Ladedose detektieren können. Es ist anzunehmen, dass dieser Prozess deutlich länger dauert, als das Stecken des Ladesteckers durch den Anwender.

Sowohl das Laden mit Pantographen, als auch das Laden mit Hilfe eines Roboterarms kann in hochautomatisierten / autonomen Fahrzeugkonzepten Anwendung finden.

23.5 Ladesteckverbindungen

Für die verschiedenen konduktiven Ladeverfahren gibt es länderspezifisch unterschiedliche Ladesteckverbindungen. Darüber hinaus ist die übertragbare Leistung der verschiedenen Stecker begrenzt. Aktuell sind sechs Versionen beziehungsweise Kombinationen von gebräuchlichen Ladesteckverbindungen international genormt. Zusätzlich gibt es noch weitere standardisierte, proprietäre Ladesteckverbindungen (z. B. China AC, Tesla NAR) und genormte, aber nicht gebräuchliche Ladesteckverbindungen (Typ 3). Tabelle 1 zeigt die fahrzeugseitigen Ladeschnittstellen und deren übertragbare Leistungen. Alle Stecker sind in ein Wegfahrsperrenkonzept eingebunden. Das bedeutet, dass für das Fahrzeug keine Fahrbereitschaft hergestellt werden kann, solange die Steckverbindung besteht. Damit werden unbeabsichtigte Schäden am Fahrzeug, dem Kabel und der Ladestation verhindert. Das Fahrzeug erkennt, wenn ein Stecker in seiner Ladedose steckt, gibt den elektrischen Antrieb des Fahrzeugs nicht frei und informiert den Nutzer mittels Warnhinweis. Zusätzlich blockiert eine Verriegelung den Stecker während des Ladevorgangs. Damit kann er erst nach Beendigung des Ladevorgangs getrennt werden, wodurch ein unbefugtes Entnehmen des Steckers durch Dritte verhindert und die Bildung eines Lichtbogens ausgeschlossen wird.

Alle Stecker besitzen zudem eine oder mehrere Kommunikationsleitungen, um das Laden zu steuern. Beim Typ-2-Stecker beispielsweise wird über die Kommunikation unter anderem der aktuelle Ladezustand durch ein PWM-Signal zwischen der Laderegelung des Fahrzeugs und der Ladesäule übermittelt sowie der maximale, zur Verfügung stehende Ladestrom definiert. Dieser Wert wird von der Laderegelung des Fahrzeugs im weiteren Verlauf des Ladevorgangs nicht überschritten, um zu vermeiden, dass die Ladesäule unzulässig hoch belastet wird. Außerdem muss eine zu hohe Belastung des Ladekabels verhindert werden. Aus diesem Grund wird die maximal zulässige Stromstärke für das Ladekabel über einen Widerstand in dessen Ladestecker kodiert. Über den sogenannten Proximity-Kontakt des Ladesteckers kann dieser Widerstandswert gemessen werden.

Für den europäischen Markt haben sich die größten europäischen Autohersteller und Energieversorger im Sinne einer Vereinheitlichung auf den sogenannten Typ2-Stecker geeinigt. Für das DC-Laden wird der Typ2-Stecker mit einem Combozusatz ergänzt, **Tabelle 2**, um für das AC- und DC-Laden dieselbe Ladedose verwenden zu können [7, 8, 9, 10].

23.6 Lademodi des Typ2- und Combo2-Steckers

Der Lademodus 1, (siehe Tabelle 2), wird mit der Hausinstallation realisiert. Einphasig wird über die Schuko-Steckdose, dreiphasig über die Starkstrom-, bzw. CEE-Dose (Commission internationale de réglementation en vue de l'approbation de l'équipement électrique) geladen. Die Sicherheit ist hierbei durch die Erdung und Fehlerstromabsicherung des Hauses gewährleistet. Da dies aber nicht in allen Länder Stand der Technik ist, bzw. für alte Hausinstallationen ohne Fehlerstromabsicherung Bestandsschutz gilt, wird dieser Modus 1 häufig nicht unterstützt. Beim Mode 2 mit einer Stromstärke bis 32 A ist bereits eine Absicherung in Form eines FI in der IC-CPD enthalten. Weiterhin ist ein PWM-Modul integriert, über das eine Kommunikation von der Ladeinfrastruktur zum Fahrzeug stattfindet. Die Amplitude des PWM-Signals definiert dabei den aktuellen Ladezustand und der Tastgrad des PWM-Signals den netzseitig verfügbaren Ladestrom (z. B. Tastgrad = 27 % → verfügbarer Ladestrom = 16 A). Mode-3-Ladestationen besitzen ebenfalls eine Kommunikation mittels PWM-Signal. Ist an der Mode-3-Ladestation ein höherer Ladestrom freigegeben als das Ladekabel dauerhaft übertragen kann, wird der Strom auf diesen niedrigeren Wert begrenzt. Der für ein Ladekabel maximal zulässige Ladestrom wird dabei vom Fahrzeug über einen Widerstand zwischen dem Proximity-Kontakt und dem Schutzleiter im Ladestecker ausgelesen [7, 8, 10, 11].

Beim Mode 4 ist, anders als bei den vorherigen Modi, das Ladegerät mit Gleichrichter nicht im Fahrzeug untergebracht, sondern in der Ladestation. Das Kabel ist hierbei fest mit der Ladeeinrichtung verbunden. Die Kommunikation zwischen Ladestation und Fahrzeug erfolgt mittels Basiskommunikation (wie beim Mode 2 und Mode 3) und digitaler Kommunikation mittels PLC (Power Line Communication) [12, 13].

Tabelle 2 Lademodi [7, 8, 10, 11]

	Mode 1	Mode 2	Mode 3	Mode 4
Anschluss Ladesäulenseitig	Schuko- oder CEE-Steckdose	Schuko- oder CEE-Steckdose	Steckdose Typ 2 oder fest an der Ladesäule	Fest an der Ladesäule
Anschluss Fahrzeugseitig	Typ 2	Typ 2	Typ 2	Typ 2 + Combo
1-phasig (AC)	16 A 3,7 kW	32 A 7,4 kW	63 A 14,5 kW	—
3-phasig (AC) [a]	16 A 11 kW	32 A 22 kW	63 A 43 kW	—
2-polig (DC)	—	—	—	500 A 500 kW
Ladedauer bei einer 40 kWh-Batterie [b) c)]	~11 h 1-phasig ~3,5 h 3-phasig	~5,5 h 1-phasig ~2 h 3-phasig	~3 h 1-phasig ~1 h 3-phasig	~10 min DC

[a] Effektivwerte

[a] Die angegebene Ladedauer basiert auf der Annahme, dass das zu Grunde liegende Fahrzeug die maximal zulässige Leistung des jeweiligen Lademodus beziehen kann.

[b] Beim Laden wird die maximale Ladeleistung gewöhnlich nicht über die komplette Dauer des Ladevorgangs übertragen.

Anhand **Abb. 2** ist die potenzielle Ladeleistung der unterschiedlichen Lademodi zu erkennen. Für das heimische Laden oder das Laden am Arbeitsort sind Ladezeiten von 8 h akzeptabel und damit Ladeleistungen bis 11 kW ausreichend. Für Anwendungen bei längeren Fahrstrecken oder bei Kurierdienstleistern werden Ladezeiten von weniger als 30 min angestrebt. Damit sind die Lademodi 3 und 4 für diese Anwendungen geeignet [7, 8, 10, 11, 14].

23.7 Kontaktloses induktives Laden

Die Basis der Technologie, die elektromagnetische Induktion, wurde von Michael Faraday im 19. Jahrhundert entdeckt. Nikola Tesla (1865-1943) entwickelte seinerzeit bereits ein System das Energie mit einer galvanischen Trennung übertragen konnte. Heute wird die Technik im Alltag z. B. bei Induktionskochfeldern und elektrischen Zahnbürs-

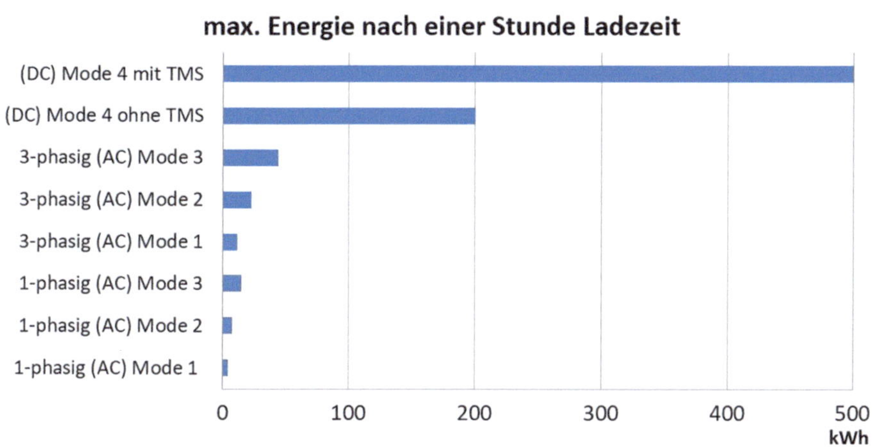

Abb. 2 Erreichbare maximale Energie nach 1 h Ladezeit der unterschiedlichen Lademodi

ten eingesetzt. Für den Antrieb von fahrerlosen Transportsystemen, die zusammen mit Arbeitern die gleiche Fläche nutzen, hat sich die Technologie seit Beginn der 80er Jahre zum Stand der Technik entwickelt.

Der prinzipielle Aufbau eines induktiven Ladesystems für ein Elektrofahrzeug ist in **Abb. 3** dargestellt. Die Wallbox erhöht die Frequenz des Wechselstroms aus dem Stromnetz deutlich. In der internationalen Standardisierung (ISO / IEC / SAE) ist eine Nominalfrequenz von 85 kHz in einem Frequenzbereich von 79-90 kHz vorgesehen [15]. Die Primärspule erzeugt durch diesen hochfrequenten Wechselstrom ein magnetisches Wechselfeld, welches den Luftspalt zur Sekundärspule unter dem Fahrzeug überbrückt und induziert in dieser eine Wechselspannung. Der daraus resultierende Wechselstrom wird im Ladegerät gleichgerichtet und dem Energiemanagementsystem des Fahrzeugs zur Verfügung gestellt, um z. B. den Energiespeicher zu laden. Die Regelung erfolgt über eine kabellose Kommunikation.

Auch mit einem induktiven Ladesystem können hohe Leistungen übertragen werden, für Nutzfahrzeuganwendungen sind Systeme bis 200 kW in der Entwicklung [16]. Wie oben bereits angedeutet, sind neben der verfügbaren Einspeiseleistung die Übertragungsfrequenz und -fläche sowie die Flussdichte des Magnetfelds wesentliche Faktoren für die maximale Leistung. Auch sind höhere Leistungen mit einem größeren Gewicht verbunden. Sowohl Package als auch Gewicht der Fahrzeugkomponenten sind limitierende Faktoren für den Einsatz im Pkw. Aus diesem Grund wurden in den Normungsgremien verschiedene Leistungsklassen definiert, die sich an verfügbaren Anschlussleistungen orientieren.

Unter der Voraussetzung, dass das induktive Ladesystem auf den Luftspalt zwischen den beiden Übertragungsspulen abgestimmt ist, wird der Wirkungsgrad bei einer Nutzung im Elektrofahrzeug hauptsächlich durch die relative Position der Spulen zueinander beeinflusst. Daher wird beim angestrebten Wirkungsgrad unterschieden, ob das induktive Ladesystem optimal oder im zulässigen Versatzbereich positioniert ist. Für die x-Koordinate (Fahrtrichtung) sind ± 75 mm und für die y-Koordinate (quer zur Fahrtrichtung) ± 100 mm als maximal mögliche Abweichung von der optimalen Ausrichtung gefordert. Durch die resonante Abstimmung des Systems entsteht ein Schwingkreis, so dass die aus dem Luftspalt resultierenden Streufelder

Abb. 3 Prinzipdarstellung induktives Laden

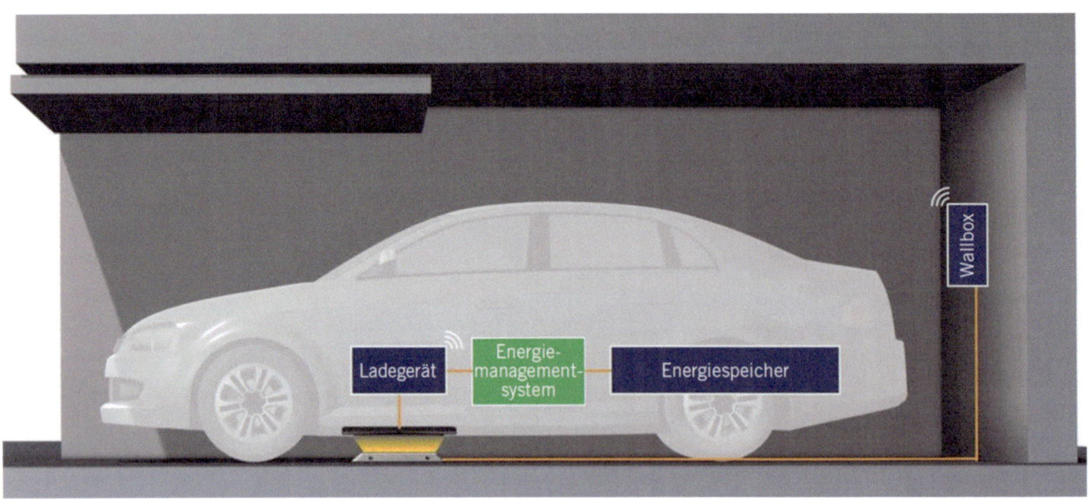

kompensiert werden. Damit lässt sich der Wirkungsgrad erheblich steigern, **Abb. 4**. Darüber hinaus ist durch eine Anpassung der Frequenz innerhalb des Frequenzbereichs möglich, die Übertragung für unterschiedliche Systeme und Systemzustände zu optimieren z. B. um den Wirkungsgrad konstant hoch zu halten. Insbesondere bei höheren Leistungen im Nutzfahrzeug kann es darüber hinaus vorteilhaft sein, den Luftspalt durch Absenkung der Sekundärspule zu verringern [17] Aufgrund der höheren erforderlichen Leistungen ist hier ein sehr hoher Wirkungsgrad besonders wichtig, um die notwendigen Kühlungsmaßnahmen zum Abführen der Verlustwärme so gering wie möglich zu halten.

Ein weiterer Vorteil eines geringeren Luftspalts ist das gesenkte Risiko, dass ein Fremdkörper in den Zwischenraum eindringt. In allen elektrisch leitenden Fremdkörpern werden durch das elektromagnetische Feld Ströme induziert, so dass sich z. B. metallische Fremdkörper erwärmen. Um indirekte Gefahren durch Anfassen erhitzter metallischer Fremdkörper wie Münzen im Zwischenraum zu vermeiden, können diese sensiert werden [18]. Solch ein Foreign Object Detection System ist eine geeignete Maßnahme, um sicherzustellen, dass zulässige Berührtemperaturen bei Fremdkörpern nicht überschritten werden. Für die Abtestung der Sicherheit bzw. der Funktionalität des Systems sind Testobjekte in der internationalen Standardisierung definiert. Auch in nicht-metallischen Objekten wie z. B. organischem Gewebe werden Ströme induziert. In zugänglichen Bereichen neben und im Fahrzeug müssen aus diesem Grund die Vorgaben für die elektromagnetische Umweltverträglichkeit (EMVU) insbesondere der ICNIRP Guidelines eingehalten werden [19]. Bereiche, in denen diese Vorgaben nicht eingehalten werden können und die unter Umständen für den Menschen erreichbar sind, können durch geeignete „Living-Object-Protection"-Systeme gesichert werden. Bei Eindringen z. B. von einer Hand in einen kritischen Bereich unter dem Fahrzeug, regeln solche Systeme die Leistung des induktiven Ladesystems herunter.

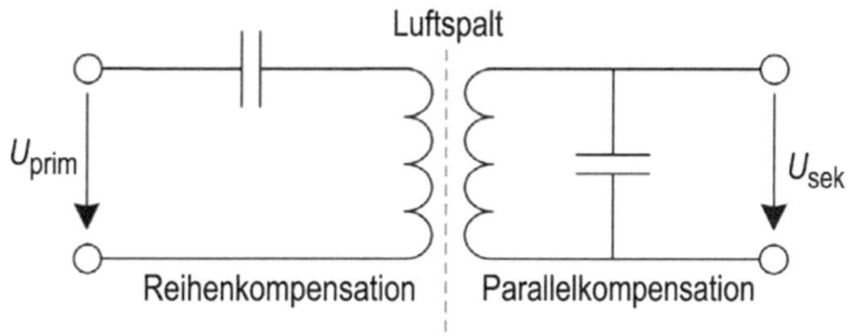

Abb. 4 Beispielhafte induktive Schnittstelle mit Luftspalt als Schwingkreis mit zwei Arten der Blindleistungskompensation (Uprim = Primärspannung, Usek = Sekundärspannung)

Allgemein setzt der Einsatz eines induktiven Ladesystems im Straßenfahrzeug die elektromagnetische Verträglichkeit (EMV) des Systems mit anderen Systemen wie z. B. Steuergeräten im Fahrzeug und der Umwelt voraus, siehe Kap. 21.

Das induktive Ladeverfahren weist bei geeigneter Integration in Fahrzeug und Infrastruktur die folgenden Vorteile gegenüber der Aufladung per Kabel auf:

- Automatische Netzanbindung ohne Nutzereingriff
- Kein Mitführen von Ladekabeln
- Frei von Verschleiß, Verschmutzung und Witterungseinflüssen
- Einfache Integration in das Stadtbild
- Hohe Sicherheit gegen Vandalismus

Das induktive Ladesystem ist prinzipiell geeignet für hochautomatisierte/autonome Fahrzeugkonzepte.

23.8 Stationäre Ladezenarien

Als Anbindungspunkt vom örtlichen Stromnetz zum Fahrzeug gibt es zwei grundlegende Varianten, die Wallbox ist ein Schaltkasten zur Anbringung an einer Wand in einer Garage oder im Carport. Dieser beinhaltet alle notwendigen Schalt- und Schutzeinrichtungen, die zur sicheren Anwendung notwendig sind. Das Zu- und Freischalten wird über einen Lastschalter am Stromnetz

Tabelle 3 Gegenüberstellung Wallbox und Ladesäule

Wallbox	Ladesäule
Anbringung an der Wand im überdachten Bereich	Freistehend für die Aufstellung im Freien
Einfacher Aufbau	Sicherheitsfunktion (Anfahrschutz)
Kein Regenschutz, aber möglich	Regengeschützt
Für Heimbereich (nicht öffentlich)	Für halböffentliche und öffentliche Anwendung
Kostengünstig	Kostenintensiv

einem sogenannten Schütz mittelbar durch den Benutzer ermöglicht. Ein Abrechnungssystem ist dabei in aller Regel nicht vorgesehen.

Ladesäulen sind feuchtigkeitsgeschützte, freistehende Ladepunkte, die zur sicheren Montage auf einen Betonsockel befestigt werden. Die Ladesäulen beinhalten die gleichen Komponenten wie die Wallbox und aus Sicherheitsgründen eine Anfahrerkennung, **Tabelle 3**. Wird die Ladesäule beim Einparken beschädigt, schaltet diese ab und kann erst durch eine Elektrofachkraft nach einer Prüfung und Instandsetzung des Schadens wieder in Betrieb genommen werden. Darüber hinaus bieten einige Hersteller für den halb öffentlichen und öffentlichen Bereich ein Authentifizierungs- und Abrechnungssystem für die Ladesäulen an. Damit kann eine unberechtigte Nutzung der Säule ausgeschlossen werden. Hierbei ist die größte Herausforderung ein bundeseinheitliches und eichrechtskonformes Bezahlsystem einzurichten, so dass die Nutzer ohne bürokratischen Aufwand auch an fremden Ladesäulen „tanken" können.

Für die Energieversorger besteht zudem die Möglichkeit die genutzte Energie pro kWh mit dem Endnutzer direkt abzurechnen. Daher ist für den nicht öffentlichen bzw. privaten Bereich eine Wallbox ausreichend. Für den öffentlichen Bereich empfiehlt es sich aus Sicherheits- und Abrechnungsgründen, eine Ladesäule zu verwenden [20]. Man unterscheidet folgende Ladesituationen:

- Privates Laden: Zu Hause und am Arbeitsplatz
- Halböffentliches Laden: Shopping Parkplätze oder Parkgaragen
- Öffentliches Laden: Laternenparker

23.9 Dynamische Ladeszenarien

Neben den stationären Ladeszenarien ist insbesondere für schwere Nutzfahrzeuge die dynamische Energieversorgung, d.h. während der Fahrt interessant. Für diese Fahrzeugklasse sind sehr hohe Reichweiten erforderlich, was für batterieelektrische Varianten mit rein stationärer Aufladung entsprechend große On-board-Energiespeicher zur Folge hat. Neben den dafür erforderlichen Kosten haben diese einen weiteren Nachteil, dass das hohe Gewicht gegebenenfalls die Nutzlast einschränken kann. Das würde die Wirtschaftlichkeit zusätzlich negativ beeinflussen. Vor diesem Hintergrund wird mit verschiedenen Konzepten an der dynamischen Ladung gearbeitet, die z.T. schon das reine Konzeptstadium verlassen haben und in Feldversuchen auf Alltagstauglichkeit getestet werden. Auch hier sind konduktive und induktive Ansätze vorhanden:

Konduktive Ansätze nutzen einen Schleifkontakt für die Energieaufnahme. Dieser wird an Oberleitungen über dem Fahrzeug z.B. beim e-Highway von Siemens oder Stromschienen in der Straße wie z. B. bei der e-Road in Arlanda geführt, welche die Energie bereitstellen. Der Aufnehmer muss dabei die Bewegungen des Fahrzeugs ausgleichen können und darf z. B. bei Spurwechseln kein Sicherheitsrisiko darstellen. Abhängig von der Umsetzung kann es Synergien z. B. bei dem Einsatz von Pantographen-Systemen für das Laden mit automatischer, konduktiver Verbindung, siehe Abschn. 23.4.

Für *induktive Ansätze* werden mehrere Übertrager in die Straße integriert. Das elektromagnetische Wechselfeld muss so geregelt werden, dass es sich der Geschwindigkeit des Fahrzeugs anpasst und sozusagen mitläuft. Damit kann eine kontinuierliche Energieversorgung sichergestellt werden. Auch hier müssen die Bewegungen des Fahrzeugs berücksichtigt werden, allerdings kann durch geeignete Auslegung der oben beschriebene Toleranzbereich seitlich ausgedehnt werden. Auch für diese Anwendung gilt, dass insbesondere die Vorgaben der EMV und EMVU eingehalten werden müssen, Kap. 21.

Solche Infrastrukturprojekte sind bei einer Umsetzung in der Fläche mit hohen Kosten verbunden. Daher sollte eine eventuelle zukünftige Umsetzung möglichst diskriminierungsfrei für alle Verkehrsteilnehmer nutzbar sein.

23.10 Ausblick

Für die Energieversorger stellt das Elektrofahrzeug nicht nur einen weiteren Absatzmarkt für die bereitgestellte elektrische Energie dar, sondern bietet Möglichkeiten zur Stabilisierung des Netzes und zur Speicherung der überschüssigen Energie. Zur Stabilisierung des Energienetzes bei Lastspitzen kann der elektrische Energiespeicher der Fahrzeuge als Puffer genutzt werden, wenn das Laden bidirektional umgesetzt wird. Bei 1.000.000 Fahrzeugen mit je 30 kWh Batteriekapazität ergibt sich eine Kapazitätserweiterung des Energienetzes von 30 Gigawatt für eine Stunde. Als Puffer stellt dies eine enorme lokale Kapazitätserweiterung für das Energienetz dar. Im Gegensatz dazu stellt dies ebenso die Energieversorger vor neue Herausforderungen, da diese Fahrzeuge auch gegebenenfalls gleichzeitig vom Netz versorgt werden müssten. Dafür muss das Netz und die Anbindungspunkte ebenso 30 GWh zur Verfügung stellen können. Dies setzt allerdings voraus, dass die Netze, Ladetechnik und Fahrzeuge das „intelligente Laden“ unterstützen. Das bedeutet, dass die Fahrzeuge und Ladetechnik nicht ausschließlich Energie aufnehmen, sondern zudem auch mit abgeben können müssen. Dabei ist notwendig die gespeicherte elektrische Energie von einer Gleich- in eine Wechselspannung zu wandeln und auf das Spannungsniveau des Energienetzes zu transformieren. Zudem ist eine nutzerorientierte Ladestrategie zu entwickeln, mit der das Ladeende festgelegt wird, um dem Fahrzeugnutzer zu Fahrtbeginn die volle Reichweite des Fahrzeugs zur Verfügung zu stellen.

Allgemein ist die große Herausforderung für die bestehenden Energienetze die Gleichzeitigkeit des Energiebedarfs der Elektrofahrzeuge, welche in der Regel über Nacht geladen werden. Damit verstärkt sich zusätzlich der Energiebedarf nach „Feierabend“. Das intelligente Laden basierend auf der Normenreihe der ISO 15118 kann durch die Kommunikation der Verbraucher (Elektrofahrzeuge, Elektroherde, Boiler, Klimaanlagen, …) und ein damit verbundenes automatisiertes Lastmanagement wesentlich zu einer robusten Nutzung der bestehenden Netze beitragen und dadurch einen „Black-Out-Schutz“ sicherstellen.

Das intelligente Laden befindet sich ebenso wie die nutzerbezogene Abrechnung in der Erprobungsphase und wird in den nächsten Jahren verstärkt entwickelt werden. Zudem geht die Entwicklung zu

Stationärspeichersystemen in den Ladesäulen, die mit alternativen Energien versorgt werden, wie z. B. Solar oder Windkraft [10, 21, 22].

23.11 Zusammenfassung

Die Ladeinfrastruktur ist ein wichtiger Beitrag für den Erfolg der Elektrifizierung des Individualverkehrs. Im Gegenzug ist der Erfolg des elektrifizierten Antriebs für die Wirtschaftlichkeit der breitgestellten Ladeinfrastruktur maßgeblich. Die Infrastruktur muss einerseits in einem engmaschigen Netz dem Fahrzeugnutzer zur Verfügung stehen und andererseits ein Abrechnungssystem bieten mit dem der Nutzer jederzeit die geladene Energie abrechnen kann. Gleichermaßen muss der Kunde die Ladesäulen in seiner Nähe finden und einfach bedienen können.

Hierbei kann das automatisierte und induktive Laden in Kombination mit Schnellladesäulen, einen wesentlichen Komfortgewinn darstellen. Dieser könnte zum Durchbruch der Elektromobilität beim Kunden wesentlich beitragen und als Schüssel für die Akzeptanz dienen.

Mit zunehmender Verbreitung von elektrifiziert Fahrzeugen ist in den nächsten Jahren mit einer deutlichen Ausweitung des öffentlichen Ladenetzes mit derzeit etwa 16.000 Ladesäulen zu rechnen [24].

Literaturhinweise

[1] BMW i Presseinformation „Laden noch einfacher als Tanken: Marktstart für BMW Wireless Charging", 28.05.2018, https://www.press.bmwgroup.com/deutschland/article/detail/T0281369DE/laden-noch-einfacher-als-tanken

[2] Hanazawa, M.; Ohira, T.: Power transfer for a running automobile. In: Microwave Workshop Series on Innovative Wireless Power Transmission: Technologies, Systems and Applications (IMWS), IEEE MTT-S International, S. 77-80, 2011, Kyoto

[3] Pluta, W.: Laser versorgt Drohne im Flug mit Energie. golem.de – IT-News fur Profis (http://www.golem.de/1011/79088.html), Stand 07.07.2013

[4] Bauer, W.: http://www.metropolregion.de/meta_downloads/23606/elektromobilitaet-herausforderungen-fuer-industrie- und-oeffentliche-hand[1].pdf

[5] http://www.emobility-web.de/articles/emobility-studien/150/warum-ladesaeulen-auf-lange-zeit-keinertragreiches- geschaeft-sein-werden. Stand 06.03.2013

[6] www.eltis.org/docs/studies/view.pdf. Stand 14.03.2013

[7] www.siblik.com/neuheiten/doku/mennekes-elektromobilitaet.pdf. Mennekes. Stand 22.02.2013

[8] http://int.mennekes-website.de/uploads/media/Medieninformation_Elektrofahrzeuge__einfach_und_ sicher_laden_auch_im_Mode_2.pdf. Stand 04.03.2013

[9] www.chademo.com/pdf/CHAdeMOleaflet_ eCarTec2010.pdf. Stand 19.02.2013

[10] Luders, R.: www.elektro.net/wpcontent/uploads/2012/08/043_DE_15_16_12_EE31.pdf. Stand 14.03.2013

[11] www. sonepar.de/imperia/md/ content/sonepar_de/eh/report/2012/nr134juliaugust2012/report-134_juliaug_ 2012_izs.pdf.10. Stand 11.03.2013

[12] Faschang, M.: http://www.umwelttechnik.at/fileadmin/content/green_innovators/INiTS_Gewinner_2012/Faschang/Diplomarbeit_Faschang_Elektrofahrzeugladung_31_08_2011_reducedFilesize.pdf. Stand 04.03.2013

[13] http://www.zvei-elektromobilitaet.org/general/ecar-

tec_2011/18-10-11_01_Cater.pdf.12. zvei-elektromobilitaet. org. Stand 21.02.2013

[14] www.zvei-elektromobilitaet.org/general/ecartec_2010/20-10-10_04_Hauck.pdf. Stand 05.03.2013

[15] SAE Recommended Practice „Wireless Power Transfer for Light-Duty Plug-in/Electric Vehicles and Alignment Methodology", Version J2954_201904, https://www.sae.org/standards/content/j2954_201904/

[16] Kobel, C.: Inductive Power Transfer for Public Transportation. Tagung ETEV-2012, 2012, Nurnberg

[17] Gordon, J.: Bus breakthrough. In: Electric & Hybrid Vehicle Technology, Band 1, Juli 2009, S. 63-64

[18] Ombach, G.: Wireless EV Charging, Optimum Design Selection, Validation and Compliance for Public Trials. Prasentation in Park City, USA, 2013

[19] http://www.icnirp.de/documents/LFgdl.pdf. Stand 2010

[20] http://www.dieladestation.de. Stand 22.02.2013

[21] http://www.vde.com/de/e-mobility/ladeinfrastruktur/ladekonzepte/seiten/default.aspx. Stand 18.02.2013

[22] http://www.vde.com/de/e-mobility/ladeinfrastruktur/seiten/default.aspx. Stand 18.02.2013

[23] IEC TS 62196-3-1, DTS, 2019

[24] https://de.statista.com/statistik/daten/studie/460234/umfrage/ladestationen-fuer-elektroautos-in-deutschland-monatlich/. Stand August 2019

TEIL 5. Schlussfolgerungen

24 Auswirkungen auf den Verbrennungsmotor

25 Ausblick

24 Auswirkungen auf den Verbrennungsmotor

Michael Elicker, Eduard Golovatai-Schmidt, Helmut Tschöke

24.1 Einleitung

Ein Verbrennungsmotor auf der Basis des Ottomotors als Antrieb für automobile Fahrzeuge wurde erstmals im Jahr 1886 von Carl Benz eingesetzt. Zu dieser Zeit waren elektromotorische Antriebe, sowie Dampfmaschinen bereits im mobilen Einsatz. Im Jahr 1900 gab es eine Koexistenz der drei Antriebsarten Dampfmaschine, Elektromotor und Verbrennungsmotor im Verhältnis von 40 / 40 / 20 Prozent, siehe Kap. 15. Der Verbrennungsmotor konnte sich erst ab dem Jahr 1920 gegenüber den beiden anderen Antrieben durchsetzen. Im Laufe der Weiterentwicklung hat man versucht, die Effizienz des Motors stetig zu steigern.
Ab 1974, dem Jahr der ersten Ölkrise, ist das Thema Kraftstoffverbrauchsreduktion mehr und mehr in den Entwicklungsfokus der Automobilindustrie geraten.
In den 70er Jahre des letzten Jahrhunderts, mit steigender Zunahme der individuellen Mobilität, ist der Themenkomplex der Schadstoffemissionen von Verbrennungskraftmaschinen bedeutsam geworden, sodass die Entwicklung in den Folgejahren zunehmend im Spannungsfeld zwischen Leistungssteigerung und Verbrauchsoptimierung einerseits und Schadstoffminimierung andererseits erfolgte. In diesem Zusammenhang wurden signifikante Verbesserungen der bis dahin rein mechanisch gesteuerten Systeme, wie Kraftstoffzumessung, Zündung oder Luftversorgung zunehmend elektrifiziert und elektronisch geregelt. Trotz all dieser Maßnahmen kann der Verbrennungsmotor alleine den zunehmend schärfer werdenden Zielkonflikt zwischen Verbrauchsoptimierung (CO_2-Ausstoß) und Schadstoffemissionsminderung nicht mehr erfüllen.

24.2 Arten der Hybridisierung

In der letzten Zeit kann zunehmend eine Kombination von Verbrennungsmotor und Elektromotor als hybridischer Antriebsstrang beobachtet werden. Diese Anordnung führt dazu, dass der Wirkungsgrad des kombinierten Antriebsstranges in einem breiteren Kennfeldbereich gesteigert werden kann und somit Verbrauch und Schadstoffemissionen deutlich reduziert werden können. Hinsichtlich der Verbrauchsoptimierung sind hier die Betriebsstrategien Boosten, Segeln und vor allem die Rekuperation von kinetischer Energie zu nennen. Im Bereich der Schadstoffminimierung führt eine Lastpunktverschiebung des Verbrennungsmotors zu optimiertem Betriebsverhalten bei erhöhten Lasten und Temperaturen, was in der Regel ebenfalls zu geringeren Verbräuchen führen kann.

Im Rahmen der Hybridisierung unterscheidet man, ungeachtet der technischen Ausführung, Micro- / Mild-Hybriden, Full-

H. Tschöke et al. (Hrsg.), *Elektrifizierung des Antriebsstrangs*,
ATZ/MTZ-Fachbuch, https://doi.org/10.1007/978-3-662-60356-7_24

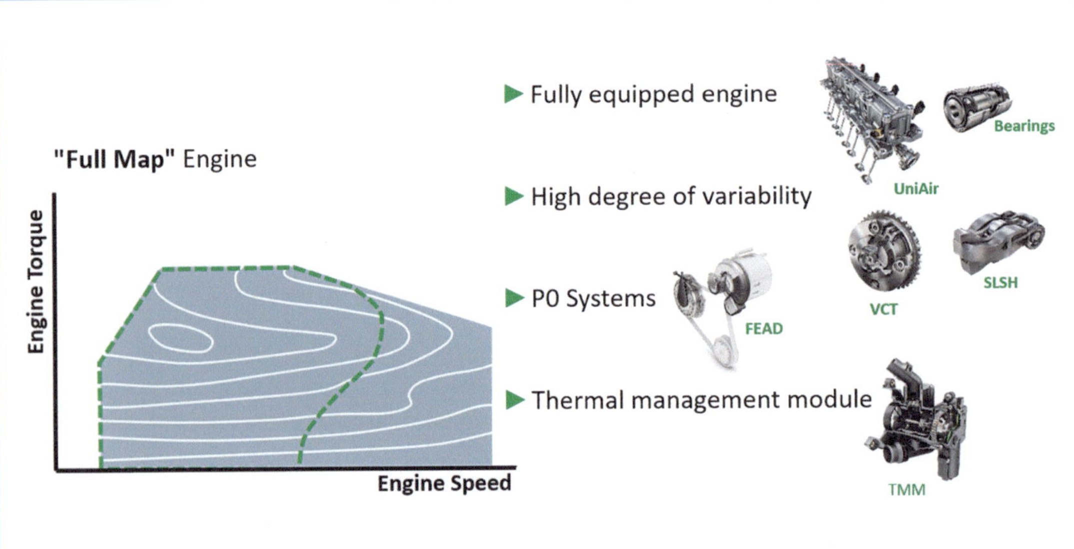

Abb. 1 Subsysteme Full Map Engine, © Schaeffler AG 2019. All Rights Reserved

Hybridsystemen und Range-Extendern, inklusive Plug-in-Hybriden, siehe Kap. 2, 10, 11, 12 und 13.

Dem entspricht eine Charakterisierung des Verbrennungsmotors gemäß einer Einteilung nach „Full Map Engine", „Reduced Map Engine" und „Sweet Spot Engine". Entsprechend dieser Festlegung ändern sich die Anforderungen an die Komplexität des Verbrennungsmotors hinsichtlich des transienten variablen Betriebsverhaltens im gesamten Kennfeld.

Aus Sicht der Variabilität im Ventiltrieb, bzw. des Luftpfades sowie des Thermomanagements sind die idealerweise zu verwendenden Subsysteme in den Bildern **Abb. 1** bis **Abb. 3** dargestellt.

24.3 Ottomotoren im elektrifizierten Antriebsstrang

24.3.1 48V-Mild-Hybrid-Systeme für Otto-Motoren

Die 12/48-V-Hybridsysteme stellen die günstigste Form der Hybridisierung dar und eigenen sich vornehmlich für kleinere Fahrzeugkonzepte, beispielsweise aus dem A- und B-Fahrzeugsegment, Kap. 10 und 11. In diesem Falle muss der Verbrennungsmotor die volle Funktionalität des Vortriebs im gesamten Kennfeld bereitstellen. Dementsprechend muss er alle Features eines „Full Map Engine" hinsichtlich Nennleistung, Drehmomentcharakteristik, Dynamik und Verbrauch sowie Emission erfüllen. Solche Verbrennungsmotoren, in der Regel als Downsizing-Konzepte ausgeführt, verfügen somit über alle Komponenten eines vollwertigen Antriebsmotors wie beispielsweise Turboaufladung, eventuell elektrisch unterstützt, variabler Ventiltrieb, Thermomanagementsysteme, Direkteinspritzung etc.

48 V-Hybridsysteme erlauben, je nach Ausführung bereits einen eingeschränkten rein elektrischen Fahrzeugbetrieb, sodass der Verbrenner im unteren Last- und Drehzahlbereich vermehrt abgeschaltet werden kann. Allerdings ergeben sich hieraus erhöhte Anforderungen an das Wiederstartverhalten des Verbrennungsmotors, in Bezug auf Komfort und Schadstoffemission aufgrund des reduzierten Temperaturniveaus sowohl im Brennraum als auch in den Systemen der Abgasnachbehandlung.

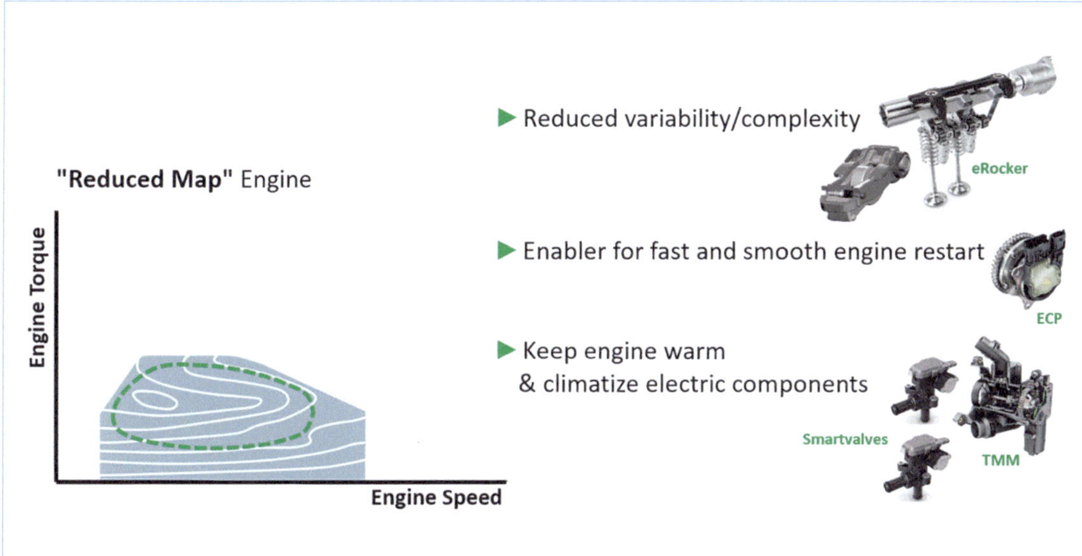

Abb. 2 Subsysteme Reduced Map Engine,

Um das Komfortverhalten im Falle des Wiederstartens des Motors im Stopp / Start-Modus zu verbessern, können elektrische Phasensteller auf der Einlass-Seite Verwendung finden [1].

Zur Bewertung der Wirkung verschiedener Einlassschluss-Steuerzeiten wurden entsprechende Simulationen durchgeführt, **Abb. 4**.

Im Diagramm werden Drehhochlaufkurven des Verbrennungsmotors für verschiedene Einlasssteuerzeiten aufgeführt. Die lilafarbige Kurve repräsentiert einen Einlassschließzeitpunkt von 60 °KW nach dem unteren Totpunkt des Ladungswechsels. Das ist ein typischer Wert, der bei heutigen hydraulischen Verstellersystemen in der Startphase des Motors fest eingestellt ist. Die Hochlaufkurve bei einem Einlassschließzeitpunkt von 110 °KW ist in schwarz eingezeichnet. Deutlich ist zu erkennen, dass die durch die Verbrennung

Abb. 3 Subsysteme Sweet Spot Engine,

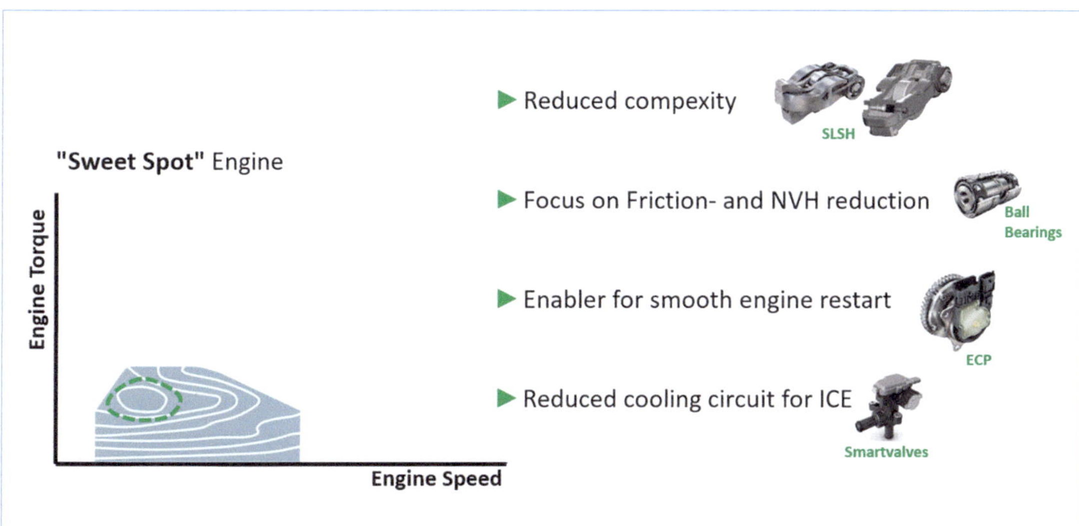

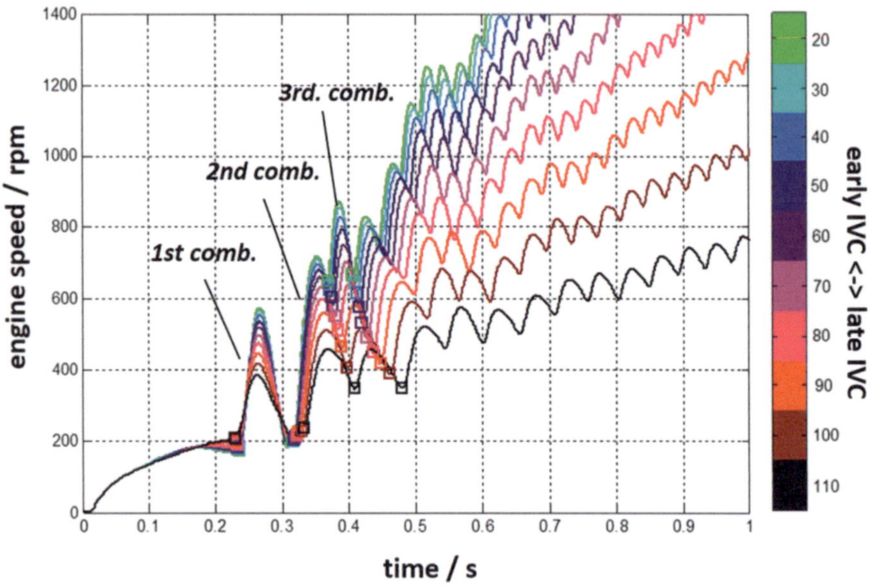

Abb. 4 Drehzahlhochlauf im Startvorgang als Funktion der Phasenstellerposition, © Schaeffler AG 2019.

verursachten Drehzahlschwankungen und damit auch die resultierenden Luft- und Köperschallemissionen abgemildert sind. Im Gegensatz dazu führen sehr frühe Einlassschließzeiten (grün) zu einem deutlichen Anstieg des Zünddrucks und damit der Drehzahlamplituden; diese Strategie ist für eine komfortorientierte Applikation nicht sinnvoll und kann sogar zu Schäden am Zweimassenschwungrad führen.

Nachteil der Einlass-Spätverstellung beim Anlassen des Motors ist, dass der Startvorgang länger dauert, weil aufgrund reduzierten Drehmomentes die Leerlaufdrehzahl erst später erreicht wird. Wie aus Abb. 4 hervorgeht, ist dies umso ausgeprägter, je weiter die Einlassnockenwelle auf „spät" gestellt ist. Bei der NVH-optimierten Steuerzeit von 110 °KW (schwarze Kurve) würde es fast 1 s dauern, bis der Motor betriebsbereit ist. Dies kann bei Stopp-Start-Applikationen zu Verzögerungen des Startvorgangs führen. Um dies zu vermeiden, wird die hohe Verstellergeschwindigkeit des elektrischen Phasenstellers genutzt, um bereits nach den ersten Feuerungen noch während des Motorhochlaufs die Ventilsteuerzeiten nach früh zu verstellen.

Neben dem Startverhalten ist auch das Abstellen des Motors im Stopp / Start-Modus komfortrelevant. Durch Versuche konnte nachgewiesen werden, dass auch die Auslaufphase des Motors durch das oben beschriebene Verfahren optimiert werden kann. In **Abb. 5** sind die Ergebnisse von Prüfstandmessungen an einem nicht mehr gezündeten Motor mit einer Spätverstellung der Einlasssteuerzeit dargestellt. Während die Ursprungsapplikation mit unveränderten Steuerzeiten erhebliche Beschleunigungsamplituden verursacht (rot), sind diese bei einer späten Steuerzeit gänzlich verschwunden (blau).

Ein auf Komfort ausgelegtes Stopp/Start-Verhalten des Verbrennungsmotors ist für alle Hybridvarianten gleichermaßen von Bedeutung und kann, neben dem hier gezeigten Einsatz eines schnellen elektrischen Phasenstellers auf der Einlass-Seite auch über eine entsprechende Ventiltriebvariabilität, wie etwa ein vollvariables und zylinderindividuelles Ventiltriebsystem, positiv beeinflusst werden.

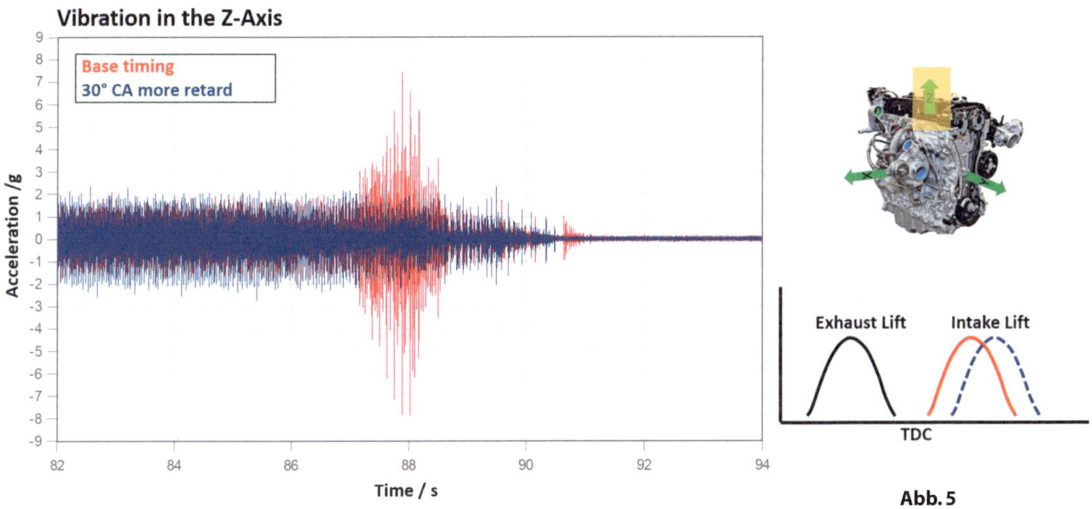

Abb. 5 Reduktion der Beschleunigungsamplituden in z-Richtung beim Motorauslauf, © Schaeffler AG 2019. All Rights Reserved

24.3.2 Voll-Hybrid-Systeme für Otto-Motoren

Bedingt durch die Ladungswechselverluste aufgrund der gedrosselten Laststeuerung zeigt der Ottomotor seine Schwächen insbesondere in den niedrigen Teillastbetriebspunkten, die charakteristisch für den urbanen Stadtverkehr sind. Hier leistet der Elektromotor eines Hybridantriebstranges einen wichtigen Beitrag zur Verbrauchs- und Emissionsreduzierung.

Somit wird der Verbrennungsmotor dahingehend entlastet, dass er vermehrt in wirkungsgrad-optimierten Betriebsbereichen betrieben wird und die niedrigen verbrauchsungünstigen Teillastbereiche komplett durch den e-Motor als Fahrantrieb übernommen werden. Zur gleichen Zeit wird die Agilität des Fahrzeuges durch den Elektromotor sichergestellt, der bereits bei sehr niedrigen Drehzahlen sein maximales Drehmoment liefert. Somit kann der Verbrennungsmotor „downgesized" und eventuell mit Elementen zur Zylinderabschaltung, wie beispielsweise schaltbaren Rollenschlepphebeln, versehen werden. Gleichzeitig kann der Verbrennungsmotor in phlegmatisierter Form ausgeführt werden, was einer vergleichsweise einfachen Auslegung des Turboladers entspricht. Phlegmatisierung bedeutet, dass der Verbrennungsmotor überwiegend in stationären Betriebspunkten betrieben wird ohne sehr schnelle Laständerungen ausführen zu müssen. Die Dynamik des Fahrzeugs wird somit vom elektrischen Motor übernommen. Weiterhin kann auch auf eine Direkteinspritzung, mit allen damit verbundenen Nachteilen (u.a. Partikelemission), zugunsten einer auch aus Kostensicht vorteilhaften Saugrohreinspritzung, verzichtet werden.

Auch bei Voll-Hybrid-Systemen kommt dem vermehrten Wiederstartverhalten des Verbrennungsmotors eine besondere Bedeutung in Hinsicht auf Komfort und Emissionen zu. Die Komfortaspekte beim Stopp/Start und mögliche Technologien zu deren Umsetzung wurden bereits im Abschn. 24.3.1 dargestellt. Die beim Wiederstart des Verbrenners kritisch zu sehenden Emissionen können sowohl innermotorisch, als auch durch elektrisch unterstützte Heizkatalysatoren positiv beeinflusst werden, die mit der aus der Rekuperation gewonnenen elektrischen Energie verbrauchsneutral betrieben werden können.

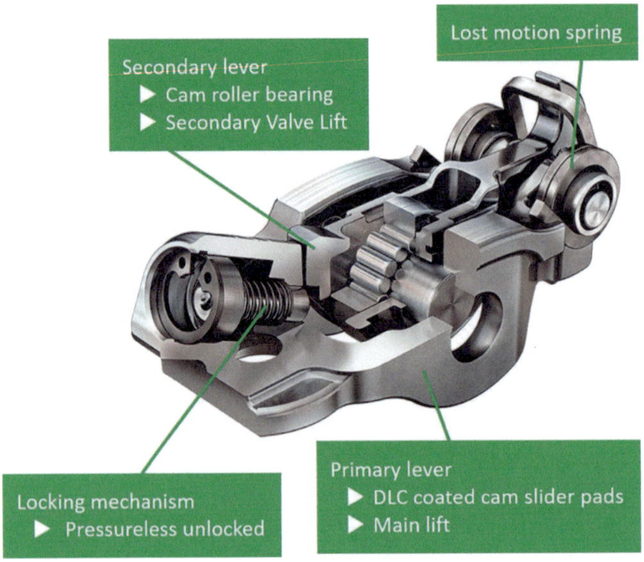

Abb. 6 Serienschaltschlepphebel für Auslassdoppelhub Primary-Out SRFF GEN1, © Schaeffler AG 2019. All Rights Reserved

24.3.3 Plug-in-Hybrid-Systeme für Otto-Motoren

Der Plug-in-Hybrid unterscheidet sich vom beschriebenen Voll-Hybriden lediglich durch den Umstand, dass elektrische Energie zusätzlich auch von außen über ein Ladekabel aus dem Stromnetz bezogen werden kann, Kap. 12. Dadurch wird die elektrische Reichweite vergrößert. An der prinzipiellen Aufteilung zwischen Elektromotor und Verbrenner hinsichtlich der Darstellung des Vortriebes im Fahrzeug ändert sich grundsätzlich nichts im Vergleich zu einem HEV.

24.4 Dieselmotor im elektrifizierten Antriebsstrang

Der Dieselmotor hat im Vergleich zum Ottomotor eine bessere Effizienz im gesamten Kennfeld. Somit fällt die CO_2-Reduzierung durch eine Hybridisierung jeglicher Art geringer aus. Trotzdem gibt es derzeit am Markt einen Trend, auch den Dieselmotor in den drei für den Ottomotor bereits beschriebenen Ausführungen Mild-Hybrid, Full-Hybrid und Plug-in-Hybrid zu hybridisieren. Die spezifischen Problemstellungen der Hybridisierung bleiben beim Dieselmotor im Wesentlichen die gleichen wie beim Ottomotor. So ist auch hier auf ein komfortables Stopp / Start-Verhalten zu achten, wobei der Dieselmotor aufgrund seines prinzipbedingt höheren geometrischen Verdichtungsverhältnisses hier höhere Anforderungen stellt. Auch bezüglich des Temperaturmanagements der Abgasnachbehandlungssysteme (Oxidations-Katalysator, Partikelfilter, aber insbesondere der SCR-Katalysator) ergeben sich spezifische Anforderungen, besonders auch deshalb, weil die Abgasenthalpie des Diesels grundsätzlich niedriger als bei vergleichbaren Ottomotoren ist. Somit sind motorische Maßnahmen erforderlich, um den effizienten Betrieb der Abgasnachbehandlungssysteme im gesamten Fahrbetrieb ohne Mehrverbrauch sicherzustellen. Eine, erstmalig umgesetzte Lösung besteht darin, eine temporär zuschaltbare interne Abgasrückführung beim Dieselmotor einzusetzen, wie in [2] beschrieben.

Die erste Serieneinführung dieses Ansatzes erfolgte durch Mazda. Der SKYACTIVE 2.2l Dieselmotor für die Abgasnorm EU6b verfügt allerdings noch nicht über eine aktive Stickoxid-Abgasreinigung. Da der Motor jedoch ein vergleichsweise niedriges geometrisches Verdichtungsverhältnis von 14:1 aufweist, wird mit dieser Technologie vor allem das Ziel verfolgt, die Verbrennung durch die interne AGR nach dem Motorstart zu stabilisieren und die HC- und CO-Rohemission abzusenken. Des Weiteren wird der zweite Auslassventilhub zum Heizen des Abgases im Fall einer DPF-Regeneration eingesetzt. Die Umsetzung der Ventilhubvariabilität erfolgt mit Hilfe eines schaltbaren Rollenschlepphebels, **Abb. 6**.

Beim Einsatz eines zusätzlichen SCR-Katalysators zur aktiven Reduktion der

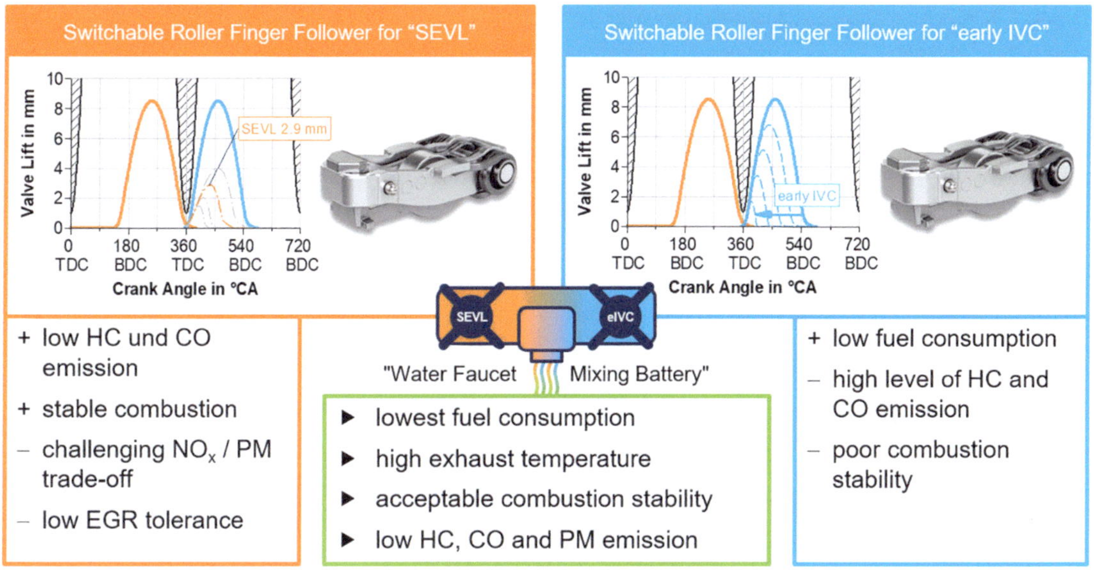

Abb. 7 Ventiltriebvariabilität zur Unterstützung des Temperaturmanagements der Abgasnachbehandlung,

Stickoxidemission zeigt sich jedoch, dass die interne AGR alleine allerdings nicht ausreicht, um im Betrieb bei sehr geringer Last ein Abgastemperaturniveau vor Katalysator höher 200 °C zu erzielen. Bei sehr niedriger Last sind hierfür stets weitere Maßnahmen, wie die Ansaugluftdrosselung (ALD) oder die Spätverschiebung der Verbrennung erforderlich, die mit einem deutlichen Kraftstoffmehrverbrauch einhergehen. Insbesondere die ALD stellt ein probates Mittel für die Erhöhung der Abgastemperatur im Schwachlastbereich dar, da sie auf die Reduzierung des Ladungsüberschusses im Zylinder als Ursache der geringen Abgastemperatur abzielt. Kritisch an der ALD sind jedoch die Verschlechterung des Ladungswechsels (höhere Ladungswechselverluste aufgrund der notwendigen Ansaugluftdrosselung) und die dadurch bedingte Erhöhung des Kraftstoffverbrauchs.

Eine konsequente Weiterführung des Ansatzes variabler Ventiltriebe bei Dieselmotoren liegt daher in der Anwendung einer einlassseitigen Ventiltriebvariabilität zur drosselfreien Reduzierung der Zylinderladung bei niedrigen Lasten in Kombination mit der bereits erwähnten internen AGR mittels Auslassdoppelhub [3].

Hierbei wird das Ziel verfolgt, stets ein ausreichendes Abgastemperaturniveau für die aktive Stickoxidreduktion bei minimalem Kraftstoffverbrauch zu erreichen. **Abb. 7** veranschaulicht das Grundprinzip dieser kombinierten Ventiltriebstrategie hinsichtlich der betriebspunktoptimalen Zumessung von vergleichsweise kühler Frischluft und heißer interner Abgasrückführung, um den Motor und die Abgasnachbehandlungsanlage im Schwachlastbetrieb auf hinreichend hohem Temperaturniveau zu halten.

Diese Strategie kann auch die aus emissionstechnischer Sicht kritische Kaltstartphase vorteilhaft unterstützen und zu einem schnelleren Erreichen der Betriebstemperatur der Abgasnachbehandlung beitragen.

In einem hybridisierten Antriebsstrang auf 48 V-Basis, vorzugsweise als P0-Mild-Hybrid, bietet sich darüber hinaus die Möglichkeit, zusätzlich einen elektrischen Heizkatalysator zum schnelleren Erreichen der Arbeitstemperatur der Abgasnachbehandlungsanlage vorzusehen.

Tabelle 1 Vergleich der Antriebsstrangkonfiguration für verschiedene Pkw-Klassen, die unterstrichenen Varianten sind die bevorzugten Lösungen

	Kleinwagen (Stadtauto)	**Kompaktklasse**	**Mittelklasse (obere)**	**Luxusklasse**	**SUV**
Reichweiten-anforderung	gering	mittel	mittel-hoch	hoch	hoch
Konventionelle Motorisierung	**Otto / Diesel 3-4 Zyl.**	**Otto / Diesel 4 Zyl.**	**Otto / Diesel 4-6 Zyl.**	**Otto / Diesel 6-8 Zyl.**	**Otto / Diesel 6-8 Zyl.**
Elektrifizierung	BEV	Mild-Hybrid BEV (+RE) Voll-Hybrid	Mild-Hybrid Voll-Hybrid (P-HEV,BEV)	Voll-Hybrid P-HEV (BEV)	Voll-Hybrid P-HEV (BEV)
VM in Verbindung mit Elektromotor	–	Otto 2-4 Zyl. Zylinderabschaltung Saugrohr-einspritzung DI Saugmotor Aufladung / Downs-izing	Otto / Diesel 3-4 Zyl. Zylinderabschaltung Saugrohr-einspritzung DI Aufladung / Downsizing Saugmotor	Otto / Diesel 4-6 Zyl. Zylinderabschaltung DI Aufladung / Downsizing	Otto / Diesel 4-6 Zyl. Zylinderabschaltung DI Aufladung / Downsizing

24.5 Zusammenfassung

Die Anpassung und Systemintegration des Verbrennungsmotors in den hybriden Antriebsstrang bietet erhebliches Potential Betriebsverhalten, Verbrauch und Emissionen zu verbessern. Durch die häufigeren transienten Betriebsphasen entstehen neue Herausforderungen an den Verbrennungsmotor, zum Beispiel häufigere Starts mit ungünstigen Reibzuständen im Triebwerk und dem Ventiltrieb, ungünstiges Temperaturniveau für die Abgasnachbehandlungssysteme. Die elektrische Unterstützung bietet die Möglichkeit, sowohl die Zylinderzahl zu reduzieren als auch einzelne Komponenten und Baugruppen zu vereinfachen (Aufladesysteme, Einspritzsysteme usw.).

Tabelle 1 zeigt einen Überblick der heutigen typischen Motorisierung und Auslegung sowie der mittelfristigen Antriebskonfiguration für die verschiedenen Pkw-Klassen.

Literaturhinweise

[1] Thölke A.: Schnell und präzise – Elektrische Nockenwellenverstellung; 11. Schaeffler Kolloquium, Baden-Baden, 2018

[2] Sakono T., Nakai E., Kataoka M., Takamatsu H.: MAZDA SKYAC-TIV-D 2.2 L Diesel Engine; 20. Aachener Kolloquium Fahrzeug- und Motorentechnik 2011

[3] Brauer M., Pohlke R., Schmidt V., Elicker M., Himsel F., Christgen W., Nett O.: Schaltbare Ventiltriebelemente in Dieselmotoren als Beitrag zur Erfüllung der RDE-Gesetzgebung; Emission Control Conference, Dresden 2018

25 Ausblick

Peter Gutzmer

Das vorliegende Werk zeigt auf, dass der elektrifizierte Antriebsstrang eine sinnvolle und zukunftsweisende Technologie ist. Hierzu wurde ein Blick auf das gesamte Antriebssystem geworfen, was unverzichtbar ist, um zu einer fundierten Einschätzung der zukünftigen Entwicklung der Antriebselektrifizierung zu gelangen. Der elektrische Antrieb ist sehr effizient, lokal emissionsfrei und dazu leise. Dies sind ideale Voraussetzungen für den Betrieb im urbanen Raum.

In Deutschland waren Anfang 2019 fast 85.000 rein elektrische Pkw und nahezu 67.000 Plug-in-Hybrid-Pkw auf deutschen Straßen zugelassen [1]. Dies entspricht bei 47 Mio. Pkw im Bestand allerdings einen immer noch relativ kleinen Anteil. Die jährlichen Zulassungszahlen nehmen von Jahr zu Jahr mit beeindruckenden Wachstumsraten zu [2]. Aufgrund der immer noch recht hohen Anschaffungspreise ist von einem eher längeren Transformationsprozess auszugehen.

Haupttreiber wird auf absehbare Zeit China bleiben. Als größter Automobilmarkt im Allgemeinen und als größter Absatzmarkt für Elektrofahrzeuge im Speziellen werden von hier die Entwicklungen getrieben. Hinzu kommt die machtvolle Marktpositionierung im Bereich der Traktionsbatterie, dies gilt für den Rohstoffmarkt, wie für die Produktionskapazitäten.

Die Batterie hat entscheidenden Anteil an der Wertschöpfung eines Elektrofahrzeugs. Eine kritische Situation kann sich aufgrund der als hoch prognostizierten Traktionsbatterienachfrage und des damit verbundenen Investitionsbedarfs einstellen. Mit einem steilen Nachfragegradienten und den relativ hohen Batteriefabrikkosten summiert sich die Gesamtinvestition zu Beträgen in dreistelliger Milliardenhöhe, die innerhalb weniger Jahre investiert werden sollen. Es ist zu erwarten, dass die Batteriepreise durch Skaleneffekte zwar sinken, die hohen Abschreibungen der Fabrikinvestitionen sollten aber nicht vernachlässigt werden. Festzuhalten bleibt, dass die Batterieproduktion sehr hohe Investitionen erfordert.

Persönliche Vorlieben (Marke, Design, Sicherheit, Komfort etc.), der finanzielle Gestaltungsrahmen (Total Cost of Ownership) entscheiden heute den Autokauf und werden es morgen auch tun. Dem Batteriepreis und der verbauten Batteriekapazität kommt hierbei die Schlüsselrolle zu. Der Gesetzgeber gibt die Bedingungen vor. Es ist nicht auszuschließen, dass der (temporäre) elektrische Fahrzeugantrieb in Städten mittelfristig verpflichtend vorgeschrieben wird und damit rein verbrennungsmotorisch angetriebene Fahrzeuge de facto ausgeschlossen werden.

Zum Teil besteht größte Zuversicht in einer äußerst raschen Marktdurchsetzung des batterieelektrischen Autos. Hierbei muss allerdings beachtet werden, dass das Auto mit verbrennungsmotorischem Antriebsstrang nicht zwangsläufig mit faktisch untergegangenen Technologien, wie

H. Tschöke et al. (Hrsg.), *Elektrifizierung des Antriebsstrangs*,
ATZ/MTZ-Fachbuch, https://doi.org/10.1007/978-3-662-60356-7_25

der Pferdekutsche oder dem Zeppelin gleichzusetzen ist.

Es spiegelt nicht grundsätzlich die Tatsachen korrekt wider, wenn man eine lineare Entwicklung und einer prinzipiellen Ablösung der Technologien im zeitlichen Verlauf annimmt. Beispielhaft sei hier an die Eisenbahn erinnert. Seit mehr als 100 Jahren gibt es elektrische Lokomotiven. Tatsächlich wurden Diesellokomotiven erst danach entwickelt und eingesetzt. Aus betriebswirtschaftlichen Gründen ist nicht absehbar, dass sich ein globaler Wandel vollzieht, der eine vollständige Ablösung der Diesellokomotive bedeutet. Richtig ist, dass die Dampflokomotive aufgrund hoher Unterhaltkosten gänzlich und nachhaltig abgelöst wurde – so wie das Auto die Pferdekutsche. Richtig ist auch, dass neue Technologien wie die Brennstoffzelle Einzug halten, beim Auto wie auch bei der Eisenbahn.

Es bleibt demzufolge festzuhalten, dass verschiedene Technologien auch über lange Zeiträume gleichberechtigt koexistieren können. Neben den gesetzlichen Rahmenbedingungen ist der spezifische Anwendungsfall und insbesondere die damit verbundenen Kosten (Total Cost of Ownership) entscheidend. Schon heute steht jeder Automobilkäufer vor der Entscheidung, welche Antriebsform für ihn die beste ist. Zwischen Benzin, Diesel, LPG (liquified petroleum gas), CNG (compressed natural gas), verschiedensten Hybridtopologien und reinem Elektroantrieb mit oder ohne Brennstoffzelleneinheit gilt es die richtige Wahl für den jeweiligen Anwendungsfall zu treffen.

Aus heutiger Sicht ist es sehr wahrscheinlich, dass sich die Hybridisierung flächig durchsetzt, sodass in finanzkräftigen Märkten der verbrennungsmotorische Antriebsstrang rasch durch eine Micro- oder Mild-Hybridisierung ergänzt wird.

Neben den bekannten Plug-in-Hybriden werden auch Hybridfahrzeuge mit Range-Extender (auch Long-Range-Hybrid) einen Anteil am Markt erobern. Hierbei wird ein Verbrennungsmotor (vorzugsweise mit CO_2-neutralen Kraftstoffen) phlegmatisch betrieben, sodass die Dynamik allein aus dem Elektromotor abdeckt wird. Aller Voraussicht nach kann die Brennstoffzelle den Verbrennungsmotor hier zukünftig zumindest teilweise substituieren. Dies gilt insbesondere für schwere Fahrzeuge, wie Lkw und Busse.

Die batterieelektrische Mobilität wird sich sinnvollerweise insbesondere im urbanen Umfeld konzentrieren. Das sind vornehmlich Kleinfahrzeuge, die durch eine geringe Batteriekapazität im Anschaffungspreis günstig sind, aber die städtische Umgebung im Wesentlichen nicht verlassen. Daneben sind Sportwagen als BEV oder HEV attraktiv, deren Beschleunigungswerte vom sofort anliegenden hohen Drehmoment profitieren.

Eine stark disruptive Entwicklung – d. h. eine rasche Verdrängung der bestehenden Verbrennungsmotoren – Technologie wird bei sogenannten Game-Changern eintreten. Stark reduzierte Batteriekosten durch Substitution teurer Materialien (insb. Kobalt) und massiv optimierte Fertigungsprozesse ist ein augenscheinliches Beispiel. Ganz wesentlich für den Ausbau der Elektromobilität wird auch die rasche, wirtschaftlich attraktive Bereitstellung der dafür notwendigen Infrastruktur (Netzausbau, Ladepunkte etc.) mit CO_2-neutralen Lösungen sein.

Eine elementare Rolle kommt dem Autonomen Fahren zu, da dies zu einem völlig neuen Mobilitätsverständnis führt. Selbstfahrende Busse und Taxis – Mover bzw. Robo Cabs – werden vielfach das private Fahrzeug ersetzen. Ein rein elektrischer Antrieb wird hier vornehmlich eingesetzt werden, da sich das Fahrzeug autonom aufladen lässt – die Ausgestaltung der Aufladestruktur spielt für den Nutzer in diesem Szenario keine Rolle und kann vom Flottenbetreiber kostenoptimal dargestellt werden.

Als Fazit bleibt: Wir befinden uns bereits mitten im Wandel und die Elektrifizierung wird zukünftig definitiv eine Schlüsselrolle spielen. Die Elektrifizierung darf aber nicht als rein batterieelektrischer Antrieb missverstanden werden. Die hohe Komplexität der miteinander kommunizierenden Energiesektoren, die Globalisierung der Märkte und die jeweiligen volkswirtschaftlichen Zielsetzungen lassen kein sicheres Urteil zu, welche Antriebsform sich nachhaltig durchzusetzen vermag. Es spricht einiges dafür, dass uns ein Antriebsmix erhalten bleibt, bei dem der elektrifizierte Antriebsstrang in unterschiedlicher Ausprägung vertreten sein wird.

Literaturhinweise

[1] Kraftfahrbundesamt: https://www.kba.de/DE/Statistik/Fahrzeuge/Bestand/b_jahresbilanz.html?nn=644526. Zugriff am 15.3.2019

[2] Kraftfahrbundesamt: https://www.kba.de/DE/Statistik/Fahrzeuge/Neuzulassungen/neuzulassungen_node.html. Zugriff am 15.3.2019

Sachwortregister

Symbole
2-Leiterschaltung 266
3, 4-Leitermessung 267
12 V-Bordnetz 87
48 V-Hybridsystem 164, 298, 408
48 Volt-Riemenstartsystem 157
48 Volt-System 153

A
Abgasenthalpie 412
Abgasnachbehandlung 408, 412
Abgasrollenprüfstand 296
Abgasrückführung 412
Abgasturbolader 108
Ableiter 79
Ableiterkühlung 89
Abrechnungssystem 400
Absorberhallen 369
Acetonitril 79
Achsantrieb
–, elektrisches 201
Achsantriebssystem
–, eingängiges elektrisches 196
Achse
–, elektrische 163, 194
AC-Laden 392
Acoustic Vehicle Alerting System (AVAS) 303, 314
Active eDrive 197
Active Interlock-Gangaktor 129
AGR
–, interne 413
Airbag-Anlagen 363
Akkumulator 31, 192
Aktivkohle 79
Aktoren 127
Aktorik 131, 173, 174
Aktuator 53
Aktuatorgeräusche 331
Aktuierung 175
Akustik 304
Alkalikarbonat 106
Allradantrieb 157
Allradfahrzeug 163, 207
Allradmodus 168
Allradsystem
–, elektrisches 196
–, mehrgängiges 196
Alterung 65, 75, 76, 84, 86
Ambient Temperature Correction Test (ATCT) 298
Amplitudenunterschied 257
Analog-Digital-Wandler 237
Anbindungssteifigkeiten 341
Anfahrfähigkeit 120
Anfahrmoment 210
Anisotroper Magneto-Resistiver Effekt 245
Anlasser
–, elektrischer 191
Anode 73, 101
Anodenseite 109
Anregungsfrequenz 254
Anregungsmechanismen 354
Anregungsquellen 345
Ansaugluftdrosselung (ALD) 413
Ansteuerebene 186
Ansteuersignal 234
Anteile
–, hochfrequente 311
–, tonale 311
Antrieb
–, achsparalleler 205
Antriebsachse
–, elektrische 198
–, koaxiale 195, 199
–, lastschaltfähige 209
Antriebsform 416
Antriebsgeräusch 308
Antriebsmoment 195
Antriebsstrang 415
–, hybrider 208

H. Tschöke et al. (Hrsg.), *Elektrifizierung des Antriebsstrangs*,
ATZ/MTZ-Fachbuch, https://doi.org/10.1007/978-3-662-60356-7

Antriebssystem 415
–, radnahes elektrisches 210
Antriebstopologie 148
Antriebsumrichter 31
Arbeitsschutz 380
Arbeitssicherheit 381
Architektur 165
Arrheniusgesetz 84
Asynchronmaschine 43, 46, 51, 157, 159, 230
Asynchronmotor 188
Attack-Mode 216
Aufladesystem 153
Aufwirbelungen 6
Ausdehnung
–, thermische 257
Ausgleichsgetriebe 199
Auspuffanlage 317
Außengeräusch 7, 304, 308, 312
Außengeräuscherzeugung 316
Außengeräuschpegel 303, 308
Auswertelektronik 254
Authentifizierungssystem 400
Automatikgetriebe 132
Automobil-Weltverband FIA 216
Automotive Safety Integrity Level 375
Axle-Split-Hybrid 23

B
Batterie 31, 102, 107, 194
–, elektrochemische 61
Batteriekapazität 216
Batterieklemmenspannung 64
Batteriekühlung 95
Batteriemanagementsystem 94
Batteriepack 87
Batteriesicherheit 382, 385
Batteriesystem 62, 87
Batteriesystemtechnik 87
Batteriezelle 87
–, prismatische 90
Bauelemente
–, leistungselektronische 370
Bauteilmasse 219
Bedienhinweise 377
Befeuchtung 108
Beheizung 110
Benzin 416
Berührungsschutz 35
Beschleunigungsfähigkeit 120
Betätigungselement 127
Betankungsdauer 100, 113
Betrieb
–, generatorischer 110, 230
–, zyklischer 79
Betriebsspannungen 372
Betriebstemperatur 76, 104, 413
Bewertung
–, subjektive 307
Bindematerial 71
Bipolarplatte 104
Bipolarplatten 103
Bleibatterie 62, 68
Boosten 18, 140, 148, 154
Bordnetz 31, 34, 154
Brand 379
Brandereignis 382
Bremsenabrieb 6
Brennstoffsystem 107
Brennstoffzelle 8, 14, 99, 107, 194, 416
–, alkalische 102, 106
Brennstoffzellenfahrzeuge 107, 381
Brennstoffzellentyp 102
Bulk Current Injection (BCI) 369

C
California Air Resources Board (CARB) 301
Cauer-Modell 269
CNG 416
CO_2-Einsparpotenzial 205
CO_2-Emission 115
Combozusatz 396
Crashsicherheit 295
Crashtest 111
Current Interrupt Device 89
CVT 172

D
Dampfkraftwagen 191
Dampfreformierung 112
Dauerlärmbelastung 303
Dauerleistung 196
Dauermoment 196
DC/DC Konverter 154
DC-Steckgesichter 393
Dedicated Hybrid Transmissions 171, 334
Dedizierte Hybrid-Getriebe 118
Defossilisierung 4
Dielektrizitätskonstante 80
Dieselmotor 412, 416
Differenzial 201
Differenzverstärker 247
Diode 34, 59

Direkteinspritzung 408
Direktmethanol-Brennstoffzelle 102, 105
Direktstromeinkopplung 369
Dispenser 113
Doppelkupplungsgetriebe 129, 166, 168, 171
Doppelschicht 79
Doppelschichtkapazität 82
Doppelschichtkondensatoren 78
Downsizing-Konzepte 408
Drehfeld 32
Drehmoment 49
Drehmomenterzeugung 232, 273
Drehmomentregelung 50, 229, 276
Drehmomentungleichförmigkeit 343
Drehmomentverteilung 226
Drehmomentwandler 117
Drehrate 260
Drehrichtungsumkehr 33, 118
Drehstrommaschine 32, 36, 42, 56, 230, 231
Drehtransformation 233
Drehungleichförmigkeiten 118
Drehwinkel 235
Drehzahl 235
Drehzahlbereich 50
Drehzahl-Drehmoment-Charakteristik 117
Drehzahlermittlung 276
Drehzahllücke 117
Drehzahlmessung 251
Drehzahlniveau 219
Drehzahlordnung 337
Drehzahlschwankungen 410
Drehzahlwandler 117
Dreipunkt-Betrieb 28
Drosselspule 56
Druckgasspeicher 101, 111, 114
Druckregler 108
Drucktank 111
Durchschnittsgeschwindigkeit 217
Dynamik 271

E

E-Achsen-Aktor 132
eBike 73
E-Clutch 134, 148
Effekt
–, magnetoresistiver 239
e-Highway 400
Eigenfrequenz 338
Eigensicherheit 394
Einganggetriebe 221, 222, 224
Einlassnockenwelle 410
Einlassschließzeitpunkt 409
Einlass-Spätverstellung 410
Einzelzellspannung 62
Eisenkreis 32
Eisenphosphatbasis 73
Eisenverlust 260
Elektrifizierungsgrad 18
Elektroantrieb 100, 416
Elektrode 64, 79, 101, 104
Elektrodenmaterial 72
Elektrodenoberfläche 86
Elektrofachkräfte 380
Elektrofahrzeug 7, 191
Elektrolyse 100, 101, 112
Elektrolyt 61, 64, 67, 72, 75, 79
Elektrolytmaterial 101
Elektromagnetische Verträglichkeit (EMV) 399
Elektromotor (MGU) 221, 326
Elektroscooter 68
Emission 100
Emissionsreduzierung 411
Emotionalisierung 304, 319
EMV 361
–, externe 361
–, interne 361
EMV-Messumgebung 368
Endgeschwindigkeit 210
Energie
–, elektrische 61
Energiebilanzierung 114
Energiedichte 69, 72, 74, 80, 86
Energiemanagement 60
Energien
–, regenerative 10
Energienetz 401
Energiequelle
–, erneuerbare 112
Energiespeicher 101, 113
–, elektrochemischer 78
Energieträger
–, klimaneutraler 116
Energieübertragung
–, kontaktlose 392
Energieumsatz 218
Energieversorger 401
Energieversorgung
–, dynamische 400
Energiewandler 17, 99, 101
Energiewandlung 41
Entdrosselung 153

Entkopplung 369
Entkopplungsspanner 140, 159
Entladestrom 63
Entwicklung
–, disruptive 416
Erdgas 101
Erdölquellen 12
Ersatzschaltbild 231
E-Sounds 319

F

Fahrantrieb
–, elektrischer 191
Fahrdynamikregelung 185, 189
Fahren
–, autonomes 416
Fahrgastzelle 311
Fahrsicherheitssysteme 363
Fahrwerk 215
Fahrwiderstandslinie 121
Fahrzeug
–, hochautomatisiertes 187
Fahrzeugaußengeräusch 327
–, tieffrequenter 327
Fahrzeugbordnetz 70, 86
Fahrzeuginnengeräusch 312, 327, 331
Fahrzeugklimatisierung 116
Fahrzyklus 295
Familienbildung 298
Feedback
–, akustisches 327
Fehler
–, dynamischer 251, 259
–, orthogonaler 258
–, stochastischer 259
Fehlerbaumanalyse 377
Fehlererkennung 376
Fehlertoleranz 376
Fehlfunktion 375
Fehlmessungen 381
Feldkopplung 366
Feldlinie 32
Feldsimulation 369
Feldstärke 32
FEM-Modelle 338
Fertigungstoleranz 257, 342
Festkörperbatterie 75
Festkörper-Eigenmoden 337
Festoxid-Brennstoffzelle 103, 106
Feststellbremse 185
Filterung 367
Fingerabdruck
–, akustischer 335
Flexibilität 91
Flottengrenzwert 295
Flüssigkeit
–, ionische 79
Flüssigwasserstoffspeicher 111
Flugverkehr 5
Flussdichte 32, 41
–, magnetische 240, 242
Formel 1 217
Formel E 213
Formel E Rennauto 213
Formel E Renngetriebe 222
Fremdkörper
–, metallische 399
Frequenz 304, 317
Frequenzumrichter 363, 365
Frequenzunterschied 323
Front End Auxiliary Drive 165
FTP75 301
Full-Hybride 165, 408
Full Map Engine 408
Functional Safety Assessments 374
Functional Safety Audits 374
Funktionssicherheitseinstufungen 375
Fußgängersicherheit 328

G

Game-Changern 416
Ganganzahl 117
Gefährdungen 371
Gefährdungsanalyse 374, 375
Gefährdungsbeurteilung 380, 382
Gehäusegeometrie 348
Gehör 307, 320
Generator 99
Generatorbetrieb 41, 56
Geräusch 304, 355
–, elektrisches 317
–, klapperndes 347
–, rasselndes 347
Geräuschcharakter 317
Geräuschkomponenten
–, tonale 317
Geräuschkulisse 317
Geräuschqualität 314
Gesamtgeräusch 311
Gesamtgetriebeübersetzung 202
Gesamtsystem 198
Gesamtübersetzung 120

Gesamtwirkungsgrad 114
Gesetzgebung 303
Getriebe 33, 117, 221, 326, 345
–, eingängiges 172
–, stufenloses 171
Getriebeaktor 132
Getriebeakustik 347, 352, 355
Getriebelebensdauer 222
Getriebestruktur 172
Getriebetopologie 222
Getriebeübersetzung 118, 201
–, ideale 196
Gigantischer Magneto-Resistiver Effekt 245
Gleichrichter 393
Gleichspannung 54
Gleichspannungsladen 393
Gleichspannungsquelle 48
Gleichspannungswandler 35, 36, 54
Gleichstrom 169
Gleichstromsteller 58
Global Technical Regulation 388
GPS 363
Grafitnanoröhrchen 111
Graphit 71
Grenzwerte 301, 303
Größe
–, elektrische 236
–, mechanische 236
Grundgeräuschpegel 320

H

H_2-Tanks 107
H_2-Tankstellen 113
Halbbrücke 246
Halbleiter-Materialien 59
Halbleiterwerkstoff 263
Hall-Effekt 239
Hall-Element 240
Hall-Konstante 240
Hall-Sensoren 239
Haltbarkeit 116
Harmonic Current Injection 342
Harshness 307
Haupttreiber 415
Hausinstallation 396
Heißleiter 262, 263
Heizkatalysator 413
Heizleistung 95
Helmholtzschicht 80
Heulen 326
Hinleiter 368
Hinweissignal 320
Hochspannungsschaltkreise 373
Hochspannung-Voll-Hybrid 164
Hochtemperaturbereich 101
Hochtemperatur-Brennstoffzelle 106
Hochvoltbatterie 91
Hochvoltbordnetz 35, 53, 95
Hochvolt-Hybridsystemen 153
Hochvolttechnik 379
Hochwertphase 298
Höchstgeschwindigkeit 121, 122, 216
Höchstwertphase 298
Hörempfindung 307
Hörschwelle 305
Hörwahrnehmungen 320
Hybrid
–, leistungsverzweigter 165
Hybridantrieb 4
–, paralleler 22
Hybridantriebe 17
Hybrid Electrical Vehicle (HEV) 165
Hybridfahrzeug 12, 68, 318
Hybridgetriebe
–, dedizierter 171, 181, 334
Hybridisierung 416
Hybridkondensator 82
Hybridtopologie 139, 156, 168, 416
Hybridvariante 14
Hydrauliksteuerung 130
Hydridspeicher 111
Hydrostatic Clutch Actuator 133
Hystereseeffekt 250
Hystereseverlust 220

I

I^2t-Verfahren 268
IGBT 59, 362
IMC-Hall Sensoren 242
Immissionswerte 6
Impedanzkopplung 364
Induktion
–, elektromagnetische 397
Induktionsgesetz
–, Maxwell'sches 231
Infrastruktur 416
Infrastrukturprojekte 401
Inkrementalgeber
–, magnetischer 251, 259
Innengeräusch 304, 311
Innengeräuschpegel 311
Innenraumheizung 100

integrated magnetic concentrator 241
Integrated Starter Generator 166
Interkalationsbatterie 71
Inverter 198
Ion 62
Isolationsstrecke 248

K
Kaltleiter 262, 264
Kaltstartfähigkeit 110
Kaltstartphase 413
Kaltstartverhalten 105
Kapazität 82, 86
Kapazitätserweiterung 401
Kathode 73, 101
Kathodenseite 109
Kegelradstufe 224
Kennlinie 264
Kennungswandler 117
Keramikmaterial 106
Kfz-Mechatroniker 379
ki-Faktor 300
Klang 304
Klangeigenschaften 318
Klangerzeugung 318
Klappern 326
Klauenkupplung 173
Kleinfahrzeuge 416
Klemmenspannung 63
Klimaabkommen 4
Knarzen 326
Körperschall 305
Körperschallpfad 333
Kohlenmonoxid 295
Kohlenstoffdioxid 3
Kohlenstoffnanofasern 111
Kohlenwasserstoff 295
Kollisionen 310
Kommunikationsleitungen 396
Kompensationswicklung 244
Komponenten
–, spannungsführende 385
Kompressor 108
Kondensator 31, 62, 108
Konformitätsfaktoren 301
Kontakttemperaturniveau 394
Kontrollsysteme 373
Konzeptfahrzeug 226
Koppelimpedanz 364
Koppelmechanismen 362, 363
Koppelpfad 363
Kopplung
–, elektromagnetische 366
–, galvanische 364
–, induktive 365
–, kapazitive 365
Korrosion 66
Kraft
–, elektromotorische 41
Kraftkomponenten 336
Kraft-Raumordnungen 337
Kraftstoffe
–, biogene 10
Kraftstoffverbrauch 125
Kraftstoffverbrauchsreduktion 407
Kraftstoffzumessung 407
Kraftübertragung
–, stufenlose 172
Kreisfrequenz 47
Kriechgeschwindigkeit 121
Kryogentank 111
Kühlkreisläufe 109
Kühlleistung 95
Kühlsystem 66
Kühlung 95, 393
Kunstkopftechnologie 321
Kupferkabel 34
Kupferverlust 260
Kupplung 131, 173
–, automatisierte 176
Kupplungen 118
Kupplungs-Aktor 160
Kurbelwellenentkoppler 146
Kurzschlussfall 379, 382
Kurzschlussrisiko 92

L
Ladedose 396
Ladeende 401
Ladegerät 393
Lade-Infrastruktur 11
Ladekabel 394
Ladeleistung 392, 393, 394
Lademodus 1 396
Laden
–, induktives 392
–, intelligentes 401
–, kapazitives 392
Ladesäule 393, 400
Ladesituationen 400
Ladespannung 84
Ladestationen 393

Ladesteckverbindungen 395
Ladestrom 4
Ladesystem 391
–, induktives 398
Ladetechnik 391
Ladeverfahren
–, konduktiver 391
–, kontaktgebundener 391
Ladezustände 65
Ladungsträgerverschiebung 239
Ladungswechsel 409
Längsdynamikregelung 185
Längs / Längs Topologie 223
Längs / Quer Topologie 224
Lärmemission 295
Lärmminderung 310
Läufer
–, permanentmagnetischer 33
Lagemessung 251
Lamellenkupplung 163
Langzeitverhalten 101
Lastpunktverschiebung 166, 407
Lastspitzen 401
Lautheit 321
Lautsprecher 316
Lautsprecherpositionen 316
Lautstärke 319
Lautstärkenempfindung 306
Lebensdauer 64, 68, 76, 84, 85, 92, 101, 116
Lebenszyklusanalyse 302
Leerlaufdrehzahl 410
Leistungsdichte 72, 74
Leistungselektronik 31, 54, 101, 110, 179, 234
Leistungshalbleiter 34, 239
Leistungs-MOSFET 58
Leistungsregelung 109
Lenkung
–, elektromechanische 188
Lichtbogen 396
Liquid Organic Hydrogen Carrier 111
Lithiumablagerung 74
Lithium-Cobalt-Oxid 72
Lithium-Ionen-Batterie 61, 67, 70
Lithium-Ionen-Batteriezellen 14
Lithium-Mangan-Oxid 72
Lithium-Nickel-Cobalt-Aluminium 72
Lithium-Nickel-Mangan-Cobalt-Technologie 72
Lithium-Nickel-Oxid 72
Lithiumtitanat 73
Living-Object-Protection-Systeme 399
Lorentzkraft 43
Lorentz-Kraft 239
Lösungsmittel 79
Low-Emission Vehicle Program (LEV) 301
LPG 416
LTO-Zelle 73
Luftqualität 6
Luftschall 305, 340
–, primärer 311
Luftschallabstrahlungssimulation 341
Luftschallpfad 333
Luftspalt 185, 398
Luftstickstoffdiffusion 109
Luftversorgung 108, 407

M

Magnetfeld 32, 33, 230
Magnetflussführung 240
Markenidentität 304
Maschenregel
–, Kirchhoff'sche 231
Maschinen
–, elektrische 31, 41
Maskierer 327
Massenträgheit 219
Mehrganggetriebe 221, 222
Mehrgängigkeit 205
Mehrkörpersimulation (MKS) 338
Mehrscheiben-Kupplung 160
Mehrverbrauch 412
Membran 104
Messbrücke 246
Messgröße 233
Metallhydride 111
Methan CH_4 113
Methanol 101, 111
Mikrofonpositionen 316
Mikrogasperlen 111
Mikro-Geometrien 355
Mikro-Hybride 18, 139, 165, 407
Mild-Hybrid 19, 139, 153, 165, 407, 416
Missbrauchsversuchen 386
Mitschleppen 166
Mittelwertphase 298
Mobilität
–, batterieelektrische 416
Mode 1 392
Mode 2 392, 396
Mode 3 392, 396
Mode 4 396
Modellbildung 233

Modul 85
Modular Clutch Actuator 134
Modulationsfrequenz 323
Modulationsgrad 323
Modulationsverfahren 237
Momentenübertragung
–, geregelte 187
Monitoring System 86
Monoposto-Fahrzeug 214
Montagetoleranzen 342
MOSFET 362
Motorbetrieb 41
Motor-Feedback-System 251
Motor-Generator-Unit 215
Moving Averaging Windowing 300
Multipol-Resolver 254

N
Nasskupplung 161
Natrium-Nickel-Chlorid Hochtemperaturbatterie 69
Nebenordnungen 346
Negative temperature coefficient 263
Nennkapazität 63
Nennspannung 87
Neue Europäischer Fahrzyklus (NEFZ) 297
Nichtlinearität 250, 259
Nickel-Cadmium Batterie 68
Nickel-Metall-Hydrid Batterie 62, 68
Niedertemperaturbereich 101
Niedertemperatur-Brennstoffzelle 103
Niedertemperaturkühlkreislauf 160
Niedrigwertphase 298
Noise, Vibration, Harshness (NVH) 307
NOVC-HEV 297
NTC-Widerstand 266
Nutzfahrzeuganwendungen 398
NVH-Verhalten 334

O
Oberleitung 394
Oberschwingung 251
Offset 257
Offsetfehler 249, 272
Ohm'sches Gesetz 231
Ölbedarf 13
Open-Loop-Hall Sensors 243
Operationsverstärker 267
Ordnungen 346
Ordnungsanalysen 352
Originalgeräusch 318
Otto-Motoren 408
OVC-HEV 298
Overdrive 121, 122
Oxidations-Katalysator 412
Oxidationsmittel 101
Oxidationsreaktion 64

P
P0-Anordnung 155
P0-Hybridantrieb 149, 154
P0-Mild-Hybrid 139, 151, 413
P0-System 159
P1-Hybrid 158
P1-System 160
P2-Anordnung 333
P2-Doppelkupplungsgetriebe 176
P2-Hybrid 156, 158, 167, 173
P2-System 160
P2-Topologie 156
P3-Hybridisierung 156
P3-Modul 168
P3-Topologie 169
P4-Anordnung 163, 169
P4-Hybrid 157
P4-Topologie 157
Parallel-Hybrid 165
Parksperre 129, 180
Parksperrenaktor 132
Partikelemission 3, 411
Partikeln 295
Peak-Lautheit 322
Peak-Oil-Theorie 13
Pegelrechnung 305
People Mover 183, 187
Periodendauer 305
Permanentmagente 45
Permeabilität 32, 45
Pfeifen 326
Phasensteller 410
Phasenstrom 234
Phasenverschiebung 257, 260
Phosphorsäure-Brennstoffzelle 102, 106
Photoelektrolyse 113
Planetengetriebe 23, 171, 199, 206, 353
Planetenradsatz 200, 202, 206
Planetenradsteg 199
Platin-Messwiderstand 264
Plug-in-Hybrid 20, 69, 165, 166, 170, 178, 204, 299, 408, 412, 415, 416
Polarität 33
Polpaarzahl 255, 260
Polymer-Elektrolyt-Membran 100
Polymer-Elektrolyt-Membran-Brennstoffzelle 102, 103
Polyvinylidenfluorid 72

Portable Emissions Measurement Systeme (PEMS) 296
Positive temperature coefficient 264
Potenzialtrennung 367
Pouch-Bag-Zelle 72, 88, 90
Power Binning Methode 301
Printed circuit board 266
Prinzip
–, halbleiterbasiertes 266
–, widerstandsveränderliches 262
Propylenkarbonat 79
Prototyp 217
Psychoakustik 304, 320, 321
Pulsbreitenmodulation 237
Purge-Ventil 109
Pyrometer 262

Q
Quadrant 33
Qualifikation 381
Qualitätsmanagement 375, 384
Querdynamikregelung 185
Quer / Quer Topologie 224

R
Radialverdichter 108
Radlager 185
Radlastenverschiebung 224
Radmodul 187
Radnabe 184
Radnabenantrieb 194, 332
–, elektrischer 183
Radnabenmotor 33
Radsatzpaare 176
Ragone-Diagramm 81
Range Extender 25, 102, 408, 416
–, chemisch-elektrischer 26
–, thermischer 26
Rauigkeit 322
RE
–, serieller 26
Reaktanden 104
Reaktionsüberspannung 64
Real-Driving-Emissions Tests (RDE) 300
Redox-Flow-Batterie 69
Reduced Map Engine 408
Reduktionsreaktion 64
Regelalgorithmus 237
Regelfunktionsebene 186
Regelkonzept 233
Regelung 48
Reglement 214
Reglerdynamik 278
Reibungsbremse 185
Reibungsverlust 260
Reichweite 25, 100, 110, 192
Reifenabrieb 6
Reifenfahrbahngeräusch 319
Rekuperation 4, 102, 140, 148, 154, 163, 207, 215, 230, 318, 411
Rekuperator 20
Reluktanz 42, 46, 253
Reluktanzkraft 41
Reluktanzmaschine 43, 51, 230
Reluktanzmoment 233
Resolver 252
–, reluktanzbasierter 251, 254
Resolver-Ausgangssignal 253
Ridesharing 183
Riemenscheibendämpfer 159
Riemenscheibenentkoppler 142, 155
Riemenstartergenerator 139, 159
Riementrieb 140, 143
Right Sizing 219
Ringkern 244
Risikobewertung 371, 375
Ritzelstarter 143, 178
Robo Cabs 416
Robo-Taxis 9, 183, 187
Roboterarm 394
Rohstoffe 13
Rollenprüfstand 296
Rollenschlepphebel 411
Rollgeräusch 308
Rotorlagegeber
–, wirbelstrombasierter 251
Rotorlagewinkel 255
Rückleiter 368
Rückspeisung 56
Ruhespannung 64
Rundenzeit 216, 218
Rundenzeitsensitivität 217, 218

S
Safety Case 378
Salzwasserbecken 388
Sauerstoff 101
Saugrohreinspritzung 411
Schadstoffemissionen 407
Schadstoffminimierung 407
Schärfe 322
Schalldruck 305
Schalldruckmessungen 352
Schalldruckpegel 310
Schalleistungsfeld 340
Schallemission 309

Schaltfrequenz 220
Schaltgetriebe
–, automatisiertes 171
Schaltungssystem 203
Schaltvorgang 221, 370
Scherenstromabnehmer 394
Schicht
–, ferromagnetische 245
–, leitfähige 245
Schiffsverkehr 5
Schirmhalle 369
Schirmkonzept 367
Schirmung 367
Schlag
–, elektrischer 385
Schleifkontakt 400
Schlupf 119, 143, 229
Schmelzkarbonat-Brennstoffzelle 103, 106
Schmerzgrenze 305
Schnellbetankung 113
Schnellladestationen 12
Schnellladung 91
Schockpuls 388
Schuko-Steckdose 396
Schutzmaßnahmen 381
Schutzmechanismen 382
Schutzschaltung 73
Schwankungsstärke 323
Schwebung 323
Schwellwert 65
Schwingkreis 58
Schwingungen 304
Schwingungsmoden 344
SCR-Katalysator 412
Seebeck-Effekt 264
Segeln
–, aktives 207
Sehbehindertenverbände 303
Sekundärenergieträger 112
Sekundärluftschall 311
Sekundärspule 399
Sekundärwicklung 36, 244
Selbstentladewiderstand 83
Selbstsperrdifferential 223
Sensor 236
Sensorchip 241
Sensordaten 384
Sensorik 230
Separator 79
Seriell-Hybrid 165
Serienrelevanz 220
Serienwiderstand 82
Servicefreundlichkeit 92
Shunt-Widerstand 246
SiC-Halbleiter 221
Sicherheit 68, 92, 380
–, elektrische 379
–, funktionale 372, 379
Sicherheitsanforderung 110
Sicherheitsaspekte 371
Sicherheitsdisziplinen 372, 373
Sicherheitsfunktion 249, 372
Sicherheitsintegrität 373
Sicherheitskonzepte 376
Sicherheitslebenszyklus 373
Sicherheitsmanagement 373
Sicherheitsmechanismen 376
Sicherheitsniveau 386
Sicherheitsprüfungen 386
Sicherheitsstandard 295
Sicherheitssystem 388
Sicherheitstests 386
Sicherheitsverhalten 388
Sicherheitsvorschriften 379
Sicherheitsziele 376
Signal
–, akustisches 303
–, vibroakustisches 304
Signalelektronik 53
Signalschwankungen 323
Signalverarbeitung 235, 236
Simulationskonzept 349
Simulationsmethoden 354
Skaleneffekte 415
Smart Hydraulik 130
Smart Hydraulik-Kit 134
Solid Electrolyte Interface 76
Sonnenenergie 113
Sorgfaltspflicht 383
Sound 304
Sound Design 312, 325, 331
Spätverstellung 410
Spannungen
–, Maxwell'sche 336
Spannungslagen 62
Spannungsmessfehler 270
Spannungsmessung 248
Spannungsteiler 248
Spannungstransformator 393
Speicherdruck 113
Speicherkapazität 61
Speichersystemen 92
Speicherung 61
Speisefrequenz 33
Spektrogramm 328
Spulen 398

Spurwechseln 401
Stadtfahrzeug
–, autonomes 183, 187
Stadtzyklus 298
Standardisierung 92
Starterbatterie 67, 68
Start-Stopp 18
Start-Stopp-Vorgänge 314
State of Charge (SOC) 65, 299
Steckverbinder 367
Steer-by-wire 86
Steigfähigkeit 120
Steuergerät 53
Steuerung 48
Steuerzeiten 410
Stickoxidemissionen 3
Stickoxidreduktion 413
Stirnraddifferenzial 199
Stirnradgetriebe 206
Störabstrahlung 361, 362
Störfelder 385
Störfestigkeit 361, 362
Störgeräusch 314, 326, 346
Störgeräuschunterdrückung
–, binaurale 329
Störquelle 361, 362
Störsenke 362
Stopp-Start-Betrieb 86, 409, 412
Strahlung
–, elektromagnetische 262
Strahlungskopplung 366
Strangströmen 383
Straßenabrieb 6
Straßenmessung 296
Straßenverkehr 5
Straßenverkehrslärm 327
Streufelder 398
Streuinduktivität 58
Streukapazität 365
Stromableiter 72
Strommessung 236, 239, 271, 272
–, widerstandsbasierte 246
Stromregelung 271
Stromschienen 400
Stromsensor 235, 244, 268
Stromstärke 63
Strukturdynamik 337
Subsystem 198
SuperCap 67, 78, 79, 83, 86
Superkondensatoren 78
Supersportwagen 228
Surren 326
Sweet Spot Engine 408
Synchronmaschine 51, 230
–, permanenterregte 43, 44, 155, 157, 188, 201
Synchronreluktanzmaschine 45
System
–, achsparalleles 195
–, schaltbarer 203
–, seriell-paralleles 178
Systemarchitektur 34, 194
Systemintegration 148
Systemlebensdauer 95
Systemverhalten 230
–, vibroakustisches 338

T
Taktfrequenz 56
Taktzyklus 238
Tank to Wheel 114
Taxis - Mover 416
Teilerspannung 248
Teilerverhältniss 250
Teilerwiderstand 248
Teillastbetrieb 102
Temperatur 65, 73, 86, 103, 236
Temperaturabhängigkeit 262
Temperaturkoeffizient 262
Temperaturkompensation 257
Temperaturmanagementsystem 392, 394, 395, 412
Temperaturmessung 261, 278
Temperaturmodell 269, 278
Temperaturschätzung 268
Temperatursensor 236, 260
Temperaturüberwachung 266
Temperierung 95
Testverfahren 385
Thermodynamik 261
Thermoelement 262, 264, 265
Thermomanagement 109, 408
Thermospannung 262
Thermospannungseffekt 264
Timbre 319
Tonalität 323
Töne 304
Tonhaltigkeit 323, 353
Topologie 154
Torque-Vectoring 211, 215, 226
Torque Vectoring-Funktion 187
Torque-Vectoring-System 197
Total Cost of Ownership 415
Tracking Loop 256
Traktion 229
Traktionsantrieb 211
Traktionsbatterie 10, 110, 393, 415

Traktionsmotor 189
Transferpfadanalyse 355
Transformator 36, 58
Transistor 34
Treibhausgasemissionen 4
Treibstoffbrandtest 388
Trennkupplung 161, 167
Triggersignal 238
Triple Planetenradsatz 208
Trolleybusse 394
Turboaufladung 408
Turbolader 411
Typ-2-Stecker 396
Typengenehmigung 295
Typzulassungsprüfung 308

U
Übergangswiderstand 367, 385, 394
Überkopplung 370
Übersetzungsstufe 117, 118, 176
Übersprechen 368
Übertrager 401
Übertragungswege 331
Überwachungssysteme 373
Ultracaps 78
Ultraschnellladung 91
Ummagnetisierung 42, 245
Umrichter 326
Umweltstandard 295
Umweltverträglichkeit 399
Ungleichförmigkeiten 141
Ungleichheit
–, dynamische 257
United States Environmental Protection Agency (EPA) 301

V
Variator 175
Ventilhubvariabilität 412
Ventiltrieb 408
–, variabler 408, 413
Verbindungstechnik 59
Verbrauchseinsparung 157
Verbrennungsmotor 7, 407
Verdeckungseffekte 329
Verdeckungsmaß 324
Verdichtungsverhältnis 412
Vergleichsanalyse 308
Vergussmaterialien 341
Verkehrslärm 303, 308
Verlustberechnung 247
Verlustleistung 59, 393
Verstärkungsfehler 250, 274
Verstellpumpe 175
Verträglichkeit
–, elektromagnetische 361
Verunreinigung 109
Vervielfältigungsgetriebe 176
Verzahnungsgeometrien 348
Vibration 307
Vibroakustik 304
Vierleitermessung 247
Vierradlenkung 187
Vollbrücke 246
Voll-Hybrid 20, 165
Voll-Hybrid-Systeme 411
Volllastfall 110
Vorbeifahrtmessung 308
Vorbeifahrtpegel 328

W
Wachstumsraten 415
Wälzlager 344
Wärmeabführung 394
Wärmeenergie 260
Wärmeentwicklung 393
Wärmekapazität 261, 269
Wärmemenge 110
Wärmetauscher 180
Wärmeübergangswiderstand 269
Wahrnehmbarkeitsschwelle 329
Wahrnehmung 303
Wallbox 399
Wandler-Planetengetriebe 171
Warngeräusch 303, 328, 329
Warnhinweise 377
Warnsignal (AVAS) 310, 320, 328, 331
Wasserstoff 101, 104, 112
Wasserstoffdrucktank 116
Wasserstofferzeugung 112
Wasserstoffinfrastruktur 111
Wasserstoffspeicher 110
–, alternativer 111
Wasserstofftank 194
Wasserstoffverteilung 113
Wechselbatteriekonzept 88
Wechselrichter 48, 53
Wechselstrom 169
Wegfahrsperrenkonzept 396
Well to Wheel 114
Werkstattbereich 381
Wertschöpfung 415
Wicklung 33
Wicklungswiderstand 50
Widerstandsthermometer 266
Wiederstartverhalten 408

Windenergie 113
Windgeräusch 308
Winkelmessung 274
Wirbelstromsensor 259
Wirbelstromverlust 220, 260
Wirkungsgrad 52, 99, 100, 105, 119, 219
–, Coulomb'scher 66
Worldwide harmonized Light duty driving Test Cycle (WLTC) 157, 158, 297
Wunschmoment 229

Z

Zahneingriffe 348
Zellchemie 78
Zelle
–, prismatische 72, 88
Zellen 62
Zellgehäuse 90
Zellinnenwiderstand 89
Zellkapazität 89
Zellspannung 70, 104
ZMS-Dämpfer 145
Zünddruck 410
Zugkraftdiagramm 124
Zugkraftlücke 125
Zugkraftunterbrechung 176, 206
Zündung 407
Zusatzstartsystem 157
Zuverlässigkeit 92
Zweigängigkeit 209
Zweimassenschwungrad 147
Zweipunkt-Betrieb 28
Zwischenkreiskondensator 249, 365
Zwischenkreisspannung 234, 270
Zwischenspeicher 391
Zwischenübersetzung 123
Zyklenalterung 77
Zyklenlebensdauer 61, 71, 75, 79, 80, 86
Zyklenstabilität 75
Zyklentest 77, 85
Zyklentiefe 77, 85
Zyklenzahl 77, 79
Zylinderabschaltung 411
Zylinderzahl 414

MIX
Papier aus verantwortungsvollen Quellen
Paper from responsible sources
FSC® C105338

If you have any concerns about our products,
you can contact us on
ProductSafety@springernature.com

In case Publisher is established outside the EU,
the EU authorized representative is:
Springer Nature Customer Service Center GmbH
Europaplatz 3, 69115 Heidelberg, Germany

Printed by Libri Plureos GmbH
in Hamburg, Germany